Fuzzy-Methoden

Springer-Verlag Berlin Heidelberg GmbH

Benno Biewer

Fuzzy-Methoden

Praxisrelevante Rechenmodelle und Fuzzy-Programmiersprachen

Mit 113 Abbildungen und 116 Tabellen

Springer

Dr. Benno Biewer

Sophie-Charlotten-Straße 22A
14059 Berlin

ISBN 978-3-642-63876-3

Deutsche Bibliothek - Einheitsaufnahme

Biewer, Benno:
Fuzzy-Methoden: praxisrelevante Rechenmodelle und Fuzzy-Programmiersprachen; mit 116 Tabellen/Benno Biewer. - Berlin; Heidelberg; New York; Barcelona; Budapest; Hongkong; London; Mailand; Paris; Santa Clara; Singapur; Tokio: Springer, 1997
ISBN 978-3-642-63876-3 ISBN 978-3-642-59164-8 (eBook)
DOI 10.1007/978-3-642-59164-8

Ursprünglich erschienen bei Springer-Verlag Berlin Heidelberg New York 1997
Softcover reprint of the hardcover 1st edition 1997

Umschlaggestaltung: Künkel & Lopka, Werbeagentur, Ilvesheim
Satz: Reproduktionsfertige Vorlagen vom Autor
SPIN 10556524 33/3142- 5 4 3 2 1 0 - Gedruckt auf säurefreiem Papier

Vorwort

„Fuzzy-Mengentheorie" ist der lange Zeit vielbelächelte Name einer Theorie, die heute zu den erfolgreichsten Theorien der zweiten Hälfte dieses Jahrhunderts zählt. Die Idee, der die japanische Industrie Anfang der 90er Jahre in Form verschiedener Konsumartikel und Produktionsmittel über den Weltmarkt zu „materieller Gewalt" verholfen hatte, war in den 70er Jahren in Europa zur Praxisreife gebracht worden. Sie stammte von Lotfi Asker Zadeh, einem 1921 in der Sowjetunion geborenen und seit 1944 in den USA lebenden Professor für Systemtheorie und Elektrotechnik. Erstmals veröffentlicht wurde sie 1965, in einem mit „Fuzzy Sets" (Fuzzy-Mengen) betitelten Beitrag Zadehs für die Zeitschrift „Information and Control". Zadehs Artikel war seinerzeit auf wenig positive Resonanz gestoßen. Von einem Herausgeberkollegen berichtete Zadeh, jener habe ihm bestätigt, der Artikel sei nur deswegen veröffentlicht worden, weil er, Zadeh, ein Mitglied des Herausgeberkomitees war.

Aufgrund der technologischen und ökonomischen Entwicklung gewinnen Methoden zur Modellierung „imperfekten" (i.e. unscharfen und unsicheren) Wissens, wie sie im Rahmen der Fuzzy-Mengentheorie und ihrem Zweig, der Possibilitätstheorie, entwickelt worden sind, zunehmend an Bedeutung. Denn die zur Bewältigung hochkomplexer Probleme notwendige Komplexitätsreduktion bringt unweigerlich Unschärfen und Unsicherheiten mit sich, und die computertechnische Nutzung imperfekten Erfahrungswissens ist notwendig, um automatisierte Prozesse zu perfektionieren.

Der weltweite „Fuzzy-Boom" Anfang der 90er Jahre basierte, technologisch betrachtet, primär auf einfachen Fuzzy-Reglern wie sie heute bereits in vielen Haushaltsgeräten, Artikeln der Unterhaltungselektronik und industriellen Produktionsanlagen zu finden sind. Er hat viele Weiterentwicklungen befördert, so daß sich das Spektrum angewandter Fuzzy-Methoden und im Einsatz befindlicher Fuzzy-Systeme beträchtlich ausdehnen konnte und heute weit über einfache Fuzzy-Regelungstechniken hinausreicht. Im Zuge dieser Entwicklungen drängten sich zugleich neue Forschungsnotwendigkeiten und Entwicklungspotentiale auf. In Japan hat man dem früh Rechnung getragen, indem man verstärkt Forschungen über Ansätze „unscharfer intelligenter Informationsverarbeitung" förderte, die Konzepte und Methoden der „Künstlichen Intelligenz" aufgriffen. Dabei geht es insbesondere um Programmiermethoden wie sie in (den anfangs euphorisch gefeierten, dann völlig diskreditierten und heute – nicht selten unter anderem Namen – fest im Dienstleistungs- und Produktionsbereich etablierten) „Expertensystemen" eingesetzt werden.

Zunehmend mehr Forscher und Anwender haben die Erkenntnis gewonnen, daß die Bewältigung vieler Probleme eine Integration symbolorientierter und numerischer Ansätze erfordert. Der Fuzzy-Mengentheorie kommt dabei eine Schlüsselfunktion zu. Daß sie weniger eine einheitliche Theorie als vielmehr ein vielstimmiger Kanon an Formalismen und Vorschlägen zur Modellierung imperfekten Wissens ist, muß hierbei kein Nachteil sein. Angesichts der Komplexität und Heterogenität der Aufgaben ist es erfolgversprechener, mit verschiedenen Ansätzen zu arbeiten.

Das vorliegende Buch versucht diesen Erkenntnissen und Entwicklungsnotwendigkeiten in seiner Darstellungslogik und im Themenzuschnitt gerecht zu werden. Das erste Kapitel beginnt mit einer allgemeinen Einführung in die Problematik und Funktionalität von Vagheit, um vor diesem Hintergrund die Relevanz der Fuzzy-Mengentheorie sowie ihr aktuelles Anwendungs- und Forschungsspektrum aufzuzeigen. Nachdem die Zielsetzung dieser Arbeit dargelegt worden ist, werden in den Kapiteln zwei bis sieben grundlegende Konzepte der Fuzzy-Mengentheorie (verschiedene Typen von Fuzzy-Mengen, Fuzzy-Operatoren und linguistischen Variablen) eingeführt. Darauf aufbauend werden in den Kapiteln acht bis dreizehn relationen-, regel- und logikorientierte Kalküle approximativen Schließens behandelt. Kapitel vierzehn geht detailliert und ausführlich auf entsprechende Typen von Fuzzy-Programmiersprachen ein. Im Schlußkapitel werden die gewonnenen Erkenntnisse zu einem Anforderungsprofil verdichtet und Architekturprinzipien beschrieben, die die aufgewiesenen Freiheitsgrade der Fuzzy-Mengentheorie in einer wohldefinierten Weise effizient zu nutzen erlauben. Im Anschluß daran wird ein neues, auf den erläuterten Konzepten basierendes Fuzzy-Programmiersystem vorgestellt, das aufgrund seines reichhaltigen Repertoires an Fuzzy-Operatoren und Inferenzmechanismen sowie seiner objektorientierten Metaebenen-Architektur der Entwicklung komplexer Applikationen und neuer Verfahren approximativen Schließens dienen kann.

Alle Grundkonzepte werden formal definiert. Der Stoff wurde so aufbereitet, daß lediglich elementare Mathematik-Kenntnisse vorausgesetzt sind. Ausführliche informelle Erläuterungen, zahlreiche Beispiele, Tabellen und Graphiken erleichtern das Verständnis. Neben mathematischen und informatischen Aspekten werden in die Diskussion auch philosophische, psychologische und linguistische Gesichtspunkte einbezogen. Die verschiedenen Ansätze werden insbesondere darauf hin geprüft, ob sie aus Programmiersicht hinreichend vollständig und genau ausgearbeitet sind und ob sich mit ihnen kognitiv angemessene Modelle erstellen lassen. Für die Auswahl und Aufbereitung des Stoffes war die Praxisrelevanz maßgeblich. Daher werden Vorschläge, die eine hohe Recheneffizienz gewährleisten oder eine besonders hohe Ausdrucksmächtigkeit bieten und so die Qualität von Fuzzy-Systemen erhöhen oder das Anwendungsspektrum der Fuzzy-Mengentheorie erweitern können, bevorzugt behandelt. Das Buch soll gleichermaßen theoretisch fundierte wie praxisrelevante Kenntnisse über ein breites Spektrum an Konzepten, Kalkülen und Sprachen der Fuzzy-Mengentheorie vermitteln, Kenntnisse, die ihre kritische Einschätzung, effiziente Implementierung und sachgerechte Anwendung ermöglichen.

Berlin, Dezember 1996 Benno Biewer

Inhaltsübersicht

Inhaltsverzeichnis

Zur Einrichtung des Buchs

Terminologie, mathematische Symbole.

Die Hauptbeiträge zur Fuzzy-Mengentheorie wurden in englischer Sprache verfaßt. Einige Fachausdrücke wurden als Fremdwörter ins Deutsche übernommen, für andere sind verschiedene Übersetzungen und Schreibweisen gebräuchlich. Bei der Einführung wichtiger Fachbegriffe werden daher die in der englischsprachigen Fachliteratur gebräuchlichen Bezeichnungen in Klammern angefügt. Da der Ausdruck „fuzzy" ins Deutsche Eingang gefunden hat, wird er in der Übersetzung verschiedener Mehrwortlexeme beibehalten. Zugleich wird wegen fehlender Flexionsformen die Übersetzung „unscharf" benutzt. Dementsprechend wird beispielsweise der Ausdruck „fuzzy set" sowohl mit „Fuzzy-Menge" als auch mit „unscharfe Menge" übersetzt. Bei der Übersetzung werden in der Regel stammverwandte Fremdwörter gegenüber anderen Ausdrücken bevorzugt. So wird „possibility distribution" nicht mit „Möglichkeitsverteilung", sondern mit „Possibilitätsverteilung" übersetzt. Da aus dem Kontext unschwer zu erkennen ist, ob die benutzten Symbole für Fuzzy-Mengen stehen, wird auf eine spezielle Kennzeichnung von Fuzzy-Mengen in Form einer Tilde verzichtet, um die Typographie nicht unnötig kompliziert zu gestalten. Analoges gilt im allgemeinen für Fuzzy-Operatoren. Bei Gleitkommazahlen wird meist die im Englischen und in Programmiersprachen übliche Punktnotation verwandt. Kurzerläuterungen zu wichtigen und häufig verwandten mathematischen Symbolen sind in einem Glossar (663ff.) zusammengestellt.

Literaturhinweise, Zitate.

Literaturhinweise werden durch eckige Klammern gekennzeichnet. Die Nennung der Autoren oder Herausgeber kann in die in Klammern gesetzten Angaben integriert sein (Beispiel: [vgl. Zadeh 1965]) oder ihnen vorangestellt sein (Beispiel: Das Konzept Fuzzy-Menge wurde von Zadeh [1965] eingeführt.). Seitenangaben werden durch einfache Nennung der Seitennummer beschrieben (Beispiel: [Zadeh 1965, 29, 31]). Im selben Jahr erschienene Publikationen der gleichen Verfasser werden durch alphabetische Indizes voneinander unterschieden. Referenzen auf mehrere Beiträge werden durch Semikola oder, bei verschiedenen Indizes, durch Kommata voneinander getrennt (Beispiel: [Zadeh 1975a,b,c; Zadeh 1978a]). Bei Beiträgen, die in Sammelbänden nachgedruckt worden sind, wird in der Regel das Erscheinungsjahr der ursprünglichen Publikation angeben, um eine historische Einordnung zu vereinfachen und die Menge der Indizes möglichst klein zu halten. Die Seitenangaben beziehen sich auf die im Literaturverzeichnis (667ff.) angegebenen Ausgaben, nicht unbedingt auf die Originalpublikationen. Zitate werden in Anführungszeichen gesetzt, längere Zitate zusätzlich durch ein eigenes Absatzformat hervorgehoben. Kürzungen werden durch Auslassungspunkte kenntlich gemacht.

Numerierung, Querverweise.

Mathematischen Formeln (insbesondere Funktionsgleichungen und Inferenzschemata), formalen Definitionen, Tabellen, Abbildungen und Beispielen sind zweigliedrige Absatznumerierungen zugeordnet: bei der ersten Zahl handelt es sich um die Kapitelnummer, bei der zweiten, durch einen Punkt von der ersten getrennten Zahl, um eine kapitelbezogene Seriennummer. Mit „Tabelle 3.8" ist also die achte Tabelle in Kapitel 3, mit „Tabelle 15.8" die achte Tabelle in Kapitel 15 und mit „Abbildung 15.8" die achte Abbildung in Kapitel 15 gemeint. Bei der Numerierung von Fußnoten, Blöcken und Zeilen von Programmcode wird die Kapitelnummer weggelassen. Querverweise zu Kapiteln sowie den genannten Absatztypen erfolgen durch Angabe der Absatznummern, gegebenenfalls ergänzt durch eine Seitenangabe (Beispiel: Tabelle 15.24, 656). Querverweise zu anderen Textpassagen werden durch in runde Klammern gesetzte Seitennummern notiert.

Kapitel 1

Fuzzy-Methoden – Gegenstandsbedeutung und Zielsetzung

Unter dem Titel „Fuzzy Sets“ wurde 1965 von Zadeh ein wissenschaftlicher Beitrag publiziert, in dem er eine Erweiterung der klassischen Mengenlehre vorschlug. Dieser Beitrag gilt heute als Gründungstext einer neuen mathematischen Theorie, der sogenannten Fuzzy-Mengentheorie. Zadeh hat ihn mit der Behauptung eingeführt, daß Objektklassen, auf die man in der physikalischen Realität stoße, meist keine präzise definierten Zugehörigkeitskriterien aufwiesen [Zadeh 1965, 29]. Als Beispiele führt Zadeh die Klassen „Lebewesen“, „reelle Zahlen, die viel größer als eins sind“, „schöne Frauen“ und „große Menschen“ an. Sie alle konstituierten keine „Klassen“ oder „Mengen“ im gewöhnlichen mathematischen Sinn. Und dennoch käme solch unpräzise definierten „Klassen“ eine bedeutende Rolle im menschlichen Denken zu, insbesondere in der Mustererkennung, Kommunikation und Abstraktion.

Um derartige „Klassen“ mathematisch handhaben zu können, schlug Zadeh ein neues Konzept vor, dem er den Namen „Fuzzy-Menge“ (engl.: fuzzy set) gab. Darunter sei eine „Klasse“ mit einem Kontinuum an Zugehörigkeitsgraden (engl.: grades of membership) zu verstehen. Aufbauend auf dieser Idee ließe sich ein Begriffssystem konstruieren, daß in vieler Hinsicht Parallelen zu dem gewöhnlicher Mengen aufweise, aber viel allgemeiner sei und möglicherweise einen weit größeren Anwendungsbereich abdecken könne [vgl. Zadeh 1965, 30].

Bevor die formalen Grundlagen der Fuzzy-Mengentheorie sowie auf ihr basierende Modellierungsvorschläge, Inferenzmethoden und Programmiersprachen dargestellt werden (Kapitel 2 bis 15), werden in diesem Einleitungskapitel verschiedene Bedeutungsaspekte des Erkenntnisgegenstands „Wissensmodellierung mit Fuzzy-Mengen" erörtert und die Zielsetzung der vorliegenden Arbeit beschrieben.

Die Vagheit der natürlichen Sprache, die Unbestimmtheit ihrer Kategorien, ist kein exklusives Thema der Fuzzy-Mengentheorie. Es gibt eine Reihe philosophischer, linguistischer und psychologischer Untersuchungen, die verschiedene Aspekte des Vagheitsphänomens beleuchten (Kapitel 1.1). Ihre Darstellung kann helfen, den in der Fuzzy-Mengentheorie realisierten Zugriff zu relativieren und seine Bedeutung besser einschätzen zu können.

Die Problematik der Vagheit wurde bereits in der antiken Philosophie in Paradoxien thematisiert, Ende des 19. und zu Beginn des 20. Jahrhunderts wurde sie zu einem Kardinalproblem der sich herausbildenden sprachanalytischen Philosophie gemacht (Kapitel 1.1.1). Anhand empirischer Untersuchungen der Kognitiven Psychologie läßt sich verdeutlichen, daß zwischen vagen Kategorien und ihren Elementen verschiedene Relationen bestehen, die begrifflich unterschieden werden sollten (Kapitel 1.1.2). Nachdem die Zweckmäßigkeit von Vagheit und Präzision herausgearbeitet worden ist und begründet wurde, daß es nicht nur in der Alltagsbewältigung, sondern auch in der Wissenschaft und ihrer Anwendung darauf ankommt, ein problemadäquates Niveau von Vagheit und Präzision anzustreben (Kapitel 1.1.3), wird im anschließenden Unterkapitel die Relevanz und das Spektrum der Fuzzy-Mengentheorie diskutiert (Kapitel 1.2).

Dazu werden zunächst einige allgemeine Begriffe wie „Wissensmodellierung" und „imperfektes Wissen" erläutert (Kapitel 1.2.1). Im Anschluß an diese Begriffserläuterungen wird gezeigt, daß der Modellierung imperfekten Wissens aufgrund aktueller ökonomischer und technologischer Entwicklungen eine wachsende Bedeutung zukommt (Kapitel 1.2.2). Nach einem Überblick über das Anwendungs- und Forschungsspektrum der Fuzzy-Mengentheorie (Kapitel 1.2.3), schließt dieses Kapitel mit einer kurzen Beschreibung der Motivation und Zielsetzung der vorliegenden Abhandlung (Kapitel 1.3).

1.1 Problematik und Funktionalität der Vagheit

1.1.1 Philosophische Abhandlungen über Vagheit und das Projekt der „idealen Sprache"

Paradoxien aus der Frühgeschichte der Philosophie

Die Schwierigkeit, den Anwendungsbereich sprachlicher Ausdrücke scharf abzugrenzen, wurde bereits in der Antike mehrfach thematisiert. Welche logischen Probleme „vage" Ausdrücke mit sich bringen können, führt das „Paradoxon des

Kahlköpfigen" (*falakros*) vor Augen.[1] Zweifellos wird ein Mensch mit vollem Haar nicht kahlköpfig, wenn man ihm ein Haar vom Kopf reißt, aber ebenso gewiß ist, daß er kahlköpfig wird, wenn man dies nur oft genug wiederholt. Es wirkt absurd – und widerspricht unserem Sprachgebrauch – anzunehmen, der Verlust nur eines einzigen Haares entscheide darüber, ob jemand als kahlköpfig oder behaart gelte. Geht man indes davon aus, daß ein Haar mehr oder weniger irrelevant dafür ist, zu entscheiden, ob jemand als Kahlköpfiger gelten solle oder nicht, dann läßt sich durch wiederholte Anwendung des Modus pones „beweisen", daß jeder Vollhaarige ein Kahlköpfiger und jeder Kahlköpfige ein Vollhaariger ist.[2] So absurd es ist, anzunehmen, daß der Verlust eines Haares aus einem behaarten Menschen einen kahlköpfigen macht, so inakzeptabel ist es, zwischen behaarten und kahlköpfigen Menschen nicht unterscheiden zu dürfen. Aus der Erörterung derartiger „Paradoxien" wurde der Schluß gezogen, die Logik dürfe eben nicht auf unscharfe Ausdrücke angewandt werden.

Das Projekt der idealen Sprache (Frege, Russell, Wittgenstein)

Die Vagheit sprachlicher Ausdrücke wurde zwar bereits in der Antike thematisiert, zu einem Kardinalproblem wurde sie jedoch erst in der *sprachanalytischen Philosophie*. Frege hat die Notwendigkeit seiner *„Begriffsschrift"* mit der *Mangelhaftigkeit der natürlichen Sprache* begründet, logisch korrekte Gedanken auszudrücken und Denkfehler zu verhindern [vgl. Frege 1882; Rieger 1989, 29ff.]. Abhilfe sollte eine logikorientierte Formelsprache schaffen, die mit *eindeutigen* Zeichen, *Begriffen*, operiert, so daß sich Folgerungen nach syntaktischen Regeln berechnen lassen. Die Bedeutung komplexer Ausdrücke ist in dieser Formelsprache eine Funktion der Bedeutungen ihrer Bestandteile (*Fregesches Kompositionsprinzip*). Freges „Begriffsschrift" steht in der Tradition der Leibnizschen Idee einer „vollkommenen" oder „idealen Sprache", eine Idee, die zu Beginn des 20. Jahrhunderts vor allem in der sprachanalytischen Philosophie Russells und Wittgensteins propagiert wurde.

---

1 Die gleiche Problematik wurde anhand verschiedener Beispiele beschrieben und hat dementsprechend in der abendländischen Philosophie verschiedene Namen erhalten. Bekannt geworden ist sie unter den Namen *falakros* (Kahlköpfiger) und *sorites* (Haufen). Vgl. hierzu Black [1937, 437f.] und Black [1973, 188]. In neueren Darstellungen spricht man auch von dem „Paradoxon der kleinen Zahl" (vgl. 526).

2 Um mit Hilfe des Modus ponens (Wenn *A*, dann *B*. Gegeben *A*. Folglich *B*) zu „beweisen", daß ein Kahlköpfiger beliebig viele Haare auf dem Kopf haben kann, genügen zwei Annahmen: *(1) Eine Person, die kein Haar auf dem Kopf hat, ist kahlköpfig. (2) Wenn eine Person, die n Haare auf dem Kopf hat, kahlköpfig ist, dann ist auch eine Person, die n+1 Haare auf dem Kopf hat, kahlköpfig.* Aus (1) und (2) folgt unmittelbar: *(3) Eine Person, die ein Haar auf dem Kopf hat, ist kahlköpfig.* Aus (2) und (3) folgt: *(4) Eine Person, die zwei Haare auf dem Kopf hat, ist kahlköpfig.* Es ist offenkundig, daß diese Argumentation beliebig lange fortgesetzt werden kann. Wieviele Haare auch immer jemand auf dem Kopf haben mag, aus der wiederholten Anwendung dieses Inferenzschemas folgt unter den genannten Voraussetzungen logisch zwingend, daß er kahlköpfig ist.

1923 wurde von Russell unter dem Titel „*Vagueness*" eine Vorlesung veröffentlicht, die sich ausschließlich dem Thema Vagheit widmet. In der Einleitung führt Russell aus, daß die Sprache Besonderheiten aufweise, die unbewußt einen großen Einfluß auf die Philosophie ausübten, und daß Trugschlüsse vermieden werden könnten, wenn man sich ihrer bewußt wäre [Russell 1923, 84]. Unter denen, die erkannt hätten, daß Worte vage seien, gäbe es eine Tendenz, zu folgern, daß die von den Worten bezeichneten Dinge ebenfalls vage seien. Russell weist diese Auffassung als einen typischen Trugschluß des „Verbalismus" zurück, die Rede von Vagheit und Präzision mache nur im Zusammenhang mit Repräsentationen Sinn, sie betreffe das Verhältnis von einer Repräsentation zum Repräsentierten:

> „Vagueness and precision alike are characteristics which can only belong to a representation, of which language is an example. They have to do with the relation between a representation and that which it represents. Apart from representation, whether cognitve or mechanical, there can be no such thing as vagueness or precesion; things are what they are, and there is an end of it. Nothing is more or less what it is, or to a certain extent possessed of the properties which it possesses." [Russell 1923, 85]

Russell versucht im folgenden aufzuzeigen, daß *alle* Worte (mehr noch: alle Symbole) vage sind. Seine Beweisführung beginnt mit dem Adjektiv „rot". Offenkundig gäbe es aufgrund des Farbkontinuums einige Farbschattierungen, bei denen wir in Zweifel geraten, ob wir sie rot oder nicht rot nennen sollten, und dies nicht etwa, weil wir die Bedeutung des Worts „rot" nicht kennten, sondern weil der Anwendungsbereich prinzipiell zweifelhaft sei. Damit sei auch die Antwort auf das Rätsel des „Kahlköpfigen" gegeben. „Kahlköpfigkeit" sei eine vage Konzeption, daher gelte das Gesetz vom ausgeschlossenen Dritten nicht:

> „Baldness is a vague conception; some men are certainly bald, some are certainly not bald, while between them there are men of whom it is not true to say they must either be bald or not bald. The law of excluded middle is true when precise symbols are employed, but it is not true when symbols are vague, as, in fact, all symbols are." [Russell 1923, 85f.]

Vage seien sogar, wenn auch in geringerem Grad, quantitative Bezeichnungen, bei denen die Wissenschaft große Anstrengungen unternommen habe, sie zu präzisieren. [Russell 1923, 86] So erlaube beispielsweise weder die Definition eines Meters noch die einer Sekunde absolut präzise Messungen. Alle Beobachtungen weisen unweigerlich eine Fehlerrate auf. Auch Eigennamen seien vage, denn sowohl die Geburt als auch der Tod ist ein gradueller Prozeß; der präzise Zeitpunkt der Namensgebung bleibt zweifelhaft.

Selbst abstrakte Worte aus der Logik, Worte wie „oder" und „nicht", seien vage, da sie die Idee der Wahrheit und Falschheit involvierten [Russell 1923, 88]. „Wahr" und „falsch" könnten nur dann eine präzise Bedeutung haben, wenn die in einer Aussage verwendeten Symbole selbst präzise sind. Da dies nicht praktizierbar sei, weise jeder Satz, den man in der Praxis bilden könne, einen bestimmten Grad an Vagheit auf. Die ganze traditionelle Logik unterstelle gewöhnlich präzise Symbole. Sie richte sich daher nicht nach dem irdischen Leben, sondern nach einer imaginären himmlichen Existenz:

> „All traditional logic habitually assumes that precise symbols are being employed. It is therefore not applicable to this terrestial life, but only to an imagined celestial existence." [Russell 1923, 88f.][3]

Für Russell folgt daraus weder, daß die traditionelle Logik unbrauchbar sei, noch, daß eine andere, die Vagheit einbeziehende Logik für die „irdische Existenz" entwickelt werden müßte. Worin sich auch immer die himmlische Existenz von der unsrigen unterscheide, soweit die Logik involviert sei, liege dieser Unterschied nicht in der Natur dessen, was bekannt sei, sondern lediglich in der Ungenauigkeit unseres Wissens. Wenn also die Hypothese eines präzisen Symbolismus uns dazu befähige, Schlußfolgerungen aus dem Symbolisierten zu ziehen, so gebe es keinen Grund diesen Schlußfolgerungen bloß deswegen zu mißtrauen, weil unser gegenwärtiger Symbolismus nicht präzise sei:

> „Where, however, this celestical existence would differ from ours, so far as logic is concerned, would be not in the nature of what is known, but only in the accuracy of our knowledge. Therefore, if the hypothesis of a precise symbolism enables us to draw any inferences as to what is symbolised, there is no reason to distrust such inferences merely on the ground that our actual symbolism is not precise. We are able to conceive precision; indeed, if we could not do so, we could not conceive vagueness, which is merely the contrary of precision. This is one reason why logic takes us nearer to heaven than most other studies." [Russell 1923, 89]

Im Anschluß daran definiert Russell Vagheit (vagueness) als Gegenbegriff zu Genauigkeit (accuracy). Beide Begriffe charakterisieren die mathematische Relation eines Repräsentationssystems (dazu zählen Landkarten, Diagramme und Photographien ebenso wie sprachliche Beschreibungen) zum repräsentierten System. Genauigkeit wird als *eineindeutige*, Vagheit als *linkseindeutige Relation* begriffen:

> „One system of terms related in various ways is an accurate representation of another system of terms related in various other ways if there is a one-one relation of the terms of the one to the terms of the other, and likewise a one-one relation of the relations of the one to the relations of the other, such that, when two or more terms in the one system have a relation belonging to that system, the corresponding terms of the other systems have the corresponding relation belonging to the other system. ... *Per contra*, a representation is *vague* when

[3] Die Interpretation von *„not applicable"* ist problematisch, da die folgenden Ausführungen Russells – in Übereinstimmung mit seiner gesamten philosophischen Grundhaltung – ja gerade die Brauchbarkeit („Anwendbarkeit") der traditionellen Logik für das „irdische Leben" behaupten.

> the relation of the representing system to the represented system is not one-one, but one-many." [Russell 1923, 89]

Russell betont, daß Vagheit eine *Frage des Grades*, Genauigkeit hingegen ein *idealer Grenzwert* sei [Russell 1923, 90]. Übertragen auf die Sprache, als eine spezielle Art der Repräsentation, steht die Relation zwischen dem repräsentierenden und dem repräsentierten System für die *Bedeutung* (*meaning*). Demzufolge ist eine Sprache *genau* (*accurate*), wenn die Bedeutung eineindeutig ist, also kein Wort zwei Bedeutungen hat und keine zwei Worte die gleiche Bedeutung haben [Russell 1923, 90]. In gegenwärtigen Sprachen habe man es indes mit einer linkseindeutigen Relation zu tun. Das heißt: es gibt nicht nur ein Objekt, auf den die Bedeutung eines Worts verweist und nicht nicht nur ein Faktum, das eine Aussage verifizieren kann. Zwar komme es auch des öfteren vor, daß zwei Worte dieselbe Bedeutung hätten, da dieser Fall aber leicht vermeidbar sei, sei es zulässig anzunehmen, daß er nicht eintrete. Zu beachten sei allerdings eine Komplikation, die mit der Sprache im Unterschied zu anderen Repräsentationsformen wie graphischen Abbildungen zusammenhänge: daß nämlich Worte, die Relationen bezeichnen, selbst keine Relationen seien. Liegt ein Ort „westlich" von einem anderen, so wird er auf einer Karte „links" von dem anderen Ort symbolisiert, das heißt die Relation wird als Relation repräsentiert [Russell 1923, 90]. In der Sprache ist dies im allgemeinen nicht so, obgleich einige Relationen aufgrund syntaktischer Regeln auch als Relationen repräsentiert würden.

Russell betont überdies, daß es ein großer Fehler sei, anzunehmen, vages Wissen müsse falsch sein. Im Gegenteil, eine vage Vermutung sei viel wahrscheinlicher wahr als eine präzise [Russell 1923, 91]. Wenn ich sage, jemand ist groß, dann ist es weit wahrscheinlicher, daß ich recht habe, als wenn ich behaupte, er sei zwischen 188cm und 190cm groß. Im Hinblick auf Aussagen müsse zwischen *Genauigkeit* (*accuracy*) und *Präzision* (*precision*) unterschieden werden [Russell 1923, 91]: Eine Aussage ist demzufolge *präzise* (*precise*), wenn nur ein Faktum sie verifizieren kann, sie ist *genau*, wenn sie sowohl *präzise* als auch *wahr* ist. Die Unterscheidung dient Russell dazu, Präzisierungen als wertvolle Leistung und fortwährende Herausforderung der Wissenschaft zu artikulieren:

> „Science is perpetually trying to substitute more precise beliefs for vague ones; this makes it harder for a scientific proposition to be true than for the vague beliefs of uneducated persons to be true, but makes scientific truth better worth having if it can be obtained." [Russell 1923, 91]

Russells Schlußbemerkungen münden in einen physikalischen Reduktionismus. Die „Vagheit in unserem Wissen" wird auf das physikalische Gesetz zurückgeführt, daß die Erscheinung von etwas um so undifferenzierter wird, je weiter man von ihm weg ist [Russell 1923, 91]. Die moderne Physik, so glaubt Russell, liefere den Stoff, alle (bis auf die aus einem mißverstandenen Symbolismus und dem Solipsismus entstammenden) philosophischen Fragen zu beantworten, die beantwortbar sind.

Die von Frege und Russell postulierte eindeutige und widerspruchsfreie Idealsprache bildete den Fokus von Wittgensteins sprachanalytischen Untersuchungen, die unter dem Titel *„Tractatus logico-philosophicus"* erschienen sind [Wittgenstein 1984, 7-85]. In seinem Vorwort zu Wittgensteins Traktat schrieb Russell:

> „Herr WITTGENSTEIN stellt Erwägungen über die Bedingungen einer logisch vollkommenen Sprache an, nicht als sei irgendeine Sprache logisch vollkommen, noch auch als glaubten wir an unsere Fähigkeit, hier und jetzt eine logisch vollkommene Sprache zu konstruieren – sondern in dem Sinne, daß es die ganze Funktion der Sprache ist, Bedeutung zu haben und sie diese Funktion nur in dem Maße erfüllt, als sie sich der Idealsprache, die wir postulieren, nähert." [Russell, z.n. Schaff 1974, 235]

Wittgenstein hat später die für seinen Traktat bestimmende Perspektive einer eindeutigen und logisch widerspruchsfreien Sprache aufgegeben (vgl. 10f. und Wittgenstein [1984]). Der Versuch, eine in diesem Sinn vollkommene Sprache zu schaffen, gilt allgemein als gescheitert. Man kann daraus jedoch nicht schließen, daß das von Russell beschriebene Projekt gescheitert sei. Russell selbst hat ja die Realisierung einer solchen Sprache skeptisch beurteilt und den Erfolg oder Mißerfolg nicht einfach über das Erreichen, sondern vielmehr über die Annäherung an dieses Ziel definiert. Und man wird vernünftigerweise nicht bestreiten können, daß Bemühungen um präzisere Begriffe in den Wissenschaften sich als produktiv erwiesen haben. Eine ganz andere Problematik liegt darin, den Grad der Annäherung an diese imaginierte Vollkommenheit und die Präzisionsentwicklung physikalischer Messungen zum alleinigen oder dominanten Bewertungsmaßstab wissenschaftlichen Fortschritts zu erheben. Ein derartiges Wissenschaftsverständnis reduziert notwendigerweise den Gegenstandsbereich und Methodenkanon wissenschaftlicher Forschungen und verkennt die Notwendigkeiten und Möglichkeiten alternativer Forschungsansätze.

Vagheit als „intrinsische" und zweckbestimmte Interpretationsunsicherheit (Peirce)

In einem 1902 erschienenen Wörterbuch der Philosophie und Psychologie hat Peirce aus Sicht des Pragmatismus, eine vage Aussage über die Unsicherheit eines Interpreters definiert, zu entscheiden, ob die Aussage nach Ansicht des Sprechers bestimmte Dinge einschließe oder ausschließe, wobei diese Unsicherheit nicht der Unwissenheit des Interpreters, sondern vielmehr dem unbestimmten Sprachgebrauch des Sprechers geschuldet sei:

> „A proposition is vague when there are possible states of things concerning which it is intrinsically uncertain whether, had they been contemplated by the speaker, he would have regarded them as excluded or allowed by the propo-

> sition. By intrinsically uncertain we mean not uncertain in consequence of any ignorance of the interpreter, but because the speaker's habits of language were indeterminate ..." [Peirce 1902, 748]

In seiner Abhandlung über die „*Kernfragen des Pragmatizismus*" warf er den Logikern vor, die Vagheit aus ihrem Wissensgebiet und ihren Analysen ausgegrenzt zu haben [vgl. Peirce 1905, 461]. Peirce unterscheidet dort zwischen zwei Arten der Unbestimmtheit von „Zeichen" (ein Begriff, den Peirce für „jede Art von Gedanken" verwendet):

> „Ein Zeichen ..., das in jeder Hinsicht objektiv indeterminiert ist ..., ist insofern objektiv *allgemein*, als es dem Interpreten das Recht verleiht, seine Bestimmung weiter auszuführen." Es „ist insofern objektiv *vage*, als es sich weitere denkbare Bestimmung vorbehält, die durch ein anderes denkbares Zeichen vorzunehmen ist, oder dem Interpreten zumindest nicht die Berechtigung erteilt, diese Bestimmung vorzunehmen." [Peirce 1905, 461f.]

Normalerweise schließe „eine affirmative Prädikation" *jedes* wesentliche Merkmal des Prädikats „*in allgemeiner Form*" ein, während eine „negative Prädikation" *irgendein* Merkmal von ihm „*in vager Form*" ausschließe [Peirce 1905, 462]:

> „Von etwas behaupten, daß es ein Pferd ist, heißt ihm *jede* wesentliche Eigenschaft eines Pferdes einräumen; von etwas leugnen, daß es ein Pferd ist, heißt ihm vage *irgendeine* oder *irgendwelche* jener wesentlichen Eigenschaften eines Pferdes abstreiten." [Peirce 1905, 465]

Die Bedeutung eines Ausdrucks ist nach Peirce *bestimmt*, wenn es keine „*Interpretationsbreite*" mehr gibt. Die Möglichkeit einer solchen „Präzision der Sprechweise" beurteilt er skeptisch. Sie bestehe umso weniger, je weiter der Gesprächsgegenstand von „abstrakten" Themen wie beispielsweise der Zahlentheorie entfernt sei [Peirce 1905, 462].

In einer späteren Anmerkung hat Peirce die Unbestimmtheit in Beziehung zum *Zweck* des Diskurses gesetzt. Er erläutert seine Überlegungen anhand eines fiktiven Gesprächs zweier Zugreisenden über den englischen König Charles II.:

> „Charles II. von England aber war an verschiedenen Tagen ein ganz verschiedener Mensch; und man könnte sagen, daß der Gegenstand des Gesprächs ohne weitere Angaben nicht identifiziert werden kann. Aber die beiden Engländer haben nicht die Absicht, in ihrer Unterhaltung Haarspaltereien zu treiben, und die Interpretationsbreite, die die Unbestimmtheit eines Zeichens konstitutiert, muß also als ein Spielraum verstanden werden, der das Erreichen eines Zwecks beeinflussen könnte. ... Nehmen wir an, unsere beiden Engländer kommen auf die Farbe zu sprechen, die das Haar Charles' II. hatte. ... Sagt ... der eine, daß Charles II. dunkles, kastanienbraunes Haar hatte, so wird der andere ihn hinsichtlich aller ihrer möglichen Zwecke präzise genug verstehen, und es wird eine bestimmte Aussage sein." [Peirce 1991, 481f.]

Konsistenzprofile vager Symbole (Black)

Im Anschluß an die Beiträge von Peirce und Russell, hat Black 1937, ebenfalls unter dem Titel *„Vagueness"*, eine Abhandlung veröffentlicht, in der die Vagheit nicht nur theoretisch, sondern auch empirisch untersucht und mathematisch zu beschreiben versucht wird. In seiner Erläuterung des Vagheitsphänomens stützt er sich explizit auf den zitierten Wörterbuch-Beitrag von Peirce (7). Vagheit wird demzufolge über eine Entscheidungsunsicherheit definiert.

Blacks theoretische Ausführungen weisen viele Gemeinsamkeiten zu den referierten Auffassungen Russells auf. Dies gilt insbesondere im Hinblick auf die Präzisionsgrenzen wissenschaftlicher Messungen [Black 1937, 429] und die Unanwendbarkeit der Logik auf vage Aussagen [Black 1937, 436, 438]. Ebenso stimmt er Russells Unterscheidung zwischen *Allgemeinheit* (*generality*) und Vagheit zu, weist zugleich allerdings kritisch darauf hin, daß Russells Definition der Vagheit als eine linkseindeutige Relation diese Unterscheidung verwische [vgl. Black 1937, 430 und 432]. Nach Ansicht Blacks reden Russells Ausführungen einer Abkehr von der „traditionellen Logik" das Wort.[4] Wenn wir uns, wie Russell sagt, präzise Symbole „imaginieren" können, so müßten wir sie nach Black auch konstruieren können, und wenn „*alle* Symbole vage seien", könnten wir sie nicht einmal imaginieren. Black schlägt demgegenüber eine explizite „Symbolisierung" von Vagheit auf der Basis sogenannter *„Konsistenzprofile"* vor [vgl. insbesondere Black 1937, 434, 451ff.].

Die von Peirce beschriebene Entscheidungsunsicherheit eines Interpreters gegenüber dem Sprachgebrauch eines Sprechers wird von Black dahingehend operationalisiert, daß er die Vagheit eines Symbols über die Häufigkeiten zu messen versucht, mit denen verschiedene Sprachbenutzer das Symbol (s) auf die Objekte (x) einer vorgegebenen Objektserie (O) anwenden [Black 1937, 442]. Jeder Sprachbenutzer erhält lediglich die Möglichkeit, die Anwendbarkeit zu bejahen (positiv) oder zu verneinen (negativ). Die Vagheit wird also über die Häufigkeiten der Ja/Nein-Antworten zu messen versucht. Die so ermittelten Daten legen für ein Symbol s eine Konsistenzfunktion c fest, die jedem Objekt (x) der Serie den Quotienten der Häufigkeiten positiver ($h_p(x, s)$) und negativer Antworten ($h_n(x,s)$ zuordnet.[5] Die resultierende Wertetabelle läßt sich graphisch in einem Koordinatensystem veranschaulichen. Verbindet man die Punkte, so erhält man einen Polygonzug, den Black als *„Konsistenzprofil"* des Symbols s bezüglich der Objektserie O bezeichnet [Black 1937, 443]. Diese empirisch ermittelten Konsistenzprofile sollen dazu dienen, Vagheit zu beschreiben, also ei-

---

4 „To say, as Russell does, that »all traditional logic habitually assumes that precise symbols are being employed. It is therefore not applicable to this terrestial life, but only to imagined celestial existence« is to abandon »traditional logic.«" [Black 1937, 438]

5 Die Funktionsgleichung lautet demzufolge: $c(x,s) = h_p(x,s) / h_n(x,s)$. Auf die mathematischen Eigenschaften dieser Funktion, insbesondere darauf, daß sie für $h_n(x,s) = 0$ undefiniert ist, geht Black nicht ein.

ne *deskriptive* Funktion erfüllen. In Blacks Ausführungen ist jedoch zugleich eine *präskriptive* Verwendung angelegt, da das Konsistenzprofil zum Maßstab eines *korrekten* Sprachgebrauchs gemacht wird [vgl. Black 1937, 446].

Familienähnlichkeiten (Wittgenstein)

Wittgenstein hat in seinen *„Philosophischen Untersuchungen"* den Begriff der *„Familienähnlichkeit"* eingeführt, um die seines Erachtens unüberwindbaren Probleme zu vermeiden, die sich stellen, wenn man die Bedeutung eines Wortes über das Gemeinsame aller Erscheinungen, die es bezeichnet, zu bestimmen versucht. Seine Änderung der Fragestellung erläutert er zunächst anhand der Frage nach dem Wesentlichen der Sprache:

> „Statt etwas anzugeben, was allem, was wir Sprache nennen, gemeinsam ist, sage ich, es ist diesen Erscheinungen garnicht Eines gemeinsam, weswegen wir für alle das gleiche Wort verwenden, – sondern sie sind miteinander in vielen verschiedenen Weisen *verwandt*. Und dieser Verwandtschaft, oder dieser Verwandtschaften wegen nennen wir sie alle »Sprachen«." [Wittgenstein 1984, §65, 277]

Wittgenstein demonstriert dies anhand der „Vorgänge, die wir »Spiel« nennen". In einem sukzessiven Vergleich verschiedener Brett-, Karten-, Ball- und Kampfspiele führt er vor, daß viele „Ähnlichkeiten" – etwa im Hinblick auf die Unterhaltsamkeit, das Gewinnen und Verlieren, die Konkurrenz der Spielenden oder die Rolle von Geschick und Glück – „auftauchen und verschwinden":

> „Wir sehen ein kompliziertes Netz von Ähnlichkeiten, die einander übergreifen und kreuzen. Ähnlichkeiten im Großen und Kleinen. Ich kann diese Ähnlichkeiten nicht besser charakterisieren als durch das Wort »Familienähnlichkeiten«; denn so übergreifen und kreuzen sich die verschiedenen Ähnlichkeiten, die zwischen den Gliedern einer Familie bestehen: Wuchs, Gesichtszüge, Augenfarbe, Gang, Temperament, etc. etc. – Und ich werde sagen: die ›Spiele‹ bilden eine Familie." [Wittgenstein 1984, §§66-67, 277f.]

Daß man das allen Spielen Gemeinsame, und somit die Grenzen des Begriffsumfangs, nicht angeben kann, heißt nach Wittgenstein nicht, daß man – *für bestimmte Zwecke* – keine Grenzen ziehen kann. Und daß die Anwendung des Wortes „nicht überall von Regeln begrenzt" wird, erlaubt nicht den Schluß, daß seine Anwendung überhaupt keinen Regeln unterworfen wäre. Wittgenstein betont überdies, daß es nicht *Unwissenheit* sei, „genau" sagen zu können, „was ein Spiel ist", und daß ein Begriff *nicht erst durch scharfe Grenzziehung brauchbar* werde:

> „Wir kennen die Grenzen nicht, weil keine gezogen sind. Wie gesagt, wir können – für einen besonderen Zweck – eine Grenze ziehen. Machen wir dadurch den Begriff erst brauchbar? Durchaus nicht! Es sei denn, für diesen besondern Zweck." [Wittgenstein 1984, §69, 279]

Auf die Frage, ob ein „verschwommener Begriff" überhaupt Begriff genannt werden könne, antwortet Wittgenstein mit der Gegenfrage, ob es denn „sinnlos" sei, „zu sagen: »Halte dich ungefähr hier auf!«", und dabei eine entsprechende Gestik zu machen. [Wittgenstein 1984, §71, 280]

1.1.2 Relationen zwischen vagen Kategorien und ihren Elementen

Kognitionspsychologische Untersuchungen

In den 70er Jahren wurden in den USA eine Reihe kognitionspsychologischer Experimente zur Untersuchung natürlichsprachlicher Kategorien durchgeführt.[6] Labov hat in verschiedenen Experimenten Versuchspersonen tassenähnliche Figuren vorgelegt, um die Grenzen der Kategorie „Tasse" zu untersuchen [vgl. Anderson 1988, 124f.]. Die Untersuchungsergebnisse werden als Beleg dafür gedeutet, daß natürlichsprachliche Kategorien keine klaren Grenzen aufweisen und daß die Beurteilung der Kategorienzugehörigkeit kontextabhängig ist [vgl. Anderson 1988, 125]. Eines der Experimente von Labov weist den Prozentsatz der Versuchspersonen, die eine Figur als Tasse und nicht als Schüssel identifizierten, als eine Funktion des Verhältnisses von Durchmesser zu Tiefe aus: der Prozentsatz verringert sich erwartungsgemäß mit zunehmenden relativen Durchschnitt. Ein Großteil kognitionspsychologischer Untersuchungen zu natürlichsprachlichen Kategorien wurde von Rosch und ihren Mitarbeitern durchgeführt. Sie versuchten sowohl die unterschiedliche kognitive Effizienz verschiedener Abstraktionsniveaus von Kategorien („vertikale Dimension") als auch die interne „Struktur" und Graduierung von Kategorienzugehörigkeiten („horizontale Dimension) zu klären.

Rosch und ihre Mitarbeiter wenden sich gegen die traditionelle Annahme, die Kategoriezugehörigkeit sei ein Alles-Oder-Nichts-Phänomen, vielmehr hätten die meisten, wenn nicht alle Kategorien keine scharfen Ränder [vgl. u.a. Rosch and Mervis 1975, 573f.; Rosch 1978, 316]. In einem Experiment wurden die Versuchspersonen aufgefordert, auf einer Skala von 1 bis 7 anzugeben, in welchem Maß die vorgegebenen Objekte ihrer „Idee oder ihrem Bild" der vorgegebenen Kategorie entsprächen. Die Antworten wiesen verschiedenen Objekten unterschiedliche Werte zu, die als *Grade der Prototypizität* gedeutet werden.[7]

Rosch unterscheidet drei Abstraktionsstufen und ihnen entsprechende Kategorientypen, nämlich Kategorien der *Basisebene* (engl.: *basic level categories*) sowie ihnen *übergeordnete* (engl.: *superordinate*) und *untergeordnete*

---

[6] Vgl. insbesondere Rosch und Mervis [1975], Rosch [1978], Hersh und Caramazza [1976]. Weitere Literaturhinweise sowie einen kurzen Überblick über Fragestellungen und Resultate dieser Untersuchungen bieten Anderson [1988, 122ff.] und Aebli [1988, 238ff.].

(engl.: *subordinate*) Kategorien [vgl. Rosch 1978, 313f.]. Die Kategorien der Basisebene (beispielsweise *„Tisch"*) zeichnen sich durch ein Höchstmaß an „kognitiver Effizienz" aus, nämlich insofern, als daß ihre Elemente viele Merkmale miteinander gemeinsam haben, während sie sich deutlich von den Elementen kontrastierender Kategorien unterscheiden. Die Elemente übergeordneter Kategorien (beispielsweise *„Möbel"*) haben vergleichsweise wenig gemeinsame Merkmale, während die Elemente untergeordneter Kategorien (beispielsweise *„Küchentisch"*) viele Merkmale aufweisen, die sie mit Elementen kontrastierender Kategorien (beispielsweise *„Eßtisch"*) teilen.

Rosch und Mervis [1975] haben mehrere Experimente durchgeführt, um herauszufinden, ob eine Korrelation zwischen Prototypizität und Familienähnlichkeit besteht. Wittgensteins Begriff der Familienähnlichkeit wird dabei über die Menge gemeinsamer Merkmale von Objekten gleicher Kategorie operationalisiert. Um den *„Grad der Familienähnlichkeit"* zu messen, wurden den Versuchspersonen Objekte unterschiedlichen Prototypizitätsgrades mit der Aufforderung vorgelegt, Attribute anzugeben, die ihres Erachtens dem Objekt zukommen. Als Basismaß des Familienähnlichkeitsgrades eines Objekts wurde dann die Summe der gewichteten Anzahl an Attributen gewählt, die ihm zugeschrieben worden waren. Das Attributgewicht war dabei über die Häufigkeit, mit der jedes Attribut genannt wurde, festgelegt [vgl. Rosch and Mervis 1975, 580]. Ihre Befunde stützen die Hypothese, *daß die prototypischsten Elemente einer Kategorie die größte „Familienähnlichkeit" (i.e. größte Menge gemeinsamer Merkmale) mit Elementen der gleichen Kategorie und die geringste „Familienähnlichkeit" (i.e. kleinste Menge gemeinsamer Merkmale) mit Elementen anderer („kontrastierender") Kategorien aufweisen.* [Vgl. Rosch and Mervis 1975, 582ff., 598f.]

Zur Unterscheidung von Zugehörigkeit, Typizität und Prototypizität

In vielen Untersuchungen zu natürlichsprachlichen Kategorien und ihren Grenzen werden die Begriffe „Typizität", „Prototypizität" und „Zugehörigkeit" in undifferenzierter Weise verwandt. In dem Bestreben, Ansätze der Fuzzy-Mengentheorie und Prototypentheorie miteinander zu vermitteln, hat Fuhrmann versucht, diese Begriffe voneinander abzugrenzen [vgl. Fuhrmann 1988a,b; 1991].

---

[7] Darüber, wie das in den Experimenten Gemessene gedeutet und benannt werden soll, besteht (wie so oft) eine gewisse Konfusion. Anderson [1988, 123] spricht von dem „Grad der Zugehörigkeit zu einer Kategorie" und einer „Abstufung von weniger typischen hin zu typischen Mitgliedern einer Kategorie". Rosch und Mervis sprechen von mehr oder weniger „prototypischen" („more/less prototypical") sowie den „prototypischsten" („most prototypical") und „typischsten" („most typical") Objekten [Rosch and Mervis 1975, 574f, 582f.]; der Begriff Prototyp wird von ihnen mit „klarste Fälle" und „beste Beispiele einer Kategorie" erläutert [Rosch and Mervis 1975, 574]. Der Ausdruck „Prototypizitätsgrad" („degree of prototypicality") findet sich beispielsweise in [Rosch 1977, 316]. Auf die Unterscheidung von „Typizität", „Zugehörigkeit" und „Prototypizität" wird weiter unten eingegangen.

Fuhrmann weist darauf hin, daß Zugehörigkeit (membership) und Typizität (typicality) zwar zwei eng miteinander verwandte Relationen sind, daß sich jedoch keine allgemeingültige logische Beziehung zwischen den Zugehörigkeiten der gleichen Elemente zu den Konzepten „*A*" und „typisch *A*" finden lasse [Fuhrmann 1988a, 322]. Er demonstriert dies an den Konzepten „Schwede" und „typischer Schwede".

So sei es akzeptabel, die Zugehörigkeit zur Kategorie „Schwede" über die „Geburt", „Nationalität der Eltern", „Staatsangehörigkeit" und den „Wohnsitz" festzulegen. Da die Bedingungen teilweise erfüllt sein können (sei es beispielsweise, daß nur ein Elternteil „schwedischer" Nationalität ist, sei es, daß jemand zwei Wohnsitze in verschiedenen Ländern hat), können sich unterschiedliche Grade der Zugehörigkeit ergeben. Und es sei ebenso plausibel, dem Zugehörigkeitsgrad zur Kategorie „typischer Schwede" die Kriterien „Größe", „athletischer Körperbau", „helles Haar", „helle Haut", „blaue Augen" und „skandinavische Einstellungen" zugrunde zu legen. Da beide Kategorien aufgrund unterschiedlicher (weitgehend unabhängig voneinander erfüllbarer) Kriterien definiert sind, ist es möglich, daß der Zugehörigkeit einer Person zur Kategorie „Schwede" größer oder kleiner ist als der Zugehörigkeitsgrad zur Kategorie „typischer Schwede" [Fuhrmann 1988a, 323].

Als „Prototyp" werden in der Kognitiven Psychologie ausgezeichnete Elemente einer Kategorie bezeichnet. Unstrittig scheint zu sein, daß diese Elemente im höchsten Maße „repräsentativ" sind für die Kategorie, der sie angehören. Rosch und Mervis [1975, 574] verstehen unter Prototypen die „klarsten Fälle" und „besten Beispiele einer Kategorie". Tversky definiert die Prototypizität (P) eines Objekts a bezüglich einer Klasse Λ als eine lineare Kombination zweier Maße, nämlich einem Maß für Merkmale, die a mit den anderen Elementen von Λ gemeinsam hat, und einem Maß für Merkmale, die a mit den anderen Elementen von Λ nicht teilt. Als Prototypen werden dann alle Objekte bezeichnet, die die maximale Prototypizität erreichen [vgl. Tversky 1977, 300]. Grob gesagt sind demnach Prototypen die Elemente einer Klasse, die gegenüber anderen Elementen der Klasse ein Maximum an Übereinstimmungen und ein Minimum an Unterschieden aufweisen. Fuhrmann plädiert dafür, den Begriff Prototyp über eine Funktion zu definieren, die die *wechselseitige* Repräsentativität zwischen dem Element und der Kategorie maximiert:

> „The element *p* is a prototype in the category *A* if and only if (1) *p* possesses maximal degree of membership in *A* (i.e., *p* represents *A*), and (2) the membership in *A* has the maximal cognitive efficiency in categorizing *p* (i.e., *A* represents p)." [Fuhrmann 1988a, 328]

Mit Bezug auf eine empirische Untersuchung zu den Kategorien „*gerade Zahl*" und „*ungerade Zahl*" weist Furhmann darauf hin, daß *maximale Repräsentativität* und *maximale Zugehörigkeit* nicht identisch sind [Fuhrmann 1988a, 326]: So werden kleine ungerade Zahlen (beispielsweise „*7*") als „*repräsentativer*" eingestuft als große ungerade Zahlen (beispielsweise „*1485*"). Die Frage, worin die Differenz zwischen kleinen und großen ungeraden Zahlen liege, wird damit beantwortet, daß die kleinen Zahlen *einfacher* seien: sie bestünden aus weniger Ziffern und es gäbe weniger über sie zu sagen. Selbst wenn man bezweifelt, ob die „Einfachheit" das einzige oder entscheidende Kriterium dafür ist, prototypische Elemente von anderen Elementen mit maximaler Kategoriezugehörigkeit zu unterscheiden (man denke etwa an die Vorkommenshäufigkeit, Beliebtheit oder lebenspraktische Bedeutung von Prototypen), so wird man doch nicht bestreiten, daß Prototypen mehr auszeichnet als die maximale Zugehörigkeit zu einer Kategorie und daß Einfachheit ein relevantes Merkmal von Prototypen ist.

Die kognitionspsychologischen Untersuchungen belegen, daß die Funktion natürlichsprachlicher Kategorien nicht auf eine zweiwertige Prädikatfunktion reduzierbar ist, die eine Menge infragestehender Objekte in zwei disjunkte Teilmengen unterteilt, nämlich die Menge der Elemente, die der Kategorien zugehören und die Menge der Elemente, die ihr nicht zugehören. Sie verdeutlichen vielmehr, daß zwischen natürlichsprachlichen Kategorien und ihren Elementen graduierbare Relationen mit unterschiedlicher Semantik existieren. Die Untersuchungen stützen die Annahme, daß „Familienähnlichkeiten" ein alternatives Prinzip der Kategorienbildung sind. Die Graduierung von Kategorienzugehörigkeiten kann demzufolge nicht nur auf verschiedenen Ausprägungsgraden eines bestimmten Merkmals beruhen, sondern auch auf Ähnlichkeiten bezüglich einer unbestimmten Menge von Merkmalen, von denen keins allen Elementen der Kategorie gemeinsam ist.

1.1.3 Zweckmäßigkeit von Vagheit und Präzision

In den referierten philosophischen Abhandlungen wurde herausgearbeitet, daß die Vagheit natürlichsprachlicher Aussagen mit der klassischen Aussage- und Prädikatenlogik unvereinbar ist. Von diesem Standpunkt aus betrachtet erscheint die natürliche Sprache wegen der ihr inhärenten Vagheit als mangelhaft. Und umgekehrt wird deutlich, daß die Fiktion vollkommener Präzision kein bloße Phantasmagorie realitätsentrückter Philosophen ist, sondern ein Wesenszug der klassischen Logik, einer Logik also, deren praktische Nützlichkeit vernünftigerweise niemand bestreiten wird. Es ist daher nicht verwunderlich, daß die Idee einer vollkommenen Sprache für logikorientierte Philosophen bestimmend wurde. Andererseits sollte nicht übersehen werden, daß in der Grundlegung des Projekts der idealen Sprache auch die Nützlichkeit der Vagheit vermerkt worden ist. Besonders anschaulich hat dies Frege in seiner Analogie von Sprache und Hand zum Ausdruck gebracht:

> „Die hervorgehobenen Mängel haben ihren Grund in einer gewissen Weichheit und Veränderlichkeit der Sprache, die andererseits Bedingung ihrer Entwicklungsfähigkeit und vielseitigen Tauglichkeit ist. Die Sprache kann in die-

ser Hinsicht mit der Hand verglichen werden, die uns trotz ihrer Fähigkeit, sich den verschiedensten Aufgaben anzupassen, nicht genügt. Wir schaffen uns künstliche Hände, Werkzeuge für besondere Zwecke, die so genau arbeiten, wie die Hand es nicht vermöchte. Und wodurch wird diese Genauigkeit möglich? Durch eben die Starrheit, die Unveränderlichkeit der Teile, deren Mangel die Hand so vielseitig geschickt macht." [Frege 1882, 94]

Und Russell hat, wie erwähnt (vgl. 6), angemerkt, es sei wahrscheinlicher, daß eine vage Aussage wahr sei als daß eine präzise Aussage wahr sei. Die Einsicht in die Nützlichkeit bleibt jedoch dem eigenen Forschungsprogramm äußerlich. Für Philosophie und Wissenschaft erscheint Vagheit nicht nützlich, sondern schädlich.

Schaff entwirft demgegenüber eine alternative Perspektive. Grundlegend dafür ist seine „ontologische" Analyse des Vagheitsphänomens. Aus dieser Sicht erscheint die Vagheit als notwendiges Moment von Klassifizierungen, bei denen für bestimmte Lebenszwecke „wesentliche" von „unwesentlichen" Merkmalen der Realität unterschieden werden, also von Realabstraktionen, die für die menschliche Form der Lebenspraxis unabdingbar sind [vgl. Schaff 1974, 230].[8] Schaff betont, daß die Sprache Möglichkeiten biete, die für konkrete Zielsetzungen notwendige Präzision zu erlangen, die Konstruktion einer „vollkommenen" Sprache komme indes einer Quadratur des Kreises gleich, sie sei nicht nur unmöglich und unnötig, sondern „geradezu hinderlich":

> „Wir vermögen es nicht, eine Sprache zu konstruieren, deren Ausdrücke absolut präzis wären, aber wir bedürfen dieser Konstruktion auch gar nicht. Wir sind schließlich fähig, die Ausdrücke mit Hilfe verschiedener Mittel bis zu den uns konkret notwendigen Grenzen zu präzisieren und solche unbestimmten Ausdrücke in exakter Weise zu handhaben. ... Vor allem ist es notwendig, klar zu sehen, daß diese mühselige Quadratur des Kreises ... nicht nur unnötig, sondern geradezu hinderlich ist. Die Grenzen der Exaktheit des Sich-Ausdrückens hängen vor allem von dem Ziel ab, das wir jeweils der Erkenntnis setzen. Messungen mit Hilfe eines Elektronenmikroskops sind für die Bedürfnisse des täglichen Lebens nicht nur nicht nötig, sondern würden uns auch bei unserem Handeln hinderlich sein." [Schaff 1974, 240]

Schaff wendet sich nicht prinzipiell gegen Präzision, sondern ausschließlich gegen eine übertriebene probleminadäquate Präzision. Dies gilt auch für die Wissenschaft [vgl. Schaff 1974, 241f.]. Wenn die Wissenschaft es erforderlich mache, könne man die Fiktion der idealen Exaktheit einführen, in dem Sinne wie man in der Geometrie die Fikition eines idealen (also ausdehnungslosen) Punktes eingeführt habe. Dies sei aber nicht für alle Forschungszwecke notwendig und nützlich. Entscheidend ist die Einsicht in die Notwendigkeit, eine den jeweiligen Problemen und Zwecksetzungen adäquate Präzision und Sprache zu wählen:

---

[8] Vgl. hierzu auch Holzkamps genetische Rekonstruktion der Sprache aus „Kommunikationsnotwendigkeiten kooperativer Lebensgewinnung" [Holzkamp 1983, 222ff.].

> „Wir können und sollen nach Präzision der Ausdrucksweise und Exaktheit der verwendeten Ausdrücke streben, doch je nach den Bedürfnissen, die uns das gesteckte Ziel diktiert. Man sollte dabei immer bedenken, daß die Schärfung von Werkzeugen niemals ein Ziel in sich ist. Übertreibung bis zum Vergnügen an der »Schärfung« der von uns verwendeten Ausdrücke ist nicht weniger schädlich als Sorglosigkeit bei der Verwendung unbestimmter Ausdrücke und verschwommener Aussagen." „Denn etwas anderes ist das utopische Postulat absoluter Exaktheit von Aussagen und absoluter Präzision von Ausdrücken, und etwas anderes das reale und richtige Postulat einer optimalen Exaktheit und Präzision, das den Bedürfnissen der einzelnen Gebiete und Probleme adäquat ist." [Schaff 1974, 242f.]

Daß vagere Formulierungen gegenüber präziseren nicht nur im Alltag, sondern gelegentlich selbst in der Wissenschaft bevorzugt werden sollten, mag befremdlich erscheinen. Man sollte sich jedoch klar machen, daß der Wissensstand keineswegs selten – und vermutlich viel häufiger als dies eingestanden wird – keine präzisen Aussagen legitimiert und präzise Formulierungen sogar der weiteren Erkenntnisgewinnung abträglich sein können. Minskys berühmter Aufsatz über „Frames" [vgl. Minsky 1975] mag als Beispiel für die potentiell erkenntnisfördernde Wirkung einer „optimalen" Vagheit dienen. Minsky selbst jedenfalls hat die Wirkungsmächtigkeit seines Aufsatzes auf das richtige Vagheitsmaß zurückgeführt:[9]

> „Diese Arbeit beeinflußte das folgende Jahrzehnt der Forschungen über Artifizielle Intelligenz, obwohl sich die meisten Leser darüber beklagten, diese Erklärungen seien zu vage. In der Rückschau scheint es jedoch, als hätten diese Erklärungen genau die richtigen Ebenen-Gruppen des Details gehabt, um den Bedürfnissen jener Zeit entgegenzukommen; das erklärt die Wirkung dieses Aufsatzes. Wäre die Theorie eine Spur vager gewesen, würde man sie ignoriert haben; hätte ich sie hingegen detaillierter beschrieben, wäre sie vielleicht von anderen Wissenschaftlern »getestet« worden, statt daß sie ihre eigenen Ideen beigesteuert hätten." [Minsky 1990, 259]

Vage Formulierungen können vielfältige Anschlußmöglichkeiten für verschiedene Weiterentwicklungen schaffen. Oft erlaubt der Kenntnisstand nur sehr vage Eingrenzungsversuche oder grobe Richtungsbestimmungen zur Bearbeitung oder Verschiebung einer Problemstellung. Vage Formulierungen lassen sich als kognitive Gravitationsfelder begreifen, die sich teils verstärken, teils aufheben und – je nach Beschaffenheit und Gewicht der Gedanken, Fragestellungen und Problemanordnungen, die in ihren Wirkungsbereich eindringen – unterschiedliche semantische Bahnungseffekte hervorrufen, Bahnungseffekte, die ihrerseits Transformationen des Frage- und Antwortraums induzieren können.

---

9 Daß der Begriff „Frame" (wörtlich: „Rahmen", sinngemäß: „Erwartungsrahmen") eine bemerkenswerte Bedeutungsentleerung erfahren hat, steht auf einem anderen Blatt, und läßt sich weit weniger aus der Vagheit einiger Formulierungen denn aus fehlender Lektüre und den – auch in akademischen Handlungszusammenhängen geltenden – Gesetzmäßigkeiten der Warenästhetik erklären.

In diesem Sinn ist Vagheit ein Wesenszug der Erkenntnisgewinnung, und dies trifft nicht nur auf sogenannte „weiche" Wissenschaften wie Soziologie zu. In einem Aufsatz über das Unbewußte in der Mathematik hat Papert [1985, 197-214] sich gegen den Mythos einer mathematischen Arbeitsweise, die „dem engen logischen Pfad von Wahrheit zu Wahrheit" folgt, gewandt [Papert 1985, 202]. Mathematisches Arbeiten folge vielmehr „Umleitungen durch den umliegenden Sumpf von Thesen, die weder nur völlig wahr noch falsch sind" [w.o.]. Papert bezieht sich darin auf den französischen Mathematiker Poincaré, nach dessen Auffassung der „Mathematiker in Wirklichkeit von einem ästhetischen Sinn geleitet" [Papert 1985, 202] wird.

Daß Mathematik und Naturwissenschaften geradezu als Inbegriff der Präzision imaginiert werden, hängt nicht nur mit einem „geschönten" Bild ihrer Methodik zusammen, sondern überdies mit theoretisch nicht gerechtfertigten Interpretationen ihrer Anwendungsergebnisse. Gleitpunktzahlen mit über ein Dutzend Stellen hinter dem Komma täuschen oft Genauigkeiten vor, die schon aufgrund technisch unvermeidlicher Meßfehler und in der maschinellen Gleitpunktarithmetik auftretender Rechenfehler irreal sind. Mehr noch: selbst die exaktesten Messungen und Rechnungen bieten kein genaues Bild der Realität, wenn das Modell selbst – und dies ist eher die Regel als die Ausnahme – auf drastischen Idealisierungen realer Wirkungszusammenhänge beruht.[10] Über die Relation zwischen Modell und Realität existieren häufig nur äußert verschwommene Vorstellungen.

So wichtig es ist, darauf hinzuweisen, daß viele Trugschlüsse durch die Vagheit der Sprache bedingt sind und daß vage Formulierungen geeignet sind, Unwissenheit und mangelnde Denkschärfe zu kaschieren, oder umgekehrt, bekannte Informationen – mit oder ohne betrügerische Absicht – zu verschleiern, so notwendig ist es eben auch, zu erkennen, daß vage Formulierungen erkenntnisfördernd wirken können und der adäquate Ausdruck „unvollkommenen" Wissens sein können. Selbst die Messungen der genauesten physikalischen Instrumente dürfen, streng genommen, nur als *ungefähre* Größen interpretiert werden, und es ist im allgemeinen wissenschaftlich nicht legitim, zu behaupten, eine Schadstoffkonzentration sei dann und nur dann gesundheitsgefährdend, wenn ein bestimmter Schwellwert überschritten wird. Durch präzise Formulierungen den Eindruck zu wecken, die Wirkungszusammenhänge seien exakt bekannt, kann lebensgefährdend wirken. In derartigen Fällen spiegeln präzise Angaben den tatsächlichen Wissensstand ungenauer wider als vage. Die Präzision einer Aussage sollte daher die Präzision des Kenntnisstands nicht übersteigen. Umgekehrt jedoch kann es durchaus Sinn machen, ja sogar notwendig sein, auf Präzision zu verzichten. Es kann legitim sein: Denn Wissen, das nach dem Maßstab absoluter Präzision „unvollkommen" ist, kann den Anforderungen einer

[10] Eine konkrete Beschreibung derartiger Idealisierungen anhand eines klassischen Problems der Regelungstechnik wird in Kapitel 11 gegeben (vgl. 374ff.).

konkreten Aufgabenstellung durchaus „vollkommen“ genügen. Und es kann notwendig sein: Denn der Gebrauch vager Kategorien erlaubt, Zusammenhänge zu vereinfachen und die Komplexität von Problemen zu reduzieren.

1.2 Relevanz und Spektrum der Fuzzy-Mengentheorie

Zadeh hat das Konzept Fuzzy-Menge eingeführt, um natürlichsprachlich formuliertes Wissen einer formalen Modellierung und computertechnischen Verarbeitung zugänglich zu machen. Dazu dient primär eine mathematische Beschreibung von Teilaspekten der Vagheit natürlichsprachlicher Kategorien, nämlich ihrer Randbereichsunschärfen. Die Fuzzy-Mengentheorie ließe sich demzufolge als eine mathematische Theorie zur Modellierung unscharfen Wissens begreifen. Seit ihrer Grundlegung Mitte der 60er Jahre hat sich die Fuzzy-Mengentheorie stark ausdifferenziert und in vielfachen Richtungen weiterenwickelt. Heute steht der Begriff Fuzzy-Mengentheorie für eine kaum überschaubare Menge von Konzepten, Theorien, Formalismen und konkreten Modellierungsvorschlägen, in denen es sowohl um unscharfes als auch um unsicheres Wissen geht. Bevor die Bedeutung derartiger Modellierungsansätze erörtert, das Spektrum der Fuzzy-Mengentheorie skizziert wird und bevor – beginnend mit der formalen Einführung des Begriffs Fuzzy-Menge im nächsten Kapitel – grundlegende Konzepte und Inferenzmethoden der Fuzzy-Mengentheorie definiert und diskutiert werden, sollen hier vorab einige allgemeinere Begriffe erläutert werden, die für das Verständnis dieser Abhandlung nützlich sind.

1.2.1 Begriffserläuterungen

Modell

Das Wort *„Modell“* (Muster, Form, Vorbild, Entwurf) hat um 1600 als Fachwort der bildenden Künste ins Deutsche Eingang gefunden [vgl. Duden Etymologie, Modell]. Es leitet sich aus dem italienischen „modello“ ab, das seinerseits auf das lateinische „modulus“ (Maß, Maßstab) zurückgeführt wird. In der Bildhauerei wird die Urform einer Skulptur und deren Gipsabguß als „Modell“ bezeichnet. „Modellieren“ bedeutet demgemäß soviel wie ein „Muster formen“. In der Architektur steht „Modell“ für eine vereinfachte Darstellung eines Bauwerks in einem stark verkleinerten Maßstab. Man bezeichnet demgemäß unter bestimmten Gesichtspunkten vereinfachende Vor- oder Nachbildungen von Objekten als Modelle. Modelle spiegeln einen Teil der Struktur- und Funktionsmerkmale der Gegebenheit wider, von dem sie ein Modell sind.

In der Wissenschaft bezieht sich der Modellbegriff meist auf theoretische Konstruktionen. Es ist zu beachten, daß der Modellbegriff in den verschiedenen

Disziplinen – oft sogar innerhalb einer Disziplin – nicht einheitlich definiert und gebraucht wird.[11] In dieser Arbeit wird, sofern nicht ausdrücklich auf eine andere Bedeutung hingewiesen wird, der Modellbegriff im Sinn einer *vereinfachenden Repräsentation* von Gegebenheiten (Objekte, Relationen, Ereignisse, Prozesse) gebraucht.[12]

Wissenschaftliche Modelle können unterschiedlichen Zwecken dienen. Die *Beschreibung* realer Zusammenhänge in Form eines Modells kann der Verständigung über Sachverhalte sowie der Überprüfung und Entwicklung wissenschaftlicher Theorien dienen. Viele Modelle werden direkt zur *Erklärung* eingesetzt. Aufgrund dieser verschiedenen Funktionen unterscheidet man zwischen „deskriptiven" und „explikativen" Modellen. Nicht minder bedeutend sind Modelle, die theoretisch begründete *Schätzungen* über Zustände erlauben, für die keine direkten Informationen zugänglich sind. Geht es dabei um zukünftige Ereignisse, so spricht man von *Prognose*-Modellen. Modelle, die Vorgänge in ihrer Dynamik simulieren (hier: „nachbilden" oder „vorbilden"), werden Simulationsmodelle genannt. Simulationsmodelle können deskriptiven, explikativen oder prognostischen Zwecken dienen und werden sowohl in mathematisch-naturwissenschaftlichen wie sozialwissenschaftlich-geisteswissenschaftlichen Fachgebieten eingesetzt. Weitere Unterscheidungen von Modellarten leiten sich aus der Beschaffenheit des modellierten Gegenstandsbereichs oder der zugrundegelegten Theorie ab: so spricht man beispielsweise von „kausalen", „probabilistischen" oder „kognitiven" Modellen und differenziert in den Sozialwissenschaften zwischen „Mehr-Personen-Modellen" (insbesondere „Zwei-Personen-Modellen") und Modellen, in denen von den einzelnen Akteuren abstrahiert wird, sogenannten „aggregierten Modellen" [vgl. Manhart 1991].

Im vorliegenden Kontext sind insbesondere die Kategorien „formales Modell" und „operationales Modell" von Bedeutung. Unter die Kategorie *„formales Modell"* werden alle Modelle subsumiert, die in einer formalen Sprache (z.B. Programmiersprachen, Sprachen einer mathematischen Logik) beschrieben werden. Unter der Kategorie *„operationales Modell"* sollen Modelle subsumiert werden, die unmittelbar dazu benutzt werden können, Operationen durchzuführen, die der modellierten Gegebenheit zugeschrieben werden. So kann man etwa zwischen einem operationalen und nicht-operationalen Modell eines einsatztauglichen Motorflugzeugs unterscheiden, selbst dann, wenn beide Modelle äußerlich gleich erscheinen. Als operationales Modell kann in diesem Fall ein „Modellflugzeug" dienen, das im Gegensatz zu einem nicht-operationalen Modell flugtüchtig ist, also eine zweckgemäß leichte und stabile Konstruk-

---

[11] Lewandowski [1985a, Modell, 691] berichtet beispielsweise von einer Untersuchung, die allein in der Linguistik 30 verschiedene Verwendungsweisen von „Modell" ausfindig gemacht hat.

[12] Eine exemplarische naturwissenschaftlich-mathematische Modellbildung wird in Kapitel 11 diskutiert (vgl. 374ff.). In Kapitel 13 wird der Modellbegriff der Prädikatenlogik eingeführt (vgl. 454).

tion sowie einen funktionstüchtigen Verbrennungsmotor und ähnliches mehr besitzt. Dieser Begriff des operationalen Modells ist nicht auf technische Anwendungen beschränkt. Er läßt sich sowohl auf das Gebiet der Kognition (i.e. Wahrnehmungs- und Denkprozesse) als auch auf das Gebiet gesellschaftlicher Funktions- und Wirkungszusammenhänge, insbesondere sozialer Interaktionen, übertragen. Modelle, die in einer formalen Sprache beschrieben sind, können – müssen aber nicht – operationale Modelle sein.

Modellierung

Mit dem Ausdruck „*Modellierung*" werden die Vorgänge bezeichnet, die zu einem Modell führen, also die Erstellung oder Bildung eines Modells. Modellierung und Modellbildung werden demgemäß synonym gebraucht. Wenn von einer Modellierung die Rede ist, muß jedoch nicht immer der Prozeß selbst im Mittelpunkt stehen, vielmehr ist es üblich, die Aufmerksamkeit auf das Resultat, also das Modell selbst zu richten, und es in Relation zu dem zu setzen, was es repräsentieren soll, so wie man von einer guten oder schlechten Übersetzung spricht und dabei beurteilt, inwieweit ein Text in einer Sprache (die Übersetzung) einem Text in einer anderen Sprache (Ausgangstext) in bestimmten Aspekten gleicht. Die Güte einer Modellierung läßt sich nur in Relation zu ihrer Funktion innerhalb bestimmter Anwendungskontexte beurteilen.

Wissensrepräsentation, Wissensrepräsentationsformalismen

Wissen kann auf sehr unterschiedliche Weise dargestellt (repräsentiert) werden, in Form der natürlichen Sprache oder in Bildern beispielsweise. Die Frage, wie etwas auf eine für bestimmte Zwecke geeignete Weise repräsentiert werden soll, ist eine Leitfrage des Forschungsgebiets „Wissensrepräsentation", ein Gebiet, das primär von Forschern der Künstlichen Intelligenz, der Kognitiven Psychologie und der Kognitionswissenschaft untersucht wird.[13] Um die Bedeutung dieser Frage besser ermessen zu können, sollte man sich vergegenwärtigen, daß es von der Form, in der Wissen repräsentiert wird, abhängt, ob oder wie leicht, bestimmte Probleme bewältigt werden können.[14]

In der KI ist man besonders an Formalismen (Systeme formaler Repräsentationskonstrukte) interessiert, mit denen sich Modelle (auf einem annähernd natürlich- oder fachsprachlichen Niveau) beschreiben und maschinell verarbeiten lassen. Derartige Formalismen werden Wissensrepräsentationsformalismen

---

[13] Der Terminus „Wissensrepräsentation" (engl.: knowledge representation) wurde vermutlich Anfang der 60er Jahre von Minsky in die KI (Künstliche Intelligenz) eingeführt [vgl. Stoyan 1988b, 253]. Der Sprachgebrauch ist höchst unterschiedlich. Vgl. beispielsweise Meyer-Fujara, Puppe und Wachsmuth [1993, 716] sowie [Stoyan 1988b, 258]. Wichtige Sammelbände zu diesem interdisziplinären Gebiet wurden von Brachman und Levesque [1985], Cercone und McCalla [1987] sowie Collins und Smith [1988] herausgegeben. Kurze Einführungen zum Überblick bieten Habel [1990] sowie Strube u.a. [1993, insbesondere 329-339].

genannt. Wissensrepräsentationsformalismen beinhalten also formale Konstrukte zur Darstellung von Wissen (typischerweise Fakten- und Regelwissen in symbolischer Form) sowie Anweisungen, wie diese Konstrukte beziehungsweise die durch sie definierten formalen Modelle auszuwerten sind.[15]

Wissensbasierte Systeme, Expertensysteme

„Wissensbasierte Systeme" lassen sich als Computerprogramme begreifen, denen eine explizite Repräsentation von Wissen (Wissensbasis) zugrunde liegt und die Inferenzmechanismen beinhalten, mit denen das System Folgerungen aus dem verfügbaren Wissen (Wissensbasis) berechnen kann. Ein wissensbasiertes System wird als *„Expertensystem"* bezeichnet, wenn die Wissensbasis (theoretisches oder auf Praxiserfahrung gründendes) Fachwissen qualifizierter Fachleute (Experten) enthält, so daß das System das verfügbare Wissen fachmäßig auswerten und Systeminferenzen in fachgerechter Weise „erklären" kann. Bei den bis heute vorherrschenden Architekturen von Expertensystemen setzt sich die Wissensbasis aus einer Faktenbasis (eine Menge formalisierter Aussagen über Eigenschaften von Objekten) und einer Regelbasis (eine Menge formalisierter Konditionalaussagen) zusammen. (In Kapitel 12.1 werden derartige Systemarchitekturen ausführlich beschrieben.)

Wissensmodellierung

Der Begriff *„Wissensmodellierung"* läßt sich mit „Modellierung von Wissen" umschreiben. Wissensmodellierung ist somit ein konstruktiver (man kann auch sagen: gestalterischer) Vorgang, in dem Wissensentitäten in eine andere Form von Wissen transformiert werden. Obwohl diese erläuternden Paraphrasen dem Verständnis dienen, sind sie zu allgemein, um die Bedeutung dieses Begriffs zu ermessen, die ihm in der KI und in der vorliegenden Arbeit zukommt. Hier wie dort ist wesentlich, daß die „Wisensmodellierung" *funktional eingebunden* ist in die Entwicklung eines wissensbasierten Systems. Das resultierende Wissensmodell muß nicht notwendigerweise ein operationales Modell sein, es muß aber

---

[14] Ein geradezu klassisches Beispiel, das dies schlagend klar macht, ist die Darstellung einer Multiplikationsaufgabe mit verschiedenen numerischen Repräsentationsformen: „müssen wir eine Multiplikationsaufgabe etwa der Art 43 × 118 lösen, so befinden wir uns im Hinblick auf die zugrundeliegenden Repräsentationen – hier für Zahlen – in einem ungeheuren Vorteil gegenüber etwa den Bürgern des Römischen Reiches, deren Problem XLIII × CXVIII lautete. Der Fortschritt der »Rechenkunst« ist wesentlich mit dem Fortschritt der Zahlsysteme verbunden." [Strube u.a. 1993, 329] Vgl. auch Winston [1987, 41ff.].

[15] Erweiterungen von zwei der bedeutendsten Wissensrepräsentationsformalismen, nämlich von Produktionensystemen und Logiksystemen auf der Basis der Prädikatenlogik, werden in den Kapiteln 12 und 13 behandelt. Die in Kapitel 14.1 beschriebenen Beurteilungskriterien für Programmiersprachen und Programmiersysteme können auch als Beurteilungskriterien für Wissensrepräsentationsformalismen und Wissensrepräsentationssysteme gelesen werden.

in einer Form vorliegen, die eine Operationalisierung ermöglicht, und sollte, wenn nicht vollständig, so zumindest partiell formalisiert sein.

Es ist zwar nicht per definitionem ausgeschlossen, daß Wissensmodelle *mathematische* Modelle im herkömmlichen Sinne[16] sind oder Bestandteile von ihnen enthalten. Dies gilt jedoch als untypisch und im allgemeinen unzutreffend. Typischerweise geht es vielmehr um die Modellierung von Wissen, das in Form der natürlichen Sprache dokumentiert und kommuniziert wird, dazu gehört insbesondere auch Alltagswissen und auf Praxiserfahrung basierendes (heuristisches, assoziatives) Fachwissen. Da dieser Modellierungsansatz nicht nur numerische Daten, sondern auch qualitatives Wissen (insbesondere Fakten- und Regelwissen) in symbolischer Form einzubeziehen erlaubt, eröffnet er Wege, Unzulänglichkeiten numerisch-quantitativer Modellierungsansätze zu überwinden. Dies gilt sowohl für technische als auch für kognitive und soziale Systeme.

Im Unterschied zu dem in der Kognitiven Psychologie und Kognitionswissenschaft gängigen Begriff der *„kognitiven Modellierung"* wird mit dem Begriff der Wissensmodellierung per definitionem nicht der Anspruch erhoben, daß das resultierende Modell *„psychologisch valide"* ist im Sinne einer psychologischen Theorie (i.e. hinsichtlich Struktur, Funktions- und Wirkungsweise im Einklang mit „anerkannten" oder als „plausibel" geltenden psychologischen Theorien über menschliche Denkprozesse und das menschliche Gedächtnis steht).

Das bedeutet jedoch nicht, es sei belanglos, ob ein Wissensmodell *„kognitiv angemessen"* ist. „Kognitive Angemessenheit" in dem Sinne, daß die repräsentierten Wisseneinheiten und Inferenzstrategien auf den Sprachgebrauch und die Denkweise von Menschen abgestimmt sind beziehungsweise menschliche Kognitionsprozesse adäquat nachbilden, können durchaus erwünscht oder sogar unabdingbar sein, um die gewünschte Funktionalität zu realisieren.[17] Deshalb werden eine Reihe der in den nächsten Kapiteln dargestellten Modellierungsvorschläge auch unter dem Aspekt der „kognitiven Angemessenheit" diskutiert.

Das Thema dieser Arbeit ist zugleich allgemeiner und spezifischer als das Thema kognitive Modellierung – allgemeiner: denn es geht sowohl um kognitiv valide Modellierungen als auch Wissensmodellierungen, die dieses Kriterium nicht erfüllen, spezifischer: denn es geht nicht um beliebige Wissensarten und beliebige Modellierungsansätze, sondern vielmehr um die *formale* Modellierung von *„imperfektem"* Wissen auf der Basis der *Fuzzy-Mengentheorie*.

---

[16] Der Begriff „mathematisches Modell" wird hier, dem vorherrschenden Sprachgebrauch entsprechend, in einer relativ engen Bedeutung gebraucht. Gemeint sind primär Modelle, die in Form von Differentialgleichungssystemen beschrieben werden. Derartige Modelle werden auch als quantitative oder numerische Modelle bezeichnet. Um die Bedeutungsaspekte beider Adjektive gleichzeitig zu betonen, wird gelegentlich von quantitativ-numerischen Modellen im Unterschied zu qualitativ-symbolischen Modellen gesprochen.

Imperfektes Wissen

Wissen läßt sich je nach Standpunkt und Perspektive in eine Vielzahl von Wissensarten untergliedern [vgl. Hennings 1991, 40ff.; Kemke 1991; Freksa 1994, 162ff.]. Zum besseren Verständnis des Gegenstandsbereichs dieser Arbeit und der Fuzzy-Mengentheorie insgesamt sind die von Dubois und Prade sowie ihren Mitarbeitern vorgeschlagenen kategorialen Unterscheidungen hilfreich. Entscheidend ist dabei, daß zwischen *„unsicherem"* und *„unscharfem"* Wissen unterschieden wird [vgl. Lebailly et al. 1987, 127; Dubois and Prade 1988b, 1ff.].[18]

Wissen ist unscharf aufgrund der Verwendung von Kategorien, für deren Anwendung keine genaue (scharfe) Grenze festgelegt ist, so daß sie nicht einfach ein Schwarz-Weiß-Bild von Nicht-Zugehörigkeit und Zugehörigkeit abgeben, sondern auch Grauschattierungen in Randbereichen aufweisen (vgl. Kapitel 1.1). Wissen wird demgegenüber als unsicher bezeichnet, wenn (aufgrund mangelnder Informationen) nicht entschieden werden kann, ob es wahr oder falsch ist.

Sagt man: „Nina ist groß", so ist dies eine unscharfe Aussage, weil das Adjektiv „groß" keine scharfen Anwendungsgrenzen aufweist. Sagt man: „Die Wahrscheinlichkeit, daß Nina über 1.85 Meter groß ist, beträgt 0.8", so ist dies eine Unsicherheitsaussage. Die Unsicherheit darüber, ob die Aussage „Nina ist über 1.85 Meter groß" wahr oder falsch ist, könnte in diesem Fall durch zusätzliche Informationen verändert oder restlos beseitigt werden. Das Beispiel macht deutlich, daß „unsicheres" Wissen eng mit „unvollständigem" Wissen zusam-

---

[17] Hohe Anforderungen an die „kognitive Angemessenheit" stellen sich vor allem bei wissensbasierten Simulationsprogrammen, die „Ein-" oder „Mehr-Personen"-Modelle verkörpern [vgl. Manhart 1991], und bei wissensbasierten Systemen, die zu Lehrzwecken eingesetzt werden sollen. In einige speziell dazu konzipierte Systeme, sogenannte *Intelligente Tutorielle Systeme* (ITS), sind Module zur kognitiven Modellierung integriert. Ein derartiges System generiert aufgrund der System-Benutzer-Interaktionen und der Wissensbasis ein Modell des problemrelevanten Wissens des Lernenden. Einen Überblick über „kognitive Modellierung" als interdisziplinäres Forschungsgebiet von KI und Kognitiver Psychologie bieten Schmalhofer und Wetter [1988]. Kunz und Schott [1987] sowie Wenger [1987] haben Monographien zu „Intelligenten Tutoriellen Systemen" verfaßt. Anforderungen an die „kognitive Angemessenheit" stellen sich jedoch nicht nur bei Tutorsystemen und (soziologischen oder psychologischen) Simulationssystemen: denn die Nachvollziehbarkeit der Ergebnisse, die Benutzerakzeptanz und die Wartbarkeit wissensbasierter Systeme hängt nicht selten entscheidend von der „kognitiven Angemessenheit" des zugrundeliegenden Modells ab.

[18] In dieser Frage wurde, so berichtete Kruse auf der Fuzzy-Systeme '93 in Braunschweig, Einigkeit zwischen den am ESPRIT-Projekt DRUMS (Defeasible Reasoning and Uncertainty Management Systems, 1989-1995) beteiligten Forschern erzielt. Die Termini *„unscharfes"* (engl.: *fuzzy*) und *„vages"* (engl.: *vague*) Wissen werden in diesem Kontext oft synonym gebraucht. In den formalen Teilen dieser Arbeit wird der Begriff „Vagheit" dennoch vermieden, weil er vielfältige (nicht hinreichend gut begriffene) Bedeutungsaspekte aufweist (insbesondere: daß selbst über die Kriterien zur Beurteilung der Kategoriezugehörigkeit und ihrer Ausprägung keine Klarheit besteht), so daß es höchst problematisch erscheint, seine Bedeutung auf den Aspekt mathematisch definierbarer Randbereichsunschärfen zu reduzieren.

menhängt. Es ist gut möglich, daß Wissen zugleich unscharf und unsicher ist. Zum einen kann die Unsicherheitsangabe unscharf sein, zum anderen kann das Ereignis unscharf definiert sein. Ein Beispiel für den Fall, daß beides gilt, ist die Aussage „Es ist sehr wahrscheinlich, daß Nina groß ist".

Fuzzy-Mengen wurden von Zadeh zunächst zur Modellierung von Unschärfen eingeführt (vgl. Zadeh [1965] sowie Kapitel 2). Sie können jedoch, wie Zadeh später gezeigt hat, überdies zur Modellierung von Unsicherheiten dienen (vgl. Zadeh [1978a] sowie Kapitel 8). Denn: Wenn von etwas nichts anderes bekannt ist, als daß es ein unscharfes Merkmal (etwa: Lebensalter = jung) besitzt, so ist klar, daß die Unschärfe dieses Merkmals (grob gesagt: die Anwendungsbreite der Kategorie jung) Auswirkungen darauf hat, wie sicher bestimmte Merkmalsausprägungen (etwa: Lebensalter = 28 Jahre) zu erwarten sind.[19]

Beide Wissensarten, unscharfes und unsicheres Wissen, werden unter die Kategorie „imperfektes" Wissen subsumiert.[20] Der Ausdruck „imperfektes" Wissen mag im ersten Moment befremdlich wirken, weil das Adjektiv „imperfekt" im Deutschen bislang nicht gebräuchlich ist und das Nomen „Imperfekt" nur als grammatischer Fachterminus für die erste (unvollendete) Vergangenheit bekannt ist. Da das Kompositum „imperfekt" jedoch weder der Wortbildungslehre der deutschen Sprache widerspricht noch etymologische Gesichtspunkte[21]

---

[19] Fuzzy-Mengen werden in diesem Fall als „Possibilitätsverteilungen" (vgl. 265ff.) interpretiert. Aus diesen verschiedenen Verwendungsweisen von Fuzzy-Mengen erklärt sich ein Großteil der Konfusion, die selbst in der Fachliteratur über die Deutung von Fuzzy-Mengen existiert.

[20] Vgl. [Lebailly, Martin-Clouaire, Prade 1987, 127], [Dubois and Prade 1988b, 1ff.] sowie [Bouchon-Meunier 1992, 399] für die englischsprachige und [Kruse 1993b, 2, 7, 10] sowie [Kruse, Gebhardt, Klawonn 1991, 15; 1993, 2] für die deutschsprachige Fachliteratur. In den Beiträgen der Arbeitsgruppe um Dubois und Prade finden sich zusätzliche Differenzierungen (vgl. Kapitel 12.3.1): imperfekte Informationen werden zunächst in unpräzise und unsichere Informationen unterteilt, unpräzise sodann in unscharfe (fuzzy), mehrdeutige (ambiguous) und allgemeine (general) Informationen. Die Kategorien „Mehrdeutigkeit" und „Allgemeinheit" werden jedoch hier wie dort aus der Untersuchung ausgeklammert. Zu imperfekten Wissen sind insbesondere auch Intervallangaben zu zählen. Intervalle können als Spezialfall unscharfer Mengen aufgefaßt werden.

[21] Das Adjektiv „perfekt" (vollendet, vollkommen) wurde im 16. Jahrhundert aus „perfectus" dem 2. Partizip des lateinischen Verbs „perficere" (fertigmachen, zustandebringen) entlehnt. [Vgl. Duden Etymologie, perfekt] Die grammatischen Fachtermini Perfekt (vollendete Vergangenheit), Imperfekt (unvollendete Vergangenheit; Präteritum) und Plusquamperfekt (Vorvergangenheit) sind gleichen Ursprungs. Das Nomen „Perfektion" (Vollendung, Vollkommenheit) wurde aus dem gleichbedeutenden französischen Wort „perfection" entlehnt, das von dem lateinischen Wort „perfectio" abstammt [vgl. Duden Etymologie, Perfektion]. Das Adjektiv „imperfekt" ist als Verneinung von „perfekt" gebildet und läßt sich im vorliegenden Kontext mit „unvollkommen" umschreiben. Die Rede von perfektem (vollkommenem) und imperfektem (unvollkommenem) Wissen schließt umstandslos an die deutschsprachigen Diskurse über die vollkommene (synonym: ideale) und unvollkommene Sprache in der Philosophie an (vgl. Kapitel 1.1). Vom Standpunkt einer zweiwertigen Logik (Aussagenlogik oder Prädikatenlogik) sind sowohl unsichere als auch unscharfe Aussagen unvollkommen, sprich: imperfekt.

gegen die hier gemeinte Bedeutungsfestlegung sprechen, ist es im Interesse einer international möglichst einheitlichen Fachterminologie sinnvoll, Kruse, Gebhardt und Klawonn darin zu folgen, das Adjektiv „imperfekt“ als fachsprachliches Fremdwort ins Deutsche einzuführen.

Wenn im folgenden also von der Modellierung imperfekten Wissens die Rede ist, so subsumiert dies sowohl unscharfes als auch unsicheres Wissen. Die Fuzzy-Mengentheorie bietet ein vielfältiges Repertoire an allgemeinen Formalismen und konkreten Vorschlägen zur Modellierung beider Wissensarten, sie kann daher als Basis der Modellierung imperfekten Wissens dienen, sowohl der Unsicherheits- als auch der Unschärfemodellierung.

1.2.2 Zur wachsenden Bedeutung der Modellierung imperfekten Wissens

Die Bedeutung, die der Modellierung unsicheren und unscharfen Wissens gegenwärtig und in absehbarer Zeit zukommt, läßt sich nur ermessen, wenn man sie als notwendiges Entwicklungsmoment der technologischen und ökonomischen Entwicklung begreift: zum einen setzt der erfolgreiche Einsatz von Unschärfe- und Unsicherheitsmodellen einen hohen Stand der „Produktivkräfte“ voraus, zum anderen erlauben diese Modellierungsansätze, traditionelle Anwendungen zu verbessern und neue Anwendungen zu erschließen, so daß sie ihrerseits die technologische und ökonomische Entwicklung vorantreiben.

Daß vermehrt Unschärfe- und Unsicherheitsmodelle zum Einsatz kommen, hat vielfältige Ursachen. Ausschlaggebend ist das Zusammenwirken wissenschaftlicher, technischer und ökonomischer Entwicklungen. Damit die Formalismen zur Modellierung unscharfen und unsicheren Wissens ihre Praxistauglichkeit unter Beweis stellen konnten, bedurfte es vor allem leistungsfähiger Computer, die die notwendigen Rechengeschwindigkeiten und Speicherkapazitäten boten. Und für nicht wenige Modellanwendungen war eine hochentwickelte Sensortechnik notwendig, um überhaupt erst die notwendigen Prozeßinformationen gewinnen zu können. Daß Sensoren zugleich Quellen von Ungenauigkeit und Unsicherheit sind, kann andererseits wiederum ein Grund für die Einführung von Unschärfe- und Unsicherheitsmodellen sein.

Längerfristig ist entscheidend, daß Formalismen zur Unsicherheits- und Unschärfemodellierung helfen können, Probleme zu bewältigen, die der aktuellen industriekapitalistischen Entwicklung inhärent sind. Gemeint sind primär Probleme, die unter den Schlagworten „Informatisierung“, „Automation“, „Globalisierung“ und „Ökologie“ diskutiert werden. Die Zusammenhänge sind so vielfältig und komplex, daß es hier genügen muß, exemplarisch auf einige Aspekte hinzuweisen.

Angesichts der quantitativen Zunahme des „Wissensbestands“[22] und der Entwicklung der Informations- und Kommunikationsmedien gewinnen zwangsläufig Fragen darüber an Gewicht, wie unscharfes und unsicheres Wissen kodiert werden soll und die jeweils problemrelevanten Informationen diesem Bestand effektiv entnommen werden können. Betroffen sind hier nicht nur Retrievalsysteme zu natürlichsprachlichen Dokumenten, also Informationssysteme, bei denen die Behandlung von Mehrdeutigkeiten und kategorialen Unbestimmtheiten ein integraler Bestandteil ihrer Funktionsbestimmung ist, sondern auch relationale und objektorientierte Datenbanksysteme. Um Unsicherheiten und Unschärfen in Daten oder Anfragen in einer Datenbank korrekt verarbeiten zu können, müssen die Datenmodelle, Operationen und Integritätsregeln auf eine geeignete Weise erweitert oder umdefiniert werden. Unsicherheits- und Unschärfemodelle können dazu beitragen, die Effektivität des Informationszugriffs von Datenbank-Management- und Retrievalsystemen zu erhöhen, da sie die Semantik von Anfragen und Daten auszunutzen und überdies die Leistungsfähigkeit natürlichsprachlicher Schnittstellen zu solchen Systemen zu erhöhen erlauben.

In den vergangenen Jahrzehnten hat die Automatisierung der industriellen Produktion einen sehr hohen Stand erreicht. In der berühmten und einflußreichen MIT-Studie über die „zweite Revolution in der Autoindustrie“ [Womack et al. 1992] wird betont, das „Hauptelement“ der Anfang des 20. Jahrhunderts einsetzenden industriellen Massenpoduktion sei nicht das Fließband, sondern vielmehr *„die vollständige und passgenaue Austauschbarkeit der Bauteile und die Einfachheit ihres Zusammenbaus“* gewesen; dies habe das Fließband erst ermöglicht [Womack et al. 1992, 31]. In der „schlanken Produktion“, die die fordistische Massenproduktion ablöse, kommt der Paßgenauigkeit eine keineswegs geringere Bedeutung zu und im Hinblick auf Qualitätssischerung und Qualitätsverbesserung hat sich der Studie zu Folge die „schlanke Produktion“ der „klassischen“ eindeutig als überlegen erwiesen. Zu den Charakteristika der „schlanken Produktion“ wird überdies eine in puncto Zeit und Raum genau abgestimmte Lagerhaltung der Produktionsmittel gezählt. Wenn also ein hoher Stand einer präzise funktionierenden Automationstechnik und ein sehr hohes Maß an Genauigkeit, insbesondere hinsichtlich Paßgenauigkeit, Zeit- und Raumplanung sowie hoher Qualitätsstandards, wesentliche Charkteristika der modernen Produktion sind, ist es dann nicht abwegig anzunehmen, daß ausgerechnet der Modellierung linguistischer Unschärfen in dieser Produktionsweise eine nicht unerhebliche positive Funktion zukommt?

---

[22] Von der Qualität dieses Wissensbestands wird hier verständlicherweise abstrahiert. Quantitative Angaben zu den „Auswirkungen der Informatisierung“ sind [Nefiodow 1991, 54ff.] zu entnehmen. Dort wird beispielsweise berichtet, daß die erste wissenschaftliche Fachzeitschrift der Welt 1665 erschienen ist, daß es Anfang des 19. Jahrhunderts bereits an die 100, um 1900 bereits gut 10.000 Fachzeitschriften gab und im Jahre 1950 weltweit etwa 100.000 Fachzeitschriften herausgegeben wurden [Nefiodow 1991, 54]. Nach Nefiodow [1991, 55] wurden 1990 jeden Tag durchschnittlich etwa 10.000 wissenschaftliche Artikel publiziert.

Um die Bedeutung unschafer Modelle für die postfordistische Produktion zu erkennen, ist es hilfreich, den Einschnitt zwischen fordistischer Massenproduktion und „schlanker" Produktion zur Herausbildung der industriellen Produktion in Beziehung zu setzen. Aufschlußreich hierzu ist zunächst der Marxsche Widerspruchsdiskurs über den Einzug der Naturwissenschaft in den kapitalistischen Produktionsprozeß [vgl. Marx 1962, 391-530, insbesondere 510ff.]. Marx artikulierte das Schwinden alter Handfertigkeiten und Erfahrungen nicht bloß als Verlust, sondern zugleich als Niederreißen von Schranken und Verknöcherungen althergebrachter erfahrungs- und geheimnisförmiger Arbeits- und Denkformen, die einen Gegensatz von professionell Eingeweihten und Nicht-Eingeweihten konstituierte und der bewußt-planmäßigen Anwendung der Naturwissenschaft entgegenstand.

Der Übergang von fordistischer Massenproduktion zur postfordistischen Produktion bedeutet Kontinuität und Bruch der Verwissenschaftlichung des Produktionsprozesses. Der Bruch manifestiert sich in Tendenzen der *Enthierarchisierung* und *Integration von Arbeitsfunktionen*, also einer Abkehr von wesentlichen Prinzipien der tayloristischen Arbeitsorganisation, deren Präfiguration Marx im Kapitel über „Maschinerie und große Industrie" beschrieb und die die industrielle Produktion dieses Jahrhunderts maßgeblich prägte.[23]

In dieses Bild fügt sich auch die Erkenntnis von Womack, Jones und Roos ein, daß auf Fabrikebene die Hauptänderung beim Übergang von fordistischer Massenproduktion zu „schlanker" Produktion in der Aufgaben- und Verantwortungsübertragung auf die unmittelbaren Produzenten und einer systematisch durchgeführten kollektiven Fehlerbehandlung liege [Womack et al. 1992, 103].

Aufgrund der neuen Produktivkraftanforderungen beginnen sich überlieferte Arbeitsfunktionen, -teilungen und -kulturen zu zersetzen. Die Verhältnisse von Arbeit und Lernen, von Theorie und Praxis, von Forschung und Anwendung wandeln sich. Auf Praxiserfahrung gründende Handlungs- und Denkformen fusionieren mit Handlungs- und Denkformen wissenschaftlicher und programmiertechnischer Provenienz. Die formale Modellierung praxisbewährten Fachwissens mit hohen Anteilen an Erfahrungswissen, an Mutmaßungen und vagen Vorstellungen über Wirkungs- und Funktionszusammenhänge, wird ökonomisches Gebot. Nur so lassen sich bisherige Grenzen der Automatisierung überwinden und aufgrund der unvermeidlichen Abstraktionen und Idealisierungen mathematischer Modellbildungen suboptimale Regelungen und Entscheidungsfindungsprozesse optimieren. Die Nutzung dieses „imperfekten" Wissens ist, so paradox dies klingen mag, notwendig, um die Automationstechnik, mehr noch: den „natürlichen" und „gesellschaftlichen Stoffwechsel" (Marx), zu „perfektionieren".

---

[23] Vgl. hierzu die industriesoziologische Untersuchung „Das Ende der Arbeitsteilung?" von Kern und Schumann [1985] sowie die empirischen Studien der Projektgruppe „Automation und Qualifikation" (PAQ), deren Hauptergebnisse in dem Handbuch „Widersprüche der Automationsarbeit" [PAQ 1987] zusammengefaßt sind.

Für die These, daß der Unsicherheits- und Unschärfemodellierung aufgrund der ökonomischen und technologischen Entwicklung eine wachsende Bedeutung zukommt, spricht nicht zuletzt die Notwendigkeit der Komplexitätsreduktion. Dies wird besonders deutlich bei der Modellierung globaler Wirkungs- und Funktionszusammenhänge wie sie für die ökologische Problemstellungen charakteristisch sind. Die geologischen, biologischen und gesellschaftlichen Stoffwechselprozesse haben offenkundig eine Komplexität, die präzise Modellierungen und sichere Prognosen von vornherein aussichtslos machen. Das für die Erhaltung der Lebensgrundlagen notwendige Wissen ist unweigerlich unsicher und unscharf. Um die Wirkungs- und Funktionszusammenhänge hochkomplexer Systeme begrifflich überhaupt erfassen zu können, ist man gezwungen, Vereinfachungen vorzunehmen, indem man ähnliche Phänomene unter einer Kategorie zusammenfaßt.[24]

Unscharfe Kategorien bieten bei gleichem sprachlichen Abstraktionsniveau einen höheren Informationsgehalt als Kategorien ohne Randbereichsunschärfen, da sie die Elemente der Kategorie in eine Rangordnung zu bringen erlauben. Ihre Anwendung ist unproblematischer, da sie keine Grenze zu ziehen erzwingen, deren präziser Verlauf aufgrund des verfügbaren Wissens nicht begründbar ist, und da die Beurteilung des Zugehörigkeitsgrades keine Alles-Oder-Nichts-Entscheidung ist, führt ihr Gebrauch im allgemeinen zu robusteren Modellierungen. Beschränkt man sich auf präzise definierte Begriffe, die einer rein quantitativen Analyse zugänglich sind, so ist nach Zadeh unwahrscheinlich, daß derartige Analysen zu bedeutsamen oder relevanten Erkenntnissen für die Bewältigung ernsthafter Probleme der Lebensgestaltung führen. Zadeh hat die hier angesprochene Beziehung von Systemkomplexität, Präzision und Bedeutsamkeit in einem Prinzip zu fassen versucht, dem er den Namen *Inkompatibilitätsprinzip* (engl.: *principle of incompatibility*) gab. Es besagt:

> *Je komplexer ein System wird, desto weniger sind wir in der Lage, präzise und gleichwohl bedeutsame Aussagen über sein Verhalten zu machen, bis ab einem bestimmten Punkt, sich Präzision und Bedeutsamkeit wechselseitig nahezu völlig ausschließen.*[25]

---

[24] Vgl. zum Thema „angewandte Informatik im Umweltschutz" den zweiteiligen Überblicksartikel von Page, Jaeschke und Pillmann [1990a,b], zur Bedeutung der Modellierung imperfekten Wissens, von Expertensystemen und der Notwendigkeit der Komplexitätsreduktion insbesondere Page u.a. [1990b, 89, 93].

[25] „... as the complexity of a system increases, our ability to make precise and yet significant statements about its behavior diminishes until a threshold is reached beyond which precision and significance (or relevance) become almost mutually exclusive characteristics. It is in this sense that precise quantitative analyses of the behavior of humanistic systems are not likely to have much relevance to the real-world societal, political, economic, and other types of problems which involve humans either as individuals or in groups." [Zadeh 1973, 106f.]

Und Zadeh hat als Korolarium hinzugefügt: Je genauer man ein Problem der realen Welt betrachtet, desto unschärfer wird seine Lösung. Es wäre zu ergänzen, daß ein analoger Zusammenhang auch in puncto Unsicherheit plausibel ist, und daß zwischen Unsicherheit und Unschärfe eine gewisse Kompensationsbeziehung besteht. Denn je vager eine Kategorie definiert ist, desto wahrscheinlicher läßt sie sich anwenden. Die wachsende Bedeutung der Unsicherheits- und Unschärfemodellierung erklärt sich primär daraus, daß die ökonomische und technologische Entwicklung in zunehmendem Maße die Bewältigung hochkomplexer Probleme notwendig macht.

1.2.3 Fuzzy-Mengentheorie – eine Skizze des Forschungs- und Anwendungsspektrums

Zadehs Idee unscharfer Mengen hat, drei Jahrzehnte nach ihrer Erstveröffentlichung, eine atemberaubende Entwicklungs- und Wirkungsgeschichte aufzuweisen. Der seinerzeit vielfach belächelte Name einer neuen mathematischen Theorie steht heute für High-Tech-Produkte und eine Vielfalt an mathematischen Konzepten und Theorien, die der Modellierung imperfekten Wissens dienen. Zadehs Vorschläge, graduelle Zugehörigkeiten und ihre Verknüpfungen über mathematische Funktionen zu beschreiben, haben weltweit eine kaum überschaubare Menge von theorie- und anwendungsorientierten Forschungsprojekten, Kongressen, Fachgruppen-, Zeitschriften- und Institutsgründungen, Kooperationen öffentlicher und privater Gesellschaften, wissenschaftlichen und populärwissenschaftlichen Publikationen, Diplomarbeiten, Dissertationen und Habilitationen, Seminaren, Patentanmeldungen, Entwicklungswerkzeugen und Applikationen nach sich gezogen.

Teilgebiete der Fuzzy-Mengentheorie

Zieht man die Universalität der klassischen Mengenlehre in Betracht (vgl. 47) und bedenkt, daß Fuzzy-Mengen als eine Verallgemeinerung gewöhnlicher Mengen konzipiert sind, dann wird deutlich, daß die Fuzzy-Mengentheorie ein potentiell ungeheuer großes Gebiet an Theorien und Anwendungen tangiert. Zugleich wird evident, daß sich das Forschungs- und Anwendungsgebiet der Fuzzy-Mengentheorie nach sehr unterschiedlichen Gesichtspunkten untergliedern läßt. Und angesichts der Überschneidungen etablierter Fachdisziplinen wäre es naiv anzunehmen, daß die Fuzzy-Mengentheorie in scharf voneinander getrennte (disjunkte) Teilgebiete untergliedert wäre. Es geht hier deshalb nicht um eine Taxonomie der Fuzzy-Mengentheorie, sondern lediglich darum, einige Teilgebiete zu umschreiben, die in der bisherigen Wirkungsgeschichte dieser Theorie eine größere Bedeutung erlangt haben.

Ein Teil der Forschungen betrifft die Grundkonzepte der Fuzzy-Mengentheorie und der aus ihr hervorgegangenen Theorie zur Unsicherheitsmodellierung, der Possibilitätstheorie. Hierzu gehören die Konzepte Fuzzy-Menge, Fuzzy-Relation, Possibilitätsverteilung, Erweiterungen der klassischen Mengenoperationen, spezieller relationaler Operationen, arithmetischer und logischer Operationen sowie linguistische Hecken und linguistische Variablen. Diese Forschungen schließen sowohl empirische Untersuchungen als auch mathematische Untersuchungen algebraischer Struktureigenschaften ein.

Dabei geht es insbesondere um die Frage, welche Gesetze der klassischen Mengenlehre (man denke beispielsweise an das Assoziativgesetz oder die De-Morganschen Gesetze) in der Fuzzy-Mengenlehre bei Verwendung bestimmter Operatoren gültig bleiben. Einige mathematische Untersuchungen zu Fuzzy-Mengen behandeln die Frage, *wie unscharf* die in Fuzzy-Mengen repräsentierten Informationen sind. Die dabei diskutierten *„Maße der Unschärfe"* (engl.: *measures of fuzziness*) sind verwandt mit verschiedenen Maßen der mathematischen Informationstheorie (*z.B. Shannon-Entropie*). Die bereits erwähnte Möglichkeit, Fuzzy-Mengen zur Unsicherheitsmodellierung zu verwenden, wirft die Frage nach dem Verhältnis der solchen Modellierungen zugrundeliegenden Unsicherheitsmaße (etwas irreführend *„Fuzzy-Maße"*, engl.: *fuzzy measures*, genannt) zu Maßen anderer Unsicherheitstheorien (insbesondere Wahrscheinlichkeitsmaßen) auf.

Im Fokus empirischer Untersuchungen steht im allgemeinen die Frage der Validität verschiedener Modellierungsvorschläge. So werden insbesondere verschiedene Vorschläge zur Modellierung unscharfer Mengen wie *„junge Personen"*, linguistischer Hecken wie *„sehr"* und Verknüpfungen wie *„und"* an empirisch ermittelten Daten über den Gebrauch derartiger Sprachkonstrukte gemessen.

Unter Anwendungsgesichtspunkten sind die Teilgebiete *Fuzzy-Regelungstechnik, Fuzzy-Informationssysteme (Information Retrieval, Datenbank-Management-Systeme), approximatives Schließen (Fuzzy-Logik, Fuzzy-Expertensysteme), Fuzzy-Arithmetik, Erweiterungen mathematischer Entscheidungs- und Planungsverfahren der Unternehmensforschung* (insbesondere *Ansätze der mathematischen Programmierung* und *Netzplantechnik), Datenanalyse* und *Mustererkennung (Klassifikation, Clusteranalyse)* hervorzuheben [vgl. Dubois, Prade, Yager 1993, 6ff.].

Die *Mustererkennung* reicht von der Messung bestimmter Objekteigenschaften über die Merkmalsextraktion bis zur Klassifikation. In seiner Grundlegung der Fuzzy-Mengentheorie hat Zadeh angemerkt, daß von ihm und seinen Kollegen das Konzept unscharfer Mengen im Rahmen einer Musterklassifikation angewandt worden sei [vgl. Zadeh 1965, 30]. Allgemein besteht die Aufgabe einer *Musterklassifikation* darin, ein Objekt (mit einem bestimmten Merkmalsvektor) einer Klasse (aus einer Menge von Klassen) zuzuordnen. Die Menge der Klassen kann vorgegeben sein oder automatisch mit Hilfe einer sogenannten *Clusteranalyse* (gemäß einer vorgegebenen Anzahl an Clustern (Klassen), einem Abstandsmaß und Kontrastparametern) berechnet werden. Klassische Verfahren der Mustererkennung werden im Rahmen der Fuzzy-Mengentheorie dahingehend erweitert, daß unscharfe Partitionierungen (unscharfe Clustergrenzen) sowie unscharfe Merkmalsvektoren zugelassen und „Fuzzy-Methoden" in der Clusteranalyse eingesetzt werden [vgl. Bothe 1993, 174-191]. Das potentielle Anwendungsfeld derartiger Verfahren ist immens groß und überlagert sich mit anderen Teilgebieten der Fuzzy-Mengentheorie wie insbesondere der Fuzzy-Datenanalyse und Fuzzy-Diagnose. Bothe [1993, 174] nennt als Beispiele die Fachgebiete „automatische EKG-Analyse und Puls-Überwachung", „Computer-Tomographie", „Wettervorhersage", „industrielle Qualitätsüberwachung", „Prozeßidentifikation", „Computer-Vision in der Robotik" sowie „Sprach- und Bilderkennung". (Vgl. zum gesamten Themenkomplex auch [Bocklisch 1987].)

Der Ausdruck *mathematische Programmierung* steht in der Unternehmensforschung (Operations Research, Entscheidungsforschung) für Algorithmen, mit denen sich Optimierungsprobleme lösen lassen, die durch eine Zielfunktion (wie Kostenminimierung) und Nebenbedingungen (engl.: constraints, z.B. Kapazitätsgrenzen) definierbar sind. Die sogenannte *lineare Programmierung* gilt als die am häufigsten angewandte Optimierungsmethode der Unternehmensforschung. Bereits 1970 hat Zadeh mit Bellman, dem Begründer der *dynamischen Programmierung*, eine Erweiterung der mathematischen Programmierung vorgeschlagen, bei der sowohl die Zielvorgabe wie die Nebenbedingungen (auch Restriktionen oder Beschränkungen genannt) unscharf sein dürfen [vgl. Bellman and Zadeh 1970]. Diese Überlegungen wurden von vielen Forschern aufgegriffen und weitergeführt. Einen großen Anteil an der Weiterentwicklung der mathematischen Programmierung und anderer Methoden der Unternehmensforschung haben Zimmermann am Institut für Unternehmungsforschung in Aachen und Rommelfanger am Institut für Statistik und Mathematik in Frankfurt mit ihren Mitarbeitern und Mitarbeiterinnnen geleistet [vgl. Zimmermann 1991; Rommelfanger 1994]. In unscharfen Planungs- und Entscheidungsmodellen der Unternehmensforschung finden zunehmend auch Methoden der Expertensystemtechnologie Verwendung [vgl. insbesondere Turksen 1992a]. In der Fuzzy-Netzplantechnik und Finanzplanung kommt der *Fuzzy-Arithmetik*, also dem Rechnen mit unscharfen Quantitäten (ungefähren Angaben über zu erwartende Termine, Budgets, Zinssätze etc.) eine große Bedeutung zu.

Das Fachgebiet *„approximatives Schließen"* umfaßt verschiedene Methoden, aus unsicherem und unscharfem Wissen (Fakten und Konditionalaussagen), Schlußfolgerungen zu ziehen, die ihrerseits im allgemeinen unscharf, unsicher oder beides zugleich sind. „Approximatives Schließen" ist kein exklusives Gebiet der Fuzzy-Mengentheorie. In der KI haben insbesondere Verfahren der Konfirmationstheorie, der Bayesschen Wahrscheinlichkeitstheorie und der

Evidenztheorie von Dempster und Shafer eine große Bedeutung erlangt. Dementsprechend gibt es auch einige theoretische Arbeiten, die dem Verhältnis der verschiedenen Ansätze gewidmet sind [vgl. u.a. Sombé 1992; Klir and Folger 1988]. Selbst im Rahmen der Fuzzy-Mengentheorie haben sich verschiedene Ansätze approximativen Schließens herausgebildet (vgl. Kapitel 8 bis 13).

Ein Großteil mathematischer Untersuchungen ist verschiedenen Varianten des von Zadeh eingeführten generalisierten Modus ponens gewidmet. Implikationen werden dabei als unscharfe Relationen gedeutet, und approximatives Schließen wird dann als (approximative) Lösung eines unscharfen Relationalgleichungssystems interpretiert. Viele Forschungsarbeiten auf diesem Gebiet sind der Untersuchung algebraischer Struktureigenschaften gewidmet, in anderen geht es darum, effiziente Rechenverfahren zu entwickeln. Letztere berühren sich teilweise mit Arbeiten über probabilistische Propagierungsalgorithmen. Und die algebraisch orientierten Untersuchungen weisen enge Beziehungen zu mehrwertigen Logiken auf.

Ein zweiter, ebenfalls mit mehrwertigen Logiken eng verwandter Forschungszweig entwickelt und untersucht Kalküle, die eine Erweiterung der Prädikatenlogik erster Stufe beinhalten. Dieser Forschungszweig ist naturgemäß eng mit dem logikorientierten Zweig der symbolorientierten KI verflochten. In beiden Traditionslinien richten sich die Forschungsanstrengungen auf nichtklassische Logiken und logikorientierte Programmiersprachen. Ein weiterer Zweig steht in der Tradition der Expertensystemtechnologie. In diesem Zweig werden verschiedene Verfahren zur Propagierung unscharfen und unsicheren Wissens mit Regelsystemen verschiedenen Typs kombiniert.

Nicht zuletzt sind die Inferenzmethoden der Fuzzy-Regelungstechnik zu nennen, die aus Zadehs Konzept des generalisierten Modus ponens hervorgegangen sind, aber im allgemeinen auf rechentechnisch weit weniger aufwendigen Verarbeitungsmodellen basieren. Im Brennpunkt der Forschungen steht dabei die Frage, wie Fuzzy-Regelungssysteme mit Neuronalen Netzen, Evolutionären Algorithmen und ähnlichen Optimierungsverfahren verknüpft werden können. Hauptanliegen ist dabei, diese Verfahren zur Generierung oder Adaption von Fuzzy-Systemen (Regeln, Fuzzy-Mengen) zu nutzen.

Die Fuzzy-Regelungstechnik als Katalysator des weltweiten „Fuzzy-Booms"

Zadehs Idee unscharfer Mengen war lange Zeit heftig umstritten. Noch Anfang der 70er Jahre konnte gegen Zadehs Vorschläge, Steuerungs- und Regelungsvorgänge auf der Basis der Fuzzy-Mengentheorie, nämlich mit Hilfe sogenannter *Fuzzy-Algorithmen* und *linguistischer Kontrollregeln* zu modellieren, polemisiert werden, daß auf diese Weise noch kein funktionierendes System konstruiert worden sei.

Dies änderte sich schlagartig, als es Mamdani und Assilian zu deren eigener Überraschung gelang, an einem einzigen Wochende eine funktionierende Regelung einer Dampfmaschine im Labormaßstab zu bauen [vgl. Mamdani and Assilian 1975], einer Regelung, der überdies von Fachleuten auch noch eine ungemein hohe Regelgüte bescheinigt wurde.[26] Zadeh hat darin, den Wendepunkt der Entwicklung gesehen [McNeill und Freiberger 1994, 156]. Der Erfolg schlug sich zunächst in wissenschaftlichen Beiträgen nieder. Die erste Fuzzy-Regelung für eine industrielle Produktionsanlage wurde 1978 erfolgreich getestet. Es handelte sich dabei um ein von Holmblad und Østergaard entwickeltes Computerprogramm zur Regelung eines Zementbrennofens. 1980 haben sie ihr Programm als permanente Regelung des Brennofens installiert [vgl. Holmblad and Østergaard 1982]. Ungeachtet dieser erfolgreichen Anwendung in Dänemark herrschte in den USA in den frühen 80er Jahren eine sehr skeptische Haltung gegenüber Zadehs Fuzzy-Mengentheorie [vgl. McNeill und Freiberger 1994, 178]. In Japan indes begann man in der ersten Hälfte der 80er Jahre damit, einsatzfähige Fuzzy-Regelungen zu entwickeln. 1983 wurde die erste Fuzzy-Regelung in Japan in Betrieb genommen, die Regelung einer Abwasserreinigungsanlage [vgl. Takagi and Sugeno 1985].

Ein Schlüsselereignis für die Verbreitung von Fuzzy-Systemen in Japan war die zweite Jahreskonferenz der internationalen Gesellschaft für Fuzzy-Systeme IFSA (International Fuzzy Systems Association) in Tokio. Am 15. Juli 1987, drei Tage vor Konferenzbeginn, wurde in Sendai, einer über 800.000 Einwohner zählenden Stadt in Japan, die erste U-Bahn der Welt in Betrieb genommen, deren Brems- und Antriebssystem von einer (in sechsjähriger Arbeit entwickelten) Fuzzy-Regelung reguliert wird, ein System, das den Energieverbrauch um zehn Prozent verminderte und dem von Fachleuten die weltweit „sanfteste" und „genaueste" Fahrweise bescheinigt wird. (Vgl. u.a. Yasunobu et al. [1983] sowie McNeill und Freiberger [1994, 221, 251].) Auf der Konferenz machte nicht nur die Fuzzy-Regelung der Sendai-Bahn von sich reden. Hinzu kamen weitere Vorführungen von Fuzzy-Reglern. Yamakawa demonstrierte eine Fuzzy-Regelung, die ein umgekehrtes Pendel balancierte, und selbst dann noch überraschenderweise ihren Dienst tat, nachdem Yamakawa auf Bitte eines Zuschauers eine Platine seines „Fuzzy-Computers" entfernt hatte.[27] Und auf der gleichen Konferenz wurde überdies das erste serienmäßige Massenprodukt für private Verbraucher präsentiert, ein Duschkopf mit einem Fuzzy-Regler zur Warmwasserregulierung [McNeill und Freiberger 1994, 223].

„Fuzzy Logik" hatte nach diesem Kongreß in Japan erheblich an Popularität gewonnen. Und sowohl Manager führender Industrieunternehmen Japans als auch hochrangige Regierungsbeamte sahen sich veranlaßt, Projekte auf diesem

---

[26] Die theoretischen Konzepte und Entwicklungslinien werden in Kapitel 11.2 detailliert beschrieben. McNeill und Freiberger [1994, 154ff.] bieten einige interessante historische und persönliche Angaben zu diesem überraschend erfolgreichen Experiment.

Gebiet zu initiieren. So wurden Ende der 80er und zu Beginn der 90er Jahre eine Reihe von Forschungslaboratorien zur Fuzzy-Mengentheorie gegründet [vgl. Bellon et al. 1992]. Das japanische Minsterium für Internationalen Handel (MITI) und die japanische Wissenschafts- und Technologieagentur (AST) haben zwei der international renommiertesten Forschungslaboratorien zur Fuzzy-Mengentheorie gefördert.

Exkurs: LIFE und das AST-Projekt

Im Frühjahr 1988, etwa ein Dreivierteljahr nach dem zweiten IFSA-Kongreß, wurde Sugeno, einer der renommiertesten Forscher und vehementesten Promoter der Fuzzy-Mengentheorie in Japan, seitens des MITI gebeten, eine Expertengruppe und ein Programm für ein Laboratorium zur Erforschung der Fuzzy-Mengentheorie zusammenzustellen. Ein Jahr später, am 15. März 1989, wurde das Laboratorium, LIFE (Laboratory for International Research on Fuzzy Engineering) genannt, unter Beteiligung von 49 Industrieunternehmen, einem – zu 50% vom MITI und zu 50% von der Privatindustrie zur Verfügung gestellten – Budget von 5 Milliarden Yen (über 60 Millionen DM) bei einer Laufzeit von 6 Jahren, offiziell eröffnet. (Vgl. McNeill und Freiberger [1994, 349ff.] sowie Bellon et al. [1992, 13ff.].)

Beachtenswert ist neben der internationalen Beteiligung an LIFE das Spektrum des Forschungsprogramms. LIFE wurde in drei Laboratorien untergliedert: das erste für Fuzzy-Regelungstechnik, das zweite für intelligente Informationsverarbeitung (Bildverstehen, Entscheidungsunterstützungs- und Expertensysteme) und das dritte für „Fuzzy-Computer" (Computersprachen und Hardware-Architekturen) [vgl. Bellon et al. 1992, 13f.]. McNeill und Freiberger berichten, daß ab September 1990 das Hauptaugenmerk auf die „unscharfe intelligente Informationsverarbeitung" gerichtet wurde, weil für die Entwicklung des angestrebten Fuzzy-Computers noch nicht genügend Grundlagenforschung betrieben worden war und die rasche Entwicklung der Fuzzy-Regelungstechnik in Japan die Zuarbeit des LIFE auf diesem Feld überflüssig machte.

Sugeno gründete noch im gleichen Jahr mit Hilfe der AST (Agency for Science and Technology) ein weiteres (mit LIFE verbundenes) Forschungsprojekt, an dem sich 6 Universitäten, 7 nationale Laboratorien und 5 private Gesellschaften beteiligten. Das Projekt

---

[27] Vgl. Yamakawa [1989] sowie McNeill und Freiberger [1994, 222]. Die Regelung eines invertierten Pendels ist ein Schulbeispiel der klassischen Regelungstechnik. Beeindruckend ist nicht, *daß* diese Aufgabe gelöst wurde, sondern *wie* sie gelöst wurde und um wieviel *einfacher* und *robuster* eine Lösung auf der Basis der Fuzzy-Mengentheorie ist. Vgl. hierzu Kapitel 11, insbesondere Beispiel 11.1 (374) und Tabelle 11.3 (395). McNeill und Freiberger [1994, 381] berichten, daß sogar die Simulation eines umgekehrten dreifachen Pendels mit Hilfe der Fuzzy-Regelungstechnik gelungen sei, eine Aufgabe, die nach Ansicht eines Experten mit der „modernen" Regelungstechnik derzeit nicht lösbar sei. Auf einer im Juni 1991 von der MCC (Microelectronic and Computer Technology Corporation) in Austin stattfindenden Tagung hat Yamakawa eine Fuzzy-Regelung eines invertierten Pendels demonstriert, „an dessen Spitze eine kleine Plattform befestigt war, auf der wiederum ein Glas stand, welches er langsam mit Wein füllte" [McNeill und Freiberger 1994, 389]. Die Autoren haben angemerkt, daß Yamakawa auf Zadehs Vorschlag 1992 eine Maus auf der Plattform hin und her laufen ließ, ohne daß der Stab umkippte. Zadeh habe, so McNeill und Freiberger [1994, 416], dazu angemerkt, daß „weder neuronale Netze noch die klassische Steuerungstheorie eine solche Leistung vollbringen könnte".

wurde in drei Teilprojekte (N° 1: Theoretical issues; N° 2: Fuzzy engineering and man/machine interface; N° 3: Modeling of fuzzy systems) untergliedert [vgl. Bellon et al. 1992, 9]. Jedes der Teilprojekte beinhaltet seinerseits eine Reihe von Teilprojekten. Das Spektrum reicht von Fuzzy-Erweiterungen der Prädikatenlogik (Fuzzy-Logik), Fuzzy-Algorithmen und Fuzzy-Programmiersprachen über die Steuerung von Hubschraubern und die Erkennung handgeschriebener Texte bis hin zur Modellierung sozio-ökonomischer und natürlicher Systeme (Erdbebenvorhersage, Simulation globaler Luftverschmutzung und Modellierung des Pflanzenwachstums).

Ab 1988 war eine sprunghafte Zunahme japanischer Patentanmeldungen zu verzeichnen [vgl. Oyagi 1991; Altrock 1993, 10f.]. Bereits 1989 wurden Autos mit Fuzzy-Automatikgetrieben, Fuzzy-Motorregelungen und Fuzzy-Antiblockiersystemen gebaut, die jedoch zunächst ausschließlich in Japan verkauft worden sind [Altrock 1993, 12]. Allein 1990 wurden in Japan mindestens 20 Serienprodukte mit Fuzzy-Technologie auf den Konsumartikel-Markt gebracht [McNeill und Freiberger 1994, 227]. Sangalli [1992, 39] berichtete in der Februar-Ausgabe von *New Scientist*, daß die Anzahl der Anwendungen der „Fuzzy-System-Theorie" von zwanzig im Jahre 1986 auf schätzungsweise 250 bei der letzten Zählung angestiegen sei.

Das erste größere Haushaltsgerät mit Fuzzy-Technologie war eine Waschmaschine mit „Einknopf-Bedienung", dessen Fuzzy-Regelung aufgrund von Messungen der Wassertrübung und des Wassereinlaufs das Waschprogramm der Art, Menge und Verschmutzung der Wäsche anpaßte. Es folgten weitere Haushaltsgeräte und Produkte der Unterhaltungselektronik – Staubsauger, Reiskocher, Mikrowellenherde, Fotoapparate und Camcorder mit automatischer Bildstabilisierung. In einer Spiegelreflexkamera werden Fuzzy-Methoden zur Autofokuseinstellung, Belichtungsregelung, Zoom-Regelung (Brennweiten-Regulierung zur Erhaltung eines konstanten Abbildungsmaßstabs bei bewegten Objekten) und eines sogenannten Expertenprogramms verwendet [vgl. Bothe 1993, 163-173]. Auf einem Microcontroller ist dazu eine Wissensbasis implementiert, in der typische Bildsituationen und Einstellwerte professionaler Fotografen abgespeichert sind. Das Expertenprogramm versucht aufgrund der aktuellen Brennweite und den berechneten Abstandsinformationen die reale Objektgröße abzuschätzen, um so den „Szenentyp" (Landschaft, Portrait, Schnappschuß oder Nahobjekt) zu bestimmen. Aus dem Szenentyp, dem in der Wissensbasis abgespeicherten Expertenwissen, den Objektiv- und Kameradaten wird sodann eine „optimale" Kombination aus Belichtungszeit und Brennweite berechnet.

Dem Ende der 80er Jahre einsetzenden „Fuzzy-Boom" in Japan folgte Anfang der 90er Jahre der „Fuzzy-Boom" in Europa und, etwas verzögert, in den USA. Neue Firmen entstanden, etablierte Firmen richteten Arbeitsgruppen zur Erforschung und Anwendung von Fuzzy-Technologien ein. 1991 wurden „Fuzzy-Technologien" zu einem Medienereignis – Fernsehen, Tageszeitungen, so gut wie alle technisch und wirtschaftlich orientierten Fachzeitschriften berichteten davon. Ende 1991 wurde die „Fuzzy-Initiative Nordrhein-Westfalen“ in Dortmund und die europäische Stiftung ELITE (European Laboratory for Intelligent Techniques Engineering) in Aachen gegründet. Japanische Unternehmen brachten Produktionsanlagen mit Fuzzy-Technologien auf den Markt. 1992 wurden eine ganze Reihe von Kooperationsverträgen zwischen europäischen, amerikanischen und japanischen Firmen zur Weiterentwicklung und Anwendung von „Fuzzy-Technologien“ geschlossen. 1993 wurden eine Reihe von Produkten mit Fuzzy-Technologien auf den Markt gebracht, die von europäischen und amerikanischen Unternehmen entwickelt worden sind. Im gleichen Jahr sind über 30 deutschsprachige Fachbücher erschienen, von denen die meisten hauptsächlich Methoden der Fuzzy-Regelungstechnik behandeln.

Zum Spektrum im Einsatz befindlicher oder erprobter Fuzzy-Systeme

Der weltweite „Fuzzy-Boom“ basiert, technologisch betrachtet, primär auf der Fuzzy-Regelungstechnik.[28] Hauptauslöser waren, wie erwähnt, *Haushaltgeräte* (Waschmaschinen, Staubsauger, Reiskocher, Mikrowellenherde) und Geräte der *Unterhaltungselektronik* (Fotokameras, Camcorder). Eine Vorreiterfunktion erfüllten Fuzzy-Systeme in *industriellen Produktionsanlagen* – die Fuzzy-Regelung eines Zementbrennofens gilt als die erste industrielle Anwendung überhaupt und die Fuzzy-Regelung von Abwasserkläranlagen als erste Anwendung in Japan. In der Nachfolgezeit wurden weltweit eine Reihe weiterer Fuzzy-Systeme zur Regulierung mechanischer, chemischer und biologischer Prozesse installiert, beispielsweise in Tablettenpreßmaschinen, Hydrier- und Müllverbrennungsanlagen.

Ein zukunfsträchtiges Anwendungsfeld stellen *Industrie- und Dienstleistungsroboter* dar. Dabei werden häufig Fuzzy-Technologien mit Neuronalen Netzen kombiniert. Ein bereits heute sehr bedeutendes und vielseitiges Anwendungsfeld sind *Verkehrssysteme*. Furore gemacht hat die Fuzzy-Regelung der Sendai-U-Bahn. In Nagoya, einer japanischen Stadt von über zwei Millionen Einwohnern, wurde ein Fuzzy-Verkehrsregelungssystem installiert. Für Flugzeuge und U-Boote wurden Autopilot-Fuzzy-Regelungen entwickelt. Im Automobilbau werden Fuzzy-Regelungen in Automatikgetrieben, Antiblockiersy-

---

[28] Die folgende Beschreibung soll lediglich ein kaleidoskopartiges Bild der in der Literatur genannten Fuzzy-Systeme vermitteln; sie ist weder vollständig noch stringent im Hinblick auf die Klassifizierung der Systeme. Sie stützt sich hauptsächlich auf [Klement and Slany 1993; Altrock 1993; Zimmermann und Altrock 1994; Popp 1994; McNeill und Freiberger 1994] und übernimmt dort gegebenene Klassifizierungen. Es ist zu beachten, daß die Grenzen von Systemen der Fuzzy-Regelungstechnik zu anderen Klassen von Fuzzy-Systemen – nämlich zu „Fuzzy-Expertensystemen“, „Fuzzy-Entscheidungssystemen“, „Fuzzy-Datenanalysesystemen“, „intelligenten Sensoren“ und „Fuzzy-Klassifikationssystemen“ – fließend sind. Sie fallen unterschiedlich aus, je nachdem welche Kriterien (etwa: Informationsfluß und Rolle des Menschen, Problemklasse, Verarbeitungsmodell und Methoden der Propagierung unsicheren oder unscharfen Wissens) man zugrunde legt.

stemen, „aktiven Fahrwerken" und zur Leerlaufdrehzahlregelung eingesetzt. In Forschungsprojekten wurden experimentelle Fuzzy-Regelungen zum „schlupffreien Lenken" und zur automatischen Abstandshaltung erprobt. Für Hochgeschwindigkeitszüge wurden Fuzzy-Regelungen zur „Optimalschlupfsuche", also zur optimalen Übertragung der Antriebskraft auf die Schienen, konstruiert.

So groß der Anteil der Fuzzy-Regelungstechnik an dem Ende der 80er Jahre einsetzenden Fuzzy-Boom auch ist, es wäre völlig falsch anzunehmen, andere Anwendungen der Fuzzy-Mengentheorie seien praktisch bedeutungslos. In Fachzeitschriften, Proceedings und Fachbüchern werden unzählige Anwendungen beschrieben, bei denen es nicht um regelungstechnische Aufgaben geht und bei denen Methoden zum Einsatz kommen, die sich von denen der Fuzzy-Regelungstechnik gravierend unterscheiden. Hierzu zählen vor allem Fuzzy-Datenbank-Management-Systeme (FDBMS)[29] und Systeme, denen Fuzzy-Erweiterungen von Methoden der Mustererkennung, der Unternehmensforschung oder der Expertensystemtechnologie zugrunde liegen. Besonders häufig sind geowissenschaftliche, medizinische und betriebswirtschaftliche Applikationen. Beachtenswert sind überdies die Erfolge, die mit Methoden der Fuzzy-Mengentheorie bei der Erkennung gesprochener Sprache und handschriftlicher Texte erzielt worden sind.

Eine der frühesten geowissenschaftlichen Applikationen stammt aus der Hydrogeologie. Bereits Ende der 70er Jahre wurde ein Fuzzy-Modell zur Durchflußvorhersage für Flüsse erfolgreich evaluiert [Arendt u.a. 1979]. Im Rahmen des Kontinentalen Tiefbohrprogamms der Bundesrepublik Deutschland wurde HYDROEXPERT, ein Expertensystem zur Entscheidungsunterstützung für Fluidprobennahmen und geohydraulische Tests entwickelt und erfolgreich getestet [vgl. Biewer u.a. 1992]. Cao und Chen [1983] diskutieren drei Anwendungen der Fuzzy-Mengentheorie im Bereich der Meterologie. Lebailly et al. [1987] beschreiben ein regelbasiertes Expertensystem, das sowohl unsichere als auch unscharfe Informationen zur Schätzung von Erdölvorkommen verarbeitet.

Bei einem der ersten Fuzzy-Expertensysteme, CADIAG-2, handelt es sich um ein Diagnosesystem der inneren Medizin, insbesondere der Gastroenterologie (Magen- und Darmkrankheiten), Hepatologie (Leber- und Gallenkrankheiten) und Rheumatologie [vgl. Adlassnig 1980; Adlassnig and Kolarz 1982; Adlassnig et al. 1986]. Zur Analyse von Echokardiogrammen wurde ein regelba-

---

[29] Fuzzy-Mengen werden in derartigen Datenbanksystemen dazu benutzt, unscharfe Prädikate und unscharfe Quantoren zu modellieren. In Information-Retrieval-Systemen werden sie insbesondere auch zur Beschreibung der Relevanz von Texten eingesetzt. Einen Überblick zu frühen Applikationen geben Buckles und Petry [1982b]. Die Zeitschrift „Information Systems" hat 1989 ein ganzes Heft dem Thema „Fuzzy Databases" gewidmet [Dubois, Prade, Sanchez 1989]. Die Monographie „A Fuzzy Prolog Database System" von Li und Liu [1990] beinhaltet eine detaillierte Beschreibung einer Fuzzy-Erweiterung von SQL auf der Basis bewerteter Hornklauseln. Vgl. hierzu die Kapitel 13.3 und 14.5.3.

siertes Fuzzy-Expertensystem entwickelt, das Bildregionen hinsichtlich ihrer anatomischen Bedeutung klassifiziert [vgl. Buckley et al. 1986a,b; Siler, Tukker, Buckley 1987]. Am Klinikum Aachen wurde ein „intelligentes Alarmsystem" konzipiert und implementiert, das den Anästhesisten während einer Herzoperation bei der Beurteilung des Patientenzustands unterstützt [Becker u.a. 1994]. Jahn und Pilz [1994] beschreiben ein Fuzzy-Expertensystem, FLORIDA genannt, das eine kontinuierliche Diagnose von Patienten auf Intensivstationen durchführen soll.

Popp [1994] berichtet von etwa 100 Anwendungen der Fuzzy-Mengentheorie in Industrie- und Handelsbetrieben, bei denen es sich um Prototypen oder laufende Systeme handele, die nicht der Kategorie „Fuzzy Control" zuzurechnen seien.

> „Zu allen betrieblichen Funktionsbereichen existieren schon mehr oder weniger viele Anwendungen ... Zwar ragt die Produktionsplanung und -steuerung mit 50 Systemen (ohne Fuzzy Control) besonders heraus, aber es ist nicht zu erkennen, daß sich dieser Bereich für Fuzzy-Anwendungen besser eignet als die anderen Bereiche. Den ca. 90 Dispositions- und Administrationssystemen stehen nur 10 Planungs- und Kontrollsysteme gegenüber." [Popp 1994, 270f.]

Zum Bereich „*Forschung und Entwicklung*" zählen vier Systeme, darunter ein im Einsatz befindliches Fuzzy-Datenanalysesystem zur Bewertung des Reifegrades von Nutzfahrzeugen [vgl. Altrock 1993, 142ff.]. Zum Bereich „*Marketing und Verkauf*" werden 8 Systeme genannt. Dazu zählen Fuzzy-Systeme zur Verkaufsberatung von Brillen, Computern und Autos. Für den Marketing-Bereich verweist Popp [1994, 273] auf ein bereits 1978 erstelltes System zur Medienauswahl für eine Werbekampagne, das auf einer Fuzzy-Erweiterung der linearen Programmierung basiert. In anderen Fuzzy-Systemen geht es um die Prognose von Preisveränderungen und eine optimale Preisgestaltung unter Berücksichtigung der Preise von Konkurrenzprodukten. Für den Bereich „*Beschaffung und Lagerhaltung*" werden neun Fuzzy-Systeme genannt, zwei zur Bedarfsprognose, vier zur Wareneingangskontrolle und drei zur Lagerhaltung. Das bei einer Kölner Warenhauskette im Einsatz befindliche Wareneingangskonstrollsystem INVENT X verwendet ein Fuzzy-Datenanalysemodul, das aus der Lieferhistorie abgeleitete quantitative und qualitative Kennwerte des Lieferantenverhaltens zu einer Lieferantenbeurteilung verdichtet [vgl. Altrock 1993, 140-142]. Aus dem Lagerhaltungssektor ist ein Fuzzy-Expertensystem für den Ersatzteilservice nennenswert [vgl. Turksen 1992a].

Etwa die Hälfte der in der Untersuchung sondierten Fuzzy-Systeme gehören zum Bereich „*Produktionsplanung und -steuerung*" (PPS). Zwei der genannten Fuzzy-Systeme dienen dazu, gewünschte Produktionsmengen und vorhandene Kapazitäten aufeinander abzustimmen [vgl. Rinks 1982a,b; Turksen 1992a; Turksen et al. 1992]. Neben diesen Systemen zur sogenannten Primärbedarfsplanung wurden einige Fuzzy-Systeme zur Meterialbedarfs- und Fertigungsterminplanung entwickelt. Dabei kommen vor allem Fuzzy-Erweiterungen der linearen Programmierung und verschiedener Netzplantechniken zum Einsatz. Zum Teilbereich Werkstattsteuerung listet Popp 16 Fuzzy-Anwendungen auf, von denen die weitaus meisten als „Expertensysteme mit Fuzzy-Komponenten" charakterisiert werden [Popp 1994, 276]. Neben „Fuzzy-Multi-Criteria-Analysen" [vgl. Zimmermann 1991, 265ff.] verdienen in diesem Kontext vor allem noch „Fuzzy-Petri-Netze" Beachtung. [Vgl. Lipp 1984; Bocklisch 1987, 99-105; Fengler und Bogoljubow 1993; Katte u.a. 1993; Pedrycz 1995, 253-286] Für den Teilbereich Fertigung erwähnt Popp ein Fuzzy-System, das mit Hilfe der Fuzzy-Mathematik und Wahrscheinlichkeitstheorien Vorschläge unterbreitet, Produktionsteile optimal zu gruppieren [Popp 1994, 277]. Die unmittelbare Prozeßregelung und Steuerung von Werkzeugmaschinen ist ein Hauptanwendungsgebiet der Fuzzy-Regelungstechnik. Da sich relativ viele Fuzzy-Systeme zur Qualitätsprüfung und -sicherung bereits im Einsatz befinden, scheint, so Popp, dies nach Fuzzy-Control das „effizienteste Anwendungsfeld" zu sein. Auf diesem Feld kommen vor allem Verfahren der Fuzzy-Musterklassifikation zur Anwendung. Popp nennt dazu die „Gütebewertung bei der Endkontrolle von Kälteschränken", die „Verschleißdiagnostik von spannenden Werkzeugen", die „On-line-Bestimmung der Schneidigkeit von Werkzeugen (Bohrer, Drehmeißel, Fraser) in CNC-Maschinen" sowie die „Gütesicherung beim MAG-Schweißen mit Robotern" [Popp 1994, 277]. Popp weist überdies auf eine Reihe weiterer Fuzzy-Systeme zur Qualitätskontrolle hin, darunter verschiedene Programme, die mit dem mehrere Verfahren (insbesondere „Fuzzy-Clusteranalysen" und „Fuzzy-Regel-Systeme") unterstützenden Entwicklungswerkzeug DATAENGINE implementiert worden sind. Zum Teilbereich Instandhaltung und Wartung nennt Popp Fuzzy-Systeme für die Auswahl zu erneuernder Computer, für die Optimierung von Wartungszyklen in elektrischen Stromanlagen und für die Planung von Stillstandszeiten in Kraftwerken [Popp 1994, 278].

Dem Funktionsbereich *„Versand und Kundendienst"* sind, nach Popp, sechs Fuzzy-Systeme zuzuordnen. Neben einer 1976 veröffentlichten Untersuchung zur Größe und Struktur eines Fuhrparks, werden verschiedene Ansätze zur Lösung des unscharfen Transportproblems erwähnt. Dabei werden primär Fuzzy-Erweiterungen der linearen Programmierung eingesetzt. Für den Bereich *„Finanz- und Rechnungswesen"* weist die Untersuchung 8 Fuzzy-Systeme aus [Popp 1994, 278f.]. Darunter befinden sich verschiedene Expertensysteme zur Finanzbuchhaltung und Finanzanalyse, ein Neurofuzzy-System zur Finanzprognose und ein Modell zur Anlagevermögensbewertung. Zum Funktionsbereich *„Personal"* werden sechs Systeme genannt [Popp 1994, 279]. Das erste dient der Personaleinsatzplanung, das zweite der Bewertung der Karrieremöglichkeiten eines Arbeitsplatzsuchers. Von zwei Fuzzy-Systemen zur Personalauswahl befindet sich eins im Einsatz. Ein weiteres System wurde für die Personalbewertung in großen Unternehmen entwickelt und ein mit dem Entwicklungswerkzeug FUZZYDECISIONDESK erstelltes System soll helfen, die Bereitstellung von Personal zu planen.

Gegenüber etwa neunzig angesprochenen Administrations- und Dispositionssystemen weist Popps Untersuchung lediglich zehn Systeme auf, die den Planungs- und Kontrollsystemen zugerechnet werden. Unter diesen Fuzzy-Systemen befinden sich verschiedene Planungssysteme, ein wissensbasiertes System zur Technologieplanung, ein System zur Standortplanung und zwei Systeme zur strategischen Planung. Eins davon, ESP (Expert System for Strategic Planning), soll Strategieempfehlungen auf der Basis einer Fuzzy-Portfolio-Analyse abgeben, die bezüglich der Unternehmensdimensionen „technische Attraktivität", „technische Position", „Marktattraktivität" und „Wettbewerbsposition" erstellt wird [vgl. Zimmermann 1991, 192-200]. Im Einsatz befindet sich nach Popp [1994, 281] ein Fuzzy-System, das über einen „Fuzzy-Datenbank-Manager", interne und öffentliche Datenbanken sowie ein Modul zur „Fuzzy-Strategieanalyse" Unternehmen selektiert, die sich zur Beteiligung oder zum Kauf eignen.

Zusammenfassend stellt Popp [1994, 282] fest, daß – Anwendungen des Fuzzy-Control ausgenommen – unter den laufenden Systemen in Industrie- und Handelsbetrieben „Expertensysteme mit Fuzzy-Komponenten" dominieren und daß „hybride Systeme" benötigt werden, in denen Ansätze der Unternehmensforschung, der Expertensystemtechnologie, der Theorie Neuronale Netze und der Fuzzy-Mengentheorie integriert sind.

Allein die genannten Anwendungen zeigen, daß das Anwendungsspektrum bereits heute weit über das Gebiet hinausreicht, das die Hauptbasis des weltweiten „Fuzzy-Booms" bildete. Auch ist zu beachten, daß die in der Fuzzy-Regelungstechnik eingesetzten Methoden keineswegs auf die Regelung technischer Systeme eingeschränkt sind. Sie können prinzipiell auch zur Entscheidungsfindung in anderen Wissensgebieten und zur Simulation geologischer, biologischer oder sozialer Systeme eingesetzt werden. Aus der wachsenden Bedeutung der Modellierung imperfekten Wissens und dem beschriebenen Forschungsspektrum der Fuzzy-Mengentheorie geht hervor, daß das theoretische und praktische Potential der Fuzzy-Mengentheorie bei weitem noch nicht erschöpft ist. Die Fuzzy-Mengentheorie bietet vielversprechende Konzepte, symbolische und numerische Ansätze miteinander zu vermitteln und müßte so gerade denjenigen Disziplinen wichtige Impulse verleihen können, deren Erkenntnisobjekte sich weder ausschließlich mit numerischen noch allein mit symbolischen Methoden erschließen lassen.[30]

1.3 Motivation und Zielsetzung

In der KI wird das Ziel verfolgt, bislang unzugängliche, formal nicht erfaßte Gebiete menschlichen Denkens und Handelns zu modellieren. Von den KI-Pionieren – Minsky, McCarthy, Newell und Simon – wurden dazu, entgegen der vorherrschenden Orientierung auf numerisch-quantitative Modellierungsansätze, bewußt qualitativ-symbolorientierte Ansätze verfolgt. *Symbolverarbeitung* galt lange Zeit als Charakteristikum der KI-Forschung insgesamt. Wenn heute von „symbolorientierter KI" die Rede ist, so weist dies indirekt auf den Bedeutungszuwachs numerischer Ansätze in der KI hin. Ein Grund für diese Entwicklung ist sicherlich die Erkenntnis, daß sich imperfektes Wissen allein mit Methoden der Symbolverarbeitung nicht erfolgreich modellieren läßt. Das heißt aber nicht, der Symbolverarbeitungsansatz sei erfolglos gewesen oder obsolet geworden. Unzählige KI-Anwendungen belegen das Gegenteil. Menschliche Erkenntnistätigkeit ist zweifellos stark symbolorientiert und das Potential des Symbolverarbeitungsansatzes ist alles andere als erschöpft.

Gewiß haben sowohl symbolorientierte als auch numerische Ansätze zahlreiche Erfolge aufzuweisen, aber ebenso gewiß ist, daß jeder dieser Ansätze spezifische Modellierungsprobleme und Anwendungsgrenzen aufweist [vgl. Minsky 1990]. Zunehmend mehr Forscher und Anwender haben deshalb die Einsicht gewonnen, daß verschiedene Modellierungsansätze notwendig sind. Diese Erkenntnis richtet sich nicht nur gegen die irreführende Alternative zwischen numerischen und symbolorientierten Ansätzen, sondern zugleich gegen Universalansprüche innerhalb dieser Strömungen. Aufgrund der Heterogenität und Komplexität der zu bewältigenden Aufgaben einerseits und aufgrund der spezifischen Ausdrucksmächtigkeiten, Anwendungsvoraussetzungen, Erklärungsfunktionalitäten und Verrechnungseigenschaften der verschiedenen Ansätze andererseits kann für keinen der infragestehenden Ansätze ein Universalanspruch verteidigt werden. Besonders beachtenswert ist in diesem Kontext die Berkeley-Initiative zum *Soft-Computing* (BISC), die eine Kombination von Ansätzen der Fuzzy-Mengentheorie, der Theorie neuronaler Netze und der Wahr-

---

[30] Dies gilt für sehr viele Wissenschaftsdisziplinen, nicht zuletzt für die KI und die Sozialwissenschaften. Manhart [1991] schreibt der KI eine Vermittlerrolle zwischen natur- und geisteswissenschaftlich ausgerichteter Sozialforschung zu und plädiert dafür, Methoden der symbolorientierten KI zur Realisierung sozialwissenschaftlicher Modelle einzusetzen. Er erwartet, daß zukünftig mehr und komplexere sozialwissenschaftliche KI-Modelle erstellt werden und daß diese komplexeren, quantitative und qualitative Aspekte vereinigenden Modelle „bessere Einsicht liefern in die Struktur menschlichen Denkens und Verhaltens als die heutigen Modelle" [Manhart 1991, 40]. Smithson [1988] sieht drei Wege, über die die Sozialwissenschaften von Konzepten der Fuzzy-Mengentheorie profitieren könne: „(1) by providing the basis for ›translatable‹ statistical techniques; (2) by linking qualitative with quantitative concepts and techniques; and (3) as an aid to conceptualization and theory construction." [Smithson 1988, 2]

scheinlichkeitstheorie (in einem sehr weit gefaßten Sinn) propagiert [vgl. Zadeh 1994].[31] Die Einsicht in die Notwendigkeit einer Vielfalt an Repräsentationsformalismen hat sich in den vergangenen Jahren bereits in einer Vielzahl von Projekten, theoretischen Abhandlungen, Entwicklungswerkzeugen und Applikationen niedergeschlagen.

Systeme, die mehrere (miteinander integrierte) Repräsentationsformalismen unterstützen, sogenannte *hybride* Systeme, sind in der Expertensystemtechnologie zum Standard geworden. Oft geht es dabei lediglich um eine einfache Integration von Regelformalismen und objektorientierten Formen der Wissensrepräsentation. Die vorliegende Arbeit basiert auf der Erfahrung, daß die in marktgängigen Expertensystemwerkzeugen gebotenen Ausdrucksmittel zwar erlauben, viele Wissensgebiete, die qualitativ-symbolisch exakt beschreibbar sind, erfolgreich zu modellieren, daß jedoch die Modellierung von imperfekten Wissen nicht in dem gebotenen Maß unterstützt wird. Expertensystemwerkzeuge werden oft nicht eingesetzt, weil ihre Funktionalität unzureichend ist und – trotz aller propagierten und teilweise realisierten „Offenheit" und „Flexibilität" – keine hinreichend einfachen Anpassungs- und Erweiterungsmöglichkeiten geboten werden.[32]

Sind einerseits der Anwendung symbolorientierter Formalismen Grenzen gesetzt, weil sie imperfektes Wissen nicht adäquat zu nutzen erlauben, so eröffnen sie andererseits Perspektiven, die Grenzen zu überwinden, denen numerische Verfahren unterliegen. In dem notwendigen Projekt, numerische Ansätze und symbolorientierte Ansätze der KI miteinander zu kombinieren, kann die Fuzzy-Mengentheorie eine Schlüsselrolle einnehmen: zum ersten fungiert das Wissen in seiner natürlichsprachlichen Artikulationsform, das Fach- oder Alltagswissen auf linguistischem Niveau, in allen richtungsweisenden Arbeiten der Fuzzy-Mengentheorie, besonders markant in den Arbeiten Zadehs, wie in der symbolorientierten KI als Fokus der Modellbildung, zum zweiten wird in der

---

[31] „In traditional – hard – computing, the prime desiderata are precision, certainty, and rigor. By contrast, the point of departure in soft computing is the thesis that precision and certainty carry a cost and that computation, reasoning, and decision making should exploit – wherever possible – the tolerance for imprecision and uncertainty." [Zadeh 1994, 77] „... the principal constituents of soft computing are fuzzy logic (FL), neural network theory (NN), and probabilistic reasoning (PR), with the latter subsuming belief networks, genetic algorithms, parts of learning theory, and chaotic systems" [Zadeh 1994, 78]. Die Berkeley-Initiative ist verdienstvoll, weil sie erfolgversprechende Theorieströmungen zusammenbringt, die bislang meist im Widerstreit miteinander lagen, zugleich aber problematisch, weil sie mit der Entgegensetzung von „soft computing" und „hard computing" eine Demarkationslinie zieht, die der notwendigen Verbindung der genannten Theorieströmungen mit Ansätzen der symbolorientierten KI entgegenwirken kann.

[32] Diese Erfahrungen und Annahmen wurden in zahlreichen qualitativen Interviews mit Entwicklern wissensbasierter Systeme bestätigt, die im Rahmen eines Dissertationsprojekts von Barbara Kozok [1996] durchgeführt und ausgewertet worden sind. Diese Arbeit wird voraussichtlich 1997 unter dem Titel „Erklärungsfunktionalität Wissensbasierter Systeme" veröffentlicht.

Fuzzy-Mengentheorie die linguistische Repräsentationsform systematisch mit der numerischen Repräsentationsform in Beziehung gesetzt. Aus diesem Grund existieren wechselseitig Anschluß- und Erweiterungsmöglichkeiten: Ansätze der Fuzzy-Mengentheorie können dazu dienen, symbolorientierten Formalismen das Feld des imperfekten Wissens zu erschließen, und bewährte Formalismen der symbolorientierten KI können dazu dienen, das aktuelle Anwendungsspektrum der Fuzzy-Mengentheorie zu erweitern.

Die Geschichte der Fuzzy-Mengentheorie und der symbolorientierten KI weist konsequenterweise von Beginn an, einiger einflußreicher Ausgrenzungsversuche zum Trotz, viele gemeinsame Entwicklungsmomente auf – hinsichtlich des Gegenstandsbereichs, der Methoden, der Zielsetzungen, der Projekte, der Forscher, der Veranstaltungen und der Publikationen.[33] Konkrete Ansätze der Integration von Konzepten und Methoden beider Theorieströmungen lassen sich bis in die frühen 70er Jahren zurückverfolgen. Zadeh hat wissensbasierten Systemen, speziell Expertensystemen, eine große Bedeutung beigemessen, zugleich aber betont, daß sie Konzepte und Methoden, wie sie die Fuzzy-Mengentheorie biete, einbinden müßten [vgl. u.a. Zadeh 1983b; 1984b, 10ff.]. Für einige Problembereiche ist es gelungen, beide Ansätze erfolgreich miteinander zu kombinieren, für viele andere Gebiete reichen die bisherigen Ansätze jedoch nicht aus. Hierfür sprechen auch die Berichte über Zielsetzungen japanischer Forschungsprojekte sowie die Einschätzungen führender Forscher und Repräsentanten der Industrie in Japan.[34]

---

[33] Es gibt mehrere Äußerungen – zum Teil von sehr renommierten Wissenschaftlern –, in denen von Ausgrenzungen der Fuzzy-Mengentheorie aus der KI oder von Feindseligkeiten der KI gegenüber der Fuzzy-Mengentheorie die Rede ist [vgl. Tilli 1991, 210; McNeill und Freiberger 1994, 216, 300, 351]. Und daß der Fuzzy-Mengentheorie auf vielen Kongressen, in bedeutenden Sammelbänden und Lehrbüchern der KI kein Beitrag gewidmet wurde, könnte diese Einschätzungen zusätzlich stützen. Man sollte jedoch nicht den Fehler machen, die KI insgesamt mit (zeitweiligen) Hauptströmungen der KI und den Ansichten ihrer führenden Repräsentanten gleichzusetzen. So unbestreitbar es ist, daß die Fuzzy-Mengentheorie in Veranstaltungen und Veröffentlichungen der KI des öfteren ausgegrenzt worden ist, so unbestreitbar ist auch, daß Konzepte und Methoden der Fuzzy-Mengentheorie schon seit den frühen 70er Jahren eine bedeutende Funktion in KI-Untersuchungen, KI-Veranstaltungen, KI-Werkzeugen und KI-Veröffentlichungen erfüllt haben. Davon zeugen insbesondere Arbeiten zu „Fuzzy-Programmiersprachen“, zu „natürlichsprachlichen Systemen“ und „Fuzzy-Expertensystemen“ (vgl. u.a. [Kling 1974], [LeFaivre 1974a,b], [Wahlster 1977; 1979], [Prade and Negoita 1986], [Leung and Lam 1989], [Kandel 1992]). Und es ist nicht einzusehen, weder hinsichtlich der Motivation noch der Zielsetzung, weder hinsichtlich des Untersuchungsgegenstands noch der Methodik, weshalb die Beiträge führender Forscher der Fuzzy-Mengentheorie, insbesondere von Zadeh, Dubois, Prade und Yager, nicht als KI-Arbeiten gelten sollten. Mit dem Ende der 80er Jahre einsetzenden „Fuzzy-Boom“ hat die Fuzzy-Mengentheorie innerhalb der KI mittlerweile einen drastischen Bedeutungszuwachs erfahren, der sich nicht zuletzt in Lehrbüchern wie [Stefik 1995], der Gründung der Fachgruppe „Fuzzy-Systeme“ im Fachbereich „Künstliche Intelligenz“ der Gesellschaft für Informatik (Oktober 1993) und in Lehrveranstaltungen wie der KIFS (Künstliche Intelligenz Frühjahrsschule) niedergeschlagen hat.

Die vorliegende Arbeit steht in dieser Theorie- und Praxistradition. Sie soll einen Beitrag dazu leisten, aus der Fuzzy-Mengentheorie hervorgegangene Ansätze zur Modellierung imperfekten Wissens und in der symbolorientierten KI entwickelte Wissensrepräsentationsformalismen zu kombinieren und weiterzuentwickeln. Dieses allgemeine Ziel wird über zwei eng miteinander abgestimmte Teilziele zu realisieren versucht – ein technologisches und ein theoretisches. Das technologische Teilziel beinhaltet den Entwurf und die Implementierung eines Programmiersystems, das die Funktionalität von Expertensystemwerkzeugen mit der verschiedener Fuzzy-Programmiersprachen vereinigt und deren architektonische Mängel vermeidet. Das theoretische Teilziel ist dem technologischen funktional untergeordnet und zugleich entwicklungslogisch vorgeordnet: die theoretische Abhandlung dient dazu, ein Fundament für den Entwurf und die Implementierung, also die Realisierung des technologischen Ziels, zu schaffen. In ihr sollen deshalb relevante Formalismen und Modellierungsvorschläge aus Sicht der technologischen Zielsetzung beschrieben, geprüft und gegebenenfalls ergänzt werden.

Dem dient zunächst ein Themenzuschnitt, der den Angelpunkten der Verknüpfung von Ansätzen der Fuzzy-Mengentheorie und symbolorientierten KI mehrere eigenständige Kapitel einräumt. Demgemäß werden linguistische Hekken, linguistische Variablen (einschließlich verschiedener Verfahren der linguistischen Approximation), Fuzzy-Produktionensysteme, Zadehs Fuzzy-Logik und possibilistische Semantiktheorie, Kalküle bewerteter Hornklauseln und Fuzzy-Programmiersprachen ausführlich und detailliert in gesonderten Kapiteln behandelt. Der KI-Tradition entsprechend, werden forschungsrelevante philosophische, psychologische und linguistische Beiträge in die Erörterung einbezogen. Indem die einzelnen Problemfelder aus unterschiedlichen Perspektiven diskutiert werden und historisch grundlegende Beiträge besonders eingehend behandelt werden, soll zugleich Technikfolgenabschätzungen zugearbeitet werden. Eine Hauptaufgabe der theoretischen Abhandung besteht darin, zu sondieren, welche Konzepte und Methoden zur Modellierung imperfekten Wissens mit Fuzzy-Mengen wichtig und aus Programmiersicht hinreichend vollständig und genau ausgearbeitet sind. Des weiteren sollen Defizite herausgearbeitet und, sofern dies in dem gegebenen Rahmen möglich und sinnvoll ist, Verbesserungsvorschläge gemacht werden.

---

[34] Bellon, Bosc und Prade haben in ihrem Bericht über Laboratorien und Projekte in Japan hervorgehoben, daß japanische Repräsentanten der Erforschung und Anwendung von Fuzzy-Technologien, von industrieller wie von akademischer Seite, von der wachsenden Bedeutung der Expertensystemtechnologie für komplexere Anwendungen der Fuzzy-Mengentheorie überzeugt sind, zugleich jedoch noch einige Realisierungsprobleme sehen [vgl. Bellon et al. 1992, 13, 18f.]. In dieses Bild paßt auch, daß in den erwähnten Laboratorien, verstärkt Methoden der symbolorientierten KI berücksichtigt werden und Forschungen zur Fuzzy-Regelungstechnik sogar in den Hintergrund getreten sind [vgl. McNeill und Freiberger 1994, 353f.].

Die in der Darstellung und Diskussion relevanter Formalismen, Modellierungsvorschläge und Fuzzy-Programmiersprachen gewonnenen Erkenntnisse werden dann in einem Anforderungsprofil verdichtet, das gleichermaßen der Entwicklung leistungsfähiger Fuzzy-Programmiersysteme wie der Beurteilung existierender Systeme dienen soll. Im Anschluß daran werden konkrete Architekturvorschläge gemacht, wie ein derartiges Anforderungsprofil umgesetzt werden kann, bevor dann abschließend die Architektur und Funktionalität des Programmiersystems CLIFS beschrieben wird, ein Programmiersystem, das auf der zuvor beschriebenen theoretischen Basis entworfen und implementiert worden ist, und aufgrund seiner reichhaltigen Funktionalität und Architektur der Entwicklung komplexer Modelle und neuer Inferenzmethoden dienen soll.

Kapitel 2

Das Konzept der unscharfen Menge – Basisdefinitionen und Darstellungsformen

Der von Georg Cantor Ende des 19. Jahrhunderts begründeten Mengenlehre wird allgemein eine große Bedeutung für die Entwicklung der modernen Mathematik zuerkannt. Cantor hat mit seinem Mengenbegriff (er benutzte oft den Ausdruck „Mannigfaltigkeit") eine Abstraktion vollzogen, die die verschiedensten mathematischen Objekte und Teilgebiete aus einer einheitlichen Perspektive zu betrachten und mit einer einheitlichen Begrifflichkeit zu untersuchen erlaubt. So werden beispielsweise in der Geometrie Mengen von Punkten, Figuren oder Vektoren behandelt, in der Analysis Mengen von Funktionen, die Grundmengen (Definitionsbereiche) auf Bildmengen (Wertebereiche) abbilden, in der Wahrscheinlichkeitstheorie Mengen von Ereignissen und in der Prädikatenlogik Mengen von Klauseln, von denen jede wiederum als eine Menge von Literalen definiert ist. Die Mengenlehre konnte daher die mathematische Grundlagenforschung stark beeinflussen, verschiedene Teilgebiete befruchten und erheblich zur Vereinheitlichung der Mathematik beitragen.

Da die Fuzzy-Mengentheorie auf Cantors Mengenlehre aufbaut, werden zunächst einige Grundbegriffe dieser klassischen Mengenlehre sowie wichtige Gesetzmäßigkeiten grundlegender Mengenoperationen rekapituliert (Kapitel 2.1). Im Anschluß daran wird dargestellt, wie und warum Zadeh den klassischen Mengenbegriff zum Begriff der unscharfen Menge erweitert hat (Kapitel 2.2.1). Nachdem wichtige Kenngrößen unscharfer Mengen definiert worden sind (Kapitel 2.2.2), werden im abschließenden Unterkapitel verschiedene, unter theoretischen oder praktischen Gesichtspunkten relevante Verallgemeinerungen und Spezialisierungen der Zadehschen Definition unscharfer Mengen behandelt (Kapitel 2.3).

Die Einführung des Konzepts der unscharfen Menge hat notwendigerweise neue Definitionen mengenalgebraischer Operationen nach sich gezogen. Im Unterschied zur klassischen Mengenlehre werden in der Fuzzy-Mengentheorie jedoch selbst für die grundlegenden Mengenoperationen alternative Definitionen angeboten. Da es dabei um sehr viele Definitionsvorschläge geht, zu deren Beurteilung überdies mehrere, zum Teil widersprüchliche und hinsichtlich ihres Stellenwerts strittige Kriterien herangezogen werden müssen, werden sie im nächsten Kapitel gesondert behandelt.

2.1 Grundbegriffe, Notationen und Gesetze der klassischen Mengenlehre im Überblick

„Menge“ und „Element“ sind die zentralen Grundbegriffe der Mengenlehre. Beide Begriffe wurden jedoch nicht formal definiert. In der modernen Mathematik werden die Eigenschaften dieser Grundbegriffe über Axiome festgelegt.[1] In der mathematischen Fachliteratur beschränkt man sich jedoch üblicherweise auf eine Erläuterung des Mengenbegriffs in Anlehnung an Cantor. Da Cantors Begriffserläuterung auch für den vorliegenden Darstellungszusammenhang hinreichend erscheint, bildet sie den Ausgangspunkt der folgenden mengentheoretischen Begriffsklärungen und Definitionen:

> „Unter einer »Menge« verstehen wir jede Zusammenfassung *M* von bestimmten wohlunterschiedenen Objekten *m* unsrer Anschauung oder unseres Denkens (welche die »Elemente« von *M* genannt werden) zu einem Ganzen.“ [Cantor 1966, 282]

Das Attribut ***bestimmt*** drückt aus, daß es eindeutig entscheidbar ist, ob ein Objekt zu einer Menge gehört oder nicht. ***Wohlunterschieden*** bedeutet: es ist eindeutig entscheidbar, ob zwei beliebige Elemente der Menge gleich oder un-

---

1 Anlaß für eine axiomatische Fundierung waren Antinomien, die in der klassischen Mengenlehre bei speziellen Mengenfestlegungen auftreten. Die berühmteste ist Russells Antinomie: Ist *A* als die Menge aller Mengen definiert, die sich nicht selbst als Element enthalten, kurz: $A = \{x \mid x \notin x\}$, dann läßt sich die Frage, ob *A* ein Element von *A* ist, nicht logisch widerspruchsfrei beantworten. Geht man davon aus, daß *A* ein Element von *A* ist, so steht dies in direktem Widerspruch zur Definition, wonach die Elemente von *A* sich nicht selbst als Element enthalten dürfen, geht man umgekehrt davon aus, *A* sei kein Element von *A*, so steht dies ebenso im direkten Widerspruch zur Definition von *A*, da jede Menge, die sich nicht selbst enthält, per definitionem zu *A* gehört. Kurz: $A \notin A \Leftrightarrow A \in A$. Vgl. hierzu Fuhrmann [1988a,b].

gleich sind. Daraus folgt, daß jedes Element einer Menge nur einmal in ihr enthalten ist. Eine Menge im mathematischen Sinn muß – im Unterschied zu einer gängigen umgangssprachlichen Begriffsverwendung – keine große Anzahl von Elementen aufweisen. Insbesondere kann eine Menge im mathematischen Sinne unendlich viele Elemente, lediglich ein Element oder überhaupt kein Element enthalten. Man spricht in diesen Fällen von *unendlichen*, *einelementigen* oder *leeren* Mengen.

Notationsweisen und graphische Darstellungsformen

Zur Beschreibung von Mengen werden gewöhnlich geschweifte Klammern („Mengenklammern") verwendet. Man unterscheidet zwischen der *aufzählenden* und der *beschreibenden* Form. In der aufzählenden Form werden die einzelnen Elemente explizit zwischen Mengenklammern aufgelistet und durch Kommata oder Semikola voneinander getrennt:

$$A = \{x_1, x_2, \ldots, x_n\}. \tag{2.1}$$

Die Reihenfolge der Elemente spielt, sofern nicht ausdrücklich von einer *geordneten* Menge die Rede ist, keine Rolle. Aus Gründen der Schreibökonomie oder um unendliche Mengen zu beschreiben, können wie in 2.1 Auslassungspunkte benutzt werden. Alternativ dazu kann die beschreibende Form verwendet werden. In ihr werden die Elemente über gemeinsame Eigenschaften charakterisiert. Dazu wird eine Grundmenge (im folgenden mit Ω symbolisiert), eine Variable für die Elemente und eine Aussageform (Bedingungen) angegeben. Die so charakterisierte Menge (A) beinhaltet dann genau die Elemente der Grundmenge, für die die Aussageform nach Ersetzung der Variablen eine wahre Aussage ergibt, also die in der Aussageform beschriebenen Bedingungen (B) erfüllt sind:

$$A = \{x | x \in \Omega, B(x)\}. \tag{2.2}$$

Steht Ω beispielsweise für die Menge aller Computer und soll die Menge aller Computer C beschrieben werden, deren Arbeitsspeicher (RAM gemessen in Megabyte) zwischen 16 und 64 MB beträgt, so kann man dazu folgende Definitionsgleichung verwenden:

$$C = \{x | x \in \Omega, 16 \leq \mathrm{RAM}(x) \leq 64\}. \tag{2.3}$$

Will man die Menge von Arbeitsspeichergrößen (A_h) handelsüblicher Konfigurationen zwischen 16 und 64 MB festlegen, so bietet sich dazu die aufzählende Beschreibungsform an:

$$A_h = \{16, 32, 48, 64\}. \tag{2.4}$$

Sollen überdies Zwischengrößen unter Verwendung von 4-MB-Modulen berücksichtigt werden, so können in der aufzählenden Form Auslassungszeichen benutzt werden. Äquivalent dazu lassen sich in der beschreibenden Form Gleichungen und Ungleichungen über der Menge der natürlichen Zahlen ($\mathbb{N}$) angeben:

$$\begin{aligned} A &= \{16, 20, \ldots, 60, 64\} \\ &= \{x | x, n \in \mathbb{N}, 16 \leq x \leq 64 \wedge x = 4n\}. \end{aligned} \tag{2.5}$$

Beide Notationen lassen sich, wie 2.5 beispielhaft zeigt, leicht ineinander überführen. Für die Beschreibung *leerer Mengen* hat sich neben den geschweiften Klammern { } das spezielle Symbol ∅ etabliert.

Eine weitere Möglichkeit besteht darin, Mengen über eine Funktion zu definieren, die ihrem Zweck entsprechend *Indikatorfunktion* oder *charakteristische Funktion* genannt wird. Die charakteristische Funktion einer Menge A, $f_A: \Omega \rightarrow \{0, 1\}$, liefert für jedes Element der Grundmenge Ω den Wert eins, falls es zur Menge A gehört, und den Wert null, falls es nicht dazugehört:

$$\forall x \in \Omega: f_A(x) = \begin{cases} 1, \text{ falls } x \in A \\ 0, \text{ sonst.} \end{cases} \tag{2.6}$$

Die Beschreibung der charakteristischen Eigenschaften der Mengenelemente wird dabei in die Beschreibung des Falls verlagert, für den die Indikatorfunktion den Wert eins liefert. Dabei kann die Menge in aufzählender Form charakterisiert werden oder die gleiche Aussageform verwendet werden wie in der beschreibenden Form. Im Kontext der klassischen Mengenlehre ist diese Notati-

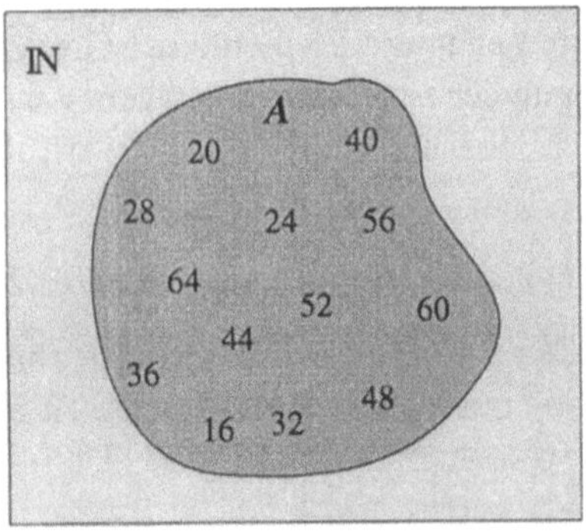

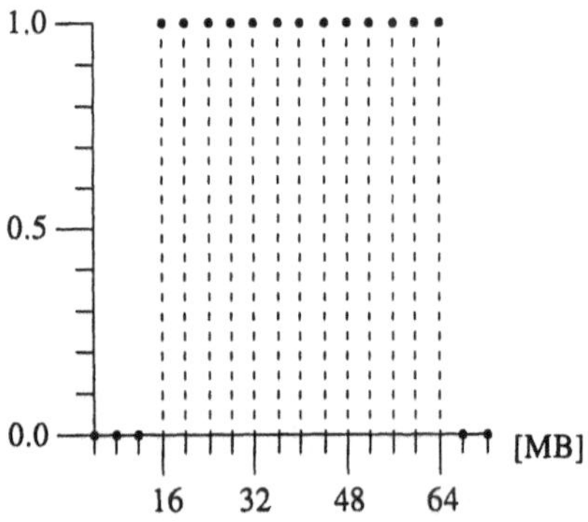

Abb. 2.1: Venn-Diagramm und charakteristische Funktion einer endlichen Menge

onsform ungebräuchlich, sie unterstützt jedoch eine zu Venn-Diagrammen alternative graphische Darstellung und ist, wie sich gezeigt hat, bestens geeignet, das Konzept der klassischen Menge zum Konzept der unscharfen Menge zu erweitern. Abbildung 2.1 zeigt ein Venn-Diagramm sowie den Graph der charakteristischen Funktion der über die Gleichung 2.5 beschriebenen Menge von RAM-Größen.

Zu den Grundbegriffen der klassischen Mengenlehre gehören neben „Menge“ und „Element“ eine Reihe von Begriffen über grundlegende Mengeneigenschaften, Mengenrelationen und Mengenoperationen. Die Abbildungen 2.2 bis 2.5 veranschaulichen einige Definitionen anhand von Venn-Diagrammen.

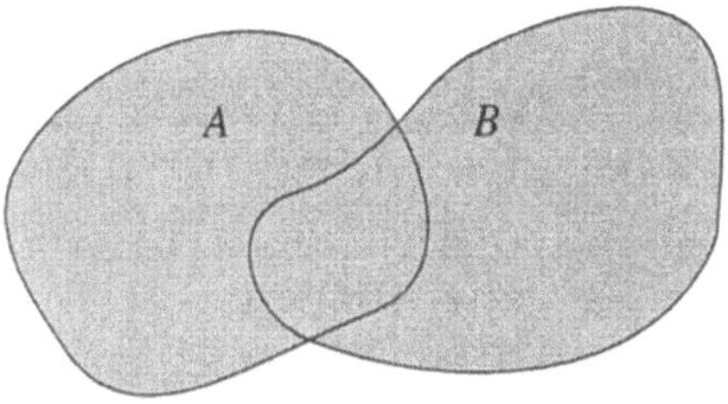

Abb. 2.2: Vereinigungsmenge ($A \cup B$)

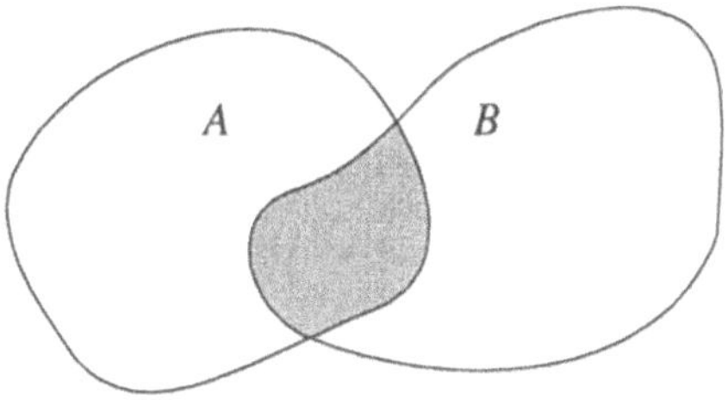

Abb. 2.3: Schnittmenge ($A \cap B$)

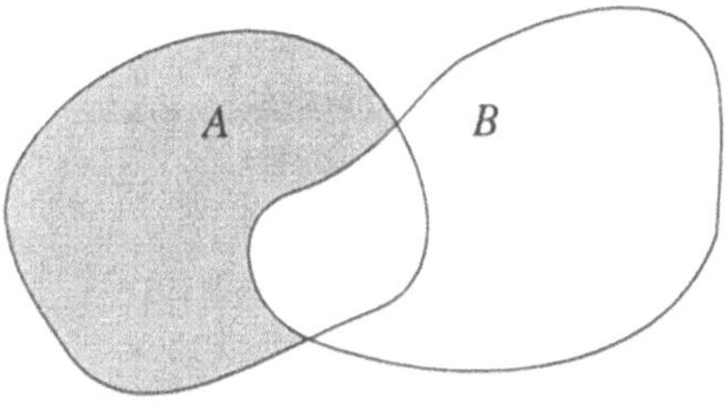

Abb. 2.4: Differenzmenge ($A \setminus B$)

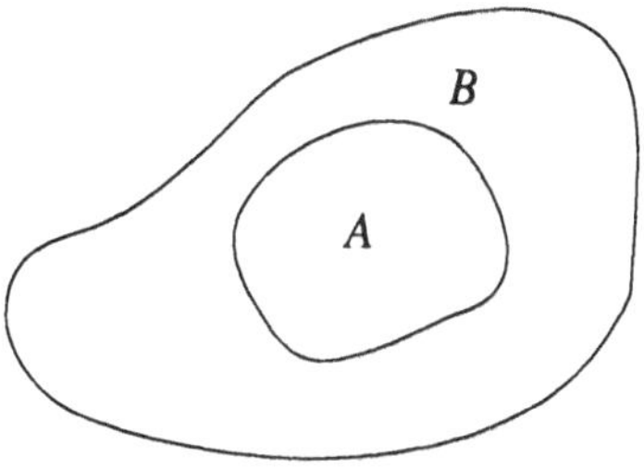

Abb. 2.5: Echte Teilmenge ($A \subset B$)

Definition 2.1 *Mächtigkeit (Kardinalität)*

Die *Mächtigkeit (Kardinalität)* einer Menge A, geschrieben $|A|$ oder $card(A)$, ist die Anzahl ihrer Elemente.

Definition 2.2 *Mengengleichheit*

Zwei Mengen A und B sind *gleich*, geschrieben $A = B$, genau dann, wenn jedes Element von A Element von B ist und umgekehrt:

$$A = B \Leftrightarrow (\forall x \in A : x \in B) \wedge (\forall x \in B : x \in A). \tag{2.7}$$

Definition 2.3 *Mengenungleichheit*

Zwei Mengen A und B sind *ungleich*, geschrieben $A \neq B$, genau dann, wenn ein Element von A kein Element von B oder ein Element von B kein Element von A ist:

$$A \neq B \Leftrightarrow (\exists x \in A : x \notin B) \vee (\exists x \in B : x \notin A). \tag{2.8}$$

Definition 2.4 *Teilmenge*

Die Menge A ist (unechte) *Teilmenge* von B, geschrieben $A \subseteq B$, genau dann, wenn jedes Element von A Element von B ist:

$$A \subseteq B \Leftrightarrow \forall x \in A : x \in B. \tag{2.9}$$

Definition 2.5 *Echte Teilmenge*

Die Menge A ist *echte Teilmenge* von B, geschrieben $A \subset B$, genau dann, wenn A Teilmenge von B ist und A ungleich B ist:

$$A \subset B \Leftrightarrow A \subseteq B \wedge A \neq B. \tag{2.10}$$

Definition 2.6 *Vereinigungsmenge*

Die *Vereinigungsmenge* zweier Mengen A und B, geschrieben $A \cup B$, ist die Menge aller Elemente, die zu A oder B gehören:

$$A \cup B = \{x | x \in A \vee x \in B\}. \tag{2.11}$$

Definition 2.7 *Schnittmenge (Durchschnittsmenge)*

Die *Schnittmenge* (*Durchschnittsmenge*) zweier Mengen A und B, geschrieben $A \cap B$, ist die Menge aller Elemente, die zu A und B gehören:

$$A \cap B = \{x | x \in A \wedge x \in B\}. \tag{2.12}$$

Definition 2.8 *Disjunkte (elementefremde) Mengen*

Zwei Mengen A und B heißen genau dann *disjunkt* (*elementefremd*), wenn ihre Schnittmenge leer ist:

$$A \cap B = \emptyset. \tag{2.13}$$

Definition 2.9 *Differenzmenge (Restmenge)*

Die *Differenzmenge* (*Restmenge*) einer Menge A bezüglich der Menge B, geschrieben $A \setminus B$ oder $A - B$, gelesen A ohne B, ist die Menge aller Elemente von A, die nicht zu B gehören:

$$A \setminus B = \{x | x \in A \wedge x \notin B\}. \tag{2.14}$$

Definition 2.10 *Komplementmenge*

Die *Komplementmenge* einer Menge A über der Grundmenge Ω, geschrieben $\bar{A}$ oder $\neg A$, ist die Menge aller Elemente, die zur Grundmenge Ω und nicht zu A gehören:

$$\bar{A} = \{x | x \in \Omega \wedge x \notin A\}. \tag{2.15}$$

Definition 2.11 *Produktmenge (Kartesisches Produkt)*

Die *Produktmenge* (das *Kartesische Produkt, Kreuzprodukt*) von n Mengen A_1, $A_2, \ldots, A_n$, geschrieben $A_1 \times A_2 \times \ldots \times A_n$, ist die Menge aller geordneten n-Tupel $(x_1, x_2, \ldots, x_n)$ mit x_1 Element von A_1, x_2 Element von $A_2, \ldots, x_n$ Element von A_n:

$$A_1 \times A_2 \times \ldots \times A_n = \{(x_1, x_2, \ldots, x_n) | x_1 \in A_1 \wedge x_2 \in A_2 \wedge \ldots \wedge x_n \in A_n\}. \quad (2.16)$$

Definition 2.12 *Potenzmenge*

Die *Potenzmenge* einer Menge A, geschrieben $\mathcal{P}(A)$, ist die Menge aller Teilmengen von A:

$$\mathcal{P}(A) = \{x | x \subseteq A\}. \quad (2.17)$$

Definition 2.13 *Konvexe Menge*

Eine Menge $A \subseteq \Re^n$ heißt *konvex*, wenn für je zwei Punkte $P_1, P_2 \in A$ auch alle Punkte der Verbindungsstrecke zwischen P_1 und P_2 zu A gehören.

Gesetze der klassischen Mengenalgebra

Mit den gegebenen mengentheoretischen Begriffsdefinitionen lassen sich verschiedene algebraische Gesetze formulieren. Grundlegende Gesetze der klassischen Mengenalgebra werden in Tabelle 2.1 aufgelistet. Die Bedeutung dieser

Algebraische Gesetze	Grundmenge: Ω; $A, B, C \subset \Omega$	
	der Vereinigung	des Durchschnitts
Kommutativgesetze	$A \cup B = B \cup A$	$A \cap B = B \cap A$
Assoziativgesetze	$(A \cup B) \cup C = A \cup (B \cup C)$	$(A \cap B) \cap C = A \cap (B \cap C)$
Distributivgesetze	$A \cup (B \cap C) = (A \cup B) \cap (A \cup C)$	$A \cap (B \cup C) = (A \cap B) \cup (A \cap C)$
Idempotenzgesetze	$A \cup A = A$	$A \cap A = A$
Identitätsgesetze	$A \cup \varnothing = A$	$A \cap \Omega = A$
Absorptionsgesetze	$A \cup \Omega = \Omega$	$A \cap \varnothing = \varnothing$
	$A \cup (A \cap B) = A$	$A \cap (A \cup B) = A$
Gesetze von DeMorgan	$\overline{A \cup B} = \bar{A} \cap \bar{B}$	$\overline{A \cap B} = \bar{A} \cup \bar{B}$
Kontradiktionsgesetze	Satz vom ausgeschlossenen Dritten $A \cup \bar{A} = \Omega$	Satz vom Widerspruch $A \cap \bar{A} = \varnothing$
Involutionsgesetz	$\bar{\bar{A}} = A$	

Tabelle 2.1: Gesetze der klassischen Mengenalgebra

Gesetze erschließt sich nicht nur aus ihrer Anwendung im Rahmen der klassischen Mengenlehre. Vielmehr ist zu beachten, daß die klassische Mengenalgebra als Modell einer Booleschen Algebra gelten kann und isomorph zur Aussagen- und Schaltalgebra ist. Die in Tabelle 2.1 aufgelisteten Mengengesetze können daher leicht in Gesetze anderer Modelle einer Booleschen Algebra überführt werden. Im Hinblick auf Wissensrepräsentationsformalismen ist insbesondere die Isomorphie von Mengenalgebra und Aussagenalgebra (Aussagenlogik) bedeutsam.[2] Darüber hinaus ist mit diesen Gesetzen eine Grundlage gegeben, Verallgemeinerungen der klassischen Mengenlehre hinsichtlich ihrer mathematischen Eigenschaften prüfen und beurteilen zu können.

2.2 Eigenschaften und Darstellungsformen unscharfer Mengen

2.2.1 Charakterisierung unscharfer Mengen über Zugehörigkeitsfunktionen

Der Mengenbegriff Cantors setzt voraus, daß die Frage, ob ein Objekt zu einer Menge gehört oder nicht, eindeutig mit ja oder nein beantwortet werden kann (vgl. 48). Der klassische Mengenbegriff impliziert also eine scharfe Grenzziehung zwischen Zugehörigkeit und Nichtzugehörigkeit. Zadehs „Verallgemeinerung" des klassischen Mengenbegriffs setzt genau an diesem Definitionskriterium an. Er begründet die Einführung von Fuzzy-Mengen damit, daß für die meisten „Klassen" von Objekten der Realität ein derart präzises Zugehörigkeitskriterium nicht existiere [Zadeh 1965, 29]. Betrachtet man wie Zadeh natürlichsprachliche Kategorien, so stößt man unweigerlich auf eine schier unendliche Zahl von Ausdrücken, die nicht präzise definiert sind und bei denen eine scharfe Grenzziehung in vielen Zusammenhängen unangemessen ist. Dies gilt etwa für die Rede von der *Ausgewogenheit eines Weines* oder der *Schönheit einer Blume*, von *alten* oder *jungen, kleinen* oder *großen, dicken* oder *dünnen Menschen,* von *starkem* oder *schwachem Fieber,* von *großen* oder *kleinen Speicherkapazitäten*, von *dünner Ozonschicht* oder *dicker Luft,* von einer *geringen Reduktion der Kohlendioxid-Emissionen* oder einer *gefährlichen Aufwärmung der Erdatmosphäre.*

Existiert eine meßbare Basisgröße, so können durchaus präzise Grenzwerte zur Mengenbildung oder Klasseneinteilung angegeben werden. Praktische Er-

---

[2] Um die angeführten Gesetze der Mengenalgebra in analoge Gesetze der Aussagenalgebra zu transformieren, müssen lediglich die Zeichen der Mengenalgebra durch die entsprechenden Zeichen der Aussagenlogik substituiert werden: "$\bar{\ }$" $\to$ "$\neg$", "$\cap$" $\to$ "$\wedge$", "$\cup$" $\to$ "$\vee$", "$\subset$" $\to$ "$\Rightarrow$", "Ω" $\to$ "w", "$\emptyset$" $\to$ "f", "=" $\to$ "$\Leftrightarrow$".

fordernisse machen derartige Grenzwerte oft unumgänglich. Andererseits ist eine Definition natürlichsprachlicher Kategorien über exakte Grenzwerte oft höchst problematisch, willkürlich und sachlich unangemessen. Der mit einer präzisen Festlegung verbundene Informationsgewinn involviert zugleich gravierende Bedeutungsverschiebungen und Informationsverluste. Es ist fachlich nicht gerechtfertigt, einen exakten Grenzwert für eine Schadstoffkonzentration festzulegen, bei dessen Überschreitung man uneingeschränkt davon sprechen kann, daß eine hohe toxische Belastung vorliege, während die geringstmögliche Verminderung dieser Konzentration zu dem gegenteiligen Schluß führen müßte, die toxische Belastung sei als nicht hoch einzuschätzen. Und wie immer man die Grenze für hohe Einkommensgehälter festlegen mag, es wirkt willkürlich und unplausibel, von jemandem, dessen Gehalt diese Grenze auch nur um einen Pfennig unterschreitet, sagen zu müssen, sein Gehalt sei nicht hoch.

Weitaus plausibler ist es stattdessen, die scharfe Unterscheidung von Zugehörigkeit und Nichtzugehörigkeit an den Randbereichen „aufzuweichen" und „abgestufte" oder „gleitende" Übergänge von Zugehörigkeiten einzuführen, so daß in den Randbereichen geringfügige Schwankungen der Merkmalsausprägungen von Objekten sich als unterschiedliche *Grade ihrer Zugehörigkeit* zu einer Menge widerspiegeln können. Um diese Idee mathematisch umzusetzen, ist es notwendig, die Bildmenge der charakteristischen Funktion von zwei Werten, $\{0, 1\}$, auf mehrere Werte zu erweitern. Zadeh hat als Bildmenge das Intervall $[0, 1]$ vorgeschlagen, also einen Wertebereich, der die „klassischen" Werte null und eins als Randpunkte einschließt und zugleich unendlich viele und beliebig feine Graduierungen abzubilden erlaubt.[3] Zur Illustration dieser Idee kann ein einfaches Beispiel dienen.

Beispiel 2.1 *„Starkes Fieber"*

Steht man vor der Aufgabe, den Ausdruck „starkes Fieber" (abgekürzt: SF) als eine Zahlenmenge im klassischen Sinn zu beschreiben, so stellt sich unweigerlich das Problem, einen Grenzwert festlegen zu müssen. Wählt man zum Beispiel die Temperatur 39.5°C, so gelangt man zu folgender Funktionsvorschrift:

$$\Omega = \{x | x \in \Re, 32 \le x \le 44\}$$
$$\forall x \in \Omega: f_{SF}(x) = \begin{cases} 1, \text{ falls } x \ge 39.5 \\ 0, \text{ sonst.} \end{cases} \quad (2.18)$$

Man erhält so eine Stufenfunktion mit einer Sprungstelle an der Abszisse x = 39.5°C (vgl. Abbildung 2.6). Demnach ist eine Körpertemperatur von 41°C ebenso als „star-

3 Die Beschränkung auf das Einheitsintervall ist, wie bereits Zadeh [1965, 30] angemerkt hat, nicht zwingend; sie ist jedoch für diesen Verwendungszweck günstig, nicht zuletzt, weil sie mathematischen Konventionen in mehrwertigen Logiken und in der Wahrscheinlichkeitstheorie folgt. Andere mit dieser Festlegung verträgliche Wertemengen werden in Kapitel 2.3 (71ff.) eingeführt.

kes Fieber" zu klassifizieren wie 39.5°C, während 39.4°C als „nicht starkes Fieber" einzustufen wäre. Die sachlich angemessener erscheinenden „gleitenden" Übergän-

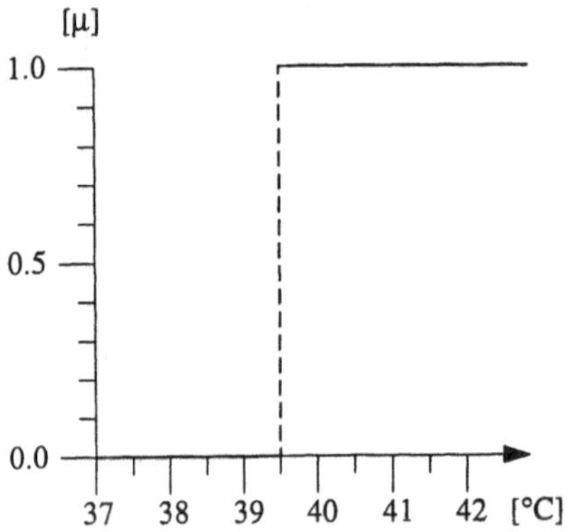

Abb. 2.6: „Starkes Fieber" als klassische Menge

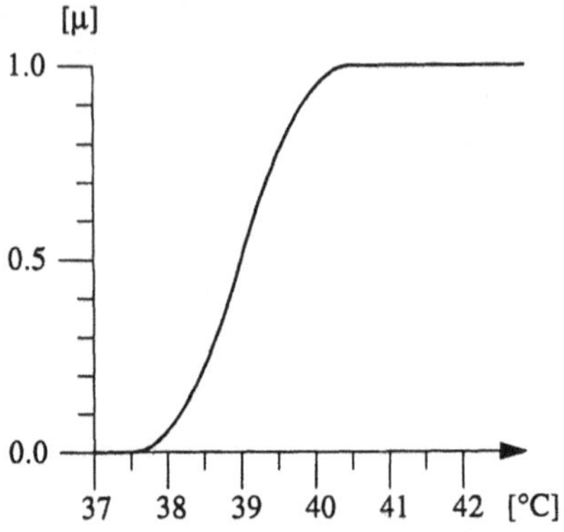

Abb. 2.7: „Starkes Fieber" als Fuzzy-Menge

ge lassen sich erzielen, wenn man statt der Stufenfunktion (Gleichung 2.18, Abbildung 2.6) eine stetige Funktion wie in Abbildung 2.7 verwendet. Geringfügige Temperaturänderungen im Bereich 39.5°C machen sich nun nicht mehr in einer „Sprungantwort" („starkes Fieber" oder „nicht starkes Fieber"), sondern vielmehr in geringfügigen Verschiebungen der Zugehörigkeitsgrade zu den Mengen „starkes Fieber" und „nicht starkes Fieber" geltend.

Eine unscharfe Menge unterscheidet sich demnach von einer gewöhnlichen Menge schlicht darin, daß als Bildmenge der charakteristischen Funktion nicht nur die Werte null und eins zugelassen sind, sondern auch alle reellen Zahlen zwischen ihnen.

Definition 2.14 *Unscharfe Menge (Fuzzy-Menge)*

Eine *unscharfe Menge* (*Fuzzy-Menge*, engl.: *fuzzy set*) wird charakterisiert durch eine Funktion μ von einer Grundmenge Ω in das reelle Einheitsintervall:

$$\mu : \Omega \rightarrow [0, 1]. \tag{2.19}$$

Die charakteristische Funktion μ wird *Zugehörigkeitsfunktion* (engl.: *membership function*) genannt, ihre Werte heißen *Zugehörigkeitsgrade* (engl.: *grades of membership*).[4] Die Menge aller über einer Grundmenge Ω bildbaren Fuzzy-Mengen wird mit $\Phi(\Omega)$ symbolisiert. Gewöhnliche Mengen (im Sinne Cantors) lassen sich als spezielle Fuzzy-Mengen begreifen, in denen alle Elemente den Zugehörigkeitsgrad eins aufweisen. Enthält eine Fuzzy-Menge genau ein Element mit einem Zugehörigkeitsgrad größer als null, so heißt sie *Fuzzy-Einermenge* (engl.: *fuzzy singleton*).

Das Konzept der Fuzzy-Menge wurde eingeführt, um linguistische Unbestimmtheiten zu modellieren, also eine Form der Unbestimmtheit mathematisch behandeln zu können, die nicht in der Unwissenheit darüber begründet ist, ob – wie in der Wahrscheinlichkeitstheorie – ein bestimmtes Ereignis eintritt oder nicht, sondern vielmehr daraus erwächst, daß exakte Definitionen mit scharfen Grenzziehungen nicht möglich oder nicht sinnvoll sind.[5] Die Fuzzy-Mengentheorie ist keine „unscharfe Theorie", sondern vielmehr eine „mathematische Theorie der Unschärfe", in der es primär darum geht, in natürlichsprachlichen Kategorien angelegte Randbereichsunschärfen über mathematische Funktionen zu definieren, um das über sie artikulierbare Wissen für formale Modellbildungen und computertechnische Anwendungen verwertbar zu machen.

Notationsformen und (parametrische) Standardfunktionen zur Beschreibung von Fuzzy-Mengen

Fuzzy-Mengen werden über ihre Zugehörigkeitsfunktionen beschrieben. In der Definition von Fuzzy-Mengen ist weder eine Einschränkung über die Grundmenge noch über den Funktionsverlauf gemacht. Die Beschreibung einer Funktion kann über die Angabe einer Funktionsgleichung, die Abbildung eines Funktiongraphen oder die explizite Auflistung von Argument-Wert-Paaren, hier also der Elemente mit ihren Zugehörigkeitsgraden, erfolgen. Für die Beschreibung von Fuzzy-Mengen über der Menge der reellen Zahlen hat Zadeh parametrische Funktionen vorgeschlagen, die einen s-, z- oder glockenförmigen Funktionsverlauf aufweisen (Gleichung 2.20 bis 2.22 und Abbildung 2.8, links).[6]

---

[4] Neben diesen Bezeichnungen haben sich in der Fachliteratur die Termini „Kompatibilitätsfunktion" und „Kompatibilitätsgrad" etabliert. In einigen deutschsprachigen Abhandlungen findet man mitunter die Begriffspaare „Mitgliedschaftsfunktion" – „Mitgliedschaftsgrad" und „Enthaltenseinsfunktion" – „Enthaltenseinsgrad". In der Tradition „mehrwertiger Logiken" werden Zugehörigkeitsgrade auch als „Wahrheitsgrade" gedeutet, die im Zusammenhang mit Fuzzy-Reglern oft „Erfülltheitsgrade" genannt werden. Statt dieser semantisch besetzten Bezeichnungen wird gelegentlich die allgemeine Kurzform „Grad" benutzt. Fuzzy-Mengen lassen sich überdies als *unscharfe Teilmengen* einer Grundmenge beschreiben.

[5] Das bedeutet keineswegs, daß Fuzzy-Mengen nicht der Modellierung von Unsicherheit dienen können. Fuzzy-Mengen können zum einen dazu benutzt werden, unscharfe Unsicherheits- oder Wahrscheinlichkeitsangaben wie *„sehr wahrscheinlich"* zu modellieren, zum anderen lassen sie sich als „Possibilitätsverteilungen" deuten und fungieren so als Basiskonzept einer nicht-additiven Unsicherheitstheorie, der sogenannten Possibilitätstheorie. Diese Deutung wird in Kapitel 8 eingeführt. Verschiedene Kalküle approximativen Schließens auf der Basis von Possibilitätsverteilungen werden in den folgenden Kapiteln behandelt.

[6] Vgl. Zadeh [1976a, 154f.; 1977, 32; 1983a, 611f.]. Für glockenförmige Funktionen, die nur an einem Punkt den Wert eins annehmen, verwendet Zadeh eine Funktion mit den zwei Parametern β (Spannweite der Wendepunkte) und γ (Abszizze des Kernpunkts), die er π genannt hat, weil ihr Verlauf einer Impulsantwort gleicht. π-Funktionen lassen sich als spezielle s/z-Funktionen definieren:

$$\pi(x, \beta, \gamma) = s/z(x, \gamma - \beta, \gamma, \gamma, \gamma + \beta).$$

$$s(x, \alpha, \gamma) = \begin{cases} 0 & ; x \leq \alpha \\ 2 \cdot \left(\frac{x-\alpha}{\gamma-\alpha}\right)^2 & ; \alpha < x \leq \frac{\alpha+\gamma}{2} \\ 1 - 2 \cdot \left(\frac{x-\gamma}{\gamma-\alpha}\right)^2 & ; \frac{\alpha+\gamma}{2} < x \leq \gamma \\ 1 & ; \text{sonst} \end{cases} \tag{2.20}$$

$$z(x, \alpha, \gamma) = 1 - s(x, \alpha, \gamma) \tag{2.21}$$

$$s/z(x, \alpha, \beta, \gamma, \delta) = \begin{cases} s(x, \alpha, \beta) & ; x \leq \beta \\ z(x, \gamma, \delta) & ; \text{sonst} \end{cases} \tag{2.22}$$

Der erste Parameter einer s-Funktion (α) steht für den höchsten Wert des Argumentbereichs mit dem Zugehörigkeitsgrad null, während der zweite Parameter (γ) den niedrigsten Wert mit dem Zugehörigkeitsgrad eins repräsentiert. Zadeh

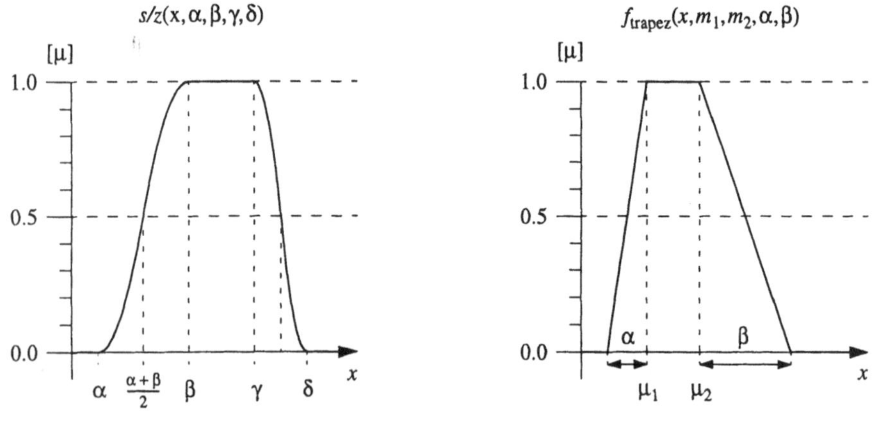

Abb. 2.8: Parametrische Standardfunktionen zur Beschreibung unscharfer Mengen

gibt zusätzlich den Wendepunkt an. Die Ordinate des Wendepunkts ist 0.5, seine Abszisse ist gleich $\frac{\alpha+\gamma}{2}$. Funktionen der beiden anderen Typen z und s/z lassen sich über s-Funktionen beschreiben: z-Funktionen resultieren aus einer Spiegelung an der Geraden $\mu(x) = 0.5$, s/z aus einer Aneinanderreihung von Teilabschnitten einer s- und einer z-Funktion. Die Funktionsvorschriften sind offenkundig so gewählt, daß in den „kritischen" Bereichen, in denen die Funktionen zu null oder eins konvergieren, der Kurvenverlauf „abgeflacht" wird. Dieser Effekt besonders „sanfter" Übergänge in den „kritischen" Zonen ist im allgemeinen erwünscht, so daß diese Funktionen meist „intuitiv" besonders geeignet erscheinen. Andererseits ist zu bedenken, daß derartige „Feinheiten" in der Verrechnung von Fuzzy-Mengen kaum von Belang sind, so daß in der Praxis (speziell der Fuzzy-Regelungstechnik) oft etwas „schlichtere" Funktionen mit dreiecks- oder trapezförmigen Funktionsgraphen verwendet werden (vgl. Gleichung 2.23 und 2.24 sowie Abbildung 2.8, rechts).

$$f_{\text{triangle}}(x, m, \alpha, \beta) = \begin{cases} 0 & ; (x \leq m - \alpha) \vee (x \geq m + \beta) \\ \dfrac{x - (m - \alpha)}{\alpha} & ; (m - \alpha) < x \leq m \\ 1 - \dfrac{x - m}{\beta} & ; m < x < (m + \beta) \end{cases} \tag{2.23}$$

$$f_{\text{trapez}}(x, m_1, m_2, \alpha, \beta) = \begin{cases} 0 & ; (x \leq m_1 - \alpha) \vee (x \geq m_2 + \beta) \\ \dfrac{x - (m - \alpha)}{\alpha} & ; (m_1 - \alpha) < x < m_1 \\ 1 & ; m_1 \leq x \leq m_2 \\ 1 - \dfrac{x - m}{\beta} & ; m_2 < x < (m_2 + \beta) \end{cases} \tag{2.24}$$

Bei einer trapezförmigen Funktion f_{trapez} geben die ersten beiden Parameter (m_1, m_2) den Bereich an, in dem die Funktion den Wert eins annimmt, über die beiden letzten Parameter wird die linke (α) und rechte (β) Schwankungsbreite festgelegt. Im Extremfall kann einer der Gipfelpunkte (m_1, m_2) mit einem Randpunkt des Grundbereichs zusammenfallen. Je nachdem ob es sich dabei um den oberen oder unteren Grenzwert handelt, erhält man eine monoton steigende oder monoton fallende Funktion. Im Unterschied zu trapezförmigen Funktionen f_{trapez} weisen dreiecksförmige Funktionen f_{triangle} genau einen Gipfelpunkt (m) auf.

Beispiel 2.2 *Unscharfe Altersangaben*

Die Beschreibung unscharfer Altersangaben ist ein von Zadeh eingeführtes Standardbeispiel zur Illustration des Konzepts Fuzzy-Menge. Bei unscharfen Altersangaben werden meist die drei Kategorien „jung", „alt" und „mittleren Alters" verwandt. Es liegt auf der Hand, daß die Zugehörigkeitsfunktionen für diese Kategorien vom Kontext abhängen. Primär ist dabei die Referenzklasse zu beachten. Es macht eben einen gravierenden Unterschied, ob man beispielsweise von geologischen Formationen, Lebewesen oder Artefakten spricht. Von erheblicher Relevanz sind zudem die Perspektive auf ein Objekt und die Funktion, die seine Beschreibung erfüllen soll. Altersangaben zu Produktionsmitteln wie Werkzeugmaschinen oder Computern hängen stark von technischen Innovationen ab. Die mit der industriekapitalistischen Entwicklung notwendig einhergehende Dynamik von ästhetischer Innovation und ästheti-

scher Veraltung determiniert Altersangaben zu Konsumartikeln in einem hohen Grad. Zadeh bezieht sich in seinem Beispiel auf Menschen im allgemeinen. Die in Abbildung 2.9 dargestellten Zugehörigkeitsfunktionen wurden in Anlehnung an Zadeh [1979, 378] gewählt.

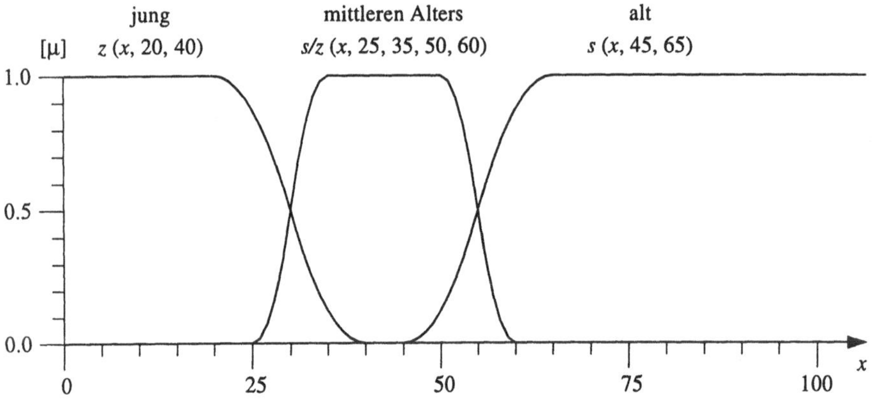

Abb. 2.9: Die Beschreibung unscharfer Altersangaben mit Hilfe parametrischer Standardfunktionen

Des öfteren wird kritisch angemerkt, daß die Festlegung von Zugehörigkeitsfunktionen „subjektiv" und „willkürlich" sei. Aus diesem Grund wurden eine Reihe von Verfahren vorgeschlagen, Zugehörigkeitsfunktionen empirisch zu bestimmen.[7] Aufwendige empirische Verfahren sind jedoch im allgemeinen weder theoretisch noch praktisch zwingend. Oft genügt eine einfache Introspektion. Sicherlich ist eine „subjektive Färbung" dabei unbestreitbar und Funktionsgraphen wie den abgebildeten kann zu Recht ein nicht unbedeutendes Maß an „Willkürlichkeit" zugesprochen werden. Im vorliegenden Fall ist zu bedenken, daß die „Willkür" zu einem beträchtlichen Teil mit der Abstraktheit der Aufgabenstellung zusammenhängt: die Referenzklasse „Menschen" ist sehr allgemein, Perspektive und Funktionszusammenhang bleiben vollständig ausgeblendet. In konkreten Aufgabenstellungen reduzieren sich erfahrungsgemäß die Fragwürdigkeiten bei der Festlegung von Zugehörigkeitsfunktionen erheblich. Daß Fuzzy-Mengen ermöglichen, individuelle Einschätzungen zu modellieren, darf nicht mit „Beliebigkeit" gleichgesetzt werden. So wie Unschärfen alltagssprachlicher Kategorien und individuelle Grenzverschiebungen notwendige

---

[7] Darstellungen verschiedener Methoden zur Bestimmung und Validierung von Zugehörigkeitsfunktionen bieten Dubois und Prade [1980, 256ff.; 1988b, 19ff.], Zimmermann [1991, 344ff.], Norwich und Turksen [1982], Turksen [1991] sowie Aliev u.a. [1994, 65ff.]. In der Fuzzy-Regelungstechnik werden verstärkt Neuronale Netze und Evolutionäre (Genetische) Algorithmen zur Generierung oder Adaption von Zugehörigkeitsfunktionen eingesetzt. Weiterführende Literaturhinweise hierzu geben Hecht, Hellendoorn, Leufke und Storjohann [1994a,b] sowie Kruse, Gebhardt und Klawonn [1993, 225f.].

Momente menschlicher Lebenspraxis sind, so werden diese Unschärfen und subjektspezifischen Variationen zugleich notwendigerweise auf ein Maß eingeschränkt, das ein zur Bewältigung notwendiger Aufgaben hinreichendes Verstehen ermöglicht. Daß sich individual- und situationsspezifische Variationen bei der Festlegung von Funktionsparametern niederschlagen, erlaubt daher keineswegs den Schluß, derartige Funktions- oder Mengendefinitionen seien unbrauchbar. Da die Operationen über Fuzzy-Mengen im allgemeinen sehr robust sind, haben geringfügige Variationen des Funktionsverlaufs normalerweise keine signifikanten Auswirkungen.

Die genannten parametrischen Standardfunktionen weisen zwei Vorzüge auf: zum einen reduzieren sie den Kodierungsaufwand auf die Angabe weniger Parameterwerte, zum anderen existieren für sie Verrechnungsvorschriften, die verschiedene Operationen effizient durchzuführen erlauben. Sie sind jedoch nicht für alle Modellierungsaufgaben geeignet. Eine größere Flexibilität läßt sich mit stückweise linearen Zugehörigkeitsfunktionen erzielen. Dabei werden

$$A = \{(x_1, \mu_1), (x_2, \mu_2), (x_3, \mu_3), (x_4, \mu_4), (x_5, \mu_5), (x_6, \mu_6), (x_7, \mu_7), (x_8, \mu_8), (x_9, \mu_9), (x_{10}, \mu_{10})\}$$

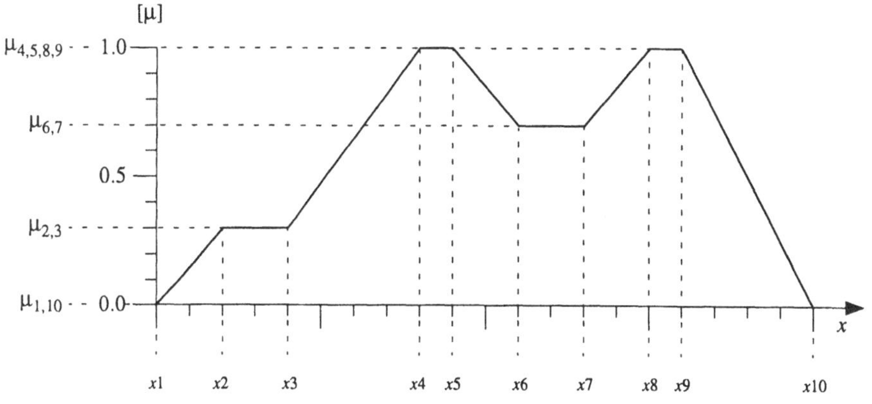

Abb. 2.10: Beschreibung einer Fuzzy-Menge über eine stückweise lineare Zugehörigkeitsfunktion

alle Punkte des Funktionsgraphen angegeben, an denen sich die Steigung der Zugehörigkeitsfunktion ändert (vgl. Abbildung 2.10). Um den Zugehörigkeitsgrad eines Elements x zu berechnen, werden zunächst die beiden Punkte – (x_i, μ_i) und (x_{i+1}, μ_{i+1}) – ermittelt, die den relevanten Funktionsabschnitt definieren. Der gesuchte Zugehörigkeitsgrad berechnet sich dann nach folgender Formel:

$$x_i \le x \le x_{i+1} \,;\, \mu_i = \mu(x_i) \,;\, \mu_{i+1} = \mu(x_{i+1}) \,;\, i \in \mathbb{N}$$

$$\mu(x) = \mu_{i+1} - \frac{(x_{i+1} - x)(\mu_{i+1} - \mu_i)}{x_{i+1} - x_i} \quad . \qquad (2.25)$$

Zur Beschreibung von Fuzzy-Mengen über diskreten Grundmengen sind mehrere Schreibweisen gebräuchlich. Zadeh selbst hat verschiedene „Summen-Notationen“ eingeführt. Dabei werden die Zugehörigkeitsgrade (μ_i) den Elementen (x_i) vorangestellt und die einzelnen Grad-Element-Paare durch das Summenzeichen miteinander verbunden:

$$\mu_1/x_1 + \mu_2/x_2 + \ldots + \mu_n/x_n \tag{2.26}$$

$$\mu_1 x_1 + \mu_2 x_2 + \ldots + \mu_n x_n \tag{2.27}$$

$$\sum_i^n \mu_i/x_i. \tag{2.28}$$

Elemente, deren Zugehörigkeitsgrad gleich null ist, können weggelassen werden. Die unscharfe Altersangabe *„etwa 30“* läßt sich gemäß Notation 2.26 beispielsweise wie folgt beschreiben (vgl. Abbildung 2.11, rechts):

$$\text{etwa } 30 = 0.25/27 + 0.5/28 + 0.75/29 + 1/30 + 0.75/31 + 0.5/32 + 0.25/33. \tag{2.29}$$

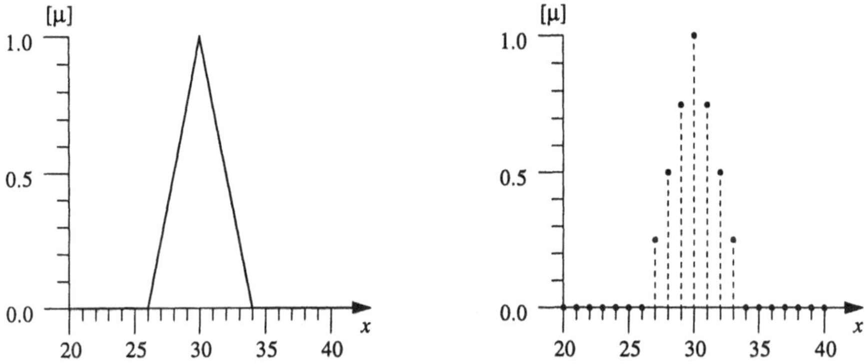

Abb. 2.11: Die unscharfe Altersangabe „etwa 30“ als kontinuierliche und diskrete Fuzzy-Menge

Es ist auch möglich, stetige Funktionen wie die in den Gleichungen 2.20 bis 2.24 definierten zur Beschreibung diskreter Fuzzy-Mengen zu verwenden. So läßt sich beispielsweise eine zu 2.29 äquivalente Fuzzy-Menge mit Hilfe der dreiecksförmigen Funktion f_{triangle} (Gleichung 2.23) definieren:

$$\text{etwa } 30 = \sum_{i=1}^{120} f_{\text{triangle}}(x_i, 30, 4, 4)/x_i. \tag{2.30}$$

Analog zur Summen-Notation für diskrete Mengen (2.28) hat Zadeh für kontinuierliche Grundmengen eine „Integral-Notation" eingeführt:

$$\int_{\Omega} \mu(x)/x. \tag{2.31}$$

Um eine Fuzzy-Menge zu definieren, die sich von 2.30 lediglich darin unterscheidet, daß keine abzählbare Zahlenmenge, sondern das Intervall [0, 120] verwendet wird und die Zwischenwerte linear interpoliert werden, kann man demnach

$$\text{etwa } 30 = \int_{0}^{120} f_{\text{triangle}}(x, 30, 4, 4)/x \tag{2.32}$$

notieren (vgl. Abbildung 2.11, links). Werden einzelne Funktionsabschnitte getrennt beschrieben, so verbindet man sie jeweils mit einem Summenzeichen. Abschnitte, in denen der Funktionswert null ist, können wiederum übergangen werden. Beispielsweise lautet die Definition der in Abbildung 2.9 dargestellten Fuzzy-Menge *„alt"* in dieser Notation:

$$\text{alt} = \int_{45}^{55} \left(2 \cdot \left(\frac{x-\alpha}{\gamma-\alpha}\right)^2\right) \Big/ x + \int_{55}^{65} \left(1 - 2 \cdot \left(\frac{x-\gamma}{\gamma-\alpha}\right)^2\right) \Big/ x + \int_{65}^{120} 1/x. \tag{2.33}$$

Umano [1987a] hat Zadehs Schreibweise für diskrete Fuzzy-Mengen (2.26) dahingehend variiert, daß er die Summenzeichen wegläßt, stattdessen aber den gesamten Ausdruck mit geschweiften Klammern umschließt (vgl. Tabelle 14.1, 531). Vielfach werden die Elemente den Zugehörigkeitsgraden vorangestellt und diese Element-Grad-Paare in Klammern gesetzt (vgl. beispielsweise [Sosnowski 1990] oder Tabelle 14.3, 534). Hat man für die Elemente der Grundmenge eine eindeutige Anordnung festgelegt, so genügt es, neben der Grundmenge die entsprechend geordnete Menge aller Zugehörigkeitsgrade anzugeben (vgl. Tabelle 15.3, 640).

2.2.2 Grundlegende Mengenrelationen und Kenngrößen unscharfer Mengen

Aus der Sicht der Fuzzy-Mengentheorie stellen gewöhnliche Mengen lediglich einen Spezialfall dar. Daher müssen auch die für diesen Spezialfall definierten Grundbegriffe neu definiert werden. Eine allgemeine Anforderung an diese Definitionen ist, daß sie bezüglich gewöhnlicher Mengen äquivalent zu den Definitionen der klassischen Mengenlehre sein sollten. Dies gilt gleichermaßen für die im nächsten Kapitel behandelten Mengenoperationen wie für die im folgenden definierten Begriffe „Mengengleichheit“, „Teilmenge“ und „Kardinalität“. Da Fuzzy-Mengen nicht mehr allein über ihre Elemente, sondern zugleich über deren Zugehörigkeitsgrade spezifiziert sind, haben in der Fuzzy-Mengentheorie weitere „Kenngrößen“ eine Bedeutung erlangt, die anschließend definiert werden.

Mengenrelationen

Der klassische Begriff der Mengengleichheit fordert, daß jedes Element der einen Menge in der anderen enthalten ist und umgekehrt. Im Sinne der Fuzzy-Mengentheorie bedeutet dies, daß für jedes Element der Grundmenge der Zugehörigkeitsgrad zu beiden Mengen entweder gleich eins oder gleich null ist. Es ist daher naheliegend, diese Forderung nach gleichen Zugehörigkeitsgraden auch auf die zwischen eins und null liegenden Werte zu übertragen. Diesen Weg hat Zadeh [1965, 31] beschritten.

Definition 2.15 *Gleichheit unscharfer Mengen*

Zwei unscharfe Mengen A und B über Ω sind genau dann *gleich*, wenn ihre Zugehörigkeitsfunktionen gleich sind:

$$A = B \Leftrightarrow \mu_A(x) = \mu_B(x) \qquad \forall x \in \Omega. \tag{2.34}$$

Mit dieser Definition ist implizit zugleich der logische Gegenbegriff, also die Ungleichheit unscharfer Mengen definiert. Zwei unscharfe Mengen A und B sind genau dann ungleich, wenn ein Element der Grundmenge Ω existiert, deren Zugehörigkeitsgrade zu A und B ungleich sind:

$$A \neq B \Leftrightarrow \mu_A(x) \neq \mu_B(x) \qquad \exists x \in \Omega. \tag{2.35}$$

Der Definition 2.15 liegt offenkundig ein exakter Gleichheitsbegriff auf der Grundlage einer zweiwertigen Logik und kein unscharfer Gleichheitsbegriff auf der Basis einer „unscharfen“ oder mehrwertigen Logik zugrunde. Die Forderung gleicher Zugehörigkeitsgrade ist sehr streng, für viele praktische Zwecke zu streng. Der Begriff der Gleichheit unscharfer Mengen hat wohl nicht zuletzt deswegen in der Fuzzy-Mengentheorie bei weitem nicht die Bedeutung erlangt wie der Gleichheitsbegriff in der klassischen Mengenlehre. Approximative Inferenzmethoden verlangen vielmehr „weichere“ Vergleichs- oder Kompatibilitätsmaße, die auch graduelle Unterschiede von Fuzzy-Mengen als unterschiedliche „Kompatibilitätsgrade“ oder „Grade der Erfülltheit“ einer „Gleichheitsbedingung“ abzubilden erlauben (vgl. Kapitel 10).

Eine unscharfe Menge A wird von Zadeh genau dann eine Teilmenge von einer unscharfen Menge B genannt, wenn die Zugehörigkeitsgrade aller Elemente von A kleiner oder gleich ihren Zugehörigkeitsgraden zu B sind [Zadeh 1965, 31]. Zadeh spricht in seiner Definition allgemein von einer Teilmengenbeziehung („subset“, nicht „proper subset“; „contained“, nicht „contained properly“) und verwendet dabei das Symbol $\subset$:

$$A \subset B \Leftrightarrow \mu_A(x) \leq \mu_B(x) \quad \forall x \in \Omega. \tag{2.36}$$

Dies kann zu Mißverständnissen führen, da nach unserem Symbolgebrauch $\subset$ die *echte* Teilmengenbeziehung bezeichnet. Die Ungleichung $\mu_A(x) \leq \mu_B(x)$ ist jedoch auch dann erfüllt, wenn A und B gleiche gewöhnliche Mengen sind, wenn also im Sinne der klassischen Mengenlehre lediglich von einer *unechten* Teilmengenbeziehung die Rede sein kann. Um im Einklang mit der klassischen Mengenlehre und unserem Symbolgebrauch zu stehen, muß $\subset$ in 2.36 durch $\subseteq$ ersetzt werden.

Definition 2.16 *Teilmengenbeziehung unscharfer Mengen*

A und B seien zwei unscharfe Mengen über Ω. A ist genau dann eine *Teilmenge* von B, geschrieben $A \subseteq B$, wenn für alle Elemente von Ω gilt, daß ihre Zugehörigkeitsgrade zu A nicht größer sind als ihre Zugehörigkeitsgrade zu B:

$$A \subseteq B \Leftrightarrow \mu_A(x) \leq \mu_B(x) \quad \forall x \in \Omega. \tag{2.37}$$

Bothe [1993, 33] definiert die echte Teilmengenbeziehung über das strenge Ungleichheitszeichen:

$$A \subset B \Leftrightarrow \mu_A(x) < \mu_B(x) \quad \forall x \in \Omega. \tag{2.38}$$

Diese Definition erscheint im Hinblick auf 2.37 zwar „symbolisch" naheliegend, gegen sie spricht aber wiederum, daß sie keine Verallgemeinerung der klassischen Definition ist. Bezüglich gewöhnlicher Mengen wäre diese Forderung nur dann erfüllbar, wenn A eine leere Menge wäre und B mit der Grundmenge identisch wäre. Um die echte Teilmengenbeziehung unscharfer Mengen als Verallgemeinerung des klassischen Begriffs zu definieren, wäre vielmehr die zweite Teilaussageform in 2.36 dahingehend einzuschränken, daß es mindestens ein Element y der Grundmenge Ω gibt, für die die Ungleichung $\mu_A(y) < \mu_B(y)$ gilt. Äquivalent dazu kann man von Definition 2.16 ausgehen und einfach zusätzlich fordern, daß A und B gemäß Definition 2.15 und Gleichung 2.35 ungleich sind (vgl. Abbildung 2.12).

Definition 2.17 *Echte Teilmengenbeziehung unscharfer Mengen*

A und B seien zwei unscharfe Mengen über Ω. A ist genau dann eine *echte Teilmenge* von B, geschrieben $A \subset B$, wenn gilt:

$$A \subseteq B \wedge A \neq B. \tag{2.39}$$

Kenngrößen

Die Kardinalität (Mächtigkeit) ist eine sowohl in der klassischen Mengenlehre wie in der Fuzzy-Mengentheorie bedeutende Kenngröße für Mengen.[8] Zadeh hat verschiedene Vorschläge unterbreitet, die Anzahl der Elemente unscharfer

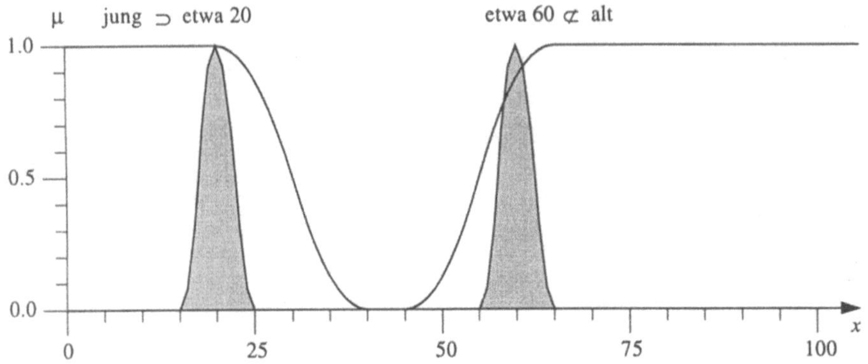

Abb. 2.12: Teilmengenbeziehung unscharfer Mengen

Mengen zu definieren. In der anwendungsorientierten Fachliteratur hat sich die Definition der Mächtigkeit (engl.: power) von DeLuca und Termini etabliert, eine Definition, die eine „natürliche" Verallgemeinerung des klassischen Kardinalitätsbegriffs beinhaltet und auch von Zadeh selbst meist benutzt wird [vgl. Zadeh 1976b, 341].[9]

Definition 2.18 *Kardinalität (Mächtigkeit) einer unscharfen Menge*

Die *Kardinalität* (*Mächtigkeit*, engl.: *cardinality, power*) einer endlichen unscharfen Menge A über Ω, geschrieben $|A|$ oder $card(A)$, ist gleich der arithmetischen Summe der Zugehörigkeitsgrade ihrer Elemente:

$$|A| = \sum_{x \in \Omega} \mu_A(x) . \tag{2.40}$$

Bei gewöhnlichen Mengen erhält man nach 2.40 schlicht die Elementeanzahl, also die Kardinalität einer Menge im Sinne Cantors. Bei der Berechnung der Kardinalität unscharfer Menge werden die Elemente mit dem Gewicht ihres Zugehörigkeitsgrads berücksichtigt. Elemente, deren Zugehörigkeitsgrade gleich null sind, brauchen in die Addition erst gar nicht einbezogen zu werden.

---

8 Dies gilt insbesondere im Hinblick auf Zadehs Konzept unscharfer Syllogismen und seine „dispositionale Logik". Vgl. hierzu Zadeh [1983a; 1984a; 1985; 1986; 1988a] oder Kapitel 9 dieser Arbeit.

9 In Zadehs Arbeiten wird dieses Maß als „*Σcount*" („sigma count") bezeichnet und anderen weit weniger gebräuchlichen Maßen („*FCount*", „*FGCount*", „*FLCount*") gegenübergestellt [vgl. insbesondere Zadeh 1983a, 575-582]. Alternative Mächtigkeitsbegriffe diskutieren u.a. Gottwald [1980], Dubois und Prade [1985] sowie Wygralak [1986]. Im Gegensatz zur Kardinalität gewöhnlicher Mengen, erhält man nach 2.40 im allgemeinen keine ganze Zahl. Es ist natürlich möglich, wie Zadeh [1986, 663] angemerkt hat, die Summe zu runden. Das Runden bringt jedoch einen Informationsverlust mit sich, der bei Fuzzy-Mengen mit niedriger Kardinalität leicht problematisch werden kann.

Unter dem Begriff der relativen Kardinalität wird meist das Verhältnis der Mächtigkeit einer Menge zu ihrer Grundmenge verstanden. In vielen Fällen ist es jedoch von Interesse, die Mächtigkeit einer Menge mit einer anderen Menge ins Verhältnis zu setzen [vgl. u.a. Zadeh 1986, 664].

Definition 2.19 *Relative Kardinalität*

Die *relative Kardinalität* (engl.: *relative cardinality*) einer endlichen unscharfen Menge A bezüglich einer endlichen unscharfen Menge B, geschrieben $\|A/B\|$ oder *card* (A/B), ist gleich dem Quotient der Kardinalität der Schnittmenge[10] $A \cap B$ und der Kardinalität von B:

$$\|A/B\| = \frac{|A \cap B|}{|B|} \quad ; \quad |B| \neq 0. \tag{2.41}$$

Für die relative Kardinalität von A bezüglich ihrer Grundmenge Ω kann man auch einfach $\|A\|$ schreiben. Gleichung 2.41 läßt sich in diesem Fall durch die Gleichung 2.42 ersetzen:

$$\|A\| = \frac{|A|}{|\Omega|} \quad ; \quad |\Omega| \neq 0. \tag{2.42}$$

In jeder normalen Fuzzy-Menge gibt es mindestens ein Element, dessen Zugehörigkeitsgrad zur Menge eins beträgt. Da dies aber nicht für alle Fuzzy-Mengen zwingend vorgeschrieben ist und einige Operationen Fuzzy-Mengen erzeugen können, die kein derartiges Element aufweisen, ist ein Maß für den höchsten Zugehörigkeitsgrad sinnvoll.

Definition 2.20 *Höhe*

Die *Höhe* (engl.: *height*) einer unscharfen Menge A, geschrieben *hgt*(A), ist das Supremum ihrer Zugehörigkeitsgrade:

$$\mathrm{hgt}(A) = \sup_{x \in \Omega} \mu_A(x). \tag{2.43}$$

Definition 2.21 *Normalität*

Eine unscharfe Menge A ist *normalisiert* (normal), wenn ihre Höhe gleich eins ist:

$$\mathrm{hgt}(A) = 1. \tag{2.44}$$

Ist ihre Höhe ungleich eins, heißt sie *subnormal*. Jede beliebige subnormale unscharfe Menge A_s läßt sich durch eine einfache Maßstabstransformation ihrer Zugehörigkeitsgrade in eine normalisierte unscharfe Menge A_n umwandeln.

[10] Die Schnittmenge unscharfer Mengen wird im nächsten Kapitel definiert. Vgl. für den vorliegenden Kontext die Definition der Schnittmenge nach Zadeh (Definition 3.2, 76).

Diese Transformationsfunktion wird *norm* genannt. Die Zugehörigkeitsfunktion μ_{A_n} der normalisierten Menge A_n berechnet sich aus der Zugehörigkeitsfunktion der subnormalen Menge A_s und ihrer Höhe:

$$A_n = \text{norm}(A_s)$$

$$\mu_{A_n}(x) = \frac{\mu_{A_s}(x)}{\text{hgt}(A_s)} \quad ; \text{hgt}(A_s) \neq 0. \tag{2.45}$$

Für die Definition und Verarbeitung unscharfer Mengen kann es notwendig sein zu verlangen, daß ihre Zugehörigkeitsfunktionen keine Nebenmaxima haben. Für die Definition „unscharfer Zahlen" (vgl. Kapitel 4.2, 134) wird dementsprechend gefordert, daß sie „konvex" sind. Eine *konvexe* unscharfe Menge A ist dadurch charakterisiert, daß zwischen zwei Elementen x_1 und x_2 kein drittes Element x_3 von ihr existiert, dessen Zugehörigkeitsgrad kleiner ist als das Minimum der Zugehörigkeitsgrade von x_1 und x_2. Abbildung 2.13 zeigt Beispiele einer konvexen und einer nicht-konvexen Fuzzy-Menge.[11]

Definition 2.22 *Konvexität*

Eine unscharfe Menge $A \in \Phi(\mathfrak{R})$ ist *konvex*, wenn für alle Elemente $x_1, x_2 \in \mathfrak{R}$ und $\lambda \in [0,1]$ gilt:

$$\mu_A(\lambda x_1 + (1-\lambda)x_2) \geq \min(\mu_A(x_1), \mu_A(x_2)) \quad x_1, x_2 \in \mathfrak{R} \; ; \lambda \in [0,1]. \tag{2.46}$$

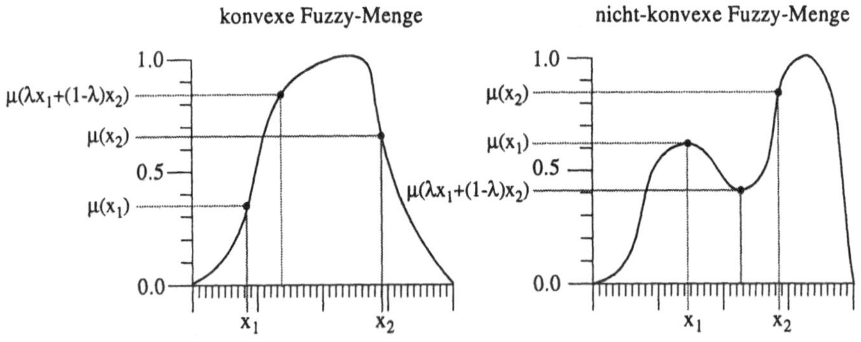

Abb. 2.13: Konvexe und nicht-konvexe Fuzzy-Mengen

[11] Vgl. Zadeh [1965, 38]. Alternativ zu dieser Definition läßt sich die Konvexität unscharfer Mengen auch über die Konvexität ihrer „Niveaumengen" definieren. Vgl. die Definitionen 2.13 (53) und 2.25 (69) sowie Dubois und Prade [1988b, 34]. Eine Fuzzy-Menge wird *konkav* genannt, wenn ihre Komplementmenge (Definition 3.3, 77) konvex ist.

Neben den genannten Kenngrößen gibt es eine Reihe verschiedener „Kenngrößen", die Fuzzy-Mengen über gewöhnliche Mengen charakterisieren. Im Anschluß an ihre Definition werden in Tabelle 2.2 Beispiele für Kenngrößen unscharfer Mengen aufgelistet.

Definition 2.23 *Träger (Stützmenge)*

Der *Träger* (die *Stützmenge*, engl.: *support*) einer unscharfen Menge A über Ω, geschrieben *supp*(A), ist die Menge aller Elemente von Ω, deren Zugehörigkeitsgrade zu A größer als null sind:

$$\mathrm{supp}(A) = \{x \in \Omega \mid \mu_A(x) > 0\}. \tag{2.47}$$

Definition 2.24 *Kern*

Der *Kern* (engl.: *core, kernel*) einer unscharfen Menge A über Ω, geschrieben *core*(A), ist die Menge aller Elemente von A, deren Zugehörigkeitsgrade zu A gleich eins sind:

$$\mathrm{core}(A) = \{x \in \Omega \mid \mu_A(x) = 1\}. \tag{2.48}$$

Definition 2.25 *α-Schnitt (Niveaumenge)*

Der *α-Schnitt* (engl.: *α-cut, level set*) einer unscharfen Menge A über Ω, geschrieben $A^{\check{S}\alpha}$, mit $\alpha \in [0,1]$, ist die Menge aller Elemente von A, deren Zugehörigkeitsgrad zu A größer oder gleich dem Schwellwert α ist:

$$A^{\geq\alpha} = \{x \in \Omega \mid \mu_A(x) \geq \alpha\} \qquad ; \alpha \in [0,1]. \tag{2.49}$$

Definition 2.26 *scharfer (strenger) α-Schnitt*

Der *scharfe (strenge) α-Schnitt* (engl.: *strong α-cut*) einer unscharfen Menge A über Ω, geschrieben $A^{>\alpha}$, mit $\alpha \in [0,1]$, ist die Menge aller Elemente von A, deren Zugehörigkeitsgrad zu A größer als der Schwellwert α ist:

$$A^{>\alpha} = \{x \in \Omega \mid \mu_A(x) > \alpha\} \qquad ; \alpha \in [0,1]. \tag{2.50}$$

$\Omega = \{1, 2, 3, 4, 5, 6, 7, 8, 9, 10\}$				
$A =$	$0.2/2 + 0.3/3 + 0.4/4 + 0.5/5 + 0.4/6 + 0.3/7 + 0.2/8$		hgt $(A) = 0.5$	
$B = \mathrm{norm}(A) =$	$0.4/2 + 0.6/3 + 0.8/4 + 1.0/5 + 0.8/6 + 0.6/7 + 0.4/8$		hgt $(B) = 1.0$	
$\mathrm{core}(A) = \varnothing$	$\mathrm{supp}(A) = \{2, 3, 4, 5, 6, 7, 8\}$	$A^{\geq 0.3} = \{3, 4, 5, 6, 7\}$	$\lVert A \rVert = 0.23$	$\lvert A \rvert = 2.3$

Tabelle 2.2: Kenngrößen unscharfer Mengen (Beispiele)

Resolutionsidentität

Im Begriff α–Schnitt, auch *Niveaumenge* genannt, ist eine *horizontale* Sichtweise unscharfer Mengen angelegt, die eine hohe Bedeutung für die Weiterentwicklung der Fuzzy-Mengentheorie erlangt hat und zudem in computertechnische Anwendungen eingeflossen ist. [Vgl. Kruse u.a. 1993, 20, 33ff.] Die Beziehung zwischen einer unscharfen Menge und der Gesamtheit ihrer Niveaumengen hat Zadeh mit dem Begriff der „*Resolutionsidentität*" charakterisiert. Danach gilt:[12]

> *Jede unscharfe Menge bestimmt eindeutig die Gesamtheit ihrer Niveaumengen und die Gesamtheit der Niveaumengen bestimmt eindeutig eine unscharfe Menge.*

$$A = \int_0^1 \alpha \cdot A^{\geq \alpha} \tag{2.51}$$

Dabei steht $\int$ für die Vereinigungsbildung und αA bezeichnet eine unscharfe Menge mit der Zugehörigkeitsfunktion $\mu_{\alpha A}:\Omega \to [0, 1]$, so daß für alle $x \in \Omega$ gilt:

$$\mu_{\alpha A}(x) = \alpha \cdot \mu_A(x). \tag{2.52}$$

Die Resolutionsidentität kann sowohl über die α-Schnitte wie die strengen α-Schnitte beschrieben werden:

$$\mu_A(x) = \sup_{\alpha \in [0,1[} \alpha \cdot \mu_{A^{>\alpha}}(x) = \sup_{\alpha \in]0,1]} \alpha \cdot \mu_{A^{\geq\alpha}}(x) \qquad ; \forall x \in \Omega. \tag{2.53}$$

Aufgrund der Resolutionsidentität läßt sich mithin jede unscharfe Menge durch ein System klassischer Mengen beschreiben (vgl. Abbildung 2.14), so daß mathematische Verfahren für unscharfe Mengen auf mathematische Verfahren zurückgeführt werden können, die für klassische Mengen definiert sind. Die Repräsentation unscharfer Mengen über ihre Niveaumengen hat sich zum einen in der Theorie-Entwicklung bewährt, sei es, daß über sie die Korrektheit von Aussagen über unscharfe Mengen und Methoden ihrer Verrechnung bewiesen wurde, oder sei es, daß mit ihr – und dem sogenannten Erweiterungsprinzip (vgl. Kapitel 4.1) – bekannte Verfahren der „exakten" Mathematik auf unscharfe Mengen übertragen wurden oder gar ganze mathematische Theorien „fuzzifiziert" wurden. Zum anderen läßt sich diese Repräsentationsform auch compu-

[12] Vgl. [Zadeh 1971b, 85ff.; 1975c, 243] sowie [Bandemer und Gottwald 1989, 19f.]. Eine alternative formale Beschreibung sowie einen Beweis dieses „Repräsentationssatzes" bieten Kruse, Gebhardt und Klawonn [1993, 17].

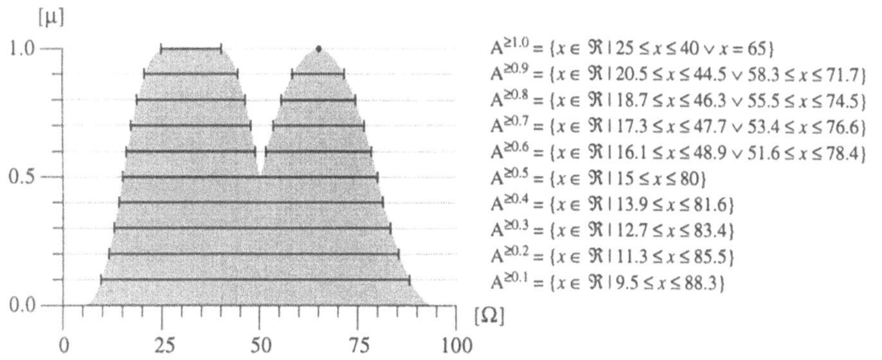

Abb. 2.14: Niveaumengen einer Fuzzy-Menge

tertechnisch zur effizienten Verarbeitung unscharfer Mengen verwenden [vgl. Kruse 1987]. Unscharfe Mengen lassen sich oft hinreichend genau durch eine endliche Anzahl ihrer Niveaumengen approximieren. Die für vertikale Repräsentationen unscharfer Mengen vielfach rechentechnisch überaus aufwendigen Rechenoperationen können dann durch weit weniger aufwendige herkömmliche Rechenverfahren ersetzt werden, die niveauweise auf den repräsentativen α-Schnitten ausgeführt werden.

2.3 Typen unscharfer Mengen

In Kapitel 2.1 wurde der Begriff der unscharfen Menge über eine Abbildung von einer Grundmenge in das Einheitsintervall [0,1] definiert (Definition 2.14, 56). Da über die Grundmenge keine Einschränkung gemacht ist, können Elemente der Grundmenge Ω_X selbst wiederum unscharfe Mengen über einer anderen Grundmenge Ω_Y sein. Fuzzy-Mengen diesen „Typs" werden als unscharfe Mengen *„zweiter Stufe"* (engl.: *level-2 fuzzy set*) bezeichnet. Da für die Grundmengen dieser Elemente-Fuzzy-Mengen ebenfalls keine Einschränkungen existieren, so daß die Elemente ihrer Grundmengen wiederum Fuzzy-Mengen (beliebigen Typs) sein dürfen, kann man allgemeiner von *Fuzzy-Mengen höherer Stufe* sprechen. Der Begriff „Fuzzy-Menge höherer Stufe" ist von Zadehs Definition unscharfer Mengen abgedeckt, weil seine Definition keine Einschränkungen über die Grundmenge der Zugehörigkeitsfunktionen macht. Die Sache sieht anders aus, wenn man ihre Bildmenge betrachtet. Bereits 1967 hat Goguen eine Verallgemeinerung von Zadehs Definition vorgeschlagen, in der als Bildmenge nicht das Einheitsintervall vorgeschrieben ist, sondern ein beliebiger *Verband* (engl.: lattice). Von den Zugehörigkeitsgraden dieser sogenannten *L-Fuzzy-Mengen* wird mithin keine *vollständige*, sondern lediglich eine *partielle* Ordnung verlangt.

Definition 2.27 *L-Fuzzy-Menge*

Eine *L-Fuzzy-Menge* wird charakterisiert durch eine Funktion μ von einer Grundmenge Ω in einen Verband L:

$$\mu : \Omega \to L. \tag{2.54}$$

Gewöhnliche Fuzzy-Mengen (nach Definition 2.14) lassen sich demnach als spezielle L-Fuzzy-Mengen begreifen. Statt des Einheitsintervalls kann für L beispielsweise aber auch das Kartesische Produkt $[0,1] \times [0,1]$ oder $[0,1]^n$ gewählt werden, um Konzepte mit mehreren Unschärfe-Dimensionen zu modellieren [vgl. Bandemer und Gottwald 1992, 21].

Als wesentliche Motivation für die Verwendung von L-Fuzzy-Mengen ist die Unangemessenheit der Unterscheidung reellwertiger Zugehörigkeitsgrade wie 0.674 und 0.673 zur kognitiven Modellierung zu betrachten. Diese Unangemessenheit kann sich gleichermaßen in der Wissensakquisition, insbesondere bei der Befragung von Experten nach Zugehörigkeitsgraden, wie später in der Anwendung bei der Interpretation der Zugehörigkeitsgrade als problematisch erweisen.

Gegenüber einer solchen quantitativen Übermodellierung ist in vielen Fällen eine Modellierung adäquater, in der eine lediglich qualitativ abgestufte Skala von Zugehörigkeitsgraden zugrundegelegt wird.[13] Um die Unsicherheit und

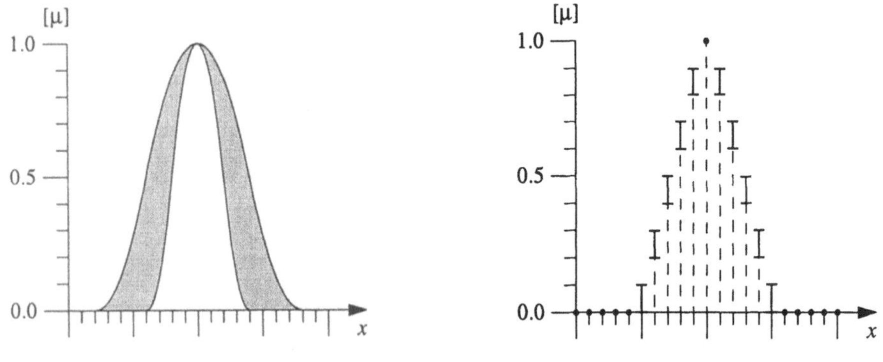

Abb. 2.15: Intervallwertige Fuzzy-Mengen

Variabilität zu erfassen, die bei der Festlegung von Zugehörigkeitsfunktionen auftreten können, hat Hirota [1981] sogenannte *probabilistische Mengen* eingeführt, bei denen die Zugehörigkeitsgrade als Zufallsgrößen betrachtet werden.

[13] Kruse u.a. [1993, 13] führen als Beispiel die sogenannte Sherman-Kent-Skala an, die 19 Abstufungen mit der folgenden Ordnungsrelation beinhaltet: *impossible < highly doubtful < only a slight chance < we believe not < unlikely < probably not < chances are slightly less than even < chances are about even < chances are slightly better than even < it's probable < chances are good < we estimate < we believe < likely < highly likely < highly probable < we are convinced < virtually (almost) certain < certain.*

Jahn [1975] und nach ihm Turksen [1986] haben vorgeschlagen, *Zugehörigkeitsgrade durch Teilintervalle des Einheitsintervalls* zu beschreiben. Diese sogenannten *intervallwertigen Fuzzy-Mengen* lassen sich als Spezialfälle von Fuzzy-Mengen begreifen, deren *Zugehörigkeitsgrade selbst wiederum unscharfe Mengen* bilden [vgl. Zadeh 1973, 113; 1975c, 261ff.]. Um zwischen diesen Typen unscharfer Mengen und gewöhnlichen Fuzzy-Mengen besser begrifflich differenzieren zu können, werden unscharfe Mengen, die die Definition 2.14 erfüllen, *unscharfe Mengen vom Typ 1* genannt.

Definition 2.28 *Unscharfe Menge vom Typ 2*

Eine *unscharfe Menge vom Typ 2* (engl.: *type-2 fuzzy set*) wird charakterisiert durch eine Funktion μ von einer Grundmenge Ω in eine Menge F_1, deren Elemente unscharfe Mengen vom Typ 1 sind:

$$\mu : \Omega \rightarrow F_1. \tag{2.55}$$

Unscharfe Mengen vom Typ 2 lassen sich wie unscharfe Mengen vom Typ 1 als spezielle L-Fuzzy-Mengen deuten. Zadeh hat zur Erläuterung dieser Erweiterung exemplarisch den unscharfen Ausdruck „agil" als unscharfe Menge vom Typ 2 definiert [vgl. Zadeh 1973, 113].

Beispiel 2.3 *„Agile Personen" als Fuzzy-Menge vom Typ 2*

Grundmenge sei die Menge der Personen Tom, Jim, Dick, Bob. A sei eine unscharfe Teilmenge von dieser Grundmenge, die als „agile Personen" bezeichnet wird. Nimmt man an, daß Bob hochgradig agil ist, Tom in mittlerem und Jim wie Dick in niedrigem Grade agil sind, dann kann man A mit Hilfe dieser unscharfen Zugehörigkeitsgrade (niedrig, mittel, hoch) als unscharfe Menge vom Typ 2 beschreiben:

$$\Omega_2 = \{TOM, JIM, DICK, BOB\}$$
$$A = \text{agile Personen} = \{mittel/TOM + niedrig/JIM + niedrig/DICK + hoch/BOB\}.$$

Dabei werden niedrig, mittel und hoch als unscharfe Mengen über $\Omega_1 \subset [0,1]$ *definiert:*

$$\Omega_1 = \{0.1, 0.2, 0.3, 0.4, 0.5, 0.6, 0.7, 0.8, 0.9, 1.0\}$$
$$niedrig = \{0.5/0.2 + 0.7/0.3 + 1.0/0.4 + 0.7/0.5 + 0.5/0.6\}$$
$$mittel = \{0.5/0.4 + 0.7/0.5 + 1.0/0.6 + 0.7/0.7 + 0.5/0.8\}$$
$$hoch = \{0.5/0.7 + 0.7/0.8 + 0.9/0.9 + 1.0/1.0\}.$$

Dieses Konzept kann leicht rekursiv auf *unscharfe Mengen vom Typ n* mit unscharfen Mengen vom Typ (n-1) als Zugehörigkeitsgrade ihrer Elemente erweitert werden.

Definition 2.29 *Fuzzy-Menge vom Typ n*

Eine *Fuzzy-Menge vom Typ n* (engl.: *type-n fuzzy set*) wird charakterisiert durch eine Funktion μ von einer Grundmenge Ω in eine Menge F_{n-1}, deren Elemente Fuzzy-Mengen vom Typ (n-1) sind:

$$\mu : \Omega \rightarrow F_{n-1}. \tag{2.56}$$

In der weiteren Theorieentwicklung wie in der praktischen Anwendung haben über den Typ 2 hinausgehende Erweiterungen bislang keine signifikante Bedeutung erlangt. Die Operationalisierung unscharfer Mengen vom Typ 2 wurde demgegenüber von Zadeh systematisch weiterentwickelt. Sie stellt ein Grundkonzept von Zadehs linguistischer Fuzzy-Logik [vgl. u.a. Zadeh 1975c-d; 1976b] und der darauf basierenden Entwürfe einer possibilistischen Semantik-Theorie dar [vgl. u.a. 1978b; 1981b]. Bevor diese weiterführenden Konzepte genauer untersucht werden können (Kapitel 9 und 10.2), müssen allerdings erst weitere Grundkonzepte der Fuzzy-Mengentheorie behandelt werden. Dazu gehören zunächst die mengenalgebraischen Grundoperationen für unscharfe Mengen vom Typ 1 (Kapitel 3), sodann das Erweiterungsprinzip (Kapitel 4), mit Hilfe dessen Operationen über unscharfe Mengen höheren Typs definiert werden können und schließlich das Konzept unscharfer Relationen (Kapitel 5).

Kapitel 3

Mathematische Eigenschaften und Gegenstandsadäquatheit elementarer Fuzzy-Operatoren

Mit der Einführung des Konzepts Fuzzy-Menge stellt sich zwangsläufig die Frage, wie unscharfe Mengen miteinander verknüpft werden sollen. Unter dem Begriff Fuzzy-Operatoren werden alle Operatoren subsumiert, die auf Fuzzy-Mengen operieren. Von primärem Interesse ist die Erweiterung der grundlegenden Mengenoperationen *Durchschnitts-*, *Vereinigungs-* und *Komplementbildung*. Die Fuzzy-Mengentheorie bietet eine Vielzahl alternativer Definitionen für diese Operationen. Eine Sonderstellung nehmen die Definitionsvorschläge ein, die Zadeh bereits in seiner Einführung der Fuzzy-Mengentheorie gemacht hat (Kapitel 3.1). Weitere Vorschläge sind aus theoretischen Untersuchungen algebraischer Struktureigenschaften und empirischen Forschungen hervorgegangen (Kapitel 3.2). Dazu gehören zum einen Operatoren, die hohe axiomatische Anforderungen erfüllen, sogenannte t-Normen und t-Conormen (Kapitel 3.2.1), und zum anderen Operatoren, deren Einführung mit einer höheren kognitiven Adäquatheit und empirischen Validität begründet wird (Kapitel 3.2.2). Nach der Beschreibung algebraischer Eigenschaften dieser Operatoren, erfolgt eine umfassende Darstellung ihrer Aggregationscharakteristika in tabellarischer und graphischer Form (Kapitel 3.3). Das Kapitel schließt mit einer ausführlichen Diskussion von Kriterien zur Bewertung unscharfer Mengenoperatoren und empirischen Verfahren zu ihrer Auswahl und Validierung (Kapitel 3.4).

3.1 Zadehs Verallgemeinerung elementarer Mengenoperationen

Gemäß den klassischen Definitionen für die Vereinigungsmenge (2.6), die Durchschnittsmenge (2.7) und die Komplementmenge (2.10) kann man folgende Zugehörigkeitsfunktionen definieren:

$\mu_{A \cup B}:\Omega \rightarrow \{0, 1\}$; $\mu_{A \cap B}:\Omega \rightarrow \{0, 1\}$; $\mu_{\bar{A}}:\Omega \rightarrow \{0, 1\}$, mit:

$$\mu_{A \cup B}(x) = \begin{cases} 1 & ; \mu_A(x) = 1 \vee \mu_B(x) = 1 \\ 0 & ; \text{sonst} \end{cases}$$

$$\mu_{A \cap B}(x) = \begin{cases} 1 & ; \mu_A(x) = 1 \wedge \mu_B(x) = 1 \\ 0 & ; \text{sonst} \end{cases} \tag{3.1}$$

$$\mu_{\bar{A}}(x) = \begin{cases} 1 & ; \mu_A(x) = 0 \\ 0 & ; \text{sonst.} \end{cases}$$

Es ist naheliegend, von Erweiterungen dieser klassischen Mengenoperationen zu fordern, daß sie in den Randpunkten mit ihnen übereinstimmen.[1] Diese Minimalforderung läßt sich leicht über verschiedene Funktionen erfüllen. Eine Möglichkeit hat Zadeh in seiner Einführung der Fuzzy-Mengentheorie beschrieben [vgl. Zadeh 1965, 31].

Definition 3.1 *Vereinigung unscharfer Mengen (Zadeh)*

Die *Vereinigung* zweier durch die Zugehörigkeitsfunktionen $\mu_A:\Omega \rightarrow [0,1]$ und $\mu_B:\Omega \rightarrow [0,1]$ charakterisierter unscharfer Mengen A und B, geschrieben $A \cup B$, ist eine unscharfe Menge mit der Zugehörigkeitsfunktion $\mu_{A \cup B}:\Omega \rightarrow [0,1]$, so daß für alle $x \in \Omega$ gilt:

$$\mu_{A \cup B}(x) = \max\{\mu_A(x), \mu_B(x)\}. \tag{3.2}$$

Definition 3.2 *Durchschnitt unscharfer Mengen (Zadeh)*

Der *Durchschnitt* zweier durch die Zugehörigkeitsfunktionen $\mu_A:\Omega \rightarrow [0,1]$ und $\mu_B:\Omega \rightarrow [0,1]$ charakterisierter unscharfer Mengen A und B, geschrieben $A \cap B$, ist eine unscharfe Menge mit der Zugehörigkeitsfunktion $\mu_{A \cap B}:\Omega \rightarrow [0,1]$, so daß für alle $x \in \Omega$ gilt:

---

[1] Fast alle vorgeschlagenen Definitionen erfüllen diese Forderung. Eine Ausnahme bildet die Klasse der symmetrischen Summenoperatoren (engl.: *symmetric summation*), die Silvert [1979] eingeführt hat (vgl. Definition 3.11 und Tabelle 3.5).

$$\mu_{A \cap B}(x) = \min\{\mu_A(x), \mu_B(x)\}. \tag{3.3}$$

Definition 3.3 *Komplement einer unscharfen Menge (Zadeh)*

Das *Komplement* einer durch die Zugehörigkeitsfunktionen $\mu_A:\Omega \to [0,1]$ charakterisierten unscharfen Menge A ist eine unscharfe Menge $\bar{A}$ mit der Zugehörigkeitsfunktion $\mu_{\bar{A}}:\Omega \to [0,1]$, so daß für alle $x \in \Omega$ gilt:

$$\mu_{\bar{A}}(x) = 1 - \mu_A(x). \tag{3.4}$$

Für die Definitionen 3.1 bis 3.3 kann man auch unter Verwendung von Zadehs Integral-Notation (2.31, 63) kurz schreiben:

$$\begin{aligned} A \cup B &= \int_\Omega \max(\mu_A(x), \mu_B(x))/x \\ A \cap B &= \int_\Omega \min(\mu_A(x), \mu_B(x))/x \\ \bar{A} &= \int_\Omega (1 - \mu_A(x))/x. \end{aligned} \tag{3.5}$$

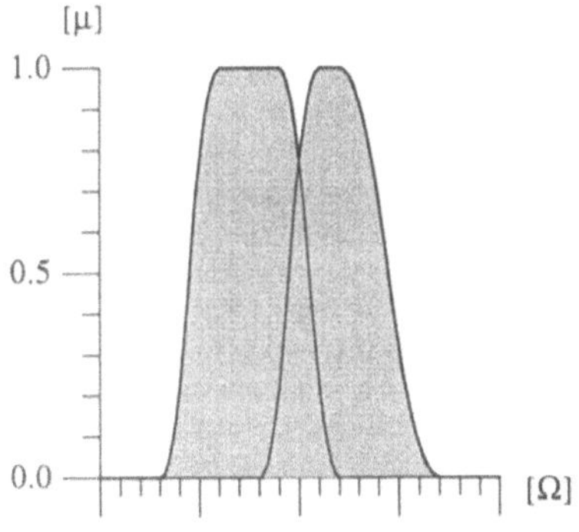

Abb. 3.1: Vereinigung unscharfer Mengen

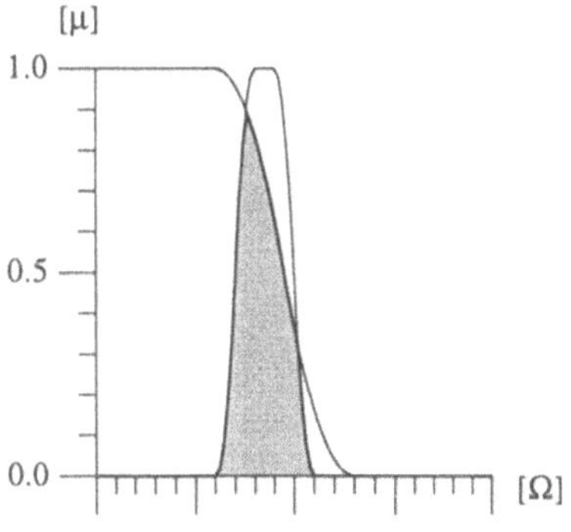

Abb. 3.2: Durchschnitt unscharfer Mengen

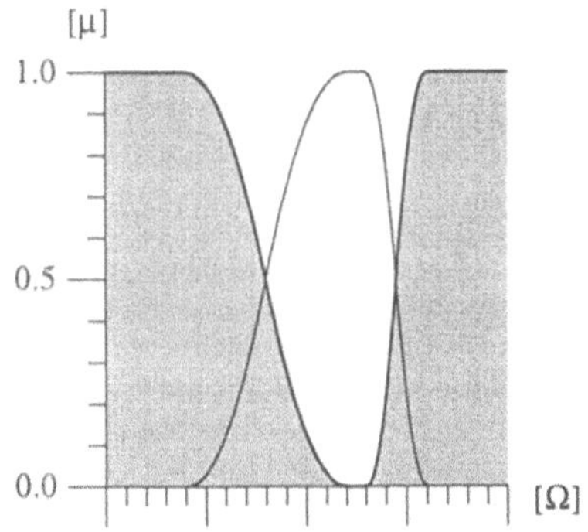

Abb. 3.3: Komplement einer unscharfen Menge

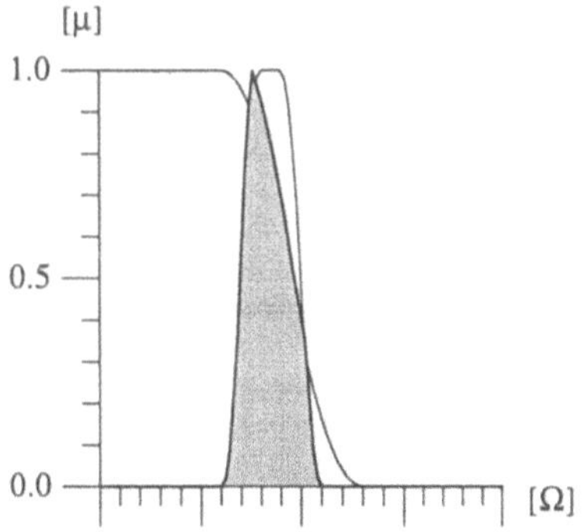

Abb. 3.4: Normalisierte Schnittmenge

Es ist leicht zu erkennen, daß diese Definitionen bezüglich gewöhnlicher Mengen gleichwertig zu den klassischen Mengenoperationen sind (vgl. die Abbildungen 3.1 bis 3.3). Diese Minimalforderung läßt sich indes auf sehr unterschiedliche Weise erfüllen (vgl. Kapitel 3.2). Die von Zadeh vorgeschlagenen Definitionen elementarer Operationen über Fuzzy-Mengen nehmen dabei keineswegs nur aus historischen Gründen eine Sonderstellung ein. Daß sie nach wie vor die meisten theoretischen Untersuchungen und praktischen Anwendungen der Fuzzy-Mengentheorie dominieren, ist zum einen in ihrer leichten Handhabbarkeit und numerischen Effizienz, zum anderen in ihren algebraischen Eigenschaften begründet. Unter Verwendung der Zadehschen Mengenoperatoren (im folgenden teilweise mit $\cap_{\min}$ und $\cup_{\max}$ symbolisiert) bietet die Fuzzy-Men-

Algebraische Gesetze	$a = \mu_A(x), b = \mu_B(x), c = \mu_C(x); \mu: \Omega \to [0, 1]; x \in \Omega$	
	der Vereinigung	des Durchschnitts
Kommutativgesetze	$\max(a, b) = \max(b, a)$	$\min(a, b) = \min(b, a)$
Assoziativgesetze	$\max(a, \max(b, c))$ $= \max(\max(a, b), \max(a, c))$	$\min(\min(a, b), c)$ $= \min(a, \min(b, c))$
Distributivgesetze	$\max(a, \min(b, c))$ $= \min(\max(a, b), \max(a, c))$	$\min(a, \max(b, c))$ $= \max(\min(a, b), \min(a, c))$
Idempotenzgesetze	$\max(a, a) = a$	$\min(a, a) = a$
Identitätsgesetze	$\max(a, 0) = a$	$\min(a, 1) = a$
Absorptionsgesetze	$\max(a, 1) = 1$	$\min(a, 0) = 0$
	$\max(a, \min(a, b)) = a$	$\min(a, \max(a, b)) = a$
Gesetze von DeMorgan	$1 - \max(a, b)$ $= \min(1 - a, 1 - b)$	$1 - \min(a, b)$ $= \max(1 - a, 1 - b)$
Kontradiktionsgesetze	Satz vom ausgeschlossenen Dritten gilt nicht (vgl. 3.6, 3.8), da z.B.: $\max(0.3, 1 - 0.3) \neq 1$	Satz vom Widerspruch gilt nicht (vgl. 3.7, 3.8), da z.B.: $\min(0.3, 1 - 0.3) \neq 0$
Involutionsgesetz	$1 - (1 - a) = a$	

Tabelle 3.1: Algebraische Eigenschaften von Zadehs elementaren Mengenoperatoren

Da die Vereinigung auf das Maximum, der Durchschnitt auf das Minimum und das Komplement auf das Einerkomplement $(1 - \mu(x))$ aller Zugehörigkeitsgrade zurückgeführt wird, folgt aus der Gültigkeit der angegebenen Gleichungen, daß die in der ersten Spalte genannten und in Tabelle 2.1 beschriebenen algebraischen Gesetze mit Ausnahme der Kontradiktionsgesetze auch für die unscharfen Mengenoperationen $\cap_{\min}$ und $\cup_{\max}$ gelten. Also beispielsweise: $\forall a,b \in [0,1]$: $\max(a,b) = \max(b,a) \Rightarrow A \cup_{\max} B = B \cup_{\max} A$.

gentheorie einen konsistenten theoretischen Rahmen, in dem die bislang reichhaltigsten und mathematisch fundiertesten Kalküle auf der Basis unscharfer Mengen enwickelt werden konnten.

Dubois und Prade sprechen davon, daß Zadehs Mengenoperatoren für Fuzzy-Mengen eine „optimale“ algebraische Struktur bilden [vgl. Dubois and Prade 1988b, 18, 78]. Damit soll ausgedrückt werden, daß das Verknüpfungsgebilde $(\Phi(\Omega), \cap_{min}, \cup_{max})$ den Eigenschaften eines Booleschen Verbands „so nahe wie möglich“ kommt. Von den in Tabelle 2.1 (53) beschriebenen Gesetzen der klassischen Mengenlehre erfüllt $(\Phi(\Omega), \cap_{min}, \cup_{max})$ alle Gesetze mit Ausnahme der Kontradiktionsgesetze (vgl. Tabelle 3.1). Bezüglich der Menge aller Fuzzy-Mengen $\Phi(\Omega)$ ist eine volle Umsetzung der Booleschen Verbandsstruktur nicht möglich, da die Komplementgesetze nicht mit den Idempotenzgesetzen (und folglich Distributivgesetzen) vereinbar sind [Dubois and Prade 1988b, 18]. Anders gesagt:

> *Bei der Definition von Durchschnitt und Vereinigung von Fuzzy-Mengen steht man unweigerlich vor der Alternative, entweder auf die Idempotenzgesetze und Distributivgesetze oder auf die Komplementgesetze verzichten zu müssen.*

Daß der Satz vom ausgeschlossenen Dritten und dementsprechend der Satz vom Widerspruch nicht gilt, ist ein Hauptkritikpunkt an Zadehs Fuzzy-Mengentheorie [vgl. Osherson and Smith 1981, 45f.].[2] Zadeh hat dem entgegnet, dieser Satz dürfe nicht auf Aussagen über unscharf definierte Klassen angewandt werden:

> „The principle of the excluded middle is not accepted as a valid axiom in the theory of fuzzy sets because it does not apply to situations in which one deals with classes which do not have sharply defined boundaries.“ [Zadeh 1982, 292]

Die Debatte über die Gültigkeit des Satzes vom ausgeschlossenen Dritten hat eine lange philosophische Tradition, die keineswegs beendet ist. Geht man von einer exakt definierten Eigenschaft *p* aus, so ist es einsichtig, daß die Aussage *„x hat die Eigenschaft p oder nicht p“* universell gültig sein soll. Wenn aber eine Aussage der Form *„x hat die Eigenschaft p“* nur in einem bestimmten (von eins

---

[2] Osherson und Smith kritisieren Zadehs Operatoren vom Standpunkt einer Prototypentheorie. Neben der Kontradiktion betrifft ihre Kritik die Verwendung der Teilmengendefinitionen zur Modellierung allquantifizierter Aussagen sowie die Verwendung von Minimum und Maximum zur Modellierung disjunktiver und konjunktiver Konzeptverknüpfungen. Zadeh weist die Kritikpunkte zurück, indem er aufzuzeigen versucht, wie die von Osherson und Smith angeführten Konzepte und Aussagen mit Mitteln der Fuzzy-Mengentheorie angemessener beschrieben werden können. Für den Fall beispielsweise, daß der Zugehörigkeitsgrad eines Objekts (*„guppy“*) zu einem „konjunktiven“ Konzept (*„petfish“*) größer sei als die Zugehörigkeitsgrade zu den Einzelkonzepten (*„fish“, „pet“*) hat Zadeh vorgeschlagen, die resultierende Schnittmenge zu normalisieren (vgl. Definition 2.21, 67 sowie Abbildung 3.4). Zadeh betont überdies, daß der Min-Operator nur auf *nicht-interaktive Konzeptverknüpfungen* anzuwenden sei. Interaktive Operatoren werden in Kapitel 3.2 behandelt. Vgl. zu dieser Diskussion die Beiträge von Osherson und Smith [1981; 1982], Zadeh [1982], Jones [1982] und Fuhrmann [1991]. Turksen [1986] zeigt, daß sich einige Probleme nicht stellen, wenn man statt Fuzzy-Mengen vom Typ I, intervallwertige Fuzzy-Mengen (IVFS) benutzt, bei denen die Zugehörigkeitsintervalle durch die disjunktive und konjunktive Normalform der unscharfen Verknüpfungen definiert sind.

und null verschiedenen) Grad als zutreffend gilt und dementsprechend auch ihre Negation als weder völlig zutreffend noch als völlig unzutreffend gelten kann, warum sollte dann die Disjunktion der beiden Aussagen, also die Aussage „*x hat die Eigenschaft p oder x hat die Eigenschaft nicht p*" uneingeschränkt gültig sein? Zadehs Festlegungen des Komplement- und Vereinigungsoperators führen dazu, daß der Zugehörigkeitsgrad eines Elements x bezüglich der Vereinigungsmenge $P \cup \neg P$ genau dann eins beträgt, wenn der Zugehörigkeitsgrad von x zu P eins oder null beträgt.

$$(\mu_{P \cup \neg P}(x) = 1) \Leftrightarrow (\mu_P(x) = 1) \vee (\mu_P(x) = 0). \tag{3.6}$$

Analog dazu gilt für den Satz vom Widerspruch:

$$(\mu_{P \cap \neg P}(x) = 0) \Leftrightarrow (\mu_P(x) = 1) \vee (\mu_P(x) = 0). \tag{3.7}$$

Die Gültigkeit beider Sätze ist in Zadehs Fuzzy-Mengenalgebra $(\Phi(\Omega), \cap_{\min}, \cup_{\max})$ also genau auf die Fälle beschränkt, in denen die Zugehörigkeit zu einer Menge uneingeschränkt mit ja oder nein beantwortet werden kann. Ist diese Bedingung nicht erfüllt, so sind diese Sätze nicht mehr gültig. In diesem Fall gelten lediglich abgeschwächte Varianten der Kontradiktionsgesetze:

$$\begin{aligned} &(0.5 \leq \mu_{P \cup \neg P}(x) < 1) \Leftrightarrow (0 < \mu_P(x) < 1) \\ &(0 < \mu_{P \cap \neg P}(x) \leq 0.5) \Leftrightarrow (0 < \mu_P(x) < 1). \end{aligned} \tag{3.8}$$

Zadeh hat in dem mehrfach erwähnten Einführungstext weitere Operatoren über Fuzzy-Mengen definiert. Dazu zählt insbesondere die konvexe Kombination [vgl. Zadeh 1965, 36; 1977, 36].[3]

Definition 3.4 *Konvexe Kombination unscharfer Mengen*

Die *konvexe Kombination* unscharfer Mengen (*gewichtete Summe*, engl.: *convex combination, weighted sum*), ist eine n-stellige Operation, die eine Menge von n unscharfen Mengen $A_1, \ldots, A_n \in \Phi(\Omega)$ mit den Zugehörigkeitsfunktionen $\mu_{A_1}, \ldots, \mu_{A_n}$ zu einer unscharfen Menge A mit der Zugehörigkeitsfunktion μ_A: $\Omega \to [0, 1]$ kombiniert, so daß für alle $x \in \Omega$ gilt:

[3] Neben der konvexen Kombination haben das algebraische Produkt und die Verkettung von Fuzzy-Relationen eine hohe Bedeutung erlangt. Fuzzy-Relationen und ihre Verkettung werden in Kapitel 5 ausführlich behandelt (vgl. zu Zadehs Vorschlag Definition 5.11, 169). Auf die Möglichkeit, den Durchschnitt über das algebraische Produkt und die Vereinigung über die algebraische Summe zu definieren, wird im folgenden Unterkapitel eingegangen (vgl. Tabelle 3.2, 85). Im Gegensatz zu späteren Veröffentlichungen [vgl. u.a. Bellman and Zadeh 1977, 58] hat Zadeh ursprünglich diese Operatoren nicht als Alternative zu Minimum und Maximum aufgefaßt. Die Definition der algebraischen Summe, die für die Vereinigung unscharfer Mengen vorgeschlagen wird, entspricht im übrigen nicht der Definition der *algebraischen* Summe des Einführungstextes, sondern vielmehr der dort in einer Fußnote angeführten Summen-Definition [vgl. Zadeh 1965, 35].

$$\mu_A(x) = w_1\mu_{A_1}(x) + \ldots + w_n\mu_{A_1}(x)$$

$$\text{mit: } 0 \leq w_i \leq 1,\ \sum_{i=1}^{n} w_i = 1. \tag{3.9}$$

Für die konvexe Kombination A zweier unscharfer Mengen A_1 und A_2 gilt:

$$A_1 \cap A_2 \subseteq A \subseteq A_1 \cup A_2. \tag{3.10}$$

Die konvexe Kombination erlaubt also, Fuzzy-Mengen so miteinander zu verknüpfen, daß die resultierende Fuzzy-Menge eine Obermenge der Durchschnittsmenge und eine Teilmenge der Vereinigungsmenge ist. Sie kann daher eine Alternative zu Durchschnitt und Vereinigung sein. Zur Modellierung einer Verknüpfung unscharfer Merkmale bietet sie sich immer dann an, wenn das Minimum der Zugehörigkeitsgrade für die Einzelmerkmale als zu „streng" und die Vereinigungsbildung als zu „weich" erscheint. Von immenser Bedeutung ist überdies die später von Zadeh eingeführte Erweiterung des Kartesischen Produkts [vgl. Zadeh 1973, 127 und Zadeh 1977, 35].

Definition 3.5 *Kartesisches Produkt unscharfer Mengen*

Das *kartesische Produkt* (engl.: *cartesian product*) von n unscharfen Mengen $A_1, \ldots, A_n$ über den Grundmengen $\Omega_1, \ldots, \Omega_n$, geschrieben $A_1 \times \ldots \times A_n$, ist die unscharfe Menge aller geordneten n-Tupel $(x_1, \ldots, x_n)$ in dem Produktraum $\Omega_1 \times \ldots \times \Omega_n$ mit der Zugehörigkeitsfunktion:

$$\mu_{A_1 \times \ldots \times A_n}(x) = \min_i\{\mu_{A_i}(x_i) | x = (x_1, \ldots, x_n), x_i \in \Omega_i\}. \tag{3.11}$$

In Zadehs Integral-Notation kann man auch schreiben:

$$A_1 \times \ldots \times A_n = \int_{\Omega_1 \times \ldots \times \Omega_n} \min(\mu_{A_1}(x_1), \ldots, \mu_{A_n}(x_n))/(x_1, \ldots, x_n) \tag{3.12}$$

Das Kartesische Produkt ist also so definiert, daß die Zugehörigkeit eines Tupels zur Produktmenge gleich dem Minimum der Zugehörigkeitsgrade dieser Elemente zu den Mengen ist, aus denen die Produktmenge gebildet wird. Diese Definition ist konsistent zur Definition der unscharfen Schnittmenge (3.2, 76) wie zur Definition des Kartesischen Produkts in der klassischen Mengenlehre (2.11, 53).

Beispiel 3.1 *„Große Spielerpaare"*

Ω_F bezeichne die Menge aller Volleyballspielerinnen, Ω_M aller Volleyballspieler, A die unscharfe Menge großer Spielerinnen aus Ω_F und B die unscharfe Menge großer Spieler aus Ω_M. Es soll die unscharfe Menge aller großen Spielerpaare aus $\Omega_F \times \Omega_M$ gebildet werden. Dabei gilt:

$$\begin{aligned}
\Omega_F &= \{Sabine, Barbara, Anne, Jana, Ingrid\} \\
\Omega_M &= \{Claus, Jörg, Niko, Hilmar, Peter\} \\
A &= 0.4/Sabine + 1/Barbara + 0.9/Anne + 0.6/Jana \\
B &= 0.7/Claus + 1/Jörg + 0.8/Niko + 0.3/Peter
\end{aligned}$$

Die unscharfe Menge aller großen Spielerpaare ist gleich dem Kartesischen Produkt von A und B über $\Omega_F \times \Omega_M$ (vgl. Abbildung 3.5):

$$\begin{aligned}
\Omega_F \times \Omega_M &= \{(Sabine\ Claus), (Barbara\ Claus), \ldots, (Sabine\ Jörg), \ldots, (Ingrid\ Peter)\} \\
A \times B &= (Sabine\ Claus)/0.4 + (Sabine\ Jörg)/0.4 + (Sabine\ Niko)/0.4 + \\
&\quad (Sabine\ Peter)/0.3 + (Jana\ Claus)/0.6 + (Jana\ Jörg)/0.6 + \\
&\quad (Jana\ Niko)/0.6 + (Jana\ Peter)/0.3 + (Barbara\ Claus)/0.7 + \\
&\quad (Barbara\ Jörg)/1 + (Barbara\ Niko)/0.8 + (Barbara\ Peter)/0.3 + \\
&\quad (Anne\ Claus)/0.7 + (Anne\ Jörg)/0.9 + (Anne\ Niko)/0.8 + (Anne\ Peter)/0.3.
\end{aligned}$$

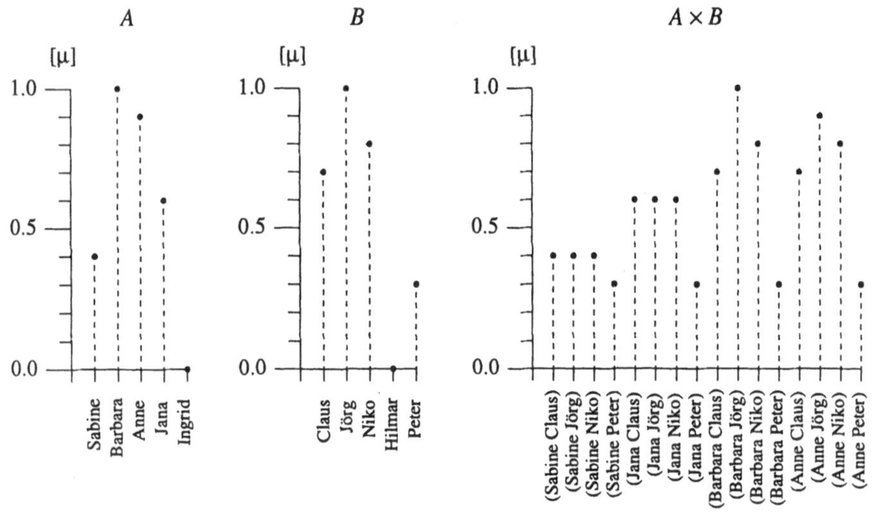

Abb. 3.5: Kartesisches Produkt „großer Volleyballspielerinnen und Volleyballspieler“

3.2 Alternative unscharfe Mengenoperatoren

Zadehs Vorschläge zur Definition der elementaren Mengenoperatoren sind, wie bereits eingangs erwähnt, nicht die einzig denkbaren. Und die Forderung, Fuzzy-Operatoren so zu definieren, daß sie bezüglich gewöhnlicher Mengen die gleichen Ergebnisse liefern wie die klassischen Mengenoperatoren, kann über sehr viele verschiedene Funktionsvorschriften eingelöst werden. Fuzzy-Operatoren müssen je nach Verwendungszweck sehr unterschiedliche Charakteristika aufweisen. Dies gilt umso mehr, wenn Operatoren zur Modellierung alltagssprachlicher Verknüpfungen verwandt werden. Angesichts der Anforderungsvielfalt wie der mathematischen Freiheitsgrade kann es nicht verwundern, daß im Zuge der Weiterentwicklung und Anwendung der Fuzzy-Mengentheorie eine Vielzahl von Alternativen zu Zadehs Definitionen vorgeschlagen worden sind. Dazu zählen zunächst die beiden dual zueinander definierten Klassen von *t*-Normen und *t*-Conormen (Kapitel 3.2.1). Die anderen Operatoren werden üblicherweise unter die (fragwürdige) Kategorie „kompensatorische Operatoren" subsumiert (Kapitel 3.2.2). Um die Definitionen nicht unnötig kompliziert werden zu lassen, werden – wie allgemein üblich – lediglich Funktionsvorschriften für reelle Zahlen (hier: die Zugehörigkeitsgrade) angegeben, also lediglich die „Basisfunktionen" spezifiziert, auf die die unscharfen Mengenoperatoren zurückgeführt werden (so wie beispielsweise Zadehs Vereinigungsoperator in Definition 3.1 auf die wiederholte Anwendung des Maximums zurückgeführt wird). Auf die Frage der Auswahl und Validierung all dieser Operatoren wird im Anschluß an eine zusammenfassende Darstellung ihrer Aggregationscharakteristika (Kapitel 3.3) eingegangen (Kapitel 3.4).

3.2.1 *t*-Normen und *t*-Conormen

Bei der Festlegung unscharfer Mengenoperatoren ist nicht nur darauf zu achten, daß sie bezüglich gewöhnlicher Mengen mit den klassischen Mengenoperatoren übereinstimmen. Es kommt zugleich darauf an, möglichst viele Gesetzmäßigkeiten der klassischen Mengenalgebra zu bewahren. Aufgrund mathematischer Untersuchungen algebraischer Struktureigenschaften ist bekannt, daß eine volle Umsetzung der Eigenschaften eines Booleschen Verbands für $\Phi(\Omega)$ nicht möglich ist. Die Frage, welche Eigenschaften bewahrt werden sollen und auf welche verzichtet werden kann, ist rein mathematisch nicht entscheidbar. Es ist jedoch zweifelsfrei wünschenswert, daß Fuzzy-Operatoren kommutativ und assoziativ sein sollten. Zudem sollten die Operatoren monoton sein, so daß eine Erhöhung des Zugehörigkeitsgrads bei einem Operanden zumindest keinen niedrigeren Zugehörigkeitsgrad im Ergebnis bewirkt. Operatoren, die diese Forderungen erfüllen, werden zu den sogenannten *t*-Normen und *t*-Conormen gerechnet [vgl. Dubois and Prade 1988b, 78ff.; Kruse u.a. 1993, 23ff.].

Definition 3.6 *t-Norm*

Eine *t-Norm* ist eine Funktion t: $[0, 1] \times [0, 1] \rightarrow [0, 1]$, die für alle $a, b, c, d \in [0, 1]$ folgende Bedingungen erfüllt:

(1) $t(a,1) = a$ *(neutrales Element)*
(2) $a \leq b \wedge c \leq d \Rightarrow t(a,c) \leq t(b,d)$ *(Monotonie)*
(3) $t(a,b) = t(b,a)$ *(Kommutativität)*
(4) $t(a,t(b,c)) = t(t(a,b),c)$ *(Assoziativität)*

Definition 3.7 *t-Conorm (s-Norm)*

Eine *t-Conorm* (*s-Norm*) ist eine Funktion s: $[0, 1] \times [0, 1] \rightarrow [0, 1]$, die für alle $a, b, c, d \in [0,1]$ folgende Bedingungen erfüllt:

(1) $s(0,a) = a$ *(neutrales Element)*
(2) $a \leq b \wedge c \leq d \Rightarrow s(a,c) \leq s(b,d)$ *(Monotonie)*
(3) $s(a,b) = s(b,a)$ *(Kommutativität)*
(4) $s(a,s(b,c)) = s(s(a,b),c)$ *(Assoziativität)*

Definition 3.8 *Archimedische t-Norm*

Eine Funktion t: $[0, 1] \times [0, 1] \rightarrow [0, 1]$ heißt *Archimedische t-Norm*, wenn sie eine stetige t-Norm ist und für alle $x \in]0,1[$ gilt:

$$t(x, x) < x. \tag{3.13}$$

Definition 3.9 *Archimedische t-Conorm*

Eine Funktion s: $[0, 1] \times [0, 1] \rightarrow [0, 1]$ heißt *Archimedische t-Conorm*, wenn sie eine stetige t-Conorm ist und für alle $x \in]0,1[$ gilt:

$$s(x, x) > x. \tag{3.14}$$

Typische t-Normen und t-Conormen sind in Tabelle 3.2 aufgelistet. t-Normen und t-Conormen sind offenkundig dual zueinander konzipiert. Axiomatisch unterscheiden sie sich nur hinsichtlich der neutralen Elemente. Dem Einselement der t-Normen entspricht das Nullelement der t-Conormen. Aus den ersten drei Axiomen läßt sich unschwer erkennen, daß in den Randpunkten t-Normen äquivalent zu dem klassischen Durchschnittsoperator und t-Conormen äquivalent zu dem klassischen Vereinigungsoperator sind:

$$\begin{array}{ll} t(0,1) = t(1,0) = t(0,0) = 0, & t(1,1) = 1 \\ s(0,1) = s(1,0) = s(1,1) = 1, & s(0,0) = 0. \end{array} \tag{3.15}$$

t-Normen eignen sich daher zur Durchschnitts- und t-Conormen zur Vereinigungsbildung unscharfer Mengen. Minimum und Maximum sind die einzigen t-Normen und t-Conormen, die *idempotent* und *distributiv* sind. Überdies bildet das Minimum eine Obergrenze der t-Normen und das Maximum eine Untergrenze der t-Conormen, d.h. für alle $x, y \in [0,1]$ gilt:

$$\begin{array}{l} \min(x, y) \geq t(x, y) \\ \max(x, y) \leq s(x, y). \end{array} \tag{3.16}$$

Bei Verwendung des Einerkomplements inkludiert jede t-Norm nach den De-Morganschen Gesetzen (vgl. Tabelle 2.1, 53) eine t-Conorm [vgl. Zimmermann 1991, 31]:

$$t(x, y) = 1 - s(1 - x, 1 - y) \qquad ; \forall x, y \in [0, 1]. \tag{3.17}$$

Diese logische Beziehung zwischen t-Normen und t-Conormen kann auf andere geeignete Komplementoperatoren c verallgemeinert werden [vgl. Zimmermann 1991, 31][4], so daß für alle $x,y \in [0,1]$ gilt:

$$\begin{aligned} s(x, y) &= c(t(c(x), c(y))) \\ t(x, y) &= c(s(c(x), c(y))). \end{aligned} \tag{3.18}$$

t-Normen ($\cap$), t:[0,1]×[0,1] → [0,1]		t-Conormen ($\cup$), s:[0,1]×[0,1] → [0,1]	
Minimum		*Maximum*	
$\min(x, y)$	(3.19)	$\max(x, y)$	(3.20)
Hamacher-Produkt (Hamacher product): t_{hp}		*Hamacher-Summe (Hamacher sum):* s_{hs}	
$\frac{xy}{x+y-xy}$; falls $x, y \neq 0$ 0 ; sonst	(3.21)	$\frac{x+y-2xy}{1-xy}$; falls $x, y \neq 1$ 1 ; sonst	(3.22)
algebraisches Produkt (algebraic product): t_{ap}		*algebraische Summe (algebraic sum):* s_{as}	
xy	(3.23)	$x+y-xy$	(3.24)
Einstein-Produkt (Einstein product): t_{ep}		*Einstein-Summe (Einstein sum):* s_{es}	
$\frac{xy}{1+(1-x)(1-y)}$	(3.25)	$\frac{x+y}{1+xy}$	(3.26)
beschränkte Differenz (bounded difference): t_{bd}		*beschränkte Summe (bounded sum):* s_{bs}	
$\max(0, x+y-1)$	(3.27)	$\min(1, x+y)$	(3.28)
drastisches Produkt (drastic product): t_{dp}		*drastische Summe (drastic sum):* s_{ds}	
$\min(x, y)$; falls $\max(x, y) = 1$ 0 ; sonst	(3.29)	$\max(x, y)$; falls $\min(x, y) = 0$ 1 ; sonst	(3.30)

Tabelle 3.2: Nicht-parametrisierte t-Normen und t-Conormen

In der Fachliteratur sind für die zuletzt angeführten t-Normen und t-Conormen verschiedene Namen gebräuchlich. So wird das drastische Produkt gelegentlich „Gödel-Norm“ und die beschränkte Differenz „Łukasiewicz-Norm“ genannt. In der englischen Fachliteratur findet man häufig statt „bounded difference“ die Bezeichnung „bold intersection“ und statt „bounded sum“ entsprechend „bold union“.

---

[4] Im Gegensatz zu Durchschnitts- und Vereinigungsoperatoren werden alternative Definitionen des Negations- oder Komplementoperators bislang nur in sehr wenigen theoretischen Untersuchungen berücksichtigt. Einigkeit besteht darüber, daß Komplementoperatoren in den Randpunkten mit dem klassischen Operator übereinstimmen sollen ($c(0) = 1$, $c(1) = 0$) und daß sie zumindest monoton fallend ($x < y \Rightarrow c(x) \geq c(y)$) sein sollen [vgl. Klir and Folger 1988, 38; Dubois and Prade 1988b, 78]. Handelt es sich überdies um eine stetige, streng monoton fallende ($x < y \Rightarrow c(x) > c(y)$) und involutorische ($c(c(x)) = x$) Funktion, so spricht man von einem *strengen Komplement* oder einer *strengen Negation* (engl.: *strong negation*) [vgl. Alsina, Trillas and Valverde 1983, 73]. Das von Zadeh vorgeschlagene Einerkomplement erfüllt all diese Bedingungen.

Zwischen den in Tabelle 3.2 aufgelisteten t-Normen und t-Conormen besteht folgende Ordnungsrelation:

$$t_{dp} \leq t_{bd} \leq t_{ep} \leq t_{ap} \leq t_{hp} \leq \min \leq \max \leq s_{hs} \leq s_{as} \leq s_{es} \leq s_{bs} \leq s_{ds}. \quad (3.31)$$

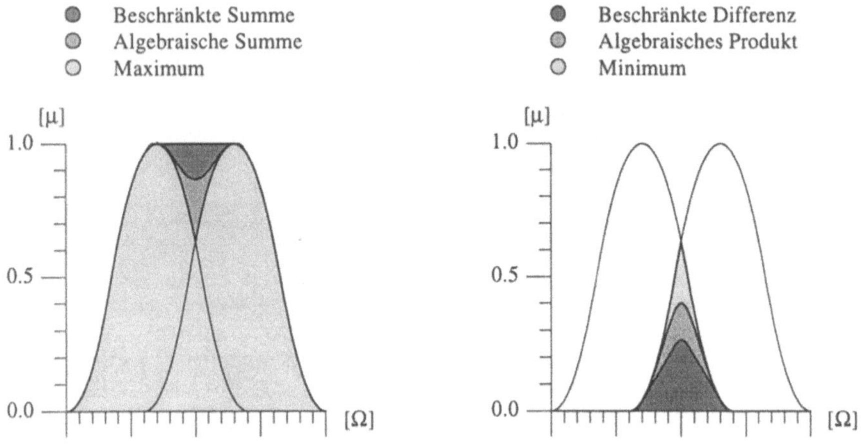

Abb. 3.6: Illustration der Ordnung prominenter t-Normen und t-Conormen

Das drastische Produkt bildet die Untergrenze aller möglichen t-Normen und die drastische Summe die Obergrenze aller t-Conormen. Abbildung 3.6 veranschaulicht einen Teil dieser Ordnung anhand eines Beispiels. Die Tabelle 3.3 gibt Auskunft darüber, welche algebraischen Gesetze von den verschiedenen Paaren dieser t-Normen und t-Conormen erfüllt werden. Wie ersichtlich, werden die Kontradiktionsgesetze einzig von den Paaren *drastisches Produkt / drastische Summe* und *beschränkte Differenz / beschränkte Summe* erfüllt, während *Minimum / Maximum* das einzige Paar von Funktionen bildet, die idempotent, distributiv und wechselseitig absorbierend sind.

Die angegebenen Normen sind nicht die einzig möglichen t-Normen und t-Conormen. Um variable Operatoren verwenden zu können, die eine möglichst große Bandbreite verschiedenster t-Normen und t-Conormen abdecken und daher an verschiedene Problemstellungen anpaßbar sind, wurden in Form parametrisierter Operatoren ganze Familien von t-Normen und t-Conormen eingeführt (vgl. Tabelle 3.4). Durch eine geeignete Festlegung des Parameters lassen sich mit ihnen Teilbereiche zwischen drastischem Produkt und Minimum einerseits und drastischer Summe und Maximum andererseits abdecken. Laufbereiche und Parameterwerte, mit denen sich prominente t-Normen und t-Conormen einstellen lassen, sind in Tabelle 3.6 (94) aufgelistet.

Algebraische Gesetze \ Operatoren-Paare	Minimum / Maximum	Hamacher Produkt / Hamacher Summe	Algebraisches Produkt / Algebraische Summe	Einstein Produkt / Einstein Summe	Beschränkte Differenz / Beschränkte Summe	Drastisches Produkt / Drastische Summe
Kommutativgesetze	•	•	•	•	•	•
Assoziativgesetze	•	•	•	•	•	•
Distributivgesetze	•					
Idempotenzgesetze	•					
Identitätsgesetze	•	•	•	•	•	•
Absorptionsgesetze	•	•	•	•	•	•
	•					
Gesetze von DeMorgan	•	•	•	•	•	•
Kontradiktionsgesetze					•	•

Tabelle 3.3: Gesetze unscharfer Mengenalgebren verschiedener t-Normen und t-Conormen

Eine Beschreibung der Gesetze enthält Tabelle 2.1 (53). Gesetze, die von den in der Kopfzeile genannten Paaren von Durchschnitts- und Vereinigungs-Operatoren erfüllt werden, sind durch einen Punkt (•) gekennzeichnet. Die Komplementbildung erfolgt mit dem „klassischen" Negationsoperator, $n(x) = 1 - x$, vgl. Definition 3.3 (77). Die beiden Zeilen zu den Absorptionsgesetzen entsprechen denen der Tabelle (2.1). Von den interaktiven *t*-Normen und *t*-Conormen werden also nur die speziellen Absorptionsgesetze bezüglich der Grundmenge und der leeren Menge erfüllt.

3.2.2 „Kompensatorische" Operatoren

Allen *t*-Normen und *t*-Conormen ist gemein, daß sie keine Werte zwischen Minimum und Maximum liefern. Demgegenüber kann man bei menschlichen Entscheidungen oft beobachten, daß niedrigere Bewertungen eines Merkmals durch hohe Bewertungen eines anderen Merkmals ausgeglichen („kompensiert") werden, so daß die resultierende Gesamtbewertung oft zwischen den Einzelbewertungen liegt. So haben empirische Untersuchungen zur Kreditwürdigkeitsprüfung bestätigt, daß von Kreditexperten teilweise nicht so gute Beurteilungen hinsichtlich eines Bonitätskriteriums (wie der Liquidität) durch bessere Beurteilungen eines anderen Kriteriums (etwa die Besicherung oder Unternehmensleistung) kompensiert werden (vgl. Beispiel 3.3, 117ff.). Um derartige Kompensationseffekte zu modellieren, wurden verschiedene Operatoren vorge-

t-Normen ($\cap$), t:[0,1]×[0,1] → [0,1]		t-Conormen ($\cup$), s:[0,1]×[0,1] → [0,1]	
Dombi, $p \in]0,\infty[$		*Dombi, $p \in]0,\infty[$*	
$\frac{1}{1+\left(\left(\frac{1-x}{x}\right)^p+\left(\frac{1-y}{y}\right)^p\right)^{1/p}}$	(3.32)	$1-\frac{1}{1+\left(\left(\frac{x}{1-x}\right)^p+\left(\frac{y}{1-y}\right)^p\right)^{1/p}}$	(3.33)
Dubois & Prade, $p \in [0,1]$		*Dubois & Prade, $p \in [0,1]$*	
$\frac{xy}{\max(x, y, p)}$	(3.34)	$1-\frac{(1-x)(1-y)}{\max((1-x), (1-y), p)}$	(3.35)
Frank, $p \in]0,\infty[\wedge p \neq 1$		*Frank, $p \in]0,\infty[\wedge p \neq 1$*	
$\log_p\left(1+\frac{(p^x-1)(p^y-1)}{p-1}\right)$	(3.36)	$1-\log_p\left(1+\frac{(p^{1-x}-1)(p^{1-y}-1)}{p-1}\right)$	(3.37)
Hamacher, $p \in [0,\infty[$		*Hamacher, $p \in [0,\infty[$*	
$\frac{xy}{p+(1-p)(x+y-xy)}$	(3.38)	$\frac{x+y-xy-(1-p)xy}{1-(1-p)xy}$	(3.39)
Schweizer & Sklar, $p \in]0,\infty[$		*Schweizer & Sklar, $p \in]0,\infty[$*	
$(\max(0, x^p+y^p-1))^{1/p}$	(3.40)	$1-(\max(0, (1\text{-}x)^p+(1\text{-}y)^p-1))^{1/p}$	(3.41)
Weber, $p \in [-1,\infty[$		*Weber, $p \in [-1,\infty[$*	
$\max(0, (1+p)(x+y-1)-pxy)$	(3.42)	$\min(1, x+y+pxy)$	(3.43)
Yager, $p \in]0,\infty[$		*Yager, $p \in]0,\infty[$*	
$1-\min(1, ((1-x)^p+(1-y)^p)^{1/p})$	(3.44)	$\min(1, (x^p+y^p)^{1/p})$	(3.45)

Tabelle 3.4: Parametrisierte t-Normen und t-Conormen

Referenzen sind in [Zimmermann 1991, 40] und in [Klir und Folger 1988, 50] angegeben. Zu beachten ist, daß nicht alle der angegebenen Formeln für die Randpunkte definiert sind. Vollständige Funktionsvorschriften lassen sich aber leicht aufgrund einfacher Fallunterscheidungen bilden. Die Funktionswerte ergeben sich in diesen Fällen aus den Definitionen der t-Normen (3.6, 83) und t-Conormen (3.7, 84).

schlagen. In der anwendungsorientierten Forschung haben vor allem „mittelnde Operatoren" sowie verschiedene Kombinationen von t-Normen und t-Conormen große Beachtung erlangt.

Definition 3.10 *Mittelnde Operatoren*

Ein *mittelnder Operator* (engl.: *average operator*) ist eine Funktion m:[0,1] × [0,1] → [0,1], $m \notin \{\min, \max\}$, so daß für alle $x, y \in [0,1]$ gilt:[5]

[5] Die hier gegebene Definition stützt sich auf [Dubois and Prade 1988b, 82]. In [Mayer u.a. 1993, 42] werden weitergehende Forderungen gestellt, die sich bis auf die Stetigkeitsforderung aus den oben genannten Axiomen ableiten lassen. Der von Mayer u.a. verwandte Ausdruck „Durchschnitts-Operatoren" wird hier wegen seiner Zweideutigkeit nicht benutzt: Er könnte sowohl im mengentheoretischen Sinn (Schnittmenge, intersection operators) wie im arithmetischen Sinn (Mittelwert, average operators) interpretiert werden.

(1) $\min(x,y) \leq m(x,y) \leq \max(x,y)$ *(Stabilität)*
(2) $a \leq b \wedge c \leq d \Rightarrow m(a,c) \leq m(b,d)$ *(Monotonie)*
(3) $m(x,y) = m(y,x)$ *(Kommutativität)*

In Tabelle 3.5 sind einige mittelnde Operatoren aufgelistet. Zwischen ihnen besteht folgende Ordnungsrelation (vgl. Abbildung 3.7):

$$m_h \leq m_g \leq m_a \leq m_{dg} \leq m_{dh}. \tag{3.46}$$

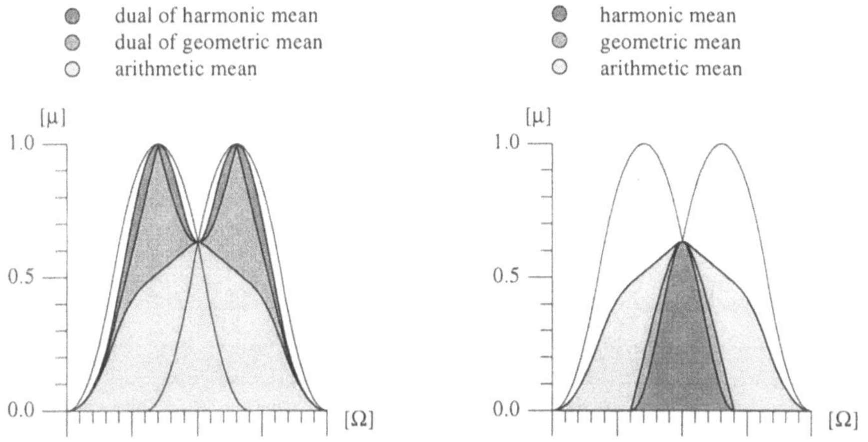

Abb. 3.7: Illustration der Ordnung prominenter Mittelungsoperatoren

Im Gegensatz zum arithmetischen Mittel (m_a) kann man das geometrische (m_g) und harmonische (m_h) Mittel im weiteren Sinne auch zu den Durchschnittsoperatoren zählen, da sie Werte liefern, die dem prototypischen Durchschnittsoperator (Minimum) näher liegen als dem prototypischen Vereinigungsoperator (Maximum). Es ist deshalb naheliegend, duale Operatoren für die Vereinigung zu definieren. (Vgl. Tabelle 3.5, Gleichung 3.50 für m_{dg} und 3.52 für m_{dh}). Hervorzuheben ist, daß streng monotone Mittelungsoperatoren nicht assoziativ sein können [Dubois and Prade 1988b, 83]. Diese Operatoren können daher nicht rekursiv auf mehrere Argumente angewandt werden. Um dennoch beliebig viele Fuzzy-Mengen (in einer von der Reihenfolge unabhängigen Weise) verknüpfen zu können, müssen sie als n-stellige Funktionen definiert werden (vgl. 3.48 bis 3.52). Die einzig möglichen mittelnden Operatoren, die das Assoziativgesetz erfüllen, sind Mediane (vgl. 3.47). Der Median med(x,y,0.5) ist der einzige mittelnde Operator, der zu den symmetrischen Summenoperatoren zählt und assoziativ ist [vgl. Silvert 1979, 78; Dubois and Prade 1988b, 84].

Mittelnde Operatoren ($x,y,x_i \in [0,1]$, $\alpha \in]0,1[$, $1 \leq i \leq n$, $n \in \mathbb{N}$)	
Median	*Arithmetisches Mittel* (m_a)
$\mathrm{med}(x, y, \alpha) = \begin{cases} y & ; x \leq y \leq \alpha \\ \alpha & ; x \leq \alpha \leq y \\ x & ; \alpha \leq x \leq y \end{cases}$ (3.47)	$\frac{1}{n} \cdot \sum_{i=1}^{n} x_i$ (3.48)
Geometrisches Mittel (m_g)	m_{dg}
$\sqrt[n]{\prod_{i=1}^{n} x_i}$ (3.49)	$1 - \sqrt[n]{\prod_{i=1}^{n} (1 - x_i)}$ (3.50)
Harmonisches Mittel (m_h)	m_{dh}
$n \cdot \left(\prod_{i=1}^{n} x_i\right) \cdot \left(\sum_{i=1}^{n} x_i\right)^{-1}$ (3.51)	$1 - n\left(\prod_{i=1}^{n} (1 - x_i)\right)\left(\sum_{i=1}^{n} (1 - x_i)\right)^{-1}$ (3.52)
Symmetrische Summenoperatoren ($x,y \in]0,1[$)	
s_1	s_2
$\frac{x + y - xy}{1 + x + y - 2xy}$ (3.53)	$\frac{xy}{1 - x - y + 2xy}$ (3.54)
s_3	s_4
$\frac{\min(x, y)}{1 - \lvert x - y \rvert}$ (3.55)	$\frac{\max(x, y)}{1 + \lvert x - y \rvert}$ (3.56)
Parametrisierte Operatorenkombinationen ($x,y,\gamma \in [0,1]$, $1 \leq i \leq n$, $n \in \mathbb{N}$)	
Werners Fuzzy-Und	*Werners Fuzzy-Oder*
$\gamma \cdot \min_i(x_i) + \frac{(1 - \gamma)}{n} \sum_i x_i$ (3.57)	$\gamma \cdot \max_i(x_i) + \frac{(1 - \gamma)}{n} \sum_{i=1}^{n} x_i$ (3.58)
Lineare Min-Max-Kombination	*Lineare Produkt-Summen-Kombination*
$\gamma \cdot \min(x_i) + (1 - \gamma) \cdot \max(x_i)$ (3.59)	$(1 - \gamma)\left(\prod_{i=1}^{n} x_i\right) + \gamma\left(1 - \prod_{i=1}^{n} (1 - x_i)\right)$ (3.60)
γ-Operator	*Geometrische-Mittel-Kombination*
$\left(\prod_{i=1}^{n} x_i\right)^{1 - \gamma}\left(1 - \prod_{i=1}^{n} (1 - x_i)\right)^{\gamma}$ (3.61)	$(m_g(x_1, \ldots, x_n))^{1 - \gamma}(m_{dg}(x_1, \ldots, x_n))^{\gamma}$ (3.62)
Gewichtete Operatoren ($x_i, \gamma \in [0,1]$, $1 \leq i \leq n$, $n \in \mathbb{N}$, $\sum \delta_i = n$)	
gewichteter γ-Operator	*gewichtetes geometrisches Mittel*
$\left(\prod_{i=1}^{n} x_i^{\delta_i}\right)^{1 - \gamma}\left(1 - \prod_{i=1}^{n} (1 - x_i)^{\delta_i}\right)^{\gamma}$ (3.63)	$\prod_{i=1}^{n} x_i^{\delta_i}$ (3.64)

Tabelle 3.5: „Kompensatorische" Operatoren

Definition 3.11 *Symmetrische Summenoperatoren*

Ein *symmetrischer Summenoperator* (engl.: *symmetric summation operator)* ist eine zweistellige Funktion χ:[0, 1] × [0, 1] → [0, 1], die für alle $a, b, c, d \in [0, 1]$ folgende Bedingungen erfüllt:

(1) $\chi(0, 0) = 0, \chi(1, 1) = 1$ *(Randbedingungen)*
(2) $\chi(a, b) = \chi(b, a)$ *(Kommutativität)*
(3) $a \leq b \wedge c \leq d \Rightarrow \chi(a, c) \leq \chi(b, d)$ *(Monotonie)*
(4) χ ist stetig *(Stetigkeit)*
(5) $1 - \chi(a, b) = \chi(1 - a, 1 - b)$ *(Komplement-Symmetrie)*

Obgleich symmetrische Summenoperatoren stabil sein können, ist dies keine charakteristische Bedingung für sie. Silverts Motiv, das Konzept der symmetrischen Summenoperatoren einzuführen, bestand vielmehr darin, Fuzzy-Operationen auf eine Weise definieren zu können, bei denen es keine Rolle spielt, ob man auf einer Menge oder ihrem Komplement operiert, genauer: bei denen die Komplementmenge der Verknüpfung gleich der Verknüpfung der Komplementmengen ist [Silvert 1979, 77]. Die charakteristische Forderung dieser Klasse ist demnach in Axiom 5 (Definition 3.11) formuliert. Jeder symmetrische Summenoperator kann von einer nicht-negativen, monoton steigenden Funktion g generiert werden, die an dem Punkt (0,0) den Wert 0 liefert [Silvert 1979, 77]:

$$\chi(x, y) = \frac{g(x, y)}{g(x, y) + g(1 - x, 1 - y)}. \tag{3.65}$$

Wenn $g(0,x) = 0$ für alle $x \in [0,1]$ gilt, ist $\chi(0,1)$ nicht definiert, andernfalls gilt:

$$\chi(0, 1) = 0.5. \tag{3.66}$$

Symmetrische Summenoperatoren können zwar assoziativ sein, jedoch schließen sich bei ihnen Assoziativität und Idempotenz wechselseitig aus. Zudem muß die Assoziativität auf das offene Intervall]0,1[eingeschränkt werden. [Vgl. Dubois and Prade 1988b, 84f.] Von den in der Tabelle 3.5 aufgelisteten Operatoren erfüllt nur der Operator s_2 (3.54) diese eingeschränkte Assoziativität, die Operatoren s_3 (3.55) und s_4 (3.56) sind Beispiele idempotenter symmetrischer Summenoperatoren. Zwischen den symmetrischen Summenoperatoren läßt sich keine allgemeine Ordnungsrelation für den gesamten Argumentbereich angeben. Vielmehr erhält man in Abhängigkeit von den Argumentwerten zwei Ordnungen:

$$\begin{aligned} &s_2 \leq s_3 \leq m_a \leq s_4 \leq s_1 && ;\ \text{für } x + y \leq 1 \\ &s_1 \leq s_4 \leq m_a \leq s_3 \leq s_2 && ;\ \text{für } x + y \geq 1. \end{aligned} \tag{3.67}$$

Ein weiterer Ansatz besteht darin, Verknüpfungsoperatoren (f_v) über eine geeignete Kombination zweier Operatoren festzulegen. Um einen Kompensationseffekt zu erzielen, geht man dabei von einem Durchschnitts- (f_i) und einem Vereinigungsoperator (f_u) aus, typischerweise eine *t*-Norm und eine *t*-Conorm, und kombiniert sie entweder in Form einer linearen Kombination (3.68) oder in Form von Exponentialfunktionen (3.69) [vgl. Zimmermann and Zysno 1980, 47, 49]:

$$f_v(x, y) = \gamma \cdot f_u(x, y) + (1 - \gamma) \cdot f_i(x, y) \tag{3.68}$$

$$f_v(x, y) = (f_u(x, y))^{\gamma} \cdot (f_i(x, y))^{1 - \gamma}. \tag{3.69}$$

γ steht dabei für eine reelle Zahl aus dem Einheitsintervall [0,1]. Mit der Festlegung von γ wird entschieden, ob die Verknüpfung stärker einer Vereinigungsbildung oder einer Durchschnittsbildung gleicht. γ kann deshalb als Kompensationsparameter gedeutet werden. Der berühmteste Operator dieser Art ist das sogenannte *kompensatorische Und* (f_γ), oftmals kurz γ-Operator genannt. Er wurde von Zimmermann und Zysno [1980] im Rahmen einer empirischen Untersuchung eingeführt und hat in einer weiteren Untersuchung [Zimmermann und Zysno 1983] seine Tauglichkeit in einer praxisnahen Anwendung unter Beweis gestellt (vgl. 109ff.). Dabei wird für f_u die algebraische Summe und für f_i das algebraische Produkt gewählt:

$$\begin{aligned} f_\gamma &= (t_{\mathrm{ap}}(x, y))^{1-\gamma} \cdot (s_{\mathrm{as}}(x, y))^{\gamma} \\ &= (xy)^{1-\gamma} \cdot (x + y - xy)^{\gamma} \\ &= (xy)^{1-\gamma} \cdot (1 - (1 - x)(1 - y))^{\gamma}. \end{aligned} \tag{3.70}$$

Geht man von 3.68 statt von 3.69 aus, so erhält man entsprechend:

$$f_{\hat{\gamma}}(x, y) = \gamma xy + (1 - \gamma)(x + y - xy). \tag{3.71}$$

Andere Kombinationen können auf die gleiche Weise gebildet werden. Naheliegend ist die Verwendung von Minimum und Maximum. Da all diese Kombinationen nicht mehr assoziativ sind, ist es wie bei den mittelnden Operatoren notwendig, Formeln für beliebig viele Argumente anzugeben (vgl. 3.57 bis 3.62 in Tabelle 3.5). Es müssen nicht notwendigerweise *t*-Normen und *t*-Conormen, nicht einmal unbedingt Durchschnitts- und Vereinigungsoperatoren miteinander kombiniert werden. Soll die Verknüpfung relativ stark ausgleichend wirken, zugleich aber noch je nach Parameterwahl deutlich als Durchschnitts- oder Vereinigungsoperator erkennbar sein und in den Randpunkten mit den klassischen Operatoren übereinstimmen, so bietet sich beispielsweise eine Kombination (3.62) des geometrischen Mittels (3.49) mit seinem Pendant (3.50) an. Statt einen *allgemeinen* Operator zu definieren, kann man auch ein Operatorenpaar definieren, indem man jeweils einen Durchschnitts- und Vereinigungsoperator mit einem mittelnden Operator kombiniert. Diesen Weg hat Werners [1988] beschritten. Für den Durchschnitt hat sie eine lineare Kombination von Minimum und arithmetischem Mittel und für die Vereinigung entsprechend eine lineare Kombination von Maximum und arithmetischem Mittel verwendet (vgl. 3.57 und 3.58). Beide Kombinationen wirken intuitiv einleuchtend. Aufgrund empirischer Untersuchungen ist ihnen eine hohe Validität zuzusprechen (vgl. 109ff.). Werners konnte überdies zeigen, daß beide Operatoren in traditionelle Modellierungsansätze mathematischer Enscheidungsunterstützung integriert werden können [vgl. Werners 1988]. Unterschiedliche Gewichtungen der zu verknüpfenden Merkmale können bei all diesen Operatoren berücksichtigt werden, indem statt der Zugehörigkeitsgrade $x_i \in [0,1]$ gewichtete Zugehörigkeitsgrade $x_i^{\delta_i} \in [0,1]$ mit $1 \leq i \leq n$ und $\sum \delta_i = n$ verrechnet werden.[6]

3.3 Aggregationscharakteristika unscharfer Mengenoperatoren im Überblick

Bei einer derartigen Menge von alternativen Operatoren stellt sich unweigerlich die Frage, welcher Operator für welche Zwecke geeignet ist. In dem vorangegangen Unterkapitel wurden charakteristische axiomatische Eigenschaften der Operatoren beschrieben. Die Beurteilung von Operatoren kann jedoch nicht einzig aufgrund algebraischer Eigenschaften erfolgen. Vor allem bei den parametrisierten Operatoren ist es sehr schwierig, allein aufgrund der angegebenen Formeln die Wirkung eines Operators über den gesamten Wertebereich auch nur grob abschätzen zu können. Hilfreich ist hier zunächst eine Tabelle, in der die komplexen parametrisierten Operatorenfamilien mit prominenten nicht-parametrisierten Operatoren in Beziehung gesetzt werden (vgl. Tabelle 3.6).

Um die Wirkung der verschiedenen Operatoren graphisch zu veranschaulichen, wurden dreidimensionale Funktionsabbildungen erstellt, die in Tabelle 3.7 abgedruckt sind. Die Funktionswerte sind in der Senkrechten über den von den beiden Argumentwerten gebildeten Punkten abgetragen. Die Eckpunkte markieren dabei alle acht Kombinationen, die sich mit den klassischen Werten 0 und 1 bilden lassen: die unteren Eckpunkte stehen für den Funktionswert 0 und die oberen für den Funktionswert 1. Die Übereinstimmung eines Operators mit dem klassischen Durchschnittsoperator erkennt man folglich daran, daß die drei unteren Eckpunkte mit den Koordinaten (0,0,0), (0,1,0) und (1,0,0) sowie der obere Eckpunkt rechts vorne (1,1,1) markiert sind. Umgekehrt zeigt sich die Übereinstimmung mit dem klassischen Vereinigungsoperator darin, daß unten

---

6 Vgl. hierzu beispielsweise 3.63 und 3.64 in Tabelle 3.5. Eine andere Möglichkeit, Gewichtungen einzuführen, besteht in der Verwendung von Gewichtungsfaktoren, die sich zu eins summieren. Ein Beispiel hierfür ist die Definition der konvexen Kombination (3.4, 80). Vgl. zur Verallgemeinerung dieses Ansatzes Dubois und Prade [1988b, 92]. Ihr Vorschlag zur Einführung von Gewichten für Verknüpfungen auf der Basis von Minimum und Maximum wird in Kapitel 10 (358ff.) behandelt.

Durchschnitts-Operatoren	*Drastisches Produkt*	*Beschränkte Differenz*	*Einstein Produkt*	*Algebraisches Produkt*	*Hamacher Produkt*	*Minimum*	*Arithmetisches Mittel*	*Maximum*	*Hamacher Summe*	*Algebraische Summe*	*Einstein Summe*	*Beschränkte Summe*	*Drastische Summe*	*Vereinigungs-Operatoren*
Dombi	→0				1				1				→0	*Dombi*
Dubois & Prade				1		0		0		1				*Dubois & Prade*
Frank		→∞		→1						→1		→∞		*Frank*
Hamacher	→∞		2	1	0				-1	0	1		→∞	*Hamacher*
Schweizer & Sklar		1		→0						→0		1		*Schweizer & Sklar*
Weber		0		-1						-1		0		*Weber*
Yager	→0	1				→∞		→∞				1	→0	*Yager*
Werners Fuzzy-Und						1	0	1						*Werners Fuzzy-Oder*
Min-Max-Operator						1	0.5	0						*Min-Max-Operator*
Produkt-Summe				1						0				*Produkt-Summe*
γ-Operator				0						1				*γ-Operator*

Tabelle 3.6: Beziehungen zwischen parametrischen und nicht-parametrischen Operatoren

Die in der Tabelle angegebenen Zahlen bezeichnen die Parameterwerte, bei denen sich die parametrisierten Operatoren gleichwertig zu den nicht-parametrisierten Operatoren verhalten, die in der Spalte des jeweiligen Parameterwerts stehen. Die Pfeile markieren definitiv ausgeschlossene Werte, deren Approximation eine Annäherung an den entsprechenden Operator ergibt. Hellgrau unterlegte Bereiche können von den Operatoren nicht abgedeckt werden.

lediglich der Eckpunkt mit der Koordinate (0,0,0) markiert ist, während oben bis auf den Eckpunkt links hinten (0,0,0) alle Ecken – (1,0,1), (0,1,1) und (1,1,1) – gekennzeichnet sind.

Zwischen den Abbildungen befinden sich Wertetabellen zu den links- und rechtsseitig abgebildeten geometrischen Funktionsdarstellungen. Dabei wird eine diskrete Grundmenge mit 11 äquidistanten Punkten zugrundegelegt. Da alle Operatoren kommutativ sind, müssen lediglich die Hälfte aller Argument-Wert-Tripel aufgelistet werden. Es ist daher zugunsten einer komprimierten Darstellung möglich, zwei Operatoren in einer Tabelle vollständig zu beschreiben. Die Werte links oberhalb der Winkelhalbierenden gelten für die linksseitig dargestellte Funktion, die anderen Werte für die rechts neben der Wertetabelle abgebildete Funktion.

t-Normen und t-Conormen

3.19

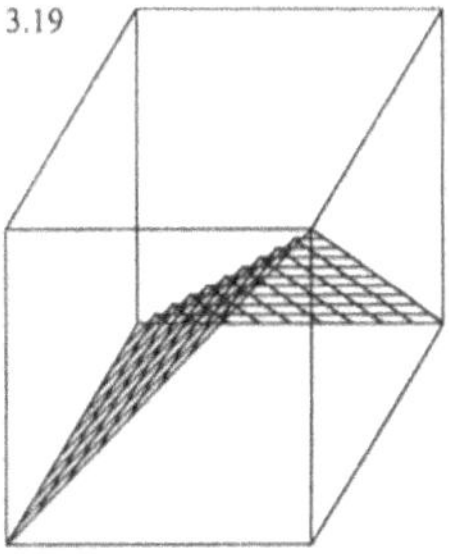

∩	1	.9	.8	.7	.6	.5	.4	.3	.2	.1	0	
0	.00	.00	.00	.00	.00	.00	.00	.00	.00	.00	.00	
.1	.10	.10	.10	.10	.10	.10	.10	.10	.10	.10	.00	0
.2	.20	.20	.20	.20	.20	.20	.20	.20	.20	.10	.10	.1
.3	.30	.30	.30	.30	.30	.30	.30	.30	.20	.20	.20	.2
.4	.40	.40	.40	.40	.40	.40	.40	.30	.30	.30	.30	.3
.5	.50	.50	.50	.50	.50	.50	.40	.40	.40	.40	.40	.4
.6	.60	.60	.60	.60	.60	.50	.50	.50	.50	.50	.50	.5
.7	.70	.70	.70	.70	.60	.60	.60	.60	.60	.60	.60	.6
.8	.80	.80	.80	.70	.70	.70	.70	.70	.70	.70	.70	.7
.9	.90	.90	.80	.80	.80	.80	.80	.80	.80	.80	.80	.8
1	1.0	.90	.90	.90	.90	.90	.90	.90	.90	.90	.90	.9
	1.0	1.0	1.0	1.0	1.0	1.0	1.0	1.0	1.0	1.0	1.0	1
	1	.9	.8	.7	.6	.5	.4	.3	.2	.1	0	∪

3.20

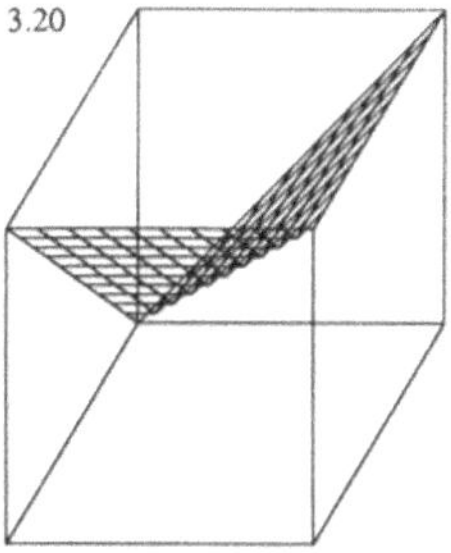

Minimum — *Maximum*

3.21

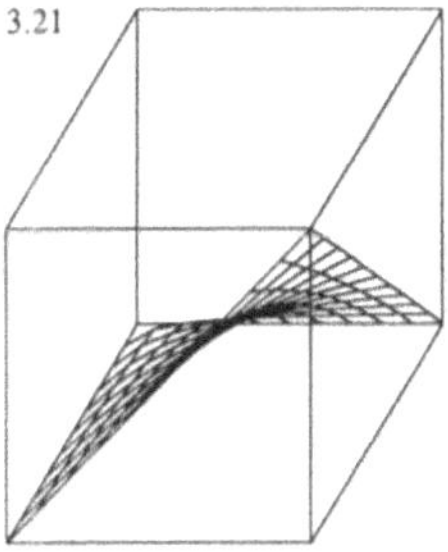

∩	1	.9	.8	.7	.6	.5	.4	.3	.2	.1	0	
0	.00	.00	.00	.00	.00	.00	.00	.00	.00	.00	.00	
.1	.10	.10	.10	.10	.09	.09	.09	.08	.07	.05	.00	0
.2	.20	.20	.19	.18	.18	.17	.15	.14	.11	.18	.10	.1
.3	.30	.29	.28	.27	.25	.23	.21	.18	.33	.27	.20	.2
.4	.40	.38	.36	.34	.32	.29	.25	.46	.40	.35	.30	.3
.5	.50	.47	.44	.41	.37	.33	.57	.52	.48	.44	.40	.4
.6	.60	.56	.52	.48	.43	.67	.62	.59	.56	.53	.50	.5
.7	.70	.65	.60	.54	.75	.71	.68	.66	.64	.62	.60	.6
.8	.80	.73	.67	.82	.79	.77	.75	.73	.72	.71	.70	.7
.9	.90	.82	.89	.86	.85	.83	.82	.82	.81	.80	.80	.8
1	1.0	.95	.93	.92	.91	.91	.91	.90	.90	.90	.90	.9
	1.0	1.0	1.0	1.0	1.0	1.0	1.0	1.0	1.0	1.0	1.0	1
	1	.9	.8	.7	.6	.5	.4	.3	.2	.1	0	∪

3.22

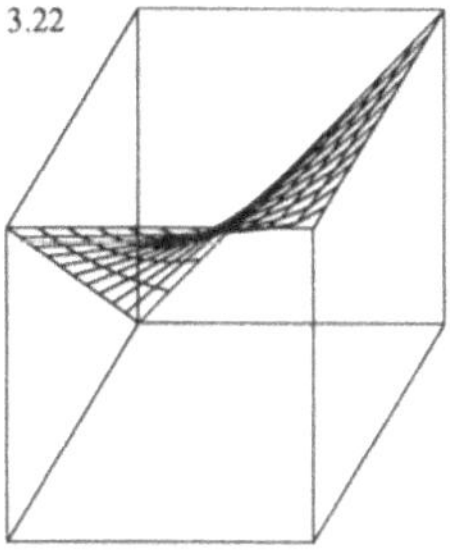

Hamacher-Produkt — *Hamacher-Summe*

3.23

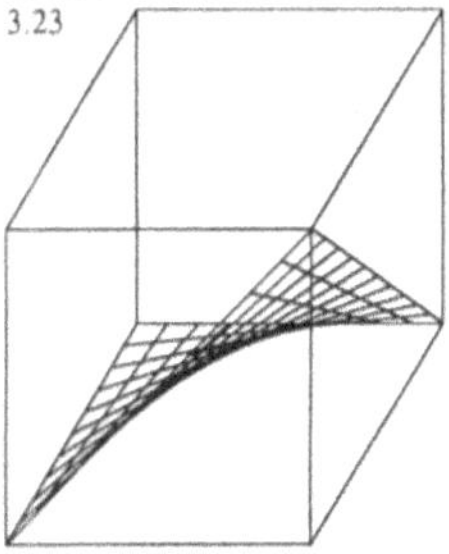

∩	1	.9	.8	.7	.6	.5	.4	.3	.2	.1	0	
0	.00	.00	.00	.00	.00	.00	.00	.00	.00	.00	.00	
.1	.10	.09	.08	.07	.06	.05	.04	.03	.02	.01	.00	0
.2	.20	.18	.16	.14	.12	.10	.08	.06	.04	.19	.10	.1
.3	.30	.27	.24	.21	.18	.15	.12	.09	.36	.28	.20	.2
.4	.40	.36	.32	.28	.24	.20	.16	.51	.44	.37	.30	.3
.5	.50	.45	.40	.35	.30	.25	.64	.58	.52	.46	.40	.4
.6	.60	.54	.48	.42	.36	.75	.70	.65	.60	.55	.50	.5
.7	.70	.63	.56	.49	.84	.80	.76	.72	.68	.64	.60	.6
.8	.80	.72	.64	.91	.88	.85	.82	.79	.76	.73	.70	.7
.9	.90	.81	.96	.94	.92	.90	.88	.86	.84	.82	.80	.8
1	1.0	.99	.98	.97	.96	.95	.94	.93	.92	.91	.90	.9
	1.0	1.0	1.0	1.0	1.0	1.0	1.0	1.0	1.0	1.0	1.0	1
	1	.9	.8	.7	.6	.5	.4	.3	.2	.1	0	∪

3.24

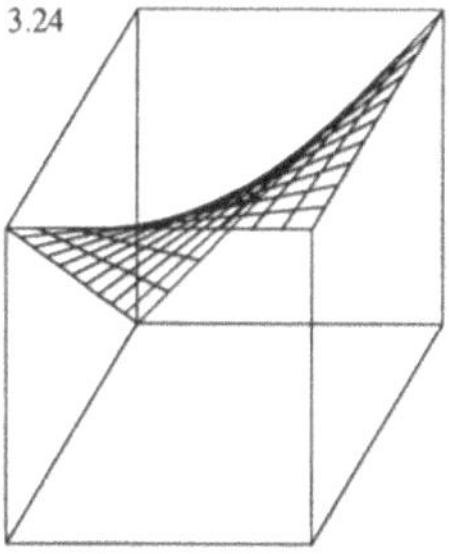

Algebraisches Produkt — *Algebraische Summe*

3.25

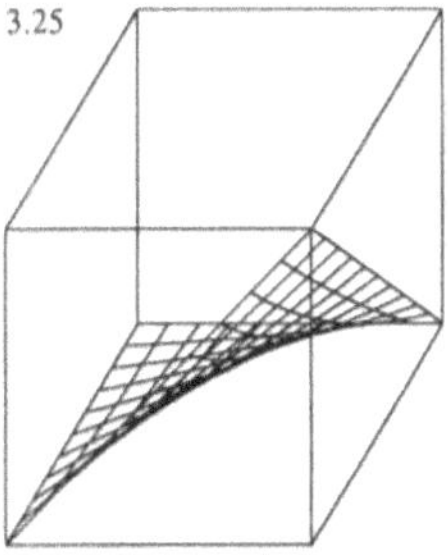

∩	1	.9	.8	.7	.6	.5	.4	.3	.2	.1	0	
0	.00	.00	.00	.00	.00	.00	.00	.00	.00	.00	.00	
.1	.10	.08	.07	.06	.04	.03	.03	.02	.01	.01	.00	0
.2	.20	.17	.14	.11	.09	.07	.05	.04	.02	.20	.10	.1
.3	.30	.25	.21	.17	.14	.11	.08	.06	.38	.29	.20	.2
.4	.40	.34	.29	.24	.19	.15	.12	.55	.47	.39	.30	.3
.5	.50	.43	.36	.30	.25	.20	.69	.63	.56	.48	.40	.4
.6	.60	.52	.44	.37	.31	.80	.75	.70	.64	.57	.50	.5
.7	.70	.61	.53	.45	.88	.85	.81	.76	.71	.66	.60	.6
.8	.80	.71	.62	.94	.92	.89	.86	.83	.79	.75	.70	.7
.9	.90	.80	.98	.96	.95	.93	.91	.89	.86	.83	.80	.8
1	1.0	.99	.99	.98	.97	.97	.96	.94	.93	.92	.90	.9
	1.0	1.0	1.0	1.0	1.0	1.0	1.0	1.0	1.0	1.0	1.0	1
	1	.9	.8	.7	.6	.5	.4	.3	.2	.1	0	∪

3.26

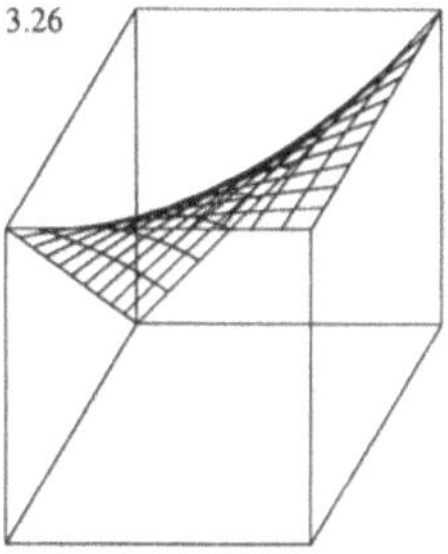

Einstein-Produkt — *Einstein-Summe*

Tabelle 3.7: Aggregationscharakteristika unscharfer Mengenoperatoren (Seite 1 von 9)

3.27

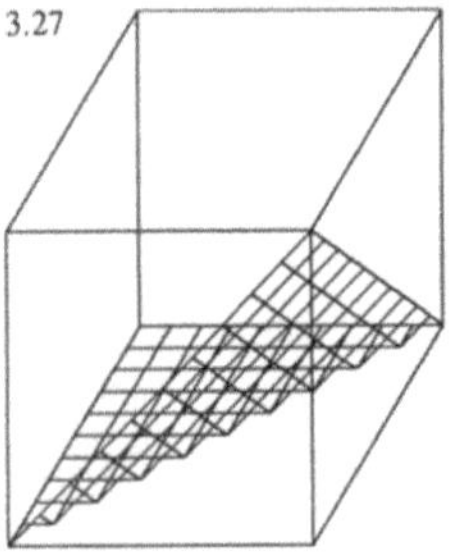

Beschränkte Differenz

∩	1	.9	.8	.7	.6	.5	.4	.3	.2	.1	0	
0	.00	.00	.00	.00	.00	.00	.00	.00	.00	.00	.00	
.1	.10	.00	.00	.00	.00	.00	.00	.00	.00	.00	.00	0
.2	.20	.10	.00	.00	.00	.00	.00	.00	.00	.20	.10	.1
.3	.30	.20	.10	.00	.00	.00	.00	.00	.40	.30	.20	.2
.4	.40	.30	.20	.10	.00	.00	.00	.60	.50	.40	.30	.3
.5	.50	.40	.30	.20	.10	.00	.80	.70	.60	.50	.40	.4
.6	.60	.50	.40	.30	.20	1.0	.90	.80	.70	.60	.50	.5
.7	.70	.60	.50	.40	1.0	1.0	1.0	.90	.80	.70	.60	.6
.8	.80	.70	.60	1.0	1.0	1.0	1.0	1.0	.90	.80	.70	.7
.9	.90	.80	1.0	1.0	1.0	1.0	1.0	1.0	1.0	.90	.80	.8
1	1.0	1.0	1.0	1.0	1.0	1.0	1.0	1.0	1.0	1.0	.90	.9
	1.0	1.0	1.0	1.0	1.0	1.0	1.0	1.0	1.0	1.0	1.0	1
	1	.9	.8	.7	.6	.5	.4	.3	.2	.1	0	∪

3.28

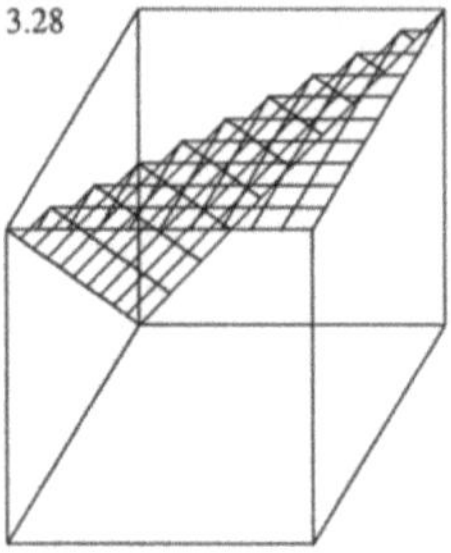

Beschränkte Summe

3.29

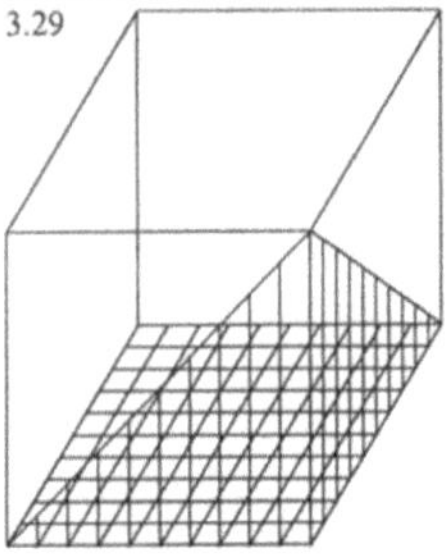

Drastisches Produkt

∩	1	.9	.8	.7	.6	.5	.4	.3	.2	.1	0	
0	.00	.00	.00	.00	.00	.00	.00	.00	.00	.00	.00	
.1	.10	.00	.00	.00	.00	.00	.00	.00	.00	.00	.00	0
.2	.20	.00	.00	.00	.00	.00	.00	.00	.00	1.0	.10	.1
.3	.30	.00	.00	.00	.00	.00	.00	.00	1.0	1.0	.20	.2
.4	.40	.00	.00	.00	.00	.00	.00	1.0	1.0	1.0	.30	.3
.5	.50	.00	.00	.00	.00	.00	1.0	1.0	1.0	1.0	.40	.4
.6	.60	.00	.00	.00	.00	1.0	1.0	1.0	1.0	1.0	.50	.5
.7	.70	.00	.00	.00	1.0	1.0	1.0	1.0	1.0	1.0	.60	.6
.8	.80	.00	.00	1.0	1.0	1.0	1.0	1.0	1.0	1.0	.70	.7
.9	.90	.00	1.0	1.0	1.0	1.0	1.0	1.0	1.0	1.0	.80	.8
1	1.0	1.0	1.0	1.0	1.0	1.0	1.0	1.0	1.0	1.0	.90	.9
	1.0	1.0	1.0	1.0	1.0	1.0	1.0	1.0	1.0	1.0	1.0	1
	1	.9	.8	.7	.6	.5	.4	.3	.2	.1	0	∪

3.30

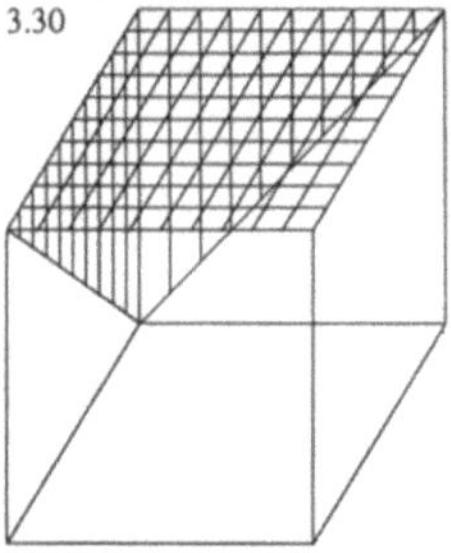

Drastische Summe

Parametrisierte *t*-Normen (*t*) und *t*-Conormen (*s*)

3.32

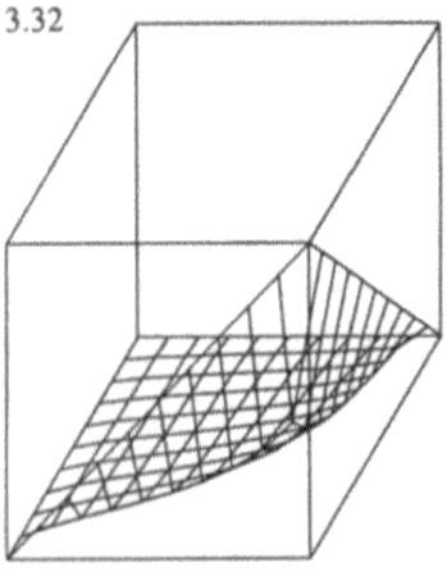

Dombi (t), p = 0.25

∩	1	.9	.8	.7	.6	.5	.4	.3	.2	.1	0	
0	.00	.00	.00	.00	.00	.00	.00	.00	.00	.00	.00	
.1	.10	.03	.03	.02	.02	.02	.02	.01	.01	.01	.00	0
.2	.20	.06	.05	.04	.03	.03	.02	.02	.02	.64	.10	.1
.3	.30	.08	.07	.05	.05	.04	.03	.03	.80	.73	.20	.2
.4	.40	.11	.08	.07	.06	.05	.04	.87	.84	.79	.30	.3
.5	.50	.14	.11	.09	.07	.06	.91	.90	.87	.83	.40	.4
.6	.60	.17	.13	.10	.09	.94	.93	.91	.89	.86	.50	.5
.7	.70	.21	.16	.13	.96	.95	.94	.93	.92	.89	.60	.6
.8	.80	.27	.20	.97	.97	.96	.95	.95	.93	.92	.70	.7
.9	.90	.36	.98	.98	.98	.97	.97	.96	.95	.94	.80	.8
1	1.0	.99	.99	.99	.98	.98	.98	.98	.97	.97	.90	.9
	1.0	1.0	1.0	1.0	1.0	1.0	1.0	1.0	1.0	1.0	1.0	1
	1	.9	.8	.7	.6	.5	.4	.3	.2	.1	0	∪

3.33

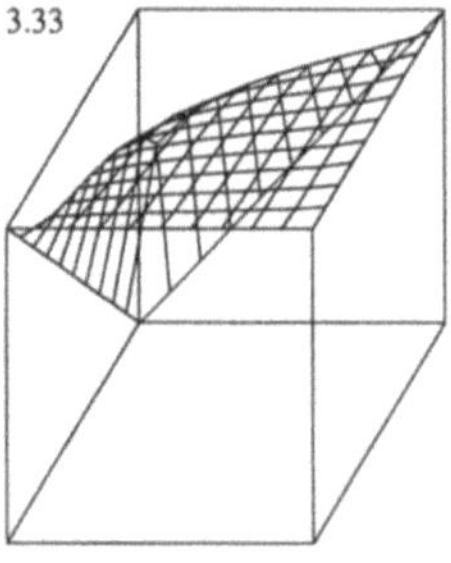

Dombi (s), p = 0.25

3.32

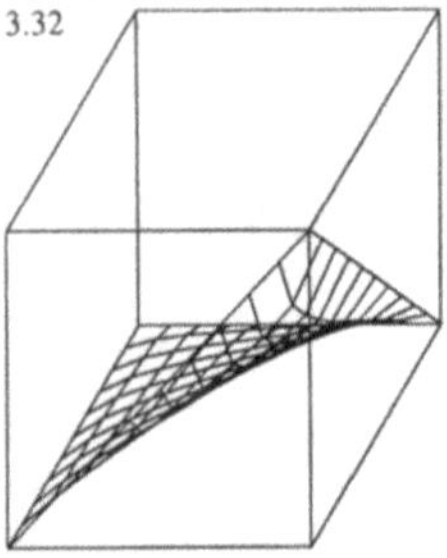

Dombi (t), p = 0.5

∩	1	.9	.8	.7	.6	.5	.4	.3	.2	.1	0	
0	.00	.00	.00	.00	.00	.00	.00	.00	.00	.00	.00	
.1	.10	.08	.08	.07	.06	.06	.05	.05	.04	.03	.00	0
.2	.20	.16	.14	.12	.11	.10	.09	.07	.06	.31	.10	.1
.3	.30	.22	.20	.17	.15	.14	.12	.10	.50	.41	.20	.2
.4	.40	.29	.25	.22	.19	.17	.14	.63	.57	.49	.30	.3
.5	.50	.36	.31	.27	.23	.20	.73	.68	.63	.57	.40	.4
.6	.60	.43	.37	.32	.27	.80	.77	.73	.69	.64	.50	.5
.7	.70	.51	.43	.37	.86	.83	.81	.78	.75	.71	.60	.6
.8	.80	.59	.50	.90	.88	.86	.85	.83	.80	.78	.70	.7
.9	.90	.69	.94	.93	.91	.90	.89	.88	.86	.84	.80	.8
1	1.0	.97	.96	.95	.95	.94	.94	.93	.92	.92	.90	.9
	1.0	1.0	1.0	1.0	1.0	1.0	1.0	1.0	1.0	1.0	1.0	1
	1	.9	.8	.7	.6	.5	.4	.3	.2	.1	0	∪

3.33

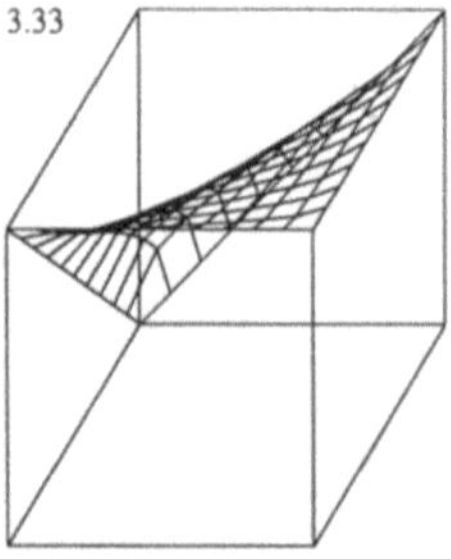

Dombi (s), p = 0.5

Tabelle 3.7: Aggregationscharakteristika unscharfer Mengenoperatoren (Seite 2 von 9)

Parametrisierte t-Normen (t) und t-Conormen (s)

3.32

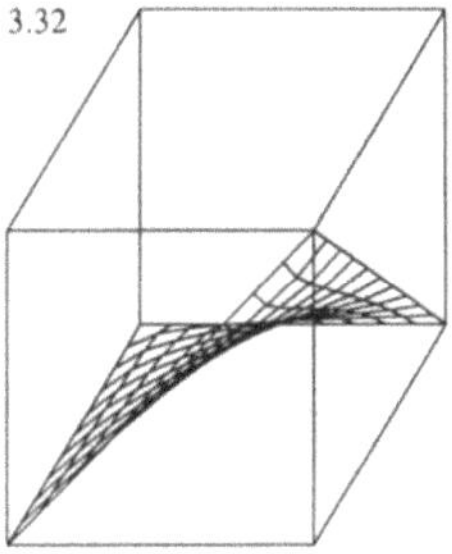

Dombi (t), p = 0.75

∩	1	.9	.8	.7	.6	.5	.4	.3	.2	.1	0	
0	.00	.00	.00	.00	.00	.00	.00	.00	.00	.00	.00	
.1	.10	.10	.09	.09	.09	.08	.08	.07	.06	.04	.00	0
.2	.20	.19	.18	.17	.16	.14	.13	.11	.09	.22	.10	.1
.3	.30	.27	.25	.24	.22	.20	.17	.15	.39	.31	.20	.2
.4	.40	.36	.33	.30	.27	.24	.21	.52	.46	.39	.30	.3
.5	.50	.44	.40	.36	.32	.28	.63	.58	.53	.48	.40	.4
.6	.60	.52	.47	.42	.37	.72	.68	.64	.60	.56	.50	.5
.7	.70	.61	.54	.48	.79	.76	.73	.70	.67	.64	.60	.6
.8	.80	.69	.61	.85	.83	.80	.78	.76	.75	.73	.70	.7
.9	.90	.78	.91	.89	.87	.86	.84	.83	.82	.81	.80	.8
1	1.0	.96	.94	.93	.92	.92	.91	.91	.91	.90	.90	.9
	1.0	1.0	1.0	1.0	1.0	1.0	1.0	1.0	1.0	1.0	1.0	1
	1	.9	.8	.7	.6	.5	.4	.3	.2	.1	0	∪

3.33

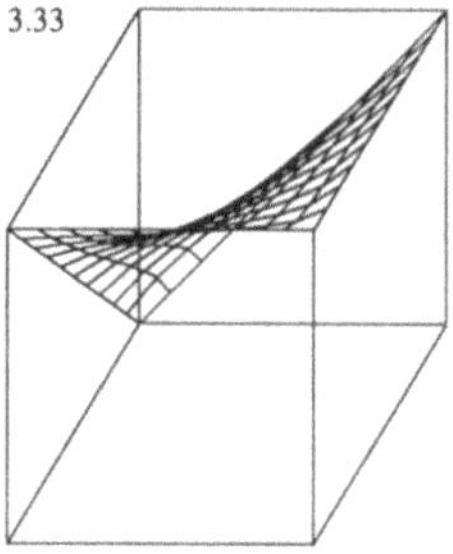

Dombi (s), p = 0.75

3.32

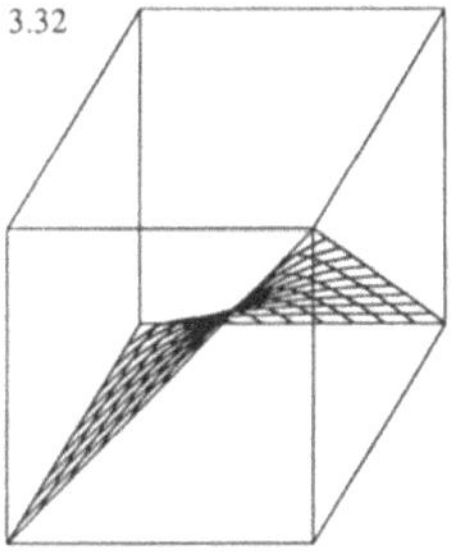

Dombi (t), p = 1.5

∩	1	.9	.8	.7	.6	.5	.4	.3	.2	.1	0	
0	.00	.00	.00	.00	.00	.00	.00	.00	.00	.00	.00	
.1	.10	.10	.10	.10	.10	.10	.10	.09	.09	.07	.00	0
.2	.20	.20	.20	.20	.19	.19	.18	.16	.14	.15	.10	.1
.3	.30	.30	.30	.29	.28	.27	.25	.21	.28	.23	.20	.2
.4	.40	.40	.39	.38	.36	.33	.30	.40	.35	.32	.30	.3
.5	.50	.49	.48	.46	.43	.39	.51	.47	.43	.41	.40	.4
.6	.60	.59	.57	.53	.49	.61	.57	.54	.52	.51	.50	.5
.7	.70	.68	.65	.60	.70	.67	.64	.62	.61	.60	.60	.6
.8	.80	.77	.72	.79	.75	.73	.72	.71	.70	.70	.70	.7
.9	.90	.85	.86	.84	.82	.81	.81	.80	.80	.80	.80	.8
1	1.0	.93	.91	.91	.90	.90	.90	.90	.90	.90	.90	.9
	1.0	1.0	1.0	1.0	1.0	1.0	1.0	1.0	1.0	1.0	1.0	1
	1	.9	.8	.7	.6	.5	.4	.3	.2	.1	0	∪

3.33

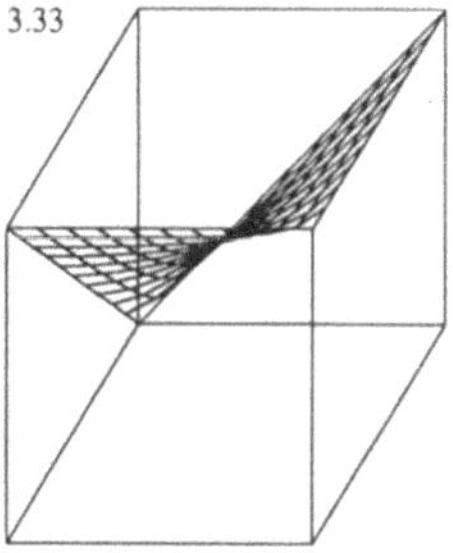

Dombi (s), p = 1.5

3.34

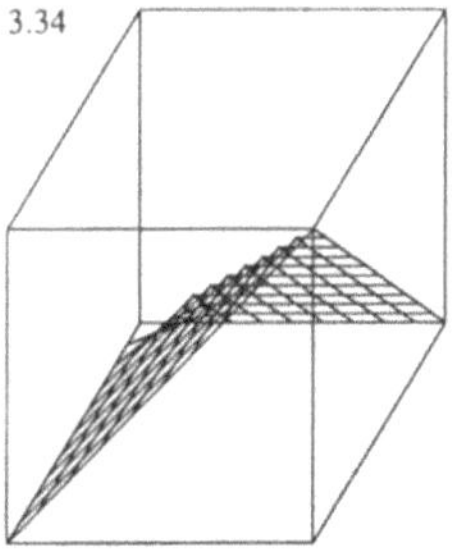

Dubois (t), p = 0.25

∩	1	.9	.8	.7	.6	.5	.4	.3	.2	.1	0	
0	.00	.00	.00	.00	.00	.00	.00	.00	.00	.00	.00	
.1	.10	.10	.10	.10	.10	.10	.10	.10	.08	.04	.00	0
.2	.20	.20	.20	.20	.20	.20	.20	.20	.16	.10	.10	.1
.3	.30	.30	.30	.30	.30	.30	.30	.30	.20	.20	.20	.2
.4	.40	.40	.40	.40	.40	.40	.40	.30	.30	.30	.30	.3
.5	.50	.50	.50	.50	.50	.50	.40	.40	.40	.40	.40	.4
.6	.60	.60	.60	.60	.60	.50	.50	.50	.50	.50	.50	.5
.7	.70	.70	.70	.70	.60	.60	.60	.60	.60	.60	.60	.6
.8	.80	.80	.80	.70	.70	.70	.70	.70	.70	.70	.70	.7
.9	.90	.90	.84	.80	.80	.80	.80	.80	.80	.80	.80	.8
1	1.0	.96	.92	.90	.90	.90	.90	.90	.90	.90	.90	.9
	1.0	1.0	1.0	1.0	1.0	1.0	1.0	1.0	1.0	1.0	1.0	1
	1	.9	.8	.7	.6	.5	.4	.3	.2	.1	0	∪

3.35

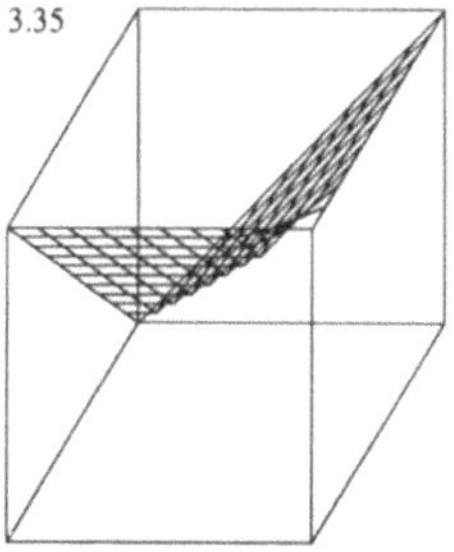

Dubois (s), p = 0.25

3.34

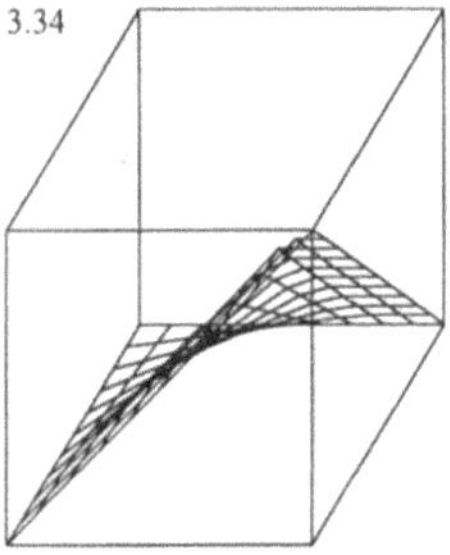

Dubois (t), p = 0.75

∩	1	.9	.8	.7	.6	.5	.4	.3	.2	.1	0	
0	.00	.00	.00	.00	.00	.00	.00	.00	.00	.00	.00	
.1	.10	.10	.10	.09	.08	.07	.05	.04	.03	.01	.00	0
.2	.20	.20	.20	.19	.16	.13	.11	.08	.05	.10	.10	.1
.3	.30	.30	.30	.28	.24	.20	.16	.12	.20	.20	.20	.2
.4	.40	.40	.40	.37	.32	.27	.21	.35	.30	.30	.30	.3
.5	.50	.50	.50	.47	.40	.33	.52	.44	.40	.40	.40	.4
.6	.60	.60	.60	.56	.48	.67	.60	.53	.50	.50	.50	.5
.7	.70	.70	.70	.65	.79	.73	.68	.63	.60	.60	.60	.6
.8	.80	.80	.80	.88	.84	.80	.76	.72	.70	.70	.70	.7
.9	.90	.90	.95	.92	.89	.87	.84	.81	.80	.80	.80	.8
1	1.0	.99	.97	.96	.95	.93	.92	.91	.90	.90	.90	.9
	1.0	1.0	1.0	1.0	1.0	1.0	1.0	1.0	1.0	1.0	1.0	1
	1	.9	.8	.7	.6	.5	.4	.3	.2	.1	0	∪

3.35

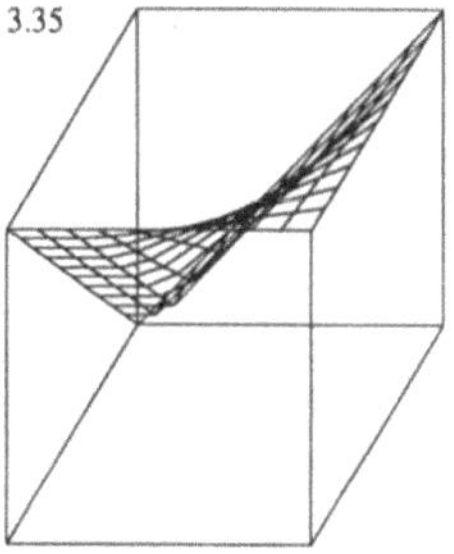

Dubois (s), p = 0.75

Tabelle 3.7: Aggregationscharakteristika unscharfer Mengenoperatoren (Seite 3 von 9)

Parametrisierte t-Normen (t) und t-Conormen (s)

3.36

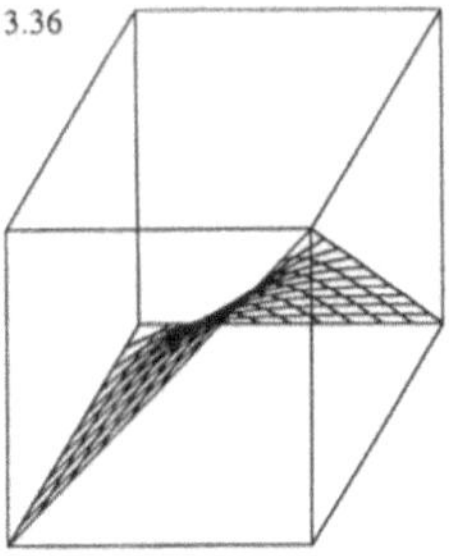

Frank (t), p = 0.001

$\cap$	1	.9	.8	.7	.6	.5	.4	.3	.2	.1	0	
0	.00	.00	.00	.00	.00	.00	.00	.00	.00	.00	.00	
.1	.10	.10	.10	.10	.10	.10	.09	.08	.07	.04	.00	0
.2	.20	.20	.20	.20	.19	.19	.18	.15	.12	.16	.10	.1
.3	.30	.30	.30	.29	.29	.27	.25	.21	.28	.23	.20	.2
.4	.40	.40	.39	.39	.37	.35	.31	.39	.35	.32	.30	.3
.5	.50	.50	.49	.47	.45	.40	.49	.45	.42	.41	.40	.4
.6	.60	.59	.58	.55	.51	.60	.55	.53	.51	.50	.50	.5
.7	.70	.68	.65	.61	.69	.65	.63	.61	.61	.60	.60	.6
.8	.80	.77	.72	.79	.75	.73	.71	.71	.70	.70	.70	.7
.9	.90	.84	.88	.85	.82	.81	.81	.80	.80	.80	.80	.8
1	1.0	.96	.93	.92	.91	.90	.90	.90	.90	.90	.90	.9
	1.0	1.0	1.0	1.0	1.0	1.0	1.0	1.0	1.0	1.0	1.0	1
	1	.9	.8	.7	.6	.5	.4	.3	.2	.1	0	$\cup$

3.37

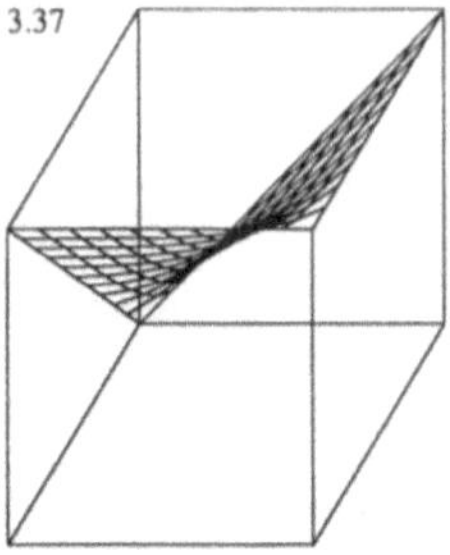

Frank (s), p = 0.001

3.36

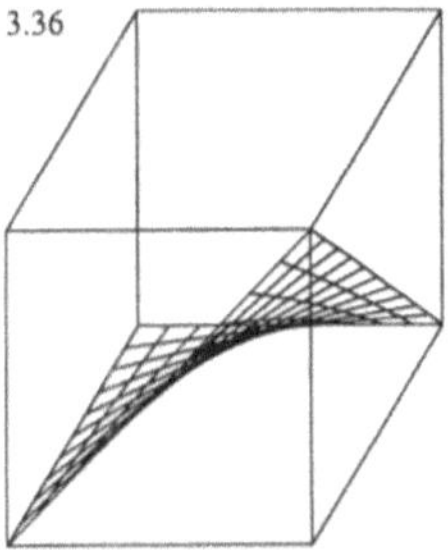

Frank (t), p = 0.5

$\cap$	1	.9	.8	.7	.6	.5	.4	.3	.2	.1	0	
0	.00	.00	.00	.00	.00	.00	.00	.00	.00	.00	.00	
.1	.10	.09	.08	.08	.07	.06	.05	.04	.03	.01	.00	0
.2	.20	.18	.17	.15	.13	.11	.09	.07	.05	.19	.10	.1
.3	.30	.28	.25	.22	.20	.17	.14	.11	.35	.27	.20	.2
.4	.40	.37	.33	.30	.26	.22	.18	.49	.43	.36	.30	.3
.5	.50	.46	.41	.37	.32	.27	.62	.56	.51	.45	.40	.4
.6	.60	.55	.49	.44	.38	.73	.68	.63	.59	.54	.50	.5
.7	.70	.64	.57	.51	.82	.78	.74	.70	.67	.63	.60	.6
.8	.80	.73	.65	.89	.86	.83	.80	.78	.75	.72	.70	.7
.9	.90	.81	.95	.93	.91	.89	.87	.85	.83	.82	.80	.8
1	1.0	.99	.97	.96	.95	.94	.93	.92	.92	.91	.90	.9
	1.0	1.0	1.0	1.0	1.0	1.0	1.0	1.0	1.0	1.0	1.0	1
	1	.9	.8	.7	.6	.5	.4	.3	.2	.1	0	$\cup$

3.37

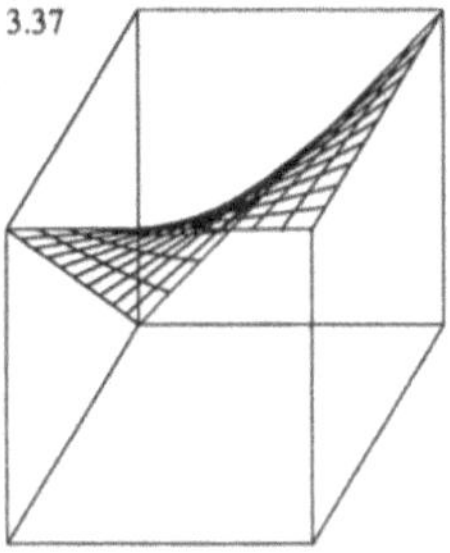

Frank (s), p = 0.5

3.36

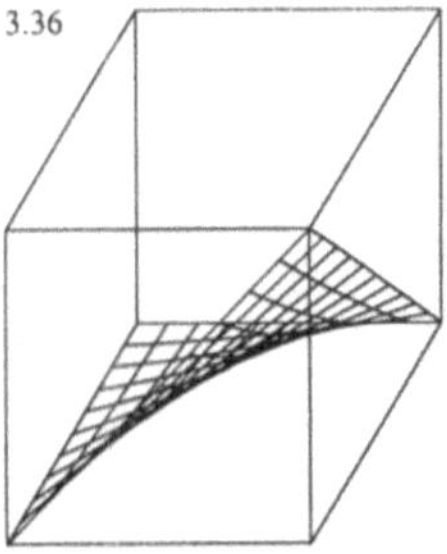

Frank (t), p = 5.0

$\cap$	1	.9	.8	.7	.6	.5	.4	.3	.2	.1	0	
0	.00	.00	.00	.00	.00	.00	.00	.00	.00	.00	.00	
.1	.10	.08	.07	.05	.04	.03	.02	.02	.01	.00	.00	0
.2	.20	.17	.14	.11	.09	.07	.05	.04	.02	.20	.10	.1
.3	.30	.25	.21	.17	.14	.11	.08	.06	.38	.29	.20	.2
.4	.40	.34	.29	.24	.19	.15	.12	.54	.46	.38	.30	.3
.5	.50	.43	.37	.31	.25	.20	.68	.62	.55	.48	.40	.4
.6	.60	.52	.45	.38	.32	.80	.75	.69	.63	.57	.50	.5
.7	.70	.62	.54	.46	.88	.85	.81	.76	.71	.66	.60	.6
.8	.80	.71	.62	.94	.92	.89	.86	.83	.79	.75	.70	.7
.9	.90	.80	.98	.96	.95	.93	.91	.89	.86	.83	.80	.8
1	1.0	1.0	.99	.98	.98	.97	.96	.95	.93	.92	.90	.9
	1.0	1.0	1.0	1.0	1.0	1.0	1.0	1.0	1.0	1.0	1.0	1
	1	.9	.8	.7	.6	.5	.4	.3	.2	.1	0	$\cup$

3.37

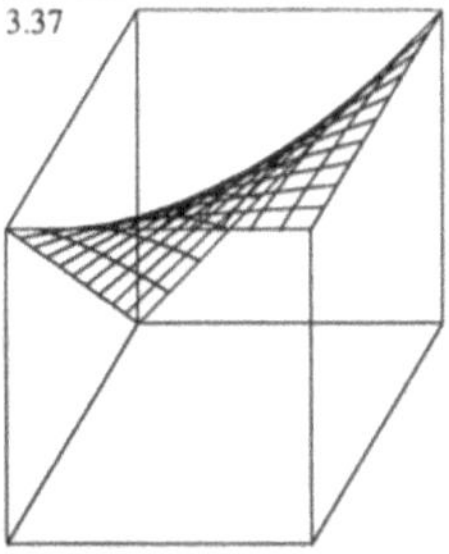

Frank (s), p = 5.0

3.36

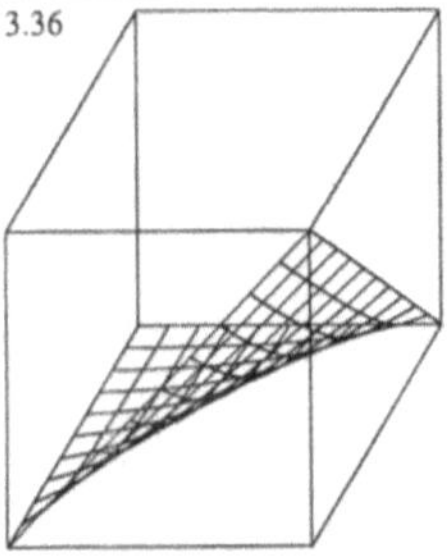

Frank (t), p = 100

$\cap$	1	.9	.8	.7	.6	.5	.4	.3	.2	.1	0	
0	.00	.00	.00	.00	.00	.00	.00	.00	.00	.00	.00	
.1	.10	.07	.04	.03	.02	.01	.01	.00	.00	.00	.00	0
.2	.20	.14	.10	.07	.04	.03	.02	.01	.00	.20	.10	.1
.3	.30	.23	.17	.12	.08	.05	.03	.02	.40	.30	.20	.2
.4	.40	.32	.24	.18	.13	.09	.05	.58	.49	.40	.30	.3
.5	.50	.41	.33	.25	.19	.13	.75	.67	.58	.49	.40	.4
.6	.60	.51	.42	.33	.25	.87	.81	.75	.67	.59	.50	.5
.7	.70	.60	.51	.42	.95	.91	.87	.82	.76	.68	.60	.6
.8	.80	.70	.60	.98	.97	.95	.92	.88	.83	.77	.70	.7
.9	.90	.80	1.0	.99	.98	.97	.96	.93	.90	.86	.80	.8
1	1.0	1.0	1.0	1.0	.99	.99	.98	.97	.96	.93	.90	.9
	1.0	1.0	1.0	1.0	1.0	1.0	1.0	1.0	1.0	1.0	1.0	1
	1	.9	.8	.7	.6	.5	.4	.3	.2	.1	0	$\cup$

3.37

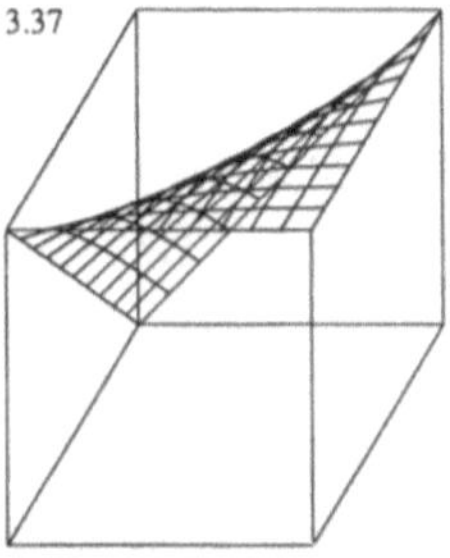

Frank (s), p = 100

Tabelle 3.7: Aggregationscharakteristika unscharfer Mengenoperatoren (Seite 4 von 9)

Parametrisierte t-Normen (t) und t-Conormen (s)

3.38

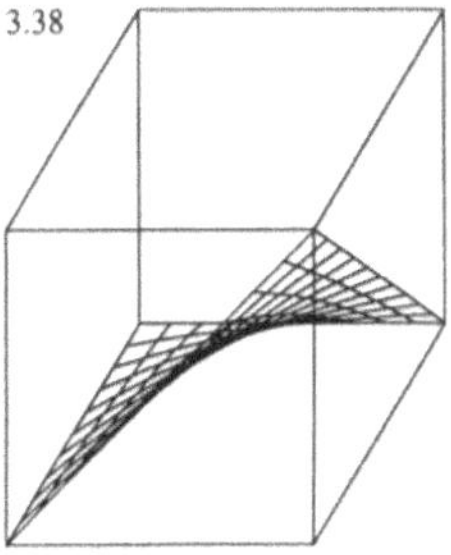

Hamacher (t), p = 0.5

∩	1	.9	.8	.7	.6	.5	.4	.3	.2	.1	0	
0	.00	.00	.00	.00	.00	.00	.00	.00	.00	.00	.00	
.1	.10	.09	.09	.08	.07	.06	.05	.04	.03	.02	.00	0
.2	.20	.19	.17	.16	.14	.13	.11	.08	.06	.19	.10	.1
.3	.30	.28	.26	.23	.21	.18	.15	.12	.35	.27	.20	.2
.4	.40	.37	.34	.31	.27	.24	.20	.49	.42	.36	.30	.3
.5	.50	.46	.42	.38	.33	.29	.61	.55	.50	.45	.40	.4
.6	.60	.55	.50	.45	.39	.71	.67	.62	.58	.54	.50	.5
.7	.70	.64	.58	.51	.80	.76	.73	.69	.66	.63	.60	.6
.8	.80	.73	.65	.88	.85	.82	.79	.77	.74	.72	.70	.7
.9	.90	.81	.94	.92	.89	.87	.86	.84	.83	.81	.80	.8
1	1.0	.98	.97	.96	.95	.94	.93	.92	.91	.91	.90	.9
	1.0	1.0	1.0	1.0	1.0	1.0	1.0	1.0	1.0	1.0	1.0	1
	1	.9	.8	.7	.6	.5	.4	.3	.2	.1	0	∪

3.39

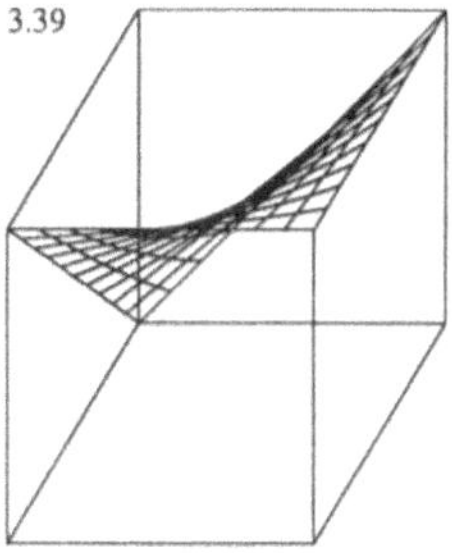

Hamacher (s), p = 0.5

3.38

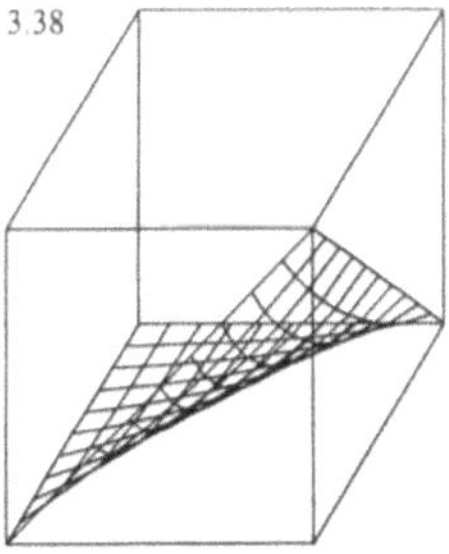

Hamacher (t), p = 5.0

∩	1	.9	.8	.7	.6	.5	.4	.3	.2	.1	0	
0	.00	.00	.00	.00	.00	.00	.00	.00	.00	.00	.00	
.1	.10	.07	.05	.03	.02	.02	.01	.01	.01	.00	.00	0
.2	.20	.14	.10	.07	.05	.04	.03	.02	.01	.22	.10	.1
.3	.30	.21	.15	.11	.08	.06	.04	.03	.45	.33	.20	.2
.4	.40	.29	.22	.16	.12	.09	.07	.64	.55	.44	.30	.3
.5	.50	.37	.29	.22	.17	.12	.78	.72	.64	.53	.40	.4
.6	.60	.47	.36	.28	.22	.87	.83	.78	.71	.62	.50	.5
.7	.70	.56	.45	.36	.93	.91	.88	.84	.78	.71	.60	.6
.8	.80	.67	.55	.97	.96	.94	.92	.89	.85	.79	.70	.7
.9	.90	.78	.99	.98	.97	.96	.95	.93	.90	.86	.80	.8
1	1.0	1.0	.99	.99	.99	.98	.98	.97	.95	.93	.90	.9
	1.0	1.0	1.0	1.0	1.0	1.0	1.0	1.0	1.0	1.0	1.0	1
	1	.9	.8	.7	.6	.5	.4	.3	.2	.1	0	∪

3.39

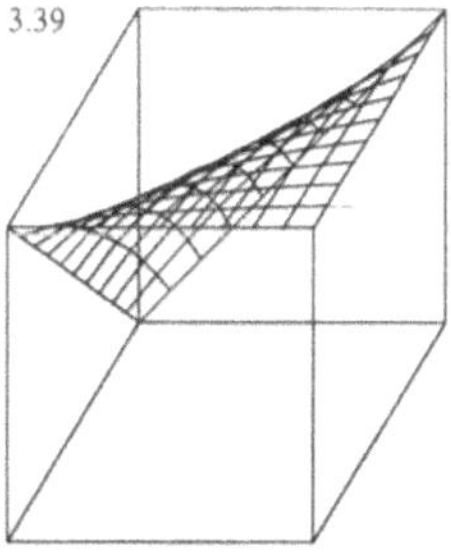

Hamacher (s), p = 5.0

3.38

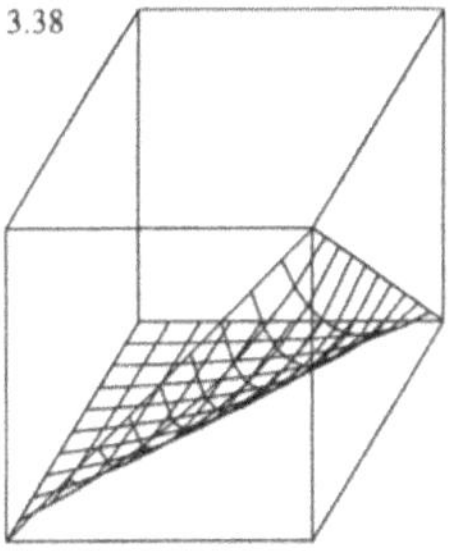

Hamacher (t), p = 10

∩	1	.9	.8	.7	.6	.5	.4	.3	.2	.1	0	
0	.00	.00	.00	.00	.00	.00	.00	.00	.00	.00	.00	
.1	.10	.05	.03	.02	.01	.01	.01	.00	.00	.00	.00	0
.2	.20	.10	.07	.04	.03	.02	.02	.01	.01	.26	.10	.1
.3	.30	.17	.11	.07	.05	.04	.03	.02	.53	.39	.20	.2
.4	.40	.23	.15	.11	.08	.05	.04	.73	.64	.50	.30	.3
.5	.50	.31	.21	.15	.11	.08	.85	.80	.72	.60	.40	.4
.6	.60	.40	.28	.20	.15	.92	.89	.85	.79	.69	.50	.5
.7	.70	.50	.36	.27	.96	.95	.92	.89	.85	.77	.60	.6
.8	.80	.61	.47	.98	.97	.96	.95	.93	.89	.83	.70	.7
.9	.90	.74	.99	.99	.98	.98	.97	.96	.93	.90	.80	.8
1	1.0	1.0	1.0	1.0	.99	.99	.99	.98	.97	.95	.90	.9
	1.0	1.0	1.0	1.0	1.0	1.0	1.0	1.0	1.0	1.0	1.0	1
	1	.9	.8	.7	.6	.5	.4	.3	.2	.1	0	∪

3.39

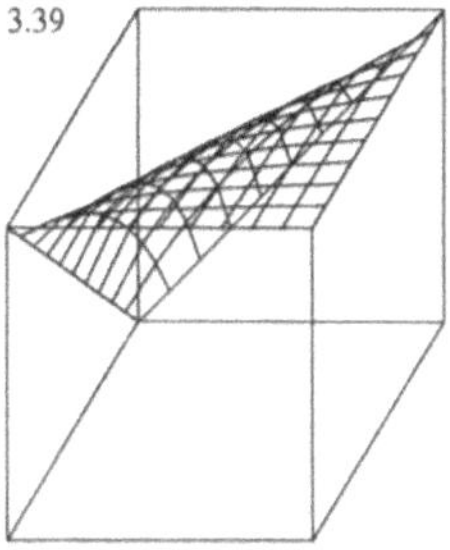

Hamacher (s), p = 10

3.38

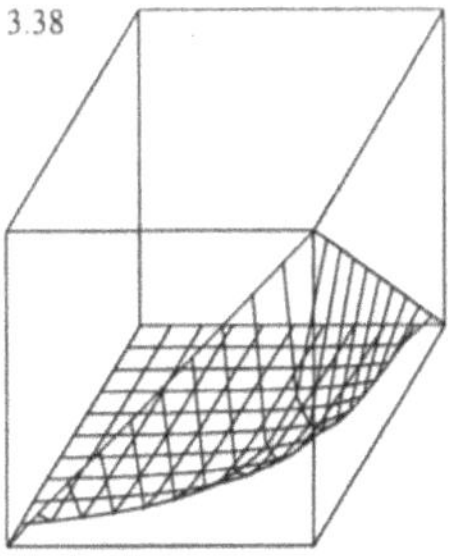

Hamacher (t), p = 100

∩	1	.9	.8	.7	.6	.5	.4	.3	.2	.1	0	
0	.00	.00	.00	.00	.00	.00	.00	.00	.00	.00	.00	
.1	.10	.01	.00	.00	.00	.00	.00	.00	.00	.00	.00	0
.2	.20	.02	.01	.01	.00	.00	.00	.00	.00	.59	.10	.1
.3	.30	.03	.02	.01	.01	.00	.00	.00	.87	.76	.20	.2
.4	.40	.05	.02	.01	.01	.01	.00	.95	.92	.84	.30	.3
.5	.50	.08	.04	.02	.01	.01	.98	.97	.95	.89	.40	.4
.6	.60	.11	.05	.03	.02	.99	.99	.98	.96	.92	.50	.5
.7	.70	.16	.08	.05	1.0	.99	.99	.99	.98	.95	.60	.6
.8	.80	.24	.13	1.0	1.0	1.0	.99	.99	.98	.97	.70	.7
.9	.90	.41	1.0	1.0	1.0	1.0	1.0	.99	.99	.98	.80	.8
1	1.0	1.0	1.0	1.0	1.0	1.0	1.0	1.0	1.0	.99	.90	.9
	1.0	1.0	1.0	1.0	1.0	1.0	1.0	1.0	1.0	1.0	1.0	1
	1	.9	.8	.7	.6	.5	.4	.3	.2	.1	0	∪

3.39

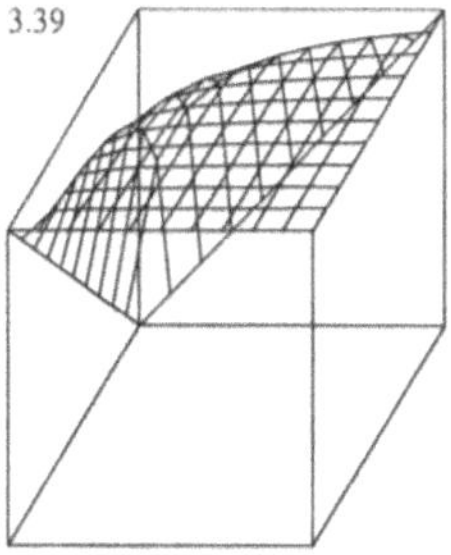

Hamacher (s), p = 100

Tabelle 3.7: Aggregationscharakteristika unscharfer Mengenoperatoren (Seite 5 von 9)

Parametrisierte *t*-Normen (*t*) und *t*-Conormen (*s*)

3.40

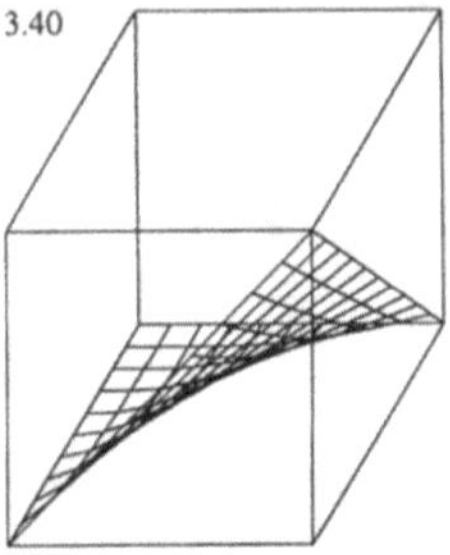

Schweizer (t), p = 0.4

∩	1	.9	.8	.7	.6	.5	.4	.3	.2	.1	0	
0	.00	.00	.00	.00	.00	.00	.00	.00	.00	.00	.00	
.1	.10	.08	.05	.04	.02	.01	.00	.00	.00	.00	.00	0
.2	.20	.16	.13	.10	.07	.04	.02	.01	.00	.19	.10	.1
.3	.30	.25	.21	.16	.12	.09	.05	.03	.37	.29	.20	.2
.4	.40	.34	.29	.23	.18	.14	.09	.54	.46	.38	.30	.3
.5	.50	.43	.37	.31	.25	.19	.68	.62	.54	.47	.40	.4
.6	.60	.53	.46	.38	.32	.81	.75	.69	.63	.57	.50	.5
.7	.70	.62	.54	.46	.91	.86	.82	.77	.71	.66	.60	.6
.8	.80	.71	.63	.97	.95	.91	.88	.84	.79	.75	.70	.7
.9	.90	.81	1.0	.99	.98	.96	.93	.90	.87	.84	.80	.8
1	1.0	1.0	1.0	1.0	1.0	.99	.98	.96	.95	.92	.90	.9
	1.0	1.0	1.0	1.0	1.0	1.0	1.0	1.0	1.0	1.0	1.0	1
	1	.9	.8	.7	.6	.5	.4	.3	.2	.1	0	∪

3.41

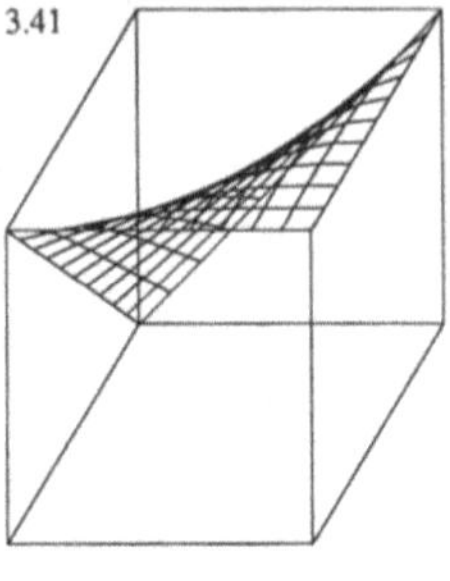

Schweizer (s), p = 0.4

3.40

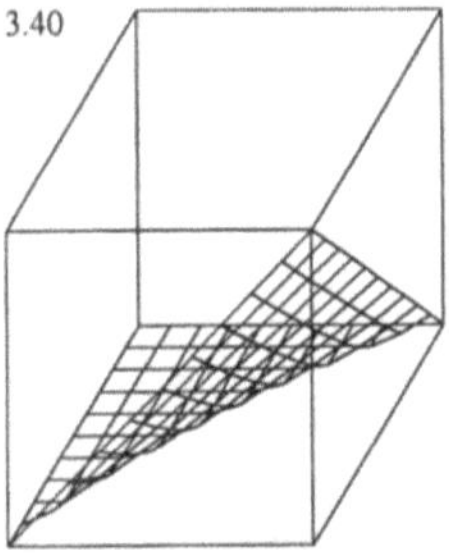

Schweizer (t), p = 0.8

∩	1	.9	.8	.7	.6	.5	.4	.3	.2	.1	0	
0	.00	.00	.00	.00	.00	.00	.00	.00	.00	.00	.00	
.1	.10	.04	.00	.00	.00	.00	.00	.00	.00	.00	.00	0
.2	.20	.13	.07	.01	.00	.00	.00	.00	.00	.20	.10	.1
.3	.30	.22	.15	.08	.02	.00	.00	.00	.39	.30	.20	.2
.4	.40	.32	.24	.16	.09	.03	.00	.58	.48	.39	.30	.3
.5	.50	.41	.33	.25	.17	.09	.75	.67	.58	.49	.40	.4
.6	.60	.51	.42	.33	.25	.91	.83	.75	.67	.59	.50	.5
.7	.70	.61	.52	.42	1.0	.97	.91	.84	.76	.68	.60	.6
.8	.80	.70	.61	1.0	1.0	1.0	.98	.92	.85	.78	.70	.7
.9	.90	.80	1.0	1.0	1.0	1.0	1.0	.99	.93	.87	.80	.8
1	1.0	1.0	1.0	1.0	1.0	1.0	1.0	1.0	1.0	.96	.90	.9
	1.0	1.0	1.0	1.0	1.0	1.0	1.0	1.0	1.0	1.0	1.0	1
	1	.9	.8	.7	.6	.5	.4	.3	.2	.1	0	∪

3.41

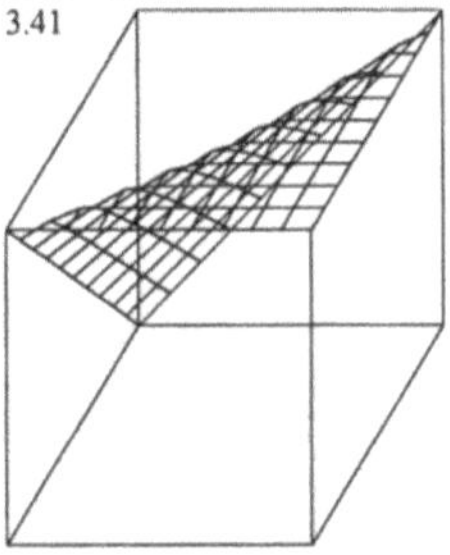

Schweizer (s), p = 0.8

3.40

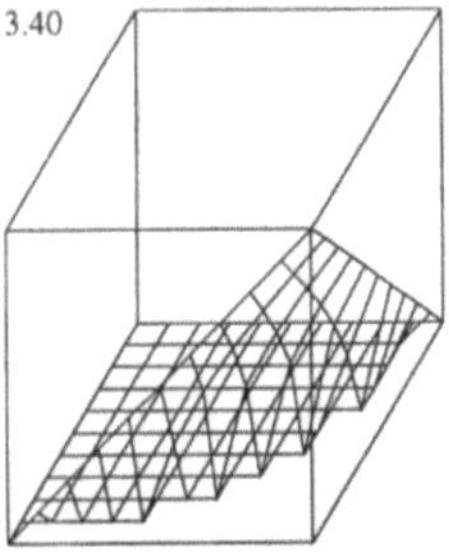

Schweizer (t), p = 2.0

∩	1	.9	.8	.7	.6	.5	.4	.3	.2	.1	0	
0	.00	.00	.00	.00	.00	.00	.00	.00	.00	.00	.00	
.1	.10	.00	.00	.00	.00	.00	.00	.00	.00	.00	.00	0
.2	.20	.00	.00	.00	.00	.00	.00	.00	.00	.21	.10	.1
.3	.30	.00	.00	.00	.00	.00	.00	.00	.47	.33	.20	.2
.4	.40	.00	.00	.00	.00	.00	.00	1.0	.64	.45	.30	.3
.5	.50	.24	.00	.00	.00	.00	1.0	1.0	1.0	.59	.40	.4
.6	.60	.41	.00	.00	.00	1.0	1.0	1.0	1.0	.76	.50	.5
.7	.70	.55	.36	.00	1.0	1.0	1.0	1.0	1.0	1.0	.60	.6
.8	.80	.67	.53	1.0	1.0	1.0	1.0	1.0	1.0	1.0	.70	.7
.9	.90	.79	1.0	1.0	1.0	1.0	1.0	1.0	1.0	1.0	.80	.8
1	1.0	1.0	1.0	1.0	1.0	1.0	1.0	1.0	1.0	1.0	.90	.9
	1.0	1.0	1.0	1.0	1.0	1.0	1.0	1.0	1.0	1.0	1.0	1
	1	.9	.8	.7	.6	.5	.4	.3	.2	.1	0	∪

3.41

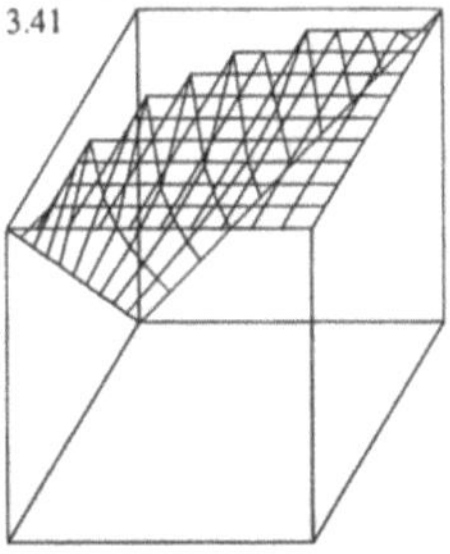

Schweizer (s), p = 2.0

3.42

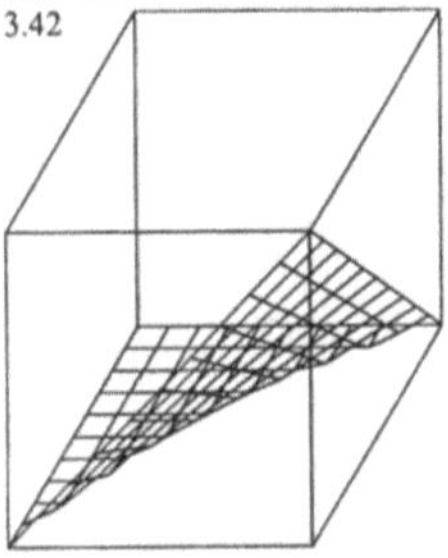

Weber (t), p = –0.5

∩	1	.9	.8	.7	.6	.5	.4	.3	.2	.1	0	
0	.00	.00	.00	.00	.00	.00	.00	.00	.00	.00	.00	
.1	.10	.04	.00	.00	.00	.00	.00	.00	.00	.00	.00	0
.2	.20	.14	.08	.02	.00	.00	.00	.00	.00	.20	.10	.1
.3	.30	.24	.17	.11	.04	.00	.00	.00	.38	.29	.20	.2
.4	.40	.33	.26	.19	.12	.05	.00	.56	.47	.38	.30	.3
.5	.50	.42	.35	.28	.20	.12	.72	.64	.56	.48	.40	.4
.6	.60	.52	.44	.36	.28	.87	.80	.73	.65	.58	.50	.5
.7	.70	.61	.53	.44	1.0	.95	.88	.81	.74	.67	.60	.6
.8	.80	.71	.62	1.0	1.0	1.0	.96	.90	.83	.76	.70	.7
.9	.90	.80	1.0	1.0	1.0	1.0	1.0	.98	.92	.86	.80	.8
1	1.0	1.0	1.0	1.0	1.0	1.0	1.0	1.0	1.0	.95	.90	.9
	1.0	1.0	1.0	1.0	1.0	1.0	1.0	1.0	1.0	1.0	1.0	1
	1	.9	.8	.7	.6	.5	.4	.3	.2	.1	0	∪

3.43

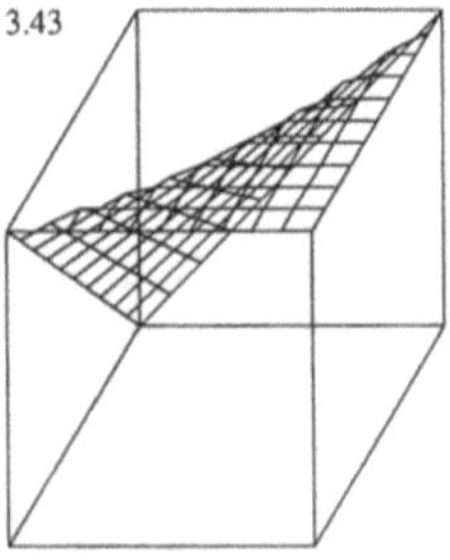

Weber (s), p = –0.5

Tabelle 3.7: Aggregationscharakteristika unscharfer Mengenoperatoren (Seite 6 von 9)

Parametrisierte *t*-Normen (*t*) und *t*-Conormen (*s*)

3.42

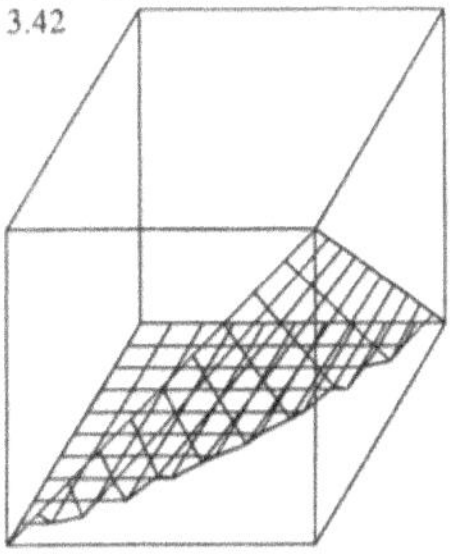

Weber (t), p = 1.0

∩	1	.9	.8	.7	.6	.5	.4	.3	.2	.1	0	
0	.00	.00	.00	.00	.00	.00	.00	.00	.00	.00	.00	
.1	.10	.00	.00	.00	.00	.00	.00	.00	.00	.00	.00	0
.2	.20	.02	.00	.00	.00	.00	.00	.00	.00	.21	.10	.1
.3	.30	.13	.00	.00	.00	.00	.00	.00	.44	.32	.20	.2
.4	.40	.24	.08	.00	.00	.00	.00	.69	.56	.43	.30	.3
.5	.50	.35	.20	.05	.00	.00	.96	.82	.68	.54	.40	.4
.6	.60	.46	.32	.18	.04	1.0	1.0	.95	.80	.65	.50	.5
.7	.70	.57	.44	.31	1.0	1.0	1.0	1.0	.92	.76	.60	.6
.8	.80	.68	.56	1.0	1.0	1.0	1.0	1.0	1.0	.87	.70	.7
.9	.90	.79	1.0	1.0	1.0	1.0	1.0	1.0	1.0	.98	.80	.8
1	1.0	1.0	1.0	1.0	1.0	1.0	1.0	1.0	1.0	1.0	.90	.9
	1.0	1.0	1.0	1.0	1.0	1.0	1.0	1.0	1.0	1.0	1.0	1
	1	.9	.8	.7	.6	.5	.4	.3	.2	.1	0	∪

3.43

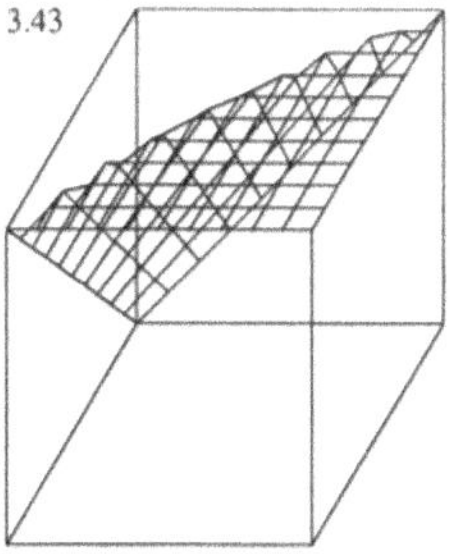

Weber (s), p = 1.0

3.44

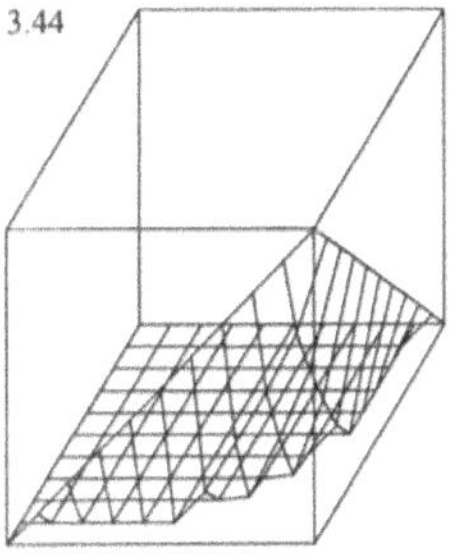

Yager (t), p = 0.5

∩	1	.9	.8	.7	.6	.5	.4	.3	.2	.1	0	
0	.00	.00	.00	.00	.00	.00	.00	.00	.00	.00	.00	
.1	.10	.00	.00	.00	.00	.00	.00	.00	.00	.00	.00	0
.2	.20	.00	.00	.00	.00	.00	.00	.00	.00	.40	.10	.1
.3	.30	.00	.00	.00	.00	.00	.00	.00	.80	.58	.20	.2
.4	.40	.00	.00	.00	.00	.00	.00	1.0	.99	.75	.30	.3
.5	.50	.00	.00	.00	.00	.00	1.0	1.0	1.0	.90	.40	.4
.6	.60	.10	.00	.00	.00	1.0	1.0	1.0	1.0	1.0	.50	.5
.7	.70	.25	.01	.00	1.0	1.0	1.0	1.0	1.0	1.0	.60	.6
.8	.80	.42	.20	1.0	1.0	1.0	1.0	1.0	1.0	1.0	.70	.7
.9	.90	.60	1.0	1.0	1.0	1.0	1.0	1.0	1.0	1.0	.80	.8
1	1.0	1.0	1.0	1.0	1.0	1.0	1.0	1.0	1.0	1.0	.90	.9
	1.0	1.0	1.0	1.0	1.0	1.0	1.0	1.0	1.0	1.0	1.0	1
	1	.9	.8	.7	.6	.5	.4	.3	.2	.1	0	∪

3.45

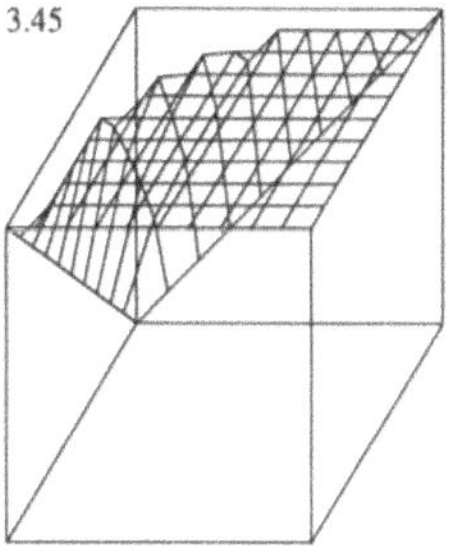

Yager (s), p = 0.5

3.44

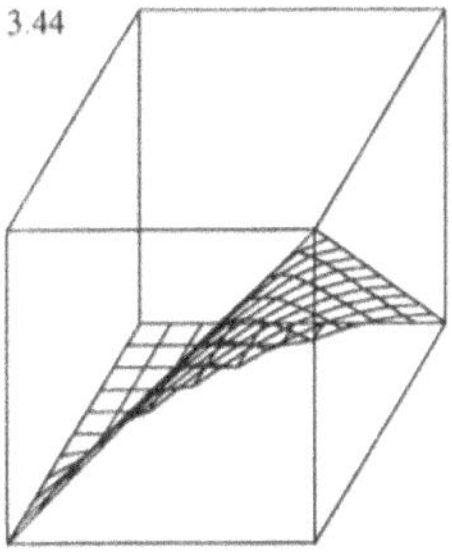

Yager (t), p = 2.0

∩	1	.9	.8	.7	.6	.5	.4	.3	.2	.1	0	
0	.00	.00	.00	.00	.00	.00	.00	.00	.00	.00	.00	
.1	.10	.09	.08	.05	.02	.00	.00	.00	.00	.00	.00	0
.2	.20	.19	.18	.15	.11	.06	.00	.00	.00	.14	.10	.1
.3	.30	.29	.27	.24	.19	.14	.08	.01	.28	.22	.20	.2
.4	.40	.39	.37	.33	.28	.22	.15	.42	.36	.32	.30	.3
.5	.50	.49	.46	.42	.36	.29	.57	.50	.45	.41	.40	.4
.6	.60	.59	.55	.50	.43	.71	.64	.58	.54	.51	.50	.5
.7	.70	.68	.64	.58	.85	.78	.72	.67	.63	.61	.60	.6
.8	.80	.78	.72	.99	.92	.86	.81	.76	.73	.71	.70	.7
.9	.90	.86	1.0	1.0	1.0	.94	.89	.85	.82	.81	.80	.8
1	1.0	1.0	1.0	1.0	1.0	1.0	.98	.95	.92	.91	.90	.9
	1.0	1.0	1.0	1.0	1.0	1.0	1.0	1.0	1.0	1.0	1.0	1
	1	.9	.8	.7	.6	.5	.4	.3	.2	.1	0	∪

3.45

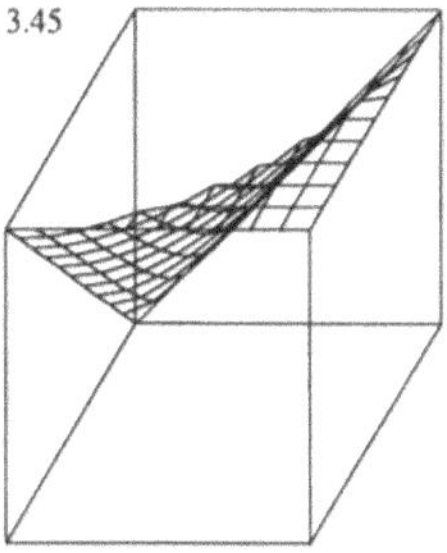

Yager (s), p = 2.0

3.44

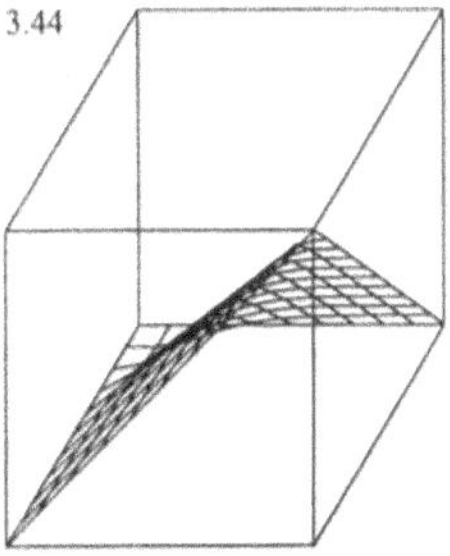

Yager (t), p = 5.0

∩	1	.9	.8	.7	.6	.5	.4	.3	.2	.1	0	
0	.00	.00	.00	.00	.00	.00	.00	.00	.00	.00	.00	
.1	.10	.10	.10	.10	.10	.09	.08	.05	.02	.00	.00	0
.2	.20	.20	.20	.20	.20	.19	.17	.13	.08	.11	.10	.1
.3	.30	.30	.30	.30	.29	.28	.24	.20	.23	.20	.20	.2
.4	.40	.40	.40	.40	.38	.36	.31	.34	.31	.30	.30	.3
.5	.50	.50	.50	.49	.47	.43	.46	.42	.40	.40	.40	.4
.6	.60	.60	.60	.58	.54	.57	.53	.51	.50	.50	.50	.5
.7	.70	.70	.69	.66	.69	.64	.62	.60	.60	.60	.60	.6
.8	.80	.80	.77	.80	.76	.72	.71	.70	.70	.70	.70	.7
.9	.90	.89	.92	.87	.83	.81	.80	.80	.80	.80	.80	.8
1	1.0	1.0	.98	.95	.92	.91	.90	.90	.90	.90	.90	.9
	1.0	1.0	1.0	1.0	1.0	1.0	1.0	1.0	1.0	1.0	1.0	1
	1	.9	.8	.7	.6	.5	.4	.3	.2	.1	0	∪

3.45

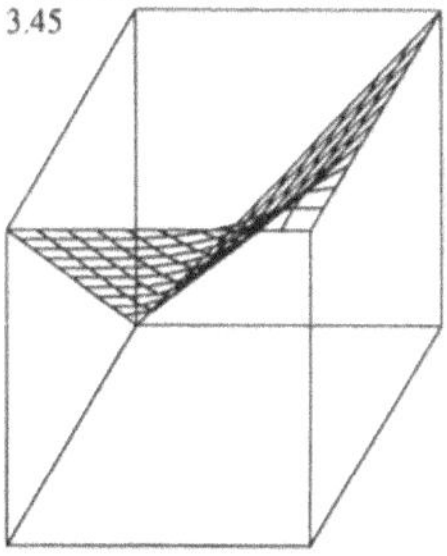

Yager (s), p = 5.0

Tabelle 3.7: Aggregationscharakteristika unscharfer Mengenoperatoren (Seite 7 von 9)

„Kompensatorische" Operatoren

3.51

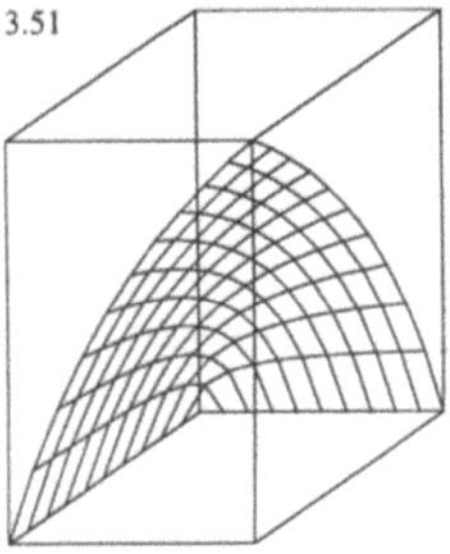

Harmonisches Mittel

	1	.9	.8	.7	.6	.5	.4	.3	.2	.1	0	
0	.00	.00	.00	.00	.00	.00	.00	.00	.00	.00	.00	
.1	.18	.18	.18	.17	.17	.17	.16	.15	.13	.10	.00	0
.2	.33	.33	.32	.31	.30	.29	.27	.24	.20	.10	.05	.1
.3	.46	.45	.44	.42	.40	.37	.34	.30	.20	.15	.11	.2
.4	.57	.55	.53	.51	.48	.44	.40	.30	.25	.21	.18	.3
.5	.67	.64	.62	.58	.55	.50	.40	.35	.31	.28	.25	.4
.6	.75	.72	.69	.65	.60	.50	.45	.42	.38	.36	.33	.5
.7	.82	.79	.75	.70	.60	.56	.52	.49	.47	.45	.43	.6
.8	.89	.85	.80	.70	.66	.63	.60	.58	.56	.55	.54	.7
.9	.95	.90	.80	.76	.73	.71	.70	.69	.68	.67	.67	.8
1	1.0	.90	.87	.85	.84	.83	.83	.83	.82	.82	.82	.9
	1.0	1.0	1.0	1.0	1.0	1.0	1.0	1.0	1.0	1.0	1.0	1
	1	.9	.8	.7	.6	.5	.4	.3	.2	.1	0	

3.52

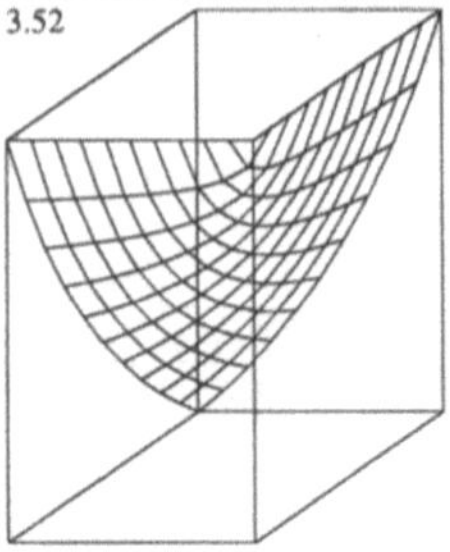

Dual of harmonic mean

3.49

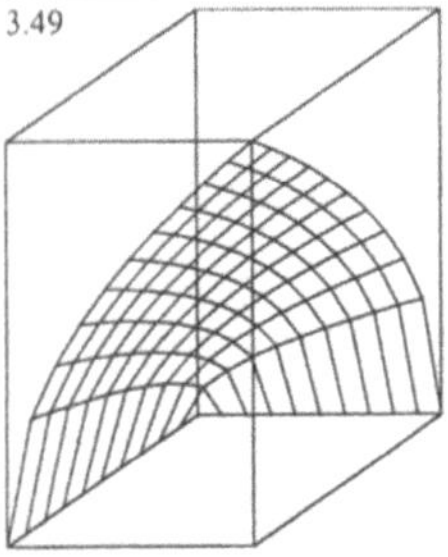

Geometrisches Mittel

	1	.9	.8	.7	.6	.5	.4	.3	.2	.1	0	
0	.00	.00	.00	.00	.00	.00	.00	.00	.00	.00	.00	
.1	.32	.30	.28	.26	.24	.22	.20	.17	.14	.10	.00	0
.2	.45	.42	.40	.37	.35	.32	.28	.24	.20	.10	.05	.1
.3	.55	.52	.49	.46	.42	.39	.35	.30	.20	.15	.11	.2
.4	.63	.60	.57	.53	.49	.45	.40	.30	.25	.21	.16	.3
.5	.71	.67	.63	.59	.55	.50	.40	.35	.31	.27	.23	.4
.6	.77	.73	.69	.65	.60	.50	.45	.41	.37	.33	.29	.5
.7	.84	.79	.75	.70	.60	.55	.51	.47	.43	.40	.37	.6
.8	.89	.85	.80	.70	.65	.61	.58	.54	.51	.48	.45	.7
.9	.95	.90	.80	.76	.72	.68	.65	.63	.60	.58	.55	.8
1	1.0	.90	.86	.83	.80	.78	.76	.74	.72	.70	.68	.9
	1.0	1.0	1.0	1.0	1.0	1.0	1.0	1.0	1.0	1.0	1.0	1
	1	.9	.8	.7	.6	.5	.4	.3	.2	.1	0	

3.50

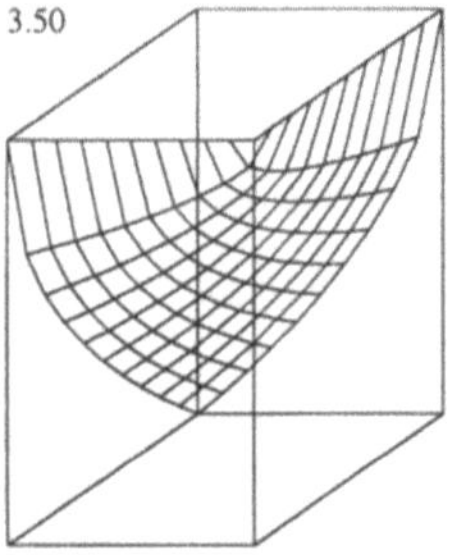

Dual of geometric mean

3.48

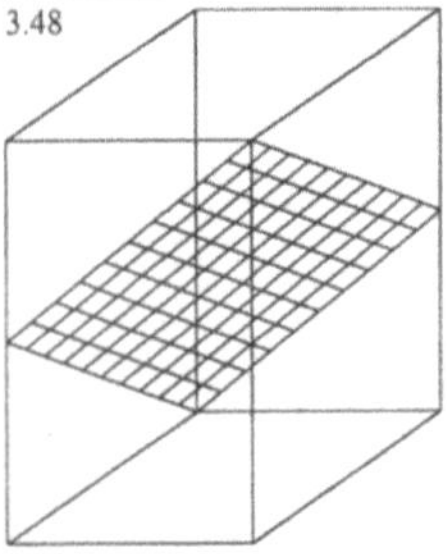

Arithmetisches Mittel

	1	.9	.8	.7	.6	.5	.4	.3	.2	.1	0	
0	.50	.45	.40	.35	.30	.25	.20	.15	.10	.05	.00	
.1	.55	.50	.45	.40	.35	.30	.25	.20	.15	.10	.00	0
.2	.60	.55	.50	.45	.40	.35	.30	.25	.20	.01	.00	.1
.3	.65	.60	.55	.50	.45	.40	.35	.30	.03	.02	.00	.2
.4	.70	.65	.60	.55	.50	.45	.40	.06	.04	.02	.00	.3
.5	.75	.70	.65	.60	.55	.50	.11	.08	.06	.03	.00	.4
.6	.80	.75	.70	.65	.60	.17	.13	.10	.07	.03	.00	.5
.7	.85	.80	.75	.70	.24	.20	.16	.12	.08	.04	.00	.6
.8	.90	.85	.80	.35	.29	.23	.18	.13	.09	.04	.00	.7
.9	.95	.90	.48	.41	.33	.27	.21	.15	.10	.05	.00	.8
1	1.0	.69	.57	.47	.38	.30	.23	.16	.10	.05	.00	.9
	1.0	.82	.67	.54	.43	.33	.25	.18	.11	.05	.00	1
	1	.9	.8	.7	.6	.5	.4	.3	.2	.1	0	

3.53

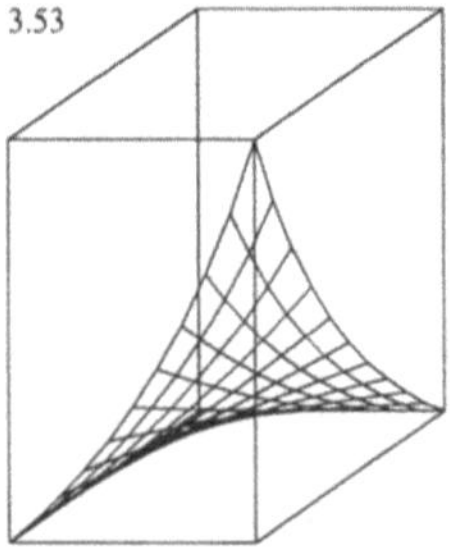

Sym.- Summen.-Op. (s_1)

3.56

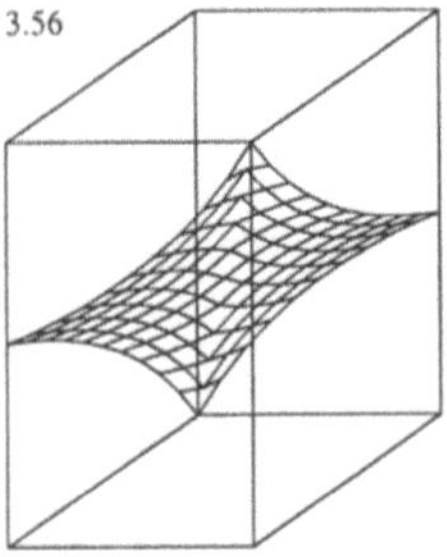

Sym.- Summen.-Op. (s_4)

	1	.9	.8	.7	.6	.5	.4	.3	.2	.1	0	
0	.50	.47	.44	.41	.37	.33	.29	.23	.17	.09	.00	
.1	.53	.50	.47	.44	.40	.36	.31	.25	.18	.10	.00	0
.2	.56	.53	.50	.47	.43	.38	.33	.27	.20	.04	.00	.1
.3	.59	.56	.53	.50	.46	.42	.36	.30	.12	.07	.00	.2
.4	.62	.60	.57	.54	.50	.45	.40	.21	.16	.11	.00	.3
.5	.67	.64	.62	.58	.55	.50	.32	.26	.20	.14	.00	.4
.6	.71	.69	.67	.64	.60	.43	.37	.31	.24	.17	.00	.5
.7	.77	.75	.73	.70	.55	.49	.43	.36	.29	.20	.00	.6
.8	.83	.82	.80	.67	.61	.55	.48	.41	.33	.23	.00	.7
.9	.91	.90	.78	.73	.66	.60	.53	.45	.37	.26	.00	.8
1	1.0	.90	.84	.78	.72	.65	.58	.50	.41	.29	.00	.9
	1.0	.95	.89	.84	.77	.71	.63	.55	.45	.32	.00	1
	1	.9	.8	.7	.6	.5	.4	.3	.2	.1	0	

3.61

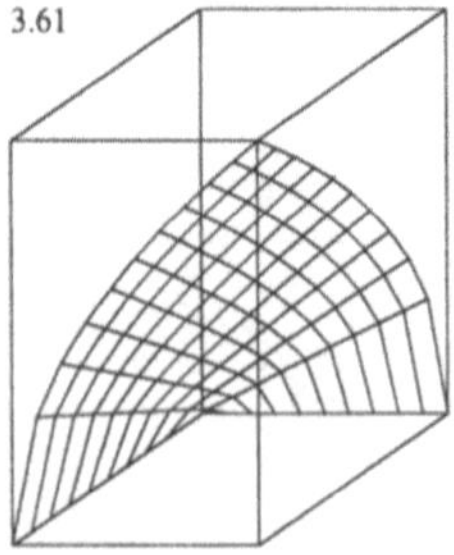

γ-Operator $(\gamma = 0.5)$

Tabelle 3.7: Aggregationscharakteristika unscharfer Mengenoperatoren (Seite 8 von 9)

„Kompensatorische" Operatoren

3.61

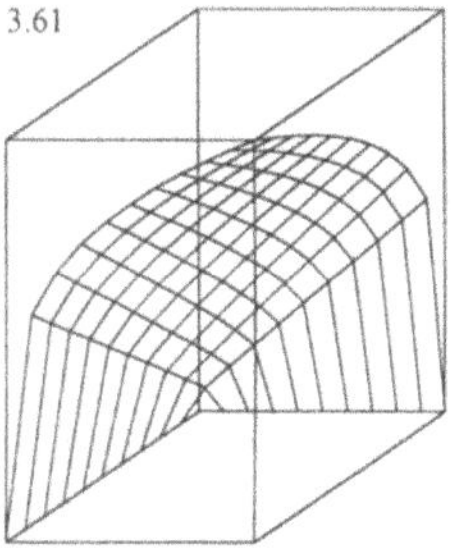

	1	.9	.8	.7	.6	.5	.4	.3	.2	.1	0	
0	.00	.00	.00	.00	.00	.00	.00	.00	.00	.00	.00	
.1	.56	.51	.46	.41	.35	.30	.25	.20	.14	.09	.00	0
.2	.67	.61	.55	.50	.44	.38	.33	.27	.21	.02	.00	.1
.3	.74	.68	.63	.57	.51	.45	.39	.33	.07	.04	.00	.2
.4	.80	.74	.68	.63	.57	.51	.45	.14	.10	.06	.00	.3
.5	.84	.79	.73	.68	.63	.57	.23	.18	.13	.07	.00	.4
.6	.88	.83	.78	.73	.68	.33	.27	.22	.16	.09	.00	.5
.7	.91	.87	.83	.78	.44	.38	.32	.25	.19	.11	.00	.6
.8	.95	.91	.87	.57	.51	.44	.37	.29	.21	.13	.00	.7
.9	.97	.94	.71	.64	.56	.49	.41	.33	.24	.14	.00	.8
1	1.0	.85	.78	.70	.62	.54	.46	.37	.27	.16	.00	.9
	1.0	.92	.85	.77	.68	.59	.50	.41	.30	.18	.00	1
	1	.9	.8	.7	.6	.5	.4	.3	.2	.1	0	

3.61

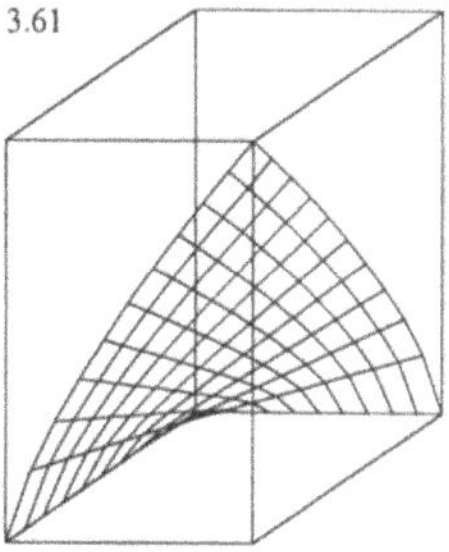

γ-Operator, γ = .75 — *γ-Operator, γ = .25*

3.60

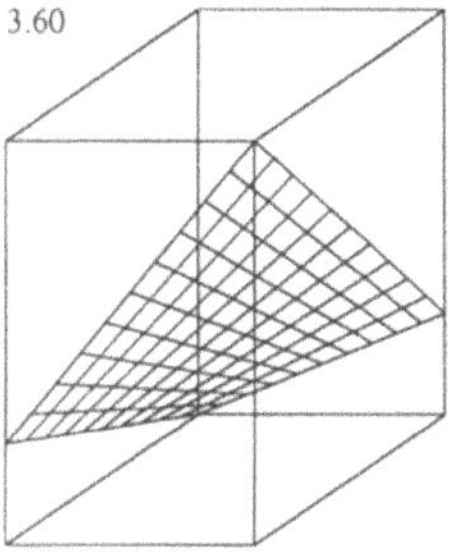

	1	.9	.8	.7	.6	.5	.4	.3	.2	.1	0	
0	.25	.22	.20	.17	.15	.12	.10	.08	.05	.03	.00	
.1	.32	.30	.27	.24	.21	.18	.15	.12	.09	.05	.00	0
.2	.40	.37	.33	.30	.26	.22	.19	.16	.12	.14	.08	.1
.3	.47	.44	.40	.35	.31	.28	.24	.19	.28	.22	.15	.2
.4	.55	.50	.46	.42	.37	.32	.28	.40	.34	.28	.23	.3
.5	.62	.57	.52	.47	.43	.37	.52	.47	.41	.35	.30	.4
.6	.70	.64	.59	.53	.48	.62	.57	.52	.47	.43	.37	.5
.7	.77	.71	.65	.59	.72	.68	.63	.59	.54	.50	.45	.6
.8	.85	.79	.72	.80	.76	.73	.69	.64	.60	.56	.52	.7
.9	.92	.85	.88	.84	.81	.77	.74	.70	.67	.63	.60	.8
1	1.0	.94	.92	.88	.85	.82	.79	.77	.74	.70	.67	.9
	1.0	.98	.95	.93	.90	.87	.85	.82	.80	.77	.75	1
	1	.9	.8	.7	.6	.5	.4	.3	.2	.1	0	

3.60

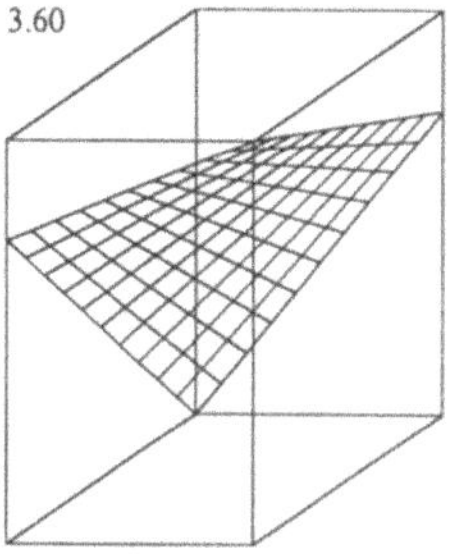

Produkt-Summe, p = .75 — *Produkt-Summe, p = .25*

3.59

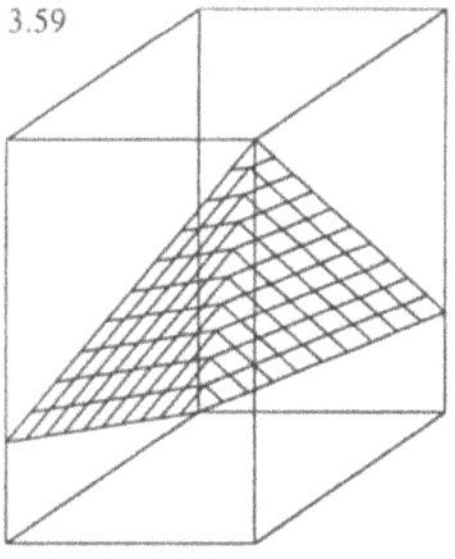

	1	.9	.8	.7	.6	.5	.4	.3	.2	.1	0	
0	.25	.22	.20	.17	.15	.12	.10	.08	.05	.03	.00	
.1	.32	.30	.28	.25	.23	.20	.18	.15	.12	.10	.00	0
.2	.40	.37	.35	.32	.30	.28	.25	.23	.20	.10	.08	.1
.3	.48	.45	.43	.40	.37	.35	.33	.30	.20	.18	.15	.2
.4	.55	.52	.50	.48	.45	.43	.40	.30	.28	.25	.23	.3
.5	.62	.60	.57	.55	.52	.50	.40	.37	.35	.33	.30	.4
.6	.70	.68	.65	.62	.60	.50	.47	.45	.43	.40	.37	.5
.7	.77	.75	.72	.70	.60	.58	.55	.53	.50	.48	.45	.6
.8	.85	.83	.80	.70	.67	.65	.62	.60	.57	.55	.52	.7
.9	.92	.90	.80	.78	.75	.73	.70	.68	.65	.62	.60	.8
1	1.0	.90	.87	.85	.82	.80	.77	.75	.72	.70	.67	.9
	1.0	.98	.95	.93	.90	.87	.85	.82	.80	.77	.75	1
	1	.9	.8	.7	.6	.5	.4	.3	.2	.1	0	

3.59

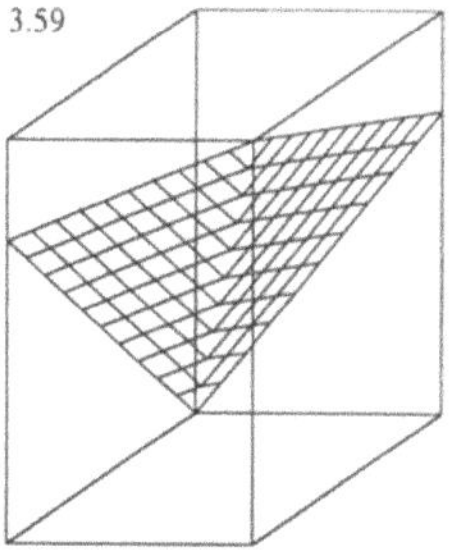

Min-Max, p = .75 — *Min-Max, p = .25*

3.57

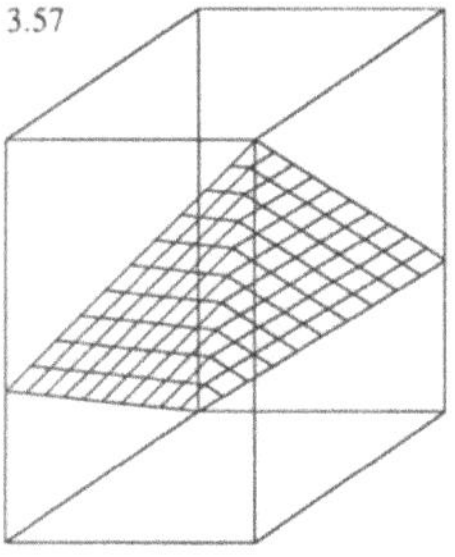

∩	1	.9	.8	.7	.6	.5	.4	.3	.2	.1	0	
0	.37	.34	.30	.26	.23	.19	.15	.11	.08	.04	.00	
.1	.44	.40	.36	.33	.29	.25	.21	.18	.14	.10	.00	0
.2	.50	.46	.43	.39	.35	.31	.28	.24	.20	.10	.06	.1
.3	.56	.53	.49	.45	.41	.37	.34	.30	.20	.16	.12	.2
.4	.62	.59	.55	.51	.47	.44	.40	.30	.26	.23	.19	.3
.5	.69	.65	.61	.58	.54	.50	.40	.36	.33	.29	.25	.4
.6	.75	.71	.68	.64	.60	.50	.46	.43	.39	.35	.31	.5
.7	.81	.77	.74	.70	.60	.56	.52	.49	.45	.41	.37	.6
.8	.87	.84	.80	.70	.66	.62	.59	.55	.51	.48	.44	.7
.9	.94	.90	.80	.76	.73	.69	.65	.61	.57	.54	.50	.8
1	1.0	.90	.86	.82	.79	.75	.71	.68	.64	.60	.56	.9
	1.0	.96	.92	.89	.85	.81	.77	.74	.70	.66	.62	1
	1	.9	.8	.7	.6	.5	.4	.3	.2	.1	0	∪

3.58

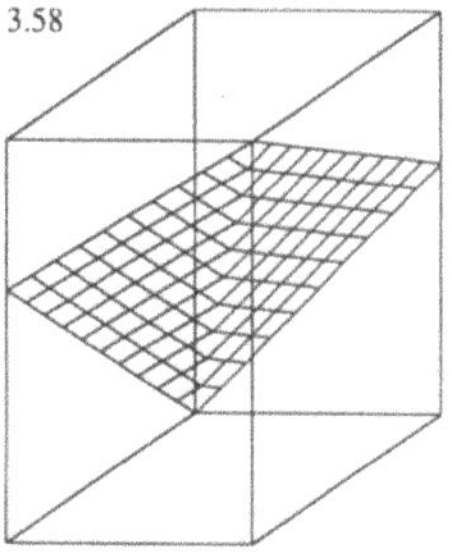

Werners Fuzzy-Und, γ = .25 — *Werners Fuzzy-Oder, γ = .25*

Tabelle 3.7: Aggregationscharakteristika unscharfer Mengenoperatoren (Seite 9 von 9)

3.4 Auswahl und Validierung unscharfer Mengenoperatoren

Aus Untersuchungen algebraischer Struktureigenschaften ist bekannt, daß es unmöglich ist, eine Fuzzy-Mengenalgebra zu entwickeln, die die gleichen Gesetze erfüllt wie die klassische Mengenalgebra (vgl. 79). Werden die algebraischen Anforderungen reduziert, so ergibt sich, wie gezeigt wurde, eine große Menge möglicher Operatoren. *t*-Normen und *t*-Conormen sind zwar vom algebraischen Standpunkt gegenüber den „kompensatorischen" Operatoren zu bevorzugen, gegen ihre Verwendung wurde jedoch mehrfach eingewandt, daß ihnen aufgrund empirischer Untersuchungen zumindest in einigen Fällen keine hohe Validität zugesprochen werden kann, wenn nicht gar gesagt werden muß, sie seien in vielen Fällen zur Modellierung unscharfer Verknüpfungen in der menschlichen Entscheidungs- oder Urteilsfindung inadäquat.[7] So wird die Eignung von Minimum und Maximum zur Repräsentation von Management-Entscheidungen von Zimmermann grundsätzlich bestritten:

> „Neither the noncompensatory »and« ... nor the fuzzy compensatory »or« ... are appropriate to model the aggregation of fuzzy sets representing managerial decisions." [Zimmermann 1991, 361]

Daß die elementaren unscharfen Mengenoperatoren im Rahmen der Fuzzy-Mengentheorie nicht eindeutig bestimmt sind, rechtfertigt sich daher aufgrund formal-mathematischer wie inhaltlich-anwendungsbezogener Überlegungen. Die theoretische Unterbestimmtheit wirft zwei praktische Probleme auf: Zum einen muß die Frage beantwortet werden, wie die Fülle unterschiedlicher Operatoren (für verschiedene Typen von Fuzzy-Mengen oder Zugehörigkeitsfunktionen) technisch gehandhabt werden soll. Zum anderen muß geklärt werden, wie aus dieser Fülle eine geeignete Auswahl zu treffen ist. Damit stellt sich die Frage nach relevanten Auswahlkriterien und ihrem Stellenwert (Kapitel 3.4.1). Wie aus dem zitierten kritischen Urteil über die Anwendung des Minimum- und Maximumoperators hervorgeht, wird vom Standpunkt der Praxis dem Kriterium der kognitiven Angemessenheit der Operatoren ein hohes Gewicht beigemessen. Das wirft die Frage auf, wie die Angemessenheit von Operatoren bestimmt und validiert werden kann (Kapitel 3.4.2). Konkrete Vorschläge, in welcher Form die Vielfalt der Fuzzy-Operatoren und die daraus hervorgehende Problematik ihrer Auswahl- und Validierung programmiertechnisch am besten zu handhaben ist, werden in Kapitel 15 gemacht.

---

[7] Vgl. hierzu die Beiträge zur Diskussion über die Beziehung von Prototypentheorie und Fuzzy-Mengentheorie von Osherson und Smith [1981; 1982], Zadeh [1982], Jones [1982], Fuhrmann [1991] sowie die empirischen Untersuchungen von Thole, Zimmermann, Zysno [1979], Zimmermann und Zysno [1980; 1983], Rommelfanger und Unterharnscheidt [1988].

3.4.1 Bewertungskriterien für unscharfe Mengenoperatoren

Aus der einleitenden Problemskizze geht hervor, daß bei der Bewertung unscharfer Mengenoperatoren sowohl *algebraische* wie *inhaltliche und pragmatische* Aspekte beachtenswert sind. Zimmermann hat diese Gesichtspunkte in einer Auflistung relevanter Kriterien berücksichtigt [Zimmermann 1991, 39ff.], die von anderen Autoren weitgehend unverändert übernommen wurde. [vgl. Tilli 1991, 68ff.; Mayer u.a. 1993, 46ff.]. Die in diesem Unterkapitel gegebene Erörterung greift diese Ausführungen auf, ergänzt sie und diskutiert die dort vertretenen Auffassungen.

Zimmermann nennt als ersten Gesichtspunkt die *Axiomatik*. Von diesem Standpunkt aus betrachtet sei ein Operator um so besser, je weniger einschränkend die Axiome sind, die er erfüllt [vgl. Zimmermann 1991, 39]. Plausibel ist dies insbesondere im Hinblick auf das *Assoziativgesetz*, da aufgrund dieser Eigenschaft die Aggregation von beliebig vielen Argumenten in beliebiger Kombination vorgenommen werden darf. Assoziative Operatoren lassen sich rekursiv verwenden, so daß zweistellige Operatoren leicht zu n-stelligen Operatoren erweitert werden können. Zwar lassen sich auch für nicht-assoziative Operatoren Erweiterungen bilden, der Anwendung solcher Operatoren sind jedoch Schranken auferlegt, insbesondere dergestalt, daß die Argumentmenge vor Beginn der Auswertung bekannt sein muß, um ständige Wiederholungen in der Berechnung zu vermeiden. Über den Stellenwert dieses Kriteriums läßt sich streiten. Mathematikern gilt Assoziativität oft als unverzichtbar, von Anwendern wird diesem Kriterium nicht selten ein geringerer Stellenwert zugesprochen. Tilli führt dazu aus:

> „Die Nichterfüllung des Assoziativgesetz (sic!) ist jedoch kein schwerwiegender Einwand, da bei einer vorher bekannten Anzahl von zu aggregierenden Fuzzy-Sets die Aggregation auch bei Operatoren, die das Assoziativgesetz nicht erfüllen, problemlos vorgenommen werden kann ... Die Erfüllung oder Nichterfüllung des Assoziativgesetzes ist also lediglich bei der Implementierung von Operatoren zu berücksichtigen." [Tilli 1991, 68]

Ähnlich argumentieren Mayer u.a.:

> „Allerdings ist dies eine rein mathematische Eigenschaft, deren Nichterfüllung nur dann zum Nachteil wird, wenn eine variable Anzahl von Zugehörigkeitsgraden aggregiert werden soll. Das Hinzufügen eines (n+1)-ten Wertes bewirkt dann, daß die zuvor durchgeführte Aggregation der n Werte vergebens war und die gesamte Berechnung erneut vorgenommen werden muß. Wird dagegen eine vorher bekannte Zahl von Zugehörigkeitsgraden verknüpft, dann kann dies bei der Implementierung von nicht-assoziativen Operatoren entsprechend berücksichtigt werden." [Mayer u.a. 1993, 46f.]

Es lassen sich gute Gründe anführen, diesen Einschätzungen vom programmiertechnischen Standpunkt nicht uneingeschränkt zuzustimmen. Die Nichterfüllung des Assoziativgesetzes ist dann schwerwiegend und keineswegs problemlos auszugleichen, wenn eine variable Anzahl von Argumenten im Rahmen eines assoziativ definierten Verfahrens verarbeitet werden soll. Dies trifft insbesondere für effiziente Inferenzmechanismen von Regelsystemen (wie etwa dem RETE-Algorithmus [vgl. Forgy 1982]) und heuristische Suchstrategien [vgl. Biewer 1988b, 136ff.] zu, die in der KI gebräuchlich sind. Basiert der Algorithmus darauf, daß die Berechnungen sukzessive in Abhängigkeit des Prozeßzustands durchgeführt werden, so können aufwendige Neuberechnungen selbst dann nicht vermieden werden, wenn ein n-stellig definierter Operator zur Verfügung steht und die Anzahl der Argumente bekannt ist. Dies muß andererseits nicht zwangsläufig bedeuten, daß in diesen Fällen „die gesamte Berechnung erneut vorgenommen werden muß". Der notwendige Rechenaufwand läßt sich unter Umständen durch Zerlegung nicht-assoziativer Operationen in assoziative Teiloperationen und Zwischenspeicherung von Teilergebnissen drastisch reduzieren. Festzuhalten ist, daß die Beurteilung der Erfüllung oder Nichterfüllung des Assoziativitätsgesetzes nicht allgemein erfolgen kann, vielmehr von Fall zu Fall unter Berücksichtigung des konkreten Anwendungskontextes und des zu verwendenden Algorithmus erfolgen muß.

Unproblematisch ist die Forderung nach Erfüllung des *Kommutativgesetzes*, da allgemein verlangt wird, die Aggregation von unscharfen Mengen oder Zugehörigkeitsgraden müsse unabhängig von deren Anordnung sein, und diese relativ leicht zu erfüllende Forderung von allen vorgestellten Operatoren erfüllt wird.

Nahezu umgekehrt stellt sich die Situation beim *Distributivgesetz* dar. Da Minimum und Maximum die einzig möglichen distributiven Operatoren für Fuzzy-Mengen sind, ist man gezwungen auf Distributivität zu verzichten, wenn interaktive Operatoren benötigt werden. Von unscharfen Vereinigungs- und Durchschnittsoperatoren wird im allgemeinen daher lediglich verlangt, daß sie distributiv bezüglich der Randpunkte des Definitionsbereichs sind, also hinsichtlich der klassischen Wahrheitswerte mit der zweiwertigen Logik übereinstimmen.

Diese Betrachtung kann auf weitere Gesetze bezüglich der klassischen Mengen- oder Aussagenalgebra ausgedehnt werden (vgl. Tabelle 3.3, 87). Da mit der Theorie der unscharfen Menge eine Abkehr von der Allgemeingültigkeit des *Satzes vom ausgeschlossenen Dritten* und vom *Widerspruch* motiviert war [vgl. Zadeh 1982, 292], wird die Gültigkeit dieser Gesetze üblicherweise allenfalls für die Randpunkte des Definitionsbereichs verlangt. Von den einschlägigen t-Normen und t-Conormen (vgl. Tabelle 3.2 und 3.4) erfüllen die Kontradiktionsgesetze lediglich *beschränkte Differenz / beschränkte Summe* sowie *drastisches Produkt / drastische Summe*, also Operatoren, deren Funktionsverläufe sie allenfalls für Ausnahmesituationen geeignet sein lassen (vgl. die Tabellen 3.3 und 3.7).

Ein ähnlich strittiges und hohes Anforderungskriterium ist die *Stabilität*, wonach die Zugehörigkeitsgrade der Verknüpfung in dem von Minimum und Maximum festgelegten Bildbereich liegen muß. Die Erfüllung dieser Forderung erscheint in vielen Fällen sinnvoll, um zu vermeiden, daß bei längeren Ketten von Durchschnittsbildungen der resultierende Zugehörigkeitsgrad stark vermindert wird und gegen null tendiert oder bei Vereinigungsbildung entsprechend erhöht wird und gegen eins tendiert. Bei Durchschnittsbildung kann dieser Effekt unter Umständen durch eine Normalisierung der resultierenden Fuzzy-Menge kompensiert werden. Umgekehrt kann in bestimmten Anwendungskontexten ein „instabiles" Aggregationsverhalten geboten erscheinen, wenn nämlich eine hohe Anzahl nicht vollständiger Kompatibilität sachlich einer Inkompatibilität gleichkommt oder beispielsweise eine große Anzahl nahezu völliger Kompatibilität unscharfer Daten mit einem Muster auf eine vollständige Kompatibilität schließen läßt. Demnach ist eine allgemeinverbindliche Wertung dieses Kriteriums nicht sinnvoll. Hinzu kommt, daß es sich um ein stark ausgrenzendes Kriterium handelt. Neben Minimum und Maximum erfüllen diese Forderung lediglich die mittelnden Operatoren, also eine Klasse von Operatoren, deren übrige algebraische Eigenschaften relativ ungünstig sind.

Eng verwandt mit dem Kriterium der Stabilität ist das der *Idempotenz*. Im allgemeinen wird man es als vorteilhaft erachten, daß die Operatoren über den gesamten Definitionsbereich idempotent sind. Welches Gewicht man der Nichterfüllung dieser Forderung zuspricht, ist wiederum vom Anwendungskontext abhängig. Insbesondere ist zu beachten, daß mit Ausnahme von Minimum und Maximum *t*-Normen und *t*-Conormen nicht idempotent sind, während alle mittelnden Operatoren und alle konvexen Kombinationen mittelnder Operatoren mit Minimum und Maximum diese Eigenschaft ebenso besitzen wie die der Stabilität. Für alle beschriebenen Operatoren, ausgenommen Minimum und Maximum, gilt: Idempotenz und Stabilität einerseits und Assoziativität andererseits sind miteinander unvereinbar.

Weit weniger problematisch sind demgegenüber mathematische Forderungen nach *Monotonie* und *Stetigkeit* der Operatoren. Diese Forderungen sind relativ leicht zu erfüllen und ihre Begründung quasi selbstevident: die Zunahme eines Zugehörigkeitsgrades eines Operanden einer Und- oder Oder-Verknüpfung sollte keine Herabsetzung des Zugehörigkeitsgrades der Verknüpfung ergeben, und eine geringfügige Änderung eines Zugehörigkeitsgrades sollte auch nur eine geringfügige Änderung des resultierenden Zugehörigkeitsgrades bewirken. Die Forderung nach *strenger Monotonie* ist zwar ebenfalls plausibel, läßt sich allerdings weit schwieriger erfüllen, so daß sie stark ausgrenzend wirkt. Da eine strenge Monotonie verzichtbar erscheint, um hinreichend plausible Ergebnisse zu erzielen, wird dieser Forderung im allgemeinen weniger Gewicht beizumessen sein.

Bei der Auswahl von Operatoren ist grundsätzlich das *Skalenniveau der Zugehörigkeitsfunktionen* zu beachten. Zwar werden Zugehörigkeitsfunktionen standardmäßig für Intervallskalenniveau definiert, so daß „normalerweise“ diese Voraussetzung keine Probleme aufwirft. Menschliches Wissen weist jedoch häufig nur Ordinalskalenniveau auf und die notwendigen Informationen sind nur auf diesem niedrigen Skalenniveau verfügbar. Da sich mathematisch die Anwendung eines Operators verbietet, der ein höheres Skalenniveau voraussetzt, kommt bei Ordinalskalenniveau praktisch nur Minimum und Maximum in Frage.

Aus der voranstehenden Erörterung sollte deutlich geworden sein, daß sich eine allgemeinverbindliche algebraische Rangordnung nicht aufstellen läßt: die relevanten Eigenschaften oder Axiome schließen sich zum Teil wechselseitig aus, zugleich ist ihre Bewertung hochgradig kontextabhängig.[8]

Unter pragmatischen Gesichtspunkten stellt sich die Frage nach dem *Rechenaufwand.* Wie gewichtig dieses Kriterium ist, hängt zweifellos von der Anwendung ab. Von großer Bedeutung ist dabei, ob die Operation lediglich über einzelne reellwertige Zugehörigkeitsgrade definiert ist oder, womit ein wesentlich höherer Rechenaufwand verbunden ist, über unscharfe Mengen. Bei der Verarbeitung unscharfer Mengen stellt sich die Frage, ob für geeignete Typen von Zugehörigkeitsfunktionen effiziente Berechnungsmethoden für die jeweiligen Operatoren definiert sind. Aber auch die Verrechnung einzelner Zugehörigkeitsgrade kann bei Echtzeitanwendungen kritisch werden. Solche Anwendungen, in denen sich extreme Anforderungen an die numerische Effizienz stellen, finden sich nicht selten in der Fuzzy-Regelungstechnik (vgl. Kapitel 11).

Als weiteres pragmatisches Kriterium wird von Zimmermann die *Adaptionsfähigkeit* von Operatoren angeführt. Zur Begründung dieses Kriteriums wird darauf verwiesen, daß das erforderliche Aggregationsverhalten der Operatoren kontextabhängig ist: Wenn man nur wenige Operatoren für viele unterschiedliche Kontexte verwenden will, so müssen diese Operatoren den spezifischen Kontexten anpaßbar sein. [Zimmermann 1991, 42] Durch eine Parametrisierung der Operatoren läßt sich diese Anforderung leicht erfüllen. Weitestgehend unstrittig ist sicherlich, daß das Aggregationsverhalten an unterschiedliche Kontexte anpaßbar sein sollte. Es spricht andererseits nichts prinzipiell dagegen, für die unterschiedlichen Anforderungen verschiedene, ihnen angemessene Operatoren zu verwenden, statt einen Operator über verschiedene Parameterfestlegungen an sie anzupassen, so daß eine mangelnde Adaptionsfähigkeit eines Operators aufgrund einer Vielzahl anderer Operatoren unerheblich ist.

Von höchster Relevanz für die praktische Anwendung ist die *empirische Adäquatheit* oder *Validität.* Verschiedene Untersuchungen[7] stützen die Annahme, daß bei der Verknüpfung von Attributen oder Konzepten in menschlichen Entscheidungen vielfach *kompensatorische* Effekte auftreten, zu deren Model-

---

[8] Dies gilt umso mehr, wenn weitere Operatoren, Gesetzmäßigkeiten und Konsistenzprinzipien der klassischen Mengenalgebra oder Aussagenlogik einbezogen werden (vgl. hierzu die Unterkapitel über den generalisierten Modus ponens (8.3) und mehrwertige Implikationsoperatoren (8.4).

lierung weder das „nicht-kompensatorische" Minimum noch das „vollkompensatorische" Maximum geeignet ist. Insbesondere weicht die Semantik des linguistischen „Und" oft erheblich von der des logischen „Und" ab: eine nicht vollständig befriedigende Eigenschaft kann durch eine besonders gute mehr oder minder ausgeglichen werden. Solche Effekte können durch Mittelungsoperatoren oder konvexe Kombinationen von Durchschnitts- und Vereinigungsoperatoren erzielt werden. Zimmermann [1991, 43] hat als weiteres Bewertungskriterium die *Spannweite der Kompensation* angeführt: je größer die Spannweite der Kompensation desto besser. Zu bedenken ist demgegenüber, daß der Anwendungskontext eine Einschränkung der Kompensation auf einen bestimmten Bereich – etwa den zwischen Minimum und Maximum – vorteilhaft oder notwendig werden lassen kann.

Als problematisch erweisen sich die anwendungsbezogenen Kompensationsanforderungen vor allem insofern, als die erforderlichen Operatoren das Assoziativgesetz nicht erfüllen. Abhilfe kann dann unter Umständen eine andere Modellierung der zu verknüpfenden Konzepte schaffen: mangelnde Kompensationseigenschaften der Operatoren können teilweise durch Erweiterung und Modifikation der zu verknüpfenden unscharfen Ausdrücke ausgeglichen werden. So läßt sich eine Regel mit der Bedingung „hoher Druck und hohe Temperatur" in mehrere Regeln ausdifferenzieren, in denen modifizierte Bedingungen wie „mehr oder weniger hoher Druck und sehr hohe Temperatur" aufgeführt werden (vgl. Beispiel 3.4, 122). Solche Ausdifferenzierungen der Regeln können andererseits leicht zu einer kombinatorischen Explosion der Wissensbasis und den damit verbundenen Erschwernissen der Les- und Wartbarkeit solcher Programme führen.

3.4.2 Empirische Verfahren zur Auswahl und Validierung unscharfer Mengenoperatoren

Aus Sicht der Praxis ist evident, daß das Kriterium der kognitiven Angemessenheit von entscheidender Bedeutung ist: es steht für das „inhaltliche" Ziel, für Sinn und Zweck der Modellierung. Demgegenüber sind die „formalen" Kriterien lediglich als „äußere" Restriktionen aufzufassen.[9] Während die „formal-mathematischen" Eigenschaften von Operatoren anwendungsunabhängig sind und

[9] Die Anführungszeichen sollen signalisieren, daß diese gängige Unterscheidung zwischen „Inhalt" und „Form" nicht unproblematisch ist, und deshalb hier nicht ohne Vorbehalt verwandt wird: unterschiedliche „formal-mathematische" Eigenschaften bedeuten oft zugleich auch „inhaltlich" unterschiedliche Modellierungseigenschaften. Das Kriterium der kognitiven Angemessenheit kann umgekehrt „formal-mathematische" Aspekte involvieren, wenn algebraische Eigenschaften, zum Beispiel Assoziativität, ein wesentliches Merkmal des zu modellierenden Gegenstands oder des Modells widerspiegeln. Die Attributierung ist mithin eher als Charakterisierung verschiedener abstrakter Perspektiven oder Problemdimensionen zu verstehen.

– falls unbekannt – mit Hilfe mathematischer Beweisverfahren deduziert werden können, ist die kognitive Angemessenheit abhängig vom konkreten Anwendungskontext und nicht „rein formal" herzuleiten. Zur Validierung unscharfer Mengenoperatoren wurden daher empirische Verfahren vorgeschlagen: die Validität des unscharfen Verknüpfungsmodells wird über die Abweichung der berechneten Werte zu dem „beobachteten" Aggregationsverhalten von Versuchspersonen bestimmt. Mit der Operationalisierung des Begriffs der kognitiven Angemessenheit läßt sich neben dem Problem der Validierung auch das Auswahlproblem bearbeiten: das Validitätsmaß kann genutzt werden, um anhand empirischer Daten geeignete Operatoren auszuwählen.

Beachtenswert sind in diesem Zusammenhang vor allem empirische Studien der Forschungsgruppen von Zimmermann und Rommelfanger.[10] Die Bedeutung der Aachener Studien liegt zunächst darin, die Notwendigkeit „kompensatorischer" Operatoren empirisch begründet zu haben und dabei insbesondere die Eignung des γ-Operators im Vergleich zu „klassischen" Operatoren unter Beweis gestellt zu haben. Darüber hinaus sind sie von allgemeiner Bedeutung für die Entwicklung empirischer Verfahren zur Auswahl und Validierung unscharfer Mengenoperatoren. Besonders verdienstvoll sind diese Untersuchungen schon deshalb, weil in ihnen das ansonsten kaum beachtete Problem der kognitiven Angemessenheit unscharfer Modelle mit respektablem empirischen Aufwand bearbeitet wird.

In der zweiten Aachener Studie [Zimmermann and Zysno 1980] wird ein Experiment vorgestellt, in der die Verknüpfung zweier Qualitätsmerkmale von Kacheln untersucht wurde. In der folgenden Darstellung wird zunächst die Problemstellung, dann das Design dieses Experiments skizziert. Ergänzend zu den in der Originaluntersuchung getesteten Operatoren werden weitere Operatoren in die Auswertung und Ergebnisdiskussion einbezogen.

Beispiel 3.2 *Qualitätsprüfung von Kacheln*

Eine Fabrik produziert hitzebeständige Kacheln zur Verkleidung von Kaminen und anderen Heizungssystemen. Es wird angenommen, die Qualität der Kacheln hänge von zwei Faktoren ab: ihrer Paßgenauigkeit und ihrer Solidität (Festigkeit, Hitzebeständigkeit). Die Solidität ist an der Färbung der Kacheln zu erkennen: sie reicht von hellgrau (hohe Solidität) bis tiefschwarz (niedrige Solidität). Aus technischen Gründen können keine Kacheln gleichguter Qualität produziert werden. Schwankungen der Paßgenauigkeit und Solidität sind unvermeidlich. Daher ist es notwendig, die

[10] Vgl. Thole, Zimmermann und Zysno [1979], Zimmermann und Zysno [1980; 1983]. Die Studien wurden am „Lehrstuhl für Unternehmensforschung" an der Universität Aachen durchgeführt. Thematisch und methodisch eng verwandt damit sind neuere Studien von Rommelfanger und seinen Mitarbeitern am Institut für Statistik und Mathematik des Fachbereichs Wirtschaftswissenschaften der Universität Frankfurt [vgl. Rommelfanger und Unterharnscheidt 1988]. Zur Abgrenzung werden diese Studien im folgenden auch kurz mit Aachener und Frankfurter Studien bezeichnet.

produzierten Kacheln hinsichtlich ihres Qualitätsniveaus von Fachleuten sortieren zu lassen. Bei der Gesamtbeurteilung ist zu berücksichtigen, daß Paßungenauigkeiten zwar durch Einfügen von Zement ausgeglichen werden können, daß jedoch bei großer Hitze sich die beiden Materialen unterschiedlich stark ausdehnen. Je solider die Kacheln sind, desto größere Spannungen können sie aushalten. Das bedeutet: Mängel der Paßgenauigkeit können durch hohe Solidität kompensiert werden. Und umgekehrt: eine weniger gute Festigkeit kann durch hohe Paßgenauigkeit kompensiert werden. [Vgl. Zimmermann and Zysno 1980, 40f.]

Für die Durchführung des Experiments wurden 24 Kacheln ausgewählt, die jeweils 60 Studenten in zwei Sitzungen zur Beurteilung vorgelegt wurden. In der ersten Sitzung sollten die Kacheln danach bewertet werden, ob sie „ideal" bezüglich der Qualitätsmerkmale „hohe Solidität" und „gute Paßgenauigkeit" seien, in der folgenden Sitzung wurden separat für jedes Merkmal Bewertungen erfragt. Der Erfüllungsgrad des erfragten Merkmals konnte durch Angabe einer Prozentzahl angegeben werden. Angenommen wurde dabei, daß die Qualitätsmerkmale stochastisch unabhängig sind. Diese Annahme wurde durch die empirischen Daten gestützt, da der Korrelationskoeffizient nicht signifikant von 0 abwich [Zimmermann and Zysno 1980, 42].

Die Eignung der Operatoren kann man dann beurteilen, indem man die „beobachtete" Gesamtbeurteilung „ideale Kachel" mit der „erwarteten" oder „prognostizierten" Gesamtbeurteilung, also mit den Funktionswerten vergleicht, die aus der Anwendung der Operatoren auf die „beobachteten" Einzelbewertungen

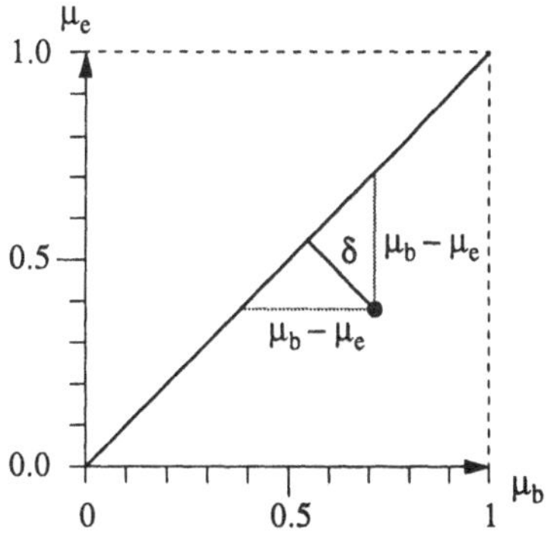

$$d^2 = \frac{1}{2}(\mu_b - \mu_e)^2 \tag{3.72}$$

$$s_p^2 = \frac{\sum \frac{1}{2}(\mu_b - \mu_e)^2}{(n-1)} = \frac{\sum (\mu_b - \mu_e)^2}{2(n-1)} \tag{3.73}$$

Abb. 3.8: Fehlerberechnung zur Validierung von Fuzzy-Operatoren

„hohe Solidität" und „gute Paßgenauigkeit" resultieren. Übereinstimmungen und Abweichungen lassen sich graphisch sehr anschaulich in einem kartesischen Einheitskoordinationensystem $[0,1]^2$ darstellen, indem die Punkte markiert werden, deren x-Koordinaten durch die „beobachteten" Werte μ_b und deren y-Koordinaten durch die berechneten („erwarteten") μ_e Werte gegeben sind (vgl. Abbildung 3.9). Eine vollständige Übereinstimmung von „beobachtetem" und „erwartetem“ Aggregationsverhalten wäre mithin durch Punkte auf der Diagonale vom Ursprung (0, 0) zum Eckpunkt (1, 1) gekennzeichnet. Je geringer die Abweichungen von dieser Winkelhalbierenden sind, desto genauer bildet ein Operator das „beobachtete“ Verhalten ab.

Als Maß der empirischen Übereinstimmung oder Validität bietet sich dann ein Mittelwert über die quadratischen Abweichungen der markierten Punkte von der Diagonalen an. (Vgl. Abbildung 3.8, die Gleichungen 3.72 und 3.73 sowie [Zimmermann and Zysno 1983, 253]).

Zimmermann und Zysno [1980] haben zunächst vier „klassische“ Operatoren getestet: Minimum, Maximum, arithmetisches und geometrisches Mittel (vgl. Abbildung 3.9). Von diesen Operatoren erzielte das geometrische Mittel die beste Übereinstimmung mit den empirischen Werten. In ihrem Zwischenresümee betonen die Autoren die Eignung mittelnder Operatoren gegenüber der Min/Max-Modellierung:

> „From the operators tested the geometric mean obviously predicts the empirical data best. Therefore, with respect to the question whether or not people do avoid the area between minimum and maximum we can state:
> (1) People use averaging operations when making judgements or evaluations resulting in membership values between minimum und maximum ...
> (2) The geometric mean is an adequate model for human aggregation of fuzzy sets when a compensatory effect exists.
> (3) Men use still other connectives than »and« and »or«.“ [Zimmermann and Zysno 1980, 43]

Gestützt auf diese Ergebnisse führen sie aus, ihr Experiment habe gezeigt, daß neben „Und“ (Minimum) und „Oder“ (Maximum) mindestens ein weiterer Operator zur Aggregation unscharfer Konzepte notwendig sei. Sie schlagen vor, das klassische Konzept von Konnektiven durch einen parametrisierten Operator zu erweitern, um die zu erwartenden Schwierigkeiten bei der dann notwendig werdenden Auswahl eines Operators zu vermeiden:

> „We feel that one way to bypass these difficulties is to generalize the classical concept of connectives by introduce a parameter γ ... which may be interpreted as »grade of compensation« ... Each point on the continuum between »and« and »or« represents a different operator.“ [Zimmermann and Zysno 1980, 44]

Mathematisch umsetzen läßt sich diese Idee, wie beschrieben (90), durch eine gewichtete Kombination des „nicht-kompensatorischen Und“ und des „vollkompensatorischen Oder“. Als Grenzwert-Operatoren haben Zimmermann und Zysno das Produkt und die algebraische Summe präferiert. Gegenüber der Verwendung von Minimum und Maximum wenden sie ein, diese Operatoren berücksichtigten nicht die Interaktivität der Zugehörigkeitsgrade:

> „Of course, other ›extremes‹ are conceivable, for instance minimum und maximum. But in our opinion these models are handicapped as they do not reflect the interaction of membership values.“ [Zimmermann and Zysno 1980, 47]

Fall-Nr.	Paßgenau-igkeit	Solidität	Ideal (empirisch)	Minimum	Fehler	Maximum	Fehler	Arithmetisches Mittel	Fehler	Geometrisches Mittel	Fehler	γ-Operator (γ = 0.562)	Fehler	Produkt-Summe	Fehler	Min-Max (p = 0.676)	Fehler	Fuzzy-Und (p = 0.35)	Fehler
1	0.426	0.241	0.215	0.241	0.00034	0.426	0.02226	0.333	0.00702	0.320	0.00556	0.268	0.00138	0.265	0.00126	0.301	0.00369	0.301	0.00371
2	0.352	0.662	0.427	0.352	0.00281	0.662	0.02761	0.507	0.00320	0.483	0.00155	0.460	0.00054	0.426	0.00000	0.452	0.00032	0.453	0.00033
3	0.109	0.352	0.221	0.109	0.00627	0.352	0.00858	0.230	0.00005	0.196	0.00032	0.148	0.00268	0.174	0.00112	0.188	0.00055	0.188	0.00055
4	0.630	0.052	0.212	0.052	0.01280	0.630	0.08736	0.341	0.00832	0.181	0.00048	0.176	0.00067	0.250	0.00071	0.239	0.00037	0.240	0.00039
5	0.484	0.496	0.486	0.484	0.00000	0.496	0.00005	0.490	0.00001	0.490	0.00001	0.452	0.00058	0.416	0.00245	0.488	0.00000	0.488	0.00000
6	0.000	0.000	0.000	0.000	0.00000	0.000	0.00000	0.000	0.00000	0.000	0.00000	0.000	0.00000	0.000	0.00000	0.000	0.00000	0.000	0.00000
7	0.270	0.403	0.274	0.270	0.00001	0.403	0.00832	0.336	0.00195	0.330	0.00156	0.274	0.00000	0.269	0.00001	0.313	0.00076	0.313	0.00077
8	0.156	0.130	0.119	0.130	0.00006	0.156	0.00068	0.143	0.00029	0.142	0.00027	0.086	0.00054	0.107	0.00008	0.138	0.00019	0.138	0.00019
9	0.790	0.284	0.407	0.284	0.00756	0.790	0.07334	0.537	0.00845	0.474	0.00222	0.474	0.00226	0.444	0.00070	0.448	0.00084	0.448	0.00086
10	0.725	0.193	0.261	0.193	0.00231	0.725	0.10765	0.459	0.01960	0.374	0.00639	0.367	0.00562	0.365	0.00536	0.365	0.00545	0.366	0.00550
11	1.000	1.000	1.000	1.000	0.00000	1.000	0.00000	1.000	0.00000	1.000	0.00000	1.000	0.00000	1.000	0.00000	1.000	0.00000	1.000	0.00000
12	0.330	0.912	0.632	0.330	0.04560	0.912	0.03920	0.621	0.00006	0.549	0.00348	0.571	0.00185	0.526	0.00559	0.519	0.00643	0.519	0.00637
13	0.949	0.020	0.247	0.020	0.02576	0.949	0.24640	0.484	0.02820	0.138	0.00597	0.171	0.00288	0.347	0.00497	0.321	0.00274	0.322	0.00281
14	0.202	0.826	0.500	0.202	0.04440	0.826	0.05314	0.514	0.00010	0.408	0.00419	0.420	0.00323	0.411	0.00394	0.404	0.00459	0.405	0.00453
15	0.744	0.551	0.555	0.551	0.00001	0.744	0.01786	0.648	0.00428	0.640	0.00364	0.632	0.00295	0.577	0.00025	0.614	0.00171	0.614	0.00172
16	0.572	0.691	0.585	0.572	0.00008	0.691	0.00562	0.632	0.00108	0.629	0.00095	0.615	0.00045	0.562	0.00027	0.611	0.00033	0.611	0.00033
17	0.041	0.975	0.355	0.041	0.04930	0.975	0.19220	0.508	0.01170	0.200	0.01202	0.241	0.00652	0.369	0.00010	0.344	0.00006	0.345	0.00005
18	0.534	0.873	0.661	0.534	0.00806	0.873	0.02247	0.704	0.00090	0.683	0.00024	0.692	0.00047	0.633	0.00038	0.644	0.00015	0.644	0.00014
19	0.674	0.587	0.570	0.587	0.00014	0.674	0.00541	0.630	0.00183	0.629	0.00174	0.614	0.00098	0.561	0.00004	0.615	0.00102	0.615	0.00102
20	0.440	0.450	0.418	0.440	0.00024	0.450	0.00051	0.445	0.00036	0.445	0.00036	0.400	0.00016	0.372	0.00106	0.443	0.00032	0.443	0.00032
21	0.909	0.750	0.789	0.750	0.00076	0.909	0.00720	0.829	0.00082	0.826	0.00067	0.835	0.00104	0.786	0.00001	0.802	0.00008	0.802	0.00008
22	0.856	0.091	0.303	0.091	0.02247	0.856	0.15290	0.474	0.01454	0.279	0.00029	0.302	0.00000	0.356	0.00143	0.339	0.00064	0.340	0.00067
23	0.974	0.164	0.515	0.164	0.06160	0.974	0.10534	0.569	0.00146	0.400	0.00665	0.442	0.00264	0.448	0.00225	0.426	0.00392	0.427	0.00385
24	0.073	0.788	0.324	0.073	0.03150	0.788	0.10765	0.430	0.00567	0.240	0.00354	0.253	0.00251	0.320	0.00001	0.305	0.00019	0.305	0.00017
mittlerer Fehler:					0.00700		0.02808		0.00261		0.00135		0.00087		0.00070		0.00075		0.00075

Tabelle 3.8: „Beobachtete“ versus „erwartete“ Zugehörigkeitsgrade

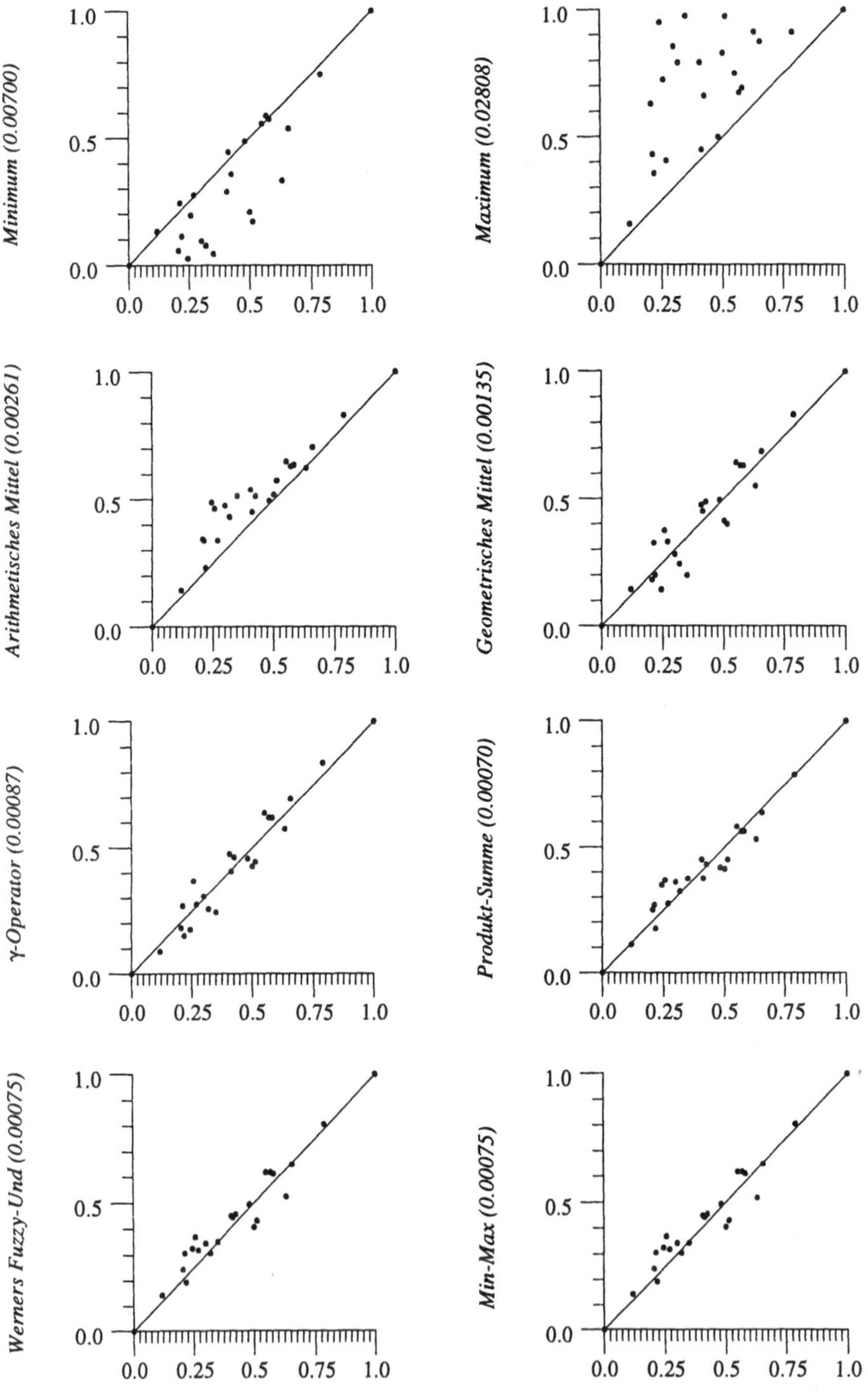

Abb. 3.9: „Beobachtete" versus „erwartete" Zugehörigkeitsgrade

Angesichts der aufgeführten Kriterien wie der Eigenschaften parametrisierter Operatoren stellt die Einführung eines Parameters sicherlich keine allgemeine Lösung des Auswahlproblems dar. Zunächst wird vielmehr durch diese Operatoren die Menge in Frage kommender Operatoren erweitert. Bei der Auswahl eines parametrisierten Operators stellt sich die Frage nach geeigneten Parameterwerten. Aufgrund empirischer Daten kann versucht werden, einen geeigneten Wert für γ zu ermitteln. Zimmermann und Zysno schlagen dazu vor, die Funktionsgleichung des γ-Operators nach γ aufzulösen ($\gamma \in [0,1]$, $1 \leq i \leq n$, $n \in \mathbb{N}$):

$$\gamma = \frac{\log \mu_\theta - \log \prod_{i=1}^{n} \mu_i}{\log\left(1 - \prod_{i=1}^{n} (1 - \mu_i)\right) - \log \prod_{i=1}^{n} \mu_i}. \tag{3.74}$$

Anhand dieser Formel ist für jeden Einzelfall ein γ-Wert zu berechnen, so daß der γ-Operator für die zu aggregierenden Zugehörigkeitsgrade einen Wert liefert, der dem empirischen Wert entspricht (sofern dies überhaupt möglich ist).[11] Als für die in Frage stehende Aggregation insgesamt geeigneter Wert empfiehlt sich dann das arithmetische Mittel der γ-Werte für die bekannten Einzelfälle. Man sollte sich jedoch klar machen, daß diese Berechnungsmethode keinesfalls sicherstellt, daß der (bezüglich der vorliegenden Daten und dem dargestellten „Validitätsmaß") optimale Parameterwert gefunden wird. Das Verfahren kann also lediglich als Schätzmethode eingestuft werden.

Analog zu der von Zimmermann und Zysno vorgeschlagenen Schätzfunktion lassen sich für andere parametrisierte Operatoren ebenfalls Schätzfunktionen ableiten. Ungeachtet spezieller Fallunterscheidungen können für die beiden Hauptformen parametrisierterer Kombinationen von Operatoren (vgl. 3.68 und 3.69, 92) allgemeine Formeln bestimmt werden:

$$f_v(x_1, \ldots, x_n) = (f_i(x_1, \ldots, x_n))^{1-\gamma} \cdot (f_u(x_1, \ldots, x_n))^{\gamma} \tag{3.75}$$

$$f_v(x_1, \ldots, x_n) = (1-\gamma) \cdot f_i(x_1, \ldots, x_n) + \gamma \cdot f_u(x_1, \ldots, x_n). \tag{3.76}$$

[11] Die Variable μ_θ steht für den empirisch „beobachteten" Verknüpfungswert, μ_i für die zu verknüpfenden Zugehörigkeitsgrade. Wie aus der Gleichung (3.74) leicht ersichtlich ist, kann diese Funktion nicht uneingeschränkt, ohne eine Reihe von Vorkehrungen und Fallunterscheidungen angewandt werden. So sind insbesondere die Grenzfälle $\mu_1 = 0$, $\mu_2 = 0$, $\mu_\theta = 0$ und $\mu_1 = 1$, $\mu_2 = 1$, $\mu_\theta = 1$ für diese Funktionsgleichung nicht definiert. (Der γ-Operator liefert in diesen Fällen für beliebige $\gamma \in [0, 1]$ den richtigen Wert.) Auch ist nicht garantiert, daß der Funktionswert im vorgeschriebenen Bildbereich $[0, 1]$ liegt.

Setzt man für den berechneten Funktionswert $f_v(x_1, \ldots, x_n)$ den „beobachteten" Wert $\theta_{x_1, \ldots, x_n}$ ein und löst die Gleichungen nach γ auf, so erhält man für die Exponentialform (3.75) die Funktionsgleichung

$$\gamma = \frac{\log\theta_{x_1, \ldots, x_n} - \log(f_i(x_1, \ldots, x_n))}{\log(f_u(x_1, \ldots, x_n)) - \log(f_i(x_1, \ldots, x_n))} \tag{3.77}$$

und für die lineare Kombination (3.76)

$$\gamma = \frac{\theta_{x_1, \ldots, x_n} - f_i(x_1, \ldots, x_n)}{f_u(x_1, \ldots, x_n) - f_i(x_1, \ldots, x_n)}. \tag{3.78}$$

Wie bereits dargestellt (vgl. 3.63, 90), kann mit dem von Zimmermann und Zysno vorgeschlagenen γ-Operator eine unterschiedliche Gewichtung der zu aggregierenden unscharfen Mengen erzielt werden. Obgleich die Autoren unterschiedlichen Gewichtungen eine große Bedeutung zumessen, sind sie in ihrem Experiment von gleichen Gewichten ausgegangen [Zimmermann and Zysno 1980, 48]. Sie erwähnen auch die oben beschriebene Möglichkeit, Operatoren durch andere Kombinationen von Vereinigungs- und Durchschnittsoperatoren zu bilden. Und sie räumen insbesondere ein, daß der Produkt-Summen-Operator (vgl. Gleichung 3.60, 90) in vieler Hinsicht gegenüber dem γ-Operator gleichartige Charakteristika aufweist. Nähern sich die Parameterwerte den zulässigen Grenzwerten an, so nähert sich bei beiden der Funktionsverlauf dem der algebraischen Summe beziehungsweise dem des Produkts an, bis schließlich eine volle Übereinstimmung mit ihnen und damit zugleich den Wahrheitstabellen der Aussagenlogik erzielt wird. Und beide Kombinationsformen erlauben, die Argumente unterschiedlich zu gewichten. Zimmermann und Zysno wenden jedoch ein, die Klasse der (gewichteten) Produkt-Summen-Operatoren habe sich bezüglich ihrer Daten nicht bewährt:

> „This class of operators ... is again in accordance with the truth tables of dual logic and allows the use of different weights. But its predictive quality is not sufficient with respect to our data." [Zimmermann and Zysno 1980, 50][12]

Aufgrund der im Text veröffentlichten Daten konnte die letzte Einschätzung nicht bestätigt werden. Eigene Berechnungen (vgl. Tabelle 3.8, 113) mit einer gegenüber den von Zimmermann und Zysno getesteten Operatoren-Menge erweiterten Testbasis[13] zeigen, daß sich mit diesen Kombinationen bezüglich der vorliegenden Daten ebenso gute Ergebnisse erzielen lassen. Gemessen an dem

---

12 Auf den angegebenen Text referierend hat Zimmermann diese Einschätzung später verallgemeinert: „This class of operators is again in accordance with the dual logic truth tables. But Zimmermann and Zysno showed that the »compensatory and« operator is more adequate in human decision making than are these operators [Zimmermann and Zysno 1980, p. 50]." [Zimmermann 1991, 38]

von Zimmermann und Zysno [1983] später beschriebenen und anempfohlenen Akzeptanzkriterium des mittleren Schätzfehlers (3.73) ergeben sich sogar geringfügige Vorteile für diese Operatoren.[14] Die Tabelle 3.8 (113) und die Abbildung 3.9 (114) zeigen, daß mit dem γ-Operator wie mit verschiedenen linearen Kombinationen im Gegensatz zu den „klassischen" Vereinigungs- und Durchschnittsoperatoren eine sehr gute Übereinstimmung mit den empirischen Daten erzielt werden kann.

In einer weiteren Studie haben Zimmermann und Zysno [1983][15] die Angemessenheit eines Modells zur Beurteilung der Kreditwürdigkeit unter Verwendung verschiedener Aggregationsoperatoren evaluiert.

Beispiel 3.3 *Kreditwürdigkeitsprüfung*

Ein Kreditberater einer Bank hat die Aufgabe, die Kreditwürdigkeit eines Kunden zu prüfen. Der in Frage stehende Kreditbetrag beläuft sich auf DM 8000,-. Der Kreditberater hat umfassende Informationen über „entscheidungsrelevante" Merkmale wie Einkommensverhältnisse, Vermögenssituation sowie sozial-psychologische „Einstellungen". Das mit Kreditberatern entwickelte Entscheidungsmodell basiert auf einem hierarchisch strukturierten Baum von Konzepten auf vier Komplexitätsebenen, an dessen Wurzel das Konzept der Kreditwürdigkeit steht (vgl. Abbildung 3.10). Jeweils zwei Konzepte werden mit unterschiedlicher Gewichtung auf der nächsthöheren Ebene zu einem komplexeren Konzept zusammengefaßt. Die durch Expertenbefragung ermittelten Gewichte δ_i summieren sich auf jeder Ebene zur Anzahl der Konzepte dieser Ebene.

Zur empirischen Überprüfung wurde eine Datenbasis von 50 fiktiven Kreditnehmern mit 30 Merkmalen aufgestellt. Leitende Gesichtspunkte für die Konstruktion des Samples war die Gleichverteilung der möglichen Merkmale und die Typizität der konstruierten Fälle: aus 120 Fällen, deren Merkmalsausprägungen durch Zufallsauswahl ermittelt worden waren, wurden die „unwahrscheinlichsten" und „untypischsten" Fälle aussondiert. Als Bewertungsgrundlage des Aggregationsverhaltens der getesteten Operatoren (Minimum, Maximum, geometrisches Mit-

---

[13] Zusätzlich aufgenommen wurden die linearen Kombinationen aus algebraischer Summe und Produkt (3.60), aus Minimum und Maximum (3.59) sowie Werners Fuzzy-Und (3.57). Vgl. Tabelle 3.5, 90.

[14] Die angegebenen Parameterwerte für die zusätzlichen Operatoren wurden bei diesen Berechnungen „von Hand" eingestellt. Eine nachträgliche Berechnung des Parameters mit Hilfe der später aufgestellten Schätzfunktion ergab für den Produkt-Summen-Operator gegenüber den „von Hand" eingestellten Verknüpfungen vernachlässigbar schlechtere, aber im Vergleich zum γ-Operator immer noch geringfügig bessere Werte: mit dem berechneten Parameterwert (γ = 0.6339446) beträgt der mittlere Fehler 0.0007120.

[15] Eine kurze Zusammenfassung der Untersuchung findet sich in Zimmermann [1991, 360ff.]. Aus dieser Studie ist das kommerziell vertriebene Programm ASK (Anwendungs-System Kreditwürdigkeit) hervorgegangen [vgl. Altrock 1993, 139f.].

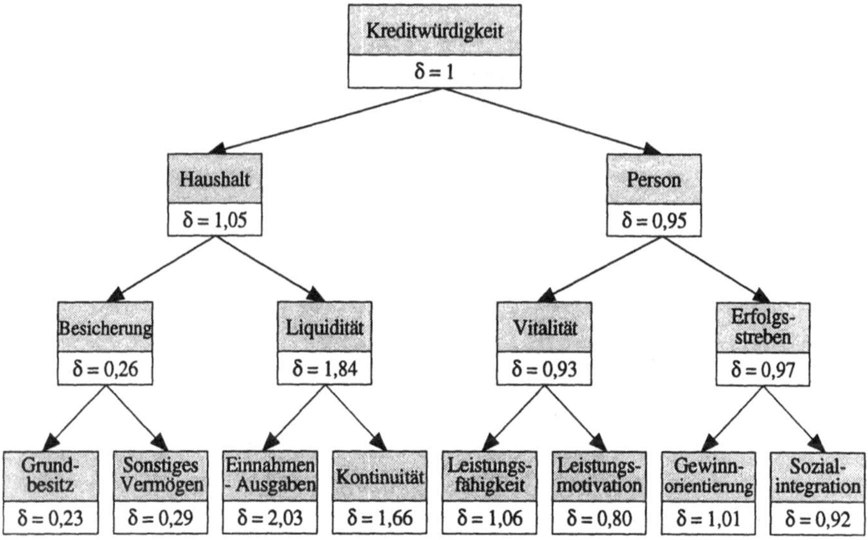

Abb. 3.10: Konzepthierarchie zur Beurteilung der Kreditwürdigkeit nach Zimmermann und Zysno

tel und γ-Operator) dienten die von 45 Kreditberatern vorgenommenen Beurteilungen der Kreditwürdigkeit der fiktiven Kreditnehmer.

Als Akzeptanzkriterium wurde ein „untollerierbarer Fehler" ($s_e^2 = 0{,}0005$) eingeführt (vgl. Gleichung 3.73). Von den elf modellierten Verknüpfungen erbrachte das Minimum lediglich vier, das Maximum sechs, das geometrische Mittel acht und einzig der γ-Operator elf akzeptable Verknüpfungsresultate [Zimmermann and Zysno 1983, 254]. Zimmermann und Zysno heben ausdrücklich hervor, daß γ nicht empirisch bestimmt wurde [w.o., 257]. Dies bedeutet jedoch nicht, daß der Parameterwert für γ apriori festgelegt wurde. Vielmehr wurde für jede Verknüpfung γ aufgrund der gewonnenen empirischen Daten mit Hilfe der oben beschriebenen Funktion (3.74) geschätzt.

Die Untersuchung von Zimmermann und Zysno zeigt, daß mit dem γ-Operator Ergebnisse erzielt werden konnten, die gemessen an dem „empirisch" gewonnenen Modell der Kreditwürdigkeit und bezüglich der konstruierten Fallsammlung „adäquater" waren, i.e. einen geringeren „mittleren Schätzfehler" aufwiesen, als mit einem der anderen in die Untersuchung einbezogenen Operatoren (Minimum, Maximum, geometrisches Mittel). Dies berechtigt jedoch nicht zu der verbreiteten generellen Bewertung, der γ-Operator sei adäquat zur Modellierung menschlichen Denkens und er sei kognitiv adäquater als andere Operatoren. Solche Verallgemeinerungen sind schon aufgrund der mangelnden empirischen Basis unzulässig. Sie würden überdies die mathematisch-technischen Möglichkeiten der Konzeptverknüpfung wie die Vielgestaltigkeit menschlicher Entscheidungsfindung verkennen.

Obgleich aus pragmatischer Sicht verständlich, ist aus methodologischer Sicht die Eliminierung „untypischer" und „unwahrscheinlicher" Fälle problematisch. Da die Charakteristika dieser Fälle in den vorliegenden Veröffentlichungen nicht dokumentiert sind, können keine spezifischen Aussagen über die Folgen dieser Ausgrenzung gemacht werden. Grundsätzlich ist aber zu bedenken, daß die Konzept-Verknüpfung bei menschlichen Entscheidungsträgern in untypischen Fällen signifikante Besonderheiten gegenüber Verknüpfungen in Standardfällen aufweisen kann, wenn nicht notwendigerweise aufweisen muß. Solche Fälle sollten deshalb in die Entwicklung und Überprüfung wissensbasierter Systeme einfließen.[16]

Zimmermann und Zysno haben ihre Auswahl der in die Untersuchung einbezogenen Operatoren zunächst mit mathematischen Erfordernissen (Stetigkeit, strenge Monotonie, Kommutativität, Übereinstimmung mit den Wahrheitstabellen der zweiwertigen Logik, Möglichkeit der Gewichtung) begründet. Auf die Assoziativitäts-Forderung wurde verzichtet, da es keine streng monoton steigenden mittelnden Operatoren gibt [Zimmermann and Zysno 1983, 246]. Sämtliche Operatoren mit Funktionswerten zwischen 0 und Minimum oder 1 und Maximum wurden mit dem Hinweis ausgeklammert, daß derartige Verknüpfungsmodelle für das vorliegende Bewertungsproblem wenig Sinn machen würden [Zimmermann and Zysno 1983, 247].

Für den vorliegenden Untersuchungszusammenhang erscheinen die angeführten Auswahlkriterien zwar nicht unbestreitbar, aber vertretbar, auch wenn eine breitere Basis von Operatoren wünschenswert gewesen wäre und für zukünftige Untersuchungen zu fordern ist. Die Forderung der Übereinstimmung mit den Wahrheitstabellen der klassischen Logik ist vom mathematischen Standpunkt plausibel, ob diese Forderung aber umstandslos auf die Modellierung jeglicher Konzept-Verknüpfung übertragen werden sollte, ist doch zumindest fragwürdig. Die natürlichsprachlichen Verwendungsweisen von „Und" und „Oder" als Verknüpfungsoperatoren müssen ja – wie Zimmermann und Zysno selbst hervorgehoben haben – keineswegs mit der logischen Konjunktion und Disjunktion kompatibel sein. Umgekehrt kann es durchaus notwendig sein, die Forderung nach Übereinstimmung mit der zweiwertigen Logik dahingehend auszuweiten, daß die Aggregationscharakteristik in den Randbereichen keine drastischen Sprünge aufweist. Unter diesem Gesichtspunkt ist der γ-Operator für Parameterwerte gegen eins problematisch. Denn für diese Werte wird die geforderte Übereinstimmung mit einer abrupten Änderung der Funktionswerte bezahlt: Bei γ-Werten nahe eins gleicht sich der Bildbereich des γ-Operators für Argumentwerte im offenen Intervall]0, 1[dem Bildbereich der algebraischen

---

[16] Weitere Hinweise zu dieser Problematik finden sich in [Biewer 1988b, 186ff.]. Dort werden Prinzipien und Heuristiken zur Konstruktion einer Fallsammlung für Entwicklung und Tests wissensbasierter Systeme am Beispiel einer natürlichsprachlichen Anweisungsschnittstelle für sozialwissenschaftliche Statistikanalysen aufgestellt.

Summe, also eines Operators für die Vereinigung bzw. *Disjunktion* an, während er für die Randpunkte von [0,1] die mit der klassischen *Konjunktion* übereinstimmenden Werte liefert.[17]

Um unzulässigen Verallgemeinerungen vorzubeugen, bedürfen die negativen Bewertungen der anderen getesteten wie der ausgeklammerten Operatoren einiger Kommentare. So plausibel die negativen Einschätzungen für das untersuchte Entscheidungsmodell als Ganzes wirken, so ungerechtfertigt wäre es, wenn man den anderen Operatoren generell absprechen würde, zur Modellierung einzelner Verknüpfungen dieses Entscheidungsmodells in Frage zu kommen oder in einem anderen Kalkül zur Bearbeitung der gleichen Aufgabe, nämlich einer validen Modellierung der Kreditwürdigkeitsprüfung, einsetzbar zu sein.

Dem steht zunächst entgegen, daß für einige Verknüpfungen der Parameter γ so festgelegt wurde, daß die resultierende Funktion sich stark den anderen Operatoren (insbesondere dem geometrischen Mittel und der algebraischen Summe) annähert [vgl. Zimmermann and Zysno 1983, 254, Table 2]. Um mit einer überschaubaren Auswahl in ihrem Verhalten relativ transparenter Operatoren arbeiten zu können, wäre demnach die Berücksichtigung mittelnder und verschiedener *t*-Normen und *t*-Conormen durchaus sinnvoll. Es ist ja prinzipiell keineswegs ausgeschlossen, verschiedene Operatoren für verschiedene Verknüpfungen zu wählen. Durch die unterschiedlichen Parametrisierungen des γ-Operators ergeben sich praktisch ebenso viele nicht-parametrisierte Operatoren. Liest man daraufhin die Einzelergebnisse der Untersuchung, so zeigt sich, daß mit den anderen getesteten Operatoren (Minimum, Maximum, geometrisches Mittel) für das vorliegende Entscheidungsmodell Ergebnisse im Bereich des tolerierbaren Fehlers erzielbar wären.[18]

Nach Untersuchungen von Rommelfanger und seinen Mitarbeitern zur Kreditwürdigkeitsprüfung mittelständischer Unternehmen hat sich das arithmetische Mittel als geeignetster Operator empfohlen [vgl. Rommelfanger und Unterharnscheidt 1988]. Dabei basiert das Entscheidungsmodell in der Frankfurter wie in der Aachener Studie auf einer hierarchisch strukturierten Verknüpfung von Bonitätskriterien. Inhaltlich unterscheiden sich die beiden Konzepthierarchien jedoch erheblich voneinander. Das liegt zum einen daran, daß die Ent-

---

[17] Zum Beispiel liefert der γ-Operator (mit $\gamma = 0.99$) für die Verknüpfung der Zugehörigkeitsgrade 1 und 0.01 abgerundet den Wert 0.95, also *nahezu vollständige Zugehörigkeit*, während er für die Verknüpfung von 1 und 0, also bei einem nur minimal um 0.01 verringerten Wert des zweiten Arguments, *vollständige Nicht-Zugehörigkeit*, nämlich den Wert 0 liefert.

[18] Lediglich für eine Verknüpfung wird die geforderte Toleranzgrenze von (0.005) mit einem Wert von 0.0051 geringfügig unterschritten. Auf der Basis einer wohlüberlegten Auswahl transparenter Standardoperatoren ließen sich diese Fehler vermutlich verringern. Dies ist insbesondere vor dem Hintergrund bedeutsam, daß die relativ geringen Abweichungen, die mit dem γ-Operator erzielt werden konnten, durch die gute empirische Basis zur Schätzung der Parameterwerte bedingt war, eine Bedingung, die in der Praxis nur schwerlich und nicht immer erfüllbar ist.

scheidungsmodelle für unterschiedliche Beträge und Kreditnehmer konzipiert sind, zum anderen daran, daß der Bereich „Sicherheiten" in der Frankfurter Studie ausgeklammert war.[19] Rommelfanger und Unterharnscheidt erklären sich das Ergebnis, „daß die Kreditexperten offensichtlich die Einzelbewertungen durch einfache arithmetische Mittelbildung aggregieren", mit der hohen Entscheidungskomplexität:

> „Angesichts der sehr komplexen Enscheidungssituation, die durch eine Vielzahl von Kennzahlen mit unterschiedlichen Ausprägungen beschrieben wird, ist es naheliegend, einen einfachen Verknüpfungsmechanismus zu benutzen, der weder zu optimistisch, aber auch nicht zu pessimistisch ist." [Rommelfanger und Unterharnscheidt 1988, 486]

Daß im Gegensatz zur Aachener Studie keine „extrem hohen Kompensationsgrade" ermittelt wurden, führen sie darauf zurück, daß in ihrer Untersuchung der Bereich „Sicherheiten" ausgeklammert war [Rommelfanger und Unterharnscheidt 1988, 487]. In einer neueren Arbeit propagiert Rommelfanger ein regelbasiertes Entscheidungsmodell, das auf einem in der Fuzzy-Regelungstechnik bewährten Verfahren basiert (vgl. Kapitel 11.2). Obgleich sie auch hierzu verschiedene Operatoren auf ihre Eignung überprüft hätten, sei die Forschungsgruppe zur Auffassung gelangt, daß zur Verknüpfung der Erfülltheitsgrade der Regelbedingungen das Minimum, für die Übertragung der Erfülltheitsgrade auf die einzelnen Schlußfolgerungen das Produkt und für die Verknüpfung der Schlußfolgerungen die algebraische Summe zu bevorzugen sei [vgl. Rommelfanger 1993, 110-112].

Zusammenfassend läßt sich sagen, daß weder algebraische noch empirische Aspekte erlauben, eine allgemeine Entscheidung über die Eignung von Fuzzy-Operatoren zu treffen. Die Untersuchungen von Zimmermann und seinen Mitarbeitern zeigen zwar, daß *t*-Normen und *t*-Conormen in einigen Fällen unangemessen zur Modellierung menschlicher Konzeptverknüpfungen sind, sie weisen aber weder deren generelle Untauglichkeit nach, noch beweisen sie, einzig mit dem γ-Operator könne eine angemessene Modellierung erfolgen. Sekundäranalysen und weitere Studien zeigen vielmehr, daß „akzeptable" Modellierungen mit Hilfe anderer Operatoren durchaus möglich sind und sich als vorteilhaft erweisen können. Die Frage, welcher Operator geeignet ist, muß von Fall zu Fall sowohl nach inhaltlichen wie formalen Gesichtspunkten unter Berücksichtigung des gesamten Verarbeitungsmodells (etwa hierarchische Konzeptverknüpfung versus parallele Regelverknüpfung) entschieden werden.

---

19 Zur Begründung heißt es: „Unseres Erachtens sind Sicherheiten weniger ein Bestandteil der Kreditwürdigkeitsprüfung im engeren Sinne, als vielmehr eine Art Hilfsmittel, das es ermöglichen soll, auch solchen Unternehmen Geldmittel zu leihen, die allein aufgrund ihrer wirtschaftlichen Verhältnisse den gewünschten Kredit nicht erhalten würden." [Rommelfanger und Unterharnscheidt 1988, 487]

Das von Zimmermann und Zysno vorgeschlagene Verfahren ist dazu geeignet, Hinweise über die Validität von Operatoren zu gewinnen. Es kann gleichermaßen der Validierung eines existierenden Systems wie der Entwicklung eines neuen Systems dienen. In beiden Fällen sollten jedoch zusätzliche Auswahlkriterien und Grenzen statistischer Verfahren berücksichtigt werden.

Für die Systementwicklung können gerade Einzelergebnisse, die in statistischen Mittelwerten und Streumaßen unkenntlich geworden sind, besonders aufschlußreich sein – etwa dahingehend, daß die Abweichungen des implementierten Modells gegenüber den empirisch gewonnen Daten weniger von der Ungeeignetheit eines Operators, als vielmehr von der Unangemessenheit der Modellierung selbst herrühren. Fragwürdig ist überdies, inwiefern überhaupt die empirisch ermittelten Daten wirklich die Ansicht der Experten korrekt widerspiegeln.[20]

Bei der Bestimmung geeigneter Operatoren darf insbesondere die *Interaktivität bei der Wahl von Operatoren und den zu verknüpfenden Konzepten* nicht übersehen werden [vgl. Dubois and Prade 1988b, 98]. Konzepte mit leicht zu erfüllenden Eigenschaften mit einem „harten" Operator (einer interaktiven *t*-Norm) zu verknüpfen, kann zu dem gleichen Ergebnis führen wie die Verknüpfung mit einem „weichen" (mittelnden) Operator, wenn die Konzeptzugehörigkeiten entsprechend schwerer zu erfüllen sind.

Beispiel 3.4 *Interaktivität der Operatoren- und Operandenbestimmung*

Gegeben seien die unscharfen Mengen „hohe Temperatur" (T_h), „sehr hohe Temperatur" (T_{sh}), „hoher Druck" (D_h) und „sehr hoher Druck" (D_{sh}) sowie ein „scharfer" Operator s (Produkt) und ein „weicher" Operator w (geometrisches Mittel). Gelten zwischen den unscharfen Mengen die semantischen Relationen $T_{sh} = \sqrt{T_h}$ und $D_{sh} = \sqrt{D_h}$, dann sind die Verknüpfungen $w(D_h, T_h)$ und $s(D_{sh}, T_{sh})$ gleichwertig:

$$(\sqrt{D_h T_h} = \sqrt{D_h}\sqrt{T_h}) \Rightarrow (w(D_h, T_h) = s(D_{sh}, T_{sh})). \tag{3.79}$$

Ähnliche Effekte lassen sich durch unterschiedliche Gewichtungen erzielen, so daß streng genommen bei der Auswahl und Validierung der Operatoren auch die *Interaktivität von Operatoren und Konzeptgewichten* in Rechnung gestellt werden müßte.

---

[20] Keineswegs undenkbar ist beipielsweise, daß die hohe Validität des arithmetischen Mittels in der Frankfurter Studie schlicht damit zusammenhängt, daß die Kreditexperten die Einzelbewertungen so abgestimmt haben, daß ihre Verknüpfungen konsistent erscheinen. Wäre dies der Fall, so würden die Daten nicht die empirische Validität des arithmetischen Mittels für die angenommene Entscheidungssituation belegen, als vielmehr die Hypothese bestätigen, daß das arithmetische Mittel ein geeigneter Operator ist, in einem sozialpsychologischen Experiment Konsistenz von Einzelentscheidungen vorzutäuschen. Vgl. zu dieser Problematik auch Holzkamps grundsätzliche Kritik an Versuchen, sozialpsychologische Theorien experimentell-statistisch zu begründen [Holzkamp 1983, 523ff.; 1987].

Als weitere grundsätzliche Schwierigkeit der vorgestellten statistischen Auswahl- und Validierungsmethoden muß die Erhebung und Interpretation der Expertenbeurteilungen gelten. Reellwertige Zugehörigkeitsgrade gehören in der Regel weder zum Fachdiskurs noch stellen sie die Form dar, die im allgemeinen in menschlichen Denkprozessen bewußt verwandt wird. Daher ist anzunehmen, daß die notwendige Übersetzung in diese Repräsentationsform in hohem Maße fehleranfällig, willkürlich und inkonsistent ist.[21] Zur Vermeidung oder Minderung dieser Schwierigkeiten könnte die Verwendung unscharfer oder intervallförmiger Zugehörigkeitsgrade dienen.[22]

Nicht zuletzt ist der hohe Aufwand dieser Vorgehensweise zu beachten. Obgleich die Entscheidungsmodelle zur Kreditwürdigkeitsprüfung gut überschaubar sind – das Aachener Modell besteht aus nur 7 Verknüpfungen und 14 Kriterien, das Frankfurter aus 13 Verknüpfungen und 26 Kriterien – war der empirische Aufwand in beiden Studien erheblich.[23] Es ist kaum vorstellbar, die entsprechenden empirischen Daten für eine Wissensbasis mit Hunderten von Regeln und Merkmalen zu ermitteln. Selbst bei hoher Redundanz der Regelbedingungen würde der erforderliche Aufwand den der vorgestellten Projekte um ein Vielfaches übersteigen. Aus diesem Grund scheinen für Expertensystemanwendungen „üblicher" Größenordnungen weniger aufwendige Vefahren unumgänglich.

Dubois und Prade [1988b, 95ff.] schlagen ein zweistufiges Verfahren vor, in dem die Operatorauswahl auf Daten einer eingeschränkten Menge *typischer* Objekte basiert, für die bekannt ist, zu welchem Grad sie mit unscharfen Prädikaten konform oder kompatibel sind. Betrachtet wird der einfache Fall einer Verknüpfung zweier Prädikate zu einem dritten Prädikat. Von den Objekten wird verlangt, daß sie *kontrastierende* Charakteristika aufweisen, i.e. eins sollte *inkompatibel (i)* mit dem ersten Prädikat sein, aber *vollkompatibel (v)* mit dem zweiten, ein zweites *halbkompatibel (h)* mit den beiden Grundprädikaten, ein drittes halbkompatibel mit dem ersten Prädikat und vollkompatibel mit dem zweiten sein. Die erste Stufe des Verfahrens sieht nun vor, eine kleine, nach diesen Kriterien ausgewählte Menge von Objekten Experten vorzulegen, um sie hinsichtlich des dritten Prädikats, also der Verknüpfung der beiden ersten, beur-

---

21 Vgl. hierzu auch die Unterscheidung von *„domänimmanenten"* und *„domäntranszendenten"* Notifikationsproblemen von Biewer [1991, 96].

22 Vgl. zur Beziehung von Operationen über intervallwertigen Fuzzy-Mengen auf der Basis von Normalformen (IVFS) zu Kombinationen von t-Normen und t-Conormen, speziell zum γ-Operator, Turksen [1992b].

23 In der Aachener Untersuchung bearbeiteten 45 Kreditexperten jeweils die Anträge von 50 fiktiven Kreditnehmern, die über je 30 Merkmale beschrieben waren. An der Frankfurter Studie beteiligten sich 50 Kreditexperten. Sie hatten jeweils 30 (mehrere Seiten umfassende) Kreditanträge (mit Bilanz, Gewinn- und Verlustrechnung, Kennzahlen und weiteren Informationen über den Antragsteller) zu bearbeiten. In beiden Studien waren die Antragsteller nach ihrer Kreditwürdigkeit und im Hinblick auf die einzelnen (15 bzw. 26) Bonitätskriterien zu bewerten.

teilen zu lassen. Für diese Beurteilung wird eine Ordinalskala mit fünf linguistischen Werten vorgeschlagen [Dubois and Prade 1988b, 95, 75]. Ergänzend zu den drei linguistischen Kompatibilitätswerten werden für die Aggregation demnach zwei weitere linguistische Werte zugelassen, die sich als *gutkompatibel (g)* und *schwachkompatibel (s)* bezeichnen lassen. Die Kompatibilitätsbeurteilung ist demnach eine Abbildung von $\{i, h, v\} \times \{i, h, v\}$ auf $\{i, s, h, g, v\}$.[24] Entsprechend wird der Aggregationsoperator durch eine Funktion von $\{i, h, v\} \times \{i, h, v\}$ auf $\{i, s, h, g, v\}$ approximiert, wobei zusätzlich gefordert wird, daß grundlegende Axiome für unscharfe Aggregationsoperatoren [vgl. Dubois and Prade 1988b, 76] erfüllt werden. Ergebnis dieser Auswertung ist eine Menge von Operatoren, die optimal bezüglich der Expertenurteile sind, insofern sie die axiomatischen Anforderungen erfüllen.

In der zweiten Stufe könne dann eine Verfeinerung der Operatorenbestimmung vorgenommen werden. Für die Wahl parametrisierter Operatoren wird dazu ein Verfahren der kleinsten Quadrate wie das von Zimmermann und Zysno vorgeschlagen [vgl. Dubois and Prade 1988b, 95]. Für eine solche Verfeinerung wäre dann erneut eine Expertenbefragung notwendig, dieses Mal mit einer gegenüber der ersten Befragung erheblich erweiterten Objektmenge. Für praxistaugliche Anwendungen dürfte dieser zusätzliche Aufwand wiederum in den meisten Fällen inakzeptabel hoch sein.

Beschränkt man sich auf die „erste Stufe", so hat man zwar nur ein grobschlächtiges, aber dafür auch weniger aufwendiges Beurteilungsverfahren, dessen Bearbeitungsaufwand noch für größere Applikationen annehmbar sein könnte.[25] Die Vorgabe einer Ordinalskala ist zwar nicht unproblematisch, für eine Grobeinschätzung aber akzeptabel. Unter Umständen wäre zu prüfen, ob die linguistischen Werte nicht als unscharfe Zahlen modelliert werden sollten oder ob als Antwortraum Punkte oder Teilbereiche größerer Zahlenmengen zugelassen werden sollten. Unabhängig davon wäre der Ansatz, „typische" Fälle auszuwählen oder zu konstruieren, beizubehalten.

Untersuchenswert ist auch die Frage, ob es praktikabel ist, Kategorien für typische (mit den bekannten Operatoren realisierbare) Aggregationsschemata aufzustellen, die dann von vorneherein in der Wissensakquisition dazu dienen könnten, Verknüpfungen kategorial so zu charakterisieren, daß sich geeignete Operatoren ohne statistische Verfahren bestimmen lassen.

---

[24] Dubois und Prade benutzen folgende Termini: A: completely compatible (very good, $\mu = 1$), B: pretty compatible (good, $\mu = .75$), C: midding compatible (fairly good, $\mu = .5$), D: barely compatible (poor, $\mu = .25$), E: incompatible (very bad, $\mu = 0$). [Dubois and Prade 1988b, 75]

[25] Selbst die Verwendung von nur drei Fällen aus der Kachel-Studie, Fälle, die keineswegs für diesen Zweck „optimal" erscheinen, aber den vorgeschlagenen charakteristischen Fällen wenigstens grob entsprechen (vgl. die Fall-Nummern: 5, 13, 18 in Tabelle 3.8), ergibt eine durchaus noch akzeptable Parameterschätzung.

Insgesamt hat sich gezeigt, daß die Auswahl und Validierung von Operatoren ein komplexes Problem mit vielen Facetten darstellt, für das brauchbare Ansätze, aber keine allgemein befriedigenden Lösungen existieren. Im Protokoll unscharfer Mengenoperatoren ist dies ebenso zu berücksichtigen wie die Erkenntnis, daß es notwendigerweise eine große, nicht abgeschlossene Menge von Fuzzy-Operatoren mit unterschiedlichen Eigenschaften gibt, die sich teilweise wechselseitig ausschließen und deren Bewertung strittig und kontextabhängig ist (vgl. Kapitel 15, insbesondere 620–624).

Kapitel 4

Fuzzy-Arithmetik auf der Basis des Erweiterungsprinzips

In dem vorangegangen Kapitel wurden Vorschläge diskutiert, wie die grundlegenden Mengenoperationen (Vereinigung, Durchschnitt und Komplement) für unscharfe Mengen definiert werden können. Die Möglichkeiten zur Verallgemeinerung mathematischer Operationen auf Fuzzy-Mengen sind damit keineswegs erschöpft. Bereits Zadehs Einführungsstext zur Fuzzy-Mengentheorie beinhaltet ein allgemeines Prinzip, mit dem sich gewöhnliche mathematische Funktionen auf unscharfe Mengen verallgemeinern lassen – das *Erweiterungsprinzip*.

Nach einer Erläuterung und formalen Definition dieses Prinzips (Kapitel 4.1) wird gezeigt, wie auf ihm eine Arithmetik aufgebaut wurde, die nicht auf exakten Zahlen oder Intervallen operiert, sondern auf unscharfen Teilmengen der reellen Zahlen – die *Fuzzy-Arithmetik.* Dazu werden zunächst verschiedene Klassen unscharfer Mengen eingeführt (Kapitel 4.2). Im Anschluß daran werden die grundlegenden arithmetischen Operationen für unscharfe Quantitäten definiert und ihre algebraischen Eigenschaften beschrieben (Kapitel 4.3). Um diese Erweiterungen programmiertechnisch einfach und effizient nutzen zu können, sind besondere Algorithmen erforderlich. Für eine spezielle Klasse unscharfer Intervalle, sogenannte *LR-Intervalle*, lassen sich erweiterte Rechenoperationen auf eine geringe Zahl gewöhnlicher Rechenoperationen zurückführen (Kapitel 4.4).

Das Anwendungspotential der Fuzzy-Arithmetik ist derzeit kaum abschätzbar, da man sich praktisch kaum eins der unzähligen Gebiete, in denen mit

Zahlen operiert wird, vorstellen kann, in dem nicht auch unscharfe Zahlen verwendet werden könnten, andererseits aber die Fuzzy-Arithmetik noch eine Vielzahl ungelöster Probleme aufweist und die algebraischen Eigenschaften der bislang vorgeschlagenen Verknüpfungsgebilde viele Anwendungsmöglichkeiten behindern (Kapitel 4.5).

Zu den potentiellen Anwendungsfeldern gehören insbesondere verschiedene Bereiche der Unternehmensforschung und mathematischen Entscheidungstheorie. So wurden beispielsweise verschiedene Vorschläge ausgearbeitet, traditionelle Verfahren der linearen Optimierung, der Steuerung von Werkzeugmaschinen, oder der Netzplantechnik mit Hilfe der Fuzzy-Arithmetik zu verallgemeinern oder zu verbessern. Ein weiterer Bereich sind (relationale) Datenbanksysteme, in denen unscharfe Zahlen als Attributwerte zugelassen werden oder zur Wahrheits- oder Unsicherheitsqualifizierung von Aussagen verwendet werden dürfen. Beide Verwendungsweisen haben überdies in die Technologie wissensbasierter Systeme Eingang gefunden. Da unscharfe Mengenoperationen über arithmetische Funktionen der Zugehörigkeitsgrade definiert sind (Kapitel 3), kann die Fuzzy-Arithmetik dazu benutzt werden, solche Mengenoperationen auf Fuzzy-Mengen zu erweitern, deren Zugehörigkeitsgrade selbst wiederum Fuzzy-Mengen sind.[1]

4.1 Definition und Erläuterung des Erweiterungsprinzips

Im Gründungstext der Fuzzy-Mengentheorie hat Zadeh das Problem aufgeworfen, die Zugehörigkeitsfunktion des Funktionswerts einer Funktion zu bestimmen, der eine unscharfe Menge als Argument übergeben wird [Zadeh 1965, 37]. Im Falle einer injektiven Funktion läßt sich unschwer eine plausible Antwort geben: *die Zugehörigkeitsgrade der Elemente der resultierenden unscharfen Wertemenge sind gleich den Zugehörigkeitsgraden der Elemente der unscharfen Argumentmenge*. Anhand eines einfachen Beispiels läßt sich dieser Vorschlag leicht illustrieren (vgl. Beispiel 4.1 und Abbildung 4.1).

Beispiel 4.1 *„Ungefähr 3" plus 5*

Das Alter eines Tieres wird auf „ungefähr 3" Jahre geschätzt. Wie alt ist das Tier 5 Jahre später? Die Antwort liegt auf der Hand: „ungefähr 8" Jahre. Die mathematische Aufgabe besteht darin, eine diskrete unscharfe Menge A, hier: die Menge der

---

[1] Literaturhinweise zu Anwendungen und anwendungsorientierten Forschungsbeiträgen der Fuzzy-Arithmetik finden sich u.a. in Dubois und Prade [1987a, 141f.]. Auf Anwendungsmöglichkeiten der Fuzzy-Arithmetik in wissensbasierten Systemen wird in den nachfolgenden Kapiteln eingegangen.

ganzen Zahlen, die „ungefähr 3" sind, und eine natürliche Zahl zu addieren. Die Berechnung setzt die Definition der unscharfen Menge A „ungefähr 3" voraus. Vorausgesetzt es gilt „ungefähr 3" = {0.4/1 + 0.8/2 + 1.0/3 + 0.8/4 + 0.4/5}, dann kann man die unscharfe Summe nach dem oben genannten Prinzip folgendermaßen berechnen:

$$5 + \{0.4/1+0.8/2+1.0/3+0.8/4+0.4/5\}$$
$$=\{0.4/(1+5)+0.8(2+5)+1.0/(3+5)+0.8/(4+5)+0.4/(5+5)\}$$
$$=\{0.4/6+0.8/7+1.0/8+0.8/9+0.4/10\}$$

Die resultierende unscharfe Menge B = {0.4/6+0.8/7+1.0/8+0.8/9+0.4/10} läßt sich – durch „linguistische Approximation" (vgl. Kapitel 7.2) – als „ungefähr 8" deuten.

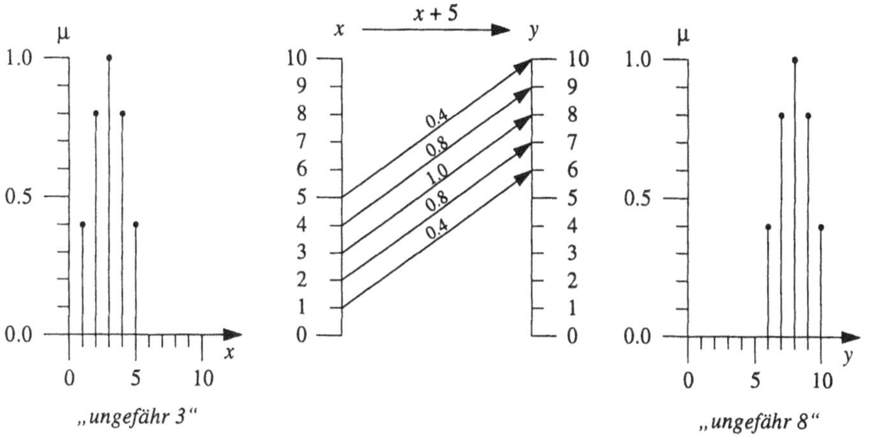

Abb. 4.1: Erweiterungsprinzip (1): „ungefähr 3" + 5 = „ungefähr 8"

Ist die Abbildung nicht injektiv, so entstehen Mehrdeutigkeiten in den Fällen, in denen verschiedene Elemente der Argumentmenge mit unterschiedlichen Zugehörigkeitsgraden auf das gleiche Element der Bildmenge abgebildet werden. Wenn also

$$(y_1 = f(x_1) = f(x_2)) \wedge (x_1 \neq x_2) \wedge (\mu_A(x_1) \neq \mu_A(x_2)) \tag{4.1}$$

gilt, welcher Zugehörigkeitsgrad sollte dann y_1 zugewiesen werden? Zadeh schlug vor, solche *Ambiguitäten durch Wahl des Maximums der Zugehörigkeitsgrade der abgebildeten Argumentwerte aufzulösen* [Zadeh 1965, 37]. Im vorliegenden Fall erhält man folglich:

$$\mu_B(y_1) = \max(\mu_A(x_1), \mu_A(x_2)). \tag{4.2}$$

Allgemein gilt für alle $y \in \Omega_Y$ und alle $x \in \Omega_X$:

$$\mu_B(y) = \max\{\mu_A(x) \mid f(x) = y\}. \tag{4.3}$$

Dabei wird $\max \varnothing = 0$ (bzw. $\sup \varnothing = 0$) vereinbart. Statt 4.3 kann man auch

$$\mu_B(y) = \max_{x \in f^{-1}(y)} \{\mu(x)\} \tag{4.4}$$

schreiben. Die Maximumbildung ist leicht nachvollziehbar: Wenn ein Bildelement aus der Abbildung eines Arguments (x_1) *oder* eines anderen (x_2) resultieren kann, liegt es nahe den Zugehörigkeitsgrad durch eine *Oder-Verknüpfung* (i.e. den Vereinigungsoperator *Maximum*) der Zugehörigkeitsgrade dieser x-Werte zu berechnen. Abbildung 4.2 veranschaulicht diesen Fall anhand der Funktion $f(x) = \min(1, x + 0.5)$.

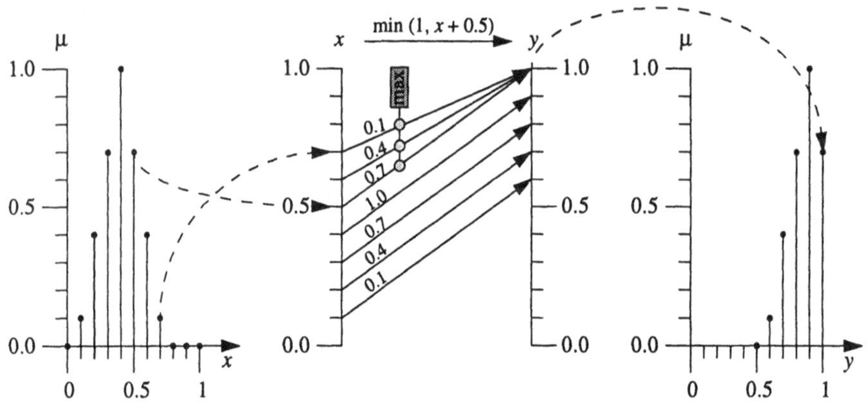

Abb. 4.2: Erweiterungsprinzip (2): Beschränkte Summe von „ungefähr 0.4" und 0.5

Unter Verwendung von Zadehs Notation für unscharfe Mengen läßt sich das in Gleichung 4.4 bereits implizit enthaltene Erweiterungsprinzip für Funktionen mit einer Variablen wie folgt definieren:

Definition 4.1 *Erweiterungsprinzip (einstellig)*

$A \in \Phi(\Omega_X)$ sei eine unscharfe Menge mit der Zugehörigkeitsfunktion μ_A. Die Erweiterung einer Funktion f: $\Omega_X \rightarrow \Omega_Y$, $y = f(x)$ auf eine Funktion $\tilde{f}: \Phi(\Omega_X) \rightarrow \Phi(\Omega_Y)$, $B = \tilde{f}(A)$, ist gegeben durch

$$B = \tilde{f}(A) = \int_{\Omega_X} \mu_A(x)/f(x) = \int_{\Omega_Y} \mu_B(y)/y$$
$$\mu_B(y) = \sup\{\mu_A(x) | f(x) = y \wedge x \in \Omega_X\}. \tag{4.5}$$

Eine Modifikation dieses Prinzips wurde notwendig, um auch mehrstellige Funktionen und Relationen einbeziehen zu können [vgl. Zadeh 1976, 192; 1975, 256-261]. Als zusätzliche Komplikation tritt dabei das Problem auf, daß nicht der Zugehörigkeitsgrad des gesamten Argumenttupels bekannt ist, sondern lediglich die Zugehörigkeitsgrade der einzelnen Argumente gegeben sind. Nach Zadeh wird dann jeweils das Minimum der Zugehörigkeitsgrade der Funktionsargumente berechnet. Geht man zunächst von einer zweistelligen Funktion $f: \Omega_1 \times \Omega_2 \rightarrow \Omega_Y$, $y = f(x_1, x_2)$ aus, die auf die unscharfen Mengen A und B erweitert werden soll, so ist die Zugehörigkeitsfunktion der resultierenden Fuzzy-Menge C über folgende Funktionsgleichung festgelegt ($y \in \Omega_Y$):

$$\mu_C(y) = \max_{(x_1, x_2) \in f^{-1}(y)} \{\min(\mu_A(x_1), \mu_B(x_2))\}. \tag{4.6}$$

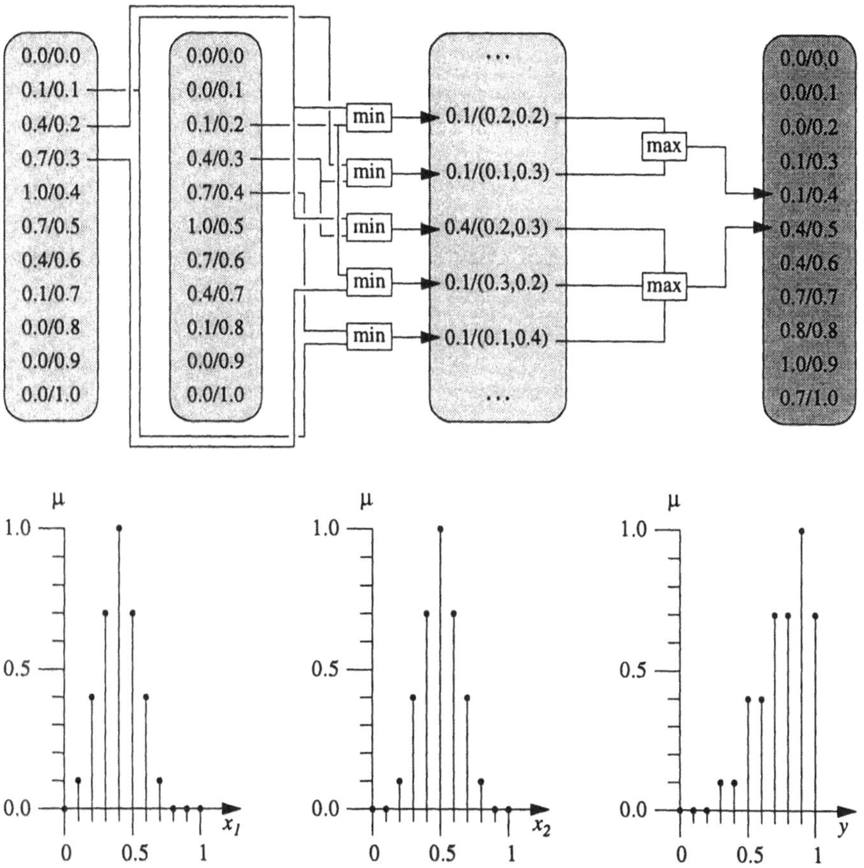

Abb. 4.3: Erweiterungsprinzip (3): Beschränkte Summe von „ungefähr 0.4" und „ungefähr 0.5"

Abbildung 4.3 illustriert die Erweiterung einer zweistelligen Funktion gemäß 4.6 anhand der beschränkten Summe.[2] Die Verallgemeinerung von zweistelligen auf n-stellige Funktionen erfolgt nach dem gleichen Schema: das Minimum muß in beiden Fällen auf Zugehörigkeitsgrade aller Elemente eines Argumenttupels angewandt werden.

Definition 4.2 *Erweiterungsprinzip (n-stellig)*

$A_1, \dots A_n$ seien Fuzzy-Mengen von Ω mit den Zugehörigkeitsfunktionen μ_{A_1}, … μ_{A_n}. Die Erweiterung einer Funktion $f: \Omega^n \rightarrow \Omega_Y$, $y = f(x_1, \dots, x_n)$ auf eine Funktion $\tilde{f}:(\Phi(\Omega))^n \rightarrow \Phi(\Omega_Y)$, $B = \tilde{f}(A_1, \dots, A_n)$, mit $A_1 \in \Phi(\Omega), \dots A_n \in \Phi(\Omega)$ und $B \in \Phi(\Omega_Y)$ ist gegeben durch:

$$\forall (x_1, \dots, x_n) \in \Omega^n$$

$$B = \tilde{f}(A_1, \dots A_n) = \int_{\Omega^n} \min(\mu_{A_1}(x_1), \dots, \mu_{A_n}(x_n))/y = \int_{\Omega_Y} \mu_B(y)/y \quad (4.7)$$

$$\mu_B(y) = \sup \{ \min\{\mu_{A_1}(x_1), \dots, \mu_{A_n}(x_n)\} \mid y = f(x_1, \dots, x_n)\}.$$

Hier wie sonst gilt die Vereinbarung $\sup \varnothing = 0$. Analog zu 4.4 kann man das Erweiterungsprinzip für n-stellige Funktionen auch über folgende Funktionsgleichung beschreiben:

$$\mu_B(y) = \sup_{(x_1, x_2, \dots, x_n) \in f^{-1}(y)} \min\{\mu_{A_1}(x_1), \mu_{A_2}(x_2), \dots, \mu_{A_n}(x_n)\}. \quad (4.8)$$

Die Minimumbildung erfolgt offenkundig in Übereinstimmung mit der Definition des Kartesischen Produkts unscharfer Mengen (3.5, 81). Bei der Anwendung des Erweiterungsprinzips auf n-stellige Funktionen kann man demnach prinzipiell so vorgehen, daß man zunächst das Kartesische Produkt der unscharfen Argumentmengen berechnet und dann gemäß dem Erweiterungsprinzip für eine Variable weiter verfährt. Die Wahl des Maximums (bzw. Supremums) ist plausibel, da der betroffene Funktionswert aus einem *oder* einem anderen Argumenttupel resultieren kann und die Wahl des Minimums ist plausibel, da Tupel als eine *konjunktive* Verknüpfung ihrer Elemente zu interpretieren sind. Dabei wird vorausgesetzt, daß die Variablen *nicht interaktiv* sind, also in keiner Relation stehen, nach der sich die Wertzuweisungen wechselseitig beeinflussen.[3]

Obgleich vor dem Hintergrund von Kapitel 3 alternative Erweiterungsprinzipien auf der Basis anderer t-Normen und t-Conormen denkbar sind und tatsächlich vorgeschlagen worden sind, basiert die weitere Theorieentwicklung, wie allgemein üblich, auf Zadehs Vorschlag, weil er einleuchtend ist, günstige algebraische Eigenschaften aufweist, effizient verarbeitbar ist und überdies na-

---

[2] Dieses Beispiel zeigt zugleich, wie die in Kapitel 3 beschriebenen Mengenoperationen auf Fuzzy-Mengen vom Typ 2 (vgl. Definition 2.28, 73) erweitert werden können: Wird ein Mengenoperator (beispielsweise eine t-Conorm wie die beschränkte Summe) auf Fuzzy-Mengen vom Typ 2 angewandt, so werden die unscharfen Zugehörigkeitsgrade der zu verknüpfenden Fuzzy-Mengen wie hier nach dem Erweiterungsprinzip miteinander verrechnet.

hezu allen theoretischen Untersuchungen und Weiterenwicklungen zugrunde liegt. Bevor die gebräuchlichsten arithmetischen Operatoren demgemäß auf Fuzzy-Mengen erweitert werden, ist es sinnvoll, spezielle Klassen unscharfer Mengen einzuführen, auf die die erweiterten Rechenoperationen anzuwenden sind.

4.2 Unscharfe Quantitäten, Intervalle und Zahlen

Dubois und Prade [1988b, 33] bezeichnen unscharfe Teilmengen der *reellen* Zahlen als „unscharfe Quantitäten". Bereits die sehr einfachen Beispiele unscharfer Arithmetik (vgl. die Abbildungen 4.1 bis 4.3) lassen erkennen, daß das Rechnen mit unscharfen Quantitäten sehr aufwendig sein kann. Um Fuzzy-Mengen über kontinuierlichen Grundmengen handhaben und ein akzeptables Laufzeitverhalten erzielen zu können, werden verschiedene Typen unscharfer Quantitäten eingeführt.

Definition 4.3 *Unscharfe Quantität*

Eine unscharfe Menge über der Menge der reellen Zahlen ($\Re$) heißt *unscharfe Quantität* (*Fuzzy-Quantität*). Die Menge aller unscharfen Quantitäten wird mit $\Phi(\Re)$ symbolisiert.

Sollen unscharfe Quantitäten korrekt und effizient miteinander verrechnet werden, so müssen Fallunterscheidungen getroffen werden, je nachdem ob es sich um *positive* oder *negative* Fuzzy-Quantitäten handelt. Zu beachten ist, daß diese Unterscheidung selbst keineswegs unscharf ist. Vielmehr wird ihr das „harte" Prüfkriterium zugrunde gelegt, ob alle Elemente des Trägers (Definition 2.23, 69) der unscharfen Quantität im Sinne der klassischen Mathematik positiv oder negativ sind [vgl. Novák 1989, 95].

Definition 4.4 *positive unscharfe Quantität*

Eine unscharfe Quantität A ist *positiv*, geschrieben $A > 0$, wenn gilt:

$$\text{supp}(A) \subseteq \,]0, \infty[. \tag{4.9}$$

[3] Das Konzept der Interaktivität in der Fuzzy-Mengentheorie und Possibilitätstheorie kann in mancher Hinsicht als Pendant zum Konzept der Unabhängigkeit in der Wahrscheinlichkeitstheorie gesehen werden. Variablen werden genau dann als *nicht interaktiv* bezeichnet, wenn die Relation zwischen ihnen *separabel* ist. Eine Relation heißt *separabel*, wenn sie gleich dem Kartesischen Produkt ihrer Projektionen (Definition 5.14) ist. Vgl. hierzu u.a. Zadeh [1975d, 280f.], Bandemer und Gottwald [1992, 59, 66]. Beziehungen zwischen den Variablen können über unscharfe Relationen modelliert werden und in die Gesamtberechnung einbezogen werden, indem das Kartesische Produkt mit dieser unscharfen Relation geschnitten wird [vgl. Dubois und Prade 1987a, 132f.].

Definition 4.5 *negative unscharfe Quantität*

Eine unscharfe Quantität A ist *negativ*, geschrieben $A < 0$, wenn gilt:

$$\text{supp}(A) \subseteq\ ]-\infty, 0[. \tag{4.10}$$

Aus beiden Definitionen folgt, daß es eine unendliche Menge von unscharfen Quantitäten („Fuzzy-Nullen") gibt, die weder *positiv* noch *negativ* sind. Unter theoretischen wie praktischen Gesichtspunkten sind normalisierte konvexe Fuzzy-Mengen mit stetigen Zugehörigkeitsfunktionen von besonderem Interesse.

Die Kategorie unscharfe Quantität dient gleichermaßen als Oberbegriff für „unscharfe Zahlen" wie für „unscharfe Intervalle". Von unscharfen Zahlen und unscharfen Intervallen wird allgemein gefordert, daß sie *normalisiert* (Definition 2.21, 67) und *konvex* (Definition 2.22, 68) sind. Manche Autoren unterscheiden nicht definitiv zwischen unscharfen Zahlen und unscharfen Intervallen [vgl. etwa Klir and Folger 1988, 17 sowie Kruse u.a. 1993, 33]. Wird dieser Unterschied gemacht, so verlangt man von unscharfen Zahlen zusätzlich, daß sie genau einen Gipfelpunkt mit dem Zugehörigkeitsgrad eins haben. [Vgl. Dubois and Prade 1988b, 34; Bandemer und Gottwald 1992, 42; Zimmermann 1991, 57.]

Definition 4.6 *Unscharfes Intervall (Fuzzy-Intervall)*

Eine unscharfe Quantität heißt *unscharfes Intervall (Fuzzy-Intervall)*, wenn sie

(1) normalisiert ist,
(2) konvex ist und
(3) ihre Zugehörigkeitsfunktion stückweise stetig ist.

Definition 4.7 *Unscharfe Zahl (Fuzzy-Zahl)*

Ein unscharfes Intervall A heißt *unscharfe Zahl (Fuzzy-Zahl)*, wenn genau ein $x_0 \in \Re$ existiert mit $\mu_A(x_0) = 1$.

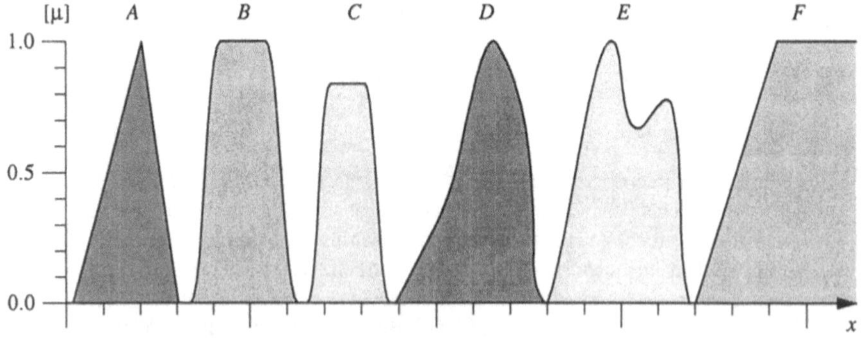

Abb. 4.4: Typen unscharfer Quantitäten

In Abbildung 4.4 sind die drei Typen unscharfer Quantitäten exemplarisch dargestellt: *A* und *D* sind unscharfe Zahlen, *B* und *F* unscharfe Intervalle, während *C* und *E* lediglich als unscharfe Quantitäten bezeichnet werden dürfen. *C* ist kein unscharfes Intervall, weil *C* nicht normalisiert ist und *E* ist keine unscharfe Zahl, weil *E* keine konvexe Fuzzy-Menge ist. Mizumoto und Tanaka [1979, 156f.] haben gezeigt, daß die Addition, Subtraktion, Multiplikation und Division positiver oder negativer *konvexer* Fuzzy-Quantitäten (sie sprechen von Fuzzy-Zahlen) wiederum zu konvexen Fuzzy-Quantitäten führt. Überdies ist die Summe, die Differenz, das Produkt und der Quotient *normaler* Fuzzy-Quantitäten ebenfalls normal.

Für Fuzzy-Mengen mit *stetigen* Zugehörigkeitsfunktionen haben Dubois und Prade ein allgemeines Verfahren beschrieben, das für Erweiterungen aller *stetigen, monoton steigenden (oder monoton fallenden) Funktionen* tauglich ist. Dabei müssen die Fuzzy-Mengen in Teilmengen mit monoton steigenden oder monoton fallenden Zugehörigkeitsfunktionen zerlegt werden. Die erweiterten Operationen können dann auf gewöhnliche Operationen über den Randpunkten der Funktionsabschnitte und die Vereinigung der resultierenden Teilmengen zurückgeführt werden [vgl. Dubois and Prade 1980, 42-49]. Der von Dubois und Prade beschriebene Algorithmus ist eng mit dem in Kapitel 2 (71f.) erwähnten Ansatz verwandt, die Rechenoperationen niveauweise durchzuführen [vgl. Kruse 1987; Kruse u.a. 1993, 41f.].

Am verbreitetsten ist die Verwendung spezieller Arithmetik-Formeln für die Klasse der LR-Intervalle, die bereits 1978 von Dubois und Prade eingeführt worden sind [vgl. Dubois and Prade 1978, 617ff.; 1988b, 48ff.]. LR-Intervalle bieten über die Definition eines Paares sogenannter *Referenzfunktionen* eine *parametrische* Repräsentation unscharfer Intervalle, die vielfache Gestaltungsoptionen für die Festlegung des Verlaufs der Zugehörigkeisfunktion bietet und zugleich sehr effizient verarbeitet werden kann.

Definition 4.8 *LR-Referenzfunktion*

Eine Funktion $f\colon \Re_0^+ \rightarrow [0,1]$ heißt *LR-Referenzfunktion* (engl.: *shape function*), wenn sie folgende Eigenschaften erfüllt:

(1) f ist monoton fallend
(2) $f(1) = 0 \vee (\forall x\, f(x) > 0 \wedge \lim_{x \to \infty} f(x) = 0)$
(3) $f(0) = 1$
(4) $\forall x > 0\colon f(x) < 1$
(5) $\forall x < 1\colon f(x) > 0$.

Definition 4.9 *LR-Intervall*

Ein Fuzzy-Intervall *A* heißt *LR-Intervall*, wenn zwei LR-Referenzfunktionen *L* (links) und *R* (rechts) und vier Parameter m_1, m_2, α, $\beta \in \Re$ mit $m_1 \le m_2$ und $\alpha > 0$, $\beta > 0$ existieren, so daß für alle $x \in \Re$ gilt:

$$\mu_A(x) = \begin{cases} L\left(\frac{m_1 - x}{\alpha}\right) & ; \text{ falls } x \le m_1 \\ 1 & ; \text{ falls } x \in [m_1, m_2] \\ R\left(\frac{x - m_2}{\beta}\right) & ; \text{ falls } x \ge m_2. \end{cases} \tag{4.11}$$

Die Menge aller LR-Intervalle von $\mathfrak{R}$ wird im folgenden mit $\Phi_{LR}(\mathfrak{R})$ bezeichnet. Soll hervorgehoben werden, daß eine unscharfe Menge A vom Typ LR ist, so wird A_{LR} geschrieben. Mit A_{LL} soll ausgedrückt werden, daß die beiden Referenzfunktionen gleich sind (L = R). Zur allgemeinen Beschreibung von LR-Intervallen haben Dubois und Prade [1988b, 49] die Schreibweise $A = (m_1, m_2, \alpha,$

Typische Referenzfunktionen ($p \in \mathfrak{R}^+, x \in \mathfrak{R}_0^+$)			
$f_1(x) = \max(0, 1-x)^p$	(4.12)	$f_2(x) = \max(0, 1-x^p)$	(4.13)
$f_3(x) = e^{-x}$	(4.14)	$f_4(x) = e^{-x^2}$	(4.15)
$f_5(x) = \frac{1}{1+x}$	(4.16)	$f_6(x) = \frac{1}{1+x^2}$	(4.17)
Spezielle LR-Intervalle			
Bezeichnung		**LR-Charakteristik (∀L, ∀R)**	
Reelle Zahlen: $m_1 \in \mathfrak{R}$		$(m_1, m_2, 0, 0)_{LR}$ mit $m_1 = m_2$	(4.18)
LR-Zahl		$(m_1, m_2, \alpha, \beta)_{LR}$ mit $m_1 = m_2$	(4.19)
Gewöhnliches Intervall: $[m_1, m_2]$		$(m_1, m_2, 0, 0)_{LR}$	(4.20)
Trapezförmiges LR-Intervall		$L(x) = R(x) = \max(0, 1-x), x \in \mathfrak{R}$	(4.21)
Dreiecksförmige LR-Zahl		$L(x) = R(x) = \max(0, 1-x), x \in \mathfrak{R}$	(4.22)
Gaußsche LR-Zahl		$L(x) = R(x) = e^{-x^2}, x \in \mathfrak{R}$	(4.23)

Tabelle 4.1: Spezielle LR-Intervalle und typische Referenzfunktionen

Bei einer Gaußschen LR-Zahl $(m, \alpha, \beta)_{LR}$ sind die Schwankungsbreiten α und β gleich dem Abstand vom Zentrum m zu den Wendepunkten σ der Glockenkurve. Kurz: $\alpha = \beta = \sigma$.

$\beta)_{LR}$ eingeführt. Bei Gleichheit der Referenzfunktionen wird entsprechend $A = (m_1, m_2, \alpha, \beta)_{LL}$ notiert. m_1 und m_2 werden Gipfelwerte genannt. Sie bilden die Randpunkte des Kerns (Definition 2.24, 69). Kurz: core(A) = $[m_1, m_2]$. Mit α wird die linke, mit β die rechte Schwankungsbreite bezeichnet. Die Verwendung dieser Parameter statt der Trägergrenzen bietet die Möglichkeit, unscharfe

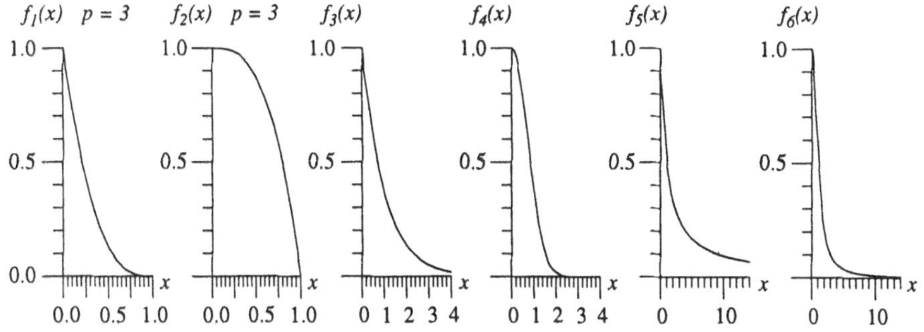

Abb. 4.5: Typische Referenzfunktionen

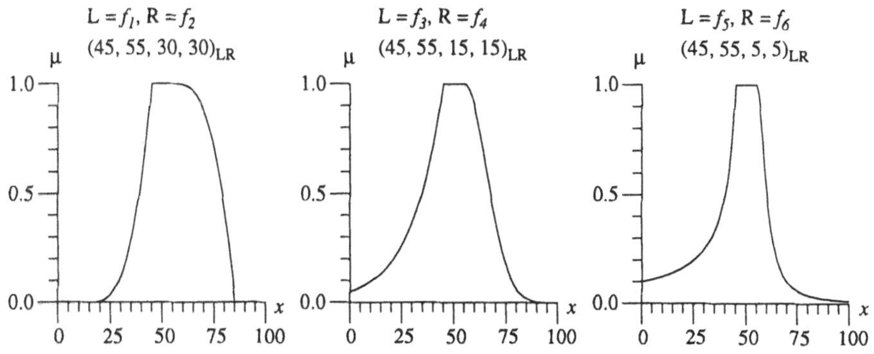

Abb. 4.6: LR-Intervalle mit verschiedenen Referenzfunktionen

Mengen zu definieren, deren Träger (Definition 2.23, 69) unbeschränkt sind. So lassen sich beispielsweise Gaußsche Exponentialfunktionen für die Definition unscharfer Intervalle verwenden. Falls der Träger des unscharfen Intervalls beschränkt ist, wird er über ein gewöhnliches Intervall festgelegt, dessen Randpunkte sich unmittelbar aus den Schwankungsbreiten und den Randpunkten des Kerns berechnen lassen. Kurz: $\text{supp}(A) =]m_1 - \alpha, m_2 + \beta[$. Setzt man die Gipfelwerte gleich, so erhält man die Unterklasse der LR-Zahlen.

Definition 4.10 *LR-Zahl*

Ein LR-Intervall, $A = (m_1, m_2, \alpha, \beta)_{LR}$, heißt *LR-Zahl*, wenn A genau einen Gipfelwert $m = m_1 = m_2$ besitzt. Man schreibt dann auch kurz: $A = (m, \alpha, \beta)_{LR}$.

Analog zu LL-Intervallen kann man von LL-Zahlen sprechen, wenn L = R gilt. Reelle Zahlen wie gewöhnliche Intervalle können als spezielle LR-Intervalle oder LR-Zahlen dargestellt werden, bei denen die linke wie die rechte Schwankungsbreite null beträgt, so daß sich über diese Repräsentationsform leicht „gemischte“ Operationen durchführen lassen. In Tabelle 4.1 sind diese speziellen

LR-Intervalle sowie typische Referenzfunktionen spezifiziert. Abbildung 4.5 zeigt die Funktionsgraphen verschiedener Referenzfunktionen, Abbildung 4.6 zeigt die Graphen mit ihnen gebildeter LR-Intervalle. Der in Abbildung 2.8 (58) dargestellte Funktionsgraph einer trapezförmigen Zugehörigkeitsfunktion ist ein weiteres Beispiel. LR-Intervalle bilden eine relativ allgemeine Klasse unscharfer Mengen, mit denen sich linear wie exponentiell verlaufende Funktionen, glockenförmige wie monoton steigende und monoton fallende Kurvenverläufe darstellen lassen.

4.3 Erweiterung arithmetischer Grundoperationen auf unscharfe Quantitäten

Mit dem beschriebenen Erweiterungsprinzip lassen sich arithmetische Operationen über der Menge der reellen Zahlen unmittelbar auf unscharfe Teilmengen der reellen Zahlen erweitern. In Tabelle 4.6 sind derartige Erweiterungen gebräuchlicher arithmetischer Operationen definiert. Die Funktionsgraphen in Abbildung 4.7 veranschaulichen einige Operationen. Besonders einfach gestaltet sich die

Operationsname	Def.-Nr.	Funktionsgleichung ($x, y, z \in \Re$)	Bedingungen
		Einstellige Operationen	
Negation	(4.11)	$-A = \int_{\Re} \mu_A(x)/-x$ $\mu_{-A}(x) = \mu_A(-x)$	
Kehrwert	(4.12)	$\frac{1}{A} = \int_{\Re} \mu_A(x)/\frac{1}{x}$ $\mu_{\frac{1}{A}}(x) = \mu_A\left(\frac{1}{x}\right)$	$x \neq 0$
Skalarprodukt	(4.13)	$\lambda A = \int_{\Re} \mu_A(x)/(\lambda x)$ $\mu_{\lambda A}(x) = \mu_A\left(\frac{x}{\lambda}\right)$	$\lambda \neq 0$
Potenzfunktion	(4.14)	$A^n = \int_{\Re} \mu_A(x)/x^n$ $\mu_{A^n}(x) = \mu_A(\sqrt[n]{x})$	$n \in \mathbb{N}$
Exponentialfunktion	(4.15)	$a^A = \int_{\Re} \mu_A(x)/a^x$ $\mu_{a^A}(x) = \mu_A(\log_a x)$	$x > 0$ $a \in \Re^+ \setminus \{1\}$

Tabelle 4.2: Definitionen erweiterter arithmetischer Operationen

Operationsname	Def.-Nr.	Funktionsgleichung ($x,y,z \in \Re$)	Bedingungen
Natürliche Exponentialfunktion	(4.16)	$e^A = \int_{\Re} \mu_A(x)/e^x$ $\mu_{e^A}(x) = \mu_A(\ln(x))$	$x > 0$
Logarithmus	(4.17)	$\log_a(A) = \int_{\Re} \mu_A(x)/\log_a(x)$ $\mu_{\log_a A}(x) = \mu_A(a^x)$	$a \in \Re^+$
Natürlicher Logarithmus	(4.18)	$\ln(A) = \int_{\Re} \mu_A(x)/\ln(x)$ $\mu_{ln(A)}(x) = \mu_A(e^x)$	
Erweiterungen von Minimum und Maximum			
Minimum	(4.19)	$\min(A, B) = \int_{\Re} \min(\mu_A(x), \mu_B(y))/\min(x, y)$ $\mu_{\min(A, B)}(z) = \sup_{z=\min(x,y)} (\min(\mu_A(x), \mu_B(y)))$	
Maximum	(4.20)	$\max(A, B) = \int_{\Re} \min(\mu_A(x), \mu_B(y))/\max(x, y)$ $\mu_{\max(A, B)}(z) = \sup_{z=\max(x,y)} (\min(\mu_A(x), \mu_B(y)))$	
Erweiterungen der vier Grundrechenarten			
Addition	(4.21)	$A + B = \int_{\Re} \min(\mu_A(x), \mu_B(y))/(x + y)$ $\mu_{A+B}(z) = \sup_{z=x+y} (\min(\mu_A(x), \mu_B(y)))$ $= \sup_x(\min(\mu_A(x), \mu_B(z - x)))$	
Subtraktion	(4.22)	$A - B = \int_{\Re} \min(\mu_A(x), \mu_B(y))/(x - y)$ $\mu_{A-B}(z) = \sup_{z=x-y} (\min(\mu_A(x), \mu_B(y)))$ $= \sup_x(\min(\mu_A(x), \mu_B(x - z)))$	
Erweiterte Multiplikation	(4.23)	$A \cdot B = \int_{\Re} \min(\mu_A(x), \mu_B(y))/(x \cdot y)$ $\mu_{A \cdot B}(z) = \sup_{z=xy} (\min(\mu_A(x), \mu_B(y)))$ $= \sup_x(\min(\mu_A(x), \mu_B(z/x)))$	$x \neq 0$
Erweiterte Division	(4.24)	$A/B = \int_{\Re} \min(\mu_A(x), \mu_B(y))/(x/y)$ $\mu_{A/B}(z) = \sup_{z=x/y} (\min(\mu_A(x), \mu_B(y)))$ $= \sup_x(\min(\mu_A(x), \mu_B(x/z)))$	$z \neq 0$

Tabelle 4.2: Definitionen erweiterter arithmetischer Operationen (Fortsetzung)

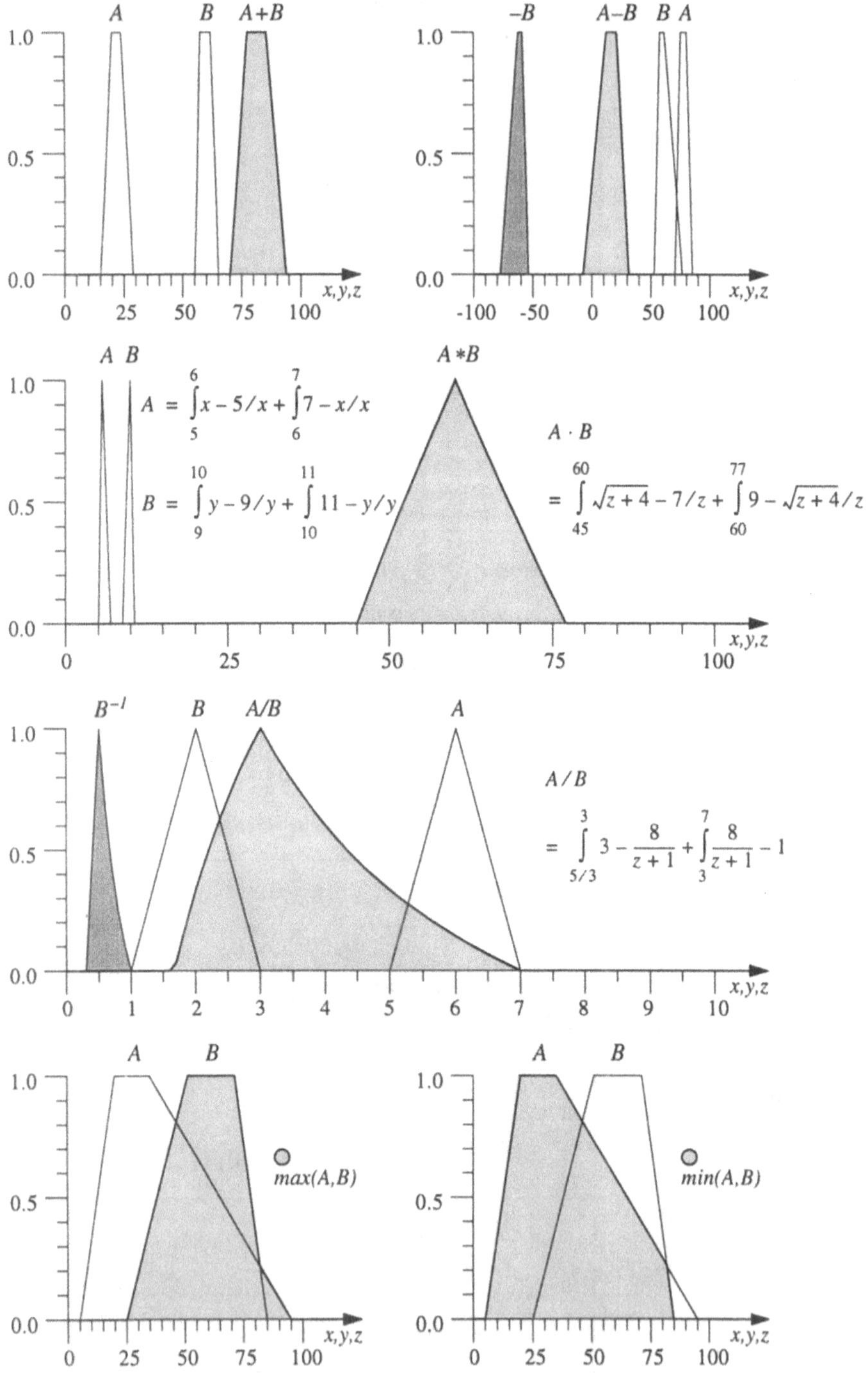

Abb. 4.7: Funktionsgraphen erweiterter Arithmetik-Operationen

Erweiterung einstelliger Funktionen. In diesem Fall kann die erste Version des Erweiterungsprinzips (4.1) angewandt werden. Bei der Erweiterung der vier Grundrechenarten ist demgegenüber die komplexere Version (4.2) erforderlich. Die Definitionen der erweiterten Grundrechenarten sind auf zwei Argumente ausgelegt. Eine Erweiterung auf mehrere Argumente kann leicht vorgenommen werden, indem man in den Formeln die zweistelligen gewöhnlichen Operationen durch die entsprechenden n-stelligen ersetzt. Im Fall der Addition und Multiplikation lassen sich die n-stelligen Operationen rekursiv über die zweistelligen definieren, da beide erweiterte Operationen assoziativ sind [vgl. Mizumoto und Tanaka 1979, 158]. Allgemein gilt [vgl. Dubois und Prade 1988b, 44]:

Ist eine Operation assoziativ (kommutativ), dann ist auch die erweiterte Operation assoziativ (kommutativ).

Zu beachten ist aber, daß sich die Gesetzmäßigkeiten der klassischen Arithmetik nicht voll auf die Fuzzy-Arithmetik übertragen lassen. Für die erweiterte Multiplikation und Addition existieren keine inverse Zahlen im Sinne der Gruppentheorie [Mizumoto and Tanaka 1979, 159]. Im allgemeinen beträgt weder die Summe einer unscharfen Quantität mit ihrer Negation null (Neutralelement der Addition) noch das Produkt einer unscharfen Quantität mit ihrem Kehrwert eins (Neutralelement der Multiplikation). Im Allgemeinfall erhält man vielmehr unscharfe Zahlen, die sich als *„etwa 1“* oder *„etwa 0“* deuten lassen:

$$\begin{aligned} A \cdot \frac{1}{A} &= \text{etwa } 1 \neq 1 \\ A + (-A) &= \text{etwa } 0 \neq 0. \end{aligned} \tag{4.24}$$

Außerdem sind die erweiterte Multiplikation und Addition im Gegensatz zu den klassischen Operationen nicht generell wechselseitig distributiv. Allgemein bleibt lediglich eine abgeschwächte Form der Distributivität erhalten [Dubois and Prade 1980, 50f.]:

$$Q_1 \cdot (Q_2 + Q_3) \subseteq (Q_1 \cdot Q_2) + (Q_1 \cdot Q_3). \tag{4.25}$$

Nach Dubois und Prade [1988b, 45] gilt das Distributivgesetz für Fuzzy-Quantitäten in mindestens drei Fällen:

(1) Q_1 ist eine reelle Zahl.
(2) Q_1, Q_2 und Q_3 sind „u.s.c. fuzzy intervals“[4] und Q_2, Q_3 sind entweder positiv oder negativ.
(3) Q_1, Q_2 und Q_3 sind „u.s.c. fuzzy intervals“ und Q_2, Q_3 sind beide symmetrische Fuzzy-Intervalle ($Q_2 = -Q_2$, $Q_3 = -Q_3$).

---

4 Als „u.s.c fuzzy intervals“ bezeichnen Dubois und Prade Fuzzy-Intervalle, deren Niveaumengen geschlossene Intervalle bilden. Das Kürzel „u.s.c“ steht für „upper semicontinuous“ membership functions [vgl. Dubois and Prade 1988b, 34]

Demgegenüber erfüllen die Erweiterungen von Minimum und Maximum gemäß den Definitionen 4.19 und 4.20 (Tabelle 4.2) die Eigenschaften eines distributiven Verbands, d.h. sie sind kommutativ, assoziativ, wechselseitig distributiv, absorbierend und idempotent. Im Gegensatz zu den klassischen Vorbildern ist der Funktionswert jedoch nicht notwendigerweise ein Element der Argumentmenge:

$$\begin{aligned} \min(A, B) &\notin \{A, B\} \\ \max(A, B) &\notin \{A, B\}. \end{aligned} \tag{4.26}$$

Aus diesem Grund ist das erweiterte Maximum oder Minimum im allgemeinen nicht geeignet, unscharfe Quantitäten miteinander zu vergleichen, um eine Rangordnung zwischen ihnen festzulegen.[5]

Da die Formeln in den Definitionen 4.19 und 4.20 relativ intransparent und rechentechnisch ungünstig sind, nimmt man in beiden Fällen eine Umformung vor [vgl. Dubois and Prade 1978, 623; Bandemer und Gottwald 1992, 46]. Aufgrund der Äquivalenz

$$(z = \max(x, y)) \Leftrightarrow ((x = z) \wedge (y \leq z)) \vee ((y = z) \wedge (x \leq z)) \tag{4.27}$$

kann man für Definition 4.20 folgende Formel verwenden:

$$\begin{aligned} \mu_{\max(A,B)}(z) &= \max\Bigl(\sup_{y \leq z} \min(\mu_A(z), \mu_B(y)), \sup_{x \leq z} \min(\mu_A(x), \mu_B(z))\Bigr) \\ &= \max(\min(\mu_A(y), \sup_{y \leq z} \mu_B(x_2)), \min(\sup_{x \leq z} \mu_A(x_1), \mu_B(y))). \end{aligned} \tag{4.28}$$

Analog dazu kann man beim Minimum von der Äquivalenz

$$(z = \min(x, y)) \Leftrightarrow ((x = z) \wedge (y \geq z)) \vee ((y = z) \wedge (x \geq z)) \tag{4.29}$$

ausgehen und folgende Umformung (vgl. Definition 4.19) vornehmen:

$$\begin{aligned} \mu_{\min(A,B)}(z) &= \max\Bigl(\sup_{y \geq z} \min(\mu_A(z), \mu_B(y)), \sup_{x \geq z} \min(\mu_A(x), \mu_B(z))\Bigr) \\ &= \max(\min(\mu_A(z), \sup_{y \geq z} \mu_B(y)), \min(\sup_{x \geq z} \mu_A(x), \mu_B(z))). \end{aligned} \tag{4.30}$$

Beispiel 4.2 *Maximum von „ungefähr 2" und „ungefähr 4"*

Gegeben seien die unscharfen Zahlen „ungefähr 2" = A = {0.7/1 + 1.0/2 + 0.7/3} und „ungefähr 4" = B = {0.3/2 + 0.8/3 + 1.0/4 + 0.8/5 + 0.3/6}. Was ergibt das unscharfe Maximum von A und B? Nach Gleichung 4.28 läßt sich die resultierende unscharfe Menge über folgende Tabelle bestimmen.

---

[5] Zur Frage, wie unscharfe Quantitäten in eine Rangordnung gebracht werden können, wurden viele Vorschläge unterbreitet. Einen Überblick bieten Bortolan und Degani [1985]. Die Ergebnisse ihrer Untersuchung sprechen dafür, einem Vorschlag zu folgen, in dem die Rangordnung über vier Indizes bestimmt wird [vgl. Dubois and Prade 1988b, 98ff.].

s_0	s_1	s_2	s_3	s_4	s_5	s_6	s_7
y	$\mu_A(y)$	sup $\mu_B(x_2)$	$\min(s_1,s_2)$	sup $\mu_A(x_1)$	$\mu_B(y)$	$\min(s_4,s_5)$	$\mu_{\max(A,B)}(y)$
1	0.7	0.0	0.0	0.7	0.0	0.0	0.0
2	1.0	0.3	0.3	1.0	0.3	0.3	0.3
3	0.7	0.8	0.7	1.0	0.8	0.8	0.8
4	0.0	1.0	0.0	1.0	1.0	1.0	1.0
5	0.0	1.0	0.0	1.0	0.8	0.8	0.8
6	0.0	1.0	0.0	1.0	0.3	0.3	0.3

Tabelle 4.3: Berechnung des Maximums von „ungefähr 2" und „ungefähr 4"

Die Antwort lautet mithin: max(A,B) = {0.3/2 + 0.8/3 + 1.0/4 + 0.8/5 + 0.3/6} = B.

In Beispiel 4.2 ist das Ergebnis ein Element der Argumentmenge. Anhand einer leichten Abwandlung dieser unscharfen Argumente wird ersichtlich, daß dies keine allgemeine Eigenschaft unscharfer Extremwerte ist. Im folgenden Beispiel ist zudem der Träger der Ergebnismenge ungleich zu den Trägermengen beider Argumente. (Vgl. auch Abbildung 4.7, in der analog zu dem folgenden Beispiel graphische Lösungen für unscharfe Quantitäten mit stetigen Zugehörigkeitsfunktionen dargestellt sind.)

Beispiel 4.3 *Maximum von „gut 2 bis 3" und „etwa 3"*

Gegeben: „gut 2 bis 3" = A = {1.0/2 + 1.0/3 + 0.9/4 + 0.6/5 + 0.3/6}. „Etwa 3" = B = {0.3/1 0.7/2 1.0/3 0.7/4 0.3/5}. Wie groß ist das Maximum von A und B?. Die Antwort lautet: Max(A,B) = {0.7/2 + 1.0/3 + 0.9/4 + 0.6/5 + 0.3/6}. Tabelle 4.4 beschreibt den Rechenweg.

s_0	s_1	s_2	s_3	s_4	s_5	s_6	s_7
y	$\mu_A(y)$	sup $\mu_B(x_2)$	$\min(s_1,s_2)$	sup $\mu_A(x_1)$	$\mu_B(y)$	$\min(s_4,s_5)$	$\mu_{\max(A,B)}(y)$
1	0.0	0.3	0.0	0.0	0.3	0.0	0.0
2	1.0	0.7	0.7	1.0	0.7	0.7	0.7
3	1.0	1.0	1.0	1.0	1.0	1.0	1.0
4	0.9	1.0	0.9	1.0	0.7	0.7	0.9
5	0.6	1.0	0.6	1.0	0.3	0.3	0.6
6	0.3	1.0	0.3	1.0	0.0	0.0	0.3

Tabelle 4.4: Berechnung des Maximums von „gut 2 bis 3" und „etwa 3"

4.4 Effiziente Verfahren für unscharfe Rechenoperationen mit LR-Intervallen

Mit dem Erweiterungsprinzip steht ein allgemeines Verfahren zur Verfügung, arithmetische Operationen rein formal, nach einem einfachen Schema auf unscharfe Quantitäten zu erweitern. Die resultierenden Definitionsgleichungen sind jedoch für viele praktische Zwecke ungeeignet, weil die Funktionen punktweise definiert sind und einen immens großen numerischen Rechenaufwand mit sich bringen können. Gerade diese praktische Untauglichkeit für die effiziente numerische Berechnung motivierte die Einführung von LR-Intervallen. Dubois und Prade [1978, 615-622; 1988b, 50f.] haben gezeigt, wie *exakte* Formeln für die Erweiterung der vier Grundrechenarten aufgestellt werden können. Auf sehr einfache und zugleich höchst effiziente Weise läßt sich die erweiterte Summe und die erweiterte Differenz von LR-Intervallen exakt berechnen. Als Ergebnis erhält man dabei wiederum LR-Intervalle. Die Menge der LR-Intervalle $\Phi_{LR}(\mathfrak{R})$ ist also bezüglich der erweiterten Addition und Subtraktion *abgeschlossen,* das heißt es gelten folgende *Invarianzsätze:*

$$A_{LR}, B_{LR} \in \Phi_{LR}(\mathfrak{R}) \Rightarrow A_{LR} + B_{LR} \in \Phi_{LR}(\mathfrak{R}) \tag{4.31}$$

$$A_{LR} \in \Phi_{LR}(\mathfrak{R}) \wedge B_{LR} \in \Phi_{RL}(\mathfrak{R}) \Rightarrow A_{LR} - B_{LR} \in \Phi_{LR}(\mathfrak{R}) \tag{4.32}$$

Für die erweiterte Multiplikation und Division trifft dies nicht zu. Allerdings lassen sich etwa ebenso einfach und effizient verrechenbare *Näherungsformeln* aufstellen, die gewährleisten, daß auch das Produkt und der Quotient zweier LR-Intervalle wieder ein LR-Intervall ergibt. Bei Verwendung dieser Formeln ist also $\Phi_{LR}(\mathfrak{R})$ bezüglich aller vier erweiterten Grundrechenarten abgeschlossen. Der Rechenaufwand reduziert sich in allen Fällen auf wenige einfache arithmetische Operationen mit den vier Parametern der LR-Intervalle. Bei der Multiplikation, Kehrwertbildung und Division von LR-Zahlen und LR-Intervallen müssen verschiedene Fallunterscheidungen getroffen werden, je nachdem ob positive oder negative Quantitäten miteinander verrechnet werden sollen.

Die in den Tabellen 4.5 und 4.6 beschriebenen Definitionsgleichungen basieren auf den Arbeiten von Dubois und Prade [1978; 1980; 1987a; 1988b]. Dubois und Prade haben jedoch nicht für alle Fallunterscheidungen Formeln angegeben. Da sich diese Lücken in der Sekundärliteratur widerspiegeln, war es notwendig, für die fehlenden Fälle zusätzliche Formeln aufzustellen. Es handelt sich dabei lediglich um Näherungsformeln, die sich aufgrund des Erweiterungsprinzips oder von Äquivalenzumformungen in der klassischen Arithmetik rechtfertigen. Eine systematische mathematische Analyse von Näherungsformeln für positive und negative LR-Intervalle wäre zweifellos wünschenswert.

$A_{LR} = (m, \alpha, \beta)_{LR}, B_{LR} = (n, \gamma, \delta)_{LR}$				
Operationsname	Def.-Nr.	Bedingungen	Funktionsgleichung	
Maximum	(4.25)		$\max(A_{LR}, B_{LR}) \approx (\max(m, n), \max(m, n) - \max(m - \alpha, n - \gamma), \max(m + \beta, n + \delta) - \max(m, n))_{LR}$	(4.33)
Minimum	(4.26)		$\min(A_{LR}, B_{LR}) \approx (\min(m, n), \min(m, n) - \min(m - \alpha, n - \gamma), \min(m + \beta, n + \delta) - \min(m, n))_{LR}$	(4.34)
Negation	(4.27)		$-A_{LR} = (-m, \beta, \alpha)_{RL}$	(4.35)
Kehrwert	(4.28)	$A > 0 \vee A < 0$	$A_{LR}^{-1} \approx \left(\frac{1}{m}, \frac{\beta}{m^2}, \frac{\alpha}{m^2}\right)_{RL}$	(4.36)
Addition	(4.29)		$A_{LR} + B_{LR} = (m + n, \alpha + \gamma, \beta + \delta)_{LR}$	(4.37)
Subtraktion	(4.30)		$A_{LR} - B_{RL} = (m - n, \alpha + \delta, \beta + \gamma)_{LR}$	(4.38)
Multiplikation	(4.31)	$A > 0 \wedge B > 0$	$A_{LR} \cdot B_{LR} \approx (mn, m\gamma + n\alpha, m\delta + n\beta)_{LR}$	(4.39)
		$A < 0 \wedge B < 0$	$A_{LR} \cdot B_{LR} \approx (mn, -n\beta - m\delta, -n\alpha - m\gamma)_{LR}$	(4.40)
		$A < 0 \wedge B > 0$	$A_{RL} \cdot B_{LR} \approx (mn, n\alpha - m\delta, n\beta - m\gamma)_{LR}$	(4.41)
		$A > 0 \wedge B < 0$	$A_{RL} \cdot B_{LR} \approx (mn, m\gamma - n\beta, m\delta - n\alpha)_{LR}$	(4.42)
Division	(4.32)	$A > 0 \wedge B > 0$	$A_{LR}/B_{RL} \approx \left(\frac{m}{n}, \frac{\delta m + \alpha n}{n^2}, \frac{\gamma m + \beta n}{n^2}\right)_{LR}$	(4.43)
		$A < 0 \wedge B < 0$	$A_{LL}/B_{LL} \approx \left(\frac{m}{n}, \frac{m\gamma - n\beta}{n^2}, \frac{m\delta - n\alpha}{n^2}\right)_{LL}$	(4.44)
		$A < 0 \wedge B > 0$	$A_{LL}/B_{LL} \approx \left(\frac{m}{n}, \frac{n\alpha - m\gamma}{n^2}, \frac{n\beta - m\delta}{n^2}\right)_{LL}$	(4.45)
		$A > 0 \wedge B < 0$	$A_{LL}/B_{LL} \approx \left(\frac{m}{n}, \frac{\delta m - \beta n}{n^2}, \frac{\gamma m - \alpha n}{n^2}\right)_{LL}$	(4.46)

Tabelle 4.5: Definitionen arithmetischer Operationen über LR-Zahlen

Die Differenz zweier LR-Intervalle kann wie bei reellen Zahlen der Summe von Minuend und negiertem Subtrahend gleichgesetzt werden. Bei der erweiterten Negation eines LR-Intervalls müssen die negierten Gipfelwerte, die Schwankungsbreiten und die Referenzfunktionen vertauscht werden (Gleichung 4.55). Ausgehend von den Gleichungen 4.55 und 4.57 läßt sich nun leicht eine Formel für die erweiterte Subtraktion von LR-Intervallen ableiten:

$$\begin{aligned}&(m_1, m_2, \alpha, \beta)_{LR} - (n_1, n_2, \gamma, \delta)_{RL}\\ &= (m_1, m_2, \alpha, \beta)_{LR} + (-(n_1, n_2, \gamma, \delta)_{RL})\\ &= (m_1, m_2, \alpha, \beta)_{LR} + (-n_2, -n_1, \delta, \gamma)_{LR}\\ &= (m_1 - n_2, m_2 - n_1, \alpha + \delta, \beta + \gamma)_{LR}.\end{aligned} \quad (4.47)$$

Zu beachten ist allerdings, daß die angegebene Formel (4.47) nur für LR-Intervalle mit „vertauschten" Referenzfunktionen gilt. Um Komplikationen zu vermeiden, ist es am einfachsten zu verlangen, daß die Referenzfunktionen (L = R) gleich sind. Für die meisten praktischen Zwecke erscheinen diese Voraussetzungen nicht allzu schwerwiegend. Bei der Multiplikation und Division von LR-Intervallen müssen vier Fälle unterschieden werden, je nachdem ob die Argumente positiv oder negativ sind (vgl. Definition 4.4 und 4.5, 134):[6]

(1) beide Argumente sind positiv: $A_{LR} > 0 \wedge B_{LR} > 0$
(2) das erste Argument ist positiv, das zweite negativ: $A_{LR} > 0 \wedge B_{LR} < 0$
(3) das erste Argument ist negativ, das zweite positiv: $A_{LR} < 0 \wedge B_{LR} > 0$
(4) beide Argumente sind negativ: $A_{LR} < 0 \wedge B_{LR} < 0$

Für die Multiplikation zweier positiver LR-Zahlen und LR-Intervalle wurden verschiedene Näherungsformeln vorgeschlagen.[7] Geht man von 4.59 aus, dann ergeben sich aus der Äquivalenzkette

$$A_{LL} * B_{LL} = -(A_{LL} * (-B_{LL})) = -A_{LL} * -B_{LL} = -((-A_{LL}) * B_{LL}) \quad (4.48)$$

und der Negationsdefinition 4.35 die Formeln 4.60 bis 4.62. Bei der Entwicklung einer Näherungsformel für die Berechnung des erweiterten Quotienten kann man analog zur Entwicklung der Formel für die erweiterte Differenz vorgehen: das heißt man führt die Division zweier LR-Intervalle auf die Multiplikation des Dividenden mit dem Kehrwert des Divisors zurück ($A_{LL} / B_{LL} = A_{LL} * B_{LL}^{-1}$). Wendet man die allgemeine Definition des erweiterten Kehrwerts (Tabelle 4.6, Definition 4.12) auf die Funktionsgleichung für LR-Intervalle (4.11) an, so erhält man folgende Gleichung ($x, m_1, m_2 \in \Re\backslash\{0\}$):

---

6 Für die Multiplikation sind wegen des Kommutativgesetzes prinzipiell nur drei Fallunterscheidungen nötig. Da die Division auf die Multiplikation zurückgeführt wird, ist es jedoch günstiger, mit vier Fallunterscheidungen zu arbeiten.

7 Dubois und Prade [1980, 55] unterscheiden dabei zwischen LR-Zahlen, in denen die Schwankungsbreiten im Vergleich zu den Gipfelwerten klein sind, und LR-Zahlen, in denen dies nicht zutrifft. Bei der Multiplikation zweier positiver LR-Zahlen empfehlen sie für den ersten Fall Formel 4.39 (Tabelle 4.5, 145), während sie für den zweiten Fall vorschlagen, folgende Näherungsformel anzuwenden:

$$A_{LR} \cdot B_{LR} \approx (mn, m\gamma + n\alpha - \alpha\gamma, m\delta + n\beta + \beta\delta)_{LR}.$$

$$\mu_{A^{-1}}(x) = \begin{cases} R\left(\dfrac{\frac{1}{x} - m_2}{\beta}\right) & ; x < \dfrac{1}{m_2} \\ 1 & ; \dfrac{1}{m_2} \le x \le \dfrac{1}{m_1} \\ L\left(\dfrac{m_1 - \frac{1}{x}}{\alpha}\right) & ; x > \dfrac{1}{m_1} \end{cases} \tag{4.49}$$

$$= \begin{cases} R\left(\dfrac{\frac{1}{m_2} - x}{\frac{\beta x}{m_2}}\right) & ; x < \dfrac{1}{m_2} \\ 1 & ; \dfrac{1}{m_2} \le x \le \dfrac{1}{m_1} \\ L\left(\dfrac{x - \frac{1}{m_1}}{\frac{\alpha x}{m_1}}\right) & ; x > \dfrac{1}{m_1} \end{cases} \tag{4.50}$$

Diese Gleichung beschreibt kein LR-Intervall mehr. Um weiterhin mit LR-Intervallen operieren zu können, ist man gezwungen mit Näherungslösungen zu arbeiten. Für die Umgebung von $x = 1/m_1$ gilt $\alpha x/m_1 \approx \alpha/m_1^2$ und für die Umgebung von $x = 1/m_2$ entsprechend $\beta x/m_2 \approx \beta/m_2^2$. Daher erhält man eine Näherungslösung, wenn man in 4.50 $\alpha x/m_1$ durch α/m_1^2 und $\beta x/m_2$ durch β/m_2^2 ersetzt. Diese Umformung führt – im Gegensatz zu 4.49 oder 4.50 – wieder zu einem LR-Intervall, dessen Kurzform Gleichung 4.56 wiedergibt. Aus dieser Formel für den erweiterten Kehrwert sowie der Äquivalenz

$$A_{LL} / B_{LL} = A_{LL} * B_{LL}^{-1} \tag{4.51}$$

lassen sich wiederum Formeln für die erweiterte Division von LR-Intervallen aufstellen, indem man in den Formeln der erweiterten Multiplikation von LL-Intervallen (4.59 bis 4.62) die Parameter des zweiten Arguments durch die Parameter seines Kehrwerts ersetzt. Als Ergebnis erhält man dann die in Tabelle 4.6 zusammengestellten Formeln (4.63 bis 4.66).

Da $\Phi_{LR}(\mathfrak{R})$ auch bezüglich Minimum und Maximum nicht abgeschlossen ist, stellt sich hier ebenfalls die Frage nach Näherungslösungen. Dubois und Prade haben für den Fall, daß es sich um LR-Intervalle mit einer beschränkten

Trägermenge handelt, vorgeschlagen, eine Approximation gemäß folgender Vorschrift durchzuführen [vgl. Dubois and Prade 1988b, 53]:

$$\tilde{f}(A_{LR}, B_{LR}) = (f(m_1, n_1), f(m_2, n_2), f(m_1, n_1) - f(m_1 - \alpha, n_1 - \gamma), \quad f(m_2 + \beta, n_2 + \delta) - f(m_2, n_2)). \tag{4.52}$$

Die resultierende Approximation $\tilde{f}(A_{LR}, B_{LR})$ stimmt im Kern und im Träger mit $f(A_{LR}, B_{LR})$ überein. Setzt man für f das Minimum beziehungsweise das Maximum ein, so erhält man die Formeln 4.53 und 4.54.

$A_{LR} = (m_1, m_2, \alpha, \beta)_{LR}, B_{LR} = (n_1, n_2, \gamma, \delta)_{LR}$				
Operationsname	Def.-Nr.	Bedingungen	Funktionsgleichung	
Maximum	(4.33)		$\max(A_{LR}, B_{LR}) \approx (\max(m_1, n_1), \max(m_2, n_2), \max(m_1, n_1) - \max(m_1 - \alpha, n_1 - \gamma), \max(m_2 + \beta, n_2 + \delta) - \max(m_2, n_2))_{LR}$	(4.53)
Minimum	(4.34)		$\min(A_{LR}, B_{LR}) \approx (\min(m_1, n_1), \min(m_2, n_2), \min(m_1, n_1) - \min(m_1 - \alpha, n_1 - \gamma), \min(m_2 + \beta, n_2 + \delta) - \min(m_2, n_2))_{LR}$	(4.54)
Negation	(4.35)		$-A_{LR} = (-m_2, -m_1, \beta, \alpha)_{RL}$	(4.55)
Kehrwert	(4.36)	$A > 0 \vee A < 0$	$A_{LR}^{-1} \approx \left(\frac{1}{m_2}, \frac{1}{m_1}, \frac{\beta}{m_2^2}, \frac{\alpha}{m_1^2}\right)_{RL}$	(4.56)
Addition	(4.37)		$A_{LR} + B_{LR} = (m_1 + n_1, m_2 + n_2, \alpha + \gamma, \beta + \delta)_{LR}$	(4.57)
Subtraktion	(4.38)		$A_{LR} - B_{RL} = (m_1 - n_2, m_2 - n_1, \alpha + \delta, \beta + \gamma)_{LR}$	(4.58)
Multiplikation	(4.39)	$A > 0 \wedge B > 0$	$A_{LR} \cdot B_{LR} \approx (m_1 n_1, m_2 n_2, m_1 \gamma + n_1 \alpha, m_2 \delta + n_2 \beta)_{LR}$	(4.59)
		$A < 0 \wedge B < 0$	$A_{LR} \cdot B_{LR} \approx (m_2 n_2, m_1 n_1, -m_2 \delta - n_2 \beta, -m_1 \gamma - n_1 \alpha)_{LR}$	(4.60)
		$A < 0 \wedge B > 0$	$A_{RL} \cdot B_{LR} \approx (m_1 n_2, m_2 n_1, n_2 \alpha - m_1 \delta, n_1 \beta - m_2 \gamma)_{LR}$	(4.61)
		$A > 0 \wedge B < 0$	$A_{RL} \cdot B_{LR} \approx (m_2 n_1, m_1 n_2, m_2 \gamma - n_1 \beta, m_1 \delta - n_2 \alpha)_{LR}$	(4.62)

Tabelle 4.6: Definitionen arithmetischer Operationen über LR-Intervallen

$A_{LR} = (m_1, m_2, \alpha, \beta)_{LR}, B_{LR} = (n_1, n_2, \gamma, \delta)_{LR}$			
Operationsname	Def.-Nr.	Bedingungen	Funktionsgleichung
Division	(4.40)	$A > 0 \wedge B > 0$	$A_{LR}/B_{RL} \approx \left(\frac{m_1}{n_2}, \frac{m_2}{n_1}, \frac{\delta m_1 + \alpha n_2}{n_2^2}, \frac{\gamma m_2 + \beta n_1}{n_1^2}\right)_{LR}$ (4.63)
		$A < 0 \wedge B < 0$	$A_{LL}/B_{LL} \approx \left(\frac{m_2}{n_1}, \frac{m_1}{n_2}, \frac{m_2\gamma - n_1\beta}{n_1^2}, \frac{m_1\delta - n_2\alpha}{n_2^2}\right)_{LL}$ (4.64)
		$A < 0 \wedge B > 0$	$A_{LL}/B_{LL} \approx \left(\frac{m_1}{n_1}, \frac{m_2}{n_2}, \frac{n_1\alpha - m_1\gamma}{n_1^2}, \frac{n_2\beta - m_2\delta}{n_2^2}\right)_{LL}$ (4.65)
		$A > 0 \wedge B < 0$	$A_{LL}/B_{LL} \approx \left(\frac{m_2}{n_2}, \frac{m_1}{n_1}, \frac{\delta m_2 - \beta n_2}{n_2^2}, \frac{\gamma m_1 - \alpha n_1}{n_1^2}\right)_{LL}$ (4.66)

Tabelle 4.6: Definitionen arithmetischer Operationen über LR-Intervallen (Fortsetzung)

Beispiel 4.4 *Planung mit unscharfen Zeitangaben (Fuzzy-PERT)*

Um größere Projekte planen, durchführen und kontrollieren zu können, wurden verschiedene Verfahren der Netzplantechnik (CPM, MPM, PERT) entwickelt. Im PERT-Verfahren (Program Evaluation and Review Technique) werden ereignisorientierte Netzpläne erstellt und die frühest- und spätestmöglichen Anfangs- und Endzeitpunkte von Vorgängen (Aktivitäten, Tätigkeiten) berechnet. Der Projektablauf wird in einem gerichteten azyklischen Graph dargestellt, dessen Knoten Ereignisse (Zeitpunkte des Beginns oder der Beendigung eines Vorgangs) und dessen Kanten Vorgänge repräsentieren. Das PERT-Verfahren wird insbesondere auch dann eingesetzt, wenn die Vorgangsdauer nur „ungenau" oder „unsicher" angegeben werden kann. Dabei kommen üblicherweise probabilistische Rechenmodelle zur Anwendung. Probabilistische PERT-Analysen gelten allerdings als besonders schwierig, da die Modellierung von Abhängigkeiten zwischen den Ereignispfaden Probleme bereitet. Dubois und Prade haben deshalb ein einfaches PERT-Verfahren auf der Basis der Fuzzy-Arithmetik vorgeschlagen [vgl. Dubois and Prade 1988b, 60-63].

In dem von Dubois und Prade gegebenen Beispiel geht es um ein Projekt mit zehn Vorgängen, deren Dauer in Form (trapezförmiger) LR-Intervalle angegeben ist (vgl. Abbildung 4.8). Die Nummern der Knoten sind aufsteigend geordnet, so daß ihre Numerierung die Reihenfolge der Ereignisse und Vorgänge widerspiegelt: von keinem Knoten mit der Zahl n kann eine Kante zu einem Knoten mit einer Zahl kleiner als n führen. Jeder Kante (i,j) ist ein unscharfes Intervall zugeordnet, das die Vorgangsdauer (d_{ij}) beschreibt.

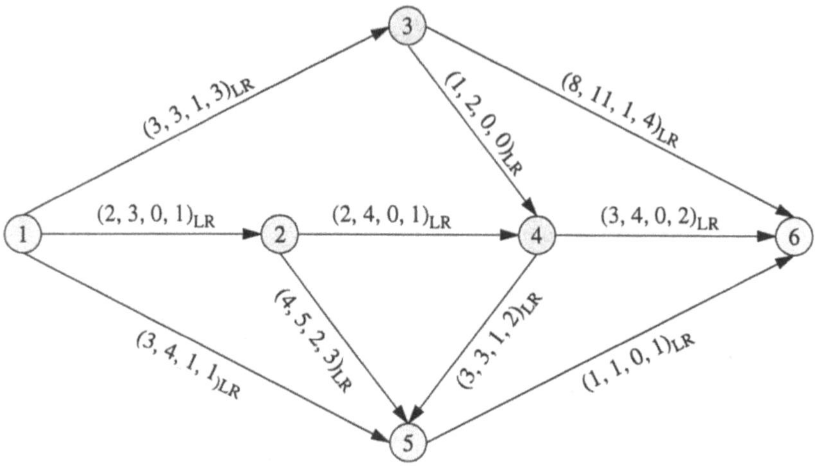

Abb. 4.8: Fuzzy-PERT-Graph

Als frühestmöglicher Projektbeginn (t_0) wird das Fuzzy-Intervall $(1,1,1,1)_{LR}$, als spätestmöglicher Endtermin (T_w) das Intervall $(20,21,1,0)_{LR}$ vorgegeben. Die Aufgabe besteht darin, für alle Vorgänge die frühestmöglichen Anfangstermine und die spätestmöglichen Endtermine zu berechnen. P_i bezeichne die Menge aller Vorgängerknoten von i, S_i die Menge aller Nachfolgerknoten von i, t_i den frühestmöglichen Termin für das Ereignis, das durch den Knoten i repräsentiert wird, T_i den spätestmöglichen Termin. Der frühestmögliche Termin für den Beginn eines durch den Knoten i repräsentierten Vorgangs läßt sich berechnen, indem man das Maximum der unscharfen Termindaten bildet, die über die verschiedenen Pfade zu ihm hinführen:

$$t_i = \begin{cases} \max\{t_j + d_{ij} \mid (j \in P_i)\} & ; P_i \neq \emptyset \\ t_0 & ; \text{sonst.} \end{cases} \tag{4.67}$$

Umgekehrt errechnet sich der spätestmögliche Termin für einen durch den Knoten i repräsentierten Vorgang über das Minimum der unscharfen Termine, die von ihm über verschiedene Pfade zum spätestmöglichen Endtermin führen:

$$T_i = \begin{cases} \min\{T_j - d_{ij} \mid (j \in S_i)\} & ; S_i \neq \emptyset \\ T_w & ; \text{sonst.} \end{cases} \tag{4.68}$$

In Tabelle 4.7 sind alle frühestmöglichen Anfangs- und spätestmöglichen Endtermine mitsamt den unscharften Arithmetik-Aufgaben aufgelistet, die aus den Gleichungen 4.67 und 4.68 hervorgehen. Der Berechnung liegen die Fuzzy-Arithmetik-Formeln 4.53, 4.54, 4.57 und 4.58 zugrunde. Für das Anfangs- und Endereignis i = 4 (vgl. die hellgrau unterlegte Reihe in Tabelle 4.7) sind beispielsweise folgende Rechnungen durchzuführen:

$$\begin{aligned}
t_4 &= \max\{t_2 + d_{24}, t_3 + d_{34}\} \\
&= \max\{(3, 4, 1, 2)_{LR} + (2, 4, 0, 1)_{LR}, (4, 4, 2, 4)_{LR} + (1, 2, 0, 0)_{LR}\} \\
&= \max\{(3 + 2, 4 + 4, 1 + 0, 2 + 1)_{LR}, (4 + 1, 4 + 2, 2 + 0, 4 + 0)_{LR}\} \\
&= \max\{(5, 8, 1, 3)_{LR}, (5, 6, 2, 4)_{LR}\} \qquad (4.69)\\
&= (\max(5, 5), \max(8, 6), \max(5, 5) - \max(5 - 1, 5 - 2), \\
&\quad \max(8 + 3, 6 + 4) - \max(8, 6))_{LR} \\
&= (5, 8, 1, 3)_{LR}
\end{aligned}$$

$$\begin{aligned}
T_4 &= \min\{T_5 - d_{45}, T_6 - d_{46}\} \\
&= \min\{(19, 20, 2, 0)_{LR} - (3, 3, 1, 2)_{LR}, (20, 21, 0, 1)_{LR} - (3, 4, 0, 2)_{LR}\} \\
&= \min\{(19 - 3, 20 - 3, 2 + 2, 0 + 1)_{LR}, (20 - 3, 21 - 4, 0 + 2, 1 + 0)_{LR}\} \\
&= \min\{(16, 17, 4, 1)_{LR}, (17, 17, 2, 1)_{LR}\} \qquad (4.70)\\
&= (\min(16, 17), \min(17, 17), \min(16, 17) - \min(16 - 4, 17 - 2), \\
&\quad \min(17 + 1, 17 + 1) - \min(17, 17))_{LR} \\
&= (16, 17, 4, 1)_{LR}
\end{aligned}$$

Knoten	Berechnungsformeln (frühestmöglicher Anfang)	Frühestmöglicher Anfangstermin	Berechnungsformeln (spätestmögliches Ende)	Spätestmöglicher Endtermin
1	t_0	$(1, 1, 1, 1)_{LR}$	$\min\{T_3\text{-}d_{13}, T_2\text{-}d_{12}, T_5\text{-}d_{15}\}$	$(6, 10, 8, 2)_{LR}$
2	$\max\{t_1 + d_{12}\}$	$(3, 4, 1, 2)_{LR}$	$\min\{T_4 - d_{24}, T_5 - d_{25}\}$	$(12, 15, 5, 1)_{LR}$
3	$\max\{t_1 + d_{1,3}\}$	$(4, 4, 2, 4)_{LR}$	$\min\{T_4 - d_{34}, T_6 - d_{36}\}$	$(9, 13, 5, 1)_{LR}$
4	$\max\{t_2 + d_{24}, t_3 + d_{34}\}$	$(5, 8, 1, 3)_{LR}$	$\min\{T_5 - d_{45}, T_6 - d_{46}\}$	$(16, 17, 4, 1)_{LR}$
5	$\max\{t_1 + d_{15}, t_2 + d_{25}\}$	$(8, 11, 2, 5)_{LR}$	$\min\{T_6 - d_{56}\}$	$(19, 20, 2, 0)_{LR}$
6	$\max\{t_3 + d_{36}, t_4 + d_{46}, t_5 + d_{56}\}$	$(12, 15, 3, 8)_{LR}$	T_w	$(20, 21, 1, 0)_{LR}$

Tabelle 4.7: Berechnungsformeln und Ergebnisse einer Fuzzy-PERT-Analyse

4.5 Zur Beurteilung der Fuzzy-Arithmetik

Zieht man zum einen den enormen Bedeutungszuwachs in Betracht, den die klassische Arithmetik insgesamt in der hochtechnologischen Produktions- und Lebensweise gewonnen hat, und bedenkt zum anderen, daß ein Großteil menschlicher Entscheidungen auf der Basis imperfekter Informationen erfolgen muß, sei es, weil die Meßinstrumente ungenau funktionieren, sei es, weil das Wissen nur in Form von unsicheren und ungenau bestimmten Erfahrungswerten existiert oder sei es, weil die notwendige Komplexitätsreduktion nur durch eine Unschärfe- oder Unsicherheitsmodellierung erreichbar ist, so wird evident, daß die Verrechnung derartiger Unschärfen von einer nicht gering einzuschätzenden Bedeutung ist.

Dabei ist zu beachten, daß das Anwendungspotential der Fuzzy-Arithmetik sich nicht darauf beschränkt, Unschärfen in klassische arithmetische Modellierungstechniken integrieren zu können. Vielmehr bietet die Fuzzy-Arithmetik eine Basis für neue Kalküle approximativen Schließens, in denen erweiterte Arithmetik-Operationen benutzt werden, um die Kompatibilität unscharfer Merkmale zu bestimmen sowie unscharfe Wahrheits-, Möglichkeits- oder Wahrscheinlichkeitsqualifizierungen unscharfer Aussagen miteinander zu verknüpfen (vgl. hierzu die Kapitel 9, 10 und 12).

Ein Hauptzweig der Fuzzy-Arithmetik, nämlich die Fuzzy-Intervall-Arithmetik, kann als eine Erweiterung der Intervall-Arithmetik begriffen werden. Die Fuzzy-Arithmetik insgesamt teilt mit ihr den Nachteil, daß sich die algebraischen Gesetze der klassischen Arithmetik nicht vollständig übertragen lassen. Im Vergleich zur einfachen Intervall-Arithmetik bietet die Fuzzy-Intervall-Arithmetik einen Informationsgewinn, der eine differenziertere Betrachtung erlaubt. So lassen sich beispielsweise Kern und Träger eines Fuzzy-Intervalls als „optimistische" und „pessimistische" Einschätzungen einer Meßungenauigkeit interpretieren. Wegen dieser Unterscheidungsmöglichkeit können die Kerne von Fuzzy-Intervallen auch enger begrenzt werden als es bei einer Beschränkung auf gewöhnliche Intervalle vertretbar wäre. Das Problem, daß die Ungenauigkeiten in mehrfachen Verrechnungen drastisch zunehmen, kann so gemindert werden.

Dennoch muß man kritisch festhalten, daß sich durch wiederholte Anwendungen arithmetischer Operationen auf Fuzzy-Intervalle beträchtliche Unschärfen ergeben, die schnell ein Ausmaß erreichen können, das nicht mehr sinnvoll verwertbar ist. Davon zeugen bereits die angeführten Beispiele (vgl. Abbildung 4.7 sowie Tabelle 4.7). Obwohl in den Terminberechnungen maximal vier aufeinanderfolgende Additionen oder Subtraktionen erfolgen, ist die Spannweite des Trägers von 2 auf 14 Tage angewachsen. Aber selbst die relativ geringen Zuwächse der Kern-Spannweiten von 3 Tagen machen deutlich, daß immense Unschärfen entstehen können, wenn diese Methode auf größere Projekte angewandt werden soll.[8] Bei der erweiterten Division oder Multiplikation resultieren extreme Unschärfen dementsprechend schon aus wenigen Operationen.

Daß die vorgeschlagenen erweiterten Arithmetik-Operationen die Unschärfe vergrößern, hat überdies zur Folge, daß selbst einfache unscharfe Gleichungen mit einer Unbekannten unlösbar werden [vgl. Dubois and Prade 1987a, 135]. So ist die Gleichung

$$x = A + B \tag{4.71}$$

keine Lösung für die Gleichung

[8] Man bedenke, daß das PERT-Verfahren ursprünglich zum Bau der Polaris-Raketen entwickelt wurde, einem Projekt, bei dem die Arbeiten von etwa 10000 Auftragnehmern koordiniert werden mußten.

$$x - A = B, \tag{4.72}$$

falls x, A und B unscharfe Quantitäten bezeichnen und die Addition und Subtraktion gemäß den Definitionen 4.21 und 4.22 (vgl. Tabelle 4.2, 139) durchgeführt werden soll. Während aus 4.71 folgt, daß x unschärfer als B ist, folgt im direkten Widerspruch dazu aus 4.72, daß x schärfer als B ist. Um unscharfe Gleichungen wie 4.72 lösen zu können, wird versucht, alternative Kalküle einer Fuzzy-Arithmetik auf der Basis von Fuzzy-Relationalgleichungen zu entwikkeln, die jedoch wieder ihre eigenen Probleme aufwerfen.[9]

Angesichts der aufgewiesenen Probleme zeichnet sich ab, daß es für arithmetische Operationen wie für die grundlegenden Mengenoperationen alternative Definitionen geben muß, deren Eignung einerseits von den zu verrechnenden Größen und den Typen der involvierten Fuzzy-Mengen sowie andererseits von den jeweiligen algebraischen Anforderungen einer Modellierung abhängt.

---

[9] Man spricht in diesem Fall von „optimistischen Kalkülen", da die Funktionswerte eine geringere Unschärfe aufweisen können als die Argumente. Beispielsweise wurde alternativ zur Addition von LR-Zahlen gemäß Definition 4.29, Gleichung 4.37 (siehe Tabelle 4.5, 145) folgende „optimistische" Formel vorgeschlagen:

$$A + B = (m + n, \alpha - \delta, \beta - \gamma)_{LR}.$$

Diese Formel liefert zwar die gewünschte Lösung für 4.72. Auf der anderen Seite ist es im allgemeinen nicht einsichtig, warum die Summe zweier unscharfer Zahlen schärfer sein sollte als ihre Summanden. Überdies ist zu beachten, daß diese „optimistische" Alternative zu 4.37 nicht mehr kommutativ ist. Weitere Anmerkungen und Literaturhinweise zu „optimistischen Kalkülen" finden sich in [Dubois and Prade 1987a, 135ff.].

Kapitel 5

Verknüpfungen, Eigenschaften und Typen unscharfer Relationen

In der theoretischen wie angewandten Mathematik sind Relationen, also Mengen, deren Elemente in einer bestimmten Beziehung zueinander stehen, von emminenter Bedeutung. Sie bilden das Grundkonzept relationaler Datenbanksysteme, einer der bislang bedeutendsten Anwendungen der Computertechnologie überhaupt. Auf der Basis des mathematischen Relationenbegriffs wurden verschiedene Verarbeitungsmodelle für relationale Programmiersprachen entworfen. Die für das menschliche Denken und Argumentieren essentiellen Wenn-Dann-Aussagen lassen sich als Relationen von Aussagen, nämlich Implikationsrelationen, deuten. In vielen Verfahren der mathematischen Entscheidungstheorie spielen insbesondere Ordnungsrelationen eine große Rolle. Für numerische Methoden der Mustererkennung und Klassifikation (wie sie beispielsweise in der Medizin (EKG-Analyse, Computer-Tomographie etc.), in der Meterologie, in der automatischen Schrift- und Spracherkennung, in der Robotik oder in der industriellen Qualitätsprüfung angewandt werden) sind speziell Nachbarschafts-, Äquivalenz- und Ähnlichkeitsrelationen von größter Wichtigkeit. Die Weiterentwicklung der Fuzzy-Mengentheorie im Hinblick auf unscharfe Relationen ist mithin nicht nur theoretisch naheliegend, sondern zugleich durch vielfache Anwendungsmöglichkeiten in hohem Maße praktisch motiviert. In diesem Kapitel werden daher grundlegende Eigenschaften, Typen und Operatoren unscharfer Relationen definiert und erläutert.

Dazu dient zunächst ein Überblick über die entsprechenden Konzepte klassischer Relationen (Kapitel 5.1). Nach Einführung des Begriffs der *unscharfen Relation* als Teilmenge des Kartesischen Produkts unscharfer Mengen werden ergänzend zu den unscharfen Mengenoperatoren (Kapitel 3) spezielle relationale Operatoren wie *Verkettung*, *Verbindung* und *Projektion* auf unscharfe Relationen verallgemeinert (Kapitel 5.2). Mit diesen Begriffen ist ein wesentlicher Teil einer *unscharfen relationalen Algebra* ausgearbeitet und eine Basis für verschiedene Kalküle approximativen Schließens geschaffen (vgl. Kapitel 8ff.). Nachdem grundlegende Eigenschaften wie *Symmetrie, Reflexivität* und *Transitivität* für unscharfe Relationen definiert worden sind (Kapitel 5.4), werden mit Hilfe dieser Begriffe Nachbarschafts- (Kapitel 5.5.1), Ähnlichkeits- (Kapitel 5.5.2) und unscharfe Ordnungsrelationen (Kapitel 5.5.3) beschrieben.

5.1 Klassische Relationen – Operationen, Eigenschaften und Typen im Überblick

Zweck dieses einführenden Unterkapitels ist es, ausgewählte Grundbegriffe einer relationalen Algebra zu rekapitulieren, auf die in der anschließenden Erörterung unscharfer Relationen und ihrer Verknüpfungen Bezug genommen wird.

Der Begriff der Relation

Von einer Relation kann man immer dann sprechen, wenn Objekte in einer Beziehung zueinander stehen. Mathematisch lassen sich Relationen als Teilmengen des Kartesischen Produkts miteinander in Beziehung stehender Mengen begreifen.

Definition 5.1 *Relation*

Eine Teilmenge des Kartesischen Produkts der Mengen $A_1, A_2, \ldots A_n$, $n \in \mathbb{N}$, heißt *(n-stellige) Relation R* über den Mengen $A_1, A_2, \ldots A_n$:

$$R \subseteq A_1 \times A_2 \times \ldots \times A_n. \tag{5.1}$$

Die Elemente von R sind *n-stellige geordnete Tupel* $(a_1, a_2, \ldots, a_n)$, für die gilt:

$$a_1 \in A_1 \wedge a_2 \in A_2 \wedge \ldots \wedge a_n \in A_n. \tag{5.2}$$

Relationen lassen sich wie gewöhnliche Mengen beschreiben. Soll beispielsweise die zweistellige Relation R = *„Größerbeziehung zwischen Elementen von A und B"* beschrieben werden, so kann man von dem Kartesischen Produkt von A und B ausgehen und als zusätzliche Bedingung die Relationsvorschrift „$x > y$" hinzufügen:

$$R = \{(x, y) \mid x \in A \wedge y \in B \wedge x > y\}. \tag{5.3}$$

In relationalen Datenbanksystemen werden Relationen als *Tabellen* aufgefaßt, deren Zeilen die *Tupel* und deren Spalten *Attribute* (der in den Zeilen beschriebenen Objekte) bilden. Der Wertebereich eines Attributs wird als *Domäne* bezeichnet. Beispielsweise könnte eine Relation *„Angestellte“* die Attribute *„Name“* und *„Gehalt“* aufweisen, wobei eine Menge von *Zeichenketten* die Domäne des Attributs „Name“ und *reelle Zahlen* die Domäne des Attributs „Gehalt“ bilden könnten.

Da Relationen selbst wiederum Mengen sind, können auf sie die gewöhnlichen Mengenoperatoren angewandt werden. Codd [1970; 1972] hat in seinem relationalen Modell die klassischen Definitionen elementarer Mengenoperatoren und verschiedener spezieller relationaler Operationen aufgegriffen. Seine Definitionen der *Vereinigungs-*, *Schnitt-* und *Differenzmenge* setzen allerdings voraus, daß die zu verknüpfenden Relationen *vereinigungskompatibel* (engl.: *union-compatible*) sind, i.e. daß ihre Domänen gleich sind [vgl. Codd 1972, 70].

Spezielle relationale Operatoren

Neben den genannten Mengenoperatoren beinhaltet die Relationenalgebra von Codd fünf weitere relationsspezifische Verknüpfungen, nämlich: *erweitertes Kartesisches Produkt*, *Projektion*, *Verbindung*, *Division* und *Restriktion* [Codd 1972, 70-76]. Gebräuchlich sind darüber hinaus die *Umkehrrelation* und die *Verkettung*.[1]

Definition 5.2 *Umkehrrelation*

Die *Umkehrrelation* (*inverse Relation*) $R^{-1} \subseteq A_2 \times A_1$ einer Relation $R \subseteq A_1 \times A_2$ ist die Menge aller geordneten Paare $(y, x) \in R$, so daß die geordneten Paare (x, y) Elemente von R sind:

$$R^{-1} = \{(y, x) | (x, y) \in R\}. \tag{5.4}$$

Definition 5.3 *Verkettung*

Das Ergebnis der *Verkettung*[2] (engl.: *composition*) einer Relation $R \subseteq A_1 \times A_2$ mit einer Relation $S \subseteq A_2 \times A_3$ ist die Menge aller geordneten Paare $(x, z) \in A_1 \times A_3$, für die es ein Element $(x, y) \in R$ und ein Element $(y, z) \in S$ gibt:

---

1 Auf die Definition der *Division* [vgl. Codd 1972, 74f.] wird hier verzichtet, weil sie in den folgenden Erörterungen von Fuzzy-Relationen und approximativen Inferenzmethoden keine Rolle spielt. Einen Vorschlag, die Relationsdivision auf unscharfe Relationen zu erweitern, macht Yager [1992]. Seine Grundidee besteht darin, unscharfe Quantoren zu verwenden. Ein derart definierter unscharfer Divisions-Operator kann dann dazu dienen, die Tupel auszuwählen, die die *meisten* Merkmale (im Gegensatz zu *allen* Merkmalen) einer Merkmalsmenge erfüllen.

2 Nicht selten wird die „Verkettung“ auch als „Relationenprodukt“ bezeichnet. Es ist aber zu beachten, daß in der Literatur zu relationalen Datenbanken der Ausdruck „Relationenprodukt“ sowie die Kurzform „Produkt“ vielfach auch zur Bezeichnung des „erweiterten Kartesischen Produkts“ benutzt wird.

$$R \circ S = \{(x, z) | \exists y \in A_2((x, y) \in R \wedge (y, z) \in S)\}. \tag{5.5}$$

Definition 5.4 *Erweitertes Kartesisches Produkt*

Das *erweiterte Kartesische Produkt*[2] (engl.: *expanded cartesian product)* von zwei Relationen R und S mit $(x_1, \ldots, x_n) \in R$ und $(y_1, \ldots, y_m) \in S$, geschrieben $R \otimes S$ ist eine $(n+m)$-stellige Relation, für die gilt:

$$R \otimes S = \{(x_1, \ldots, x_n, y_1, \ldots, y_m) \mid (x_1, \ldots, x_n) \in R \wedge (y_1, \ldots, y_m) \in S\}. \tag{5.6}$$

Definition 5.5 *Projektion*

$(a_{j_1}, \ldots, a_{j_k}) \in A_1 \times \ldots \times A_n$ sei eine Teilfolge von $(a_1, \ldots, a_n) \in A_{j_1} \times \ldots \times A_{j_k}$. Die *Projektion* (engl.: *projection*) der n-stelligen Relation $R(a_1, \ldots, a_n) \subseteq A_1 \times \ldots \times A_n$ auf $B = A_{j_1} \times \ldots \times A_{j_k}$, geschrieben $[R{\downarrow}B]$ oder $proj_B(R)$, ist die k-stellige Relation $R_B(a_{j_1}, \ldots, a_{j_k}) \subseteq A_{j_1} \times \ldots \times A_{j_k}$.

Definition 5.6 *Restriktion (Selektion, Auswahl)*

Das Ergebnis der *Restriktion (Selektion, Auswahl*, engl.: *restriction, selection)* einer Relation R über $A = A_1 \times \ldots \times A_n$ mit der Bedingung Θ, geschrieben $R[\Theta A]$, ist die Menge aller Tupel $(a_1, \ldots, a_n)$ aus R, die die Bedingung Θ erfüllen:

$$R[\Theta A] = \{(a_1, \ldots, a_n) \in R \mid \Theta(a_1, \ldots, a_n)\}. \tag{5.7}$$

Die Bedingung Θ wird über eine prädikatenlogische Formel beschrieben, in der gegebenenfalls mehrere Teilbedingungen über logische Operatoren miteinander verknüpft werden. Neben logischen Operatoren sind in den Bedingungsformeln auch arithmetische Operatoren und Vergleichsoperatoren zulässig. Die Operanden sind entweder Konstante oder Relationsattribute. Standardmäßig dürfen in relationalen Datenbanksprachen wie SQL [vgl. beispielsweise Sauer 1992] für Bedingungsformeln folgende Terme verwendet werden:

(1) Konstante,
(2) Relations-Attribute,
(3) die arithmetischen Operatoren: +, –, *, /,
(4) die arithmetischen Vergleichsoperatoren: =, ≠, ≤, ≥, <, >.

Definition 5.7 *Θ-Verbindung*

Die *Θ-Verbindung* (engl.: *Θ-join*)[3] einer Relation R über $A = A_1 \times \ldots \times A_n$ mit einer Relation S über $B = B_1 \times \ldots \times B_m$, geschrieben $R[A\Theta B]S$, ist die Menge der

[3] Der Terminus „join" (Verbindung) wird in der englischsprachigen (wie deutschsprachigen Fachliteratur) sowohl als Oberbegriff für verschiedene Join-Typen wie als Kurzbezeichnung für den natürlichen Join (engl.: natural join) benutzt. [Vgl. etwa Li and Liu 1992, 154; Sauer 1992, 32]

Tupel, die durch eine Aneinanderreihung (engl.: concatenation) aller Tupel von R und S gebildet wird, für die die Bedingung Θ gilt:

$$R[A\Theta B] = \{(a_1, \ldots, a_n, b_1, \ldots, b_m) \mid (a_1, \ldots, a_n) \in R \wedge (b_1, \ldots, b_m) \in S \wedge ((a_1, \ldots, a_n)\Theta(b_1, \ldots, b_m))\}. \quad (5.8)$$

Θ bezeichnet hier eine Bedingung zwischen Attributen der Domäne A von R und Attributen der Domäne B von S. Definition 5.7 setzt implizit voraus, daß in der Bedingung nur Prädikate über vergleichbare Attribute spezifiziert werden. Besteht die Bedingung in einer Gleichheitsrelation zwischen zwei Attributen, so wird die Verbindung *Gleichheitsverbindung* (engl.: *equi-join*) genannt. Eine Gleichheitsverbindung, bei der das gleichgesetzte Attribut nur einmal in der resultierenden Relation auftaucht, heißt *natürliche Verbindung* (engl.: *natural join*). Gleichheitsverbindung, natürliche Verbindung und Verkettung unterscheiden sich lediglich darin, ob und wie oft das gleiche Attribut in der resultierenden Relation berücksichtigt wird. Bei einer Gleichheitsverbindung beträgt die Stelligkeit der resultierenden Relation $m+n$, bei einer natürlichen Verbindung $m+n-1$ und bei einer Verkettung $m+n-2$.

Eigenschaften und Typen von Relationen

In mathematischen Untersuchungen wurden ein Vielzahl charakteristischer Eigenschaften von Relationen herausgearbeitet, die dazu dienen, verschiedene

Eigenschaft	Definierende Bedingung $(R(A, A) \subseteq A \times A)$	
Reflexivität	$\forall x \in A\ (x, x) \in R$	(5.9)
Irreflexivität	$\forall x \in A\ (x, x) \notin R$	(5.10)
Symmetrie	$\forall x, y \in A\ ((x, y) \in R) \Rightarrow (y, x) \in R$	(5.11)
Asymmetrie	$\forall x, y \in A\ ((x, y) \in R) \Rightarrow (y, x) \notin R$	(5.12)
Antisymmetrie	$\forall x, y \in A\ ((x, y) \in R \wedge (y, x) \in R) \Rightarrow x = y$	(5.13)
Transitivität	$\forall x, y, z \in A\ ((x, y) \in R \wedge (y, z) \in R) \Rightarrow (x, z) \in R$	(5.14)
Antitransitivität	$\forall x, y, z \in A\ ((x, y) \in R \wedge (y, z) \in R) \Rightarrow (x, z) \notin R$	(5.15)
Linearität	$\forall x, y \in A\ (x \neq y) \Rightarrow (x, y) \in R \vee (y, x) \in R$	(5.16)

Tabelle 5.1: Grundlegende Eigenschaften von Relationen

Für einige Eigenschaften sind verschiedene Bezeichnungen gebräuchlich: Identitivität (identitiv) wird synonym zu Antisymmetrie (antisymmetrisch), Konnexität (konnex) synonym zu Linearität (linear) und Irreflexivität (irreflexiv) wird mancherorts synonym zu Antireflexivität (antireflexiv), andernorts als einfache Negation von Reflexivität (reflexiv) benutzt.

Typen von Relationen zu unterscheiden. Von emminenter Bedeutung sind binäre *Nachbarschafts-*, *Äquivalenz-* und *Ordnungsrelationen*. Zu ihrer Definition relevante Eigenschaften sind in Tabelle 5.1 beschrieben. Ordnungsrelationen erzeugen eine Rangordnung (etwa nach der Größe, Leistung oder Toxizität eines Objekts). Allgemein spricht man von einer Ordnungsrelation, wenn eine Relation *transitiv* und *antisymmetrisch* ist. Diese Eigenschaften können jedoch in Kombination mit verschiedenen anderen Eigenschaften auftreten, so daß sich mehrere Typen von Ordnungsrelationen unterscheiden lassen (vgl. Tabelle 5.2).

Relationstypen \ Eigenschaften	reflexiv	irreflexiv	symmetrisch	identitiv	transitiv	linear
Nachbarschaftsrelation	•		•			
Äquivalenzrelation	•		•		•	
reflexive Quasiordnung	•				•	
reflexive Halbordnung	•			•	•	
irreflexive Halbordnung		•		•	•	
reflexive Totalordnung	•			•	•	•
strenge Ordnung		•		•	•	•

Tabelle 5.2: Wichtige Relationstypen und ihre Eigenschaften

Halbordnungen werden auch als Teilordnungen oder partielle Ordnungen, Totalordnungen als vollständige oder lineare Ordnungen bezeichnet.

5.2 Fuzzy-Relationen – Begriffsdefinition und Repräsentationsformen

5.2.1 Definition und Erläuterung des Begriffs Fuzzy-Relation

Da Relationen spezielle Mengen sind, lassen sich unscharfe Relationen als spezielle Fuzzy-Mengen begreifen. Die Besonderheit von Fuzzy-Relationen besteht lediglich darin, daß ihre Elemente Relationstupel bilden. So wie eine gewöhnliche Relation als Teilmenge des Kartesischen Produkts der Attributdomänen definiert werden kann, so können Fuzzy-Mengen als unscharfe Teilmengen dieser Produktmenge definiert werden.

Definition 5.8 *Unscharfe Relation*

Eine (n-stellige) *unscharfe Relation R* über den Mengen $A_1, \dots A_n, n \in \mathbb{N}$, ist eine unscharfe Teilmenge des Kartesischen Produkts der Mengen $A_1, \dots A_n$, die über eine Zugehörigkeitsfunktion $\mu_R: A_1 \times \dots \times A_n \rightarrow [0, 1]$ charakterisiert wird, die jedem (n-stelligen) Tupel in R einen Zugehörigkeitsgrad $\mu_R(a_1, \dots, a_n)$ in R zuordnet:

$$R = \int_{A_1 \times \dots \times A_n} \mu_R(a_1, a_2, \dots, a_n)/(a_1, a_2, \dots, a_n). \tag{5.17}$$

Da unscharfe Relationen im Prinzip nichts anderes als unscharfe Mengen sind, lassen sich auch die in Kapitel 2.3 beschriebenen Definitionen verschiedener Typen unscharfer Mengen auf Fuzzy-Relationen übertragen. Zu beachten ist, daß der Begriff Fuzzy-Relation im allgemeinen Relationen bezeichnet, deren Attribute nicht unscharf definiert sind.[4]

5.2.2 Repräsentationsformen unscharfer Relationen

Aufgrund der Vielfalt von unscharfen Relationstypen sowie stark divergierender Anwendungserfordernisse wurden verschiedene Formen der Repräsentation unscharfer Mengen vorgeschlagen. Zur Modellierung unscharfer Vergleichsoperatoren wie *„viel größer als"* bieten sich zunächst mehrstellige Funktionen an. Vielfach in der Literatur – vgl. beispielsweise Zadeh [1971b, 89ff.], Bandemer und Gottwald [1992, 28] sowie Li and Liu [1990, 372-375] – angeführte Zugehörigkeitsfunktionen sind in Tabelle 5.3 aufgelistet. Wird ein binärer unscharfer Vergleich über einer diskreten Grundmenge durchgeführt, so kann es vorteilhaft sein, eine Matrix zu verwenden, in der die Zugehörigkeitsgrade der in Relation stehenden Elemente eingetragen werden. Über eine solche *„Zugehörigkeitsmatrix"* – man spricht auch von einer *„unscharfen Relationsmatrix"* – könnte in einer Datenbank beispielsweise die unscharfe Relation *„viel kleinere Schuhgröße"* wie in Tabelle 5.4 definiert werden.[5] Da in diesem Fall der Träger der unscharfen Menge relativ klein ist gegenüber der in der Relationsmatrix

4 Der Sprachgebrauch ist nicht einheitlich. Umano [1982; 1984] verwendet den Begriff Fuzzy-Relation gleichermaßen für Relationen mit scharfen und unscharfen Attributen und erlaubt überdies, die Zugehörigkeitsgrade der Tupel in beiden Fällen unscharf zu beschreiben. Seine Definitionen der Verknüpfungen von Fuzzy-Relationen mit unscharfen Attributen und Zugehörigkeitsgraden sind mit den in diesem Kapitel beschriebenen kompatibel. Der Unterschied besteht lediglich darin, daß im Falle unscharfer Werte die Rechenoperationen nach dem Erweiterungsprinzip durchgeführt werden (vgl. auch Kapitel 10.2, 339ff. und 12.4.1, 442ff.). Einen alternativen Ansatz, Relationen zu verarbeiten, die über dem Kartesischen Produkt von Domänen mit unscharfen Attributwerten definiert sind, beschreiben Dubois und Prade [1988b, 218ff.]. (Vgl. zu ihrem Ansatz Kapitel 10.3, 345ff. und 12.3.1, 432ff.). Dubois und Prade sprechen in diesem Fall von *erweiterten Relationen* (engl.: *extended relations*) im Gegensatz zu *unscharfen Relationen* (engl.: *fuzzy relations*).

Bezeichnung	Zugehörigkeitsfunktion	
viel größer	$\mu(x, y) = \begin{cases} 0 & ; x \leq y \\ (1 + c(x-y)^{-2})^{-1} & ; x > y \end{cases}$	(5.18)
viel kleiner	$\mu(x, y) = \begin{cases} (1 + c(y-x)^{-2})^{-1} & ; x < y \\ 0 & ; x \geq y \end{cases}$	(5.19)
im wesentlichen kleiner	$\mu(x, y) = \begin{cases} max(0, 1 - a\lvert x-y \rvert) & ; y > x \\ 1 & ; y \leq x \end{cases}$	(5.20)
ungefähr gleich	$\mu(x, y) = e^{-c\lvert x-y \rvert} \quad ; c > 0$	(5.21)
weit	$\mu(x) = \begin{cases} 0 & ; x \leq \alpha \\ 1 - e^{-k(x-\alpha)^2} & ; x > \alpha \end{cases}$	(5.22)
nah	$\mu(x) = \begin{cases} 1 & ; x \leq \alpha \\ e^{-k(x-\alpha)^2} & ; x > \alpha \end{cases}$	(5.23)

Tabelle 5.3: Zugehörigkeitsfunktionen unscharfer Vergleichsoperatoren

viel kleiner	41	42	43	44	45	46	47
41	0.0	0.0	0.2	0.6	0.9	1.0	1.0
42	0.0	0.0	0.0	0.2	0.6	0.9	1.0
43	0.0	0.0	0.0	0.0	0.2	0.6	0.9
44	0.0	0.0	0.0	0.0	0.0	0.2	0.6
45	0.0	0.0	0.0	0.0	0.0	0.0	0.2
46	0.0	0.0	0.0	0.0	0.0	0.0	0.0
47	0.0	0.0	0.0	0.0	0.0	0.0	0.0

Tabelle 5.4: Unscharfe Relation „viel kleinere Schuhgröße“

erfaßten Grundmenge, kommt auch eine einfache Listen- oder Vektorrepräsentation in Frage. In Anlehnung an Zadehs Notation diskreter unscharfer Mengen könnte die in Tabelle 5.4 dargestellte Relation auch so beschrieben werden[6]:

---

[5] Die Attributbezeichnungen (hier: die Größenangaben 41, 42, ... 47) dienen der besseren Lesbarkeit. In mathematischen Gleichungen und Computer-Programmen werden sie oft weggelassen oder separat zur eigentlichen Matrix kodiert. Im folgenden werden beide Formen – die „reine“ Matrixform, speziell die in der Mathematik gebräuchliche Klammerdarstellung $[x_{ij}]$, sowie die mit Attributnamen erweiterte Matrixform – verwendet.

[6] Die Anordnung der Elemente ist im Sinne der Mengendefinition beliebig. Sortiert man die Elemente – wie dargestellt – nach ihren Zugehörigkeitsgraden, so bietet dies den Vorteil, unmittelbar ihre Niveaumengen (hier: jeweils eine Zeile) herauslesen zu können. Unter anderen Gesichtspunkten können alternative Anordnungen sinnvoll sein.

0.2/(41 43) + 0.2/(42 44) + 0.2/(43 45) + 0.2/(44 46) + 0.2(45 47) +
0.6/(41 44) + 0.6/(42 45) + 0.6/(43 46) + 0.6/(44 47) +
0.9/(41 45) + 0.9/(42 46) + 0.9/(43 47) +
1.0/(41 46) + 1.0/(42 47) + 1.0/(41 47).

Zur graphischen Repräsentation bietet sich in diesen Fällen eine erweiterte Form gewöhnlicher Pfeildiagramme an, in denen die Elemente der Grundmenge als Punkte und die Beziehungen zwischen ihnen als Pfeile gezeichnet werden. Über die Pfeilrichtung wird somit die Ordnung der Elemente eines Tupels festgelegt. Die Unschärfe der Relation kann dann dadurch beschrieben werden, daß die Pfeile mit Zugehörigkeitsgraden beschriftet werden (vgl. Abbildung 5.1).

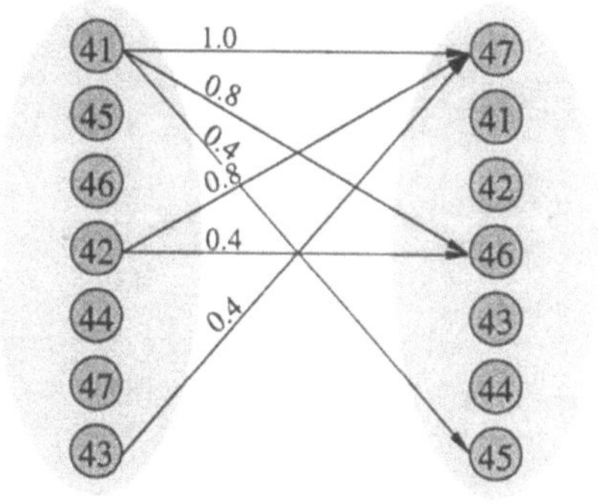

Abb. 5.1: Pfeildiagramm der unscharfen Relation „sehr viel kleinere Schuhgröße"

Die Matrixdarstellung ist insbesondere für die Darstellung unscharfer Relationen zwischen Begriffen naheliegend, für die keine Maßeinheit definiert ist. So können beispielsweise Datenbankanfragen über ähnliche Einschätzungen auf der Basis der in Tabelle 5.5 abgedruckten Zugehörigkeitsmatrix beantwortet werden.[7]

Entsprechend der Zugehörigkeitsmatrizen können die α-Schnitte einer unscharfen Relation in Matrixform dargestellt werden. Nach dem Prinzip der Resolutionsidentität (70) repräsentieren die in Tabelle 5.6 angeführten Matrizen der Niveaumengen die in Tabelle 5.5 definierte unscharfe Relation. Anhand der Resolutionsform ist gut zu erkennen, daß es sich um eine Verallgemeinerung einer gewöhnlichen Äquivalenzrelation handelt und daß ein symmetrisch abklingender Unschärfesaum die Hauptdiagonale umgibt. Auf diese „horizontale" Repräsentationsform greifen verschiedene Methoden, insbesondere sogenannte Fuzzy-Cluster-Techniken [vgl. Cao and Chen 1983; Li and Liu 1992, 332-337] sowie Verfahren der Entscheidungstheorie (vgl. 186ff.) zurück. Ein Hauptvorteil der Matrizendarstellung liegt darin, daß für verschiedene Operationen mit unscharfen Relationen bekannte Verfahren der Matrizenrechnung in nur geringfügig abgewandelter Form übernommen werden können (vgl. 169ff.).

Zur Repräsentation mehrstelliger diskreter Relationen können n-dimensionale Felder benutzt werden [vgl. Klir and Folger 1988, 66f.]. Auf unscharfe Relationen übertragen erhält man dann *n-dimensionale Zugehörigkeitsfelder*. Tabelle 5.7 verdeutlicht das allgemeine Schema dieser Repräsentationsform beispielhaft anhand einer vierstelligen Relation $R(a, b, c, d)$ mit den Attributen a =

---

7 Das Beispiel wurde aus [Klir and Folger 1988, 262] entnommen. Der dort beschriebene Ansatz eines unscharfen relationalen Datenbanksystems auf der Grundlage von Ähnlichkeitsrelationen stammt von Buckles und Petry [1982a]. Vgl. auch Buckles, Petry und Sachar [1986].

ähnliche Bewertung	großer Vorteil	Vorteil	geringer Vorteil	geringer Nachteil	Nachteil	großer Nachteil
großer Vorteil	1.0	0.8	0.6	0.2	0.0	0.0
Vorteil	0.8	1.0	0.8	0.6	0.2	0.0
geringer Vorteil	0.6	0.8	1.0	0.8	0.6	0.2
geringer Nachteil	0.2	0.6	0.8	1.0	0.8	0.6
Nachteil	0.0	0.2	0.6	0.8	1.0	0.8
großer Nachteil	0.0	0.0	0.2	0.6	0.8	1.0

Tabelle 5.5: Unscharfe Relation „ähnliche Bewertung"

α = 1.0					
1	0	0	0	0	0
0	1	0	0	0	0
0	0	1	0	0	0
0	0	0	1	0	0
0	0	0	0	1	0
0	0	0	0	0	1

α = 0.8					
1	1	0	0	0	0
1	1	1	0	0	0
0	1	1	1	0	0
0	0	1	1	1	0
0	0	0	1	1	1
0	0	0	0	1	1

α = 0.6					
1	1	1	0	0	0
1	1	1	1	0	0
1	1	1	1	1	0
0	1	1	1	1	1
0	0	1	1	1	1
0	0	0	1	1	1

α = 0.2					
1	1	1	1	0	0
1	1	1	1	1	0
1	1	1	1	1	1
1	1	1	1	1	1
0	1	1	1	1	1
0	0	1	1	1	1

Tabelle 5.6: α-Schnitte der unscharfen Relation „ähnliche Bewertung"

$\{a_1, a_2, \ldots, a_5\}$, $b = \{b_1, b_2, \ldots, b_9\}$, $c = \{c_1, c_2, c_3\}$ und $d = \{d_1, d_2\}$. Mehrstellige Zugehörigkeitsfelder wird man im allgemeinen nur dann in Erwägung ziehen, wenn ein erheblicher Teil der Tupel des Definitionsbereichs zur Trägermenge einer unscharfen Relation gehört. Trifft dies nicht zu, bietet es sich vielmehr an, unscharfe Relationen in Form von *Tabellen* zu beschreiben wie dies in relationalen Datenbanksystemen üblich ist. In der einfachsten Form wird dazu das standardmäßige Tabellenschema, in dem die Attribute in den Spalten und die Tupel in den Zeilen aufgelistet werden, lediglich um eine zusätzliche Spalte ergänzt, in der die Zugehörigkeitsgrade der Tupel zur Relation eingetragen werden (vgl. Tabelle 5.8).

Eine für praktische Anwendungen mindestens ebenso wichtige Art „unscharfer Relationen" sind („erweiterte") Relationen, bei denen das Unschärfe-Moment nicht die Zugehörigkeitsgrade der Tupel zur Relation, sondern vielmehr die Attributwerte der Tupel selbst betrifft. In diesem Fall ist der Wertebe-

		d_1								d_2							
		b_1	b_2	b_3	b_4	b_5	b_6	b_7	b_8	b_1	b_2	b_3	b_4	b_5	b_6	b_7	b_8
c_1	a_1	1.0	0.6	0.4	0.6	0.7	0.8	0.3	0.0	0.3	0.6	0.2	1.0	0.4	0.6	0.7	0.4
	a_2	0.4	0.6	0.7	0.9	0.8	0.3	0.5	0.3	0.5	0.5	0.7	0.7	0.9	0.8	0.3	0.9
	a_3	0.7	0.5	0.5	0.4	0.6	0.7	0.8	0.2	0.8	0.8	0.5	0.5	0.4	0.6	0.7	0.4
	a_4	0.5	0.4	0.6	0.2	1.0	0.6	0.4	0.6	0.4	0.5	0.4	0.6	0.2	1.0	0.6	0.8
	a_5	0.2	0.3	0.8	0.4	0.6	1.0	0.7	0.7	1.0	0.2	0.4	0.6	0.7	0.8	0.3	0.0
c_2	a_1	0.6	0.7	0.9	0.8	0.3	0.5	0.7	0.9	0.3	0.6	0.4	0.6	0.7	0.6	0.3	0.0
	a_2	0.5	0.5	0.4	0.6	0.7	0.8	0.5	0.4	0.7	0.4	0.5	0.4	0.6	0.4	0.8	0.2
	a_3	0.4	0.6	0.2	1.0	0.6	0.4	0.5	0.7	0.6	0.8	0.6	0.2	1.0	0.2	0.4	0.6
	a_4	0.5	0.4	0.6	0.7	0.4	0.6	0.8	0.5	0.6	0.0	0.5	0.7	0.8	0.6	0.2	1.0
	a_5	0.6	0.2	1.0	0.6	0.2	1.0	0.4	0.3	0.4	0.6	0.7	0.8	0.5	0.4	0.5	0.5
c_3	a_1	0.9	0.8	0.3	0.5	0.7	0.9	0.3	0.6	0.3	0.6	0.7	0.9	0.3	0.7	0.9	0.8
	a_2	0.4	0.6	0.7	0.8	0.5	0.4	0.5	0.0	0.7	0.4	0.6	0.4	0.5	0.5	0.4	0.6
	a_3	0.2	1.0	0.0	0.4	0.5	0.7	0.8	0.8	0.6	0.2	1.0	0.7	0.8	0.6	0.2	1.0
	a_4	0.6	0.7	0.4	0.6	0.8	0.5	0.4	0.5	0.4	0.0	0.6	0.5	0.4	0.4	0.6	0.7
	a_5	1.0	0.6	0.2	1.0	0.4	0.3	1.0	0.2	0.2	1.0	0.4	0.3	1.0	0.2	1.0	0.6

Tabelle 5.7: Feld-Darstellung einer vierstelligen unscharfen Relation

Attribut 1	Attribut 2	Attribut 3	Attribut 4	Attribut 5	Zugehörig-keitsgrad
$\{a_1, b_1, c_1, d_1\}$	$\{a_2, b_2, c_2, d_2\}$	$\{a_3, b_3, c_3, d_3\}$	$\{a_4, b_4, c_4, d_4\}$	$\{a_5, b_5, c_5, d_5\}$	[0, 1]
a_1	d_2	b_3	d_4	c_5	μ_1
b_1	d_2	c_3	d_4	d_5	μ_2
c_1	a_2	a_3	a_4	a_5	μ_3
c_1	b_2	c_3	a_4	b_5	μ_4
a_1	c_2	c_3	c_4	c_5	μ_5
b_1	d_2	b_3	a_4	d_5	μ_6

Tabelle 5.8: Tabellen-Darstellung einer unscharfen Relation

reich der Attribute eine Menge unscharfer Mengen, die in der Regel durch vage Ausdrücke wie *gering, mittel, hoch* und *sehr hoch* bezeichnet werden. Der Aufbau solcher Relationen unterscheidet sich nicht prinzipiell von gewöhnlichen Datenbank-Relationen, so daß in diesem Fall das Tabellenschema unverändert übernommen werden kann (vgl. Tabelle 5.9).[8]

Verkehrs-mittel	Gesamt-emissionen	Primärenegie-verbrauch	Flächen-verbrauch	Lärm-belastung	Unfall-risiko	Externe Kosten
PKW	hoch bis sehr hoch	sehr hoch	sehr hoch	hoch	sehr hoch	sehr hoch
Bahn	gering bis mittel	mittel	gering	gering bis mittel	gering	mittel
Bus	mittel	gering	mittel bis sehr hoch	hoch	gering bis mittel	mittel
Flugzeug	hoch	sehr hoch	sehr gering	mittel bis hoch	gering	mittel

Tabelle 5.9: Relation „Verkehrssysteme“

5.3 Verknüpfungen unscharfer Relationen

5.3.1 Gewöhnliche Mengenoperationen über Fuzzy-Relationen

Da unscharfe Relationen eine spezielle Form unscharfer Mengen sind, können auch die in Kapitel 3 beschriebenen Mengenoperationen auf Fuzzy-Relationen angewandt werden. Die Vereinigung zweier Fuzzy-Relationen R_1 und R_2 mit den Attributen $a_1, \ldots, a_n$ wird demzufolge über folgende Zugehörigkeitsfunktion charakterisiert:

$$\begin{aligned} &\forall (a_1, \ldots, a_n) \in A_1 \times \ldots \times A_n \\ &\mu_{R_1 \cup R_2}(a_1, \ldots, a_n) = \max(\mu_{R_1}(a_1, \ldots, a_n), \mu_{R_2}(a_1, \ldots, a_n)). \end{aligned} \tag{5.24}$$

Für den Durchschnitt und das Komplement erhält man entsprechend:

$$\begin{aligned} &\forall (a_1, \ldots, a_n) \in A_1 \times \ldots \times A_n \\ &\mu_{R_1 \cap R_2}(a_1, \ldots, a_n) = \min(\mu_{R_1}(a_1, \ldots, a_n), \mu_{R_2}(a_1, \ldots, a_n)) \end{aligned} \tag{5.25}$$

$$\begin{aligned} &\forall (a_1, \ldots, a_n) \in A_1 \times \ldots \times A_n \\ &\mu_{\bar{R}}(a_1, \ldots, a_n) = 1 - \mu_R(a_1, \ldots, a_n). \end{aligned} \tag{5.26}$$

Nach einem Vorschlag Umanos [1984, 2] ist die Differenz zweier Fuzzy-Relationen über die Zugehörigkeitsfunktion

[8] Die abgebildete Tabelle kann sowohl als gewöhnliche Relation wie als „unscharfe Relation“ (beziehungsweise „erweiterte Relation“, vgl. Fußnote 4, 161) gelesen werden, je nachdem ob die in den Spalten 1 bis 6 verwendeten Attributwerte lediglich als Symbole (beziehungsweise Zeichenketten) oder aber darüber hinaus als Repräsentanten unscharfer Mengen (mit Methoden der Fuzzy-Mengentheorie) interpretiert und verarbeitet werden.

$$\forall(a_1, \ldots, a_n) \in A_1 \times \ldots \times A_n$$
$$\mu_{R_1 - R_2}(a_1, \ldots, a_n) = \max(\mu_{R_1}(a_1, \ldots, a_n) - \mu_{R_2}(a_1, \ldots, a_n), 0) \tag{5.27}$$

festgelegt.

5.3.2 Spezielle relationale Operationen über Fuzzy-Relationen

Unscharfe Relationen haben in der Fuzzy-Mengentheorie vor allem deshalb eine herausragende Bedeutung erlangt, weil spezielle relationale Operationen für sie definierbar sind, mit denen sich verschiedene Formen approximativen Schließens modellieren lassen. So werden Schlußfolgerungen aus unscharfen Fakten und Wenn-Dann-Aussagen auf die Verkettung unscharfer Relationen zurückgeführt.

Unscharfe Umkehrrelation

Die einfachste relationsspezifische Operation ist die Umkehrung binärer Relationen. Dazu muß lediglich die Reihenfolge der Tupelelemente umgekehrt werden.

Definition 5.9 *Unscharfe Umkehrrelation*

Ist $R \subseteq A_1 \times A_2$ eine unscharfe Relation mit der Zugehörigkeitsfunktion μ_R: $A_1 \times A_2 \to [0, 1]$, die jedem Paar in R den Zugehörigkeitsgrad $\mu_R(a_1, a_2)$ zuweist, so wird die *unscharfe Umkehrrelation* $R^{-1} \subseteq A_2 \times A_1$ über eine Zugehörigkeitsfunktion $\mu_{R^{-1}}: A_2 \times A_1 \to [0, 1]$ charakterisiert, so daß für alle Paare $(a_2, a_1) \in A_2 \times A_1$ gilt:

$$\mu_{R^{-1}}(a_2, a_1) = \mu_R(a_1, a_2). \tag{5.28}$$

Liegt die unscharfe Relation in Form einer Zugehörigkeitsmatrix vor, so stellt die transponierte Matrix ihre Umkehrrelation dar:

$$R = \begin{bmatrix} 0.3 & 1.0 & 0.8 & 1.0 & 0.7 \\ 0.1 & 0.1 & 0.2 & 0.6 & 0.5 \\ 0.1 & 0.1 & 0.3 & 0.4 & 0.8 \\ 1.0 & 1.0 & 0.8 & 0.7 & 0.9 \end{bmatrix} \Rightarrow R^{-1} = \begin{bmatrix} 0.3 & 0.1 & 0.1 & 1.0 \\ 1.0 & 0.1 & 0.1 & 1.0 \\ 0.8 & 0.2 & 0.3 & 0.8 \\ 1.0 & 0.6 & 0.4 & 0.7 \\ 0.7 & 0.5 & 0.8 & 0.9 \end{bmatrix}. \tag{5.29}$$

Erweitertes Kartesisches Produkt

Die Berechnung des Kartesischen Produkts unscharfer Relationen kann nach Definition 3.5 (81) erfolgen. In diesem Fall bilden Tupelmengen den Wertebereich einer Variablen. Die Zugehörigkeitsfunktion des Kartesischen Produkts der Relationen R_1 mit den Domänen $A_1, \dots A_n$ und R_2 mit den Domänen $B_1, \dots B_n$ lautet demnach:

$$\begin{gathered}\forall (a_1, \dots, a_n) \in A_1 \times \dots \times A_n \wedge \forall (b_1, \dots, b_m) \in B_1 \times \dots \times B_m \\ \mu_{R_1 \times R_2}((a_1, \dots, a_n), (b_1, \dots, b_m)) = \min(\mu_{R_1}(a_1, \dots, a_n), \mu_{R_2}(b_1, \dots, b_m)).\end{gathered} \tag{5.30}$$

In vielen Situationen wünscht man jedoch eine Relation zu erhalten, die aus einer *Aneinanderreihung* (engl.: *concatenation*) der Tupel zweier (oder mehrerer) Relationen erwächst, so daß aus einer n-stelligen und einer m-stelligen eine $(n+m)$-stellige Relation hervorgeht. Codd hat deshalb in seine relationale Algebra das erweiterte Kartesische Produkt eingeführt (vgl. Definition 5.4, 158).

Definition 5.10 *Erweitertes Kartesisches Produkt unscharfer Relationen*

Das *erweiterte Kartesische Produkt (tensorielle Relationenprodukt*, engl.: *expanded cartesian product) zweier unscharfen Relationen* R_1 und R_2 mit $(a_1, \dots, a_n) \in R_1$ und $(b_1, \dots, b_m) \in R_2$ ist eine unscharfe Relation mit der Zugehörigkeitsfunktion:

$$\begin{gathered}\forall (a_1, \dots, a_n) \in R_1 \wedge \forall (b_1, \dots, b_m) \in R_2 \\ \mu_{R_1 \otimes R_2}(a_1, \dots, a_n, b_1, \dots, b_m) = \min(\mu_{R_1}(a_1, \dots, a_n), \mu_{R_2}(b_1, \dots, b_m)).\end{gathered} \tag{5.31}$$

Verkettung unscharfer Relationen

Wie beschrieben ergibt die Verkettung zweier Binärrelationen $R_1 \subseteq A_1 \times A_2$ und $R_2 \subseteq A_2 \times A_3$ eine Menge von Paaren (x, z), so daß mindestens ein Element $y \in A_2$ mit $(x, y) \in R_1 \wedge (y, z) \in R_2$ existiert (Definition 5.3, 157). Hiervon ausgehend liegt es im Falle unscharfer Relationen nahe, zur Modellierung dieser *Konjunktion* einen Fuzzy-Operator zur Schnittmengenbildung zu verwenden. Da die Verkettung unscharfer Relationen keine injektive Abbildung ist, also jedes Tupel der resultierenden Relation Abbild *verschiedener* Argument-Tupel mit unterschiedlichen Zugehörigkeitsgraden sein kann, ist es überdies, wie beim Erweiterungsprinzip (vgl. 129f.), naheliegend, in solchen Fällen den Zugehörigkeitsgrad des resultierenden Tupels über einen Vereinigungs- beziehungsweise Disjunktionsoperator zu bestimmen. Für die Verkettung unscharfer Relationen lassen sich demnach wie bei der Verallgemeinerung der klassischen Mengenoperationen verschiedene Formeln aufstellen. Als „natürliche“ Kandidaten bieten sich wiederum Maximum und Minimum an. Zadeh hat sie seinem ersten Vorschlag zur Formalisierung der Verkettung unscharfer Relationen zugrunde gelegt [Zadeh 1965, 37]. Zur Unterscheidung von alternativen Formalisierungen wurde dieser Vorschlag später als „max-min-composition" [Zadeh 1971b, 83] beziehungsweise „sup-min-composition" bezeichnet.

Definition 5.11 *Sup-Min-Verkettung*

Das Ergebnis der *Sup-Min-Verkettung* (engl.: *sup-min-composition*) zweier unscharfer Relationen $R_1 \subseteq A_1 \times A_2$ und $R_2 \subseteq A_2 \times A_3$, geschrieben $R_1 \circ R_2$, ist die unscharfe Menge R_3 aller geordneten Paare $\{(x, z) | \exists y \in A_2\ ((x, y) \in \text{supp}(R_1) \wedge (y, z) \in \text{supp}(R_2))\}$ mit der Zugehörigkeitsfunktion

$$\mu_{R_3}(x, z) = \sup_y \min(\mu_{R_1}(x, y), \mu_{R_2}(y, z)). \quad (5.32)$$

Üblicherweise hält man bei der Verallgemeinerung das Maximum (Supremum) bei und modelliert die Konjunktion über eine t-Norm. Man spricht dann allgemein von einer Max-*-Verkettung (Sup-*-Verkettung, Sup-t-Verkettung).

Definition 5.12 *Sup-*-Verkettung (Sup-t-Verkettung)*

Das Ergebnis der *Sup-*-Verkettung* (*Sup-t-Verkettung*, engl.: *sup-*-composition, sup-star-composition*) zweier unscharfer Relationen $R_1 \subseteq A_1 \times A_2$ und $R_2 \subseteq A_2 \times A_3$, ist die unscharfe Menge R_3 aller geordneten Paare $\{(x, z) | \exists y \in A_2\ ((x, y) \in \text{supp}(R_1) \wedge (y, z) \in \text{supp}(R_2))\}$ mit der Zugehörigkeitsfunktion

$$\mu_{R_3}(x, z) = \sup_y t(\mu_{R_1}(x, y), \mu_{R_2}(y, z)). \quad (5.33)$$

Die Verkettung ist nicht kommutativ. Bei Verwendung der Sup-Min-Verkettung gelten für unscharfe Relationen R, S, T sowohl das Assoziativgesetz wie das Distributivgesetz der Vereinigung, bezüglich der Durchschnittsbildung gilt jedoch nur eine abgeschwächte Form des Distributivgesetzes. (Vgl. Tabelle 5.10, Zadeh

Assoziativgesetz		Distributivgesetz der Umkehrrelation	
$(R \circ S) \circ T = R \circ (S \circ T)$	(5.34)	$(R \circ S)^{-1} = S^{-1} \circ R^{-1}$	(5.35)
Distributivgesetze bezüglich der Vereinigung und des Durchschnitts			
$R \circ (S \cup T) = (R \circ S) \cup (S \circ R)$	(5.36)	$R \circ (S \cap T) \subseteq (R \circ S) \cap (S \circ R)$	(5.37)
Monotonieeigenschaften			
$R \subseteq S \Rightarrow R \circ T \subseteq S \circ T$	(5.38)	$R \subseteq S \Rightarrow T \circ R \subseteq T \circ S$	(5.39)

Tabelle 5.10: Gesetze für die Sup-Min-Verkettung unscharfer Relationen

[1971b, 83f.] sowie Bandemer und Gottwald [1992, 55f.]). Diese Gesetze gelten gleichermaßen für die ebenfalls gebräuchliche *Sup-Produkt-Verkettung*. Man erhält sie, wenn man die Minimumbildung der Sup-Min-Verkettung durch die Produktbildung ersetzt. Statt wie in 5.32 lautet dann die Zuordnungsvorschrift für die Berechnung des Zugehörigkeitsgrades der resultierenden Tupel:

$$\mu_{R_3}(x, z) = \sup_y \mu_{R_1}(x, y) \cdot \mu_{R_2}(y, z). \tag{5.40}$$

Gelegentlich wird auch die sogenannte *Max-Durchschnitts-Verkettung* (engl.: *max-average-composition*) benutzt, die über die Zugehörigkeitsfunktion

$$\mu_{R_3}(x, z) = \frac{1}{2} \cdot \max_y(\mu_{R_1}(x, y) + \mu_{R_2}(y, z)) \tag{5.41}$$

definiert ist.

Beispiel 5.1 *Verkettung „Schuhgröße – Gewicht"*

Gegeben seien zwei unscharfe Relationen R_1 über dem Kartesischen Produkt von Schuhgröße und Körpergröße und R_2 über dem Kartesischen Produkt von Körpergröße und Gewicht. Die Wertebereiche von Schuhgröße (S) und Körpergröße (K) seien {groß, mittel, klein}, der Wertebereich von Gewicht (G) sei {schwer, mittel, leicht}. Die Verkettung von R_1 (S\K) mit R_2 (K\G) ergibt dann eine unscharfe Relation R_3

K \ G	leicht	mittel	schwer
klein	1.0	0.7	0.3
mittel	0.2	1.0	0.6
groß	0.0	0.8	1.0

S \ K	klein	mittel	groß
klein	1.0	0.5	0.3
mittel	0.5	1.0	0.7
groß	0.1	0.7	1.0

S \ G	leicht	mittel	schwer
klein	1.0	0.7	0.5
mittel	0.5	1.0	0.7
groß	0.2	0.8	1.0

Abb. 5.2: Verkettung „Schuhgröße-Gewicht"

(S\G) über dem Kartesischen Produkt von Schuhgröße und Gewicht (vgl. Abbildung 5.2). In dem abgebildeten Falk-Schema werden die Spalten und Zeilen der zu verkettenden Relationen so angeordnet, daß die Zugehörigkeitsgrade der resultierenden Tupel in ihrem Schnittfeld liegen. Der hellgrau unterlegte Zugehörigkeitsgrad der resultierenden Fuzzy-Relation berechnet sich aus der hellgrau unterlegten Zeile R_1 (S\K) und Spalte von R_2 (K\G). Tabelle 5.11 zeigt, wie die Zugehörigkeitsgrade der Tupel der resultierenden Relation berechnet werden.

Wie anhand der Berechnungstabelle 5.11 unschwer zu erkennen ist, gleicht das Rechenverfahren zur Verkettung unscharfer Relationen dem bekannten Verfahren der Matrizen-Multiplikation: Es ist lediglich die Produktbildung durch die Minimum-Bildung und die Addition durch die Berechnung des Maximums (Su-

min(1,1)	min(.5,.2)	min(.3,0)	min(1,.7)	min(.5,1)	min(.3,.8)	min(1,.3)	min(.5,.6)	min(.3,1)
max(1.0,0.5,0.0) = 1.0			max(0.7,0.5,0.3) = 0.7			max(0.3, 0.5,0.3) = 0.5		
min(.5,1)	min(1,.2)	min(.7,0)	min(.5,.7)	min(1,1)	min(.7,.8)	min(.5,.3)	min(1,.6)	min(.7,1)
max(0.5,0.2,0.0) = 0.5			max(0.5,1.0,0.7) = 1.0			max(0.3,0.6,0.7) = 0.7		
min(.1,1)	min(.7,.2)	min(1,0)	min(.1,.7)	min(.7,1)	min(1,.8)	min(.1,.3)	min(.7,.6)	min(1,1)
max(0.1,0.2,0.0) = 0.2			max(0.1,0.7,0.8) = 0.8			max(0.1,0.6,1.0) = 1.0		

Tabelle 5.11: Berechnung der Verkettung unscharfer Relationen nach der Max-Min-Methode

premums) zu ersetzen. Analoges gilt für die anderen Verfahren der Sup-*-Verkettung: die Multiplikation wird durch eine t-Norm, die Summe durch das Supremum ersetzt.

Bei der Modellierung approximativer Inferenzen tritt häufig der Fall ein, daß eine einstellige Relation mit einer zweistelligen verkettet werden muß (vgl. Kapitel 8, 274ff.). Verrechnungsformeln für diesen Spezialfall lassen sich leicht aus den Definitionen 5.11 und 5.12 ableiten: in beiden Fällen können die zugrundeliegenden Operationen als konjunktive und disjunktive Verknüpfungen gedeutet werden, die über t-Normen und t-Conormen modellierbar sind. Als Resultat der Verkettung einer unären mit einer binären Fuzzy-Relation erhält man nun natürlich keine zweistellige, sondern eine einstellige Fuzzy-Relation.

Definition 5.13 *Sup-t-Verkettung einer unären mit einer binären Relation*

Das Ergebnis der *Sup-t-Verkettung einer unären Fuzzy-Relation* $R_1 \subseteq A_1$ *mit einer binären Fuzzy-Relation* $R_2 \subseteq A_1 \times A_2$, geschrieben $R_1 \circ R_2$, ist die unäre Fuzzy-Relation R_3 mit der Trägermenge $\{y \mid \exists y \in A_2\ (x \in \mathrm{supp}(R_1) \wedge (x,y) \in \mathrm{supp}(R_2))\}$ und der Zugehörigkeitsfunktion

$$\mu_{R_3}(y) = \sup_y t(\mu_{R_1}(x), \mu_{R_2}(x, y)). \tag{5.42}$$

Wählt man als t-Norm das Minimum beziehungsweise das Produkt, so erhält man analog zu 5.32 eine Sup-Min-Verkettung (5.43) beziehungsweise analog zu 5.40 eine Sup-Produkt-Verkettung (5.44):

$$\mu_{R_1 \circ R_2}(y) = \sup_y \min(\mu_{R_1}(x), \mu_{R_2}(x, y)) \tag{5.43}$$

$$\mu_{R_1 \circ R_2}(y) = \sup_y \mu_{R_1}(x) \cdot \mu_{R_2}(x, y). \tag{5.44}$$

Projektion und Zylindererweiterung unscharfer Relationen

Unter einer Projektion versteht man eine Operation, die eine oder mehrere Spalten (Attribute) einer Relation „löscht" und somit ihre Stelligkeit reduziert. Bei zwei- oder dreistelligen Relationen lassen sich Projektionen geometrisch im Sinne einer Lichtprojektion veranschaulichen. Stellt man sich eine dreistellige

Relation als Quader vor, dann wird die Projektion von der rechteckigen Schattenfläche repräsentiert, die parallel verlaufende Lichtstrahlen umgrenzen, wenn sie senkrecht auf eine Quaderfläche und die hinter ihm stehende Wand auftreffen. Da verschiedene Tupel einer Relation auf die gleichen Tupel ihrer Projektion abgebildet werden, werden die Zugehörigkeitsgrade wiederum über das Maximum (Supremum) berechnet.

Definition 5.14 *Projektion einer unscharfen Relation*

R sei eine n-stellige Fuzzy-Relation über $A = A_1 \times \ldots \times A_n$, $(a_1, \ldots, a_n) \in A$, $(j_1, \ldots, j_m)$ eine Teilfolge von $(1, \ldots, n)$, $(a_{j_1}, a_{j_2}, \ldots, a_{j_m}) \in B = A_{j_1} \times A_{j_2} \times \ldots A_{j_m}$, $(k_1, \ldots, k_p)$ die komplementäre Folge von $(j_1, \ldots, j_m)$ bezüglich $(1, \ldots, n)$, $n \in \mathbb{N}$ Die Projektion von R auf B, geschrieben $[R{\downarrow}B]$ oder *proj*$_B(R)$, ist eine m-stellige Fuzzy-Menge von Tupeln $(a_{j_1}, a_{j_2}, \ldots, a_{j_m}) \in B$ mit der Zugehörigkeitsfunktion

$$\mu_{[R\downarrow B]}(a_{j_1}, a_{j_2}, \ldots, a_{j_m}) = \sup_{(a_{k_1}, \ldots, a_{k_p})} \mu_R(a_1, a_2, \ldots, a_n). \tag{5.45}$$

R_0			
X	Y	Z	μ
{a,b,c}	{m,n}	{r,s}	[0,1]
a	m	r	0.9
a	n	r	1.0
a	m	s	0.0
a	n	s	0.5
b	m	r	0.7
b	n	r	0.8
b	m	s	0.4
b	n	s	0.9
c	m	r	1.0
c	n	r	0.6
c	m	s	1.0
c	n	s	0.8

R_1	
Z	μ
s	1.0
r	1.0

R_2	
Y	μ
m	1.0
n	1.0

R_3	
X	μ
a	1.0
b	0.9
c	1.0

R_4		
X	Y	μ
a	m	0.9
a	n	1.0
b	m	0.7
b	n	0.9
c	m	1.0
c	n	0.8

R_5		
Y	Z	μ
m	r	1.0
n	r	1.0
m	s	1.0
n	s	0.9

R_6		
X	Z	μ
a	r	1.0
a	s	0.5
b	r	0.8
b	s	0.9
c	r	1.0
c	s	1.0

Tabelle 5.12: Projektionen einer unscharfen Relation

Es ist evident, daß verschiedene unscharfe Relationen die gleiche Projektion haben können. Von den Projektionen läßt sich folglich nicht immer eindeutig auf die projizierte Relation zurückschließen.[9] „Umgekehrt“ jedoch existiert zu jeder unscharfen Relation eine eindeutig definierte unscharfe Relation mit einer erweiterten Stellenanzahl, deren Projektion sie ist. Diese besondere „Erweiterung“ einer Relation wird „Zylindererweiterung“[10] genannt [vgl. Zadeh 1975c, 251].

Definition 5.15 *Zylindererweiterung einer unscharfen Relation*

$(a_{j_1}, a_{j_2}, \ldots, a_{j_k})$ sei eine Teilfolge von $(a_1, a_2, \ldots, a_n)$, $A = A_1 \times \ldots \times A_n$, $B = A_{j_1} \times A_{j_2} \times \ldots A_{j_k}$, $j, k, n \in \mathbb{N}$. Die *Zylindererweiterung einer unscharfen Relation* $R(a_{j_1}, a_{j_2}, \ldots, a_{j_k}) \subseteq B$, kurz $[R\uparrow A \backslash B]$ oder $cyl_{A\backslash B}(R)$, ist eine unscharfe Relation $S(a_1, a_2, \ldots, a_n) \subseteq A$, deren Projektion R ist *und* für deren Zugehörigkeitsfunktion gilt:

$$\mu_S(a_1, a_2, \ldots, a_n) = \mu_R(a_{j_1}, a_{j_2}, \ldots, a_{j_k}). \tag{5.46}$$

R heißt *Basis* der Zylindererweiterung. Die Zylindererweiterung $cyl_{A\backslash B}(R)$ stellt von den verschiedenen möglichen Erweiterungen einer unscharfen Relation $R \subseteq B$ insofern die *„größte“* – und damit auch die *„unspezifischste“* – Erweiterung

X	Y	Z	μ_{R_0}	$\mu_{R_1}\uparrow X,Y$	$\mu_{R_3}\uparrow Y,Z$	$\mu_{R_2}\uparrow X,Z$	$\mu_{R_5}\uparrow X$	$\mu_{R_6}\uparrow Y$	$\mu_{R_4}\uparrow Z$	zylindrische Hülle
a	m	r	0.9	1.0	1.0	1.0	1.0	1.0	0.9	0.9
a	n	r	1.0	1.0	1.0	1.0	1.0	1.0	1.0	1.0
a	m	s	0.0	1.0	1.0	1.0	1.0	0.5	0.9	0.5
a	n	s	0.5	1.0	1.0	1.0	0.9	0.5	1.0	0.5
b	m	r	0.7	1.0	0.9	1.0	1.0	0.8	0.7	0.7
b	n	r	0.8	1.0	0.9	1.0	1.0	0.8	0.9	0.8
b	m	s	0.4	1.0	0.9	1.0	1.0	0.9	0.7	0.7
b	n	s	0.9	1.0	0.9	1.0	0.9	0.9	0.9	0.9
c	m	r	1.0	1.0	1.0	1.0	1.0	1.0	1.0	1.0
c	n	r	0.6	1.0	1.0	1.0	1.0	1.0	0.8	0.8
c	m	s	1.0	1.0	1.0	1.0	1.0	1.0	1.0	1.0
c	n	s	0.8	1.0	1.0	1.0	0.9	1.0	0.8	0.8

Tabelle 5.13: Zylindererweiterungen einer unscharfen Relation

Als Durchschnittsoperator wurde das Minimum benutzt. Die hellgrau unterlegten Zellen heben die Abweichungen der zylindrischen Hülle zur Basisrelation hevor.

[9] Unscharfe Relationen, die eindeutig über das Kartesische Produkt all ihrer einstelligen Projektionen rekonstruierbar sind, werden als *„separabel“* bezeichnet. [Vgl. u.a. Bandemer und Gottwald 1992, 59.]

[10] Die Namensgebung läßt sich analog zur Projektion geometrisch interpretieren, wenn man sich eine Kreisfläche vorstellt, auf der ein senkrechter Kreiszylinder errichtet wird.

dar, als daß sie alle Relationen, deren Projektionen auf B gleich R sind, als unscharfe Teilmengen enthält [vgl. Zadeh 1975c, 251]. Umgekehrt bedeutet dies, daß jede Relation eine Teilmenge jeder Zylindererweiterung all ihrer Projektionen sowie deren Durchschnittsmenge ist. Über den Durchschnitt der Zylindererweiterungen der Projektionen einer Relation erhält man die *zylindrische Hülle* (engl.: *cylindrical closure*), die der ursprünglichen Relation gleich ist oder eine gute Annäherung abgibt [vgl. Klir and Folger 1988, 70f.; Zadeh 1975c, 251ff.]. In Tabelle 5.12 ist eine unscharfe Relation mit all ihren Projektionen dargestellt. Tabelle 5.13 zeigt für die gleiche Relation sämtliche Zylindererweiterungen ihrer Projektionen sowie die daraus berechnete zylindrische Hülle.

Verbindung und Restriktion

Mit Hilfe der Zylindererweiterung läßt sich direkt eine weitere für relationale Datenbanksysteme grundlegende Operation definieren, die der Verkettung verwandt ist und als *natürliche Verbindung* bezeichnet wird.

Definition 5.16 *Natürliche Verbindung unscharfer Relationen*

Die *natürliche Verbindung* zweier unscharfer Relationen $R_1(a_1, a_2) \subseteq A_1 \times A_2$ und $R_2\,(a_2, a_3) \subseteq A_2 \times A_3$ ist eine unscharfe Relation $R_3\,(a_1, a_2, a_3) \subseteq \times A_1 \times A_2 \times A_3$ mit der Zugehörigkeitsfunktion

$$\mu_{R_3}(a_1, a_2, a_3) = \min(\mu_{R_1 \uparrow A_3}(a_1, a_2, a_3), \mu_{R_2 \uparrow A_1}(a_1, a_2, a_3)). \qquad (5.47)$$

Aufgrund von Gleichung 5.46 ist 5.47 gleichwertig zu:

$$\mu_{R_3}(a_1, a_2, a_3) = \min(\mu_{R_1}(a_1, a_2), \mu_{R_2}(a_2, a_3)). \qquad (5.48)$$

Im Unterschied zur natürlichen Verbindung werden in der *Gleichheitsverbindung* (engl.: *equi join*) die beiden Relationen gemeinsamen Spalten in der resultierenden Relation doppelt aufgeführt. Die Zugehörigkeitsfunktion der Gleichheitsverbindung unscharfer Relationen R_3 lautet demzufolge:

$$\mu_{R_3}(a_1, a_2, a_2, a_3) = \min(\mu_{R_1}(a_1, a_2), \mu_{R_2}(a_2, a_3)). \qquad (5.49)$$

Aus 5.48 und 5.49 ist unmittelbar ersichtlich, daß die natürliche Verbindung unscharfer Relationen wie bei gewöhnlichen Relationen aus einer Projektion der Gleichheitsverbindung hervorgeht. In Codds relationaler Algebra wird die Gleichheitsverbindung als Spezialfall der Θ-Verbindung (vgl. Definition 5.7, 158) begriffen. Der Buchstabe Theta (Θ) steht dabei für eine Prädikatfunktion, also eine Funktion, die entweder *wahr* oder *falsch* ergibt. Da die Domänen unscharfer Relationen im allgemeinen keine unscharfen Werte enthalten, kann die Auswahl der Tupel wie im Falle klassischer Relationen vorgenommen werden. Setzt man für den klassischen Wahrheitswert *wahr* den Wert eins und für *falsch* den Wert null, dann kann man die *Θ-Verbindung zweier unscharfer Relationen* wie folgt definieren.

Definition 5.17 *Θ-Verbindung unscharfer Relationen*

Die *Θ-Verbindung zweier unscharfer Relationen* R über $A = A_1 \times \ldots \times A_n$ und S über $B = B_1 \times \ldots \times B_m$, geschrieben $R[A\Theta B]S$, ist eine unscharfe Relation mit der Zugehörigkeitsfunktion

$$\begin{aligned} &\mu_{R[A\Theta B]S}(a_1, \ldots, a_n, b_1, \ldots, b_m) \\ &= \min(\mu_R(a_1, \ldots, a_n), \mu_S(b_1, \ldots, b_m), (a_1, \ldots, a_n)\Theta(b_1, \ldots, b_m)). \end{aligned} \tag{5.50}$$

Auf die gleiche Weise kann die Restriktion einer unscharfen Relation über die klassische Prädikatfunktion $\Theta{:}A_1 \times \ldots \times A_n \to \{0, 1\}$ definiert werden.

Definition 5.18 *Restriktion (Selektion, Auswahl) einer unscharfen Relation*

Die *Restriktion (Selektion, Auswahl)* einer unscharfen Relation R über $A = A_1 \times \ldots \times A_n$, geschrieben $R[\Theta A]$, ist eine unscharfe Relation mit der Zugehörigkeitsfunktion

$$\mu_{R[\Theta A]}(a_1, \ldots, a_n) = \min(\mu_R(a_1, \ldots, a_n), \Theta(a_1, \ldots, a_n)). \tag{5.51}$$

Die Definitionen 5.17 und 5.18 sind so formuliert, daß sie auch Operationen mit unscharfen Bedingungen oder über Relationen, deren Domänen unscharfe Werte aufweisen, abdecken. In diesen Fällen sind die Prädikatfunktionen so festzulegen, daß ihr Bildbereich das gesamte Einheitsintervall [0, 1] und nicht bloß die Randpunkte beinhaltet.

5.4 Eigenschaften unscharfer Relationen

Für die theoretische Untersuchung wie die praktische Anwendung unscharfer Relationen ist es notwendig, die Definitionen grundlegender relationaler Eigenschaften und Relationstypen auf unscharfe Relationen zu verallgemeinern. Aufgrund der graduellen Abstufung der Zugehörigkeiten von Tupel zu unscharfen Relationen wie der beschriebenen Alternativen bei der Definition elementarer mengenalgebraischer (oder logischer) Operationen gibt es jedoch wiederum vielfältige Definitionsmöglichkeiten. (Auch lassen sich über die klassischen Eigenschaften hinausgehend spezielle Eigenschaften für unscharfe Relationen einführen.) Bei den Definitionen von Eigenschaften unscharfer Relationen (vgl. Tabelle 5.1) ist zu beachten, daß sie keineswegs so stringent und eindeutig sind wie dies bei klassischen Relationen der Fall ist. Dies ergibt sich schon daraus, daß die Bedingungen, über die die Eigenschaften gewöhnlicher Relationen definiert werden, hier auf sehr unterschiedliche Weise graduell erfüllt werden kön-

Eigenschaft	Zugehörigkeitsfunktion $(R(A, A) \subseteq A \times A)$	
Reflexivität	$\forall x \in A: \mu_R(x, x) = 1$	(5.52)
ε-Reflexivität	$\forall x \in A: \mu_R(x, x) \geq \varepsilon \quad ; 0 < \varepsilon < 1$	(5.53)
Irreflexivität	$\forall x \in A:\ \mu_R(x, x) = 0$	(5.54)
Symmetrie	$\forall x, y \in A:\ \mu_R(x, y) = \mu_R(y, x)$	(5.55)
Asymmetrie	$\exists x, y \in A:\ \mu_R(x, y) \neq \mu_R(y, x)$	(5.56)
Antisymmetrie	$\forall x, y \in A:\ (\mu(x, y) > 0 \wedge \mu(y, x) > 0 \Rightarrow x = y)$	(5.57)
Strenge Antisymmetrie	$\forall x, y \in A:\ x \neq y \Rightarrow (\mu_R(x, y) > 0 >\!< \mu_R(y, x) > 0)$	(5.58)
Sup-Min-Transitivität	$\forall x, y, z \in A:\ \mu_R(x, z) \geq \sup_y\ min(\mu_R(x, y), \mu(y, z))$	(5.59)
Sup-Produkt-Transitivität	$\forall x, y, z \in A:\ \mu_R(x, z) \geq \sup_y\ (\mu_R(x, y) \cdot \mu(y, z))$	(5.60)
Sup-*-Transitivität	$\forall x, y, z \in A:\ \mu_R(x, z) \geq \sup_y\ t(\mu_R(x, y), \mu(y, z))$	(5.61)
Sup-*-Antitransitivität	$\forall x, y, z \in A:\ \mu_R(x, z) < \sup_y\ t(\mu_R(x, y), \mu(y, z))$	(5.62)

Tabelle 5.14: Grundlegende Eigenschaften unscharfer Relationen

Die angegebenen Definitionen stützen sich im wesentlichen auf Zadeh [1971b, 86ff.] sowie Klir und Folger [1988, 78ff.]. Vgl. auch Zimmermann [1991, 77-82] sowie Bandemer und Gottwald [1992, 60-65]. In einigen Abhandlungen wird die Irreflexivität schlicht als Negation der Reflexivität definiert und die in Formel 5.10 (Tabelle 5.1, 159) beschriebene Eigenschaft als Antireflexivität bezeichnet. Dementsprechend nennen Klir und Folger [1988, 79] Fuzzy-Relationen schon *irreflexiv* wenn gilt: $\exists x \in A: \mu_R(x, x) \neq 1$, gilt: $\forall x \in A: \mu_R(x, x) \neq 1$, so nennen sie die Relation *antireflexiv*. Die Symmetrieeigenschaft läßt sich auch über die Umkehrrelation definieren. Eine Relation ist symmetrisch, wenn sie gleich ihrer Umkehrrelation ist: $R = R^{-1}$. Analog zur Sup-Min- und Sup-Produkt-Transitivität lassen sich ausgehend von 5.61 auch für andere t-Normen entsprechende Transitivitätsarten bilden. Ebenso können spezielle Arten der Antitransitivität definiert werden, indem man die gewünschte t-Norm in Gleichung 5.62 einsetzt.

nen. Insbesondere für die Transitivität lassen sich gleichermaßen verschiedene Definitionen rechtfertigen, deren Anwendungen erheblich voneinander abweichende Ergebnisse mit sich bringen. Bei der Definition der Transitivität unscharfer Relationen geht man von der Inklusion $R \circ R \subseteq R$ aus. [Vgl. Bandemer und Gottwald 1992, 61f.] Übertragen auf die Zugehörigkeitsgrade der in Beziehung zu setzenden Tupel kann diese Relationseigenschaft auf verschiedene Arten modelliert werden: den Optionen der Sup-*-Verkettung (Definition 5.12) entsprechend, kann eine Sup-*-Transitivität (5.61) mit *jeder beliebigen t-Norm* erfüllt werden. Verwendet man als t-Norm das Minimum, so erhält man die sogenannte Sup-Min-Transitivität (5.59). Zadeh hat außerdem die Verwendung des Produkts für diese Konjunktionsbildung vorgeschlagen und gezeigt, daß sich durch Verwendung der so definierten Sup-Produkt-Transitivität statt der Sup-Min-Transitivität Schwierigkeiten bei der Modellierung von Ähnlichkeits- und Ordnungsrelationen beheben lassen [vgl. Zadeh 1971b, 89].

5.5 Typen unscharfer Relationen

5.5.1 Nachbarschaftsrelationen und Nachbarschaftsklassen

In vielen Fällen erfüllen die zu modellierenden Beziehungen nicht das Kriterium der Transitivität. Oft handelt es sich dabei um reflexive und symmetrische Beziehungen, die eine *„Nähe"* oder *„Nachbarschaft"* ausdrücken und daher eine kaum geringere Bedeutung für die Klassifikation haben als Äquivalenz- und Ähnlichkeitsrelationen.

Definition 5.19 *Nachbarschaftsrelation*

Eine *reflexive* und *symmetrische* unscharfe Relation heißt *unscharfe Nachbarschaftsrelation (Kompatibilitätsrelation).*

Beispiel 5.2 *„Reisezeit"*

Gegeben sei eine Tabelle (5.15), in der die Reisezeit von Bahnverbindungen zwischen Städten eingetragen ist. Aus der in der Tabelle dargestellten Relation soll eine unscharfe Relation gebildet werden, die die Städte hinsichtlich „kurzer Reisezeiten" miteinander in Beziehung setzt.

Reisezeit	Berlin	Magdeburg	Hamburg	Hannover	Kassel	Frankfurt	Stuttgart	München
Berlin	0:00	1:20	4:34	3:09	3:28	4:57	6:23	7:20
Magdeburg	1:20	0:00	2:55	1:46	2:05	3:31	5:00	5:57
Hamburg	4:34	2:55	0:00	1:12	2:07	3:29	5:14	5:58
Hannover	3:09	1:46	1:12	0:00	0:53	3:15	3:49	4:37
Kassel	3:28	2:05	2:07	0:53	0:00	1:20	2:53	3:42
Frankfurt	4:57	3:31	3:29	3:15	1:20	0:00	1:25	3:50
Stuttgart	6:23	5:00	5:14	3:49	2:53	1:25	0:00	2:05
München	7:20	5:57	5:58	4:37	3:42	3:50	2:05	0:00

Tabelle 5.15: Reisezeit für Städteverbindungen der Deutschen Bahnen

Die Zeiten, angegeben in Stunden und Minuten (h:min), beziehen sich auf Verbindungen mit dem InterCityExpress (ICE) und sind dem Fahrplan „Städteverbindungen 1993/94" der Deutschen Bahn und Deutschen Reichsbahn entnommen. Bei geringfügig unterschiedlichen Reisezeiten für die gleiche Strecke wurde willkürlich eine für beide Richtungen ausgewählt.

Zur Berechnung der unscharfen Relation dient die folgende Zugehörigkeitsfunktion:

$$\mu(x) = \begin{cases} 1 & ; x \le 60 \\ 1 - 2\left(\frac{x-60}{90}\right)^2 & ; x \le 105 \\ 2\left(\frac{x-150}{90}\right)^2 & ; x \le 150 \\ 0 & ; \text{sonst.} \end{cases} \tag{5.63}$$

Angewandt auf die in Tabelle 5.15 eingetragenen Reisezeiten erhält man die in Tabelle 5.16 beschriebene unscharfe Nachbarschaftsrelation. Die Symmetrie und Reflexivität der scharfen Ausgangsrelation wird durch die Zuordnungsvorschrift 5.63 auf die resultierende unscharfe Relation übertragen. Die Reflexivität zeigt sich darin, daß in beiden Fällen jeweils die Einträge in der Hauptdiagonale gleich sind; die Symmetrie schlägt sich darin nieder, daß sich die Einträge an der Hauptdiagonale spiegeln, also die Elemente mit vertauschten Indizes gleich sind ($e_{ij} = e_{ji}$*).*

„kurz“	Berlin	Magdeburg	Hamburg	Hannover	Kassel	Frankfurt	Stuttgart	München
Berlin	1.00	0.90	0.00	0.00	0.00	0.00	0.00	0.00
Magdeburg	0.90	1.00	0.00	0.48	0.15	0.00	0.00	0.00
Hamburg	0.00	0.00	1.00	0.96	0.13	0.00	0.00	0.00
Hannover	0.00	0.48	0.96	1.00	1.00	0.00	0.00	0.00
Kassel	0.00	0.15	0.13	1.00	1.00	0.90	0.00	0.00
Frankfurt	0.00	0.00	0.00	0.00	0.90	1.00	0.85	0.00
Stuttgart	0.00	0.00	0.00	0.00	0.00	0.85	1.00	0.15
München	0.00	0.00	0.00	0.00	0.00	0.00	0.15	1.00

Tabelle 5.16: Unscharfe Nachbarschaftsrelation „Verbindungen mit kurzer Reisezeit“

Über die Resolutionsform einer unscharfen Nachbarschaftsrelation lassen sich *Nachbarschaftsklassen* (Kompatibilitätsklassen) bestimmen. In einer Nachbarschaftsklasse werden dabei die Elemente zusammengefaßt, die die Relation auf einem bestimmten Niveau (α) erfüllen. Jeder α-Schnitt gruppiert die Elemente in Teilmengen. Anders ausgedrückt: Elemente, die mindestens im Grade α zueinander „benachbart“ sind, bilden eine Klasse. Zu beachten ist dabei, daß die Niveaumengen (und somit die Klassen) nicht disjunkt zueinander sein müssen. Aus den verschiedenen Niveaumengen einer unscharfen Nachbarschaftsrelation lassen sich verschiedene Klasseneinteilungen mit wachsender Klassenanzahl und abnehmender Klassengröße konstruieren, die sich in einem azyklischen Graphen (vgl. Abbildung 5.3) beschreiben lassen.

Beispiel 5.3 *Konzeptionelle Nähe objektorientierter Sprachen*

Von den objektorientierten Programmiersprachen CLOS, FLAVORS, SMALLTALK, EIFFEL, SATHER und C++ soll mit Hilfe einer Nachbarschaftsrelation Klasseneinteilungen auf verschiedenen Niveaus gebildet werden. Die in Tabelle 5.17 dargestellte Zugehö-

„Nähe“	CLOS	FLAVORS	SMALLTALK	EIFFEL	SATHER	C++
CLOS	1.0	0.9	0.6	0.5	0.5	0.4
FLAVORS	0.9	1.0	0.7	0.5	0.5	0.4
SMALLTALK	0.6	0.7	1.0	0.6	0.6	0.5
EIFFEL	0.5	0.5	0.6	1.0	0.9	0.6
SATHER	0.5	0.5	0.6	0.9	1.0	0.6
C++	0.4	0.4	0.5	0.6	0.6	1.0

Tabelle 5.17: Unscharfe Relation „konzeptionelle Nähe objektorientierter Sprachen“

rigkeitsmatrix basiert auf einer Ad-hoc-Einschätzung, in der eine Reihe grundverschiedener Merkmale wie „multiple Vererbung“, automatische Speicherverwaltung („garbage collection“) und „inkrementelle Kompilation“ mit ungleichen Gewichten eingeflossen sind. Es handelt sich dabei um eine „Nachbarschaftsrelation“, weil sie symmetrisch und reflexiv ist. Sie ist nicht transitiv, wenn die Sup-Min-Transitivität oder Sup-Produkt-Transitivität zugrunde gelegt wird. (Als transitiv wäre sie nur dann zu klassifizieren, wenn man die Sup--Transitivität benutzt und die Konjunktionsbildung durch die „schärfste“ t-Norm, das „drastische Produkt“ (Formel 3.29, 85), modelliert.)*

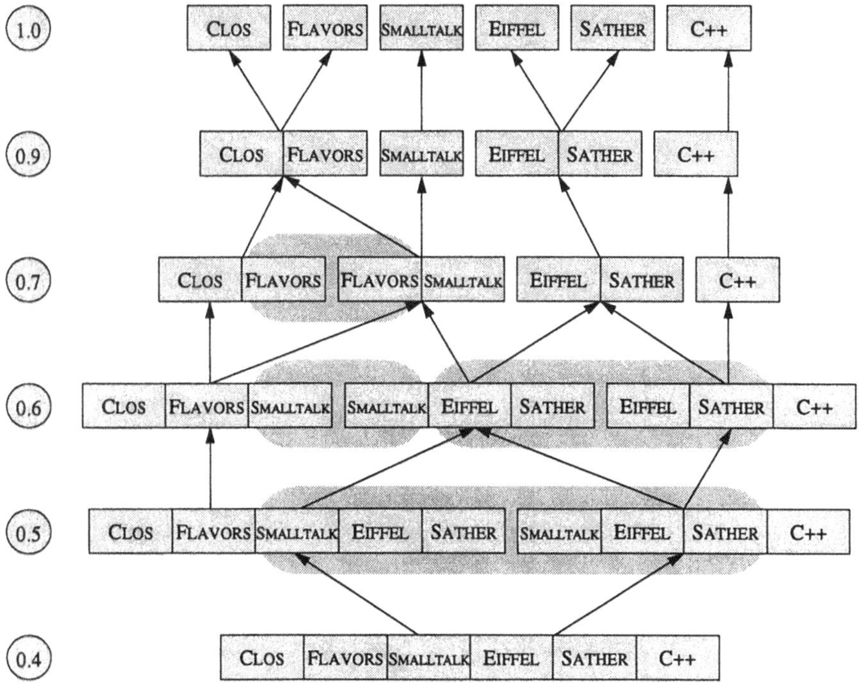

Abb. 5.3: Klasseneinteilungen der unscharfen Nachbarschaftsrelation „konzeptionelle Nähe objektorientierter Programmiersprachen“

5.5.2 Ähnlichkeitsrelationen und Ähnlichkeitsklassen

Verlangt man zusätzlich zur Symmetrie und Reflexivität Transitivität, so gelangt man zu Äquivalenzrelationen. Verallgemeinert auf unscharfe Relationen spricht man dann von Ähnlichkeitsrelationen.

Definition 5.20 *Ähnlichkeitsrelation*

Eine *Ähnlichkeitsrelation* ist eine unscharfe Relation, die *reflexiv, symmetrisch* und *transitiv*[11] ist.

Beispiel 5.4 *Ähnlichkeit von LISP-Dialekten*

Die „Ähnlichkeit" einiger LISP-Dialekte soll über eine Ähnlichkeitsrelation beschrieben werden. Zur Repräsentation einer solchen binären Relation eignet sich die Matrizendarstellung.

„ähnlich"	MACLISP	INTERLISP	ZETALISP	STANDARD LISP	CAMBRIDGE LISP	SCHEME	COMMON LISP	EULISP
MACLISP	1.00	0.80	0.70	0.58	0.63	0.32	0.58	0.54
INTERLISP	0.80	1.00	0.70	0.65	0.70	0.32	0.53	0.47
ZETALISP	0.70	0.70	1.00	0.50	0.54	0.45	0.75	0.66
STANDARD LISP	0.58	0.65	0.50	1.00	0.89	0.40	0.38	0.37
CAMBRIDGE LISP	0.63	0.70	0.54	0.89	1.00	0.37	0.41	0.39
SCHEME	0.32	0.32	0.45	0.40	0.37	1.00	0.47	0.54
COMMON LISP	0.58	0.53	0.75	0.38	0.41	0.47	1.00	0.87
EULISP	0.54	0.47	0.66	0.37	0.39	0.54	0.87	1.00

Tabelle 5.18: Ähnlichkeit von LISP-Dialekten

Die Zugehörigkeitsmatrix basiert auf einer Ad-hoc-Verknüpfung sehr heterogener Merkmale wie beispielsweise Sprachumfang und Art der Wertbindung (lexikalisch oder dynamisch). Gleich großen Ähnlichkeitsgraden können daher semantisch völlig unterschiedliche Sprachdifferenzen zugrunde liegen.

Die in Tabelle 5.18 dargestellte Relationsmatrix definiert eine unscharfe Relation, die die Definition von Ähnlichkeitsrelationen (5.20) für die Sup-Produkt-Transitivität (5.60) sowie untergeordnete Transitivitätsarten erfüllt. Im Gegensatz dazu handelt es

[11] Die Eigenschaften sind in Tabelle 5.14 definiert. Je nach Transitivitätsart lassen sich verschiedene Ähnlichkeitsrelationen unterscheiden. Für diese Definition wie für den gesamten Text gilt, sofern nichts Gegenteiliges gesagt wird: Transitivität meint irgendeine Art der Sup-*-Transitivität nach Gleichung (5.61), also beispielsweise die Max-Min-Transitivität (5.59) oder die Max-Produkt-Transitivität (5.60).

sich um keine Ähnlichkeitsrelation bezüglich der Sup-Min-Transitivität. Bereits eine geringe Änderung von Zugehörigkeitsgraden – wie etwa die (sachlich keineswegs abwegige) Änderung der Ähnlichkeitsgrade von EULISP zu COMMON LISP von 0.87 auf 0.88 – bewirkt, daß die Relation nicht mehr sup-produkt-transitiv ist. Bei Wahl des Einstein-Produkts (Formel 3.25, 85) oder einer niedergeordneten t-Norm (vgl. Tabelle 3.2, 85) für die Transitivitätsdefinition (5.61) würde sie jedoch auch dann die Definitionsbedingungen für Ähnlichkeitsrelationen (5.20) erfüllen.

Beachtenswert ist, daß die komplementäre Zugehörigkeitsfunktion unscharfer Ähnlichkeitsrelationen verschiedener Transitivitätsarten die Axiome einer Abstandsfunktion erfüllen.[12] Für die unscharfe Klassifikation sind Partitionsbäume, Äquivalenz- und Ähnlichkeitsklassen von besonderer Bedeutung. In *Partitionsbäumen* werden Klassen von Elementen hierarchisch entsprechend der Niveaumengen angeordnet. Dabei werden miteinander in Beziehung stehende Elemente genau dann zusammengefaßt, wenn der Zugehörigkeitsgrad der entsprechenden Relationstupel zur betrachteten Niveaumenge gehört. Die Zeilenvektoren der Relation bilden dic *Ähnlichkeitsklassen*. Die Ähnlichkeitsklasse eines Elements repräsentiert den Grad, in dem ihm die anderen Elemente der Grundmenge ähnlich sind. Für die Programmiersprache MacLisp erhält man nach der obigen Definition folgende Ähnlichkeitsklasse:

{1.0/MACLISP + 0.80/INTERLISP + 0.70/ZETALISP + 0.58/STANDARDLISP + 0.63/CAMBRIDGELISP + 0.32/SCHEME + 0.58/COMMONLISP + 0.54/EULISP}

Demzufolge gelangt man über die Niveaumengen von Ähnlichkeitsrelationen zu Äquivalenzklassen.

„The equivalence classes formed by the levels of refinement of a similarity relation can be interpreted as grouping elements that are similar to each other and only to each other to a degree not less than α.“ [Klir and Folger 1988, 84]

„ähnlich“	A	B	C	D	E	F	G
A	1.0	0.3	0.8	0.3	0.3	1.0	0.3
B	0.3	1.0	0.3	1.0	0.5	0.3	0.5
C	0.8	0.3	1.0	0.3	0.3	0.8	0.3
D	0.3	1.0	0.3	1.0	0.5	0.3	0.5
E	0.3	0.5	0.3	0.5	1.0	0.3	0.8
F	1.0	0.3	0.8	0.3	0.3	1.0	0.3
G	0.3	0.5	0.3	0.5	0.8	0.3	1.0

Tabelle 5.19: Unscharfe Relation „ähnliche Objekte“

[12] Bandemer und Gottwald [1992, 61f.] haben darauf hingewiesen, daß die komplementäre Zugehörigkeitsfunktion einer Ähnlichkeitsrelation die Axiome einer Abstandsfunktion (vgl. Definition 7.7, 250) erfüllt, sofern die Relation im Sinne der beschränkten Differenz transitiv ist. Böhme [1993, 95f.] weist diesen Zusammenhang für eine Sup-Min-Transitivität nach. Ähnlichkeitsrelationen werden daher auch als *Ununterscheidbarkeitsrelationen* bezeichnet.

Die aus den Niveaumengen abgeleiteten Äquivalenzklassen müssen keineswegs disjunkt sein. In Abhängigkeit von der zugrundegelegten Transitivitätsart können Überlappungen auftreten, die um so größer werden können, je geringer die Anforderungen der gewählten Transitivitätsart sind. Tabelle 5.19 stellt eine sup-min-transitive Relation dar, von deren Niveaumengen sich Äquivalenzklassen bilden lassen. Anzahl wie Inhalt der Äquivalenzklassen hängen dabei von der Wahl des Niveau-Parameters α ab: mit zunehmenden α wächst die Anzahl der Klassen und vermindert sich ihre Kardinalität. (Vgl. den Partitionsbaum in Abbildung 5.4)

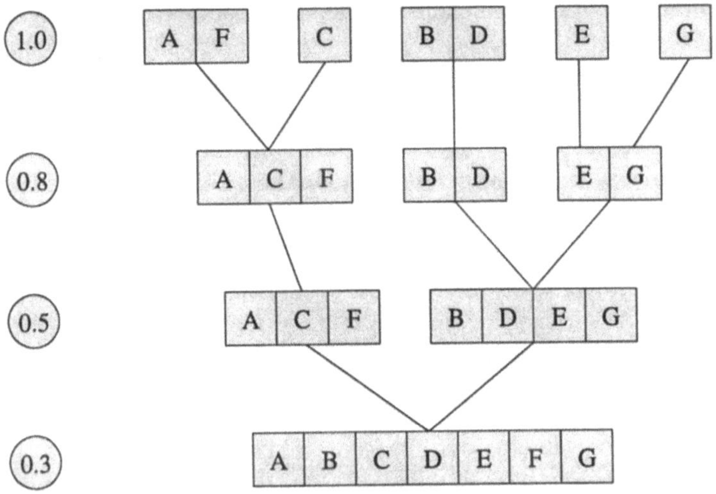

Abb. 5.4: Partitionsbaum für die unscharfe Relation „ähnliche Objekte"

Die Sup-Min-Transitivität stellt jedoch eine sehr strenge Forderung dar, die von vielen Relationen nicht erfüllt werden kann, obgleich sie als „Ähnlichkeitsrelationen" verstanden werden. So führen Salton und McGill [1987, 230] als Bei-

	D1	D2	D3	D4	D5	D6
D1	1.0	0.3	0.5	0.6	0.8	0.9
D2	0.3	1.0	0.4	0.5	0.7	0.8
D3	0.5	0.4	1.0	0.3	0.5	0.2
D4	0.6	0.5	0.3	1.0	0.4	0.1
D5	0.8	0.7	0.5	0.4	1.0	0.3
D6	0.9	0.8	0.2	0.1	0.3	1.0

Tabelle 5.20: Ähnlichkeit von Dokumenten nach Salton und McGill

	D1	D2	D3	D4	D5	D6
D1	1.0	.72	0.5	0.6	0.8	0.9
D2	.72	1.0	0.4	0.5	0.7	0.8
D3	0.5	0.4	1.0	0.3	0.5	.45
D4	0.6	0.5	0.3	1.0	.48	.54
D5	0.8	0.7	0.5	.48	1.0	.72
D6	0.9	0.8	.45	.54	.72	1.0

Tabelle 5.21: Max-produkt-transitive Hülle der Relation „Dokumentenähnlichkeit"

	D1	D2	D3	D4	D5	D6
D1	1.0	0.8	0.5	0.6	0.8	0.9
D2	0.8	1.0	0.5	0.6	0.8	0.8
D3	0.5	0.5	1.0	0.5	0.5	0.5
D4	0.6	0.6	0.5	1.0	0.6	0.6
D5	0.8	0.8	0.5	0.6	1.0	0.8
D6	0.9	0.8	0.5	0.6	0.8	1.0

Tabelle 5.22: Max-Min-transitive Hülle der Relation „Dokumentenähnlichkeit"

spiel für die „Ähnlichkeit" von Dokumenten die in Tabelle 5.20 dargestellte „Ähnlichkeitsmatrix" an. Die dargestellte Relation erfüllt weder das Kriterium der Sup-Min-Transitivität noch das schwächere der Sup-Produkt-Transitivität. Als „transitiv" könnte die Relation nur dann betrachtet werden, wenn extrem schwache Kriterien zugrunde gelegt werden: die Sup-*-Transitivität wird nur dann erfüllt, wenn für die Konjunktionsbildung die „schärfste" t-Norm, das drastische Produkt, benutzt wird. Dies bedeutet nicht, daß solche „schwachen" Transitivitätsanforderungen bedeutungslos sind. Welche Transitivitätsart für eine unscharfe Relation hinreichend oder geeignet ist, hängt vielmehr von der konkreten Anwendung ab. Erfüllt eine Relation die geforderte Transitivitätsart nicht, so kann man wie bei gewöhnlichen Relationen ihre *transitive Hülle* (engl.: *transitive closure*) bilden.

Definition 5.21 *Transitive Hülle binärer Fuzzy-Relationen*

R^n bezeichne die n-fache Verkettung einer Relation R mit sich selbst. Die transitive Hülle $\hat{R}$ einer binären Fuzzy-Relation R ist eine transitive Obermenge von R, so daß für $n \in \mathbb{N}$ gilt:

$$\hat{R} = \bigcup_{n \in \mathbb{N}} R^n. \tag{5.64}$$

Vereinigungs- und Verkettungsoperator müssen dabei mit der gewünschten Transitivitätsart kompatibel sein. Soll die resultierende Relation beispielsweise max-produkt-transitiv sein, so benutzt man für die Vereinigungsbildung das Maximum und für die Verkettung die Max-Produkt-Verkettung. Die Berechnung kann über eine rekursive Funktion oder eine iterative Prozedur erfolgen:

> „Given a relation $R(X,X)$, its transtive closure $R_T(X,X)$ can be determined by a simple algorithm that consists of the following three steps:
> 1. $R' = R \cup (R \circ R)$.
> 2. If $R' \neq R$, make $R = R'$ and go to Step 1.
> 3. Stop: $R' = R_T$." [Klir and Folger 1988, 81]

Für die Dokumenten-Ähnlichkeitsrelation von Salton und McGill (Tabelle 5.20) erhält man die max-min-transitive Hülle von Tabelle 5.22 und die max-produkt-transitive Hülle von Tabelle 5.21. Wie anhand der hellgrau unterlegten Zellen zu erkennen ist, weist die max-min-transitive Hülle erwartungsgemäß weit mehr und deutlich stärkere Abweichungen auf als die max-produkt-transitive Hülle der unscharfen Dokumenten-Relation.

5.5.3 Unscharfe Ordnungsrelationen

Ordnungsrelationen bilden neben den Äquivalenz- und Ähnlichkeitsrelationen eine weitere Klasse transitiver Relationen. Im Gegensatz zu Nachbarschafts- und Ähnlichkeitsrelationen sind sie nicht symmetrisch.

Definition 5.22 *Unscharfe Ordnungsrelation*

Eine *unscharfe Ordnungsrelation* (engl.: *fuzzy ordering relation*) ist eine *transitive* unscharfe Relation, die *asymmetrisch* oder *antisymmetrisch* ist.

Aufgrund der vielfachen Kombinationsmöglichkeiten mit anderen Eigenschaften von Relationen lassen sich eine Reihe verschiedener Typen von Ordnungsrelationen unterscheiden. Dies trifft gleichermaßen für gewöhnliche wie für unscharfe Ordnungsrelationen zu. Unscharfe Ordnungsrelationen sind für eine Vielzahl von Anwendungen unverzichtbar – sie bilden eine wichtige Grundlage für unscharfe Mustervergleiche (fuzzy matching und fuzzy unification) wie für die Klassifikationsverfahren auf der Basis der Fuzzy-Mengentheorie (fuzzy clustering). Die nicht zuletzt für diese Anwendungen wichtigsten Typen bilden die unscharfen Quasi-, Halb- und Totalordnungen.

Definition 5.23 *Fuzzy-Quasiordnung (unscharfe Quasiordnung)*

Eine *transitive, irreflexive* Fuzzy-Relation heißt *(irreflexive) Fuzzy-Quasiordnung* (engl.: *fuzzy preordering relation*), eine *transitive, reflexive* Fuzzy-Relation heißt *reflexive Fuzzy-Quasiordnung.*

Definition 5.24 *Unscharfe Halbordnung*

Eine *transitive, antisymmetrische und irreflexive Fuzzy-Relation* heißt *(irreflexive) Fuzzy-Halbordnung* (engl.: *fuzzy partial ordering*). Eine *transitive, antisymmetrische* und *reflexive* Relation heißt *reflexive Fuzzy-Halbordnung.*

	x_1	x_2	x_3	x_4	x_5	x_6
x_1	1.0	0.8	0.2	0.6	0.6	0.4
x_2	0.0	1.0	0.0	0.0	0.6	0.0
x_3	0.0	0.0	1.0	0.0	0.5	0.0
x_4	0.0	0.0	0.0	1.0	0.6	0.4
x_5	0.0	0.0	0.0	0.0	1.0	0.0
x_6	0.0	0.0	0.0	0.0	0.0	1.0

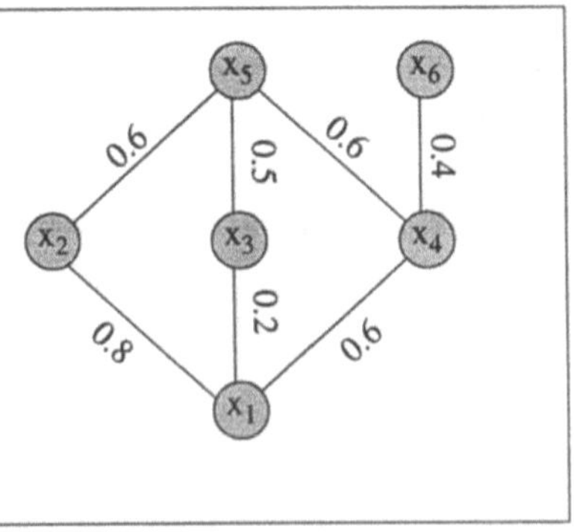

Abb. 5.5: Relationsmatrix und Fuzzy-Hasse-Diagramm einer unscharfen Halbordnung

In Abbildung 5.5 ist links eine unscharfe reflexive Halbordnung in Matrxiform beschrieben. Halbordnungen werden gelegentlich auch graphisch in Hasse-Diagrammen dargestellt. Diese Ordnungsdiagramme können auch zur Repräsentation unscharfer Ordnungen benutzt werden, wenn zusätzlich – wie in Abbildung 5.5 [vgl. Zadeh 1971b, 94] – die Kanten mit den Zugehörigkeitsgraden beschriftet werden.

Definition 5.25 *Unscharfe Totalordnung*

Eine *unscharfe Totalordnungsrelation* (engl.: *fuzzy linear ordering*) ist eine *transitive* und *antisymmetrische* unscharfe Relation, so daß gilt:

$$\forall x, y \in A: x \neq y \Rightarrow (\mu_R(x, y) > 0 \succ\!\!\prec \mu_R(y, x) > 0). \tag{5.65}$$

Definition 5.26 *Unscharfe strenge Ordnung*

Eine *unscharfe strenge Ordnungsrelation* (engl.: *fuzzy strict ordering*) ist eine unscharfe Relation, die *antireflexiv, antisymmetrisch* und *transitiv* ist.

Typische Beispiele einer unscharfen strengen Ordnung sind die Relationen „*viel größer als*" und „*viel kleiner als*" bei Verwendung der in Tabelle 5.3 (162) abgebildeten Zugehörigkeitsfunktionen (5.18 und 5.19) [vgl. Zadeh 1971b, 99]. Die angegebenen Zuordnungsvorschriften können sich unter Umständen aufgrund des approximativen Kurvenverlaufs als problematisch erweisen: wie groß (klein) auch immer die Differnz zwischen zwei Werten sein mag, die unscharfe Ungleichheitsrelation wird nie im vollen Maß ($\mu = 1$) erfüllt. Für Anwendungen, in denen so – möglicherweise durch Fortpflanzungseffekte vermittelt – unerwünschte oder untollerierbare Unschärfen auftreten, bietet es sich an, Zugehörigkeitsfunktionen zu benutzen deren Maximum 1 (beziehungsweise deren Minimum 0) ist. In einem einfachen Datenbank-Beispiel verwenden Dubois und Prade zur Beschreibung „*großer Notendifferenzen*" in einem 20-Punkte-System eine lineare Funktion, die diese Bedingung erfüllt [vgl. Dubois and Prade 1988b, 241]:

$$\mu(x, y) = \begin{cases} 0 & ; y - x \leq 2 \\ \dfrac{(y-x)}{2} - 1 & ; 2 \leq y - x \leq 4 \\ 1 & ; y - x \geq 4. \end{cases} \tag{5.66}$$

Gegenüber 5.18 bietet 5.66 zudem den Vorteil, daß sie zu den leicht und effizient verarbeitbaren Trapezfunktionen paßt. Wie leicht zu erkennen ist, kann diese Zugehörigkeitsfunktion analog zu den in Tabelle 5.3 (162) dargestellten über eine Parametrisierung (hier der Konstanten 2 und 4) verallgemeinert werden. Man erhält dann:

$$\mu(x, y) = \begin{cases} 0 & ; y - x \leq 2 \\ \dfrac{(y-x)}{\alpha} - 1 & ; \alpha \leq y - x \leq \beta \\ 1 & ; y - x \geq \beta. \end{cases} \tag{5.67}$$

Die Festlegung der Parameter ist jedoch (wie bei den anderen Funktionen) vom Anwendungskontext abhängig. Als grobe Annäherung kann die Parameterbestimmung durch eine einfache Funktion des Diskursbereichs erfolgen. In vielen Fällen erhält man befriedigende Ergebnisse, wenn man für α ein Zehntel der Spannweite des (typischen) Diskursbereichs setzt und für β das Doppelte von α. Statt der von Dubois und Prade benutzten trapezförmigen Funktionen läßt sich auch eine parametrische Funktion verwenden, die der (einstelligen) s-Funktion entspricht:

$$\mu(x, y) = \begin{cases} 0 & ; x - y \leq \alpha \\ 2\left(\dfrac{(x-y)-\alpha}{\gamma-\alpha}\right)^2 & ; x - y \leq \dfrac{\alpha+\gamma}{2} \\ 1 - 2\left(\dfrac{(x-y)-\gamma}{\gamma-\alpha}\right)^2 & ; x - y \leq \gamma \\ 1 & ; x - y \geq \gamma. \end{cases} \tag{5.68}$$

Der Ansatz, den Diskursbereich in der Definition der Zugehörigkeitsfunktion zu berücksichtigen, verweist auf die Notwendigkeit eines semantischen Rahmenkonzepts für unscharfe Mengen (vgl. Kapitel 7). Ein abschließendes Beispiel zeigt, daß sich bereits mit Hilfe des einfachen Konzepts unscharfer Ordnungen – unabhängig von der Definition unscharfer Vergleichsoperatoren und weiterer Konzepte der Fuzzy-Mengentheorie – für einige praxisrelevante Probleme befriedigende „Lösungen" modellieren lassen.

Beispiel 5.5 *Dringlichkeitsordnung für die Sanierung von Altdeponien*

Neun Experten (E_1, E_2, ..., E_9) sollen ein Gruppenvotum über die Dringlichkeit der Sanierung von sieben Altdeponien (D_1, D_2, ... D_7) abgeben. Genauer: sie sollen die Deponien hinsichtlich der Sanierungsdringlichkeit streng ordnen. (Statt einer strengen Ordnung könnte auch, je nach Rahmenbedingung, eine andere Ordnung, etwa eine Halbordnung, gefordert werden.) Das Gruppenvotum soll aufgrund des Mehrheitsprinzips nach einem von Blin und Whinston [1974] vorgeschlagenen Entscheidungsmodell erstellt werden. Die Experten beurteilen die Dringlichkeit der

Sanierung für die verschiedenen Deponien höchst unterschiedlich. Die Präferenzordnungen der n Experten, kurz: E_nO, $n \in \{1,2,...,9\}$, *lauten im einzelnen:*

$$E_1O = D_1 > D_2 > D_3 > D_4 > D_5 > D_6 > D_7$$
$$E_2O = D_3 > D_1 > D_2 > D_5 > D_6 > D_4 > D_7$$
$$E_3O = D_2 > D_1 > D_3 > D_4 > D_7 > D_6 > D_5$$
$$E_4O = D_2 > D_3 > D_1 > D_5 > D_4 > D_6 > D_7$$
$$E_5O = D_3 > D_1 > D_2 > D_7 > D_5 > D_4 > D_6$$
$$E_6O = D_1 > D_3 > D_2 > D_5 > D_4 > D_6 > D_7$$
$$E_7O = D_3 > D_5 > D_2 > D_1 > D_4 > D_6 > D_7$$
$$E_8O = D_5 > D_3 > D_1 > D_2 > D_6 > D_4 > D_7$$
$$E_9O = D_3 > D_1 > D_4 > D_2 > D_5 > D_6 > D_7.$$

Dabei bedeutet „$D_i > D_j$*": Die Sanierung der Deponie* D_i *ist nach Meinung eines Experten dringlicher als die der Deponie* D_j, $i,j \in \{1,2,...,7\}$. *Auf der Grundlage des Mehrheitsprinzips läßt sich die Dringlichkeitsbewertung der Sanierung einer Deponie gegenüber einer anderen über die relativen Häufigkeiten der Sanierungspräferenz beider Deponien in den Einzelurteilen der Experten berechnen. Aus den einzelnen Präferenzordnungen wird mithin eine unscharfe Präferenzrelation berechnet, in der für jeweils zwei Deponien eine „relative Präferenz" festgelegt ist. Die „Zugehörigkeitsfunktion" dieser unscharfen Relation lautet demnach:*

$$\mu(D_i, D_j) = \frac{\text{Häufigkeit}(D_i > D_j)}{n} \tag{5.69}$$

Angewandt auf alle Deponie-Paare erhält man die in Tabelle 5.23 mit ihren Niveaumengen dargestellte Fuzzy-Relation. Um das gewünschte Gruppenvotum zu erhalten, bildet man zu jeder Nivaumenge eine Menge aller mit ihr kompatiblen Totalordnungen. Beginnend mit dem höchsten Niveau werden diese Mengen von Totalordnungen sukzessive mit der Menge der Totalordnungen auf dem jeweils nächst niedrigeren Niveau geschnitten, bis die Durchschnittsmenge nur noch eine Totalordnung enthält. Das erreichte Niveau repräsentiert dann das „höchste" Übereinstimmungsniveau der Expertengruppe und die ermittelte Totalordnung ist das gewünschte Gruppenvotum. In diesem Fall wird das maximale Übereinstimmungsniveau für den Wert $\alpha = 2/3$ *erreicht. Die Gruppenpräferenz lautet demzufolge:*

$$D_3 > D_1 > D_2 > D_5 > D_4 > D_6 > D_7.$$

dring-licher	D_1	D_2	D_3	D_4	D_5	D_6	D_7
D_1	0	2/3	1/3	1	7/9	1	1
D_2	1/3	0	1/3	8/9	7/9	1	1
D_3	2/3	2/3	0	1	8/9	1	1
D_4	0	1/9	0	0	1/3	7/9	8/9
D_5	2/9	2/9	1/9	2/3	0	8/9	7/9
D_6	0	0	0	2/9	1/9	0	7/9
D_7	0	0	0	1/9	2/9	2/9	0

1	D_1	D_2	D_3	D_4	D_5	D_6	D_7
D_1	0	0	0	1	0	1	1
D_2	0	0	0	0	0	1	1
D_3	0	0	0	1	0	1	1
D_4	0	0	0	0	0	0	0
D_5	0	0	0	0	0	0	0
D_6	0	0	0	0	0	0	0
D_7	0	0	0	0	0	0	0

8/9	D_1	D_2	D_3	D_4	D_5	D_6	D_7
D_1	0	0	0	1	0	1	1
D_2	0	0	0	1	0	1	1
D_3	0	0	0	1	1	1	1
D_4	0	0	0	0	0	0	1
D_5	0	0	0	0	0	1	0
D_6	0	0	0	0	0	0	0
D_7	0	0	0	0	0	0	0

7/9	D_1	D_2	D_3	D_4	D_5	D_6	D_7
D_1	0	0	0	1	1	1	1
D_2	0	0	0	1	1	1	1
D_3	0	0	0	1	1	1	1
D_4	0	0	0	0	0	1	1
D_5	0	0	0	0	0	1	1
D_6	0	0	0	0	0	0	1
D_7	0	0	0	0	0	0	0

2/3	D_1	D_2	D_3	D_4	D_5	D_6	D_7
D_1	0	1	0	1	1	1	1
D_2	0	0	0	1	1	1	1
D_3	1	1	0	1	1	1	1
D_4	0	0	0	0	0	1	1
D_5	0	0	0	1	0	1	1
D_6	0	0	0	0	0	0	1
D_7	0	0	0	0	0	0	0

1/3	D_1	D_2	D_3	D_4	D_5	D_6	D_7
D_1	0	1	1	1	1	1	1
D_2	1	0	1	1	1	1	1
D_3	1	1	0	1	1	1	1
D_4	0	0	0	0	1	1	1
D_5	0	0	0	1	0	1	1
D_6	0	0	0	0	0	0	1
D_7	0	0	0	0	0	0	0

2/9	D_1	D_2	D_3	D_4	D_5	D_6	D_7
D_1	0	1	1	1	1	1	1
D_2	1	0	1	1	1	1	1
D_3	1	1	0	1	1	1	1
D_4	0	0	0	0	1	1	1
D_5	1	1	0	1	0	1	1
D_6	0	0	0	1	0	0	1
D_7	0	0	0	0	1	1	0

1/9	D_1	D_2	D_3	D_4	D_5	D_6	D_7
D_1	0	1	1	1	1	1	1
D_2	1	0	1	1	1	1	1
D_3	1	1	0	1	1	1	1
D_4	0	1	0	0	1	1	1
D_5	1	1	1	1	0	1	1
D_6	0	0	0	1	1	0	1
D_7	0	0	0	1	1	1	0

Tabelle 5.23: Präferenzrelation „Dringlichkeit der Sanierung von Deponien" und ihre Niveaumengen

Kapitel 6

Ansätze der Modellierung linguistischer Hecken

Grundlegendes Anliegen der Theorie unscharfer Mengen ist es, Formalismen zur Modellierung unscharfer Kategorien zu entwickeln, wie sie in der „natürlichen" Sprache vorkommen. Bezüge zu „natürlichsprachlichen" Phänomenen und zur Linguistik sind derart in die Grundlegung der Fuzzy-Mengentheorie eingeschrieben. Vor diesem Hintergrund ist es naheliegend, ergänzend zu den üblicherweise in den formalen Wissenschaften verwandten mengenalgebraischen, logischen, relationalen und arithmetischen Operatoren (Kapitel 3 bis 5) weitere Operatoren zu untersuchen, die für die „natürliche Sprache" charakteristisch sind und daher als *linguistische Operatoren* bezeichnet werden. Solche linguistischen Operatoren wurden Anfang der 70er Jahre von Zadeh und Lakoff in die Fuzzy-Mengentheorie unter dem Namen *„linguistische Hecke"* eingeführt [Zadeh 1972a, Lakoff 1975]. In Fuzzy-Systemen werden am häufigsten die Hecken *„very" (sehr)* und *„more or less" (mehr oder weniger)* verwandt. Zadehs Vorschläge zur Modellierung dieser und weiterer linguistischer Hecken werden im Anschluß an eine informelle Begriffserläuterung (Kapitel 6.1) dargestellt. Neben syntaktischen und semantischen Anwendungsrestriktionen werden dabei auch kommunikative Funktionen linguistischer Hecken in natürlichen und formalen Sprachen erörtert. Zadehs Modellierungsvorschläge gründen auf der Idee, linguistische Hecken als Operatoren aufzufassen, die unscharfe Mengen modifizieren (Kapitel 6.2). Er unterscheidet zwischen Hecken, deren Wirkungen direkt über die Änderung der Zugehörigkeitsfunktion einer Fuzzy-Menge beschreibbar sind (Kapitel 6.3), sogenannte Hecken vom Typ I, und Hecken vom Typ II, die sich in unterschiedlicher Weise auf die Bedeutungskomponenten komplexer Fuzzy-Mengen auswirken (Kapitel 6.4). In der Praxis beschränkt man sich – sofern linguistische Hecken überhaupt benutzt werden – meist auf Hecken vom Typ I.

Es gibt nur wenige weiterführende Arbeiten zu diesem Thema. Hersh und Caramazza [1976] haben die semantischen Effekte linguistischer Hecken in kognitionspsychologischen Experimenten zu bestimmten versucht. Vor dem Hintergrund ihrer Ergebnisse hat Yager [1982] Zadehs Vorschläge reinterpretiert. Mizumoto und Zimmermann [1982] sowie Ezawa und Mizumoto [1984] haben linguistische Hecken der Untersuchung approximativer Inferenzregeln zugrunde gelegt. Bouchon-Meunier [1992] hat Ansätze entwickelt, linguistische Hecken zur Auswertung und Kompilation einfacher Kontrollregeln zu nutzen. Von Novák [1989, 111-115] wurde in Ergänzung und kritischer Weiterentwicklung der Zadehschen Grundideen ein Satz linguistischer Modifikatoren definiert, für die die Definition linguistischer Modifikationen über ein Funktionenpaar sowie die Unterscheidung positiver, negativer und nullwertiger Syntagmen grundlegend sind. Ein Problem der verschiedenen Modellierungsvorschläge ist in der Unabgeschlossenheit von Fuzzy-Mengen bestimmter Funktionstypen bezüglich linguistischer Operationen zu sehen. Daher wird in dieser Arbeit ein Satz linguistischer Operationen vorgeschlagen, für die die LR-Intervalle sowie die von Zadeh präferierten parametrischen Standardfunktionen abgeschlossen sind (Kapitel 6.3.2).

6.1 „Linguistische Hecken" – eine Begriffserläuterung

Beispiele linguistischer Hecken im Englischen und im Deutschen

Mit dem Begriff *„linguistische Hecke"* (engl.: *linguistic hedge*)[1] oder kurz „Hecke" [vgl. Zadeh 1972a, Lakoff 1975][2] werden sprachliche Ausdrücke bezeichnet, deren Funktion darin besteht, andere Ausdrücke unscharf zu machen

---

1 Die Metapher „Hecke" wird mit Verweis auf eine Funktion dieser Operatoren erläutert, nämlich damit, daß ein Gegenstand nur „ungenau" wahrgenommen werde, wenn er durch eine Hecke verdeckt wird [vgl. Wahlster 1977, 43]. Man könnte „Hecke" auch im Sinne einer Bedeutungs-„Umgrenzung" interpretieren. In der Linguistik-Literatur werden linguistische Hekken meist unter „Adverbien" oder „Partikeln" (insbesondere „Gradpartikeln", „Abtönungspartikeln") abgehandelt. Vgl. die diesbezüglichen Literaturhinweise in [Lewandowski 1985a, Partikeln, 753].

2 Eine frühe Fassung der zitierten Arbeit von Lakoff wurde 1972 in den „Proceedings of the Eighth Regional Meeting of the Chicago Linguistics Society" veröffentlicht. Zadeh selbst hat mehrmals darauf hingewiesen, daß seine Ausarbeitung des Konzepts der linguistischen Hecke aus der Zusammenarbeit mit Lakoff hervorgegangen ist [Zadeh 1972a, 498; Zadeh 1975d, 294].

oder deren Unschärfegrad zu modifizieren. Sie werden daher auch *(linguistische) Modifikatoren* (engl.: *linguistic modifier*) genannt. Lakoff führt in seiner Untersuchung für das Englische ohne Anspruch auf Vollständigkeit folgende Liste an:

> „sort of, kind of, loosely speaking, more or less, on the ... side (tall, fat, etc.), roughly, pretty (much), relatively, somewhat, rather, mostly, technically, strictly speaking, essentially, in essence, basically, principally, particularly, par excellence, largely, for the most part, very, especially, exceptionally, quintessential(ly), literaly, often, more of a ... than anything else, almost, typically/typical, as it were, in a sense, in one sense, in a real sense, in an important sense, in a way, mutatis mutandis, in a manner of speaking, details aside, so to say, a veritable, a true, a real, a regular, virtually, all but technically, practically, all but a, anything but a, a self-styled, nominally, he calls himself a ..., in name only, actually, really, he as much as ..., -like, -ish, can be looked upon as, can be viewed as, pseudo-, crypto-, (he's) another (Caruso/Lincoln, Babe Ruth/...), ... is the ... of ... (e.g., America is the Roman Empire of the modern world. Chomsky is the DeGaulle of Linguistics, etc.)“ [Lakoff 1975, 235].

Als typische Beispiele für das Deutsche können die von Wahlster aufgelisteten Hecken gelten:

> „sehr, besonders, relativ, eine Art, grob gesprochen, mehr oder weniger, ziemlich, praktisch, in mancher Hinsicht, letztlich, gewissermaßen, vor allem, genau betrachtet, höchst, äußerst, prinzipiell, par excellence, außergewöhnlich, regelrecht, im Grunde genommen, quasi, »_«, typisch, ungefähr, im wesentlichen, etwa, nahezu, enorm, zirka, halbwegs, annähernd, rund, hochgradig, einigermaßen“ [Wahlster 1977, 43].

Die Liste ist vielfach erweiterbar. Zu ergänzen wären etwa: *„scharf“*, *„schwach“*, *„stark“*, *„schrecklich“*, *„furchtbar“*, *„verdammt“*, *„überaus“*, *„riesig“*, *„ganz besonders“*, *„außerordentlich“*, *„ungemein“*, *„wirklich“*. Verstärkungen werden häufig über die Präfixe *„hyper“*, *„super“*, *„über“* wie etwa in *„überreif“*, *„hypersensibel“*, *„superstark“* ausgedrückt. Eine ähnliche Wirkung wie mit der linguistischen Hecke *„mehr oder weniger“* wird über das Suffix *„lich“* erzielt: *„rötlich“*, *„grünlich“* oder *„süßlich“*, *„säuerlich“*. Des öfteren werden im Deutschen besondere Ausprägungen einer Eigenschaft durch Wortzusammensetzungen ausgedrückt, wobei nicht selten der Positiv eines Adjektivs mit einem Wort kombiniert wird, das auf einen prototypischen Repräsentanten der Eigenschaft verweist: *„schneeweiß“*, *„rabenschwarz“*, *„fuchsteufelswild“*, *„saudumm“*, *„federleicht“*, *„bleischwer“*, *„steinhart“*, *„steinreich“*, *„bettelarm“*.

Der Begriff linguistische Hecke kann unabhängig von seiner Operationalisierung im Rahmen der Theorie unscharfer Mengen über die allgemeine sprachliche Funktion dieser Ausdrücke erläutert werden: *Eine linguistische Hecke (engl.: linguistic hedge) ist ein Ausdruck (ein Wort oder eine Wortfolge), der einen anderen Ausdruck unscharf macht oder unscharfe Bedeutungsaspekte eines Ausdrucks verstärkt oder abschwächt.*[3]

Möglichkeiten und Einschränkungen der Anwendung linguistischer Hecken

Die Anwendung linguistischer Hecken ist vielfältigen semantischen und syntaktischen Restriktionen unterworfen, so daß eine vollständige exakte Formalisierung von ihnen schwerlich möglich erscheint und in dieser Arbeit nicht versucht werden kann. Linguistische Hecken beziehen sich häufig auf Adjektive, sie können allerdings auch auf Substantive, Verben und Adverbiale angewandt werden. Auf zweiwertige Prädikate lassen sie sich nicht anwenden, da diese Prädikate nicht graduierbar sind: sie werden von einem Objekt entweder erfüllt oder nicht erfüllt. In der Regel trifft dies auf Adjektive zu, die bereits ein Absolutum oder einen Extremwert darstellen. Eine Graduierung von *„tot"* oder *„lebendig"* verbietet sich (zumindest vom Standpunkt der Grammatik[4]) ebenso wie die von *„verheiratet"* oder *„ledig"*, obgleich Wendungen wie *„mausetot"* als stilistisches Mittel in der Literatur und der Umgangssprache gebräuchlich sind. Einige dieser Adjektive werden jedoch auch in relativer Bedeutung gebraucht: in dieser Auffassung ist dann ein Ausdruck wie „das Kino war gestern *sehr leer*" sinnvoll und korrekt. In nicht wenigen Fällen ist die Einschätzung, ob ein Adjektiv (oder ein logisches Prädikat) als graduierfähig gelten kann, strittig und einem historischen Wandel unterworfen. So wird das Adjektiv *„schief"* als zweiwertiges wie als mehrwertiges und graduierfähiges Prädikat aufgefaßt.

Die Anwendbarkeit linguistischer Hecken ist keineswegs auf unscharfe Prädikate beschränkt. Die Funktion einiger Hecken besteht gerade darin, aus scharfen Prädikaten unscharfe zu generieren. Vielfach werden linguistische Hecken wie *„ungefähr", „annähernd", „zirka", „gegen", „rund", „etwa", „an", „bis zu", „bis über", „bis unter", „über", „um", „unter"* dazu benutzt, exakten Zahlen und Intervallen Unbestimmtheit zu verleihen: „sie ist *zirka* 1.65 groß, *etwa* 55 bis 60 kg schwer und kommt *gegen* 3 Uhr". Mit ihrer Hilfe lassen sich aus präzise definierten mathematischen Begriffen unscharfe bilden. So kann von einer „*ungefähren* Geraden", einem „*ungefähren* Mittelpunkt" und „*ungefährer* Rechtwinkeligkeit" oder von einer „*ziemlich* quadratischen Form" und den „*annähernden* Seitenhalbierenden eines *annähernd* gleichseitigen Dreiecks" gesprochen werden. Auf diese Weise lassen sich dann (ausgehend von wohlbe-

---

[3] Zu beachten ist, daß Unschärfe-Effekte auch durch andere sprachliche Mittel hervorgerufen werden können. Neben den linguistischen Hecken sind hier vor allem die Indefinitpronomen (*„viele", „wenige"*) zu nennen, die in der Linguistik auch unter den Begriffen „natürliche Quantoren" oder „verallgemeinerte Quantoren" abgehandelt werden und in der Fuzzy-Mengentheorie meist als „unscharfe Quantoren" bezeichnet werden [vgl. insbesondere Kapitel 9.4, 323ff.].

[4] Unter biologischen, medizinischen und ethischen Gesichtspunkten ist die Grenzziehung zwischen *„Tod"/„tot"* und *„Leben"/„lebendig"* höchst umstritten. Aufgrund derartiger Unterscheidungsprobleme beschreibt Kosko *„Leben"* und *„Nichtleben"* als Fuzzy-Mengen [Kosko 1993, 281ff.].

kannten mathematischen Theoremen) unscharfe mathematische Theoreme formulieren, die im Rahmen der Fuzzy-Mengentheorie formalisiert und bewiesen werden können [vgl. etwa Zadeh 1976b, 354f.].

Im beschränkten Umfang ist es möglich, linguistische Hecken miteinander zu kombinieren. Eine Möglichkeit besteht darin, Hecken durch Konjunktionen wie „*bis*" miteinander zu verknüpfen. Ungewöhnliche bis extrem starke Ausprägungen oder Intensitäten von Eigenschaften werden nicht selten durch eine Verdopplung des Adverbs „*sehr*" ausgedrückt: „das Wasser ist *sehr, sehr* salzig"; „die Kluft ist *sehr, sehr* breit"; „es handelt sich um ein *sehr, sehr* altes Fossil". Zwar schließen natürlichsprachliche Grammatiken wie die des Deutschen oder Englischen weitere Wiederholungen nicht aus, sie werden jedoch sowohl in der Literatur als auch in der Umgangssprache gemieden. Ähnliche Effekte lassen sich durch Kombination verschiedener Verstärkungspartikel erzielen. Anweisungen wie „*sehr* scharf rechts" oder Einschätzungen wie „*extrem* stark bewölkt" sind keineswegs ungewöhnlich. Inkorrekt oder widersinnig wirken demgegenüber unvermittelte Kombinationen von Verstärkungs- und Abschwächungshecken: Welchen Sinn macht etwa die Aussage „es herrscht *sehr mehr oder weniger* warmes Klima"? Ungebräuchlich sind auch Verstärkungen von Prädikaten, die einen mittleren Ausprägungsgrad beinhalten und oft mit Hilfe des adjektivisch oder adverbial gebrauchten Worts „*mittel*" oder des Adjektivs „*mittler*" ausgedrückt werden. Die Aussage „sie ist von *sehr mittlerem* Alter" ist nicht wohlgeformt. Ungeachtet dessen erscheint es durchaus sinnvoll, mittlere Eigenschaften, die gegenüber allen positiv und negativ polarisierten Adjektiven zu bilden sind, „verengen" oder „ausweiten" zu können. Unbestimmt differenzierende oder gewichtende Hecken lassen sich mit Verstärkungspartikel kombinieren: so kann gesagt werden, jemand sei „*in mancher Hinsicht außergewöhnlich* (*überaus, sehr* oder *hoch-*) sensibel".

Ob eine linguistische Hecke auf einen Ausdruck anwendbar ist oder nicht, hängt nicht zuletzt von (unter Umständen subtilen) logisch-semantischen Zusammenhängen der in einem Ausdruck verwandten Konzepte ab. Die Aussage „ein Huhn ist *sozusagen* ein Vogel" bedeutet eine Präsuppositionsverletzung und ist daher vom logischen Standpunkt weder wahr noch falsch, sondern sinnlos [vgl. Lakoff 1975, 236]. Linguistische Hecken wie „*sozusagen*", „*gewissermaßen*" und „*in mancher Hinsicht*" präsupponieren, daß die Prädikate oder Kategorien, auf die sie sich beziehen, nur teilweise oder nicht „wirklich" von dem in Frage stehenden Objekt erfüllt werden.

Anmerkungen zu Funktionen linguistischer Hecken in der natürlichsprachlichen Kommunikation und der automatischen Wissensverarbeitung

Die kommunikativen Funktionen linguistischer Hecken sind untrennbar mit den Funktionen der Vagheit natürlichsprachlicher Ausdrücke verknüpft: Linguistische Hecken erlauben zum einen, exakte Angaben unscharf (oder vage) zu machen, so daß ihr Geltungbereich erweitert wird und (irrelevante) Details übergangen werden können, zum anderen eröffnen sie Differenzierungs- und Präzisierungsmöglichkeiten unscharfer Ausdrücke auf einem symbolisch-qualitativen Niveau. Die Unterstützung dieser beiden Grundfunktionen kann die Ausdrucksstärke von Wissensrepräsentationsformalismen und den Nutzen computertechnischer Applikationen erhöhen.

Um unscharf artikuliertes Erfahrungswissen nutzen zu können, sollte die formale Beschreibung linguistischer Hecken diese Aspekte des Sprachgebrauchs mit hinreichender Genauigkeit nachbilden. Wie hoch das erforderliche Maß der Übereinstimmung sein sollte, hängt zweifellos vom Anwendungskontext ab. Bei der Beurteilung von Modellierungsvorschlägen ist zu bedenken, daß es im allgemeinen unerheblich ist, ob *alle* kommunikativen Funktionen linguistischer Hekken adäquat nachgebildet werden können. Die Funktion linguistischer Hecken, Zusammenhänge vage zu beschreiben, um genügend Anschlußmöglichkeiten für spätere Entwicklungen zu eröffnen, Unwissenheit zu markieren oder mangelnde Denkschärfe zu kaschieren, ist für technische Applikationen bedeutungslos. Gleiches gilt für „sprachästhetische“ Funktionsaspekte wie sie beispielsweise in der rhetorischen Redefigur Litotes oder in modeartigen Wortbildungen („*superaffengeil*“) zum Tragen kommen, also in Neologismen, deren primäre Leistung darin liegt, die sozial-ästhetische Distinktion gesellschaftlicher Gruppen zu unterstützen.

6.2 Zadehs Grundlegung der Modellierung linguistischer Hecken

6.2.1 Grundideen und elementare Operatoren

Zadehs Hauptgedanke besteht darin, eine linguistische Hecke als Operator η zu definieren, der eine unscharfe Menge A, interpretiert als die denotative Bedeutung eines linguistischen Terms l, in eine unscharfe Menge A^*, gedeutet als die denotative Bedeutung von l^* (des durch η modifizierten Terms l), *transformiert*. Folgt man diesem Vorschlag, so ist eine *linguistische Hecke* mathematisch als eine Funktion η von der Menge der unscharfen Teilmengen einer Grundmenge Ω in diese Menge aufzufassen:

$$\eta\colon \Phi(\Omega) \to \Phi(\Omega). \tag{6.1}$$

Diese Definition ist semantisch unterbestimmt, da sie die „Nachbarschaft“ und „Verwandtschaft“ der Ausgangs- und Ergebnismenge nicht zum Ausdruck bringt. Zadeh hat seine Grundidee durch zwei weitere Ideen ergänzt. Die zweite

Idee besteht darin, den linguistischen Operator η auf eine Kombination und Verkettung einer kleinen Menge elementarer Operatoren zurückzuführen. Ergänzend zu den bereits eingeführten Operationen – Normalisierung (Definition 2.21, 67), konvexe Kombination (Definition 3.4, 80), Durchschnitts-, Vereinigungs- und Komplementbildung (Definitionen 3.1 - 3.3, 77) – führt Zadeh [1972a] für diesen Zweck die in Tabelle 6.1 definierten elementaren Operationen ein.

Bezeichnung	Kürzel	Funktionsgleichung ($x \in \Omega$)
Konzentration (concentration)	CON	$\mu_{CON(A)}(x) = \mu_A^2(x)$ (6.2)
Dehnung (dilation)	DIL	$\mu_{DIL(A)}(x) = \sqrt{\mu_A(x)}$ (6.3)
Kontrastverstärkung (contrast intensification)	INT	$\mu_{INT(A)}(x) = \begin{cases} 2\mu_A^2(x) & ; \mu_A(x) \geq 0.5 \\ 1 - 2(1-\mu_A(x))^2 & ; \mu_A(x) \leq 0.5 \end{cases}$ (6.4)
Akzentuierung (accentuation)	PLUS	$\mu_{PLUS(A)}(x) = (\mu_A(x))^{1.25}$ (6.5)
Deakzentuierung (deaccentuation)	MINUS	$\mu_{MINUS(A)}(x) = (\mu_A(x))^{0.75}$ (6.6)
Träger-Fuzzifizierung (support fuzzification)	SF	$SF(A, K) = \mu_1 \cdot K(x_1) + \ldots + \mu_n \cdot K(x_n)$ (6.7) $SF(A, K) = \int_\Omega \mu_A(x) \cdot K(x)$ (6.8)
Grad-Fuzzifizierung (grade fuzzification)	GF	$GF(A, K) = K(\mu_1)/x_1 + \ldots + K(\mu_n)/x_n$ (6.9) $GF(A, K) = \int_\Omega K(x)/x$ (6.10)

Tabelle 6.1: Elementare Modifikatoren zur Definition linguistischer Hecken

Die Tabelle wurde aus Zadeh [1972a, 477-485] zusammengestellt. Zadehs Schreibweise wurde gegebenenfalls angepaßt. Plus-Zeichen und Integral-Zeichnen symbolisieren im Sinne Zadehs die Vereinigungsbildung, + für einen endlichen, $\int$ für einen unendlichen Träger. K(x) bezeichnet eine unscharfe Menge, $\mu_1 \ldots \mu_n$ symbolisieren die Zugehörigkeitsgrade der Fuzzy-Menge A, die Skalarmultiplikation in 6.7 und 6.8 ist gemäß Definition 4.13 (138) durchzuführen.

Mit Ausnahme der Fuzzifizierungs-Operatoren handelt es sich dabei um *einstellige* Operatoren. Die *Konzentration* einer unscharfen Menge bewirkt eine Verminderung aller Zugehörigkeitsgrade kleiner eins, die relativ gering ausfällt für hohe Zugehörigkeitsgrade und relativ groß für kleine. Zur Realisierung dieses Effekts hat Zadeh die Quadratfunktion vorgeschlagen (6.2). Unter der *Dehnung* einer unscharfen Menge versteht man den gegenteiligen Effekt. Zu ihrer Modellierung bietet sich daher die Quadratwurzel an (6.3). Im Gegensatz zur Konzentration vermindert die *Kontrastverstärkung* lediglich die Zugehörigkeitswerte zwischen 0 und 0.5, während sie die zwischen 0.5 und 1 erhöht. Diese Effekte können durch eine s-Funktion (Gleichung 2.20, 58) vom Einheitsintervall in das Einheitsintervall erzielt werden (6.4). Die Operationen Kontrastverstärkung und

Konzentration sind distributiv bezüglich der Vereinigungs-, Durchschnitts- und Produktbildung [vgl. Zadeh 1972a, 477f. und 479]. Mit „*plus*" und „*minus*" werden nach Zadeh *künstliche Hecken* bezeichnet [Zadeh 1972a, 489f.], die eine abgemilderte Form der Konzentration und Ausdehnung bewirken (6.5, 6.6). Zu ihrer Modellierung eignen sich Wurzelfunktionen mit einem Wurzelexponenten zwischen 2 und 1 für die abgeschwächte Dehnung (*minus*) und zwischen 0.5 und 1 für die abgeschwächte Konzentration (*plus*).

Die als Fuzzifizierung bezeichneten Operationen dienen dazu, eine Menge „unschärfer" zu machen.[5] Insofern steht der Begriff der Fuzzifizierung in Opposition zum Begriff der Kontrastverstärkung (6.4). Zadeh unterscheidet zwei Arten der Fuzzifizierung – die *Träger-Fuzzifizierung* (6.7, 6.8), bei der jeder Punkt bzw. jedes Element der Trägermenge „fuzzifiziert" wird und die *Grad-*

Operation	*f*(A)	*f*(*A*), *A* = {0.9/Quicksort + 0.4/Heapsort}
Konzentration	CON (*A*)	0.81/Quicksort + 0.16/Heapsort
Dehnung	DIL (*A*)	0.95/Quicksort + 0.63/Heapsort
Kontrastverstärkung	INT (*A*)	0.98/Quicksort + 0.32/Heapsort
Akzentuierung	PLUS (*A*)	0.88/Quicksort + 0.32/Heapsort
Deakzentuierung	MINUS (*A*)	0.92/Quicksort + 0.50/Heapsort
Träger-Fuzzifizierung K(Quicksort) = {1/Quicksort + 0.7/Heapsort} K(Heapsort) = {1/Heapsort + 0.6/Shellsort}	SF (*A*, *K*)	0.9/Quicksort + 0.63/Heapsort + 0.24/Shellsort
Grad-Fuzzifizierung K(0.9) = {0.7/0.8 + 1/0.9 + 0.7/1.0} K(0.4) = {0.7/0.3 + 1/0.4 + 0.7/0.5}	GF (*A*, *K*)	{0.7/0.8 + 1/0.9 + 0.7/1}/Quicksort + {0.7/0.3 + 1/0.4 + 0.7/0.5}/Heapsort

Tabelle 6.2: Anwendung elementarer Modifikatoren auf die Fuzzy-Menge „effiziente Sortierverfahren"

Fuzzifizierung (6.9, 6.10), bei der die Zugehörigkeitsgrade der Elemente einer unscharfen Menge „fuzzifiziert" werden. Beide Fuzzifizierungsarten basieren auf einer Operation, die Zadeh *Punkt-Fuzzifizierung* (engl.: *point fuzzification*) genannt hat: durch sie wird eine Einermenge $A = \{1/\omega\}$ von Ω in eine unscharfe Teilmenge $K(\omega) \supset A$ von Ω transformiert. Mit der Bezeichnung $K(\omega)$ soll die Abhängigkeit zur scharfen Ausgangsmenge $A = \{1/\omega\}$ sowie ihre Funktion zum Ausdruck gebracht werden: die unscharfe Menge $K(\omega)$ bildet den *Kern* (engl.: *kernel*) der Fuzzifizierung.[6] Daß sich die Grad-Fuzzifizierung prinzipiell von

5 Der hier verwandte Begriff der *Fuzzifizierung* darf nicht mit dem Begriff der „Fuzzifizierung" in der Fuzzy-Regelungstechnik verwechselt werden (vgl. 392). Ein weiteres terminologisches Problem besteht darin, daß eine „Verunschärfung" auch durch andere Operatoren wie insbesondere Dehnungsoperatoren herbeigeführt werden kann.

6 Auch diese Bezeichnung kann verwirrend wirken. Der Begriff *Kern* (engl.: *kernel, core*) dient im allgemeinen in der Fuzzy-Mengentheorie dazu, die Menge der Elemente einer Fuzzy-Menge zu bezeichnen, deren Zugehörigkeitsgrad eins ist (vgl. Definition 2.24, 69).

den anderen Operatoren unterscheidet, ist offensichtlich. Der wesentliche Unterschied der Träger-Fuzzifizierung gegenüber den einstelligen Operatoren wie speziell den semantisch verwandten Dehnungsoperatoren (6.3, 6.6) ist darin zu sehen, daß sich mit der Träger-Fuzzifizierung *Translationseffekte* modellieren lassen [vgl. Zadeh 1972a, 482-484, 492f.]. Dies bedeutet, daß durch die Träger-Fuzzifizierung auch die Elemente des Grundbereichs, die einer Fuzzy-Menge nicht ($\mu = 0$) oder voll ($\mu = 1$) angehören, der resultierenden Fuzzy-Menge in einem von dem Zugehörigkeitsgrad zur unscharfen Ausgangsmenge abweichenden Grad angehören können. Anders gesagt: Die Gleichungen

$$\mathrm{supp}(f(A)) = \mathrm{supp}(A), \tag{6.11}$$

$$\mathrm{core}(f(A)) = \mathrm{core}(A) \tag{6.12}$$

gelten für die Operationen (6.2 - 6.6, 6.9, 6.10), sie gelten jedoch nicht notwendig für die Träger-Fuzzifizierung (6.7, 6.8). (Vgl. dazu auch die Beispiele in Tabelle 6.2.)

Um differenzierende und gewichtende Effekte von Hecken modellieren zu können, ist es notwendig, auf die Bedeutungskomponenten eines Terms zugreifen zu können. Zadehs dritte Idee zur Modellierung linguistischer Hecken ist daher, eine komplexe unscharfe Teilmenge A von Ω als eine Funktion (f) anderer Fuzzy-Mengen $A_1, \ldots, A_n$ von Ω zu repräsentieren. Fuzzy-Mengen als Funktion anderer Fuzzy-Mengen zu definieren, ist nichts Neues. Die Aggregation unscharfer Mengen mittels mengenalgebraischer Operatoren bedeutet im Grunde genommen nichts anderes. Für die Modellierung unscharfer Konzepte ist jedoch entscheidend, daß eine angemessene Verarbeitung komplexer unscharfer Mengen nur durch die explizite Repräsentation ihrer Bedeutungskomponenten erfolgen kann (vgl. Kapitel 6.4, 218ff.). Vom Standpunkt der Wissensrepräsentation betrachtet, sind demnach komplexe Fuzzy-Mengen als eigenständiges Konzept zu behandeln[7].

Definition 6.1 *Komplexe Fuzzy-Menge*

Eine unscharfe Teilmenge A von Ω heißt *komplexe Fuzzy-Menge* genau dann, wenn es ein Tupel von Fuzzy-Mengen $A_1, \ldots, A_n$ mit den Zugehörigkeitsfunktionen $\mu_{A_1}, \ldots, \mu_{A_n}$ und eine Funktion f von $\mu_{A_1}, \ldots, \mu_{A_n}$ gibt, so daß gilt:

$$\mu_A = f(\mu_{A_1}, \ldots, \mu_{A_n}). \tag{6.13}$$

---

[7] Bei Zadeh selbst wie in der untersuchten und referierten Fachliteratur findet sich keine Definition dieses Begriffs. Die folgende Definition stützt sich auf Zadehs Erläuterung der Repräsentation unscharfer Mengen über andere unscharfe Mengen [Zadeh 1972a, 485]. Wie dort bleiben in dieser Definition unscharfe Mengen mit mehrstelligen Zugehörigkeitsfunktionen unberücksichtigt. Offen bleibt ferner die Definition von Fuzzy-Mengen, deren Bedeutungskomponenten über verschiedenen Grundmengen definiert sind.

Die Fuzzy-Mengen $A_1, \ldots, A_n$ werden dann *Komponenten* oder – falls der semantische Aspekt betont werden soll – *Bedeutungskomponenten* von A genannt. Die Frage, wie Komponenten angemessen miteinander zu verknüpfen sind, läßt sich nur für den konkreten Anwendungsfall entscheiden. Vielfach wird man dazu auf die von Zadeh vorgeschlagenen Funktionen, den Durchschnittsoperator und die konvexe Kombination (gewichtete Summe) zurückgreifen. Zu beachten ist dabei, daß eine komplexe Fuzzy-Menge selbst dann nicht normalisiert sein muß, wenn all ihre Teilkomponenten normalisiert sind.

***Beispiel 6.1** „Umweltfreundliches Verkehrssystem" als komplexe Fuzzy-Menge*

Unter einem „umweltfreundlichen Verkehrssystem" soll ein Verkehrssystem verstanden werden, das einen geringen Verbrauch an Landschaftsflächen (F) sowie an Primärenergie (P) aufweist und das die Umwelt mit möglichst wenigen Schadstoffen (S) und Lärm (L) belastet. Grundmenge sei die Menge der Verkehrssysteme V = {Auto, Bahn, Flugzeug, Bus}. Das Konzept „umweltfreundliches Verkehrssystem" (UFV) läßt sich als eine komplexe Fuzzy-Menge über V mit den Bedeutungskomponenten F, P, S und L modellieren. Die Komponenten werden ihrerseits als Fuzzy-Mengen aufgefaßt:

$$\begin{aligned} F &= 1/\text{Bahn} + 1/\text{Flugzeug} \\ P &= 0.6/\text{Bahn} + 0.7/\text{Bus} \\ S &= 0.8/\text{Bahn} + 0.2/\text{Flugzeug} + 0.7/\text{Bus} \\ L &= 0.6/\text{Bahn} + 0.4/\text{Flugzeug} + 0.3/\text{Bus}. \end{aligned}$$

Zur Modellierung der Aggregation der Komponenten eignet sich eine konvexe Kombination (vgl. Definition 3.4, 80) mit den Gewichten $w_F = w_L = 0.15$ und $w_P = w_S = 0.35$ $(w_F + w_L + w_S + w_P = 1)$. Die komplexe Fuzzy-Menge „umweltfreundliches Verkehrssystem" ist dann wie folgt definiert:

$$\begin{aligned} \mu_{UFV}(v) &= f(v, F, P, S, L) \\ f(v, F, P, S, L) &= w_F \cdot \mu_F(v) + w_P \cdot \mu_P(v) + w_S \cdot \mu_S(v) + w_L \cdot \mu_L(v) \\ \mu_{UFV}(v) &= 0.15 \cdot \mu_F(v) + 0.35 \cdot \mu_P(v) + 0.35 \cdot \mu_S(v) + 0.15 \cdot \mu_L(v). \end{aligned}$$

Angewandt auf alle Elemente der Grundmenge V kann mit Hilfe dieser Gleichungen folgende (einfache) Fuzzy-Menge berechnet werden:

$$UFV = 0.73/\text{Bahn} + 0.315/\text{Flugzeug} + 0.535/\text{Bus}.$$

Die starke Gewichtung von Schadstoffbelastung und Energieverbrauch führt erwartungsgemäß zu einem relativ niedrigen Zugehörigkeitsgrad des Verkehrssystems „Flugzeug" und zu einem relativ hohen Zugehörigkeitsgrad des Verkehrssystems „Bus".

6.2.2 Haupttypen linguistischer Hecken

Zadehs Ansatz der Modellierung linguistischer Hecken basiert auf der Annahme, daß die Repräsentation bestimmter Hecken (wie „*im Grunde genommen*", „*technisch*", „*wörtlich*") ihre Wirkung auf die Komponenten komplexer Fuzzy-Mengen ausdrücken muß, während die Wirkung einfacher Hecken (wie „*sehr*", „*mehr oder weniger*", „*etwas*") ohne eine Zerlegung von Fuzzy-Mengen in ihre Komponenten beschrieben werden kann. Von daher erscheint es naheliegend, zwei Kategorien von Hecken zu unterscheiden.[8]

> „This suggests that hedges be divided into two somewhat fuzzy categories, which may be defined informally as follows.
>
> **Type I.** Hedges in this category can be represented as operators acting on a fuzzy set. Typical hedges in this category are: *very, more or less, much, slightly, highly.*
>
> **Type II.** Hedges in this category require a description of how they act on the components of the operand. Typical hedges in this category are: *essentially, technically, actually, strictly, in a sense, practically, virtually, regular,* etc." [Zadeh 1972a, 486]

Zadeh erläutert nicht, weshalb er diese Kategorien für „etwas unscharf" hält. Genauere Untersuchungen des Sprachphilosophen Lakoff [1975] zeigen, daß die Bedeutung unter Typ I subsumierter Hecken keineswegs immer angemessen ohne Zerlegung unscharfer Terme in ihre Bedeutungskomponenten beschrieben werden kann (vgl. Kapitel 6.4, 218ff.). Aus dieser Perspektive erscheint Zadehs Kategorialisierung nicht als unscharf, sondern vielmehr als sachlich inadäquat. Es kann jedoch durchaus sinnvoll sein, davon zu sprechen, daß bestimmte Hekken nur *angemessen* durch einen Operator repräsentiert werden können, der auf die Bedeutungskomponenten einer komplexen Fuzzy-Menge zugreift, während dies für andere (meist) nicht notwendig ist. Im Hinblick auf die Modellierung linguistischer Hecken (Ebene der natürlichen Sprache) ist es daher nützlich, zwei *scharfe* Teilmengen linguistischer Operatoren (Ebene der formalen Sprache) zu unterscheiden: *Modifikatoren vom Typ II*, das ist die Menge der linguistischen Operatoren, die über den Bedeutungskomponenten einer unscharfen Menge operieren und daher nur für komplexe Fuzzy-Mengen definiert sind, und *Modifikatoren vom Typ I*, das ist die Menge der linguistischen Operatoren, die entweder ausschließlich für nicht-komplexe Fuzzy-Mengen definiert sind oder nicht auf den Komponenten der komplexen Fuzzy-Mengen operieren, für die sie definiert sind. Faßt man den Begriff Angemessenheit als unscharfes Prädikat

---

8 Nach Zadeh lassen sich zu diesen Kategorien zwei Unterkategorien – IP und IIP – bilden, für die Fälle, in denen die Wirkung der Hecken von der Ordnung der Grundmenge ihrer Operanden abhängt [Zadeh 1972a, 486]. Dieser Ansatz wird jedoch weder exemplarisch erläutert noch theoretisch entfaltet.

auf, so lassen sich folglich über der Grundmenge der linguistischen Hecken zwei *unscharfe* Teilmengen definieren: *die Menge der Hecken, die angemessen durch einen Modifikator vom Typ I repräsentierbar sind (Hecken vom Typ I) und die Menge der Hecken, die nur durch einen Modifikator vom Typ II angemessen repräsentiert werden können (Hecken vom Typ II).*

Die scharfe Unterscheidung von zwei Typen von Modifikatoren auf der Ebene der formalen Sprache, ist demnach weder eine einfache Widerspiegelung natürlichsprachlicher Gegebenheiten noch eine einfache Widerspiegelung linguistischer Kategorien. Sie ist vielmehr in der – möglicherweise unscharfen – Beurteilung ihrer Angemessenheit zur Modellierung verschiedener linguistischer Hecken begründet. In diesem Sinn bleibt Zadehs Typisierung brauchbar. Sie kann sich daher indirekt in der Formalsprache niederschlagen und die Diskussion verschiedener Vorschläge zur Modellierung linguistischer Hecken gliedern (Kapitel 6.3 und 6.4). Zadeh hat seine eigenen Vorschläge sehr vorsichtig eingeführt:

> „It should be emphasized, however, that these representations are intended mainly to illustrate the approach rather than to provide accurate definitions of the hedges in question. Furthermore, it must be underscored that our analysis and its conclusions are tentative in nature and may require modification in later work.“ [Zadeh 1972a, 486]

Einfache und definitive Antworten auf die Frage, wie linguistische Operatoren exakt zu definieren seien, schließt Zadeh angesichts der Reichhaltigkeit und Komplexität der natürlichen Sprache wie der Kontextabhängigkeit der Bedeutung linguistischer Hecken aus. Dennoch hält er Versuche, die Bedeutung linguistischer Hecken zu formalisieren, für gerechtfertigt:

> „Nevertheless, it is useful to attempt to concretize the meaning of a hedge such as *very* even if the postulated meaning does not have universal validitiy and is merely a fixed approximation to a variety of shades of meaning which *very* can assume in different contexts.“ [Zadeh 1972a, 487]

Erfahrungen auf dem Gebiet natürlichsprachlicher Schnittstellen stützen diese Einschätzungen [vgl. Biewer 1988b]. Auch sind die absichernden Hinweise auf den notwendiger Weise vorläufigen Charakter der Ausarbeitungen verständlich. Über zwanzig Jahre nach Veröffentlichung dieser Arbeit ist jedoch festzustellen, daß sich die Erörterung linguistischer Hecken in Publikationen jüngeren Datums auf wenige einfache Hecken beschränkt und dabei fast ausnahmslos die von Zadeh und – seltener – von Lakoff ursprünglich vorgeschlagenen Definitionen zugrunde gelegt werden. Gründe dafür liegen vermutlich darin, daß die sprachorientierte KI-Forschung in den 80er Jahren ihre dominierende Stellung eingebüßt hat, daß weiterführende Ansätze modellierungstechnisch zu aufwendig erscheinen und daß die „hauptsächlich zur Illustration des Ansatzes“ beschriebenen Definitionen sich für viele praktische Anwendungen als durchaus ausreichend erwiesen haben.

6.3 Vorschläge zur Modellierung linguistischer Hecken vom Typ I

6.3.1 Zadehs Modellierungsvorschläge

Zadehs erste Abhandlung über die Interpretation linguistischer Hecken mit Fuzzy-Mengen von 1972 ist auch seine einzige Arbeit geblieben, die er speziell diesem Thema gewidmet hat. Nach der bereits beschriebenen Grundlegung seines Modellierungsansatzes hat er darin Vorschläge unterbreitet, wie linguistische Hecken modelliert werden können. Neben den künstlichen Hecken „*plus*" und „*minus*" (6.5 - 6.6, 195) hat er seine mengentheoretische Interpretation der linguistischen Hecken „*very*", „*highly*", „*much*", „*more or less*", „*slightly*" und „*sort of*" konkretisiert. Vorausgesetzt die denotative Bedeutung M eines unscharfen Terms x werde durch die unscharfe Menge A repräsentiert ($M(x) = A$). Die Bedeutung des modifizierten Terms *very* $x = A^*$ berechnet sich dann nach Zadehs Vorschlag [1972a, 487] über den Konzentrationsoperator:

$$M(\text{very } x) = A^* = \mathrm{CON}(A). \tag{6.14}$$

Auf die explizite Unterscheidung zwischen einem Term und seiner denotativen Bedeutung kann verzichtet werden. Im aktuellen Kontext ist klar, daß in diesem Fall der Term als Kurzschreibweise für seine denotative Bedeutung aufzufassen ist. Weitere Notationsvarianten ergeben sich, wenn die verwendete Basisoperation oder die resultierende Zugehörigkeitsfunktion explizit dargestellt wird:[9]

$$\text{very } x = {}^2x \tag{6.15}$$

$$\text{very } A = {}^2A \tag{6.16}$$

$$\text{very } A = \int_\Omega \mu_A(x)^2/x. \tag{6.17}$$

---

[9] Der Ausdruck ${}^2A$ („left square") darf nicht mit dem Quadrat einer Fuzzy-Menge A^2 verwechselt werden. Bei der Operation ${}^2A$ werden lediglich die Zugehörigkeitsgrade quadriert, die Berechnung von A^2 erfolgt demgegenüber nach dem Erweiterungsprinzip:

$$ {}^2A = \int_\Omega \mu_A(x)^2/x $$

$$ A^2 = \int_\Omega \mu_A(x)/x^2. $$

Es ist zu beachten, daß in einigen frühen Beiträgen Zadehs die Notationen ^{2}A und A^2 vertauscht sind. Vgl. einerseits Zadeh [1977, 35f., 47f.; 1978b, 530], andererseits Zadeh [1983a, 592].

Die Exponenten der künstlichen Hecken in den Gleichungen 6.5 – 6.6 (195) sind so gewählt, daß die folgende Gleichung näherungsweise gilt:[10]

$$\text{PLUS PLUS } x = \text{MINUS very } x. \tag{6.18}$$

In der Beschreibung von Fuzzy-Algorithmen vermutet Zadeh den Hauptnutzen künstlicher Hecken. Darüber hinaus hält er sie für nützlich, „natürliche" Hecken wie „*highly*" zu definieren, deren Bedeutung von „*very*" geringfügig abweicht:

$$\text{highly} = \text{plus very}. \tag{6.19}$$

Die Hecke „*much*" wird meist in Verbindung mit Relationen gebraucht. Wie bereits erwähnt, hat Zadeh [1971b, 99] für die unscharfe Ordnungsrelation „*much greater*" eine zweistellige Potenzfunktion vorgeschlagen (5.18, 162 sowie 185). Sie läßt sich als Träger-Fuzzifizierung der klassischen Größer-Relation reinterpretieren [Zadeh 1972a, 491]. Für den Fall, daß man bereits die Relation „*größer*" als unscharfe Relation auffaßt, schlägt Zadeh vor, entweder die Zugehörigkeitsfunktion von „*größer*" mit sich selbst zu verketten oder den Konzentrationsoperator anzuwenden:

$$\text{much greater} = \text{CON(greater)}. \tag{6.20}$$

Bei der Modellierung von „*more or less*" unterscheidet Zadeh zwei Fälle, je nachdem, ob der Term, auf den die Hecke angewandt wird, unscharf ist oder nicht. Beide Fälle können durch eine Träger-Fuzzifizierung abgedeckt werden. Im Falle eines unscharfen Terms könne es möglich sein, den gleichen Effekt durch einen Dehnungsoperator (6.3 und 6.6, 195) zu erzielen:

$$\text{more or less } x = \text{minus } x \tag{6.21}$$

$$\text{more or less } x = \text{DIL } x. \tag{6.22}$$

Für die Träger-Fuzzifizierung nennt Zadeh zwei Varianten, eine für endliche und eine für unendliche Grundmengen:

$$\text{more or less } x = \text{SF}(x, K) \tag{6.23}$$

$$\text{more or less } x = \neg\text{SF}(\neg x, K). \tag{6.24}$$

Als Beispiel für 6.23 kann die in Tabelle 6.2 (196) angeführte Träger-Fuzzifizierung der diskreten unscharfen Menge „*effizientes Sortierverfahren*" gelten: die in der rechten Spalte abgebildete Fuzzy-Menge stellt dann die denotative Bedeutung des Terms „*mehr oder weniger effizientes Sortierverfahren*" dar. Gleichung 6.24 beschreibt für Zugehörigkeitsfunktionen über einer unendlichen Grundmenge eine *Verschiebung* der Zugehörigkeitsfunktion um den Wert *d*, wenn das Intervall [x - d, x + d] als Kern der Fuzzifizierung gewählt wird. Es gilt dann:

$$\mu_{\text{more or less } A}(x) = \mu_A(x + d). \tag{6.25}$$

---

[10] Gleichung 6.18 gilt exakt für PLUS $x = x^{\sqrt{5}-1}$ und MINUS $x = x^{3-\sqrt{5}}$.

Weder der durch Gleichung 6.25 hervorgerufene noch der in Tabelle 6.2 mit Hilfe von 6.7 beschriebene Translationseffekt kann durch die in den Gleichungen 6.21 und 6.22 verwendeten Dehnungsoperatoren (6.3, 6.6) beschrieben werden (vgl. 197).

Nach Zadeh ist die Wirkung von „*slightly*" im allgemeinen von der Ordnung der Grundmenge ihres Operanden abhängig (und daher als Hecke vom Typ IP[8] einzuordnen). In einigen Fällen genügten jedoch die beschriebenen Operatoren zu ihrer Modellierung. Die verschiedenen Bedeutungsschattierungen könnten dann über die folgenden Gleichungen definiert werden:

$$\text{slightly } x = \text{NORM}(x \text{ and not very } x) \tag{6.26}$$

$$\text{slightly } x = \text{INT}(\text{NORM}(\text{plus } x \text{ and not very } x)) \tag{6.27}$$

$$\text{slightly } x = \text{INT}(\text{NORM}(\text{plus } x \text{ and not plus very } x)). \tag{6.28}$$

Keine der genannten Definitionen eignet sich jedoch zur Anwendung auf scharfe Mengen wie die Menge der *positiven Zahlen*. In diesem Fall kann der gewünschte Effekt durch eine Träger-Fuzzifizierung erzielt werden [Zadeh 1972a, 494f.]:

$$\text{slightly } x = SF(x, K)$$

$$K = \begin{cases} \int_0^\infty p\left(\frac{u-a}{w}\right)/u & ; x = a, u \in \Omega \\ 0 & ; x \neq a. \end{cases} \tag{6.29}$$

Die Wahl der Parameter a und w hängt dabei vom Anwendungskontext ab. Abschließend merkt Zadeh an, daß aufgrund der Kontextabhängigkeit eine weithin gültige Definition für „*slightly*" schwerlich konstruiert werden könne.

Mit „*sort of*" wird nach Auffassung Zadehs eine Bedeutungsmodifikation erwirkt, die den Zugehörigkeitsgrad von Elementen, die im „Zentrum" der unscharfen Kategorie stehen, vermindert, während sie den der randständigen Elemente erhöht. Für Terme, die über eine *z*-förmige Zugehörigkeitsfunktion definiert sind, schlägt Zadeh folgende Definition vor:

$$\text{sort of } x = \text{NORM}(\neg\text{CON}^2(x) \cap \text{DIL}(x)). \tag{6.30}$$

Bei Anwendung der Gleichungen 6.14 und 6.22 kann 6.30 interpretiert werden als:

$$\text{sort of } x = \text{NORM}(\text{more or less small but not very very } x). \tag{6.31}$$

6.3.2 Kritiken, Alternativen und Ergänzungen zu Zadehs Vorschlägen

In den meisten Veröffentlichungen zur Fuzzy-Mengentheorie wird die Modellierung linguistischer Hecken, falls überhaupt, nur kurz thematisiert. In der Regel beschränken sich diese Thematisierungen darauf, die linguistischen Hecken „*sehr*" und „*mehr oder weniger*" über den Konzentrations- (6.2) und Dehnungsoperator (6.3) gemäß der von Zadeh vorgeschlagenen Gleichungen (6.14, 6.22) zu definieren. Die gleiche Tendenz findet sich in späteren Arbeiten Zadehs. (Vgl. u.a. Zadeh 1975d, 294; 1978b, 530].) Gelegentlich trifft man allerdings auch auf kritische Hinweise, Ergänzungen und Alternativen zu Zadehs Vorschlägen, wobei die Grundidee, linguistische Hecken als Operatoren über einer unscharfen Menge zu repräsentieren, beibehalten wird.

Nicht alle Autoren verwenden die gleichen Termini für die beschriebenen Operationen. Die terminologischen Variationen erklären sich aus der Redundanz und Ambiguitiät der natürlichen Sprache. Dies gilt speziell für die englische Adverbgruppe „*slightly*", „*somewhat*", „*quite*", „*pretty*", „*rather*". Vielfach werden sie synonym gebraucht. Ihre Bedeutung schillert ähnlich wie das deutsche Wort „*ziemlich*" zwischen einer Abschwächung und einer Verstärkung.[11] Ähnliches trifft auf „*approximately*", „*about*", „*round*", „*close to*" und „*nearly*" zu. Sie werden oft nicht als linguistische Hecken, sondern als unscharfe Relationen kodiert. Dies trifft auch auf die Hecke „*much*" zu. „*Much*" wird demzufolge nicht als eigenständige Operation, sondern als integraler Bestandteil von Vergleichsoperationen wie „*much greater*" modelliert.

Das Problem der Träger- und Kerninvarianz in Zadehs Very-Modellierung

Hauptkritikpunkt bildet die Definition der Hecke „*very*" über den Konzentrationsoperator. Gegen diese Definition wird zurecht eingewandt, sie sei in vielen Fällen kontraintuitiv. (Vgl. beispielsweise Lakoff [1975, 251] oder Bandemer und Gottwald [1992, 86].) Anhand eines einfachen Beispiels läßt sich der Einwand leicht nachvollziehen. Definiert man die unscharfe Menge „*große Personen*" wie in Gleichung 6.32 beschrieben, dann gilt für Personen ab einer Körpergröße von 185 cm, daß sie ihr im vollen Grad angehören ($\mu_{\text{groß}}(x) = 1$, falls $x \geq 185$; $\mu_{\text{groß}}(x) < 1$, falls $x < 185$). Es ist dann keineswegs plausibel, Personen mit einer Körpergröße von 185 cm der unscharfen Menge „*sehr große Personen*" ebenfalls im vollen Grad zuzurechnen. Noch weniger einleuchtend ist es,

---

[11] Am eindeutigsten scheint von ihnen „*somewhat*" zu sein, obwohl sich in Redewendungen die gleiche Mehrdeutigkeit niederschlägt: „*somewhat* of a disappointment" meint keine *geringe*, sondern eine *arge* Enttäuschung. Daß „*slightly*" nicht nur als einfache Abschwächung aufgefaßt wird, geht aus der Darstellung von Zadehs Vorschlägen hervor.

$$\mu_{\text{groß}}(x) = \begin{cases} 0 & ; x \leq 165 \\ 2\left(\frac{x-165}{20}\right)^2 & ; x \leq 175 \\ 1-2\left(\frac{x-185}{20}\right)^2 & ; x \leq 185 \\ 1 & ; x \geq 185 \end{cases} \qquad (6.32)$$

$$\mu_{\text{sehr groß}}(x) = (\mu_{\text{groß}}(x))^2 \qquad (6.33)$$

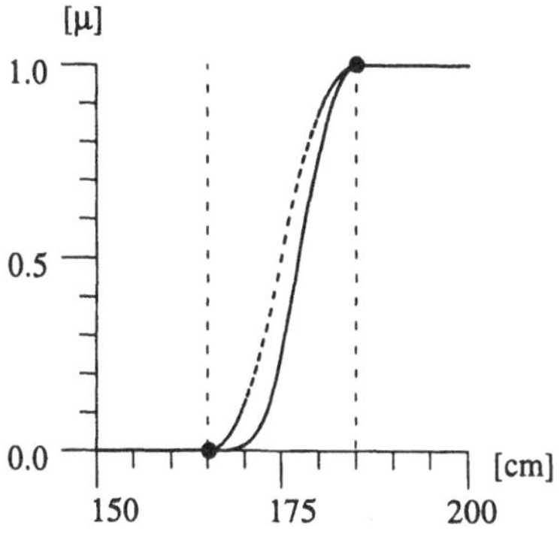

Abb. 6.1: Unscharfe Mengen „große" und „sehr große Personen" (I)

Personen von 185 cm Größe als im vollen Maß der unscharfen Menge *„sehr, sehr große Personen"* zuzuordnen. Da beide Schlüsse aus der Definition von *„große Personen"* (6.32) und der Modellierung von *„sehr"* nach Gleichung 6.14 (vgl. 6.33 und Abbildung 6.1) folgen, ist dieser Vorschlag als inadäquat einzustufen. Auf das allgemeine Problem wurde bereits hingewiesen (197): durch die Quadrierung werden zwar, wie gewünscht, Zugehörigkeitsgrade zwischen 0 und 1 verringert, die Randpunkte selbst ändern sich jedoch nicht. Kern und Träger bleiben unverändert. Gleiches gilt für die Modellierung von *„mehr oder weniger"* über die Quadratwurzel.

Zadeh hat dies selbst durchaus gesehen und ausdrücklich darauf hingewiesen, daß die Modellierung von *„more or less"* über einen Dehnungsoperator den Nachteil habe, den Träger nicht zu erweitern. Mit der von ihm vorgeschlagenen Träger-Fuzzifizierung ließe sich dieses Problem lösen [Zadeh 1972a, 492]. Zadeh hat auch die Frage aufgeworfen, ob sein Modellierungsvorschlag für die Hecke *„very"* mit unserer Intuition übereinstimmt. Nach seiner Ansicht erscheint eine klare Antwort auf einer „rein intuitiven" Basis nicht möglich. Zur Begründung seines Vorschlags zeigt er, daß die Implikation $\mu_A(x) = 1 \Rightarrow \mu_{\text{very } A}(x) = 1$ deduktiv aus zwei Annahmen folgt: der Distributivität von *„very"* über der Vereinigung (*„very (tall or fat) = very tall or very fat"*) und der Neutralität gegenüber scharfen Argumenten (*„very square = square"*) [Zadeh 1972a, 489]. Diese Argumente überzeugen jedoch nicht: Zum einen ist die praktische Bedeutung der Basisannahmen äußerst zweifelhaft – Zadeh selbst fordert im gleichen Text, der Operand von *„very"* müsse eine unscharfe Menge sein [Zadeh 1972a, 487] –, zum anderen ändern diese algebraischen Eigenschaften nichts an der mangelnden Validität seines Modellierungsvorschlags.

Um den aufgewiesenen Mangel zu beseitigen, hat Lakoff [1975, 252] vorgeschlagen, die Zugehörigkeitsfunktion von *„very tall"* gegenüber der von *„tall"* zusätzlich nach rechts zu verschieben. Demzufolge erhält man folgende Gleichung:

$$\mu_{\text{very tall}}(x) = \text{CON}(\mu_A(x-d)). \tag{6.34}$$

Die Subtraktion kann jedoch nicht auf beliebige Terme angewandt werden. Um beispielsweise eine Verstärkung von *„small"* *(klein)* vorzunehmen muß die Subtraktion durch die Addition ersetzt werden. Da die Hecke *„very"* im Prinzip beliebig iteriert werden kann, die Kurve indes nicht beliebig nach rechts (oder links) verschoben werden kann, hält Lakoff es für angebracht, den Translationseffekt über eine Funktion statt über eine Konstante festzulegen, so daß der Translationswert zunehmend kleiner werden kann. In 6.34 ist demnach die Konstante d durch den Wert einer Funktion f der Basisgröße zu ersetzen:

$$\mu_{\text{very A}}(x) = \text{CON}(\mu_A(x-f(x))). \tag{6.35}$$

Experimentelle Untersuchungen stützen die Einschätzung, die Wirkung von *„very"* auf unscharfe Adjektive beinhalte einen Translationseffekt [Hersh and Caramazza 1976, 265; Zimmermann 1991, 351-355]. Verschiebungen der empirisch ermittelten Zugehörigkeitsfunktionen der Terme *„alt"* und *„jung"* (mit Personen als Referenzmenge) sowie *„klein"* und *„groß"* (mit quadratischen Figuren als Referenzmenge) zeigten gegenüber den ebenfalls empirisch ermittelten Zugehörigkeitsfunktionen der mit *„very"* modifizierten Terme weitestgehende Übereinstimmung. Die bloße Quadrierung ergab demgegenüber signifikante Abweichungen von den empirischen Werten. In diesen Fällen kann nach diesen Befunden eine hochvalide Modellierung von *„very"* durch eine schlichte Translation realisiert werden (vgl. Abbildung 6.2).

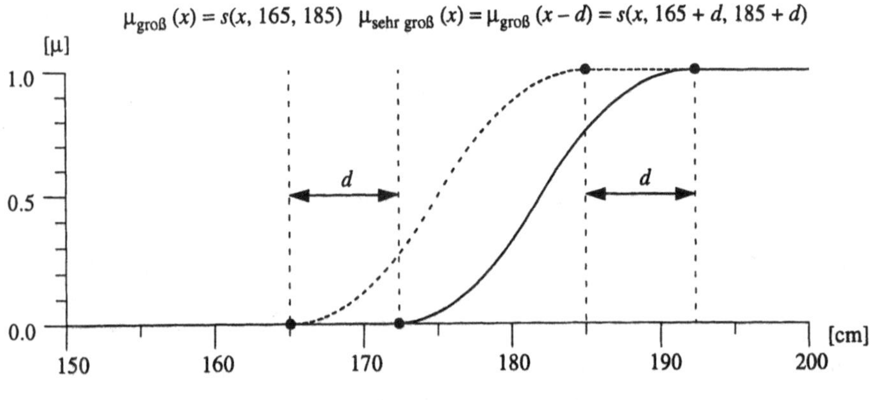

Abb. 6.2: Unscharfe Mengen „große" und „sehr große Personen" (II)

Definitionen linguistischer Modifikationen über ein Funktionenpaar aufgrund der semantischen Ordnung einer Term-Menge

Unabhängig davon, welche der vorgeschlagenen Gleichungen zur Modellierung einer linguistischen Hecke man in einem konkreten Fall für geeignet hält, zeigen die verschiedenen Vorschläge, daß linguistische Hecken vom Typ I prinzipiell über zwei verschiedene miteinander kombinierbare Transformationen modelliert werden können. Ausgehend von dieser Beobachtung liegt es nahe, linguistische Modifikatoren vom Typ I über ein Funktionenpaar (u, v) zu definieren und die durch sie durchgeführte Operation als Verkettung dieser Funktionen mit der Zugehörigkeitsfunktion des Operanden aufzufassen [vgl. auch Novák 1989, 111].

Definition 6.2 *Linguistische Modifikation vom Typ I*

Das Resultat einer *linguistischen Modifikation m vom Typ I* mit einem Funktionenpaar (u_m, v_m), u_m:$[0, 1] \times [0, 1] \to [0, 1]$, v_m:$\Omega \to \Omega$, angewandt auf eine unscharfe Menge $A \subseteq \Omega$, mit der Zugehörigkeitsfunktion μ_A:$\Omega \to [0,1]$, ist eine unscharfe Menge $mA \subseteq \Omega$ mit der Zugehörigkeitsfunktion

$$\forall x \in \Omega: \qquad \mu_{mA}(x) = u_m(\mu_A(v_m(x))). \tag{6.36}$$

Reine Translationsfunktionen wie Modifikationen ohne Translation erweisen sich bezüglich dieser Definition als Spezialfälle, in denen entweder u_m oder v_m der Identitätsfunktion (identity $(x) = x$) gleichgesetzt wird. Zadehs Vorschlag zur Modellierung von „*very*" (6.14) läßt sich somit auch über das Funktionenpaar u_{very}, v_{very} beschreiben:

$$\begin{aligned} v_{\text{very}}(x) &= \text{identity}(x) \qquad &; x \in \Omega \\ u_{\text{very}}(y) &= y^2 \qquad &; y \in [0, 1]. \end{aligned} \tag{6.37}$$

Gegenüber 6.14 oder 6.37 weisen 6.34, 6.35 und darüber hinaus alle Modifikatoren, die eine Translation beinhalten, also alle Modifikatoren, für die nach Definition 6.2 gilt: $v_m \neq$ *identity*, gravierende Nachteile auf. Sie sind nicht als eine Funktion über den Zugehörigkeitsgraden einer unscharfen Menge, also nicht allgemein als eine Funktion vom Einheitsintervall in das Einheitsintervall definiert. Die Translation der Zugehörigkeitsfunktion, sei es in Form der Konstante d nach 6.34 oder der Funktionen f oder v nach 6.35 oder 6.36, ist hochgradig kontextabhängig. Ihre Spezifizierung ist daher alles andere als leicht. Eine allgemeingültige Bestimmung der Translation erscheint kaum durchführbar.

Ein Ansatz zur Bearbeitung dieses Problems ergibt sich aus dem linguistischen Konzept der negativ und positiv polarisierten Adjektive. Diese Unterscheidung kann unabhängig von einer bestimmten Wortart gemacht werden. Sie kann auf alle Terme[12] angewandt werden, sofern ihnen eine lineare Ordnung

[12] Der Ausdruck *Term* dient in diesem Kontext als Oberbegriff von *Lexemen* und *Syntagmen*.

mit einem *semantischen Zentrum* zugrunde liegt. Die „links“ dieses Zentrums liegenden Terme heißen *negativ*, die „rechts“ davon liegenden *postiv* [vgl. Novák 1989, 110]. Novák hat diese Begriffe nicht exakt definiert. Die folgende Definition lehnt sich an Nováks Begriffserläuterung an und setzt voraus, daß die gesamte Term-Menge zwei gleichmächtige, linear geordnete Teilmengen aufweist.

Definition 6.3 *Polarisiertes Termpaar und semantisches Zentrum*

Gegeben sei eine n-stellige Menge linguistischer Terme T_S, deren denotative Bedeutungen (normalisierte) unscharfe Teilmengen einer linear geordneten Grundmenge $\Omega = [l, r]$ sind. T_S^- und T_S^+ seien zwei gleichmächtige, linear geordnete Teilmengen von T_S:

$$T_S^- \subset T_S,\ T_S^+ \subset T_S,\ \left|T_S^-\right| = \left|T_S^+\right| = m,\ m \le \frac{n}{2}. \tag{6.38}$$

$T_i^+ \in T_S^+$, $0 < i \le m$, heißt *positiv* oder *positiver Term*, T_i^- *negativ* oder *negativer Term*, falls es ein *semantisches Zentrum* $z \in \Omega$ gibt, so daß gilt:

$$\begin{aligned} &T \notin (T_S^+ \cup T_S^-) \Rightarrow z \in \operatorname{core}(M(T)) \\ &\operatorname{core}(M(T_i^-)) \subseteq [l, z[\\ &\operatorname{core}(M(T_i^+)) \subseteq]z, r]. \end{aligned} \tag{6.39}$$

Das Paar (T_{m-i+1}^+, T_i^-) wird *polarisiertes Termpaar*, der Punkt z *semantisches Zentrum von* Ω genannt.

Definition 6.4 *Nullterm*

Ein Term T, dessen denotative Bedeutung eine unscharfe Menge einer linear geordneten Grundmenge Ω mit dem semantischen Zentrum $z \in \Omega$ ist, heißt *Nullterm* oder *nullwertiger Term*, geschrieben T^0, falls gilt:

$$z \in \operatorname{core}(M(T)). \tag{6.40}$$

Für die Modellierung linguistischer Hecken sind die Definitionen 6.3 und 6.4 nützlich, da sie erlauben, Modifikationen in Abhängigkeit von der Lage unscharfer Terme zu spezifizieren. Ergänzend dazu empfiehlt Novák, die Translationsfunktion v über zwei Kenngrößen des Kerns ihrer denotativen Bedeutung zu bestimmen. Die erste Kenngröße ist die Intervallänge des Kerns. Bezeichnet man mit $\|M\|$ die Intervallänge einer Menge $M \subseteq \Re$, dann ergibt sich für die Intervallänge des Kerns einer unscharfen Menge A:

$$\|\operatorname{core}(A)\| = \sup(\operatorname{core}(A)) - \inf(\operatorname{core}(A)). \tag{6.41}$$

Die zweite Kenngröße S_T bildet für den Kern eines Nullterms einen Zentralwert, für positive Terme das Infimum und für negative Terme das Supremum der Kerne ihrer denotativen Bedeutung. Für eine intervallskalierte Grundmenge eignet sich das arithmetische Mittel als Zentralwert. Man erhält in diesem Fall:

$$S_T = \begin{cases} \inf(\text{core}(M(T))) & \text{; für } T \text{ positiv} \\ \sup(\text{core}(M(T))) & \text{; für } T \text{ negativ} \\ \dfrac{\sup(\text{core}(M(T))) - \inf(\text{core}(M(T)))}{2} & \text{; für } T \text{ nullwertig.} \end{cases} \tag{6.42}$$

Mit der formalen Unterscheidung verschiedener Termtypen in Abhängigkeit von ihrer relativen Position zu einem semantischen Zentrum sowie den beiden Kenngrößen 6.41 und 6.42 ist eine formale Grundlage gegeben, verschiedene linguistische Modifikationen gemäß Definition 6.2 formal zu beschreiben. Novák hat auf dieser Grundlage einen Satz linguistischer Modifikatoren vorgeschlagen [vgl. Novák 1989, 111-115].

Hecke	$u_m(y), y \in [0,1]$	$v_m(x), x \in \Omega, \Omega \subseteq \Re, M(T) \in \Phi(\Omega), 0 \le d \le 0.5$
very	$\text{CON}(y)$ (6.43)	(T ist positiv $\vee$ (T ist nullwertig $\wedge\ x \le S_T$)): $x - d \cdot \lVert\text{core}(M(T))\rVert$ (T ist negativ $\vee$ (T ist nullwertig $\wedge\ x \ge S_T$)): $x + d \cdot \lVert\text{core}(M(T))\rVert$ (6.44)
highly	y^3 (6.45)	(T ist positiv $\vee$ (T ist nullwertig $\wedge\ x \le S_T$)): $x - d \cdot \lVert\text{core}(M(T))\rVert$ (T ist negativ $\vee$ (T ist nullwertig $\wedge\ x \ge S_T$)): $x + d \cdot \lVert\text{core}(M(T))\rVert$ (6.46)
more or less	$\text{DIL}(y)$ (6.47)	(T ist positiv $\vee$ (T ist nullwertig $\wedge\ x \le S_T$)): $x + d \cdot \lVert\text{core}(M(T))\rVert$ (T ist negativ $\vee$ (T ist nullwertig $\wedge\ x \ge S_T$)): $x - d \cdot \lVert\text{core}(M(T))\rVert$ (6.48)
roughly	$\text{DIL}(\text{DIL}(y))$ (6.49)	(T ist positiv $\vee$ (T ist nullwertig $\wedge\ x \le S_T$)): $x + d \cdot \lVert\text{core}(M(T))\rVert$ (T ist negativ $\vee$ (T ist nullwertig $\wedge\ x \ge S_T$)): $x - d \cdot \lVert\text{core}(M(T))\rVert$ (6.50)
rather	$\text{INT}(\text{CON}(y))$ (6.51)	$\text{identity}(x)$ (6.52)

Tabelle 6.3: Linguistische Modifikatoren nach Novák

Er greift dabei wie Zadeh auf die Basisoperatoren *Konzentration* (CON), *Dehnung* (DIL) und *Kontrastverstärkung* (INT) zurück, definiert sie jedoch abweichend[13]:

$$
\begin{aligned}
\mathrm{CON}(u) &= u^2 && ; u \in [0, 1] \\
\mathrm{DIL}(u) &= 2u - u^2 && ; u \in [0, 1] \\
\mathrm{INT}(u) &= \begin{cases} 2u^2 & ; u \in [0, 0.5] \\ 1 - 2(1-u)^2 & ; u \in \,]0.5, 1]. \end{cases}
\end{aligned}
\tag{6.53}
$$

Nováks Modellierungsvorschläge sind sehr allgemein für Abbildungen von L nach L konzipiert. Konkretisiert auf die in Fuzzy-Applikationen standardmäßigen Abbildungen von $\Re$ nach [0,1] ergeben sich die in Tabelle 6.3 angeführten Definitionen. Sie sind innerhalb des beschriebenen konzeptionellen Rahmens keineswegs zwangsläufig.

Der theoretische Rahmen bietet vielfältige Möglichkeiten für alternative Modellierungen. In Erwägung zu ziehen ist auch, andere Kenngrößen einzuführen. Problematisch ist insbesondere, daß die Translation über das Produkt des Translationsparameters d mit der Intervallänge des Kerns bestimmt wird. Völlig ungeeignet ist dies, wenn unscharfe Mengen in Form von Fuzzy-Zahlen (Definition 4.7, 134) repräsentiert werden, ein zwar vielfach fragwürdiger, in der Praxis allerdings häufig vorkommender Ansatz der Wissensrepräsentation: v bewirkt dann nicht mehr und nicht weniger als die Identitätsfunktion. In solchen Fällen könnte stattdessen auf die Intervallänge des Trägers zurückgegriffen werden. Ergänzend oder alternativ dazu ist die Spannweite der Grundmenge in Betracht zu ziehen:

$$\|\mathrm{supp}(A)\| = \sup(\mathrm{supp}(A)) - \inf(\mathrm{supp}(A)) \tag{6.54}$$

$$\|\Omega\| = \sup(\Omega) - \inf(\Omega). \tag{6.55}$$

Die Verwendung der Grundmenge birgt das Problem, daß Grenzwerte oft extrem weit gefaßt werden müssen, um unausschließbare „Ausreißer" erfassen zu können. Geeigneter erscheint daher die Spannweite eines „typischen" Wertebereichs. Damit würde man sich aber wiederum ein neues Problem einhandeln: wo liegen die Grenzen dieses Bereichs? Um beide Schwierigkeiten zu vermeiden, kann auf ein anderes Teilintervall des Grundbereichs zurückgegriffen werden, das über die Kerne des kleinsten $T_{\min}$ und größten Terms $T_{\max}$ einer geordneten Menge unscharfer Terme definiert ist:

$$\inf(\mathrm{core}(T_{\max})) - \sup(\mathrm{core}(T_{\min})). \tag{6.56}$$

All diese Ansätze beinhalten ein großes Maß an Beliebigkeit und es ist leicht, die These, sie seien allgemeingültig, anhand eines Gegenbeispiels zu widerlegen. Die bedeutendere Frage, ob sie unbrauchbar sind, ist damit noch nicht be-

[13] Zu axiomatischen Voraussetzungen und Eigenschaften dieser Definitionen vgl. Novák [1989, 32ff., 111f.].

antwortet. Um sie zu klären und um validere Vorschläge unterbreiten zu können, sind weitere Untersuchungen unumgänglich. Darin wären auch Kombinationen verschiedener Maße – etwa in Form des arithmetischen Mittels oder der gewichteten Summe – zu berücksichtigen. Klärungsbedarf besteht auch hinsichtlich der Frage, ob Translationseffekte bestimmter Hecken primär *lokal*, über termspezifische Größen wie in 6.41, 6.42 und 6.54, oder *global*, über Größen bestimmt werden sollten, die eine semantisch zusammenhängende Term-Menge als Ganzes charakterisieren. Dazu bieten sich Mittelwerte auf der Basis verschiedener Kennwerte (beispielsweise 6.41, 6.54, 6.55 und 6.56) an. Auch lassen sich bestimmte Terme semantisch auszeichnen, deren Kennwerte mit einem spezifischen Gewicht in die Verrechnung einfließen sollen.

Alternativ zu den Definitionen 6.3 und 6.4 können die Begriffe Null-, Plus- und Minusterm über ihre Position in dieser Menge definiert werden (vgl. 214), und zwar ohne Bezug auf ein für die Grundmenge definiertes semantisches Zentrum. Verzichtet man auf ein semantisches Zentrum im Sinne von 6.3 (208), so ist per definitionem eine differenzierende Behandlung der Funktionsabschnitte links und rechts dieses Zentrums wie in Nováks Vorschlägen (vgl. Tabelle 6.3, 209) nicht mehr möglich. Ähnliche Effekte lassen sich in diesem Fall durch Einschränkung und Erweiterung des Kerns von Nulltermen erzielen.

Von der bisherigen Diskussion wird der Ansatz, linguistische Modifikationen als ein Funktionenpaar im Sinne der Definition 6.2 festzulegen, nicht in Frage gestellt.[14] Bei der Umsetzung dieses Ansatzes stößt man über die erwähnten inhaltlichen Spezifikationsschwierigkeiten hinaus auf Probleme. Zum einen unterstützten beide Funktionen keinen direkten Zugriff auf semantisch unterscheidbare Abschnitte oder Punkte einer Zugehörigkeitsfunktion. Während die eine über den Zugehörigkeitswerten operiert, ist die andere, die Translationsfunktion v, als eine Funktion über der gesamten Grundmenge definiert. Ihre Bildmenge fungiert als Argumentmenge der ursprünglichen Zugehörigkeitsfunktion. Zwar lassen sich über v prinzipiell subtile Änderungen des Kurvenverlaufs bewirken, ihre Definition ist dann aber wenig transparent. Ein weiteres Problem besteht darin, daß durch diese Funktionen in nicht trivialen Fällen der *„Typ der Zugehörigkeitsfunktion"* geändert wird. In vielen Fällen werden die unscharfen Operationen nicht über einzelne Punkte des Grundbereichs durchgeführt, sondern über unscharfe Mengen und die sie charakterisierenden Zugehörigkeitsfunktionen als Ganze. Es kann dann notwendig werden, die Funktionsvorschrift selbst zu modifizieren. Für diese Fälle wäre ein leistungsfähiges Programm erforderlich, das die relativ aufwendigen und komplizierten algebraischen Symbolmanipulationen durchführen können müßte. Anders als bei einer reinen Translation führt beispielsweise die Anwendung des Konzentrationsoperators auf eine lineare Funktion zu einer nichtlinearen Funktion. Die Konsequenzen davon sind in der Praxis

---

[14] Es sei denn indirekt, insofern angesichts der beschriebenen Probleme der Eindruck entsteht, hinreichend adäquate Translationsfunktionen könnten prinzipiell nicht definiert werden.

überaus schwerwiegend. Für bestimmte Funktionstypen entwickelte Formeln zur effizienten Berechnung algebraischer Operationen (vgl. Kapitel 4.4 und 8.5.2) wären dann auf modifizierte unscharfe Mengen nicht mehr anwendbar. Von diesem modellierungstechnischen Standpunkt stellt sich die Frage, ob nicht vollständig auf solche Modifikationen verzichtet werden sollte und welche Operationen stattdessen für die Modellierung linguistischer Hecken verwandt werden sollten.

Linguistische Operationen als „typgebundene" Funktionstransformation

Wie erwähnt (206), haben empirische Untersuchungen gezeigt, daß mit einer schlichten Translation valide Modellierungen für „*very*" erzielt werden können. Eine solche Verschiebung kann durch eine einfache Subtraktions- oder Additionsfunktion über der Argumentmenge ($\forall x \in \Re,\, d \in \Re^+$) realisiert werden:

$$\begin{aligned} \mu_{\text{very A}^+}(x) &= \mu(f(x, d)) \\ \mu_{\text{very A}^-}(x) &= \mu(g(x, d)) \\ f(x, d) &= x - d \\ g(x, d) &= x + d. \end{aligned} \tag{6.57}$$

Diese Gleichungen berücksichtigen noch nicht die Beschreibungsformen parametrischer Zugehörigkeitsfunktionen. Für LR-Intervalle[15] lassen sich die in 6.57 beschriebenen Effekte über eine Transformation der beiden Kernparameter realisieren:

$$\begin{aligned} A^+ = (m, n, \alpha, \beta)_{LR^+}&,\ A^- = (m, n, \alpha, \beta)_{LR^-} \\ \text{very } A^+ &= (m + d, n + d, \alpha, \beta)_{LR^+} \\ \text{very } A^- &= (m - d, n - d, \alpha, \beta)_{LR^-}. \end{aligned} \tag{6.58}$$

6.58 veranschaulicht exemplarisch die Zielsetzung: *Gesucht ist ein Satz hinreichend valider linguistischer Operatoren, die eine (parametrische) Beschreibung von Zugehörigkeitsfunktionen auf einfache und effiziente Weise transformiert, so daß die resultierende Funktionsbeschreibung mit der Ausgangsbeschreibung „typäquivalent" ist, soll heißen „typgleich" ist oder einem Typ zugehörig ist, für den eine gleichmächtige und ähnlich effiziente Menge von Operatoren definiert ist.* Operatoren, die diese Forderung erfüllen, heißen „*typgebunden*", ebenso die mit ihnen durchgeführten Operationen. Die Aufgabe kann dahingehend konkretisiert werden, linguistische Operatoren zu entwik-

---

[15] Der hier vorgeschlagene Ansatz ist prinzipiell auch auf andere parametrische Funktionen übertragbar wie speziell die von Zadeh präferierten *s*-, *z*-, *z/s*- und π-Funktionen (vgl. 58).

keln, die Parameter von Standardfunktionen wie π-Funktionen oder von LR-Intervallen transformieren. Linguistische Operatoren diesen Typs werden im folgenden *P-Operatoren* genannt.

Definition 6.5 *P-Operator*

Ein *P-Operator* ist eine Funktion $\eta:\Omega \to \Omega$ über der Menge aller n-stelligen Tupel reeller Zahlen $\Omega = \{[p_1, \ldots, p_n] | p_1, \ldots, p_n \in \Re\}$, $n \in \mathbb{N}$, mit den reellen Funktionen $f_1:\Re \to \Re, \ldots, f_n:\Re \to \Re$, so daß gilt:

$$\eta[p_1, \ldots, p_n] = [f_1(p_1), \ldots, f_n(p_n)]. \tag{6.59}$$

In der Literatur finden sich einige Operatoren, die sich im Sinne von 6.59 reinterpretieren lassen. Die entscheidende Frage ist, ob sich ein für praktische Zwecke hinreichender Satz von Operatoren in diesem Schema entwickeln läßt. Die Überlegungen von Bouchon-Meunier [1992][16] zu Abschwächungsmodifikatoren aufgreifend, läßt sich eine Kombinatorik von Modifikationen beschreiben, bei denen der Kern oder Träger verengt oder verbreitert wird (6.60 - 6.65), ohne daß der Typ der Zugehörigkeitsfunktion verändert wird. Durch Verkettung dieser Modifikationen können auch *„gegensinnige"* Modifikationen entstehen, bei denen eine Verbreiterung (Verengung) des Kerns mit einer Verengung (Verbreiterung) des Trägers einhergeht (6.66, 6.67). Weitere Kombinationsmöglichkeiten ergeben sich, wenn Translationen einbezogen werden. Im einfachsten Fall wird dabei der Funktionsgraph als Ganzes um einen festen Betrag nach links (6.68) oder rechts (6.69) verschoben. Denkbar ist, daß zusätzlich der Kern oder Träger verengt oder erweitert wird. Diese Fälle sind jedoch nicht als prinzipiell neue Modifikationsmöglichkeiten zu betrachten, vielmehr ergeben sie sich aus der Verknüpfung der in Tabelle 6.4 dargestellten Grundformen. Solche Verknüpfungen erscheinen zudem extrem konstruiert und ohne greifbaren Sinn.

Bouchon-Meunier hat neben drei Abschwächungsmodifikatoren (*approximately, rather, about*), die über eine Ausdehnung des Kerns oder Trägers (6.62 , 6.64, 6.60) charakterisiert sind (vgl. Abbildung 6.3), zwei über Verschiebungen (6.68, 6.69) definierte *ambivalente Modifikatoren* (*really, relatively*) vorgeschlagen. Ihre Wirkungsrichtung hängt von der relativen Lage des Terms ab, auf

---

[16] Bouchon-Meunier hat mit Hilfe linguistischer Modifikatoren die Eigenschaften von Implikationsoperatoren im approximativen Schließen untersucht. Auf diesen Erkenntnissen aufbauend wird versucht, effizientere Verfahren für das approximative Schließen zu entwickeln, indem aufwendige Berechnungen durch einfache Regeln ersetzt werden. Dieser Ansatz sieht vor, eine *„graduelle Regel"* durch ein funktional gleichwertiges *Bündel von Deduktionsregeln* zu ersetzen, das zuvor in Abhängigkeit von einem Implikationsoperator (vgl. Kapitel 8.4, 281ff.) mit Hilfe linguistischer Modifikatoren aus einer *„Referenzregel"* generiert worden ist. Unter einer *„graduellen* Regel" versteht man Regeln der Form *„je mehr (weniger) x* gleich *A* ist, *desto mehr (weniger)* ist *y* gleich *B*". Die Graduierung kann sich sowohl auf den Grad der Ausprägung einer Eigenschaft beziehen als auch auf die Sicherheit, mit der eine Eigenschaft auf ein Objekt zutrifft (vgl. 290ff.).

Abschwächungsformen		Verstärkungsformen	
$\mathrm{supp}(A) \subset \mathrm{supp}(mA)$ $\mathrm{core}(A) \subset \mathrm{core}(mA)$	(6.60)	$\mathrm{supp}(A) \supset \mathrm{supp}(mA)$ $\mathrm{core}(A) \supset \mathrm{core}(mA)$	(6.61)
$\mathrm{supp}(A) = \mathrm{supp}(mA)$ $\mathrm{core}(A) \subset \mathrm{core}(mA)$	(6.62)	$\mathrm{supp}(A) = \mathrm{supp}(mA)$ $\mathrm{core}(A) \supset \mathrm{core}(mA)$	(6.63)
$\mathrm{supp}(A) \subset \mathrm{supp}(mA)$ $\mathrm{core}(A) = \mathrm{core}(mA)$	(6.64)	$\mathrm{supp}(A) \supset \mathrm{supp}(mA)$ $\mathrm{core}(A) = \mathrm{core}(mA)$	(6.65)
Gegensinnige Formen			
$\mathrm{supp}(A) \supset \mathrm{supp}(mA)$ $\mathrm{core}(A) \subset \mathrm{core}(mA)$	(6.66)	$\mathrm{supp}(A) \subset \mathrm{supp}(mA)$ $\mathrm{core}(A) \supset \mathrm{core}(mA)$	(6.67)
Verschiebungen $(d \in \Re^+, x \in \Re)$			
$\mu_{mA}(x) = \mu_A(x+d)$ $\sup(\mathrm{core}(mA)) < \sup(\mathrm{core}(A))$	(6.68)	$\mu_{mA}(x) = \mu_A(x-d)$ $\inf(\mathrm{core}(mA)) > \inf(\mathrm{core}(A))$	(6.69)

Tabelle 6.4: Grundformen der Träger- und Kern-Modifikation

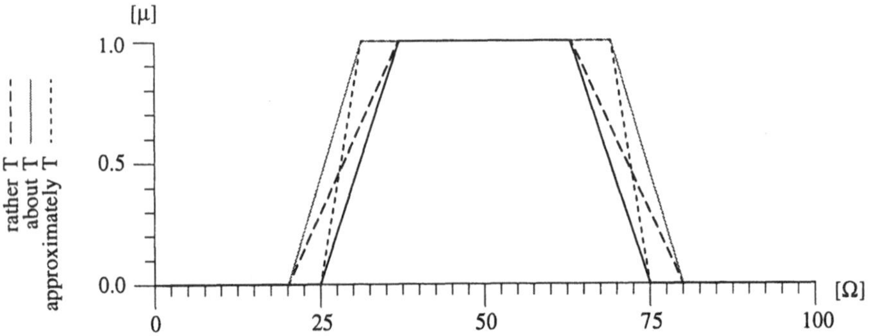

Abb. 6.3: Abschwächungs-Modifkatoren nach Bouchon-Meunier

den sie sich beziehen. Sie geht von einer endlichen, geordneten Menge von Termen T_S mit der Kardinalität $2n + 1$, $n \in \{1, 2, \ldots\}$, aus. Für alle Terme $T_i \in T_S$ mit $1 \leq i \leq n$ bewirkt die Hecke *„really"* eine Linksverschiebung von $M(T_i)$ und *„relatively"* eine Rechtsverschiebung, für alle Terme $T_j \in T_S$ mit $1 \leq j \leq n$ gilt das Umgekehrte. Auf den Term $T_n \in T_S$ sind diese Modifikatoren nicht anwendbar (vgl. Bouchon-Meunier [1992, 404, 411] sowie Abbildung 6.4). Alternativ zu dieser Formalisierung könnten ambivalente Modifikatoren auch mit Hilfe der Begriffe semantisches Zentrum, Plusterm und Minusterm nach Definition 6.3

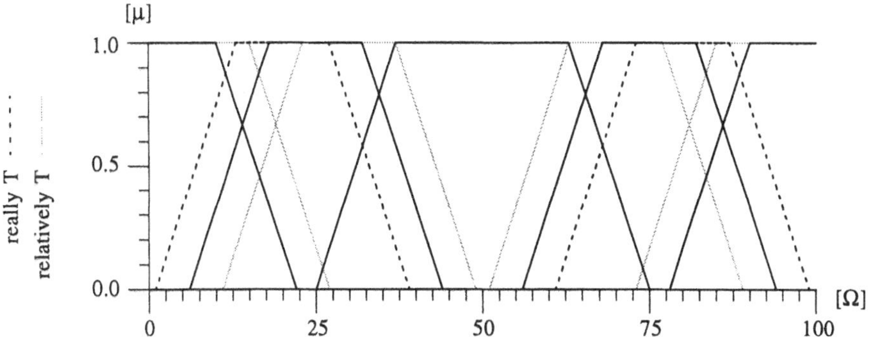

Terme	tiny	small	medium	big	huge
	$(0, 10, 0, 12)_{LR}$	$(18, 32, 12, 12)_{LR}$	$(37, 63, 12, 12)_{LR}$	$(68, 82, 12, 12)_{LR}$	$(90, 100, 12, 0)_{LR}$
really	—	$(13, 27, 12, 12)_{LR}$	—	$(73, 87, 12, 12)_{LR}$	—
relatively	$(0, 15, 0, 12)_{LR}$	$(23, 37, 12, 12)_{LR}$	—	$(63, 77, 12, 12)_{LR}$	$(85, 100, 12, 0)_{LR}$

Abb. 6.4: Auswirkungen ambivalenter Modifikatoren auf eine geordnete Menge unscharfer Größenbezeichnungen nach Bouchon-Meunier

sowie Nullterm gemäß Definition 6.4 festgelegt werden: „*really*" bewirkt bei positiven Termen eine Rechtsverschiebung und bei negativen eine Linksverschiebung, während „*relatively*" bei negativen Termen eine Rechtsverschiebung und bei positiven eine Linksverschiebung bewirkt, für Nullterme sind die Hecken „*really*" und „*relatively*" nicht definiert.[17]

Obgleich die vorgeschlagenen Abschwächungsoperatoren interessante Variationen repräsentieren, können sie angesichts der sonstigen Grobschlächtigkeit für viele praktische Anwendungen unangemessen subtil wirken. Umgekehrt mangelt es an Operatoren zur Repräsentation wichtiger und semantisch sinnfälligerer Bedeutungsvariationen. Der in Bouchon-Meunier [1992, 403] abgebildete Funktionsgraph zu „*about*" entspricht einer verbreiteten Deutung von „*more or less*". Eine Möglichkeit, diesen Effekt formal zu definieren, beschreibt Gleichung 6.73. Stärkere Abschwächungen können im Englischen mit der Hecke „*roughly*" ausgedrückt werden. Hinsichtlich ihrer Modellierung unterscheidet sie sich von „*more or less*" daher nur durch einen größeren Ausdeh-

---

[17] Auch bei diesem Ansatz stellt sich die Frage, in welchem Maße die Träger und Kerne unscharfer Mengen durch die verschiedenen Modifikatoren erweitert, eingeschränkt oder verschoben werden sollen. Im Text von Bouchon-Meunier [1992] findet sich auf diese Frage keine Antwort. Angesichts der Reichhaltigkeit der natürlichen Sprache wie der individuellen Unterschiede und Kontextabhängigkeit des Sprachgebrauchs ist eine allgemeingültige Beantwortung auch schwerlich möglich. Man kann jedoch – wie diskutiert (210) – Berechnungsverfahren zu entwickeln versuchen, die diese Modellierungslücke auf eine im Normallfall plausible Weise schließen, etwa dadurch, daß die Modifikationen von der relativen Lage linguistischer Terme zum semantischen Zentrum und der Intervallänge des Kerns abhängig gemacht werden.

Hecke	Argumenttyp	Funktionsgleichung ($M(mT)$; $\Omega = [l, r]; l, r \in \Re$)	
above	beliebig	$\text{above}(m, n, \alpha, \beta)_{LR} = (n + \beta, r, \beta, 0)_{LR}$	(6.70)
below	beliebig	$\text{below}(m, n, \alpha, \beta)_{LR} = (l, m - \alpha, 0, \alpha)_{LR}$	(6.71)
roughly	beliebig	$\text{roughly}(m, n, \alpha, \beta)_{LR} = (m - 1.4d, n + 1.4d, \alpha, \beta)_{LR}$	(6.72)
more or less	beliebig	$\text{more or less}(m, n, \alpha, \beta)_{LR} = (m - d, n + d, a, \beta)_{LR}$	(6.73)
very	Minusterm	$\text{very}(m, n, \alpha, \beta)_{LR} = (m - d, n - d, \alpha, \beta)_{LR}$	(6.74)
	Nullterm	$\text{very}(m, n, \alpha, \beta)_{LR} = (m + 0.2c, n - 0.2c, \alpha, \beta)_{LR}$	(6.75)
	Plusterm	$\text{very}(m, n, \alpha, \beta)_{LR} = (m + d, n + d, \alpha, \beta)_{LR}$	(6.76)
relatively	Minusterm	$\text{relatively}(m, n, \alpha, \beta)_{LR} = (m + d, n + d, \alpha, \beta)_{LR}$	(6.77)
	Nullterm	$\text{relatively}(m, n, \alpha, \beta)_{LR} = (m - 0.2c, n + 0.2c, \alpha, \beta)_{LR}$	(6.78)
	Plusterm	$\text{relatively}(m, n, \alpha, \beta)_{LR} = (m - d, n - d, \alpha, \beta)_{LR}$	(6.79)
really	Minusterm	$\text{really}(m, n, \alpha, \beta)_{LR} = (m, n - 0.2c, 0.5\alpha, 0.5\beta)_{LR}$	(6.80)
	Nullterm	$\text{really}(m, n, \alpha, \beta)_{LR} = (m + 0.2c, n - 0.2c, 0.5\alpha, 0.5\beta)_{LR}$	(6.81)
	Plusterm	$\text{really}(m, n, \alpha, \beta)_{LR} = (m + 0.2c, n, 0.5\alpha, 0.5\beta)_{LR}$	(6.82)
about	reelle Zahl	$\text{about}(x) = (x - 0.5d, x + 0.5d, w, w)_{LR}$	(6.83)
	Intervall	$\text{about}[a, b] = (a, b, 0.5(b - a), 0.5(b - a))_{LR}$	(6.84)

Tabelle 6.5: Linguistische Modifikatoren für LR-Intervalle

Die angegebenen Gleichungen beschreiben die Wirkung im „Normalfall“. Durch die Grundmenge vorgegebene Einschränkungen der Parameterwerte bleiben unberücksichtigt. Der Parameter c steht für die Spannweite des Kerns. Die Parameter d und w sind kontextabhängig. Verschiedene Möglichkeiten, sie aus anderen Parametern zu berechnen, werden im Text diskutiert. Einige Falluntersuchungen deuten darauf hin, daß plausible Modellierungen entstehen, wenn man den Parameter w auf die Hälfte des gewogenen Mittels der Schwankungsbreiten und d auf ein Viertel des gewogenen Mittels der Kernspannweiten der Grundterme der gleichen Referenzmenge setzt. Rand- und Nullterme sind dabei geringer zu gewichten.

nungsfaktor (6.72). Häufig benötigt man einen Operator, der aus exakten Zahlen oder Intervallen unscharfe Intervalle bildet. Im Englischen werden solche Bedeutungsveränderungen am häufigsten mit *„about“*, *„approximately“* und *„round“* ausgedrückt. Der Term *„round“* hat jedoch eine definierte mathematische Bedeutung und *„approximately“* läßt sich vielseitiger, speziell auf Relationen anwenden, so daß *„about“* für den vorliegenden Zweck zu bevorzugen ist. Die Wirkung von *about* ist der von *more or less* verwandt, insofern der Zugehörigkeitsbereich beidseitig ausgedehnt wird. Die Modellierungsproblematiken sind dennoch grundverschieden. Wie sollen Kerne und Schwankungsbreiten unscharfer Modifikationen von Zahlen und Intervallen gewählt werden? Eine Formalisierung ohne Einbezug von Kontextinformation ist sicherlich nicht sinnvoll. Möglicherweise lassen sich aber befriedigende Ergebnisse ausschließlich auf der Basis einer für die gleiche Referenzmenge definierten Term-Menge erzielen. Unter dieser Bedingung können Durchschnittswerte über die Intervalllängen der Kerne und Träger der darin enthaltenen unscharfen Mengen herangezogen werden, um die Parameter, Kernpunkte und Schwankungsbreiten des resultierenden unscharfen Intervalls zu berechnen. Bei Intervallen ist es naheliegend, die Kernparameter einfach den Randpunkten des Intervalls gleichzusetzen. Alternativ dazu kann für eine bestimmte Referenzmenge eine Funktion festgelegt werden, die eine unscharfe Menge für einen Punkt aus dieser Referefenzmenge generiert.

$$f^{\text{Alter}}(x) = (x-2, x+2, 3, 3)_{LR}. \tag{6.85}$$

Um die Kodierung einfach und anschaulich zu halten, kann eine kontextspezifische Funktion bei Bedarf aus einer allgemeinen Funktion f und einem Beispiel abgeleitet werden:

$$\begin{aligned} f(x, d, w) &= (x-d, x+d, w, w)_{LR} \\ \mu^{\text{Alter}}_{\text{about}}(30) &= (28, 32, 3, 3)_{LR}. \end{aligned} \tag{6.86}$$

Bouchon-Meunier hat keine eigenen Verstärkungsoperatoren vorgeschlagen. Die Wirkung von *„really"* entspricht jedoch der von *„very"* wie sie in 6.58 beschrieben und aus empirischen Untersuchungen bekannt ist. Um *„really" (wirklich)* semantisch klar von *„very"* abzugrenzen, ist eine andere Definition vonnöten. Dies ist zunächst ein Problem der unklaren und uneindeutigen natürlichsprachlichen Semantik. In der Regel wird mit *„wirklich"* eine Aussage bekräftigt. Ob eine solche Bekräftigung adäquat über eine Modifikation der Zugehörigkeitsfunktion ausdrückbar ist, ist zumindest zweifelhaft. Solche Bekräftigungen betreffen primär den Geltungs- oder Wahrheitsanspruch. Eine Verschiebung in andere Wertebereiche ist damit im allgemeinen nicht verbunden. Die Wirkung der Hecke *„wirklich"* auf Kategorien wie *„große Personen"* läßt sich dahingehend interpretieren, daß die Grenzen der Zugehörigkeit zur modifizierten Kategorie enger gefaßt werden als die zur unmodifizierten. Diese Restriktion betrifft Randbereiche der Personen, denen das Prädikat *gerade noch* zuzuerkennen ist. Dieser Deutung kann insofern Rechnung getragen werden, als daß zusätzlich zu einer beiderseitigen Einschränkung der Trägermenge bei positiven Termen der linke Teilbereich des Kerns und bei negativen der rechte Teilbereich des Kerns eingeschränkt wird (vgl. 6.80, 6.82). Es bleibt aber zweifelhaft, ob die beschriebene semantische Differenzierung im allgemeinen Sprachgebrauch Verwendung findet und ob überhaupt ein relevanter informationstechnischer Bedarf an einer solchen Differenzierung besteht.

Kein Zweifel besteht indes an der Nützlichkeit der linguistischen Hecken *„above" (über, oberhalb von)* und *„below" (unter, unterhalb von)*. Auch ist deren Semantik weit weniger vage. Sie bilden ein einstelliges Pendant zu zweistelligen Vergleichsoperatoren wie *„greater" (größer)* und *„smaller" (kleiner)*. Eine *„oberhalb von"* einem exakten oder unscharfen Wert A liegende unscharfe Menge B ist nach oben oder rechts auf der Abszisse unbeschränkt. Der rechte Randpunkt des Kerns ist daher gleich dem rechten Randpunkt der Grundmenge und die rechte Schwankungsbreite hat den Wert null. Für den linken Kernpunkt ist zumindest zu fordern, daß er größer als das Supremum des Kerns von A ist. Eine deutlichere Unterscheidung wird erzielt, wenn der linke Kernpunkt so gewählt wird, daß bei gleicher Schwankungsbreite sich die Kurven der beiden Mengen A und B an einem Punkt mit dem Zugehörigkeitsgrad 0.5 schneiden. Bei linearen Zugehörigkeitsfunktionen wird diese Forderung durch eine Verschiebung um den Betrag der rechten Schwankungsbreite erfüllt (vgl. 6.70).

Offenkundig birgt die Modellierung linguistischer Hecken eine ganze Reihe von Problemen, die teils mathematischer und logischer, teils linguistischer Natur sind. Eine allgemeine Lösung dieser Probleme ist nicht in Sicht und zumindest in voraussehbarer Zeit nicht zu erwarten. In der praktischen Anwendung nützliche Modellierungsvorschläge indes gibt es bereits. Durch den oben unterbreiteten Vorschlag, Modifikationen als typgebundene Parametertransformationen aufzufassen, wird eine Modellierung unterstützt, die mit vielversprechenden Ansätzen aus der Fuzzy-Arithmetik kompatibel ist. Der in Tabelle 6.5 beschriebene Satz linguistischer Modifikatoren veranschaulicht diese Idee anhand konkreter Modellierungsvorschläge.

6.4 Vorschläge zur Modellierung linguistischer Hecken vom Typ II

In der Literatur zur Fuzzy-Mengentheorie finden sich nur sehr wenige Beiträge zur Repräsentation linguistischer Hecken vom Typ II. Die Hauptbeiträge zu diesem Thema wurden zu Beginn der 70er Jahre von Zadeh [1972a] und Lakoff [1975] erstellt. In beiden Ansätzen wird eine explizite Repräsentation der Bedeutungskomponenten der unscharfen Menge vorausgesetzt, auf die die linguistischen Hecken angewandt werden (vgl. 197-200).

6.4.1 Modifikationen der Gewichtskoeffizienten konvexer Kombinationen unscharfer Bedeutungskomponenten

Zadeh betont, daß die Repräsentation linguistischer Hecken vom Typ II ein weitaus komplexeres Problem ist als die linguistischer Hecken vom Typ I, da beschrieben werden müsse, auf welche Weise die einzelnen Bedeutungskomponenten affiziert werden. Im allgemeinen müßten Hecken vom Typ II daher über einen Fuzzy-Algorithmus[18] definiert werden [Zadeh 1972a, 496]. Zadeh verfolgt diesen Ansatz nicht weiter. Vielmehr beschränkt er sich darauf, einen konkreten Modellierungsvorschlag für relativ einfache Fälle zu unterbreiten, *in denen die Wirkung einer Hecke in erster Annäherung als Modifikation der Gewichtskoeffizienten einer konvexen Kombination der Komponenten einer komplexen Fuzzy-Menge beschrieben werden kann* [Zadeh 1972a, 496].

Die Komponenten einer komplexen Fuzzy-Menge repräsentieren verschiedene Merkmale eines Konzepts. Ihre Gewichte werden als Maß gedeutet, wie *wichtig* oder *bedeutend* ein Attribut für ein Konzept ist. Hiervon ausgehend interpretiert Zadeh die Wirkung der Hecke „*essentially*" als Zunahme der Gewichte bedeutender und Verminderung der Gewichte relativ unbedeutender Attribute. Wie dieser Effekt zu realisieren ist, beschreibt er anhand eines Beispiels.[19] Verallgemeinert ergibt sich folgende Modifikationsfunktion:

$$e[w_1, \ldots, w_n] = [f(w_1), \ldots, f(w_n)]$$

$$f(w_i) = \frac{\left(\dfrac{w_i}{\sup(w_1, \ldots, w_n)}\right)^2}{\sum_{i=1}^{n}\left(\dfrac{w_i}{\sup(w_1, \ldots, w_n)}\right)^2}. \tag{6.87}$$

Das heißt: die Einzelgewichte werden über das Supremum der Gewichte normalisiert, die normalisierten Werte werden dann quadriert und schließlich werden die resultierenden Quadrate über ihre Summe wieder normalisiert.

Beispiel 6.2 *„Im Grunde genommen ein gutes Sachbuch"*

Gegeben sei eine Menge von Sachbüchern $S = \{S_1, S_2, S_3, S_4\}$ sowie eine komplexe unscharfe Menge G als denotative Bedeutung des unscharfen Terms „gutes Sachbuch". G sei als gewichtete Summe über den Bedeutungskomponenten „fachlich gut" (F), „gutes Layout" (L), „leicht zu verstehen" (V), „gute Bibliographie" (B), „umfassende Sach- und Namensregister" (R) und „hoher Unterhaltungswert" (U) definiert:

---

[18] Als *Fuzzy-Algorithmus* bezeichnet man nach Zadeh Algorithmen mit *unscharfen* Instruktionen, Wertzuweisungen oder Bedingungen [vgl. Zadeh 1968a; 1973, 132-144; 1976a]. Eine typische Formulierung eines Fuzzy-Algorithmus wäre beispielsweise: „Wenn *x hoch* ist, dann vermindere *y geringfügig*".

[19] Das Beispiel behandelt die Definition des Terms „*decent*" [Zadeh 1972a, 496f.]: $\mu_{\text{decent}}(x) = 0.4 \cdot \mu_{\text{kind}}(x) + 0.3 \cdot \mu_{\text{honest}}(x) + 0.2 \cdot \mu_{\text{polite}}(x) + 0.4 \cdot \mu_{\text{attractive}}(x)$. Für den mit „*essentially*" modifizierten Term erhält man gemäß 6.87: $\mu_{\text{essentially decent}}(x) = 0.53 \cdot \mu_{\text{kind}}(x) + 0.3 \cdot \mu_{\text{honest}}(x) + 0.13 \cdot \mu_{\text{polite}}(x) + 0.04 \cdot \mu_{\text{attractive}}(x)$.

$$
\begin{aligned}
F &= 0.3/S_1 + 1.0/S_2 + 0.9/S_3 + 0.7/S_4 \\
L &= 1.0/S_1 + 0.1/S_2 + 0.8/S_3 + 0.9/S_4 \\
V &= 0.6/S_1 + 0.3/S_2 + 0.8/S_3 + 0.7/S_4 \\
B &= 0.7/S_1 + 0.7/S_2 + 1.0/S_3 + 0.8/S_4 \\
R &= 1.0/S_1 + 0.0/S_2 + 0.9/S_3 + 1.0/S_4 \\
U &= 0.7/S_1 + 0.0/S_2 + 0.1/S_3 + 0.1/S_4 \\
G &= 0.65 \cdot F + 0.03 \cdot L + 0.15 \cdot V + 0.10 \cdot B + 0.04 \cdot R + 0.03 \cdot U \\
&= 0.45/S_1 + 0.77/S_2 + 0.87/S_3 + 0.71/S_4 .
\end{aligned}
$$

Das Sachbuch S_3 weist den größten Zugehörigkeitsgrad zur Menge der guten Sachbücher auf. Aufgrund der hohen Bewertungen in fast allen Merkmalen übertrifft es das fachlich etwas höher bewertete S_2. Durch Anwendung von Gleichung 6.87 ergibt sich für die Komponenten der Fuzzy-Menge „im Grunde genommen ein gutes Sachbuch" (mG) das Tuple der modifizerten Gewichte:

$$e[0.65, 0.03, 0.15, 0.10, 0.04, 0.03] \approx [0.922, 0.002, 0.049, 0.022, 0.003, 0.002].$$

Wie man unschwer erkennt, haben sich die Proportionen der größeren Gewichte gegenüber den kleineren vergrößert. Besonders deutlich zeigt sich dies am Merkmal „fachliche Güte" (F) – es hat gegenüber allen anderen Merkmalen deutlich an Gewicht gewonnen. Als Resultat erhält man die unscharfe Menge mG, die sich wiederum als einfache oder komplexe Menge darstellen läßt:

$$
\begin{aligned}
mG &= 0.922 \cdot F + 0.002 \cdot L + 0.049 \cdot V + 0.022 \cdot U + 0.003 \cdot B + 0.002 \cdot R \\
&= 0.328/S_1 + 0.952/S_2 + 0.895/S_3 + 0.702/S_4 .
\end{aligned}
$$

In mG weist das Sachbuch S_2, nicht S_3, den höchsten Zugehörigkeitsgrad auf. Die Hecke „im Grunde genommen" hat die niedrigen Zugehörigkeitsgrade zu den relativ unwichtigen Bedeutungskomponenten der Menge „gutes Sachbuch" nahezu bedeutungslos werden lassen.

6.4.2 Algebraische Verknüpfungen klassifizierter unscharfer Bedeutungskomponenten

Lakoff folgt nicht Zadehs Typisierung linguistischer Hecken. Er fokussiert auf die Notwendigkeit, Hecken als eine *Operation über dem ganzen Merkmalsvektor eines unscharfen Prädikats* zu definieren. Die Zugehörigkeitsfunktion bezeichnet er als „Absolutwert" eines Prädikats und die Bedeutungskomponenten (vgl. Definition 6.1, 197) als seinen „Vektorwert" [Lakoff 1975, 241]. Die zweite Grundidee Lakoffs ist eine semantische Klassifikation der Bedeutungskomponenten. Er entwickelt sie aus der semantischen Analyse der Hecken *„regular"*, *„technically"*, *„strictly speaking"* und *„loosely speaking"*.

Mit Verweis auf Bolinger führt Lakoff aus, daß *„regular"* bestimmte metaphorische Eigenschaften herausgreife. Mit der Aussage „Sarah is a *regular* spinster" wird nicht ausgedrückt, daß es sich bei Sarah um eine alte Jungfer im regulären, eigentlichen Wortsinn handelt. Eher wird unterstellt, daß gerade diese Wortbedeutung nicht zutrifft, daß zugleich aber charakteristische Nebenbedeutungen wie Zimperlichkeit, Affektiertheit und Prüderie für Sara gelten. Verallgemeinert bedeutet dies, daß mit *„regular"* lediglich ein Geltungsanspruch für die *Konnotationen* erhoben wird, die *„wörtliche Bedeutung"* (engl.: *literal meaning*) hingegen negiert wird [Lakoff 1975, 237]. Daß das Begriffspaar *Konnotation / wörtliche Bedeutung* kein hinreichend differenzierendes Beschreibungsmittel für linguistische Hecken ist, wird in der Analyse zweier Gegenbegriffe zu *„regular"* deutlich – *„strictly speaking"* und *„technically"*.

Die Aussagen „a whale is *technically* a mammal" und *„strictly speaking* a whale is a mammal" deuten darauf hin, daß beide Hecken den gleichen Effekt haben: Mit der Hecke *„strictly speaking" (streng gesprochen)* wird in diesem Fall wie mit *„technically" (im fachspezifischen*, hier: *biologischen Sinn*) die Wortbedeutung auf das *„definitive Kriterium"* eingeschränkt. In anderen Fällen werden erhebliche Bedeutungsdifferenzen deutlich. Von Ronald Reagan wird berichtet, er habe es vermeiden können, 1970 Einkommenssteuer zu zahlen, indem er sich Viehbestände angeeignet habe. Steuerrechtlich hatte Reagan auf diese Weise den Status eines Viehzüchters erlangt, obgleich er – zumindest nach Meinung einiger Zeitgenossen – keineswegs alle für diesen Beruf wichtigen Eigenschaften besaß. Daher kann Lakoff schreiben, die Aussage „Ronald Reagan is *technically* a cattle rancher" sei wahr, während die Behauptung *„strictly speaking*, Ronald Reagan is a cattle rancher" falsch sei. Um diese Differenzierung in einer formalen Semantik beschreiben zu können, führt Lakoff zusätzlich die Kategorie *„wichtiges"* oder *„bedeutendes Kriterium"* (engl.: *important criterion*) ein [Lakoff 1975, 238]. Da die Anwendung von *„technically"* befremdlich wirkt, wenn nicht nur die *definitiven*, sondern auch die *wichtigen Kriterien* erfüllt sind, präzisiert er die Bedeutung von *„technically"* im Sinne von *„only technically"*.

Eine weitere kategoriale Unterscheidung geht aus der Gegenüberstellung von *„strictly speaking"* zu *„loosely speaking"* hervor. Wale lassen sich, *„grob gesprochen"* als Fische „klassifizieren", nämlich dann, wenn man von „Sekundärmerkmalen" wie ihrer äußeren Gestalt und dem Umstand, daß sie im Wasser leben, ausgeht und von ihren biologischen „Primärmerkmalen" abstrahiert. In diesem Sinn kann man sagen: *„loosely speaking*, a whale is a fish". Lakoff schließt daraus, es müsse zwischen *„Primärkriterien"* und *„Sekundärkriterien" der Kategoriezugehörigkeit* unterschieden werden [Lakoff 1975, 239].

„Loosely speaking" ist scharf von *„regular"* zu unterscheiden, denn *„regular"* hat im Gegensatz zu *„loosely speaking"* einen metaphorischen Effekt. Die Erfüllung oder Nichterfüllung metaphorischer Prädikate sagt an sich, soll heißen: unabhängig von anderen Kriterien, nichts über die tatsächliche Kategoriezugehörigkeit aus. Einen Menschen, der sich im übertragenen Sinn schleimig verhält oder der gut schwimmen kann und sich im Wasser „wie zuhause" fühlt, kann

man metaphorisch – aber nicht „*grob gesprochen*" – mit einem Fisch gleichsetzen. Daher sind die Propositionen „Harry is a *regular* fish" sowie „*loosely speaking,* a whale is a fish" zulässig, während die Aussagen „*loosely speaking,* Harry is a fish" sowie „a whale is a *regular* fish" Präsuppositionsverletzungen darstellen. Demzufolge sind über die beschriebenen Kriterientypen hinaus Kriterien zu unterscheiden, die keine Kategoriezugehörigkeit begründen – und insofern „*inzidentell*" oder „*unspezifisch*" genannt werden können –, jedoch „*charakteristisch*" für die Angehörigen einer Klasse sind [Lakoff 1975, 240].

Linguistische Hecke	Informelle Beschreibung	Formale Definition	
technically	*Truth value depends upon values of definitional criteria alone. Implies that at least one primary criterion is below the threshold value for simple category.*	def (‖F‖) ∩ NEG(prim(‖F‖))	(6.88)
strictly speaking	*Truth value depends on value of definitional and primary criteria. Values for each criterion must be above certain threshold values.*	def(‖F‖) ∩ prim(‖F‖)	(6.89)
loosely speaking	*Truth value depends primarily on secondary criteria. Implies that threshold values for definitional and primary criteria are insufficient to confer category membership.*	sec(‖F‖) ∩ NEG(def(‖F‖) ∩ prim(‖F‖))	(6.90)
regular	*Truth value depends upon characteristic-though-incidental criteria. It is presupposed that the values of other criteria are insufficient to establish any degree of category membership.*	char(‖F‖) ∩ NEG(def(‖F‖) ∩ prim(‖F‖) ∩ sec(‖F‖))	(6.91)

Tabelle 6.6: Informelle Beschreibung und formale Definition linguistischer Hecken vom Typ II nach Lakoff

Die Tabelle ist aus [Lakoff 1975, 240, 242] zusammengestellt. Die grundlegenden Mengenoperationen, also die Durchschnitts- (∩) und Komplementbildung (NEG) sind gemäß den Definitionen Zadehs (3.2, 3.3) durchzuführen. ‖*F*‖ bezeichnet hier wie bei Lakoff den Vektorwert der komplexen Fuzzy-Menge *F*.

Für die diskutierten linguistischen Hecken bietet Lakoff formale Definitionen an (vgl. Lakoff [1975, 242] sowie Tabelle 6.6). Sie setzen voraus, daß die einzelnen Komponenten einer Fuzzy-Menge nach den genannten vier Kriterientypen klassifiziert sind und daß auf sie zugegriffen werden kann. Unter dieser Voraussetzung können entsprechend der vier Kriterientypen oder Komponentenklassen *(definitional, primary, secondary, characteristic-though-incidental)* Funktionen definiert werden, die jeweils alle Komponenten des gleichen Typs miteinander zu einer Fuzzy-Menge verknüpfen: *def, prim, sec* und *char.* Als Verknüpfungsoperator dient Zadehs Durchschnittsoperator. Lakoff merkt jedoch an, dies sei offenkundig eine zu grobe Vereinfachung, stattdessen seien verschiedene (von ihm nicht weiter konkretisierte) komplexe Verknüpfungen notwendig [Lakoff 1975, 242]. Modifikationsoperatoren werden dann mit Hilfe des Durchschnitts- und Negationsoperators über eine für die jeweilge Hecke relevanten Teilmenge der vier Kriterien-Funktionen *(def, prim, sec, char)* definiert (6.88–6.91).

Ein Vergleich von Lakoffs informellen Beschreibungen mit seinen formalen Definitionen (zweite und dritte Spalte von Tabelle 6.6) läßt erkennen, daß die informell beschriebenen Charakteristika formal nur partiell und in grober Annäherung abgebildet werden. Das Komplement zu der von *prim* erzeugten Fuzzy-Menge (6.88) repräsentiert nicht exakt die Forderung, mindestens ein Primärkriterium müsse unter einem bestimmten Schwellwert sein. Ähnliches gilt für die anderen Beschreibungen. Ungeachtet semantischer Aspekte sind diese Abweichungen formal sehr schwerwiegend. Um die informelle Beschreibung umzusetzen, müßten die Kriterien-Funktionen umdefiniert werden. Sie können dann nicht mehr über standardmäßige Mengenoperatoren definiert werden. Und die Komplementbildung der Schnittmengen definitiver, primärer und sekundärer Kriterien (6.91) ist keineswegs dazu geeignet, die Präsupposition zu beschreiben, die Zugehörigkeitsgrade bezüglich dieser Kriterien weise keine Zugehörigkeit zum Grundterm aus.

6.4.3 Grenzen der vorgeschlagenen Modellierungsansätze und Erweiterungsvorschläge

Lakoff erörtert relativ ausführlich, in welcher Hinsicht er Zadehs wie seine eigenen Modellierungsvorschläge für inadäquat hält. In dieser Erörterung weist er zunächst auf die fehlende Berücksichtigung der *Kontextabhängigkeit* hin. Daß die in den Definitionen vorausgesetzten Merkmalsklassifikationen hochgradig von verschiedenen Kontexten (Kultur, technischen Standards und wissenschaftlichen Schulen) abhängen, bedarf wohl keiner weiteren Erläuterung [vgl. Lakoff 1975, 247]. Das Problem der Kontextabhängigkeit ist ein allgemeines (noch wenig erforschtes) Problem der Wissensrepräsentation in der KI [vgl. McCarthy 1993]. Hier geht es darum, die Tragfähigkeit des beschriebenen Ansatzes in vorgegebenen Kontexten auszuloten. Ein weiterer Mangel ist mit Lakoff darin zu sehen, daß Restriktionen über die Anwendbarkeit von Hecken auf Hecken nicht formal definiert sind [Lakoff 1975, 252f.]. Und an Zadehs Definition von *„very“* bemängelt Lakoff, wie beschrieben (206), den fehlenden Translationseffekt [Lakoff 1975, 251].

Anhand der Anwendung der linguistischen Hecken *„very“* und *„sort of“* auf unscharfe Ähnlichkeitsrelationen wird deutlich, daß Hecken sich nicht nur auf Zugehörigkeitsgrade hinsichtlich bestimmter Kriterien beziehen können, sondern ebenso auf *die Menge der in Betracht zu ziehenden Kriterien.* Gegenüber der Behauptung, zwei Personen seien einander *ähnlich,* kann mit der Verstärkung, sie seien einander *sehr ähnlich,* sowohl gemeint sein, daß für sie die Ähnlichkeitsgrade einer invarianten Menge von Merkmalen sehr hoch sind, als auch, daß sie in sehr vielen Merkmalen einander ähnlich sind [vgl. Lakoff 1975, 248].

Weitere Komplikationen werden sichtbar, wenn *„sehr“* auf die Hecke *„genau gesprochen“* angewandt wird. Über einen Bewerber, der wichtige Anforderungen einer Stellenausschreibung nicht erfüllt, könne gesagt werden: *„genau genommen* gehört er nicht zu der Art von Personen, die erwünscht sind". Zeige sich überdies, daß er gerade die wichtigsten Auswahlkriterien (also die Ausschlußkriterien) nicht erfüllt, so könne geurteilt werden: *„sehr genau genommen* gehört er gerade zu der Art von Personen, die nicht erwünscht sind". In diesem Fall schränke *„sehr"* die Menge der maßgeblichen Kriterien ein:

> „One of the things that VERY does, when applied to STRICTLY SPEAKING, is further restrict the number of categories considered most important: this can be viewed as changing the weights assigned to various criteria at the upper end of the spectrum. ... VERY seems to operate on the vector value of STRICTLY SPEAKING, not just on the absolute value. This means that we must find a way of assigning vector values to hedges like STRICTLY SPEAKING." [Lakoff 1975, 249]

Für *„very loosely speaking"* gelte das gleiche, nur mit dem Unterschied, daß die Zahl der berücksichtigten Kriterien vergrößert oder die Gewichte am unteren Spektrum erhöht werden. Lakoff drängt sich aufgrund dieser Fallanalysen die Vermutung auf, die von ihm vorgeschlagene strikte Trennung von „Primär-" und „Sekundärkriterien" sollte zugunsten eines Kontinuums gewichteter Kriterien ersetzt werden, von denen die verschiedenen Hecken je nach Situation und Gewicht unterschiedliche Kriterien herausgreifen.

Einen schwerwiegenden theoretischen Mangel sieht Lakoff darin, daß den bisherigen Ansätzen das Konzept *„Wahrheitsgrade"* zugrunde liege, während das Konzept *„Wahrheitsaspekte"* nicht abgebildet werde [Lakoff 1975, 250]. Der übliche Sinn der Proposition „Nixon is a murderer and he's not a murderer" sei weder eine Kontradiktion noch besage sie, Nixon sei zu einem bestimmten Grad ein Mörder. Vielmehr bringe sie zum Ausdruck, daß bestimmte Gesichtspunkte Nixon als Mörder zu qualifizieren erlauben, während andere dies nicht gestatten. In einer Fuzzy-Prädikatenlogik sei dies nicht darstellbar. Obgleich die Aussage $P \wedge \neg P$ in ihr kein Widerspruch ist, kann ihr Wahrheitsgrad – bei Verwendung des Zadehschen Durchschnitts- und Negationsoperators – nicht größer als 0.5 sein. Propositionen der Form $P \wedge \neg P$ sind in dieser Logik mehr falsch als wahr. Die Ursache dieses Mangels liege in der fehlenden Berücksichtigung der Idee der Wahrheitsaspekte. Um solche Vorstellungen einbeziehen zu können, müsse das Konzept einer linearen Ordnung von Zugehörigkeitswerten zugunsten einer partiellen aufgegeben werden [vgl. Lakoff 1975, 250].

Lakoffs Unterscheidung zwischen Wahrheitsaspekten und Wahrheitsgraden ist nützlich, seine Kritik unterliegt jedoch einem Mißverständnis. Bei der zitierten Proposition handelt es sich um eine stark interpretationsbedürftige natürlichsprachliche Aussage. Will man die Grenzen der Fuzzy-Mengentheorie oder Fuzzy-Logik als Basis einer formalen Semantik nachweisen, so müßte man zeigen, daß sich die Bedeutung dieser Aussage in ihr nicht abbilden läßt. Lakoffs Deutung macht aber gerade explizit, daß es sich nicht um die Konjunktion einer Menge und ihres Komplements handelt, daß also die Formel $P \wedge \neg P$ überhaupt nicht anwendbar ist, obgleich diese Beschreibung „oberflächlich“, dem Wortlaut zufolge richtig ist. Die Transformation von der natürlichsprachlichen Ebene auf die Ebene der formalen Sprachen beinhaltet eine Reihe komplexer Funktionen, speziell der Disambiguierung und Bedeutungsexplikation mit Hilfe von „Weltwissen“. Eine formale Sprache zur Bedeutungsrepräsentation ist kein Algorithmus der Explikation und Disambiguierung natürlichsprachlicher Äußerungen. Es macht daher keinen Sinn, sie an dieser Aufgabe zu messen.

Sicherlich sind die beschriebenen Ansätze zur Modellierung linguistischer

Kapitel 7

Das Konzept der linguistischen Variable

Die Grundidee mathematischer Variablen besteht darin, Symbole dazu zu benutzen, unbekannte Größen zu benennen. Variablen fungieren als Platzhalter oder Leerstellen für Elemente, die zu einer vorgegebenen Grundmenge gehören und bestimmte Restriktionen erfüllen. Linguistische Variablen (wie „*Alter*") zeichnen sich primär dadurch aus, daß ihre Werte linguistische Terme (wie „*jung*", „*sehr alt*", „*etwa 25*") bilden, die sich als Variablen mit „elastischen" oder „unscharfen Restriktionen" begreifen lassen. Da diese Restriktionen über der gleichen Grundmenge definiert sind, sind alle Terme einer linguistischen Variablen semantisch miteinander verwandt. Zadehs Konzept sieht vor, die Werte einer linguistischen Variablen mit Hilfe linguistischer und logischer Operatoren gemäß einer Grammatik zu generieren (Kapitel 7.1.1). Aufgrund semantischer und syntaktischer Restriktionen der natürlichen Sprache sowie technischer Anforderungen empfiehlt es sich, die Grammatik restriktiv auszulegen (Kapitel 7.1.2). Für einige linguistische Variablen wie „*Wahrheit*" oder „*Regelabweichung*" ist es sinnvoll, applikationsübergreifende Partitionierungen festzulegen (Kapitel 7.1.3). Bei der Definition linguistischer Variablen sind sowohl sprachexterne wie sprachinterne Bedeutungsaspekte der linguistischen Werte zu beachten (Kapitel 7.1.4). Da Operationen über linguistischen Werten zu Fuzzy-Mengen führen können, deren linguistische Bezeichnung unbekannt ist, stellt sich die Aufgabe, für diese Fuzzy-Menge einen geeigneten Namen zu generieren (Kapitel 7.2.1). Zu ihrer Bearbeitung wurden sogenannte Ganzheits-

und Dekompositionsverfahren (Kapitel 7.2.3 und 7.2.4) vorgeschlagen, die auf der Basis verschiedener Distanzmaße (Kapitel 7.2.2) eine *„linguistische Approximation"* durchführen.

7.1 Linguistische Variablen und ihre Wertemengen

Informell erläutert Zadeh linguistische Variablen als *Variablen, deren Werte nicht Zahlen, sondern Wörter, Phrasen oder Sätze einer natürlichen oder künstlichen Sprache sind* [Zadeh 1973, 108; 1975c, 221]. Die Gesamtheit dieser *linguistischen Werte* bildet die endliche oder unendliche *Term-Menge* der linguistischen Variable. Ein Standardbeispiel ist die Variable *„Alter"* mit Werten wie *„jung"* und *„alt"*. Nach Zadeh [1994, 78] kann die Verwendung linguistischer Werte als eine Form der *Informationsverdichtung* begriffen werden, für die sich die Bezeichnung *„Granulation"* anbiete. Gegenüber intervallbasierten Klasseneinteilungen weise die auf Fuzzy-Mengen basierende Granulation drei Vorzüge auf: sie sei allgemeiner, sie ahme den menschlichen Sprachgebrauch nach und sie führe zu graduellen statt abrupten Wertübergängen und infolgedessen zu stetigeren und robusteren Verhaltensweisen.

7.1.1 Typen und Aufbau linguistischer Variablen

Variablen, Fuzzy-Variablen und linguistische Variablen

Der Begriff der linguistischen Variable läßt sich aus dem Begriff der *Fuzzy-Variable* ableiten, der seinerseits als Spezialisierung des klassischen mathematischen Variablen-Konzepts begriffen werden kann.

Definition 7.1 *Variable*

Eine *Variable* wird durch ein Tripel $(X,\Omega,R(X,\omega))$ charakterisiert. X ist der Name der Variable, Ω ist die Grundmenge, ω ist ein generischer Name für alle Elemente von Ω und $R(X,\omega)$ ist der *Variabilitätsbereich*, eine durch die Variable X auferlegte *Restriktion* der Werte ω auf eine Teilmenge von Ω.

Bildet die Restriktion, die den Werten einer Variablen auferlegt wird, nicht eine gewöhnliche, sondern eine unscharfe Teilmenge der Grundmenge, so wird diese Restriktion *unscharfe* Restriktion [vgl. Zadeh 1975a] und die Variable, mit der sie assoziiert ist, *Fuzzy-Variable* genannt [vgl. Zadeh 1975d, 271f.].

Definition 7.2 *Fuzzy-Variable*

Eine *Fuzzy-Variable* (engl.: *fuzzy variable*) *wird* durch ein Tripel $(X,\Omega,R(X,\omega))$ charakterisiert. X ist der Name der Variable, Ω die Grundmenge, ω ein generischer Name für alle Elemente von Ω und $R(X,\omega)$, kurz $R(X)$, ist eine unscharfe Teilmenge von Ω, die eine *unscharfe Restriktion* (*unscharfe Schranke*, engl.: *fuzzy restriction*) darstellt, die den Werten ω durch die Variable X auferlegt ist.

Linguistische Variablen sind gegenüber Fuzzy-Variablen als Variablen höherer Ordnung aufzufassen, nämlich insofern, als Fuzzy-Variablen die Werte linguistischer Variablen bilden.[1] Hinzu kommen Definitionen der Syntax und Semantik ihrer linguistischen Werte:

> „... a linguistic variable is associated with two rules: (1) a *syntactic rule*, which may have the form of a grammar for generating the names of the values of the variable; and (2) a *semantic rule* which defines an algorithmic procedure for computing the meaning of each value." [Zadeh 1975d, 284]

Die Rede von *einer* syntaktischen und *einer* semantischen Regel darf nicht als Einschränkung verstanden werden. Jede Regel in diesem Sinn kann eine beliebig große Menge von Regeln beinhalten.

Definition 7.3 *Linguistische Variable*

Eine *linguistische Variable* (engl.: *linguistic variable*) wird durch ein Quintupel (X,T,Ω,G,B) charakterisiert. Dabei ist X der *Name* der linguistischen Variable. T bezeichnet die Menge der Terme von X – die *Term-Menge*. Die Terme sind die Namen der *linguistischen Werte* von X, wobei jeder linguistische Wert eine Fuzzy-Variable über der Grundmenge Ω mit der *Basisvariablen* ω darstellt. G ist eine Menge *syntaktische Regeln* zur Generierung der Term-Menge und M eine Menge *semantische Regeln*, mit denen jedem Term eine unscharfe Teilmenge von Ω als seine *denotative Bedeutung* zugewiesen werden kann.

Über die Grammatik ist eine linguistische *Wertdiskretisierung* oder *Partitionierung* festgelegt. Obgleich der Ausdruck *Regeln* in diesem Kontext üblicherweise mit *Produktionen* gleichgesetzt wird, ist dies keineswegs zwingend. Andere Formalismen wie *erweiterte Übergangnetze* (engl.: *augmented transition networks*, kurz: ATN) [vgl. Woods 1976; Bates 1980; Biewer 1987b; 1988a; 1988b, 91-116] können die gleiche Funktion erfüllen. Zadeh unterscheidet zwei Termarten: *Grundterme* (engl.: *atomic terms, primary terms*) und *zusammengesetzte Terme* (engl.: *composite terms, compound terms*). Im einfachsten Fall ist die Term-Menge auf eine feste Anzahl von Grundtermen begrenzt (vgl. Abbildung 7.2).

---

[1] Vgl. Zadeh [1975d, 283f.]. In einigen Fachbeiträgen werden die Termini „Fuzzy-Variable" und „linguistische Variable" abweichend von Zadehs Begriffskonzeption verwendet. So wird von der „Fuzzy-Variable »Alter«" gesprochen. Im Sinne Zadehs sowie der Definitionen 7.2 und 7.3 bezeichnet „Alter" jedoch keine Fuzzy-Variable, sondern eine linguistische Variable; als Fuzzy-Variablen gelten vielmehr ihre linguistischen Werte, beispielsweise „jung" und „alt". Die Zugehörigkeitsfunktion eines solchen linguistischen Werts definiert die unscharfe Restriktion, die den Werten der so bezeichneten Fuzzy-Variable auferlegt ist.

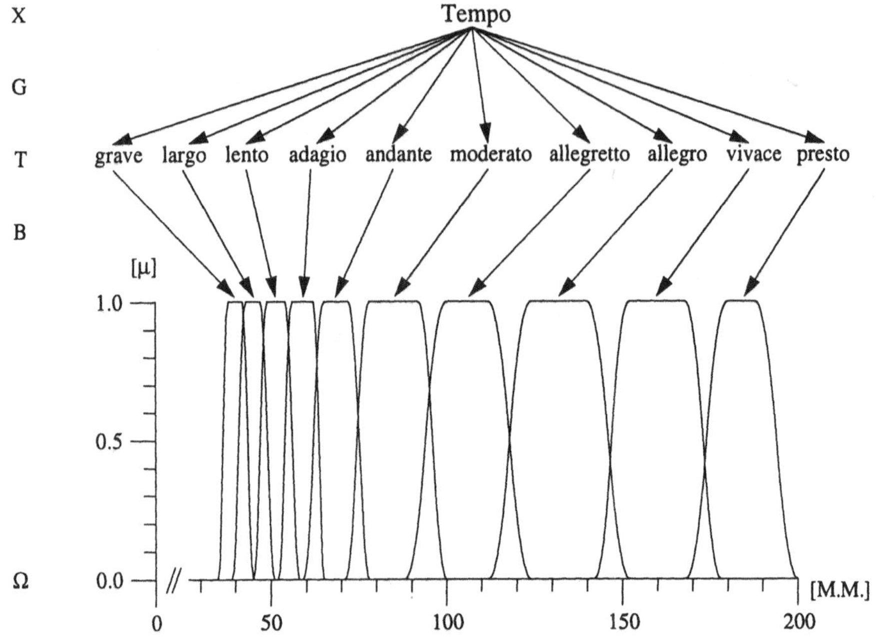

Abb. 7.1: Linguistische Variable „musikalisches Tempo"

In der klassischen Musik hat man sich vielfach auf die angegebenen Tempobezeichnungen beschränkt. Gelegentlich werden jedoch auch linguistische Hecken benutzt – in Form eines Zusatzes wie *poco* (etwas), *molto* (sehr), *non troppo* (nicht zu sehr) oder einer Endung wie in *prestissimo* (äußerst geschwind), *vivacissimo* (äußerst lebhaft). Nach Einführung von Mälzels Metronom wurden auch genaue Tempoangaben in diesem Zeitmaß (M.M.) gemacht.

Strukturierte und Boolesche linguistische Variablen

Interessanter sind Typen linguistischer Variablen, deren Term-Menge zusammengesetzte Terme enthält, die algorithmisch aus den Grundtermen abgeleitet werden. Nach Zadeh wird dieser Typus *strukturierte linguistische Variable* genannt [vgl. Zadeh 1975d, 289].

Definition 7.4 *Strukturierte linguistische Variable*

Eine linguistische Variable (X, T, Ω, G, B) heißt *strukturiert*, wenn es zwei Mengen $T_Z \subset T$ und $T_G \subset T$ gibt, so daß jeder Term $T_i \in T_Z$ durch Anwendung der syntaktischen Regeln G auf T_G und seine Bedeutung $M(T_i)$ durch Anwendung der semantischen Regeln B auf T_G berechnet werden kann.[2]

[2] In Zadehs Text [1975d, 289] wird (wie in anderen, in denen diese Passage paraphrasiert wird) die algorithmische Bestimmbarkeit auf die gesamte Term-Menge T bezogen. Alle genannten Arbeiten Zadehs bestätigen jedoch, daß es lediglich um eine Teilmenge von T geht. In Zadehs Beispielen werden die zusammengesetzten Terme aus den Grundtermen abgeleitet. Definition 7.4 verlangt weder, daß *alle* zusammengesetzten Terme (und erst recht nicht die gesamte Term-Menge) noch, daß die berechneten Terme aus den *Grund*termen abgeleitet werden.

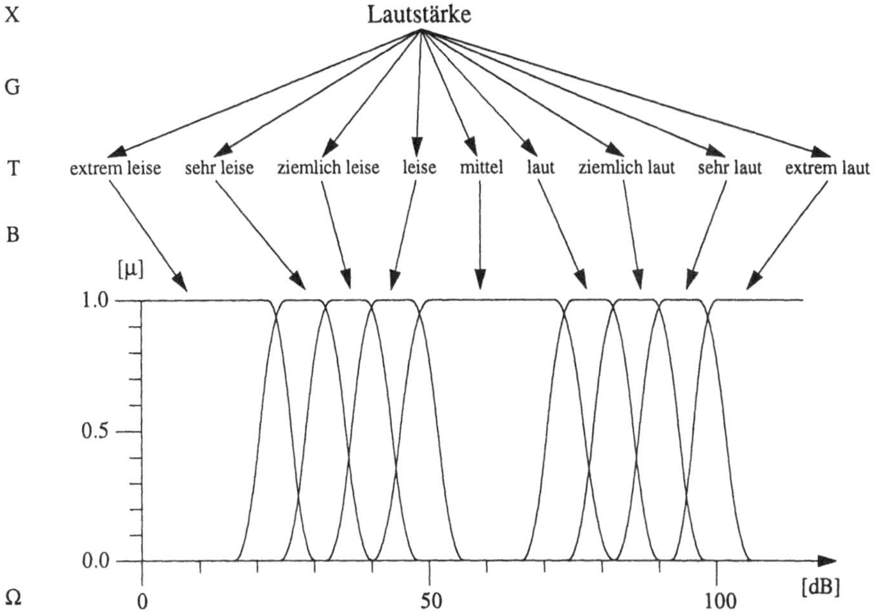

Syntax der linguistischen Variable „*Lautstärke*" (G)			
Verzweigende Regeln		Lexikalische Regeln	
(1)	T → MT	(2)	MT → leise
(3)	T → NT	(4)	NT → mittel
(5)	T → PT	(6)	PT → laut
(7)	T → Hecke MT	(8)	Hecke → sehr
(9)	T → Hecke PT	(10)	Hecke → ziemlich
		(11)	Hecke → äußerst
Semantik der linguistischen Variable „*Lautstärke*" (B)			
Verzweigende Regeln		Lexikalische Regeln	
(12)	M(MT) → M(leise)	(13)	M(ziemlich-minus) → (m - 8, n - 8, α, β)
(14)	M(NT) → M(mittel)	(15)	M(sehr-minus) → (m - 16, n - 16, α, β)
(16)	M(PT) → M(laut)	(17)	M(extrem-minus) → (0, n - 25, 0, β)
(18)	M(H PT) → M(PH) ◊ M(PT)	(19)	M(ziemlich-plus) → (m + 8, n + 8, α, β)
(20)	M(H MT) → M(MH) ◊ M(MT)	(21)	M(sehr-plus) → (m + 16, n + 16, α, β)
(22)	M(MH) → M(ziemlich-minus)	(23)	M(extrem-plus) → (m + 25, 150, α, 0)
(24)	M(MH) → M(sehr-minus)	(25)	M(leise) → $(41, 47, 9, 9)_{SZ}$
(26)	M(MH) → M(extrem-minus)	(27)	M(mittel) → $(50, 72, 10. 10)_{SZ}$
(28)	M(PH) → M(ziemlich-plus)	(29)	M(laut) → $(75, 81, 9, 9)_{SZ}$
(30)	M(PH) → M(sehr-plus)		
(31)	M(PH) → M(extrem-plus)		

Abb. 7.2: Syntax und Semantik der strukturierten linguistischen Variable „Lautstärke"

Die Bedeutung von Grundtermen wird hier über *s/z*-Funktionen (2.22, 58) festgelegt. Die Beschreibung der Grundterme wie die der linguistischen Hecken lehnt sich an die LR-Notation an. Die Semantik linguistischer Hecken wird mit Hilfe arithmetischer Ausdrücke spezifiziert (vgl. Kapitel 4.4). Das Symbol ◊ bezeichnet einen „Substitutionsoperator". Die Bedeutung von „*sehr laut*" beispielsweise wird über folgende Ersetzungen berechnet: M(sehr laut) → M(sehr-plus) ◊ M(laut) → $(m+16, n+16, \alpha, \beta) \lozenge (75, 81, 9, 9)_{SZ} \rightarrow (91, 97, 9, 9)_{SZ}$.

Standardmäßig werden die Werte strukturierter linguistischer Variablen über eine Menge von Grundtermen und linguistischen Hecken definiert. Grundterme wie Hecken bilden dann die terminalen Symbole einer kontextfreien Grammatik. Eine solche Grammatik kann zwei Funktionen erfüllen: sie kann alle wohlgeformten Terme *generieren* und sie kann *prüfen*, ob Terme *syntaktisch wohlgeformt* sind. Die Bedeutung der generierten Terme, also ihre Zugehörigkeitsfunktionen, werden über semantische Ersetzungsregeln berechnet, die den syntaktischen analog sind. Tabelle 7.2 gibt eine vollständige Darstellung der strukturierten linguistischen Variable *„Lautstärke"*. Die Grammatik wird in Phrasenstrukturregeln – in der Notation der *Definite Clause Grammar (DCG)*[3] – beschrieben, die semantischen Regeln sind in Anlehnung an diese Notation formuliert.

Die aufgelisteten syntaktischen wie semantischen Regeln sind sehr restriktiv. Bleibt man bei den drei Grundtermen *(„leise", „mittel", „laut")*, so kann die Ausdrucksstärke und -vielfalt durch Hinzunahme weiterer linguistischer Hecken erhöht werden. Dazu sind die lexikalischen Regeln der Syntax und Semantik entsprechend zu erweitern. Zusätzliche Möglichkeiten – wie die Kombination linguistischer Hecken oder die Anwendung von Hecken auf Nullterme – erfordern Erweiterungen der verzweigenden Regeln. Eine andere Qualität der Erweiterung läßt sich erzielen, wenn zusammengesetzte Terme nicht nur aus linguistischen Hecken und Grundtermen gebildet werden dürfen, sondern darüber hinaus weitere Verknüpfungsoperatoren zulässig sind. Von besonderem Interesse sind dabei die logischen Junktoren *Negation (nicht, $\neg$), Konjunktion (und, $\wedge$)* und *Disjunktion (oder, $\vee$)*. Verknüpfungen mit diesen Operatoren werden allgemein als „Boolesche Ausdrücke" bezeichnet.[4] Linguistische Variablen, deren Werte Boolesche Ausdrücke enthalten, werden nach Zadeh „Boolesche linguistische Variable" genannt [Zadeh 1975d, 293].

Definition 7.5 *Boolesche linguistische Variable*

Eine *Boolesche linguistische Variable* ist eine linguistische Variable (X, T_X, Ω, G, B), dessen Terme, T, Boolesche Ausdrücke in Variablen der Form T_p, hT_p, T oder hT sind, wobei T_p ein Grundterm und hT der Name einer Fuzzy-Menge ist, die aus der Anwendung der Hecke h auf die von T bezeichnet Fuzzy-Menge resultiert.

---

[3] Eine *Definite Clause Grammar* ist ein Formalismus zur Beschreibung der Grammatik einer Sprache. Die Grammatik wird dabei über verzweigende und lexikalische Regeln beschrieben, die als logische Formeln – genauer: als Hornklauseln – aufgefaßt werden. Positiv wird hervorgehoben, eine DCG stelle eine *deklarative* Beschreibung einer Sprache dar [Pereira and Warren 1980, 259].

[4] Die Bezeichnung wirkt in diesem Kontext irreführend, da diese Verknüpfungen von Fuzzy-Mengen – wie immer sie definiert werden (vgl. Kapitel 3, insbesondere Tabelle 3.1 und 3.3) – im Gegensatz zu den gleichnamigen Junktoren der klassischen Logik keine Boolesche Algebra bilden.

Zadeh illustriert das Konzept der Booleschen linguistischen Variable anhand seines Standardbeispiels *„Alter“*. Die gesamte Term-Menge von *„Alter“* wird mit den Junktoren *„und“*, *„oder“*, *„nicht“*, der linguistischen Hecke *„sehr“* und den Grundtermen *„jung“* und *„alt“* gebildet. Syntax und Semantik dieser Variable sind in Tabelle 7.1 beschrieben [vgl. Zadeh 1975d, 293-300].

Syntax	Semantik	Grundterme
(1) $T \rightarrow A$	(14) $T_L = A_R$	
(2) $T \rightarrow T \text{ oder } A$	(15) $T_L = T_R \cup A_R$	$\text{alt} = \int_{50}^{100} \left(1+\left(\frac{x-50}{5}\right)^{-2}\right)^{-1} / x$ (7.1)
(3) $A \rightarrow B$	(16) $A_L = B_R$	
(4) $A \rightarrow A \text{ und } B$	(17) $A_L = A_R \cap B_R$	
(5) $B \rightarrow C$	(18) $B_L = C_R$	
(6) $B \rightarrow \text{nicht } C$	(19) $B_L = \neg C_R$	$\text{jung} = \int_{0}^{25} 1/x + \int_{25}^{100} \left(1+\left(\frac{x-25}{5}\right)^{2}\right)^{-1} / x$ (7.2)
(7) $C \rightarrow (T)$	(20) $C_L = T_R$	
(8) $C \rightarrow D$	(21) $C_L = D_R$	
(9) $C \rightarrow E$	(22) $C_L = E_R$	**Operatoren**
(10) $D \rightarrow \text{sehr } D$	(23) $D_L = (D_R)^2$	$\mu_{\text{nicht A}}(x) = 1 - \mu_A(x)$ (7.3)
(11) $E \rightarrow \text{sehr } E$	(24) $E_L = (E_R)^2$	$\mu_{\text{A und B}}(x) = \min(\mu_A(x), \mu_B(x))$ (7.4)
(12) $D \rightarrow \text{jung}$	(25) $D_L = \text{jung}$	$\mu_{\text{A oder B}}(x) = \max(\mu_A(x), \mu_B(x))$ (7.5)
(13) $E \rightarrow \text{alt}$	(26) $E_L = \text{alt}$	$\mu_{\text{sehr A}}(x) = \text{DIL}(A) = \mu_A^2(x)$ (7.6)

Tabelle 7.1: Boolesche linguistische Variable „Alter“ nach Zadeh

M(nicht sehr jung und nicht sehr alt)
$= \neg(jung^2) \cap \neg(alt^2)$

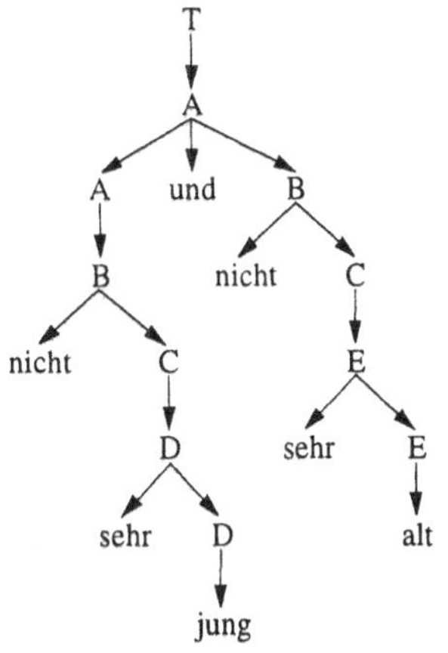

Abb. 7.3: Syntaxbaum und Semantik von „nicht sehr jung und nicht sehr alt“

M(sehr jung oder sehr sehr jung)
$= jung^2 \cup jung^4$

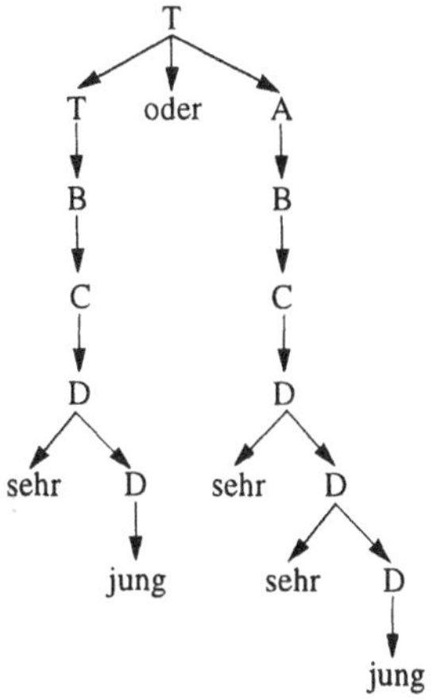

Abb. 7.4: Syntaxbaum und Semantik von „sehr jung oder sehr sehr jung“

Die Bedeutung zusammengesetzter Terme kann mit Hilfe von Syntaxbäumen berechnet werden, die ein Parser durch Anwendung der syntaktischen Regeln generiert. Während der Syntaxbaum üblicherweise von der Baumwurzel zu den Blättern, also von oben nach unten erstellt wird, erfolgt die Bedeutungsberechnung von unten nach oben: beginnend mit den Grundtermen werden aufsteigend in jeder Baumtiefe die durch die Geschwisterknoten repräsentierten Teilbedeutungen berechnet bis der Wurzelknoten erreicht ist. Die in den Abbildungen 7.3 und 7.4 dargestellten Syntaxbäume und Bedeutungsformeln resultieren aus den in der Tabelle 7.1 aufgelisteten Regeln [vgl. Zadeh 1975d, 298-300].

7.1.2 Eine restriktive ATN-Grammatik für linguistische Variablen

Aus Anwendersicht erweist sich Zadehs Grammatik (Tabelle 7.1) zunächst wegen fehlender Restriktionen ungeeignet. Die Hecke „*sehr*“ kann beliebig oft iteriert werden. Auf diese Weise entsteht eine unendliche Term-Menge. Daß eine Term-Menge unendlich ist, kann durchaus erwünscht sein. Eine unendliche Iteration von „*sehr*“ ist jedoch nicht akzeptabel. Gewöhnlich werden die Hecken „*sehr*“ und „*viel*“ bis zu zweimal wiederholt. In einer formalen Sprache sollte diese Einschränkung – nicht zuletzt aus Gründen der Überschaubarkeit und Effizienz – in der Grammatik festgeschrieben werden, zumal sie einfach zu realisieren ist.

Weit schwieriger, wenn nicht unmöglich, ist es indes, unsinnige logische Verknüpfungen über syntaktische Regeln auszuschließen. Um die Term-Menge klein und überschaubar zu halten, scheint auch für diese Zusammensetzungen eine sehr restriktive Begrenzung logischer Iterationen vertretbar, etwa dergestalt, daß zweistellige Junktoren nur einmal in zusammengesetzten Termen vorkommen dürfen. Aus dem gleichen Grund sollte die Verwendung der Negation drastisch eingeschränkt werden: in logischen Verknüpfungen darf sie zweimal, nämlich in jedem Teilterm, ansonsten nur einmal verwandt werden.

Ergänzend zu den logischen Junktoren ist für viele Anwendungen die linguistische Konjunktion „*bis*“ notwendig. Ihre Wirkung läßt sich als konvexe Hülle unscharfer Mengen interpretieren. Im Gegensatz zur Modellierung der logischen Konjunktion und Disjunktion fügt sich diese Modellierung nahtlos in das Schema der Parametertransformation.

In Zadehs Grammatik werden neben den logischen Operatoren nur drei terminale Symbole berücksichtigt: die Hecke „*very*“ und zwei polarisierte Grundterme.[5] Zur Unterstützung zusätzlicher Hecken und Grundterme empfiehlt es sich, weitere nicht-terminale Symbole für Hecken und Terme einzuführen. Beide

---

[5] Zadeh hat die syntaktischen Regeln (1-13) und Bedeutungsgleichungen (14-26) von Tabelle 7.1 auch für die linguistische Variable „*Wahrheit*“ verwandt [Zadeh 1975b, 413].

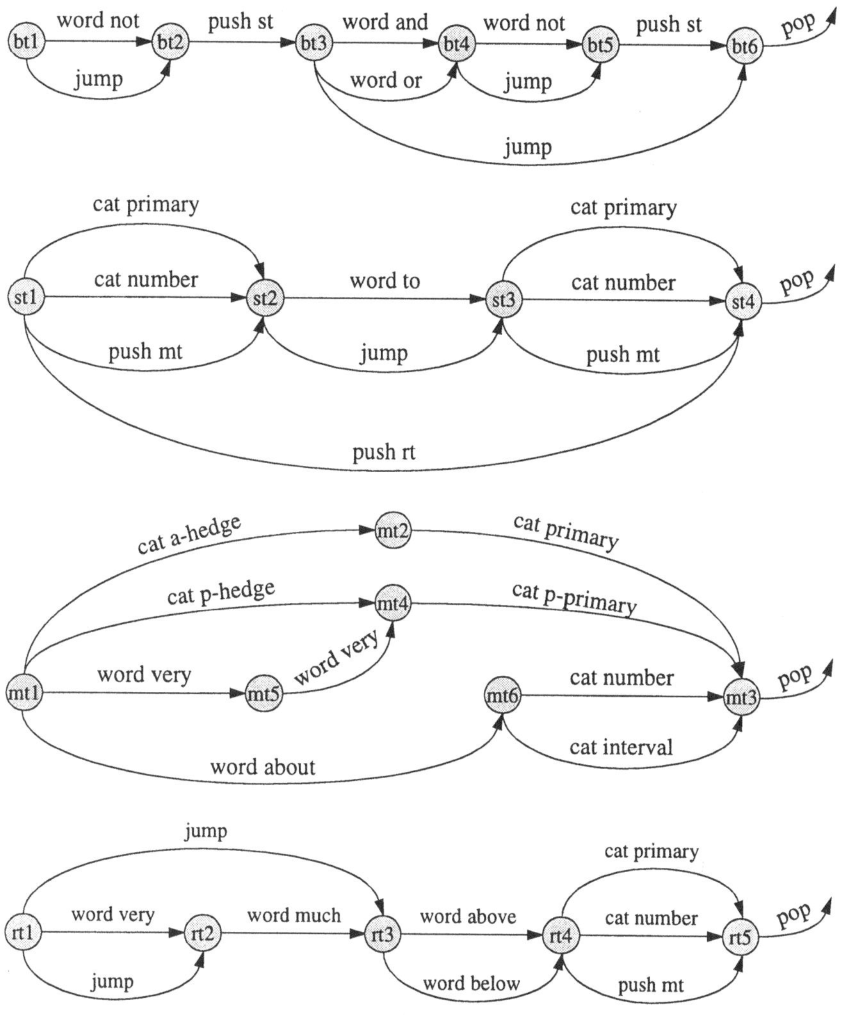

Abb. 7.5: Eine restriktive ATN-Grammatik für linguistische Variablen

Erweiterte Übergangsnetze (ATNs) lassen sich als nondeterministische Zustandsautomaten begreifen. Die Knoten symbolisieren die Zustände, die gerichteten Kanten die Übergänge. Das ATN-Parsing beginnt mit einer Wortfolge im Anfangsknoten (hier: *bt1*). Eine Wortfolge gilt als wohlgeformt, wenn der Endknoten (hier: *bt6*) erreicht ist und die Wortfolge leer ist. In der abgebildeten ATN-Grammatik werden fünf Kantentypen unterschieden: *cat*-Kanten können nur überquert werden, wenn das nächste Wort der angegebenen Kategorie angehört, *word*-Kanten, wenn es sich um das angegebene Wort handelt. Im Gegensatz zu diesen Übergängen kann eine *jump*-Kante überquert werden, ohne daß die Wortfolge um das erste Wort verkürzt wird. *push*-Kanten können nur durchquert werden, wenn das von ihnen bezeichnete Unternetz erfolgreich durchquert wird. Über *pop*-Kanten kann ein Netz verlassen und die Bearbeitung in einem übergeordneten Netz fortgesetzt werden. Die Überquerung von Kanten aller Typen kann von zusätzlichen *Tests* abhängig gemacht werden und mit *Aktionen* verknüpft sein. Ist es nicht möglich, von einem Zustand in den nächsten überzugehen, so erfolgt Backtracking. Wenn Backtracking nicht möglich ist, terminiert das Parsing. Ausführliche Beschreibungen des Verarbeitungsmodells und der Implementierung von ATN-Compilern finden sich in [Biewer 1987b; 1988a; 1988b].

Erweiterungen machen zusätzliche Restriktionen erforderlich, um Konstruktionen wie „*very more or less*" und „*very medium*" auszuschließen. Aus diesem Grund sollte das Vokabular einer Grammatik für linguistische Variablen auf differenzierteren Kategorien aufsetzen können. Die semantische Unterscheidung zwischen *Null-, Plus- und Minustermen* ist zur Generierung der Term-Menge wie zur Syntaxprüfung verwertbar. Um ungebräuchliche und unsinnige Kombinationen von Hecken und Termen zu verhindern, ist es hilfreich, Kategorien für Grundterme (*primary*) sowie für Plus- und Minusterme (*p-primary*) einzuführen.

Legt man den in Tabelle 6.5 (216) beschriebenen Satz von Hecken zugrunde, so bietet es sich an, Hecken danach zu unterscheiden, ob sie auf beliebige Terme anwendbar sind (*a-hedge*) oder nur auf Plus- und Minusterme (*p-hedge*). Die „relationalen Hecken" „*above*" und „*below*" werden gesondert behandelt, um Kombinationen dieser Hecken mit anderen Hecken zu ermöglichen und zugleich auszuschließen, daß „relationale Terme" mit der Konjunktion „*to*" verknüpft werden. „*Above*" und „*below*" dürfen die Hecken „*very*" und „*much*" vorangestellt werden. Die Verwendung von „*about*" wird darauf eingeschränkt, exakte Zahlenangaben (*number*) und Intervalle (*interval*) zu „fuzzifizieren".

Mit Hilfe der beschriebenen Kategorien *(a-hedge, p-hedge, primary, p-primary, number, interval)*, der terminalen Symbole *(and, or, not, to, very, much, above, below, about)* können die erläuterten Restriktionen in einer ATN-Grammatik umgesetzt werden wie sie Abbildung 7.5 darstellt. Im Hauptnetz (*bt*) wer-

Wohlgeformte Terme	*Nicht wohlgeformte Terme*
more or less old	*very medium*
young or old	*young old*
not young and not old	*not young not old*
not very young and not above 29	*medium to more or less 60*
not very very young and not above very old	*very more or less old*
very much below 40 and not really young	*young or medium or old*
about [20, 24]	*not very not old*

Tabelle 7.2: Wohlgeformte und nicht-wohlgeformte Terme der linguistischen Variable „Alter" (Beispiele)

den „*Boolesche Terme*", zusammengesetzte Terme unter Verwendung der logischen Junktoren *(and, or, not)*, beschrieben. Dazu wird ein Unternetz für „strukturierte Terme" *(st)* benutzt. Als strukturierte Terme gelten Grundterme, durch Hecken modifizierte Terme sowie eine über die linguistische Konjunktion „*to*" artikulierte Verknüpfung dieser Terme. Durch zusätzliche Tests werden semantisch unsinnige Verknüpfungen ausgeschlossen. Die Syntax modifizierter und relationaler Terme werden in zwei gesonderten Teilnetzen *(mt, rt)* definiert. Die möglichen Kombinationen von Hecken sind darin über Wort- und Kategorie-Kanten drastisch eingeschränkt. Zusätzliche Tests verhindern semantisch unsinnige Anwendungen der Hecken „*above*" und „*below*": „*above*" verlangt, daß das Supremum des Kerns der durch den nachfolgenden Term bezeichneten Fuzzy-Menge kleiner als das Supremum der Grundmenge ist, für „*below*" gilt das Umgekehrte. Für die linguistische Variable „*Alter*" sind in Tabelle 7.2 sowohl Terme abgedruckt, die gemäß dieser ATN-Grammatik als wohlgeformt akzeptiert werden, wie Terme, die von ihr als nicht wohlgeformt zurückgewiesen werden.

7.1.3 Linguistische Standardvariablen und Standardwerte

Linguistische Variablen können wie gewöhnliche Variablen beliebige Inhalte repräsentieren. Die Partitionierung ihres Wertebereichs bietet viele Freiheitsgrade. Für gleiche Grundmengen und Basisvariablen lassen sich unterschiedliche Term-Mengen definieren, gleiche Terme können wiederum unterschiedliche Fuzzy-Mengen der gleichen Grundmenge bezeichnen. Ihre Definitionen sind nicht nur durch die Gesetzmäßigkeiten der zu modellierenden Gegenstände und Prozesse bestimmt, sondern auch von verfügbaren Informationen und Anwendungsbedürfnissen. Aus diesen Gründen ist es kaum möglich, allgemein verwendbare linguistische Variablen zu definieren. Ausnahmen bilden zum einen die Variablen, deren Werte den Geltungsanspruch von Propositionen betreffen: *Wahrheit, Wahrscheinlichkeit, Möglichkeit und Häufigkeit.* Zum anderen hat sich gezeigt, daß für unterschiedliche Meßgrößen und für Regelabweichungen in der Regelungstechnik (vgl. Kapitel 11) die gleichen linguistischen Termini mit entsprechenden Wertdiskretisierungen (als Vorgabewerte) benutzt werden können.

Linguistische Standardterme in der Fuzzy-Regelungstechnik und typische Partitionierungen von Meßgrößen

Die Regelungstechnik hat ein sehr breites Anwendungsspektrum, zu dem die Verarbeitung sehr unterschiedlicher Größen wie *Druck, Temperatur, Fehlwinkel, Gasgehalt* oder *Brennweite* gehört. So grundverschieden die physikalischen und chemischen Maße auch sind, zur linguistischen Werte-Beschreibung werden vielfach die gleichen Termini benutzt.

Für Größen die negative und positive Werte annehmen können, haben sich die Grundterme „*negativ*" und „*positiv*" etabliert, im anderen Fall werden in der Regel die Terme „*klein*", „*mittel*", „*groß*" oder „*niedrig*", „*mittel*", „*hoch*" verwendet. Gelegentlich wird für Stellgrößen wie „*Ventilöffnung*" oder „*Blendenwert*" auch auf die Bezeichnungen „*geschlossen*", „*offen*" mit den Hecken „*fast*" und „*halb*" zurückgegriffen. Üblicherweise werden in all diesen technischen Anwendungen zwischen drei und neun (meist fünf oder sieben) linguistischen Werten unterschieden. Die Zugehörigkeitsfunktionen werden überwiegend in Form von Dreiecks- und Trapezfunktionen beschrieben. Üblicherweise

NB	NM	NS	ZO	PS	PM	PB
negativ big	negativ medium	negativ small	zero	positiv small	positiv medium	positiv big
stark negativ	mittel negativ	schwach negativ	ungefähr null	schwach positiv	mittel positiv	stark positiv

Tabelle 7.3: Standardterme und ihre Kürzel in der Fuzzy-Regelungstechnik

Bei Diskretisierung von fünf Werten wird auf die Terme NM und PM verzichtet. Durch die Unterscheidung von Werten, die von null in den negativen (ZN oder NO) oder positiven Bereich (ZP oder PO) reichen, und durch Steigerungen mit der Hecke „*very*" lassen (NVB, PVB, NVS, PVS) sich differenziertere Partitionierungen realisieren.

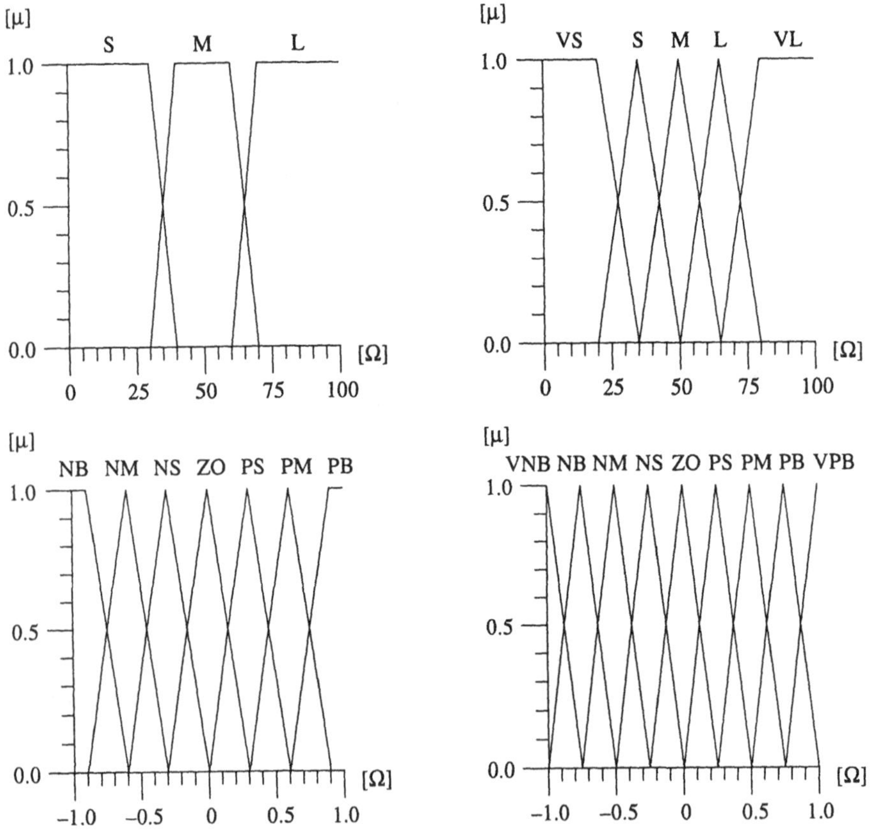

Abb. 7.6: Linguistische Standardterme und typische Partitionierungen in der Fuzzy-Regelungstechnik

geht man zunächst von einer Gleichverteilung der linguistischen Werte über der Grundmenge aus und legt die Überlappungen so fest, daß die Vereinigung der Zugehörigkeitsgrade zu jedem Punkt der Grundmenge eins ergibt. Unter diesen Voraussetzungen kann man mit Standard-Werten arbeiten, die lediglich durch

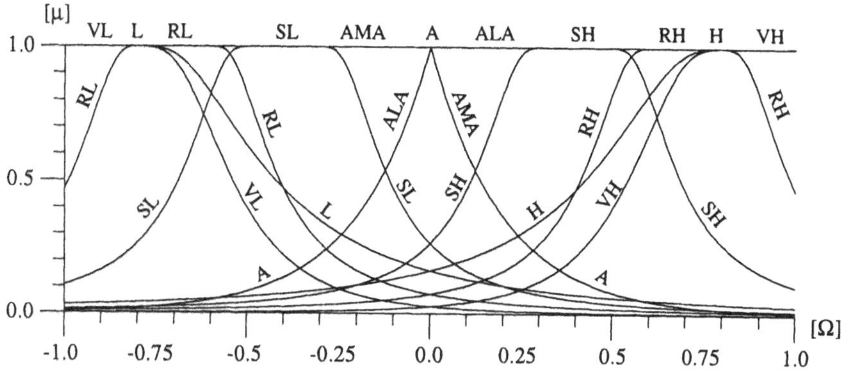

250	312	375	437	500	562	625	687	750	F
150	192	235	277	320	362	405	447	490	I
60	66	72	78	84	90	96	102	108	W
250	312	375	437	500	562	625	687	750	P
-8	-6	-4	-2	0	2	4	6	8	DW

VH	H	RH	SH
very high	*high*	*rather high*	*sort of high*
$(\text{high}(x))^2$	$1-e^{-\left[\frac{0.5}{\lvert 1-x\rvert}\right]^{2.5}}$	$1-e^{-\left[\frac{0.25}{\lvert 0.7-x\rvert}\right]^{2.5}}$	$1-e^{-\left[\frac{0.25}{\lvert 0.4-x\rvert}\right]^{2.5}}$
VL	**L**	**RL**	**SL**
very low	*low*	*rather low*	*sort of low*
$(\text{low}(x))^2$	$1-e^{-\left[\frac{0.5}{\lvert -1-x\rvert}\right]^{2.5}}$	$1-e^{-\left[\frac{0.25}{\lvert -0.7-x\rvert}\right]^{2.5}}$	$1-e^{-\left[\frac{0.25}{\lvert -0.4-x\rvert}\right]^{2.5}}$

A	ALA		AMA	
average	*at least average*		*at most average*	
$e^{[-5\lvert x\rvert]}$	$e^{[-5\lvert x\rvert]}$	$; -1 \le x \le 0$	1	$; -1 \le x \le 0$
	1	$; 0 \le x \le 1$	$e^{[-5\lvert x\rvert]}$	$; 0 \le x \le 1$

Abb. 7.7: Linguistische Variablen zur Produktionsplanung

Vgl. Rinks [1982a, 568ff.; 1982b, 269f.] sowie Turksen und Zhong [1990, 339ff.]. Die linguistischen Variablen *F* (Sales Forecast), *I* (Inventory Level), *W* (Work Force Level), *P* (Production Rate) und *DW* (Change in Work Force Level) weisen die gleiche Term-Menge auf. Die von ihnen denotierten Zugehörigkeitsfunktionen unterscheiden sich lediglich durch eine Maßstabtransformation.

eine *Maßstabstransformation* an die verschiedenen Größen angepaßt werden. Solche Standardsätze linguistischer Wertemengen können Entwurf und Erstellung eines unscharfen Reglers erleichtern. In einigen Fällen wird man von vorneherein für den „kritischen" Bereich eine differenziertere Partitionierung wählen. Mit welchen Partitionierungen man auch immer beginnt, im allgemeinen ist es nicht vermeidbar, diese Vorgaben aufgrund von Testläufen zu modifizieren (vgl. 392ff.).

Statt Dreiecks- und Trapezfunktionen werden gelegentlich auch natürliche Exponentialfunktionen benutzt [vgl. etwa Holmblad and Østergaard 1982]. Solche linguistischen Standardwerte wurden auch in Applikationen anderer Fachdomänen übernommen. So haben Rinks [1982a,b] sowie Turksen und Zhong [1990] von Østergaard für regelungstechnische Anwendungen definierte linguistische Werte für verschiedene Größen der Produktionsplanung adaptiert (vgl. Abbildung 7.7).

Linguistische Geltungsvariablen: Wahrheit, Wahrscheinlichkeit, Häufigkeit

Möglichkeiten zur Standardisierung bestehen nicht nur aufgrund gleicher Term-Mengen und Partitionierungen unterschiedlicher Variablen, sondern auch durch die Verwendung gleicher Variablen in verschiedenen Anwendungen. Es gibt einige relativ kontextunabhängige Variablen, für die eine Standardisierung nicht von vorneherein aussichtslos ist, nämlich Variablen, deren Werte dazu dienen, Propositionen einen bestimmten Geltungsanspruch zuzuweisen, kurz *Qualifizierungs-* oder *Geltungsvariablen* genannt. Von einer Behauptung kann gesagt werden, sie sei in einem bestimmten Grad *„wahr"*, *„wahrscheinlich"* oder *„möglich"*, von einem Ereignis kann behauptet werden, es trete *„häufig"* oder *„selten"* auf.

Zadeh hat solche Variablen im Rahmen seiner Fuzzy-Logik und seines possibilistischen Semantik-Kalküls behandelt [vgl. Zadeh 1975a-d; 1976b; 1978a,b].[6] Diesen Qualifizierungsvariablen liegt nicht notwendigerweise eine meßbare Größe zugrunde. Als Grundmenge hat Zadeh das Einheitsintervall gewählt, so daß die Zugehörigkeitsfunktionen der Werte all dieser Variablen eine Abbildung vom Einheitsintervall auf das Einheitsintervall sind [vgl. Zadeh 1975d, 302ff.; Zadeh 1976b, 330ff.]. Die Wertemengen werden mit Hilfe einer Standardfunktion sowie syntaktischen und semantischen Regeln beschrieben. Bis auf die lexikalischen Regeln für die Grundterme entsprechen sie den in Tabelle 7.1 (233) aufgelisteten. Als Standardfunktion wird eine auf das Einheitsintervall spezifizierte S-Funktion, S_E:[0, 1] → [0,1], gewählt [vgl. Zadeh 1975d, 304]:

$$S_E(u, a) = \begin{cases} 0 & ; 0 \leq u \leq a \\ 2 \cdot \left(\frac{u-a}{1-a}\right)^2 & ; a \leq u \leq \frac{a+1}{2} \\ 1 - 2\left(\frac{u-1}{1-a}\right)^2 & ; \frac{a+1}{2} \leq u \leq 1. \end{cases} \qquad (7.7)$$

---

[6] Zadeh [vgl. beispielsweise 1983b, 414] spricht in diesem Zusammenhang von Wahrheits-, Möglichkeits- und Wahrscheinlichkeitsqualifizierung. Vgl. hierzu auch Kapitel 9.

Der Parameter $a \in [0,1]$ bezeichnet das Infimum des unscharfen Trägers. Der Kern reduziert sich auf die Einermenge $\{1/1\}$. Abbildung 7.8 stellt mit Hilfe von Gleichung 7.7 einige typische Werte der linguistischen Variablen *„Wahr-*

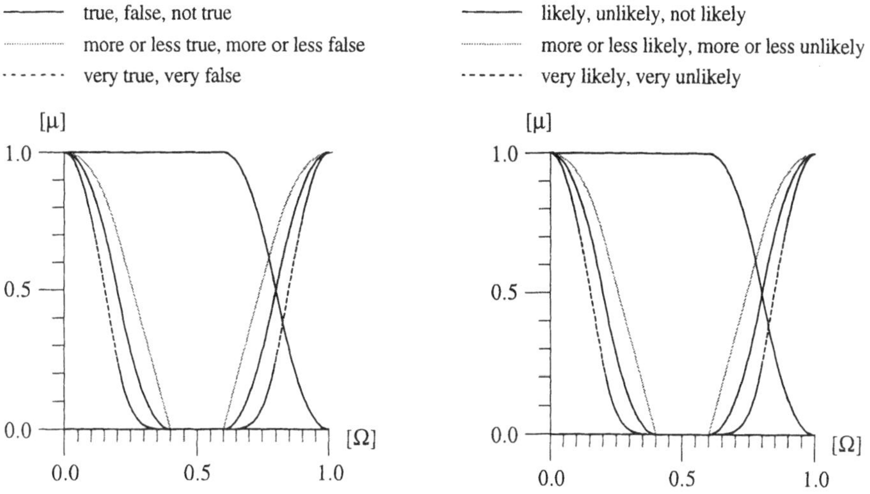

Wahrheit ($\Omega = [0,1], a = 0.6$)		Wahrscheinlichkeit ($\Omega = [0,1], a = 0.6$)	
$\mu_{\text{true}}(u) = S_E(u, a)$	(7.8)	$\mu_{\text{likely}}(u) = S_E(u, a)$	(7.15)
$\mu_{\text{very true}}(u) = \mu^2_{\text{true}}(u)$	(7.9)	$\mu_{\text{very likely}}(u) = \mu^2_{\text{likely}}(u)$	(7.16)
$\mu_{\text{more or less true}}(u) = \mu^{1/2}_{\text{true}}(u)$	(7.10)	$\mu_{\text{more or less likely}}(u) = \mu^{1/2}_{\text{likely}}(u)$	(7.17)
$\mu_{\text{not true}}(u) = 1 - \mu_{\text{true}}(u)$	(7.11)	$\mu_{\text{not likely}}(u) = 1 - \mu_{\text{likely}}(u)$	(7.18)
$\mu_{\text{false}}(u) = \mu_{\text{true}}(1-u)$	(7.12)	$\mu_{\text{unlikely}}(u) = \mu_{\text{likely}}(1-u)$	(7.19)
$\mu_{\text{very false}}(u) = \mu^2_{\text{false}}(u)$	(7.13)	$\mu_{\text{very unlikely}}(u) = \mu^2_{\text{unlikely}}(u)$	(7.20)
$\mu_{\text{more or less false}}(u) = \mu^{1/2}_{\text{false}}(u)$	(7.14)	$\mu_{\text{more or less unlikely}}(u) = \mu^{1/2}_{\text{unlikely}}(u)$	(7.21)

Abb. 7.8: Typische Werte der linguistischen Variablen „Wahrheit" und „Wahrscheinlichkeit" nach Zadeh

heit" und *„Wahrscheinlichkeit"* dar. Für die Variable *„Wahrheit"* werden zusätzlich noch die speziellen Werte *„undefiniert"* (engl.: *undefined*) und *„unbekannt"* (engl.: *unknown*) definiert [vgl. Zadeh 1975d, 313f.], $u \in [0,1]$:

$$\mu_{\text{undefined}} = \int_0^1 0/u \qquad (7.22)$$

$$\mu_{\text{undefined}}(u) = 0$$

$$\mu_{\text{unknown}} = \int_0^1 1/u \qquad (7.23)$$

$$\mu_{\text{unknown}}(u) = 1.$$

Alternativ zur Definition des linguistischen Wahrheitswerts „*true*" mit Hilfe der S_E-Funktion (7.7) benutzt Zadeh [1978a, 213] auch einen *Einheits-Wahrheitswert* (engl.: *unitary truth value*), kurz: „*u-true*", den er über die Funktion $\mu_{\text{u-true}}:[0,1] \rightarrow [0,1]$ definiert:

$$\forall u \in [0, 1]: \qquad \mu_{\text{u-true}}(u) = u. \qquad (7.24)$$

Gleichung 7.24 läßt sich als lineare Annäherung oder Vereinfachung von 7.8 mit $a = 0$ auffassen. Baldwin [1979, 316f.] hat auf dieser Grundlage einen alternativen Satz linguistischer Werte vorgeschlagen (vgl. Abbildung 7.9).

$$\mu_{\text{true}}(v) = v \qquad (7.25)$$

$$\mu_{\text{fairly true}}(v) = \mu_{\text{true}}^{1/2}(v) \qquad (7.26)$$

$$\mu_{\text{very true}}(v) = \mu_{\text{true}}^{2}(v) \qquad (7.27)$$

$$\mu_{\text{absolutely true}}(v) = \begin{cases} 1 \,;\, v = 1 \\ 0 \,;\, v \neq 1 \end{cases} \qquad (7.28)$$

$$\mu_{\text{false}}(v) = 1 - v \qquad (7.29)$$

$$\mu_{\text{fairly false}}(v) = \mu_{\text{false}}^{1/2}(v) \qquad (7.30)$$

$$\mu_{\text{very false}}(v) = \mu_{\text{false}}^{2}(v) \qquad (7.31)$$

$$\mu_{\text{absolutely false}}(v) = \begin{cases} 1 \,;\, v = 0 \\ 0 \,;\, v \neq 0 \end{cases} \qquad (7.32)$$

$$\mu_{\text{undecided}}(v) = 1 \qquad (7.33)$$

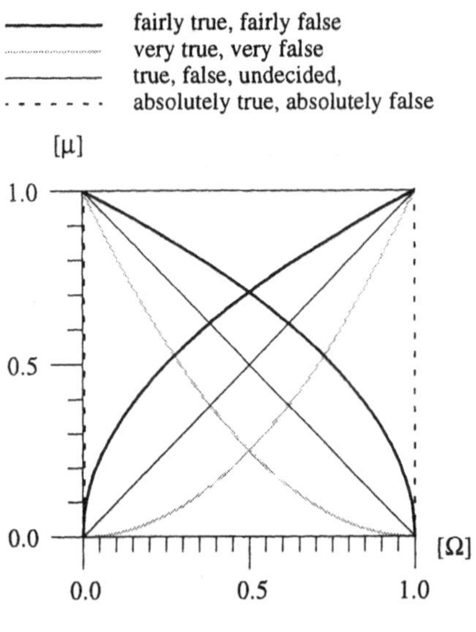

Abb. 7.9: Linguistische Wahrheitswerte nach Baldwin

Als weitere relativ kontextunabhängige linguistische Variable ist die *relative Häufigkeit* von Ereignissen in Betracht zu ziehen. Kong u.a. [1986] sind aufgrund empirischer Untersuchungen zu dem Ergebnis gekommen, daß selbst zwischen medizinischen Fachkräften unterschiedlicher Berufe im allgemeinen eine relativ hohe Übereinstimmung über numerische Präzisierungen qualitativer Wahrscheinlichkeits- und Häufigkeitsaussagen beobachtet werden kann. Andererseits berichten sie von einer Untersuchung, in der sich die Kontextabhängigkeit der unscharfen Häufigkeitsangabe „*selten*" (engl.: *rare*) als signifikant erwies:

> „For the word »rare,« 59.4 percent of the physicians chose the category »less than 1 per 1000« for the side effects of a beta-blocker, whereas 20.7 percent chose it for the side effects of an antihistamine. Mapes suggests that the discrepancy arises because the side effects of an antihistamine are mild compared with those of a beta-blocker." [Kong et al. 1986, 740]

Für eins der ersten Fuzzy-Expertensysteme, CADIAG-2 [vgl. Adlassnig 1980; Adlassnig and Kolarz 1982; Adlassnig et al. 1986], haben Adlassnig und Kolarz die beiden linguistischen Variablen *„Vorhandensein"* (engl.: *occurrence*) und *„Beweiskraft"* (engl.: *confirmability*) definiert. In beiden Fällen geht es um Beziehungen zwischen Diagnosen/Krankheiten einerseits und Symptomen andererseits, nämlich einmal um die relative Häufigkeit, mit der bei einer Krankheit auch ein bestimmtes Symptom zu beobachten ist (*„Vorhandensein"*), das andere Mal um die relative Häufigkeit, mit der bei einem Symptom eine bestimmte Krankheit vorliegt (*„Beweiskraft"*). Beide Variablen werden von Adlassnig und Kolarz über die gleichen Terme und Zugehörigkeitsfunktionen definiert (vgl. Abbildung 7.10).

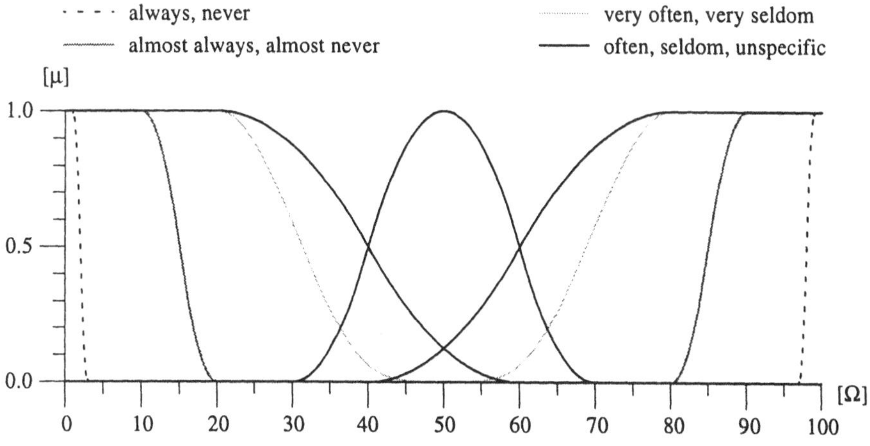

Abb. 7.10: Unscharfe Häufigkeitsangaben der linguistischen Variablen „occurrence" und „confirmability" in CADIAG-2

Vgl. Adlassnig und Kolarz [1982, 224-226]. Adlassnig und Kolarz haben zu den Definitionen angemerkt, daß die Funktion $(\mu(x))^4$ für $\mu_{very\ A}(x)$ besser zur Erfahrung von Ärzten passe als $(\mu(x))^2$. In Adlassnig [1980] wurde Zadehs Definition der linguistischen Hecke *„very"* übernommen. Die Definitionen der dort zusätzlich spezifizierten Terme *„very very seldom"* und *„very very often"* entspricht den Definitionen von *„very seldom"* und *„very often"* in [Adlassnig and Kolarz 1982].

7.1.4 Sprachexterne und sprachinterne Bedeutungsaspekte linguistischer Variablenwerte

Linguistische Variablen beschreiben eine „zusammenhängende" Menge von Termen. Ihr Zusammenhang konstituiert sich zunächst über die ihnen gemeinsame Basisvariable, sodann über die syntaktischen und semantischen Regeln. Über die semantischen Regeln wird die *„denotative Bedeutung"* der Terme festgelegt. In der Fuzzy-Mengentheorie wird darunter die von den Termen bezeichnete Fuzzy-Menge verstanden. Über ihre Zugehörigkeitsfunktionen werden unscharfe Restriktionen einer Basisvariablen und damit die *Extension* des Terms festgelegt. Als *Extension* ist dabei die Menge der Objekte zu verstehen, die „wahrheitsgemäß" mit dem Term bezeichnet werden können. Bei unscharfen Mengen kann die Extension nicht mehr über den klassischen Wahrheitsbegriff definiert werden, vielmehr ist sie in diesem Fall auf graduelle Wahrheiten und Möglichkeiten zu beziehen. Zugehörigkeitsfunktionen können als eine Form aufgefaßt werden, *vage* oder *unscharfe Extensionen* mathematisch präzise zu definieren.

Inferenzen über extensionalen und intensionalen Bedeutungsaspekten

In Referenzsemantiken wird zwischen der Extension eines Ausdrucks und seiner *Intension* unterschieden. Die Begriffe werden in der Linguistik nicht einheitlich gebraucht [vgl. Lewandowski 1985, 446ff.]. Der Begriff Intension kann als Gegenbegriff zu Extension allgemein die Merkmale eines Ausdrucks bezeichnen oder spezifischer als eine Funktion aufgefaßt werden, die bei bestimmten Kontextangaben die Extension eines Ausdrucks liefert [Lewandowski 1985, 446; Wahlster 1977, 49f.]. Von *intensionaler Vagheit* wird gesprochen, wenn die Intension eines Ausdrucks für bestimmte Kontexte nicht definiert ist. Diese Form der Vagheit ist kein genuiner Gegenstand der Fuzzy-Mengentheorie. Dennoch stellt sich die Frage, ob das Konzept der linguistischen Variable nicht dahingehend erweitert werden kann, daß sowohl extensionale als auch intensionale Bedeutungsaspekte herangezogen werden können, um linguistische Werte miteinander in Beziehung zu setzen.[7]

Denkbar wäre etwa, eine Art „Intensionsfunktion" zu definieren, die linguistische Werte aufgrund bestimmter Kontextangaben generiert oder bei bekannten Grundmengen oder typischen Diskursbereichen eine linguistische Variable von einem Kontext in einen anderen transformiert. Vorausgesetzt, es existieren gleichnamige linguistische Variablen (wie *Körpergröße*) mit gleichen Grundtermen (*groß, klein*) und verschiedenen Referenzmengen (*Mensch, Bas-*

---

7 Vgl. hierzu auch Wahlsters Darstellung früherer Versuche und eigener Überlegungen, die extensionale und intensionale Bedeutung vager Konzepte in semantischen Netzen und CD-Graphen zu repräsentieren [Wahlster 1977, 119-131].

ketballspieler). In diesem Fall könnte ein System durch Vergleich der Grundterme begründete Hypothesen oder Konsistenzprüfungen über die Relation dieser Referenzmengen bezüglich der linguistischen Variable ableiten. Beispielsweise könnte dann die Widersprüchlichkeit zwischen den Informationen, jemand sei ein *kleiner Mensch* und ein *großer Basketballspieler,* automatisch erkannt werden. Oder das System könnte durch Übertragung unscharfer Mengen von einem Kontext in einen anderen und eine anschließende linguistische Approximation (Kapitel 7.2) schlußfolgern, *mittelgroße Basketballspieler sind sehr große Menschen.*

Sprachinterne Relationen linguistischer Werte

Die Anwendung linguistischer und logischer Operatoren wirkt sich zunächst auf die extensionale Unschärfe aus. Zugleich legen die semantischen Regeln mittels der Operatoren *sprachinterne* Beziehungen fest. Wichtige sprachinterne Beziehungen sind die *semantische Inklusion, Synonymie* sowie verschiedene Formen der *semantischen Gegensätzlichkeit.*

Synonymie läßt sich als Gleichheits- oder Ähnlichkeitsrelation in einem bestimmten Kontext auffassen. In der Linguistik werden drei Formen semantischer Gegensatzverhältnisse unterschieden.[8] Als *Komplementarität* wird das Gegensatzverhältnis zweier Ausdrücke bezeichnet, wenn jeweils die Verneinung des einen Ausdrucks die Behauptung des anderen impliziert. Als typische Beispiele gelten die Adjektive *„ledig"* – *„verheiratet"*, *„männlich"* – *„weiblich"*. Gegensätze wie *„groß"* – *„klein"* werden demgegenüber *Antonyme* genannt. *Konversion* bezeichnet ein durch unterschiedliche Funktionen oder Positionen konstituiertes polares Gegensatzverhältnis wie *„kaufen"* – *„verkaufen"*.

Für die Modellierung linguistischer Wertemengen ist speziell die semantische Differenz zwischen Komplementarität und Antonymie relevant. Die Unterscheidung von Antonymie und Komplementarität ist grundlegend für die Deutung der Negation. In der Umgangssprache wird des öfteren die Negation eines relativen Adjektivs mit seinem Antonym gleichgesetzt. So zitiert Lewandowski eine Untersuchung von Patzig, wonach fälschlicherweise der Ausdruck *„die Zukunft ist nicht rosig"* im Sinne von *„die Zunkuft ist düster"* interpretiert wird [Lewandowski 1985a, 715]. Demgegenüber ist die Verneinung eines Ausdrucks äquivalent zu seinem komplementären Ausdruck. Komplementarität läßt sich daher über die Negation abbilden. Die Negation wird allgemein im Sinne

---

8 Zu beachten ist, daß der Sprachgebrauch keineswegs einheitlich ist. Man vergleiche beispielsweise die Einträge *Antonyme, Negation* und *Komplementarität* in Lewandowskis „Linguistisches Wörterbuch" [1984; 1985a]. Die Begriffe Komplementarität und Kontradiktion werden einmal synonym, das andere Mal gegensätzlich gebraucht; Antonymie dient einmal als Oberbegriff für kontradiktorische, konträre und komplementäre Gegensätze, ein anderes Mal wird Antonymie mit Verweis auf den renommierten Linguisten Lyons scharf gegen Komplementarität abgegrenzt.

von Zadehs Definition der Komplementmenge, also *kontextunabhängig* interpretiert.

$$\forall x \in \Omega: \qquad \mu_{\text{komplement } A}(x) = \text{not}(A) = 1 - \mu_A(x). \qquad (7.34)$$

Die linguistischen Werte *„wahr"* und *„falsch"* bilden nach der Definition Baldwins (vgl. Abbildung 7.9) ein komplementäres Begriffspaar. Folgt man der Definition Zadehs (vgl. Abbildung 7.8), so handelt es sich um Antonyme. Antonymie ist nicht auf eine so einfache Weise definierbar. Eine Möglichkeit besteht darin, Zadehs Vorschlag für die Qualifizierungsvariablen zu verallgemeinern. Für Zugehörigkeitsfunktionen über dem Einheitsintervall erhält man folgende Gleichung:

$$\forall x \in [0, 1]: \qquad \mu_{\text{antonym } A}(x) = \mu_A(1 - x). \qquad (7.35)$$

Antonyme werden demzufolge symmetrisch zum Punkt 0.5, also zum Mittelpunkt des Einheitsintervalls definiert. Verallgemeinert auf ein beliebiges Intervall $[a, b]$ gelangt man folglich zu folgender Definitionsgleichung:

$$\forall x \in [a, b]: \qquad \mu_{\text{antonym } A}(x) = \mu_A(a + b - x). \qquad (7.36)$$

Analog dazu kann man für eine endliche, linear geordnete Grundmenge $\Omega = \{x_1, \ldots, x_q\}$, $i \leq q$, $i, q \in \mathbb{N}$, folgende Gleichung verwenden:

$$\forall x_i \in \Omega: \qquad \mu_{\text{antonym } A}(x_i) = \mu_A(x_{q-i+1}). \qquad (7.37)$$

Die Ergebnisse sind jedoch nicht bei jeder beliebigen Verteilung der Werte bezüglich der Grundmenge plausibel, da nicht alle polarisierten Terme symmetrisch zum Mittelpunkt der Grundmenge definiert sind. Alternativ zu 7.36 kann die Antonymie über das semantische Zentrum (vgl. Definition 6.3, 208) definiert werden.

Die natürlichsprachliche Verneinung birgt zwei weitere Probleme, die im Umgang mit Fuzzy-Systemen zu beachten sind. Das eine besteht in der Reichweite der Verneinung, das andere in der ungewöhnlichen Semantik rhetorischer Redefiguren und idiomatischer Redewendungen. Hersh und Caramazza haben verschiedene psychologische Experimente zur empirischen Prüfung linguistischer Hecken und logischer Operatoren durchgeführt. Akzeptiert man die axiomatischen Voraussetzungen[9] und experimentellen Bedingungen, so stützen die Untersuchungsergebnisse die Annahmen, die natürlichsprachlichen Ausdrücke *„groß"* und *„klein"* sowie verschiedene Kombinationen dieser Adjektive mit Operatoren wie *„sehr"* und *„nicht"* seien relativ gut in Form von Fuzzy-Mengen und Fuzzy-Operatoren beschreibbar. In einem Experiment ergaben die Antworten einer Versuchsperson zu den Wortfolgen *„not very small"* und *„not very large"* signifikante Abweichungen gegenüber den anderen. Aufgrund der erhobenen Daten vermuten Hersh und Caramazza, daß diese Versuchsperson die Negation *not* in der Wendung *„not very small"* nicht auf das ganze Konzept

„very small", sondern vielmehr nur auf *„very"* bezogen habe.[10] Während in den anderen Fällen die Daten zu *„not very small"* erwartungsgemäß eine hohe Übereinstimmung mit dem aus Gleichung 7.38 folgenden Kurvenverlauf aufwies ($d > 0$), wären die abweichenden Antworten großenteils näherungsweise mit Gleichung 7.39 zu beschreiben.

$$\begin{aligned} \mu_{\text{not very small}}(x) &= 1 - \mu_{\text{very small}}(x) \\ &= 1 - \mu_{\text{small}}(x + d) \end{aligned} \tag{7.38}$$

$$\begin{aligned} \mu_{\text{not very small}}(x) &= \mu_{\text{very small}}(x - 2d) \\ &= \mu_{\text{small}}(x - d) \end{aligned} \tag{7.39}$$

In einem weiteren Experiment wurde überprüft, ob verschiedene Exerimentalbedingungen, Darbietungsformen der Stimuli (akustisch – visuell, betont – unbetont), die Ergebnisse beeinflussen. Zusätzlich wurde die Wirkung der Hckke *„sort of"* in die Untersuchungen mit aufgenommen. Nach diesem Experiment sind die Ergebnisse gegenüber den verschiedenen Experimentalbedingungen robust; die empirisch ermittelte Interpretation von *„sort of large"* aller Versuchspersonen dieses Experiments gleicht der abweichenden Interpretation von *„not very large"* des vorigen Experiments.

Im letzten Experiment wurde die Methode dahingehend verändert, daß nicht mehr jeder Versuchsperson alle Terme zur Beurteilung vorgelegt wurden, sondern jeweils nur ein Term, um so zu verhindern, daß die Versuchspersonen ihre Beurteilungen logisch systematisieren. Unter diesen Bedingungen wurden die angebotenen Wortfolgen erwartungsgemäß nicht *„logisch"*, sondern *„linguistisch"* [Hersh and Caramazza 1976, 272] interpretiert. Das heißt *„not very large"* wurde dem Ausdruck *„sort of small"* annäherungsweise gleichgesetzt,

---

9 Als axiomatische Voraussetzung der empirischen Untersuchung dient Zadehs Gleichsetzung der Wahrscheinlichkeit eines unscharfen Ereignisses A mit dem Erwartungswert seiner Zugehörigkeitsfunktion: $P(A) = E(\mu_A)$. Vgl. [Hersh and Caramazza 1976, 262]. Das bedeutet: die Verteilung zweiwertiger Antworten von Versuchspersonen über die Zugehörigkeit eines Objekts zu einer Kategorie wurde mit der Zugehörigkeitsfunktion der von ihr bezeichneten Fuzzy-Menge gleichgesetzt. In zwei Experimenten konnten die Ja/Nein-Entscheidungen zusätzlich mit einem „Konfidenzwert" zwischen 1 und 5 (bzw. 1 und 3) qualifiziert werden. Der Zugehörigkeitsgrad wurde nach der Formel $grade = 0.5 + d\,(r\,/\,10)$, wobei r für den Konfidenzwert (absolut sicher = 5) und d für den Wert der Ja/Nein-Entscheidung steht (ja = 1, nein = -1). Vgl. [Hersh and Caramazza 1976, 267]; die dort angegebene Formel enthält einen Druckfehler.

10 Hersh und Caramazza [1976, 269] vermuten zugleich, die Versuchsperson habe den Ausdruck im Sinne der rhetorischen Figur Litotes verstanden. Diese Deutung überzeugt angesichts der abgedruckten Funktionsgraphen nicht. In diesem Fall müßte die resultierende Zugehörigkeitsfunktion eine deutlich geringere Distanz zu der von *„large"* bezeichneten Zugehörigkeitsfunktion aufweisen. *„Nicht sehr klein"* müßte dann soviel wie *„einigermaßen"* oder *„ziemlich groß"* bedeuten.

also als Litotes interpretiert. Für den Ausdruck *„not very large"* wurden mithin in den unterschiedlichen Experimenten drei Interpretationen gefunden:

$$\mu_{\text{not very large}}(x) \approx \mu_{\text{sort of small}}(x) \tag{7.40}$$

$$\mu_{\text{not very large}}(x) \approx \mu_{\text{sort of large}}(x) \tag{7.41}$$

$$\mu_{\text{not very large}}(x) \approx 1 - \mu_{\text{very large}}(x). \tag{7.42}$$

Zugleich bestätigte sich der Befund der vorigen Experimente, wonach über *„very"* artikulierte Verstärkungsrelationen nicht allgemein als semantische Inklusionen gelten können. Auch wenn man die Beweiskraft der Experimente von Hersh und Caramazza im Einzelfall kritisch beurteilt, so bleiben die allgemeinen Schlußfolgerungen, daß das semantische Inklusionsprinzip im strengen Sinne für Verstärkungsrelationen nicht allgemeingültig gelte und daß Konzepte und Operatoren auf (mindestens) zwei Arten, nämlich in „linguistischer" und eine „logischer" Weise interpretiert werden können, plausibel.

7.2 Die Problematik der linguistischen Approximation und Methoden ihrer Bearbeitung

7.2.1 Der Begriff der linguistischen Approximation

Problemstellung

Über die syntakischen und semantischen Regeln einer linguistischen Variable sind die linguistischen Werte, die Term-Mengen wie ihre denotativen Bedeutungen, die von den Termen bezeichneten unscharfen Mengen festgelegt. Auf diese unscharfen Mengen können verschiedene Operationen – mengenalgebraische, logische, relationale, linguistische – angewandt werden, deren Ergebnisse nicht notwendigerweise der Menge von Fuzzy-Mengen angehören müssen, die von den Termen der Variable bezeichnet werden. Kurz: *Die Term-Menge linguistischer Variablen ist unter den verschiedenen Operationen nicht abgeschlossen.*

Sollen die Ergebnisse unscharfer Operationen linguistisch transparent bleiben, so müssen für die resultierenden Fuzzy-Mengen linguistische Terme zu ihrer Bezeichnung gefunden werden. Die Aufgabe stellt gewissermaßen eine Umkehrung der Bedeutungsabbildung dar: während die semantischen Regeln eine *Abbildung von der Term-Menge einer linguistischen Variable auf die Menge der unscharfen Teilmengen* ihrer Grundmenge bewirken, geht es nun darum, *die Menge der unscharfen Teilmengen auf eine Term-Menge abzubilden.* Diese Aufgabe wird durch die Unabgeschlossenheit der Term-Menge erheblich erschwert. Falls kein Term generiert werden kann, dessen „Bedeutung", also die durch ihn referierte Zugehörigkeitsfunktion, exakt mit der Zugehörigkeitsfunktion der resultierenden Fuzzy-Menge übereinstimmt, so kann lediglich ein *annähernd bedeutungsäquivalenter Term* ermittelt werden. Da die exakte Bedeutungsäquivalenz im Sinne der Fuzzy-Gleichheit (2.15, 64) als Sonderfall zu betrachten ist, wird das Problem allgemein als Problem der *linguistischen Approximation* bezeichnet.

Zadeh hat mehrfach auf dieses „nicht-triviale" Problem hingewiesen, jedoch selbst keinen Lösungsansatz vorgeschlagen.[11] Grundlegende Vorschläge zur Problem-Bearbeitung stammen von Wenstøp [1977; 1980] sowie Eshragh und Mamdani [1979]. Anwendungen und Ergänzungen finden sich bei Novák [1989, 120ff.] sowie bei Bortolan und Degani [1988]. All diesen Vorschlägen ist gemein, daß sie die linguistische Approximation über die *Distanz* unscharfer Mengen definieren. Die vorgeschlagenen Verfahren sind sehr rechenaufwendig und liefern des öfteren komplexe, schwer verständliche Termkonstruktionen, die in der natürlichen Sprache gemieden werden (vgl. 257). Um linguistisch transparentere Lösungen und effizientere Verfahren zu ermöglichen, ist es ratsam, den Begriff der linguistischen Approximation nicht wie üblich über die minimale „semantische" Distanz zu definieren.

Grundkategorien

Behält man den Grundgedanken der Distanzmessung bei, so kann statt des Distanz-Minimums ein Grenzwert für die zulässige Distanz zum Definitionskriterium gemacht werden. Auf diese Weise wird zwar nicht sichergestellt, daß die gefundene linguistische Approximation die (semantisch) genaueste Approximation ist, es kann jedoch – im Gegensatz zur Optimierung – gewährleistet werden, daß nur hinreichend gute Approximationen gebildet werden. Das Gütekriterium kann von mehreren Termen, unter Umständen auch von keinem Term der Term-Menge erfüllt werden.

Definition 7.6 *Linguistische Approximation*

Gegeben sei eine linguistische Variable (X, T_X, Ω, G, B), eine unscharfe Teilmenge A von Ω, $T_X = \{T_1, \ldots, T_n\}, n \in \{1,2,\ldots\}$, eine *maximal zulässige Distanz* $d_{\max} \in \Re_0^+$ sowie eine *Abstandsfunktion* $\rho: \Re^n \times \Re^n \rightarrow \Re_0^+$ in einem n-dimensionalen Merkmalraum. Jeder unscharfen Menge $M(T_i)$ und A sei ein Merkmalsvektor, geschrieben $\overrightarrow{M(T_i)}$ oder $\vec{A}$, zugeordnet. Der Term $T_i \in T_X$, $1 \le i \le n$, heißt *linguistische Approximation* von A genau dann, wenn die *(semantische) Distanz* von $M(T_i)$ zu A nicht größer ist als $d_{\max}$:

$$\rho(\overrightarrow{M(T_i)}, \vec{A}) \le d_{\max}. \tag{7.43}$$

[11] Vgl. etwa [Zadeh 1973, 132; 1975c, 226; 1975d, 313; 1976b, 347; 1978b, 535; 1979, 379].

Linguistische Approximation heißt zugleich auch die *Prozedur*, diesen Term T_i zu bestimmen. Die Festlegung der maximal zulässigen Distanz hängt von dem verwendeten Distanzmaß ab. Distanzmaße werden über eine Abstandsfunktion definiert.

Definition 7.7 *Abstandsfunktion, Distanz*

Eine Funktion $\rho: \Re^n \times \Re^n \rightarrow \Re_0^+$ im n-dimensionalen Merkmalsraum heißt *Abstandsfunktion*, falls für alle Merkmalsvektoren m_A, m_B, $m_C \in \Re^n$ gilt:

(1) $\rho(m_A, m_A) = 0$ (Identität)
(2) $\rho(m_A, m_B) = \rho(m_B, m_A)$ (Symmetrie)
(3) $\rho(m_A, m_C) \leq \rho(m_A, m_B) + \rho(m_B, m_C)$ (Dreiecksungleichung)

Der Funktionswert $\rho(m_A, m_B)$ heißt *(semantische) Distanz* zwischen m_A und m_B.

Ausgehend von dem allgemeinen Begriff der linguistischen Approximation lassen sich spezielle linguistische Approximationen durch zusätzliche Kriterien differenzieren. Beurteilt man die Güte einer linguistischen Approximation einzig nach der Distanz, so stellt die Approximation mit der geringsten Distanz die optimale Approximation dar.

Definition 7.8 *d-optimale linguistische Approximation*

Gegeben sei eine Menge linguistischer Approximation $\{T_1, ..., T_n\}$ zu einer unscharfen Menge A_0, $n \in \{1,2,...\}$, sowie eine *Abstandsfunktion* $\rho: \Re^n \times \Re^n \rightarrow \Re_0^+$. Die linguistische Approximation T_i, $1 \leq i \leq n$, heißt *d-optimal*, wenn gilt:

$$\rho(\vec{T_i}, \vec{A_0}) = \min(\rho(\vec{T_1}, \vec{A_0}), ..., \rho(\vec{T_n}, \vec{A_0})). \tag{7.44}$$

Alternativ oder ergänzend dazu können optimale Approximationen über *linguistische Gütekriterien* bestimmt werden. Zweifellos birgt die inhaltliche Bestimmung dieser Kriterien einige Probleme; ein allgemeiner Konsens darüber wird wohl kaum zu finden sein. Dies rechtfertigt jedoch nicht, daß – wie in den referierten Ansätzen – Gesichtspunkte der linguistischen Transparenz und Ästhetik von vorneherein als Kriterium der linguistischen Approximation ausgeblendet werden. Um hyperkomplexe Konstruktionen möglichst zu vermeiden, mag es für praktische Zwecke genügen, die linguistische Bewertung von der „Länge“ und „Tiefe“ der Terme abhängig zu machen. Dabei könnte die „Länge“ einfach der Anzahl der in einem Term verwendeten terminalen Symbole (Lexeme) und die „Tiefe“ der Anzahl der Ebenen seines Syntaxbaums (vgl. Abbildung 7.3, 233) gleichgesetzt werden.

Definition 7.9 *l-optimale linguistische Approximation*

Gegeben sei eine Menge linguistischer Approximation $T = \{T_1, ..., T_n\}$, $n \in \{1, 2,...\}$, zu einer unscharfen Menge A sowie eine *linguistische Bewertungsfunk-*

tion σ:T $\rightarrow \Re_0^+$. Die linguistische Approximation T_i, $1 \leq i \leq n$, heißt *l-optimal*, wenn gilt:

$$\sigma(T_i) = \min(\sigma(T_1), \ldots, \sigma(T_n)). \tag{7.45}$$

Definition 7.10 *Optimale linguistische Approximation*

Gegeben sei eine Menge linguistischer Approximation $T = \{T_1, \ldots, T_n\}$, $n \in \{1, 2, \ldots\}$, zu einer unscharfen Menge A_0, eine linguistische Bewertungsfunktion σ:T $\rightarrow \Re_0^+$, eine Abstandsfunktion $\rho: \Re^n \times \Re^n \rightarrow \Re_0^+$ sowie eine Bewertungsfunktion ζ: $\Re_0^+ \times \Re_0^+ \rightarrow \Re_0^+$. Die linguistische Approximation T_i, $1 \leq i \leq n$, heißt *optimal* (oder *dl-optimal*), wenn gilt:

$$\begin{aligned} &\zeta(\rho(\overrightarrow{M(T_i)}, \overrightarrow{A_0}), \sigma(T_i)) \\ &= \min(\zeta(\rho(\overrightarrow{M(T_1)}, \overrightarrow{A_0}), \sigma(T_1)), \ldots, \zeta(\rho(\overrightarrow{M(T_n)}, \overrightarrow{A_0}), \sigma(T_n))). \end{aligned} \tag{7.46}$$

7.2.2 Distanzmaße zur linguistischen Approximation

Zur Berechnung der Distanz zweier unscharfer Mengen kann auf bekannte Distanzmaße zurückgegriffen werden, wie sie insbesondere in automatischen Klassifikations- und Clusterverfahren eingesetzt werden [vgl. Bortolan and Degani 1988; Bothe 1993, 185ff.]. Vielfach verwandte einfache Distanzmaße sind die *Euklidische Distanz* (7.47) und die *Hamming-Distanz* (7.48).

$$d_E(m_1, m_2) = \sqrt{\sum_{i=1}^{n} (m_{1_i} - m_{2_i})^2} \tag{7.47}$$

$$d_H(m_1, m_2) = \sum_{i=1}^{n} \left| m_{1_i} - m_{2_i} \right|. \tag{7.48}$$

Nach den Gleichungen 7.47 und 7.48 werden alle Merkmale gleichgewichtet. Sind die verschiedenen Merkmale unterschiedlich zu gewichten, so kann dies durch *Wichtungsfaktoren* in der Summation berücksichtigt werden. Man spricht dann von der *gewichteten Euklidischen Distanz* (7.49) und der *gewichteten Hamming-Distanz* (7.50).

$$d_{wE}(m_1, m_2) = \sqrt{\sum_{i=1}^{n} w_i (m_{1_i} - m_{2_i})^2}. \tag{7.49}$$

$$d_{wH}(m_1, m_2) = \sum_{i=1}^{n} w_i \left| m_{1_i} - m_{2_i} \right| \tag{7.50}$$

Im Zusammenhang mit unscharfen Mengen wird die Distanz dabei über die Differenzen der Zugehörigkeitsgrade berechnet. Die Gleichungen 7.47 und 7.48 nehmen demzufolge die Form 7.51 und 7.52 an:

$$d_E(A, B) = \sqrt{\sum_{i=1}^{n} (\mu_A(x_i) - \mu_B(x_i))^2} \tag{7.51}$$

$$d_H(A, B) = \sum_{i=1}^{n} \left| \mu_A(x_i) - \mu_B(x_i) \right| . \tag{7.52}$$

In vielen Fällen lassen sich auch plausible Ergebnisse erzielen, indem die Distanz zweier Fuzzy-Mengen über das Verhältnis der Kardinalität ihrer Schnittmenge zur Kardinalität ihrer Vereinigungsmenge berechnet wird (vgl. Definition 2.18, 66):

$$d_K(A, B) = 1 - \frac{\mathrm{card}(A \cap B)}{\mathrm{card}(A \cup B)} . \tag{7.53}$$

Handelt es sich um kontinuierliche Mengen mit den Zugehörigkeitsfunktionen μ_A und μ_B, so kann man die von den Funktionen und der Abszissenachse umgrenzten Schnitt- und Vereinigungsflächen miteinander ins Verhältnis setzen:

$$d_F(A, B) = 1 - \frac{\int_{\Omega} \min\{\mu_A(x), \mu_B(x)\} dx}{\int_{\Omega} \max\{\mu_A(x), \mu_B(x)\} dx} . \tag{7.54}$$

Daß nach 7.53 und 7.54 alle Paare von Fuzzy-Mengen, deren Schnittmengen leer sind, zueinander die gleiche Distanz, nämlich die maximale Distanz eins, aufweisen, ist in diesem Kontext unerheblich. (Es wäre nur dann ein schwerwiegendes Manko, wenn man auch an linguistischen Approximationen mit derart großen Abweichungen interessiert wäre.) Bessere Approximationen lassen sich im allgemeinen durch eine Kombination verschiedener Maße erzielen. Naheliegend ist beispielsweise, die Flächenschwerpunkte einzubeziehen, indem man die Distanz ihrer Abszissen berechnet. Um dieses Maß mit dem obigen „Flächenmaß" (7.54) kombinieren zu können, ist eine Normierung über die Spannweite der Grundmenge $\Omega = [l, r]$ vorzunehmen:

$$d_S(A, B) = \frac{|x_A - x_B|}{r - l}$$

$$\text{mit } x_A = \frac{\int_l^r x \cdot \mu_A(x)dx}{\int_l^r \mu_A(x)dx} \text{ und } x_B = \frac{\int_l^r x \cdot \mu_B(x)dx}{\int_l^r \mu_B(x)dx}. \tag{7.55}$$

Die Kombination beider Maße kann über eine gewichtete Summe oder das arithmetische Mittel erfolgen:

$$d_{FS}(A, B) = \frac{1}{2} \cdot (d_F(A, B) + d_S(A, B)). \tag{7.56}$$

Werden verschiedene Maße miteinander kombiniert, so müssen die darin verwandten Einzelmaße nicht notwendigerweise Distanzmaße im Sinne von Definition 7.7 sein. Insbesondere können auch asymmetrische Kompatibilitätsmaße zu einem (symmetrischen) Distanzmaß verknüpft werden. Weitere zur Abstandsmessung (und linguistischen Approximation) geeignete Ähnlichkeits- und Kompatibilitätsmaße für unscharfe Mengen werden in Kapitel 10 beschrieben.

7.2.3 Verfahren der linguistischen Approximation

Distanzmaße bilden die Basis aller bekannten Ansätze zur linguistischen Approximation. Gegeben ist eine unbenannte Fuzzy-Menge und eine linguistische Variable, über die eine Menge benannter Fuzzy-Mengen definiert ist – explizit oder implizit über die Term-Menge und die semantischen Regeln. Die Aufgabe besteht darin, einen syntaktisch zulässigen Term zu finden, dessen Bedeutung der unbenannten Fuzzy-Menge ähnlich ist. Die Verfahren unterscheiden sich darin, *wie* dieser Term mit Hilfe von Distanzmaßen bestimmt wird [vgl. Bortolan and Degani 1988, 249ff.].

Ganzheitsverfahren: „beste Anpassung" und „sukzessive Approximation"

In dem sogenannten *Best-Fit-Verfahren* wird die Distanz der unbenannten Fuzzy-Menge zu allen benannten Fuzzy-Mengen einer linguistischen Variable berechnet. Das Best-Fit-Verfahren setzt mithin eine endliche Term-Menge voraus. Aufgrund des hohen Rechenaufwands ist dieses Verfahren in der Regel nur für kleine Term-Mengen einsetzbar. Der resultierende Term ist zwar unter den gegebenen Voraussetzungen die bestmögliche Bezeichnung, er ist aber nicht notwendigerweise eine hinreichend gute. Nach Definition (7.6, 249) muß das Ergebnis daher keine linguistische Approximation sein. Um entscheiden zu können, ob der resultierende Term zu recht linguistische Approximation genannt werden kann, müßte das Verfahren um eine Güteprüfung ergänzt werden. Gleiches gilt für die anderen Verfahren.[12]

In dem Verfahren der *sukzessiven Approximation* wird eine Durchforschung der vollständigen linguistischen Wertemenge vermieden. Die Suche beschränkt sich vielmehr auf eine reduzierte Term-Menge, der nur Term-Kompositionen mit bis zu zwei Grundtermen angehören. Bei einer umfangreichen Term-Menge mit komplexeren Termen kann auf diese Weise der Problemraum erheblich verkleinert werden. Infolgedessen vermindern sich Rechenaufwand und Rechenzeit.

In den beiden bisherigen Ansätzen wird die unbenannte Fuzzy-Menge jeweils als Ganzes mit den benannten Fuzzy-Mengen verglichen. Eshragh und Mamdani [1979] sowie Wenstøp [1980] haben demgegenüber vorgeschlagen, die unbenannte Fuzzy-Menge stückweise mit den benannten Fuzzy-Mengen zu vergleichen. Diese Verfahren werden daher auch als Verfahren der *„stückweisen Dekomposition"* (engl.: *piecewise decomposition*) bezeichnet [vgl. Bortolan and Degani 1988, 250].

Dekompositionsverfahren

Jedes Dekompositionsverfahren muß zunächst festlegen, wie eine Fuzzy-Menge zerlegt werden soll. Eshragh und Mamdani [1979] schlagen grob gesagt vor, die Einteilung über relative Extrema zu bestimmen. Über eine Konstante k, $k \in \Re_0^+$, erhält der Anwender des Verfahrens zusätzlich die Möglichkeit, auf das Approximationsniveau Einfluß zu nehmen. Durch Wahl eines höheren Werts für diesen Parameter können lokale Extrema $(x_{E_n}, \mu(x_{E_n}))$, die nur geringfügig von dem nachfolgenden Extremum $(x_{E_{n+1}}, \mu(x_{E_{n+1}}))$ abweichen, übergangen werden.

$$\sqrt{(\mu(x_{E_n}) - \mu(x_{E_{n+1}}))^2 + (x_{E_n} - x_{E_{n+1}})^2} \geq p. \tag{7.57}$$

Ergänzend zu den ursprünglichen Träger-Grenzen bilden die so berechneten effektiven Extrema die Aufteilungsgrenzen. Auf diese Weise wird eine komplexe Fuzzy-Menge in mehrere Fuzzy-Mengen zerlegt. Anschließend wird zu jeder

[12] Bortolan und Degani [1988] haben das Best-Fit-Verfahren zur linguistischen Approximation von Sicherheitsfaktoren in einem Fuzzy-System zur Diagnose von Elektrokardiogrammen erprobt. Die veröffentlichten Ergebnisse sind weitgehend plausibel. Als problematisch haben sich die Fälle herausgestellt, in denen die resultierende Zugehörigkeitsfunktion über einen längeren Abschnitt auf relativ hohem Niveau einen flachen Kurvenverlauf hat. In diesen Fällen ist die von der Zugehörigkeitsfunktion beschriebene Unsicherheit erheblich größer als es die linguistische Approximation zum Ausdruck bringt [Bortolan and Degani 1988, 258f.].

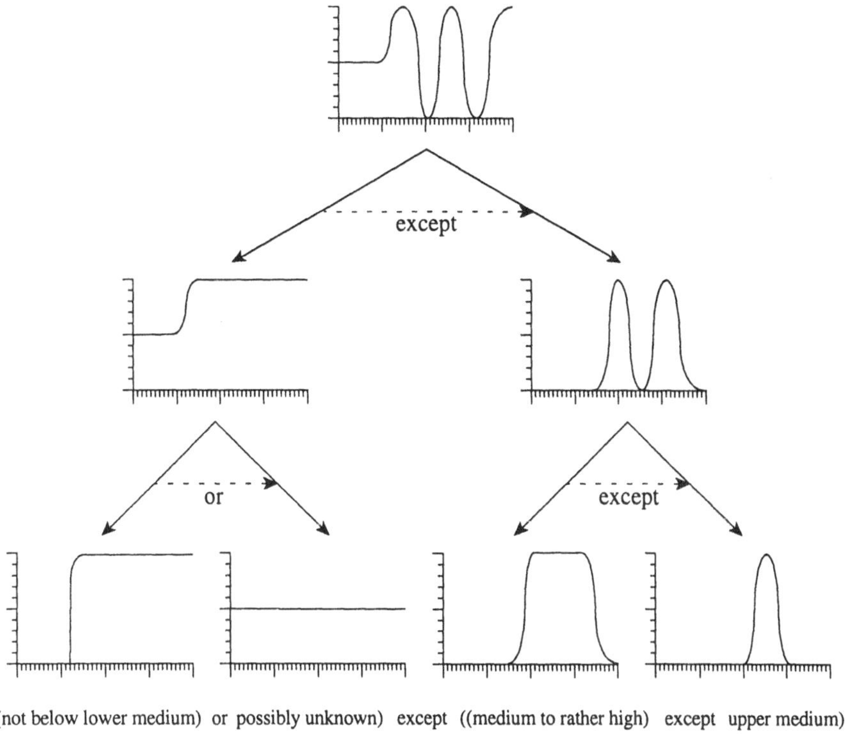

Abb. 7.11: Dekomposition und linguistische Approximation nach Wenstøp

dieser Fuzzy-Mengen eine benannte Fuzzy-Menge gesucht, die die geringste Distanz zu ihr aufweist. Dabei bleiben Fuzzy-Mengen, deren Bezeichnungen die logischen Junktoren *„and"* oder *„or"* enthalten, unberücksichtigt. Schließlich müssen die so ermittelten Teil-Terme in geeigneter Weise aneinandergereiht werden. Dazu werden jeweils zwei benachbarte Terme durch ein logisches Konnektiv miteinander verknüpft.

Wenstøp [1977; 1980, 104ff.] gründet seine Methode auf eine Menge von Termen, die *reguläre* Fuzzy-Mengen bezeichnen. Darunter sind *normalisierte, unimodale* Fuzzy-Mengen mit *seitlich steilen Kurvenverläufen* zu verstehen. Zugleich sind diese Charakteristika maßgeblich für die Benennung unbenannter Fuzzy-Mengen. *Nicht-normalisierte* Fuzzy-Mengen werden zuerst normalisiert. Der linguistischen Approximation dieser normalisierten Fuzzy-Menge wird dann die Hecke *„possibly"* vorangestellt. Bei einer *mehrgipfligen* Fuzzy-Menge wird zunächst eine linguistische Approximation ungeachtet der Täler berechnet. Ihr wird dann eine durch *„except"* gekennzeichnete Negation der linguistischen Approximationen der Täler angehängt. Weisen viele Werte einen mittleren Zugehörigkeitsgrad auf, so werden sie abgetrennt. Der resultierenden linguistischen Approximation wird dann wiederum die Hecke *„possibly"* vor-

Abb. 7.12: Position und Ungenauigkeit linguistischer Werte nach Wenstøp

angestellt. Deutlich stärkere *Ausdehnungen* einer unbenannten Fuzzy-Menge gegenüber einer benannten werden durch die Voranstellung der Hecke „*fuzzily*" gekennzeichnet.

Zur Distanzmessung dienen zwei Merkmale unscharfer Mengen – die *Ungenauigkeit* und die *Position.* Als Maß der Ungenauigkeit benutzt Wenstøp die Kardinalität der Fuzzy-Menge. Die Position wird über die Projektion des Schwerpunkts der Zugehörigkeitsfunktion auf ihre Basisvariable berechnet.[13] Umbenannte Fuzzy-Mengen werden zunächst, wie beschrieben, in reguläre

[13] Die von Wenstøp in APL implementierten Algorithmen setzen eine linear geordnete, diskrete Basisvariable mit äquidistanten Abständen voraus. In dem APL-Programm [Wenstøp 1980, 109-111] werden Fuzzy-Mengen über Zugehörigkeitsvektoren mit einer ungeraden Elementezahl zwischen 7 und 23 repräsentiert. Unter diesen Einschränkungen lassen sich die Distanzmessungen wie die in der Dekomposition angewandten Operationen – Normalisierung, Überprüfung der Konvexität etc. – leicht und effizient durchführen.

Komponenten zerlegt. Als Namen einer unbenannten regulären Komponenten dient dann die Bezeichnung der regulären Fuzzy-Menge, die die geringste Distanz zu dieser Komponente hat. Die resultierende linguistische Approximation wird schließlich über eine Aneinanderreihung der Komponenten-Bezeichnungen mit den gegebenenfalls durch *except, possibly* und *fuzzily* bezeichneten Modifikationen konstruiert.

Die zugrundgelegten Terme wie ihre Verortung in dem zweidimensionalen Merkmalsraum ist in Abbildung 7.12 dargestellt. Abbildung 7.11 veranschaulicht anhand eines Beispiels, wie über die Dekomposition einer Fuzzy-Menge eine linguistische Approximation durchgeführt wird.

7.2.4 Offene Probleme und weiterführende Hinweise

Wenstøp selbst beurteilt sein Verfahren positiv, erfahrungsgemäß sei die Performanz gut, räumt zugleich jedoch ein, daß einige Terme verglichen mit der Umgangssprache um einiges schwerfälliger und umständlicher seien [Wenstøp 1980, 106]. In einigen Fällen können linguistische Approximationen sogar Vereinfachungen bewirken: so stellen die Terme *„very low"* und *„not low"* linguistische Approximationen zu Fuzzy-Mengen der Terme *„lower than sort of low"* und *„high or not low"* dar [Wenstøp 1977, 304]. Umgekehrt zeigt das Beispiel aus Abbildung 7.11 prägnant, daß die generierten linguistischen Approximationen eine praktisch schwer verständliche Komplexität annehmen können. Welchen Sinn macht eine Konstruktion wie *(„(not below lower medium) or possibly unknown) except ((medium to rather high) except upper medium)"*? Was immer dieser Ausdruck bedeuten mag, als linguistisch transparent kann er sicherlich nicht bewertet werden. In diesem Fall ist der bloße Funktionsgraph weitaus sinnfälliger.

Bei der Kritik dieser Verfahren sollten verschiedene Bewertungsebenen unterschieden werden. Die linguistische Transparenz ist zweifellos ein praktisch relevantes Kriterium. Formal ist jedoch die semantische Korrektheit und Konsistenz von primärer Bedeutung. Gemessen an diesem Kriterium ist die linguistische Approximation durchaus akzeptabel. Bei der Beurteilung der linguistischen Transparenz und Einfachheit ist die Komplexität der zu benennenden Fuzzy-Menge in Rechnung zu stellen. Unverständliche Approximationen mehrgipfliger Fuzzy-Mengen mit teilweise bizarren Kurvenverläufen sind nicht in toto dem Approximationsverfahren anzulasten, sondern zumindest partiell einer insgesamt schlechten oder kognitiv unangemessenen Modellierung zur Last zu legen.

Viele linguistische Approximationen wirken jedoch unnötig kompliziert. Jedenfalls kann die linguistische Approximation *„((very high) or possibly (fuzzily medium to rather high)) except (possibly (above lower medium) but not high)"* der mit *„high or possibly lower medium"* bezeichneten Fuzzy-Menge

[Wenstøp 1980, 114] nicht einzig durch den Verlauf der Zugehörigkeitsfunktion erklärt werden. Und wenn die linguistische Approximation einer mit „*average*" bezeichneten Fuzzy-Menge „*average and not more or less big*" lautet [Novák 1989, 126], dann unterstreicht dies nochmals die Notwendigkeit, die Verfahren zur linguistischen Approximation zu verbessern.[14] Erforscht werden müssen nicht nur andere Zerlegungstechniken und Distanzmaße. Ergänzend dazu sollte untersucht werden, wie durch linguistische Bewertungsfunktionen einfachere oder transparentere Terme konstruiert werden können. Legt man die Definitionen 7.6 bis 7.10 zugrunde, so bieten sich heuristische Suchstrategien wie der A^*-Algorithmus an, linguistische Approximationen effizient zu bestimmen.[15]

Heuristische Suchverfahren werden eingesetzt, um aufwendige Suchpfade abzukürzen. Viele Probleme sind nur auf diese Weise handhabbar. Die Problemkomplexität macht es oft notwendig, statt einer optimalen Lösung, eine hinreichend gute zu suchen. Aufwand und Schwierigkeit der linguistischen Approximation hängen stark von der Grammatik einer linguistischen Variablen ab. Aus den bisherigen Ausführungen ist abschätzbar, daß die Problemkomplexität bei hinreichend mächtigen Grammatiken sehr hoch ist. Bei Verwendung verschiedener Gütekriterien und entsprechender Bewertungsfunktionen kann der Suchraum durch Schätzfunktionen reduziert werden. Suchwege, über die nach der Schätzfunktion die Güte einer bereits gefundenen Approximation nicht mehr übertroffen werden kann, brauchen nicht durchquert zu werden. Als Kriterien für die heuristischen Bewertungsfunktionen kommen neben verschiedenen Kenngrößen und Eigenschaften von Fuzzy-Mengen linguistische Strukturmerkmale in Frage.

Die beschriebenen Verfahren operieren alle auf einer endlichen Term-Menge, ungeachtet dessen, daß die Definition linguistischer Variablen prinzipiell unendliche Term-Mengen erlaubt und Zadeh ursprünglich Grammatiken in-

---

[14] In den Fällen, in denen (wie in diesen Beispielen) eine Fuzzy-Menge durch einfache linguistische Operatoren generiert wurde, kann selbstverständlich eine linguistische Approximation ganz vermieden werden, sofern die Operationen zur Generierung der Fuzzy-Menge namentlich aufgezeichnet werden.

[15] Suchstrategien der KI werden u.a. in [Winston 1987, 105-149; Rich 1988, 59-121; Ginsberg 1993, 47-101; Stefik 1995, 147-290] behandelt. Implementierungen in LISP finden sich beispielsweise in [Winston and Horn 1989, 275-290 sowie Norvig 1992, 189-213], für PROLOG-Implementierungen vgl. etwa [Bratko 1987, 259-341]. Eine Anwendung des A^*-Algorithmus im Bereich natürlichsprachlicher Systeme wird in [Biewer 1988b, 131-144] beschrieben. Das heuristische Suchverfahren erfüllt dort eine Teilfunktion der natürlichsprachlichen Anweisungsschnittstelle NASPSS, eines wissensbasierten Systems zur automatischen Übersetzung natürlichsprachlicher Statistikanweisungen in SPSS. Mit Hilfe heuristischer Bewertungsfunktionen werden darin syntaktisch-semantische Strukturbeschreibungen natürlichsprachlicher Statistikanweisungen in „optimale" SPSS-homologe Anweisungskonfigurationen transformiert. Dieses Teilmodul [Biewer 1988b, 411-430] ist wie das gesamte Programm [w.o., 249-472] in CAMBRIDGE LISP [Metacomco 1986; Biewer 1987a] implementiert.

tendierte und beschrieb, die die Menge der wohlgeformten Terme unbeschränkt lassen. Offenkundig ist die Einschränkung der Term-Menge darin motiviert, die Verarbeitung einfacher und effizienter gestalten zu können. Da das notwendige Vokabular zur Beschreibung linguistischer Werte im allgemeinen nur eine sehr kleine Menge von Grundtermen, Hecken und Junktoren umfaßt und da unbegrenzte Iterationen weder gebräuchlich noch sinnvoll sind, mag diese Restriktion unproblematisch erscheinen.

Zum Problem kann jedoch die Behandlung linguistischer Variablen mit einer numerischen Basisvariablen werden. Unbegrenzte numerische Basisgrößen bieten eine unbegrenzte Anzahl sinnvoll zu unterscheidender unscharfer Zahlenangaben wie *ungefähr 10, etwa 10 bis 12.* Für die linguistische Approximation bedeutet dies: Zum einen können Algorithmen, die – wie das Best-Fit-Verfahren – auf einer vollständigen Suche basieren, nicht unverändert angewandt werden, zum anderen ergeben sich neue Möglichkeiten, die Güte der Approximation zu verbessern. Statt *„über mittelheiß, aber nicht mehr oder weniger heiß"* kann dann beispielsweise eine linguistische Approximation einfach *„ungefähr 40 bis 50 Grad"* lauten.

Es gibt viele Möglichkeiten solche Angaben zu berücksichtigen. Zum Beispiel könnten in einem heuristischen Verfahren (unter Berücksichtigung verschiedener Maße und Funktionscharakteristika[16]) zunächst alle Grundterme und durch Hecken modifizierte Grundterme überprüft werden. Wenn keiner dieser Terme eine sehr gute Approximation darstellt, wird im Fall einer konvexen Fuzzy-Menge geprüft, ob die Verlaufscharakteristika oder vereinfachte Kennwerte des Verlaufs der Zugehörigkeitsfunktion dem Prototyp einer unscharfen Zahl oder eines unscharfen Intervalls stark ähneln. Gegebenfalls bildet dann der Kern mit der Hecke *„about"* die linguistische Approximation.

Weitere Ansatzpunkte für Verbesserungen werden erkennbar, wenn die linguistische Approximation nicht als linguistische Endform gedacht wird. Wenn ein wissensbasiertes Textgenerierungssystem aufgrund linguistischer Approximationen eine Expertise generieren soll, so kann es günstiger sein, statt einer linguistischen Approximation einer Fuzzy-Menge im ganzen, linguistische Approximationen einzelner Funktionsabschnitte zu berechnen, die dann in differenzierender Weise weiterbehandelt werden können. Wie solche differenzierenden linguistischen Approximation und eine auf ihnen aufsetzende Expertise aussehen könnte, läßt sich anhand eines von Dubois und Prade entlehnten Beispiels illustrieren. In einer exemplarischen Anwendung der Fuzzy-Arithmetik wurde eine Budgetschätzung aufgrund unsicherer Ressourcen durchgeführt. Resultat dieser Berechnungen ist die in Abbildung 7.13 gezeichnete Fuzzy-Menge, die von Dubois und Prade wie folgt kommentiert wird:

---

[16] Relevant ist beispielsweise, ob die Zugehörigkeitsfunktion *unimodal* oder *multimodal* ist, ob sie *konvex* oder *konkav* ist, wie groß die Proportion der Kardinalität der Schnittmenge zur Kardinalität der Vereinigungsmenge ist, wo der Schwerpunkt liegt.

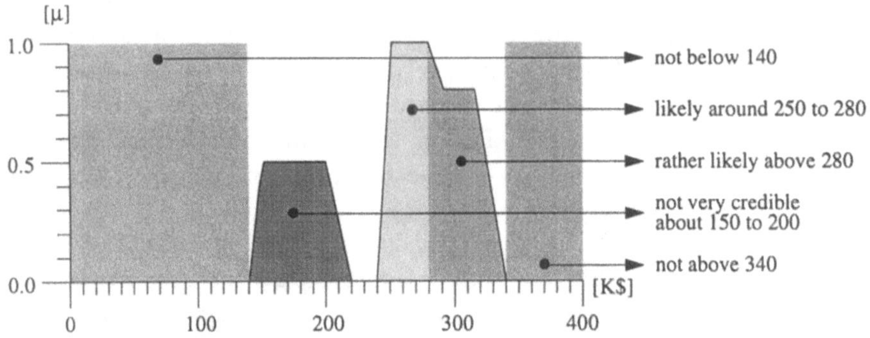

Abb. 7.13: Dekomposition und linguisitschen Approximationen zur Beschreibung eines unscharfen und unsicheren Budgets

„These results reveal a zone of likely finance around $250K-$280K. To exceed $280K is not impossible though it is less likely (level 0.8). It does not seem very credible that receipts would only amount to $150K-$200K (level 0.5). In any case, they cannot go below $140K nor go above $340K." [Dubois and Prade 1988b, 60]

Es ist durchaus denkbar, daß eine solche Expertise von einem Textgenerierungssystem aufgrund der von einem Fuzzy-System bereitgestellten semantischen Informationen automatisch generiert wird.[17] In solchen Fällen scheint es sinnvoller, die sprachliche Erstellung der Expertise wie abgebildet auf eine Liste von Teiltermen samt den ihnen bezeichneten Fuzzy-Mengen zu gründen statt auf eine verdichtende linguistische Approximation.

Weiterhin ist zu prüfen, ob nicht eine Nachbearbeitung mit Hilfe logischer oder inhaltssemantischer Regeln geeignet ist, bereits berechnete linguistische Approximationen zu vereinfachen. Die Frage ist nicht nur, ob auf diese Weise die Endergebnisse transparenter gemacht werden sollen. Es ist darüber hinaus grundsätzlich zu überlegen, ob es angemessen ist, bei Inferenzen aufgetretene Unschärfen und Unsicherheiten in den folgenden Inferenzprozessen immer weiter zu akkumulieren, so daß schließlich und endlich mehr oder weniger alles möglich erscheint.

Demgegenüber spricht manches dafür, daß unter bestimmten Umständen *hypothetisch verdichtende, vereinfachende* oder *vereindeutigende Annahmen* einen wesentlichen Anteil an der Effektivität menschlicher Kognition haben, wobei gleichzeitig Revisionsmöglichkeiten bestehen, die bei Bedarf ergriffen

[17] Dies zu realisieren, wäre eine ebenso komplexe wie komplizierte und vermutlich nur mit erheblichen Einschränkungen zu erfüllende Aufgabe, selbst dann, wenn ein wissensbasiertes Textgenerierungssystem wie NUGGET [Jablonski, Rau und Ritzke 1990] zur Verfügung steht, das über eine semantisch-pragmatische Repräsentationssprache verfügt, die für solche Zwecke konzipiert wurde.

werden können. Zu beachten ist allerdings, daß durch diese weitere Approximation die bisherigen Unschärfe-Momente der Zugehörigkeitsfunktionen, der Operationen und der linguistischen Approximationen unscharfer Mengen, durch Approximationen zweiter Ordnung erweitert würden.

Kapitel 8

Approximatives Schließen auf der Basis des generalisierten Modus ponens

Unter dem Begriff approximatives Schließen werden Inferenzen über verschiedene Formen unsicheren oder unscharfen Wissens subsumiert. Zur Modellierung unsicherer Inferenzen hat Zadeh eine alternative Deutung und Verwendung von Fuzzy-Mengen vorgeschlagen, aus der eine neue Unsicherheitstheorie hervorgegangen ist – die sogenannte *Possibilitätstheorie*. Auf der Basis der Fuzzy-Mengentheorie und ihrem „Zweig" (Zadeh), der Possibilitätstheorie, wurden vielzählige Inferenzmethoden für beide Formen imperfekten Wissens entwickelt. Ein Hauptansatz besteht darin, imperfekte Aussagen und Beziehungen zwischen ihnen in Form von Fuzzy-Relationen abzubilden und über relationale Verknüpfungen Schlußfolgerungen aus diesem Wissen zu ziehen. Im Zentrum dieser Ansätze steht der sogenannte *generalisierte Modus ponens*, eine Erweiterung des klassischen Modus ponens (*Wenn A, dann B. Gegeben A. Folglich B.*) auf imperfektes Wissen.

Dieses Kapitel beginnt daher mit einer Einführung in die Grundkonzepte der Possibilitätstheorie (Kapitel 8.1). Der generalisierte Modus ponens (Kapitel 8.3) wurde von Zadeh aus einigen allgemeinen Grundregeln approximativen Schließens (Kapitel 8.2) abgeleitet. Im Anschluß daran werden verschiedene Implikationsoperatoren untersucht, die für den generalisierten Modus ponens vorgeschlagen wurden (Kapitel 8.4). Verfahren, Mengen imperfekter Regeln und Fakten auf der Basis des generalisierten Modus ponens auszuwerten, werden im letzten Unterkapitel diskutiert (Kapitel 8.5). Ein allgemeiner Ansatz besteht darin, Fuzzy-Regelsysteme in Relationalgleichungssysteme zu übersetzten, so daß approximative Schlußfolgerungen über Lösungen oder Näherungslösungen dieser Gleichungssysteme gewonnen werden können (8.5.1). Für Anwendungen des generalisierten Modus ponens auf der Basis der Gödelimplikation wird ein lokal operierendes Verfahren beschrieben, das approximative Inferenzen über trapezförmigen Fuzzy-Mengen effizient durchzuführen erlaubt (8.5.2). Das Kapitel schließt mit Hinweisen zu Problemen und alternativen Modellierungsvorschlägen (8.5.3).

8.1 Grundkonzepte der Possibilitätstheorie

Zadeh hat, wie beschrieben (54ff.), das Konzept Fuzzy-Menge eingeführt, um mit mathematischen Methoden Objektklassen mit Randbereichsunschärfen behandeln zu können. Bestimmender Zweck ist demnach die Modellierung einer Unbestimmtheit, die in unscharfen Kategorien begründet ist, nicht (wie in der Wahrscheinlichkeitstheorie) einer Unsicherheit darüber, ob ein bestimmtes, scharf definiertes Ereignis eintritt oder nicht. In diesem Sinne ist die Fuzzy-Mengentheorie keine *Unsicherheits*theorie, sondern eine *Unschärfe*theorie und beide Problemstellungen sind strikt voneinander zu unterscheiden. Andererseits bestehen einige Zusammenhänge oder Affinitäten, formaler wie inhaltlicher Art. So liegt es in der Natur der Sache, daß Zugehörigkeitsfunktionen und empirische Verteilungsfunktionen über Zuordnungshäufigkeiten (von Objekten zu natürlichsprachlichen Kategorien) ähnlich verlaufen oder übereinstimmen können. Und Zugehörigkeitsgrade korrespondieren typischerweise mit subjektiven Unsicherheiten, Elemente dieser oder jener Kategorie (i.e. unscharfen Menge) zuzuordnen. *Unschärfe und Unsicherheit sind also strikt voneinander zu unterscheidende, aber nichtsdestotrotz zusammenhängende Kategorien.* Und daß der bestimmende Zweck des Konzepts Fuzzy-Menge die Modellierung von Unschärfe ist, schließt nicht aus, daß Fuzzy-Mengen und für sie definierte Operationen der Modellierung von Unsicherheit dienen können. Auf der Basis der Fuzzy-Mengentheorie konnte daher eine eigenständige Unsicherheitstheorie ausgearbeitet werden – die sogenannte *Possibilitätstheorie*.

Als Gründungstext der Possibilitätstheorie und Meilenstein der Theorie approximativen Schließens gilt eine Arbeit von Zadeh, die 1978 unter dem Titel „Fuzzy Sets as a Basis for a Theory of Possibility“ veröffentlicht wurde [Zadeh 1978a]. Dubois und Prade [1988b], die an der Ausarbeitung und Weiterentwicklung dieser Theorie maßgeblich beteiligt waren, haben diesem „Zweig der Fuzzy-Mengentheorie“ (Zadeh) eine Monographie gewidmet. Zadeh begründete die Einführung der Possibilitätstheorie mit der These, *die inhärente Ungenauigkeit natürlicher Sprachen sei hauptsächlich possibilistischen, nicht probabi-*

listischen Ursprungs [Zadeh 1978a, 193]. Die in dem genannten Gründungstext eingeführten Konzepte bilden die Basis von Zadehs possibilistischer Semantik-Theorie (Kapitel 9) und verschiedener „Kalküle“ approximativen Schließens, nicht zuletzt der possibilistischen Logik von Dubois und Prade (Kapitel 13.4).

8.1.1 Possibilitätsverteilungen

Im Zentrum der Possibilitätstheorie steht das Konzept der *Possibilitätsverteilung*. Der Zusammenhang von Possibilitätsverteilungen und Fuzzy-Mengen ist über den Begriff der unscharfen Restriktion (vgl. 228 sowie Zadeh [1975a]) definiert. Zadeh erläutert den Zusammenhang anhand eines Beispiels:

> „Consider a numerical age, say u = 28, whose grade of membership in the fuzzy set young (...) is approximately 0.7. First, we interpret 0.7 as the degree of *compatibility* of 28 with the concept labeled young. Then, we postulate that the proposition »John is young« converts the meaning of 0.7 from the degree of compatibility of 28 with young to the degree of possibility that John is 28 given the proposition »John is young.« In short, the compatibility of a value of u with young becomes converted into the possibility of that value of u given »John is young«.“ [Zadeh 1978a, 196]

Eine Possibilitätsverteilung π_X über einer Grundmenge Ω wird also der unscharfen Restriktion $R(X)$ einer Variablen X gleichgesetzt:[1]

$$\pi_X = R(X). \tag{8.1}$$

Da unscharfe Restriktionen nichts anderes sind als unscharfe Teilmengen, die den Wertebereich einer Variablen einschränken, sind Possibilitätsverteilungen über die Zugehörigkeitsfunktionen dieser unscharfen Teilmengen bestimmt. Bezeichnet A eine unscharfe Menge, die die Werte einer Fuzzy-Variablen X einschränkt, $\mu_A:\Omega \to [0,1]$ die Zugehörigkeitsfunktion von A, dann wird die durch die Aussage „*X ist A*“ induzierte Possibilitätsverteilung π_X durch eine Funktion $\pi_X:\Omega \to [0,1]$ charakterisiert, die mit der Variablen X assoziiert ist und numerisch mit der Zugehörigkeitsfunktion von A gleich ist, so daß für alle $\omega \in \Omega$ gilt:

$$\pi_X(\omega) = \mu_A(\omega). \tag{8.2}$$

Die Funktion, die die Possibilitätsverteilung definiert, wird *Possibilitätsverteilungsfunktion* (engl.: *possibility distribution function*), die Funktionswerte π_X

---

[1] Die Notationen verschiedener Autoren und nicht selten verschiedener Beiträge derselben Autoren unterscheiden sich leider erheblich. Die folgende Darstellung versucht zwischen Zadehs ursprünglichen Notationen und Notationen in neueren Veröffentlichungen zu vermitteln. Die Groß- und Kleinschreibung lehnt sich dabei an die Notation von Dubois und Prade an. Dementsprechend werden im Gegensatz zu Zadehs Notation Possibilitätsverteilungen sowie Possibilitätsverteilungsfunktionen mit Kleinbuchstaben (π), Possibilitätsmaße indes mit Großbuchstaben (Π) symbolisiert.

(ω) werden *Possibilitätsgrade* (engl.: *degree of possibility*) genannt. Possibilitätsgrade geben an, in welchem Grad eine bestimmte Wertzuweisung für eine Fuzzy-Variable als *möglich* gilt. Dabei ist festgelegt, daß der Possibilitätsgrad null für die völlige Unmöglichkeit (Unzulässigkeit einer Wertzuweisung) und der Possibilitätsgrad eins für die uneingeschränkte Möglichkeit (Zulässigkeit einer Wertzuweisung) steht.

$$\pi_x(\omega) = 0 \tag{8.3}$$

bedeutet *„es ist völlig unmöglich, daß die Variable x den Wert ω annimmt"*, kurz: *„x = ω ist unmöglich"*,

$$\pi_x(\omega) = 1 \tag{8.4}$$

bedeutet *„es ist uneingeschränkt möglich, daß die Variable x den Wert ω annimmt"*, kurz: *„x = ω ist möglich"* und

$$\pi_x(\omega_i) < \pi_x(\omega_j) \tag{8.5}$$

bedeutet *„$x = \omega_j$ ist gegenüber $x = \omega_i$ zu bevorzugen, weil $x = \omega_j$ im Vergleich zu $x = \omega_i$ in einem höheren Grad möglich ist"*. Im allgemeinen wird vorausgesetzt, daß die Possibilitätsverteilung normalisiert ist:

$$\exists\omega: \qquad \pi_x(\omega) = 1. \tag{8.6}$$

Daß Possibilitätsverteilungen nach 8.1 unscharfen Restriktionen gleichgesetzt sind, bedeutet, *daß die für Fuzzy-Mengen definierten Konzepte und Operationen auf Possibilitätsverteilungen übertragen werden können.* Es bedeutet nicht, daß sie gleich zu interpretieren sind. Possibilitätsgrade und Zugehörigkeitsgrade werden zwar nach 8.2 numerisch gleichgesetzt, hinsichtlich ihrer Semantik müssen sie dennoch voneinander unterschieden werden. Bereits das zitierte Einführungsbeispiel von Zadeh macht deutlich, *daß Possibilitätsgrade und Kompatibilitätsgrade* – wie Dubois, Lang und Prade [1991, 213] schreiben – *weder auf die gleiche Aussage noch den gleichen Wissensstand referieren.* Bezeichnet *„jung"* die unscharfe Menge *„junger Personen"*, die durch die Zugehörigkeitsfunktion μ_{jung} definiert ist, $\pi_{\text{Alter(John)}}$ eine durch die Aussage *„John ist jung"* induzierte Possibilitätsverteilung über der Menge der Lebensjahre und ω_0 eine exakte Altersangabe in Jahren (etwa 28 Jahre), dann gibt $\pi_{\text{Alter(John)}}(\omega_0)$ an, zu welchem Grad es als möglich gilt, daß die Aussage *„John ist 28 Jahre alt"* zutrifft, *vorausgesetzt es ist bekannt, daß „John jung ist"*, während $\mu_{\text{jung}}(\omega_0)$ darüber Auskunft gibt, in welchem Grad die Kenntnis *„John ist 28 Jahre"* mit dem Konzept *„junge Personen"* kompatibel ist.

Da Possibilitätsgrade eine Unsicherheitsbewertung zum Ausdruck bringen und das Konzept der Possibilitätsverteilung dem Konzept der Wahrscheinlichkeitsverteilung gleicht, stellt sich unweigerlich die Frage nach dem Verhältnis beider Ansätze. Zadeh hat die Differenz zwischen Wahrscheinlichkeit und Possibilität anhand des folgenden Beispiels zu illustrieren versucht [Zadeh 1978a, 198f.].

Beispiel 8.1 *Possibilitätsverteilung von „Hans ißt x Eier zum Frühstück“*

Zu der Aussage „Hans ißt x Eier zum Frühstück“ kann sowohl eine Possibilitätsverteilung wie eine Wahrscheinlichkeitsverteilung aufgestellt werden. Als Grundmenge kann in beiden Fällen eine Teilmenge der natürlichen Zahlen dienen. Die in Abbildung 8.1 abgedruckten Verteilungen stammen von Zadeh [1978a, 198]. Im Sinne einer frequentistischen Interpretation der Wahrscheinlichkeitstheorie könnte die Wahrscheinlichkeitsverteilung auch aus einer Beobachtung über einen längeren Zeitraum ermittelt worden sein. Geht man von einem Beobachtungszeitraum von 100 Tagen aus, dann hätte Hans ein Ei an 10 Tagen, zwei Eier an 80 und drei Eier wiederum an 10 Tagen zum Frühstück gegessen. Im Sinne einer induktiv-statistischen Schlußfolgerung kann man annehmen, daß die Wahrscheinlichkeit dafür, daß Hans mehr als drei Eier zum Frühstück ißt, gleich null ist. Possibilitätsverteilungen lassen sich demgegenüber typischerweise nicht frequentistisch interpretieren. Die angenommenen Häufigkeiten widersprechen der abgebildeten Possibilitätsverteilung ebensowenig wie Zählungen, nach denen Hans abwechselnd zwei und vier Eier zum Frühstück ißt.[2]

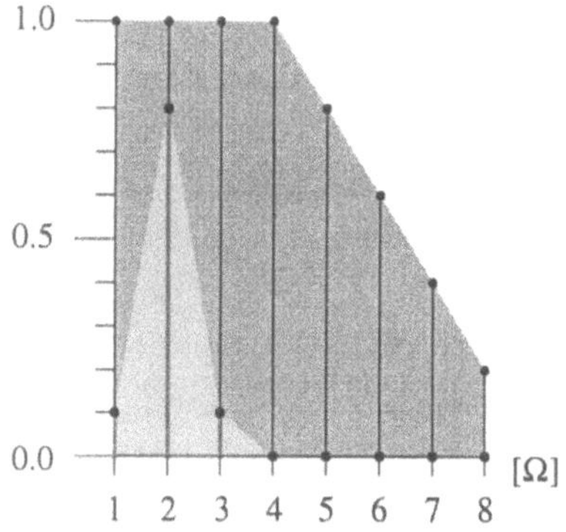

$\Omega = \{1,2,3,4,5,6,7,8\}$		
ω	$\Pi_x(\omega)$	$P_x(\omega)$
1	1	0.1
2	1	0.8
3	1	0.1
4	1	0
5	0.8	0
6	0.6	0
7	0.4	0
8	0.2	0

Abb. 8.1: Possibilitäts- und Wahrscheinlichkeitsverteilungen

Wie willkürlich auch immer die dargestellten Werte im einzelnen sind, sie spiegeln drei axiomatisch verankerte Unterschiede zwischen Possibilitäts- und Wahrscheinlichkeitsverteilungen wider: (1) Die Possibilitätsgrade müssen sich nicht wie die Wahrscheinlichkeiten der Einzelereignisse zu eins summieren. (2) Einem Ereignis, das nur mit niedriger Wahrscheinlichkeit zutrifft, kann ein hoher Possibilitätsgrad zugewiesen sein; ein hoher Possibilitätsgrad impliziert

---

2 Allerdings sind beide Verteilungen insofern logisch widersprüchlich, als daß im Sinne der Possibilitätstheorie *mögliche* Ereignisse nach der Wahrscheinlichkeitsverteilung *ausgeschlossen* sind. Dieser Widerspruch ist in der frequentistischen Interpretation der Wahrscheinlichkeit und der nicht hinreichend großen Zahl beobachteter Ereignisse begründet.

nicht notwendigerweise eine hohe Wahrscheinlichkeit. (3) Der Possibilitätsgrad ist immer mindestens so groß wie die Wahrscheinlichkeit. Anders gesagt: die Possibilitätsverteilungsfunktion definiert eine Obergrenze für die Wahrscheinlichkeitsverteilung.[3]

8.1.2 Possibilitäts- und Notwendigkeitsmaße als spezielle Fuzzy-Maße

Das Wahrscheinlichkeitsmaß ist als eine Funktion $P{:}\mathcal{P}(\Omega) \to [0,1]$ definiert, die die Axiome von Kolmogorow erfüllt. Das heißt für alle Ereignisse A, $B \in \mathcal{P}(\Omega)$ gilt:

(1) $P(A) \geq 0$ (nicht negativ)
(2) $P(\Omega) = 1$ (normiert)
(3) $A \cap B = \varnothing \Rightarrow P(A \cup B) = P(A) + P(B)$ (additiv)

Diese Axiome spiegeln allgemeine Eigenschaften relativer Häufigkeiten wider. Charakteristisch für das Wahrscheinlichkeitsmaß ist speziell das dritte Axiom, das sogenannte Additionsaxiom, das besagt, daß die Wahrscheinlichkeit der Vereinigung paarweise *unvereinbarer* Ereignisse (*disjunkter* Ereignisse) gleich der Summe der Wahrscheinlichkeiten ist, die den Ereignissen zugewiesen ist. Aus den Axiomen lassen sich weitere Eigenschaften ableiten, charakteristisch ist insbesondere, daß die Wahrscheinlichkeiten eines Ereignisses und seines Gegenereignisses sich zu eins summieren (Gleichung 8.7) und daß die Wahrscheinlichkeit eines unmöglichen Ereignisses gleich null ist (Gleichung 8.8):

$$P(A) + P(A) = 1 \tag{8.7}$$

$$P(\varnothing) = 0. \tag{8.8}$$

Wahrscheinlichkeitsmaße stellen nicht die einzige Möglichkeit zur Modellierung von Unsicherheiten dar. Unter dem (fragwürdigen) Namen „Fuzzy-Maße" (engl.: *fuzzy measures*)[4] wurden verschiedene „Unsicherheitsmaße" eingeführt, die statt des Additionsaxioms lediglich die schwächere Monotonieforderung erfüllen.

---

[3] Diese Beziehung zwischen Possibilitäts- und Wahrscheinlichkeitsverteilungen wurde von Zadeh als *„possibility/probability consistency principle"* bezeichnet [vgl. Zadeh 1978a, 198]

[4] Der Begriff „fuzzy measures" (Fuzzy-Maße), nicht zu verwechseln mit „measures of fuzziness" (Maße der Unschärfe), wurde von Sugeno in einem 1972 veröffentlichten Beitrag eingeführt [vgl. Sugeno 1977]. Dubois und Prade [vgl. etwa 1988b, 7] ziehen den Terminus „Konfidenzmaße" (engl.: *confidence measures*) vor. Eine ausführliche und systematische Diskussion von Fuzzy-Maßen, insbesondere der Beziehungen von Maßen der Wahrscheinlichkeits- (probability), Evidenz- (belief, plausibility) und Possibilitätstheorie (possibility, necessity), bieten Klir und Folger [1988].

Ein *Fuzzy-Maß* ist eine Funktion $g:\mathcal{P}(\Omega) \rightarrow [0,1]$, die die folgenden Axiome erfüllt:

(1) $g(\varnothing) = 0$ und $g(\Omega) = 1$ (Randbedingungen)
(2) $A \subseteq B \Rightarrow g(A) \leq g(B)$ (Monotonie)

Für unendliche Grundmengen Ω wird zusätzlich gefordert, daß das Stetigkeitsaxiom für jede monotone Folge $A_1 \subseteq A_2 \subseteq \ldots$ *oder* $A_1 \supseteq A_2 \supseteq \ldots$ von Mengen $A_i \subseteq \mathcal{P}(\Omega)$ erfüllt ist:

(3) $\lim\limits_{n \to \infty} g(A_n) = g\left(\lim\limits_{n \to \infty} A_n\right).$ (Stetigkeit)

Bezüglich der Disjunktion und Konjunktion von Ereignissen folgen aus der Monotonieforderung zwei Ungleichungen ($\forall\, A,B \subseteq \Omega$):

$$g(A \cup B) \geq \max(g(A), g(B)) \tag{8.9}$$

$$g(A \cap B) \leq \min(g(A), g(B)). \tag{8.10}$$

Nach 8.9 erhält man im Grenzfall Maße, die Zadeh in dem referierten Text zur Grundlegung der Possibilitätstheorie unter dem Namen „Possibilitätsmaße" eingeführt hat [vgl. Zadeh 1978a, 199]. Bezeichnet A eine unscharfe Menge über Ω und π_x eine Possibilitätsverteilung über Ω, die mit der Variablen x assoziiert ist, dann ist das *Possibilitätsmaß* $\Pi(A)$ definiert durch:

$$\text{Poss}\{X \text{ ist } A\} = \Pi(A) = \sup_{\omega \in \Omega} \min\{\mu_A(\omega), \pi_x(\omega)\}. \tag{8.11}$$

Handelt es sich bei A um eine gewöhnliche Menge, so schreibt man statt 8.11 kurz:[5]

$$\Pi(A) = \sup\{\pi_x(\omega) | \omega \in A\}. \tag{8.12}$$

Das Possibilitätsmaß $\Pi(A)$ gibt mithin den höchsten Possibilitätsgrad dafür an, daß ein Wert der Variablen x zur Menge A gehört. Anders ausgedrückt: es mißt den Grad, mit dem ein Element aus A mit der Possibilitätsverteilung π_x *kompatibel* (man kann auch sagen: *konsistent*) ist.

Dubois und Prade haben weitere Mengenfunktionen für Possibilitätsverteilungen definiert [vgl. Dubois and Prade 1988b; 1992]. In gewisser Hinsicht „komplementär" zum Possibilitätsmaß (Π) ist das von ihnen eingeführte *Notwendigkeitsmaß* (kurz: N, engl.: *necessity*), das sie oft auch als *Sicherheitsmaß* (engl.: *certainty measure*) bezeichnen:

$$\begin{aligned} N(A) &= 1 - \Pi(\neg A) \\ &= \inf\{1 - \pi_x(\omega) | \omega \in \Omega \backslash A\}. \end{aligned} \tag{8.13}$$

---

[5] Vgl. hierzu insbesondere Zadeh [1978a, 199], Dubois und Prade [1988b, 9] sowie Kruse u.a. [1993, 86, 146].

N(A) mißt die Sicherheit dafür, daß ein beliebiges Element von *A* mit der Possibilitätsverteilung π_x konsistent ist, über die Unmöglichkeit, daß ein Element mit π_x kompatibel ist, das nicht zu *A* gehört, also zur Komplementmenge von *A* gehört. Darüber hinaus haben Dubois und Prade die dualen Maße *„garantierte Possibilität"* (engl.: *guranteed possibility),* kurz $\Delta(A)$, und *„potentielle Sicherheit"* (engl.: *potential certainty*), kurz $\nabla(A)$, definiert [vgl. Dubois and Prade 1992, 20].

$$\begin{aligned} \Delta(A) &= \inf\{\pi_x(\omega) | \omega \in A\} \\ \nabla(A) &= 1 - \Delta(\neg A). \end{aligned} \tag{8.14}$$

Im Gegensatz zu Possibilitäts- und Notwendigkeitsmaßen haben diese beiden Maße keine hohe Bedeutung erlangt. Es ist unschwer zu erkennen, daß sowohl das Possibilitätsmaß wie das Notwendigkeitsmaß lediglich die beiden ersten Axiome von Kolmogorow erfüllt. Statt des strengen Additionsaxioms erfüllen sie lediglich die schwächere Monotonieforderung. Das Possibilitätsmaß läßt sich wie erwähnt bezüglich der Disjunktion (Vereinigungsmenge) von Ereignissen als Grenzfall von Fuzzy-Maßen begreifen (Gleichung 8.9). Das heißt für alle $A,B \subseteq \Omega$ gilt:

$$\Pi(A \cup B) = \max(\Pi(A), \Pi(B)). \tag{8.15}$$

Bezüglich der Konjunktion (Schnittmenge) ist indes lediglich eine Ungleichung allgemeingültig:

$$\Pi(A \cap B) \leq \min(\Pi(A), \Pi(B)). \tag{8.16}$$

Umgekehrt verhält es sich beim Notwendigkeitsmaß. Bezüglich der Konjunktion von Ereignissen bildet es den Grenzfall eines Fuzzy-Maßes (Gleichung 8.10):

$$N(A \cap B) = \min(N(A), N(B)). \tag{8.17}$$

Bezüglich der Disjunktion läßt sich für Notwendigkeitsmaße wiederum lediglich eine Ungleichung festlegen:

$$N(A \cup B) \geq \max(N(A), N(B)). \tag{8.18}$$

8.2 Zadehs Grundregeln approximativen Schließens

Zentrales Anliegen der Zadehschen „Theorie approximativen Schließens" ist die Ableitung möglicherweise „unpräziser" Schlußfolgerungen aus einer Menge „unpräziser" Prämissen [Zadeh 1979, 367]. Damit rückt die Frage, nach welchen Regeln solche Schlußfolgerungen zu ziehen sind, in den Brennpunkt der Theorieentwicklung. Zadeh definiert zur Beantwortung dieser Frage drei

Grundregeln oder Grundsätze: das Projektionsprinzip, das Partikularisierungs/ Konjunktionsprinzip und das Inklusionsprinzip [Zadeh 1979, 395ff.].

Projektionsprinzip

Nach dem *Projektionsprinzip* (engl.: *projection principle*) kann aus einer unscharfen Proposition (p), in der verschiedene Attribute in Beziehung gesetzt sind, eine unscharfe Aussage (q) über eine Teilmenge dieser Attribute abgeleitet werden (vgl. 171f. und Beispiel 8.2, 272). Die mit p bezeichnete unscharfe Proposition wird dazu in eine Possibilitätsverteilung übersetzt:

$$p \rightarrow \pi_{(X_1, \ldots X_n)} = F. \tag{8.19}$$

Dabei symbolisiert F die unscharfe Relation (zwischen den Attributen), $X = (X_1, \ldots, X_n)$ eine n-stellige Variable und $\pi_{(X_1, \ldots X_n)} = \pi_X$ die durch die Zugehörigkeitsfunktion $\mu_F : \Omega_1 \times \ldots \times \Omega_n \rightarrow [0,1]$ induzierte Possibilitätsverteilung. Das heißt für alle $x_1 \in \Omega_1, \ldots, x_n \in \Omega_n$ gilt:

$$\pi_X(x_1, \ldots, x_n) = \mu_F(x_1, \ldots, x_n). \tag{8.20}$$

X_s sei eine Teilvariable von X, wobei $s = (i_1, \ldots, i_k)$, $s < n$, für eine Teilfolge von $(1, \ldots, n)$ und $\bar{s} = (j_1, \ldots j_m)$, $m = n - k$, für die zu s komplementäre Folge steht. Die k-stellige Possibilitätsverteilung π_{X_S} ist dann eine *Projektion* (vgl. Definition 5.14, 172) der n-stelligen Possibilitätsverteilung π_X auf $\Omega_S = \Omega_{i_1} \times \ldots \times \Omega_{i_k}$:

$$\pi_{X_S} = \pi_{[F \downarrow \Omega_S]}. \tag{8.21}$$

Dabei gilt:

$$\begin{aligned} \pi_{[F \downarrow \Omega_S]}(x_{i_1}, \ldots, x_{i_k}) &= \mu_{[F \downarrow \Omega_S]}(x_{i_1}, \ldots, x_{i_k}) \\ &= \sup_{(j_1, \ldots, j_m)} \mu_F(x_{i_1}, \ldots, x_{i_k}). \end{aligned} \tag{8.22}$$

Bezeichnet q die Rückübersetzung der Possibilitätszuordnungs-Gleichung (8.21), dann läßt sich das Projektionsprinzip kurz über folgendes Inferenzschema beschreiben:

$$\frac{p \rightarrow \pi_{(X_1, \ldots X_n)} = F}{q \leftarrow \pi_{X_S} = \pi_{[F \downarrow \Omega_S]}.} \tag{8.23}$$

Partikularisierungs/Konjunktionsprinzip

Stellen p und q unscharfe Propositionen dar, die sich in die Possibilitätsverteilungen einer Variablen X und einer ihrer Teilvariablen X_S übersetzen lassen, dann kann mittels des *Partikularisierungsprinzips* (engl.: *particularization principle*) eine unscharfe Aussage r gefolgert werden, die eine Rückübersetzung der *Partikularisierung* der Possibilitätsverteilung von X, das heißt eine Rückübersetzung der durch die unscharfe Restriktion der Teilvariablen X_S bewirkten Modifikation der Possibilitätsverteilung von X darstellt. Wird die Possibilitätsverteilung von X, $\pi_X(x_1, \ldots, x_n)$, durch die unscharfe Relation F und die Possibilitätsverteilung von X_S, $\pi_{X_S}(x_{i_1}, \ldots, x_{i_k})$, durch die unscharfe Relation G induziert, so berechnet sich die Partikularisierung aus dem Durchschnitt von F und der Zylindererweiterung von G:

$$\pi_X(x_1, \ldots, x_n)[\pi_{X_S} = G] = F \cap \mathrm{cyl}(G). \tag{8.24}$$

Somit beinhaltet das Partikularisierungsprinzip das folgende Inferenzschema:

$$\begin{array}{l} p \to \pi_X(x_1, \ldots, x_n) = F \\ q \to \pi_{X_S}(x_{i_1}, \ldots, x_{i_k}) = G \\ \hline r \leftarrow \pi_X(x_1, \ldots, x_n) = F \cap \mathrm{cyl}(G). \end{array} \tag{8.25}$$

Beispiel 8.2 *„PCs mit großen Speicherkapazitäten" (Partikularisierung)*

Gegeben sei die zweistellige Fuzzy-Relation (Possibilitätsverteilung) „PCs mit großen Speicherkapazitäten" (R_1 [Speicher, Platte]) sowie die einstellige Fuzzy-Relation (Possibilitätsverteilung) „PCs mit großer Festplattenkapazität" (R_2 [Platte]). Die Relationen sind in Abbildung 8.2 definiert.

R_1		
Speicher	Platte	μ
16 MB	540 MB	0.2
16 MB	1 GB	0.4
16 MB	1.6 GB	0.6
32 MB	540 MB	0.4
32 MB	1 GB	0.6
32 MB	1.6 GB	0.8
64 MB	540 MB	0.6
64 MB	1 GB	0.8
64 MB	1.6 GB	1.0

R_2	
Platte	μ
540 MB	0.2
1 GB	0.6
1.6 GB	1.0

$\mathrm{proj}_{\mathrm{Speicher}}(R_4)$	
Speicher	μ
16 MB	0.6
32 MB	0.8
64 MB	1.0

$R_3 = \mathrm{cyl}_{\mathrm{Speicher}}(R_2)$		
Speicher	Platte	μ
16 MB	540 MB	0.2
16 MB	1 GB	0.6
16 MB	1.6 GB	1.0
32 MB	540 MB	0.2
32 MB	1 GB	0.6
32 MB	1.6 GB	1.0
64 MB	540 MB	0.2
64 MB	1 GB	0.6
64 MB	1.6 GB	1.0

$R_4 = R_1 \cap R_3$		
Speicher	Platte	μ
16 MB	540 MB	0.2
16 MB	1 GB	0.4
16 MB	1.6 GB	0.6
32 MB	540 MB	0.2
32 MB	1 GB	0.6
32 MB	1.6 GB	0.8
64 MB	540 MB	0.2
64 MB	1 GB	0.6
64 MB	1.6 GB	1.0

Abb. 8.2: Partikularisierung der Fuzzy-Relation „PCs mit großen Speicherkapazitäten"

Von einem Computer (C) mit großen Speicherkapazitäten sei bekannt, daß er über eine große Festplattenkapazität verfüge. Frage: Wie groß ist sein Arbeitsspeicher? Nach dem Partikularisierungsprinzip berechnet sich die resultierende Possibilitätsverteilung wie folgt:

$$\begin{aligned}\pi_{\text{Speicher}}(C) &= \text{proj}_{\text{Speicher}}(R_1 \cap \text{cyl}_{\text{Speicher}}(R_2)) \\ &= 1/64 + 0.8/32 + 0.6/16.\end{aligned} \tag{8.26}$$

Die resultierende Possibilitätsverteilung besagt, daß der Arbeitsspeicher des Computers über 16 MB aufweist und es gut möglich ist, daß er 64 MB Arbeitsspeicher bietet. Abbildung 8.2 verdeutlicht den Rechenweg über die Darstellung der Zwischenergebnisse.

In diesem Inferenzschema wird vorausgesetzt, daß die Variable der von G induzierten Possibilitätsverteilung eine Teilvariable der von F induzierten Possibilitätsverteilung ist. Diese Bedingung läßt sich dahingehend lockern, daß lediglich verlangt wird, beide Possibilitätsverteilungen sollen eine gemeinsame Teilvariable (Y) aufweisen:

$$\begin{aligned}\pi_{(Y,X)}(y_1, \ldots, y_k, x_{k+1}, \ldots, x_n) &= F \\ \pi_{(Y,Z)}(y_1, \ldots, y_k, z_{k+1}, \ldots, z_m) &= G.\end{aligned} \tag{8.27}$$

In diesem allgemeineren Fall muß die *Verbindung* der unscharfen Relationen F und G berechnet werden (vgl. Definition 5.16, 174). Das bedeutet: die Zylindererweiterung von G wird nicht wie in 8.25 direkt mit F, sondern mit der Zylindererweiterung von F geschnitten. Auf diese Weise läßt sich das Partikularisierungsprinzip zu dem sogenannten *Konjunktionsprinzip* (engl.: *conjunction principle*) verallgemeinern.[6] Statt des Inferenzschemas 8.25 erhält man dann allgemeiner:

$$\begin{array}{l} p \rightarrow \pi_{(Y,X)}(y_1, \ldots, y_k, x_{k+1}, \ldots, x_n) = F \\ q \rightarrow \pi_{(Y,Z)}(y_1, \ldots, y_k, z_{k+1}, \ldots, z_m) = G \\ \hline r \leftarrow \pi_{(Y,X,Z)}(y_1, \ldots, y_k, x_{k+1}, \ldots, x_n, z_{k+1}, \ldots, z_m) = \text{cyl}(F) \cap \text{cyl}(G). \end{array} \tag{8.28}$$

Für die Formalisierung einer unscharfen Variante der klassischen Abtrennungsregel Modus ponens (vgl. Kapitel 8.3) ist der einfachere Fall von zwei binären Relationen mit den Teilvariablen X, Y sowie Y, Z bedeutsam. Ist Ω_X die Grundmenge zu der Variablen X und Ω_Z die mit Z assoziierte Grundmenge, so reduziert sich in diesem Fall das Inferenzschema 8.28 auf das Schema

$$\begin{array}{l} p \rightarrow \pi_{(X,Y)}(x, y) = F \\ q \rightarrow \pi_{(Y,Z)}(y, z) = G \\ \hline r \leftarrow \pi_{(X,Y,Z)}(x, y, z) = (F \times \Omega_Z) \cap (\Omega_X \times G). \end{array} \tag{8.29}$$

[6] Obgleich das Partikularisierungsprinzip vom Konjunktionsprinzip subsumiert wird, verwendet Zadeh im allgemeinen die zusammengesetzte Bezeichnung „Partikularisations/Konjunktionsprinzip“. Er begründet die explizite Erwähnung des spezielleren Partikularisierungsprinzips damit, daß das Partikularisationsprinzip häufiger benutzt werde, leichter sei und intuitiv ansprechender sei [Zadeh 1979, 397].

Inklusionsprinzip

Nach dem *Inklusionsprinzip* (engl.: *entailment principle*) kann aus einer unscharfen Proposition p eine unscharfe Proposition q gefolgert werden, wenn die durch p benannte unscharfe Relation (F) eine Teilmenge der von q benannten Relation (G) ist, wenn also die von p induzierte Possibilitätsverteilung in der durch q induzierten enthalten ist:

$$\begin{array}{r} p \rightarrow \pi_{(X_1, \ldots, X_n)} = F \\ G \supset F \\ \hline q \leftarrow \pi_{(X_1, \ldots, X_n)} = G. \end{array} \tag{8.30}$$

Als Beispiel für das Inklusionsprinzip nennt Zadeh den Schluß von „*X ist sehr groß*" auf „*X ist groß*" [Zadeh 1979, 398]. Zu beachten ist allerdings, daß diese Inferenz nach dem Inklusionsprinzip nur zulässig ist, wenn die durch *sehr* modifizierte unscharfe Menge tatsächlich in der unscharfen Ausgangsmenge enthalten ist. Dies trifft zu, wenn die linguistische Hecke *sehr (very)* – wie von Zadeh angenommen – als Konzentrations-Operator definiert ist (vgl. 6.2, 195 beziehungsweise 6.17, 201), für andere Modellierungsansätze gilt dies und folglich die angeführte Schlußfolgerung nicht unbedingt.

8.3 Der generalisierte Modus ponens als Spezialfall der Verkettungsschlußregel

Als eine der bedeutendsten Schlußregeln der Aussagenlogik kann der schon in der Antike vielfach beschriebene *Modus ponens* gelten. Nach dieser auch in der modernen Logik gebräuchlichen Abtrennungsregel kann gefolgert werden, daß eine Aussage q wahr ist, falls die Aussagen p sowie *wenn* p, *dann* q, geschrieben $p \rightarrow q$, gelten. Formal wird der Modus ponens entweder als Abtrenngesetz (8.31) oder als Schlußschema (8.32) dargestellt:

$$p \wedge (p \rightarrow q) \Rightarrow q \tag{8.31}$$

$$\begin{array}{c} p \\ p \rightarrow q \\ \hline q. \end{array} \tag{8.32}$$

Der klassische Modus ponens setzt voraus, daß eine Aussage entweder *wahr* oder *falsch* ist. Für die Entwicklung einer Theorie approximativen Schließens auf der Basis von Fuzzy-Mengen stellt sich die Frage, welche Folgerung aufgrund der Prämissen p und *wenn* p, *dann* q abgeleitet werden kann, wenn die involvierten Aussagen (p, q) unscharf sind. Zadeh hat vorgeschlagen, diese Frage auf der Basis einer allgemeineren approximativen Schlußregel zu beantworten – der *Verkettungsschlußregel* (engl.: *compositional rule of inference*).

8.3.1 Verkettungsschlußregel

Nach der Verkettungsschlußregel kann eine unscharfe Aussage aus der Verkettung zweier unscharfer Relationen (vgl. die Definitionen 5.11 bis 5.13, 169ff.) abgeleitet werden. In seinem sehr einflußreichen Text zur Analyse komplexer Systeme [Zadeh 1973] bedeutet diese Regel, eine einstellige unscharfe Relation (B) aus der Verkettung einer einstelligen (A) mit einer zweistelligen unscharfen Relation (R) zu berechnen [vgl. Zadeh 1973, 130]:

$$B = A \circ R. \tag{8.33}$$

Später hat Zadeh dieses Schema durch ein allgemeineres Schema über zweistellige unscharfe Relationen ergänzt und die Konklusion in beiden Fällen als linguistische Approximation der Verkettung definiert [vgl. Zadeh 1975b, 423]. Werden die unscharfen Relationen als Possibilitätsverteilungen wie in [Zadeh 1979, 368ff., 398] gedeutet, so lassen sich die beiden Varianten der Verkettungsschlußregel über folgende Schemata beschreiben:

$$\begin{array}{l} p \rightarrow \pi_{(X)}(x) = F \\ q \rightarrow \pi_{(X,Y)}(x,y) = G \\ \hline r \leftarrow \pi_{(Y)}(y) = F \circ G. \end{array} \tag{8.34}$$

$$\begin{array}{l} p \rightarrow \pi_{(X,Y)}(x,y) = F \\ q \rightarrow \pi_{(Y,Z)}(y,z) = G \\ \hline r \leftarrow \pi_{(X,Z)}(x,z) = F \circ G. \end{array} \tag{8.35}$$

Die Verkettungsschlußregel kann als eine sukzessive Anwendung des Konjunktions- und Projektionsprinzips begriffen werden. Geht man von einer einstelligen Relation wie in Form 8.34 aus, so ist zuvor eine Zylindererweiterung von F durchzuführen. Andernfalls kann direkt das Konjunktionsprinzip auf p und q angewandt werden, sodaß man die Form 8.29 (273) erhält. Explizit läßt sich die Possibilitätsverteilung der Konklusion von 8.29 über die folgende Funktionsgleichung beschreiben:

$$\begin{aligned} \pi_{(X,Y,Z)}(x,y,z) &= (F \times \Omega_Z) \cap (\Omega_X \times G) \\ &= \mu_{(F \times \Omega_Z) \cap (\Omega_X \times G)}(x,y,z) \\ &= \min(\mu_F(x,y), \mu_G(y,z)). \end{aligned} \tag{8.36}$$

Eine Projektion von $(F \times \Omega_Z) \cap (\Omega_X \times G)$ auf $\Omega_X \times \Omega_Z$ ergibt:

$$\int_{\Omega_X \times \Omega_Z} \sup_y \min (\mu_F(x, y), \mu_G(y, z))/(x, z). \qquad (8.37)$$

Form 8.37 wiederum ist nichts anderes als die explizite Beschreibung der sup-min-Verkettung (vgl. Gleichung 5.32, 169), über die auch die Konklusion der Verkettungsschlußregel (8.35) definiert ist.

8.3.2 Der generalisierte Modus ponens

Mit der Verkettungsschlußregel steht ein relativ allgemeines Schema zur Verfügung, aus zwei unscharfen Prämissen p und q eine unscharfe Konklusion r zu berechnen. Ein bedeutender Spezialfall liegt dann vor, wenn p die Form $x = A'$ und q die Form *wenn* $x = A$, *dann* $y = B$ annimmt. Die Schlußfolgerung r lautet dann $y = B'$. Dabei sind A' und A sowie B' und B jeweils über der gleichen Grundmenge definiert. Abstrahiert von den involvierten Possibilitätsverteilungen und relationalen Operationen ergibt sich dann das Inferenzschema

$$\begin{array}{l} p: x = A' \\ q: \text{if } x = A \text{ then } y = B \\ \hline r: y = B' \end{array} \quad (8.38) \qquad \text{oder kurz:} \qquad \begin{array}{c} A' \\ A \rightarrow B \\ \hline B'. \end{array} \quad (8.39)$$

Form 8.39 macht die Gemeinsamkeit dieser Schlußfigur zum Modus ponens (8.32) deutlich. Zugleich wird evident, daß diese Inferenzregel sich von dem klassischen Vorbild nicht nur dahingehend unterscheidet, daß sie über unscharfen Aussagen operiert. Im Gegensatz zur klassischen Abtrennungsregel erlaubt diese approximative Inferenzregel überdies, daß die erste Prämisse (A') vom Antezedenten (A) der zweiten Prämisse abweicht und sie verlangt konsequenter Weise nicht, daß die Konklusion (B') exakt mit dem Konsequenten der zweiten Prämisse übereinstimmt.

Um die Verkettungsschlußregel anwenden zu können, ist es notwendig, die Konditionalaussage q in eine Possibilitätsverteilung über X und Y zu übersetzen. Da die Konditionalaussage q eine unscharfe Relation über dem Kartesischen Produkt der unscharfen Mengen A und B beschreibt, die die gesuchte Possibilitätsverteilung über den Variablen X und Y induziert, stellt sich die Frage, wie diese unscharfe Relation zu berechnen ist. Interpretiert man die Konditionalaussage q im Sinne der logischen Implikation, so besteht die Aufgabe darin, einen *Implikationsoperator* zu bestimmen, mit dem sich die gesuchte Relation zwischen A und B berechnen läßt.

Zadeh hat dazu zwei Ansätze vorgeschlagen. Sein erster Vorschlag sieht vor, die Konditionalaussage „*wenn A, dann B*" als Spezialfall der komplexeren

Aussage „*wenn A, dann B, sonst C*" zu betrachten, die er über das Kartesische Produkt definiert [vgl. Zadeh 1973, 128]. In Termini der Possibilitätsverteilung:

$$\text{Wenn } x = A, \text{ dann } y = B, \text{ sonst } C \rightarrow \Pi_{(X,Y)} = (A \times B) \cup (\bar{A} \times C). \qquad (8.40)$$

Man kann hier von einer bedingten Possibilitätsverteilung sprechen und dies in der Notation hervorheben, indem man $\Pi_{(X|Y)}$ statt $\Pi_{(X,Y)}$ schreibt. B und C sind unscharfe Teilmengen der gleichen Grundmenge Ω_B. Dieser Vorschlag läßt sich über folgende Aussageform und Äquivalenzumformung rechtfertigen [vgl. Böhme 1993, 255]:

$$(A \rightarrow B) \wedge (\neg A \rightarrow C) \Leftrightarrow (A \wedge B) \vee (\neg A \wedge C). \qquad (8.41)$$

Für die einfachere Wenn-Dann-Verknüpfung setzt Zadeh $C = \Omega_B$, das bedeutet: die Folgerung von *nicht A* ist unbekannt:

$$\begin{aligned}\text{Wenn } x = A, \text{ dann } y = B \rightarrow \Pi_{(X,Y)} &= (A \times B) \cup (\bar{A} \times \Omega_B) \\ &= (A \times B) \cup \mathrm{cyl}(\bar{A}).\end{aligned} \qquad (8.42)$$

Es gilt:

$$\begin{aligned}(A \times B) \cup (\bar{A} \times \Omega_B) &= \max(\min(\mu_A(x), \mu_B(y)), \min(1 - \mu_A(x), 1)) \\ &= \max(\min(\mu_A(x), \mu_B(y)), 1 - \mu_A(x))\end{aligned} \qquad (8.43)$$

Später hat Zadeh die Wenn-Dann-Verknüpfung über die beschränkte Summe (3.28, 85) der Zylindererweiterungen von B und der Komplementmenge von A definiert:[7]

$$\text{Wenn } x = A, \text{ dann } y = B \rightarrow \Pi_{(X,Y)} = \mathrm{cyl}(\bar{A}) \oplus \mathrm{cyl}(B). \qquad (8.44)$$

Explizit ergibt sich:

$$cyl(\bar{A}) \oplus cyl(B) = \min(1, 1 - \mu_A(x) + \mu_B(y)). \qquad (8.45)$$

Anhand des rechten Terms ist zu erkennen, daß dieser Vorschlag Zadehs mit der Definition des Implikationsoperators (I_{LU})[8] in der $L_{\aleph}$-Logik von Łukasiewicz übereinstimmt:

$$\forall u, v \in [0, 1]: \qquad I_{LU}(u, v) = \min(1, 1 - u + v). \qquad (8.46)$$

Unter Verwendung des Implikationsoperators I_{LU} kann die Wenn-Dann-Verknüpfung im Sinne von 8.44 auch über die Relation $I_{LU}(A,B)$ definiert werden:

---

[7] Vgl. etwa [Zadeh 1976b, 349; 1979, 399; 1983b, 422]. Die Notation ist analog zu 8.42 gewählt, wobei $\oplus$ die beschränkte Summe (3.28, 85) bezeichnet.

[8] Zu den Eigenschaften dieses Operators vgl. Kapitel 8.4, insbesondere Tabelle 8.1 (283).

$$\text{Wenn } x = A, \text{ dann } y = B \rightarrow \Pi_{(X,Y)} = I_{\mathrm{LU}}(A, B). \tag{8.47}$$

Zadehs erster Vorschlag kann in der gleichen Form unter Verwendung eines anderen „Implikationsoperators“ beschrieben werden:

$$\text{Wenn } x = A, \text{ dann } y = B \rightarrow \Pi_{(X,Y)} = I_{\mathrm{ZA}}(A, B). \tag{8.48}$$

Die Definition von I_{ZA}, der als (früher) Zadeh-Implikationsoperator bezeichnet wird, kann direkt aus 8.43 abgeleitet werden:

$$\forall u, v \in [0, 1]: \qquad I_{\mathrm{ZA}}(u, v) = \max(\min(u, v), 1 - u). \tag{8.49}$$

Es ist leicht zu überprüfen, daß beide Operatoren zur klassischen Implikation konsistente Ergebnisse liefern:

u	v	$u \Rightarrow v$
w	w	w
w	f	f
f	w	w
f	f	w

u	v	$I_{LU}(u,v)$	$I_{ZA}(u,v)$
1	1	1	1
1	0	0	0
0	1	1	1
0	0	1	1

Die Formeln 8.47 und 8.48 veranschaulichen, daß Wenn-Dann-Verknüpfungen durch die Wahl unterschiedlicher „Implikationsoperatoren“ auf verschiedene Arten formalisiert werden können. Läßt man die Wahl des „Implikationsoperators“ offen, so ergibt sich die Formel:

$$\text{Wenn } x = A, \text{ dann } y = B \rightarrow \Pi_{(X,Y)} = I(A, B). \tag{8.50}$$

Bedenkt man zudem, daß auch verschiedene Operatoren für die Verkettung unscharfer Relationen anwendbar sind, so wird klar, daß sich der Modus ponens auf sehr unterschiedliche Weisen verallgemeinern läßt. Da weder algebraische Kriterien noch semantische Gründe einen Verkettungs- und einen Implikationsoperator allgemeingültig zu präferieren erlauben (vgl. Kapitel 8.4), empfiehlt es sich, diesen Freiraum in der Definition des verallgemeinerten oder *generalisierten Modus Ponens* (engl.: *generalized modus ponens*) zu bewahren. Dies berücksichtigend kann das allgemeine Schema des generalisierten Modus ponens (8.38) mit Hilfe der Verkettungsschlußregel (8.34) sowie der Übersetzung von Wenn-Dann-Aussagen im Sinne von 8.50 konkretisiert werden:

$$\begin{array}{l} p\colon x = A' \rightarrow \pi_X(x) = A' \\ q\colon \text{if } x = A \text{ then } y = B \rightarrow \pi_{(X,Y)}(x, y) = I(A, B) \\ \hline r\colon y = B' \leftarrow \pi_Y(y) = A' \circ I(A, B). \end{array} \tag{8.51}$$

Beispiel 8.3 *„Heizungsregelung" nach dem generalisierten Modus ponens*

Gegeben sei eine Regel zur Regulierung der Zimmertemperatur im Winter: „Wenn die Zimmertemperatur normal ist, dann soll das Heizungsventil halboffen sein". Die unscharfen Werte „normale Zimmertemperatur", kurz: normal, „halboffene Ventilstellung", kurz: halboffen, und „etwa 20 Grad Celsius", kurz: etwa 20", seien über Vektoren von Zugehörigkeitsgraden bezüglich der diskreten Grundmengen „Temperaturen" und „Ventilstellungen" wie folgt definiert (vgl. Abbildung 8.3):

$$\begin{aligned}
\text{Temperaturen} &= \begin{bmatrix}15 & 16 & 17 & 18 & 19 & 20 & 21 & 22 & 23 & 24 & 25\end{bmatrix}\\
\text{Ventilstellungen} &= \begin{bmatrix}0 & 0.5 & 1 & 1.5 & 2 & 2.5 & 3 & 3.5 & 4 & 4.5 & 5\end{bmatrix}\\
\text{normal} &= \begin{bmatrix}0 & 0 & 0.3 & 0.7 & 1 & 1 & 1 & 0.7 & 0.3 & 0 & 0\end{bmatrix}\\
\text{halboffen} &= \begin{bmatrix}0 & 0 & 0 & 0.3 & 0.7 & 1 & 0.7 & 0.3 & 0 & 0 & 0\end{bmatrix}\\
\text{etwa 20} &= \begin{bmatrix}0 & 0 & 0 & 0.2 & 0.7 & 1 & 0.7 & 0.2 & 0 & 0 & 0\end{bmatrix}
\end{aligned} \tag{8.52}$$

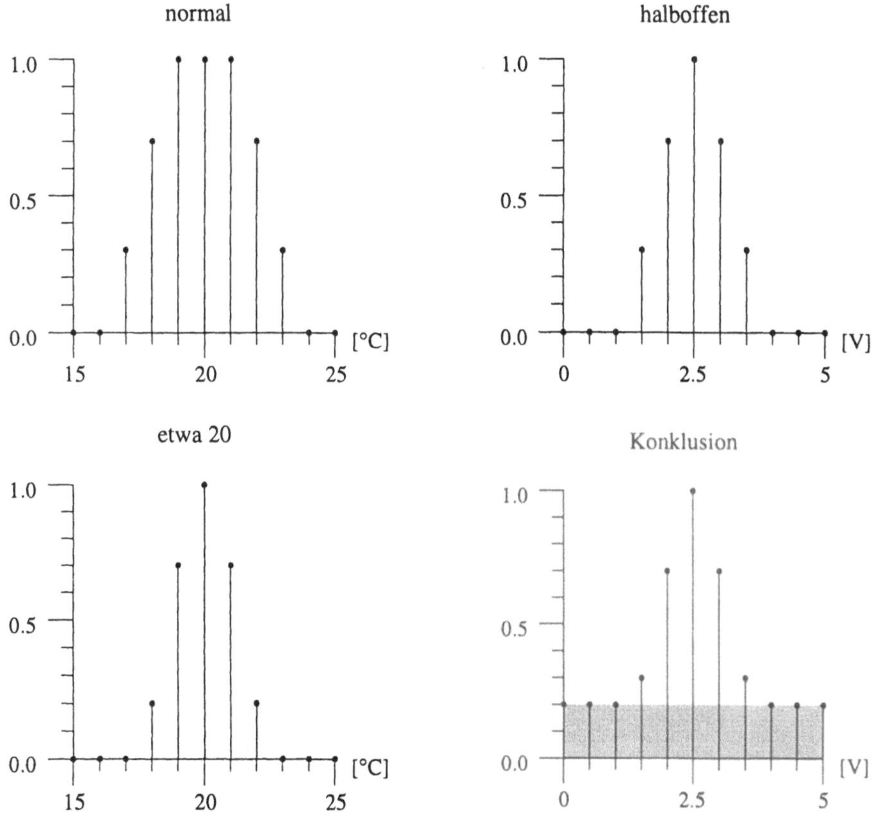

Abb. 8.3: Zugehörigkeitsfunktionen einer Heizungsregelung

Die Aufgabe besteht darin, mit Hilfe des generalisierten Modus ponens auf der Basis des Implikationsoperators von Łukasiewicz zu berechnen, wie das Heizungsventil eingestellt werden soll, wenn die Zimmertemperatur etwa 20 Grad beträgt. Gemäß 8.51 ist dazu zunächst die Implikationsrelation (vgl. 8.46, 8.47) zu berechnen:

$$R_{\text{normal} \to \text{halboffen}} = I_{\text{LU}}(\text{normal, halboffen})$$

$$= \begin{bmatrix} 1 & 1 & 1 & 1 & 1 & 1 & 1 & 1 & 1 & 1 & 1 \\ 1 & 1 & 1 & 1 & 1 & 1 & 1 & 1 & 1 & 1 & 1 \\ 0.7 & 0.7 & 0.7 & 1 & 1 & 1 & 1 & 1 & 0.7 & 0.7 & 0.7 \\ 0.3 & 0.3 & 0.3 & 0.6 & 1 & 1 & 1 & 0.6 & 0.3 & 0.3 & 0.3 \\ 0 & 0 & 0 & 0.3 & 0.7 & 1 & 0.7 & 0.3 & 0 & 0 & 0 \\ 0 & 0 & 0 & 0.3 & 0.7 & 1 & 0.7 & 0.3 & 0 & 0 & 0 \\ 0 & 0 & 0 & 0.3 & 0.7 & 1 & 0.7 & 0.3 & 0 & 0 & 0 \\ 0.3 & 0.3 & 0.3 & 0.6 & 1 & 1 & 1 & 0.6 & 0.3 & 0.3 & 0.3 \\ 0.7 & 0.7 & 0.7 & 1 & 1 & 1 & 1 & 1 & 0.7 & 0.7 & 0.7 \\ 1 & 1 & 1 & 1 & 1 & 1 & 1 & 1 & 1 & 1 & 1 \\ 1 & 1 & 1 & 1 & 1 & 1 & 1 & 1 & 1 & 1 & 1 \end{bmatrix} \tag{8.53}$$

Die gesuchte Ventilstellung erhält man, indem man den unscharfen Eingabewert „etwa 20" mit der Implikationsrelation 8.53 gemäß Definition 5.11 (169) verkettet:

$$\text{etwa } 20 \circ I_{\text{LU}}(\text{normal, halboffen})$$

$$\begin{bmatrix} 0 & 0 & 0 & 0.2 & 0.7 & 1 & 0.7 & 0.2 & 0 & 0 & 0 \end{bmatrix} \circ \begin{bmatrix} 1 & 1 & 1 & 1 & 1 & 1 & 1 & 1 & 1 & 1 & 1 \\ 1 & 1 & 1 & 1 & 1 & 1 & 1 & 1 & 1 & 1 & 1 \\ 0.7 & 0.7 & 0.7 & 1 & 1 & 1 & 1 & 1 & 0.7 & 0.7 & 0.7 \\ 0.3 & 0.3 & 0.3 & 0.6 & 1 & 1 & 1 & 0.6 & 0.3 & 0.3 & 0.3 \\ 0 & 0 & 0 & 0.3 & 0.7 & 1 & 0.7 & 0.3 & 0 & 0 & 0 \\ 0 & 0 & 0 & 0.3 & 0.7 & 1 & 0.7 & 0.3 & 0 & 0 & 0 \\ 0 & 0 & 0 & 0.3 & 0.7 & 1 & 0.7 & 0.3 & 0 & 0 & 0 \\ 0.3 & 0.3 & 0.3 & 0.6 & 1 & 1 & 1 & 0.6 & 0.3 & 0.3 & 0.3 \\ 0.7 & 0.7 & 0.7 & 1 & 1 & 1 & 1 & 1 & 0.7 & 0.7 & 0.7 \\ 1 & 1 & 1 & 1 & 1 & 1 & 1 & 1 & 1 & 1 & 1 \\ 1 & 1 & 1 & 1 & 1 & 1 & 1 & 1 & 1 & 1 & 1 \end{bmatrix} \tag{8.54}$$

$$= \begin{bmatrix} 0.2 & 0.2 & 0.2 & 0.3 & 0.7 & 1 & 0.7 & 0.3 & 0.2 & 0.2 & 0.2 \end{bmatrix}.$$

Wie ersichtlich, erhöht die Abweichung des Faktums vom Antezedent die Unsicherheit der Konklusion selbst dann, wenn das Faktum eine Teilmenge des Antezedenten ist.

Der generalisierte Modus ponens weist das gleiche Grundschema auf wie die klassische Abtrennungsregel und liefert die gleichen Konklusionen, falls er auf gewöhnliche Mengen angewandt wird. Er ist zugleich allgemeiner, weil er auch mit unscharfen Mengen operieren kann und unscharfe Folgerungen selbst dann abzuleiten erlaubt, wenn die erste Prämisse mit dem Antezedenten der zweiten nur graduell übereinstimmt, wobei die Konklusionen dem Konsequenten nicht notwendiger Weise exakt entsprechen müssen. Insofern kann das Schlußschema

8.51 zurecht als Verallgemeinerung des Modus ponens gelten. Damit ist jedoch nicht gesagt, daß alle Eigenschaften der klassischen Abtrennungsregel auch für unscharfe Mengen erhalten bleiben. Welche Eigenschaften der generalisierte Modus ponens hat, hängt von der Wahl des Verkettungs- und Implikationsoperators ab. Für die Verkettung wird meist eine Sup-Min-Verkettung oder Sup-Produkt-Verkettung bevorzugt, als Implikationsoperator kommen eine Reihe mehrwertiger Implikationsoperatoren in Frage, deren Eigenschaften hinsichtlich der Verallgemeinerung klassischer Inferenzregeln eingehend untersucht worden sind.

8.4 Mehrwertige Implikationsoperatoren zur Modellierung unscharfer Inferenzschemata

Die Verallgemeinerung des klassischen Implikationsoperators ist keine auf die Fuzzy-Mengentheorie beschränkte Problemstellung. Viele in der Fuzzy-Mengentheorie verwandte Formeln sind Arbeiten über mehrwertige Logiken entlehnt. An prominenter Stelle steht die mehrwertige Standard-Łukasiewicz-Logik, auch als $L_{\aleph_1}$-Logik bezeichnet. Darin wird die Menge der Wahrheitswerte auf das reelle Einheitsintervall [0, 1] ausgedehnt. Der Implikationsoperator wird in dieser Tradition gemeinhin als eine zweistellige Funktion von $[0, 1] \times [0, 1]$ auf [0, 1] aufgefaßt.

Es gibt eine Reihe mehrwertiger Implikationsoperatoren, auf die verschiedene Methoden approximativen Schließens zurückgreifen. In einigen Ansätzen werden sie im Sinne einer mehrwertigen Logik benutzt, d.h. auf numerische Wahrheitswerte aus dem Einheitsintervall angewandt. Andere Ansätze liegen in der Tradition von Zadehs Verkettungsschlußregel beziehungsweise dem generalisierten Modus ponens.

8.4.1 Algebraische Anforderungen an Implikationsoperatoren

In der mathematischen Fachliteratur werden eine Reihe axiomatischer Anforderungen für mehrwertige Implikationsoperatoren beschrieben. Es besteht keine Einigkeit darüber, welche Forderungen berechtigt oder notwendig sind. Unstrittig ist, daß mehrwertige Implikationsoperatoren zur klassischen Implikation gleichwertige Ergebnisse liefern sollten, falls die in den Prämissen verwandten Prädikate die Voraussetzungen der zweiwertigen Logik erfüllen. Dem Minimalkonsens entsprechend ist ein mehrwertiger Implikationsoperator als eine Funktion $I{:}[0, 1] \times [0, 1] \to [0, 1]$ definiert, die in Übereinstimmung mit der klassischen Implikation folgende Randbedingungen erfüllt:

$$\begin{aligned} I(0,0) &= I(0,1) = I(1,1) = 1 \\ I(1,0) &= 0. \end{aligned} \tag{8.55}$$

Gefordert wird ferner, I solle *stetig* sein (I10). Diese Forderung wird jedoch von einigen bekannten Operatoren wie die von Yager, Gödel, Gaines und Rescher nicht eingelöst (vgl. Tabelle 8.1). Das gleiche gilt für weitergehende Verallgemeinerungen von Gesetzmäßigkeiten der klassischen Implikation (vgl. 8.55). Setzt man für *wahr* die Zahl 1 und 0 für *falsch,* so gilt im Sinne der klassischen Logik: Eine Subjunktion ist genau dann wahr, wenn der Antezedent kleiner oder gleich dem Konsequenten ist (I8). Entsprechend kann nach der klassischen Logik gefordert werden: Wenn der Antezedent 0 ist, dann ist der Wahrheitswert der Implikation 1 (I3); wenn der Antezedent 1 ist, dann ist der Wahrheitswert der Implikation gleich dem Wahrheitswert des Konsequenten (I4); der Wahrheitswert der Implikation ist immer größer oder gleich dem des Konsequenten (I5); wenn die Wahrheitswerte von Antezedent und Konsequent gleich sind, so folgt nach dem Identitätsprinzip, daß die Implikation wahr ist (I6). Weitere Axiome verallgemeinern Gesetzmäßigkeiten, die zwischen klassischen Implikationen bestehen: Nach dem Kontrapositionsgesetz ((a $\rightarrow$ b) $\Leftrightarrow$ ($\neg$b $\rightarrow$ $\neg$a)) wird gefordert, daß die Wahrheitswerte zweier Implikationen gleich sind, wenn der Antezedent der ersten Implikation gleich dem negierten Konsequenten der zweiten und der negierte Antezedent der zweiten Implikation gleich dem Konsequenten der ersten (I9) ist[9]; nach dem Austauschprinzip (I7) sind die Aussageformen $a \rightarrow (b \rightarrow c)$ und $b \rightarrow (a \rightarrow c)$ gleichwertig. Weitere Forderungen besagen, daß der Wahrheitswert einer Implikation größer ist als der einer anderen Implikation, wenn bei gleichem Konsequenten der Wert ihres Antezedenten kleiner ist (I1) oder bei gleichem Antezedenten der Wert ihres Konsequenten größer ist (I2). Formal ergibt sich folgende Liste algebraischer Eigenschaften [vgl. Dubois and Prade 1991a, 156f.]:

(I1) $x \le x' \Rightarrow I(x, ay) \ge I(x', y)a$
(I2) $y \ge y' \Rightarrow I(x, y) \ge I(x, y')$
(I3) $I(0, y) = 1$
(I4) $I(1, y) = y$
(I5) $I(x, y) \ge y$
(I6) $I(x, x) = 1$
(I7) $I(x, I(y, z)) = I(y, I(x, z))$
(I8) $I(x, y) = 1 \Leftrightarrow x \le y$
(I9) $I(x, y) = I(n(y), n(x))$ mit $n(x) = I(x, 0)$
(I10) I ist stetig.

[9] Die Negationsoperation n muß dabei die Definition einer *strengen* Negation erfüllen. Vgl. Alsina, Trillas and Valverde [1983, 73], Trillas and Valverde [1985a, 98] oder Fußnote 4 (85).

In Tabelle 8.1 sind die Namen, Funktionsgleichungen und Eigenschaften bekannter Implikationsoperatoren aufgelistet. Daraus geht hevor, daß der frühe Zadehsche Implikationsoperator nur vier der zehn Eigenschaften besitzt und einzig der Implikationsoperator von Łukasiewicz alle genannten algebraischen Anforderungen erfüllt.

Name	Form $I(x, y)$; $x, y \in [0, 1]$		Eigenschaften									
			I1	I2	I3	I4	I5	I6	I7	I8	I9	I10
Gaines-Rescher	1 ; für $x \leq y$ 0 ; sonst	(8.56)	•	•	•	•		•	•	•	•	
Gödel	1 ; für $x \leq y$ y ; sonst	(8.57)	•	•	•	•	•	•	•	•		
Goguen	1 ; für $x = 0$ $\min(1, y/x)$; sonst	(8.58)	•	•	•	•	•	•	•	•		•
Kleene-Dienes	$\max(1 - x, y)$	(8.59)	•	•	•	•	•		•		•	•
Łukasiewicz	$\min(1, 1 - x + y)$	(8.60)	•	•	•	•	•	•	•	•	•	•
Reichenbach	$1 - x + xy$	(8.61)	•	•	•	•	•		•		•	•
Willmott	$\min(\max(1 - x, y),$ $\max(x, 1 - y, \min(y, 1 - x)))$	(8.62)			•	•						•
Yager	y^x	(8.63)	•	•	•	•	•		•			
(Früher) Zadeh	$\max(1 - x, \min(x, y))$	(8.64)		•	•	•						•

Tabelle 8.1: Mehrwertige Implikationsoperatoren und ihre algebraischen Eigenschaften

Einige der angegebenen Operatoren werden in der Fachliteratur auch unter anderem Namen geführt: *standard strict (8.56), standard star implication (8.57), Zadehs arithmetic rule (8.60), Zadehs max-min rule (8.64).*

Es wäre jedoch unzureichend, Implikationsoperatoren einzig aufgrund dieser formalen Eigenschaften zu beurteilen. Die Wirkung der Operatoren wird durch sie nur sehr grob erfaßt, so daß offen bleibt, welche semantischen Effekte ihre Anwendung im Rahmen des generalisierten Modus ponens hat. Abbildung 8.4 bietet eine geometrische Darstellung der genannten Implikationsoperatoren, Tabelle 8.2 beschreibt ihre Wirkung im Rahmen des generalisierten Modus ponens, nämlich die Konklusionen, die sich aus der Anwendung des über den entsprechenden Implikationsoperator spezifizierten generalisierten Modus auf die in Abbildung 8.5 beschriebenen Fuzzy-Mengen ergeben.

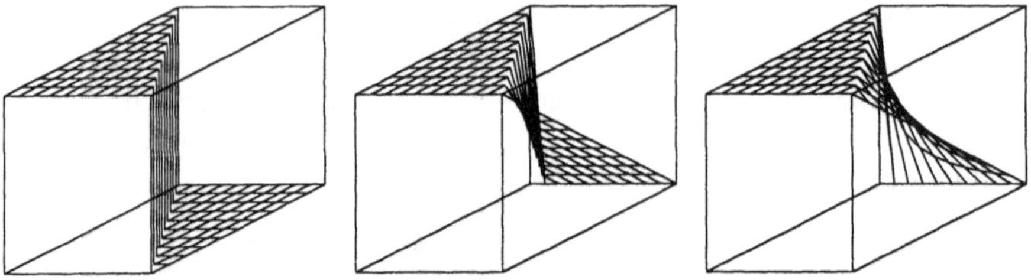

Gaines-Rescher (8.56) Gödel (8.57) Goguen (8.58)

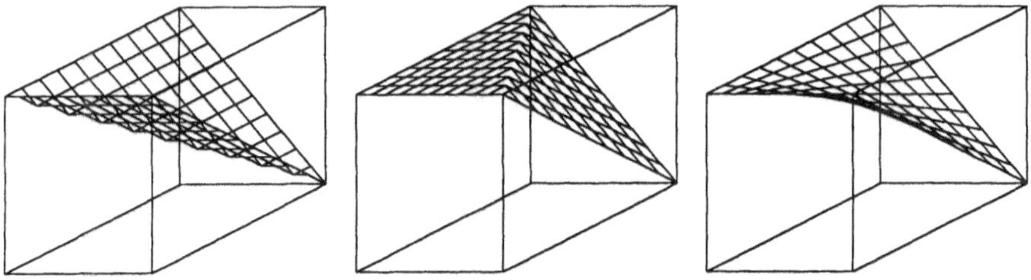

Kleene-Dienes (8.59) Łukasiewicz (8.60) Reichenbach (8.61)

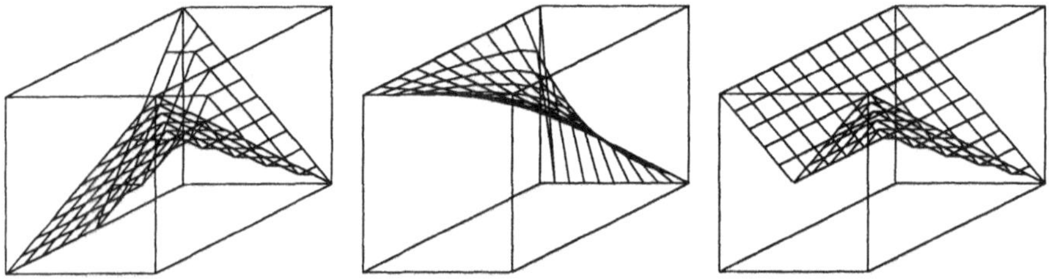

Willmott (8.62) Yager (8.63) (Früher) Zadeh (8.64)

Abb. 8.4: Geometrische Darstellungen von Implikationsoperatoren

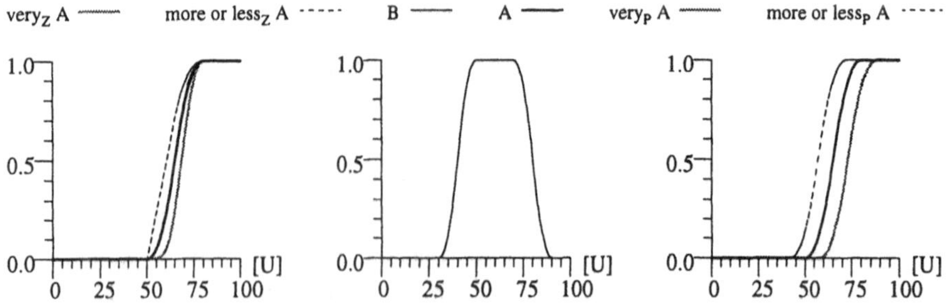

Abb. 8.5: Fuzzy-Mengen zur Definition einer unscharfen Implikation und unscharfer Fakten

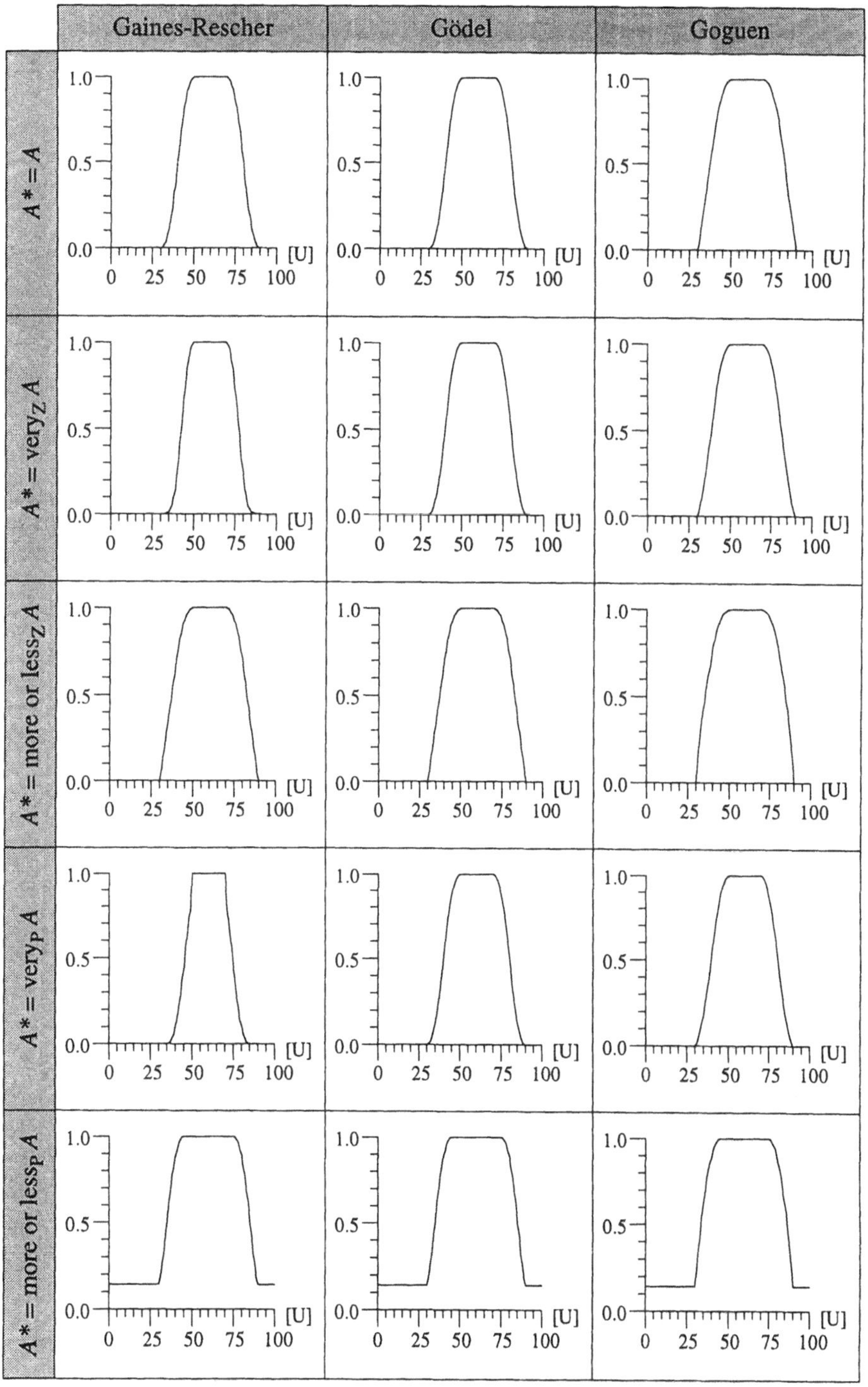

Tabelle 8.2: Konklusionen auf der Basis des generalisierten Modus ponens mit verschiedenen Implikationsoperatoren (Seite 1 von 3)

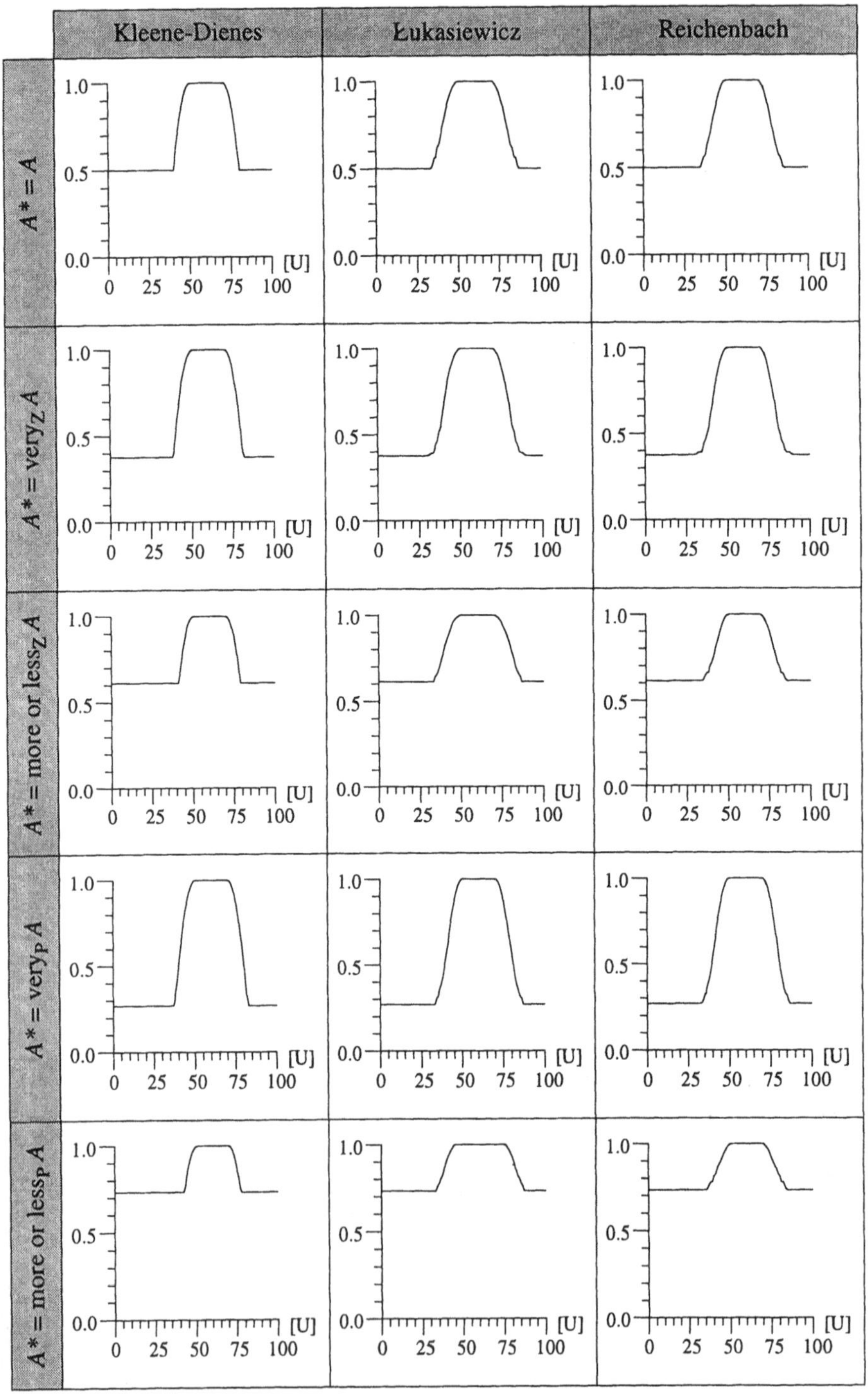

Tabelle 8.2: Konklusionen auf der Basis des generalisierten Modus ponens mit verschiedenen Implikationsoperatoren (Seite 2 von 3)

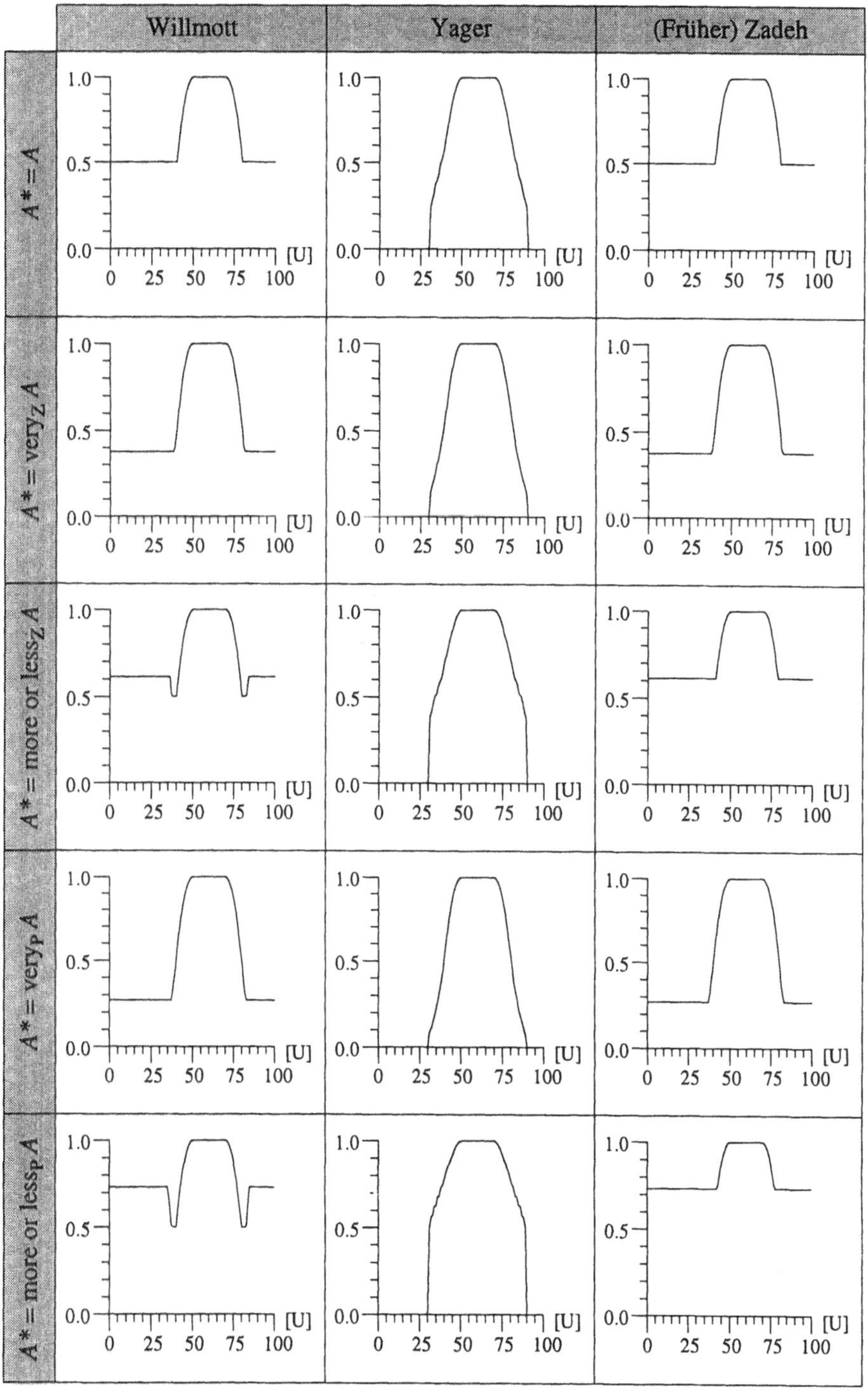

Tabelle 8.2: Konklusionen auf der Basis des generalisierten Modus ponens mit verschiedenen Implikationsoperatoren (Seite 3 von 3)

8.4.2 Typologien von Fuzzy-Regeln auf der Basis mehrwertiger Implikationsoperatoren

Wie in Kapitel 8.3 gezeigt wurde, können unscharfe Regeln der Form *„wenn A, dann B“* mit Hilfe mehrwertiger Implikationsoperatoren als Relationen über Antezedent und Konsequent modelliert werden. Grundmenge dieser Relation R ist das Kartesische Produkt der Grundmengen von A und B: $\Omega_R = \Omega_A \times \Omega_B$. Man kann zu jedem mehrwertigen Implikationsoperator von $[0,1] \times [0,1]$ auf $[0,1]$ einen (gleichnamigen) „Implikationsoperator“ von Ω_R auf Ω_R definieren. Ein solcher „Implikationsoperator“ dient dann dazu, eine unscharfe Relation zwischen Antezedent und Konsequent festzulegen. Für jedes Tupel der resultierenden Fuzzy-Relation läßt sich der Zugehörigkeitsgrad über den mehrwertigen Implikationsoperator berechnen. Verwendet man den Gödeloperator $I_{GÖ}$ (8.57), so erhält man folgende Relation ($x \in \Omega_A$, $y \in \Omega_B$):

$$\begin{aligned} R_G(A, B) &= I_{GÖ}(A, B) \\ &= \int\limits_{\Omega_A \times \Omega_B} I_{GÖ}(\mu_A(x), \mu_B(y))/(x, y). \end{aligned} \tag{8.65}$$

Auf die gleiche Weise können mit Hilfe anderer mehrwertiger Implikationsoperatoren unscharfe Relationen gebildet werden. Legt man den Gaines-Rescher-Operator I_{GR} (8.56) zugrunde, so erhält man eine R_S genannte Relation [vgl. Fukami et al. 1980, 539]:

$$\begin{aligned} R_S(A, B) &= I_{GR}(A, B) \\ &= \int\limits_{\Omega_A \times \Omega_B} I_{GR}(\mu_A(x), \mu_B(y))/(x, y). \end{aligned} \tag{8.66}$$

Regeltypen nach Fukami, Mizumoto und Tanaka

Fukami, Mizumoto und Tanaka [1980] haben inhaltliche Kriterien für die Beurteilung verschiedener Formalisierungen des generalisierten Modus ponens definiert. Ihre Kriterien beinhalten bestimmte Beziehungen zwischen der ersten Prämisse und der Konklusion aus den beiden Prämissen, also dem Fakt und der Regel. Nach diesen Kriterien werden vier Regeltypen unterschieden. Sie unterscheiden sich voneinander darin, wie die durch die linguistische Hecke *sehr (very)* oder durch die Negation gegenüber der Regelbedingung (dem Antezedenten) modifizierte unscharfe Prämisse auf die Konklusion übertragen wird (vgl. Tabelle 8.3). Von prinzipieller Bedeutung ist das erste Kriterium, weil es den klassischen Modus ponens als Spezialfall

Kriterium	Prämisse (x)	Konklusion (y)	Formale Beschreibung	Typen 1	2	3	4
1	*A*	*B*	$A \circ f(A, B) = B$	•	•	•	•
2.1	*very A*	*very B*	$A^2 \circ f(A, B) = B^2$	•		•	
2.2	*very A*	*B*	$A^2 \circ f(A, B) = B$		•		•
3	*more or less A*	*more or less B*	$\sqrt{A} \circ f(A, B) = \sqrt{B}$	•	•	•	•
4.1	*not A*	*unknown*	$\bar{A} \circ f(A, B) = V$	•	•		
4.2	*not A*	*not B*	$\bar{A} \circ f(A, B) = \bar{B}$			•	•

Tabelle 8.3: Kriterien und Typen unscharfer Inferenzen nach Fukami, Mizumoto und Tanaka

Die Tabelle ist aus [Fukami, Mizumoto, Tanaka 1980] zusammengestellt. $V = [0,1] = \int 1/v$, $B = \mu_B(x) \Rightarrow$ not $B = 1 - \mu_B(x)$, $\circ$ steht für einen relationalen Verkettungsoperator, f für einen Implikationsoperator oder eine t-Norm: $f{:}[0,1]^2 \rightarrow [0,1]$. In der zweiten Spalte wird die erste Prämisse (der Fakt) dargestellt, die 2. Prämisse (die Regel) lautet: If $x = A$ then $y = B$. Die vier Inferenztypen sind jeweils über die Konjunktion der markierten Kriterien definiert.

enthält.[10] Aus keinem der angegebenen Implikationsoperatoren gehen Regeln der Typen 3 und 4 hervor. Regeln vom Typ 1 erhält man bei Verwendung des Implikationsoperators von Gaines und Rescher (8.56), mit der Gödelimplikation (8.57) ergeben sich Regeln vom Typ 2 [vgl. Fukami et al. 1980, 538ff.]. Regeln des gleichen Typs lassen sich mit dem Implikationsoperator von Łukasiewicz bilden, wenn statt der sup-min-Verkettung eine sup-*-Verkettung mit dem beschränkten Produkt als t-Norm genommen wird. Um Regeln der Typen 3 und 4 zu erhalten, haben Fukami, Mizumoto und Tanaka zwei zusätzliche Relationen eingeführt: die Relation R_{SG} (8.67) beschreibt Regeln vom Typ 3, die Relation R_{GG} (8.68) Regeln vom Typ 4 [vgl. Fukami et al. 1980, 540f.]:

$$R_{SG}(A, B) = I_{GR}(A, B) \cap I_{GÖ}(\neg A, \neg B) \tag{8.67}$$

$$R_{GG}(A, B) = I_{GÖ}(A, B) \cap I_{GÖ}(\neg A, \neg B). \tag{8.68}$$

[10] Dubois und Prade erwähnen zwei Arbeiten, die von diesem Kriterium ausgehen: Zum einen haben Trillas und Valverde [1985b] untersucht, wie die Verkettungsoperation zu charakterisieren ist, wenn der Implikationsoperator gegeben ist, zum anderen haben Dubois und Prade untersucht, wie der Implikationsoperator abgeleitet werden kann, wenn der Verkettungsoperator vorgegeben ist. [Vgl. Dubois and Prade 1991a, 174]

Regeltypen nach Dubois und Prade

Dubois und Prade [1991a, 170f.] haben eine Unterscheidung von drei Regelkategorien vorgeschlagen: wahrheits-, unsicherheits- und possibilitätsqualifizierende Regeln. *Wahrheitsqualifizierende Regeln* modellieren Aussagen über graduelle Abhängigkeiten von Attributen der Form *„je mehr dies, desto mehr das"*, für die nach Dubois und Prade folgende Ungleichheit charakteristisch ist:

$$t(\mu_A(x), \mu_R(x, y)) \leq \mu_B(y). \tag{8.69}$$

Dabei bezeichnen A und B unscharfe Prädikate (*dies* und *das*), R eine Relation zwischen ihnen und μ_A, μ_B sowie μ_R die sie charakterisierenden Zugehörigkeitsfunktionen. Aussagen wie *„je größer der LKW, desto geringer ist seine Geschwindigkeit"* oder *„je roter die Tomate, desto reifer ist sie"* gelten als typische Beispiele dieser Regelkategorie.[11] *Unsicherheitsqualifizierende Regeln* beschreiben demgegenüber einen Zusammenhang zwischen der Ausprägung eines Merkmals und der daraus folgenden Gewißheit über ein anderes Merkmal. Das heißt es werden Aussagen der Art *„je mehr dies, desto sicherer das"* modelliert. Formal wird diese Kategorie über die Ungleichung

$$\mu_A(x) \leq g_x(B) \tag{8.70}$$

charakterisiert, wobei $g_x(B)$ den Grad der „Sicherheit" liefert, der dem Nachsatz in Abhängigkeit von der unscharfen Restriktion zugemessen wird. Die Funktion g_x kann dabei irgendein Unsicherheitsmaß – ein Wahrscheinlichkeits-, Possibilitäts- oder Notwendigkeitsmaß – sein. Ein typisches Beispiel lautet *„je jünger ein Mensch, desto sicherer ist es, daß er noch ledig ist"*. Eine weitere Kategorie bilden Regeln der Form *„wenn x A ist, dann ist y B"*, wenn es sich – wie in der Fuzzy-Regelungstechnik üblich – um eine partielle Beschreibung einer unscharfen Relation zwischen x und y handelt, von der das unscharfe Kartesische Produkt $A \times B$ eine Teilmenge bildet. Für die bedingte Possibilitätsverteilung $\pi_{y|x}$ sogenannter *possibilitätsqualifizierender Regeln* gilt dann folgende Ungleichheitsrelation:

$$\pi_{y|x} \geq \min(\mu_A, \mu_B). \tag{8.71}$$

Welcher Regeltyp realisiert wird, hängt von der Wahl des Implikationsoperators ab. Dabei sind drei Kategorien von Implikationen beziehungsweise Implikationsoperatoren zu unterscheiden: *mit R-Implikationen werden wahrheitsqualifizierende Regeln, mit S-Implikationen sicherheitsqualifizierende und mit QL-Im-*

[11] Ein (in der Theorie vernachlässigtes) Problem der Anwendung derartiger Regeln ist, daß „graduelle Abhängigkeiten" sehr variabel und nur innerhalb bestimmter Grenzen gültig sein können. Es kann beispielsweise vorkommen, daß die Ausprägungen zweier Merkmale sich in einem Bereich proportional, in einem anderen Bereich aber umgekehrt proportional zueinander verhalten.

plikationen possibilitätsqualifizierende Regeln modelliert. Die charakteristischen Bedingungen dieser Implikationsarten lauten:[12]

S-Implikation: $I(a, b) = s(n(a), b)$ (8.72)

R-Implikation: $I(a, b) = \sup\{c \in [0, 1] \mid t(a, c) \leq b\}$ (8.73)

QL-Implikation: $I(a, b) = s(n(a), t(a, b))$ (8.74)

Dubois und Prade haben genauer untersucht, welche Charakteristika die Folgerungen in Abhängigkeit der verwendeten Regelarten aufweisen. Ihre Untersuchung stützt sich auf die Implikationsoperatoren von Gödel, Gaines und Rescher zur Modellierung von wahrheitsqualizierenden beziehungsweise graduellen Regeln, auf den Implikationsoperator von Kleene und Dienes für sicherheitsqualifizierende Regeln und schließlich auf den Implikationsoperator von Łukasiewicz, der beiden Kategorien zuzuordnen ist. In der Fuzzy-Regelungstechnik wird, wie erwähnt, gewöhnlich der Minimum-Operator verwandt. Diese Regeln sind im Sinne von Dubois und Prade als possibilitätsqualifizierende Regeln zu klassifizieren. Sie werden standardmäßig lediglich auf exakte Daten angewandt. (Vgl. hierzu Kapitel 11) Um die wesentlichen Charakteristika wahrheits- und sicherheitsqualifizierender Regeln herauszuarbeiten, unterscheiden Dubois und Prade vier Fälle, je nachdem in welcher Form die Fakten vorliegen, auf die die Regeln angewandt werden (vgl. Tabelle 8.4).

Bei einem exakten Eingabe-Fakt ($A' = \{x_0\}$) weist die Konklusion aller Regeln gegenüber dem Konsequenten (B) eine Ausweitung des Kerns auf, wenn das Eingabe-Element zum Träger von A, aber nicht zum Kern von A gehört. Im Falle der Gaines-Rescher-Implikation fallen Träger und Kern der Konklusion zusammen. Mit der Kleene-Dienes-Implikation ist ein Unsicherheitsniveau verbunden, dessen Höhe sich über den Zugehörigkeitsgrad (α) des Eingabe-Elements (u_0) zum Antezedenten (A) berechnet ($1 - \mu_A(u_0)$). Regeln mit dem Implikationsoperator von Łukasiewicz kumulieren die Effekte der wahrheits- und sicherheitsqualifizierenden Regeln.

Handelt es sich beim Eingabe-Fakt um die Komplementmenge des Antezedenten, so ergibt sich mit allen vier Implikationsoperatoren die Schlußfolgerung *unbekannt* im Sinne von *jedes Element der Grundmenge ist möglich.*

Bei Modifikationen ohne Translationseffekt wie sie durch die linguistischen Hecken „*very*" und „*more or less*" im Sinne von Zadeh bewirkt werden können, weisen die unscharfen Mengen des Eingabe-Fakts und der Regelbedingung gleiche Trägermengen und Kerne auf. Unter Verwendung des Kleene-Dienes-Implikationsoperators wird in diesem Fall die Modifikation der Prämisse voll auf die Schlußfolgerung übertragen. Aus dem Fakt „*der Apfel ist sehr rot*" und der Regel

---

[12] Vgl. hierzu [Dubois and Prade 1991a, 156 sowie Trillas and Valverde 1985a, 98-101]. t bezeichnet eine t-Norm, s eine t-Conorm (s-Norm) und n eine strenge Negation.

Operatoren Input	Gaines-Rescher (I_{GR}, $B_{GR} = B'$)	Gödel ($I_{GÖ}$, $B_{GÖ} = B'$)	Kleene-Dienes (I_{KD}, $B_{KD} = B'$)	Łukasiewicz (I_{LU}, $B_{LU} = B'$)
exakt: $A' = \{u_0\}$	$B_{GR} = B^{\alpha}$	$B_{GÖ} = B^{\alpha} \cup B$	$\max(1 - \alpha, \mu_B)$	$B_{LU} \supseteq B_{GÖ} \cup B_{KD}$
Negation: $\mu_{A'} = 1 - \mu_A$	$B_{GR} = V$	$B_{GÖ} = V$	$B_{KD} = V$	$B_{LU} = V$
Modifikation: $\mu_{A'} = \mu_A^k, k > 0$	$\mu_{B'} = \mu_B^k$	$\max(\mu_B, \mu_B^k)$	$\max(\gamma, \mu_B)$	$B_{LU} \supseteq B_{GÖ} \cup B_{KD}$
Modifikation: $\mu_{A'}(x) = \mu_A(x - d)$	$\mu_{B'} \geq \beta$ $B^{\Theta} \subseteq B_{GR}$	$\mu_{B'} \geq \beta$ $B^{\Theta} \subseteq B_{GÖ}$	$\mu_{B'} \geq \gamma \geq \beta$	$\mu_{B'} \geq \gamma \geq \beta$ $B^{\Theta} \subseteq B_{LU}$

Tabelle 8.4: Charakteristika der Folgerungen aus wahrheits- und unsicherheitsqualfizierenden Regeln

Die Tabelle stellt einen Extrakt einer Erörterung von Dubois und Prade [1991a, 176-179] dar; er soll die wesentlichen qualitativen Unterschiede wahrheits- und unsicherheitsqualifizierender Regeln aufzeigen. Detailliertere Untersuchungen finden sich u.a. in [Mizumoto and Zimmermann 1982]. Um die Lesbarkeit zu verbessern, wird auf die Angabe der Parameterliste verzichtet, also beispielsweise statt $\mu_B(x)$ kurz μ_B geschrieben. B^{Θ} bezeichnet eine Niveaumenge mit $\Theta = \inf\{\mu_A(x) \mid x \in \text{core}(A')\}$. $\alpha = \mu_A(u_0)$, $\beta = \sup\{\mu_{A'}(x) \mid x \notin \text{supp}(A)\}$, $\gamma = 1 - N(A)$ mit $N(A) = \inf_x \max(1 - \mu_{A'}(x), \mu_A(x))$. Dabei gilt: $0 < k < 1 \Rightarrow N(A) < 0.5$, $k > 1 \Rightarrow N(A) > 0.5$, $k = 1 \Rightarrow N(A) = 0.5$.

„wenn der Apfel rot ist, dann ist er süß" würde in diesem Fall der Schluß *„der Apfel ist sehr süß"* gezogen werden. Indes lautet die Folgerung *„der Apfel ist mehr oder weniger süß"*, falls *„der Apfel mehr oder weniger rot ist"*. Da bei Exponenten zwischen 0 und 1 der Zugehörigkeitsgrad vergrößert wird, würde dieser Schluß sich auch bei Verwendung der Gödelimplikation ergeben. Umgekehrt bedeutet dies für die Gödelimplikation, daß sich die Modifikation der ersten Prämisse nicht auf die Konklusion auswirkt, wenn Exponenten größer als 1 gewählt werden. Bei Verwendung der Kleene-Dienes-Implikation schlägt sich die Modifikation erneut in einer Unsicherheit über die Konklusion nieder. Dabei ist bemerkenswert, daß die Unsicherheit der Folgerung nicht die Ungleichheit von Fakt und Regelbedingung reflektiert, sondern vielmehr ausdrückt, in welchem Maß die unscharfe Variable der Regelbedingung durch die erste Prämisse eingeschränkt wird, nur noch Werte aus dem Kern des Antezedenten annehmen zu können. Aus diesem Grund weisen die Folgerungen aus unsicherheitsqualifizierenden Regeln selbst dann ein Unsicherheitsniveau auf, wenn Fakt *(A')* und Antezedent *(A)* exakt übereinstimmen: da $\mu_A(x)$ jeden Wert zwischen 0 und 1 annehmen kann, kann es nicht als absolut sicher gelten, daß x zu *A* gehört. Einen solchen Unsicherheitseffekt bewirkt auch die Łukasiewicz-Implikation, die wiederum die Wirkungen der anderen Implikationsoperatoren kumuliert.

Die kumulierende Wirkung der Łukasiewicz-Implikation zeigt sich auch dann, wenn Fakt und Antezedent zwei gegeneinander verschobene unscharfe Mengen repräsentieren. In diesem Fall bringen jedoch wahrheitsqualifizierende Regeln neben einer Ausweitung des Kerns ein Unsicherheitsniveau mit sich, dessen Höhe von der Größe des Verschiebungsfaktors abhängt.

8.5 Fuzzy-Regelsysteme auf der Grundlage des generalisierten Modus ponens

8.5.1 Fuzzy-Regelsysteme als Relationalgleichungssysteme

Die bisherige Erörterung beschränkte sich auf Inferenzen aus *einer* unscharfen Regel. Nach Zadehs Vorschlag wurde eine Fuzzy-Regel *(wenn $x = A$, dann $y = B$)* über eine unscharfe Relation (R) modelliert. Ist die unscharfe Relation zwischen A und B gegeben, dann ist der Wert für B über die folgende Relationalgleichung $B = A \circ R$ festgelegt. Umgekehrt läßt sich die Relation R leicht mit Hilfe eines Implikationsoperators berechnen, wenn eine unscharfe Regel bekannt ist *($R = I(A,B)$)*. Liegen mehrere unscharfe Regeln vor, so besteht die Aufgabe darin, die unbekannte Relation aus einem *System von Relationalgleichungen* zu bestimmen [vgl. Bandemer und Gottwald 1992, 91ff.]:

$$B_i = A_i \circ R \qquad ; i = 1, \ldots, n. \tag{8.75}$$

Ein System von Fuzzy-Regeln läßt sich demnach in ein System von Relationalgleichungen übersetzen. Die Gödel-Implikation nimmt dabei eine Sonderstellung ein. Nach Bandemer und Gottwald [1992, 93] gilt der Satz[13]:

> *Ein System $B_i = A_i \circ R$, $i = 1, \ldots, n$, von Relationalgleichungen ist genau dann lösbar, wenn die unscharfe Relation*
>
> $$C = \bigcap_{i=1}^{n} (I_{GÖ}(A_i, B_i)) \tag{8.76}$$
>
> *Lösung dieses Systems ist; und wenn C Lösung des Systems $B_i = A_i \circ R$, $i = 1, \ldots, n$, ist, dann ist diese unscharfe Relation zugleich die bezüglich der Inklusion $\subseteq$ größte Lösung.*

Es ist allerdings zu beachten, daß ein solches Relationalgleichungssystem nicht immer lösbar ist. Um die Lösbarkeit sicherzustellen, müssen nach Bandemer

[13] Bandemer und Gottwald sprechen nicht explizit von der Gödel-Implikation. Notation und Terminologie wurden an die bisher verwandte Schreibweise angepaßt [vgl. Bandemer und Gottwald 1992, 92].

und Gottwald [1992, 94] einschneidene Forderungen gestellt werden, die für viele praktische Anwendungen nicht mehr erfüllt werden können. Sie plädieren deshalb dafür *Näherungslösungen* zuzulassen. Für die nach 8.76 über die Gödel-Implikation ermittelte Relation gilt zusätzlich, daß sie eine *„besonders günstige Näherungslösung"* [Bandemer und Gottwald 1992, 95] darstellt, falls es keine exakte Lösung für das Relationalgleichungssystem gibt.

Beispiel 8.4 *Fuzzy-Regeln als Relationalgleichungssystem*

Gegeben seien drei Fuzzy-Regeln (R_1, R_2, R_3) zur Regulierung der Zimmertemperatur. Die Fuzzy-Mengen seien über Vektoren von Zugehörigkeitsgraden bezüglich der diskreten Grundmengen „Temperaturen" (Fuzzy-Mengen: „normal", „warm", „sehr warm", „etwa 21") und „Ventilstellungen" (Fuzzy-Mengen: „etwa null", „halboffen", „schwach offen") definiert (vgl. Abbildung 8.6):

Wenn Raumtemperatur = warm, dann Ventil = schwach offen
Wenn Raumtemperatur = sehr warm, dann Ventil = etwa null
Wenn Raumtemperatur = normal, dann Ventil = halboffen

$$\begin{aligned} \textit{Temperaturen} &= [15\ 16\ 17\ 18\ 19\ 20\ 21\ 22\ 23\ 24\ 25] \\ \textit{Ventilstellungen} &= [0\ 0.5\ 1\ 1.5\ 2\ 2.5\ 3\ 3.5\ 4\ 4.5\ 5] \end{aligned}$$

$$\begin{aligned} \textit{normal} &= [0\ 0\ 0.2\ 0.4\ 0.7\ 1\ 0.7\ 0.4\ 0.2\ 0\ 0] \\ \textit{warm} &= [0\ 0\ 0\ 0\ 0.2\ 0.4\ 0.7\ 1\ 0.7\ 0.4\ 0.2] \\ \textit{sehr warm} &= [0\ 0\ 0\ 0\ 0\ 0\ 0.2\ 0.4\ 0.7\ 1\ 1] \end{aligned}$$

$$\textit{etwa 21} = [0\ 0\ 0\ 0.2\ 0.4\ 0.7\ 1\ 0.7\ 0.4\ 0.2\ 0]$$

$$\begin{aligned} \textit{halboffen} &= [0\ 0\ 0.2\ 0.4\ 0.7\ 1\ 0.7\ 0.4\ 0.2\ 0\ 0] \\ \textit{etwa null} &= [1\ 1\ 0.7\ 0.4\ 0.2\ 0\ 0\ 0\ 0\ 0\ 0] \\ \textit{schwach offen} &= [0.2\ 0.4\ 0.7\ 1\ 0.7\ 0.4\ 0.2\ 0\ 0\ 0\ 0] \end{aligned}$$

Die Aufgabe besteht darin, mit Hilfe des generalisierten Modus ponens auf der Basis des Gödeloperators (8.57, Tabelle 8.1, 283) zu berechnen, wie das Heizungsventil eingestellt werden soll, wenn die Zimmertemperatur etwa 21 °C beträgt. Nach 8.75 und 8.76 erhält man für R:

$$R = I_{\text{GÖ}}(\text{warm, schwach offen}) \cap I_{\text{GÖ}}(\text{sehr warm, etwa Null}) \cap I_{\text{GÖ}}(\text{normal, halboffen})$$

$$= \begin{bmatrix} 1 & 1 & 1 & 1 & 1 & 1 & 1 & 1 & 1 & 1 & 1 \\ 1 & 1 & 1 & 1 & 1 & 1 & 1 & 1 & 1 & 1 & 1 \\ 1 & 1 & 1 & 1 & 1 & 1 & 1 & 1 & 1 & 1 & 1 \\ 1 & 1 & 1 & 1 & 1 & 1 & 1 & 1 & 1 & 1 & 1 \\ 1 & 1 & 1 & 1 & 1 & 1 & 1 & 0 & 0 & 0 & 0 \\ 0.2 & 1 & 1 & 1 & 1 & 1 & 0.2 & 0 & 0 & 0 & 0 \\ 0.2 & 0.4 & 1 & 1 & 1 & 0.4 & 0.2 & 0 & 0 & 0 & 0 \\ 0.2 & 0.4 & 0.7 & 1 & 0.7 & 0.4 & 0.2 & 0 & 0 & 0 & 0 \\ 0.2 & 0.4 & 1 & 1 & 1 & 0.4 & 0.2 & 0 & 0 & 0 & 0 \\ 0.2 & 1 & 1 & 1 & 1 & 1 & 0.2 & 0 & 0 & 0 & 0 \\ 1 & 1 & 1 & 1 & 1 & 1 & 1 & 0 & 0 & 0 & 0 \end{bmatrix} \cap \begin{bmatrix} 1 & 1 & 1 & 1 & 1 & 1 & 1 & 1 & 1 & 1 & 1 \\ 1 & 1 & 1 & 1 & 1 & 1 & 1 & 1 & 1 & 1 & 1 \\ 1 & 1 & 1 & 1 & 1 & 1 & 1 & 1 & 1 & 1 & 1 \\ 1 & 1 & 1 & 1 & 1 & 1 & 1 & 1 & 1 & 1 & 1 \\ 1 & 1 & 1 & 1 & 1 & 1 & 1 & 1 & 1 & 1 & 1 \\ 1 & 1 & 1 & 1 & 1 & 1 & 1 & 1 & 1 & 1 & 1 \\ 1 & 1 & 1 & 1 & 1 & 0 & 0 & 0 & 0 & 0 & 0 \\ 1 & 1 & 1 & 1 & 0.2 & 0 & 0 & 0 & 0 & 0 & 0 \\ 1 & 1 & 1 & 0.4 & 0.2 & 0 & 0 & 0 & 0 & 0 & 0 \\ 1 & 1 & 0.7 & 0.4 & 0.2 & 0 & 0 & 0 & 0 & 0 & 0 \\ 1 & 1 & 0.7 & 0.4 & 0.2 & 0 & 0 & 0 & 0 & 0 & 0 \end{bmatrix}$$

$$
\begin{aligned}
&\cap \begin{bmatrix}
1 & 1 & 1 & 1 & 1 & 1 & 1 & 1 & 1 & 1 & 1 \\
1 & 1 & 1 & 1 & 1 & 1 & 1 & 1 & 1 & 1 & 1 \\
0 & 0 & 1 & 1 & 1 & 1 & 1 & 1 & 1 & 0 & 0 \\
0 & 0 & 0.2 & 1 & 1 & 1 & 1 & 1 & 0.2 & 0 & 0 \\
0 & 0 & 0.2 & 0.4 & 1 & 1 & 1 & 0.4 & 0.2 & 0 & 0 \\
0 & 0 & 0.2 & 0.4 & 0.7 & 1 & 0.7 & 0.4 & 0.2 & 0 & 0 \\
0 & 0 & 0.2 & 0.4 & 1 & 1 & 1 & 0.4 & 0.2 & 0 & 0 \\
0 & 0 & 0.2 & 1 & 1 & 1 & 1 & 1 & 0.2 & 0 & 0 \\
0 & 0 & 1 & 1 & 1 & 1 & 1 & 1 & 1 & 0 & 0 \\
1 & 1 & 1 & 1 & 1 & 1 & 1 & 1 & 1 & 1 & 1 \\
1 & 1 & 1 & 1 & 1 & 1 & 1 & 1 & 1 & 1 & 1
\end{bmatrix} \\
&= \begin{bmatrix}
1 & 1 & 1 & 1 & 1 & 1 & 1 & 1 & 1 & 1 & 1 \\
1 & 1 & 1 & 1 & 1 & 1 & 1 & 1 & 1 & 1 & 1 \\
0 & 0 & 1 & 1 & 1 & 1 & 1 & 1 & 1 & 0 & 0 \\
0 & 0 & 0.2 & 1 & 1 & 1 & 1 & 1 & 0.2 & 0 & 0 \\
0 & 0 & 0.2 & 0.4 & 1 & 1 & 1 & 0 & 0 & 0 & 0 \\
0 & 0 & 0.2 & 0.4 & 0.7 & 1 & 0.2 & 0 & 0 & 0 & 0 \\
0 & 0 & 0.2 & 0.4 & 1 & 0 & 0 & 0 & 0 & 0 & 0 \\
0 & 0 & 0.2 & 1 & 0.2 & 0 & 0 & 0 & 0 & 0 & 0 \\
0 & 0 & 1 & 0.4 & 0.2 & 0 & 0 & 0 & 0 & 0 & 0 \\
0.2 & 1 & 0.7 & 0.4 & 0.2 & 0 & 0 & 0 & 0 & 0 & 0 \\
1 & 1 & 0.7 & 0.4 & 0.2 & 0 & 0 & 0 & 0 & 0 & 0
\end{bmatrix}
\end{aligned}
\tag{8.77}
$$

Über diese einheitliche unscharfe Relation R läßt sich dann mit Hilfe der sup-min-Verkettung aus unscharfen Fakten eine unscharfe Schlußfolgerung ableiten. Für den unscharfen Fakt „etwa 21" erhält man in diesem Fall die unscharfe Menge B („etwa 2"):*

$$
\begin{aligned}
B^* &= \text{etwa } 21 \circ R \\
&= \begin{bmatrix} 0.2 & 0.2 & 0.4 & 0.7 & 1 & 0.7 & 0.4 & 0.2 & 0.2 & 0 & 0 \end{bmatrix}.
\end{aligned}
\tag{8.78}
$$

Aus dem einfachen Beispiel ist erkennbar, daß die Lösung von Relationalgleichungssystemen sehr aufwendig und für größere Applikationen nicht mehr handhabbar werden kann. Zudem stellt das beschriebene relationale Modell der parallelen Regelverarbeitung über eine *globale* Relation eine Abkehr von dem in der Expertensystemtechnologie dominanten Modell *lokaler* Regelinferenzen dar. Es ist zwar durchaus möglich, auf der Basis der Verkettungsschlußregel ein lokal operierendes Inferenzsystem zu entwickeln, wobei sich die globale Schlußfolgerung aus dem Durchschnitt der lokalen Folgerungen ergibt, die aus den einzelnen Regeln jeweils separat ermittelt wurden. Dabei ist jedoch –

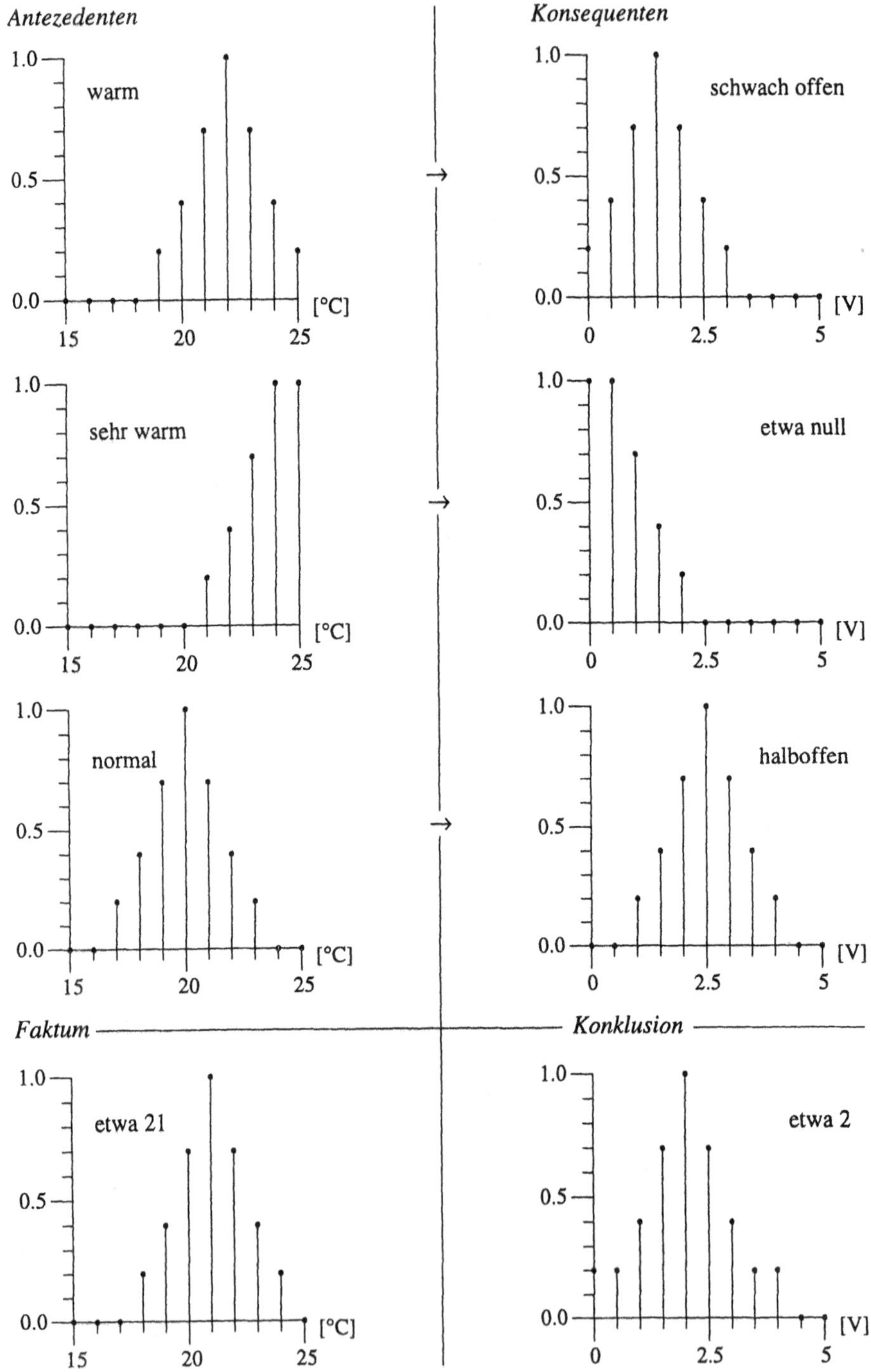

Abb. 8.6: Zugehörigkeitsfunktionen eines Fuzzy-Regelsystems

wie Dubois und Prade dargelegt haben – zu beachten, daß die Resultate aus solchen lokal operierenden Systemen gegenüber global operierenden zwar nicht falsch, aber *weniger informativ* sind. Das bedeutet: *eine aus dem lokal operierenden System abgeleitete unscharfe Menge ist eine Obermenge der aus dem entsprechenden globalen System berechneten unscharfen Menge* [vgl. Dubois and Prade 1991a, 184]:

$$A_0 \circ \left(\bigcap_{i=1}^{n} (A_i \to B_i) \right) \subseteq \bigcap_{i=1}^{n} (A_0 \circ (A_i \to B_i)). \tag{8.79}$$

Dubois und Prade merken dazu an:

> „This property points out some weaknesses in the expert system methodology (that prescribes to trigger rules separately), in the presence of fuzziness and incomplete information." [Dubois and Prade 1991a, 184]

Sicherlich, diese Kritik weist auf ein gravierendes Problem hin. In dieser Allgemeinheit ist sie jedoch überzogen: Obgleich die Methode der separaten Regelausführung bislang in der Expertensystemtechnik dominiert, rechtfertigt dies nicht, die Expertensystemtechnologie mit diesemVerarbeitungsmodell gleichzusetzen. Und andererseits gilt: Der in 8.79 beschriebene höhere Informationsgehalt eines global operierenden Systems trifft nicht generell für alle Ansätze zur Modellierung unscharfen und unvollständigen Wissens zu; 8.79 beschreibt lediglich eine Beziehung unscharfer Folgerungen auf der Basis des generalisierten Modus ponens, ein Ansatz der in der Fuzzy-Mengentheorie keineswegs unumstritten und alternativlos ist. Diese Relativierung sollte jedoch nicht in Frage stellen, daß für die Weiterentwicklung der Expertensystemtechnologie verstärkt globale Verarbeitungsmodelle untersucht werden sollten. Angesichts der bereits existierenden Vielfalt von Kalkülen approximativen Schließens, unterschiedlicher Modellierungseigenschaften (etwa hinsichtlich der Erklärungsfunktionalität oder Abarbeitungseffizienz) sowie der unterschiedlichen Anwendungsanforderungen ist davon auszugehen, daß es keine allgemeingültige Präferenz eines Verarbeitungsmodells gegenüber einem anderen – lokal oder global – geben wird.

8.5.2 Ein effizientes Verfahren zur Anwendung des generalisierten Modus ponens auf der Basis der Gödel-Implikation

In Beispiel 8.4 wurde demonstriert, wie ein System von Fuzzy-Regeln in Form eines Systems von Relationalgleichungen interpretiert und verarbeitet werden kann. Zwar ist es leicht, aus den beschriebenen Gleichungen einen im Prinzip funktionsfähigen Algorithmus zur Verarbeitung diskreter Fuzzy-Mengen zu entwickeln. Für viele praktische Anwendungen wäre dies jedoch wegen der mangelnden Ausdrucksmächtigkeit und der resultierenden Verrechnungskomplexität unbrauchbar. Abhilfe kann in einigen Fällen ein lokal operierendes Verfahren schaffen, daß für parametrische Zugehörigkeitsfunktionen eine hocheffiziente Implementierung des generalisierten Modus ponens auf der Basis der Gödel-Implikation bietet.[14]

Für den generalisierten Modus ponens auf der Basis der Gödel-Implikation ist charakteristisch, daß die Konklusion B^* gleich dem Konsequenten B ist, falls der Fakt A^* Teilmenge des Antezedenten ist und daß die Konklusion B^* einen bestimmten Unsicherheits- oder Unbestimmtheitsgrad Θ sowie einen gegenüber dem Konsequenten B größern Kern aufweist, falls der Fakt nicht im Antezedenten A enthalten ist.

Unscharfe Mengen mit einem Unsicherheitsniveau Θ können wie gewöhnliche unscharfe Mengen über parametrische Zugehörigkeitsfunktionen repräsentiert werden. Statt der gewöhnlichen Darstellung von LR-Intervallen in Form von Quadrupel eignen sich dazu Quintupel, wobei das letzte Element für das Unsicherheitsniveau Θ steht. (Der Schnitt auf dem Niveau Θ bildet eine gewöhnliche Menge, die auch als Θ-Träger bezeichnet wird.) Da das von Dubois, Martin-Clouaire und Prade beschriebene Verfahren für trapezförmige Zugehörigkeitsfunktionen entwickelt wurde, wird dieser Funktionstyp im folgenden vorausgesetzt. Das bedeutet: Eine unscharfe Menge A wird der bisherigen LR-Notation entsprechend (mit $L(x) = R(x) = \max(0, 1\text{-}x)$) entweder über vier (8.80) oder fünf (8.81) Parameter dargestellt[15]:

$$A = (m_A, n_A, \alpha, \beta)_{LL} \tag{8.80}$$

$$A = (m_A, n_A, \alpha, \beta, \Theta)_{\Theta LL} \tag{8.81}$$

Setzt man voraus, daß sowohl das Faktum ($A^* = \mu_{A^*} = (m_{A^*}, n_{A^*}, \alpha_{A^*}, \beta_{A^*})_{LL}$) wie die in der Regel vorkommenden Fuzzy-Mengen ($A = \mu_A = (m_A, n_A, \alpha_A, \beta_A)_{LL}$, $B = \mu_B = (m_B, n_B, \alpha_B, \beta_B)_{LL}$) normalisierte Trapezfunktionen in Form 8.80 darstellen, so läßt sich die unscharfe Folgerung $B^{\#}$ auf der Basis der Gö-

14 Das Verfahren ist [Dubois, Martin-Clouaire und Prade 1988] entnommen. Neben einer detaillierten Herleitung des Verfahrens werden dort auch vorläufige Ergebnisse zur Verarbeitung mehrerer Regeln sowie ein darauf basierender Algorithmus beschrieben, dessen Anwendbarkeit jedoch an sehr starke Vorraussetzungen gebunden ist [vgl. Dubois, Martin-Clouaire und Prade 1988, 21ff.] und in dem von den Autoren entwickelten Inferenzsystem SPII *(Système de Propagation de l'Imprécis et de l'Incertain)* nicht implementiert wurde [w.o., 32]. Vgl. zu SPII [Martin-Clouaire and Prade 1986] sowie [Lebailly, Martin-Clouaire and Prade 1987]. Die folgende Darstellung beschränkt sich auf die Untersuchungsergebnisse, die in das Inferenzsystem SPII Eingang gefunden haben.

15 In der genannten Arbeit von Dubois, Martin-Clouaire und Prade [1988] werden die Trapezfunktionen über die Randpunkte des Kerns und des Trägers dargestellt. Die daraus entnommenen Formeln wurden gemäß der in den voranstehenden Kapiteln verwendeten allgemeineren Notation umgearbeitet (vgl. 135).

delimplikation *näherungsweise* als eine Trapezfunktion in Form 8.81 darstellen (vgl. Abbildung 8.7):

$$B^{\#} = (m_B - \alpha_B(1-\omega_1), n_B + \beta_B(1-\omega_1), \alpha_B\omega_1, \beta_B\omega_1, \omega_0)_{\Theta LL} \tag{8.82}$$

$$\text{mit:}\quad \begin{aligned} \omega_0 &= \max(\omega_{0-}, \omega_{0+}) = \max(\mu_{A^*}(m_A - \alpha_A), \mu_{A^*}(n_A + \beta_A)) \\ \omega_1 &= \min(\omega_{1-}, \omega_{1+}) = \min(\mu_A(m_{A^*}), \mu_A(n_{A^*})). \end{aligned} \tag{8.83}$$

Wie aus 8.82 und 8.83 ersichtlich, ist die Folgerung $B^{\#}$ erwartungsgemäß gleich dem Konsequenten B, falls der Fakt A^* eine unscharfe Teilmenge von dem Antezedenten A ist – denn es gilt dann: $\omega_1 = 1$ und $\omega_0 = 0$. Andernfalls erhält man als Folgerung eine gegenüber dem Konsequenten unschärfere und unsicherere Menge. In welchem Maß die Folgerung unschärfer und unsicherer ist, hängt von dem Umfang ab, in dem Fakt und Regelbedingung voneinander abweichen (ω_0, ω_1). Die angegebene Näherungslösung für $B^{\#}$ (8.82) weicht in diesem Fall geringfügig von der „exakten" (i.e. den Formeln 8.51 und 8.57 gemäß berechneten) Lösung B^* ab. Dabei gilt allgemein:

(1) $B^{\#} \subseteq B^*$	logische Validität
(2) core $(B^{\#})$ = core (B^*)	gleicher Kern
(3) $\inf \mu_{B^*} = \inf \mu_{B\#} = \omega_0$	gleiches Unsicherheitsniveau
(4) $B^{\#}_{\Theta} = B^{*}_{\Theta}$	gleicher Θ-Träger

Das Verfahren ist auch dann anwendbar, wenn das Faktum A^* unsicher ist, also nicht in Form 8.80, sondern in Form 8.81 beschrieben wird. In diesem Fall ist das Unsicherheitsniveau der Folgerung mindestens so groß wie das des Faktums; an der Form der Folgerung ändert dies nichts. Das bedeutet: Folgerungen können bei der Auswertung weiterer Regeln als Fakten eingehen, so daß Regeln miteinander *verkettet* werden können.

Bisher wurde von einer einfachen Regelbedingung ausgegangen. Das Verfahren läßt sich jedoch leicht auf Regeln erweitern, deren Bedingungen eine Konjunktion nicht-interaktiver Possibilitätsverteilungen beinhalten *(Wenn $x_1 = A_1$ und $x_2 = A_2$ ... und $x_n = A_n$, dann $y = B$)*. Auch in diesem Fall läßt sich die Folgerung nach 8.82 berechnen. Die konjunktive Verknüpfung der unscharfen Mengen schlägt sich lediglich in der Berechnung der Parameter ω_0 für das Unsicherheitsniveau und ω_1 für die Ausweitung der Folgerung nieder [vgl. Dubois, Martin-Clouaire, Prade 1988, 21]. Bezeichnet man die für die Einzelfakten $A_1, A_2, \ldots A_n$ nach 8.83 berechneten Werte mit $\omega_0^1, \omega_0^2, \ldots, \omega_0^n$ und $\omega_1^1, \omega_1^2, \ldots, \omega_1^n$, dann berechnet sich das resultierende Unsicherheitsniveau ω_0 über das Maximum und der resultierende Ausweitungsparameter ω_1 über das Minimum der Einzelwerte:

$$\begin{aligned} \omega_0 &= \max(\omega_0^1, \omega_0^2, \ldots, \omega_0^n) \\ \omega_1 &= \min(\omega_1^1, \omega_1^2, \ldots, \omega_1^n). \end{aligned} \tag{8.84}$$

Die Begründung für 8.84 liegt auf der Hand: bei einer konjunktiven Verknüpfung der Regelbedingungen wird der Folgerung die größte Abweichung von Regelbedingungen und Fakten zugrunde gelegt. Das bedeutet hier: die Berechnung basiert auf der maximalen Ausweitung (ω_0) und dem maximalen Unsicherheitsniveau ($1 - \omega_1$). Umgekehrt ist es daher naheliegend, bei einer disjunktiven Verknüpfung von Regelbedingungen die Ausweitung der unscharfen Folgerung und ihr Unsicherheitsniveau zu minimieren. In diesem Fall wären demnach Maximum und Minimum in 8.84 zu vertauschen.

Beispiel 8.5 *Näherungslösung für den generalisierten Modus ponens*

Gegeben ist eine Regel „Wenn x = A, dann y = B“ sowie die trapezförmigen Fuzzy-Mengen $A = (30, 50, 15, 25)_{LL}$, $B = (50, 70, 30, 20)_{LL}$ *und* $A^* = (40, 60, 30, 20)_{LL}$. *Die Aufgabe besteht darin, gemäß dem generalisierten Modus ponens und der Näherungsformeln 8.82 und 8.83 die unscharfe Konklusion* $B^\#$ *für den unscharfen Fakt* A^* *zu berechnen (vgl. Abbildung 8.7):*

$$\begin{aligned} \omega_0 &= \max(\mu_{A^*}(30-15), \mu_{A^*}(50+25)) \\ &= \max(0.1\bar{6}, 0.25) \\ &= 0.25 \\ \omega_1 &= \min(\mu_A(40), \mu_A(60)) \\ &= \min(1, 0.6) \\ &= 0.6 \\ B^\# &= (50-30(1-0.6), 70+20(1-0.6), 30\cdot 0.6, 20\cdot 0.6, 0.25)_{\Theta LL} \\ &= (38, 78, 18, 12, 0.25)_{\Theta LL}. \end{aligned} \tag{8.85}$$

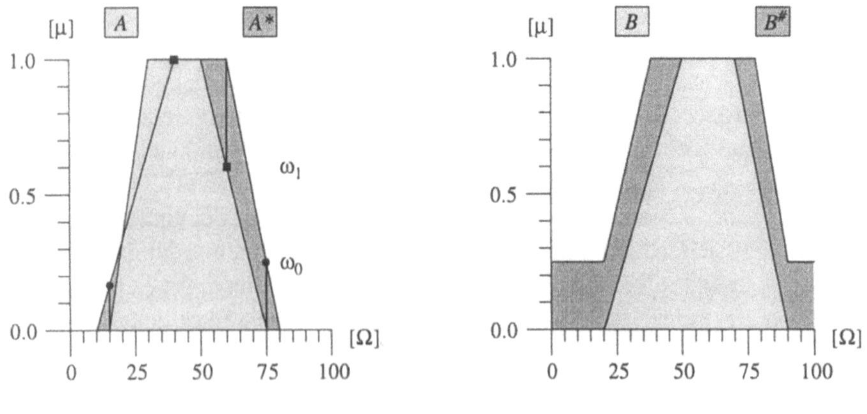

Abb. 8.7: Näherungslösung für die Anwendung des generalisierten Modus ponens auf trapezförmige Zugehörigkeitsfunktionen

8.5.3 Hinweise zu Problemen und alternativen Modellierungsansätzen

Aus der bisherigen Darstellung geht hervor, daß die Modellierung approximativen Schließens mit Hilfe des generalisierten Modus ponens vielfältige Probleme aufwirft, für die es keine allgemeine Lösung gibt. Die Probleme sind sowohl inhaltlicher wie technischer Natur. Zadehs erster Modellierungsvorschlag involviert einen Implikationsoperator, der viele algebraische Schwächen aufweist. Es wurden eine Reihe mehrwertiger Implikationsoperatoren mit besseren axiomatischen Eigenschaften vorgeschlagen.

Unter semantischen Gesichtspunkten ist zumindest die Unterscheidung zweier Regeltypen notwendig: unsicherheits- und wahrheitsqualifizierende Regeln. Dubois und Prade empfehlen für unsicherheitsqualifizierende Regeln den Kleene-Dienes-Implikationsoperator und für wahrheitsqualifizierende Regeln die Implikationsoperatoren von Gaines und Rescher sowie von Gödel. Der Implikationsoperator von Łukasiewicz erfüllt alle genannten axiomatischen Anforderungen (282). Regeln mit diesem Operator kumulieren die Effekte unsicherheits- und wahrheitsqualifizierender Regeln (292). Für wahrheitsqualifizierende Regeln auf der Basis der Gödel-Implikation existiert, wie beschrieben (297ff.), ein lokal operierendes Rechenverfahren, das eine hocheffiziente Verarbeitung trapezförmiger Zugehörigkeitsfunktionen erlaubt, jedoch dazu neigt, relativ unbestimmte Resultate zu liefern. Die beschriebenen Modellierungsansätze auf der Basis des generalisierten Modus ponens sind nur bedingt praxistauglich: Mängel liegen in der hohen Rechenkomplexität, dem zu geringen Informationsgehalt, der nicht immer plausiblen Semantik und zu restriktiver Anwendungsvoraussetzungen.

Da die globale Propagierung unscharfer Relationen auf der Basis des Konjunktions/Projektionsprinzips bereits bei zweistellig dimensionierten Grundmengen und Wertebereichen eine praktisch unhandhabbare Komplexität mit sich bringt, wurden lokale Propagierungsalgorithmen entwickelt, deren Resultate die spezifischsten Possibilitätsverteilungen ergeben, sofern die Wissensbasis redundanzfrei ist. (Vgl. Dubois und Prade [1991b] sowie Kruse, Gebhardt und Klawonn [1993, 114-130]). Die von der Wissensbasis induzierte Possibilitätsverteilung wird dabei in nicht-interaktive Komponenten zerlegt, die sich in Form von Hypergraphen repräsentieren lassen.

Die beschriebenen Probleme haben nicht nur dazu geführt, daß effizientere Algorithmen zum approximativen Schließen auf der Basis des Konjunktions/Projektionsprinzips entwickelt wurden. Vielmehr wurden zugleich alternative Ansätze approximativen Schließens im Rahmen der Fuzzy-Mengentheorie und Possibilitätstheorie entwickelt. Baldwin [1979] hat eine Variante des generalisierten Modus ponens auf der Basis von unscharfen Wahrheitswerten (vgl. Abbildung 7.9, 242) vorgeschlagen. Dabei wird zunächst mit Hilfe des Erweiterungsprinzips ein unscharfer Wahrheitswert als Maß der Übereinstimmung von Fakt und Regelbedingung berechnet [vgl. Bellmann and Zadeh 1977]:

$$\mu_{\tau}(a) = \mu_{A}(A^{*}). \tag{8.86}$$

Eine sup-min-Verkettung dieses Wahrheitwerts mit der aus der Regel und einem Implikationsoperator gebildeten unscharfen Relation ergibt dann den unscharfen Wahrheitswert für den Konsequenten:

$$\mu_{\theta}(b) = \sup_{b} \min(\mu_{\tau}(a), I(a, b)). \tag{8.87}$$

Schließlich wird aus dem Konsequenten und seinem Wahrheitswert die Konklusion abgeleitet:

$$\mu_{B^{*}}(b) = \mu_{\theta}(\mu_{B}(b)). \tag{8.88}$$

In vielen Ansätzen werden statt unscharfer Wahrheitswerte skalare Kompatibilitäts- oder Ähnlichkeitsmaße verwandt und die Berechnung der unscharfen Implikationsrelation vermieden. Dies trifft insbesondere auf verschiedene Fuzzy-Produktionensysteme (Kapitel 12), Erweiterungen der Prädikatenlogik (Kapitel 13) und Systeme der Fuzzy-Regelungstechnik (Kapitel 11) zu.

Kapitel 9

Zadehs Fuzzy-Logik und possibilistische Semantiktheorie

Der Ausdruck „Fuzzy-Logik" dient meist nicht der Bezeichnung eines bestimmten logischen Kalküls. Vielfach wird er synonym zu „Fuzzy-Mengentheorie" verwendet oder gar als allgemeiner Sammelbegriff für verschiedene Formalismen zur Modellierung imperfekten Wissens gebraucht.[1] Wenn in diesem Zusammenhang von „Logik" gesprochen wird, so ist dies umgangssprachlich, nicht im strengen Sinne einer mathematischen Logik und den mit ihr verbundenen formalen Anforderungen zu verstehen. Nicht selten wird „Fuzzy-Logik" als mehrwertige Logik aufgefaßt, die der Standard-Logik von Łukasiewicz entspricht. Zadeh selbst benutzt den Ausdruck „Fuzzy-Logik" sowohl synonym zu Fuzzy-Mengentheorie wie zur Bezeichnung logischer Kalküle, die mit mehrwertigen Logiken verwandt sind, sich aber zugleich deutlich von ihnen unterscheiden. In vielen Beiträgen hat er seine Idee einer linguistisch orientierten Fuzzy-Logik konkretisiert und von mehrwertigen Logiken abgegrenzt.[2] Neben informellen Beschreibungen essentieller Merkmale dieser Fuzzy-Logik hat er dabei viele Konzepte formal ausgearbeitet, ohne jedoch ein vollständiges logisches Kalkül zu entwickeln wie es etwa die Prädikatenlogik erster Stufe darstellt. In diesem Kapitel werden Zadehs Ansätze einer linguistischen Fuzzy-Lo-

---

[1] Vgl. hierzu etwa Zadeh [1994, 78], das Vorwort von Zimmermann zu [Zadeh and Kacprzyk (Eds.) 1992] sowie Kruses „Klarstellungen" zum Thema „Fuzzy-Systeme" [Kruse 1993a].

gik beschrieben. Nach einer informellen Abgrenzung dieser „Logik" von klassischen und mehrwertigen Logiken (Kapitel 9.1) werden die Grundzüge einer possibilistischen Semantiktheorie beschrieben, die Zadeh als eine der beiden Hauptkomponenten seiner Fuzzy-Logik betrachtet (Kapitel 9.2).[3] Im Anschluß daran werden die Inferenzregeln dargestellt (Kapitel 9.3). Von besonderer Bedeutung sind dabei Regeln, in denen unscharfe Quantoren verwendet werden – sogenannte Fuzzy-Syllogismen. Unscharfe Quantoren und Fuzzy-Syllogismen bilden zugleich einen Brennpunkt in Zadehs Vorschlägen zur Modellierung von Alltagswissen (Kapitel 9.4).

9.1 Hauptmerkmale von Zadehs Fuzzy-Logik

Nach Zadeh verlangt die erfolgversprechende Bearbeitung vieler, bislang ungelöster wissenschaftlicher und computertechnischer Probleme eine Abkehr von der zweiwertigen Logik und der in den Naturwissenschaften etablierten Form der exakt-quantitativen Denkweise. Mehrwertige Logiken, wie sie Łukasiewicz entwickelt hat, gingen nicht weit genug [Zadeh 1984b, 18f.]. Zadeh betont dabei, daß die mehrwertige Logik lediglich zwei Quantoren, den Allquantor (*alle*) und den Existenzquantor (*einige*) zulasse und Wahrheit nicht als unscharfes Konzept zu modellieren erlaube. Allgemein hat Zadeh Fuzzy-Logik als die „Logik" charakterisiert, die „approximativen" Inferenzformen zugrunde liegt [vgl. Zadeh 1992a, 2]. Die Bedeutung der Fuzzy-Logik leite sich von der Tatsache ab, daß die meisten Formen menschlichen Schließens, insbesondere das Alltagsdenken, approximativer Natur seien. Zu den wesentlichen Charakteristika der Fuzzy-Logik gehöre, daß in ihr

---

2 Vgl. [Zadeh 1975b,c,d; 1976b, 1988b; 1992a] sowie [Bellman and Zadeh 1977]. Abgrenzungen zu mehrwertigen Logiken finden sich in [Zadeh 1984b, 18f.; 1975d, 303, 310f.]. Das Konzept unscharfer Quantoren wird in [Zadeh 1983a] ausgearbeitet. Wie die Fuzzy-Logik und insbesondere unscharfe Quantoren dazu beitragen können, die Modellierung von Unsicherheit in Expertensystemen zu verbessern, wird in [Zadeh 1983b] diskutiert. Eine relativ systematische Bearbeitung von Fuzzy-Syllogismen bietet [Zadeh 1985]. Repräsentationsformen und Verfahren, die „Bedeutung" natürlichsprachlicher Aussagen mit Hilfe der Fuzzy-Logik darzustellen, werden in [Zadeh 1978b; 1981b; 1986] ausgearbeitet. In [Zadeh 1983a; 1984b, 1985; 1987; 1988a] werden Ansätze beschrieben, „Alltagswissen" mit Hilfe der Fuzzy-Logik zu formalisieren.

3 Die Beiträge Zadehs zu einer Semantiktheorie wie zur Fuzzy-Logik weisen so viele Gemeinsamkeiten, Bezüge und Überschneidungen auf, daß eine klare Trennlinie zwischen diesen Theorieansätzen kaum möglich und sinnvoll erscheint. Zadeh selbst hat die Beziehung unterschiedlich gesehen. So faßt er seine Semantiktheorie einmal als Komponente seiner Fuzzy-Logik, ein anderes Mal seine Fuzzy-Logik als Grundlage seiner Semantiktheorie auf. Vgl. zum einen Zadeh [1984a, 616f.; 1987, 105], zum anderen Zadeh [1986, 656].

- exaktes Schließen als Grenzfall approximativen Schließens gelte,
- alles eine Frage des Grades sei,
- ein beliebiges logisches System „fuzzifiziert“ werden könne,
- Wissen als eine Menge „elastischer“ oder unscharfer Restriktionen über einer Menge von Variablen interpretiert werde und
- Schlußfolgern als ein Prozeß der Propagierung dieser Restriktionen aufgefaßt werde.

Von „traditionellen“ Logiken unterscheidet sich die Fuzzy-Logik in mehrfacher Hinsicht [vgl. Zadeh 1992a, 2f.]. Der erste Unterschied betrifft das Konzept der *Wahrheit.* In der klassischen Logik sind lediglich die Wahrheitswerte *„wahr“* und *„falsch“* zugelassen. In mehrwertigen Logiken wird Wahrheit über eine endliche oder unendliche Menge von Wahrheitswerten, meist Zahlen aus dem Intervall [0, 1], repräsentiert. In der Fuzzy-Logik kann der Wahrheitswert einer Aussage als unscharfe Teilmenge einer partiell geordneten Menge dargestellt werden. Als Grund- und Bildbereich der Zugehörigkeitsfunktion dient dabei meist das Einheitsintervall [0,1]. Wahrheit wird demzufolge als linguistische Variable über dem Einheitsintervall mit einer möglicherweise unabgeschlossenen Menge linguistischer Wahrheitswerte wie *„wahr“, „sehr wahr“, „mehr oder weniger wahr“, „ziemlich falsch“* aufgefaßt (vgl. Kapitel 7, insbesondere 241f.). Numerische Wahrheitswerte wie sie in mehrwertigen Logiken üblich sind, erscheinen aus dieser Perspektive als eine vereinfachte Form, in der die unscharfen Mengen auf Einermengen beziehungsweise Punkte aus dem Einheitsintervall reduziert sind.

Das Wahrheitskonzept steht im unmittelbaren Zusammenhang zur Semantik der *Prädikate.* Während in zweiwertigen logischen Systemen lediglich exakte Prädikate zulässig sind, die erfüllt sein können oder nicht, erlaubt die Fuzzy-Logik unscharfe Prädikate, die mehr oder weniger erfüllt sein können.

In der Graduierbarkeit der Prädikate ist ein erweitertes Konzept von *Modifikatoren* angelegt. Prädikate können nicht nur wie in „klassischen“ Systemen negiert werden, sondern abgeschwächt, verstärkt oder in anderer Weise modifiziert werden (vgl. Kapitel 6).

Ein weiterer wesentlicher Unterschied liegt in den zulässigen *Quantoren.* Die Fuzzy-Logik erlaubt im Gegensatz zu „traditionellen“ Logiken nicht nur einen Existenz- und Allquantor, sondern eine Vielfalt unscharfer Quantoren (wie *„wenige“, „viele“, „häufig“, „gewöhnlich“, „meist“* oder *„selten“),* die als unscharfe Zahlen oder unscharfe Proportionen interpretiert und mit Hilfe der Fuzzy-Artihmetik (vgl. Kapitel 4) verrechnet werden. Mit Hilfe unscharfer Quantoren können die von Aristoteles eingeführten syllogistischen Regeln um unscharfe Syllogismen ergänzt werden.

Von anderen Logiken unterscheidet sich Zadehs Fuzzy-Logik nicht zuletzt hinsichtlich der Möglichkeiten, Aussagen unscharf zu *„qualifizieren“.* Zadeh differenziert zwischen drei „Qualifikationsmodi“: der Wahrheits-, Wahrscheinlichkeits- und Possibilitätssqualifizierung. *„Wahrscheinlichkeit"* und *„Possibilität"* werden dabei analog zu *„Wahrheit"* als linguistische Variablen interpretiert. Ihre linguistischen Werte können dazu benutzt werden, den Geltungsanspruch oder die Sicherheit von unscharfen Aussagen zu beschreiben. Einer unscharfen Aussage (wie *„Mary ist jung"*) wird bei der Wahrheitsqualifizierung ein unscharfer Wahrheitswert (wie *„nicht ganz wahr"*), bei der Wahrscheinlichkeitsqualifizierung ein unscharfer Wahrscheinlichkeitswert (wie *„ziemlich unwahrscheinlich"*) und bei der Possibilitätsqualifizierung ein unscharfer Possibilitätswert (wie *„nahezu unmöglich"*) zugeordnet. So kann man beispielsweise behaupten, *„es ist nicht ganz wahr, daß Mary jung ist"*, *„es ist ziemlich unwahrscheinlich, daß Gregor groß ist"* oder *„es ist nahezu unmöglich, daß Verena blond ist"*.[4]

Zadeh [1984a, 616f.] unterscheidet zwei Komponenten seiner Fuzzy-Logik: ein *„Übersetzungssystem"*, in dem Regeln festgelegt sind, wie die Bedeutung unscharfer und unsicherer Aussage repräsentiert werden soll, und ein *„Inferenzsystem"*, das dazu dient, Schlußfolgerungen aus den in die formale Repräsentationssprache übersetzten Aussagen zu ziehen. Zur Bezeichnung des „Übersetzungssystems" hat Zadeh den Terminus „test-score semantic" eingeführt. Es handelt sich dabei um eine Referenzsemantik auf der Basis von Possibilitätsverteilungen.

9.2 Zadehs Testscore-Semantik – eine Referenzsemantik auf der Basis von Possibilitätsverteilungen

Erste grundlegende Überlegungen zur Entwicklung einer Semantik auf der Basis der Fuzzy-Mengentheorie hat Zadeh 1971 unter dem Titel „Quantitative Fuzzy Semantics" veröffentlicht. Er wirft dabei die Frage auf, ob die Unschärfe von Bedeutungen zumindest im Prinzip quantitativ behandelt werden kann [Zadeh 1971a, 160]. In diesem Beitrag betont er, daß seine Überlegungen zur Bearbeitung dieser Problematik vorläufig und ohne Anspruch darauf seien, einen Arbeitsrahmen für eine quantitative Semantik-Theorie der natürlichen Sprache zur Verfügung zu stellen [Zadeh 1971a, 160]. Zadehs Grundidee ist

---

[4] Die Wahrscheinlichkeitstheorie wie die probabilistische Logik erscheinen unter diesen Gesichtspunkten in dreifacher Hinsicht als Sonderfall der Fuzzy-Mengentheorie und Fuzzy-Logik: Erstens lassen sich Wahrscheinlichkeitsmaße als spezielle Fuzzy-Maße deuten (vgl. Kapitel 8.1.2, 268ff.). Zweitens können unscharfe Wahrscheinlichkeitswerte (vgl. 241) als Verallgemeinerung numerischer Wahrscheinlichkeitswerte (Fuzzy-Einermengen) aufgefaßt werden. Und drittens sind Wahrscheinlichkeitsaussagen nicht auf exakt definierte Ereignisse, die zutreffen können oder nicht, beschränkt; in der Fuzzy-Mengentheorie, speziell Zadehs Fuzzy-Logik, können sich Wahrscheinlichkeitsangaben vielmehr auch auf *„unscharfe Ereignisse"* beziehen. Vgl. [Zadeh 1968b sowie 1976b, 330ff.]

dabei, die „Bedeutung" eines natürlichsprachlichen Terms als unscharfe Teilmenge einer Grundmenge zu definieren. Und umgekehrt wird der Term als „Name" der unscharfen Teilmenge aufgefaßt. Die Syntax von zusammengesetzten Termen wird über Ersetzungsregeln einer kontextfreien Grammatik beschrieben. Ihre Semantik wird über Zugehörigkeitsfunktionen festgelegt, deren Aufrufstruktur aus den Syntaxregeln hervorgeht (vgl. 232f. sowie Zadeh [1971a, 172f.]).

Als Meilenstein von Zadehs Arbeiten zu einer Semantik-Theorie gilt der Text „PRUF – A Meaning Representation Language for Natural Language" [Zadeh 1978b]. Grundlegend für PRUF (ein Akronym für *P*ossibilistic *R*elational *U*niversal *F*uzzy) war die Einführung des Konzepts der unscharfen Restriktion und der Possibilitätsverteilung (vgl. 228 und 265ff.). Zadeh hat keine exakte Definition zulässiger Ausdrücke für PRUF gegeben [vgl. 1978b, 521]. Allgemein lassen sich nach Zadeh *Ausdrücke* in PRUF als *Prozeduren* auffassen, die aufgrund einer Menge von Relationen einer Datenbank unscharfe Relationen, Possibilitätsverteilungen oder Possibilitätszuordnungsgleichungen liefern [Zadeh 1978b, 521]. Die Bedeutung eines natürlichsprachlichen Ausdrucks wird mithin nicht als Relation des Ausdrucks zur „realen" oder „externen" Welt, sondern vielmehr als Relation des Ausdrucks zu einer Datenbank konzeptualisiert. Den Kern von PRUF bilden daher Regeln, mit deren Hilfe natürlichsprachliche Aussagen in PRUF-Ausdrücke beziehungsweise PRUF-Prozeduren übersetzt werden können. Zadeh unterscheidet ohne Anspruch auf Vollständigkeit vier Typen von *Transformationsregeln* (vgl. Tabelle 9.1).

Regeltypen			Beispielaussagen
Typ I	Modifizierungs-Regeln	Negation	*Tim ist nicht klein.*
		Verstärkung	*Jan ist sehr groß.*
		Abschwächung	*Nina ist mehr oder weniger blond.*
Typ II	Kompositions-Regeln	Konjunktion	*Mark ist groß und schwer.*
		Disjunktion	*Janet hat blaue oder blaugraue Augen.*
		Implikation	*Wenn der x groß ist, dann ist y klein.*
Typ III	Quantifizierungs-Regeln	Häufigkeit	*Die meisten Bäume sind krank.*
Typ IV	Qualifizierungs-Regeln	Wahrheit	*Es ist nicht ganz wahr, daß Tim klein ist.*
		Wahrscheinlichkeit	*Es ist sehr wahscheinlich, daß es regnet.*
		Möglichkeit	*Es ist gut möglich, daß Jan gewinnt.*

Tabelle 9.1: Typen von Transformationsregeln in PRUF

Zadehs Testscore-Semantik setzt auf seiner Ausarbeitung von PRUF auf. Er hat zu dieser Thematik eine ganze Reihe von Beiträgen veröffentlicht, in denen verschiedene Konzepte aus- oder umgearbeitet und verschiedene Akzent- oder Sinnverschiebungen vorgenommen worden sind. Von emminenter Bedeutung ist, daß das Konzept der unscharfen Quantifizierung weiterentwickelt wurde und eine zentrale Stelle in Zadehs Vorschlägen zur Unsicherheitsmodellierung in Expertensystemen wie zur Modellierung von Alltagsdenken einnimmt. Die Qualifizierungsregeln werden demgegenüber in späteren Veröffentlichungen zur Testscore-Semantik nicht mehr aufgeführt.[5] Beachtenswert ist nicht zuletzt eine Modifikation der Bedeutungsrepräsentation, die Zadehs Semantik ihren Namen gab – die Einführung von *Testwerten* (engl.: *test scores*) und *Testprozeduren.*

9.2.1 Übersetzungsregeln, Testwerte und Testprozeduren zur Bedeutungsrepräsentation natürlichsprachlicher Aussagen

Ausgangspunkt von Zadehs Testscore-Semantik bildet die Annahme, daß sich die Bedeutung einer semantischen Einheit (s), insbesondere einer Proposition (p), aus einer Menge unscharfer Relationen zusammensetzen läßt, deren Bedeutung bekannt ist [vgl. Zadeh 1986, 657]. Die Bedeutung von s hängt daher von der Auswahl dieser als Bedeutungskomponenten (engl.: *composants*) fungierenden Relationen ab. Zadeh grenzt dieses Konzept der Bedeutungskomposition ausdrücklich von Freges Kompositionsprinzip ab.[6] Nach dem Fregeschen Kompositionsprinzip ist die Bedeutung eines Ausdrucks eine Funktion der Bedeutungen seiner Teile. Anders gesagt: die Bedeutung eines Ausdrucks ergibt sich einzig und allein aus den Bedeutungen seiner Konstituenten (engl.: *constituents*). Demgegenüber sind die Komponenten (engl.: *composants*) in Zadehs Testscore-Semantik im allgemeinen nicht allein aus den Konstituenten einer Aussage abzuleiten. Die Komponenten, aus denen die Bedeutung einer Aussage abgeleitet wird, bilden eine Menge unscharfer Relationen, die aufgrund ihrer Funktion, die Bedeutung einer Aussage zu *erklären*, von Zadeh *erklärende Datenbasis* (engl.: *explanatory database,* kurz: ED) genannt wird [Zadeh 1986, 658].

In der Testscore-Semantik repräsentieren Aussagen ein System unscharfer Restriktionen (vgl. Definition 7.2, 228), Zadeh spricht auch oft von elastischen Constraints (engl.: *elastic constraints*). So drückt die Aussage *„Jan ist jung"* ei-

---

[5] Vgl. Zadeh [1986; 1987; 1992a]. Wahrheits-, Wahrscheinlichkeits- und Möglichkeitsqualifizierungen bringen einerseits eine erhebliche Zunahme an Komplexität mit sich und verkomplizieren die Modellierung beträchtlich, andererseits erscheinen sie aus der Anwendungs-Perspektive oft verzichtbar, zumal mit dem Konzept der unscharfen Quantoren eine intuitiv eingänge Möglichkeit bestehen bleibt, Unsicherheiten über die Häufigkeit von Ereignissen zu modellieren.

[6] „In test-score semantics, the composants of s are, in general, implicit rather than explicit in s. Furthermore, their number is, in general, much smaller than the number of constituents in s. As will be seen later, by allowing the meaning of s to be composed from its composants rather than constituents, test-score semantics achieves a higher expressive power than is possible under a strict interpretation of Frege's principle of compositionality". [Zadeh 1986, 658]

ne unscharfe Beschränkung des vermeintlichen Lebensalters von Jan aus. In dieser Perspektive wird die Bedeutung einer Proposition (p) als eine Prozedur repräsentiert, die die von p induzierten elastischen Constraints (C_i) *testet, bewertet* und *miteinander verrechnet.* Allgemein, so Zadeh, involviert die Repräsentation der Bedeutung einer Aussage p in der Testscore-Semantik folgende Schritte [vgl. Zadeh 1986, 658f.]:

(1) Auswahl einer geeigneten erklärenden Datenbasis, also der unscharfen Relationen, aus denen sich die Komponenten von p zusammensetzen.
(2) Explikation der von p induzierten elastischen Constraints $C_1, \ldots, C_m$, wobei die impliziten Fuzzy-Variablen sowie die betroffenen unscharfen Prädikate (Zugehörigkeitsfunktionen) herausgearbeitet werden.
(3) Charakterisierung jeder unscharfen Schranke C_i, $i = 1, \ldots, m$, durch einen Test, der jeder Schranke C_i einen Testwert τ_i zuordnet, der angibt, in welchem Grad C_i erfüllt wird. Normalerweise ist der Testwert τ_i eine Zahl aus dem Intervall [0,1], möglich ist jedoch auch eine Wahrscheinlichkeits- oder Possibilitätsverteilung über dem Einheitsintervall.
(4) Aggregation der partiellen Testwerte $\tau_1, \ldots, \tau_m$ zu einem Testwert-Vektor $\tau = (\tau_1, \ldots, \tau_k)$ für die gesamten, von p induzierten Constraints C_i. Meist wird $k = 1$ gewählt, so daß der Gesamttestwert τ auch als einfache Zahl, statt als Vektor von Zahlen dargestellt wird.

Der resultierende Testwert-Vektor oder Gesamttestwert τ dient als *Kompatibilitätsmaß*, das heißt er gibt an, in welchem Grad die Aussage p mit der erklärenden Datenbasis *kompatibel* ist.[7] Die Bedeutung von p wird nicht von τ, sondern der Testprozedur repräsentiert, durch die τ für eine gegebene erklärende Datenbasis berrechnet wird. Nach einer leicht abgewandelten Darstellung Zadehs läßt sich die Testprozedur als eine Beschreibung des Prozesses lesen, durch den die Bedeutung einer Aussage aus den Bedeutungen der für sie konstitutiven Relationen der erklärenden Datenbasis zusammengesetzt wird [vgl. Zadeh 1992a, 6]. Die „Auswahl" der erklärenden Datenbasis wird in dieser Fassung nicht explizit der Testprozedur zugeordnet. Dementsprechend werden die beiden ersten Schritte reartikuliert: der erste Schritt besteht nun in der Identifikation der Variablen, die durch die Aussage eingeschränkt werden; der zweite aus der Identifikation der von der Aussage induzierten Constraints [vgl. Zadeh 1992a, 6].

Es muß beachtet werden, daß die beschriebenen Schritte keinen Algorithmus bilden, nach dem sich die Bedeutung natürlichsprachlicher Aussagen berechnen ließe. Vielmehr handelt es sich um eine informelle Beschreibung, die dazu dient, wichtige Teilaufgaben der Bedeutungsrepräsentation in der Testscore-Semantik zu erläutern und einem menschlichen Übersetzer zu helfen, die

7 „The overall test score serves as a measure of the *compatibility* of p with the explanatory database, ED. Alternatively, τ may be interpreted as the *truth* of p given ED or, equivalently, as the *possibility* of ED given p." [Zadeh 1986, 659]

Übersetzungsarbeit schrittweise durchzuführen. Weder beschreiben die aufgeführten Schritte vollständig die zu erbringende Übersetzungsarbeit, noch sind die beschriebenen Schritte vollständig spezifiziert. Einzig für den vierten Schritt hat Zadeh standardisierte „Übersetzungsregeln“ angegeben, die er jedoch ausdrücklich als Default-Regeln verstanden wissen will:

> „In testing the constituent relations in ED, it is helpful to have a collection of standardized translation rules for computing the test score of a combination of elastic constraints $C_1,\ldots,C_k$ from the knowledge of the test scores of each constraint considered in isolation. For the most part, such rules are *default* rules in the sense that they are intended to be used in the absence of alternative rules supplied by the user.“ [Zadeh 1992a, 7; ähnlich Zadeh 1986, 662]

Bei den von Zadeh beschriebenen Regeln handelt es sich um Regeln zur Modifikation, Komposition und Quantifizierung ähnlich wie sie in der referierten Arbeit über PRUF [Zadeh 1978b] angeführt worden sind. Die Modifikations- und Kompositionsregeln werden jedoch in den Arbeiten zur Testscore-Semantik über die Testwerte, nicht über die Possibilitätsverteilungen oder Fuzzy-Mengen definiert (vgl. Zadeh [1986; 1987, 1992a] sowie Tabelle 9.2). Zadeh hat diese

Regeltypen			Rechenvorschrift	
		Negation	nicht C $\rightarrow$ $1 - \tau$	(9.1)
Typ I	Modifizierung	Verstärkung	very C $\rightarrow$ τ^2	(9.2)
		Abschwächung	mehr oder weniger C $\rightarrow$ $\tau^{0.5}$	(9.3)
		Konjunktion	C_1 und C_2 $\rightarrow$ $\min(\tau_1, \tau_2)$	(9.4)
Typ II	Komposition	Disjunktion	C_1 oder C_2 $\rightarrow$ $\max(\tau_1, \tau_2)$	(9.5)
		Implikation	Wenn C_1 dann C_2 $\rightarrow$ $\min(1, 1-\tau_1+\tau_2)$	(9.6)
Typ III	Quantifizierung	Häufigkeit	Q A‘s sind B‘s $\rightarrow$ μ_Q (‖B/A‖)	(9.7)

Tabelle 9.2: Standardregeln der Testscore-Semantik

Änderung nicht kommentiert. Ausgehend von Zadehs Definitionen mag sie schlicht als eine Vereinfachung erscheinen. Vor dem Hintergrund der Erörterungen in Kapitel 6 (insbesondere 197, 223f.) wird jedoch ersichtlich, daß diese Änderung die Ausdrucksmächtigkeit gravierend einschränkt, da die Testwerte keine semantisch differenzierten Modifikationen zulassen und so streng genommen kognitiv adäquate Modellierungen unmöglich gemacht werden.

Zadeh hat zwar erkannt, daß die Aggregation mehrerer Testwerte zu einer skalaren Größe einen für bestimmte Anwendungen inadäquaten Informationsverlust mit sich bringen kann [vgl. Zadeh 1986, 666-668]. Und sein Vorschlag, statt eines Skalars einen Vektor von Testwerten zu benutzen, kann in einigen Fällen durchaus hilfreich sein. Dies entkräftet jedoch keineswegs, daß die Möglichkeiten der Verarbeitung einfacher Zahlen oder Vektoren von Testwerten weit reduzierter sind, als die der Verarbeitung unscharfer Relationen und daß die zusätzlichen Verarbeitungsmöglichkeiten für eine adäquate Bedeutungsrepräsentation vielfach unabdingbar sind (vgl. Kapitel 6.3.2 und 6.4).

Beispiel 9.1 *„Die meisten Produkte weisen keine sehr hohe Qualität auf"*

Die Bedeutung der unscharfe Aussage „die meisten Produkte weisen keine sehr hohe Qualität auf" soll in Zadehs Testscore-Semantik formal beschrieben werden. Die „erklärende Datenbasis" besteht aus den Relationen R_1 = „Produkt [Name, Qualität]", R_2 = „hohe Qualität" [Qualität, μ_{hoch}]" und R_3 = „meist [Proportion, μ_{meist}]" (vgl. Abbildung 9.1).

R_1: Produkt	
Name	Qualität
P_1	I
P_2	II
P_3	IV
P_4	III
P_5	I
P_6	II

R_2: hohe Qualität	
Qualität	μ_{hoch}
I	0
II	0.2
III	0.6
IV	0.8
V	1.0
VI	1.0

R_3: meist

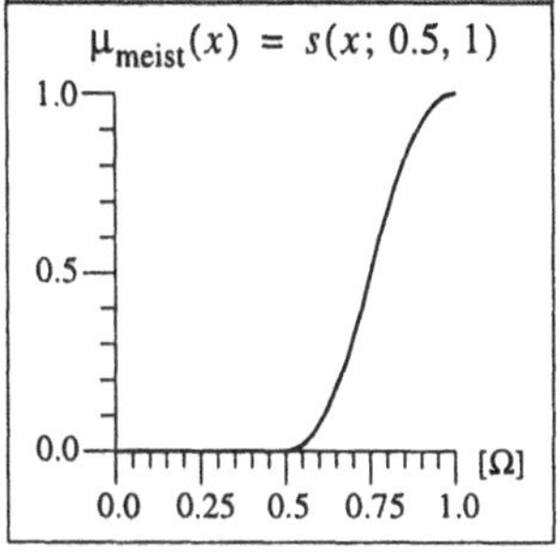

Testwerte		
i	τ_i^{hoch}	τ_i
1	0	1
2	0.2	0.96
3	0.8	0.36
4	0.6	0.64
5	0	1
6	0.2	0.96

Abb. 9.1: „Erklärende Datenbasis" und „Testwerte" für unscharfe Aussagen (Beispiel)

(1) Zunächst wird zu jedem Produkt namens P_i die Qualität ermittelt:

$$\text{Qualität}(P_i) = \text{Produkt}[\text{Name} = P_i]. \tag{9.8}$$

(2) Sodann wird für jedes Produkt P_i ein Testwert berechnet, der sich aus der unscharfen Restriktion „hohe Qualität" ergibt (vgl. Abbildung 9.1):

$$\tau_i^{\text{hoch}} = \mu_{\text{hoch}}(\text{Qualität}(P_i)). \tag{9.9}$$

(3) Mit Hilfe der Übersetzungsregeln 9.1 und 9.2 werden anschließend die Testwerte für die modifizierte unscharfe Restriktion „nicht sehr hohe Qualität" abgeleitet:

$$\tau_i = 1 - (\tau_i^{\text{hoch}})^2. \tag{9.10}$$

(4) Im nächsten Schritt wird gemäß 9.7 die relative Kardinalität (p) der Produkte berechnet, die „keine sehr hohe Qualität" aufweisen:

$$p = \frac{\sum_{i=1}^{6} \tau_i}{6} = 0.82. \tag{9.11}$$

(5) Schließlich wird der Gesamttestwert unter Berücksichtigung der durch den unscharfen Quantor „meist" induzierten Fuzzy-Restriktion ermittelt:

$$\tau = \mu_{\text{meist}}(p) = 0.74. \tag{9.12}$$

9.2.2 Das Konzept einer kanonischen Form

Die Bedeutung natürlichsprachlicher Aussagen in Form von Testprozeduren zu repräsentieren, hat den Nachteil, daß die semantische Grundstruktur der Aussagen nicht transparent dargestellt wird. Dieser Mangel hat Zadeh motiviert, eine „*kanonische Form*“ einzuführen, die die semantische Grundstruktur direkt zum Ausdruck bringt und derart ein besseres Verständnis über den Prozeß bietet, der in der Testscore-Semantik einer Aussage eine Bedeutung zuordnet [vgl. Zadeh 1981b, 286; 1986, 676ff.]. Die Grundidee der Testscore-Semantik, nämlich die Bedeutung einer semantischen Einheit als ein System elastischer Constraints über einer Menge von Relationen einer erklärenden Datenbasis aufzufassen, bildet dabei das strukturbildende Prinzip: In der kanonischen Form wird eine (möglicherweise mehrstellige) Variable explizit zu einer unscharfen Relation in Beziehung gesetzt, wobei die unscharfe Relation, die Rolle der von der Aussage induzierten elastischen Schranke erfüllt, die den Werten der (möglicherweise impliziten) Variablen auferlegt ist. Da die restringierte Variable nicht eindeutig durch p bestimmt sein muß, vielmehr im allgemeinen vom aktuellen *Aufmerksamkeitsfokus* abhängt, bezeichnet Zadeh diese Variable als *Fokusvariable.* Die Fokusvariable festzulegen ist die Aufgabe des Übersetzers. Ist $X = (X_1, \ldots, X_n)$ eine Fokusvariable von p, F die unscharfe Relation, die den Variabilitätsbereich von X einschränkt, dann lautet die kanonische Form (*cf*) von p „*X ist F*“:

$$\mathrm{cf}(p) \;=\; X \text{ ist } F. \tag{9.13}$$

Die kanonische Form einer Aussage p, X ist F, läßt sich als Zuweisung der unscharfen Relation F an die Possibilitätsverteilung der Variablen X interpretieren (π_X), so daß letztendlich eine natürlichsprachliche Aussage in eine Possibilitätszuordnungs-Gleichung übersetzt ($\rightarrow$) werden kann:

$$p \rightarrow X \text{ ist } F \rightarrow \pi_X = F. \tag{9.14}$$

Es wird evident, daß die möglichen Werte, die X im Grundbereich Ω annehmen kann, durch die unscharfe Relation F eingeschränkt sind. Das bedeutet, daß der Möglichkeitsgrad eines Werts ω von X gleich dem Zugehörigkeitsgrad von ω zu F ist:

$$\mathrm{Poss}\{X = \omega\} = \mu_F(\omega),\ \omega \in \Omega. \tag{9.15}$$

In der Testscore-Semantik wird demzufolge eine Aussage p als eine implizite Zuordnungsvorschrift interpretiert, die die Possibilitätsverteilung der Fokusvariable von p festlegt. Einige exemplarische Übersetzungen sind in Tabelle 9.3 abgedruckt. Dabei wird die Fokusvariable in Anlehnung an Zadeh über (verschachtelte) Attribut-Objekt-Listen spezifiziert.

Natürlichsprachliche Aussage	→	Kanonische Form
Janet hat blaue Augen.	→	Farbe(Augen(Janet)) ist blau
		Possibilitätszuordnungs-Gleichung
		$\pi_{\text{Farbe(Augen(Janet))}} = \text{blau}$ $\text{Poss}\{\text{Farbe(Augen(Janet))} = u\} = \mu_{\text{blau}}(u)$
Janet und Nina haben ungefähr die gleiche Haarfarbe.	→	(Farbe(Haare(Janet)), Farbe(Haare(Nina))) ist ungefähr gleich
		Possibilitätszuordnungs-Gleichung
		$\pi_{\text{(Farbe(Haare(Janet)),Farbe(Haare(Nina)))}} = \text{ungefähr gleich}$ $\text{Poss}\{\text{Farbe(Haare(Janet))} = u, \text{Farbe(Haare (Nina))} = v\}$ $= \mu_{\text{ungefähr gleich}}(u,v)$
Es ist nicht ganz wahr, daß Janet blaue Augen hat.	→	(Farbe(Augen(Janet)) ist blau) ist nicht ganz wahr
		Possibilitätszuordnungs-Gleichung
		$\pi_{\text{Farbe(Augen(Janet))}} = \text{nicht ganz wahr blau}$ $\text{Poss}\{\text{Farbe(Augen(Janet))} = u\} = \mu_{\text{nicht ganz wahr}}(\mu_{\text{blau}}(u))$

Tabelle 9.3: Exemplarische Übersetzungen natürlichsprachlicher Aussagen in die kanonische Form der Testscore-Semantik

9.3 Inferenzregeln in Zadehs Fuzzy-Logik

Die Testscore-Semantik, die Übersetzungskomponente der Fuzzy-Logik, wird ergänzt durch Regeln oder Schemata approximativen Schließens, die Inferenzkomponente der Fuzzy-Logik. Zadeh unterscheidet zwei Arten von Inferenzregeln, *kategoriale* und *syllogistische* Regeln.

9.3.1 Kategoriale Inferenzregeln

Unter kategorialen Regeln subsumiert Zadeh Inferenzschemata, die bereits in den vorangehenden Kapiteln eingeführt worden sind und gemäß Zadehs Darstellung [1992a] in Tabelle 9.4 zusammenfassend aufgelistet sind. Es ist zu beachten, daß die logischen Verknüpfungen sowohl über unscharfen Prädikaten wie über ihren Wahrheitswerten definiert werden können. Beide Verknüpfungsarten unterscheiden sich erheblich voneinander: werden die von den Prädikaten bezeichneten Fuzzy-Mengen miteinander verknüpft, so werden die Basisfunktionen (beispielsweise Minimum oder Maximum) einfach auf die Zugehörigkeitsgrade der Fuzzy-Mengen angewandt, werden indes die unscharfen Wahrheitswerte der in Frage stehenden Fuzzy-Prädikate miteinander verknüpft, so sind die gleichen Basisfunktionen mit Hilfe des Erweiterungsprinzips auf die unscharfen Wahrheitswerte anzuwenden.[8]

In Zadehs Arbeiten zu PRUF [Zadeh 1978b; 1981b] nimmt überdies das Partikularisierungsprinzip (vgl. 271f.) einen großen Raum ein. Der generalisierte Modus Ponens kann wie beschrieben (274ff.) als Spezialfall der Verkettungsschlußregel interpretiert werden, wobei hier entsprechend der Übersetzungsregel 9.6 (Tabelle 9.2) der Implikationsoperator von Łukasiewicz zur Bildung der unscharfen Relation zu benutzen ist.

Dem Inklusionsprinzip (vgl. 8.30, 274 oder 9.21 in Tabelle 9.4) entsprechend hat Zadeh das Prinzip der semantischen Äquivalenz als Gleichheit von Possibilitätsverteilungen definiert (vgl. Definition 2.15, 64 sowie Zadeh [1978b, 526f.; 1979, 390ff.]). Aufgrund des Prinzips der semantischen Äquivalenz können in PRUF unqualifizierte Aussagen mit wahrheitsqualifizierten gleichgesetzt werden. So weist Zadeh [1978b, 527] ausdrücklich darauf hin, daß die Aussagen *„Es ist sehr wahr, daß Jeanne groß ist“* und *„Jeanne ist sehr groß“* semantisch äquivalent seien, wobei er voraussetzt, daß *„wahr“* den unscharfen Einheits-Wahrheitswert (siehe Gleichung 7.24, 242) bezeichnet. Diese Gleichsetzung kann allerdings in Frage gestellt werden: Wieso sollte sich im allgemeinen aus dem Wahrheitsanspruch bezüglich einer bestimmten Attributierung ein höherer Wahrheitsanspruch bezüglich einer schwächeren Merkmalsausprägung ableiten lassen? Empirische Untersuchungen weisen darauf hin, daß ein als *„sehr groß“* geltendes Objekt keineswegs im höheren Grad als *„groß“* gelten muß [vgl. Hersh and Caramazza 1976]. Zadeh spricht in dem genannten Fall sogar von einer *strengen* semantischen Äquivalenz, da die Äquivalenz bezüglich jeder Datenbasis (also ungeachtet der Definition der unscharfen Menge *großer Personen*) gelte. Die gleiche Unterscheidung wird dort auch für das semantische Inklusionsprinzip eingeführt: Demnach wird die Aussage *„Gary ist groß“* von der Aussage *„Gary ist sehr groß“* *streng* inkludiert, während die Inklusion der Aussage *„Gary ist nicht klein“* nicht im strengen Sinn gilt, da sie von der Definition der Fuzzy-Mengen *„klein“* und *„groß“* abhängt [vgl. Zadeh 1978b, 528].

Weitere Differenzierungen lassen sich einführen, wenn man Zadehs Hinweis folgt, daß sich die scharf definierten Konzepte und Prinzipien „fuzzifizieren“ lassen [vgl. Zadeh 1979, 394]. So kann die Forderung nach exakter Gleichheit der Possibilitätsverteilungen unter Verwendung einer Abstandsfunktion „aufgeweicht“ werden. Man kann dann beispielsweise von einer approximati-

---

8 Die Verknüpfung unscharfer Wahrheitswerte wird in Kapitel 10.2 behandelt. Vgl. insbesondere die Definition des Erweiterungsprinzips (4.2, 132) und die Formeln 10.7 (342) sowie die Erläuterungen des Rechenwegs in Abbildung 4.3 (131) und in Beispiel 10.2 (344). Zadeh hat logische Konnektive für linguistische Wahrheitswerte ausführlich in seiner Arbeit über linguistische Variablen beschrieben [vgl. Zadeh 1975d, 305ff.].

Negationsregel (negation rule)		
nicht(X ist A) ――――― X ist $\neg A$	$\rightarrow \mu_{\neg A}(u) = 1 - \mu_A(u)$	(9.16)
Konjunktionsregel (conjunction rule)		
X ist A X ist B ――――― X ist $A \cap B$	$\rightarrow \mu_{A \cap B}(u) = \min(\mu_A(u), \mu_B(u))$	(9.17)
Disjunktionsregel (disjunction rule)		
X ist A oder X ist B ――――― X ist $A \cup B$	$\rightarrow \mu_{A \cup B}(u) = \max(\mu_A(u), \mu_B(u))$	(9.18)
Projektionsregel (projection rule)		
(X, Y) ist R ――――― X ist $R \downarrow U$	$\rightarrow \mu_{R \downarrow U}(u) = \sup_v \mu_R(u, v)$	(9.19)
Verkettungsregel (compositional rule)		
(X, Y) ist R Y ist A ――――― X ist $A \circ R$	$\rightarrow \mu_{A \circ R}(u) = \sup_v \min(\mu_R(u, v), \mu_A(v))$	(9.20)
Inklusionsregel (entailment rule)		
X ist A $A \subset B$ ――――― X ist B	$\rightarrow \mu_A(u) \leq \mu_B(u)$	(9.21)
Erweiterungsprinzip (extension principle)		
X ist A ――――― $f(X)$ ist $f(A)$	$A = \mu_1/u_1 + \mu_2/u_2 + \ldots + \mu_n/u_n$ $f(A) = \mu_1/f(u_1) + \mu_2/f(u_2) + \ldots + \mu_n/f(u_n)$	(9.22)

Tabelle 9.4: Kategoriale Inferenzschemata der Testscore-Semantik

Vgl. Zadeh [1992a, 15ff.]. Bei der Verkettungsregel (9.20) fällt auf, daß die Rollen von X und Y im zweiten Antezedent und im Konsequent gegenüber dem üblichen Gebrauch vertauscht sind. Diese Form macht deutlich, daß die Verkettungsregel nicht nur zur Modellierung von Inferenzen geeignet ist, die dem Modus ponens (vgl. 8.32 und 8.38, 276) entsprechen. Die zweistellige Relation (erste Prämisse) muß also keine Implikation sein. „(X, Y) ist R" kann beispielsweise durch das zweistellige Fuzzy-Prädikat „X ist *viel größer als* Y" und „Y ist A" durch die Fuzzy-Proposition „Y ist *groß*" ersetzt werden [vgl. Zadeh 1992a, 16]. Die Konklusion über X resultiert dann aus der in 9.20 angegebenen Verkettung. Man kann Zadehs Schema und Beispiel auch umformulieren und nach Y fragen, wenn „X ist A" (zweite Prämisse) gegeben ist. Die Zugehörigkeitsfunktion der Konklusion muß dann natürlich diesem Fall angepaßt werden. Sie lautet dann: $\mu_{A \circ R}(v) = \sup_u \min(\mu_A(u), \mu_R(u,v))$.

ven semantischen Äquivalenz sprechen, wenn der Abstand zweier Possibilitätsverteilungen innerhalb eines vorgegebenen Limits liegt.

Die Prinzipien der semantischen Äquivalenz und Inklusion bilden eine wichtige Grundlage für Schlußfolgerungen aus unscharf quantifizierten Aussagen. Bezeichnet *A* eine gewöhnliche Menge, *B* eine Fuzzy-Menge und *Q* einen unscharfen Quantor, dann gilt die folgende semantische Äquivalenz [Zadeh 1983a, 591]:

$$Q\ A\text{'s sind } B\text{'s} \leftrightarrow (\text{Antonym } Q)\ A\text{'s sind nicht } B\text{'s.} \tag{9.23}$$

Beispiel 9.2 *„Die wenigsten verdienen viel" ↔ „die meisten ... nicht viel"*

Eine Firma beschäftigt dreißig Angestellte (A). Die Höhe ihrer monatlichen Gehälter ist über eine Funktion „Gehalt" abfragbar. Zudem ist in der Wissensbasis (𝒲) die Fuzzy-Menge „hohe Gehälter" (H) definiert, so daß sich folgende Tabelle für die Zugehörigkeitsgrade der Gehälter der Angestellten zu der Menge der „hohen Gehälter" aufstellen läßt:

1	2	3	4	5	6	7	8	9	10	11	12	13	14	15	16	17	18	19	20	21	22	23	24	25	26	27	28	29	30
.3	0	.6	1	0	0	.2	0	.1	.2	0	.1	.1	0	.8	.1	1	0	.1	0	.8	0	0	.4	0	.1	.2	.7	0	.1

Die unscharfen Quantoren sind über s- und z-Funktionen (vgl. 2.20 und 2.21, 58) definiert: „die meisten" = s(x; 0.5, 1) (vgl. Abbildung 9.1), „die wenigsten" gemäß Gleichung 7.35 (246) als Antonym zu „die meisten". Folglich gilt: „die wenigsten" = z(x; 0, 0.5). Wenn die Aussagen p_1 = „die wenigsten Angestellten erhalten ein hohes Gehalt" und p_2 = „die meisten Angestellten erhalten kein hohes Gehalt" im Sinne der Testscore-Semantik äquivalent sind, müssen auch ihre Testwerte ($\tau_1 = \tau_2$) gleich sein, d.h. die Aussagen p_1 und p_2 müssen im gleichen Maß mit der Wissensbasis kompatibel sein. Um die Kompatibilitäten von p_1 und p_2 mit der Wissensbasis zu ermitteln, müssen die relativen Häufigkeiten $\|H/A\|$ und $\|\neg H/A\|$ berechnet werden (vgl. Definition 2.19, 67). In diesem Fall erübrigt sich die Minimumbildung, da die Menge der Angestellten mit hohen Gehältern eine unscharfe Teilmenge der Menge der Angestellten ist. Folglich beträgt die Kompatibilität τ_1 von p_1 mit 𝒲 (gerundet):

$$\begin{aligned}
\tau_1 &= \mu_{\text{die wenigsten}}(\|H/A\|) \\
&= \mu_{\text{die wenigsten}}\left(\frac{\sum_{i=1}^{30} \mu_H(\text{Gehalt}(i))}{30}\right) \\
&= \mu_{\text{die wenigsten}}(0.23) \\
&= 0.58
\end{aligned} \tag{9.24}$$

Für p_2 erhält man erwartungsgemäß den gleichen Testwert:

$$
\begin{aligned}
\tau_2 &= \mu_{\text{die meisten}}(\|\neg H/A\|) \\
&= \mu_{\text{die meisten}}\left(\frac{\sum_{i=1}^{30}(1-(\mu_H(\text{Gehalt}(i))))}{30}\right) \\
&= \mu_{\text{die meisten}}(0.77) \\
&= 0.58.
\end{aligned}
\tag{9.25}
$$

Im allgemeinen gilt für Inferenzschemata mit unscharfen Quantoren lediglich das semantische *Inklusionsprinzip.* So erfüllen Aussagen der Form *„Q A's sind B's"* und *„(Antonym Q) A's sind nicht B's"* nicht mehr das semantische Äquivalenzprinzip, wenn A eine unscharfe Menge bezeichnet. Das Inklusionsprinzip gilt jedoch unter der Voraussetzung, daß Q über eine monoton fallende Funktion definiert [Zadeh 1983a, 592] ist:

$$
\frac{Q\ A's \text{ sind } B's}{(\text{antonym } Q)A's \text{ sind nicht } B's.}
\tag{9.26}
$$

Semantische Beziehungen existieren nicht nur zwischen den Häufigkeiten positiver und negierter Attributzuschreibungen, sondern generell zwischen der Anzahl der Elemente, die eine bestimmte Eigenschaft erfüllen und der Anzahl der Elemente, die diese Eigenschaft in einer modifizierten Ausprägung erfüllen. A bezeichne eine gewöhnliche Menge, B eine Fuzzy-Menge mit der Zugehörigkeitsfunktion μ_B, Q einen unscharfen Quantor mit der Zugehörigkeitsfunktion μ_Q und m eine positive Zahl, so daß ${}^mB$, Q^m, $Q^{1/m}$ unscharfe Mengen mit den Zugehörigkeitsfunktionen

$$
\begin{aligned}
\mu_{{}^mB}(x) &= (\mu_B(x))^m \\
\mu_{Q^m}(x) &= \mu_Q(x^{1/m}) \\
\mu_{Q^{1/m}} &= \mu_Q(x^m).
\end{aligned}
\tag{9.27}
$$

denotieren. Dann gelten folgende Inferenzschemata:

$$
\frac{Q\ A's \text{ sind } B's}{Q^m\ A's \text{ sind } ({}^mB)'s}
\tag{9.28}
$$

$$
\frac{Q\ A's \text{ sind } {}^mB's}{Q^{1/m}\ A's \text{ sind } B's.}
\tag{9.29}
$$

Zadeh hat auf die Möglichkeit hingewiesen, mehrere Inferenzschemata zu kombinieren. So ergibt sich beispielsweise durch Kombination von 9.23 und 9.29 das Inferenzschema 9.30. Darin wird wiederum vorausgesetzt, daß A eine gewöhnliche Menge bezeichnet [vgl. Zadeh 1983a, 594]:

$$\frac{Q\ A\text{'s sind (nicht sehr)} B\text{'s}}{\sqrt{}(\text{antonym } \overline{Q})\ A\text{'s sind } B\text{'s}.} \tag{9.30}$$

Mit der Interpretation unscharfer Quantoren als relative Häufigkeit unscharfer Mengen und der Fuzzy-Arithmetik zu ihrer Verarbeitung eröffnet sich ein vielgestaltiger Raum approximativer Inferenzschemata für unscharfe Aussagen. Von emminenter Bedeutung sind dabei Schemata, die eng mit Inferenzmodi der Aristotelischen Syllogistik verwandt sind, sogenannte *Fuzzy-Syllogismen.*

9.3.2 Fuzzy-Syllogismen

Aristoteles Lehre vom syllogistischen Schließen bildet den Kern der „traditionellen Logik" und gilt zugleich als Ursprung der formalen Logik insgesamt [vgl. Klaus 1972, 95; Russell 1950, 215ff.]. Obgleich sie von seiten der „modernen Logik" wegen formaler Mängel, der Überbewertung des Syllogismus und der Deduktion kritisiert wird [vgl. Russell 1950, 216-220], ist sie bis heute einflußreich geblieben.

Ein *Syllogismus* besteht aus drei Teilen, dem *Obersatz* (engl.: *major premise*), dem *Untersatz* (engl.: *minor premise*) und der *Konklusion.* Ober- und Untersatz werden zusammenfassend auch als Vordersätze oder Prämissen bezeichnet und statt von Konklusion kann man auch von Schluß oder Schlußsatz sprechen. Die Sätze sind in ein logisches *Subjekt* (*S*) und ein logisches *Prädikat* (*P*) untergliedert. Die Prämissen müssen über einen Begriff, den sogenannten *Mittelbegriff* (*M*), verknüpft sein. Er kann sowohl die Rolle des logischen Subjekts wie die des logischen Prädikats einnehmen. Aristoteles hat drei allgemeine Schlußfiguren (I – III) unterschieden, die in der Scholastik um eine vierte Figur (IV) ergänzt worden sind:

	Figur I	Figur II	Figur III	Figur IV
Obersatz	*M* ist *P*	*P* ist *M*	*M* ist *P*	*P* ist *M*
Untersatz	*S* ist *M*	*S* ist *M*	*M* ist *S*	*M* ist *S*
Schlußsatz	*S* ist *P*	*S* ist *P*	*S* ist *P*	*S* ist *P*

Tabelle 9.5: Schlußfiguren der klassischen Syllogistik

In der Aristotelischen Logik wird zwischen bejahenden, partikulär bejahenden, verneinenden und partikulär verneinenden Aussagen unterschieden. Die Unterschiede werden durch die Vokale ***a*** (bejahend, ***a***ffirmo), ***e*** (verneinend, n***e***go), ***i*** (partikulär bejahend, aff***i***rmo) und ***o*** (partikulär verneinend, neg***o***) symbolisiert. Kombinatorisch ergeben sich somit für jede Figur 64 Modi. Davon sind jeweils sechs gültig, so daß man insgesamt 24 gültige Modi erhält. Da 5 der 24 gültigen Modi *subalterne Modi* sind, spricht man meist nur von 19 gültigen Modi oder Syllogismen. Für die gültigen Modi wurden mit Hilfe der Symbole ***a***, ***o***, ***i*** und ***e*** Merkwörter eingeführt, die alle gültigen Modi vollständig beschreiben.[9] Der berühmteste Syllogismus heißt „B***a***rb***a***r***a***", wobei das dreifache Auftreten des Vokals ***a*** Auskunft darüber gibt, daß die Aussagen der Prämissen wie der Konklusion bejaht (***a***ffirmo) werden:[10]

M ***a*** *P*	Alle Menschen sind sterblich
S ***a*** *M*	Sokrates ist ein Mensch
S ***a*** *P*	Sokrates ist sterblich.

Zadeh hat den Begriff des Syllogismus im Rahmen seiner Fuzzy-Logik auf unscharfe Aussagen erweitert. Er hat jedoch keine systematische Erweiterung der Aristotelischen Syllogistik im Hinblick auf eine Fuzzy-Syllogistik vorgelegt.

Der Begriff *Fuzzy-Syllogismus* wurde von Zadeh informell als ein Inferenzschema definiert, in dem die beiden Prämissen wie die Konklusion unscharfe Aussagen darstellen, die unscharfe Quantoren enthalten [vgl. Zadeh 1985, 444f.]. Unscharfe Quantoren basieren auf dem Konzept der Kardinalität unscharfer Mengen und werden mit Hilfe der Fuzzy-Arithmetik verarbeitet. Nach Zadeh lautet die „generische" Form eines Fuzzy-Syllogismus [Zadeh 1992a, 18]:

$$\begin{array}{l} Q_1 \ A\text{'s sind } B\text{'s} \\ Q_2 \ C\text{'s sind } D\text{'s} \\ \hline Q_3 \ E\text{'s sind } F\text{'s.} \end{array} \tag{9.31}$$

Dabei symbolisieren Q_1, Q_2 und Q_3 unscharfe Quantoren und *A, B, C, D, E* und *F* miteinander in Beziehung stehende Fuzzy-Prädikate. Zadeh weist darauf hin, daß die Beziehungen zwischen diesen Prädikaten als Basis einer Klassifikation von Fuzzy-Syllogismen dienen könnten und hebt anschließend sechs Fuzzy-Syllogismen hervor (vgl. Tabelle 9.6). Von diesen sechs Fuzzy-Syllogismen hat Zadeh vier diskutiert, die ersten drei sowie den Antezedent/Konjunktion-Syllogismus.

---

9 Die Merkwörter der 19 (beziehungsweise 24) gültigen Modi lauten: (I) B***a***rb***a***r***a***, (B***a***rb***a***r***i***,) C***e***l***a***r***e***nt, (C***e***l***a***r***o***nt), D***a***r***ii***, F***e***r***i***o; (II) B***a***r***o***c***o***, C***a***m***e***str***e***s, (C***a***m***e***str***o***,) C***e***s***a***r***e***, (C***e***s***a***r***o***,) F***e***st***i***n***o***; (III) B***o***c***a***rd***o***, D***a***r***a***pt***i***, D***a***t***i***s***i***, D***i***s***a***m***i***s, F***e***l***a***pt***o***n, F***e***r***i***s***o***n; (IV) B***a***m***a***l***i***p, C***a***m***e***n***e***s, (C***a***m***e***n***o***p,) D***i***m***a***r***i***s, F***e***s***a***p***o***, Fr***e***s***i***s***o***n.

10 Eine kritische Diskussion dieses „klassischen" Syllogismus vom Standpunkt der „modernen Logik" bietet Russell [1950, 218].

Name	Charakteristische Prädikat-Relationen
Schnittmenge/Produkt-Syllogismus	$C = A \wedge B,\ E = A,\ F = C \wedge D$
Ketten-Syllogismus	$C = B,\ E = A,\ F = D$
Konsequent/Konjunktion-Syllogismus	$A = C = E,\ F = B \wedge D$
Konsequent/Disjunktion-Syllogismus	$A = C = E,\ F = B \vee D$
Antezedent/Konjunktion-Syllogismus	$B = D = F,\ E = A \wedge C$
Antezedent/Disjunktion-Syllogismus	$B = D = F,\ E = A \vee C$

Tabelle 9.6: Bedeutende Fuzzy-Syllogismen und ihre charakteristischen Prädikat-Relationen nach Zadeh

Die englischsprachigen Termini lauten (von oben nach unten): intersection/product syllogism, chaining syllogism, consequent conjunction syllogism, consequent disjunction syllogism, antecedent conjunction syllogism, antecedent disjunction syllogism.

Der bekannteste Fuzzy-Syllogismus ist der Schnittmenge/Produkt-Syllogismus (vgl. Tabelle 9.7, Schema 9.32). Er wirkt intuitiv einleuchtend, wenn man von exakten Häufigkeitsangaben ausgeht [vgl. Zadeh 1983a, 571]: Ist bekannt, daß 80% der Studenten unverheiratet ($Q_1 = 0.8$) sind und daß 60% der unverheirateten Studenten männlichen Geschlechts sind ($Q_2 = 0.6$), dann folgt daraus, daß 48% der Studenten unverheiratet und männlichen Geschlechts sind ($Q_3 = Q_1 * Q_2 = 0.48$).[11]

Schnittmenge/Produkt-Syllogismus (intersection/product syllogism)	Konsequent-Konjunktion-Syllogismus (consequent conjunction syllogism)
Q_1 *A's* sind *B's* Q_2 (*A* und *B*)'s sind *C's* (9.32) ——— Q_3 *A's* sind (*B* und *C*)'s $Q_3 = Q_1 \cdot Q_2$ falls monoton steigend, sonst: $\geq Q_1 \cdot Q_2$	Q_1 *A's* sind *B's* Q_2 *A's* sind *C's* (9.33) ——— Q_3 *A's* sind (*B* und *C*)'s $\max(0, (Q_1 \cdot Q_2 - 1)) \leq Q_3 \leq \min(Q_1, Q_2)$
Produkt-Ketten-Syllogismus (multiplicative chaining syllogism; product chain rule)	**MPR-Ketten-Syllogismus (MPR chaining syllogism; R-rule)**
Q_1 *A's* sind *B's* Q_2 *B's* sind *C's* (9.34) ——— Q_3 *A'* sind *C's* $Q_3 \geq Q_1 \cdot Q_2$ $B \subset A$, sonst: none-to-all	Q_1 *A's* sind *B's* Q_2 *B's* sind *C's* (9.35) ——— Q_3 *A'* sind *C's* $Q_3 = \max(0, Q_1 + Q_2 - 1)$

Tabelle 9.7: Unscharfe Syllogismen in Zadehs Fuzzy-Logik

[11] Die Begründung macht deutlich, daß sich Fuzzy-Syllogismen als Verallgemeinerung probabilistischer Syllogismen interpretieren lassen. Vgl. hierzu Dubois und Prade [1988a].

Der Schnittmenge/Produkt-Syllogismus verallgemeinert dieses probabilistische Inferenzschema in zweierlei Hinsicht: sowohl die Prädikate (A, B, C) wie die Quantoren (Q_1, Q_2, Q_3) dürfen unscharf sein. Mit Hilfe der Quantifizierungsregel 9.7 (310) läßt sich leicht zeigen, daß die Kardinalität der von der Konklusion induzierten Possibilitätsverteilung gleich dem Produkt der Kardinalitäten der von den Prämissen induzierten Possibilitätsverteilungen ist:

$$\begin{array}{lcl} Q_1 \text{ } A\text{'s sind } B\text{'s} & \rightarrow & \|B/A\| \text{ ist } Q_1 \\ Q_2 \text{ } (A \text{ und } B)\text{'s sind } C\text{'s} & \rightarrow & \|C/(A \cap B)\| \text{ ist } Q_2 \\ \hline Q_3 \text{ } A\text{'s sind } (B \text{ und } C)\text{'s} & \rightarrow & \|(B \cap C)/A\| \text{ ist } Q_3 \end{array} \tag{9.36}$$

$$\begin{aligned} \|(B \cap C)/A\| &= \|B/A\| \cdot \|C/(A \cap B)\| \\ \frac{|(B \cap C \cap A)|}{|A|} &= \frac{|(B \cap A)|}{|A|} \cdot \frac{|(C \cap A \cap B)|}{|(A \cap B)|} \\ \frac{|(B \cap C \cap A)|}{|A|} &= \frac{|(C \cap A \cap B)|}{|A|} \end{aligned} \tag{9.37}$$

Da die involvierten Quantoren Q_1, Q_2 und Q_3 die relativen Häufigkeiten in Form unscharfer Mengen beschreiben, ist gemäß dem Erweiterungsprinzip die gewöhnliche Multiplikation durch die erweiterte Multiplikation (Definition 4.23, 139) zu ersetzen:

$$\begin{aligned} Q_3 &= Q_1 \cdot Q_3 \\ \mu_{Q_3}(w) &= \sup_u \min(\mu_{Q_1}(u), \mu_{Q_2}(w/u)) \\ & \quad w \in [0, 1], u \in]0, 1]. \end{aligned} \tag{9.38}$$

Einen Spezialfall des Schnittmenge/Produkt-Syllogismus erhält man, wenn man das Prädikat der Konklusion zu der Form „*Q_3 A's sind C's*" abschwächt. Es ist evident, daß das einfache Prädikat *C mindestens* so häufig von Elementen aus *A* erfüllt sein muß wie die Konjunktion von *B* und *C*. Folglich gilt:

$$\begin{array}{ll} Q_1 \text{ } A\text{'s sind } B\text{'s} & \\ Q_2 \text{ } (A \text{ und } B)\text{'s sind } C\text{'s} & \\ \hline Q_3 \text{ } A\text{'s sind } C\text{'s} & ; \text{mit } Q_3 \geq Q_1 \cdot Q_2. \end{array} \tag{9.39}$$

Falls die beiden unscharfen Quantoren Q_1 und Q_2 monoton steigend sind, ist die Hecke „*mindestens*" überflüssig, so daß in solchen Fällen auch einfach $Q_3 = Q_1 * Q_2$ gesetzt werden kann.

Ein weiterer Spezialfall, nämlich der Produkt-Ketten-Syllogismus[12] (9.34), ergibt sich, wenn B eine Teilmenge von A ist.[13] In diesem Fall gilt offenkundig $A \cap B = B$, so daß wie in 9.39 das unscharfe Produkt der in den Prämissen genannten Quantoren eine untere Schranke für den Quantor der Konklusion abgibt. Eine andere Variante eines Verkettungs-Syllogismus, der sogenannte MPR-Syllogismus[14] (9.35), gilt nur in einem approximativen Sinn [vgl. Zadeh 1984a, 644-647]. Er setzt voraus, daß sich der Obersatz umkehren läßt, so daß beide Sätze zumindest annährend semantisch äquivalent sind (vgl. 314f.):

$$Q_1 \text{ } A\text{'s sind } B\text{'s} \tilde{\leftrightarrow} Q_1 \text{ } B\text{'s sind } A\text{'s}. \qquad (9.40)$$

Im Unterschied zu den bisher genannten Fuzzy-Syllogismen stellt der Konsequent/Konjunktion-Syllogismus kein Derivat des Schnittmenge/Produkt-Syllogismus dar. Wie Zadeh [1984a, 637f.] gezeigt hat, lassen sich aus den Quantoren der Prämissen unscharfe Zahlen berechnen, die untere und obere Schranken des Quantors der Konklusion abgeben (vgl 9.46). Der Quantor der Konklusion denotiert demnach die konvexe Hülle dieser unscharfen Grenzwerte.

Der sogenannte Antezedent/Konjunktion-Syllogismus bezeichnet ein Inferenzschema, in dem Vordersätze und Schlußsatz das gleiche logische Prädikat (C) aufweisen und das logische Subjekt der Konklusion über die Konjunktion der logischen Subjekte der Prämissen gebildet wird. Zadeh [1985, 458f.] hat darauf hingewiesen, daß bei diesem Schema der Quantor der Konklusion den nichtssagenden Wert *„kein-bis-alle"* annimmt, wenn nicht sehr restriktive Annahmen über die involvierten Fuzzy-Mengen gemacht werden können. (Vgl. hierzu auch Dubois und Prade [1988a].) Da unscharfe Inferenzschemata im Fall gewöhnlicher Mengen gültig sein müssen, kann man sich dies leicht anhand von Mengendiagrammen veranschauulichen (vgl. Abbildung 9.2).

---

12 Zadeh verwendet den Ausdruck *„multiplicative chaining syllogism"* [1985, 454], bei früherer Gelegenheit hat er diesen Syllogismus kurz *„product chain rule"* genannt [Zadeh 1984a, 643]. Als deutschsprachiger Name wird hier „Produkt-Ketten-Syllogismus" gewählt, weil mit ihm einerseits die wesentlichen Charakteristika dieses Inferenzschemas zum Ausdruck gebracht werden, andererseits aber eine unnötig lange Syntagmenbildung (multiplikativer Verkettungs-Syllogismus) vermieden wird.

13 Zadeh setzt $B \subset A$ voraus. Die Einschränkung auf eine *echte* Teilmengenbeziehung ($\subset$) ist nicht erforderlich, da $B \cap A = B$ auch aus $B \subseteq A$ folgt.

14 MPR steht für *major premise reversible.* Zadeh spricht auch von R-rule, wobei das R wie in MPR für *reversibel*, also die charakteristische *Umkehrbarkeit* des Obersatzes steht. Zadehs Anordnung der Prämissen und die sich darauf stützende Beschreibung ist insofern unglücklich, als daß Ober- und Untersatz gegenüber dem klassischen Schema vertauscht sind (vgl. Tabelle 9.5, 318, Figur I).

A: schwarze Figuren B: runde Figuren C: numerierte Figuren A ∩ B: runde schwarze Figuren

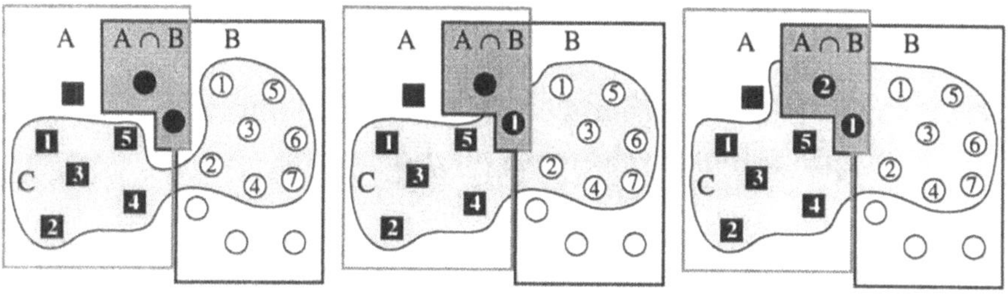

Die meisten Figuren von A sind C Die meisten Figuren von B sind C	Die meisten Figuren von A sind C Die meisten Figuren von B sind C	Die meisten Figuren von A sind C Die meisten Figuren von B sind C
Keine Figur von A ∩ B ist C	Die Hälfte der Figuren von A ∩ B sind C	Alle Figuren von A ∩ B sind C

Abb. 9.2: Unbestimmtheit des Antezedent-Konjunktion-Syllogismus

9.4 Zadehs dispositionale Logik zur Modellierung des Common Sense

Zadeh hat seine Fuzzy-Logik in der Perspektive entwickelt, eine formale Grundlage zu schaffen, um Wissensformen repräsentieren und verarbeiten zu können, die für die natürliche Sprache und die menschliche Denkweise charakteristisch sind. Ins Blickfeld gerät demnach die Modellierung von Expertenwissen ebenso wie die des Allgemeinwissens oder Common Sense[15]. Beide Blickpunkte sind über die natürliche Sprache eng miteinander verbunden. Den formalen Rahmen seiner Vorschläge zur Modellierung des Allgemeinwissens[16]

[15] Zadeh verwendet die Ausdrücke „commonsense reasoning“ und „commonsense knowledge“. Der englische beziehungsweise amerikanische Ausdruck „common sense“ wird oft mit „gesunder Menschenverstand“, das Adjektiv „commonsense“ mit „vernünftig“ oder „gesund“ übersetzt. In dem vorliegenden Kontext geht es um allgemeines Wissen zur Alltagsbewältigung, also um das, was man im Deutschen als Alltags- oder Allgemeinwissen bezeichnen kann. Das Wort Allgemeinwissen erscheint vor allem deswegen passend, weil es hier um *Wissens*modellierung geht und „Allgemeinwissen“ wie „common sense“ das Moment des *Allgemeinen / Gemeinsamen* explizit macht. Neben dieser Übersetzung wird auch der Ausdruck Common Sense benutzt, da er als Fremdwort ins Deutsche Eingang gefunden hat.

[16] Zadeh selbst spricht sogar von einer Theorie des Allgemeinwissens („theory of commonsense knowledge“) [Zadeh 1984a]. Es wäre jedoch irrig aus diesem Titel zu schließen, Zadeh hätte eine umfassende Theorie vorgelegt, die im Sinne einer psychologischen Theorie zu erklären vermöge, wie das Allgemeinwissen oder der „gesunde Menschenverstand“ aufgebaut ist und funktioniert.

bilden die in den voranstehenden Unterkapiteln beschriebenen Übersetzungs- und Inferenzregeln. Die Spezifik seines Gegenstands versucht Zadeh über den Begriff „Disposition" zu erfassen.

9.4.1 Die Repräsentation von Dispositionen über die Explikation unscharfer Quantoren

Zadeh betrachtet Alltagswissen als eine Ansammlung von „Dispositionen" [Zadeh 1985, 447]. Den Begriff *Disposition* hat Zadeh informell als eine Proposition definiert, die *überwiegend* (preponderantly), aber *nicht unbedingt* (necessarily) immer wahr ist, und „technisch" als eine Proposition mit impliziten unscharfen Quantoren [vgl. Zadeh 1986, 668].[17] Beispiele für Dispositionen sind nach Zadeh [1985, 447; 1987, 669]: *„Vögel können fliegen"*, *„Kleine Autos sind unsicher"*, *„Studenten sind jung"*, *„Wo Rauch ist, gibt es Feuer"*, *„Schweden sind blond"*, *„Junge Männer mögen junge Frauen"* und *„Schnee ist weiß"*. Im Brennpunkt der Bedeutungsrepräsentation von Dispositionen steht die Explikation der unscharfen Quantoren. Über sie wird eine Disposition (implizite Quantoren) in eine dispositionale Proposition (explizite Quantoren) überführt. Vielfach wird *gewöhnlich* (engl.: *usually*) als unscharfer Quantor benutzt.[18] So wird beispielsweise die Disposition *„Schnee ist weiß"* als *„gewöhnlich ist Schnee weiß"* interpretiert.

Die Zugehörigkeitsfunktion zu *„gewöhnlich"* hat Zadeh auf verschiedene Weisen definiert. In einer Arbeit über syllogistisches Schließen finden sich zwei Funktionsgraphen wie sie in den Abbildungen 9.3a und 9.3b dargestellt sind [vgl. Zadeh 1985, 448 und 461]. Wie leicht zu sehen, ist der in 9.3b gezeichnete Kurvenverlauf deckungsgleich zu dem des unscharfen Quantors *„meist"* in Abbildung 9.1 (311). Dementsprechend hat Zadeh auch verschiedentlich vorgeschlagen, die Bedeutung einiger Dispositionen mit Hilfe des Quantors *„meist"* zu modellieren. An anderer Stelle [Zadeh 1987, 109] wird ein Funktionsgraph abgebildet, der zwischen den beiden anderen liegt (vgl. Abbildung 9.3c). Eine vierte Variante (vgl. Abbildung 9.3d) schließlich sieht vor, *„gewöhnlich"* als unscharfe Menge höheren Typs zu interpretieren [vgl. Zadeh 1987, 109].

In seiner Arbeit über syllogistisches Schließen, hat Zadeh den unscharfen Quantor *„gewöhnlich"* in Beziehung zur *„Normalität"* gebracht [Zadeh 1985,

---

[17] Ergänzend hierzu hat Zadeh [1988a] in seinem mit „Dispositional Logic" betitelten Beitrag das Konzept *„subdisposition"* eingeführt. Als Beispiel führt er dort die Aussage *„Schlanksein ist attraktiv"* an und erläutert, diese Aussage sei nicht im Sinne von *„die meisten Schlanken sind attraktiv"* zu verstehen, sondern genauer dahingehend zu interpretieren, daß die bedingte Wahrscheinlichkeit, daß eine schlanke Person attraktiv ist, signifikant höher ist als die unbedingte Wahrscheinlichkeit, daß eine Person attraktiv ist [vgl. Zadeh 1988a, 97].

[18] Den Status dieses Quantors mag man daran ermessen, daß Zadeh von einer Theorie der Gewöhnlichkeit („theory of usuality") spricht [Zadeh 1985, 460].

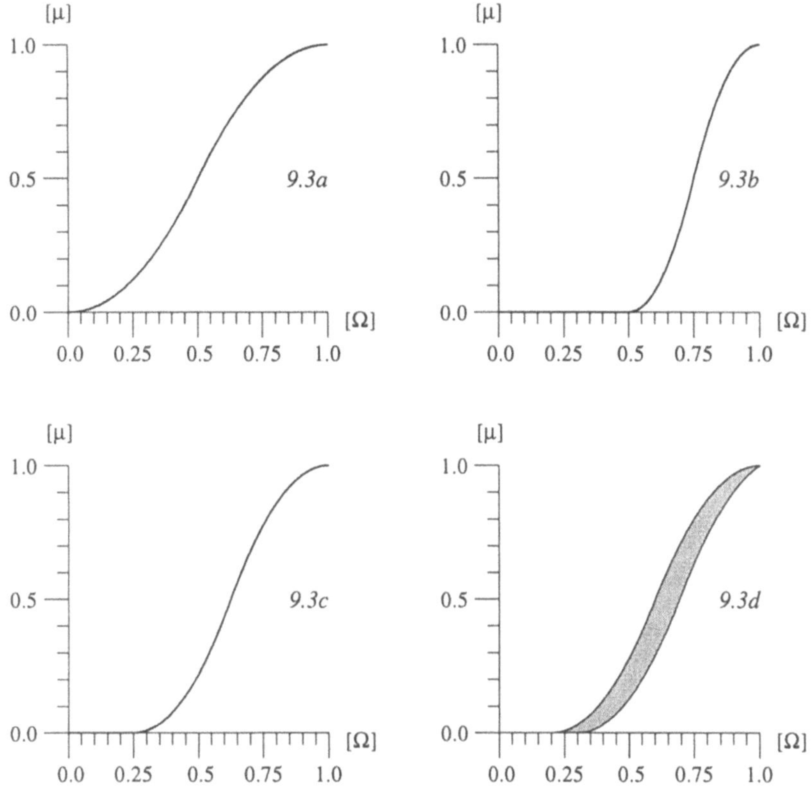

Abb. 9.3: Varianten des unscharfen Quantors „gewöhnlich"

448]. In erster Annäherung könne „*gewöhnlich*" als eine unscharfe Zahl gleich der von „*meist*" denotierten repräsentiert werden. Im allgemeinen jedoch konnotiere „*gewöhnlich*" eine „Normalitäts"-Annahme. Zadeh spezifiziert diese Überlegung, indem er die Häufigkeitsangabe für ein *gewöhnlich* eintretendes Ereignis in Beziehung zur unscharfen Menge dazu geltender *Ausnahmen* setzt [Zadeh 1985, 448]:

$$\text{(gewöhnlich) } (X \text{ ist } F) \leftrightarrow \text{wenn } (Z \text{ ist } R), \text{ dann } (\textit{die meisten } X\text{'s sind } F). \quad (9.41)$$

Dabei bezeichnet Z eine Bedingungs-Variable, deren „normaler" oder „regulärer" Wert R ist, wobei R im allgemeinen für eine unscharfe Komplementmenge zur Menge der Ausnahmen zu „*X ist F*" steht. Die Kompatibilität von F mit der Definition des gewöhnlichen Werts läßt sich dementsprechend über die relative Kardinalität von F zu R, also der Komplementmenge der Ausnahmen berechnen [vgl. Zadeh 1985, 453]:

$$\tau = \mu_{\text{meist}}(\|F/R\|). \quad (9.42)$$

Dispositionen sind typischerweise unquantifiziert. Es kann aber auch vorkommen, daß sie genaue Häufigkeitsangaben enthalten, obgleich die intendierte Bedeutung unscharf ist. So weist Zadeh darauf hin, daß die Proposition *„John ist immer betrunken“* gewöhnlich als eine dispositionale Proposition im Sinne von *„John ist häufig betrunken“* interpretiert wird.

Nach Zadeh eröffnen sich vielfältige Möglichkeiten, das Konzept der dispositionalen Proposition auszubauen, etwa in Form dispositionaler Prädikate, dispositionaler Inklusionen, dispositionaler Kommandos und dispositionaler Präferenzrelationen [vgl. Zadeh 1986, 670f.]. Die Definition eines dispositionalen Prädikats illustriert Zadeh anhand des folgenden Beispiels [vgl. Zadeh 1986, 671f.].

Beispiel 9.3 *„Virginia raucht Zigaretten“ (Disposition)*

Um die Disposition d = „Virgina raucht Zigaretten“ in der Testscore-Semantik formal zu beschreiben, ist es zunächst nötig, die Bedeutung des dispositionalen Prädikats „raucht“ zu bestimmen und so die Disposition in eine Proposition zu überführen. Geht man davon aus, daß die intendierte Bedeutung des dispositionalen Prädikats „raucht Zigaretten“ in diesem Kontext über das nichtdispositionale Prädikat „raucht durchschnittlich zumindest ein paar Zigaretten am Tag“ ausgedrückt werden kann, so besteht die nächste Aufgabe darin, die Bedeutung der unscharfen Proposition p = „Virginia raucht durchschnittlich zumindest ein paar Zigaretten am Tag“ formal zu beschreiben. Diese Aufgabe läßt sich nach dem eingangs beschriebenen Schema (vgl. 309f. und Beispiel 9.1, 311f.) durchführen. Das heißt es muß eine „erklärende Datenbasis“ festgelegt werden, über der dann eine geeignete Testprozedur spezifiziert wird. Eine für den vorliegenden Fall geeignete „erklärende Datenbasis“ könnte sich aus den Relationen „zumindest einige“ und „Zigarettenkonsum pro Tag“ zusammensetzen. Bezeichnet A_i die Anzahl der pro Tag gerauchten Zigaretten und legt man der Durchschnittsberechnung einen Zeitraum von einem Monat zugrunde, so berechnet sich der Gesamttestwert τ wie folgt:

$$\tau = \mu_{\text{zumindest ein paar}}\left(\frac{1}{30}\sum_{i=1}^{30} A_i\right). \qquad (9.43)$$

Das Beispiel macht deutlich, daß die Repräsentation der Bedeutung von Dispositionen im Rahmen der Testscore-Semantik hochgradig und in mehrerer Hinsicht interpretationsabhängig ist.[19]

[19] Zadeh hat selbst wiederholt auf Mehrdeutigkeiten aufmerksam gemacht. Die Interpretationsabhängigkeit der Bedeutungsrepräsentation von Dispositionen hat er anhand der Disposition *„junge Männer mögen junge Frauen“* verdeutlicht [vgl. Zadeh 1986, 670]. Dabei zeigt er zugleich, wie dispositionale Prädikate zur Repräsentation komplexer Dispositionen genutzt werden können [Zadeh 1986, 672-674].

9.4.2 Inferenzen mit Dispositionen

In seinem Beitrag „A Theory of Commonsense Knowledge" [1984a] hat Zadeh darauf hingewiesen, daß das Schließen über Dispositionen als alternativer Ansatz zum Default-Reasoning und zur nicht-monotonen Logik betrachtet werden könne und daß einige dabei auftretenden Probleme für die Berechnung von Unsicherheitsfaktoren in Expertensystemen relevant seien [Zadeh 1984a, 649, 636]. Seine anschließenden Ausführungen setzen voraus, daß Dispositionen in Propositionen mit expliziten unscharfen Quantoren übersetzt worden sind und beinhalten die oben beschriebenen Fuzzy-Syllogismen. In seiner im folgenden Jahr veröffentlichten Arbeit über syllogistisches Schließen geht er darüber hinaus, indem er unscharfe Inferenzschemata zu dispositionalen Inferenzschemata erweitert. Grundkategorie dieser Erweiterung ist der Quantor *„gewöhnlich"*. Der Modus ponens wandelt sich so zum sogenannten *dispositionalen Modus ponens* [Zadeh 1985, 448]:

$$\frac{\begin{array}{l}(\text{gewöhnlich})(X \text{ ist } F)\\ \text{wenn } X \text{ ist } F, \text{ dann } (\text{gewöhnlich})(Y \text{ ist } G)\end{array}}{(\text{gewöhnlich}^2)(Y \text{ ist G}).} \tag{9.44}$$

Auf analoge Weise lassen sich dispositionale Varianten weiterer kategorialer wie syllogistischer Inferenzregeln der Fuzzy-Logik bilden. Das Grundprinzip besteht darin, eine oder mehrere Prämissen durch dispositionale Prämissen zu ersetzen, also nicht mehr davon auszugehen, daß die betroffene Prämisse ausnahmslos gilt, sondern stattdessen anzunehmen, daß sie *„gewöhnlich"* gilt. Für das Inklusionsprinzip lassen sich nach diesem Prinzip drei dispositionale Varianten angeben [Zadeh 1985, 461]:

$$\frac{\begin{array}{l}(\text{gewöhnlich})(X \text{ ist } A)\\ A \subset B\end{array}}{(\text{gewöhnlich})(X \text{ ist } B)} \quad (9.45) \qquad \frac{\begin{array}{l}(X \text{ ist } A)\\ (\text{gewöhnlich})(A \subset B)\end{array}}{(\text{gewöhnlich})(X \text{ ist } B)} \quad (9.46) \qquad \frac{\begin{array}{l}(\text{gewöhnlich})(X \text{ ist } A)\\ (\text{gewöhnlich})(A \subset B)\end{array}}{(\text{gewöhnlich}^2)(X \text{ ist } B).} \quad (9.47)$$

Aus der ersten Variante des dispositionalen Inklusionsprinzips (9.45) kann unmittelbar eine dispositionale Variante der Projektionsregel (9.19, 315) abgeleitet werden [Zadeh 1985, 461f.]:

$$\frac{(\text{gewöhnlich})(X, Y) \text{ ist } R}{(\text{gewöhnlich})(X \text{ ist } R{\downarrow}U).} \tag{9.48}$$

Vorausgesetzt die Prämissen der Verkettungsregel (9.20) werden durch dieselbe dispositionale Bewertung eingeschränkt, gelten also im gleichen Maß als lediglich für *„gewöhnlich"* zutreffend, dann kann die Konjunktion der Prämissen in folgender Form dargestellt werden:

$$(\text{gewöhnlich})(X, Y) \text{ ist } A \wedge R. \tag{9.49}$$

Da die Verkettungsregel eine sukzessive Anwendung der Projektions- und Konjunktionsregel beinhaltet (275), resultiert aus 9.48 und 9.49 unter den gegebenen Voraussetzungen folgende dispositionale Variante für 9.20:

$$\begin{array}{l} (\text{gewöhnlich})(Y \text{ ist } A) \\ (\text{gewöhnlich})(X, Y) \text{ ist } R \\ \hline (\text{gewöhnlich})(X \text{ ist } A \circ R). \end{array} \tag{9.50}$$

Es ist naheliegend, das Konzept der Gewöhnlichkeit auf syllogistische Inferenzschemata zu übertragen. Zadeh hat diese Übertragung nicht systematisch ausgeführt. Er hat sich vielmehr darauf beschränkt, eine dispositionale Variante für den Produkt-Ketten-Syllogismus (9.34, 320) zu definieren [Zadeh 1985, 463f.]. Das Produkt der in den Prämissen genannten Quantoren gibt eine untere Schranke für den Quantor der Konklusion ab, wenn B gleich der Schnittmenge von A und B ist, also B eine Teilmenge von A ist.[13] Schwächt man diese Voraussetzung nun dahingehend ab, daß B lediglich *„gewöhnlich“* in A enthalten ist, so kann auch nur gefolgert werden, daß die Konklusion von 9.34 für *„gewöhnlich“* gilt:

$$\begin{array}{l} (\text{gewöhnlich})(B \subseteq A) \\ Q_1 \ A's \text{ sind } B's \\ Q_2 \ B's \text{ sind } C's \\ \hline (\text{gewöhnlich})(Q_3 \ A's \text{ sind } C's) \\ \qquad\qquad Q_3 \geq Q_1 \cdot Q_2. \end{array} \tag{9.51}$$

In Anlehnung an Zadeh läßt sich dieser Syllogismus *Produkt-Ketten-Hypersyllogismus*[20] nennen, wobei das Präfix *hyper* die Verwendung von *gewöhnlich* als einem unscharfen Quantor höherer Ordnung bezeichnet. Verallgemeinert gelangt man so zu dem Konzept *hypersyllogistischen Schließens.*

---

[20] Zadeh verwendet den Ausdruck *„multiplicative chaining hypersyllogism“* [Zadeh 1985, 464]. Vergleiche zur Namensgebung Fußnote 12, 322.

9.5 Zur Beurteilung von Zadehs Fuzzy-Logik und Testscore-Semantik

Zadehs Beiträge zur Fuzzy-Logik und Testscore-Semantik bieten viele interessante Vorschläge zur Modellierung imperfekten Wissens. Einige dieser Vorschläge sind gut ausgearbeitet, andere wurden nur mehr oder weniger vage umrissen oder anhand ausgewählter Beispiele erläutert. Ihre Gesamtheit bildet ein ebenso facettenreiches wie stimmiges Bild einer linguistisch orientierten „unscharfen Logik", die sich jedoch aus der Perspektive der mathematischen Logik und Informatik in vielen Punkten zumindest als unvollständig erweist und auch vom linguistischen und psychologischen Standpunkt betrachtet nicht immer als angemessen gelten kann. Da die meisten Konzepte von Zadehs Fuzzy-Logik bereits in den voranstehenden Kapiteln eingeführt worden sind, gelten auch die dort angeführten mathematisch-logischen und psychologisch-linguistischen Kritikpunkte. Dies betrifft vor allem die logischen Junktoren (Kapitel 3 und 8) und die linguistischen Hecken (Kapitel 6).

Die Bedeutungsrepräsentation im Rahmen der Testscore-Semantik beinhaltet eine Reihe von Aufgaben, die kein Gegenstand der „Theorie" sind. Zentral ist dabei die Explikation der Fokusvariablen, eine hochgradig interpretationsabhängige Aufgabe, die nach Zadeh (aufgrund des gegenwärtigen Kenntnisstands) von einem menschlichen Übersetzer vorzunehmen ist [vgl. u.a. Zadeh 1978b, 503, 517, 549]. Erschwerend kommt bei der Repräsentation von Dispositionen hinzu, daß Zadehs „Theorie" keine Auskunft darüber gibt, welche Elemente einer Disposition als unscharf quantifiziert gelten und welche unscharfen Quantoren eingefügt werden sollen. Die Explikation unscharfer Quantoren ist zweifellos ein Angelpunkt der Bedeutungsrepräsentation im Rahmen von Zadehs „Theorie"; seine „Theorie" ist jedoch keine Theorie über diese Explikation und sie beinhaltet auch kein Verfahren, nach dem diese Explikation (automatisch) durchgeführt werden könnte.

Unabhängig von diesen Formalisierungsgrenzen ist kritisch zu prüfen, inwieweit das Grundkonzept, Alltagswissen über Possibilitätsverteilungen zu repräsentieren, angemessen ist. Weder die allgemeinen Ausführungen Zadehs noch seine Beispiele zeigen, daß die Übersetzungen ohne eine Reduktion der Bedeutungsvielfalt vorgenommen werden kann. Insbesondere ist die Deutung von „gewöhnlich" als unscharfer Quantor in Frage zu stellen. Wenn man sagt, daß eine Eigenschaft für gewöhnlich auf ein Objekt zutrifft oder ein Ereignis gewöhnlich eintritt, dann ist dies im allgemeinen keine rein quantitative Annahme über die Eintritts- oder Zutreffhäufigkeit. Die Verwendung des Worts „gewöhnlich" signalisiert vielmehr einen Vorbehalt, eine vage Einschränkung des Geltungsanspruchs einer Aussage. Sagt man, etwas sei gewöhnlich so, dann hat man zumindest vage Vorstellungen von den Bedingungen, unter denen es so ist und unter denen es anders sein kann, wenn man nicht gar über ein Erklärungsmodell verfügt, wann und warum etwas so ist, so daß man in einer konkreten Situation in der Lage ist, zu erkennen, daß in ihr das für gewöhnlich Geltende gilt oder eben nicht gilt.

So ist beispielsweise Wissen über die Flugfähigkeit von Vögeln verknüpft mit vagen Vorstellungen über die Beschaffenheit ihrer Flügel, über ein zum Fliegen geeignetes Verhältnis von Flügelfläche zu Körpergewicht und ähnliches mehr, so daß man aufgrund eigener Erfahrungen gute Gründe hat anzunehmen, daß Vögel gewöhnlich fliegen können, zugleich aber aufgrund dieses „Hintergrundwissens" schlußfolgern würde, daß Tweety mit Sicherheit nicht fliegen kann, sobald man erfährt, daß Tweety seine Flügel gebrochen hat oder daß Tweety ein Pinguin ist. Das Wissen darüber, daß Vögel gewöhnlich fliegen können, ist derart eingebunden in ein Geflecht symbolisch verdichteter Wissensentitäten (gleichgültig wie sich auch immer ihre Beziehung zur „tieferliegenden" neuronalen Ebene gestaltet). Der Zugriff auf dieses Wissens kann ein sicheres Urteil ermöglichen, gerade auch darüber, ob und wann es vernünftig ist, das für gewöhnlich Geltende in einem bestimmten Fall tatsächlich anzunehmen. Auf Unsicherheitsschätzungen wird man in Fällen wie diesem nur dann zurückgreifen, wenn die benötigten („symbolisch-qualitativen") Informationen unzugänglich sind.

Es ist durchaus möglich, daß es sich bei dem „Hintergrundwissen" selbst wiederum um Dispositionen im Sinne Zadehs handelt. Aber auch diese Dispositionen sind eingeflochten in symbolisch verdichtetes „Hintergrundwissen". Entscheidend ist die Erkenntnis, daß man es mit verschiedenen Aspekten der Wissensrepräsentation zu tun hat, die unterschiedliche Informationsanforderungen stellen und unterschiedliche Inferenzpotentiale bieten. Eine explizite Repräsentation von „Hintergrundwissen" und Ausnahmefällen setzt die Verfügbarkeit dieses Wissens voraus und eine systematische Verwaltung von Begründungen oder Basisannahmen wie sie „Truth Maintenance"-Systeme [vgl. u.a. de Kleer 1986] bieten, ist technisch aufwendig und nicht immer in der geforderten Effizienz realisierbar, so daß in vielen Fällen eine Unsicherheitsmodellierung in Form unscharfer Quantoren und Possibilitätsverteilungen eine Alternative zu solchen symbolisch-qualitativen Ansätzen sein kann. Nicht immer muß man das eine lassen, um das andere zu tun. Ob das Wissen über das *„gewöhnlich"* Geltende in Form unscharfer Quantoren und Possibilitätsverteilungen, explizit symbolisch oder in beiden Formen zugleich kodiert werden sollte, hängt von den Funktionsanforderungen wie den verfügbaren Ressourcen ab. Zadehs Konzept des Schließens über Dispositionen sollte folglich nicht als exklusive Alternative zu Ansätzen des Default-Schließens und der nicht-monotonen Logik betrachtet werden.[21]

---

[21] „Inference from dispositions may be viewed as an alternative approach to default reasoning and non-monotonic logic". [Zadeh 1984a, 649] Der Ausdruck „Alternative" wird meist *„exklusiv"*, im Sinne eines Entweder-Oder benutzt. Er kann jedoch auch (wie in der modernen Logik, vgl. etwa Klaus [1972, 61f.]) eine Aussageverbindung bezeichnen, die wahr ist, wenn mindestens eine ihrer Teilaussagen wahr ist, also in dem Sinne *„inklusiv"* gebraucht werden, daß das eine *oder* das andere möglich ist, ohne daß ausgeschlossen wird, daß beides zugleich möglich ist.

Aus der Implementierungsperspektive drängen sich (von den genannten Problemen der Bedeutungsrepräsentation abgesehen) Probleme der Effizienz und Unvollständigkeit in den Vordergrund. Die Basisdefinitionen von Zadehs Fuzzy-Logik bergen eine Rechenkomplexität, die viele Anwendungen praktisch ausschließt, wenn es nicht gelingt, effizientere Algorithmen für sie zu entwikkeln. Dies gilt umso mehr für Operationen mit Prädikaten höherer Ordnung. Effiziente Verfahren wurden bisher nur für einige Teilfunktionen in mehr oder minder eingeschränkter Form realisiert – etwa die Grundrechenarten für LR-Intervalle oder die Gödel-Implikation für trapezförmige Zugehörigkeitsfunktionen.

Zadehs Ausarbeitungen der Inferenzkomponente haben einen hochgradig fragmentarischen Charakter. Dies wird insbesondere evident, wenn man die von ihm dargestellten Fuzzy-Syllogismen – ganz zu schweigen von den Hypersyllogismen – der Aristotelischen Syllogistik gegenüber stellt.

Sicherlich, Zadehs Fuzzy-Logik erfüllt keineswegs die Maßstäbe der Korrektheit und Vollständigkeit wie sie die moderne mathematische Logik fordert und das Terrain, das sie für die Modellierung imperfekten Wissens bietet, ist keineswegs so gesichert wie das der Wahrscheinlichkeitstheorie. Es darf jedoch nicht übersehen werden, daß Zadehs Fuzzy-Logik ein reichhaltiges und instruktives Repertoire an Repräsentationsprinzipien und Inferenzschemata enthält, die zum einen für viele bislang formal nicht erschlossene Gebiete kognitiv angemessener wirken als „klassische“ Verfahren und zum anderen formal weit besser begründet sind als die oftmals in wissensbasierten Systemen stattdessen eingesetzten „heuristischen“ Ad-hoc-Verfahren.

Kapitel 10

„Fuzzy-Pattern-Matching“ – Maße der Kompatibilität und Vergleichsalgorithmen

Verfahren der symbolischen Musterverarbeitung gehören zu den Grundtechniken der KI. Das Anwendungsspektrum schließt Systeme zum automatischen Theorembeweisen und Bildverstehen sowie Deduktions- und Expertensysteme ein. Um herauszufinden, ob – und gegebenenfalls mit welchen Variablenbelegungen – Muster und Daten übereinstimmen, werden Vergleiche von beliebig komplexen Symbolstrukturen auf elementare Symbolvergleiche zurückgeführt, die über zweiwertige Prädikatfunktionen definiert sind (Kapitel 10.1).

Auf der Basis der Fuzzy-Mengentheorie wurden verschiedene Erweiterungen vorgeschlagen, die es erlauben, auch unscharfe Prädikate zu verwenden. In Mustern und Daten vorkommende Symbole werden in diesen Fällen als Bezeichnungen unscharfer Mengen interpretiert, von denen nur noch gefordert wird, daß sie in einem bestimmten Grad miteinander kompatibel sind. Eine unmittelbare Konsequenz davon ist, daß die Vergleichsergebnisse von Teilstrukturen nicht mehr mit den zweiwertigen Junktoren der klassischen Logik verrechnet werden können. Von den vorgeschlagenen Erweiterungsansätzen sind zwei hervorzuheben: der erste basiert auf dem in Kapitel 4.1 erläuterten Erweiterungsprinzip (Kapitel 10.2), der zweite auf den in Kapitel 8.1 eingeführten Possibilitäts- und Notwendigkeitsmaßen (Kapitel 10.3). Beide Ansätze haben in verschiedene Kalküle approximativen Schließens (vgl. Kapitel 12 und 13) und Fuzzy-Programmiersprachen (vgl. Kapitel 14 und 15) Eingang gefunden.

Die Verwendung unscharfer Prädikate erhöht unweigerlich den Rechenaufwand, so daß für viele Anwendungen hocheffiziente Vergleichsalgorithmen notwendig sind, um die tolerierbare Verarbeitungszeit nicht zu überschreiten. Die Abarbeitungseffizienz kann sowohl durch eine Vereinfachung der elementaren Kompatibilitätsberechnung zweier Fuzzy-Mengen (Kapitel 10.3.3) als auch durch eine spezielle Strukturierung von Mustermengen und eine darauf abgestimmte Verarbeitungsstrategie gesteigert werden (Kapitel 10.3.5). Derartige Strukturierungskonzepte und Verarbeitungsstrategien wurden von Dubois, Mo und Prade [1992] unter dem Begriff Fuzzy-Diskriminationsbäume eingeführt. Im abschließenden Unterkapitel werden ihre Vorschläge erläutert und ein neuer Algorithmus zur Konstruktion und Auswertung von Fuzzy-Diskriminationsbäumen eingeführt, der bei geringerer Berechnungskomplexität zu einer schärferen Diskrimination der Muster führt.

10.1 Grundkonzepte und Variationen der symbolischen Musterverarbeitung

In der KI wird der Begriff *Muster* (engl.: *pattern*) im allgemeinen nicht auf statistische oder graphische Daten, sondern auf Symbole bezogen: ein Muster beschreibt mit Hilfe von *Konstanten* und *Variablen* eine Menge von Symbolsequenzen oder symbolischer Datenstrukturen.[1] Im Gegensatz zu einer (globalen oder lokalen) Variablen einer *prozeduralen* Programmiersprache, der (zu einem bestimmten Zeitpunkt) exakt ein Wert zugewiesen ist, stehen in Mustern aufgeführte Variablen für ganze *Wertemengen.* Um den Unterschied dieser beiden Variablentypen hervorzuheben, kann man von *Prozedur-* und *Mustervariablen* sprechen. Die Verarbeitung von Mustern beschränkt sich nicht nur auf einfache Vergleiche zwischen Mustern und Daten; sie beinhaltet zudem den Aufbau konsistenter *Bindungsumgebungen* für die involvierten Mustervariablen.[2] Dabei müssen unter Umständen aufwendige Berechnungen und Suchprozesse durchgeführt werden. Durch die Musterverarbeitung (engl.: *pattern matching*) wird

---

1 Algorithmen zur symbolorientierten Musterverarbeitung werden u.a. von Stoyan [1988a], Winston und Horn [1989], Norvig [1992] und Sangal [1991] beschrieben.

2 In diesem Kapitel wird vorausgesetzt, daß die Daten selbst keine Variablen enthalten. Für den Fall, daß beide miteinander zu vergleichende Strukturen Variablen enthalten dürfen, wurden spezielle „Unifikations“-Prozeduren entwickelt. Die Unifikation ist ein Grundkonzept der logikorientierten Programmierung. Die in die Unifikation involvierten Variablen werden dementsprechend *„logische Variablen“* genannt. In Kapitel 13 wird erläutert, wie prädikatenlogische Formeln unifiziert werden und wie diese klassische Unifikation auf der Basis von Possibilitäts- und Notwendigkeitsmaßen semantisch erweitert werden kann.

ermittelt, welche Daten aufgrund welcher Variablenbelegungen zu einem Muster passen („matchen").[3]

Um das allgemeine Konzept sowie in diesem Kontext relevante Variationsmöglichkeiten zu verdeutlichen, genügen einige einfache Beispiele. Gesetzt die Zeichenkette „5 * 4 = 14" sei das erste Datum, „5 * 4 = 20" das zweite und „5 * ?x = 14" ein Muster, dann läßt sich mit der Variablenbelegung {?x = 4} eine Übereinstimmung des Musters mit dem ersten Datum („5 * 4 = 14"), nicht jedoch mit dem zweiten Datum („5 * 4 = 20") erzielen.[4] Daß die Gleichung des ersten Datums bezüglich des Hexadezimalsystems wie die des zweiten bezüglich des Dezimalsystems rechnerisch richtig ist, ist dabei völlig unerheblich. Statt Zeichenketten können auch komplexe Strukturen benutzt werden, die typischerweise in Listenform repräsentiert werden.

	Muster		
	(a (b ?x d e) (?x c ?y) ?z a b)		
Nr.	**Daten**	**Nr.**	**Instantiierungen**
1	(a (b c d e) (c c d) d a b)	1	{?x = c, ?y = d, ?z = d}
2	(a (b c d e) (d c d) d a b)	2	fail
3	(a (b (e (a d)) d e) ((e (a d)) c (a b)) a a b)	3	{?x = (e (a d)), ?y = (a b), ?z = a}
4	(a (b c d e) (c c c) c a b)	4	{?x = c, ?y = c, ?z = c}

Abb. 10.1: Pattern-Matching mit einfachen Mustervariablen

Abbildung 10.1 macht zugleich deutlich, daß Muster mehrfach instantiiert werden können, wobei jede Variable in jeder Instantiierung genau eine Belegung hat. Das Datum Nummer 2 paßt nicht zum Muster, da die Variable ?x mit zwei

---

[3] Für den englischsprachigen Fachausdruck „pattern matching" gibt es in der deutschsprachigen Fachliteratur bislang keine befriedigende Übersetzung. Der vielfach benutzte Ausdruck „Mustervergleich" trifft – wie aus der obigen Beschreibung hervorgeht – lediglich einen Teilaspekt. Vgl. zur Kritik dieser Übersetzung auch [Stoyan 1988a, 81]. Um dem „aktivischen" Moment Ausdruck zu verleihen, könnte man „pattern matching" mit „Musterabgleich" übersetzen. In vielen Fällen genügt es allgemein von „Musterverarbeitung" zu sprechen. In Fällen, in denen keine Deklination erforderlich ist, wird im folgenden auch einfach „Pattern-Matching" geschrieben.

[4] Mustervariablen (wie logische Variablen) werden normalerweise über Symbole beschrieben, deren Anfangsbuchstaben einer bestimmten Konvention genügen müssen: Neben der Großschreibung des Anfangsbuchstabens werden am häufigsten die Sonderzeichen „?" und „_" zur Diskriminierung benutzt. In OPS5 werden Winkelklammern „<...>" benutzt. Variablenbelegungen werden in Mengenklammern notiert, so daß hinter jeder Variablen (z.B. ?x, ?y) der passende Wert (z.B. a, b) angegeben wird. Variable und Wert werden entweder durch einen Schrägstrich oder ein Gleichheitszeichen, Variable-Wert-Paare durch Kommata voneinander getrennt: {?x/a, ?y/b} oder {?x = a, ?y = b}.

unterschiedlichen Symbolen, nämlich *c* und *d* belegt werden müßte. Die Ausdrucksmächtigkeit einer Musterverarbeitungssprache kann durch zusätzliche Variablentypen erhöht werden. *Anonyme Variablen* lassen beliebige Belegungen zu, *Segmentvariablen* können mit beliebig vielen Symbolen belegt werden, und bei *restringierten Variablen* kann die Belegung durch eine zusätzliche Prädikatfunktion eingeschränkt werden (vgl. Abbildung 10.2).[5]

Muster

(?x ? (@ ?y numberp) ? ?z*)

Nr.	Daten	Nr.	Instantiierungen
1	(a (b c d e) a (c c d) d a b)	1	fail
2	(a (b c d e) 4 (d c d) d a b)	2	{?x = a, ?y = 4, ?z* = (d a b)}
3	(a (b (e (a d)) d e) 5 ((e (a d)) c (a b)))	3	{?x = a, ?y = 5, ?z* = ()}
4	(a (b c d e) 3 (c c c) c a)	4	{?x = a, ?y = 3, ?z* = (c a)}

Abb. 10.2: Pattern-Matching mit verschiedenen Typen von Mustervariablen

Stoyan hat ausgeführt, wie sich auf diesem Konzept der Musterverarbeitung ein Verarbeitungsmodell, eine Sprache und ein eigener Programmierstil gründen läßt [Stoyan 1988a, Kapitel 5]. Im Vergleich zur Blüte- und Wildwuchszeit musterorientierter Programmiersprachen in den 60er und 70er Jahren werden heute – falls überhaupt – meist nur sehr reduzierte Formen der Musterverarbeitung eingesetzt. Insbesondere die in Expertensystemwerkzeugen angebotenen Regelsprachen unterstützen oft nur eingeschränkte Typen von Mustern und Mustervariablen.[6] Muster in Regeln dieser Systeme werden häufig in Form von Attribut-Objekt-Wert-Tripeln (kurz: AOW-Tripel) dargestellt (vgl. Abbildung 10.3).

[5] Anonyme Variablen werden im allgemeinen durch „_“ oder „?“ symbolisiert. Für Segmentvariablen und restringierte Variablen existieren keine Standardnotationen. In Abbildung 10.2 werden Segmentvariablen durch das Postfix „*“ gekennzeichnet und restringierte Variablen in Form einer Liste notiert, die mit dem speziellen Symbol „@“ beginnt, einen Variablennamen als zweites Element enthält und mit einem Funktionsnamen endet.

[6] Meist dürfen Variablen lediglich anstelle des Werts eines bestimmten Objektmerkmals eingesetzt werden. Beliebig komplexe Musterstrukturen, in denen neben einfachen Variablen auch Mustervariablen und restringierte Variablen enthalten sein dürfen, werden von keinem marktgängigen Expertensystemwerkzeug unterstützt. In PERSONAL CONSULTANT PLUS [Texas Instruments 1986] sind überhaupt keine Mustervariablen zulässig, in KAPPA-PC [IntelliCorp 1991] muß der Wertebereich einer „Mustervariablen“ auf die Instanzen einer „Klasse“ im Sinne des KAPPA-PC-Objektsystems festgelegt werden. Dies hat beispielsweise zur Folge, daß keine „Mustervariablen“ für beliebige Zahlen stehen können. BABYLON bietet zwar ein deutlich mächtigeres Variablenkonzept (im Handbuch ist fälschlich von „logischen Variablen“ die Rede [vgl. u.a. VW GEDAS 1991, 2-12]), erlaubt aber nicht, Variablen anstelle eines Objektattributs anzugeben.

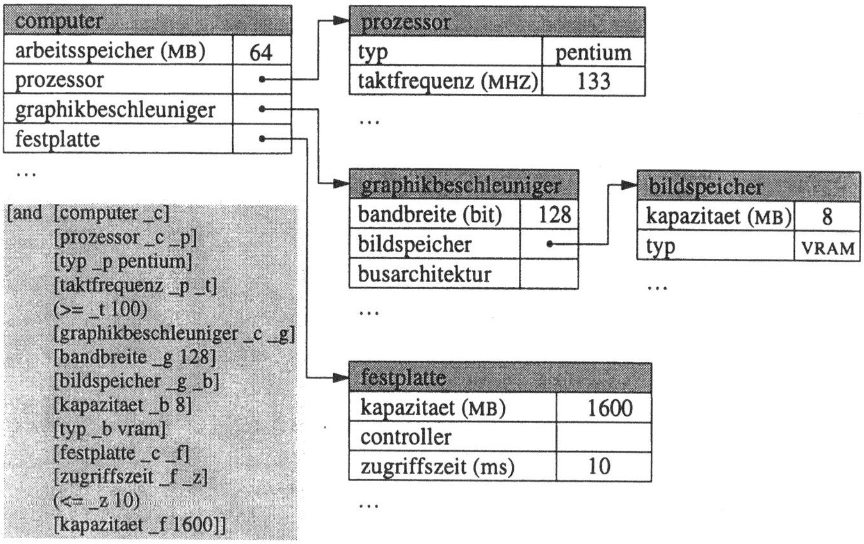

Abb. 10.3: Musterbeschreibung in Form von AOW-Tripel

Im Bedingungsteil der Regeln werden die einzelnen AOW-Tripel mit logischen Operatoren (and, or, not) verknüpft. Meist werden zusätzliche Funktionen zugelassen, Konstante und Variablenwerte zu überprüfen. Die in Abbildung 10.3 hellgrau unterlegte Musterbeschreibung wurde in der von dem Expertensystemwerkzeug BABYLON (Version 3.0) unterstützten „Anfragesprache" BQL verfaßt.[7] Der abgedruckte Programmcode könnte in BABYLON als Regelbedingung fungieren. Das „Muster" beschreibt Computer, die einen mit mindestens 100 MHZ getakteten Pentium-Prozessor besitzen, eine 1.6 GB Festplatte mit einer mittleren Zugriffszeit von höchstens 10 ms zur Verfügung stellen und mit einer 128-bit Graphikbeschleuniger-Karte ausgestattet sind, die 8 MB VRAM Bildspeicher bietet.

Wie komplex die zulässigen Muster auch immer sein dürfen und welche Typen von Variablen auch immer zugelassen werden, in allen traditionellen Verfahren der symbolorientierten Musterverarbeitung basieren die Vergleiche von Daten und Mustern auf zweiwertigen Prädikatfunktionen.

Zadeh hat demgegenüber betont, Expertensysteme müßten auch unscharfe Prädikate und „partielle" Übereinstimmungen (*„partial match"*) zwischen Re-

---

7 Vgl. [VW GEDAS 1991]. BQL ist ein Akronym zu „BABYLON-Query-Language". Das abgedruckte Programmlisting setzt voraus, daß die referierten „Frames" (hier: „computer", „prozessor", „festplatte" und „bildspeicher") und – sofern der „Match" durchgeführt werden soll – entsprechende Instanzen definiert sind. Instanzen können über das dritte Element eines AOW-Triples wie über das zweite Element eines „Frame-Instanz"-Paares, hier: (computer _c), referiert werden.

gelbedingungen und Daten zulassen.[8] Unter dem Terminus *„Fuzzy-Pattern-Matching“* werden alle Erweiterungen symbolorientierter Verfahren der Musterverarbeitung subsumiert, in denen unscharfe Prädikate zugelassen sind. In Mustern oder Daten vorkommende Symbole können demgemäß als Namen von Fuzzy-Mengen (Possibilitätsverteilungen) interpretiert werden.

Entscheidend ist dann nicht mehr, ob die strukturell einander entsprechenden Symbole von Muster und Datum gleich sind, sondern vielmehr in welchem Grad die von ihnen bezeichneten Fuzzy-Mengen (Possibilitätsverteilungen) miteinander kompatibel sind. Infolgedessen ergeben die Vergleiche typischerweise keine Wahrheitswerte der zweiwertigen Logik. Als Vergleichsresultate dienen vielmehr unscharfe Mengen oder skalare Größen, üblicherweise reelle Zahlen aus dem Einheitsintervall [0,1].

Vergleichswerte von Teilstrukturen können demzufolge im allgemeinen auch nicht mehr mit den Junktoren der Aussagenlogik verrechnet werden. Die Einführung unscharfer Prädikate verlangt mithin sowohl die Definition geeigneter Kompatibilitätsmaße für Fuzzy-Mengen als auch die Definition von Junktoren über diesen Kompatibilitätsmaßen. Auf der Basis derartiger Kompatibilitätsmaße und Junktoren kann der Vergleich komplexer Muster und Daten wie im klassischen Fall auf den sukzessiven Vergleich atomarer Ausdrücke zurückgeführt werden. Dabei müssen vier Fälle unterschieden werden, je nachdem, ob ein Datum- oder Musterelement als einfaches Symbol oder als Name einer Fuzzy-Menge (Possibilitätsverteilung) interpretiert werden soll. Der Fall, in dem gleichermaßen Datum- und Musterelement unscharfe Mengen denotieren, stellt dabei den Allgemeinfall dar, da sich jedes exakt definierte Element (Symbol) als ein Spezialfall unscharfer Mengen, nämlich als normalisierte Fuzzy-Einermenge deuten läßt.

---

8 Vgl. Zadeh [1983, 415]. Der Ausdruck *„partial match“* ist unglücklich gewählt. Statt von einer „partiellen“ sollte von einer „graduellen“ Übereinstimmung gesprochen werden, da der Begriff der „partiellen Übereinstimmung“ ohne weiteres mit einer zweiwertigen Logik vereinbar ist und sich diese Interpretation in der symbolorientierten KI etabliert hat. So hat Hayes-Roth [1978] mit dem Ausdruck „partial match“ ein rein symbolorientiertes, auf der zweiwertigen Logik basierendes Verfahren der Musterverarbeitung bezeichnet, über das Mengen gleicher und ungleicher Merkmale von Objekten ermittelt werden. Und im Zusammenhang mit Match-Algorithmen für Produktionensysteme wird der Ausdruck „partial match“ ebenfalls im Sinne einer *exakten* Übereinstimmung von *Teil*strukturen komplexer Bedingungsmuster und Daten gebraucht. Vgl. Schor et al. [1986, 230], Miranker [1990, 18].

10.2 „Fuzzy-Pattern-Matching“ auf der Basis des Erweiterungsprinzips

10.2.1 Unscharfe Wahrheitswerte und ihre Verknüpfung mit Hilfe des Erweiterungsprinzips

Zadeh hat den Wahrheitsgrad einer unscharfen Proposition *„x ist A“* oder *„x hat die Eigenschaft A“* mit dem Zugehörigkeitsgrad von x zur Fuzzy-Menge A gleichgesetzt [Zadeh 1975d, 306]. A denotiert dabei eine Fuzzy-Menge und wird von Zadeh in diesem Kontext als Fuzzy-Prädikat bezeichnet. $\tau(A)$ bezeichne den Wahrheitswert des Fuzzy-Prädikats A, $\mu_A\colon\Omega_A \to [0, 1]$ die Zugehörigkeitsfunktion von A. Dann gilt für alle $x \in \Omega_A$:

$$\tau(\text{„}x\ ist\ A\text{“}) = \mu_A(x). \tag{10.1}$$

In Kurzschreibweise:

$$\tau(A) = \mu_A(x). \tag{10.2}$$

In den meisten Fuzzy-Regelsystemen wird vorausgesetzt, daß die Fakten exakt definiert sind. Unscharfe Mengen werden primär dazu benutzt, Regelbedingungen zu beschreiben. Die Überprüfung einer unscharfen Einzelbedingung reduziert sich darauf, den Zugehörigkeitsgrad eines exakten Datumelements (etwa *„Tim ist 1.87 Meter“*) zu einem unscharfen Musterelement (wie *„ ?x ist groß“*) zu bestimmen. Dieser Zugehörigkeitsgrad wird dann auch „Kompatibilitätsgrad“ oder „Wahrheitswert“ genannt. Fast immer wird der „Wahrheitswert“ einer Konjunktion solcher unscharfen Prädikate über das Minimum, der einer Disjunktion über das Maximum und der Wahrheitswert eines negierten Prädikats über die Differenz zu eins berechnet:

$$\begin{aligned} \tau(A \text{ und } B) &= \min(\tau(A), \tau(B)) \\ \tau(A \text{ oder } B) &= \max(\tau(A), \tau(B)) \\ \tau(\text{nicht } A) &= 1 - \tau(A). \end{aligned} \tag{10.3}$$

Alternativ dazu können auch die in Kapitel 3 beschriebenen Operatoren verwandt werden. Komplizierter wird es, wenn nicht nur die Bedingungselemente unscharf sind, sondern auch die Daten. Wenn also beispielsweise die Körpergröße einer Person nicht exakt über ein Längenmaß (*„Tim ist 1.87 Meter groß“*), sondern lediglich über einen linguistischen Term (*„Tim ist sehr groß“*) beschrieben wird. Die Gleichung 10.2 ist hier nicht anwendbar, da der unscharfe Wert *„sehr groß“* im Gegensatz zu dem exakten Wert *„1.87“* nicht zum Definitionsbereich der Zugehörigkeitsfunktion μ_A gehört. Abhilfe kann hier Zadehs Erweiterungsprinzip schaffen, da sich mit ihm beliebige Abbildungen einer

Grundmenge Ω_A auf das Einheitsintervall zu Abbildungen von der Menge der Fuzzy-Mengen dieser Grundmenge $\Phi(\Omega_A)$ auf die Menge der Fuzzy-Mengen des Einheitsintervalls $\Phi[0, 1]$ erweitern lassen. Ist $\mu_{\hat{A}}:\Phi(\Omega_A) \rightarrow \Phi[0, 1]$ die erweiterte Zugehörigkeitsfunktion von μ_A, dann kann man analog zu 10.2 den Wahrheitswert für A nach folgender Gleichung berechnen:

$$\tau(A) = \mu_{\hat{A}}(x) \qquad ; x \in \Phi(\Omega_A). \tag{10.4}$$

Explizit für $x = A^*$ mit der Zugehörigkeitsfunktion $\mu_{A^*}:\Omega_A \rightarrow [0, 1]$:

$$\begin{aligned} \tau(A) &= \mu_{\hat{A}}(A^*) \\ &= \sum \mu_{A^*}(u)/\mu_A(u) \qquad ; u \in \Omega_A. \end{aligned} \tag{10.5}$$

Beispiel 10.1 *Kompatibilitäten unscharfer Mengen nach dem Erweiterungsprinzip*

Gegeben seien die Fuzzy-Mengen „große Personen“ über der Grundmenge Ω = [100, 240] und die linguistischen Operatoren „sehr“ und „ziemlich“. Der Operator „sehr“ über die Quadratfunktion ($\mu_{sehr\,A}(x) = \mu_A(x)^2$), der Operator „ziemlich“ über

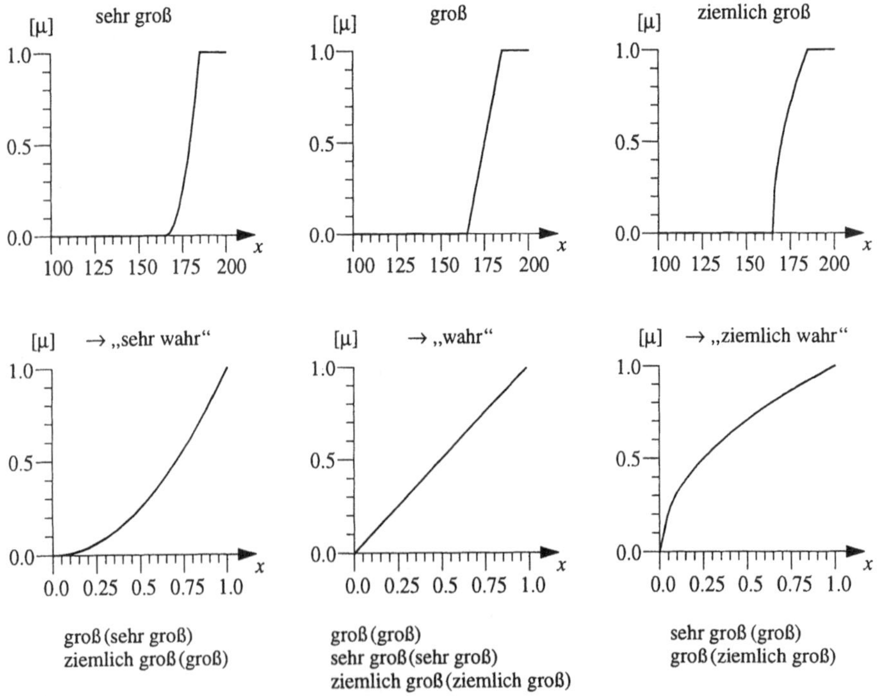

Abb. 10.4: Muster, Daten und unscharfe Kompatibilitätsgrade nach dem Erweiterungsprinzip (1)

die Quadratwurzelfunktion ($\mu_{ziemlich\ A}(x) = \mu_A(x)^{0.5}$) *und die unscharfe Menge der „großen Personen“ über die „trapezförmige“ Zugehörigkeitsfunktion* $(185, 240, 20, 0)_{trapez}$ *definiert (vgl. Abbildung 10.4).*

Nach dem Erweiterungsprinzip erhält man dann die in Abbildung 10.4 (unten) dargestellten Wahrheitswerte: der Funktionsgraph für den Fall, daß die Menge „sehr große Personen“ an dem Fuzzy-Prädikat „große Personen“ gemessen wird, läßt sich als „sehr wahr“ interpretieren (vgl. Abbildung 10.4 links sowie Abbildung 7.9, 242), der Funktionsgraph für den Fall, daß die Menge „ziemlich große Personen“ an dem Fuzzy-Prädikat „große Personen“ gemessen wird, läßt sich als „ziemlich wahr“ interpretieren (vgl. Abbildung 10.4 rechts sowie Abbildung 7.9).

Es ist allerdings zu bedenken, daß die Plausibilität dieses Beispiels, die gute Interpretierbarkeit der resultierenden Wahrheitswerte, wesentlich von der Wahl der Zugehörigkeitsfunktionen und Operatoren abhängt.

Modelliert man beispielsweise die linguistischen Hecken über eine Translationsfunktion (vgl. Abbildung 10.5, links und rechts oben), so verringert sich die Übereinstimmung mit den in Abbildung 7.9 beschriebenen Wahrheitswerten deutlich (vgl. Abbildung 10.5, links und rechts unten). Wählt man ein Fakt, dessen Kern nicht im Kern des Fuzzy-Prädikats liegt, so erhält man im allgemeinen keinen normalisierten Wahrheitswert mit monoton steigender Zugehörigkeitsfunktion (vgl. Abbildung 10.5, Mitte).

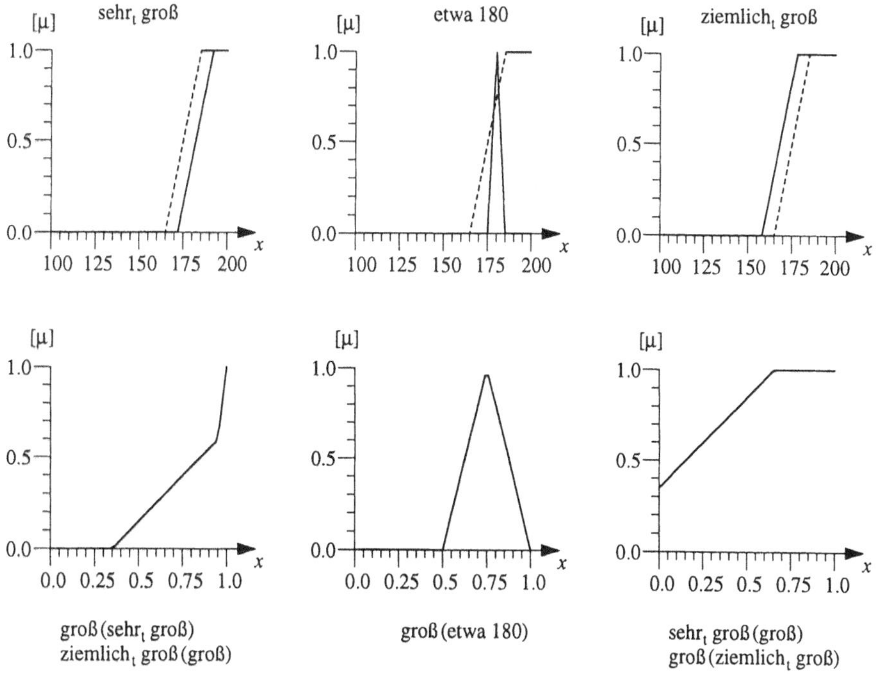

Abb. 10.5: Muster, Daten und unscharfe Kompatibilitätsgrade nach dem Erweiterungsprinzip (2)

Wie aus den Gleichungen hervorgeht und wie die Abbildungen veranschaulichen, ergeben sich aus der Überprüfung unscharfer Prädikate gemäß dem Erweiterungsprinzip im allgemeinen weder die aus der klassischen noch die aus mehrwertigen Logiken bekannten (in Form reeller Zahlen repräsentierbaren) Wahrheitswerte, sondern vielmehr Fuzzy-Mengen über dem Intervall [0, 1].[9] Eine Konsequenz davon ist, daß auch die in 10.3 aufgeführten Gleichungen nicht unverändert anwendbar sind. Da die Konjunktion, Disjunktion und Negation nun auf Fuzzy-Mengen statt reelle Zahlen angewandt werden, müssen auch die zugehörigen Funktionen entsprechend erweitert werden [vgl. Zadeh 1975d, 305ff.]. (Dies gilt gleichermaßen für die in Kapitel 3 beschriebenen alternativen Operatoren.) Gesetzt die Wahrheitswerte der Prädikate A und B seien nach 10.4 berechnet. In Zadehs Notation:

$$\begin{aligned} \tau(A) &= \sum_i \alpha_i / v_i \\ \tau(B) &= \sum_j \beta_j / w_j. \end{aligned} \tag{10.6}$$

Nach Erweiterung der logischen Operatoren erhält man dann analog zu 10.3:

$$\begin{aligned} \tau(A \text{ und } B) &= \sum_{i,j} (\min(\alpha_i, \beta_j))/(\min(v_i, w_j)) \\ \tau(A \text{ oder } B) &= \sum_{i,j} (\min(\alpha_i, \beta_j))/(\max(v_i, w_j)) \\ \tau(\text{nicht } A) &= \sum_i \alpha_i/(1-\alpha_i). \end{aligned} \tag{10.7}$$

10.2.2 Die Berechnung unscharfer Wahrheitswerte für komplexe Fuzzy-Prädikate und wahrheitsqualifizierte Fuzzy-Daten

Den oben beschriebenen Ansatz hat Umano ausgebaut und der Implementierung zweier Fuzzy-Produktionensysteme sowie einer PROLOG-Erweiterung zugrundegelegt.[10] Dem Rechenmodell von Umano liegen folgende Aufbauschemata für Regelbedingungen (*c*), Prädikate (*p*) und Daten (*d*) zugrunde:

---

[9] Es muß sich dabei nicht notwendigerweise um eine Fuzzy-Zahl oder ein Fuzzy-Intervall im strengen Sinne der Definitionen 4.7 und 4.6 (134) handeln.

[10] Vgl. [Umano 1986; 1987a; 1987b; 1989; Umano and Ezawa 1992]. Die Verarbeitungsstrategie, insbesondere die Konfliktlösungsstrategie des vorwärtsverkettenden Produktionensystems, wird in Kapitel 12.4.1 (442ff.) beschrieben. Kapitel 14.4.7 (568ff.) beinhaltet eine Sprachbeschreibung der Fuzzy-Produktionensysteme Umanos anhand konkreter Programmbeispiele.

$$\begin{aligned} p &= (t_1, \ldots, t_n) \\ d &= \tau_d / p \\ &= \tau_d / (t_1, \ldots, t_n) \\ c &= (p_1, \ldots, p_m) \\ &= ((t_{1_1}, \ldots, t_{1_n}), \ldots, (t_{m_1}, \ldots, t_{m_k})). \end{aligned} \tag{10.8}$$

Eine komplexe Regelbedingung (Muster) besteht aus einer beliebig mächtigen Menge konjunktiv verknüpfter „Prädikate“ (p), die sich ihrerseits aus einer Reihe beliebig vieler Terme (t) zusammensetzen. Der Aufbau der Daten (d) gleicht dem der Bedingungsprädikate. Jedem Datum kann zusätzlich ein linguistischer Wahrheitswert (τ) – beziehungsweise eine als Wahrheitswert gedeutete Possibilitätsverteilung über [0,1] – zugeordnet werden.[11] Für eine komplexe Bedingung (c) läßt sich der Wahrheitswert (τ_c) in vier Schritten berechnen.

(1) Für jeden Term in einem Bedingungsprädikat wird errechnet, in welchem Grad der entsprechende Term des Datums mit ihm kompatibel ist. Konstante und Variablen werden dabei wie gewöhnlich behandelt. Die Kompatibilität unscharfer Terme (δ) wird nach dem Erweiterungsprinzip berechnet. Bezeichnet $\hat{t}_c$ die erweiterte Zugehörigkeitsfunktion des unscharfen Terms des Bedingungselements und t_d die von dem unscharfen Term des Datumelements bezeichnete Fuzzy-Menge, dann gilt:

$$\delta = \hat{t}_c(t_d) \tag{10.9}$$

(2) Die nach (1) berechneten Kompatibilitätsgrade der Terme eines Prädikats werden mit einer erweiterten Funktion f_l zu einem Wert verrechnet, der angibt, in welchem Grad das Prädikat wahr wäre, vorausgesetzt das Datum wäre uneingeschränkt wahr.

$$f_1(\delta_{i_1}, \ldots, \delta_{i_j}) \tag{10.10}$$

(3) Im dritten Schritt wird für jedes Prädikat der tatsächliche Wahrheitswert aus dem in (2) berechneten Wahrheitswert und dem Wahrheitswert des betroffenen Datumelements (δ_{i_j}) mit Hilfe der erweiterten Funktion f_2 berechnet:

$$f_2(\tau_{d_i}, f_1(\delta_{i_1}, \ldots, \delta_{i_j})) \tag{10.11}$$

---

[11] Die Möglichkeiten, einem Fakt keinen oder einen numerischen Wahrheitswert zuzuweisen, können als Spezialfälle gedeutet werden. Ein fehlender Wahrheitswert ist der Fuzzy-Menge {1/1} und der numerische Wert n der Menge {1/n} gleichzusetzen. Die klassischen Wahrheitswerte *(absolut) wahr* und *(absolut) falsch* lassen sich als die Fuzzy-Einermengen {1/1} und {1/0} repräsentieren.

(4) Schließlich werden die in (3) berechneten Wahrheitswerte der Prädikate mit Hilfe der erweiterten Funktion f_3 zu einem Wahrheitswert für die Gesamtbedingung (τ_c) verrechnet, so daß sich insgesamt folgende Gleichung ergibt:

$$\tau_c = f_3(f_2(\tau_{d_1}, f_1(\delta_{1_1}, \ldots, \delta_{1_n})), \ldots, f_2(\tau_{d_k}, f_1(\delta_{k_1}, \ldots, \delta_{k_m}))). \quad (10.12)$$

Beispiel 10.2 *Unscharfe Wahrheitswerte komplexer Fuzzy-Prädikate*

Über eine Person namens Tim seien folgende „Fakten" bekannt: (1) „Es ist ziemlich wahr, daß Tim ungefähr 185 cm groß ist." (2) „Es ist wahr, daß Tim ungefähr 90 kg wiegt." Mit Hilfe des Erweiterungsprinzips soll berechnet werden, in welchem Grad die unscharfe Aussagen (3) „Tim ist groß" und (4) „Tim ist schwer" zutreffen. Formal seien die Aussagen (1), (2), (3) und (4) sowie die darin involvierten Fuzzy-Mengen wie folgt definiert:

wahr = {1/1 + 0.9/0.9 + 0.6/0.8 + 0.2/0.7 + 0.05/0.6}
ziemlich wahr = {1/1 + 0.95/0.9 + 0.75/0.8 + 0.45/0.7 + 0.25/0.6}
sehr wahr = {1/1 + 0.81/0.9 + 0.36/0.8 + 0.04/0.7}
schwer = $(90, 200, 10, 0)_{trapez}$
ungefähr 90 = {0.3/87 + 0.5/88 + 0.8/89 + 1/90 + 0.8/91 + 0.5/92 + 0.3/93}
gross = $(185, 240, 10, 0)_{trapez}$
ungefähr 185 = {0.4/183 + 0.9/184 + 1/185 + 0.9/186 + 0.4/187}

(1) ziemlich wahr / (körpergröße tim ungefähr 185)
(2) wahr / (körpergewicht tim ungefähr 90)
(3) (körpergrösse tim gross)
(4) (körpergewicht tim schwer).

Gesetzt die Terme „GROSS" und „SCHWER" bezeichneten die auf Fuzzy-Mengen erweiterten Zugehörigkeitsfunktionen von „gross" und „schwer", dann läßt sich der Wahrheitswert gemäß 10.12 wie folgt berechnen (vgl. auch Abbildung 10.6):

τ_c = $f_3(f_2($*ziemlich wahr*, $f_1(1, 1,$ GROSS(*ungefähr 185*))),
$f_2($*wahr*, $f_1(1, 1,$ SCHWER(*ungefähr 90*))))
= f_3(f2({1/1 + 0.95/0.9 + 0.75/0.8 + 0.45/0.7 + 0.25/0.6}, {1/1 + 0.9/0.9 + 0.4/0.8}),
f2({1/1 + 0.9/0.9 + 0.6/0.8 + 0.2/0.7 + 0.05/0.6}, {1/1 + 0.8/0.9 + 0.5/0.8 + 0.3/0.7}))
= f3({0.25/0.6 + 0.45/0.7 + 0.75/0.8 + 0.95/0.9 + 1/1},
{0.05/0.6 + 0.3/0.7 + 0.6/0.8 + 0.9/0.9 + 1/1})
= {1/1 + 0.95/0.9 + 0.75/0.8 + 0.45/0.7 + 0.25/0.6}.

Die in diesem Beispiel verwandten Zugehörigkeitsfunktionen wurden (wie anscheinend auch die von Umano und Ezawa [1992] benutzten) „passend" festgelegt. Im allgemeinen führt das beschriebene Verfahren jedoch zu weit weniger gut interpretierbaren und plausiblen Ergebnissen. Wäre beispielsweise Tim „ungefähr 184" = {0.4/182 + 0.9/183 + 1/184 + 0.9/185 + 0.4/186} statt „ungefähr 185" Zentimeter groß und „ungefähr 88" = {0.3/85 + 0.5/86 + 0.8/87 + 1/88 + 0.8/89 + 0.5/90 + 0.3/91} statt „ungefähr 90" kg schwer, dann würde die resultierende Zugehörigkeitsfunktion {0.5/1 + 0.8/0.9 + 1/0.8 + 0.8/0.7 + 0.5/0.6 + 0.3/0.5} lauten. Hätte man überdies für die linke Schwankungsbreite der Zugehörigkeitsfunktion von „groß" den Wert 20 statt 10 gesetzt, so erhielte man nach den Rechenregeln von Umano die Fuzzy-Menge {0.5/1 + 0.5/95 + 0.8/9+ 0.4/0.85 + 1/0.8 + 0.8/0.7 + 0.5/0.6 + 0.3/0.5} als Ergebnis.

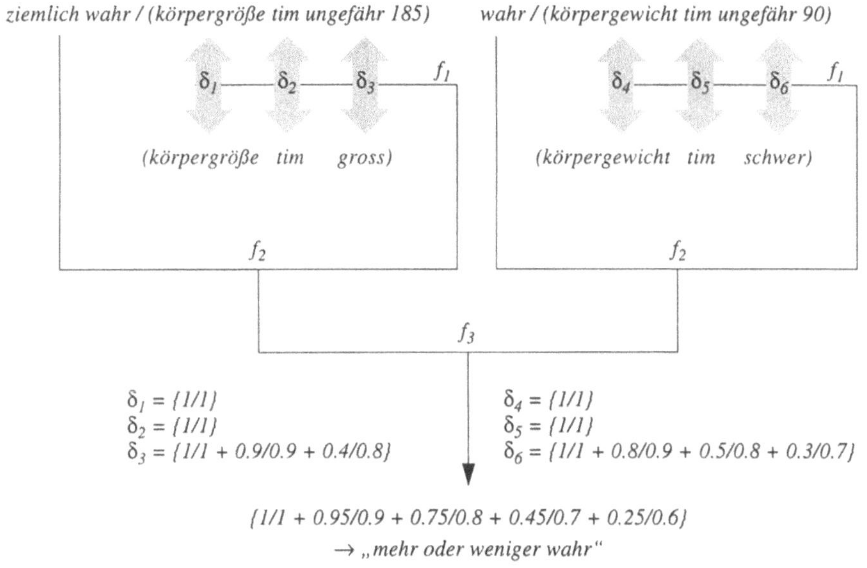

Abb. 10.6: Schrittweise Berechnung des Wahrheitsgrades komplexer Fuzzy-Prädikate mit Hilfe des Erweiterungsprinzips

10.3 „Fuzzy-Pattern-Matching" auf der Basis von Possibilitäts- und Notwendigkeitsmaßen

10.3.1 Possibilität und Notwendigkeit als Kompatibilitätsmaße – Definitionen und Erläuterungen

Die Beantwortung der Frage, in welchem Umfang oder Grad zwei unscharfe Mengen einander gleich, ähnlich oder kompatibel sind, hängt von den verwendeten Maßen ab. Zadeh hat mit seinem Konzept der relativen Wahrheit auf der Basis des Erweiterungsprinzips einen gangbaren, aber rechenaufwendigen und hinsichtlich der Resultate nicht immer überzeugenden Weg aufgezeigt, die Kompatibilität unscharfer Fuzzy-Mengen zu bemessen. Weitverbreitet und theoretisch gut ausgearbeitet sind die mit Zadehs Vorschlag verwandten Maße der Possibilität und Notwendigkeit. Die Frage nach der Kompatibilität eines unscharfen Musterelements mit einem unscharfen Datenelement läßt sich in diesem theoretischen Rahmen zunächst durch die Frage konkretisieren, wie gut oder in welchem Grad es *möglich* ist, daß das Datumelement dem geforderten Musterelement entspricht. Vorausgesetzt, die Zugehörigkeitsfunktionen der involvierten Fuzzy-Mengen M (Musterelement) und D (Datumelement) sind über der gleichen Grundmenge Ω definiert, dann berechnet sich die Antwort durch das Possibilitätsmaß $\Pi(M|D)$ [Cayrol et al. 1982, 105]:

$$\Pi(M|D) = \sup_{x=y}\min(\mu_M(x), \mu_D(y)) \qquad ; x, y \in \Omega. \tag{10.13}$$

Das Possibilitätsmaß $\Pi(M|D)$ beschreibt, in welchem Grad es möglich ist, daß Elemente von D mit Elementen von M übereinstimmen. Wie man unschwer erkennen kann, ist $\Pi(M|D)$ gleich der Höhe der Schnittmenge von D und M. $\Pi(M|D)$ kann daher auch als ein Maß dafür gedeutet werden, zu welchem Grad der Durchschnitt (modelliert über das Minimum) der involvierten Fuzzy-Mengen $(M \cap D)$ keine leere Menge bildet. Im Fall gewöhnlicher Mengen besagt das in 10.13 beschriebene Possibilitätsmaß mithin: wenn lediglich bekannt ist, daß x ein Element von D ist $(x \in D)$, dann ist es genau dann (uneingeschränkt) möglich, daß x ein Element von M ist $(x \in M)$, wenn die Schnittmenge von M und D nicht leer ist $(M \cap D \neq \varnothing)$. Allgemein gilt: $\Pi(M|D)$ liefert genau dann einen Wert größer null, wenn M mit D geschnitten keine Leermenge bildet:

$$(M \cap D \neq \varnothing) \Leftrightarrow (\Pi(M|D) > 0). \tag{10.14}$$

Und $\Pi(M|D)$ ist genau dann gleich eins, wenn die Schnittmenge aus dem Kern der Datumkomponente und dem Kern der Musterkomponente nicht leer ist:

$$(\mathrm{core}(D) \cap \mathrm{core}(M) \neq \varnothing) \Leftrightarrow (\Pi(M|D) = 1). \tag{10.15}$$

$\Pi(M|D)$ muß als ein „optimistisches“ Maß gelten – was möglich ist, muß noch lange nicht wirklich der Fall sein. Deshalb haben Cayrol, Farreny und Prade [1982, 105] vorgeschlagen, zusätzlich zu messen, in welchem Grad es *notwendig* oder *sicher* ist, daß das Datumelement D mit dem Musterelement M übereinstimmt. Die Notwendigkeit (oder Sicherheit), daß das Datumelement zum Musterelement paßt, wird dabei der Unmöglichkeit, daß es zur Komplement-Menge des Musterelements paßt (also nicht zum Musterelement paßt), gleichgesetzt:

$$\begin{aligned} N(M|D) &= 1 - \Pi(\overline{M}, D) \\ &= \sup_{x=y}\min(1 - \mu_M(x), \mu_D(y)) \qquad ; x, y \in \Omega \\ &= \inf_{x=y}\max(\mu_M(x), 1 - \mu_D(y)) \qquad ; x, y \in \Omega \end{aligned} \tag{10.16}$$

Beschreiben Datum- und Musterelement *gewöhnliche* Mengen, so ergibt sich wiederum ein erwartungsgemäßes Resultat: das Datumelement paßt notwendig (sicher) zum Musterelement $(N(M|D) = 1)$, falls die vom Datumelement bezeichnete Menge eine Teilmenge der vom Musterelement bezeichneten Menge ist $(D \subseteq M)$.

Zu beachten ist, daß das Notwendigkeitsmaß im Gegensatz zum Possibilitätsmaß *nicht symmetrisch* ist: Während die Gleichung $\Pi(M|D) = \Pi(D|M)$ allgemein gilt, gilt die Gleichung $N(M|D) = N(D|M)$ im allgemeinen *nicht*. Das liegt daran, daß $N(M|D)$ mißt, inwieweit der Durchschnitt von D und dem *Komplement* von M leer ist. Cayrol u.a. rechtfertigen die Ungleichheit mit dem Hinweis, die Asymmetrie stimme mit dem Bild eines Musters als einem Filter überein. Anhand eines Beispiels läßt sich leicht demonstrieren, daß diese Asymmetrie durchaus plausibel ist: eine Person, die *ungefähr 30* ist, paßt *sicherer* zu der Beschreibung *ungefähr 20 bis 40* als eine Person, die *ungefähr 20 bis 40* ist, zu der Beschreibung *ungefähr 30* paßt.[12] Und umgekehrt ist die Symmetrie des Possibilitätsmaßes plausibel, denn es ist in dem einen wie dem anderen Fall gleichermaßen *möglich*, daß die Person zur Beschreibung paßt. Weniger plausibel mag es erscheinen, daß der Notwendigkeitsgrad nur 0.5 beträgt, wenn die Datum- und Musterkomponente die gleiche *Fuzzy-Menge* bezeichnen:

$$(D = M) \Rightarrow (N(M|D) = 0.5). \tag{10.17}$$

Cayrol, Farreny und Prade halten dem entgegen, dies sei völlig natürlich, da man bei unscharfen Termini nicht absolut sicher sein könne, daß sie in der Datenbasis und im Muster das gleiche referieren:

> „In fact, it is quite natural; as soon as a word is fuzzy, its meaning cannot be precise, so we cannot be absolutely sure that what LARGE refers to in the data is also what LARGE refers to in the pattern; $\overline{\text{LARGE}} \cap \text{LARGE}$ is not rigorously empty as soon as the meaning of »large« is modeled as a fuzzy set. Thus, demanding $N(P|D) = 1$, in order to consider the match as good, is demanding to use only *precise* words in the descriptions or not taking into account the fuzziness of P or D." [Cayrol et al. 1982, 106]

Wie aus 10.16 ersichtlich, kann ein Notwendigkeitsgrad von eins sich nicht nur bei einer präzisen Datumkomponente ergeben. Bei unscharfen Termini ergibt er sich vielmehr genau dann, wenn die Trägermenge der Datumkomponente im Kern der Musterkomponente liegt:

$$(\text{supp}(D) \subseteq \text{core}(M)) \Leftrightarrow (N(M|D) = 1). \tag{10.18}$$

Allgemeiner gilt: der Notwendigkeitsgrad ist genau dann größer oder gleich 0.5, wenn die Datumkomponente eine unscharfe Teilmenge (vgl. Definition 2.16, 65) der Musterkomponente bezeichnet:

$$(D \subseteq M) \Leftrightarrow (N(M|D) \geq 0.5). \tag{10.19}$$

---

[12] Noch evidenter wird diese Asymmetrie, wenn man scharfe Werte mit unscharfen vergleicht. Aus der Kenntnis, eine Person sei 70 Jahre alt, kann man sicher folgern, sie sei alt, hingegen kann man sich keineswegs sicher sein, eine Person sei 70 Jahre alt, wenn man lediglich die Information hat, es handele sich um eine „alte" Person.

Possibilitätsmaß und Notwendigkeitsmaß sind komplementäre Maße (vgl. 10.16). Sie ergänzen sich wechselseitig. Das Possibilitätsmaß stellt relativ niedrige Anforderungen an die „Paßgenauigkeit“, so daß viele unter Umständen erheblich voneinander abweichende Fuzzy-Mengen den höchstmöglichen „Kompatibilitätsgrad“ von eins erreichen können (vgl. 10.15). Während in diesen Fällen das Notwendigkeitsmaß der Verfeinerung der Kompatibilitätsbewertung dienen kann, erlaubt das Possibilitätsmaß eine differenziertere Bewertung in Fällen, in denen es nach den relativ strengen Anforderungen des Notwendigkeitsmaßes keine Sicherheit dafür gibt, daß eine Datumkomponente zu einer Musterkomponente paßt.

10.3.2 Die Berechnung der „Kompatibilität“ komplexer Daten und Muster

Muster wie Datum bestehen im allgemeinen aus mehreren Komponenten, die entweder in einer einfachen Sequenz oder in einer hierarchischen Struktur, deren Komponenten wiederum atomare oder komplexe Komponenten (Sequenzen oder Strukturen) enthalten können, angeordnet sind. Beide Anordnungsformen lassen sich gut über Listen repräsentieren, so daß dieser rekursive Datentyp in den meisten Musterverarbeitungsprogrammen bevorzugt wird. Muster können neben konstanten Komponenten auch Mustervariablen enthalten. Dabei sind wiederum, wie ausgeführt, verschiedene Typen von Variablen zu unterscheiden: insbesondere einfache Mustervariablen, die mehrfach durch jeweils eine Datumkomponente instantiiert werden können und Segmentvariablen, die mehrfach jeweils durch beliebig viele aufeinanderfolgende Datenkomponenten instantiiert werden können.

Die Verarbeitung unscharfer Muster erfolgt ebenfalls komponentenweise, in der Regel sukzessive von links nach rechts. Stellen Musterkomponente und Datumkomponente gleicher Stelle atomare Konstante dar, so wird mit Hilfe der Formeln 10.13 und 10.16 der Notwendigkeits- und Possibilitätsgrad ihrer Übereinstimmung berechnet. Der Vergleich atomarer Konstante mit komplexen Konstanten ergibt für beide Maße den Wert null ($\Pi(M|D) = N(M|D) = 0$). Handelt es sich bei der Musterkomponente um eine instantiierte Variable, so wird der Vergleich für all ihre Instantiierungen gesondert durchgeführt. Ist die Variable nicht instantiiert, so kann sie mit einer Datumkomponente oder – falls es sich um eine Segmentvariable handelt – mit einer Sequenz von Datumkomponenten instantiiert werden. Possibilitäts- und Notwendigkeitsgrad dieser Instantiierung belaufen sich dann gleichermaßen auf den Wert eins ($\Pi(M|D) = N(M|D) = 1$).

Die komponentenweise ermittelten Possibilitäts- und Notwendigkeitsgrade werden jeweils für eine komplexe Musterinstantiierung durch Minimumbildung zu einem Possibilitäts- und Notwendigkeitsgrad verrechnet. Dieses Verrechnungsschema wird auch rekursiv auf Teilsequenzen strukturierter Muster und

Daten angewandt. Die Wahl des Minimum-Operators ist naheliegend, da er in der Fuzzy-Mengentheorie standardmäßig zur Modellierung konjunktiver Verknüpfungen herangezogen wird und eine rekursive Abarbeitung erlaubt. Für die unscharfe Musterverarbeitung empfiehlt er sich darüber hinaus deshalb, weil der Possibilitätsgrad der Kartesischen Produkte (vgl. Definition 3.5, 81) der Datums- und Musterkomponenten gleich dem Minimum der komponentenweise ermittelten Possibilitätsgrade ist [vgl. Cayrol et al. 1982, 108]:

$$\begin{aligned} &\Pi(M_1 \times M_2 \times \ldots M_n | D_1 \times D_2 \times \ldots \times D_n) \\ &= \min(\Pi(M_1 | D_1), \Pi(M_2 | D_2), \ldots, \Pi(M_n | D_n)). \end{aligned} \tag{10.20}$$

Analog dazu ist, vorausgesetzt, die Datumkomponenten sind normalisiert, der Notwendigkeitsgrad der Kartesischen Produkte der Datum- und Musterkomponenten gleich dem Minimum der für die einzelnen Komponenten berechneten Notwendigkeitsgrade:

$$\begin{aligned} &N(M_1 \times M_2 \times \ldots M_n | D_1 \times D_2 \times \ldots \times D_n) \\ &= \min(N(M_1 | D_1), N(M_2 | D_2), \ldots, N(M_n | D_n)). \end{aligned} \tag{10.21}$$

Hauptziel der Musterverarbeitung ist es herauszufinden, welche Daten zu einem Muster passen. Bei der Verarbeitung unscharfer Muster ist die Frage, ob ein Datum zu einem Muster paßt, im allgemeinen nicht eindeutig mit ja oder nein zu beantworten. Typischerweise zeigt der unscharfe Musterabgleich, daß ein Datum mehr oder weniger gut zu einem Muster paßt. Da nicht nur exakte Übereinstimmungen zulässig sind, kann sich die Zahl der Instantiierungen und damit der folgende Verarbeitungsaufwand drastisch erhöhen. Um sehr geringe Übereinstimmungen in der weiteren Verarbeitung nicht berücksichtigen zu müssen und somit auch der zunehmenden Rechenkomplexität entgegenzuwirken, werden bei der Überprüfung unscharfer Prädikate *Schwellwerte* benutzt. Über sie wird festgelegt, ab welchem Grad der Übereinstimmung ein Vergleich als „erfolgreich" gilt. Typische Schwellwerte liegen zwischen 0.2 und 0.5. Cayrol et al. [1982, 109] haben für das Possibilitätsmaß 0.5 und 0.25 für das Notwendigkeitsmaß festgesetzt.

Ein weiteres Problem besteht darin, zu entscheiden, welches Datum am besten zu einem Muster paßt, oder allgemeiner formuliert, eine Rangfolge der Daten nach ihrer „Paßgenauigkeit" festzulegen. Wird die „Kompatibilität" lediglich durch eine skalare Größe beschrieben, so beantwortet sich die Frage aufgrund der natürlichen Zahlenordnung. Bei gleichzeitiger Verwendung des Possibilitäts- und Notwendigkeitsmaßes ist die Rangfolge nur dann eindeutig, wenn ein Datum gegenüber einem anderen zugleich einen höheren Possibilitätsgrad und einen höheren Notwendigkeitsgrad aufweist. Es ist jedoch nicht definiert, welche Daten besser zu einem Muster passen, wenn der Vergleich mit einem Datum gegenüber dem mit einem anderen zwar einen höheren Possibilitätsgrad, aber zugleich einen niedrigeren Notwendigkeitsgrad mit sich bringt. In solchen Fällen kann man die „Kompatibilität“ als gleich gut gelten lassen oder man muß ein zusätzliches (für die jeweilige Anwendung geeignetes) Ordnungskriterium einführen.[13]

10.3.3 Formeln zur effizienten Berechnung der bedingten Possibilität und Notwendigkeit für trapezförmige Zugehörigkeitsfunktionen

Die in Kapitel 10.3.1 eingeführten Maße der bedingten Possibilität und Notwendigkeit sind allgemein für Fuzzy-Mengen mit beliebigen Zugehörigkeitsfunktionen definiert. Mit Hilfe der angegebenen Gleichungen (10.13 und 10.16) ist es leicht möglich, eine Prozedur zu implementieren, die den Possibilitätsgrad oder Notwendigkeitsgrad für diskrete Fuzzy-Mengen über einen iterativen Vergleich der Elemente und ihrer Zugehörigkeitsgrade berechnet, diese Gleichungen können jedoch nicht ohne weiteres auf Fuzzy-Mengen mit stetigen Zugehörigkeitsfunktionen angewandt werden. Um derartige Fuzzy-Mengen verarbeiten zu können, sind vielmehr spezielle, auf die Typen der Zugehörigkeitsfunktionen abgestimmte Formeln notwendig. In diesem Kapitel werden in Anlehnung an Dubois und Prade [1988b] Formeln beschrieben, die eine hocheffiziente Berechnung von Possibilitäts- und Notwendigkeitsmaßen bei Fuzzy-Mengen mit trapezförmigen Zugehörigkeitsfunktionen (vgl. Gleichung 2.24 und Abbildung 2.8, 58) erlauben.

Bei trapezförmigen Zugehörigkeitsfunktionen handelt es sich um stückweise lineare Funktionen. Die Grade der bedingten Possibilität wie der bedingten Notwendigkeit sind demzufolge über die Schnittpunkte linearer Funktionsabschnitte zu berechnen. Lineare Funktionsabschnitte lassen sich allgemein in folgender Form beschreiben:

$$f(x) = y_0 + \frac{\Delta y}{\Delta x}(x - x_0). \tag{10.22}$$

[13] Denkbar ist beispielsweise, daß in solchen Fällen der höhere Notwendigkeitsgrad den Ausschlag gibt. Eine andere Möglichkeit, die mit zwei Maßen entstehenden Konflikte zu vermeiden, besteht darin, beide Maße zu einem neuen Maß zu kombinieren. So haben Real et al. [1991] zur Kombination des Possibilitäts- (Π) und Notwendigkeitsmaßes (N) folgende Verrechnungsformel vorgeschlagen: $V = N + \Pi - 1$ [Real et al. 1991, 403]. Grundmenge dieses neuen Maßes (V) ist nicht mehr das Einheitsintervall [0,1], sondern wie in MYCIN das Intervall [-1,1]. Eine Alternative dazu stellt das in dem SYSTEM Z-11 [Leung and Lam 1989] verwandte „Ähnlichkeitsmaß“ (vgl. Gleichung 12.32, 438) dar.

Da nicht der Schnittpunkt, sondern seine Ordinate den Possibilitäts- oder Notwendigkeitsgrad angibt, sind die Umkehrfunktionen der betreffenden Funktionsabschnitte gleichzusetzen. Die Umkehrfunktion zu 10.22 lautet:

$$f^{-1}(x) = x_0 + \frac{\Delta x}{\Delta y}(y - y_0) \tag{10.23}$$

Zur Berechnung der bedingten Possibilität und Notwendigkeit lassen sich verschiedene Fallunterscheidungen treffen, die es erlauben, herauszufinden, ob eine unscharfe Menge mit einer anderen kompatibel ist, und gegebenenfalls die Funktionsabschnitte zu bestimmen, aus denen die gesuchten Kompatibilitätsgrade berechenbar sind. Die Kompatibilitätsberechnung reduziert sich dann darauf, die für diese Fälle definierten Formeln anzuwenden.

Formeln zur Berechnung des bedingten Possibilitätsgrades

Bei der Berechnung der bedingten Possibilität ist es sinnvoll, vier Fälle zu unterscheiden (vgl. Abbildung 10.7). Der erste Fall liegt dann vor, wenn die Schnittmenge der Träger des Musters und Datums leer ist. In diesem Fall, und nur in diesem Fall, beträgt der Possibilitätsgrad null:

$$\mathrm{supp}(M) \cap \mathrm{supp}(D) = \varnothing \Leftrightarrow \Pi(M, D) = 0. \tag{10.24}$$

Werden trapezförmige Zugehörigkeitsfunktion (wie in Gleichung 2.24 und Abbildung 2.8 beschrieben) über eine Parameterliste für die Kernpunkte und Schwankungsbreiten definiert (M = (m_M, n_M, α_M, β_M), D = (m_D, n_D, α_D, β_D)), so läßt sich 10.24 wie folgt konkretisieren:

$$[m_M - \alpha_M, n_M + \beta_M] \cap [m_D - \alpha_D, n_D + \beta_D] = \varnothing \Leftrightarrow \Pi(M, D) = 0. \tag{10.25}$$

Ob der maximale Possibilitätsgrad eins erreicht wird, läßt sich ebenfalls über einen Intervallvergleich überprüfen:

$$\mathrm{core}(M) \cap \mathrm{core}(D) \neq \varnothing \Leftrightarrow \Pi(M, D) = 1 \tag{10.26}$$

$$[m_M, n_M] \cap [m_D, n_D] \neq \varnothing \Leftrightarrow \Pi(M, D) = 1. \tag{10.27}$$

Trifft weder der in 10.24 noch der in 10.26 beschriebene Fall zu, dann muß der Kern des Datums links oder rechts des Kerns des Musters liegen. Gesetzt, der Kern des Datums liegt rechts von dem des Musters, wenn also $m_D > n_M$ gilt, dann ist der Possibilitätsgrad durch den Schnittpunkt festgelegt, den der streng monoton steigende Abschnitt der Zugehörigkeitsfunktion des Datums (μ_D) mit dem streng monoton fallenden Abschnitt der Zugehörigkeitsfunktion des Musters (μ_M) bildet. Eine für diesen Fall gültige Formel zur Berechnung des Possibilitätsgrades erhält man, indem man die Umkehrfunktionen dieser beiden Funktionsabschnitte (μ_D^{-1}, μ_M^{-1}) gleichsetzt und die resultierende Gleichung nach y auflöst:

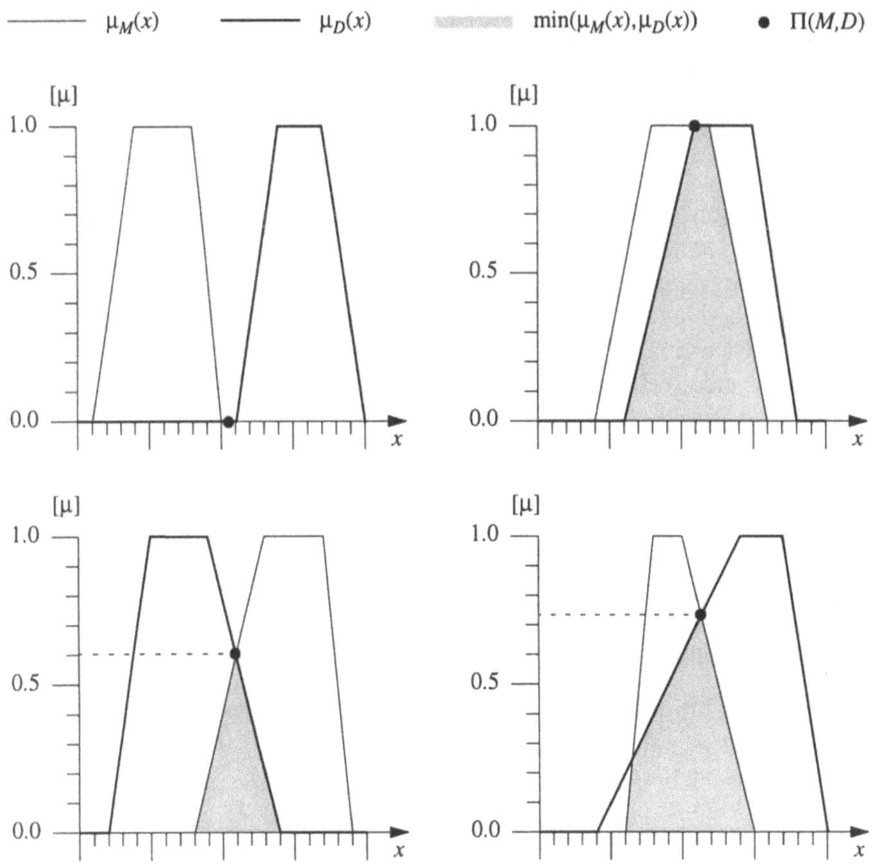

Abb. 10.7: Fallunterscheidungen zur Berechnung des bedingten Possibilitätsgrades

$$x_{0_M} = n_M,\ y_{0_M} = 1,\ \Delta x_M = \beta_M,\ \Delta y_M = -1$$

$$x_{0_D} = m_D - \alpha_D,\ y_{0_D} = 0,\ \Delta x_D = \alpha_D,\ \Delta y_D = 1$$

$$\begin{aligned} \mu_D^{-1} &= \mu_M^{-1} \\ m_D - \alpha_D + \alpha_D y &= n_M - \beta_M y + \beta_M \\ y(\alpha_D + \beta_M) &= n_M - m_D + \alpha_D + \beta_M \\ y &= 1 + \frac{n_M - m_D}{\alpha_D + \beta_M}. \end{aligned} \tag{10.28}$$

Im anderen Fall, wenn also $m_M > n_D$ gilt, ist analog zu verfahren:

$$x_{0_M} = m_M - \alpha_M, y_{0_M} = 0, \Delta x_M = \alpha_M, \Delta y_M = 1$$
$$x_{0_D} = n_D, y_{0_D} = 1, \Delta x_D = \beta_D, \Delta y_D = -1$$

$$\begin{aligned} \mu_M^{-1} &= \mu_D^{-1} \\ m_M - \alpha_M + \alpha_M y &= n_D - \beta_D y + \beta_D \\ y(\alpha_M + \beta_D) &= n_D - m_M + \beta_D + \alpha_M \\ y &= 1 + \frac{n_D - m_M}{\alpha_M + \beta_D}. \end{aligned} \quad (10.29)$$

Formeln zur Berechnung des bedingten Notwendigkeitsgrades

Bei der Aufstellung geeigneter Formeln zur Berechnung des bedingten Notwendigkeitsgrades kann auf eine ähnliche Weise vorgegangen werden. Wiederum liegt es nahe, zunächst die Fälle zu betrachten, die keine weitere Berechnung notwendig machen (vgl. Abbildung 10.8, oben). Der Notwendigkeitsgrad N(M, D) beträgt genau dann null, wenn der Kern des Datums keine Teilmenge des Trägers des Musters ist:

$$\begin{aligned} \mathrm{core}(D) \not\subseteq \mathrm{supp}(M) \Leftrightarrow N(M, D) &= 0 \\ [m_D, n_D] \not\subseteq [m_M - \alpha_M, n_M + \beta_M] \Leftrightarrow N(M, D) &= 0. \end{aligned} \quad (10.30)$$

Ist indes der Träger des Datums eine Teilmenge des Kerns des Musters, dann, und nur dann, beträgt der Notwendigkeitsgrad eins:

$$\begin{aligned} \mathrm{supp}(D) \subseteq \mathrm{core}(M) \Leftrightarrow N(M, D) &= 1 \\ [m_D - \alpha_D, n_D + \beta_D] \subseteq [m_M, n_M] \Leftrightarrow N(M, D) &= 1. \end{aligned} \quad (10.31)$$

Für die anderen Fälle müssen Formeln aufgestellt werden, mit deren Hilfe sich die infragestehenden Notwendigkeitsgrade berechnen lassen. Im Unterschied zur Berechnung des Possibilitätsgrades basiert die Berechnung des Notwendigkeitsgrades nicht direkt auf der Zugehörigkeitsfunktion des Datums (μ_D), sondern vielmehr seinem Komplement ($\mu_{\neg D}$). Sind die oben genannten Fälle ausgeschlossen, so ist der bedingte Notwendigkeitsgrad N(M|D) entweder über den Schnittpunkt des streng monoton steigenden Abschnitts von $\mu_{\neg D}$ mit dem streng monoton fallenden Abschnitt von μ_M oder über den Schnittpunkt des streng monoton fallenden Abschnitts von $\mu_{\neg D}$ mit dem streng monoton steigenden Abschnitt von μ_M festgelegt. Existiert nur ein Schnittpunkt, dann ist seine Ordinate der gesuchte Notwendigkeitsgrad, andernfalls ist der gesuchte Notwendigkeitsgrad gemäß 10.16 gleich dem Minimum ihrer Ordinaten. Demzufolge sind zwei Formeln aufzustellen, die eine (10.32), um die Ordinate des Schnittpunkts von $\mu_{\neg D}$ mit dem streng monotonen steigenden Abschnitt von μ_M, und die andere

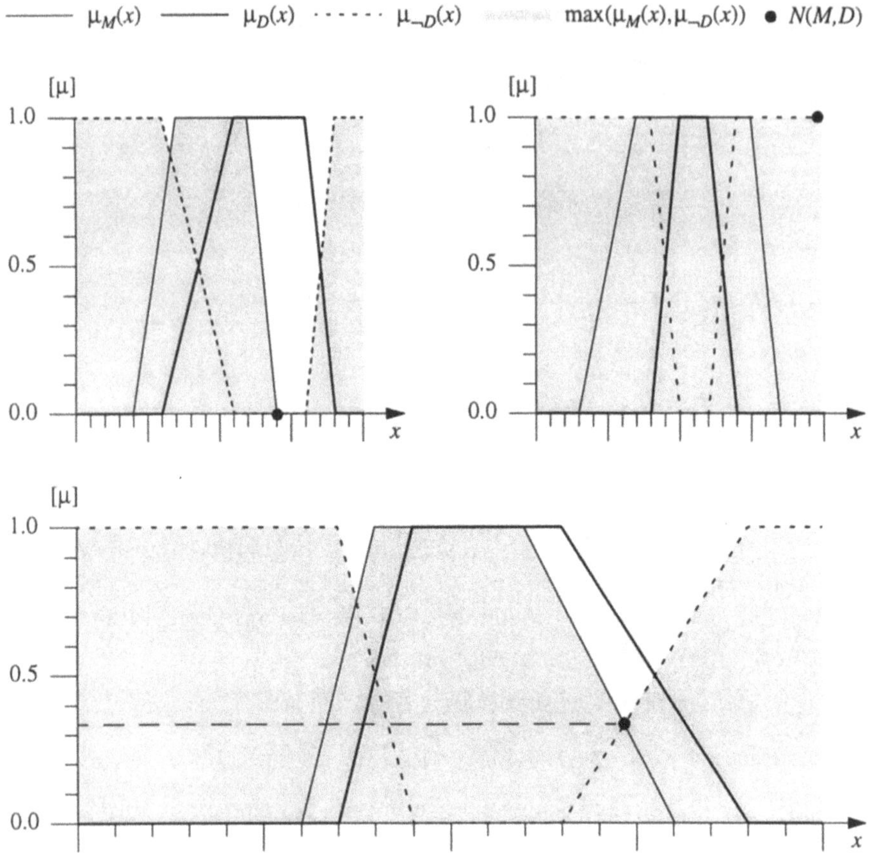

Abb. 10.8: Fallunterscheidungen zur Berechnung des bedingten Notwendigkeitsgrades

(10.33), um die Ordinate des Schnittpunkts von $\mu_{\neg D}$ mit dem streng monoton fallenden Abschnitt von μ_M zu berechnen:

$$x_{0_M} = m_M - \alpha_M,\ y_{0_M} = 0,\ \Delta x_M = \alpha_M,\ \Delta y_M = 1$$

$$x_{0_{\neg D}} = n_D,\ y_{0_{\neg D}} = 1,\ \Delta x_{\neg D} = \alpha_D,\ \Delta y_{\neg D} = -1$$

$$\begin{aligned} \mu_M^{-1} &= \mu_{\neg D}^{-1} \\ m_M - \alpha_M + \alpha_M y &= m_D - \alpha_D - \alpha_D y + \alpha_D \\ y(\alpha_M + \alpha_D) &= m_D - m_M + \alpha_M \qquad (10.32) \\ y &= \frac{m_D - m_M + \alpha_M}{\alpha_M + \alpha_D} \end{aligned}$$

$$x_{0_M} = n_M, y_{0_M} = 1, \Delta x_M = \beta_M, \Delta y_M = -1$$

$$x_{0_{\neg D}} = n_D, y_{0_{\neg D}} = 0, \Delta x_{\neg D} = \beta_D, \Delta y_{\neg D} = 1$$

$$\begin{aligned} \mu_{\neg D}^{-1} &= \mu_M^{-1} \\ n_D + \beta_D y &= n_M - \beta_M y + \beta_M \\ y &= \frac{n_M - n_D + \beta_M}{\beta_D + \beta_M} . \end{aligned} \tag{10.33}$$

10.3.4 Erweiterungen des Possibilitäts- und Notwendigkeitsmaßes

Fuzzy-Relationen in der Musterverarbeitung

Mit den beschriebenen Kompatibilitätsmaßen 10.13 und 10.16 wird gemessen, inwieweit es möglich beziehungsweise notwendig (sicher) ist, daß eine Datumkomponente mit der im Muster geforderten Komponente *kompatibel* ist. Diese Kompatibilitätsforderung kann durch die Forderung einer *ungefähren Kompatibilität* in beliebigem Maß „aufgeweicht" werden. Ungefähre Kompatibilitätsforderungen können mit Hilfe unscharfer Nachbarschafts- oder Ähnlichkeitsrelationen (vgl. die Definitionen 5.19, 177 und 5.20, 180) modelliert werden [vgl. Dubois, Prade, Testemale 1988, 679]. Statt Kompatibilität ungefähre Kompatibilität zu fordern, kommt einer Ausdehnung der von der Musterkomponente bezeichneten Fuzzy-Menge gleich. Wird die ungefähre Kompatibilität durch die unscharfe Nachbarschaftsrelation R und die Musterkomponente durch die Fuzzy-Menge M modelliert, so entspricht die Ausdehnung von M der Verkettung (vgl. Definition 5.11, 169) von R mit M [Cayrol et al. 1982, 106; Prade 1983, 243f.]:

$$\mu_{M \circ R}(y) = \sup_x \min(\mu_M(x), \mu_R(x, y)). \tag{10.34}$$

Für das Possibilitätsmaß 10.13 und Notwendigkeitsmaß 10.16 erhält man nach der Substitution von M durch die Verkettung von M und R das Possibilitätsmaß

$$\begin{aligned} \Pi(M \circ R | D) &= \sup_y \min(\sup_x \min(\mu_M(x), \mu_R(x, y), \mu_D(y))) \\ &= \sup_{x,\, y} \min(\mu_M(x), \mu_R(x, y), \mu_D(y)) \end{aligned} \tag{10.35}$$

sowie das Notwendigkeitsmaß

$$\begin{aligned} N(M \circ R | D) &= 1 - \Pi(\overline{M \circ R} | D) \\ &= 1 - \sup_y \min((1 - \sup_x \min(\mu_M(x), \mu_R(x, y))), \mu_D(y)) \\ &= \inf_y \max(\sup_x \min(\mu_M(x), \mu_R(x, y)), 1 - \mu_D(y)). \end{aligned} \tag{10.36}$$

Eine Ausdehnung, wie sie in 10.34 beschrieben wird, läßt sich auch durch Anwendung einer linguistischen Hecke wie *„mehr oder weniger"* erzielen. Das bedeutet: die Bedingung *„D ist ungefähr mit M kompatibel"* läßt sich im Sinne von *„D ist mit mehr oder weniger M kompatibel"* modellieren. Beschränkt man sich dabei auf geeignete *P*-Operatoren (vgl. Definition 6.5, 213 und Tabelle 6.5, 216), so können die in Kapitel 10.3.3 (350ff.) beschriebenen Formeln auch bei ungefähren Kompatibilitätsforderungen angewandt werden. Statt auf die Musterkomponente werden sie dann auf die durch eine Ausdehnungshecke wie *„more or less"* modifizierte Musterkomponente angewandt. Dies gilt gleichermaßen für die von Cayrol u.a. [1982, 113] vorgeschlagene Toleranzrelation R_λ, deren Verkettung mit einem LR-Intervall einer Erweiterung von dessen Schwankungsbreiten um einen bestimmten Toleranzwert λ gleichkommt:

$$(M = (m, n, \alpha, \beta)_{LR}) \Rightarrow (M \circ R_\lambda = (m, n, \alpha + \lambda, \beta + \lambda)_{LR}). \qquad (10.37)$$

Unscharfe Ungleichheitsrelationen wie *„viel kleiner als"* oder *„sehr viel höher als"* lassen sich analog bearbeiten: *die Ungleichheitsrelation zwischen Muster- und Datumkomponente wird ersetzt durch die „Gleichheitsrelation"*[14] *zwischen Datumkomponente und der modifizierten Musterkomponente.* Statt zu überprüfen, inwieweit die Forderung, das unscharfe Intervall *D* solle *„viel größer"* sein als das unscharfe Intervall *M*, kann geprüft werden, inwieweit es mit dem im Vergleich zu *M „viel größeren"* Intervall *M** kompatibel ist.

Beispiel 10.3 *Positionsbestimmung aufgrund unscharfer Ortsangaben*

Cayrol, Farreny und Prade [1982] haben die Nützlichkeit von Possibilitäts- und Notwendigkeitsmaßen mit Toleranzrelationen anhand einer einfachen Aufgabe demonstriert. Sie besteht darin, aus der Menge unscharfer Ortsbeschreibungen $D = \{D_1, D_2, D_3, D_4, D_5, D_6, D_7\}$*, die auszuwählen, die einer vorgegebenen Ortsangabe (M) am besten entsprechen. Die Beschreibungen (D, M) beinhalten unscharfe Richtungs- und Abstandsangaben zu verschiedenen Objekten (vgl. Abbildung 10.9). Zur Modellierung der unscharfen Angaben werden trapezförmige Zugehörigkeitsfunktionen verwandt (vgl. Tabelle 10.1).*

Tabelle 10.2 zeigt verschiedene Zwischen- und Endergebnisse der Kompatibilitätsberechnung aller Daten mit dem vorgegebenen Muster. Die unterschiedlichen Resultate gründen auf unterschiedlichen Toleranzrelationen (vgl. Gleichung 10.37). Setzt man beide Toleranzparameter, den für die Richtung λ_R *und den für den Abstand* λ_A *auf null, so ist kein Datum mit dem Muster kompatibel. Bei den Toleranzwerten* $\lambda_R = 1$, $\lambda_A = 0$ *erzielt die Beschreibung* D_3 *den höchsten Übereinstimmungsgrad. Dabei übertrifft sowohl das Minimum der Possibilitätsgrade den Schwellwert 0.5 als auch das Minimum der Notwendigkeitsgrade den Schwellwert 0.25. Erhöht man die Tole-*

---

[14] Die Rede von einer „Gleichheitsrelation" ist in einer vereinfachten Redeweise begründet, streng genommen ist sie nicht korrekt. Geprüft wird nicht, inwieweit Datum und Muster gleich sind, sondern inwieweit ein Datum mit einem Muster kompatibel ist. Daß Kompatibilitätsmaße nicht immer als Äquivalenz- oder Ähnlichkeitsmaße interpretiert werden dürfen, geht aus der Asymmetrie des Notwendigkeitsmaßes hervor.

ranz für den Abstand, so ergibt sich bei dem Wert $\lambda_A = 5$ auch eine hinreichende Übereinstimmung mit D_7. Steigert man die Abstandstoleranz auf $\lambda_A = 7$, so erhält man D_1 als drittes Datum mit hinreichender Muster-Kompatibilität.

N	Pos.	Richtung			Abstand
		Baum	Haus	Mensch	Fahrrad
D_1	(0, 4)	Süd	Ost	Südost	32 bis 36
D_2	(3, 4)	Südwest	Südwest	Süd	zehn
D_3	(1, 2)	Südwest	Nordost	Südost	vierzig
D_4	(4, 2)	West	West	Südwest	zwanzig
D_5	(0, 0)	Nord	Nordost	Ost	fünfzig
D_6	(4, 0)	West	Nordwest	Nordwest	vierzig
D_7	(1, 4)	Süd	Südost	Südost	34 bis 35
M	?	Süd	Ost	Südost	vierzig

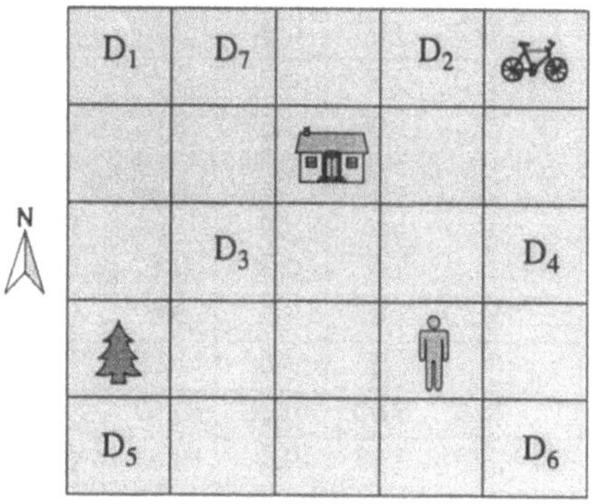

Abb. 10.9: Unscharfe Ortsbeschreibungen und Lageplan

Linguistische Variable „Abstand"					
vierzig	=	$(38, 42, 1, 1)_{trapez}$	zwanzig	=	$(18, 22, 1, 1)_{trapez}$
32 bis 36	=	$(32, 36, 0, 0)_{trapez}$	fünfzig	=	$(48, 52, 1, 1)_{trapez}$
zehn	=	$(8, 12, 1, 1)_{trapez}$	34 bis 35	=	$(34, 35, 0, 0)_{trapez}$
Linguistische Variable „Richtung"					
Nord	=	$(0, 0, 1, 1)_{trapez}$	Süd	=	$(4, 4, 1, 1)_{trapez}$
Nordwest	=	$(7, 7, 1, 1)_{trapez}$	Südost	=	$(3, 3, 1, 1)_{trapez}$
Nordost	=	$(1, 1, 1, 1)_{trapez}$	Südwest	=	$(5, 5, 1, 1)_{trapez}$
Ost	=	$(2, 2, 1, 1)_{trapez}$	West	=	$(6, 6, 1, 1)_{trapez}$

Tabelle 10.1: Fuzzy-Mengen der linguistischen Variablen „Abstand" und „Richtung"

Beim Vergleich unscharfer Richtungsangaben muß die „Zirkularität" der Grundmenge in Rechnung gestellt werden. Ein einfacher Weg dies zu tun, besteht darin, zu jeder unscharfen Richtungsangabe $R_1 = (m,n,\alpha,\beta)_{trapez}$ eine zweite Fuzzy-Menge $R_2 = (8\text{-}m, 8\text{-}n, \alpha, \beta)_{trapez}$ zu definieren, die Übereinstimmung beider Fuzzy-Mengen (R_1, R_2) mit der Fuzzy-Menge des Musters zu berechnen und den höchsten Übereinstimmungsgrad dieser Vergleiche als Kompatibilitätsmaß zu wählen.

N	Pos.	Richtung Baum		Richtung Haus		Richtung Mensch		Abstand Fahrrad		Konjunktion	
		Π	N	Π	N	Π	N	Π	N	Π	N
Toleranz für Richtung $\lambda_R = 1$, Toleranz für Abstand $\lambda_A = 0$											
D_1	(0 4)	1.00	0.67	1.00	0.67	1.00	0.67	0.00	0.00	0.00	0.00
D_2	(3 4)	0.67	0.33	0.67	0.00	0.67	0.33	0.00	0.00	0.00	0.00
D_3	(1 2)	0.67	0.33	0.67	0.33	1.00	0.67	1.00	0.50	0.67	0.33

Tabelle 10.2: Notwendigkeits- und Possibilitätsgrade bei verschiedenen Toleranzwerten

N	Pos.	Richtung Baum		Richtung Haus		Richtung Mensch		Abstand Fahrrad		Konjunktion	
		Π	N	Π	N	Π	N	Π	N	Π	N
D_4	(4 2)	0.33	0.00	1.00	0.00	1.00	0.00	0.00	0.00	0.00	0.00
D_5	(0 0)	0.00	0.00	0.67	0.33	0.67	0.33	0.00	0.00	0.00	0.00
D_6	(4 0)	0.33	0.00	0.67	0.00	0.33	0.00	1.00	0.50	0.33	0.00
D_7	(1 4)	1.00	0.67	0.67	0.33	1.00	0.67	0.00	0.00	0.00	0.00
Toleranz für Richtung $\lambda_R = 1$, Toleranz für Abstand $\lambda_A = 5$											
D_1	(0 4)	1.00	0.67	1.00	0.67	1.00	0.67	0.67	0.00	0.67	0.00
D_2	(3 4)	0.67	0.33	0.67	0.00	0.67	0.33	0.00	0.00	0.00	0.00
D_3	(1 2)	0.67	0.33	0.67	0.33	1.00	0.67	1.00	0.86	0.67	0.33
D_4	(4 2)	0.33	0.00	1.00	0.00	1.00	0.00	0.00	0.00	0.00	0.00
D_5	(0 0)	0.00	0.00	0.67	0.33	0.67	0.33	0.14	0.00	0.00	0.00
D_6	(4 0)	0.33	0.00	0.67	0.00	0.33	0.00	1.00	0.86	0.33	0.00
D_7	(1 4)	1.00	0.67	0.67	0.33	1.00	0.67	0.50	0.33	0.50	0.33
Toleranz für Richtung $\lambda_R = 1$, Toleranz für Abstand $\lambda_A = 7$											
D_1	(0 4)	1.00	0.67	1.00	0.67	1.00	0.67	0.75	0.25	0.75	0.25
D_2	(3 4)	0.67	0.33	0.67	0.00	0.67	0.33	0.00	0.00	0.00	0.00
D_3	(1 2)	0.67	0.33	0.67	0.33	1.00	0.67	1.00	0.89	0.67	0.33
D_4	(4 2)	0.33	0.00	1.00	0.00	1.00	0.00	0.00	0.00	0.00	0.00
D_5	(0 0)	0.00	0.00	0.67	0.33	0.67	0.33	0.33	0.00	0.00	0.00
D_6	(4 0)	0.33	0.00	0.67	0.00	0.33	0.00	1.00	0.89	0.33	0.00
D_7	(1 4)	1.00	0.67	0.67	0.33	1.00	0.67	0.62	0.50	0.62	0.33

Tabelle 10.2: Notwendigkeits- und Possibilitätsgrade bei verschiedenen Toleranzwerten (Fortsetzung)

Bedeutungsgewichte in der unscharfen Musterverarbeitung

In der bisherigen Berechnung der Kompatibilität eines Datums mit einem Muster wurde implizit davon ausgegangen, daß die einzelnen Komponenten von gleicher Bedeutung sind. In vielen praktischen Anwendungen kommt den Einzelkomponenten jedoch eine mehr oder minder große Bedeutung zu, so daß eine unterschiedliche Gewichtung in ihrer Verrechnung notwendig wird. Eine Möglichkeit, relative Bedeutungsunterschiede zu berücksichtigen, bietet die Anwendung verschiedener Nachbarschaftsrelationen (vgl. 355), indem die atomaren Musterkomponenten mit Hilfe von Nachbarschaftsrelationen um so mehr erweitert werden, je unbedeutender sie sind [vgl. Dubois et al. 1988, 679]. Alternativ dazu können gewichtende Operatoren (vgl. Tabelle 3.5, 90) verwandt werden. Ausgehend von den Verrechnungsformeln 10.20 und 10.21 schlagen Dubois, Prade und Testemale [1988, 680] das *gewichtete Minimum und Maximum* vor.

Besteht ein Muster aus n Komponenten $M_1, \ldots, M_n$, dann wird jeder Musterkomponente ein Gewicht $w_i \in [0,1]$, $i \in 1, \ldots, n$, zugewiesen, so daß mindestens einer Komponente das Gewicht eins, i.e. die höchstmögliche Bedeutung, zukommt ($max_i\, w_i = 1$). Gesetzt der Kompatibilitätsgrad ($\Pi(M_i|D_i$, $N(M_i|D_i)$) einer Datumkomponente zu einer Musterkomponente ist k_i, dann berechnet sich der Kompatibilitätsgrad k der Konjunktion der gewichteten Komponenten mit Hilfe des gewichteten Minimums über die Gleichung [Dubois et al. 1988, 680]:

$$k = \min_i \max(1 - w_i, k_i) \qquad ; i \in 1, \ldots, n. \tag{10.38}$$

Sind alle Anforderungen (Komponenten) von gleicher Bedeutung ($w_i = 1$), so reduziert sich 10.38 für das Possibilitäts- und Notwendigkeitsmaß wieder auf 10.20 und 10.21; Anforderungen, die als bedeutungslos gelten ($w_i = 0$), bleiben praktisch unberücksichtigt. Der in 10.38 beschriebene Effekt von Bedeutungsgewichten kann gleichwertig auch über eine Modifikation der einzelnen Musterkomponenten modelliert werden:

$$\mu_{M_i^u}(x) = \max(\mu_{M_i}(x), 1 - w_i). \tag{10.39}$$

Über Minimumbildung erhält man wiederum die Kompatibilitätsmaße für die Konjunktion der Einzelkomponenten, so daß folgende Gleichungen gelten:

$$\begin{aligned} \min_i \max(1 - w_i, \Pi(M_i|D_i)) &= \min_i \Pi(M_i^u|D_i) \\ \min_i \max(1 - w_i, N(M_i|D_i)) &= \min_i N(M_i^u|D_i). \end{aligned} \tag{10.40}$$

Analog zu 10.38 und 10.39 ergeben sich für eine gewichtete disjunktive Verknüpfung:

$$\begin{aligned} k &= \max_i \min(w_i, k_i) \\ \mu_{M_i^o}(x) &= \min(\mu_{M_i}(x), w_i). \end{aligned} \tag{10.41}$$

Entsprechend erhält man in diesem Fall für 10.40:

$$\begin{aligned} \max_i \min(w_i, \Pi(M_i|D_i)) &= \min_i \Pi(M_i^o|D_i) \\ \max_i \min(w_i, N(M_i|D_i)) &= \min_i N(M_i^o|D_i). \end{aligned} \tag{10.42}$$

In dem vorgestellten Modellierungsansatz werden die Bedeutungsgewichte als Konstante aufgefaßt. Dubois, Prade und Testemale haben demgegenüber geltend gemacht, diese Einschränkung wirke in einigen Fällen unnatürlich, beispielsweise würde man dem Kaufpreis eines Autos nur dann eine relativ geringe Bedeutung zumessen, wenn er sich innerhalb einer bestimmten Bandbreite befände [Dubois et al. 1988, 682]. Sie haben daher vorgeschlagen, das Bedeutungsgewicht in Abhängigkeit von den jeweiligen Merkmalswerten variieren zu lassen. Solche *variablen Gewichte* lassen sich als Funktionen von der Grundmenge der jeweiligen Musterkomponente in das Einheitsintervall modellieren. Aus Gründen der Einfachheit und effizienten Verarbeitung empfehlen sich dabei trapezförmige Funktionen, die im Träger der jeweiligen Musterkomponente konstant, unterhalb der Trägergrenzen linear fallend und oberhalb linear steigend verlaufen. Handelt es sich bei der Datumkomponente D_i um einen präzisen Wert x_0, dann berechnet sich gemäß 10.38 der Grad der Kompatibilität über die Gleichung

$$k = \min_i \max(1 - w_i(x_0), \mu_{M_i}(x_0)). \quad (10.43)$$

Andernfalls sind der Notwendigkeits- und Possibilitätsgrad getrennt zu berechnen:

$$\begin{aligned} \Pi(M_i^{w_i}, D_i) &= \min_i \max(1 - \Pi(W_i, D_i), \Pi(M_i, D_i)) \\ N(M_i^{w_i}, D_i) &= \min_i \max(1 - N(W_i, D_i), N(M_i, D_i)). \end{aligned} \quad (10.44)$$

Dabei gibt $\Pi(W_i,D_i)$ beziehungsweise $N(W_i,D_i)$ – nach 10.13 respektive 10.16 – an, in welchem Grad die i-te Datumkomponente möglicher- beziehungsweise notwendigerweise einen Wert in einem bestimmten Bedeutungsbereich annimmt.

Da über das beschriebene Verfahren der unscharfen Musterverarbeitung mit Bedeutungsgewichten gewährleistet werden kann, daß ein Datum selbst dann akzeptiert wird, wenn statt aller Komponenten nur Komponenten von erheblicher Bedeutung mit den entsprechenden Musterkomponenten kompatibel sind, kann dieses Verfahren auch als ein Ansatz eines auf Fuzzy-Mengen erweiterten partiellen Musterabgleichs (*„soft partial matching"*) dienen [vgl. Dubois et al. 1988, 682ff.].

10.3.5 Fuzzy-Diskriminationsbäume

Die Nützlichkeit von Musterverarbeitungssprachen hängt nicht nur von ihrer Ausdrucksmächtigkeit ab. Ein kritischer Punkt der Musterverarbeitung ist die Abarbeitungseffizienz. Viele Anwendungen belegen, daß die Systemperformanz großenteils von der Performanz der Musterverarbeitung abhängt.[15] Dies gilt insbesondere für vorwärtsverkettende Produktionensysteme, deren Verarbeitungsmodell vorsieht, in jedem Abarbeitungszyklus alle anwendbaren Produktionsregeln mit ihren Instantiierungen durch Musterabgleich aller Regelbedingungen mit allen verfügbaren Daten zu bestimmen. Offenkundig würde eine naive Implementierung dieses Verarbeitungsmodells Effizienzprobleme mit

[15] Nach Forgy [1982, 17] wurde in einigen Produktionensystemen bis zu 90% der gesamten Problembearbeitungszeit auf die Musterverarbeitung verwandt. Mettrey [1992, 6-8] berichtet von Benchmarks, nach denen vorwärtsverkettende Produktionensysteme mit einem Pattern-Match-Sortiernetz wie es das RETE-Match-Verfahren von Forgy [1982] oder der TREAT-Algorithmus von Miranker [1990] bieten, wesentlich (nämlich über 100mal, in einem Fall sogar 352mal) schneller laufen als vorwärtsverkettende Produktionensysteme, die über keine entsprechende Kodierung verfügen.

sich bringen, die praxisrelevante Applikationen nahezu ausschließen würden. Für relationale, logik- und regelorientierte Systeme wurden verschiedene Algorithmen entwickelt, die die Rechenkomplexität drastisch reduzieren. Es macht einen erheblichen Unterschied, ob beispielsweise ein vorwärtsverkettendes Produktionensystem mit hohen temporären Redundanzen in den aufeinanderfolgenden Abarbeitungszyklen, ein relationales System mit riesigen Datenbeständen oder ein logikorientiertes System mit vergleichsweise wenig Fakten, aber komplexen „Regeln" optimiert werden soll. Um die notwendigen Vergleichsprozesse zu minimieren oder zumindest erheblich zu verringern, wurden verschiedene Indexierungsverfahren entwickelt. Zur Implementierung von Regelsystemen werden die Muster und Daten häufig in Form azyklischer Graphen verwaltet, die auch als *Diskriminationsbäume* bezeichnet werden, wenn jeder Nachfolgeknoten genau einen Vorfahreknoten hat. Dubois, Mo und Prade [1992] haben auf der Basis des Possibilitäts- und Notwendigkeitsmaßes zwei Indexierungsprinzipien zur Konstruktion von Fuzzy-Diskriminationsbäumen (engl.: *fuzzy discrimination trees*, kurz: FDT) vorgeschlagen, mit deren Hilfe der Aufwand, zu einem unscharfen Datum „passende" unscharfe Muster zu finden, erheblich reduziert werden kann.[16]

Indexierungsprinzipien auf der Basis von Notwendigkeits- und Possibilitätsmaßen

Ein Mustervergleich gilt als „erfolgreich", wenn der Grad der Kompatibilität – aufgrund des Possibilitäts- und / oder des Notwendigkeitsmaßes – einen bestimmten Schwellwert nicht unterschreitet (vgl. 349). Die Bedingung, daß der Possibilitätsgrad ($\Pi(M|D)$) mindestens so hoch ist wie der Schwellwert (λ), ist äquivalent zu der Bedingung, daß die Schnittmenge der λ-Niveaumengen der Fuzzy-Mengen M und D nicht leer ist[17]:

$$\Pi(M, D) \geq \lambda \Leftrightarrow M^{\lambda} \cap D^{\lambda} \neq \emptyset \qquad ; \lambda \in]0,1]. \qquad (10.45)$$

Die Minimalforderung, der Possibilitätsgrad solle positiv sein, kann über die Schnittmenge der Trägermengen geprüft werden:

---

[16] Aus den einleitenden Bemerkungen geht hervor, daß dies lediglich *ein* Ansatz zur Bearbeitung eines *Teil*problems der effizienten Abarbeitung musterverarbeitender Inferenzsysteme ist. Wie die in Produktionensystemen häufig auftretenden temporär redundanten Mustervergleiche vermieden werden können, wird durch diesen Ansatz nicht beantwortet. Vgl. dazu insbesondere das RETE-Match-Verfahren von Forgy [1982]. Verbesserungen und Alternativen zum RETE-Algorithmus diskutieren [Schor et al. 1986; Miranker 1990]. Norvig [1992, 472ff.] zeigt, wie Diskriminationsbäume für die logikorientierte Verarbeitung großer Datenbestände benutzt werden können.

[17] Vgl. Dubois, Mo und Prade [1992, 253]. Die hier verwandte Notation und Begrifflichkeit weicht geringfügig von der dort gewählten ab. Siehe dazu die Definition der Niveaumengen bzw. scharfen α-Schnitte (2.26, 69).

$$\Pi(M, D) > 0 \Leftrightarrow \mathrm{supp}(M) \cap \mathrm{supp}(D) \neq \emptyset. \qquad (10.46)$$

Das zweite Indexierungsprinzip basiert auf dem Notwendigkeitsmaß. Auch hierbei läßt sich die Ungleichheitsrelation zwischen Kompatibilitätsgraden unscharfer Mengen und Schwellwerten Teilmengenrelationen ihrer Niveaumengen gleichsetzen:

$$N(M, D) \geq \lambda \Leftrightarrow M^{\lambda} \supseteq D^{1-\lambda} \qquad ; \lambda \in]0,1[. \qquad (10.47)$$

Entsprechend gilt für die Minimal- ($N(M|D) > 0$) und die Maximalforderung ($N(M|D) = 1$):

$$N(M, D) > 0 \Leftrightarrow \mathrm{supp}(M) \supseteq \mathrm{core}(D) \qquad (10.48)$$

$$N(M, D) = 1 \Leftrightarrow \mathrm{core}(M) \supseteq \mathrm{supp}(D). \qquad (10.49)$$

Beide Kompatibilitätsmaße erlauben demnach die Prüfung, ob die geforderte Minimalübereinstimmung erreicht ist, auf einfache Intervallvergleiche zurückzuführen, sofern die involvierten Fuzzy-Mengen über der Menge der reellen Zahlen definiert sind. Bezeichnen a und d die Randpunkte des Trägers sowie b und c die Randpunkte des Kerns, dann läßt sich die Teilmengenbeziehung aus 10.48 auch in der Form $[b_D,c_D] \subseteq [a_M,d_M]$ darstellen. Infolgedessen ist die Match-Bedingung über zwei Ungleichungen zu überprüfen:

$$N(M, D) > 0 \Leftrightarrow a_M \leq b_D \wedge d_M \geq c_D. \qquad (10.50)$$

Auf der Basis von Intervallen können unscharfe Muster in einer Baumstruktur organisiert werden, so daß zu einem Datum sehr leicht alle Muster herausgefunden werden können, zu denen es in dem geforderten Maß paßt. Die vorgeschlagenen Indexierungsprinzipien erlauben, verschiedene Typen von Fuzzy-Diskriminationsbäumen zu konstruieren.

FDT-Γ

Der erste Ansatz von Dubois, Mo und Prade sieht vor, einen binären Diskriminationsbaum auf der Grundlage positiver Notwendigkeitsgrade (10.48) zu konstruieren (FDT-Γ). Ausgangspunkt der Konstruktion des Diskriminationsbaums FDT-Γ bildet eine Liste von n unscharfen Mustern, die aufsteigend nach den linken Randpunkten der Trägermengen sortiert wird, so daß man eine Musterliste $L_M = \{M_1, M_2, \ldots, M_n\}$ erhält, für die gilt:

$$i < j \Rightarrow a_{M_i} \leq a_{M_j} \qquad ; i, j \in \{1, 2, \ldots, n\}. \qquad (10.51)$$

L_M bildet den Wurzelknoten des Binärbaums. Die beiden unmittelbaren Nachfolgeknoten eines Knotens werden jeweils durch eine Teilung der Musterliste des Knotens in zwei ±1 gleichgroße Teile erzeugt, bis allen Blattknoten genau ein Muster zugeordnet ist. Die Kanten repräsentieren jeweils das kleinstmögliche Intervall Γ, das alle Trägermengen der Muster des Nachfolgeknotens enthält. Für die Einstiegskante zum Wurzelknoten mit der Musterliste L_M erhält man demnach das Intervall:

$$\Gamma = [\nu, \omega]$$
$$\nu = a_{M_1}, \omega = \max(d_{M_1}, d_{M_2}, \ldots, d_{M_n}). \tag{10.52}$$

Wenn der Kern von D nicht in das Intervall Γ fällt, so erfüllt D definitiv gegenüber keinem Muster aus L_M den erforderlichen Kompatibilitätsgrad, andernfalls wird er für einige Muster aus L_M erfüllt. Aufgrund dieses Bedingungszusammenhangs lassen sich leicht alle Muster ermitteln, zu denen eine unscharfe Menge D kompatibel ist. Beginnend mit der Einstiegskante werden jeweils die Kanten durchquert, die eine Obermenge des Trägers von D markieren. Der Prozeß terminiert, wenn keine Kanten mehr durchquert werden können. Wurde dabei kein Blattknoten erreicht, so ist D mit keinem Muster in dem geforderten Maß (hier: $N > 0$) kompatibel, andernfalls bildet die Vereinigungsmenge der in den erreichten Blattknoten gespeicherten Muster die gesuchte Menge „passender" Muster. Wie groß die Kompatibilität zwischen D und den Mustern der Ergebnismenge ist, muß dann bei Bedarf berechnet werden.

Im günstigsten Fall, wenn nämlich nur ein Pfad zu einem Blattknoten verfolgt werden muß, beträgt die Komplexität nur $O(log_2 n)$, wobei jeweils ein bis zwei Vergleichsoperationen durchzuführen sind. Der Algorithmus ist jedoch sehr ineffektiv, wenn alle Pfade des Diskriminationsbaums durchlaufen werden müssen. In diesem ungünstigsten Fall beträgt die Komplexität $O(n log_2 n)$. FDT-Γ empfiehlt sich folglich nur, wenn die Muster deutlich voneinander diskriminiert sind und die Daten einen schmalen Kern aufweisen.

Beispiel 10.4 *Auswahl unscharfer Muster (Fuzzy-Diskriminationsbäume)*

Gegeben ist eine Liste unscharfer Muster $L_M = (M_1, M_2, M_3, M_4)$ über der Menge der reellen Zahlen ($\Omega = \Re$, $L_M \subseteq \Phi(\Re)$), mit $M_1 = (0.75, 3, 4, 5)$, $M_2 = (9, 14, 16, 22)$, $M_3 = (0, 3, 5, 8)$, $M_4 = (4, 6, 8, 10)$. Dabei bezeichnen die beiden mittleren Parameterwerte jeweils den Kern (beispielsweise $core(M_1) = [3, 4]$) und der erste und letzte Parameter den Träger (beispielsweise $supp(M_1) = [0.75, 5]$). Für die Muster soll ein Fuzzy-Diskriminationsbaum FDT-Γ gebildet werden. Anschließend soll anhand des Diskriminationsbaums bestimmt werden, welche Muster mit dem unscharfen Datum $D = (5, 7, 9, 10)$ notwendig kompatibel sind. Zur Konstruktion von FDT-Γ wird L_M zunächst aufsteigend nach den linken Randpunkten der Träger sortiert: sort $(L_M) = (M_3, M_1, M_4, M_2)$. Der Einstiegstest ist daher über das Intervall $[v,w]$ mit $v = 0$ (linker Trägerrand von M_3) und $w = 22$ (Maximum der rechten Trägergrenzen aller Muster) definiert. Die analog ermittelten Testintervalle für die Teillisten der nächsten Ebene sind: $[0,8]$ für (M_3, M_1) und $[4,22]$ für (M_4, M_2). Die Kante über $[0,8]$ führt über das Testintervall $[0,8]$ zu dem Muster M_3 und über $[0.75,5]$ zu M_1; die andere Kante über $[4,10]$ zu M_4 und über $[9,22]$ zu M_2. Abbildung 10.10 zeigt den zugehörigen Diskriminationsbaum. Das zu D kompatible Muster ist M_4, der zu ihm hinführende Suchweg ist in der Abbildung durch fettgedruckte Kanten markiert.

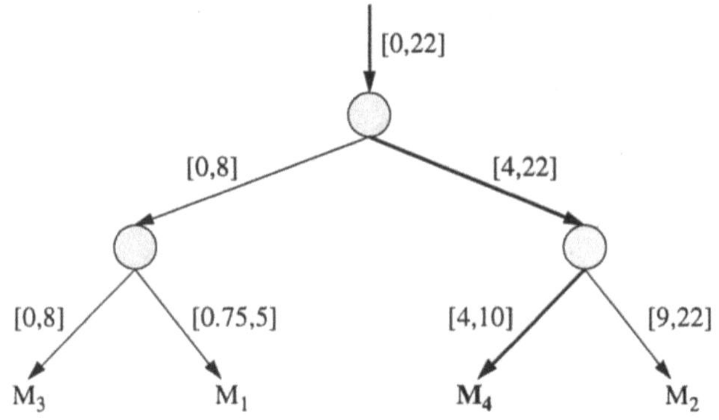

Abb. 10.10: Fuzzy-Diskriminationsbäume (1): FDT-Γ

FDT-N

Alternativ zu Diskriminationsbäumen vom Typ FDT-Γ schlagen Dubois, Mo und Prade vor, auf der Basis der Ungleichheitsrelationen 10.50 einen „multi-dimensionalen“ Diskriminationsbaum zu konstruieren, der eine Sortierung über die unteren *und* oberen Schranken der Träger durchführt und über jeden Pfad, der zu einem Blattknoten führt, eine Menge *möglicherweise* kompatibler Muster definiert [Dubois, Mo, Prade 1992, 255ff.]. Zur Konstruktion dieses Diskriminationsbaums, FDT-N genannt[18], werden aus den Mustern zwei Listen gebildet, wobei die eine die unteren und die andere die oberen Trägergrenzen enthält. Beide Listen werden aufsteigend sortiert:

$$\begin{aligned} L_A &= \{a_1, a_2, \ldots, a_n\} \qquad ; i, j \in \{1, \ldots, n\}, i < j \Rightarrow a_i \leq a_j \\ L_D &= \{d_1, d_2, \ldots, d_n\} \qquad ; i, j \in \{1, \ldots, n\}, i < j \Rightarrow d_i \leq d_j. \end{aligned} \tag{10.53}$$

Zum Aufbau eines Diskriminationsbaums werden diese Listen sukzessive in ± 1 gleichmächtige linke und rechte Teillisten zerlegt, bis alle Listen nur noch ein Element (a_E bzw. d_E) enthalten. Bei jeder Teilung wird ein Knoten gebildet. Markiert k die Position der Teilung (bei gerader Anzahl: $k = n / 2 + 1$), dann beinhaltet der Knoten die Bedingung $b_D < a_k$, falls L_A, und $c_D < d_k$, falls L_D an der Stelle k geteilt wird. Auf einen Knoten zu L_A folgen zwei Knoten zu L_D, und umgekehrt zieht die Bildung eines Knotens zur Teilung von L_D zwei Knoten von L_A nach sich, solange die Listen mehr als zwei Elemente enthalten. Entsprechend der Testbedingung werden die Teillisten jeweils an die nächst niedrigere Ebene

---

[18] Die Namenswahl wird mit dem Hinweis begründet, daß das Indexierungsprinzip auf dem Notwendigkeitsmaß (N) gründe [Dubois, Mo, Prade 1992, 255]. Dies trifft jedoch gleichermaßen auf den FDT-Γ genannten Diskriminationsbaum zu.

weitergereicht: die linken Teillisten nach links unten (positiv), die rechten nach rechts unten (negativ). In jedem Endknoten werden alle Muster (M_E) abgelegt, mit denen ein Datum möglicherweise kompatibel ist, wenn es aufgrund der Bedingungsüberprüfungen von der Wurzel dorthin gelangt. Dazu gehören alle Muster, deren Träger das Intervall $[a_E, d_E]$ als Teilmenge enthalten:

$$M_E = \begin{cases} \varnothing & ; a_E \geq d_E \\ \{M_i | a_i \leq a_E, d_i \geq d_E, M_i \in L_M, i \in \{1, \ldots, n\}\} & ; \text{sonst.} \end{cases} \qquad (10.54)$$

Zu beachten ist, daß die in den Endknoten gespeicherten Muster *nicht* unbedingt mit einem vorgegebenen Datum kompatibel sein *müssen*: FDT-N erlaubt, durch wenige Zahlenvergleiche alle im Diskriminationsbaum berücksichtigten Muster herauszufinden, zu denen ein bestimmtes Datum *möglicherweise* mit einem Notwendigkeitsgrad größer als null kompatibel ist. Die Propagierung eines Datums durch ein FDT-N liefert in diesem Sinne kein eindeutiges Ergebnis. Die Frage, welche der resultierenden Muster tatsächlich *notwendig (sicher)* mit dem Datum kompatibel sind, bleibt unbeantwortet. Es kann durchaus vorkommen, daß die Ergebnismenge nur geringfügig kleiner ist als die Ausgangsmenge (vgl. Abbildung 10.11).[19] Dennoch ist FDT-N im Normalfall keineswegs ineffektiv: bei großen Mustermengen und typischen Partitionierungen der Fuzzy-Mengen läßt sich der notwendige Rechenaufwand mit Hilfe von FDT-N beträchtlich reduzieren.

Die Komplexität, die möglicherweise kompatiblen Muster zu bestimmen, beträgt mit FDT-N $O(2log_2n)$. Dieser Wert liegt über dem Wert, der für FDT-Γ im günstigsten Fall gilt ($O(log_2n)$. Bei diesem Vergleich bleibt jedoch unberücksichtigt, daß in FDT-N jeweils nur ein einfacher Zahlenvergleich notwendig ist, während in FDT-Γ jeweils ein bis zwei Intervallgrenzen miteinander verglichen werden müssen. Eine erheblich geringere Komplexität weist FDT-N gegenüber FDT-Γ auf, wenn man den ungünstigsten Fall zugrunde legt

---

[19] Der abgebildete Fuzzy-Diskriminationsbaum (FDT-N) entspricht dem in Abbildung 10.10 dargestellten (FDT-Γ). Das heißt: beide Diskriminationsbäume wurden auf der Grundlage der gleichen Muster konstruiert (vgl. Beispiel 10.4). Die relevanten Intervallgrenzen sind die gleichen wie die in Dubois, Mo und Prade [1992] benutzten. Abbildung 10.11 basiert auf einer Implementierung, in der der beschriebene Grundansatz von FDT-N umgesetzt wurde. Die Beschreibung von Dubois, Mo und Prade [1992] enthält leider einige mehr oder minder augenfällige Fehler. Obgleich dem hier wie dort abgebildeten Diskriminationsbaum (FDT-N) die gleichen Daten zugrunde liegen, unterscheiden sich beide signifikant voneinander. Dazu ist zunächst anzumerken, daß Dubois, Mo und Prade Knoten eliminiert haben, die sie für „redundant" halten (s.u.). Zudem ist der dort abgebildete Diskriminationsbaum [Dubois, Mo, Prade 1992, 259, Figure 9] nicht korrekt. Beispielsweise würde man für ein Datum D mit $g = 9.1$ und $d = 9.5$ die Menge $\{P_3, P_4\}$ erhalten (bzw. $\{M_3, M_4\}$ für $b = 9.1$, $c = 9.5$ bei Verwendung der in Abbildung 10.11 benutzten Bezeichnungen), obgleich der Kern von D im Träger von P_2 enthalten ist, also $N(P_2, D) > 0$ gilt. Aus Abbildung 10.11 läßt sich demgegenüber unschwer das korrekte Ergebnis $\{M_2, M_3, M_4\}$ – bzw. $\{P_2, P_3, P_4\}$ – ablesen.

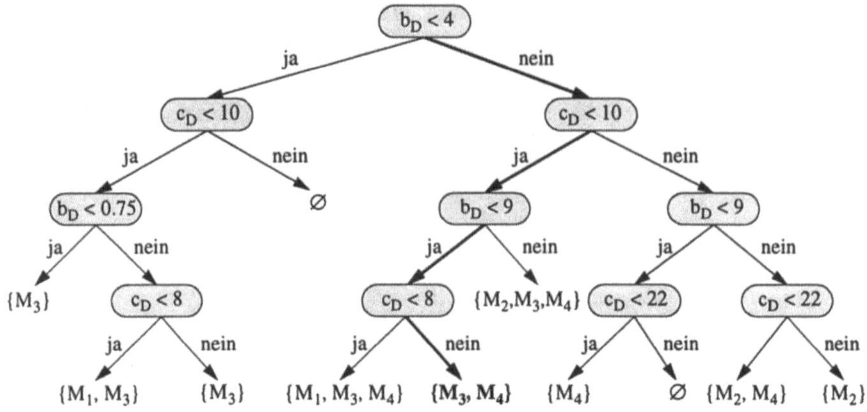

Abb. 10.11: Fuzzy-Diskriminationsbäume (2): FDT-N

($O(2log_2n)$ versus $O(nlog_2n)$). Hinzukommt, daß die Propagierung in FDT-N einfacher ist als die in FDT-Γ, da in FDT-N nur ein einziger Pfad vom Wurzelknoten bis zu einem Endknoten verfolgt werden muß, während in FDT-Γ vielfach mehrere, im ungünstigsten Falle alle Pfade zu allen Endknoten durchlaufen werden müssen. Um die Propagierungs-Komplexität in FDT-N weiter zu verringern, schlagen Dubois, Mo und Prade vor, „nutzlose“ und „redundante“ Knoten samt den zugehörigen Kanten durch rekursive Anwendung zweier Operationen zu eliminieren:

> „1) If a node has two sons representing the same set of patterns, then the node and his sons are replaced by a leaf representing the same set of patterns. 2) If a node has an empty son, then the node and the empty son are replaced by the non-empty son.“ [Dubois, Mo, Prade 1992, 257]

Während die erste Substitution unproblematisch ist, wirkt die zweite fragwürdig: durch die Elimination eines „leeren“ Knotens kann zwar eine Abfrage eingespart werden. Man erhält dann jedoch in den Fällen, in denen das Ergebnis zuvor eindeutig, nämlich die leere Menge war, ein mehrdeutiges Ergebnis. Folglich führt in diesen Fällen die Elimination dieser sogenannten redundanten Knoten zu ansonsten überflüssigen Berechnungen der Possibilitäts- und Notwendigkeitsgrade. Formal ist diese Elimination dennoch korrekt, weil das Verfahren im allgemeinen nur garantiert, Muster zu finden, die möglicherweise kompatibel sind.

*FDT-N**

Auch ohne diese zweifelhafte „Optimierung“ ergibt die Komplexitätsanalyse insgesamt für FDT-N ein sehr positiv zu bewertendes Resultat. Als Manko dieses Verfahrens ist weniger die Komplexität anzusehen, sondern vielmehr, daß die ermittelten Muster nicht sicher mit dem in Frage stehenden Datum kompatibel sind. Von daher stellt sich die Frage, ob nicht alternativ zu dem Vorschlag von Dubois, Mo und Prade ein Algorithmus definiert werden kann, mit dem sich ein Diskriminationsbaum konstruieren läßt, der bei einer gegenüber FDT-N gleichwertigen (oder besseren) Propagierungs-Komplexität zu Ergebnismengen führt, die – im Gegensatz zu FDT-N – nur Muster enthalten, die *sicher* mit einem Datum kompatibel sind.

Die Frage ist uneingeschränkt mit „ja“ zu beantworen. Es ist durchaus möglich, Fuzzy-Diskriminationsbäume mit diesen Eigenschaften zu konstruieren. Dabei kann wie in FDT-N von den beiden Ungleichungen in 10.50 (362) ausgegangen werden. Aufgrund ihrer Verwandtschaft zu FDT-N seien diese Diskriminationsbäume FDT-N* genannt.

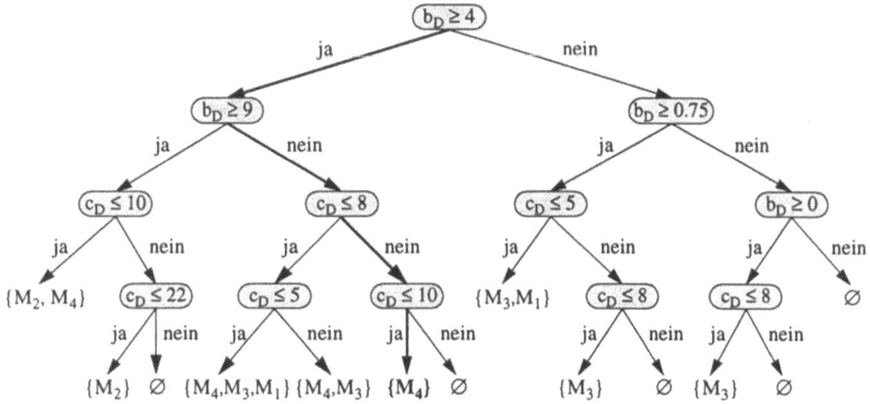

*Abb. 10.12: Fuzzy-Diskriminationsbäume (3): FDT-N**

Abbildung 10.12 zeigt einen Diskriminationsbaum vom Typ N*, dem die gleiche Mustermenge zugrunde liegt wie den in den Abbildungen 10.10 und 10.11 dargestellten Diskriminationsbäumen der Typen Γ und N. Der Algorithmus zur Konstruktion dieser Art von Diskriminationsbäumen setzt sich aus zwei rekursiven Prozeduren (P_U und P_O) zusammen (vgl. Abbildung 10.13).

In der ersten Prozedur P_U werden Knoten zur Überprüfung der unteren Schranken ($b_D \geq a_M$) gebildet. Nachdem all diese Knoten generiert worden sind, wird die zweite zur Generierung der Test-Knoten für die oberen Schranken ($c_D \leq d_M$) und der Endknoten aufgerufen. Ausgangspunkt bildet, wie in den beiden anderen Algorithmen, die Musterliste L_M. In der Initialisierung der ersten Konstruktionsprozedur wird die Musterliste *aufsteigend nach den kleinsten Trägerelementen* sortiert ($i < j \Rightarrow a_i \leq a_j$). Diese sortierte Musterliste A wird an der mittleren Position k in zwei Teillisten A_L und A_R aufgespalten. Das kleinste Trägerelement des ersten Musters aus A_R heiße a_R und das kleinste Kernelement eines

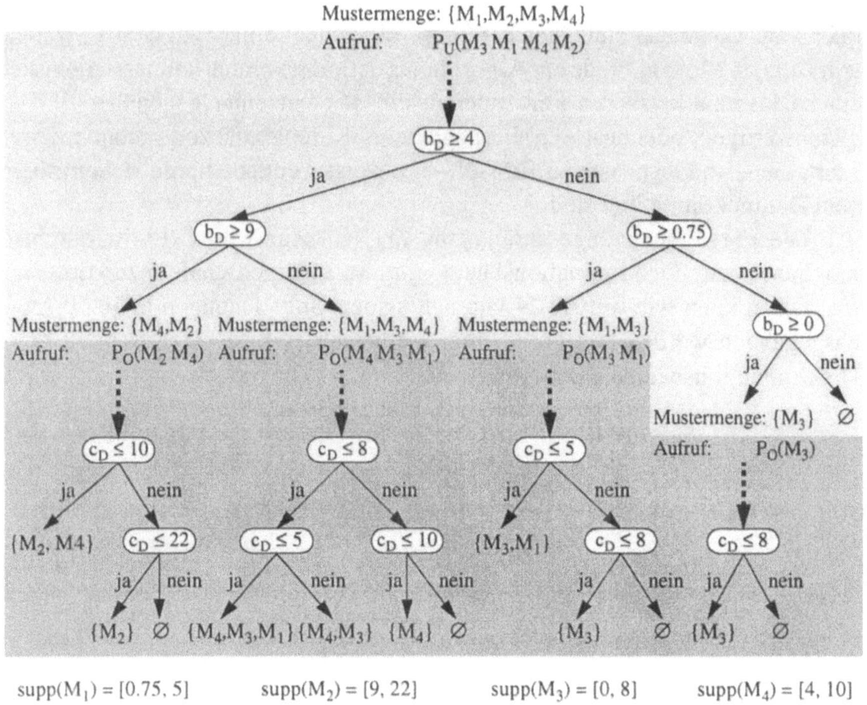

*Abb. 10.13: Konstruktion eines Dikriminationsbaumes vom Typ FDT-N**

Datums b_D. Dann wird gemäß 10.50 nach der Aufspaltung ein Knoten für den Test $b_D \geq a_R$ gebildet. Dieser Schritt der Aufspaltung und Knotenbildung wird rekursiv für beide Verzweigungen durchgeführt, bis sich jeweils die leere Liste ergibt. Ist dies der Fall, so wird die Prozedur P_O aufgerufen.

Ihr wird eine *absteigend nach den größten Trägerelementen* geordnete ($i > j \Rightarrow d_i \leq d_j$) Liste aller Muster übergeben, mit denen ein Datum, das alle Testbedingungen dieses Pfads erfüllt, zu dem geforderten Notwendigkeitsgrad (N > 0) kompatibel sein kann. Die dabei durchzuführenden Muster-Tests lassen sich aus den Tests der voranstehenden Knoten ableiten: Führt der Pfad über eine Ja-Kante, dann ergibt sich aus dem Knoten-Test $b_D \geq x_i$ der Muster-Test $d_M \geq x_i$, führt der Pfad über eine Nein-Kante, dann ergibt sich aus dem Knoten-Test $b_D \geq x_i$ der Muster-Test $a_M < x_i$ (vgl. Abbildung 10.14, links). Die Abarbeitung der Prozedur P_O erfolgt dann nach dem gleichen rekursiven Schema von Aufspaltung und Knotenbildung, wie es für Prozedur P_U beschrieben wurde. Bezeichnet d_R das größte Trägerelement der rechten Teilliste (A_R), dann lautet der zugehörige Knoten-Test $c_D \leq d_R$. Jedem Endknoten wird schließlich die Menge der Muster zugeordnet, mit denen ein Datum, das alle Testbedingungen des zu ihm hinführenden Pfades erfüllt, mit dem geforderten Notwendigkeitsgrad (N > 0) kompatibel ist.

Die zu ihrer Berechnung notwendigen Muster-Tests lassen sich wiederum aufgrund der Ungleichungen 10.50 und der Test-Knoten berechnen. Für den Knoten-Test $c_D \leq x_i$ erhält man nun bei einer Ja-Kante den Muster-Test $a_M \leq x_i$ und bei einer Nein-Kante den Muster-Test $d_M > x_i$ (vgl. Abbildung 10.14, rechts).

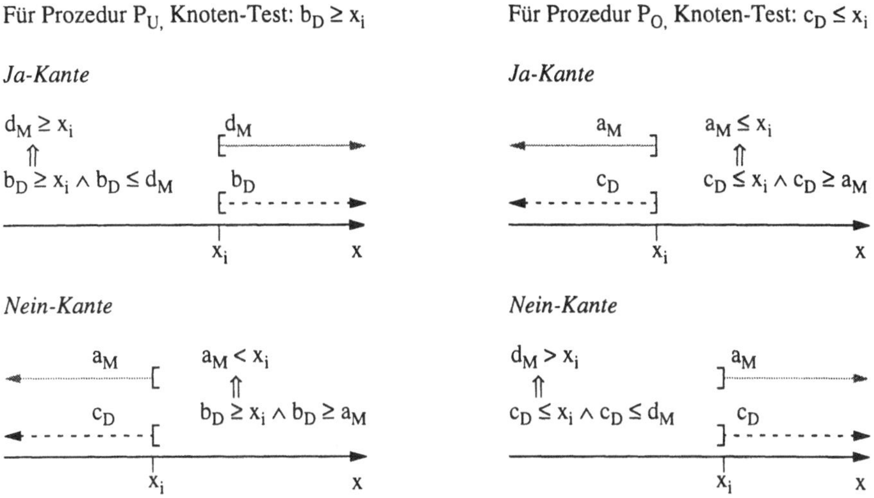

*Abb. 10.14: Tests zur Bestimmung der resultierenden Mustermengen eines Diskriminationsbaums vom Typ N**

Mit Hilfe der beschriebenen Prozeduren lassen sich Mengen unscharfer Muster effektiv voneinander diskriminieren, so daß zu einem Datum kompatible Muster durch eine einfache Binärsuche ermittelt werden können. Wie in FDT-N beschränkt sich die Suche in FDT-N* immer auf einen einzigen Pfad vom Wurzelknoten zu einem Endknoten, wobei wiederum der Verlauf durch einfache Zahlenvergleiche bestimmt wird. Und die Komplexität von FDT-N* beträgt wie die von FDT-N maximal $O(2\log_2 n)$. Tests haben gezeigt, daß mit FDT-N* nicht selten sogar ein Wert von nahezu $O(\log_2 n)$ erreicht wird. Die geringere Komplexität ist darin begründet, daß die Prozedur P_O typischerweise mit einer reduzierten Mustermenge aufgerufen wird und infolgedessen der von ihr generierte Teilbaum eine geringere Propagierungskomplexität aufweist. Sieht man von der unterschiedlichen Konstruktionsweise und Komplexität ab, so liegt der wesentliche Unterschied von FDT-N* zu FDT-N in der Semantik der Ergebnismenge: die über FDT-N* ermittelten Muster sind nicht nur wie die in FDT-N ermittelten *möglicherweise*, sondern *notwendigerweise* mit dem eingegebenen Datum kompatibel. Im Vergleich zu FDT-N bewirkt FDT-N* daher eine stärkere Diskrimination der Muster. Dies zeigt erwartungsgemäß auch ein exemplarischer Vergleich von FDT-N* (Abbildung 10.12) und FDT-N (Abbildung 10.11).

Alle beschriebenen Fuzzy-Diskriminationsbäume (FDT-Γ, FDT-N, FDT-N*) basieren auf dem Notwendigkeitsmaß, spezifischer noch auf der Forderung, der Notwendigkeitsgrad $N(M|D)$ solle größer null sein. Diese Einschränkungen sollten für die beschriebenen Ansätze nicht gravierend sein: da beide Indexierungsprinzipien für unscharfe Mengen aus $\mathfrak{R}$ sich über zwei Ungleichungen darstellen lassen (vgl. die Gleichungen 10.45 bis 10.50, 362), sollten sich auf der Grundlage des Possibilitätsmaßes oder höherer Schwellwerte strukturgleiche Diskriminationsbäume auf analoge Weise konstruieren lassen.[20]

[20] Hinweise zur Konstruktion des Pendants zu FDT-Γ geben Dubois, Mo und Prade [1992, 254]. Die Konstruktion von FDT-Π, dem Pendant zu FDT-N, wird im Anschluß an die Diskussion von FDT-N beschrieben [Dubois, Mo, Prade 1992, 257f.]. Werden Schwellwerte größer null ($\lambda > 0$) benutzt, so müssen statt der Träger- und Kerngrenzen die Randpunkte der entsprechenden Niveaumengen verwandt werden.

Kapitel 11

Methoden der Fuzzy-Regelungstechnik

Die klassische Regelungstechnik ist zweifellos eine der Hauptsäulen der Automationstechnik. Ihr Angelpunkt ist die mathematisch-naturwissenschaftliche Modellbildung. Die Leistungsfähigkeit dieses Ansatzes belegen unzählige Produktionsanlagen und Konsumgüter. Andererseits begrenzen die hohen Anforderungen einer mathematisch-naturwissenschaftlichen Modellbildung regelungstechnische Lösungen.

Aufgrund der Erkenntnis, daß sich viele Tätigkeiten einer exakten Modellbildung widersetzen, obgleich sie von Menschen routinemäßig durchgeführt werden, hat Zadeh Ende der 60er Jahre vorgeschlagen, derartige Regelungsaktivitäten über unscharfe Instruktionen zu modellieren, wie sie beispielsweise Fahrschülern gegeben werden, um ihnen das Einparken beizubringen. Nach einem sehr zögerlichen Beginn hat die Fuzzy-Regelungstechnik mittlerweile eine ungeheure Popularität und Verbreitung erlangt: 1974 wurde von Mamdani und Assilian der erste Fuzzy-Regler zur Steuerung einer Dampfmaschine im Labormaßstab realisiert, Ende der 70er Jahre wurden die ersten industriellen Anwendungen erprobt, zu Beginn der 80er Jahre gelangten in der Industrie die ersten Fuzzy-Regelungen in den routinemäßigen Einsatz, 1987 machte die Fuzzy-Regelung einer neuen U-Bahn in Sendai (Japan) Furore und Ende der 80er Jahre kamen in Japan die ersten mit Fuzzy-Reglern ausgestatteten Konsumartikel (Videokameras, Staubsauger, Waschmaschinen etc.) auf den Markt, die zu Beginn der 90er Jahre weltweit einen „Fuzzy-Boom“ auslösten.

Im Zentrum dieses Kapitels steht die Beschreibung der bei weitem verbreitetsten Typen von Fuzzy-Reglern, nämlich Fuzzy-Reglern nach den Modellen von Mamdani und Assilian (Kapitel 11.2) sowie von Takagi und Sugeno (Kapitel 11.3). Zuvor werden einige allgemeine Grundbegriffe der Regelungstechnik erläutert und die Problematik einer mathematisch-naturwissenschaftlichen Modellbildung beschrieben (Kapitel 11.1). Darauf aufsetzend bietet das letzte Unterkapitel einen Vergleich der klassischen mit der Fuzzy-Regelungstechnik (Kapitel 11.4.1). Das Kapitel endet mit einer Skizze aktueller Entwicklungen der Fuzzy-Regelungstechnik (Kapitel 11.4.2).

11.1 Allgemeine Merkmale der klassischen Regelungstechnik

Unter einer *Regelung* versteht man in der Technik einen Vorgang, bei dem physikalische Größen eines Prozesses, Regelgrößen oder Istwerte genannt, fortlaufend oder wiederholt mit Hilfe von Sensoren gemessen werden, die so erhaltenen Meßwerte mit Sollwerten, sogenannten Führungsgrößen, verglichen werden und jeweils vermittels daraus abgeleiteter Stellgrößen auf den Prozeß eingewirkt wird, um eine Angleichung der Regelgrößen an die Führungsgrößen zu erreichen (vgl. Abbildung 11.1).

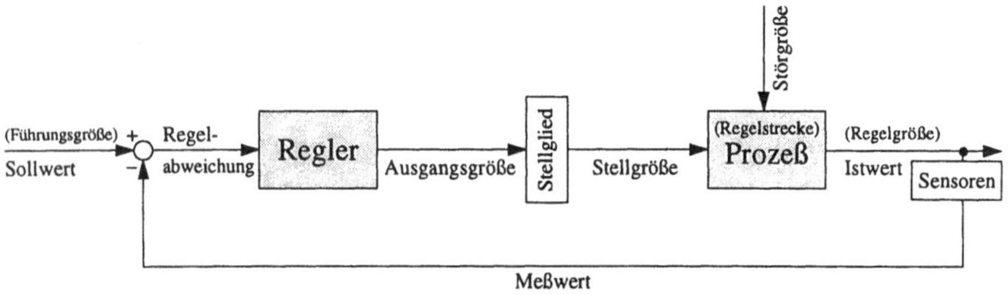

Abb. 11.1: Einfacher Regelkreis

Gegenüber einer bloßen *Steuerung* zeichnet sich eine Regelung durch das Prinzip der Rückkopplung aus: die Auswirkungen der Regelung auf den Prozeß fließen über die Meßwerte wieder in die Regelung des Prozesses ein. Der Regler dient dazu, die Differenz von Ist- und Sollwert, also die Regelabweichung, möglichst klein zu halten. Die Regelabweichung fungiert typischerweise als Eingangsgröße des Reglers; seine Ausgangsgröße wirkt gewöhnlich nicht unmittelbar, sondern vermittels eines Stellglieds (beispielsweise über ein Ventil) auf den

Prozeß ein.[1] Statt der Regelabweichung können auch andere Meßwerte über den Zustand des Prozesses als Eingangsgrößen dienen. In diesem Fall spricht man von einem *Zustandsregler.*

Als *der* klassische Regler schlechthin gilt der *PID-Regler.* Mitsamt seinen Unterklassen wird dieser Reglerklasse zugleich der höchste Verbreitungsgrad zugesprochen. [Vgl. Linzenkirchner und Preuß 1992, 110; Kahlert und Frank 1993, 132.] Die einfachste Unterklasse und Grundform des PID-Reglers ist der *Proportional-Regler* oder kurz *P-Regler.* Bei diesem Regler berechnet sich die Stellgröße (u) über die Multiplikation des Parameters „Reglerverstärkung" (K_R) mit der Regelabweichung (e): $u = K_R e$. Als Hauptnachteil des P-Reglers gilt die bleibende Regelabweichung. Bei *PI-Reglern* wird sie über einen Parameter für die „Nachstellzeit" (T_N) zu beseitigen oder zu minimieren versucht. In *PID-Reglern* läßt sich überdies die Ausregelung über den zusätzlichen Parameter „Vorhaltezeit" (T_V) beschleunigen.[2]

Die dritte Hauptkategorie von Reglern bilden sogenannte *Kennlinien-* und *Kennfeldregler.* Bei Kennlinienreglern ist die Stellgröße eine Funktion (f) der Regelabweichung: $u = f(e)$. Typischerweise wird die Funktion f graphisch in Form einer *Kennlinie* in einem von der Regelabweichung (Abszisse) und der Stellgröße (Ordinate) gebildeten Koordinatensystem dargestellt. Im allgemeinen sind diese Kennlinien allenfalls stückweise linear, so daß sie insgesamt ein *nichtlineares* Übertragungsverhalten beschreiben. Falls mehrere Eingangsgrößen – Regelabweichungen oder Zustandswerte – bearbeitet werden, muß eine Schar von Kennlinien oder ein Kennfeld festgelegt werden. In diesem Fall spricht man demgemäß von Kenn*feld*reglern.

Die Beurteilung eines Reglers hängt von den konkreten Anforderungen ab. Als Mindestanforderung gilt im allgemeinen die *Stabilität* des Regelkreises. Weitere Gütekriterien sind die bleibende *Regelabweichung, Überschwingweite, Ausregelzeit* und *Robustheit* gegenüber verarbeitungsbedingten Parametervariationen oder im Modell vernachlässigter Parameter. Kahlert und Frank heben

---

[1] In den folgenden Ausführungen werden die Termini Ausgangs- und Stellgröße sowie Ist- und Meßwert meist synonym gebraucht, da diese begrifflichen Differenzierungen für den vorliegenden Darstellungszusammenhang unerheblich sind und entsprechende Vereinfachungen auch in der Fachliteratur gebräuchlich sind. Dementsprechend wird gelegentlich auch davon abstrahiert, ob es sich bei den Eingangsgrößen um eine Regelabweichung oder Meßwerte über den Prozeßzustand handelt.

[2] Vgl. hierzu Kahlert und Frank [1993, 133ff.]. Das Übertragungsverhalten eines PID-Reglers setzt sich demnach aus drei Teilen zusammen: aus einem **P**roportionalanteil ($K_R e$), der das allgemeine Regelverhalten bestimmt, einem **I**ntegralanteil ($1/T_N \int e d\tau$), der die stationäre Genauigkeit beeinflußt und einem **D**ifferentialanteil ($T_V \dot{e}$) für eine schnelle Ausregelung, so daß sich sein Übertragungsverhalten über das folgende Reglerfunktional beschreiben läßt [Kahlert und Frank 1993, 134]:

$$u = K_R\left(e + \frac{1}{T_N}\int_0^t e d\tau + T_V \dot{e}\right).$$

hervor, daß Forderungen nach „gutem *Führungs-*" und „gutem *Störungsverhalten*" nicht „gleichzeitig optimal erfüllt werden können" und daß dies selbst für Einzelkriterien wie „möglichst geringes Überschwingen" und „möglichst schnelle Ausregelung" unmöglich sein kann [Kahlert und Frank 1993, 142].

Modellbildung in der klassischen Regelungstechnik

Der klassische Reglerentwurf läßt sich in fünf Aufgaben unterteilen: Modellbildung, Festlegung der Güteanforderungen, Wahl der Reglerstruktur, Bestimmung der Reglerparameter und Reglererprobung [Kahlert und Frank 1993, 140]. Als Kardinalaufgabe gilt dabei die Modellbildung:

> „Ziel der *Modellbildung* ist ein mathematisches Modell der Regelstrecke. Welche Form dieses Modell aufzuweisen hat (Differentialgleichung, Übertragungsfunktion, Zustandsraummodell, ...) hängt vom gewählten Reglertyp und Entwurfsverfahren ab. Die Modellbildung stellt ohne Zweifel in der Praxis den schwierigsten und zeitaufwendigsten Teil eines Reglerentwurfs dar und verlangt vom Regelungstechniker je nach Typ des zu regelnden Prozesses entsprechende Spezialkenntnisse." [Kahlert und Frank 1993, 140f.]

Anhand des Problems der Stabilisierung eines invertierten Pendels, einem Standardbeispiel der klassischen Regelungstechnik, lassen sich einige Charakteristika einer mathematisch-physikalischen Modellbildung veranschaulichen [vgl. Bothe 1993, 153-157].

Beispiel 11.1 *Stabilisierung eines invertierten Pendels (physikalisches Modell)*

Ein Wagen soll durch Variation der Antriebskraft F seines Motors so gesteuert werden, daß ein auf ihm nahezu reibungslos gelagerter Stab der Länge 2l und der Masse m_S balanciert und zu einer bestimmten Position bewegt wird. Die Lagerung läßt keine seitwärts gerichtete Bewegung des Stabs zu. Über Sensoren wird die Position des Wagens $x(t)$ sowie die Auslenkung des Stabs $e(t)$ gemessen. Durch Differenzieren lassen sich Geschwindigkeit $\dot{x}(t)$ und Beschleunigung $\ddot{x}(t)$ sowie Winkelgeschwindigkeit $\dot{e}(t)$ und Winkelbeschleunigung $\ddot{e}(t)$ berechnen. Das Balancieren ist ein instabiler Prozeß, da bereits eine geringfügige Winkelauslenkung des Stabs aufgrund der Schwerkraft g eine Winkelbeschleunigung bewirkt, die wiederum zu einer verstärkten Auslenkung führt.

Um einen klassischen Motorregler für die gestellte Aufgabe zu entwerfen, werden zunächst die Bewegungsgleichungen für den Stab und den Wagen aufgestellt. Die Bewegungsgleichung des Stabs läßt sich aufgrund des Trägheitsmoments des Stabs sowie der Gleichheitsbedingung der durch Wagenbeschleunigung und Stabauslenkung bewirkten Drehmomente aufstellen [Bothe 1993, 155]:

$$4/3l\ddot{e}(t) + \ddot{x}(t)\cos(e(t)) - g\sin(e(t)) = 0. \tag{11.1}$$

Die Bewegungsgleichung des Wagens erhält man, indem man die Beschleunigungskraft der Summe der an den Wagen angreifenden Horizontalkräfte, nämlich der Sum-

me aus der Tangential- und Radialkraft des drehenden Stabs sowie der Reibungskraft und momentanen Motorkraft, gleichsetzt [Bothe 1993, 155f.]:

$$(m + m_S)\ddot{x}(t) = -c_\mu \dot{x}(t) + F(t) - m_S l \ddot{e}(t)\cos(e(t)) + m_S l \dot{e}(t)^2 \sin(e(t)). \qquad (11.2)$$

Auf diese Weise gelangt man zu einem System nichtlinearer Differentialgleichungen zweiter Ordnung. In diesem Fall kann bei einer gegenüber der Wagenmasse vernachlässigbaren Stabmasse für kleine Winkelauslenkungen um die Ruhelage folgende Linearisierung durchgeführt werden [Bothe 1993, 156]:

$$\begin{aligned} 4/3 l \ddot{e}(t) + \ddot{x}(t)(-g(e(t))) &= 0 \\ m\ddot{x}(t) &= -c_\mu \dot{x}(t) + F(t). \end{aligned} \qquad (11.3)$$

Eine solche Linearisierung ist notwendig, um ein klassisches Entwurfsverfahren wie das sogenannte Wurzelortsverfahren anwenden zu können.[3]

Die Aufstellung der Differentialgleichungen vermittelt nicht nur einen Eindruck von den Mathematik- und Physik-Kenntnissen, die für die Modellbildung in der klassischen Regelungstechnik im allgemeinen erforderlich sind, sondern ermöglicht überdies, eine konkrete Vorstellung von den solchen Modellbildungen typischerweise zugrundeliegenden Vereinfachungen und Idealisierungen zu gewinnen.

> „Zu den Idealisierungen gehören beispielsweise die folgenden Annahmen:
> - Reibungsfreiheit im Drehpunkt des Stabs,
> - Vernachlässigung der Luftreibung,
> - Starrheit und homogene Masseverteilung des Stabs,
> - Kraftübertragung auf den Untergrund durch Haftreibung,
> - Vernachlässigung der Stabmasse gegenüber der Wagenmasse,
> - kleiner Auslenkwinkel aus der zu balancierenden Stellung,
> - kleine Meßfehler $\Delta(x_{meß} - x_{ist})$ und $\Delta(e_{meß} - e_{ist})$." [Bothe 1993, 157]

Es liegt auf der Hand, daß aufgrund derartiger Vereinfachungen Optimierungen im Zuge der Reglererprobung unverzichtbar sind. Angesichts solch systematischer Aufweichungen ist es plausibel, wenn Bothe bestreitet, daß beim Reglerentwurf mit klassischen Methoden von einem „scharfen" Vorgehen gesprochen werden könne [vgl. w.o]. Dies gilt ebenso, wenn auch aus einem anderen Grund, für die nach Kahlert und Frank [1993, 113, 144] in der Praxis weitverbreiteten und bewährten „Faustformelverfahren", nach denen sich Regler aufgrund des Typs der Regelgröße oder einer experimentell ermittelbaren Sprungantwort der Regelstrecke entwerfen lassen. Diese Verfahren sind jedoch, so Kahlert und Frank, „mehr oder weniger ausschließlich zum Entwurf von PID-Reglern bzw.

[3] Verfahren zum klassischen Reglerentwurf werden beispielsweise von Kahlert und Frank [1993, 140-157] beschrieben. Vgl. zum Wurzelortsverfahren [w.o., 148ff.]. „Explizite Entwurfsverfahren, vergleichbar denen für lineare Systeme, existieren für nichtlineare Systeme kaum ... Nichtlineare Methoden ... beschränken sich im wesentlichen darauf, die Stabilität des Regelkreises sicherzustellen". [Kahlert und Frank 1993, 151f.]

seinen Untertypen geeignet und setzen i. a. einen bestimmten Streckentyp (nicht schwingfähig, niedrige Ordnung, ...) voraus." [Kahlert und Frank 1993, 144] Der Vorteil dieser Verfahren liegt in dem geringen Modellierungs- und Meßaufwand. Ihnen wird jedoch nur eine niedrige Entwurfsgüte zuerkannt, während umgekehrt Verfahren, mit denen ein hoher Modellierungs- und Meßaufwand verbunden ist, eine hohe Entwurfsgüte zugesprochen wird [vgl. Kahlert und Frank 1993, 157].

Angelpunkt der klassischen Regelungstechnik ist die Modellbildung. Die mathematisch-naturwissenschaftliche Modellbildung ist zugleich die Stärke und Schwäche dieser Technik. Gestützt auf den hohen Stand der Mathematik und Naturwissenschaft hat die klassische Regelungstechnik ihre Leistungsfähigkeit unzählige Male unter Beweis gestellt. Andererseits sind mit der mathematisch-naturwissenschaftlichen Modellbildung gravierende Probleme verknüpft. Dazu gehört, daß „der überwiegende Teil der klassischen Regelungstheorie (...) sich auf lineare, zeitinvariante Systeme mit konzentrierten Parametern (beschränkt)" [Kahlert und Frank 1993, 156]. Bei vielen Systemen, die diese Eigenschaften nicht aufweisen, ist man gezwungen auf eine Automatisierung zu verzichten, bei nicht wenigen behilft man sich mit starken Vereinfachungen und riskiert dabei „unzulässige" Vereinfachungen vorzunehmen. Aber selbst dann, wenn die zu modellierenden Prozesse die gewünschten Eigenschaften aufweisen, wird die Modellbildung zum Problem, weil sie einen hohen Arbeits- und Meßaufwand involviert und hohe Ansprüche an die Sensortechnik wie die Qualifikation der Regelungstechniker stellt.[4]

11.2 Fuzzy-Regler auf der Basis „kognitiver Modelle"

Zweilfellos bildete die klassische Regelungstechnik eine der Hauptsäulen der Automatisierungswellen der vergangenen Jahrzehnte. Ihre Folgen sind heute allgegenwärtig – im Produktions-, Distributions- wie Konsumbereich. In die technologische Erfolgsgeschichte dieser Automatisierung sind nicht wenige Mißerfolge eingeschrieben, nicht selten mit katastrophalen wirtschaftlichen und sozialen Auswirkungen. Die Gründe sind vielfältig und keineswegs rein technischer Natur. Viele Prozesse, die sich bis heute trotz immenser Anstrengungen einer Automatisierung widersetzt haben, werden von Menschen erfolgreich geregelt. Oft, nicht immer zu recht, gelten solche Regelungstätigkeiten sogar als einfache (mitunter als nebenbei zu bewältigende) Routinetätigkeiten.

---

4 „Wohl kaum eine andere Fachrichtung verlangte vom Anwender ein derart tiefes Eindringen in die höhere Mathematik, wobei die Teilgebiete • Komplexe Zahlen • Vektor- und Matrizenalgebra • Differentialgleichungen und Differentialgleichungssysteme • Integralrechnung sicherlich nur eine erste Auswahl der Werkzeuge darstellen, die in der klassischen Regelungstechnik zum Entwurf einer Steuerung oder Regelung benötigt werden." [Kahlert und Frank 1993, 113]

11.2.1 Zur Herkunft des Konzepts „linguistische Kontrollregeln"

Die Beobachtung, daß es Menschen leicht fallen kann, Prozesse zu regeln, die bislang regelungstechnisch nur mit unvertretbar großem Aufwand oder überhaupt nicht beherrscht werden konnten, ist keineswegs neu. Ende der 60er Jahre hat Zadeh vehement versucht, auf dieses Phänomen aufmerksam zu machen und Fuzzy-Algorithmen als neuen Lösungsansatz für solche Regelungsprobleme zu empfehlen. Er diskutiert dabei das Problem, ein Auto zu parken. Nach dem Versuch, dieses Problem vom Standpunkt der klassischen Regelungstheorie präzise zu formulieren, führt er aus:

> „...the problem in question is too complex for solution even with the aid of large scale computers. Thus, for all practical purposes, the stated problem does not have a precise algorithmic solution. On the other hand, we know that by following a set of instructions of the type one gets in a driving school (instructions which may be regarded as a crude form of a fuzzy algorithm) an inexperienced driver can park his car in the available space without having precise information concerning the differential equation characterizing *C*, the constraint set Ω or the set of allowable terminal states Γ. Thus, by treating the parking problem as a fuzzy rather than a precise problem, one can formulate a fuzzy algorithm for solving it." [Zadeh 1968a, 100]

Er hat zudem betont, Fuzzy-Algorithmen müßten in dem Sinne *robust* sein, daß ihre Funktionstüchtigkeit nicht von einer präzisen Kenntnis der Zugehörigkeitsfunktionen und der Bedeutung der unscharfen Instruktionen abhängen dürfe; Robustheit in diesem Sinne sei ein wesentliches Merkmal von Fuzzy-Algorithmen [Zadeh 1968a, 101]. Seine Idee, Fuzzy-Algorithmen zur Bearbeitung komplexer Regelungsprobleme einzusetzen, hat Zadeh in diesem Text noch nicht konkret ausgearbeitet.

Zu dem Problem, wie unscharfe Instruktionen der Art „*mehrere* Schritte nach vorne gehen" ausgeführt, also in „scharfe" Aktionen überführt werden können, macht Zadeh zwei Vorschläge, die er „probabilistische" und „nichtdeterministische Ausführung" nennt. Die nichtdeterministische Ausführung sieht vor, einen Schwellwert vorzugeben und dann ein Element auszuwählen, dessen Zugehörigkeitsgrad mindestens so groß ist wie der vorgegebene Schwellwert.

Vier Jahre später wird ein kurzer Beitrag mit dem Titel „A rationale for fuzzy control" [Zadeh 1972b] veröffentlicht, der eine radikale Kritik der Entwicklung der Regelungstheorie des vergangenen Jahrzehnts beinhaltet. Seit Beginn der 60er Jahre habe sich das mathematische Niveau theoretischer Beiträge stark erhöht. Dies sei zwar insofern begrüßenswert, als daß die Autoren dazu gedrängt werden, ihre Annahmen und Schlußfolgerungen exakt zu formulieren und zu belegen. Andererseits führe die Präzisionsanforderung jedoch häufig dazu, wichtigere Ziele wie die Erfindung neuer Regelungssysteme aus den Augen zu verlieren, und sie habe bereits eine zunehmende Realitätsferne der Regelungstheorie mit sich gebracht. Er glaube, diese exzessive Genauigkeitsanforderung übe einen lähmenden („stultifying") Einfluß auf die Regelungs- und Systemtheorie aus, größtenteils deswegen, weil die Aufmerksamkeit auf Gebiete gelenkt würde, für die mathematisch exakte Lösungen gegeben werden könnten, während Probleme, die für eine präzise mathematische Analyse zu komplex oder nicht wohldefiniert genug seien aufgrund der mangelnden mathematischen Handhabbarkeit vermieden würden. Damit etwas Bedeutendes über diese Probleme gesagt werden könne, müsse davon Abstand genommen werden, auf Präzision zu beharren und es müßten Antworten zugelassen werden, die etwas unscharf oder unsicher seien. Mit Verweis auf seine mit Bellman verfaßte Arbeit zur Entscheidungsfindung bei unscharfen Zielen und unscharfen Nebenbedingungen [Bellman and Zadeh 1970] empfiehlt er Fuzzy-Algorithmen als neuen regelungstechnischen Ansatz. Als einen Schlüssel zum Erfolg dieses Ansatzes sieht er einen Rückkopplungsmechanismus, den er „fuzzy feedback" nennt und der darin besteht, die Folgen unscharfer Anweisungen für neue Anweisungen auszuwerten, wobei sich die Unschärfe um so mehr vermindern solle, je näher das Ziel sei.

Im folgenden Jahr erschien die Arbeit, die wesentlich zum Durchbruch, zur Implementierung und praktischen Erprobung von Fuzzy-Regelungen beitrug: „Outline of a new approach to the analysis of complex systems and decision processes" [Zadeh 1973]. Darin schlägt Zadeh wiederum eine Abkehr von traditionellen quantitativen Modellierungsansätzen vor und propagiert, stattdessen einen Ansatz zu verfolgen, als dessen Hauptmerkmale er die Verwendung linguistischer Variablen sowie die Charakterisierung von Relationen zwischen Variablen über unscharfe Konditionalaussagen und Fuzzy-Algorithmen nennt. Ins Zentrum rückt dabei das Problem der Repräsentation unscharfer Konditionalaussagen, zu dessen Lösung Zadeh die Verkettungsschlußregel einführt (vgl. Kapitel 8.3.1). Im Anschluß daran diskutiert Zadeh verschiedene Arten von Fuzzy-Algorithmen. Von großer Tragweite für die Entwicklung der Fuzzy-Regelungstechnik war dabei die Verwendung unscharfer Relationen zur Modellierung von Wenn-Dann-Aussagen sowie der bereits erwähnte Vorschlag, in den Fällen, in denen die Konsequenz keine unscharfe Menge sein darf, ein Element mit dem höchsten Zugehörigkeitsgrad auszuwählen. Mamdani und Assilian [1975] haben diese Ideen aufgegriffen, konkretisiert und im Rahmen eines Experiments die erste Fuzzy-Regelung für eine industrielle Anlage im Labormaßstab implementiert und evaluiert.

11.2.2 Mamdanis und Assilians Experiment der Regelung einer Dampfmaschine mit Hilfe linguistischer Kontrollregeln

Hintergrund des Experiments waren neuere Entwicklungen, mathematische Modelle aufgrund von Erfahrungswissen zu optimieren. Mamdani und Assilian ordneten ihr Vorhaben in die Tradition der Regelungstechnik wie der KI ein. Neben dem Gebiet „Selbstorganisation“ und „Lernen“ rekurrierten sie auf die Erkenntnis, daß viele Aspekte intelligenten Verhaltens „linguistischer Natur“ seien, und hoben aus der sprachorientierten KI-Forschung Winograds Dissertation zum Verstehen der natürlichen Sprache hervor, da sie eindringlich die Möglichkeit einer direkten linguistischen Kontrolle eines mechanischen Roboterarms aufgezeigt habe.

Um den intuitiv einleuchtenden Ansatz linguistischer Kontrollstrategien anwenden zu können, bedurfte es, so Mamdani und Assilian, eines semi-quantitativen Kalküls. Da Zadehs „Fuzzy-Logik“ ein solches Kalkül sei, haben sie versucht, auf dieser Basis einen *„Fuzzy-Logik-Regler“* zu implementieren und sein Verhalten bei der Regelung einer kleinen Dampfmaschine zu untersuchen [Mamdani and Assilian 1975, 283].[5] Es zeigte sich, daß diese Implementierung ohne Anwendung der eigentlich anvisierten Lernverfahren eine überraschend hohe Regelungsgüte bot:

> „The experiment was initiated to investigate the possibility of human interaction with a learning controller. However, the control strategy set up linguistically proved to be far better than expected in its own right, and the basic experiment of linguistic control synthesis in a non-learning controller is reported here.“ [Mamdani and Assilian 1975, 283][6]

Die benutzte Dampfmaschine wird über die Wärmezufuhr zur Dampferzeugung und die Dampfzufuhr für die Turbine reguliert. Als Meßgrößen sind der Dampfdruck und die Geschwindgkeit der Maschine verfügbar. Diesen Stell- und Meßgrößen entsprechend haben Mamdani und Assilian sechs linguistische Variablen definiert, nämlich zu den Ausgangsgrößen *Änderung der Wärmezufuhr* (*HC*) und *Dampfdrossel* (*TC*) und zu den Eingangsgrößen *Druckabweichung* (*PE*), *Geschwindigkeitsabweichung* (*SE*) sowie Variablen für die Änderung dieser Größen vom aktuellen zum jeweils letzten Regelungszyklus (*CPE, CSE*). Als Grundmengen wurden diskrete Mengen gewählt: ganze Zahlen von −6 bis +6 für die Eingangsgrößen, von −7 bis +7 für die Wärmezufuhr und von −2 bis +2 für die Dampfdrossel. Über den Grundmengen wurden mehrere linguistische Werte festgelegt, fünf für die Drossel, jeweils sieben für die anderen Variablen (vgl. Tabelle 11.1).

---

[5] Mamdani und Assilian zitieren dabei [Zadeh 1973]. Daß die Veröffentlichungen zur Fuzzy-Regelungstechnik meist mit „Fuzzy-Logik“ betitelt sind und die Systeme nicht selten als „Fuzzy Logic Controller“ bezeichnet werden, sollte nicht darüber hinwegtäuschen, daß sie nicht auf einem logischen Kalkül im mathematischen Sinn basieren. Der Ausdruck „Fuzzy Logik“ läßt sich in dieser Wendung nur in einem sehr weit gefaßten umgangssprachlichen Sinn rechtfertigen. Vgl. hierzu etwa das Vorwort von Zimmermann zu [Zadeh and Kacprzyk (Eds.) 1992] sowie die Erläuterungen von Gebhardt [1993] und Kruse [1993a].

[6] In einem Vortrag auf der Tagung „Fuzzy-Systeme '93“ in Braunschweig hat Mamdani eindrucksvoll geschildert, wie verwundert er über die Leistungsfähigkeit dieser Regelung gewesen sei und mehrmals betont, es habe sich dabei um eine „Erfindung“ gehandelt.

	−6	−5	−4	−3	−2	−1	−0	+0	+1	+2	+3	+4	+5	+6
PB	0	0	0	0	0	0	0	0	0	0	0.1	0.4	0.8	1.0
PM	0	0	0	0	0	0	0	0	0	0.2	0.7	1.0	0.7	0.2
PS	0	0	0	0	0	0	0	0.3	0.8	1.0	0.5	0.1	0	0
PO	0	0	0	0	0	0	0	1.0	0.6	0.1	0	0	0	0
NO	0	0	0	0	0.1	0.6	1.0	0	0	0	0	0	0	0
NS	0	0	0.1	0.5	1.0	0.8	0.3	0	0	0	0	0	0	0
NM	0.2	0.7	1.0	0.7	0.2	0	0	0	0	0	0	0	0	0
NB	1.0	0.8	0.4	0.1	0	0	0	0	0	0	0	0	0	0

Tabelle 11.1: Linguistische Variablen „Druckabweichung" (PE) und „Geschwindigkeitsabweichung" (SE)

Vgl. Mamdani und Assilian [1975, 286]. Die Kürzel der ersten Spalte stehen für linguistische Terme: *PB* (positive big), *PM* (positive medium), *PS* (positive small), *NO* (negative zero), *PO* (positive zero), *NS* (negative small), *NM* (negative medium), *NB* (negative big).

Die linguistischen Variablen und ihre Werte bildeten die Grundlage zweier Fuzzy-Algorithmen: einer für die Wärmezufuhr, der andere für die Regelung der Dampfzufuhr. Die Definition beider Algorithmen erfolgt über zwei Ketten von Wenn-Dann-Sonst-Aussagen, deren Anfänge in Tabelle 11.2 aufgelistet sind.

Wärmeregelung (heater algorithm)	Drosselregelung (throttle algorithm)
If *PE* = *NB*	If *PE* = *ANY*
and *CPE* = *not (NB or NM)*	and *CPE* = *ANY*
and *SE* = *ANY*	and *SE* = *NB*
and *CSE* = *ANY*	and *CSE* = *not (NB or NM)*
then *HC* = *PB*	then *TC* = *PB*
Else	Else
If *PE* = *NB or NM*	If *PE* = *ANY*
and *CPE* = *NS*	and *CPE* = *ANY*
and *SE* = *ANY*	and *SE* = *NM*
and *CSE* = *ANY*	and *CSE* = *PB or PM or PS*
then *HC* = *PM*	then *TC* = *PS*
…	…

Tabelle 11.2: Linguistische Kontrollregeln zur Regelung einer Dampfmaschine nach Mamdani und Assilian

Vgl. Mamdani und Assilian [1975, 286-289]. Der Algorithmus zur Wärmezufuhr besteht aus 15, der zur Dampfzufuhr aus 9 linguistischen Kontrollregeln, die Fuzzy-Regelung der Dampfmaschine umfaßt demnach insgesamt 24 linguistische Kontrollregeln. Die Eingangsgrößen werden über die Kürzel *PE* (pressure error), *CPE* (change in pressure error), *SE* (speed error), *CSE* (change in speed error) referiert, die Ausgangsgrößen mit *HC* (heat change) und *TC* (throttle change) bezeichnet. Zu den linguistischen Termen vgl. Tabelle 11.1. Die von *ANY* denotierte Zugehörigkeitsfunktion liefert für alle Elemente den Wert eins.

Mamdanis und Assilians Rechenmodell setzt auf Zadehs Vorschlägen zur Repräsentation unscharfer Konditionalaussagen aus. Dementsprechend werden die in einer Regel in Beziehung gesetzten unscharfen Eingabe- und Ausgabevariablen über das Kartesische Produkt der involvierten Fuzzy-Mengen modelliert. A bezeichne eine unscharfe Teilmenge über Ω_A und B eine unscharfe Teilmenge über Ω_B. Eine Kontrollregel der Form „*Wenn* $x = A_i$, *dann* $y = B_i$“ beschreibt demnach eine unscharfe Relation R_i über $\Omega_A \times \Omega_B$:

$$\begin{aligned} R_i &= A_i \times B_i \\ \mu_{R_i}(x, y) &= \min(\mu_{A_i}(x), \mu_{B_i}(y)) \quad ; x \in \Omega_A, y \in \Omega_B. \end{aligned} \tag{11.4}$$

Um den Wert der Ausgangsgröße zu bestimmen, greifen Mamdani und Assilian auf Zadehs Verkettungsregel zurück. Bezeichnet A^* eine aktuelle Eingangsgröße, dann ergibt sich die Ausgangsgröße B^* aus der Verkettung von A^* mit R_i:

$$\begin{aligned} B_i^* &= A^* \circ R_i \\ \mu_{B_i^*}(y) &= \sup_x \min\{\mu_{A^*}(x), \mu_{R_i}(x, y)\} \\ &= \sup_x \min\{\mu_{A^*}(x), \mu_{A_i}(x), \mu_{B_i}(y)\}. \end{aligned} \tag{11.5}$$

Geht man von einem scharfen Eingangswert x_0 aus, so wird die Supremumbildung überflüssig und man erhält:

$$\mu_{B_i^*}(y) = \min\{\mu_{A_i}(x_0), \mu_{B_i}(y)\}. \tag{11.6}$$

Zur Verknüpfung mehrerer (n) Kontrollregeln verwenden Mamdani und Assilian die Konjunktion *sonst*, die im Sinne einer *Oder*-Verknüpfung über das Maximum modelliert wird. Der unscharfe Ausgangswert B^* berechnet sich demnach aus dem Maximum beziehungsweise der Vereinigungsmenge der unscharfen Mengen B_i^*, die sich jeweils aus den einzelnen Regeln ergeben ($1 \leq i \leq n$):

$$\begin{aligned} B^* &= \bigcup_{i=1}^{n} B_i^* \\ \mu_{B_i^*}(y) &= \max(\mu_{B_1^*}(y), \ldots, \mu_{B_n^*}(y)). \end{aligned} \tag{11.7}$$

Alternativ dazu kann für das gesamte Regelsystem eine Relation 11.8 bestimmt werden und durch Verkettung des Eingangswerts mit dieser Relation die resultierende Ausgangsmenge berechnet werden (11.9):

$$R = \bigcup_{i=1}^{n} R_i = \bigcup_{i=1}^{n} (A_i \times B_i) \tag{11.8}$$

$$\begin{aligned} B^* &= A^* \circ R \\ \mu_{B^*}(y) &= \sup_x \min\{\mu_{A^*}(x), \mu_R(x, y)\}. \end{aligned} \tag{11.9}$$

Die Formel 11.8 läßt sich als Näherungslösung für das von einer Regelmenge konstituierte Relationalgleichungssystem reinterpretieren [vgl. Bandemer und Gottwald 1992, 91ff.].[7] Im Gegensatz zu 8.76 (293) stellt 11.8 jedoch im allgemeinen keine optimale Näherungslösung dar. Die in 8.76 beschriebene Lösung eines Relationalgleichungssystems sieht vor, zunächst für jede Relationalgleichung mit Hilfe der Gödelimplikation die größte Lösung zu bestimmen und dann die Gesamtlösung durch Durchschnittsbildung der Teillösungen zu erhalten. Der umgekehrte Weg, durch Vereinigung der „kleinsten" Lösungen zu einer optimalen Gesamtlösung zu kommen, läßt sich nur in eingeschränkter Weise verfolgen, weil es im allgemeinen keine „kleinste" Lösung für Relationalgleichungen gibt. Das unscharfe Kartesische Produkt der Fuzzy-Mengen stellt lediglich eine „kleine" Lösung dar. Durch Vereinigungsbildung dieser Einzellösungen erhält man eine Relation, die zwar im allgemeinen nicht die beste Lösung darstellt, aber immerhin als grobe Näherungslösung für das gesamte Relationalgleichungssystem gelten kann. Obgleich aus der Perspektive von Relationalgleichungssystemen der Ansatz über die Gödelimplikation besser erscheint, ist er im Gegensatz zu dem von Mamdani und Assilian verfolgten Ansatz für die Fuzzy-Regelungstechnik praktisch bedeutungslos geblieben.

Als Resultat der Verrechnung der Kontrollregeln erhält man für jede Ausgangsgröße eine Fuzzy-Menge. Da Produktionsanlagen exakte Steueranweisungen verlangen, muß für jede Steuergröße ein Wert ausgewählt werden. Mamdani und Assilian weisen auf die Abhängigkeit der Auswahlprozedur von der jeweiligen Anwendung hin und führen aus, daß in ihrem Fall die Stellgrößen effektiv über das Maximum der Zugehörigkeitsgrade bestimmt werden konnte [Mamdani and Assilian 1975, 285]. Demnach wird von der unscharfen Ergebnismenge der Wert (Abszisse) gewählt, dessen Zugehörigkeitsgrad (Ordinate) am größten ist. Da diese Auswahlprozedur nicht immer eindeutig ist, haben sie ergänzend vorgeschlagen, bei Ergebnismengen mit zwei Maxima (a) oder einem intervallwertigen Kern (b) die Abzissenwerte der beiden Maxima oder Randpunkte zu mitteln.

---

[7] Kruse, Gebhardt und Klawonn [1993, 188-214] haben überdies gezeigt, daß sich der Ansatz von Mamdani und Assilian „auf der Basis von Gleichheitsrelationen als (Fuzzy-)Interpolation interpretieren" [w.o., 188] läßt. Diese unscharfen „Gleichheitsrelationen" werden aufgrund ausgewählter Eingabe-Ausgabewerte-Tuple sowie Ununterscheidbarkeits-Angaben über die zu modellierenden Werte aufgestellt. Mit ihrem Ansatz haben Kruse, Gebhardt und Klawonn daher nicht nur eine mathematische Rechtfertigung für den Ansatz von Mamdani und Assilian gegeben, sondern zugleich eine alternative Methode für die Konstruktion von „Fuzzy-Reglern" eingeführt. Wie dieses Konzept in die Praxis umgesetzt wurde, beschreiben sie anhand des Problems der Leerlaufdrehzahlregulierung eines PKW-Motors [Kruse, Gebhardt und Klawonn 1993, 227-237].

Mamdani und Assilian sehen in beiden Fällen Mängel der Regelbasis, wobei der erste Fall (a) ernsthafter als der zweite (b) sei, da er auf die Existenz zumindest zweier gegensätzlicher Regeln verweise. In solchen Fällen werde es notwendig, die Regeln zu modifizieren. Die Modifikation der Regeln statt der linguistischen Variablen rechtfertigen sie mit dem Hinweis, daß bei den von ihnen zugrunde gelegten diskreten Grundmengen mit vierzehn Werten die Definition linguistischer Terme schwerlich sehr strittig sein könne [Mamdani and Assilian 1975, 285].

Zur Evaluation haben Mamdani und Assilian für den gleichen Prozeß einen herkömlichen Regler (auf der Basis des „DDC-Algorithmus") entwickelt, den sie über ein Trial-and-Error-Verfahren zu optimieren versucht haben. Der abgebildete Druckverlaufsgraph für den Fuzzy-Regler sowie für zwei Varianten des herkömlichen Reglers stützt ihre Einschätzung, daß der Fuzzy-Regler eine bessere Regelungsqualität aufweise: Zeichnet er sich gegenüber der einen Variante durch eine erheblich schnellere Annäherung an den Sollwert aus, so gegenüber der anderen vor allem durch eine drastische Reduktion des Überschwingens [Mamdani and Assilian 1975, 285].

11.2.3 Verarbeitungsmodelle und Inferenzmethoden „kognitiver" Fuzzy-Regler

Mamdanis und Assilians Ansatz einer Fuzzy-Regelung auf der Basis eines in Form linguistischer Kontrollregeln formulierten „kognitiven Modells" wurde in den beiden zurückliegenden Jahrzehnten weltweit, in einer nicht mehr überschaubaren Anzahl von Applikationen eingesetzt. Mit dieser Verbreitung gingen auch mehrere Variationen des ursprünglichen Verrechnungsmodells und der Interpretation einher. Die überwiegende Zahl der Darstellungen von Fuzzy-Reglern ist stark von Holmblads und Østergaards [1982] Beschreibung der Fuzzy-Regelung eines Zementbrennofens beeinflußt, eine Applikation, die als erste industrielle Anwendung eines Fuzzy-Reglers bekannt geworden ist.[8]

Holmblad und Østergaard gehen wie Mamdani und Assilian von linguistischen Kontrollregeln aus, in denen Werte der Eingangs- und Ausgangsgrößen über Terme einer linguistischen Variablen beschrieben werden. Ihre Vorgehensweise macht deutlich, daß nicht notwendigerweise unscharfe Relationen berechnet werden müssen.

---

[8] Vgl. u.a. [Sangalli 1992, 39; Berenji 1992, 82]. McNeill und Freiberger [1994, 170] wissen zu berichten, daß Holmblad und Østergaard 1979 (sechs Monate vor der Installation des Zementbrennofens) eine Fuzzy-Regelung für einen Kalkbrennofen installiert hatten. Mit der konventionellen Regelungstechnik konnten mangels geeigneter Prozeßmodelle und Meßdaten keine befriedigenden Ergebnisse beim automatischen Zementbrennen erzielt werden, so daß erfahrene Operateure eingesetzt werden, den etwa drei Stunden dauernden Brennvorgang zu steuern. [Vgl. Holmblads and Østergaards 1982, 337; McNeill und Freiberger 1994, 167f.]

Im Bedingungsteil der Regeln werden bestimmte Zustände eines Prozesses mit Hilfe der für Meßwerte (oder sonstige Eingangsgrößen) definierten linguistischen Variablen sowie Zadehs Verknüpfungsoperatoren für die Negation, Disjunktion und Konjunktion unscharfer Mengen definiert. Die Zugehörigkeitsgrade der Eingangswerte zu den involvierten Fuzzy-Mengen werden über die Verknüpfungsoperatoren zu einem Wert verrechnet, der *„Erfülltheitsgrad"* (engl.: *grade of fulfilment*) der Regel genannt wird [Holmblad and Østergaard 1982, 347].[9] Der Erfülltheitsgrad einer Regel, man spricht auch vom Aktivierungsgrad, wird als *Gewicht* gedeutet, mit dem die Regel zur Festlegung der aus allen Regeln resultierenden Stellgrößen beitragen soll. Bezeichnet B_i den im Aktionsteil der i-ten Kontrollregeln R_i geforderten unscharfen Stellwert mit der Zugehörigkeitsfunktion $\mu_{B_i}: \Omega_Y \rightarrow [0,1]$, $y \in \Omega_Y$, und c_j den Erfülltheitsgrad der Regel R_i, dann liefert die Regel R_i zum resultierenden unscharfen Stellwert den Beitrag $R_i(B_i)$:[10]

$$\begin{aligned} R_i(B_i) &= c_j \cdot B_i = B_i^* \\ \mu_{B_i^*}(y) &= c_j \cdot \mu_{B_i}(y). \end{aligned} \tag{11.10}$$

Die Auswertung einer Regel ergibt also eine unscharfe Menge, die sich aus der Multiplikation einer reellen Zahl mit einer unscharfen Menge ergibt. Enthält die Regelbasis n Kontrollregeln, so werden auf diese Weise die Beiträge aller n Regeln berechnet und schließlich zu einem unscharfen Stellwert B^* zusammengefaßt:[11]

$$\begin{aligned} B^* &= \bigcup_{i=1}^{n} B_i^* = \bigcup_{i=1}^{n} c_i \cdot B_i \\ \mu_{B^*}(y) &= \sup(c_1\mu_{B_1}(y), \ldots, c_n\mu_{B_n}(y)). \end{aligned} \tag{11.11}$$

---

[9] Holmblad und Østergaard gehen dabei, wie in der Fuzzy-Regelungstechnik üblich, von scharfen Eingangswerten aus. Das Verfahren läßt sich jedoch ohne weiteres auf unscharfe Eingangswerte anwenden, wenn man ein geeignetes Kompatibilitätsmaß (beispielsweise das Possibilitätsmaß, vgl. Formel 10.13, 346) verwendet.

[10] Um die Darstellung nicht mit Indizes zu überfrachten, wird davon ausgegangen, daß im Aktionsteil lediglich eine Wertzuweisung für eine Stellgröße beschrieben wird. (Die Indexierung sollte im übrigen nicht so verstanden werden, daß Stellwerte mit verschiedenen Indizes unterschiedlich sein müssen.) Eine Erweiterung auf mehrere Stellgrößen kann leicht vorgenommen werden, indem die Berechnungen nach den Formeln 11.10, 11.11 und 11.14 für jede Stellgröße getrennt durchgeführt werden.

[11] Da technisch eine exakte Stellgrößenanweisung gefordert ist, muß auch hier aus der resultierenden unscharfen Menge ein „scharfer" Wert bestimmt werden. Holmblad und Østergaard gehen dabei von der Fläche aus, die von dem Funktionsgraph der resultierenden Fuzzy-Menge (11.11) und der Abszisse begrenzt wird. Als Stellwert y_0 wird dann die Abszisse des Schnittpunkts der Abszissenachse mit einer Linie gewählt, die die Fläche in zwei gleich große Teile zerlegt. Vgl. hierzu Kapitel 11.2.4 sowie die Abbildungen 11.2 bis 11.4.

Vergleicht man die Gleichungen 11.10 und 11.11 mit den Gleichungen 11.4 bis 11.7, dann wird erkennbar, daß die Berechnungen der resultierenden Fuzzy-Mengen nach Mamdani und Assilian einerseits, Holmblad und Østergaard andererseits nahe miteinander verwandt sind.

Geht man von der Deutung als Relationsgleichungssystem aus, dann läßt sich der Ansatz von Mamdani und Assilian allgemein so beschreiben, daß die resultierende Menge aus der Verkettung eines Eingangswerts mit der Vereinigungsmenge der Kartesischen Produkte der im Bedingungsteil und Aktionsteil denotierten Fuzzy-Mengen hervorgeht. Aus dieser Perspektive erscheint Holmblads und Østergaards Ansatz inkonsequent, da die Konjunktion bei der Verkettungsoperation über das Minimum und beim Kartesischen Produkt über das algebraische Produkt erfolgt.

Umgekehrt läßt sich Mamdanis und Assilians Ansatz so reinterpetieren, daß die „Erfülltheitsgrade" der einzelnen Regeln wie bei Holmblad und Østergaard den Beitrag dieser Regel zur resultierenden Fuzzy-Menge beschneiden. In beiden Ansätzen erfolgt dies über eine *t*-Norm, bei Holmblad und Østergaard durch die Produktbildung, bei Mamdani und Assilian durch die Minimumbildung. Die Zusammenfassung der Einzelbeiträge erfolgt wiederum in beiden Fällen gleich, nämlich über das Maximum. Man spricht deshalb auch von einer *Max-Min-Inferenz* und einer *Max-Prod-Inferenz.*

Obgleich es denkbar wäre auch alternative Inferenzmethoden über andere Paare von *t*-Normen und *t*-Conormen zu definieren, vermittelt die Fachliteratur den Eindruck, daß solche Alternativen in der Theorie höchst selten bedacht werden und in der Praxis bislang völlig bedeutungslos sind.

Die Bedeutung von Holmblads und Østergaards Beitrag liegt weniger darin, eine alternative Inferenzmethode entwickelt zu haben, als vielmehr darin, die Eignung von Fuzzy-Methoden zur Steuerung industrieller Anlagen – für die keine befriedigenden Regler existierten – demonstriert zu haben, und dazu ein ebenso einfaches wie leistungsfähiges Verarbeitungsmodell vorgestellt zu haben, das nicht zuletzt aufgrund seiner anschaulichen graphischen Illustration sehr eingängig ist und auf verschiedene Weise variiert werden kann (vgl. Abbildung 11.2 und 11.3).[12]

---

12 Die Literatur deutet darauf hin, daß in der Praxis die Max-Min-Methode dominiert. Die Gründe dafür liegen vermutlich weniger darin, daß sie theoretisch konsistenter ist, als in der einfacheren und effizienteren Hardware-Implementierung.

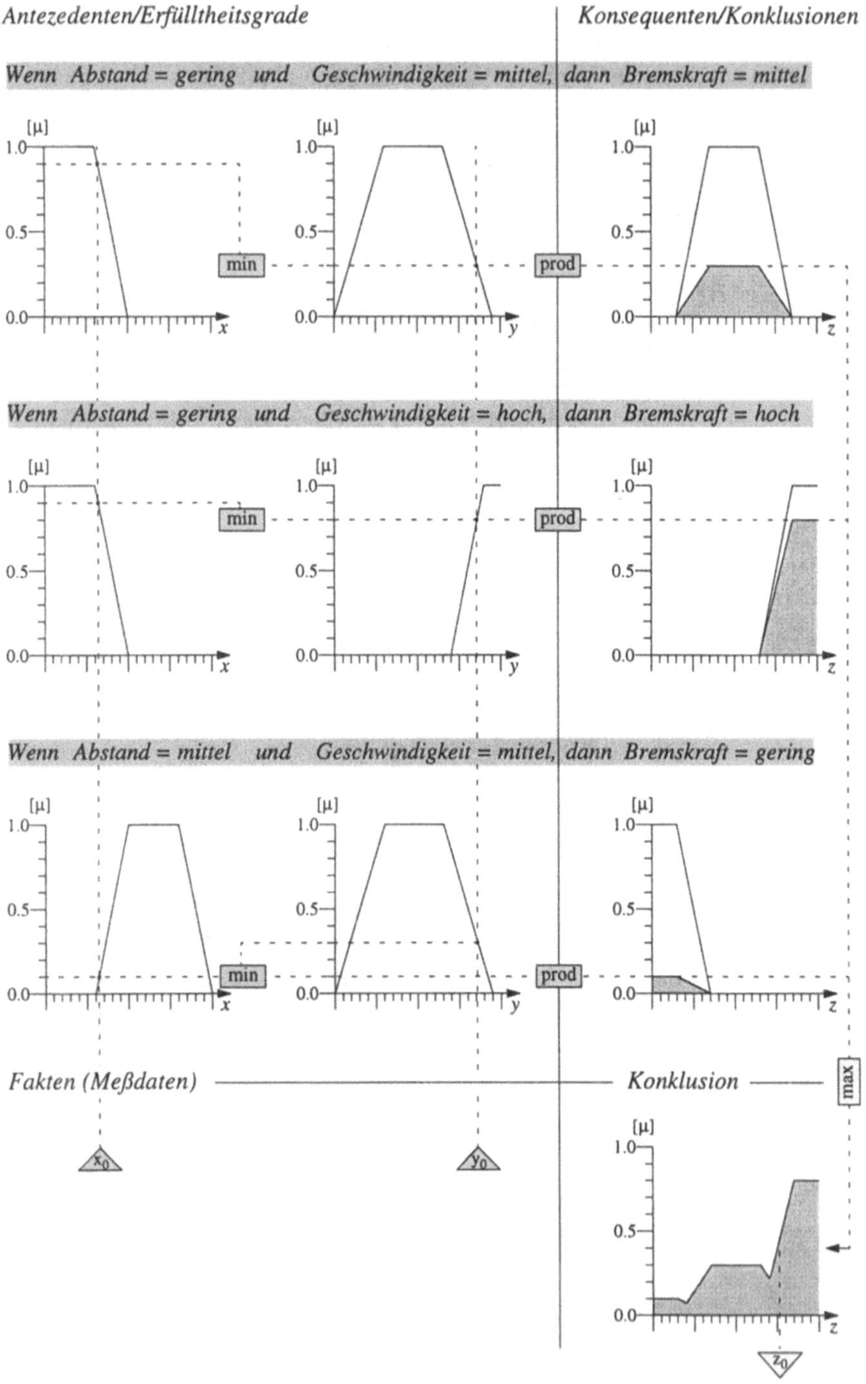

Abb. 11.2: Max-Prod-Inferenzmethode

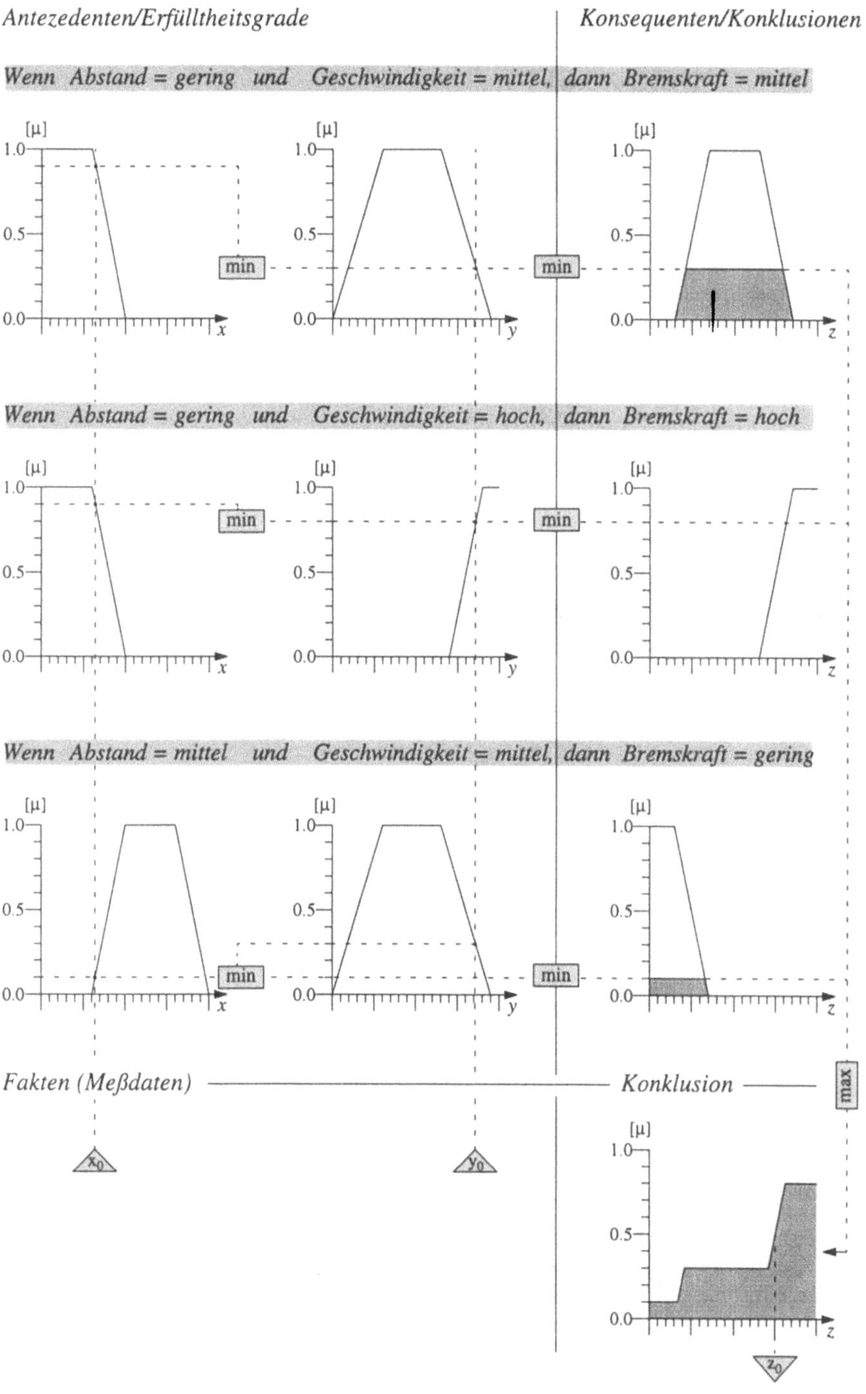

Abb. 11.3: Max-Min-Inferenzmethode

11.2.4 Defuzzifizierungsmethoden

Beide Verfahren, die Max-Min-Inferenz wie die Max-Prod-Inferenz, liefern als Ergebnis eine unscharfe Menge. Da produktionstechnische Anlagen exakte Steueranweisungen verlangen, ist es notwendig, aus dieser Fuzzy-Menge ein Element auszuwählen oder konkreter formuliert: aus dem resultierenden unscharfen Stellwert einen exakten Stellwert abzuleiten. Man nennt dies *Defuzzifizierung* (engl.: *defuzzification*).

In der Fuzzy-Regelungstechnik wurden eine Reihe verschiedener Defuzzifizierungsmethoden entwickelt. In der Fachliteratur und in der Praxis dominieren bislang zwei Hauptmethoden mit ihren Derivaten: die *Maximum-Methode* und die *Schwerpunktmethode.* Bei der Maximum-Methode wird ein Stellwert mit dem höchsten Zugehörigkeitsgrad zur Ergebnismenge gewählt. Dieses Kriterium liefert im allgemeinen eine Menge von Punkten:

$$M = \{y \in \Omega_Y \mid y = \max(\mu_{B^*}(y_1), \ldots, \mu_{B^*}(y_n))\}. \tag{11.12}$$

Enthält M mehr als ein Element, so ist diese Auswahl mehrdeutig und es muß ein weiteres Kriterium hinzugezogen werden. Die Vorauswahl kann auf verschiedene Weise vereindeutigt werden, etwa durch eine Zufallsauswahl oder durch die Wahl des kleinsten (*left of maximum*, kurz: LOM) beziehungsweise größten Werts (*right of maximum*, kurz: ROM). Am häufigsten wird der Mittelwert der beiden Extremwerte ($y_{\min}$, $y_{\max}$) empfohlen:

$$y_0 = \frac{y_{\min} + y_{\max}}{2} \quad ; y_{\min} = \min M,\ y_{\max} = \max M. \tag{11.13}$$

Diese sogenannte *Mittelwert-Maximum-Methode* (engl.: *mean of maximum*, kurz: MOM) ist leicht zu berechnen, setzt jedoch Intervallskalenniveau der Ausgangsvariablen voraus. (Bei diskreten Mengen kann statt des Mittelwerts der Median benutzt werden.) Als problematisch kann sich auch erweisen, daß der Stellwert keine maximale Zugehörigkeit zur resultierenden Fuzzy-Menge aufweisen muß, ja nicht einmal zu ihrer Trägermenge gehören muß.[13] Ein weiteres Problem besteht darin, daß diese Verfahren zu *sprungförmigen Änderungen der Stellgröße* neigen. Dies ist evident, wenn man davon ausgeht, daß die linguisti-

---

[13] Eine Variante der Mittelwert-Maximum-Methode, bei der dieses Problem vermieden wird, sieht vor, nicht den Mittelwert aller Elemente mit maximalem Zugehörigkeitsgrad zur unscharfen Ergebnismenge zu wählen, sondern stattdessen von der Fuzzy-Menge auszugehen, die im Dann-Teil genannt ist und den Mittelwert ihres Kerns auszuwählen. [Vgl. Altrock 1993, 166ff.] Analog dazu lassen sich auch die Methoden ROM und LOM über die Kerne der Ausgangsmengen statt über die höchsten Niveaumengen der resultierenden Fuzzy-Menge interpretieren [vgl. Altrock 1993, 170]. Bei Verwendung der Max-Prod-Inferenzmethode spielt es keine Rolle, ob man von den Ausgangsmengen oder der resultierenden Fuzzy-Menge ausgeht (vgl. Abbildung 11.4).

schen Variablen standardmäßig definiert sind (vgl. 237ff.) und daß in jedem Abarbeitungszyklus eine Regel den höchsten Erfülltheitsgrad aufweist. Jeder Wechsel der Regel mit dem höchsten Erfülltheitsgrad bewirkt dann einen Sprung der Stellgröße, je nachdem ob und in welchem Maß sich die unscharfen Stellwerte dieser Kontrollregeln unterscheiden.

Demgegenüber bewirkt die *Schwerpunktmethode* (engl.: *center of area*)[14] normalerweise einen glatten Verlauf der Stellgröße. Die Grundidee dabei ist, die Kontrollanweisungen aller Regeln entsprechend der Erfülltheitsgrade der Regelbedingungen zu berücksichtigen. Als Stellwert wählt man bei dieser Methode die Abszisse des Flächenschwerpunkts der resultierenden Fuzzy-Menge (B^*). Die Zugehörigkeitsfunktion μ_{B^*} sei über dem Intervall [a, b] definiert, dann berechnet sich der Stellwert y_0 über folgende Gleichung:

$$y_0 = \frac{\int_a^b y\mu_{B^*}(y)dy}{\int_a^b \mu_{B*}(y)(dy).} \qquad (11.14)$$

Ist der zu regelnde Prozeß stetig, dann erhält man auch einen stetigen Verlauf der Stellgröße, da die geringen Unterschiede der Prozeßgrößen auch nur geringe Unterschiede der Erfülltheitsgrade der Regeln und damit auch nur eine geringe Variation ihres Einflusses zur Folge haben. Verlaufen die Zugehörigkeitsfunktionen der Ausgangsgrößen symmetrisch, so hängt der Stellwert ausschließlich von den relativen, nicht von den absoluten Erfülltheitsgraden der Regeln ab. Solange nur Regeln zum gleichen unscharfen Stellwert einen positiven Erfülltheitsgrad aufweisen, bleibt die Ausgangsgröße konstant. Eine extreme Diskretisierung der Ausgangsvariablen kann folglich auch bei der Schwerpunktmethode zu einem relativ unstetigen Verlauf der Stellgröße führen. Um dies zu vermeiden, empfiehlt es sich, die Diskretisierung so zu wählen, daß sich die Zugehörigkeitsfunktionen deutlich überlappen.

Da numerische Integrationsverfahren sehr rechenaufwendig sind, wird häufig eine Modifikation benutzt, die in den meisten Anwendungsfällen eine hinreichend gute Näherung bietet und den Rechenaufwand zur Laufzeit drastisch zu reduzieren erlaubt. Diese sogenannte *modifizierte Schwerpunktmethode* (MCOA) sieht vor, für alle unscharfen Ausgangsmengen die Abszissen der Flächenschwerpunkte s_i zu berechnen und von ihnen das mit den Erfülltheitsgraden der Regeln gewichtete Mittel zu bilden:

---

[14] In der Fachliteratur werden synonym dazu oft die Termini *„centroid“* und *„center of gravity“* (kurz: COG) verwendet. Vgl. u.a. Cox [1994, 248], Mayer u.a. [1993, 80f.]; Altrock [1993, 167].

$$y_0 = \frac{\sum_{i=1}^{n} s_i c_i}{\sum_{i=1}^{n} c_i}. \qquad (11.15)$$

In diesem Fall wird die rechenintensive Formel 11.14 also nicht auf zur Laufzeit abgeleitete Fuzzy-Mengen, sondern auf zur Kompilationszeit bekannte Zugehörigkeitsfunktionen angewandt, so daß der zur Laufzeit notwendige Rechenaufwand relativ gering gehalten werden kann.

Eine weitere Vereinfachung kann erzielt werden, wenn man in Gleichung 11.15 statt den Flächenschwerpunkten die Mittelwerte (bei diskreten Fuzzy-Mengen die Mediane) der Kerne einsetzt [vgl. Altrock 1993, 29ff.]. Bei symmetrischen Fuzzy-Mengen liefert diese Methode („*center of maximum*", kurz: COM) die gleichen Ergebnisse wie die modifizierte Schwerpunktmethode (MCOA).[15]

Mit den empfohlenen Methoden können von Fall zu Fall weitere Probleme auftreten. Ein bekanntes Problem erinnert an die Parabel vom Esel, der verhungert, weil er sich nicht entscheiden kann, zu welchem der beiden gleichweit von ihm entfernten Heuhaufen er gehen soll. Gesetzt ein autonomes Fahrzeug fährt auf ein Hindernis zu und eine Fuzzy-Regelung zur Lenkradsteuerung liefere die Vereinigungsmenge der symmetrisch zum Nullpunkt definierten Fuzzy-Mengen „*links*" und „*rechts*". In diesem Fall würden die drei zuletzt beschriebenen Methoden zu einer Kollision führen, da der „defuzzifizierte" Stellwert das Fahrzeug geradeaus auf das Hindernis steuern würde.

Kruse, Gebhard und Klawonn weisen darauf hin, daß sich die Defuzzifizierung in zwei verschiedene Aufgaben unterteilen lasse, nämlich in die „Umwandlung einer Fuzzy-Menge in scharfe Werte" und die „Auswahl einer Aktion unter mehreren Kontrollaktionen" [Kruse u.a. 1993, 176]. Eine Möglichkeit bestünde demnach darin, aus der resultierenden Fuzzy-Menge eine Teilmenge auszuwählen und diese zu defuzzifizieren; umgekehrt sieht der zweite Weg vor, zunächst aus der resultierenden Fuzzy-Menge mehrere Werte abzuleiten, von denen dann einer ausgewählt wird. Um diese Problematik zu vermeiden, schlagen sie vor, die Kontrollregeln so zu formulieren, daß sie einen „deterministischen Kontrollexperten modellieren" [Kruse u.a. 1993, 177].[16]

---

15 Vgl. Altrock [1993, 29ff.]. Die Namensgebung ist nicht glücklich gewählt. In [Cox 1994, 258ff.] wird eine Methode namens „*Center of Maximums*" beschrieben, bei der der „Mittelpunkt" der Zentralwerte der beiden höchsten Plateaus der resultierenden Fuzzy-Menge ausgewählt wird.

16 „Diese Einschränkung ist nicht besonders gravierend, da zum einen aus Gründen der Zuverlässigkeit und der Vorhersagbarkeit ein deterministisches Verhalten des Fuzzy-Reglers wünschenswert ist und zum anderen der Kontrollexperte sich nur in den Situationen, wo mehrere Kontrollaktionen möglich sind, bei der Spezifikation der Regeln für eine Aktion entscheiden muß." [Kruse, Gebhardt, Klawonn 1993, 177]

Ein weiteres Problem hängt mit der Stellgrößenbegrenzung von Regelkreisen zusammen. Fallen die Randpunkte der kleinsten und größten Fuzzy-Mengen zu einer Stellgröße mit den Randpunkten des Stellbereichs zusammen, dann kann der Stellgrößenbereich im allgemeinen weder bei Verwendung der Mittelwert-Maximum-Methode noch bei Verwendung einer Schwerpunktmethode vollständig ausgeschöpft werden.[17] Abhilfe läßt sich, wie Kahlert und Frank anmerken, leicht schaffen, indem man die unscharfen Randmengen so wählt, daß sie symmetrisch um die Randpunkte des Stellbereichs liegen oder indem man die Schwerpunktmethode so modifiziert, „daß bei der Berechnung des Schwerpunkts die Randmengen ,fiktiv‘ fortgesetzt werden“ [Kahlert und Frank 1993, 173].

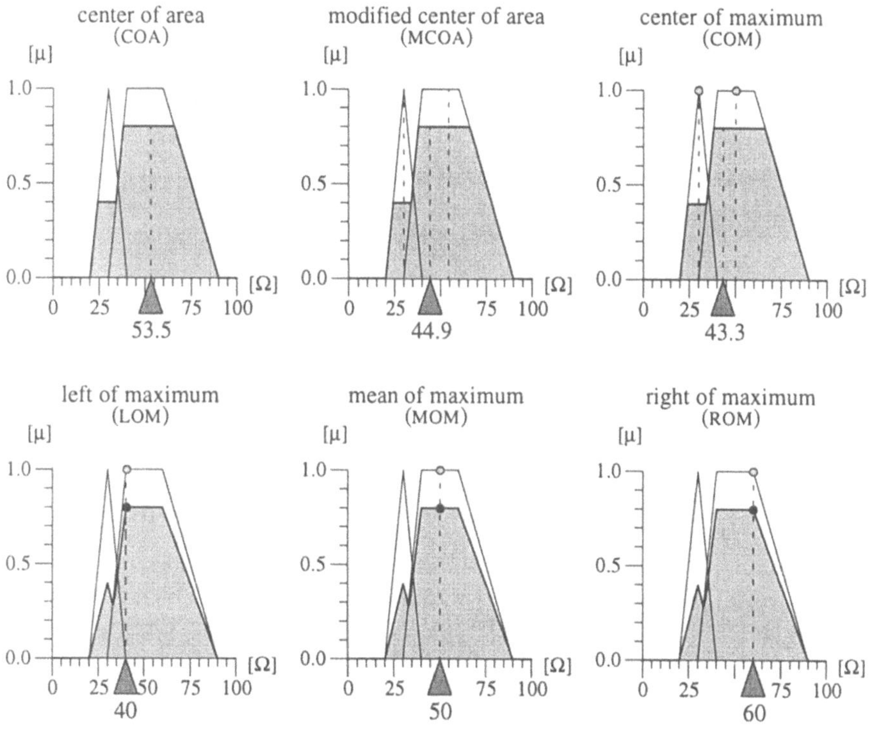

Abb. 11.4: Standardmethoden der Defuzzifizierung

[17] Für die Schwerpunktmethode gilt dies, wenn die Ergebnismenge keine Menge mit dem Randpunkt als einzigem Element ist, für die Mittelwert-Maximum-Methode, wenn die aufgrund des Erfülltheitsgrades α „beschnittene“ Ergebnismenge nicht den Randpunkt als einziges Element mit dem Zugehörigkeitsgrad α aufweist.

11.2.5 Funktionsaufbau, Entwurf und Optimierung „kognitiver" Fuzzy-Regler

Fuzzy-Regler auf der Basis kognitiver Modelle haben wie alle Regler die Funktion, Eingangsgrößen – seien es Regelabweichungen oder Prozeßzustandsgrößen – in Ausgangsgrößen umzuwandeln, um ein gewünschtes Prozeßverhalten zu erwirken. Charakteristisch für sie ist ein statisches, nichtlineares Übertragungsverhalten. Ihre Übertragungscharakteristik entspricht damit der eines Kennfeldreglers.[18] Das Neue und Spezifische der Fuzzy-Regelungstechnik liegt also nicht in einer grundsätzlich anderen Funktionalität des fertigen Reglers, sondern vielmehr in *Form und Inhalt* der Wissensmodellierung sowie einem neuartigen *Aufbau* und *Entwurf* von Reglern.

Die Grundform bilden *linguistische Kontrollregeln*, die typischerweise *Erfahrungswissen* über die Prozeßregelung beinhalten. Ihre Verarbeitung vollzieht sich über drei Funktionen (vgl. Abbildung 11.5): *Fuzzifizierung*, *Regelauswertung* und *Defuzzifizierung*.

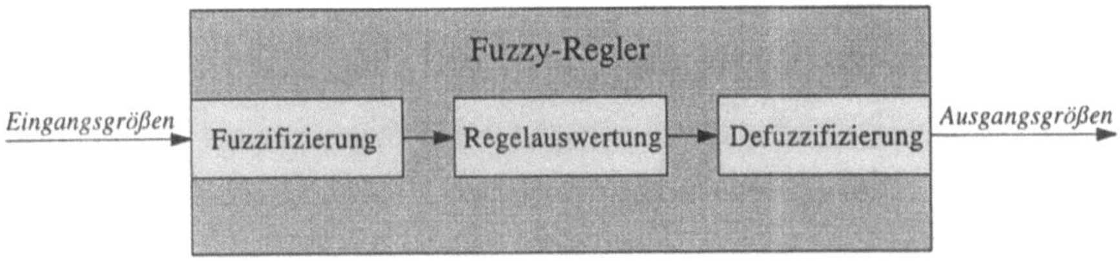

Abb. 11.5: Funktionsaufbau „kognitiver" Fuzzy-Regler

Als Fuzzifizierung wird die Bestimmung der Kompatibilitätsgrade der Eingangswerte zu den linguistischen Termen der Eingangsvariablen bezeichnet.[19] Ergebnis dieser Fuzzifizierung ist ein Vektor von Kompatibilitätsgraden, der

---

[18] Darauf wurde vielfach hingewiesen, vgl. etwa [Linzenkirchner und Preuß 1992, 115f.] sowie [Kahlert und Frank 1993, 187]. Kahlert und Frank haben überdies gezeigt, wie sich konventionelle Reglertypen, insbesondere PID-Regler, als Fuzzy-Regler realisieren lassen [Kahlert und Frank 1993, 190ff.].

[19] Diese Terminologie hat sich in der Fachliteratur durchgesetzt, obgleich sie äußert unglücklich gewählt ist. Es geht ja nicht darum, wie der Ausdruck nahelegt, etwas „unschärfer" zu machen, sondern lediglich darum, die Zugehörigkeitsgrade der (scharfen) Meßwerte zu Fuzzy-Mengen zu berechnen. Auch ist die Gegenüberstellung „Fuzzifizierung" – „Defuzzifizierung" irreführend, da hier keineswegs inverse Funktionen bezeichnet werden. Lexikalisch angemessener wäre es sicherlich, die Überführung numerischer Meßwerte in unscharfe Zahlen oder Fuzzy-Intervalle als Fuzzifizierung zu bezeichnen, eine Funktion, die aufgrund von Meßungenauigkeiten sachlich keineswegs abwegig ist, in der Fuzzy-Regelungstechnik aber bislang kaum Bedeutung erlangt zu haben scheint.

auch Sympathievektor genannt wird. In der Regelauswertung werden diese Kompatibilitätsgrade gemäß den in den Regelbedingungen kodierten „logischen" Verknüpfungsoperationen zu Erfülltheitsgraden der Regeln verrechnet, über die die unscharfen Teilmengen bestimmt werden, die schließlich zu je einer Fuzzy-Menge pro Stell- beziehungsweise Ausgangsgröße zusammengefaßt werden. Im letzten Schritt, der Defuzzifizierung, werden aus diesen resultierenden Fuzzy-Mengen exakte Stellwerte ausgewählt.

Dem Funktionsaufbau entsprechend läßt sich der Reglerentwurf in verschiedene Aufgaben unterteilen. Die erste Teilaufgabe betrifft die *Festlegung der Ein- und Ausgangsgrößen.* Die Meß- und Stellgrößen sind im wesentlichen technisch bestimmt, also von den Sensoren und Stellgliedern abhängig. Als Vorteil von Fuzzy-Reglern gelten ihre relativ geringen Anforderungen an die Genauigkeit der Meßwerte, so daß auch technisch weniger aufwendige Sensoren eingesetzt werden können [vgl. Kahlert und Frank 1993, 169f.]. Aus diesem Grund können auch regelungstechnisch wünschenswerte Meßgrößen einbezogen werden, die sonst mit zu hohem Aufwand und zu hohen Kosten verbunden wären. Überdies werden in „kognitiven" Modellen des öfteren sekundäre Größen verwendet, die in der Regel weitaus einfacher zu ermitteln sind als primäre physikalische oder chemische Zustandsgrößen des Prozesses.

Darauf aufsetzend erfolgen die *Definitionen der linguistischen Variablen.* Dazu gehört zunächst die Festlegung der Wertebereiche. Die Randpunkte dieses Bereichs können mit den Werten deckungsgleich sein, die die Eingangsgröße annehmen kann. Es kann jedoch zweckmäßiger sein, den Bereich auf Werte einzuschränken, die realistisch sind oder den Bereich definieren, der regelungstechnisch bewältigt werden soll. In manchen Fällen ist es sinnvoll, eine Normierung des Wertebereichs vorzunehmen und entsprechende Funktionen zur Maßstabtransformation zu definieren.

Bei der Spezifikation der linguistischen Terme ist primär ihre Anzahl, sodann sind ihre Kerne und Träger festzulegen, wobei insbesondere auf eine angemessene Überlappung zu achten ist. Um ein effektives und schnell ansprechendes Reglerverhalten zu erzielen, muß die Diskretisierung der Fuzzy-Mengen hinreichend groß gewählt werden, sie darf jedoch nicht zu stark sein, um einen glatten Verlauf der Regelgröße zu erzielen. Aus diesen Gründen haben sich Überlappungen der Fuzzy-Mengen bewährt, bei denen sich die Zugehörigkeitsfunktionen in der Höhe 0.5 schneiden.

Da die Ergebnisse primär von den genannten Kennwerten und nicht von der übrigen Verlaufsform beziehungsweise dem Typ der Zugehörigkeitsfunktion abhängen, werden meist dreiecks- oder trapezförmige und gelegentlich die zur Beschreibung stochastischer Prozesse gängigen Exponentialfunktionen verwendet (vgl. 237ff.).

Im Zentrum des Reglerentwurfs steht die *Erstellung der Regelbasis.* Im Prinzip sind hier die gleichen Erhebungs- und Akquisitionsmethoden anwendbar wie sie in der Expertensystemtechnologie seit längerem angewandt werden.[20] Da linguistischen Kontrollregeln typischerweise Erfahrungswissen eines „Experten“ oder „Operateurs“ repräsentieren, liegt es nahe, das Wissen von ihnen zu erfragen oder aus geeigneten Quellen zu extrahieren.[21] Statt das *Wissen* in expliziter Form zu modellieren, können auch die *Kontrollaktionen* eines Operateurs direkt modelliert werden. Dies führt zu einer partiellen Abkehr von dem Konzept einer kognitiven Modellierung und zu einem anderen Typ von Fuzzy-Reglern (vgl. Kapitel 11.3). Weitere Möglichkeiten bestehen darin, die Regelbasis aus einem Modell abzuleiten oder Verfahren des maschinellen Lernens einzusetzen. In den letzten Jahren wurden große Anstrengungen unternommen, Neuronale Netze und Genetische Algorithmen zur Erstellung und Optimierung der Wissensbasis einzusetzen (vgl. Fußnote 27, 409).

Handelt es sich um einfache Regelsysteme mit ein bis zwei Eingangsvariablen und einer Ausgangsvariable, dann läßt sich die Regelbasis auch sehr übersichtlich in Form einer Matrix darstellen, in die die unscharfen Stellwerte eingetragen werden (vgl. Tabelle 11.3, rechter Teil). Bei zwei Ausgangsgrößen werden oft zwei getrennte Matrizen aufgelistet. Prinzipiell lassen sich zwar auch Systeme mit mehreren Größen über mehrdimensionale Felder beschreiben (vgl. Tabelle 5.7, 165), diese Form ist jedoch zumindest als externe Repräsentation nicht gebräuchlich.

Bei der Erstellung der Regelbasis ist darauf zu achten, daß alle relevanten Kombinationen von linguistischen Termen der Eingangsgrößen abgedeckt werden. Im Normalfall bedeutet dies nicht, daß alle möglichen Term-Kombinationen erfaßt oder gar für jede Kombination eine Regel aufgestellt werden müßte. Bei einem Regler mit n Eingangsvariablen und jeweils m linguistischen Termen

---

[20] Einen kurzen Überblick über Mehoden und Werkzeuge der Wissensakquisition geben Boose und Gaines [1989]. Eine Auswahl von Systemen zur automatischen Wissensakquisition wird in [Marcus 1988] beschrieben. Verschiedene Wissenserhebungs-/Interviewtechniken werden in [Kidd 1987] erörtert. Eine sehr materialreiche praxis- und problemorientierte Erörterung der Wissensakquisition bieten Scott, Clayton und Gibson [1991].

[21] Daß die Wissensrepräsentation in Form linguistischer Kontrollregeln keineswegs dem Denken und Handeln in der regelungstechnischen Ausbildung und Praxis fremd ist, haben Holmblad und Østergaard [1982] in ihrer Beschreibung der ersten Anwendung eindrucksvoll mit einem Auszug aus einer amerikanischen Anleitung für Operateure belegt, die mit qualitativen Termini wie „high“, „OK“, „low“, „slightly increase“ etc. beschreibt „how an operator must adjust fuel rate, kiln speed, and air volume through the kiln under varying conditions characterised by temperature in burning zone BZ, oxygen percentages in exhaust gases OX, and the temperature at the back-end of the kiln BE.“ [Holmblad and Østergaard 1982, 337] Der Anfang des zitierten Auszugs lautet:

„*Case*	*Condition*	*Action to be taken*	*Reason*
10	BZ OK	a. Increase I.D. fan speed	To raise back-end temperature and increase oxygen percentage for action ‚b‘
	OX low		
	BE low	b. Increase fuel rate	To maintain burning zone temperature
11	BZ OK	a. Decrease fuel rate slightly	To raise percentage of oxygen

…“ [Peray and Wadell 1972, z.n. Holmblad and Østergaard 1982, 337]

müßten sonst n^m Regeln, also bei zwei Eingangsgrößen mit je sieben Termen 49 Regeln definiert werden. In vielen Situationen hängt die Kontrollanweisung nur von den Werten einer Teilmenge der Eingangsgrößen ab, in anderen Fällen lassen sich mehrere Situationen über logische Konnektive zusammenfassen und manche Situationen erübrigen eine Kontrollanweisung, sei es aus dem Grund, daß eine vernachlässigbare Regelabweichung vorliegt oder daß die Regelabweichung so eklatant ist, daß eine Korrektur nicht mehr durchführbar ist. Letzteres trifft bei dem invertierten Pendel beispielsweise ab einer bestimmten Winkelauslenkung und Winkelgeschwindigkeit zu, so daß statt der kombinatorischen 49 nur 7 Kontrollregeln erforderlich sind (vgl. Tabelle 11.3).

Regel 1: wenn W = ZR und WG = ZR, dann G = ZR
Regel 2: wenn W = PS und WG = PS, dann G = PS
Regel 3: wenn W = PM und WG = ZR, dann G = PM
Regel 4: wenn W = PS und WG = NS, dann G = ZR
Regel 5: wenn W = NM und WG = ZR, dann G = NM
Regel 6: wenn W = NS und WG = NS dann G = NS
Regel 7: wenn W = NS und WG = PS dann G = ZR

Geschwindigkeit		Winkelgeschwindigkeit				
		NM	NS	ZR	PS	PM
Winkel	NM			NM		
	NS		NS		ZR	
	ZR			ZR		
	PS		ZR		PS	
	PM			PM		

Tabelle 11.3: Linguistische Kontrollregeln zur Stabilisierung eines invertierten Pendels

Die dargestellten sieben linguistischen Kontrollregeln bilden die komplette Regelbasis eines Fuzzy-Reglers auf der Basis der Max-Min-Inferenzmethode, der über die Motorsteuerung eines kleinen Fahrzeugs einen Stab in Echtzeit balancieren kann. Yamakawa hat den Regler in einem von ihm entwickelten Hardware-System implementiert, das drei Eingänge und einen Ausgang bietet, Variablen mit je sieben linguistischen Termen – NL (negative large), NM (negative medium), NS (negative small), ZR (approximately zero), PS (positive small), PM (positive medium), PL (positive large) – unterstützt, bis zu 15 linguistische Regeln zu definieren erlaubt und eine Arbeitsgeschwindigkeit von 1 Million FIPS (fuzzy inferences per second) bietet. Mit der gleichen Regelbasis konnte sowohl ein Stab mit 5mm Umfang, 15cm Länge und 3.5g Gewicht wie ein Stab mit 10mm Umfang, 50cm Länge und 50g Gewicht stabilisiert werden. [Vgl. Yamakawa 1989]

Die vierte Teilaufgabe beinhaltet die *Festlegung der Inferenzmethode*. Standardmäßig stehen dazu die Max-Min-Inferenzmethode und die Max-Prod-Inferenzmethode zur Wahl. Diese Verfahren können jedoch leicht variiert werden. Naheliegend ist, von den Gleichungen 11.5 bis 11.7 (381) oder 11.8 – 11.9 (382) auszugehen und Konjunktion (Durchschnittsbildung) sowie Disjunktion (Vereinigungsbildung) durch ein anderes Paar von t-Normen und t-Conormen zu modellieren. Wie die Max-Prod-Inferenz zeigt, lassen sich praxistaugliche Inferenzmethoden auch dann entwerfen, wenn verschiedene t-Normen und t-Conormen gemischt werden. Es ist durchaus denkbar, daß im Interesse einer anwendungsadäquaten Modellierung auch andere Operatoren einbezogen werden. Insbesondere bieten sich mittelnde oder „kompensatorische“ Operatoren wie der γ-Operator zur Verknüpfung von Regelbedingungen an und es ist nicht abwegig, das Maximum bei der Zusammenfassung der von den Regeln erbrachten Beiträge durch einen „überkompensierenden" Operator wie die algebraische Summe zu ersetzen.

Der Entwurf wird vervollständigt durch die *Wahl der Defuzzifizierungsmethode*. Meist wird die Schwerpunktmethode empfohlen, weil sie in vielen Fällen plausible Ergebnisse bringt. In der Praxis bietet sich dann die modifizierte Schwerpunktmethode an, um eine hohe Verarbeitungsgeschwindigkeit zu erzielen. Bei Wahl der Mittelwert-Maximum-Methode wie der Schwerpunktmethode ist darauf zu achten, daß die Regelbasis deterministisch ist und die Randmengen so definiert sind, daß der gesamte Stellgrößenbereich ausgenutzt wird.

Da der Entwurf insgesamt beträchtliche Freiheitsgrade aufweist, wobei es für nicht wenige Teilaufgaben nur heuristische Faustregeln gibt, ist nicht davon auszugehen, daß mit der ersten Implementierung ein Reglerverhalten erzielt wird, daß die gewünschten Gütekriterien erfüllt. Prinzipiell bieten alle genannten Teilaufgaben des Entwurfs Ansatzpunkte zur *Korrektur und Optimierung*. Im Normalfall wird man sich jedoch primär auf Änderungen und Ergänzungen der Kontrollregeln beschränken und die Feinabstimmung über Parameteränderungen der Zugehörigkeitsfunktionen der linguistischen Terme vornehmen. Die Regelform bietet aufgrund der relativ hohen Transparenz und Modularität eine sehr gute Voraussetzung für experimentell basierte Änderungen. In den meisten Fällen läßt sich sehr leicht und schnell ermitteln, welche Regeln für ein bestimmtes Verhalten maßgeblich sind, da die relevanten Situationsbeschreibungen und Steueranweisungen explizit in den Regeln genannt werden und daher die maßgeblichen Regeln leicht identifiziert, verändert und erweitert werden können. Anders gesagt: Da das Regelungsverhalten über die linguistischen Kontrollregeln situations- und aktionsspezifisch beschrieben wird, bestehen relativ günstige Voraussetzungen, das ungewünschte Verhalten leicht lokalisieren und gezielt anpassen zu können.

11.3 Fuzzy-Regler auf der Basis „operativer Modelle"

11.3.1 Fuzzy-Kontrollregeln zur Beschreibung „operativer Modelle"

Steht in der klassischen Regelungstechnik die Bildung eines naturwissenschaftlich-mathematischen Modells im Zentrum, so in den bisher beschriebenen Fuzzy-Regelungen die kognitive Modellbildung. Die *mathematische* – gewöhnlich über Differentialgleichungssysteme erfolgende – *Beschreibung naturwissenschaftlicher Gesetze* des zu modellierenden Prozesses wird ersetzt durch *linguistische Kontrollregeln*, die als Modell des *Wissens* aufgefaßt werden können, aufgrund dessen Operateure den Prozeß regeln. Daß sich regelungsrelevantes Fachwissen auf diese Weise höchst effektiv modellieren läßt, belegen mittlerweile schier unzählige industrielle Anwendungen. Dennoch können in einigen Fällen Probleme bei der Wissensakquisition auftreten, die in der Expertensystem-Literatur mit dem Ausdruck „tacit knowledge“ bezeichnet werden und des öfteren auf die Differenz von „Wissen“ und „Können“ zurückgeführt werden. Anders gesagt: es kann vorkommen, daß Operateure zwar einen Prozeß erfolgreich regulieren können, jedoch nicht in der Lage sind, ihre Fähigkeit sprachlich, in Form linguistischer Kontrollregeln, zu artikulieren. Es ist daher sehr nützlich, so Takagi und Sugeno, einen Weg anzubieten, die Kontrollaktionen von Operateuren aufgrund numerischer Daten modellieren zu können [vgl. Takagi and Sugeno 1985, 387]. Die Grundidee dieses Ansatzes besteht also gewissermaßen darin, nicht mehr das „Wissen“ von Operateuren zu modellieren, sondern ihre „Operationen“. In diesem Sinne kann man von einem „operativen Modell“ sprechen, im Unterschied zu den beiden bisher genannten Alternativen, dem „kognitiven Modell“ und dem „mathematisch-naturwissenschaftlichem Modell“.[22] Takagi und Sugeno haben dazu einen neuen Typus von Fuzzy-Kontrollregeln eingeführt. Deren allgemeine Form lautet:

$$\text{Wenn } f(x_1 \text{ ist } A_1,\ldots, x_k \text{ ist } A_k), \text{ dann } y = g(x_1,\ldots, x_k). \tag{11.16}$$

Dabei bezeichnen f und g Funktionen, $x_1, \ldots x_k$ Variablen der Eingangsgrößen und $A_1, \ldots, A_k$ Fuzzy-Mengen (mit linearen Zugehörigkeitsfunktionen). Standardmäßig gelten die Teilbedingungen „x_1 ist $A_1,\ldots, x_k$ ist A_k“ einer Regel als konjunktiv miteinander verknüpft und f wird dementsprechend als Minimum der Zugehörigkeitsgrade der Eingangswerte zu den Fuzzy-Mengen $A_1, \ldots, A_k$ interpretiert. Zusätzlich kann jeder Regel ein „Wahrheitswert“ r^i zugeordnet werden, der dann eine obere Schranke für den Erfülltheitsgrad abgibt. Im allgemeinen wird der Wahrheitswert der Regel jedoch auf eins gesetzt, so daß dieser Faktor praktisch unberücksichtigt bleibt. g wird gewöhnlich als eine mit Parametern gewichtete Linearkombination der aktuellen Werte der Eingangsgrößen definiert. Die Standardform dieses Regeltyps lautet demnach:

$$\text{Wenn } x_1 \text{ ist } A_1 \ldots \text{ und } x_k \text{ ist } A_k, \text{ dann } y = p_0 + p_1x_1 + \ldots + p_kx_k. \tag{11.17}$$

---

[22] Diese Termini sind als griffige Kurzbezeichnungen hilfreich, insofern sie diskursbestimmende Ausdrücke der Definitionen der drei verschiedenen Modelltypen hervorheben. Es sollte jedoch beachtet werden, daß diese „charakteristischen“ Merkmale (kognitiv, operativ, mathematisch-naturwissenschaftlich) keineswegs exklusiv dem jeweiligen Modelltyp zuzusprechen sind. So können beispielsweise mathematisch-naturwissenschaftliche Modelle auch als „kognitive Modelle“ von Ingenieuren gedeutet werden und die Handlungen von Operateuren weisen wie jede menschliche Handlung per definitionem eine kognitive Dimension auf. Außerdem ist zu beachten, daß der von Sugeno und Takagi vorgeschlagene Modellierungsansatz zwar in besonderer Weise für eine automatische Akquisition der Regelbasis aus empirischen Daten geeignet ist, daß aber auch „kognitive“ Kontrollregeln auf der Grundlage empirischer Daten generiert werden können.

Da Regeln der Form 11.16 oder 11.17 zur Beschreibung „operativer“ Modelle dienen, werden sie im folgenden *„operative Fuzzy-Kontrollregeln“* oder kurz *„operative Kontrollregeln“* genannt.

11.3.2 Die Verarbeitung „operativer Fuzzy-Kontrollregeln“

Im Unterschied zu „kognitiven Kontrollregeln“ werden in „operativen Kontrollregeln“ die Kontrollaktionen nicht über linguistische Terme beschrieben, sondern über eine Abbildung, die jedem Tuple von Eingangswerten einen Ausgangswert zuweist. Da der Konsequent keine Fuzzy-Menge repräsentiert, ist auch keine Defuzzifizierung notwendig. Die Antezedenten unterscheiden sich formal nicht von denen „kognitiver Regeln“. Dementsprechend kann auch für jede „operative Kontrollregel“ R^i ein Erfülltheitsgrad c^i berechnet werden. (Takagi und Sugeno sprechen von „Wahrheitswert“ [Takagi and Sugeno 1985, 388]). Ähnlich wie bei der Verarbeitung „kognitiver Kontrollregeln“ können die Erfülltheitsgrade als Gewichte interpretiert werden, die angeben wie stark die aus den einzelnen Regeln R^i abgeleiteten „partiell“ gültigen Steuerwerte y^i in den resultierenden Steuerwert des gesamten Systems (y) einfließen sollen. Bei einer Regelbasis mit n Regeln erhält man demnach allgemein [vgl. Takagi and Sugeno 1985, 388]:

$$y = \frac{\sum_{i=1}^{n} c^i y^i}{\sum_{i=1}^{n} c^i} = \frac{\sum_{i=1}^{n} f^i(x_1, \ldots, x_k, r^i) g^i(x_1, \ldots, x_k)}{\sum_{i=1}^{n} f^i(x_1, \ldots, x_k)}. \tag{11.18}$$

Und für die Standardform ergibt sich:

$$y = \frac{\sum_{i=1}^{n} \min(\mu_{A_1^i}(x_1), \ldots, \mu_{A_k^i}(x_k)) \cdot (p_0^i + p_1^i x_1 + \ldots + p_k^i x_k)}{\sum_{i=1}^{n} \min(\mu_{A_1^i}(x_1), \ldots, \mu_{A_k^i}(x_k)).} \tag{11.19}$$

Beispielanwendungen „operativer Modellierungen“

Sugenos Arbeitsgruppe hat den Ansatz einer „operativen Modellierung“ in einer Reihe von Projekten erprobt. Die Leistungsfähigkeit dieses Ansatzes wurde dabei an so unterschiedlichen Aufgabenstellungen wie die automatische Lenkung eines Modellautos und die Regulierung chemischer Zusätze zur Wasserreinigung demonstriert.

Beispiel 11.2 *Lenkung eines Modellautos (Sugeno/Nishida)*

Sugeno und Nishida [1985] haben einen Fuzzy-Regler entworfen, mit dem sich ein Modellauto über einen rechtwinkligen Kurs lenken läßt. Der Regler hat vier Eingangs- ($x_1,\ldots,x_4$) und eine Ausgangsgröße (y).

Das Modellauto hat eine Länge von 40cm, ist 21cm breit, wiegt 2kg und hat einen Elektromotor, mit dem es eine Geschwindigkeit von 100cm/min erreicht.[23] Über Sensoren werden die Abstände mit einer Auflösung von etwa 2cm und die Fahrtrichtung mit einer Auflösung von 7.2° ermittelt.

Zur Festlegung der linguistischen Terme der Prämissen (vgl. Abbildung 11.7) sowie der Aktionskoeffizienten ($p_0,\ldots,p_4$) wurden aus 18 Fahrspuren eines erfahrenen Fahrers 500 Daten aufgezeichnet. Die Lenkung wird über 20 Fuzzy-Kontrollregeln beschrieben (vgl. Tabelle 11.4). Auf die vierte Eingangsgröße, also auf den Abstand des Autos zum Außenrand der Fahrbahn, wird nur

x_1 = Abstand zum Kurvenbeginn (cm)
x_2 = Abstand zum Innenrand (cm)
x_3 = Fahrtrichtung (Grad)
x_4 = Abstand zum Außenrand (cm)
y = Lenkradstellung (Grad)

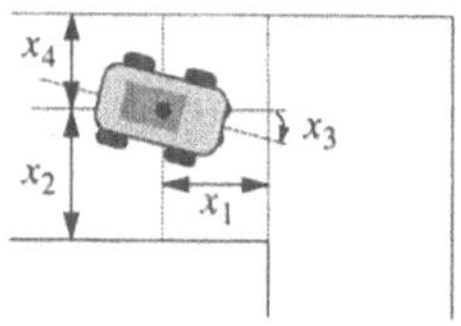

Abb. 11.6: Eingangsgrößen einer Fuzzy-Lenkung

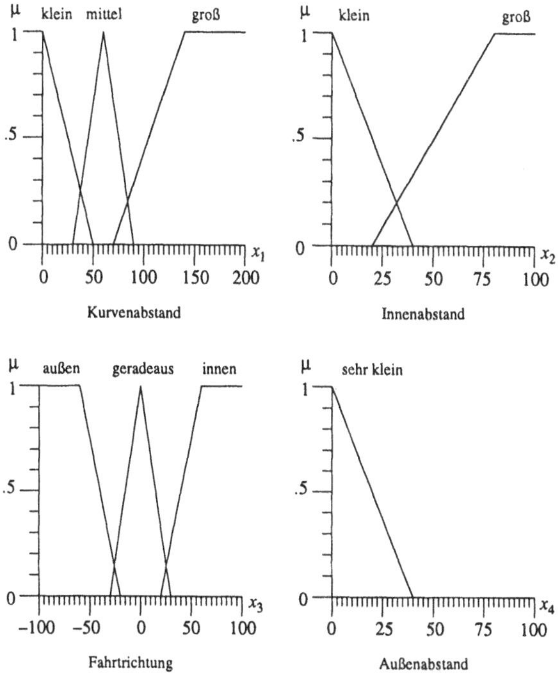

Abb. 11.7: Linguistische Variablen zur Lenkung eines Modellautos

[23] Die angegebene Geschwindigkeit ist selbst für ein Modellauto dieser Größe auffällig gering. Man sollte daraus jedoch nicht schließen, daß höhere Geschwindigkeiten mit Fuzzy-Reglern nicht zu erzielen seien. Auf der IJCAI-93 in Chambéry wurde ein mit einem Fuzzy-Regler und computergestützten Bildverarbeitungssystem gesteuerter Jeep vorgeführt, der „autonom“ einen eng abgesteckten Slalom-Kurs – bis auf eine Kollision fehlerfrei! – absolvierte. Gemessen an der Enge des Kurses schien das Tempo beachtlich hoch, wenn auch augenscheinlich unter der angegebenen Höchstgeschwindigkeit von 80km/h.

R^n	x_1	x_2	x_3	x_4	p_0	p_1	p_2	p_3	p_4
R^1	–	–	außen	sehr klein	3.000	0.000	0.000	-0.045	-0.004
R^2	–	–	vorne	sehr klein	3.000	0.000	0.000	-0.030	-0.090
R^3	klein	klein	außen	–	3.000	-0.041	0.004	0.000	0.000
R^4	klein	klein	vorne	–	0.303	-0.026	0.061	-0.050	0.000
R^5	klein	klein	innen	–	0.000	-0.025	0.070	-0.075	0.000
R^6	klein	groß	außen	–	3.000	-0.066	0.000	-0.034	0.000
R^7	klein	groß	vorne	–	2.990	-0.017	0.000	-0.021	0.000
R^8	klein	groß	innen	–	1.500	0.025	0.000	-0.050	0.000
R^9	mittel	klein	außen	–	3.000	-0.017	0.005	-0.036	0.000
R^{10}	mittel	klein	vorne	–	0.053	-0.038	0.080	-0.034	0.000
R^{11}	mittel	klein	innen	–	-1.220	-0.016	0.047	-0.018	0.000
R^{12}	mittel	groß	außen	–	3.000	-0.027	0.000	-0.044	0.000
R^{13}	mittel	groß	vorne	–	7.000	-0.049	0.000	-0.041	0.000
R^{14}	mittel	groß	innen	–	4.000	-0.025	0.000	-0.100	0.000
R^{15}	groß	klein	außen	–	0.370	0.000	0.000	-0.007	0.000
R^{16}	groß	klein	vorne	–	-0.900	0.000	0.034	-0.030	0.000
R^{17}	groß	klein	innen	–	-1.500	0.000	0.005	-0.100	0.000
R^{18}	groß	groß	außen	–	1.000	0.000	0.000	-0.013	0.000
R^{19}	groß	groß	vorne	–	0.000	0.000	0.000	-0.006	0.000
R^{20}	groß	groß	innen	–	0.000	0.000	0.000	-0.010	0.000

Tabelle 11.4: Fuzzy-Kontrollregeln zur Lenkung eines Autos auf der Basis eines „operativen" Modells

in den beiden ersten Regeln zugegriffen. Die Funktion dieser Regeln ist es offenkundig, das Modellauto von der Außenwand der Fahrbahn fernzuhalten. Die Hauptfunktion der Kurvensteuerung wird von den restlichen 18 Kontrollregeln erfüllt. Zu jeder möglichen Kombination der linguistischen Werte der drei anderen Eingangsgrößen ist eine Kontrollregel angegeben.

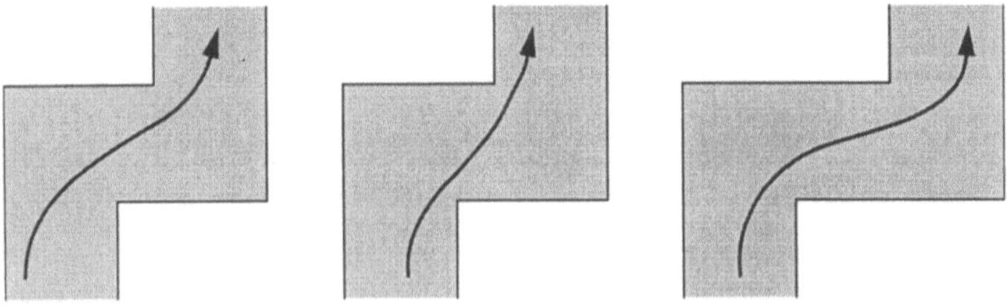

Abb. 11.8: Fahrspuren des Modellautos von Sugeno und Nishida

Der Regler wurde zunächst mit Hilfe einer Computersimulation, dann mit einem Modellauto getestet. Tabelle 11.5 veranschaulicht anhand willkürlich gewählter Werte für die vier Eingangsgrößen wie der Stellwert für die Lenkung berechnet wird. Wie

R^n	$\mu(x_1)$	$\mu(x_2)$	$\mu(x_3)$	$\mu(x_4)$	c^i	p_0	p_1x_1	p_2x_2	p_3x_3	p_4x_4	y^i	c^iy^i
R^1	1	1	0									
R^2	1	1	1	0								
R^3	0.220	0.325	0									
R^4	0.220	0.325	1	1	0.220	0.303	-1.014	1.647	0	0	0.936	0.206
R^5	0.220	0.325	0									
R^6	0.220	0.117	0									
R^7	0.220	0.117	1	1	0.117	2.990	-0.663	0	0	0	2.327	0.272
R^8	0.220	0.117	0									
R^9	0.300	0.325	0									
R^{10}	0.300	0.325	1	1	0.300	0.053	-1.482	2.160	0	0	0.731	0.219
R^{11}	0.300	0.325	0									
R^{12}	0.300	0.117	0									
R^{13}	0.300	0.117	1	1	0.117	7.000	-1.911	0	0	0	5.089	0.594
R^{14}	0.300	0.117	0									
R^{15}	0											
R^{16}	0											
R^{17}	0											
R^{18}	0											
R^{19}	0											
R^{20}	0											
				$\Sigma c^i =$	0.754						$\Sigma c^iy^i =$	1.291
$x_1 = 39, x_2 = 27, x_3 = 0,\ x_4 = 73$							$\rightarrow$				$\Sigma c^iy^i / \Sigma c^i =$	1.712

Tabelle 11.5: Exemplarische Auswertung von Fuzzy-Kontrollregeln

aus der Berechnungstabelle ersichtlich, müssen in diesem Fall lediglich vier Regeln (R^4, R^7, R^{10}, R^{13}) vollständig ausgewertet werden. (Wegen der Minimum- und Produktbildung erübrigt sich die weitere Auswertung, sobald ein Zugehörigkeitsgrad gleich null ist.) Nach Sugeno und Nishida ergaben die praktischen Tests gute Ergebnisse: das Modellauto wurde von dem Regler mehrmals ohne ruckartige Lenkbewegungen durch einen 1 Meter langen Testkurs gesteuert. Gelegentliche Fehlschläge seien durch Meßfehler verursacht gewesen [Sugeno and Nishida 1985, 111]. Als Beleg der Regelgüte sind exemplarische Fahrspuren skizziert [w.o., 112], wie sie in Abbildung 11.8 nachgezeichnet sind.

Sugenos und Nishidas Experiment macht deutlich, daß sich mit Fuzzy-Kontrollregeln technisch keineswegs triviale Aufgaben auf einfache Weise (ohne die Bildung eines mathematisch-naturwissenschaftlichen Modells) lösen lassen. Der von ihnen verfolgte Ansatz eines Fuzzy-Reglers erfordert nicht einmal eine explizites „kognitives Modell" der Regelungstätigkeit. Ihr Ansatz ist darauf hin konzipiert, aus Beispieldaten ein leistungsfähiges System „operativer Kontrollregeln" zu erstellen.

Die Bestimmung der Kontrollregeln ist eine relativ komplexe und komplizierte Aufgabe [vgl. Takagi and Sugeno 1985, 389-397]. Wichtige Teilprobleme lassen sich allerdings mit klassischen Methoden der linearen Systemtheorie lösen. Takagi und Sugeno untergliedern ihr Vorgehen in drei wechselseitig voneinander abhängige Teilschritte: die Wahl der Prämissen-Variablen, die Bestimmung der Zugehörigkeitsfunktionen und die Festlegung der Parameter sowie die Bestimmung der Parameter der Regelkonsequenten.

Die Bestimmung der Zugehörigkeitsfunktionen reduziert sich auf die Festlegung von Parametern, da Takagi und Sugeno lineare Zugehörigkeitsfunktionen voraussetzen. Als Performanzindex verwenden sie die Quadratwurzel der mittleren quadratischen Fehler der berechneten Werte gegenüber den empirisch erhobenen Werten.

Takagi und Sugeno weisen darauf hin, daß die Auswahl der Prämissen-Variablen aus einer Menge von Eingangsvariablen ein kombinatorisches Problem ist. Sie schlagen daher ein heuristisches Suchverfahren vor, indem die Menge der Variablen sukzessive erweitert wird und verschiedene Varianten aufgrund der Performanzindizes bewertet werden. Die Regelparameter werden jeweils getrennt mit der Methode der kleinsten Quadrate berechnet. Ausgehend von bestimmten Zugehörigkeitsfunktionen werden auf diese Weise die Parameter der Konsequenten optimiert; und ausgehend von bestimmten Parametern der Konsequenten werden die Parameter der linearen Zugehörigkeitsfunktionen optimiert.

Die Leistungs- und Konkurrenzfähigkeit dieses Ansatzes (insbesondere im Vergleich zu rein statistischen Ansätzen) haben Takagi und Sugeno an realen Applikationen aufgezeigt: der Regulierung des Mangangehalts bei der Herstellung von Stahl und chemischer Zusätze zur Wasserreinigung.

Beispiel 11.3 *Fuzzy-Regelung einer Wasserreinigungsanlage (Takagi/Sugeno)*

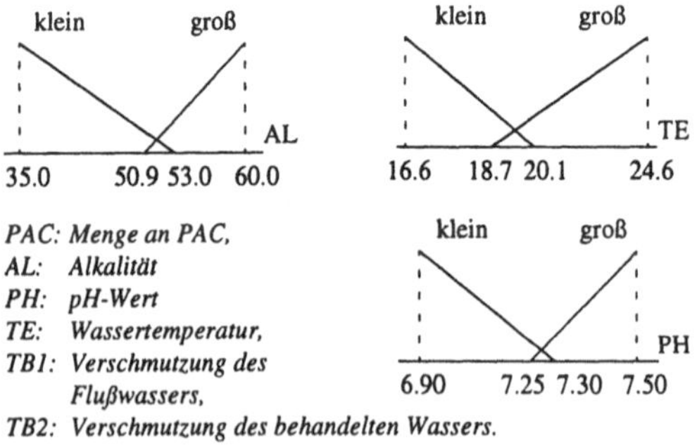

Abb. 11.9: Partitionierung der Variablen PH, AL, TE

Die von Takagi und Sugeno modellierte Wasserreinigungsanlage besteht aus drei Tanks. Im ersten Tank werden dem trüben Flußwasser PAC genannte chemische Zusätze sowie Chlor zur Desinfektion hinzugefügt. Diese Mischung fließt in einen Sedimentationstank, in dem sich die Trübungspartikeln mit Hilfe der chemischen Zusätze verbinden und auf den Boden absetzen. Dieser Vorgang dauert je nach Tankgröße ungefähr 3 bis 5 Stunden. Anschließend gelangt das behandelte Wasser in einen Filtriertank. Nach der Filtration erhält man mehr oder weniger „sauberes" Wasser. Der verbleibende Verschmutzungsgrad hängt von dem Verschmutzungsgrad des ungereinigten Flußwassers wie der Menge der hinzugefügten chemischen Zusätze PAC ab. Zielsetzung ist es, mit möglichst gerin-

gen Mengen von PAC den Verschmutzungsgrad unter einem bestimmten Niveau zu halten. Charakteristisch für diesen Prozeß ist, daß kein physikalisches Modell vorliegt, die Verschmutzung stark variiert und das Bewertungskriterium Verschmutzung, also auch die Zielsetzung, nicht klar definiert ist. Daher gilt die Erfahrung der Operateure als ein „Schlüsselfaktor“ der Prozeßregelung. Zur Berechnung der PAC-Menge werden in dem Modell von Takagi und Sugeno die in Abbildung 11.9 aufgelisteten Meßgrößen berücksichtigt [vgl. Takagi and Sugeno 1985, 398]. Zur Modellbildung standen die stündlich über 4 Monate erhobenen Meßdaten zur Verfügung.

TB1	PH	TE	AL	PAC	TB2
10.0	7.1	18.8	53.0	1300	1.0
17.0	7.0	18.6	50.0	1300	1.0
22.0	7.3	19.4	46.0	1400	2.0
50.0	7.1	19.5	40.0	1400	1.0
9.0	7.3	23.3	48.0	900	4.0
11.0	7.1	20.7	50.0	900	1.0
12.0	7.2	21.3	50.0	900	3.0
14.0	7.2	23.6	53.0	900	4.0
35.0	7.0	17.8	35.0	1200	1.0
20.0	7.0	16.6	40.0	1100	1.0
20.0	6.9	17.8	42.0	1100	1.0
18.0	7.1	17.3	40.0	1100	1.0
12.0	7.2	18.8	55.0	900	3.0
8.0	7.2	18.0	50.0	1000	1.5
11.0	7.1	19.2	49.0	1000	2.0
50.0	7.0	18.0	37.0	1200	1.5
35.0	7.0	17.7	42.0	1200	1.5
30.0	7.0	17.3	41.0	1100	1.5
16.0	7.1	19.3	42.0	1100	3.0

Operateur	Statistisches Modell	Fuzzy-Modell
1300	994.7	1308.6
1300	995.9	1027.4
1300	1119.6	1063.0
1400	1151.1	1386.2
1400	1409.4	1551.1
900	1066.4	923.9
900	1068.9	965.5
900	1012.3	875.4
1200	1286.8	1236.7
1200	1246.8	1172.6
1100	1151.4	1075.9
1100	1199.5	1115.1
1100	1159.4	1130.5
1000	985.7	934.1
1000	1009.3	973.8
1000	1038.2	984.6
1200	1398.3	1285.3
1200	1290.6	1160.8

Tabelle 11.6: Wasserqualität und chemische Zusätze

Aus diesen Daten (vgl. Tabelle 11.6, links) wurden 8 Fuzzy-Kontrollregeln der Form

*If (PH is *), (AL is *) and (TE is *)*
then $PAC = p_0 + p_1 \cdot TB1 + p_2 \cdot TB2 + p_3 \cdot PH + p_4 \cdot AL + p_5 \cdot TE$

abgeleitet (vgl. Tabelle 11.7).

Regel	PH	AL	TE	p_0	p_1	p_2	p_3	p_4	p_5
R^1	klein	klein	klein	8858	2664	-8093	11230	-1147	-2218
R^2	klein	klein	groß	-7484	124	-427	761	52	-17
R^3	klein	groß	klein	7270	42	-54	-1368	10	158
R^4	klein	groß	groß	2202	5	-34	-221	-8	40
R^5	groß	klein	klein	-13918	3	-6	2110	-3	2
R^6	groß	klein	groß	770	22	11	64	-8	-9
R^7	groß	groß	klein	-14819	159	-14	2337	-25	-69
R^8	groß	groß	groß	-317	-13	-16	29	6	41

Tabelle 11.7: Fuzzy-Kontrollregeln zur Wasserreinigung auf der Basis eines „operativen Modells“

Ein Vergleich mit den Beimischungen, die das gewöhnlich eingesetzte statistische Verfahren liefert, belegt die Güte des Fuzzy-Modells (vgl. Tabelle 11.6). Im Gegensatz zu den statistisch berechneten Beimengungen weichen die nach dem Fuzzy-Modell berechneten nur geringfügig von den Mengen an PAC ab, die ein Operateur dem Wasser hinzugefügt hat: die durchschnittliche Differenz beträgt für das Fuzzy-Modell 48.5, für das statistische Modell 128.0.

11.4 Leistungsmerkmale, Probleme und Entwicklungslinien der Fuzzy-Regelungstechnik

11.4.1 Fuzzy-Regelungstechnik und konventionelle Regelungstechnik im Vergleich

Von der Leistungsfähigkeit der konventionellen Regelungstechnik zeugen seit Jahrzehnten unzählige Produktionsanlagen, Haushaltsgeräte, Konsumartikel und andere Produkte. Die Fuzzy-Regelungstechnik ist vergleichsweise jung, obgleich wesentliche Grundideen bereits in den 60er Jahren formuliert wurden [Zadeh 1965; 1968a] und die konzeptionellen Grundlagen Anfang der 70er Jahre entwickelt waren [Zadeh 1973]. Die praktische Umsetzung vollzog sich zunächst sehr zögerlich. Von der ersten Fuzzy-Regelung im Labormaßstab [Mamdani and Assilian 1975] bis zur ersten industriellen Anwendung im Jahr 1980 [Holmblad and Østergaard 1982] vergingen gut fünf Jahre. In der ersten Hälfte der 80er Jahre begann man in Japan einsatzfähige Fuzzy-Regelungen zu entwikkeln. Einen emminent wichtigen Impuls erhielt die Verbreitung der Fuzzy-Regelungstechnik durch die Entwicklung eines Systems zur automatischen Geschwindigkeits- und Bremsregulierung von U-Bahnen [Yasunobu, Miyamoto, Ihara 1983], das Ende 1986 erstmals eingesetzt wurde. Furore machte diese Entwicklung 1987, als bekannt wurde, daß in Sendai in Japan die erste U-Bahn in Betrieb genommen worden war, die vollautomatisch mit Fuzzy-Reglern fährt. Der „Fuzzy-Boom in Japan" [Bellon et al. 1992] begann in andere technisch hochentwickelte Regionen der Welt überzugreifen, als bekannt wurde, daß 48 Industrieunternehmen und das japanische Ministerium für internationalen Handel und Industrie (MITI) 1989 in Yokohama das Institut LIFE (Laboratory for International Fuzzy Engineering Research) gegründet hatten. 1990, so Sangalli [1992], erreichte die „Fuzzy-Welle" den Konsumartikel-Markt.

Die Gründe für diesen Boom liegen sicherlich nicht in einer gegenüber konventionellen Reglern prinzipiell höheren Leistungsfähigkeit: die Übertragungscharakteristik von Fuzzy-Reglern entspricht der von klassischen Kennfeldreglern. Ebenso falsch wäre es aber, den „Boom" als bloßen Propaganda-Effekt und Modeerscheinung zu begreifen. Die Fuzzy-Regelungstechnik weist durchaus einige technische Vorzüge auf.

Dabei ist zu beachten, daß sich die klassische Regelungstechnik ebensowenig wie die Fuzzy-Regelungstechnik auf ein Konzept und ein Verfahren reduzieren läßt. Für „lineare, zeitinvariante Systeme mit konzentrierten Parametern" bietet die klassische Regelungstechnik eine Vielfalt bewährter Verfahren und Werkzeuge [Kahlert und Frank 1993, 156].

In der Praxis werden meist PID-Regler verwendet. Gegenüber PID-Reglern haben sich Fuzzy-Regler in mehreren Vergleichsstudien als vorteilhaft erwiesen. Trautzl [1992] berichtet von einer Studie, in der ein PID-Regler und ein Fuzzy-Regler für einen Gleichstrommotor verglichen wurden. Dabei zeigte sich, daß beide Regler sich gleichwertig verhalten, solange das System linear ist, je stärker jedoch die Nichtlinearitäten wurden, desto besser schnitt der Fuzzy-Regler ab [Trautzl 1992, 147]. Er übertraf den PID-Regler nach allen drei überprüften Gütekriterien: *Anstiegszeit, Einschwingzeit* und *Überschwinghöhe.*[24]

Hinsichtlich ihrer Übertragungscharakteristik sind Fuzzy-Regler als Kennfeldregler einzustufen. Der Hauptunterschied der Fuzzy-Regelungstechnik zur klassischen Regelungstechnik liegt daher nicht in der potentiellen Funktionalität, sondern in der Modellbildung: die Bildung eines mathematischen Modells, die als Kardinalproblem der klassischen Regelungstechnik gilt, wird ersetzt durch die Bildung eines „kognitiven" oder „operativen" Modells.

Mit dem neuartigen Entwurfsverfahren sowie Form und Inhalt unscharfer Modelle sind viele Vorteile verbunden. Die Entwicklung wird vereinfacht, Entwicklungszeit und Entwicklungskosten können zum Teil drastisch verringert werden. Aufgrund der geringeren Anforderungen an die Meßtechnik können Kosten für aufwendige Sensoren vermieden werden und zur Verbesserung der Regelgüte mehr Meßgrößen berücksichtigt werden. Ihre Eignung zur Verwertung sekundärer Größen kann ebenfalls kostenmindernd oder qualitätserhöhend genutzt werden. In manchen Fällen wird eine Prozeßregelung durch den „kognitiven" oder „operativen" Modellierungsansatz erst rentabel, wenn nicht überhaupt erst möglich. Dies kann daran liegen, daß die Messung der für das mathematische Modell benötigten Daten zu aufwendig oder technisch unmöglich ist. Es kann auch sein, daß die Bildung eines mathematischen Modells zu kompliziert ist oder am mangelnden Wissen scheitert. In manchen Fällen ist die Modellbildung zwar theoretisch möglich, die Komplexität des resultierenden Modells jedoch praktisch nicht mehr handhabbar. Dies gilt etwa für die dynamische Fahrzeugstabilisierung wie sie für ein Fuzzy-Modellauto realisiert wurde [vgl. Altrock 1992, 150ff.] Aus all diesen Gründen werden Fuzzy-Regler speziell für stark nichtlineare und „vermaschte" Systeme, wie sie insbesondere in der Ver-

---

[24] „Anstiegszeiten: Die Anstiegszeit des Fuzzy-Reglers war etwa zwischen 1.2 und 1.51 mal schneller als die des klassischen Ansatzes. Einschwingzeit: Der Fuzzy-Regler schwang zwischen 2.28 und 3.89 mal schneller ein als der klassische PID-Regler. Überschwingen: Die Überschwinger des Fuzzy-Reglers lagen zwischen 0.45 und 1.0 des PID-Reglers." [Trautzl 1992, 146f.]

fahrenstechnik häufig anzutreffen sind, empfohlen. (Vgl. hierzu etwa Linzenkirchner und Preuß [1992, 116] sowie Kahlert und Frank [1993, 161, 240 und 237].) Die Fuzzy-Regelungstechnik kann daher nicht nur zur Kostensenkung oder Qualitätssteigerung von Reglern führen, sondern darüber hinaus der Regelungstechnik neue Anwendungen erschließen.

Fuzzy-Regler können sich auch schlicht deshalb anbieten, weil sie effizient zu implementieren, flexibel, robust und einfach sind. „Kognitive Modelle" können von jedem verstanden werden, der etwas von der Regelung des Prozesses versteht. Im Gegensatz zum Verständnis der Modelle der klassischen Regelungstechnik sind dazu keine Kenntnisse in höherer Mathematik notwendig. Das Konzept der „kognitiven Modellierung" eröffnet daher auch mathematisch Unkundigen einen Weg, Regler zu entwerfen. Entscheidend ist ihr Erfahrungswissen, nicht ihr naturwissenschaftliches und mathematisches Wissen.[25]

Einer der meistgenannten Kritikpunkte an der Fuzzy-Regelungstechnik ist der Stabilitäts*nachweis*. Die klassische Regelungstechnik bietet sowohl für lineare wie für nichtlineare Systeme Verfahren an, die Stabilität eines Modells zu überprüfen. Da der Entwurf einer Fuzzy-Regelung im allgemeinen nicht auf einem mathematischen Modell basiert, können in diesen Fällen auch die auf einem solchen Modell aufsetzenden *analytischen* Stabilitätsnachweise der klassischen Regelungstechnik nicht erbracht werden. Das bedeutet jedoch nicht, daß die Stabilitätstheorie der klassischen Regelungstechnik nicht auf Fuzzy-Regelungssysteme anwendbar sei. *Numerische* Stabilitätsnachweise können für Fuzzy-Regelungssysteme ebenso erbracht werden wie für die klassischen Kennfeldregler [vgl. Altrock 1993, 173]. Im übrigen scheint es so zu sein, daß Stabilitätsnachweisen in der Praxis bei weitem nicht die Bedeutung zukommt, die ihnen in der Theorie zugesprochen wird. Bei nichtlinearen Systemen wird auf Stabilitätsnachweise oft verzichtet, weil solche Stabilitätsnachweise nicht einfach zu erbringen sind und mit großem Aufwand verbunden sind [vgl. Altrock 1993, 174; Kahlert und Frank 1993, 152ff.]. Altrock [1993] zitiert einen Flugzeugingenieur, der die Bedeutung von Tests und „Ingenieur-Know-how" für die Erstellung und Stabilitätsbeurteilung von Reglern hervorhebt und darauf hinweist, daß die mathematischen Modelle ihrer Regelstrecken nicht einmal für die modellbasierte Erstellung der Regler ausreichten [vgl. Altrock 1993, 174].

> „Daher reichen die mathematischen Modelle auch nicht aus, um wirklich aussagekräftige Stabilitätsaussagen machen zu können. Um uns abzusichern, geben wir immer die Prämissen an, unter denen die Stabilitätsaussage gilt. Daß diese daher meist unrealistisch sind, stört dann aber erstaunlicherweise niemanden mehr, wenn wir die Analysen zur Prüfung abgeben. Trotzdem sind unsere Systeme sehr stabil." [z.n. Altrock 1993, 174]

[25] Altrock [1992, 150] sowie Kahlert und Frank [1993, 155] haben diesen Zusammenhang am Beispiel einer Laufkatzenregelung verdeutlicht.

Selbst bei linearen Systemen wird, so Kahlert und Frank, in der Praxis nur ein eingeschränkter, nicht alle Parametervariationen berücksichtigender Stabilitätsnachweis geführt:

> „Ein gelungener Stabilitätsnachweis gibt dem Regelungstechniker zunächst einmal das beruhigende Gefühl, daß später im realen Prozeß »schon nichts passieren wird«. Dabei ist jedoch zu bedenken, daß der Nachweis genaugenommen nur für das eine Systemmodell gilt, für das er geführt wurde. Ändert sich während des Betriebes aufgrund von Parametervariationen innerhalb der Regelstrecke oder auch des Reglers das Systemmodell, so muß die Stabilität im Prinzip neu überprüft werden." „Ein ... Stabilitätsnachweis für ein ganzes Kontinuum von möglichen Betriebsfällen ist i.a., wenn überhaupt, nur rechnergestützt möglich. Häufig beschränkt man sich in der Praxis deshalb darauf, nur die Stabilität für die Extremfälle ... zu überprüfen und darauf zu hoffen, daß bei den Zwischenwerten 'alles gutgeht'." [Kahlert und Frank 1993, 154, 155]

Deutlich zugunsten von Fuzzy-Reglern spricht ihre Robustheit. Im allgemeinen sind Fuzzy-Regelungen weit robuster gegenüber Parametervariationen, Änderungen des Sollwerts oder Störungen als konventionelle Regler.[26] Fuzzy-Regler können oft dann noch ein befriedigendes Reglerverhalten erbringen, wenn einzelne Regeln falsch niedergeschrieben oder weggelassen wurden und selbst der Ausfall eines Sensors muß nicht zu einem völligen Versagen der Regelung führen (vgl. u.a. [Kahlert und Frank 1993, 234f.] sowie 34). Die mangelnde Robustheit konventioneller Regler wiegt umso schwerer als die Modellbildung gewöhnlich auf idealisierenden Vereinfachungen beruht, in ihr also von Wirkungsgrößen und Wirkungszusammenhängen abstrahiert wird, die sich in der Anwendung geltend machen.

Vereinfachungen bei der Modellbildung sind ein wesentlicher Grund dafür, daß auch in der klassischen Regelungstechnik Tests und Feinabstimmungen unverzichtbar sind. In der Fuzzy-Regelungstechnik sind Korrekturen und Optimierungen relativ leicht über Änderungen der Regelbasis und der Parameter von Zugehörigkeitsfunktionen durchführbar.

11.4.2 Entwicklungsfelder der Fuzzy-Regelungstechnik

Der Ende der 80er Jahre einsetzende „Fuzzy-Boom" hat viele Weiterentwicklungen befördert. Dazu zählen Ansätze zu einer speziellen Fuzzy-Stabilitätstheorie (vgl. die Literaturhinweise in [Altrock 1993, 174]), neue Defuzzifizie-

---

[26] „Demgegenüber weisen speziell »hochgezüchtete« konventionelle Regler häufig die Eigenschaft auf, zwar für das zugrundeliegende mathematische Prozeßmodell, spezielle Führungsgrößen, hochgenaue Sensorik und störungsfreie Signale Optimalität in irgendeinem Sinne aufzuweisen, jede noch so kleine Abweichung von diesem Idealzustand aber mit einem Verlust an Regelgüte bis hin zur Stabilität des Gesamtsystems zu bestrafen." [Kahlert und Frank 1993, 233]

rungsmethoden [vgl. Runkler and Glesner 1994] sowie allgemeine theoretische Untersuchungen über mathematische Eigenschaften von Fuzzy-Reglern.

Für die Verbreitung der Fuzzy-Regelungstechnik ist die Integration oder Kombination von Fuzzy-Ansätzen mit Ansätzen der konventionellen Regelungstechnik von großer Bedeutung. Palm hat gezeigt, daß sich das konventionelle, für nichtlineare Systeme geeignete „Sliding-Mode"-Verfahren durch Fuzzy-Regeln verbessern läßt [vgl. Palm und Hellendoorn 1991a,b; Kahlert und Frank 1993, 212-219]. Fuzzy-Regler können zur Erzeugung von Führungsgrößen oder zur Adaption der Parameter konventioneller Regler benutzt werden, wobei diese Adaption vor Prozeßbeginn oder während des Prozesses zur Anpassung an wechselnde Betriebszustände erfolgen kann [vgl. Hülshoff 1992, 176f. und Schödel 1992, 107]. Aufgrund der geringen Überschwingweite, die für Fuzzy-Regler typisch ist, eignen sie sich besonders für das An- und Hochfahren von Prozessen. Linzenkirchner und Preuß [1992] haben gezeigt, daß sich Fuzzy-Regelungstechniken über Funktionsbausteine in standardmäßige Automatisierungssysteme integrieren lassen, so daß eine Kombination von Funktionen der Fuzzy-Regelungstechnik mit denen der konventionellen Regelungstechnik technisch leicht durchführbar ist.

Die vielversprechendste Weiterentwicklung betreffen maschinelle Adaptions- und Akquisitionstechniken für Fuzzy-Regelungssysteme. Hecht u.a. [1994a] unterscheiden fünf Grundtechniken: (1) allgemeine Optimierungsverfahren, (2) Verfahren zur Clusterbildung, (3) Neuronale Netze, (4) symbolische maschinelle Lernverfahren und (5) Genetische Algorithmen. Prinzipiell können alle Teile eines Fuzzy-Systems adaptiert werden. Primär werden jedoch die Regeln und Zugehörigkeitsfunktionen zu optimieren versucht.

Wie erwähnt war die Implementierung des ersten Fuzzy-Reglers von Mamdani und Assilian in der Entwicklung und Erprobung eines neuen maschinellen Lernverfahrens motiviert, das später unter dem Namen „selbstorganisierende Regler" (engl.: Self-Organising Controller, kurz: SOC) in die Theorie und Praxis der Fuzzy-Regelungstechnik Eingang gefunden hat [vgl. Procyk and Mamdani 1979]. Die Grundidee besteht darin, die linguistischen Regeln zur Prozeßregelung mit Hilfe linguistischer Regeln zu optimieren, die die Performanz der Fuzzy-Regelung bewerten und den Prozeßregler in Abhängigkeit von dieser Bewertung modifizieren. Hinweise auf Anwendungen und Weiterentwicklungen dieses Ansatzes finden sich in [Hecht u.a. 1994b, 164f.].

Das in der Expertensystemtechnologie vermutlich bekannteste „Lernverfahren" ist der ID3-Algorithmus. Mit ihm lassen sich aufgrund von Beispielen Entscheidungsbäume oder funktional gleichwertige Regeln generieren [vgl. etwa Shoham 1994, 276ff.]. Wie dieses induktive „Lernverfahren" so erweitert werden kann (F-ID3), daß aus einer Sammlung exemplarischer Entscheidungen auf der Basis exakter Merkmalsausprägungen Regeln über lingustischen, also unscharfen Werten generiert werden können, beschreiben Weber und Zimmermann [1991].

Seit Anfang der 90er Jahre werden weltweit große Anstrengungen unternommen, Konzepte der Fuzzy-Regelungstechnik mit Neuronalen Netzen oder Evolutionären Algorithmen (Genetischen Algorithmen und Evolutionsstrategien [vgl. Schöneburg u.a. [1994]) zu kombinieren. Evolutionäre Algorithmen werden eingesetzt, um die Zugehörigkeitsfunktionen, die Anzahl der Regeln und die Parameter der Regelaktionen zu optimieren. Ebenso lassen sich Neuronale Netze zur Anpassung und Generierung verschiedener Teile eines Fuzzy-Regelungssystems verwenden. Es gibt verschiedene Vorschläge, Neuronale Netze so zu konzipieren, daß sie als Fuzzy-Regler aufgefaßt werden, und umgekehrt Fuzzy-Regler so zu gestalten, daß sie als Neuronales Netz fungieren können.[27]

Ein großes Marktpotential bietet die Entwicklung verschiedener Arten von Hardware zur effizienten Verarbeitung von Fuzzy-Kontrollregeln.[28] Hardware-Lösungen bieten sich für Systeme an, die eine extrem hohe Schnelligkeit erfordern oder auf kleinstem Raum mit wenig Aufwand reguliert werden müssen, wie dies auf viele Konsumartikel zutrifft. Aufgrund des einfachen Verarbeitungsschemas von Fuzzy-Kontrollregeln ist es möglich, einfache Fuzzy-Regler vollständig in Hardware zu implementieren. Ein flexibleres Konzept stellt der von Yamakawa entwickelte Fuzzy-Baukasten dar, aus dem sich durch Aufstecken von Widerständen ein Fuzzy-Regler mit zwei Eingängen und einem Ausgang realisieren läßt. Dazu bietet der Baukasten einen konfigurierbaren Analogbaustein für Zugehörigkeitsfunktionen, zwei Bausteine zur Minimum- und Maximumbildung für bis zu acht Signalwerte sowie einen Defuzzifizierungsbaustein. Vielfältige Einsatzmöglichkeiten bieten spezielle Microcontroller, deren Befehlssatz auf die Anforderungen von Fuzzy-Reglern abgestimmt ist.

Mit der Verbreitung von Fuzzy-Reglern entstand auch ein Bedarf an Software-Werkzeugen zur Unterstützung der Entwicklung. Als erstes Produkt dieser Art gilt die von Chiu und Togai [1988] entwickelte Programmierumgebung

---

[27] Literaturhinweise zu diesen Forschungsgebieten enthält [Hecht u.a. 1994a,b] sowie [Kruse u.a. 1993, 225f.]. Zu den Pionieren der Integration von Fuzzy-Systemen und Neuronalen Netzen zählt Kosko; das Konzept adaptiver „Fuzzy-Assoziativ-Speicher" (engl.: fuzzy associative memories, kurz: FAM) wird in [Kosko 1992] dargestellt. Kurzbeschreibungen verschiedener Ansätze zur Kombination von Neuronalen Netzen und Fuzzy-Reglern geben Nauck, Klawonn und Kruse [1993], kommentierte Literaturhinweise auf Anwendungen finden sich in Hecht u.a. [1994b, 166-168]. Eine systematische Abhandlung verschiedener Architekturen „Neuronaler Fuzzy-Systeme" bietet [Nauck, Klawonn und Kruse 1994]. Die Anwendung Genetischer Algorithmen wird beispielsweise von Takagi und Lee [1993] beschrieben. Vgl. zu diesem Thema auch [Karr 1991]. Aktuelle Ansätze und Anwendungen Evolutionärer Algorithmen und Neuronaler Netze im deutschsprachigen Raum finden sich u.a. in [Zimmermann und Altrock 1994] und in den Tagungsbänden der von der Gesellschaft für Informatik (GI) und Deutschen Informatik-Akademie (DIA) 1993 in Braunschweig und 1994 in München veranstalteten „Fuzzy-Systeme"-Workshops [vgl. Kruse, Gebhard, Palm (Eds.) 1994; Palm (Hrsg.) 1994].

[28] Vgl. hierzu Yamakawa [1989], Bothe [1993, 192-210] sowie Kahlert und Frank [1993, 247-267]. Dort finden sich auch weiterführende Literaturhinweise. Über die Anfang der 90er Jahre auf dem Markt befindlichen Systeme gibt Trautzl [1992] einen Überblick.

zur Erstellung von Echtzeit-Fuzzy-Reglern. Mittlerweile gibt es eine ganze Reihe ähnlicher Produkte.[29]

In welchem Maße sich Konzepte der Expertensystemtechnologie für komplexere regelungstechnische Anwendungen nutzen lassen, erscheint gegenwärtig nicht absehbar. Umgekehrt hat sich jedoch gezeigt, daß sich Expertensysteme mit Methoden der Fuzzy-Regelungstechnik konstruieren lassen [vgl. u.a. Jones 1986; Rommelfanger 1993; Krebs 1994].

---

[29] Bekannte Entwicklungswerkzeuge für Fuzzy-Regelsysteme (auch „Fuzzy-Tools" oder „Fuzzy-Shells" genannt) sind beispielsweise CUBICALC von HyperLogic, FUZZYTECH von Inform, TILSHELL von Togai InfraLogic und SIEFUZZY, ein von der Siemens AG in Zusammenarbeit mit Togai InfraLogic entwickeltes CAE-Entwicklungssystem. Dem von Altrock [1995] herausgegebenen Buch liegt eine Demo-Version von FUZZYTECH bei; es bietet neben einer Bedienungsanleitung dieser Software Kurzbeschreibungen mehrerer mit FUZZYTECH realisierter Applikationen.

Kapitel 12

Unschärfe- und Unsicherheitsmodellierung in „Fuzzy-Produktionensystemen“

Die Repräsentation von Wissen in Form von Regeln galt vielen lange Zeit als das Charakteristikum wissensbasierter Systeme schlechthin und ist bis heute das dominante Programmierparadigma der Expertensystemtechnologie. Ein Großteil der in Expertensystemen eingesetzten Regelformalismen stammt von dem Postschen Produktionenkalkül ab. Im Zuge seiner Verbreitung in der KI – beginnend mit natürlichsprachlichen Systemen, über Systeme zur kognitiven Modellierung bis hin zu Expertensystemen – wurden vielzählige Variationen erstellt (vgl. Kapitel 12.1.1).

Mit den ersten Erfolgen der Expertensystemtechnologie setzte ein „inflationärer“ Gebrauch des Begriffs „Produktionensystem“ ein. Selbst in der Fachliteratur zu Expertensystemen wird der Begriff ungeachtet seiner historischen Herkunft und Spezifik nicht selten synonym zu Regelsystem gebraucht. Obgleich die zirka 50jährige Geschichte regelorientierter Kalküle eine kaum überschaubare Vielfalt an Formalismen hervorgebracht hat, lassen sich doch einige wenige Grundmodelle und Variationen beschreiben, die das vorherrschende Spektrum in Expertensystemen eingesetzter Regelformalismen weitgehend abdecken (Kapitel 12.1.2).

Die Erfahrungen mit der Entwicklung wissensbasierter Systeme haben gezeigt, daß diese symbolorientierten Formalismen zwar erlauben, viele Wissensgebiete erfolgreich zu modellieren, daß sie aber auch häufig nicht einsetzbar sind, weil sie die Modellierung imperfekten Wissens überhaupt nicht oder nicht in dem gebotenen Maße unterstützen. Die in Regelsystemen gebräuchliche Evidenzverrechnung nach dem MYCIN-Modell weist für viele Anwendungen nicht die erforderliche Ausdrucksstärke auf und kann überdies zu unplausiblen und inkonsistenten Ergebnissen führen. In diesem Kapitel werden eine Reihe alternativer Ansätze beschrieben, die aus der Expertensystemtechnologie bekannten Regelformalismen auf der Basis der Fuzzy-Mengentheorie zu erweitern.

Ausgewählt wurden Formalismen, die unterschiedliche Arten imperfekten Wissens und verschiedene Verarbeitungsstrategien unterstützen. Die Gliederung folgt der bei Regelsystemen üblichen Unterscheidung von vorwärtsverkettenden (Kapitel 12.2) und rückwärtsverkettenden (Kapitel 12.3) Systemen. Systeme, die beide Verkettungsstrategien anbieten, werden im letzten Unterkapitel (12.4) behandelt.

Da derartige Regelformalismen meist nur im Zusammenhang mit einer bestimmten Implementierung beschrieben werden, überschneidet sich der Gegenstandsbereich dieses Kapitels teilweise mit dem von Kapitel 14.4 („regelorientierte Fuzzy-Programmiersprachen“). Beide Kapitel ergänzen sich wechselseitig. Während dort spezielle Aspekte von Programmiersprachen im Vordergrund stehen, fokussiert die nachfolgende Beschreibung auf Verarbeitungsmodelle und Verrechnungsvorschriften zur Unschärfe- und Unsicherheitspropagierung.

12.1 Produktionensysteme und ihre Verarbeitungsmodelle

12.1.1 Begriffsherkunft und Sprachgebrauch

Der Begriff „Produktionensystem“ geht auf ein von Post 1943 veröffentlichtes Modell für die Darstellung von Algorithmen zurück.[1] Danach werden Ausdrükke eines logischen Systems als Zeichenketten eines endlichen Alphabets aufgefaßt. Post zeigte, daß sich Theoreme eines logischen Systems mit Hilfe einfacher Regeln aus Axiomen (vorgegebenen Zeichenketten) ableiten lassen. Diese Regeln wurden *Produktionen* genannt, weil sie festlegen, wie eine Zeichenkette durch Zerlegung, Neuanordnung, Ergänzung und Löschung anderer Zeichenketten „produziert“ werden kann. Eine Produktionsregel gilt als anwendbar, wenn das im Antezedenz in Form von konstanten Zeichen und Variablen für Zeichenketten beschriebene Muster zu vorgegebenen oder bereits abgeleiteten

---

[1] Die folgenden historischen Ausführungen stützen sich großenteils auf [Stoyan und Görz 1984, 235ff.] sowie [Stoyan 1991, 113ff., 137ff.]. Dort finden sich auch weiterführende Literaturhinweise und detailliertere Beschreibungen der genannten Systeme.

Zeichenketten paßt (*string matching / pattern matching*). Markow hat den Postschen Kalkül zu einem deterministischen Algorithmus weiterentwickelt, indem er die Regelanwendung über eine Ordnung der Regeln und die Vorschrift, von den anwendbaren Regeln die erste („links-optimale“) auszuwählen, festlegte. Chomsky hat den Postschen Produktionen ähnliche Regeln zur Beschreibung von Transformationsgrammatiken in die Linguistik eingeführt. Zur Verarbeitung der natürlichen Sprache wurden verschiedene Programmiersprachen zur Zeichenkettenmanipulation und Regelverarbeitung entwickelt.

Als erste Sprache zur regelbasierten Zeichkettenmanipulation gilt die in den Jahren 1957/58 am MIT unter Yngve entwickelte Sprache COMIT. Ausgehend von COMIT hat Bobrow die in LISP eingebettete regelorientierte KI-Sprache METEOR entwickelt, die im Unterschied zu COMIT nicht auf primitiven Zeichenketten, sondern Listen von Symbolen operierte und deren Mustersprache auch hierarchische Strukturen verarbeiten konnte.

Newell hat zu Beginn der 70er Jahre „einfache Produktionensysteme“ zur kognitiven Modellierung in die KI eingeführt [vgl. Newell 1973]. Der Aufbau dieser Systeme orientierte sich an einem kognitionspsychologischen Gedächtnismodell. Danach besteht das Gedächtnis aus zwei Teilen, dem *Langzeit-* (engl.: *long-term memory*, kurz: LTM) und dem *Kurzzeitgedächtnis* (engl.: *short-term memory*, kurz: STM). Vom Kurzzeitgedächtnis wird aufgrund empirischer Untersuchungen angenommen, es könne etwa sieben Einheiten (chunks) kurzzeitig speichern. In dem Produktionensystem PSG wurden die Regeln (Produktionen) dem LTM und die Daten dem STM zugeordnet. Gegenüber METEOR verfügte PSG über eine sehr ausdrucksschwache Mustersprache. Ein weiterer wesentlicher Unterschied zu METEOR bestand darin, daß eine Regel direkt keine andere Regel aufrufen oder Daten an sie weiterreichen konnte. Der Aufruf anderer Regeln erfolgt ausschließlich indirekt über Dateneinträge ins STM.

Um der Gefahr unendlicher Zyklen zu entgehen und die Ausdrucksmächtigkeit zu erhöhen, wurde in Produktionensystemen der OPS-Sprachfamilie die Einschränkung auf sieben Datenelemente aufgehoben und eine Abarbeitungsstrategie implementiert, nach der in jedem Abarbeitungszyklus alle Regeln auf ihre Anwendbarkeit hin überprüft werden und nach verschiedenen Konfliktlösungsstrategien jeweils eine Regel mit einer bestimmten Variablenbelegung ausgeführt wird. Zudem können im Dann-Teil der Regel neben den für Produktionensysteme charakteristischen Änderungen des Arbeitsspeichers durch Löschen, Hinzufügen und Ändern von Daten auch andere Aktionen (wie Drucken oder Einlesen von Daten) durchgeführt werden. Das bisher erfolgreichste und bekannteste System dieser Entwicklungslinie ist OPS5 [Brownston et al. 1986] – ein „Produktionensystem“, das im Vergleich zu vielen älteren (nicht neueren) Regelsystemen über eine relativ ausdrucksschwache Mustersprache verfügt, dafür aber aufgrund des RETE-Match-Verfahrens [Forgy 1982] eine sehr hohe Ablaufeffizienz bietet.

Ungeachtet dieser Herkunft und Spezifika werden die Begriffe „Produktionensystem" und „Produktionsregel" meist synonym zu „Regelsystem" und „Regel" gebraucht. Das heißt: es werden auch solche Regelsysteme als „Produktionensysteme" bezeichnet, deren Regeln weder Mustervariablen beinhalten noch auch nur vorrangig wie die OPS-Systeme (geschweige ausschließlich wie die Postschen Produktionen) in beiden Regelteilen Änderungen des Arbeitsspeichers beschreiben. Nach dem vorherrschenden Sprachgebrauch wird mit dem Ausdruck „Produktionensystem" auch kein bestimmtes Verarbeitungsmodell verbunden. Es ist üblich, sowohl vorwärtsverkettende Systeme wie XCON (R1) [McDermott 1982] als auch rückwärtsverkettende Systeme wie MYCIN [Davis, Buchanan, Shortliffe 1977; Buchanan and Shortliffe 1984] unter diese Kategorie zu subsumieren [vgl. u.a. Davis and King 1976].

Die Unbestimmtheit des Grundbegriffs macht sich auch in der Rede von *„Fuzzy-Produktionensystemen"* geltend. Der kleinste gemeinsame Nenner lautet: ein „Fuzzy-Produktionensystem" ist ein System von Regeln, in denen Fuzzy-Mengen oder Possibilitätsverteilungen referiert werden und die auch dann ausgeführt werden können, wenn ihre Bedingungsteile nur *graduell* oder *nicht ganz sicher* erfüllt sind. Als „Fuzzy-Produktionensystem" werden sowohl Regelsysteme zur Verarbeitung unscharfen wie unsicheren Wissens, vorwärts- wie rückwärtsverkettende, parallel wie seriell operierende Regelsysteme bezeichnet.[2]

Wenngleich die in diesem Kapitel behandelte Menge von „Fuzzy-Produktionensystemen" sehr heterogen ist und erhebliche „Randbereichsunschärfen"[3]

---

[2] In Widerspruch dazu steht eine von Whalen und Schott [1983b] vorgenommene Abgrenzung klassischer Produktionensysteme zu Fuzzy-Produktionensystemen: „In the basic mode of operation of a classical production system, whenever the database satisfies the IF-clause of a rule the rule 'fires' by changing the database ... In a fuzzy production system, in contrast, *all* rules should be thought of as firing during each pass through the system, but with strenghts ranging along a continuum from 'not at all' to 'completely' ...". [Whalen and Schott 1983b, 57] Diese Unterscheidung ist nicht überzeugend. Sie rechtfertigt sich nicht aus der theoretischen Tradition, widerspricht dem etablierten Sprachgebrauch und würde zu widersinnigen Einteilungen führen. Fuzzy-Regelungssysteme wären dann als Fuzzy-Produktionensysteme zu klassifizieren, während in der Fachliteratur als „Fuzzy-Produktionensysteme" bezeichnete Systeme wie das (vorwärtsverkettende) Regelsystem von FMUFL [Bowen and Kang 1990] oder das „fuzzy production system" von Umano [1989] nicht mehr so bezeichnet werden könnten. Im Falle von FLOPS [Buckley et al. 1986a,b; Siler, Tucker, Buckley 1987; Siler, Buckley, Tucker 1987] dürfte die serielle Variante, die nahe mit dem „klassischen" Produktionensystem OPS5 verwandt ist, nicht als „Fuzzy-Produktionensystem" bezeichnet werden, während die Parallelausführung von FLOPS, die sich weit stärker von OPS5 unterscheidet, so klassifiziert werden müßte.

[3] Dies gilt zum einen für die Abgrenzung „vorwärtsverkettender Fuzzy-Produktionensysteme" zu den im vorigen Kapitel beschriebenen Systemen der Fuzzy-Regelungstechnik wie zum anderen für die Abgrenzung „rückwärtsverkettender Fuzzy-Produktionensysteme" zu den im nächsten Kapitel behandelten „Logiksystemen" auf der Basis bewerteter Hornklauseln. Es kommt nicht selten vor, daß ein System unter verschiedenen Gesichtspunkten mal mehr dieser, mal mehr jener Kategorie zuzuordnen ist.

aufweist, so ist dennoch eine kategoriale Unterscheidung zwischen diesen Regelklassen aus sachlichen wie darstellungslogischen Gründen sinnvoll. Weder Fuzzy-Produktionsregeln noch Fuzzy-Kontrollregeln dienen primär dazu, logische Implikationsbeziehungen zwischen Aussagen zu beschreiben. Während Produktionsregeln typischerweise Änderungen des Arbeitsspeichers beschreiben, werden mit Fuzzy-Kontrollregeln Steueranweisungen für externe physikalische Systeme definiert, so daß nicht die Konklusionen, sondern die externen Reaktionen auf die Regelaktionen in den folgenden Verarbeitungszyklus „eingespeist" werden. Werden die Änderungen des Arbeitsspeichers in vorwärtsverkettenden Produktionensystemen jeweils von einer Regel bewirkt, die aufgrund einer bestimmten Konfliktlösungsstrategie ausgewählt worden ist, so resultieren die Steueranweisungen grundsätzlich aus einer Verknüpfung von Teilergebnissen (quasi) parallel ausgewerteter Kontrollregeln. Und während die Variablen logischer Regeln durch Unifikation und von Produktionsregeln im allgemeinen durch Musterabgleich (pattern matching) gegebenfalls mehrfach instantiiert werden, genügt in Fuzzy-Regelungssystemen ein einfacher Zugriff auf die Variablenwerte.

12.1.2 Aufbau und Funktionsweise von Produktionensystemen

Die Flexibilität und Leistungsfähigkeit von Produktionensystemen basiert auf einer einfachen Architektur mit zwei strikt voneinander getrennten Hauptkomponenten, nämlich einer „anwendungsspezifischen" *Wissensbasis* (engl.: *knowledge base*) und einer auf verschiedene Wissensbasen beliebigen Inhalts anwendbaren *Inferenzmaschine* (*engl.: inference engine*). Die Wissensbasis wird unterteilt in eine *Datenbasis* (Arbeitsspeicher, STM) und eine *Regelbasis* (Produktionenspeicher, LTM). Die Datenbasis besteht aus einer Menge von *Daten* (Fakten, Arbeitspeicherelementen), die Regelbasis aus einer Menge von *Regeln* (Produktionen, Produktionsregeln). Produktionsregeln setzen sich aus einem *Bedingungsteil* (Antezedent, LHS (left-hand side), Wenn-Teil) und einem *Aktionsteil* (Konsequent, RHS (right-hand side), Dann-Teil) zusammen.

Der Aufbau der Bedingungs- und Aktionsteile ist in hohem Maße systemabhängig. Er hängt nicht zuletzt davon ab, welche Typen von Variablen (vgl. 334f.) an welcher Stelle zulässig sind. Weit verbreitet ist die Verwendung von AOW-Tripeln wie sie in Kapitel 10.1 (vgl. insbesondere Abbildung 10.3, 337) beschrieben worden sind. Der Bedingungsteil besteht dann aus einer logischen Verknüpfung von AOW-Tripeln, wobei anstelle eines Werts oder Objekts eine Mustervariable angegeben werden kann. In der Tradition von OPS5 werden demgegenüber Attribut-Wert-Spezifikationen eines Objekts zu sogenannten „Bedingungselementen" zusammengefaßt [vgl. Brownston et al. 1986, 45ff.; Krickhahn und Radig 1987, 37ff.]. Der gesamte Bedingungsteil besteht in diesem Fall aus einer Sequenz von Bedingungselementen, die implizit als konjunktiv miteinander verknüpft gelten. Disjunktionen sind nur innerhalb von Bedingungselementen zulässig, die Negation kann sich auf einzelne Attributwerte wie ganze Bedingungselemente beziehen, jedoch mit der Einschränkung, daß das erste Bedingungselement einer Regel nicht negiert werden darf. Der Aktionsteil besteht im allgemeinen aus einer Sequenz von Aktionen (löschen, hinzufügen, ändern, drucken, einlesen etc.), die sich typischerweise auf Objekte beziehen, die im Bedingungsteil spezifiziert worden sind. Im Aktionsteil dürfen nur Mustervariablen verwandt werden, die bereits im Bedingungsteil aufgeführt worden sind, so daß gewährleistet ist, daß sie zur Zeit der Regelausführung gebunden sind.

Vorwärts- und Rückwärtsverkettung

Die Auswertung eines Produktionensystems kann nach sehr unterschiedlichen Strategien erfolgen. Es ist üblich zwischen zwei Grundstrategien zu unterscheiden – Vorwärts- und Rückwärtsverkettung. Bei *Rückwärtsverkettung* (engl.: *backward chaining*) wird von einem Ziel (einer Hypothese) ausgegangen (vgl. Abbildung 12.1). Die Abarbeitung terminiert, nachdem eine zugleich anwendbare und brauchbare Regel gefunden und ausgeführt worden ist. *Anwendbar* ist eine Regel, wenn Daten erfolgreich mit ihrem Bedingungsteil abgeglichen („gematcht") werden können. *Brauchbar* ist sie, wenn über ihren Aktionsteil das Ziel (die Hypothese) als neuer Fakt in die Datenbasis eingeschrieben werden kann. Werden zur Überprüfung der Bedingungen einer brauchbaren Regel Daten benötigt, die nicht unmittelbar aus der Datenbasis herauszulesen sind, so werden sie entweder vom Benutzer erfragt oder vermittels Rückwärtsverkettung aus der Wissensbasis abzuleiten versucht. Das bedeutet: auf einer tieferen Rekursionsebene wird ein neuer Bearbeitungszyklus mit ihnen als Unterziel aufgerufen.

Bei *Vorwärtsverkettung* (engl.: *forward chaining*) wird jeweils die Produktionsregel ausgeführt („gefeuert"), deren Bedingungsteil von den Daten erfüllt wird und der gemäß einer *Konfliktlösungsstrategie* Vorrang eingeräumt wird. Nicht selten besteht die Konfliktlösungsstrategie darin, die jeweils erste als anwendbar identifizierte Regel auszuführen (vgl. Abbildung 12.1). Bei Verwendung anderer Konfliktlösungsstrategien werden – dem (virtuellen) Verarbeitungsmodell gemäß, nicht unbedingt der (tatsächlichen) Implementierung entsprechend – zunächst alle anwendbaren Produktionen gesammelt, um dann nach bestimmten Kriterien die Regel auszuwählen, deren Aktionen ausgeführt werden. Die Regelabarbeitung vollzieht sich hier in Form sogenannter *„recognize-act-Zyklen"* (vgl. Abbildung 12.2). Jeder Zyklus läßt sich in drei Bearbeitungsschritte unterteilen: im ersten Schritt (*Pattern-Matching*) werden alle zu den Daten passenden Regelinstantiierungen[4], die sogenannte *Konfliktmenge*, ermittelt, im zweiten Schritt (*Konfliktlösung*) wird aus der Konfliktmenge gemäß einer vorgegebenen Konfliktlösungsstrategie eine Regelinstanz ausge-

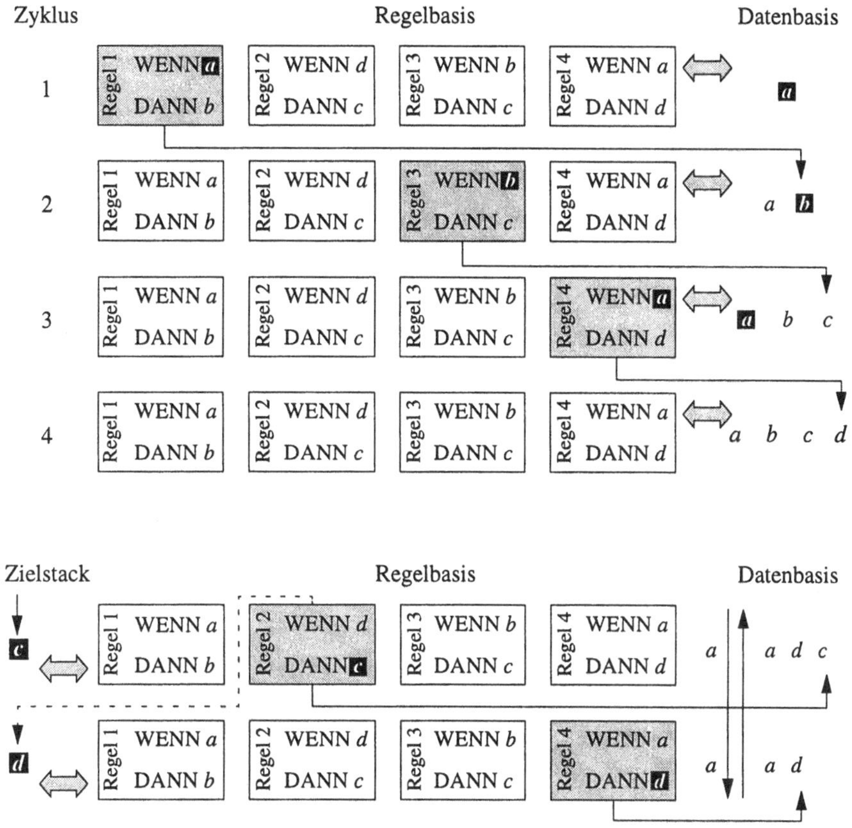

Abb. 12.1: Grundstrategien der Regelabarbeitung: Vorwärts- und Rückwärtsverkettung

Zur Vereinfachung wird auf komplexe Muster mit Variablen verzichtet. Bei *Vorwärtsverkettung* (oben) wird zunächst Regel 1 als anwendbar erkannt, weil die Bedingung *a* nach der Initialdatenbasis erfüllt ist. Sieht die Konfliktlösungsstrategie vor, die jeweils erste anwendbare Regel zu feuern, so wird über den Aktionsteil von Regel 1 der Datenbasis *b* hinzugefügt. Nach der gleichen Vorschrift wird im zweiten Zyklus Regel 3 ausgeführt und *c* hinzugeschrieben sowie im dritten Zyklus *d* nach Regel 4. Bei *Rückwärtsverkettung* (unten) beginnt die Abarbeitung mit der ersten brauchbaren Regel. Lautet das Ziel *c*, so wäre dies Regel 2. Um ihre Bedingung zu erfüllen, wird Regel 4 überprüft. Da sie ohne weiteres zutrifft, wird *d* in die Datenbasis geschrieben. Jetzt ist auch die Bedingung von Regel 2 erfüllt, *c* wird in die Datenbasis aufgenommen und die Abarbeitung wird erfolgreich beendet.

wählt und im dritten Schritt (*Aktion*) werden schließlich die Aktionen der ausgewählten Regeln nach Substitution der Variablen ausgeführt. Dieser Prozeß (*recognize-act-cycle*) wird solange wiederholt, bis eine Terminierungsbedingung erfüllt ist. In „reinen" Produktionensystemen ist es nicht möglich, daß eine

[4] Eine Regelinstanz ist ein geordnetes Paar, dessen erstes Element die Regel bezeichnet und deren zweites Element eine Liste mit konsistenten Variablenbelegungen für den Bedingungsteil der Regel darstellt.

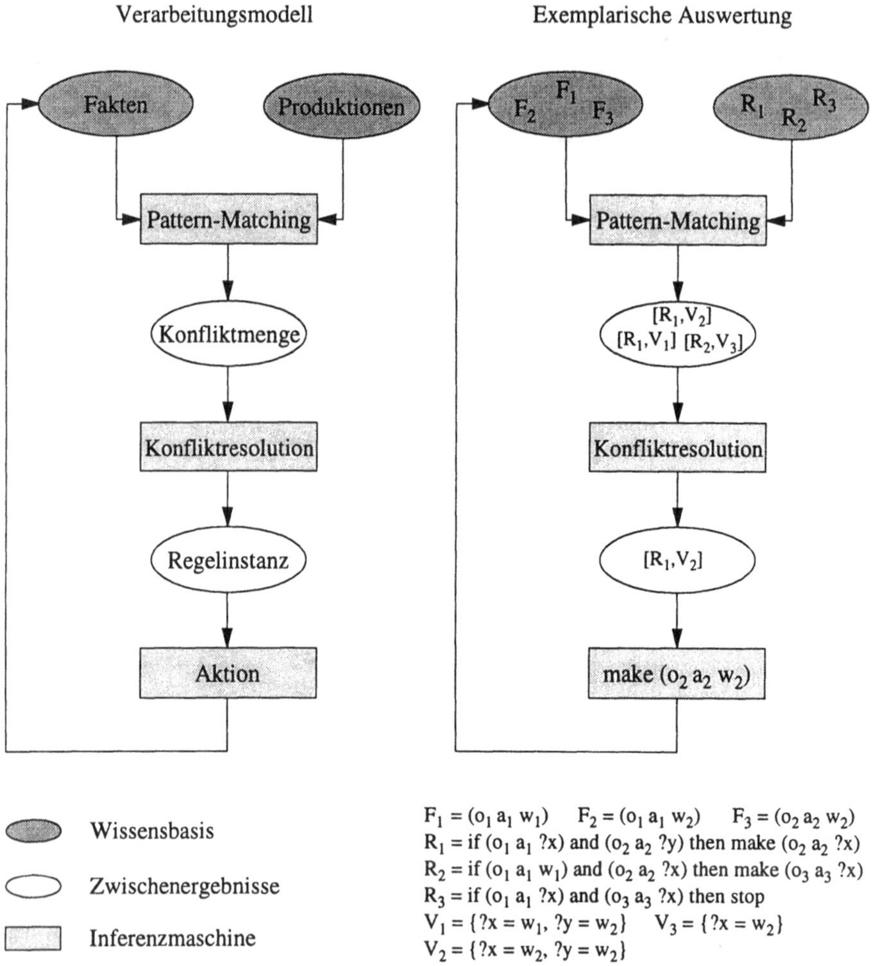

Abb. 12.2: Verarbeitungsmodell und exemplarische Auswertung eines Produktionensystems

Regel eine andere aufruft. Die Terminierungsbedingungen sind strategie- und implementierungsabhängig. Werden die ausgewählten Regelinstanzen aus der Konfliktmenge entfernt, so terminiert die Iteration natürlicherweise dann, wenn die Konfliktmenge leer ist, da dann keine Regel mehr „feuern“ kann. Zusätzlich werden im allgemeinen spezielle Stopp-Aktionen zugelassen, mit denen eine „vorzeitige“ Beendigung imperativ herbeigeführt werden kann.

Man kann sich die Arbeitsweise eines Produktionensystems auch so vorstellen, daß das System auf Änderungen des Arbeitsspeichers reagiert. Dementsprechend werden Produktionensysteme nicht selten als *datengesteuerte* oder *datengetriebene* (engl.: *data driven*) Systeme charakterisiert. Sobald Arbeitsspeicherelemente entfernt, generiert oder modifiziert werden, wird das System

„aktiv", das heißt: es erneuert die Konfliktmenge, wählt aufgrund der vorgegebenen Konfliktlösungsstrategie eine Regelinstanz aus und führt deren Aktionen mit den gegebenen Variablenbelegungen aus. Die Konfliktmenge wird demzufolge nicht immer wieder neu gebildet, sondern vielmehr punktuell erneuert, indem alle neuen Regelinstantiierungen in sie eingefügt werden, die aus den Änderungen des Arbeitsspeichers hervorgehen, und bereits existierende Instantiierungen wieder aus ihr entfernt werden, wenn sie durch die Änderungen des Arbeitsspeichers obsolet geworden sind.

Auf diesem Verarbeitungsmodell basiert der RETE-Match-Algorithmus [vgl. Forgy 1982], ein Verfahren, das in OPS5 – und mehr oder minder modifiziert, in anderen Systemen wie ART, YAP und YES/OPS [vgl. Schor et al. 1986] – zur Anwendung kommt. Der RETE-Match-Algorithmus beinhaltet eine Funktion, die die neue Konfliktmenge aufgrund der alten Konfliktmenge und der Änderungen des Arbeitsspeichers berechnet. Dazu wird aus den Regelbedingungen ein Diskriminationsnetz aufgebaut, das über Testknoten und Speicherknoten verfügt, in denen Teilergebnisse der Musterverarbeitung (engl.: *partial matches*) aufbewahrt werden. (Alle bekannten und nach den Regeln zu überprüfenden Arbeitsspeicherelemente werden bereits vor Ablauf in das Diskriminationsnetz eingespeist.) Eine weitere Reduktion der Vergleichsoperationen wird dadurch erwirkt, daß Folgen gleicher Bedingungstests verschiedener Regeln zu einer Kette von Testknoten verdichtet werden. Bei *temporär redundanten* Produktionensystemen[5] ist dieses Verfahren sehr effizient, da die Vergleiche zwischen den vielen in den aufeinanderfolgenden Zyklen unverändert bleibenden Arbeitsspeicher- und Bedingungselementen entfallen und gleichartige Sequenzen von Teilbedingungen nur einmal überprüft werden.

Konfliktlösungsstrategien

Konfliktlösungsstrategien dienen dazu, die *„Stabilität"* eines Produktionensystems und seine *„Sensitivität"* gegenüber Änderungen des Arbeitsspeichers (der „Umgebung") sicherzustellen [vgl. McDermott and Forgy 1978]. Zur Stabilität können sie beitragen, indem sie verhindern, daß das System in eine Endlosschleife gerät, in der immer wieder die gleichen Regeln ausgeführt werden. Zur Sensitivität können sie beitragen, indem sie verhindern, daß zunächst alle aus einer bestimmten Situation hervorgegangenen Regelinstantiierungen abgearbeitet werden, bevor Regelinstantiierungen zum Zuge kommen, die aus neuen Situationen hervorgehen. Typischerweise besteht die Konfliktlösungsstrategie darin, in jedem Arbeitungszyklus genau eine Regelinstanz auszuwählen.

---

5 „A production system is considered temporally redundant if on each cycle proportionally few changes to working memory are made, hence most of the working memory remains the same from cycle to cycle." [Miranker 1990, 14]

Die Auswahl einer Regelinstanz kann aufgrund unterschiedlicher Kriterien vorgenommen werden.[6] Ein einfaches Kriterium bietet die *Chronologie* der Regeldefinitionen. Neuere Systeme bieten meist die Möglichkeit, Regeln explizit einen *Prioritätenwert* zuzuschreiben. In Produktionensystemen der OPS-Sprachfamilie werden die Kriterien *Einmaligkeit* (engl.: *refraction*)[7], *Neuheit* (engl.: *recency*), *Spezifizität* (engl.: *specificity*) und *Willkür* (engl.: *arbitrary*) hierarchisch zu zwei alternativen *Konfliktlösungsstrategien* kombiniert – LEX und MEA. Beide Strategien lassen sich als mehrstufige Filter deuten (vgl. Abbildung 12.3).

Bereits „gefeuerte“ Regelinstanzen: *7, 2*

Regel	R_1	R_2	R_3	R_4	R_5
Testanzahl	7	9	11	8	12

Regelinstanz [Regel, Belegung]	Zeitstempel des ersten Elements	Zeitstempel-Vektor (geordnet nach Größe)
1 = [R_1, V_3]	24	26, 24, 8
2 = [R_4, V_2]	26	33, 31, 26
3 = [R_1, V_5]	19	26, 19, 8
4 = [R_5, V_6]	12	31, 28, 24, 12
5 = [R_3, V_7]	24	31, 28, 24, 12
6 = [R_2, V_8]	24	31, 24, 13, 12
7 = [R_4, V_1]	36	36, 31, 26
8 = [R_2, V_4]	24	31, 28, 24, 12

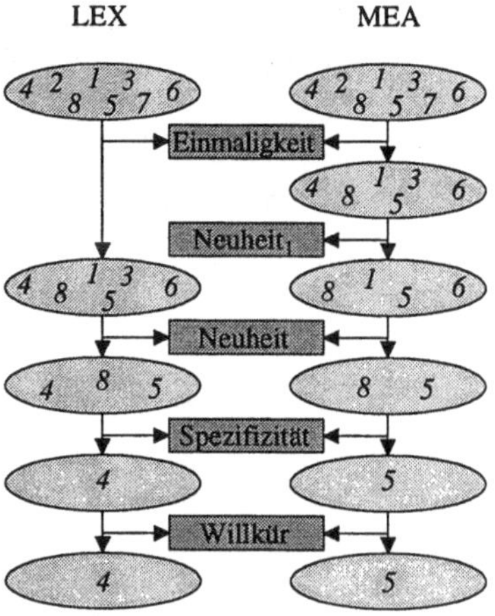

Abb. 12.3: Die Konfliktlösungsstrategien LEX und MEA

Aus der ursprünglichen Konfliktmenge werden sukzessive alle Regelinstantiierungen ausgefiltert, denen nach dem jeweiligen Kriterium (Filter) nicht die maximale Priorität zukommt, bis genau eine Regelinstanz übrigbleibt. Dabei spielen sogenannte *Zeitstempel* (engl.: *time tags*) eine bedeutende Rolle. Jedem neuen Arbeitsspeicherelement wird ein Zeitstempel zugewiesen, der bei jeder Änderung erneuert wird. Der Zeitstempel drückt also immer den Zeitpunkt der letzten Änderung aus und erlaubt, alle Arbeitsspeicherelemente vollständig nach dem Kriterium der Neuheit zu ordnen. Da jedes Arbeitsspeicherelement ei-

6 Vgl. beispielsweise [Winston 1987, 188] und [McDermott and Forgy 1978]. Eine gute Beschreibung der in OPS5 verwendeten Konfliktlösungsstrategien bieten Brownston u.a. [1986, 62ff.] sowie Krickhahn und Radig [1987, 63ff.].

7 Die englischsprachige Bezeichnung wurde aus der Neurophysiologie entlehnt. Als „Refraktärität“ wird die kurzzeitige „Unempfindlichkeit“ von Neuronen gegenüber wiederholten Reizen bezeichnet. Krickhahn und Radig haben gegen die Verwendung dieses Begriffs eingewandt, er sei „unpassend, da die gleiche Instantiierung nie wieder feuern kann“ [Krickhahn und Radig 1987, 64]. Sie bevorzugen deshalb den Terminus „Einmaligkeit“.

nen Zeitstempel hat, kann auch jeder Instantiierung ein Vektor von Zeitstempeln zugeordnet werden. Diese Vektoren werden absteigend geordnet. Beide Strategien, LEX und MEA rekurrieren auf sie.

In LEX lautet die Filterfolge: Einmaligkeit, Neuheit, Spezifizität, Willkür. Der Filter Einmaligkeit läßt nur Regelinstantiierungen durch, die noch nicht zuvor „gefeuert" haben. Dieser Filter ist notwendig, um zu verhindern, daß das System in eine Endlosschleife gerät. Er verhindert jedoch nicht, und soll auch nicht verhindern, daß die gleichen Regeln mehrmals „feuern". Es ist sogar möglich, daß die gleiche Regel mit den gleichen Variablenbelegungen wiederholt „feuert", nämlich dann, wenn diese Instantiierungen unterschiedliche Zeitstempel aufweisen. Der Filter Neuheit läßt nur die Instantiierungen mit den größten Zeitstempel-Vektoren passieren. (Das dabei maßgebliche „lexikographische" Ordnungsprinzip gab der gesamten Strategie ihren Namen.) Der vorletzte Filter läßt nur Instantiierungen der speziellsten Regeln der Konfliktmenge durch. Die Spezifizität einer Regel berechnet sich nach der Anzahl der im Bedingungsteil spezifizierten Tests. Da keiner dieser Filter garantiert, daß lediglich eine Regelinstanz übrigbleibt, ist ein zusätzlicher Filter vorgesehen, in solchen Fällen eine willkürliche – aber, da reproduzierbar, keineswegs zufällige – Entscheidung zu treffen.

MEA unterscheidet sich von LEX nur durch einen zusätzlichen Filter, der hinter dem Filter Einmaligkeit eingebaut ist. Dieser zusätzliche Filter basiert wie der folgende auf dem Kriterium der Neuheit, im Unterschied zu diesem jedoch nicht auf den absteigend geordneten Zeitstempel-Vektoren, sondern einzig auf den Zeitstempeln der Arbeitsspeicherelemente, die jeweils zum ersten Bedingungselement der betroffenen Regel passen (vgl. Abbildung 12.3, Neuheit$_1$). MEA ist ein Akronym zu *„means-ends analysis"*. Die Namensgebung dieser Strategie und ebenso die Bedeutung des zusätzlichen Filters wird verständlich, wenn man sich klar macht, daß auf diese Weise eine ziel- oder aufgabenorientierte Abarbeitung ermöglicht wird. (Krickhahn und Radig [1987, 135] sprechen von einer „Kontextsteuerung" und „Gruppierung" der Regelmenge.) Um diesen Ansatz umzusetzen, werden die Ziele (Aufgaben oder Kontexte) in den Regeln als erstes Bedingungselement kodiert und spezielle Steuerregeln formuliert, die sie gewissermaßen über neue Zeitstempel aktivieren.

Die oben beschriebenen Grundkonzepte von Produktionensystemen wurden in mehrfacher Hinsicht ausgebaut. Dazu gehören zunächst sogenannte „Wissensakquisitions-" und „Erklärungskomponenten". Erklärungskomponenten ermöglichen den Benutzern, vom System Informationen über Inferenzeinheiten und Inferenzschritte zu erfragen. Wissensakquisitionskomponenten unterstützten den Auf- und Ausbau der Wissensbasis. Derartige Komponenten greifen zum Teil auf Verfahren des maschinellen Lernens zurück und verwenden nicht selten Metawissen über die Regel- und Datenbasis. Metawissen wird überdies eingesetzt, alternative Kontrollstrategien zu realisieren. Dabei kommen insbesondere sogenannte Metaregeln zum Einsatz, die die Regelabarbeitung kontrollieren. Beachtenswert sind nicht zuletzt Erweiterungen zum nicht-monotonen Schließen auf der Basis einer expliziten Begründungsverwaltung und zum hypothetischen Schließen auf der Basis eines Konzepts „möglicher Welten“.[8] Im folgenden werden verschiedene Erweiterungen zum unsicheren und unscharfen Schließen vorgestellt.

12.2 Vorwärtsverkettende Systeme

12.2.1 Die Propagierung von „Konfidenzwerten“ bei serieller und „paralleler“ Regelausführung in FLOPS

FLOPS wurde zur Analyse von Echokardiogrammen entwickelt. Dabei sollten Bildregionen hinsichtlich ihrer anatomischen Bedeutung aufgrund teilweise unsicherer Merkmalswerte klassifiziert werden. FLOPS ist ein vorwärtsverkettendes Fuzzy-Produktionensystem, für das zwei Inferenzmechanismen implementiert worden sind – eine mit serieller und eine mit „paralleler“ Ausführung von Regelaktionen.[9]

Aufbau und Syntax von FLOPS-Regeln sind von OPS5 adaptiert. Der Bedingungsteil besteht aus mehreren Mustern (Bedingungselementen).[10] Jedes Muster beschreibt eine Kombination von Merkmalen eines Objekts. Die erfor-

---

8 Möglichkeiten und Probleme, Erklärungen in OPS5 zu generieren, werden von Brownston u.a. [1986, 322ff.] diskutiert. BABYLON (Version 3.0) bietet ein vielseitiges Instrumentarium, wissensbasierte Systeme mit einer überdurchschnittlichen Erklärungsfunktionalität auszustatten [VW-GEDAS 1991]. Einen Überblick über verschiedene Ansätze zur Entwicklung von Erklärungskomponenten geben Swartout und Moore [1993]. Vgl. zur Verwendung von Metawissen in Expertensystemen den Exkurs in Kapitel 15 (603ff.), zur maschinellen Unterstützung der Wissensakquisition für Expertensysteme insbesondere Davis [1984], Davis und Buchanan [1977; 1984] sowie Marcus [1988]. Der bekannteste und vermutlich verbreitetste Ansatz zur Begründungsverwaltung wurde von de Kleer [1986] unter dem Namen ATMS (Assumption Based Truth Maintenance System) eingeführt (vgl. auch Fußnote 34, 661). Ein ATMS wird beispielsweise von dem Expertensystemwerkzeug KEE zur Verfügung gestellt. Ergänzend dazu bietet KEE ein Weltenkonzept („KEE-Worlds“) [vgl. Wolf und Setzer 1991, 135ff.]. Ein ähnliches Konzept wurde zuvor von dem Expertensystemwerkzeug ART in Form sogenannter „Viewpoints“ unterstützt.

9 Die serielle Version wird in [Buckley, Siler, Tucker 1986a], die „parallele“ Ausführung in [Siler, Tucker, Buckley 1987] beschrieben. Probleme der Entwicklung und Perspektiven der Weiterentwicklung von FLOPS werden von Siler, Buckley und Tucker [1987] diskutiert. FLOPS wird von den Autoren als „Fuzzy-Expertensystem-Shell“ bezeichnet. Diese Bezeichnung wird hier nicht übernommen, weil die in den genannten Veröffentlichungen beschriebene Funktionalität nicht der Funktionalität entspricht, über die „Expertensystem-Shells“ verfügen. Weder werden die für „Shells“ (Expertensystem-Programmierumgebungen) typischen Entwicklungswerkzeuge noch werden „höhere Problemlösungsmethoden“ erwähnt, die ein charakteristisches Merkmal von „Expertensystem-Shells“ im Sinne von Puppe [1990] sind.

derlichen Merkmalswerte können über verschiedene Typen von Fuzzy-Mengen spezifiziert werden. Die Entwickler differenzieren zwischen „Fuzzy-Relationen", „Fuzzy-Zahlen" und „diskreten Fuzzy-Mengen". Die Termini „Fuzzy-Zahl" und „Fuzzy-Menge" werden von ihnen offenkundig abweichend zu der üblichen Bedeutung gebraucht. „Fuzzy-Menge" fungiert in FLOPS nicht als Oberbegriff zu „Fuzzy-Zahl". Der Datentyp „Fuzzy-Menge" steht für eine diskrete Fuzzy-Menge und der Datentyp „Fuzzy-Zahl" für eine natürliche Exponentialfunktion, die über drei Parameter charakterisiert wird. Der erste Parameter steht für den Zentralwert (*c*), der zweite für die „absolute Sicherheit" (*a*) und der dritte für die „relative Sicherheit" (*r*) bezogen auf den Zentralwert:[11]

$$\begin{aligned} \mu(x) &= \exp\left(\ln(0.5) \cdot \left(\frac{x-c}{s}\right)^2\right) \\ s &= \sqrt{a^2 + (r \cdot c)^2}. \end{aligned} \tag{12.1}$$

Über die Regelaktionen können neue Regeln und Objektbeschreibungen abgelegt werden und alte Merkmalswerte modifiziert werden. Jeder Regel und jedem Datum wird ein *„Konfidenzwert"*[12] zugewiesen.

In der ersten Abarbeitungsphase wird für jede Instanz einer Regelbedingung der Konfidenzwert bezüglich des aktuellen Arbeitsspeichers ermittelt. Er gibt an, in welchem Grad der Bedingungsteil einer Regelinstanz „glaubwürdig" von dem im Arbeitsspeicher befindlichen Daten erfüllt wird. Berechnet wird er über das Minimum der Konfidenzwerte elementarer Regelbedingungen. Eine elementare Regelbedingung kann durch eine Fuzzy-Relation oder durch die Angabe eines Elements (beispielsweise *small*) einer diskreten Fuzzy-Menge (hier: *size*) spezifiziert werden. Der Zugehörigkeitsgrad eines Elements zu einer Fuzzy-Menge wird dem Konfidenzwert dieses Elements gleichgesetzt. Der Konfi-

---

[10] Nach [Buckley et al. 1986a, 3] können die Muster (Bedingungselemente) mit den logischen Operatoren *and, or, not* verknüpft werden. Dies widerspricht jedoch der Syntax sowie dem in OPS5 eingesetzten RETE-Match-Algorithmus und findet keine Bestätigung in den angeführten Beispielen von Buckley et al. [1986a,b], Siler, Tucker, Buckley [1987] sowie Siler, Buckley, Tucker [1987]. Die hier gegebene Beschreibung von FLOPS-Regeln orientiert sich an den veröffentlichten Programmbeispielen. Die ihnen zugrundeliegende Syntax kann zurecht als Adaption der Syntax von OPS5 gelten.

[11] Vgl. Buckley, Siler, Tucker [1986b, 258]. Zugehörigkeitsgrade zu einer solchen „Fuzzy-Zahl" werden als „Konfidenzwerte" gedeutet. *s* ist der Streuung einer Verteilungsfunktion vergleichbar. Insbesondere gilt:

$$\mu(c-s) = \mu(c+s) = 0.5.$$

[12] Buckley, Siler, Tucker [1986a, 3] sprechen von „degree of confidence"; Siler, Tucker und Buckley [1987, 321] meist von „confidence level". Im Zusammenhang mit „Speicherkonflikten" (s.u.) wird in [Siler, Tucker, Buckley 1987] sowie [Siler, Buckley, Tucker 1987] von Wahrheitswerten („truth values") gesprochen. Die unklare Semantik dieser Werte teilt FLOPS mit vielen anderen Systemen zur Verarbeitung imperfekten Wissens.

denzwert eines unsicheren Datums geht ebenfalls über das Minimum in die Berechnung des Konfidenzwerts einer Regelbedingung ein.

In beiden Versionen, der seriellen wie der parallelen, können nur Regelinstanzen ausgeführt werden, deren Bedingungsteil aufgrund „passender“ Daten ein hinreichend hoher Konfidenzwert zugewiesen wurde. Hinreichend hoch ist ein Konfidenzwert, wenn er einen bestimmten Schwellwert überschreitet. Seine Voreinstellung ist 0.5. Regelinstanzen, die nach dieser Bedingung erfolgreich getestet worden sind, können ausgeführt werden.

In der seriellen Version bildet die Menge ausführbarer Regelinstanzen eine Konfliktmenge. In jedem Zyklus werden nur die Aktionen der Regelinstanzen mit dem höchsten Konfidenzwert abgearbeitet. Der Konfidenzwert einer neuen Konklusion berechnet sich aus dem Minimum des für die Bedingung ermittelten Konfidenzwerts und des in der Regeldefinition angegebenen Konfidenzwerts. Beschreiben verschiedene Regeln die gleiche Konklusion, so wird der resultierende Konfidenzwert dem Maximum der über die verschiedenen Regelinstanzen abgeleiteten Konfidenzwerte gleichgesetzt [vgl. Buckley et al. 1986a, 6f.].

In der „parallelen“ Version werden die Aktionen aller erfolgreich getesteten Regelinstanzen „parallel“ ausgeführt. Das bedeutet: erst nachdem alle Aktionen aller ausführbaren Regelinstanzen abgearbeitet worden sind, wird über eine erneute Prüfung der Regelbedingungen ein neuer Zyklus gestartet. Es gibt daher keine Konfliktmenge von Regelinstanzen und folglich auch keine Konfliktlösung wie sie für das „klassische“ Produktionensystem OPS5 charakteristisch ist. Es kann jedoch einen *Speicherkonflikt* geben, wenn dasselbe Datum von Aktionen mehrerer Regelinstanzen modifziert wird. Nach Siler, Tucker und Buckley [1987, 325] werden solche Speicherkonflikte in FLOPS nach dem Prinzip der *schwachen Fuzzy-Monotonie* (engl.: *weak fuzzy monotonicity*) aufgelöst. Schwache Fuzzy-Monotonie wird unterschieden von *strenger Fuzzy-Monotonie* (engl.: *strict fuzzy monotonicity*). Bei strenger Fuzzy-Monotonie darf der Konfidenzwert eines Attributwerts erhöht werden, der Wert selbst jedoch nicht verändert werden. Bei schwacher Fuzzy-Monotonie darf sich auch der Attributwert ändern, jedoch nur dann, wenn der Konfidenzwert des neuen Attributwerts mindestens so hoch ist wie der des alten Attributwerts.[13]

Ein gravierendes Manko von FLOPS ist zweifellos die Einschränkung, die für die Verarbeitung von Fuzzy-Mengen gilt. Mit Ausnahme der Möglichkeit, unscharfe Zahlen miteinander vergleichen zu können, kann das System nicht auf vollständigen Fuzzy-Mengen operieren. Auf diese Einschränkung haben Siler, Buckley und Tucker [1987, 28] selbst hingewiesen. Zuzustimmen ist ihnen

[13] In der Beschreibung der „seriellen“ Version von [Buckley et al. 1986a] findet sich diese Fallunterscheidung nicht. Dem Prinzip der „schwachen Fuzzy-Monotonie“ entspricht dort die erwähnte „Maximumbildung“. Zu beachten ist, daß aufgrund des Prinzips der „schwachen Fuzzy-Monotonie“ bei gleichem Konfidenzwert neueren Dateneinträgen gegenüber alten der Vorzug gegeben wird.

auch, wenn sie auf semantische Probleme hinweisen, die aus der Verwendung einfacher Konfidenzwerte herrühren.[14] Daß die in FLOPS implementierten Abarbeitungsstrategien in einigen Fällen Probleme aufwerfen und für viele Anwendungen nicht geeignet sind, machen einige Entwurfsprinzipien und Anwendungsbeispiele von FMUFL (vgl. 448ff.) deutlich.

12.2.2 Approximatives analogisches Schließen mit punkt- und intervallwertigen Zugehörigkeitsfunktionen

Von Turksen und seinen Mitarbeitern wurden auf der Basis der Fuzzy-Mengentheorie und Possibilitätstheorie Methoden zum *approximativen analogischen Schließen* (engl.: *approximate analogical reasoning*, kurz: AAR) entwickelt und anhand einiger prototypischer Implementierungen auf dem Gebiet der Produktionsplanung evaluiert.[15] Der Kerngedanke ist, die Entscheidung, ob eine Regel ausgeführt werden soll, von dem Grad (s) der „Übereinstimmung" zwischen Datum und Antezedent abhängig zu machen, und das gleiche *„Übereinstimmungsmaß"*[16] dazu zu benutzen, eine *Modifikationsfunktion* (m) zu konstruieren, mit der sich die Konklusion aus dem Konsequenten berechnen läßt. Die Zugehörigkeitsfunktion der Konklusion wird mithin als eine Funktion der Zugehörigkeitsfunktion des Konsequenten und des Übereinstimmungsmaßes s aufgefaßt. Turksen und Zhong [1990, 324] subsumieren diesen Ansatz unter die Kategorie analogischen Schließens, weil gewissermaßen eine Analogie zwischen der Abweichung der Konklusion gegenüber dem Konsequenten zur Abweichung des Faktums gegenüber dem Antezedenten gezogen wird.

Das im folgenden beschriebene Inferenzschema wurde, so Turksen und Zhong [1990, 339], in die „Expertensystem-Shell" PERSONAL CONSULTANT PLUS (kurz: PC-PLUS) [vgl. Texas Instruments 1986] integriert. Die Implementierung macht von der in PC-PLUS

---

[14] „... there is the hard fact that with single-value confidence, one cannot distinguish between something about which we have absolutely no knowledge at all (confidence 0) and something which we know not to be true (confidence 0) except to be very careful in our programming." [Siler, Buckley, Tucker 1987, 28] Vgl. auch Fußnote 12. Buckley und Tucker [1989] haben diese Überlegungen fortgeführt und Ansätze für ein neues Produktionensystem – die Autoren sprechen von einer „Fuzzy-Expertensystem-Shell" der „zweiten Generation", FESS II – vorgestellt.

[15] Vgl. Turksen und Zhong [1990], Turksen [1992a] sowie Turksen, Ulguray, Wang [1992]. Die im folgenden beschriebenen Inferenzschemata werden von Turksen und Zhong unter dem Akronym AARS (*approximate analogical reasoning schema*) zusammengefaßt. Das Konzept „intervallwertige Fuzzy-Mengen auf der Basis von Normalformen" (IVFS) wird in [Turksen 1986; ergänzend Turksen 1992b] erläutert.

[16] Turksen und Zhong [1990] verwenden den Ausdruck *„similarity measure"*, in späteren Beiträgen [vgl. Turksen 1992; Turksen, Ulguray, Wang 1992] werden stattdessen die Ausdrücke *„closeness measure"* und *„pattern matching measure"* verwendet.

gebotenen Möglichkeit Gebrauch, Prozeduren zu definieren, die sowohl in den Regelbedingungen als auch in den Regelaktionen aufgerufen werden dürfen. Über solche Prozeduraufrufe erfolgt zum einen der Zugriff auf Fuzzy-Mengen, zum anderen wird über sie der Übereinstimmungsgrad und die Konklusion berechnet. Die entsprechenden „Maß-“ und „Modifikationsprozeduren“ sind in SCHEME, einem LISP-Dialekt, definiert. Aus der Verwendung von PC-PLUS geht hervor, daß es sich um kein typisches Produktionensystem (wie bei OPS5) handelt: PC-PLUS steht vielmehr in der Tradition von MYCIN beziehungsweise EMYCIN [vgl. Buchananan and Shortliffe 1984; insbesondere van Melle et al. 1984]. Die Inferenzmaschine basiert dementsprechend auf einem „Kontext“-Konzept (in PC-PLUS „Frames“ genannt) und unterstützt weder „logische Variablen“ noch „Mustervariablen“. PC-PLUS kennt drei Regeltypen: Metaregeln sowie Regeln zur Vorwärts- und Rückwärtsverkettung. Das von Turksen und Zhong beschriebene Inferenzschema ist für sogenannte „antecedent rules“, also Vorwärtsverkettung definiert. Turksen, Ulguray und Wang [1992, 358-360] erwähnen eine „Fuzzy-Toolbox“, die für KEE [vgl. Wolf und Setzer 1991] entwickelt worden ist, einer auf COMMONLISP basierenden „Shell“, die zu den leistungsfähigsten und verbreitetsten Entwicklungsumgebungen für wissensbasierte Systeme überhaupt zählt. Diese „Fuzzy-Toolbox“ besteht aus vier Moduln [Turksen, Ulguray, Wang 1992, 360]: Modul 1 enthält verschiedene Paare von *t*-Normen und *t*-Conormen und Modul 2 mehrwertige Implikationsoperatoren. Modul 3 ermöglicht, diese Operatoren auf intervallwertige Zugehörigkeitsfunktionen anzuwenden. Und Modul 4 stellt verschiedene Übereinstimmungsmaße („closeness measures“) zur Verfügung.

AARS für Fuzzy-Mengen mit punktwertigen Zugehörigkeitsfunktionen

Die von Turksen und Zhong beschriebene Verarbeitungsstrategie sieht eine vollständige Iteration über alle Regeln und Daten vor. Gegeben sei eine Wissensbasis mit n Daten A_i^*, n Regeln R_j der Form „*wenn* A_j, *dann* B_j“, $n \in \{1, 2, \ldots\}$, $1 \leq i \leq n$, $1 \leq j \leq m$. Ω_B sei der Grundbereich aller Konsequenten B_k. Die Konklusion B^* berechnet sich dann in vier Schritten [vgl. Turksen 1992a, 8f.]:[17]

(1) Berechne für alle A_j, A_i^* das Übereinstimmungsmaß $s_j = s(A_j, A_i^*)$.
(2) Bestimme die Menge aller Regeln R_A, die ausgeführt werden sollen.
(3) Berechne zu jeder Regel $R_j \in R_A$ eine Regel-Konklusion B_j^* aus dem Konsequenten B_j und dem Übereinstimmungsmaß s_j.
(4) Kombiniere alle Regel-Konklusionen B_j^* zur Konklusion B^*:

$$\mu_{B^*}(x) = f(\mu_{B_1^*}(x), \mu_{B_2^*}(x), \ldots, \mu_{B_j^*}) \qquad ; \forall x \in \Omega_B. \qquad (12.2)$$

Dabei steht f für eine auf Fuzzy-Mengen erweiterte *t*-Norm oder *t*-Conorm. Die Kombinationsformel des letzten Schritts (4) bietet mithin vielfältige Optionen. Gleiches gilt für die vorangehenden drei Abarbeitungsschritte: (1) In den Kapiteln 7.2.3 (253ff.) und 10.3 (345ff.) wurden bereits einige Maße behandelt, die auch für approximatives analogisches Schließen in Frage kommen. Turksen und

[17] In [Turksen und Zhong 1990] werden zwei zusätzliche Schritte genannt, nämlich die Auswahl des „Ähnlichkeitsmaßes“ und die linguistische Approximation der Konklusion mit Hilfe des „Ähnlichkeitsmaßes“, das Regelauswahlverfahren ist dort auf eine Schwellwertüberprüfung festgeschrieben.

Zhong haben in ihrer Implementierung das vom Possibilitätsmaß abgeleitete *„Diskonsistenzmaß“* (engl.: *disconsistency measure*) als Distanzmaß verwendet:

$$d(A, B) = 1 - \sup_{x \in \Omega} \mu_{A \cap B}(x). \tag{12.3}$$

Zur Umwandlung von Distanzmaßen in Übereinstimmungsmaße verwenden sie folgende Transformationsformel [Turksen and Zhong 1986, 327]:

$$s(A, B) = \frac{1}{1 + d(A, B)}. \tag{12.4}$$

Nach Turksen und Zhong [1990, 328, 330] werden alle Regeln ausgeführt, deren Übereinstimmungsgrade einen vorgegebenen Schwellwert überschreiten (2). Der Schwellwert kann bei Bedarf hoch oder runter gesetzt werden. Turksen [1992a, 9] weist auf verschiedene Alternativen hin, festzulegen, welche Regeln ausgeführt werden sollen. Die beiden Grenzfälle, nämlich in jedem Zyklus nur eine Regel mit dem höchsten Übereinstimmungsgrad oder schlicht alle Regeln zu „feuern“, korrespondieren mit den in Produktionensystemen und Fuzzy-Regelungssystemen typischen Auswahlstrategien. Die genannten Strategien können durch eine Vielzahl weiterer Alternativen ergänzt werden, wenn man für klassische Produktionensysteme entwickelte und erprobte Kriterien und Konfliktlösungsstrategien miteinbezieht (vgl. 419f.).

Zur Berechnung einer Konklusion aus einer Regel (3) bieten Turksen und Zhong [1990, 329] sowie Turksen [1992a, 9] zwei Funktionen an, die *Expansionsform* (12.5), in der die Zugehörigkeitsgrade des Konsequenten $\mu_{B_j}(x)$ durch das Maß der Übereinstimmung sj dividiert werden und die *Reduktionsform* (12.6), in der eine t-Norm (wie das algebraische Produkt) auf $\mu_{B_j}(x)$ und sj angewandt wird (vgl. Abbildung 12.4):

$$\mu_{B_j^*}(x) = \min\left(1, \frac{\mu_{B_j}(x)}{s_j}\right) \tag{12.5}$$

$$\mu_{B_j^*}(x) = t(\mu_{B_j}(x), s_j). \tag{12.6}$$

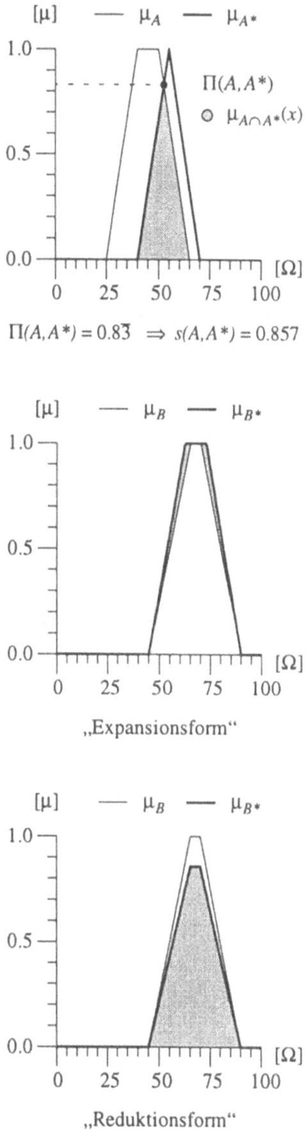

Abb. 12.4: Konklusionsberechnung gemäß der „Reduktions-“ und „Expansionsform“ (AARS)

Aufgrund der Transformationsformel 12.4 kann die Modifikationsfunktion der Expansionsform 12.5 einfacher direkt über das Distanzmaß definiert werden:

$$\mu_{B_j^*}(x) = \min(1, \mu_{B_j}(x) \cdot (1 + d_j)). \tag{12.7}$$

Die Berechnung einer Regel-Konklusion setzt die Auswahl einer Regel voraus. Die Aufgabe, mehrere Regel-Konklusionen miteinander zu einer Gesamtkonklusion zu verrechnen (4) stellt sich nur dann, wenn mehrere Regeln mit dem gleichen Konsequenten „feuern". In diesem Fall wird die Vereinigungsmenge der einzelnen Regel-Konklusionen gebildet. Erfüllt keine Regel die vorgegebenen Auswahlkriterien, so liefert das System dem Benutzer *„keine Antwort"* [Turksen and Zhong 1990, 342]. Abhilfe kann die Option bieten, den Schwellwert herabzusetzen. Ein zu niedriger Schwellwert kann indes dazu führen, daß zuviele Regeln „feuern" und infolgedessen die resultierende Fuzzy-Menge „alles oder nichts" bedeuten kann. Um „verständliche" Antworten geben zu können, wird eine linguistische Approximation durchgeführt. Dabei wird das gleiche Maß benutzt, daß der Regelauswahl und der Konklusionsberechnung zugrunde liegt. Kann keine hinreichende Übereinstimmung zu einem linguistischen Wert gefunden werden, so „antwortet" das System mit dem Ausdruck *„unknown" (unbekannt)*, andernfalls mit dem Namen einer Fuzzy-Menge, die mit der Konklusion, den höchsten Übereinstimmungsgrad erzielt.

Bei der Verallgemeinerung von einfachen Regeln zu zusammengesetzten Regeln unterscheiden Turksen und Zhong zwischen „Oder"- und „Und"-Verknüpfungen. Für jeden Fall schlagen sie zwei Lösungswege vor. Der erste Vorschlag zur Bearbeitung von „Oder"-Verknüpfungen sieht eine Zerlegung in mehrere einfache Regeln vor:

$$\begin{gathered} [A_{j_1} \text{ or } A_{j_2} \text{or } \dots \text{ or } A_{j_k}] \to B_j \\ \downarrow \\ A_{j_1} \to B_j, A_{j_2} \to B_j, \dots, A_{j_k} \to B_j. \end{gathered} \tag{12.8}$$

Der erste Vorschlag zur Bearbeitung von „Und"-Verknüpfungen sieht vor, für jede Teilbedingung der Konjunktion einen Übereinstimmungswert zu messen und den Durchschnitt dieser Werte als Übereinstimmungsmaß für die gesamte Konjunktion zu nehmen, $1 \le l \le k$ [vgl. Turksen and Zhong 1990, 336]:

$$s([A_{j_1}, A_{j_2}, \dots, A_{j_k}], [A^*_{i_1}, A^*_{i_2}, \dots, A^*_{i_k}]) = \frac{\sum_{l=1}^{k} s(A_{j_l}, A^*_{i_l})}{k}. \tag{12.9}$$

Als Alternative zu 12.8 und 12.9 schlagen Turksen und Zhong vor, sowohl die Teile des Antezedenten als auch die infrage kommenden Datenelemente miteinander zu „intervallwertigen Fuzzy-Mengen" zu verknüpfen und dann das im folgenden beschriebene Inferenzschema für intervallwertige Zugehörigkeitsfunktionen anzuwenden. Um eine derartige Verknüpfung vornehmen zu können, müssen die involvierten Fuzzy-Mengen zuvor auf einen gemeinsamen Maßstab transformiert werden. Die Verknüpfungsoperationen selbst sind über die disjunktive und konjunktive Normalform der Konjunktion und Disjunktion definiert.

AARS für Fuzzy-Mengen mit intervallwertigen Zugehörigkeitsfunktionen

Um Ungenauigkeiten modellieren zu können, die die Zugehörigkeitsgrade von Fuzzy-Mengen betreffen, hat Zadeh Fuzzy-Mengen höheren Typs eingeführt, bei denen die Zugehörigkeitsgrade selbst wiederum Fuzzy-Mengen sind (vgl. Kapitel 2.3). Mit dieser Unschärfe „zweiter Ordnung" erhöht sich die Rechenkomplexität drastisch. Rechnerisch – und kognitiv – günstiger erscheint es, Ungenauigkeiten von Zugehörigkeitsgraden in Form von Intervallen zu repräsentieren (vgl. Abbildung 2.15, 72). Für diese sogenannten „intervallwertigen Fuzzy-Mengen" (IVFS) hat Turksen [1986; vgl. auch Turksen 1992b sowie Turksen, Ulguray, Wang 1992, 359ff.] Verknüpfungsoperationen auf der Basis von Normalformen vorgeschlagen, die auch als Grundlage eines erweiterten AAR-Schemas dienen.

In der Aussagenlogik läßt sich jeder logische Ausdruck in eine Form überführen, die ausschließlich aus Negationen von Grundaussagen, Konjunktionen und Disjunktionen gebildet wird – die sogenannte *Normalform.* Man unter-

Aussagen	DNF	CNF
wahr	$(A \cap B) \cup (A \cap \neg B) \cup (\neg A \cap B) \cup (\neg A \cap \neg B)$	Ω
falsch	$\varnothing$	$(A \cup B) \cap (A \cup \neg B) \cap (\neg A \cup B) \cap (\neg A \cup \neg B)$
A oder B	$(A \cap B) \cup (A \cap \neg B) \cup (\neg A \cap B)$	$(A \cup B)$
nicht A und nicht B	$(\neg A \cap \neg B)$	$(A \cup \neg B) \cap (A \cup B) \cap (\neg A \cup \neg B)$
nicht A oder nicht B	$(A \cap \neg B) \cup (\neg A \cap B) \cup (\neg A \cap \neg B)$	$(\neg A \cup \neg B)$
A und B	$(A \cap B)$	$(A \cup B) \cap (A \cup \neg B) \cap (\neg A \cup B)$
nicht A oder B	$(A \cap B) \cup (\neg A \cap B) \cup (\neg A \cap \neg B)$	$(\neg A \cup B)$
A und nicht B	$(A \cap \neg B)$	$(A \cup B) \cap (A \cup \neg B) \cap (\neg A \cup \neg B)$
A oder nicht B	$(A \cap B) \cup (A \cap \neg B) \cup (\neg A \cap \neg B)$	$(A \cup \neg B)$
Nicht A und B	$(\neg A \cap B)$	$(A \cup B) \cap (\neg A \cup B) \cap (\neg A \cup \neg B)$
A genau dann, wenn B	$(A \cap B) \cup (\neg A \cap \neg B)$	$(A \cup \neg B) \cap (\neg A \cup B)$
entweder A oder B	$(A \cap \neg B) \cup (\neg A \cap B)$	$(A \cup B) \cap (\neg A \cup \neg B)$
A	$(A \cap B) \cup (A \cap \neg B)$	$(A \cup B) \cap (A \cup \neg B)$
nicht A	$(\neg A \cap B) \cup (\neg A \cap \neg B)$	$(\neg A \cup B) \cap (\neg A \cup \neg B)$
B	$(A \cap B) \cup (\neg A \cap B)$	$(A \cup B) \cap (\neg A \cup B)$
nicht B	$(A \cap \neg B) \cup (\neg A \cap \neg B)$	$(A \cup \neg B) \cap (\neg A \cup \neg B)$

Tabelle 12.1: Disjunktive und konjunktive Normalformen logischer Aussagen

scheidet zwischen der *konjunktiven Normalform* (i.e. eine Konjunktion von Disjunktionen, kurz: CNF) und der *disjunktiven Normalform* (i.e. eine Disjunktion von Konjunktionen, kurz: DNF). Beide Normalformen sind in der Aussagenlogik (im Gegensatz zu einer mehrwertigen Logik oder Fuzzy-Logik) logisch äquivalent. Zu zwei Grundaussagen A, B und ihren Verknüpfungen lassen sich jeweils sechszehn disjunktive und konjunktive Normalformen bilden (vgl. Tabelle 12.1). Turksen [1986] hat bewiesen, daß bezüglich der algebraischen Struktur ([0,1], t, s) für alle sechzehn in Tabelle 12.1 aufgelisteten Aussageverbindungen die Inklusionsbeziehung

$$\mathrm{DNF}(\bullet) \subseteq \mathrm{CNF}(\bullet) \tag{12.10}$$

gilt [vgl. insbesondere Turksen 1986, 196 und 202]. Dabei symbolisiert • eine Aussageverbindung und die Symbole t, s stehen für Paare bestimmter t-Normen und s-Normen, nämlich das Paar Minimum/Maximum sowie Paare der Schweizer/Sklar-, Yager-, Weber- (von Turksen λ-Familie genannt) und Frank-Familie (vgl. Tabelle 3.6, 94). Die in der Tabelle aufgelisteten Normalformen eignen sich daher, die Randpunkte intervallwertiger Zugehörigkeitsfunktionen festzulegen, und zwar so, daß die disjunktive Normalform den unteren und die konjunktive Normalform den oberen Randpunkt des Zugehörigkeitsintervalls definiert. Die Normalformen für die „Bejahung“ können benutzt werden, Fuzzy-Mengen mit punktwertigen Zugehörigkeitsfunktionen in solche mit intervallwertigen Zugehörigkeitsfunktionen zu transformieren.

Bei der Erweiterung des oben beschriebenen AAR-Inferenzschemas setzen Turksen und Zhong vereinfachend voraus, daß die zu verknüpfenden Fuzzy-Mengen vom Typ 1 sind. Immer wenn eine Fuzzy-Menge mit intervallwertiger Zugehörigkeitsfunktion mit einer anderen Fuzzy-Menge verknüpft werden soll, wird sie in eine Fuzzy-Menge mit einer punktwertigen Zugehörigkeitsfunktion, also in eine Fuzzy-Menge vom Typ 1, transformiert. Bezeichnet $[A]$ eine Fuzzy-Menge mit der intervallwertigen Zugehörigkeitsfunktion $\mu_{[A]}$, $\min(\mu_{[A]}(x_i))$ den linken Randpunkt und $\max(\mu_{[A]}(x_i))$ den rechten Randpunkt des Zugehörigkeitsintervalls an der Stelle x_i, dann läßt sich $[A]$ nach folgender Funktionsvorschrift in A transformieren:

$$\mu_A(x) = \frac{\max\mu_{[A]}(x) - \min\mu_{[A]}(x)}{2} \quad ; \forall x \in \Omega. \tag{12.11}$$

Soll nun das beschriebene AAR-Schema auf Fuzzy-Mengen mit intervallwertigen Zugehörigkeitsfunktionen angewandt werden, so müssen die Berechnungsformeln für einige Schritte modifiziert werden. Um die neuen Formeln anwenden zu können, müssen die Fuzzy-Mengen des Antezedenten, des Konsequenten sowie der Daten in Fuzzy-Mengen mit intervallwertigen Zugehörigkeitsfunktionen transformiert werden. Dazu sind die Normalformen für die „Bejahung“ anzuwenden:[18]

$$\begin{aligned}
[A_j] &= [(A_j \cap B_j) \cup (A_j \cap \neg B_j), (A_j \cup B_j) \cap (A_j \cup \neg B_j)] \\
[B_j] &= [(B_j \cap A_j) \cup (B_j \cap \neg A_j), (B_j \cup A_j) \cap (B_j \cup \neg A_j)] \\
[A_j^*] &= [(A_j^* \cap B_j) \cup (A_j^* \cap \neg B_j), (A_j^* \cup B_j) \cap (A_j^* \cup \neg B_j)].
\end{aligned} \tag{12.12}$$

Da Maximum und Minimum distributiv sind, kann man gleichwertig dazu folgende einfachere Formeln benutzen:

$$\begin{aligned}
[A_j] &= [A_j \cap (B_j \cup \neg B_j), A_j \cup (B_j \cap \neg B_j)] \\
[B_j] &= [B_j \cap (A_j \cup \neg A_j), B_j \cup (A_j \cap \neg A_j)] \\
[A_j^*] &= [A_j^* \cap (B_j \cup \neg B_j), A_j^* \cup (B_j \cap \neg B_j)].
\end{aligned} \tag{12.13}$$

In der Musterverarbeitung können zwar die gleichen Distanzmaße und Übereinstimmungsmaße benutzt werden, sie müssen allerdings in diesem Fall jeweils auf die unteren (DNF) und oberen Intervallgrenzen (CNF) des unscharfen Datums und Antezedenten angewandt werden, so daß man zwei Distanzmaße (d^l, d^u) und zwei Übereinstimmungsmaße (s^l, s^u) erhält:

$$\begin{aligned}
s_{ij}^l &= s^l([A_j], [A_i^*]) = s(\mathrm{DNF}(A_j), \mathrm{DNF}(A_i^*)) \\
s_{ij}^u &= s^u([A_j], [A_i^*]) = s(\mathrm{CNF}(A_j), \mathrm{CNF}(A_i^*)).
\end{aligned} \tag{12.14}$$

Bei der Regelauswahl müssen beide Übereinstimmungsmaße mit dem Schwellwert verglichen werden, da die Ungleichung $s_{ij}^l \le s_{ij}^u$ nicht immer erfüllt ist. Dies muß ebenfalls bei der Anpassung der Modifikationsfunktion m beachtet werden, da $m(\mathrm{DNF}(B)) \le m(\mathrm{CNF}(B))$ gewährleistet bleiben muß:

$$\begin{aligned}
[B] &= [\mathrm{DNF}(B), \mathrm{CNF}(B)] \\
[B^*] &= [m(\mathrm{DNF}(B)), m(\mathrm{CNF}(B))].
\end{aligned} \tag{12.15}$$

Für die erweiterte Expansionsform von m gilt analog zu 12.5:

$$\begin{aligned}
m(\mathrm{DNF}(B)) &= \min\left\{\frac{\mathrm{CNF}(B)}{s^u}, \frac{\mathrm{DNF}(B)}{s^l}\right\} \\
m(\mathrm{CNF}(B)) &= \min\left\{1, \frac{\mathrm{CNF}(B)}{s^u}\right\}.
\end{aligned} \tag{12.16}$$

Aufgrund der Transformationsformel 12.4 liegt es wiederum nahe, direkt mit den Distanzmaßen zu rechnen:

---

[18] Im Falle komplexer Regeln entfällt diese Transformation für den Antezedenten, da das Verknüpfungsresultat bereits ein IVFS ist.

$$\begin{aligned} m(\mathrm{DNF}(B)) &= \min\{\mathrm{CNF}(B)\cdot(1+d^u), \mathrm{DNF}(B)\cdot(1+d^l)\} \\ m(\mathrm{CNF}(B)) &= \min\{1, \mathrm{CNF}(B)\cdot(1+d^u)\}. \end{aligned} \tag{12.17}$$

Für die erweiterte Reduktionsform erhält man analog zu 12.6:

$$\begin{aligned} m(\mathrm{DNF}(B)) &= \min\{s^l\cdot \mathrm{DNF}(B), s^u\cdot \mathrm{CNF}(B)\} \\ m(\mathrm{CNF}(B)) &= s^u\cdot \mathrm{CNF}(B). \end{aligned} \tag{12.18}$$

Um mehrere Teilkonklusionen zu einer Gesamtkonklusion zu verrechnen, schlagen Turksen und Zhong [1990, 335] vor, die Teilkonklusionen paarweise gemäß den Normalformen für die „Oder“-Verknüpfung (vgl. Tabelle 12.1) zu kombinieren:

$$\begin{aligned} B^* &= B_1^* \text{ or } B_2^* \\ &= [(B_1^*\cap B_2^*)\cup(B_1^*\cap\neg B_2^*)\cup(\neg B_1^*\cap B_2^*), (B_1^*\cup B_2^*)]. \end{aligned} \tag{12.19}$$

Eine linguistische Approximation kann wiederum über das in der Musterverarbeitung benutzte Übereinstimmungsmaß erfolgen, nachdem die „intervallwertige Konklusion“ mit Hilfe der Transformationsformel 12.11 in eine gewöhnliche Fuzzy-Menge umgewandelt worden ist.

Turksen und Zhong [1990, 338, 344] heben hervor, daß – im Gegensatz zum CRI-Ansatz (i.e. Schließen auf der Basis der Verkettungsschlußregel beziehungsweise dem generalisierten Modus ponens, vgl. Kapitel 8.3) – im AAR-Schema die Gleichung $A_j \circ (A_j \rightarrow B_j) = B_j$ immer gelte, und daß das AAR-Schema konzeptuell klarer und rechentechnisch einfacher als der CRI-Ansatz sei. Eine von Turksen und Zhong [1990] durchgeführte Validierung zeigt, daß in dem untersuchten Fall die Entscheidungsfindung nach dem AAR-Modell dem mathematischen Optimum (das auf der Basis vollständiger Informationen im nachhinein berechnet werden konnte) relativ nahe kommt, und im Vergleich zu den tatsächlich getroffenen Entscheidungen eine erhebliche Verbesserung gebracht hätte, daß allerdings die Güte der mit einem CRI-Ansatz erzielbaren Resultate nicht ganz erreicht wird.

12.3 Rückwärtsverkettende Systeme

12.3.1 Possibilistische Inferenzschemata zur Verrechnung von Unsicherheit und Ungenauigkeit in SPII

SPII ist ein Akronym für *Système de Propagation de l'Imprécis et de l'Incertain.* Es handelt sich dabei um ein *rückwärtsverkettendes „Fuzzy-Produktionensystem“* zur Modellierung „ungenauen“ und „unsicheren“ Wissens.[19] Nach Lebailly, Martin-Clouaire und Prade [1987, 127] ist die Aussage *„X ist A" ungenau* (frz.: *imprécis*, engl.: *imprecise*), wenn *A* den Variabilitätsbereich der Variablen *X* lediglich auf eine Teilmenge ihrer Grundmenge Ω_X einschränkt. Dies gilt zunächst für gewöhnliche Intervallfestlegungen wie in *„X ist zwischen 30 und 40"* oder *„X ist über 50"*. *„X ist A"* bedeutet demnach soviel wie *„X ist in A"*. Weist die Restriktion *A* darüber hinaus keine scharfen Ränder auf, so gilt die Aussage zugleich als *unscharf*. *Ungenauigkeit* fungiert demnach als Oberbegriff von *Unschärfe*. Jede unscharfe Aussage ist ungenau, aber nicht jede ungenaue Aussage ist unscharf. Eine Aussage gilt demgegenüber als *unsicher*, wenn man nicht weiß, ob sie zutrifft oder nicht zutrifft, wenn also bei der Aussage *„X ist A"* nicht sicher ist, ob der Variabilitätsbereich von *X* tatsächlich auf *A* eingeschränkt ist.

SPII unterstützt verschiedene Kombinationen von Ungenauigkeit und Unsicherheit in der Wissensbasis. Die Fakten werden in Form von AOW-Tripeln beschrieben. Fakten können ungenau und unsicher sein. Die Unsicherheit eines Faktums wird über zwei skalare Größen spezifiziert. Sie werden als Grade der Möglichkeit und Notwendigkeit interpretiert, in dem ein Fakt als wahr gelten soll. Die Regelprämisse besteht aus einer Konjunktion von AOW-Tripeln, an deren Wert-Stelle Variablen angegeben werden dürfen. Für jede Regel wird ebenfalls in Form von AOW-Tripeln eine Menge von Konsequenten festgelegt. Unsichere Zusammenhänge zwischen der Prämisse und einem Konsequenten können über zwei Sicherheitskoeffizienten (*s, n*) modelliert werden, sofern der Konsequent keine unscharfe Menge denotiert. In diesem Fall wird eine Konsequenz mithin über ein Quintupel (Attribut, Objekt, Wert, *s*, *n*) repräsentiert. SPII-2 bietet darüber hinaus die Möglichkeit, den Wert eines Objekt-Attributs über eine (arithmetische) Funktion festzulegen.[20]

In SPII werden verschiedene Inferenzschemata verwandt, je nachdem, ob die Prämisse eine gewöhnliche oder unscharfe Menge beinhaltet und die Regel sicher oder unsicher ist. Sichere Regeln werden nach dem *generalisierten Modus ponens* (vgl. 278 und Kapitel 8.5, 293ff.) verarbeitet. Für unsichere Regeln stehen in SPII-2 mehrere Inferenzschemata zur Verfügung. Eine Regel *„wenn p, dann q"* ist *unsicher*, wenn man nicht sicher sein kann, daß *q* wahr ist, obwohl

[19] SPII existiert in zwei Versionen: SPII-1 und SPII-2. Eine Beschreibung von SPII-1 geben [Martin-Clouaire und Prade 1986] sowie [Dubois and Prade 1988b, 149-169]. SPII-2 ist eine Erweiterung von SPII-1, die von [Lebailly, Martin-Clouaire and Prade 1987] beschrieben wird. In beiden Systemen werden die von [Cayrol, Farreny, Prade 1982] dargestellten Methoden der unscharfen Musterverarbeitung angewandt (vgl. Kapitel 10.3, insbesondere 350ff.). Gleiches gilt für das von [Dubois, Martin-Clouaire, Prade 1988] propagierte Verfahren zur effizienten Verarbeitung des generalisierten Modus ponens (vgl. Kapitel 8.5.2, 297ff.).

[20] Auf diese Weise entstehen Regeln der Form *„wenn X ist M und Y ist A, dann ist Z f(M)"*. In der von Lebailly u.a. [1987, 137ff.] beschriebenen Applikation von SPII-2 handelt es sich dabei um Additions- und Multiplikationsfunktionen für positive trapezförmige Fuzzy-Mengen wie sie in Kapitel 4.4 (144ff.) beschrieben wurden.

bekannt ist, daß p wahr ist. Eine intuitiv einleuchtende Möglichkeit, diese Unsicherheit zu quantifizieren, bietet sich aufgrund der Unterscheidung zwischen einer *notwendigen Bedingung* und einer *hinreichenden* (engl.: *sufficient condition*). Davon ausgehend, kann der Grad der Unsicherheit über zwei Werte bestimmt werden: zum einen darüber, in welchem Grad die Information, daß p wahr ist, *hinreichend* für den Schluß ist, daß q wahr ist, zum anderen darüber, in welchem Grad der Fakt, daß p wahr ist, notwendig für die Folgerung ist, daß q wahr ist. Beide Werte lassen sich über das Notwendigkeitsmaß spezifizieren. Der Notwendigkeitsgrad für die Implikation $p \to q$ gibt an, inwieweit die Information, daß p wahr ist, hinreichend für den Schluß ist, daß q wahr ist. Und der Notwendigkeitsgrad für die Implikation $\neg p \to \neg q$ (oder äquivalent $q \to p$) gibt an, inwieweit die Information, p ist wahr, für den Schluß, q ist wahr, notwendig ist. Die unteren Schranken s und n dieser Notwendigkeitsgrade bilden die Basis eines für die Unsicherheitspropagierung in SPII grundlegenden Inferenzschemas:

$$\begin{array}{l} N(p \to q) \geq s \\ N(q \to p) \geq n \\ N(p) \geq \alpha, \Pi(p) \leq \beta \quad \text{mit} \max(1-\alpha, \beta) = 1 \\ \hline N(q) \geq \min \alpha, \Pi(q) \leq \max(1-n, \beta). \end{array} \tag{12.20}$$

Setzt man für die Notwendigkeitsgrade die unteren und für die Possibilitätsgrade die oberen Schranken, so ergibt sich das folgende Inferenzschema:

$$\begin{array}{l} \text{Wenn } X = A, \text{ dann } Y = B \text{ mit } s, n \\ X = A^* \\ \hline Y = B \text{ mit } N(B) = \min(N(A, A^*), s), \Pi(B) = \max(\Pi(A, A^*), 1-n). \end{array} \tag{12.21}$$

Dieses Inferenzschema ist allerdings nur dann anwendbar, wenn die Bedingung $\max(\Pi(A,A^*), 1- \mathrm{N}(A,A^*)) = 1$ erfüllt ist. Da diese Bedingung für unscharfe Mengen keineswegs immer erfüllt ist, wird bei Regeln mit unscharfen Prämissen eine entsprechende Normalisierung durchgeführt:

$$\begin{array}{l} \text{Wenn } X = A, \text{ dann } Y = B \text{ mit } s, n \\ X = A^* \\ \hline Y = B \text{ mit } N(B) = \min(\alpha, s), \Pi(B) = \max(\beta, 1-n). \end{array} \tag{12.22}$$

$$\begin{aligned} \alpha &= 1 - \frac{1 - N(A, A^*)}{\max(1 - N(A, A^*), \Pi(A, A^*))} \\ \beta &= \frac{\Pi(A, A^*)}{\max(1 - N(A, A^*), \Pi(A, A^*))}. \end{aligned} \tag{12.23}$$

In Regeln der Form *„je mehr X ist A, desto sicherer Y ist B“* ist der Sicherheitsgrad der Konklusion direkt von dem Grad abhängig, in dem die Prämisse erfüllt wird. Ist X eine reelwertige Variable, dann kann diese Abhängigkeit auch in der Form *„wenn X ist {x}, dann ist Y = B mit s(x) und n(x)“* ausgedrückt werden. Statt der konstanten Sicherheitskoeffizienten s und n werden hier entsprechende Funktionen, nämlich $s{:}\Omega_X \rightarrow [0,1]$ und $n{:}\Omega_X \rightarrow [0,1]$, benutzt, den Notwendigkeits- und Possibilitätsgrad der Konklusion zu berechnen [vgl. Lebailly et al. 1977, 130, 144].

Regeln dieses Typs subsumieren zwei Teilregeln der Form *„je mehr X ist A_1, desto sicherer ist Y = B“* und *„je mehr X ist nicht A_2, desto sicherer ist Y nicht B“*, wobei die Zugehörigkeitsfunktionen von A_1 und A_2 den Funktionen s und n gleichzusetzen sind. Auf der Basis solcher Regelpaare haben Lebailly, Martin-Clouaire und Prade [1987, 134] ein Inferenzschema vorgeschlagen, wonach die Sicherheit der Konklusion von der Kompatibilität des *Kerns* von A^* mit A_1 und A_2 abhängt. Nach diesem heuristisch (aufgrund einer Anwendung) begründeten Inferenzschema ist in 12.23 $N(A,A^*)$ durch $N(A_1,\mathrm{core}(A^*))$ und $\Pi(A_2,\mathrm{core}(A^*))$ zu ersetzen [vgl. Lebailly et al. 1987, 134f.]. Weist das Faktum A^* zudem ein bestimmtes Niveau der Unbestimmtheit (Unsicherheit) Θ auf, so berechnen sich die Unsicherheitswerte der Konklusion nach den Gleichungen:

$$\begin{aligned} N(Y=B) &= \min(\Theta, \alpha) \\ \Pi(Y=B) &= \max(1-\Theta, \beta). \end{aligned} \tag{12.24}$$

Wenn über mehrere Regeln Konklusionen der gleichen Variable abgeleitet werden, also mehrere Konklusionen, die sich auf das gleiche Attribut des gleichen Objekts beziehen, dann müssen diese Konklusionen auf eine geeignete Weise miteinander kombiniert werden. In SPII wird dazu das Minimum verwandt. Da die Schnittmenge von Fuzzy-Mengen oder Possibilitätsverteilungen nicht notwendigerweise normal ist, wird zugleich eine Normalisierung durchgeführt [Lebailly et al. 1987, 135]:

$$\pi(x) = \frac{\min(\pi_1(x), \ldots, \pi_n(x))}{\sup_x \min(\pi_1(x), \ldots, \pi_n(x))}. \tag{12.25}$$

Werden die zu verknüpfenden Konklusionen durch Paare von Notwendigkeits- und Possibilitätsgraden charakterisiert, so kann gleichwertig zu 12.25 die Kombination der Notwendigkeits- und Possibilitätsgrade über die beiden folgenden Gleichungen erfolgen [Lebailly et al. 1987, 135]:

$$\begin{aligned} \Pi(k) &= \frac{\min_i \Pi_i(k)}{\max_i(\min_i \Pi_i(k), \min_i(1-N_i(k)))} \\ N(k) &= 1 - \frac{\min_i(1-N_i(k))}{\max(\min_i \Pi_i(k), \min_i(1-N_i(k)))}. \end{aligned} \tag{12.26}$$

Minimumbildung und Normalisierung sind nicht unproblematisch. Ein subnormales Ergebnis zeigt einen Konflikt der Regeln beziehungsweise der „Wissensquellen" an. Lebailly, Martin-Clouaire und Prade [1987, 135] weisen darauf hin, daß dieser Konflikt durch die Normalisierung verdeckt wird. Dubois und Prade [1988b, 146f.] führen aus, daß die Normalisierung zuverlässige Quellen voraussetze und daß bei einem ernsten Konflikt die Zuverlässigkeit der „Quellen" zweifelhaft wird. In diesem Fall könne auch eine Vereinigungsbildung durchgeführt werden, was jedoch zu einer erheblichen Reduktion der Genauigkeit führe.

12.3.2 Die Verarbeitung unscharfer Unsicherheiten und unsicherer Unschärfen mit Hilfe der Fuzzy-Arithmetik und dem generalisierten Modus ponens

Leung und Lam haben ein rückwärtsverkettendes Inferenzsystem entwickelt, daß gleichermaßen Unsicherheit wie Unschärfen zu verarbeiten erlaubt [Leung and Lam 1989].[21] Die Propagierung von Unschärfen basiert auf dem generalisierten Modus ponens und einer von Whalen und Schott vorgeschlagenen Erweiterung für komplexe Bedingungen [vgl. Whalen and Schott 1983a, 211]. Die Unsicherheitspropagierung ist mit der in MYCIN [Buchanan and Shortliffe 1984] verwandt. Wie in MYCIN können Sicherheitsfaktoren (engl.: *certainty factors*, abgekürzt: CF) sowohl Fakten als auch Regeln zugewiesen werden. Im Vergleich zu MYCIN ist die Evidenzverrechnung in zweierlei Hinsicht erweitert: zum einen können statt numerischer Unsicherheitsfaktoren unscharfe Unsicherheitsfaktoren verwendet werden, zum anderen können partielle Übereinstimmungen im Mustervergleich bei präzisen Schlußfolgerungen in die Unsicherheitsbewertung einfließen. Unsicherheiten und Unschärfen können beliebig kombiniert werden. Zudem bietet das System eine natürlichsprachliche Schnittstelle. Fuzzy-Mengen werden in Form linguistischer Terme dargestellt. Die linguistische Approximation wird nach dem Verfahren von Wenstøp durchgeführt (vgl. 255f. sowie [Wenstøp 1980, 104ff.]).

Zur Beschreibung von Regelbedingungen und Konsequenzen werden einfache Objekt-Attribut-Paare benutzt. Eine Einzelbedingung besteht aus einem Objekt-Attribut-Paar, einem Vergleichsoperator und einem Wert. Einzelbedingungen können mit logischen Junktoren beliebig verknüpft werden. Eine Regelkonsequenz kann aus einem Objekt-Attribut-Paar und einem Wert oder aus einer Konjunktion solcher Merkmalsbeschreibungen bestehen. Mustervariablen

[21] Eine weitere Beschreibung des Systems, im folgenden SYSTEM Z-11 genannt (vgl. Fußnote 47, 564), sowie verschiedener Applikationen geben Leung, Wong und Lam [1989]. Die im folgenden erläuterten Rechenmodelle zur Unschärfe- und Unsicherheitspropagierung bilden zugleich die Grundlage einer Erweiterung der Expertensystemshell CLIPS [vgl. Sosnowski 1992].

werden anscheinend nicht unterstützt: sie werden weder erwähnt noch tauchen sie in den Beispielen auf.

Auswertung einer einfachen Regel

Die Auswertung einer einfachen Regel mit einer Bedingung und einer Konsequenz erfolgt nach folgendem Inferenzschema:

$$\begin{array}{l} \text{Wenn } A\text{, dann } B \text{ mit } \mathrm{CF}_R \\ A^* \text{ mit } \mathrm{CF}_{A^*} \\ \hline B^* \text{ mit } \mathrm{CF}_{B^*} \end{array} \tag{12.27}$$

Dabei steht CF_R für den Sicherheitsfaktor der Regel, CF_{A^*} für den Sicherheitsfaktor des Fatums A^* und CF_{B^*} für den Sicherheitsfaktor der Konklusion. Der Antezedent A wie der Konsequent B (und entsprechend: der Fakt A^* wie die Konklusion B^*) können präzise oder unscharf sein. Es lassen sich daher vier Kombinationsmöglichkeiten unterscheiden:

Antezedent (A)	Konsequent (B)	Konklusion (B*)		Sicherheitsfaktor (CF_{B^*})	
präzise	präzise	$B^* = B$	(12.28)	$\mathrm{CF}_{B^*} = \mathrm{CF}_{A^*} \cdot \mathrm{CF}_R$	(12.29)
präzise	unscharf	$B^* = B$	(12.28)	$\mathrm{CF}_{B^*} = \mathrm{CF}_{A^*} \cdot \mathrm{CF}_R$	(12.29)
unscharf	präzise	$B^* = B$	(12.28)	$\mathrm{CF}_{B^*} = \mathrm{CF}_{A^*} \cdot \mathrm{CF}_R \cdot S(A, A^*)$	(12.30)
unscharf	unscharf	$B^* = R_{SG}(A,B) \circ A^*$	(12.31)	$\mathrm{CF}_{B^*} = \mathrm{CF}_{A^*} \cdot \mathrm{CF}_R$	(12.29)

Tabelle 12.2: Unsicherheits- und Unschärfepropagierung bei einer einfachen Regel in System Z-11

Die Konklusion kann sich nur dann vom Regelkonsequenten unterscheiden, wenn Antezedent und Konsequent unscharf sind (Tabelle 12.2, Spalte 3). In diesem Fall wird die Regel nach dem Schema des generalisierten Modus ponens verarbeitet. Das heißt, die Regel *„wenn A, dann B"* wird als Fuzzy-Relation zwischen A und B interpretiert und die Konklusion durch Verkettung des unscharfen Fakts A^* mit dieser unscharfen Relation berechnet. Wie in Kapitel 8.4 gezeigt, können auf der Basis mehrwertiger Implikationsoperatoren (vgl. Tabelle 8.1, 283) verschiedene Relationen abgeleitet werden. Als Default-Relation bietet das System von Leung und Lam die von Fukami, Mizumoto und Tanaka [1980] eingeführte Relation R_{SG} (Gleichung 8.67, 289) an.[22] Andere

[22] Wie ausgeführt (289), wird durch diese Relation eine Regel des Typs 2 im Sinne von Fukami, Mizumoto und Tanaka definiert, also eine Regel, bei der – grob gesagt – eine „Abweichung" des Fakts gegenüber dem Antezedenten zu einer „entsprechenden Abweichung" der Konklusion gegenüber dem Konsequenten führt (vgl. Tabelle 8.3).

Relationen wie R_G (Gleichung 8.65) sowie R_S (Gleichung 8.66) seien ebenso verfügbar. Auch bestünde die Möglichkeit, weitere Relationen zu definieren [Leung and Lam 1989, 223].

Die Berechnung des Sicherheitsfaktors für die Konklusion erfolgt in drei der vier Fälle wie in MYCIN, also durch Multiplikation des Sicherheitsfaktors der Regel CF_R mit dem Sicherheitsfaktor des Faktums CF_{A*}. Handelt es sich um unscharfe Sicherheitsfaktoren, so wird statt der gewöhnlichen Multiplikation die erweiterte Multiplikation (Definition 4.23, 139) benutzt. Dies gilt auch für Gleichung 12.30, also für den Fall, daß der Antezedent unscharf und der Konsequent präzise definiert ist. Da eine nur partielle Übereinstimmung in diesem Fall keine Modifikation der Konklusion gegenüber dem Konsequenten bewirkt (wie in 12.31), überträgt sich der Grad der Übereinstimmung auf die Sicherheitsbewertung (12.30). Der Grad der Übereinstimmung oder Ähnlichkeit wird mit Hilfe des Possibilitäts- und Notwendigkeitsmaßes (Gleichung 10.13 und 10.16) nach folgender Formel berechnet [vgl. Leung and Lam 1989, 228]:

$$S(A, A^*) = \begin{cases} \Pi(A|A^*) & ; N(A|A^*) > 0.5 \\ (N(A|A^*) + 0.5) \cdot \Pi(A|A^*). \end{cases} \tag{12.32}$$

Auswertung einer komplexen Regel

Das Inferenzschema 12.27 sowie die Rechenvorschriften in Tabelle 12.2 beschreiben lediglich die Auswertung einfacher Regeln. Eine Regel mit *n* Konsequenzen wird behandelt wie *n* Regeln mit den gleichen Bedingungen und jeweils einer dieser Konsequenzen. Daher können Regeln mit mehreren Konsequenzen nach den gleichen Formeln ausgewertet werden wie Regeln mit einer Konsequenz. Besondere Rechenvorschriften sind allerdings erforderlich bei Regeln mit einem unscharfen Konsequenten und komplexen Bedingungen, wenn also der Antezedent aus mehreren Fuzzy-Propositionen besteht. Zunächst können zwei Fälle unterschieden werden, je nachdem ob die Propositionen (A_1, A_2) konjunktiv oder disjunktiv verknüpft sind. Für jeden Fall lassen sich zwei Teilprobleme unterscheiden: die Berechnung der Konklusion und die Berechnung ihres Sicherheitsfaktors.

Die Berechnung des Sicherheitsfaktors erfolgt wie bei einfachen Regeln nach dem MYCIN-Modell: bei einer Disjunktion wird das Maximum der Sicherheitsfaktoren der Fakten, bei einer Konjunktion das Minimum der Sicherheitsfaktoren der Fakten mit dem Sicherheitsfaktor der Regel multipliziert (vgl. Abbildung 12.5). Werden unscharfe Sicherheitsfaktoren verwendet, wird die Produkt- sowie die Minimum- respektive Maximumbildung nach dem Erweiterungsprinzip durchgeführt.

Zur Berechnung der Konklusion wird eine komplexe Regel mit mehreren Fuzzy-Propositionen im Antezedenz in einfache Regeln mit jeweils einer Fuzzy-Proposition im Antezedenz zerlegt (vgl. Abbildung 12.5). Im nächsten Schritt

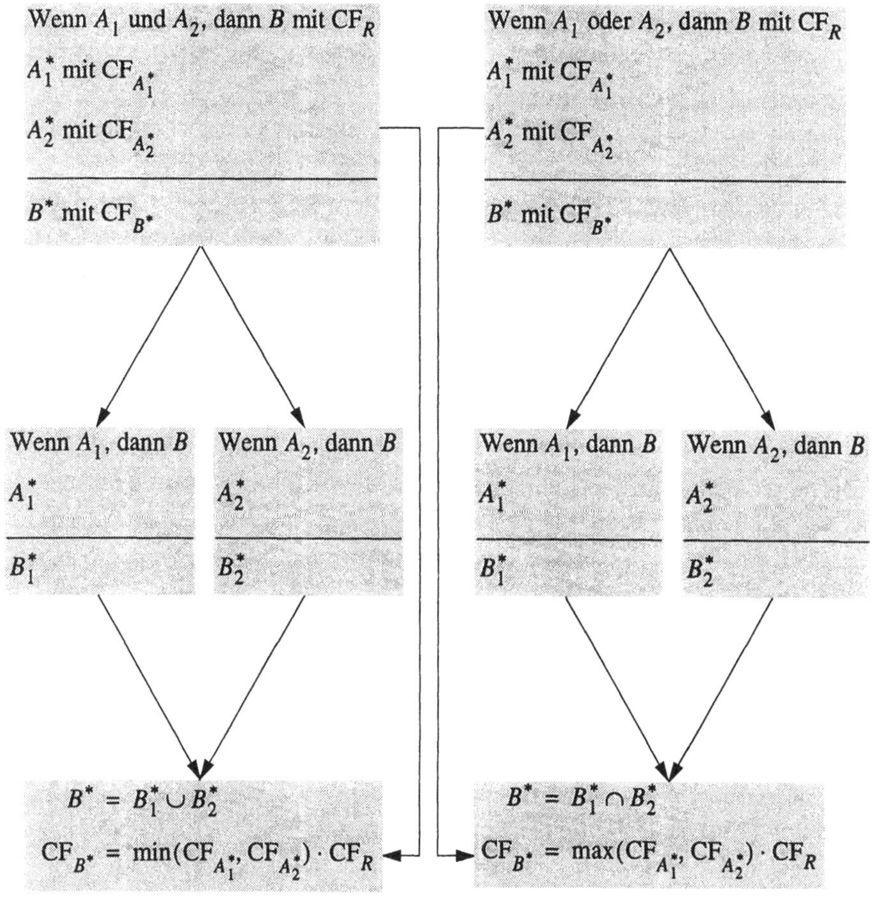

Abb. 12.5: Unschärfe- und Unsicherheitspropagierung bei komplexen Bedingungen

werden dann diese einfachen Regeln nach dem Schema des generalisierten Modus ponens ausgewertet (siehe Gleichung 12.31). Schließlich werden die so berechneten Teilkonklusionen nach dem Modell von Whalen und Schott [1983a,b] zu einer Gesamtkonklusion verrechnet [vgl. Leung and Lam 1989, 224; Leung et al. 1989, 4]: durch Vereinigung der unscharfen Teilergebnisse, falls A_1 und A_2 in der Ausgangsregel konjunktiv verknüpft sind, durch die Bildung der Schnittmenge, falls A_1 und A_2 disjunktiv verknüpft sind (vgl. Abbildung 12.5).[23]

[23] „If ANDs connect the propositions in the antecedent, then the operation of fuzzy union can be used to connect the results of the disaggregated deductions; if the ORs connect the propositions then fuzzy intersection can be used to combine the deductions. The explanation for this counterintuitive result lies in the logical equivalence of »If A then B« with »B or not A«." [Whalen and Schott 1983a, 211].

Kombinierte Konklusionen und Evidenzen mehrerer Regeln

In einem Regelsystem können mehrere Regeln mit gleichen Konsequenten enthalten sein. Sind die Bedingungen einer dieser Regeln erfüllt, so erübrigt sich im Sinne der klassischen Logik die Überprüfung oder Auswertung der anderen. Bei unsicheren Schlußfolgerungen ist es jedoch sinnvoll, die Unsicherheit einer Konklusion aus der Anwendung aller anwendbaren Regeln zu berechnen. In MYCIN wurden gleiche Konklusionen aus verschiedenen Ableitungswegen im Sinne einer Evidenzakkumulation gedeutet. Leung, Wong und Lam [1989, 5f.] haben dieses Modell übernommen. Bezeichnet CF_1 den aus der ersten Regel und CF_2 den aus der zweiten Regel abgeleiteten Sicherheitsfaktor, dann berechnet sich der Sicherheitsfaktor aufgrund beider Regeln nach folgender Gleichung:[24]

$$CF = CF_1 + CF_2 - (CF_1 \cdot CF_2). \tag{12.33}$$

Da die in 12.33 beschriebene Funktion von $[0, 1]^2$ auf $[0, 1]$ assoziativ ist, kann sie zur Berechnung einer aus beliebig vielen Regeln hervorgehenden Gesamtevidenz verwandt werden. Bei unscharfen Sicherheitsfaktoren müssen wiederum die auf Fuzzy-Mengen erweiterten arithmetischen Funktionen benutzt werden. Handelt es sich um eine unscharfe Schlußfolgerung, so ist zudem die Schnittmenge der aus den verschiedenen Regeln hervorgegangen Fuzzy-Mengen zu bilden. Wie unschwer zu erkennen ist, ist diese unscharfe Durchschnittsbildung konsistent zu der Behandlung von Disjunktionen in einer Regel. Aufgrund der unterschiedlichen Beiträge zur Gesamtevidenz sind zwei Regeln mit jeweils einer Proposition jedoch im allgemeinen nicht mehr äquivalent zu einer Regel mit einer Disjunktion beider Propositionen.[25]

Unscharfe Vergleichsoperationen

Nach Leung und Lam unterstützt SYSTEM Z-11 acht „Typen" unscharfer Vergleichsoperationen. Dabei handelt es sich um Erweiterungen der numerischen Prädikate *gleich* (=), *ungleich* (<>), *größer gleich* (>=) und *kleiner gleich* (<=) [vgl. Leung and Lam 1989, 217-220]. Als „zweites" Argument können diesen vier Prädikaten zwei Zahlen a und b übergeben werden, so daß (a 0) den Anfangs- und (b 1) den Endpunkt einer linearen Funktion von $\Re$ auf das Einheitsintervall beschreibt. a läßt sich daher als untere Schranke der Trägermenge und b als untere Schranke des Kerns einer normalisierten Fuzzy-Menge deuten. So-

---

[24] Diese Funktion entspricht der Evidenzkombinations-Funktion der „frühen" Versionen von MYCIN und EMYCIN. Später (etwa 1977) wurde die Funktion modifiziert, um zu gewährleisten, daß viele positive Evidenzen nicht durch eine negative Evidenz aufgehoben werden können [vgl. Buchanan and Shortliffe 1984, 216].

[25] Dies gilt für alle Systeme, die die Evidenzverknüpfungsfunktion von MYCIN übernehmen (gleichgültig, ob nach der ursprünglichen oder nach der modifizierten Definition) [vgl. Buchanan and Shortliffe 1984, insbesondere 212].

wohl das Gleichheits- wie das Ungleichheitsprädikat ist zudem für dreiecksförmige Fuzzy-Zahlen und trapezförmige Fuzzy-Intervalle definiert. Ergebnis unscharfer Vergleichsoperationen ist eine Zahl aus dem Einheitsintervall.

Die Erweiterungen von Vergleichsoperationen wirkt unnötig restriktiv. Eine Begründung für die Einschränkungen wird nicht gegeben. Ein anderes Problem stellt die Integration dieser Vergleichsoperationen in das Verarbeitungsmodell für unscharfe Regeln dar: die Spezifikation der Vergleichsoperationen ist mit der Deutung von Regeln als unscharfen Relationen nicht kompatibel, so daß unklar ist, wie diese Prädikate bei unscharfen Konsequenzen angewandt werden können.[26]

Linguistische Approximation

Das Konsultationssystem von SYSTEM Z-11 beinhaltet ein Modul zur linguistischen Approximation unscharfer Konklusionen und Sicherheitsfaktoren [Leung and Lam 1989, 212, 225f.]. Bei dem von Wenstøp [1980, 104ff.] übernommenen Verfahren werden zwei Faktoren berücksichtigt: die *„Ungenauigkeit“* und die *„Position“* einer Fuzzy-Menge.

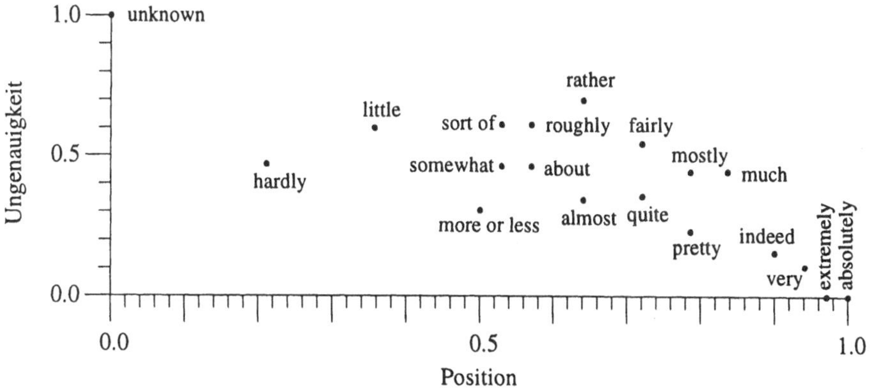

Abb. 12.6: Linguistische Approximation unscharfer Unsicherheiten in SYSTEM Z-11

Vgl. Leung und Lam [1989, 226]. In die Abbildung sind nur die linguistischen Hecken eingetragen. Die vollständige linguistische Unsicherheitsbezeichnung erhält man, indem man ihnen (den Term *„unknown“* ausgenommen) jeweils den Grundterm *„certain“* nachstellt. Leung und Lam weisen darauf hin, daß diese linguistische „Approximationstabelle“ mit Hilfe von Sprachwissenschaftlern festgelegt wurde.

Als Maß der Ungenauigkeit dient bei „linguistischen Werten“ (hier: diskreten Fuzzy-Mengen) die Kardinalität und im Fall „unscharfer Unsicherheitsfaktoren“ (hier: trapezförmige Zugehörigkeitsfunktionen) die von der Zugehörig-

[26] Leung und Lam [1989] gehen auf dieses Problem nicht ein. In [Leung, Wong and Lam 1989] werden unscharfe Vergleichsoperationen überhaupt nicht erwähnt. Dies gilt gleichermaßen für [Sosnowski 1992], dessen Erweiterung von CLIPS auf den von Leung und Lam beschriebenen Methoden zur Unsicherheits- und Unschärfepropagierung basiert.

keitsfunktion und der Abszissenachse gebildete Fläche. Als Maß der Position dient der Schwerpunkt (vgl. 255f.). Bei der linguistischen Approximation von Unsicherheitsfaktoren wird mit einer fest vorgegebenen Menge von linguistischen Termen gearbeitet, deren Ungenauigkeiten und Positionen in Abbildung 12.6 dargestellt ist.

12.4 Vorwärts- und rückwärtsverkettende Systeme

12.4.1 Die Propagierung einfacher und wahrheitsqualifizierter Unschärfen mit Hilfe des Erweiterungsprinzips

In dem FUZZY PRODUCTION SYSTEM von Umano [1986; 1989] erfolgt die Unschärfe-Propagierung mit Hilfe des Erweiterungsprinzips. Es dient gleichermaßen der Kompatibilitätsberechnung wie der Verknüpfung unscharfer Mengen (vgl. Kapitel 10.2.2, 342ff.). Auf dieser Grundlage erlaubt das System, unscharfe Mengen zu verarbeiten, deren Wahrheitsgrad in Form einer reellen Zahl aus dem Einheitsintervall oder einer Fuzzy-Menge über dem Einheitsintervall beschrieben wird. Ergänzend zu dem von Umano vorgestellten vorwärtsverkettenden Regelinterpreter wurde von Umano und Ezawa [1992] ein rückwärtsverkettender Interpreter auf der gleichen methodischen Grundlage beschrieben.

Die Elemente des Arbeitsspeichers bestehen aus einem linguistischen oder numerischen Wahrheitswert sowie einer Liste von Konstanten und diskreten Fuzzy-Mengen oder Termen, die diskrete Fuzzy-Mengen bezeichnen. In den Bedingungsteilen der Regeln können „unscharfe Prädikate" angegeben werden, mit denen unscharfe Merkmale über standardmäßige parametrische Zugehörigkeitsfunktionen spezifiziert werden können.[27] Den Konsequenten rückwärts zu verkettender Regeln lassen sich ebenfalls linguistische oder numerische Wahrheitswerte zuweisen.

Der Musterverarbeitung liegt Zadehs Konzept der relativen Wahrheit zugrunde. Das bedeutet: die Kompatibilität eines unscharfen Datenelements mit der Zugehörigkeitsfunktion μ_D zu einem unscharfen Musterelement mit der Zugehörigkeitsfunktion μ_M ergibt sich mit Hilfe des Erweiterungsprinzips aus $\mu_M(\mu_D)$. Da es sich bei den unscharfen Datenelementen um diskrete Fuzzy-Men-

[27] Nach Umano und Ezawa [1992, 911f.] unterstützt die rückwärtsverkettende Komponente die Verwendung von *s*-, *pi* und *z*-Funktionen (vgl. Gleichung 2.22 bis 2.24 und Fußnote 6, 57). In der Beschreibung des vorwärtsverkettenden Produktionensystems werden zwar ausschließlich diskrete Fuzzy-Mengen erwähnt [vgl. Umano 1989]. Die eingeschränkte Verwendung stetiger Zugehörigkeitsfunktionen in der Spezifikation unscharfer Bedingungen in [Umano and Ezawa 1992] erscheint jedoch auch mit dem früher von Umano [1986; 1989] beschriebenen Rechenverfahren für die Vorwärtsverkettung kompatibel.

gen handelt, ist der resultierende Wahrheitswert wiederum eine diskrete Fuzzy-Menge. Bei einem komplexen Muster werden die aus den Einzelvergleichen hervorgegangenen scharfen oder unscharfen Wahrheitswerte über das erweiterte Minimum (vgl. Definition 4.19, 139) miteinander kombiniert. Der einem Datumelement zugewiesene Wahrheitswert geht wiederum über das erweiterte Minimum in die weitere Berechnung ein. Schließlich werden die Wahrheitswerte für die einzelnen Bedingungen über das erweiterte Minimum zu einem Gesamtwert verrechnet.

Bei Vorwärtsverkettung erfolgt die *Konfliktlösung* über die „Best-Match"-Strategie. Das bedeutet: es werden nur die Aktionen *der* Regel ausgeführt, deren Bedingungsüberprüfung gegenüber dem Arbeitsspeicher die „beste" Übereinstimmung – oder genauer: den „höchsten" Wahrheitswert – erbracht hat. Da die Wahrheitswerte auch unscharf sein können, ist eine Ordnungsrelation für unscharfe Mengen notwendig. Umano [1986] hat dazu drei Vorschläge unterbreitet. Der erste Vorschlag basiert darauf, das Erweiterungsprinzip auf die charakteristische Funktion der Ordungsrelation $\geq$ für reelle Zahlen anzuwenden. Die charakteristische Funktion von $\geq$ lautet:

$$\mu_{\geq}(x, y) = \begin{cases} 1 & ; x \geq y \\ 0 & ; x < y. \end{cases} \tag{12.34}$$

Bezeichnen A und B die unscharfen Wahrheitswerte über [0,1] und $\hat{\geq}$ die erweiterte Ordnungsrelation mit der Zugehörigkeitsfunktion $\mu_{\hat{\geq}}: \Phi([0,1]) \times \Phi([0,1]) \to \{\mu_1/1 + \mu_0/0\}$, $\mu_1, \mu_0 \in [0,1]$, dann kann $\hat{\geq}$ wie folgt definiert werden [vgl. Umano 1986, 205]:

$$A \mathbin{\hat{\geq}} B \Leftrightarrow \mu_1 > \mu_0. \tag{12.35}$$

Es ist jedoch zu beachten, daß es sich bei der erweiterten Relation $\hat{\geq}$ im Gegensatz zur gewöhnlichen Relation $\geq$ um keine vollständige Ordnungsrelation mehr handelt.

Umanos zweiter Vorschlag rekurriert ebenenfalls auf das Erweiterungsprinzip. Nach diesem Vorschlag wird die erweiterte Relation $\hat{\geq}$ über das erweiterte Maximum (vgl. Definition 4.20, 139) definiert:

$$A \mathbin{\hat{\geq}} B \Leftrightarrow \max(A, B) = A. \tag{12.36}$$

Da das erweiterte Maximum zweier unscharfer Mengen jedoch nicht notwendigerweise ein Element der Argumentmenge ist (vgl. 140ff., insbesondere Abbildung 4.7 und Beispiel 4.3), wird auch durch diesen Ansatz keine vollständige Ordnungsrelation definiert. Dieser Mangel macht das erweiterte Maximum im allgemeinen ungeeignet, Fuzzy-Mengen zu ordnen, im vorliegenden Kontext ist dieser Einwand jedoch weniger gravierend, da es durchaus Sinn machen kann, nur sehr grobe Ungleichheiten von Wahrheitswerten in der Konfliktlösung zum Tragen kommen zu lassen.

Als Default-Strategie hat Umano [1986, 206; 1989, 452] eine vollständige Ordnung auf der Basis eines Mittelwerts vorgeschlagen. Dazu wird (analog der Defuzzifizierung nach der Schwerpunktmethode, vgl. Gleichung 11.14, 389) die mit den Elementen gewichtete Summe der Zugehörigkeitsgrade durch die Summe der Zugehörigkeitsgrade dividiert:

$$\operatorname{avg}(A) = \frac{\sum_i^n \mu_A(x_i) \cdot x_i}{\sum_i^n \mu_A(x_i)} . \tag{12.37}$$

Die erweiterte Ordnungsrelation $\hat{\geq}$ läßt sich in diesem Fall einfach über die natürliche Zahlenordnung definieren:

$$A \mathbin{\hat{\geq}} B \Leftrightarrow \operatorname{avg}(A) \geq \operatorname{avg}(B). \tag{12.38}$$

Nach Auswahl einer Regel erfolgt die Ausführung der Regelaktionen. Im Aktionsteil vorwärtsverkettender Regeln kann auf den Wahrheitswert der Regelbedingung über eine Systemvariable zugegriffen werden. Auch die Propagierung des aus den Wahrheitswerten der unscharfen Fakten wie ihrer Kompatibilität zu den Bedingungsmustern berechneten Wahrheitswerts auf den Wahrheitswert der Konklusion greift Umano auf Zadehs Erweiterungsprinzip zurück. Als Default-Funktion fungiert wiederum das erweiterte Minimum [vgl. Umano 1986, 200f.].

Bei Rückwärtsverkettung berechnet sich der Wahrheitswert der Konklusion ebenfalls aus dem erweiterten Minimum des Wahrheitswerts der Regel und des Wahrheitswerts der Bedingung [vgl. Umano and Ezawa 1992, 916]. Diese Wahrheitswerte können analog zu den Wahrheitswerten behandelt werden, die den im Arbeitsspeicher befindlichen Daten zugewiesen sind, also über die verfolgten Inferenzpfade weiter gereicht werden.

Das Problem der Kombination gleichartiger Konklusionen über verschiedene Inferenzpfade wird von Umano und Ezawa nicht diskutiert.[28] Die Beschreibung erweckt den Eindruck, daß sich dieses Problem aufgrund der implementierten Abarbeitungsstrategie nicht stellt, weil jeweils nur ein Weg verfolgt wird und die Abarbeitung terminiert, wenn das gestellte Ziel erreicht wurde oder kein weiterer Inferenzpfad mehr durchsucht werden kann:

> „As for backward-reasoning rules, the interpreter first examines whether the given query (goal) matches to the working memory. If it matches, it succeeds. If it does not match, it tries to match a consequent part of a backward rule and

---

[28] Es wäre denkbar, die Kombination (wie in SPII) über das Minimum durchzuführen. Die dargestellte Propagierungsmethode erlaubt grundsätzlich auch die Verwendung anderer Operatoren (t-Normen und t-Conormen), wenn dies die Anwendung erforderlich macht. Technische Voraussetzung dafür ist, daß die Abarbeitungsstrategie die Generierung und Verrechnung mehrerer Konklusionen unterstützt.

the condition part of the matched rule is the new queries to be resolved. When no rules are matched, the query fails.“ [Umano and Ezawa 1992, 911]

Die Beschreibung der Abarbeitungsstrategie rückwärtsverkettender Regeln ist in vieler Hinsicht unbestimmt. Insbesondere bleibt offen, in welcher Reihenfolge die Regeln überprüft und ausgewählt werden, wie das Kriterium für einen „erfolgreichen Match“ definiert ist und ob nach Erreichen eines Ziels ein Backtracking zur Suche weiterer Ableitungen unterstützt wird. Ist die gemeinhin gebräuchliche Strategie einer durch die chronologische Ordnung der Regeln bestimmten Tiefensuche schon für gewöhnliche rückwärtsverkettende Regelsysteme fragwürdig, so gilt dies umso mehr im approximativen Schließen. Denn während in gewöhnlichen Systemen die verschiedenen Ergebnisse im Hinblick auf ihren Wahrheitsgehalt gleichwertig sind, gilt dies im allgemeinen für unscharfe Konklusionen nicht.

12.4.2 Lokale Logiken zur Verarbeitung linguistischer Unsicherheiten in MILORD

MILORD ist eine „Expertensystem-Shell“ zur Verarbeitung *unsicheren* Wissens. Regeln werden in einer Kombination von Vorwärts- und Rückwärtsverkettung abgearbeitet [vgl. López de Mántaras et al. 1986, 183ff. und López de Mántaras, Agustí, Plaza, Sierra 1992, 214ff.]. Für neuere Versionen von MILORD ist charakteristisch, daß strategisches Wissen in Form von Metaregeln kodiert werden kann und daß die Wissensbasis aus hierarchisch organisierten Modulen aufgebaut wird [vgl. Agustí et al. 1992 und López de Mántaras, Sierra 1992].

Für jedes Modul können Metaregeln, die die Abarbeitung kontrollieren, geschrieben werden. Und es kann eine lokal für dieses Modul geltende „Logik“ definiert werden. Während in früheren MILORD-Versionen [vgl. López de Mántaras et al. 1986; Godo et al. 1989] Unsicherheit numerisch repräsentiert und mit Hilfe arithmetischer Operationen verarbeitet wurde, wird in den neueren Versionen ein streng symbolorientierter Ansatz verfolgt. Für das Unsicherheitskalkül von MILORD sind drei Merkmale charakteristisch [vgl. Agustí et al. 1992, 530f.]:

(1) Unsicherheitswerte werden über eine (von einem Experten definierte) endliche Menge linguistischer Terme ausgedrückt; sie können Regeln, Metaregeln oder Fakten zugeordnet werden.
(2) Die Menge der linguistischen Terme ist zumindest halbgeordnet und beinhaltet zwei Extremwerte, die den Booleschen Werten „wahr“ und „falsch“ entsprechen.
(3) Verknüpfungen von Unsicherheiten werden mit Operatoren durchgeführt, die über der Menge der linguistischen Terme definiert sind; numerische Repräsentationen linguistischer Terme

sind nicht erforderlich. Grundlegende Operatoren sind Konjunktion, Disjunktion, Negation und der Abtrennungsoperator für Inferenzen nach dem Modus ponens.

Aufgrund dieser Charakteristika gehören MILORD-Logiken zur Klasse *endlicher* mehrwertiger Logiken. Die linguistischen Terme (Unsicherheitswerte) werden dabei als Wahrheitswerte und die Operatoren als logische Konnektive interpretiert. Für die Term-Menge und die Verknüpfungsoperatoren wurden Axiome aufgestellt [vgl. Agustí et al. 1992, 531ff.; Agustí et al. 1994, 310ff.]. Die Konjunktion erfüllt die Axiome einer *t*-Norm, die Disjunktion die einer *s*-Norm (vgl. die Definitionen 3.6 und 3.7). Der Unterschied besteht lediglich im Argument- und Wertebereich: Während *s*-Normen und *t*-Normen Abbildungen von $[0,1]^2$ auf $[0,1]$ sind, bilden Disjunktion und Konjunktion das Kartesische Produkt einer endlichen Term-Menge auf diese Term-Menge ab. Die Konjunktion dient zugleich als Abtrennungsoperator [Agustí et al. 1992, 533]. An die Negation werden die beiden folgenden Anforderungen gestellt:

$$a < b \Rightarrow \neg a > \neg b \tag{12.39}$$

$$\neg\neg a = a. \tag{12.40}$$

Die einzige Funktion, die diese Axiome für eine endliche Term-Menge T mit n Elementen erfüllt, ist die Funktion $f{:}T \rightarrow T,\ a_i \in T,\ 0 < i \leq n$:

$$f(a_i) = a_{n-1-i}. \tag{12.41}$$

AND	false	unlikely	may_be	likely	true
false	false	false	false	false	false
unlikely	false	false	unlikely	unlikely	unlikely
may_be	false	unlikely	may_be	may_be	may_be
likely	false	unlikely	may_be	may_be	likely
true	false	unlikely	may_be	likely	true

Tabelle 12.3: MILORD: Konjunktion im Modul „Gram_of_Sputum"

OR	false	unlikely	may_be	likely	true
false	false	unlikely	may_be	likely	true
unlikely	unlikely	may_be	may_be	likely	true
may_be	may_be	may_be	may_be	likely	true
likely	likely	likely	likely	true	true
true	true	true	true	true	true

Tabelle 12.4: MILORD: Disjunktion im Modul „Gram_of_Sputum"

AND	impossible	few_possible	sligh._possible	possible	quite_possible	very_possible	sure
impossible	impossible	impossible	impossible	impossible	impossible	impossible	impossible
few_possible	impossible	few_possible	few_possible	few_possible	few_possible	few_possible	few_possible
sligh._possible	impossible	few_possible	sligh._possible	sligh._possible	sligh._possible	sligh._possible	sligh._possible
possible	impossible	few_possible	sligh._possible	possible	possible	possible	possible
quite_possible	impossible	few_possible	sligh._possible	possible	quite_possible	quite_possible	quite_possible
very_possible	impossible	few_possible	sligh._possible	possible	quite_possible	very_possible	very_possible
sure	impossible	few_possible	sligh._possible	possible	quite_possible	very_possible	sure

Tabelle 12.5: MILORD: Konjunktion im Modul „Gram"

OR	impossible	few_possible	sligh._possible	possible	quite_possible	very_possible	sure
impossible	impossible	few_possible	sligh._possible	possible	quite_possible	very_possible	sure
few_possible	few_possible	few_possible	sligh._possible	possible	quite_possible	very_possible	sure
sligh._possible	sligh._possible	sligh._possible	sligh._possible	possible	quite_possible	very_possible	sure
possible	possible	possible	possible	possible	quite_possible	very_possible	sure
quite_possible	quite_possible	quite_possible	quite_possible	quite_possible	quite_possible	very_possible	sure
very_possible	very_possible	very_possible	very_possible	very_possible	very_possible	very_possible	sure
sure	sure	sure	sure	sure	sure	sure	sure

Tabelle 12.6: MILORD: Disjunktion im Modul „Gram"

Es ist in MILORD auch möglich, mit Intervallen von Wahrheitswerten zu arbeiten. In den meisten Fällen sei dies jedoch, so Agustí u.a. [1992, 534], aus Sicht der Experten nicht nötig. Das Modulkonzept von MILORD erlaubt es, für jedes Modul eine eigene „Logik" zu definieren. Dazu werden für die Junktoren, in den Beispielen Disjunktion und Konjunktion, „Wahrheitstabellen" beschrieben (vgl. die Tabellen 12.3 bis 12.6).[29] Um den Datenaustausch zwischen Modulen mit verschiedenen Logiken zu ermöglichen, müssen *Umbenennungsregeln* spezifiziert werden. Sollen beispielsweise Daten aus dem Modul *„Gram_of_Sputum"* (abgekürzt: *S*) in das Modul *„Gram"* importiert werden, so müssen in dem Modul *„Gram"* folgende Umbenennungsregeln aufgeführt werden:

S/false	S/unlikely	S/may_be	S/likely	S/true
↓	↓	↓	↓	↓
impossible	[impossible, possible]	possible	[possible, sure]	sure.

[29] Die Tabellen 12.3 bis 12.6 wurden aus zwei Modulspezifikationen in [Agustí et al. 1992, 538-540] zusammengestellt. Die Wahrheitstabellen des Moduls *„Gram"* sind durch Minimum und Maximum generierbar. Die hellgrau unterlegten Zellen in den Tabellen 12.3 und 12.4 zeigen, daß dies für das Modul *„Gram_of_Sputum"* nicht gilt.

12.4.3 Übertragung und Entkopplung von „Wahrheitsgraden“ in FMUFL

FMUFL [Bowen and Kang 1990] ist eine Fuzzy-Programmiersprache, die mehrere Programmierparadigmen unterstützt. Neben Prozeduren und Funktionen bietet FMUFL zwei verschiedene „Fuzzy-Produktionensysteme“ – ein vorwärts- und ein rückwärtsverkettendes System. Da über die rückwärtsverketteten „Produktionen“ keine Änderungen des Arbeitsspeichers herbeigeführt werden, sprechen die Autoren von *„deklarativen* Produktionen“ im Gegensatz zu den *„imperativen* Produktionen“ des vorwärtsverkettenden Systems. Über sie können Daten gelöscht oder dem Arbeitsspeicher hinzugefügt werden. Die Konklusionen deklarativer Regeln können in imperativen Produktionen als Bedingung fungieren.

In FMUFL werden zwei Typen von Fuzzy-Propositionen unterschieden – *normbasierte („norm-referenced“)* und *kriteriumbasierte („criterion-referenced“)* [vgl. Bowen and Kang 1990, 272]. Eine unscharfe Proposition wird kriteriumbasiert genannt, wenn der involvierten Fuzzy-Menge eine numerische Basisvariable zugrundeliegt. Ist dies nicht der Fall, wird von einer normbasierten Fuzzy-Proposition gesprochen.[30] Normbasierte Fuzzy-Propositionen werden über endliche diskrete Fuzzy-Mengen, kriteriumbasierte über Fuzzy-Mengen vom Typ I (*I-type fuzzy sets*) modelliert. Fuzzy-Mengen vom Typ I werden in Form einer Tabelle von Elementen und Zugehörigkeitsgraden definiert. Zugehörigkeitsgrade zu Elementen, die nicht direkt aus der Tabelle ablesbar sind, werden durch lineare Interpolation berechnet. Es handelt sich also um stetige Zugehörigkeitsfunktionen, die stückweise linear sind. Daten beziehungsweise Fakten werden als strukturierte Terme repräsentiert, denen eine reelle Zahl zwischen null und eins zugewiesen ist. Diese Zahl wird zugleich als „Wahrheitsgrad“ und „Zugehörigkeitsgrad“ interpretiert. Die in FMUFL verfügbaren Inferenzsysteme operieren nicht mit ganzen Fuzzy-Mengen, sondern nur mit Elementen einfacher Fuzzy-Mengen.

Da keine Fuzzy-Mengen miteinander verglichen werden müssen, gestaltet sich die Musterverarbeitung in FMUFL recht einfach: die „Kompatibilitäts-“ oder „Wahrheitsgrade“ der einzelnen Bedingungen ergeben sich direkt aus den Zugehörigkeitsgraden der Daten zu den Fuzzy-Mengen, die in den Bedingungen vorgeschrieben sind. Sind die Bedingungsaussagen kriteriumbasiert, so ist dieser Wert aus der entsprechenden Tabelle abzulesen oder durch lineare Interpolation zu berechnen. Zwei normbasierte Aussagen können nur dann miteinander kompatibel sein, wenn sie sich auf gleiche Grundterme beziehen. Werden

---

[30] Nach [Bowen and Kang 1990, 272] handelt es sich bei *„John ist glücklich“* um eine normbasierte Aussage, während *„John ist groß“* eine kriteriumbasierte Aussage ist. Entscheidend dabei ist, daß die Eigenschaft *„groß“* meßbar ist, das Gefühl *„glücklich“* jedoch nicht. Genauer gesagt: entscheidend ist, ob sich die Merkmalsbeschreibung *im System* als unscharfe Teilmenge der *reellen* Zahlen modellieren läßt oder nicht.

keine Modifikatoren (unterstützt werden: *very, fairly, not*) verwandt, so ist der Kompatibilitätsgrad gleich dem Wahrheitsgrad des Faktums, andernfalls ergibt er sich aus der Anwendung der Modifikatoren auf diesen Wahrheitsgrad.[31] Der gesamte Kompatibilitäts- beziehungsweise Wahrheitsgrad des Antezedenz resultiert aus den bekannnten Verknüpfungsoperationen, nämlich Minimum für die Konjunktion und Maximum für die Disjunktion.

Bei rückwärtsverketteten Regeln wird der Wahrheitsgrad der Konklusion dem Wahrheitsgrad des Antezedenten gleichgesetzt.[32] Bei Vorwärtsverkettung bestehen drei Optionen der Propagierung von Wahrheitswerten auf Dateneinträge: Nach der ersten wird dem Datum der Wahrheitswert des Antezedenten einer Regelinstanz zugewiesen, nach der zweiten wird ihm der in der Regel angegebene oder der vom Benutzer erfragte Wahrheitsgrad zugewiesen und nach der dritten wird dem Datum schlicht der Wahrheitsgrad eins zugewiesen. Die beiden letzten Optionen bedeuten mithin eine *Entkopplung der Wahrheitsgrade von Antezedenz und Konklusion.*

Bowen und Kang argumentieren, die erste Variante werde in der Praxis eher selten benutzt. Imperative Produktionen eigneten sich besser zur Modellierung von Anweisungen, Implikationen indes würden normalerweise besser über deklarative Produktionen modelliert [vgl. Bowen and Kang 1990, 273]. Der Wahrheitsgrad von Konsequenzen einer Anweisung ist oft unabhängig von den Voraussetzungen, die zur Anweisung geführt haben. Wird die Anweisung der Regel *„wenn die Äpfel preiswert sind, dann lege sie in den Korb"* befolgt, weil die *Äpfel* in einem hinreichenden Grad als *preiswert* gelten, dann ist der Wahrheitsgrad des Fakts, daß *die Äpfel im Korb liegen* eins, gleichgültig ob die unscharfe Bedingung im vollen oder in einem geringeren Grad erfüllt wurde. *„Im Korb liegen"* ist (zumindest im Normalfall) kein graduierbares Prädikat, ihm können daher auch keine Wahrheitsgrade zwischen null und eins zugewiesen werden. Und für die Option, Wahrheitsgrade unabhängig vom Wahrheitsgrad des Antezedenten in Regeln festlegen zu können, sprechen Regeln, in denen Benutzer unter bestimmten Bedingungen nach einem Wahrheitsgrad für neue Dateneinträge befragt werden, der diesen Daten anschließend über Regelaktionen zugewiesen wird [vgl. Bowen and Kang 1990, 274].

Wie auch immer der Wahrheitsgrad eines neuen Dateneintrags festgelegt wird, Voraussetzung ist, daß die Bedingung mindestens in einem bestimmten Grad – die Voreinstellung ist 0.5 – erfüllt ist. Diese Bedingung kann von mehreren Regelinstanzen erfüllt werden, so daß eine Konfliktmenge ausführbarer Regelinstanzen entstehen kann. Die in FMUFL implementierte Konfliktlösungs-

---

[31] Die Modifkatoren sind nach Zadeh als Funktionen des Zugehörigkeitsgrades implementiert. Der Kompatibilitätsgrad der Bedingung *appearance (rose, **very** beautiful)* mit dem Fakt *appearance (rose, beautiful)* ***with truth*** *0.8* beträgt beispielsweise ***very***(0.8) = $0.8^2 = 0.64$.

[32] Wie aus verschiedenen Ableitungswegen hervorgegangene Wahrheitsgrade miteinander kombiniert werden, wird von Bowen und Kang nicht diskutiert. (Vgl. zu dieser Frage auch Fußnote 28, 444.)

strategie stellt eine Erweiterung der in OPS5 benutzten Strategien dar, nach denen die Konfliktmenge eine Folge von Filtern durchläuft, bis nur noch eine Regelinstanz übrigbleibt (vgl. 419f.). Bei der Strategie LEX lautet die Filter-Folge: *Einmaligkeit, Neuheit, Spezifizität* und *Willkür,* bei der Strategie MEA wird zwischen den Filtern *Einmaligkeit* und *Neuheit* ein zusätzlicher Filter eingefügt, der sich ausschließlich auf die Aktualität des Datums bezieht, das zum ersten Bedingungselement einer Regel paßt.[33]

Bowen und Kang plädieren dafür, den *Wahrheitsgrad* der Bedingung einer Regelinstanz als zusätzlichen Filter zwischen *Spezifizität* und *Willkür* einzusetzen, um einen *aufgabenorientierten Programmierstil* zu unterstützen. Über den Filter *Einmaligkeit* wird sichergestellt, daß das System nicht in eine Endlosschleife gerät, so daß sich eine Einordnung vor diesen Filter verbietet. Da der Filter *Willkür* genau eine Regelinstanz auswählt, kommt eine Einordnung nach ihm ebenso wenig in Betracht. Dem *Wahrheitsgrad* eine Präferenz vor *Neuheit* einzuräumen, weisen Bowen und Kang mit dem Argument zurück, die Sensitivität des Systems sei wichtiger als die Stabilität und der Filter *Wahrheitsgrad* trage wie der Filter *Spezifizität* mehr zur Stabilität des Systems bei [Bowen and Kang 1990, 280]. Die Einordnung hinter statt vor *Spezifizität* wird damit begründet, daß zur Unterstützung des *aufgabenorientierten Programmierstils,* dem ihres Erachtens eine immense Bedeutung zukommt, der Filter *Spezifizität* vorgeordnet sein müsse.[34] Vermutlich soll durch diese Anordnung sichergestellt werden, daß Regeln zur Beendigung einer Aufgabe, die typischerweise nur eine Bedingung enthalten, also im Sinne von OPS5 extrem *unspezifisch* sind, erst dann abgearbeitet werden, wenn alle ausführbaren Regeln dieser Aufgabe bereits abgearbeitet worden sind. Bowen und Kang heben hervor, daß weder die parallele noch die serielle Abarbeitungsstrategie von FLOPS die aufgabenorientierte Programmiermethode unterstütze und daher im Gegensatz zu FMUFL nicht für *„partiell-strukturierte" imperative Applikationen* geeignet sei [Bowen and Kang 1990, 283].

---

[33] Die Autoren erwähnen keine dieser beiden Strategien namentlich. Der von ihnen präferierte Programmierstil spricht jedoch dafür, daß sie die MEA-Strategie verwenden.

[34] „In order to support the task oriented programming methodology, specificity must be used before truth-value in conflict resolution: the reasoning behind this will be described in detail in a future paper." [Bowen and Kang 1990, 281]

Kapitel 13

Unsichere und unscharfe Deduktionen von bewerteten Hornklauseln

In der Informatik hat die Prädikatenlogik erster Stufe in mehrfacher Hinsicht einen hohen Stellenwert erlangt: sie fungiert als Grundlagentheorie der Fachdisziplin und als Spezifikationssprache für Computerprogramme. Mehr noch, Anfang der 70er Jahre wurde gezeigt, daß die Prädikatenlogik als allgemeine Programmiersprache benutzt werden kann. Die primär von Kowalski und Colmerauer auf der Basis von Robinsons Resolutionsprinzip eingeführte logikorientierte Programmierung hat seitdem eine beachtliche Popularität und Verbreitung erlangt. In Gestalt deduktiver Datenbanksysteme besteht eine direkte Verbindung zu den bedeutendsten Errungenschaften der Computertechnologie und in der KI ist die logikorientierte Programmierung zu einem der Hauptprogrammierparadigmen avanciert. Dabei hat sich gezeigt, daß die logikorientierte Programmierung auf der Basis von Hornklauseln für nicht wenige Applikationen eine hinreichende Effizienz und Ausdrucksstärke bietet. Zugleich aber wurde deutlich, daß einige Problemstellungen Erweiterungen der Prädikatenlogik notwendig machen. Zu diesen Erweiterungen gehören nicht zuletzt Ansätze in der Tradition mehrwertiger Logiken. Die gemeinsame Grundidee dieser Erweiterungen besteht darin, Hornklauseln einen Wert zuzuordnen, sei es, daß dieser Wert als Wahrheitsgrad, sei es, daß er als Unsicherheitsgrad interpretiert wird. In diesem Kapitel werden drei derartige, auf die Fuzzy-Mengentheorie rekurrierende Ansätze vorgestellt: die Support-Logik von Baldwin (Kapitel 13.2), die *f*-Hornklausel-Logik von Li und Liu (Kapitel 13.3) und die possibilistische Logik von Dubois und Prade (Kapitel 13.4).[1] Zuvor werden die dort benutzten Basiskonzepte logikorientierter Programmierung erläutert (Kapitel 13.1).

13.1 Basiskonzepte logikorientierter Programmierung: Hornklauseln, Unifikation und Resolution

Logikorientierte Programmierung ist gegenwärtig primär mit PROLOG verknüpft, der bislang bedeutendsten und verbreitetsten logikorientierten Programmiersprache.[2] Mit ihr wurde der logikorientierten Programmierung zum Durchbruch verholfen. Vielen steht der Name, ein Akronym zu *„programmation en logique"*, für logikorientierte Programmierung schlechthin. Der Entwicklung von PROLOG lag Robinsons Erfindung des *Resolutionsprinzips* zugrunde, mit dem sich prädikatenlogische Formeln überprüfen lassen. Kern von PROLOG ist ein Inferenzmechanismus, der im Anschluß an theoretische Arbeiten zur Resolution entwickelt wurde. Er erlaubt, eine Teilmenge von Formeln der Prädikatenlogik erster Stufe, nämlich die Menge der *Hornklauseln*, effizient zu verarbeiten.

---

1 Im Text finden sich Literaturhinweise zu weiteren Ansätzen (vgl. u.a. 509). Beachtenswert sind auch Erweiterungen aufgrund anderer Unsicherheitskalküle, vor allem die probabilistische Logik [vgl. Nilsson 1986; Genesereth and Nilsson 1989, 249-295]. Die Studie der Arbeitsgruppe Léa Sombé [1992] bietet einen Vergleich verschiedener Formalismen, insbesondere nichtmonotoner Logiken und Unsicherheitslogiken.

2 Vgl. zur Geschichte von PROLOG [Stoyan 1988a, 297f.]. Den vermutlich ersten Entwurf einer deklarativen Programmiersprache auf der Basis der Prädikatenlogik hat McCarthy bereits Ende der 50er Jahre mit seinem ADVICETAKER ausgearbeitet [vgl. Stoyan 1988a, 193ff.]. Hewitts PLANNER [vgl. Stoyan 1988a, 233ff.] kann sowohl als Vorgänger von PROLOG wie der ersten Fuzzy-Programmiersprachen, FUZZY-PLANNER und FUZZY (vgl. Kapitel 14.2), begriffen werden. In der KI-Forschung wird den ebenfalls auf der Prädikatenlogik basierenden Termlogik-Sprachen der KL-ONE-Sprachfamilie [vgl. Brachman and Schmolze 1985] eine große Bedeutung beigemessen. Standardwerke zu PROLOG sind [Clocksin and Mellish 1990; Sterling und Shapiro 1988]. Eine didaktisch gut aufbereitete und leicht verständliche Einführung in PROLOG im allgemeinen und in die KI-Programmierung mit PROLOG im besonderen gibt Bratko [1987]. Fortgeschrittene Techniken der PROLOG-Programmierung werden von O'Keefe [1990] dargestellt. Shohams Monographie beinhaltet Erläuterungen und PROLOG-Implementierungen bedeutender KI-Formalismen [Shoham 1994]. Auf Mängel von PROLOG weisen u.a. Robinson und Siebert [1982], Bobrow [1985], Lloyd [1987, 57ff., 71ff.], Ruf und Weise [1990] sowie Stoyan [1988a, 316ff.] hin. Vgl. zur Problematik der Kontrollstrategie in PROLOG Seite 605ff.

13.1.1 Syntax und Semantik der Prädikatenlogik

Prädikatenlogische Terme und Formeln

In der Prädikatenlogik werden drei Typen von Symbolen unterschieden: *Konstante, Variablen* und *logische Symbole.* Als logische Symbole sind *Junktoren* (¬, ∧, ∨, →, ↔) und *Quantoren,* nämlich der Allquantor (∀) und der Existenzquantor (∃), zugelassen. Konstanten lassen sich unterteilen in *Objekt-, Funktions- und Relationskonstanten.* Für Relationskonstante sind die Ausdrücke Prädikatsname, Prädikatssymbole oder kurz Prädikate gebräuchlich. Mit jeder Funktions- und jeder Relationskonstanten ist eine Stelligkeit verbunden. Als prädikatenlogischer *Term* werden Objektkonstanten, Variablen oder funktionale Ausdrücke bezeichnet. Ein funktionaler Ausdruck hat die Form $f(t_1,\ldots,t_n)$. Dabei bezeichnet f eine Funktionskonstante mit der Stelligkeit n und und alle $t_i \in \{t_1,\ldots,t_n\}$ sind Terme. Ist p der Name einer Relationskonstanten mit der Stelligkeit n – man kann auch von einem n-stelligen Prädikat sprechen – und sind alle $t_i \in \{t_1,\ldots,t_n\}$ Terme, dann ist $p(t_1,\ldots,t_n)$ eine *atomare Formel* (auch *Atomformel,* kurz: *Atom* genannt). Zur Vereindeutigung der Interpretation werden runde Klammern benutzt. Um die Formeln nicht mit Klammern zu überfrachten, wird zudem folgende Rangordnung zwischen Junktoren vereinbart:

$$\neg$$
$$\wedge \vee$$
$$\rightarrow \leftrightarrow.$$

Ein Ausdruck, der zwischen zwei Junktoren mit unterschiedlichem Rang steht, wird dem höherrangigen Junktor zugeordnet.[3] Der Begriff prädikatenlogische *Formel* läßt sich rekursiv definieren:

(1) Eine atomare Formel ist eine Formel.
(2) Sind F und G Formeln, dann sind auch $(\neg F)$, $(F \wedge G)$, $(F \vee G)$, $(F \rightarrow G)$ und $(F \leftrightarrow G)$ Formeln.
(3) Ist F eine Formel und x eine freie Variable in F, dann sind $\forall x(F)$ sowie $\exists x(F)$ Formeln.

Formeln, die keine Variablen enthalten, heißen *Grundformeln* und dementsprechend werden variablenfreie Terme *Grundterme* genannt. Unter der Kategorie *Literal* werden Atome (*positive* Literale) und negierte Atome (*negative* Literale) zusammengefaßt.

[3] In dem Ausdruck „$\neg A \vee B$", beispielsweise, negiert der Operator ¬ nicht die Disjunktion „$A \vee B$", sondern „A". Der gesamte Ausdruck ist mithin keine Negation, sondern eine Disjunktion. Anders formuliert: „$\neg A \vee B$" ist gleichwertig zu „$(\neg A) \vee B$", nicht zu „$\neg (A \vee B)$".

Interpretationen, Modelle und semantische Ableitbarkeit

In welcher Weise *syntaktisch* wohlgeformte Formeln der Prädikatenlogik (kurz: *Sätze*) zu interpretieren sind, wird in der *Semantik* festgelegt. Eine *Interpretation* ist eine Abbildung von Elementen einer logischen Sprache auf die Elemente einer Diskurswelt. Eine Interpretation ordnet jeder Funktionskonstanten eine Funktion und jeder Relationskonstanten eine Relation über der Diskurswelt zu. Die Abbildung von Variablen in die Diskurswelt heißt *Variablenbelegung*.

Eine Formel ist für eine Interpretation *wahr,* wenn sie bezüglich dieser Interpretation für alle Variablenbelegungen *erfüllt* wird; anderfalls ist sie *falsch.* Eine Interpretation, für die eine Formel F bei allen Belegungen wahr ist, ist ein *Modell* für F. Formeln, die für alle Interpretationen und Belegungen wahr sind, heißen *Tautologien; Kontradiktionen* werden Formeln genannt, die für keine Interpretation und keine Belegung wahr sind. Eine Formel F ist *semantisch ableitbar* aus einer Formelmenge M (geschrieben $M \models F$), falls für jede Interpretation jede Variablenbelegung, die alle Formeln aus M erfüllt, auch F erfüllt.

Korrektheit und Vollständigkeit

Die Mächtigkeit der Prädikatenlogik ist in syntaktischen Ableitungsverfahren begründet. Für die Ableitung einer Formel F aus einer Menge von Formeln M schreibt man $M \vdash F$. Bei der Beurteilung von Ableitungsverfahren oder Inferenzprozeduren sind zwei Kriterien wesentlich: *Korrektheit* (engl.: *soundness*) und *Vollständigkeit* (engl.: *completeness*). Eine Inferenzprozedur ist *korrekt,* wenn sich nur Formeln (Aussagen) syntaktisch ableiten lassen, die semantisch ableitbar sind ($M \vdash F \Rightarrow M \models F$). Eine Inferenzprozedur ist *vollständig,* wenn sich jede semantisch ableitbare oder kurz gültige Formel (Aussage) auch durch diese Prozedur syntaktisch ableiten läßt ($M \models F \Rightarrow M \vdash F$).

Klauseln und Hornklauseln

Die beschriebene Sprache der Prädikatenlogik ist insofern redundant, als unterschiedliche Formeln über Äquivalenzumformungen ineinander überführt werden können. Es gibt verschiedene Formen, mit denen sich prädikatenlogische Formeln auf weniger redundante und technisch leichter verarbeitbare Weise repräsentieren lassen. Von besonderer Bedeutung sind dabei die *konjunktive Normalform* und die *Klauselform.* Eine *Klausel* beinhaltet eine Menge disjunktiv miteinander verknüpfter Literale. Die Klauselform ist eine spezielle, quantorenfreie Form wohlgeformter Formeln der Prädikatenlogik erster Stufe, die sehr restriktiv erscheint, jedoch keine Einschränkung der logischen Ausdrucksmächtigkeit der Prädikatenlogik erster Stufe darstellt. Jede prädikatenlogische Formel läßt sich in Klauselform umwandeln. Die resultierende Klausel ist der ursprünglichen Formel in dem Sinne äquivalent, daß sie genau dann erfüllbar ist, wenn die ursprüngliche Formel erfüllbar ist.[4] Zur Beschreibung von Klauseln sind verschiedene Notationsweisen gebräuchlich (vgl. [Kowalski 1979; Genesereth and Nilsson 1989; Ginsberg 1993] oder Tabelle 13.1).

Klauseln		Hornklauseln	
$\{\neg A_1, \neg A_2, \ldots, \neg A_n, C_1, C_2, \ldots, C_m\}$	(13.1)	$\{\neg A_1, \neg A_2, \ldots, \neg A_n, C\}$	(13.6)
$\neg A_1 \vee \neg A_2 \vee \ldots \vee \neg A_n \vee C_1 \vee C_2 \vee \ldots \vee C_m$	(13.2)	$\neg A_1 \vee \neg A_2 \vee \ldots \vee \neg A_n \vee C$	(13.7)
$A_1, A_2, \ldots, A_n \rightarrow C_1, C_2, \ldots, C_m$	(13.3)	$A_1, A_2, \ldots, A_n \rightarrow C$	(13.8)
$A_1 \wedge A_2 \wedge \ldots, A_n \rightarrow C_1 \vee C_2 \vee \ldots \vee C_m$	(13.4)	$A_1 \wedge A_2 \wedge \ldots \wedge A_n \rightarrow C$	(13.9)
$C_1, C_2, \ldots, C_m \leftarrow A_1, A_2, \ldots, A_n$	(13.5)	$C \leftarrow A_1, A_2, \ldots, A_n$	(13.10)

Tabelle 13.1: Notationsweisen von Klauseln und Hornklauseln

In der Mengennotation werden einfach die Literale hintereinander aufgelistet (13.1). Alternativ dazu kann auch die disjunktive Form benutzt werden, die sich von 13.1 lediglich darin unterscheidet, daß die Mengenklammern weggelassen werden und die Disjunktion explizit gemacht wird (13.2). Vielfach werden Klauseln aufgrund der Äquivalenz von $A \rightarrow C$ und $\neg A \vee C$ in Form einer Implikation (13.3) dargestellt. Dabei stehen $A_1, A_2, \ldots, A_n$ für konjunktiv verknüpfte atomare Formeln und $C_1, C_2, \ldots, C_m$ für eine Disjunktion atomarer Formeln. Eine Variante dieser Schreibweise ergibt sich, wenn man die Konjunktion und Disjunktion explizit macht (13.4), eine andere Variante (von der die PROLOG-Notation abgeleitet ist) erhält man, wenn man die Reihenfolge der Formeln ändert (13.5).

Die gegenwärtige Popularität und Verbreitung der logikorientierten Programmierung basiert auf einer reduzierten Klauselform, nämlich der Menge der Klauseln mit höchstens einem positiven Literal. Sie werden nach dem Logiker Alfred Horn als *Hornklauseln* bezeichnet. Analog zu den Notationsvarianten 13.1 bis 13.5 sind für Hornklauseln verschiedene (aufgrund von Vereinbarungen logisch äquivalente) Schreibweisen gebräuchlich (vgl. 13.6 bis 13.10).

In der logikorientierten Programmierung ist es üblich, zwischen verschiedenen Typen von Hornklauseln zu unterscheiden [vgl. Lloyd 1987, 8ff.]. Hornklauseln mit genau einem positiven Literal werden *definite Programmklauseln*

---

4 Methoden, Formeln der Prädikatenlogik erster Ordnung in konjunktive Normalform und Klauselform zu überführen, werden beispielsweise von Genesereth und Nilsson [1989, 90-92] sowie Ginsberg [1993, 164-167] beschrieben. Existenzquantoren (∃) werden dabei durch ein Verfahren eliminiert, das nach dem norwegischen Logiker Thoralf Skolem benannt wurde. In dieser *Skolemisierung* werden existenzquantifizierte Variablen durch Konstanten, *Skolemkonstanten* genannt, ersetzt, wenn sie nicht im Geltungsbereich eines Allquantors stehen, andernfalls werden sie durch Funktionen, sogenannte *Skolemfunktionen,* substituiert. Alle verbleibenden Variablen sind allquantifiziert, so daß der Allquantor (∀) nach Konvention weggelassen werden kann.

(engl.: *definite program clause*) genannt. Enthalten definite Programmklauseln ein oder mehrere negative Literale, so spricht man von einer *Regel* (engl.: *rule*), andernfalls von einem *Fakt* (engl.: *fact*, auch: *unit clause*). Klauseln mit ausschließlich negativen Literalen heißen *definite Ziele* (engl.: *definite goals*), *Zielklauseln* oder einfach *Ziele*.

Hornklauseln ermöglichen eine relativ einfache und besonders effiziente programmiertechnische Verarbeitung. Im Gegensatz zur konjunktiven Normalform und Klauselform bedeutet die Hornklausel-Form jedoch eine Einschränkung der logischen Ausdrucksmächtigkeit: es ist nicht möglich, alle prädikatenlogischen Formeln (beziehungsweise Klauseln) als Hornklauseln darzustellen. Weder ist die Disjunktion von Fakten noch ist die Negation eines Faktums in Form einer Hornklausel darstellbar. Um negative Aussagen aus einer Menge von Hornklauseln ableiten zu können, wurde zusätzlich die Regel eingeführt, daß die Negation eines Grundatoms als wahr gilt, wenn es – ohne diese Regel – *nicht* aus der Menge der gültigen Klauseln *ableitbar* ist. Diese sogenannte *„Annahme einer geschlossenen Welt“* (engl.: *closed world asumption* liegt auch der Behandlung der Negation in PROLOG (*„negation as failure“*) zugrunde.

13.1.2 Logisches Schließen in der Prädikatenlogik

Bestimmender Zweck der logikorientierten Programmierung ist nicht die bloße Repräsentation von Aussagen, sondern vielmehr der Beweis von Aussagen, die aus einer Wissensbasis (Klauselmenge) semantisch ableitbar sind, sowie die Widerlegung von Aussagen, die im Widerspruch zu einer Wissensbasis stehen. Die Attraktivität der Prädikatenlogik ist nicht zuletzt darin begründet, daß derartige Inferenzen auf ein einziges Inferenzprinzip, das *Resolutionsprinzip*, zurückgeführt werden können. Zentrales Moment des Resolutionsprinzips ist die sogenannte *Unifikation*.

Unifikation

Als *Unifikation* wird eine Prozedur bezeichnet, mit der zum einen überprüft werden kann, ob zwei Ausdrücke einander gleich sind beziehungsweise durch eine geeignete *Substitution* ihrer Variablen gleich werden, und zum anderen bestimmt werden kann, welche Variablen durch welche Terme substituiert werden müssen, um Gleichheit zu erzielen. Die Substitution einer Variable durch einen anderen Ausdruck wird auch *Instantiierung* genannt. Gleiche oder durch Substitution gleich werdende Ausdrücke heißen *unifizierbar*. Die Unifikation zweier Ausdrücke A und B ist rekursiv über folgende Regeln definiert:

(1) Sind A und B Konstanten, so sind A und B unifizierbar, wenn A gleich B ist.
(2) Zwei gebundene Variablen sind unifizierbar, wenn ihre Belegungen unifizierbar sind.

(3) Ist *A* eine ungebundene Variable, dann wird *A* durch *B* substituiert; andernfalls: ist *B* eine ungebundene Variable, so wird *B* durch *A* substituiert.

(4) Sind *A* und *B* Strukturen der Form $s_A(a_1,...,a_n)$ und $s_B(b_1,...,b_m)$, dann sind *A* und *B* unifizierbar, wenn s_A gleich s_B ist, die Anzahl der Komponenten gleich ist ($n = m$) und alle Komponenten der gleichen Position miteinander unifizierbar sind.

Sind zwei Ausdrücke *A* und *B* unifizierbar, so liefert die Unifikation eine Liste von Variablenbindungen (kurz: *Bindungsliste*). Im Fall einer leeren Bindungsliste spricht man auch von einer *Identitätssubstitution.*

Die Unifikation kann als eine allgemeine Form des Musterabgleichs betrachtet werden, bei der nicht nur das Muster, sondern auch die Daten Variablen enthalten dürfen. Jede Variable ist höchstens an einen Ausdruck gebunden. In diesem Ausdruck darf die Variable selbst nicht mehr vorkommen. So wird sichergestellt, daß die Ausdrücke *p(V)* und *p(f(V))* als nicht unifizierbar erkannt werden.[5]

Sind zwei Ausdrücke *A* und *B* unifizierbar mit der Bindungsliste θ, so wird θ *Unifikator* von *A* und *B* genannt. Unifikatoren werden üblicherweise als Postfixoperatoren notiert. Wird ein Ausdruck *A* mit θ instantiiert, so schreibt man $A\theta$ und bezeichnet $A\theta$ als *Substitutionsinstanz.*

Es kann durchaus mehrere Unifikatoren für zwei Ausdrücke geben. Bei der Resolution ist der Unifikator gesucht, der die allgemeinste Instantiierung bewirkt. Ein Unifikator, der diese Bedingung erfüllt, wird *allgemeinster Unifikator* (engl.: *most general unifier*, kurz: *m.g.u.*) genannt. θ_a heißt der allgemeinste Unifikator von *A* und *B,* wenn es für jeden Unifikator θ_i von *A* und *B* eine Substitution τ gibt, so daß $\theta_a\tau = \theta_i$ gilt. Das bedeutet: jede Substitutionsinstanz $A\theta_i$ ist eine Instanz von $A\theta_a$ und jede Substitutionsinstanz $B\theta_i$ ist eine Instanz von $B\theta_a$. Allgemein gilt [vgl. Lloyd 1987, 20ff. sowie Genesereth und Nilsson 1989, 93ff.]:

> *Wenn es einen Unifkator zweier prädikatenlogischer Ausdrücke gibt, dann gibt es auch den allgemeinsten Unifikator. Der allgemeinste Unifikator ist bis auf eine Umbennenung der Variablen eindeutig.*

Mit Hilfe der Unifikation lassen sich verschiedene Inferenzprozeduren oder Problemlösungsmethoden definieren. Sie ist essentieller Bestandteil des Resolutionsprinzips und der logikorientierten Programmierung.[6]

---

5 Es gibt keine Substitution, durch die *V* mit *f(V)* gleich wird. Die Überprüfung, ob eine Variable in einem Ausdruck, mit dem sie unifiziert werden soll, vorkommt, wird „*occur check*" genannt.

6 Allerdings ist zu beachten, daß aus Effizienzgründen in PROLOG standardmäßig auf den „*occur check*" verzichtet wird, so daß streng genommen nicht von einer Unifikation gesprochen werden dürfte. Der PROLOG-Programmierer muß demzufolge dafür Sorge tragen, daß die in Fußnote 5 erwähnte Variablenverwendung nicht vorkommt, damit das Ergebnis korrekt ist.

Resolutionsprinzip

Der Grundgedanke des Resolutionsprinzips ist einfach: Ist bekannt, daß „p“ wahr ist und daß „$\neg p$ *oder* q“ wahr ist, dann folgt daraus, daß „q“ wahr ist. Vergegenwärtigt man sich, daß $\neg p \vee q$ äquivalent zu $p \rightarrow q$ ist, dann wird evident, daß diese Inferenz dem klassischen Modus ponens (vgl. 8.32, 274) entspricht. In Klauselform:

$$\frac{\begin{array}{c}\{p\}\\ \{\neg p, q\}\end{array}}{\{q\}.} \tag{13.11}$$

Dieses Schema kann mehrfach verallgemeinert werden. Ist bekannt, daß „p *oder* r“ sowie „$\neg p$ *oder* q“ wahr ist, dann muß „q *oder* r“ wahr sein:[7]

$$\frac{\begin{array}{c}\{p, q\}\\ \{\neg p, r\}\end{array}}{\{q, r\}.} \tag{13.12}$$

Allgemeiner gilt für Klauseln ohne Variablen: Enthält eine Klausel A das Literal L und eine andere Klausel B die Negation von L, $\neg L$, so kann eine Klausel abgeleitet werden, die alle Literale von A und B, ausgenommen L und $\neg L$, enthält. Formal ergibt sich:

$$\frac{\begin{array}{ll}A & ;\text{ mit } L \in A\\ B & ;\text{ mit } \neg L \in B\end{array}}{(A \setminus \{L\}) \cup (B \setminus \{\neg L\}).} \tag{13.13}$$

Die Folgerung, hier: $(A \setminus \{L\}) \cup (B \setminus \{\neg L\})$, wird *Resolvente* genannt. Sie stellt eine Menge von Literalen, also wiederum eine Klausel dar. Resolvieren zwei einelementige Klauseln, so resultiert daraus die leere Klausel. Sie zeigt einen Widerspruch an. Ihre Herleitung ist also gleichbedeutend mit dem Nachweis, daß die zugrunde gelegte Klauselmenge (typischerweise: Wissensbasis $\cup$ {¬Hypothese}) *inkonsistent* ist.

---

[7] Es gibt nur zwei Möglichkeiten: Entweder p ist falsch, dann muß q wegen $(p \vee q)$ wahr sein, oder p ist wahr, dann muß r wegen $(\neg p \vee r)$ wahr sein. Notiert man das Inferenzschema 13.12 mit Hilfe des Implikationszeichens, so wird deutlich, daß es dem klassischen Kettenschluß $((a \rightarrow b) \wedge (b \rightarrow c) \Rightarrow (a \rightarrow c))$ entspricht:

$$\frac{\begin{array}{r}\neg q \rightarrow p\\ p \rightarrow r\end{array}}{\neg q \rightarrow r.}$$

Die bisher beschriebene Inferenzregel ist auf Klauseln beschränkt, die keine Variablen enthalten. Um die Resolution auf beliebige prädikatenlogische Klauseln anwenden zu können, muß diese Einschränkung aufgehoben werden. Das Grundschema 13.13 bleibt dabei erhalten. Statt zu verlangen, daß es in den Klauseln A und B zwei Literale $L_1 \in A$ und $L_2 \in B$ gibt, deren Struktur und Konstanten gleich sind ($L = L_1 = L_2$), ist nun zu fordern, daß L_1 und L_2 miteinander *unifizierbar* sind ($L_1\theta = L_2\theta$). Und die Resolvente ergibt sich nicht mehr einfach aus der Vereinigung der Literale abzüglich der gleichen (beziehungsweise unifizierbaren) Literale. Vielmehr muß auf diese Vereinigungsmenge zusätzlich eine Substitution mit dem allgemeinsten Unifikator ($\theta = m.g.u.$) von L_1 und L_2 angewandt werden:

$$\frac{\begin{array}{ll} A & ;\text{ mit } L_1 \in A \\ B & ;\text{ mit } \neg L_2 \in B \end{array}}{((A \setminus \{L_1\}) \cup (B \setminus \{\neg L_2\}))\theta.} \tag{13.14}$$

Im Resolutionsprinzip werden zusätzlich sogenannte *Faktoren* berücksichtigt. Als Faktoren werden alle Klauseln A^* bezeichnet, die aus der Anwendung des allgemeinsten Unifikators θ auf eine Teilmenge der Literale einer Klausel A resultieren. Daraus folgt unmittelbar: Jede Klausel ist zugleich ein Faktor von sich selbst. Die Berücksichtigung von Faktoren führt zu einer vollständigen Definition des *Resolutionsprinzips* [vgl. Genesereth und Nilsson 1989, 100f.]:

> *Ist A eine Klausel mit dem Faktor A^*, B eine Klausel mit dem Faktor B^* und ist L_1 ein Literal von A^* sowie $\neg L_2$ ein Literal von B^*, so daß θ der allgemeinste Unifikator von L_1 und L_2 ist, dann resolvieren A und B zu der Klausel $((A^* \setminus \{L_1\}) \cup (B^* \setminus \{\neg L_2\}))\theta$.*

Kurz, in Form eines Inferenzschemas:

$$\frac{\begin{array}{ll} A & ;\text{ mit } L_1 \in A^* \\ B & ;\text{ mit } \neg L_2 \in B^* \end{array}}{((A^* \setminus \{L_1\}) \cup (B^* \setminus \{\neg L_2\}))\theta.} \tag{13.15}$$

Resolutionsverfahren

Um eine Aussage beweisen oder widerlegen zu können, muß das Resolutionsprinzip in der Regel mehrmals angewandt werden. Durch eine iterative Anwendung des Resolutionsprinzips entsteht eine Folge von Klauseln. Ein keineswegs triviales Problem ist dabei die Auswahl zu resolvierender Klauseln. Eine unkontrollierte Anwendung des Resolutionsprinzips führt normalerweise zu vielen redundanten Inferenzen. Um die Anzahl der notwendigen Resolutionsschritte zu minimieren und zu gewährleisten, daß semantisch ableitbare Klauseln auch syntaktisch durch iterative Anwendung des Resolutionsprinzips abgeleitet werden, wurden verschiedene *Resolutionsstrategien* entwickelt [vgl. Genesereth und Nilsson 1989, 135-160].

Auf die Entwicklung der logikorientierten Programmierung hat die sogenannte SLD-Resolution einen großen Einfluß ausgeübt [vgl. Lloyd 1987]. Es handelt sich dabei um ein indirektes Beweisverfahren. Soll die Gültigkeit einer Aussage bewiesen werden, so wird gezeigt, daß ihre Negation zu einem logischen Widerspruch führt („reductio ad absurdum"). Übertragen auf die Klauselform bedeutet dies, eine leere Klausel ∅ abzuleiten. Die Leerklausel ∅ wird im Hinblick auf diese Beweisfunktion auch *Erfolgsklausel* genannt. Da die Widerlegung mit Hilfe des Resolutionsprinzips erfolgt, spricht man auch von einer *Resolutionswiderlegung* (engl.: *resolution refutation*). Von einem Resolutionsverfahren wird verlangt, daß es *korrekt* und *vollständig* ist:

> *Ist eine Menge von Klauseln in einem Modell gültig, dann sind auch alle durch Resolution abgeleiteten Klauseln gültig (Korrektheit). Ist eine Klauselmenge unerfüllbar (inkonsistent), dann führt die Resolution zur Aufdeckung dieses Widerspruchs (Vollständigkeit).*

Für die Menge der Hornklauseln mit genau einer Zielklausel ist die SLD-Resolution in diesem Sinne ein *korrektes* und *vollständiges* Beweisverfahren [vgl. Lloyd 1987, 40ff.]. Bei der SLD-Resolution wird im ersten Schritt versucht, das Ziel mit einer anderen Programmklausel zu resolvieren. In den folgenden Resolutionsschritten wird dann jeweils die Resolvente des vorangegangen Resolutionsschritts als eine der beiden zu resolvierenden Klauseln gewählt. Die Ableitung einer Klausel kann in Gestalt eines Resolutionsgraphen beschrieben werden, in dem die Knoten für Klauseln und jeweils zwei Kanten für eine Anwendung des Resolutionsprinzips stehen (vgl. Abbildung 13.1). Zu jeder Resolvente führen zwei Kanten, die von den miteinander resolvierenden Klauseln ausgehen. Die Knoten der obersten Ebene (Startknoten) stehen für die vor Beginn einer Resolutionsableitung als wahr geltenden Klauseln, also Fakten und Regeln der Wissensbasis sowie die negierte Anfrage (Zielklausel). Der in Tabelle 13.2 dargestellte Resolutionstrace resultiert aus einer SLD-Resolution. In diesem Fall entspricht die Auswahl der zu resolvierenden Klauseln der standardmäßig in PROLOG verwandten Abarbeitungsstrategie (*depth-first, left-right*). Es ist aber zu bedenken, daß diese in PROLOG verwandte Abarbeitungsstrategie (im Gegensatz zur SLD-Resolution) *kein vollständiges* Beweisverfahren mehr ist. PROLOG-Systeme können vielmehr selbst dann in einen *unendlichen Teil* eines Beweisbaums (und infolgedessen in eine Endlosscheife) geraten, wenn (mit der SLD-Resolution) ein Beweis erfolgreich durchgeführt werden könnte [vgl. Lloyd 1987, 59ff.].

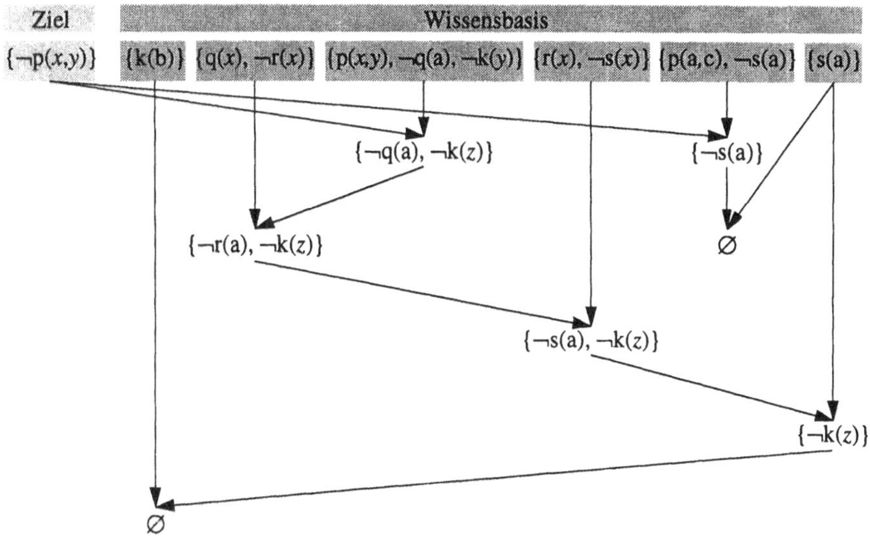

Abb. 13.1: Resolutionsgraph

Jeder Knoten, der nicht grau unterlegt ist, repräsentiert eine Resolvente. Da es sich um eine Resolutionswiderlegung handelt, steht die Leerklausel ∅ für einen erfolgreich durchgeführten Beweis. Die Variablen sind allquantifiziert und werden durch Kursivdruck gekennzeichnet. Die Variable *z* resultiert aus einer Umbenennung. Die Zielklausel ergibt sich aus der Negation einer existenzquantifizierten Anfrage (Hypothese).

Klausel	Quelle	Klausel	Quelle
(1) $\{\neg p(x,y)\}$	Negierte Anfrage	(8) $\{\neg q(a), \neg k(z)\}$	Resolution (1, 4)
(2) $\{k(b)\}$	Wissensbasis	(9) $\{\neg r(a), \neg k(z)\}$	Resolution (8, 3)
(3) $\{q(x), \neg r(x)\}$	Wissensbasis	(10) $\{\neg s(a), \neg k(z)\}$	Resolution (9, 6)
(4) $\{p(x,y), \neg q(a), \neg k(y)\}$	Wissensbasis	(11) $\{\neg k(z)\}$	Resolution (10, 7)
(5) $\{p(a,c), \neg s(a)\}$	Wissensbasis	(12) $\emptyset$ mit $\theta = \{x/a, y/b\}$	Resolution (11, 2)
(6) $\{r(x), \neg s(x)\}$	Wissensbasis	(13) $\{\neg s(a)\}$	Resolution (1, 5)
(7) $\{s(a)\}$	Wissensbasis	(14) $\emptyset$ mit $\theta = \{x/a, y/c\}$	Resolution (13, 7)

Tabelle 13.2: Trace einer SLD-Resolution

13.2 Die Support-Logik von Baldwin

Baldwins Support-Logik ist primär als ein Verfahren zur Verarbeitung unsicheren Wissens einzuordnen, erlaubt jedoch auch, unscharfes Wissens einzubeziehen.[8] Wissen wird in Form von Regeln und Fakten repräsentiert, die sich syntaktisch von den in PROLOG zulässigen Hornklauseln augenscheinlich nur durch die Zuordnung sogenannter Support-Paare zur Unsicherheitsbewertung unterscheiden.[9] Als Motivation für die Entwicklung seiner Support-Logik führt Baldwin an, die Prädikatenlogik eigne sich nicht zum *abduktiven Schließen*,[10] dem in der Praxis aufgrund fehlender Informationen eine sehr hohe Bedeutung zukomme [Baldwin 1986, 74]. Abduktives Schließen läßt sich, wie Baldwin zu Recht anmerkt, als eine Form unsicheren Schließens beschreiben: der Rückschluß von der „Folge" und der „Regel" auf die „Ursache" ist ja nicht logisch zwingend und daher mit einer Unsicherheit behaftet; die Abduktion führt zu „möglichen" oder „wahrscheinlichen" Erklärungen eines Phänomens. Der Mangel an Evidenz, der rein deduktive Vorgehensweisen in der Praxis vielfach verbietet, könne durch fehlende Informationen oder aber auch durch Randbereichsunschärfen verursacht sein. Baldwin greift daher auf Ideen der Evidenztheorie von Dempster und Shafer wie der Fuzzy-Mengentheorie von Zadeh zurück.

13.2.1 Support-Paare und ihre Deutung

Als grundlegende Inferenzeinheiten dienen, so Baldwin, bewertete Hornklauseln. Jeder Klausel kann ein Paar von Werten zugeordnet werden, die Auskunft darüber geben, in welchem Grad es als sicher gilt, daß die Klausel oder ihre Negation wahr ist. Der erste Wert wird als *Notwendigkeits-Support* (Sn), der zweite als *Possibilitäts-Support* (Sp) bezeichnet. Grundmenge beider Maße ist das Intervall [0, 1]. Da der Possibilitäts-Support nie kleiner sein kann als der Notwendigkeits-Support bilden Support-Paare Teilintervalle des Einheitsintervalls:

$$[\mathrm{Sn}, \mathrm{Sp}] \subseteq [0, 1]. \tag{13.16}$$

---

8 Die folgende Darstellung stützt sich i.w. auf [Baldwin 1986]. Eine probabilistisch orientierte Begründung der Support-Logik findet sich in [Baldwin 1987]. Ansätze einer Weiterentwicklung des hier beschriebenen Ansatzes werden in [Martin and Baldwin 1991] sowie [Baldwin 1992] beschrieben.

9 Die Bezüge zur Hornklausel-Logik sind jedoch in den bekannten Texten nicht formal ausgearbeitet, obgleich Baldwin nicht nur allgemein von Regeln und Fakten, sondern explizit von Hornklauseln beziehungsweise Support-Hornklauseln und von Resolution spricht [vgl. Baldwin 1986, 75, 93; 1987, 34, 36]. Die Subsumption von Baldwins „Support-Logik" unter Kalküle bewerteter Hornklauseln kann daher angezweifelt werden. Hinweise zu wesentlichen Abweichungen vom traditionellen Verständnis einer Logik sind den folgenden Erläuterungen zu entnehmen.

10 Peirce charakterisiert die *Abduktion*, in früheren Schriften spricht er von „Hypothese", als „Schluß von *Regel* und *Resultat* auf einen *Fall*" [Peirce 1878, 231] und grenzt sie derart von den bekannten Inferenzformen *Deduktion* (Schluß von „Regel" und „Fall" auf das „Resultat") und *Induktion* (Schluß von „Fall" und „Resultat" auf die „Regel") ab. In der sechsten Pragmatismus-Vorlesung führt er aus: „Die Deduktion beweist, daß etwas der Fall sein *muß*; die Induktion zeigt, daß etwas *tatsächlich* wirksam *ist;* die Abduktion vermutet bloß, daß etwas der Fall *sein mag.*" [Peirce 1903, 400]. Eine zeitgenössische Diskussion der Abduktion, insbesondere ihrer Bedeutung in den Geowissenschaften, bieten Engelhardt und Zimmermann [1982, 226ff.].

Der Notwendigkeits-Support einer Klausel A ist gleich der Differenz von eins und dem Possibilitäts-Support ihrer Negation:

$$\mathrm{Sn}(A) = 1 - \mathrm{Sp}(\neg A). \tag{13.17}$$

Wesentlich ist, daß sich die Notwendigkeits-Supporte für eine Klausel und ihre Negation nicht zu eins summieren müssen. Die Notwendigkeits-Supporte können also im allgemeinen nicht als Wahrscheinlichkeiten gedeutet werden. Die strenge Gleichheitsforderung wird vielmehr durch eine Ungleichheitsbedingung ersetzt:

$$\mathrm{Sn} + (1 - \mathrm{Sp}) \leq 1. \tag{13.18}$$

Der Wert eins steht für *absolute Sicherheit*, er bildet daher eine obere Schranke. Daß die Summe kleiner als eins sein kann, ist Ausdruck einer semantischen Differenzierung von „Unsicherheit“: der Notwendigkeits-Support ist als *positive Evidenz*, die Differenz des Möglichkeits-Supports zu eins als *negative Evidenz* und die Differenz der Summe von positiver und negativer Evidenz zu eins als *fehlende Evidenz* für oder gegen die Gültigkeit einer Klausel aufzufassen. Ist die Summe kleiner als eins, so negiert dies mithin nicht das Gesetz vom ausgeschlossenen Dritten, sondern besagt vielmehr, daß es neben positiven und negativen Evidenzen einen Evidenzmangel oder eine „Restunsicherheit“ darüber gibt, ob etwas wahr oder unwahr sei. Bezeichnet man diese „Restunsicherheit“ als u so gilt:

$$\mathrm{Sn} + (1 - \mathrm{Sp}) + u = 1. \tag{13.19}$$

Fehlende Evidenz zur Unterstützung einer Aussage muß demnach nicht (wie in probabilistischen Ansätzen) die Negation der Aussage unterstützen. Wird einer Aussage das Support-Paar [0, 1] zugeordnet, so bedeutet dies, es gibt weder eine positive Evidenz für sie, noch eine negative Evidenz gegen sie, es ist aber uneingeschränkt möglich, daß sie gültig ist. Die Support-Paare erlauben auf diese Weise *vollständige Unsicherheit* über die Gültigkeit einer Aussage [0, 1] klar von *Ungültigkeit* [0, 0] zu unterscheiden. Die problematische Annahme einer „geschlossenen Welt“, wie sie für symbolorientierte Inferenzsysteme im allgemeinen typisch ist und insbesondere der „Negation“ in PROLOG zugrundeliegt (*„negation as failure“*), kann so vermieden werden: Wenn eine Aussage sicher gilt, so beträgt der Notwendigkeits- und Possibilitäts-Support eins, gilt sie sicher nicht, so sind beide Support-Werte gleich null und wenn in der Wissensbasis keine Informationen über sie vorliegen, so wird ihr das Support-Paar [0, 1] zugeordnet.

13.2.2 Allgemeine Beschränkungen der Support-Verknüpfung

Um die Frage zu beantworten, wie sich die Support-Paare von Propositionen berechnen lassen, die aus einer Verknüpfung anderer Propositionen abgeleitet werden, hat Baldwin zunächst allgemeine Beschränkungen der Notwendig-

	B Sn_B	$\neg$B $1 - Sp_B$	UNSURE $Sp_B - Sn_B$	ΣM_{ij}
A Sn_A	$A \wedge B$ M_{11}	$A \wedge \neg B$ M_{12}	A M_{13}	$M_{11} + M_{12} + M_{13}$ $= Sn_A$
$\neg$A $1 - Sp_A$	$\neg A \wedge B$ M_{21}	$\neg A \wedge \neg B$ M_{22}	$\neg$A M_{23}	$M_{21} + M_{22} + M_{23}$ $= 1 - Sp_A$
UNSURE $Sp_A - Sn_A$	B M_{31}	$\neg$B M_{32}	UNSURE M_{33}	$M_{31} + M_{32} + M_{33}$ $= Sp_A - Sn_A$
ΣM_{ij}	$M_{11} + M_{21} + M_{31}$ $= Sn_B$	$M_{12} + M_{22} + M_{32}$ $= 1 - Sp_B$	M13 + M23 + M33 $= Sp_B - Sn_B$	$\sum_{i,j} M_{ij} = 1$

Tabelle 13.3: Allgemeine Beschränkungen der Notwendigkeits-Supporte der Konjunktion zweier Propositionen

keits-Supporte für die Konjunktion zweier Propositionen aufgestellt (vgl. Tabelle 13.3). Bei beiden Aussagen lassen sich drei Fallunterscheidungen treffen, je nachdem, ob sie wahr ist, ihre Negation wahr ist oder ob sie ungewiß ist.

Die erste Beschränkung besagt, daß der Notwendigkeits-Support für eine Aussage *A* gleich der Summe der Notwendigkeits-Supporte aller möglichen Konjunktionen ist, die *A* mit einem der drei möglichen Werte für *B* eingehen kann (vgl. erste Reihe von Tabelle 13.3). Entsprechende Beschränkungen lassen sich für die beiden verbleibenden Aussagen über *A* sowie alle drei Aussagen über *B* aufstellen, so daß sich sechs Beschränkungen ergeben. Eine weitere Beschränkung resultiert daraus, daß sich die Notwendigkeits-Supporte für alle möglichen Konjunktionen zu eins summieren müssen.

Aus diesen sieben Beschränkungen ergeben sich keine eindeutigen Wertzuweisungen. Baldwin hat deshalb für die neun Kombinationsmöglichkeiten Intervalle festgelegt, die die möglichen Notwendigkeits-Supporte konjungierter Aussagen weiter einschränken ($\vee$ = Maximum, $\wedge$ = Minimum):

$$
\begin{aligned}
(Sn_A + Sn_B - 1) \vee 0 &\le M_{11} \le Sn_A \wedge Sn_B \\
(Sn_A + Sp_B) \vee 0 &\le M_{12} \le Sn_A \wedge (1 - Sp_B) \\
(Sn_A + Sp_B - Sn_B - 1) \vee 0 &\le M_{13} \le Sn_A \wedge (Sp_B - Sn_B) \\
(Sn_B + Sp_A) \vee 0 &\le M_{21} \le (1 - Sp_A) \wedge Sn_B \\
(1 - Sp_A - Sp_B) \vee 0 &\le M_{22} \le (1 - Sp_A) \wedge (1 - Sp_B) \\
(Sp_B - Sp_A - Sn_B) \vee 0 &\le M_{23} \le (1 - Sp_A) \wedge (Sp_B - Sn_B) \\
(Sp_A - Sn_A + Sn_B) \vee 0 &\le M_{31} \le (Sp_A - Sn_A) \wedge Sn_B \\
(Sp_A - Sn_A - Sp_B) \vee 0 &\le M_{32} \le (Sp_A - Sn_A) \wedge (1 - Sp_B) \\
(Sp_A - Sn_A + Sp_B - Sn_B - 1) \vee 0 &\le M_{33} \le (Sp_A - Sn_A) \wedge (Sp_B - Sn_B)
\end{aligned}
\qquad (13.20)
$$

Die Intervallgrenzen werden offenkundig durch zwei *t*-Normen bestimmt: die Obergrenze durch das Minimum, die Untergrenze durch die beschränkte Differenz. Die in 13.3 und 13.20 beschriebenen Beschränkungen lassen sich auf verschiedene Weise erfüllen. Baldwin diskutiert zwei Lösungsmodelle: das *Multiplikationsmodell* und das *Minimummodell*. Die folgende Darstellung beschränkt sich auf das Multiplikationsmodell, da es besser ausgearbeitet ist und in den von Baldwin diskutierten Beispielen zu plausibleren Ergebnissen führt.

13.2.3 Das Multiplikationsmodell der Support-Logik

Nach dem Multiplikationsmodell berechnen sich die Notwendigkeits-Supporte und Possibilitäts-Supporte bei der Konjunktion über das algebraische Produkt und bei der Disjunktion über die algebraische Summe [vgl. Baldwin 1986, 81]:

$$\begin{aligned} \mathrm{Sn}(A \wedge B) &= \mathrm{Sn}(A) \cdot \mathrm{Sn}(B) \\ \mathrm{Sp}(A \wedge B) &= \mathrm{Sp}(A) \cdot \mathrm{Sp}(B). \end{aligned} \tag{13.21}$$

$$\begin{aligned} \mathrm{Sn}(A \vee B) &= \mathrm{Sn}(A) + \mathrm{Sn}(B) - \mathrm{Sn}(A) \cdot \mathrm{Sn}(B) \\ \mathrm{Sp}(A \vee B) &= \mathrm{Sp}(A) + \mathrm{Sp}(B) - \mathrm{Sp}(A) \cdot \mathrm{Sp}(B). \end{aligned} \tag{13.22}$$

Tabelle 13.4 zeigt wie die in Tabelle 13.3 und dem Ungleichungssystem 13.20 angeführten Verknüpfungen und Restriktionen auf der Basis dieses Modells umgesetzt werden.

	B Sn_B	¬ B $1 - Sp_B$	UNSURE $Sp_B - Sn_B$
A Sn_A	A ∧ B $Sn_A * Sn_B$	A ∧ ¬ B $Sn_A * (1 - Sp_B)$	A $Sn_A * (Sp_B - Sn_B)$
¬ A $1 - Sp_A$	¬ A ∧ B $(1 - Sp_A) * Sn_B$	¬ A ∧ ¬ B $(1 - Sp_A) * (1 - Sp_B)$	¬ A $(1 - Sp_A) * (Sp_B - Sn_B)$
UNSURE $Sp_A - Sn_A$	B $(Sp_A - Sn_A) * Sn_B$	¬ B $(Sp_A - Sn_A) * (1 - Sp_B)$	UNSURE $(Sp_A - Sn_A) * (Sp_B - Sn_B)$

Tabelle 13.4: Notwendigkeits-Supporte der Konjunktion zweier Propositionen nach dem Multiplikations-Modell

Ein Hauptproblem der Modellierung approximativen Schließens ist die Modellierung bedingter Schlußfolgerungen. Approximatives Schließen basiert in Baldwins Support-Logik nicht auf einer Formalisierung der materialen Implikation.[11] Vielmehr wird ein Verrechnungsschema angeboten, daß aus dem Support-Paar einer Regel (Konditionalaussage) und dem Support-Paar einer Aussage, die den Antezedenten der Regel bejaht, ein Support-Paar für die Konklusion zu berechnen erlaubt. Die Konklusion ergibt sich aus der konjunktiven Ver-

[11] Eine Formel für die materiale Implikation kann auf der Basis der logischen Äquivalenz von „$A \rightarrow C$" und „$\neg A \vee C$" abgeleitet werden [vgl. Baldwin 1986, 89].

knüpfung der beiden Prämissen. Folglich erhält man den Notwendigkeits-Support für B über das algebraische Produkt des Notwendigkeits-Supports der Konditionalaussage ($\mathrm{Sn}_{B|A}$) und des Notwendigkeits-Supports von A (Sn_A):

$$\mathrm{Sn}_B = \mathrm{Sn}_{B|A \wedge A} = \mathrm{Sn}_A \cdot \mathrm{Sn}_{B|A}. \tag{13.23}$$

Für den Notwendigkeitsgrad von $\neg B$ erhält man entsprechend (vgl. Tabelle 13.4):

$$\mathrm{Sn}_{\neg B} = \mathrm{Sn}_{\neg B|A \wedge A} = \mathrm{Sn}_A \cdot (1 - \mathrm{Sp}_{B|A}). \tag{13.24}$$

Da $\mathrm{Sp}_B = 1 - \mathrm{Sn}_{\neg B}$, folgt aus 13.24:

$$\mathrm{Sp}_B = 1 - (\mathrm{Sn}_A \cdot (1 - \mathrm{Sp}_{B|A})). \tag{13.25}$$

Insgesamt erhält man nach dem Multiplikationsmodell somit folgendes Inferenzschema:[12]

$$\begin{array}{r} \text{Wenn } A, \text{ dann } B\ [\mathrm{Sn}_{B|A}, \mathrm{Sp}_{B|A}] \\ A\ [\mathrm{Sn}_A, \mathrm{Sp}_A] \\ \hline B\ [\mathrm{Sn}_A \cdot \mathrm{Sn}_{B|A}, 1 - (\mathrm{Sn}_A \cdot (1 - \mathrm{Sp}_{B|A}))]. \end{array} \tag{13.26}$$

13.2.4 Evidenzverknüpfung aufgrund multipler Ableitungswege

In der Prädikatenlogik kann eine Aussage nur wahr oder falsch sein. Wird eine Aussage durch ein korrektes Verfahren aus einer konsistenten Wissensbasis abgeleitet, so ist ihre Gültigkeit bewiesen, weitere Ableitungsversuche oder Überprüfungen sind überflüssig. Obgleich also eine Hypothese prinzipiell auf verschiedenen Wegen verifiziert oder falsifiziert werden kann, ist in der Prädikatenlogik wie der traditionellen Logik allgemein der Aufweis eines Ableitungswegs oder Beweispfads hinreichend. Für die Support-Logik gilt dies nicht: *verschiedene Ableitungswege können verschiedene Evidenzen (Support-Paare) für ein Theorem erbringen; in der Support-Logik ist der Evidenz-Support für ein Theorem eine Funktion der Menge der Support-Paare, die aus den verschiedenen, die Hypothese stützenden Ableitungswegen resultiert.*

---

[12] Baldwin stellt dieses Inferenzschema in einer prologähnlichen Notation dar und bezeichnet es als „Resolution“ [1986, 93]. Wie man unschwer erkennen kann, ist 13.26 – und das gilt selbstverständlich unabhängig von der Notation – nicht mehr als eine mit Support-Paaren erweiterte Form des Modus ponens. 13.26 ist also streng genommen lediglich als Spezialfall eines erweiterten Resolutionsprinzips aufzufassen. Die im Resolutionsprinzip gegenüber dem Modus ponens involvierten Verallgemeinerungen (vgl. 458ff.) werden von Baldwin – zumindest in den referierten Texten – nicht diskutiert.

Die Kombination zweier Support-Paare für eine Hypothese basiert auf der in Tabelle 13.5 beschriebenen konjunktiven Verknüpfung. Der aus einem Beweispfad hervorgehende Support wird in den Zeilen, der des anderen in den Spalten eingetragen. Dabei tritt jedoch in zwei Zellen ein *Konflikt* auf: sowohl die Zelle im Schnittpunkt der ersten Reihe und zweiten Spalte wie die Zelle im Schnittpunkt der zweiten Reihe und ersten Spalte beinhaltet den logisch widersprüchlichen und daher auszuschließenden Fall, daß zugleich die Proposition *P* und ihre Negation $\neg P$ wahr sei (vgl. die hellgrau unterlegten Zellen in Tabelle 13.5).

	P Sn_2	¬P $1 - Sp_2$	UNSURE $Sp_2 - Sn_2$
P Sn_1	P ∧ P $Sn_1 * Sn_2$	P ∧ ¬P $Sn_1 * (1 - Sp_2)$	P $Sn_1 * (Sp_2 - Sn_2)$
¬P $1 - Sp_1$	¬P ∧ P $(1 - Sp_1) * Sn_2$	¬P ∧ ¬P $(1 - Sp_1) * (1 - Sp_2)$	¬P $(1 - Sp_1) * (Sp_2 - Sn_2)$
UNSURE $Sp_1 - Sn_1$	P $(Sp_1 - Sn_1) * Sn_2$	¬P $(Sp_1 - Sn_1) * (1 - Sp_2)$	UNSURE $(Sp_1 - Sn_1) * (Sp_2 - Sn_2)$

Tabelle 13.5: Konflikte bei der Evidenzverknüpfung multipler Ableitungswege

Zur Auflösung dieses Konflikts verwendet Baldwin in seiner Support-Logik Shafers *Renormalisierungsmethode* [vgl. Baldwin 1986, 91]. Der Konflikt wird demnach dadurch aufgelöst, daß die Support-Werte der beiden widersprüchlichen Zellen anteilsmäßig auf die anderen Zellen übertragen werden. Um das Support-Paar einer durch zwei Beweispfade gestützten Hypothese *P* zu berechnen, sind die Eintragungen der Zellen, die die Hypothese *P* unterstützen zu addieren und die resultierende Summe mit dem durch die widersprüchlichen Zellen bestimmten Normalisierungsfaktor zu multiplizieren:[13]

$$\begin{aligned} Sn &= \frac{Sn_1 Sn_2 + Sn_1(Sp_2 - Sn_2) + Sn_2(Sp_1 - Sn_1)}{1 - Sn_2(1 - Sp_2) - Sn_1(1 - Sp_2)} \\ &= \frac{Sn_1 Sp_2 + Sn_2 Sp_1 - Sn_1 Sn_2}{1 - Sn_2(1 - Sp_2) - Sn_1(1 - Sp_2)} \end{aligned} \tag{13.27}$$

$$Sp = 1 - \frac{(1 - Sp_1)(1 - Sn_2) + (1 - Sp_2)(Sp_1 - Sn_1)}{1 - Sn_2(1 - Sp_2) - Sn_1(1 - Sp_2)\,.} \tag{13.28}$$

Die in 13.27 und 13.28 beschriebenen Funktionen sind assoziativ, so daß die aus mehreren Beweispfaden resultierenden Support-Paare rekursiv kombiniert werden können.

[13] Die in Baldwins Text abgedruckten Formeln für den Possibilitäts-Support sind fehlerhaft [vgl. Baldwin 1986, 90 und 94].

13.2.5 Semantische Unifikation

Eine zusätzliche Besonderheit der Support-Logik liegt in der Möglichkeit, *unscharfe* Prädikate verwenden zu können. Unscharfe Prädikate werden in Form von Fuzzy-Mengen repräsentiert. Die Verwendung unscharfer Prädikate impliziert eine weitere Abweichung vom traditionellen logischen Schließen: *wegen der Zulässigkeit unscharfer Prädikate ist die Unifikation zwangsläufig nicht mehr rein syntaktisch, sondern auch semantisch definiert.*

Die semantische Unifikation der Support-Logik basiert nach Baldwin [1986, 85f.] auf dem Possibilitäts- und Notwendigkeitsmaß von Dubois und Prade (vgl. 10.13 und 10.16, 346ff.). Das bedeutet: auch zwei „*ungleiche* Konstanten“ a und b sind „unifizierbar“, nämlich dann, wenn sie über der gleichen Grundmenge definiert sind und zumindest einer der beiden Konstanten eine unscharfe oder gewöhnliche Teilmenge dieser Grundmenge bezeichnet, so daß der bedingte Possibilitätsgrad $\Pi\ (a, b)$ größer als null ist. Bezeichnen beispielsweise „*groß*“ und „*mittelgroß*“ Fuzzy-Mengen, so daß die Schnittmenge ihrer Träger die Zahl 179 enthält, dann sind alle Kombinationen der Prädikate „*größe (kevin, 179)*“, „*größe (kevin, groß)*“, „*größe (kevin, mittelgroß)*“ und „*größe (kevin, [175, 185])*“ *semantisch unifizierbar.*

Die in der semantischen Unifikation berechneten Possibilitäts- und Notwendigkeitsgrade werden als Support-Paare interpretiert. Angenommen der Antezedent einer Support-Logik-Regel bestehe aus dem Prädikat „*größe (kevin, groß)*“ und „*größe (kevin, mittelgroß)*“ sei ein Fakt in der Datenbasis. Ein Support-Logik-Programm verhält sich dann so, als gäbe es statt der semantischen Unifikation die zusätzliche Regel „*wenn größe (kevin, mittelgroß), dann größe (kevin, groß)*“ mit dem bedingten Notwendigkeitsgrad N(*groß, mittelgroß*) als Notwendigkeits-Support und dem bedingten Possibilitätsgrad Π(*groß, mittelgroß*) als Possibilitäts-Support.

13.2.6 Deutung der Support-Logik über ein Gruppen-Votierungsmodell

Zur Deutung der Support-Logik hat Baldwin ein Gruppen-Votierungsmodell vorgeschlagen, das er an verschiedenen Beispielen erläutert hat. Das erste Beispiel stammt aus dem Rechtswesen. Gesetzt der Aussage „*Mary ist schuldig*“ sei ein Notwendigkeits-Support von 1/3 und ein Possibilitäts-Support von 7/12 zugeordnet:

$$\text{schuldig (mary)} : [1/3,\ 7/12]. \qquad (13.29)$$

Nach dem Gruppen-Votierungsmodell lassen sich die Support-Paare als Häufigkeitsangaben über die Einzelvoten einer Jury interpretieren. Geht man von 12 Jury-Mitgliedern aus, so drückt demnach der Notwendigkeits-Support 1/3 aus, daß 4 Mitglieder Mary für schuldig halten; der Possibilitäts-Support 7/12 besagt, daß 5 Personen Mary für nicht schuldig halten; und 3 Personen der Jury sind sich unsicher, können sich also nicht entscheiden, ob sie Mary für schuldig oder unschuldig halten. Allgemein lassen sich also die Support-Paare als Gruppenanteile für Pro, Kontra und Enthaltung deuten: *Sn* steht für den Anteil der *Pro*-Voten, 1 - *Sp* für den Anteil der Kontra-Voten und *Sp* - *Sn* für den Anteil derjenigen, die weder dafür noch dagegen stimmen, sich also enthalten. Dies gilt gleichermaßen für Fakten wie für Regeln. Im Falle von Regeln bezieht sich das in den Support-Paaren niedergeschriebene Votum auf die Konklusion unter der Voraussetzung, daß die Prämissen erfüllt sind.

Weniger einleuchtend wirkt das Votierungsmodell als Deutungsrahmen für die Aussage *„jemand fährt ein großes Auto, wenn er ein Amerikaner ist“* [vgl. Baldwin 1986, 98]:

$$\text{drive}(X, \text{large\_car}) :- \text{american}(X) : [\text{a}, \text{b}] \tag{13.30}$$

Statt anzunehmen, ein Anteil von *a* Personen bejahe die Aussage und ein Anteil von 1-*b* Personen verneine sie, ist es plausibler davon auszugehen, daß die Support-Paare eine objektive oder subjektive bedingte Wahrscheinlichkeit zum Ausdruck bringt, daß also die Support-Paare keine Widerspiegelungen alternativer Einzelurteile sind, sondern vielmehr Ausdruck der vielfach gleichen Erfahrung sind, daß Amerikaner meistens große Autos fahren. Man könnte versuchen, das Votierungsmodell auf andere Weise plausibel zu machen, hier möglicherweise durch die psychologische Vorstellung eines subjektiven Votierungs-Pluralismus zu rechtfertigen. Das Gruppen-Votierungsmodells ist jedoch auch unabhängig davon, ob solche Voten realistisch oder unrealistisch erscheinen, bedeutungsvoll. Es genügt, sich vorstellen zu können, daß ein entsprechendes Gruppenvotum vorliegt, um sich die funktionale Bedeutung der Support-Paare in Support-Logik-Programmen vor Augen zu führen.

Nach Baldwin [1986, 99f.] kann allgemein gezeigt werden, daß der aus dem Gruppen-Votierungsmodell berechenbare Erwartungswert für die gleichzeitige Zustimmung zu beiden Aussagen gleich dem aus der Multiplikationsregel (13.21) resultierenden Notwendigkeits-Support ist. Diese Rechtfertigung des Multiplikations-Modells läßt sich anhand eines Beispiels für die Konjunktion zweier Aussagen *A* : [2/3, 1] und *B* : [1/3, 1] demonstrieren. Nach der Multiplikationsregel erhält man für die Konjunktion von *A* und *B:*

$$\begin{aligned} \text{Sn}_{A \wedge B} &= \text{Sn}_A \cdot \text{Sn}_B \\ &= 2/3 \cdot 1/3 \\ &= 2/9. \end{aligned} \tag{13.31}$$

Gesetzt die Beurteilungsgruppe bestehe aus drei Mitgliedern. Nach der geschilderten Interpretation bedeutet dies: zwei Mitglieder stimmen für *A*, einer für *B*, keiner gegen *A*, keiner gegen *B*, im Falle von *A* gibt es eine Enthaltung (*U*) und im Falle von *B* zwei Enthaltungen. Unter dieser Voraussetzung beschreiben die neun in Tabelle 13.6 aufgelisteten Votierungsmuster alle möglichen Gruppen-Votierungen. Es gibt keinen Grund eine dieser Votierungen gegenüber einer anderen zu bevorzugen, so daß es plausibel ist, sie als gleichwahrscheinlich zu betrachten. Da in 2/3 aller Möglichkeiten 1/3 der Gruppe gleichzeitig für *A* und *B* votieren, beträgt der Erwartungswert 2/3 * 1/3 = 2/9. Man gelangt auf diese Weise also zum gleichen Ergebnis wie nach der Multiplikationsregel.

Votum A	UAA			AUA			AAU		
Votum B	BUU	UBU	UUB	BUU	UBU	UUB	BUU	UBU	UUB
A ∧ B	0	1/3	1/3	1/3	0	1/3	1/3	1/3	0

Tabelle 13.6: Deutung von Support-Paaren als Gruppen-Voten

13.3 Deduktionen über *f*-Hornklauseln nach Li und Liu

13.3.1 *f*-Hornklauseln: Aufbau und Verknüpfungsoperationen

Li und Liu [1990] haben eine Erweiterung der Hornklausel-Logik vorgeschlagen, deren Grundeinheiten sogenannte *f-Hornklauseln* bilden.[14] Im Unterschied zu gewöhnlichen Hornklauseln ist jeder *f*-Hornklausel ein numerischer Wert $f \in$]0, 1] zugeordnet. Im Falle von Hornklausel-Regeln, also Klauseln mit mindestens einem negativem und genau einem positiven Literal, wird *f* als numerische *„Implikationsstärke"* bezeichnet [Li and Liu 1990, 101]. *f*-Hornklausel-Regeln werden mit Hilfe eines erweiterten Replikationszeichens notiert ($n \geq 0$):

$$C \leftarrow (f) - A_1 \wedge A_2 \wedge \ldots \wedge A_n. \qquad (13.32)$$

Fehlen die negativen Literale, so handelt es sich um *f*-Fakten (13.33), fehlt stattdessen das positive Literal, so handelt es sich um ein *f*-Ziel (13.34).[15]

[14] Syntax und Semantik dieser *f*-Hornklauseln [Li and Liu 1990, 100-109] bilden die Grundlage einer F-PROLOG [w.o., 118ff.] genannten Erweiterung von PROLOG, die ihrerseits der Implementierung von FSQL [w.o., 177ff.], einer Erweiterung der relationalen Datenbanksprache SQL dient. Die folgende Darstellung beschränkt sich auf die Beschreibung von Aufbau und prozeduraler Interpretation von *f*-Hornklauseln. Die von Li und Liu angeführten Erweiterungen – insbesondere zum Vergleich linguistischer Werte [vgl. Li and Liu 1990, 130ff., 217-240, 371-377] – enthalten zwar viele interessante Ansätze, sind jedoch nur unvollständig spezifiziert.

[15] In [Li and Liu 1990, 101f.] gelten *„f-goals"*, *„f-facts"* und die Leerklausel als Spezialfälle von *„f-Horn clause rules"* und eine Regel der Form 13.32 wird als *„f-procedure"* bezeichnet. Die Bezeichnung logischer Regeln ($C \leftarrow A_1, \ldots, A_n$) als Prozeduren geht auf Kowalski [1979, 428f.] zurück. Kowalskis prozedurale Interpretation von Hornklauseln hat die Entwicklung der logikorientierten Programmierung maßgeblich befördert. In der PROLOG-Literatur ist es jedoch nicht üblich, jede Regelklausel eine Prozedur zu nennen. Als *Prozedur* wird vielmehr *die Menge aller definiten Programmklauseln über der gleichen Relation* bezeichnet [vgl. u.a. Bratko 1987, 20; Sterling und Shapiro 1988, 13].

In beiden Fällen wird f als *„Wahrheitswert“*[16] gedeutet.

$$C \leftarrow (f)- \tag{13.33}$$

$$\leftarrow (f)- A_1 \wedge A_2 \wedge \ldots \wedge A_n \tag{13.34}$$

Der Wahrheitswert der Konklusion *tv(C)* ergibt sich aus dem Produkt des Wahrheitswerts des Bedingungsteils einer Regel ($tv(A_1 \wedge \ldots \wedge A_n)$) mit der Implikationsstärke der Regel (f):

$$\text{tv}(C) = f \cdot \text{tv}(A_1 \wedge \ldots \wedge A_n). \tag{13.35}$$

Und der Wahrheitswert des Bedingungsteils einer Regel ist gleich dem Minimum der Wahrheitswerte für die konjunktiv verknüpften Einzelbedingungen (A_i):

$$\text{tv}(A_1 \wedge \ldots \wedge A_n) = \min \{\text{tv}(A_1), \ldots, \text{tv}(A_n)\}. \tag{13.36}$$

13.3.2 Prozedurale Interpretation von *f*-Hornklauseln

Die prozedurale Interpretation von *f*-Hornklauseln entspricht weitgehend der gewöhnlicher Hornklauseln nach Kowalski [vgl. 1979, 428f.]. Ein Ziel oder eine Anfrage besteht aus einer Liste konjunktiv verknüpfter Literale, die von links nach rechts abgearbeitet werden. Jedes Literal wird dabei als Unterziel interpretiert. Der Hauptunterschied besteht in der Verrechnung von Wahrheitswerten und Implikationsstärken [vgl. Li and Liu 1990, 113f.].

(1) Ein Ziel gilt als erfüllt, wenn alle Unterziele erfüllt sind. Wegen 13.36 müssen die Unterziele eines Ziels alle mindestens mit dem im Ziel geforderten Wahrheitswert erfüllt sein.
(2) Ist f_1 der Wahrheitswert eines *f*-Fakts und f_2 der zumindest geforderte Wahrheitswert eines *f*-Ziels, so gilt das *f*-Ziel als mit dem Wert f_2 erfüllt, wenn die Formel des *f*-Ziels mit der des *f*-Fakts unifizierbar ist *und* $f_1 \geq f_2$ ist, anderfalls gilt es als nicht erfüllt.
(3) Ist f_1 die Implikationsstärke einer *f*-Regel und f_2 der zumindest geforderte Wahrheitswert eines *f*-Ziels, so gilt das *f*-Ziel als mit dem Wert f_3 erfüllt, wenn die Formel des *f*-Ziels mit dem Kopf der *f*-Regel unifizierbar ist und alle im Regelrumpf spezifizierten Unterziele mindestens in dem Grad f_2/f_1 erfüllt sind. f_3 ergibt sich

[16] Li und Liu postulieren eine numerische Äquivalenz des Zugehörigkeitsgrads eines Elements x zu einer Fuzzy-Menge A und dem Wahrheitsgrad der Aussage *„x ist A“* [vgl. Li and Liu 1990, 50]. Die Unterscheidung von Wahrheitsgrad und Sicherheitsgrad bleibt unklar. In ihrer nur partiell spezifizierten „linguistischen Erweiterung“ wird „implication strength“ und „truth value“ mit „degree of belief“ erläutert und Termen der linguistischen Variable „possibility“ konkretisiert [vgl. Li and Liu 1990, 130].

nach 13.35 aus dem Produkt des kleinsten Wahrheitswerts f_4 (Erfülltheitsgrades) der Unterziele und der Implikationsstärke f_1, kurz: $f_3 = f_4 * f_1$. (Der Quotient f_2/f_1 fungiert als untere Schranke für die Erfülltheitsgrade der Unterziele: $f_4 \geq f_2/f_1 \Leftrightarrow f_4 * f_1 \geq f_2$.)

Die Abarbeitungsstrategie entspricht der von PROLOG. Die Reihenfolge, in der die Prozeduren aufgerufen werden, ist demzufolge durch die Reihenfolge ihrer Kodierung festgelegt. Die Unterziele (Prozeduren) werden in der Folge abgearbeitet, in der sie im Regelrumpf (Prozedurrumpf) aufgeführt sind.[17]

Beispiel 13.1 *Prozedurale Interpretation von f-Hornklauseln (1)*

Eine Wissensbasis enthalte folgende Mengen von f-Hornklauseln (Konstante werden durch Kleinbuchstaben, Variablen durch Großbuchstaben gekennzeichnet):

K_1: $a(X,Y) \leftarrow(0.9)- b(X) \wedge c(Y)$
K_2: $b(X) \leftarrow(0.75)- d(X)$
K_3: $c(k) \leftarrow(0.9)-$
K_4: $d(l) \leftarrow(1.0)-$
K_5: $e(k) \leftarrow(0.7)-$

Die Zielklausel sei:

Z: $\leftarrow(0.45)- a(l,Y) \wedge e(Y)$

Aus Z ergeben sich zunächst die beiden Unterziele Z_1 und Z_2:

Z_1: $\leftarrow(0.45)- a(l)$
Z_2: $\leftarrow(0.45)- e(Y)$

Da das Ziel Z_1 nur über die Regel K_1 mit der Implikationsstärke 0.9 zu erreichen ist, kann Z_1 durch die beiden neuen Unterziele Z_{11} und Z_{12} ersetzt werden. Nach 13.35 müssen diese Ziele mindestens mit dem Grad 0.45/0.9 = 0.5 erfüllt werden:

Z_{11}: $\leftarrow(0.5)- b(l)$
Z_{12}: $\leftarrow(0.5)- c(Y)$

Z_{11} ist über die Regel K_2 mit der Implikationsstärke 0.75 erfüllbar; das neue Unterziel Z_{111} muß daher mindestens in dem Grad 0.5/0.75 = 2/3 erfüllt werden:

Z_{111}: $\leftarrow(2/3)- d(l)$

Da der Wahrheitswert von d(l) 1.0 beträgt, ist Z_{111} erfüllt. Der Wahrheitswert von b(l) beträgt $1.0 * 0.75 = 0.75 \geq 0.5$. Folglich ist auch Z_{11} erfüllt. Das Teilziel Z_{12} $\leftarrow(0.5)- c(Y)$ ist für die Belegung Y = k erfüllbar: $tv(c(k)) \geq 0.5$. Aus der Realisierung der Teilziele Z_{11} und Z_{12} folgt die des Oberziels Z_1. Daß Z_2 mit der Belegung Y = k im hinreichenden Maß erfüllbar ist, ergibt sich unmittelbar aus der Datenbasis: $tv(e(k)) \geq 0.5$. Aus allem folgt: das Hauptziel $\leftarrow(0.45)- a(l,Y) \wedge e(Y)$ ist mit der Belegung Y = k erfüllbar.

[17] Kowalski [1979, 428] betont demgegenüber, daß der Prozedurrumpf vielmehr als eine *Menge* denn als eine *Folge* von Prozeduraufrufen zu interpretieren ist. Die von Li und Liu in der Tradition von PROLOG gewählte Festlegung der Prozeduraufrufe (depth-first, left-right) hat zur Konsequenz, daß das Verfahren kein vollständiges Beweisverfahren mehr darstellt.

In Beispiel 13.1 wurde überprüft, ob sich aus einer Wissensbasis eine Aussage ableiten läßt, deren Wahrheitswert einen bestimmten Schwellwert (hier: 0.45) nicht unterschreitet. Ein solcher Beweis ist erbracht, wenn ein Ableitungsweg nachgewiesen worden ist, der der in Frage stehenden Aussage einen Wahrheitswert größer oder gleich dem geforderten Wert zuweist, gleichgültig, ob der Aussage über alternative Wege ein höherer Wahrheitswert zugewiesen werden kann oder nicht. Das Programmiersystem von Li und Liu unterstützt darüber hinaus noch einen weiteren Anfragetypus, nämlich eine Zielklausel, in der anstelle eines festen Wahrheitswerts wie in 13.34 eine Variable *F* wie in 13.37 steht:

$$\leftarrow (F) - A_1 \wedge A_2 \wedge \ldots \wedge A_n \qquad (13.37)$$

Ziele der Form 13.37 werden als Anfrage interpretiert, mit welchem Wahrheitswert (und welchen Substitutionen) die Konjunktion der im Ziel beschriebenen Atomformeln $A_1, \ldots A_n$ erfüllbar ist. In der *f*-Hornlogik von Li und Li bedeutet dies, den größtmöglichen Wahrheitswert zu bestimmen.

Beispiel 13.2 *Prozedurale Interpretation von f-Hornklauseln (2)*

Der Wissensbasis von Beispiel 13.1 wurden zwei weitere Klauseln, K_6 und K_7, hinzugefügt:

K_1: $a(X,Y) \leftarrow(0.9)- b(X) \wedge c(Y)$
K_2: $b(X) \leftarrow(0.75)- d(X)$
K_3: $c(k) \leftarrow(0.9)-$
K_4: $d(l) \leftarrow(1.0)-$
K_5: $e(k) \leftarrow(0.7)-$
K_6: $a(l,Y) \leftarrow(0.6)- b(l)$
K_7: $a(l,k) \leftarrow(1.0)- b(l)$

Die Zielklausel sei:

Z: $\leftarrow(F)- a(l,Y) \wedge e(Y)$.

*Das Ziel $a(l,Y)$ kann in diesem Fall über drei Beweispfade hergeleitet werden. Der erste Weg führt über die Klauseln K_1, K_2, K_4, K_3 und K_5 zu dem Wahrheitswert f_1 = min (min (1 * 0.75, 0.9) * 0.9, 0.7) = 0.675. Der zweite Weg über die Klauseln K_6, K_2, K_4 und K_5 zu dem Wert f_2 = min (1 * 0.75 * 0.6, 0.7) = 0.45. Und der dritte schließlich über die Klauseln K_7, K_2, K_4 und K_5 zu dem Wahrheitswert f_3 = min (1 * 0.75 * 1, 0.7) = 0.7. Da Lösungen mit maximalen Wahrheitswerten gesucht sind, wird der Variablen F (für die einzige Lösung mit der Belegung Y = k) das Maximum von f_1, f_2 und f_3 zugewiesen: $F = max(f_1, f_2, f_3) = f_3 = 0.7$.*

Li und Liu haben darauf hingewiesen, daß durch die Verwaltung eines „kumulativen Wahrheitswerts" ein frühzeitiges Backtracking veranlaßt werden könne:

> „As a consequence of holding a cumulative truth value, backtracking may be triggered by »generalized failure« of a query. This means that if only solutions with a truth value greater than some threshold are required, the system can

backtrack as soon as it uses a fact with a truth value lower than the threshold, rather than solving the query and the finding that the truth value is lower than the threshold.“ [Li and Liu 1990, 126]

Backtracking kann bereits auch dann einsetzen, wenn erkennbar ist, daß der vorgegebene oder aufgrund von 13.35 abgeleitete minimale Wahrheitswert nicht mehr erreichbar ist. Wird etwa eine Zielklausel mit dem Wahrheitswert x überprüft, die nur über die *f*-Regel $p(X) \leftarrow (y) - q(X)$ verifizierbar ist, dann kann Backtracking erfolgen, wenn $x > y$ gilt oder keine Klausel in der Wissensbasis vorhanden ist, die mit $q(X)$ unifizierbar ist *und* deren Wahrheitswert beziehungsweise Implikationsstärke größer oder gleich x/y ist. Aus Beispiel 13.2 ist ersichtlich, daß auch beim zweiten Anfragetypus eine Durchsuchung aller Ableitungswege – im Gegensatz etwa zu Baldwins Support-Logik (vgl. insbesondere 466) – nicht immer nötig ist. Im vorliegenden Beispiel muß der Weg über die Klausel K_6 nicht verfolgt werden, weil für die bereits gefundene „Lösung“ aufgrund der Implikationsstärke von K_6 (0.6) kein höherer Wahrheitswert als der über K_1 ermittelte (0.675) mehr gefunden werden kann. Der für eine „Lösung“ ermittelte Wahrheitswert kann zwar nicht als allgemeiner Schwellwert für die Suche nach allen „Lösungen“ dienen, er kann jedoch die Suche nach höheren Wahrheitswerten für eine „Lösung“ einschränken.

13.4 Die possibilistische Logik von Dubois und Prade

Die possibilistische Logik von Dubois und Prade stellt eine Erweiterung der Prädikatenlogik erster Stufe zur Verarbeitung unsicherer Aussagen dar.[18] Die Erweiterung basiert auf dem Possibilitäts- und Notwendigkeitsmaß. Im Unterschied zur klassischen Prädikatenlogik wird in der possibilistischen Logik jeder Klausel eine Zahl zugeordnet, die entweder angibt, in welchem Grad es *mindestens* als *notwendig* (sicher) gilt, daß die Klausel (Aussage) *wahr* ist oder in welchem Grad es *mindestens* als *möglich* gilt, daß sie *wahr* ist.[19] Im Gegensatz zu verschiedenen Fuzzy-Logiken geht die possibilistische Logik mithin wie die klassische Logik von einem zweiwertigen Wahrheitsbegriff aus. Die einer Aus-

[18] Das possibilistische Resolutionsprinzip auf der Basis des Notwendigkeitsmaßes wurde von [Dubois and Prade 1987b] eingeführt. Weitere possibilistische Resolutionsprinzipien sowie Affinitäten zu Modallogiken werden in [Dubois and Prade 1990] diskutiert. Vorüberlegungen für die Entwicklung einer possibilistischen Logikprogrammiersprache (POSLOG) auf der Grundlage der im folgenden beschriebenen Resolutionsprinzipien finden sich in [Dubois, Lang, Prade 1990]. In [Dubois, Lang, Prade 1991] findet sich eine Übersicht über die possibilistische Logik unter Betonung semantischer Aspekte. Eine Erweiterung auf mehrere Wissensquellen wird in [Dubois, Lang, Prade 1992] erläutert.

[19] Dabei sind auch *„variable Bewertungen“* (engl.: *variable valuations*) zulässig, die über Funktionen (logischer Variablen) definiert werden [vgl. Dubois, Lang, Prade 1990, 179; 1991, 231].

sage zugeordneten Zahlen graduieren nicht den Wahrheitsgehalt der Aussage, sondern die „Sicherheit" darüber, ob die Aussage wahr oder falsch ist. Klauseln der possibilistischen Logik werden dementsprechend als *unsichere Klauseln* [vgl. etwa Kruse u.a. 1993, 135] bezeichnet. Um Klauseln der possibilistischen Logik von Klauseln anderer Unsicherheitskalküle wie der probabilistischen Logik abzugrenzen und die Verwandtschaft mit der Possibilitätstheorie zum Ausdruck zu bringen, empfiehlt es sich, von *possibilistischen* Klauseln zu sprechen.

Possibilistische Klauseln lassen sich wie gewöhnliche Klauseln notieren, mit dem Unterschied, daß ihnen ein Notwendigkeits- (N) oder Possibilitätsmaß (Π) als untere Schranke zugewiesen wird. Steht α für einen Possibilitätsgrad, der einer Klausel K mit den Literalen L_1 und L_2 mindestens zukommt, so wird im folgenden dafür K $[\Pi\ \alpha]$ oder $\{L_1, L_2\}$ $[\Pi\ \alpha]$ geschrieben; steht α indes für die untere Schranke des Notwendigkeitsmaßes, so wird entsprechend K $[N\ \alpha]$ oder $\{L_1, L_2\}$ $[N\ \alpha]$ notiert.

13.4.1 Axiomatische Grundlagen

Konsequenterweise stehen die axiomatischen Grundlagen der possibilistischen Logik nicht im Widerspruch zum Gesetz vom ausgeschlossenen Dritten. Ist $(\mathcal{B}, \wedge, \vee, \neg)$ eine Aussagenalgebra, dann erfüllt das Possibilitätsmaß die drei folgenden Axiome für alle Aussagen $p, q \in \mathcal{B}$ [vgl. Dubois and Prade 1987b, 474]:

$$\begin{aligned} \Pi(\bot) &= 0 \\ \Pi(\top) &= 1 \\ \Pi(p \vee q) &= \max(\Pi(p), \Pi(q)). \end{aligned} \tag{13.38}$$

Dabei steht $\bot$ für die immer falsche Aussage (Kontradiktion) und $\top$ für die immer wahre Aussage (Tautologie). Aufgrund der Beziehung

$$N(p) = 1 - \Pi(\neg p) \tag{13.39}$$

gelten für das Notwendigkeitsmaß die Axiome

$$\begin{aligned} N(\bot) &= 0 \\ N(\top) &= 1 \\ N(p \wedge q) &= \min(N(p), N(q)). \end{aligned} \tag{13.40}$$

Da das Gesetz vom ausgeschlossenen Dritten ($p \vee \neg p = \top$) gilt, folgt aus 13.38:

$$\Pi(p \vee \neg p) = \max(\Pi(p), \Pi(\neg p)) = 1. \tag{13.41}$$

Das bedeutet: es muß in vollem Maß möglich sein, daß mindestens eine von zwei gegensätzlichen Aussagen wahr ist. Dem Kontradiktionsgesetz ($p \wedge \neg p = \bot$) entsprechend folgt aus 13.40 für das Notwendigkeitmaß:

$$N(p \wedge \neg p) = \min(N(p), N(\neg p)) = 0. \tag{13.42}$$

Demnach kann es in keinem noch so kleinem Maße sicher (notwendig) sein, daß zwei gegensätzliche Aussagen zugleich wahr sind. Es muß beachtet werden, daß das Possibilitätsmaß für konjunktiv verknüpfte Aussagen nur eine *Obergrenze* und das Notwendigkeitsmaß für disjunktiv verknüpfte Aussagen bloß eine *Untergrenze* festlegt. Während es durchaus sein kann, daß $\Pi(p) > 0$ und $\Pi(\neg p) > 0$ gilt, ist in Übereinstimmung mit dem Kontradiktionsgesetz festgelegt, daß $\Pi(p \wedge \neg p)$ null ergibt. Und für das Notwendigkeitsmaß gilt dem Gesetz vom ausgeschlossenen Dritten entsprechend, daß $N(p \vee \neg p) = 1$ ist, selbst wenn weder $N(p)$ noch $N(\neg p)$ gleich eins beträgt. Daher läßt sich der Possibilitätsgrad einer Konjunktion wie der Notwendigkeitsgrad einer Disjunktion lediglich durch eine *Ungleichung* beschreiben:

$$\begin{aligned} \Pi(p \wedge q) &\leq \min(\Pi(p), \Pi(q)) \\ N(p \vee q) &\geq \max(N(p), N(q)). \end{aligned} \tag{13.43}$$

Aus 13.38 und 13.39 folgt zudem, daß eine Aussage nur zu einem noch so geringen Grad notwendig (sicher) wahr sein kann, wenn es uneingeschränkt möglich ist, daß sie wahr ist:

$$N(p) > 0 \Rightarrow \Pi(p) = 1. \tag{13.44}$$

Aufgrund dieser Beziehung genügt es, Aussagen *eine* Zahl zuzuweisen; ein Possibilitätsmaß ist überflüssig, sofern ein Notwendigkeitsmaß größer null angegeben werden kann. Notwendigkeits- und Possibilitätsmaße unterliegen somit in der possibilistischen Logik einer vollständigen Ordnung:

$$\begin{aligned} [N\ \alpha] \leq [N\ \beta] &\Leftrightarrow \alpha \leq \beta \\ [\Pi\ \alpha] \leq [\Pi\ \beta] &\Leftrightarrow \alpha \leq \beta \\ [\Pi\ \alpha] \leq [N\ \beta] &\Leftrightarrow \beta > 0. \end{aligned} \tag{13.45}$$

Dubois, Lang und Prade [1990, 177] betonen, daß sich die possibilistische Logik zur Repräsentation *unvollständigen* Wissens eigne, da klar unterschieden werden könne, ob keine Sicherheit darüber besteht, daß eine Aussage falsch ist ($N(\neg p) = 0$) oder ob vollständige Sicherheit darüber vorliegt, daß eine Aussage wahr ist ($N(p) = 1$). Und entsprechend: Wenn man sich in keinster Weise sicher ist, daß p wahr ist ($N(p) = 0$), muß man sich nicht vollständig sicher sein, daß p falsch ist ($N(\neg p) = 1$).

13.4.2 Erweiterte Resolutionsprinzipien auf der Basis des Notwendigkeits- und Possibilitätsmaßes

Dubois und Prade [1990] haben gezeigt, daß sich Robinsons Resolutionsprinzip für Klauseln der Prädikatenlogik erster Stufe (vgl. 458ff.) auf verschiedene Weise auf possibilistische Klauseln erweitern läßt, je nachdem, ob ausschließlich das Notwendigkeitsmaß oder auch das Possibilitätsmaß zugelassen wird und ob darüber hinaus unscharfe Propositionen unterstützt werden sollen. Possibilistische Resolutionsprinzipien sind eng mit dem klassischen Resolutionsprinzips verwandt. Sie lassen sich insofern als Verallgemeinerung des klassischen Resolutionsprinzips begreifen, als daß sie im Fall gewöhnlicher Klauseln zu ihm äquivalent sind. Und die Resolvente wird generell – wie in Robinsions Resolutionsprinzip – über die klassische Unifikation ermittelt.

Das erste possibilistische Resolutionsprinzip setzt voraus, daß den possibilistischen Klauseln ausschließlich Notwendigkeitsmaße zugeordnet sind [vgl. Dubois and Prade 1987b]. In diesem Fall wird auch der Resolvente ein Notwendigkeitsmaß zugewiesen, das als Untergrenze zu interpretieren ist. Im Fall derartiger Grundklauseln mit je zwei Literalen berechnet sich das Notwendigkeitsmaß der Resolvente über das Minimum der den beiden Grundklauseln zugeordneten Zahlen (α, β). Die possibilistische Resolvente leitet sich in diesem Fall nach folgendem Inferenzschema ab:

$$\frac{\begin{array}{c}\{p, q\}[N\ \alpha] \\ \{\neg p, r\}[N\ \beta]\end{array}}{\{q, r\}[N\ \min(\alpha, \beta)]} \tag{13.46}$$

Es ist unschwer zu erkennen, daß dieses vereinfachte possibilistische Resolutionsprinzip[20] auf das klassische Schema (vgl. 13.12, 458) reduziert wird, wenn man lediglich sichere Klauseln ($\alpha = \beta = 1$) zuläßt. Daß das Minimum der den beiden Klauseln zugeordneten Notwendigkeitsgrade die untere Schranke des Notwendigkeitsgrades der Resolvente ist, läßt sich leicht mit Hilfe der für das Notwendigkeitsmaß geltenden Axiome nachvollziehen [vgl. Dubois and Prade 1987b, 475]. Aufgrund von 13.40 gilt für den Notwendigkeitsgrad der Resolvente:

$$\begin{aligned} N(q \vee r) &= N(p \vee q \vee r) \wedge N(\neg p \vee q \vee r) \\ &= \min(N(p \vee q \vee r), N(\neg p \vee q \vee r)) \end{aligned} \tag{13.47}$$

[20] In verschiedenen Fachbeiträgen wird bereits das Inferenzschema 13.46 als possibilistisches Resolutionsprinzip bezeichnet. Streng genommen ist dies nicht gerechtfertigt, weil die Definition des klassischen Resolutionsprinzips Klauseln mit beliebig vielen Literalen und Variablen und die Bestimmung des allgemeinsten Unifikators berücksichtigt.

Da nach 13.43 der Notwendigkeitsgrad der Disjunktion $(p \vee q \vee r)$ größer oder gleich α und der Notwendigkeitsgrad der Disjunktion $(\neg p \vee q \vee r)$ größer oder gleich β ist, muß folglich der Notwendigkeitsgrad der Resolvente größer oder gleich dem Minimum von α und β sein:

$$\begin{aligned} N(p \vee q \vee r) \geq N(p \vee q) &= \alpha \\ N(\neg p \vee q \vee r) \geq N(\neg p \vee r) &= \beta. \end{aligned} \tag{13.48}$$

Diese Begründung kann ohne weiteres auf Grundklauseln mit mehreren Literalen verallgemeinert werden, so daß sich analog zu 13.12 und 13.13 folgende Erweiterung von 13.46 bilden läßt:

$$\frac{\begin{array}{ll} A[N\ \alpha] & ;\text{ mit } L \in A \\ B[N\ \beta] & ;\text{ mit } \neg L \in B \end{array}}{(A \setminus \{L\}) \cup (B \setminus \{\neg L\})[N \min(\alpha, \beta)].} \tag{13.49}$$

Um nicht nur über possibilistischen Grundklauseln, sondern über beliebigen prädikatenlogischen Klauseln mit Notwendigkeitsbewertungen resolvieren zu können, müssen allquantifizierte logische Variablen berücksichtigt werden. Bezeichnet P eine Relations- oder Funktionskonstante, x eine Variable über einer endlichen Grundmenge $\Omega = \{\omega_1, \ldots \omega_n\}$, dann kann der Ausdruck $\forall x\ P(x)$ der Konjunktion $P(\omega_1) \wedge \ldots \wedge P(\omega_n)$ gleichgesetzt werden. Wegen 13.40 kann der Notwendigkeitsgrad des allquantifizierten Ausdrucks dem Minimum der instantiierten Ausdrücke gleichgesetzt werden. Ist Ω unendlich, so ist das Minimum durch das Infimum zu ersetzen:

$$N(\forall x P(x)) = \inf_{x \in \Omega} N(P(x)). \tag{13.50}$$

Aus dem Notwendigkeitsgrad eines allquantifizierten Ausdrucks kann folglich eine untere Schranke für den Notwendigkeitsgrad einer beliebigen Instantiierung $(\omega \in \Omega)$ der Variablen x abgeleitet werden:

$$\frac{N(\forall x P(x)) = \alpha}{N(P(\omega)) \geq \alpha} \tag{13.51}$$

Das bedeutet, daß die Substitution einer Variable allenfalls zu einem höheren Notwendigkeitsgrad für eine Klausel führen kann. Da der Notwendigkeitsgrad der possibilistischen Resolvente eine untere Schranke abgibt, kann das klassische Resolutionsprinzip auch in der Resolution possibilistischer Klauseln angewandt werden.

Das possibilistische Resolutionsprinzip auf der Basis des Notwendigkeitsmaßes unterscheidet sich vom klassischen Resolutionsprinzip lediglich in der Zuordnung von Notwendigkeitsmaßen, wobei sich die untere Schranke des Notwendigkeitsgrads der Resolvente aus dem Minimum der Notwendigkeitsgrade der zu resolvierenden Klauseln berechnet. Gegeben sei eine possibilistische Klausel A mit dem Notwendigkeitsmaß α und dem Faktor A^* sowie eine Klausel B mit dem Notwendigkeitsmaß β und dem Faktor B^*, so daß L_1 ein Literal von A^* und $\neg L_2$ ein Literal von B^* mit θ als dem allgemeinsten Unifikator von L_1 und L_2 ist. Dann lautet das possibilistische Resolutionsprinzip auf der Basis des Notwendigkeitsmaßes:

$$\begin{array}{ll} A[N\ \alpha] & ;\ \text{mit}\ L_1 \in A^* \\ B[N\ \beta] & ;\ \text{mit}\ \neg L_2 \in B^* \\ \hline ((A \setminus \{L_1\}) \cup (B \setminus \{\neg L_2\}))\theta[N\ \min(\alpha, \beta)]. & \end{array} \tag{13.52}$$

Es gibt kein zu 13.46 analoges Inferenzschema und folglich auch nicht zu 13.52 analoges Resolutionsprinzip auf der Basis des Possibilitätsmaßes, da aus den unteren Schranken der Possibilitätsgrade zweier Klauseln $\{p, q\}$ und $\{\neg p, r\}$ nichts über den Possibilitätsgrad der Resolvente $\{q, r\}$ ausgesagt werden kann.[21] Dubois und Prade [1990, 4] haben jedoch ein possibilistisches Resolutionsprinzip für den Fall eingeführt, daß einer Klausel ein Notwendigkeitsmaß und der anderen ein Possibilitätsmaß zugeordnet wird. Dazu ist es hilfreich eine Funktion $\kappa:[0, 1] \times [0, 1] \to [0, 1]$ zu definieren:

$$\kappa(x, y) = \begin{cases} 0 & ;\ x + y \leq 1 \\ y & ;\ x + y > 1. \end{cases} \tag{13.53}$$

Sind p, q und r Boolesche Ausdrücke, α die untere Schranke des Notwendigkeitsgrades von $\{p, q\}$ und β die untere Schranke des Possibilitätsgrades von $\{\neg p, r\}$, dann ist der Possibilitätsgrad der Resolvente $\{q, r\}$ mindestens so groß wie $\kappa(\alpha,\beta)$:

$$\begin{array}{l} \{p, q\}[N\ \alpha] \\ \{\neg p, r\}[\Pi\ \beta] \\ \hline \{q, r\}[\Pi\ \kappa(\alpha, \beta)]. \end{array} \tag{13.54}$$

Da die Maße als untere Schranken interpretiert werden, kann das Schema auf Klauseln mit logischen Variablen übertragen werden. Wiederum kann der Ausdruck $\forall x\ P(x)$ der Konjunktion $P(\omega_1) \wedge \ldots \wedge P(\omega_n)$ gleichgesetzt werden. Der Possibilitätsgrad dieser Konjunktion ist nach 13.43 (476) eine untere Schranke des Minimums (Infimums) der instantiierten Ausdrücke:

---

[21] Aufgrund der Axiome des Possibilitätsmaßes muß der Possibilitätsgrad von p oder $\neg p$ eins sein. In dem einen Fall kann der Possibilitätsgrad von q, in dem anderen Fall der von r jeden beliebigen Wert aus [0, 1] annehmen. Daher kann auch $\Pi(q \vee r) = \max(\Pi(q), \Pi(r))$ jeden beliebigen Wert aus [0, 1] annehmen.

$$\Pi(\forall x P(x)) \leq \inf_{x \in \Omega} \Pi(P(x)). \tag{13.55}$$

Das bedeutet, daß eine untere Schranke des Possibilitätsgrads eines allquantifizierten Ausdrucks zugleich eine untere Schranke für jede Instantiierung abgibt (vgl. 13.51):

$$\frac{\Pi(\forall x P(x)) \geq \alpha}{\Pi(P(\omega)) \geq \alpha.} \tag{13.56}$$

Das Inferenzschema 13.54 kann daher zu einem possibilistischen Resolutionsprinzip verallgemeinert werden: Sind Ξ und Ψ zwei Klauseln der Prädikatenlogik erster Stufe mit der Resolvente $\mathcal{R}(\Xi,\Psi)$ und ist α eine untere Schranke des Notwendigkeitsgrades von Ξ, β eine untere Schranke des Possibilitätsgrades von Ψ, dann ist $\kappa(\alpha, \beta)$ eine untere Schranke des Possibilitätsgrades von $\mathcal{R}(\Xi,\Psi)$:

$$\frac{\begin{array}{ll} \Xi & [N\ \alpha] \\ \Psi & [\Pi\ \beta] \end{array}}{\begin{array}{ll} \mathcal{R}(\Xi, \Psi) & [\Pi\ \kappa(\alpha, \beta)]. \end{array}} \tag{13.57}$$

Die possibilistischen Resolutionsprinzipien 13.52 und 13.57 gelten für unsichere Aussagen, die nur wahr oder falsch sein können. Sie lassen sich daher nicht ohne weiteres auf unscharfe Aussagen übertragen, die in einem stärkeren oder geringeren Maße erfüllt sein können. Einen Weg, possibilistische Resolutionsprinzipien für unscharfe Propositionen zu definieren, beschreiben Dubois und Prade [1990, 10-18]. In diesem Ansatz wird die Unsicherheit darüber, ob ein Objekt ein unscharfes Prädikat erfüllt, zu den Niveaumengen der Zugehörigkeitsfunktion des Prädikats in Beziehung gesetzt und der Wert $1 - \Pi(p, p^*)$ (vgl. Gleichung 10.13, 346) als Maß für die Sicherheit genommen, daß die beiden unscharfen, über der gleichen Grundmenge definierten Propositionen p und p^* widersprüchlich sind.[22]

Für notwendigkeitsqualifizierte Fuzzy-Propositionen gilt demnach: Es ist mindestens so sicher, daß die Folgerung $\{q, r\}$ wahr ist, wie es sicher ist, daß zugleich die Elternklauseln $\{p, q\}$ sowie $\{p^*, r\}$ wahr sind und die unscharfen Propositionen p, p^* im Widerspruch zueinander stehen. Als Verallgemeinerung von 13.46 erhält man somit das folgende Inferenzschema:

[22] Gilt es als sicher, daß ein Objekt ein unscharfes Prädikat p erfüllt (also ein Element der Fuzzy-Menge p ist), dann ist es auch absolut sicher, daß es zur Trägermenge von p gehört; es ist jedoch um so weniger sicher, daß es zu einer Niveaumenge von p gehört, desto höher das Niveau gewählt wird. Sind p und q zwei unscharfe Propositionen über der gleichen Grundmenge, dann stellt $\Pi(p, q)$ eine untere Schranke für die Niveaumengen von p und q dar, deren Schnittmenge leer ist, oder anders gesagt, deren Konjunktion einen Widerspruch bildet.

$$\begin{array}{ll} \{p, q\} & [N\ \alpha] \\ \{p^*, r\} & [N\ \beta] \\ \hline \{q, r\} & [N \min(\alpha, \beta, 1 - \Pi(p, p^*))] \end{array} \tag{13.58}$$

Unter den gleichen Voraussetzungen läßt sich 13.54 zu einem Inferenzschema für possibilitätsqualifzierte Fuzzy-Propositionen verallgemeinern [vgl. Dubois and Prade 1990, 17]:[23]

$$\begin{array}{ll} \{p, q\} & [N\ \alpha] \\ \{p^*, r\} & [\Pi\ \beta] \\ \hline \{q, r\} & [\Pi\ \kappa(\min(\alpha, 1 - \Pi(p, p^*)), \beta)]. \end{array} \tag{13.59}$$

Zu beachten ist, daß sich nach 13.58 und 13.59 Klauseln nicht im klassischen Sinn unifizieren und folglich auch nicht im klassischen Sinn resolvieren lassen. Notwendig ist vielmehr eine Art „semantische Unifikation", die es erlaubt „ungleiche" Prädikate zu „unifizieren", wenn es sich um unscharfe Prädikate über der gleichen Grundmenge handelt (vgl. Kapitel 13.2.5).

13.4.3 Inkonsistenz, Korrektheit und Vollständigkeit

Possibilistische Resolutionsverfahren beruhen wie die klassischen Resolutionsverfahren auf einer iterativen Anwendung des Resolutionsprinzips. $\mathcal{W}$ sei eine possibilistische Wissensbasis, die die possibilistischen Klauseln Ψ_1 [N α_1], ..., Ψ_n [N α_n] beinhaltet: $\mathcal{W} = \{\Psi_1 [N\ \alpha_1], ..., \Psi_n [N\ \alpha_n]\}$. Eine possibilistische Klausel Ξ [N β] ist aus $\mathcal{W}$ (syntaktisch) *ableitbar*, geschrieben $\mathcal{W} \vdash \Xi[N\ \beta]$, wenn Ξ [N β] aus der direkten Anwendung des possibilistischen Resolutionsprinzips (13.52) auf zwei Klauseln Ψ_i [N α_i], Ψ_j [N α_j] resultiert, so daß jede dieser Klauseln ein Element aus $\mathcal{W}$ ist oder aus $\mathcal{W}$ ableitbar ist, also die beiden folgenden Bedingungen erfüllt sind:

$$\begin{array}{l} \Psi_i[N\ \alpha_i] \in \mathcal{W} \vee \mathcal{W} \vdash \Psi_i[N\ \alpha_i] \\ \Psi_j[N\ \alpha_j] \in \mathcal{W} \vee \mathcal{W} \vdash \Psi_j[N\ \alpha_j]. \end{array} \tag{13.60}$$

Klassische Resolutionsmethoden können auf possibilistische Klauseln erweitert werden, wenn der Begriff der semantischen Ableitbarkeit im Sinne der Possibi-

---

[23] Beide Schemata lassen sich mit Hilfe der beiden Resolutionsprinzipien für scharfe Propositionen plausibel machen: 13.58 resultiert formell aus der zweimaligen Anwendung von 13.46 auf die Klauseln $\{\neg p, \neg p^*\}$ [N 1-$\Pi(p, p^*)$], $\{p, q\}[N\ \alpha]$, $\{p^*, r\}[N\ \beta]$; und 13.59 ergibt sich, wenn 13.54 zweimal auf die Klauseln $\{\neg p, \neg p^*\}$ [N 1−$\Pi(p, p^*)$], $\{p, q\}[N\ \alpha]$, $\{p^*, r\}[\Pi\ \beta]$ angewandt wird.

litätstheorie modifiziert wird. Während eine gewöhnliche Klausel aus einer Wissensbasis ableitbar ist, falls die Vereinigung der Wissensbasis mit ihrer Negation *inkonsistent* ist, gilt eine notwendigkeitsqualifizierte Klausel Ψ [N α] aus einer possibilistischen Wissensbasis $\mathcal{W}$ *semantisch ableitbar*, geschrieben $\mathcal{W} \models \Psi[N\ \alpha]$, falls der „Inkonsitenzgrad" (Inc) der um $\neg\Psi$ [N 1] erweiterten Wissensbasis größer oder gleich α ist:

$$\mathrm{Inc}(\mathcal{W} \cup \{\neg\Psi[N\ 1]\}) \geq \alpha. \tag{13.61}$$

Der Inkonsistenzgrad einer possibilistischen Wissensbasis, Inc($\mathcal{W}$), kann als Schwellwert angesehen werden, ab dem Ableitungen aus $\mathcal{W}$ trivial werden. Komplementär zum Begriff der Inkonsistenz steht der Begriff der Konsistenz. Der Konsistenzgrad einer possibilistischen Wissensbasis (Con($\mathcal{W}$)) bemißt sich nach dem *„bestmöglichen" Modell* der Wissensbasis. Es gilt:

$$\mathrm{Inc}(\mathcal{W}) = 1 - \mathrm{Con}(\mathcal{W}). \tag{13.62}$$

Der Begriff des „bestmöglichen" Modells einer possibilistischen Wissensbasis leitet sich vom Begriff der Interpretation ab. Eine *Interpretation* im Sinne der Prädikatenlogik weist jeder atomaren Formel den Wahrheitswert wahr (1) oder falsch (0) zu. Ist I eine Interpretation, so daß eine Klausel Ψ für alle Variablenbelegungen erfüllbar ist, dann ist I ein *Modell* von Ψ. Bezeichnet Ψ [N α] eine possibilistische Klausel, so daß Ψ eine gewöhnliche Klausel und M (Ψ) die Menge aller gewöhnlichen Modelle von Ψ bezeichnet, dann läßt sich eine *Fuzzy-Menge* $M(\Psi,\alpha)$ *der Modelle der possibilistischen Klausel* Ψ [N α] bilden, die über folgende Zugehörigkeitsfunktion charakterisiert ist:

$$\mu_{M(\Psi,\alpha)}(I_j) = \begin{cases} 1 & ; I_j \in M(\Psi) \\ 1-\alpha & ; I_j \notin M(\Psi). \end{cases} \tag{13.63}$$

Das bedeutet: eine Interpretation I_j gehört uneingeschränkt zur Fuzzy-Menge der Modelle einer possibilistischen Klausel Ψ [N α], wenn I_j ein Modell der (gewöhnlichen) Klausel Ψ ist. Steht die Interpretation I_j indes im Widerspruch zur Klausel Ψ, so kann Ψ nur in dem Maße der Fuzzy-Menge $M(\Psi,\alpha)$ zugehörig sein, wie es *nicht* sicher ist, daß die im Widerspruch zu I_j stehende Klausel wahr ist. Besagt eine Interpretation I_1 also beispielsweise, die atomaren Formeln p und q seien wahr, geschrieben $I_1 = (p|1, q|1)$, und steht Ψ [N 0.6] für die possibilistische Klausel $\{p, \neg q\}$ [N 0.6], dann gehört I_1 uneingeschränkt zu $M(\Psi,0.6)$. Der Zugehörigkeitsgrad der Interpretation $I_2 = (p|0, q|1)$ zu $M(\Psi,0.6)$ beträgt demgegenüber $1 - 0.6 = 0.4$, da I_2 kein (gewöhnliches) Modell der (gewöhnlichen) Klausel Ψ ist. Aus den gleichen Gründen erhält man für $I_3 = (p|1, q|0)$ und für $I_4 = (p|0, q|0)$ jeweils den Grad 1.0, so daß sich insgesamt die Fuzzy-Menge $M(\Psi,0.6) = \{1/I_1, 0.4/I_2, 1/I_3, 1/I_4\}$ ergibt.

Um den Konsistenzgrad einer Wissensbasis $\mathcal{W}$ zu bestimmen, genügt es nicht, die unscharfe Menge der Modelle *einer* Klausel zu berechnen. Vielmehr müssen die unscharfen Mengen der Modelle *aller* Klauseln der Wissensbasis miteinander *geschnitten* werden. Auf diese Weise erhält man eine unscharfe Menge $M(\mathcal{W})$ über der Menge aller Interpretationen, die angibt, in welchem Grad eine Interpretation ein Modell der Wissensbasis ist, also für *alle* Klauseln aus $\mathcal{W}$ *zugleich* ein Modell darstellt. Das bestmögliche Modell der Wissensbasis ist dann das Modell aus $M(\mathcal{W})$, das den höchsten Zugehörigkeitsgrad aufweist. Ist $\Omega = \{I_1, \ldots, I_j\}$ die Menge aller Interpretationen und $\mathcal{W} = \{\Psi_1\ [N\ \alpha_1], \ldots, \Psi_i\ [N\ \alpha_i]\}$ eine unsichere Wissensbasis, dann berechnet sich der Konsistengrad von $\mathcal{W}$ nach der folgenden Gleichung:

$$\begin{aligned} &\forall(\Psi_i, \alpha_i) \in \mathcal{W}, \forall I_j \in \Omega: \\ &\mathrm{Con}(\mathcal{W}) = \max_j \min_i(\mu_{M(\Psi_i,\,\alpha_i)}(I_j)). \end{aligned} \tag{13.64}$$

Der Begriff der Konsistenz einer possibilistischen Wissensbasis reduziert sich auf den Konsistenzbegriff der klassischen Logik, wenn lediglich null und eins als Notwendigkeitsgrade zugelassen werden. In diesem Fall gilt: der Konsistenzgrad beträgt eins, wenn die Wissensbasis im gewöhnlichen Sinne konsistent ist, wenn es also ein Modell für alle gewöhnlichen Klauseln der Wissensbasis gibt, andernfalls beträgt er null. Eine possibilistische Wissensbasis erlaubt jedoch auch dann Schlußfolgerungen zu ziehen, wenn es eine *partielle Inkonsistenz* gibt, also ein Konsistenzgrad zwischen null und eins vorliegt.

Beispiel 13.3 *Konsistenz einer possibilistischen Wissensbasis*

Gegeben ist eine possibilistische Wissensbasis $\mathcal{W}$ mit den Klauseln {q, ¬p} [N 1.0], {p, ¬r} [N 0.8], {p} [N 0.6] und {r} [N 0.2]. Um den Inkonsistenzgrad von $\mathcal{W}$ zu bestimmen, kann eine Tabelle zu den verschiedenen Interpretationen aufgestellt werden (vgl. Abbildung 13.2).

	p	q	r	{q,¬p} [N 1.0]	{p, ¬r} [N 0.8]	{p} [N 0.6]	{r} [N 0.2]	μ M(W)
I_1	1	1	1	1	1	1	1	1
I_2	1	1	0	1	1	1	0.8	0.8
I_3	1	0	1	0	1	1	1	0
I_4	1	0	0	0	1	1	0.8	0
I_5	0	1	1	1	0.2	0.4	1	0.2
I_6	0	1	0	1	1	0.4	0.8	0.4
I_7	0	0	1	1	0.2	0.4	1	0.2
I_8	0	0	0	1	1	0.4	0.8	0.4

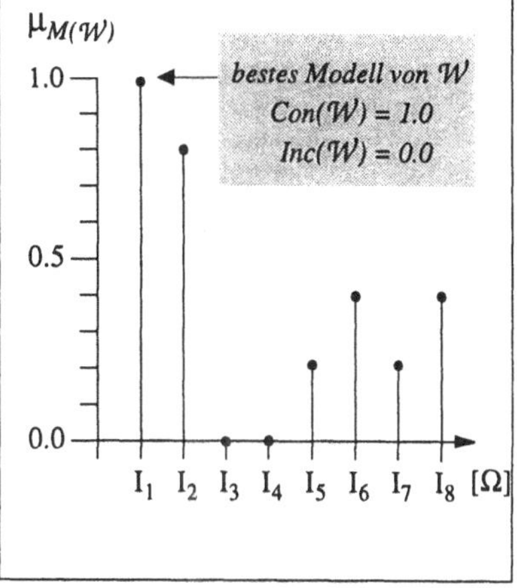

Abb. 13.2: Konsistenz einer possibilistischen Wissensbasis

Die ersten vier Spalten stellen dabei jeweils eine Interpretation dar und in der letzten Spalte sind die Zugehörigkeitsgrade jeder Interpretation zur unscharfen Menge der Modelle von $\mathcal{W}$ eingetragen. Die Zellen im mittleren Teil beschreiben jeweils den Zugehörigkeitsgrad einer Interpretation zur unscharfen Menge der Modelle der possibilistischen Klausel, die in der gleichen Spalte in der Kopfzeile aufgeführt ist. Die Abbildung rechts neben der Tabelle stellt die resultierende Fuzzy-Menge graphisch dar.

Für die logikorientierte Programmierung ist die *Resolutionswiderlegung* von grundlegender Bedeutung. Daher ist die Erweiterung der Widerlegungsmethode auf possibilistische Klauseln von besonderem Interesse. Soll eine possibilistische Klausel verifiziert werden, so wird der Wissensbasis die Negation der Klausel mit dem Notwendigkeitsgrad eins hinzugefügt. In der possibilistischen Logik wird, wie dargelegt, der Begriff der semantischen Ableitbarkeit über den Begriff der Inkonsistenz definiert. Eine Klausel $\Psi[\mathrm{N}\ \alpha] \in \mathcal{W}$ ist semantisch ableitbar aus $\mathcal{W}$, wenn der Inkonsistenzgrad von $\mathcal{W} \cup \{\neg\Psi\ [\mathrm{N}\ 1]\}$ größer oder gleich α ist. Aufgrund dieses Zusammenhangs läßt sich zeigen, daß possibilistische Resolutionsbeweise *korrekt* (13.65) und *vollständig* (13.66) sind [vgl. Dubois, Lang, Prade 1991, 232f. sowie Kruse u.a. 1993, 139f.]:[24]

$$\mathcal{W} \vdash \Psi[N\ \alpha] \Rightarrow \mathcal{W} \models \Psi[N\ \alpha] \tag{13.65}$$

$$\mathcal{W} \models \Psi[N\ \alpha] \Rightarrow \mathcal{W} \vdash \Psi[N\ \alpha]. \tag{13.66}$$

Nach Dubois, Prade und Lang [1991, 232] gilt, daß jede Bewertung der leeren Klausel (sei es ein Notwendigkeits- oder Possibilitätsmaß) eine untere Schranke der Bewertung der zu verifizierenden Klausel darstellt. Die Ordnung der Bewertungen ist durch 13.45 (476) vollständig festgelegt. Im Falle notwendigkeitsbewerteter Klauseln ist die *optimale Bewertung* einer Klausel gleich dem Optimum der Widerlegungen ihrer Negation.

Beispiel 13.4 *Possibilistische Resolution (Wohnort)*

Gegeben seien unvollständige und unsichere Informationen über eine Person namens Jan sowie mit ihm befreundete Personen. Zwei Klausel- beziehungsweise Regel-Bewertungen sind als Funktionen der Orte (μ_A, μ_B) definiert (vgl. Fußnote 19, 474). Variablen werden durch Großbuchstaben gekennzeichnet. Es soll herausgefunden werden, wo Jan wohnt. Zur Beantwortung dieser Frage wird die Widerlegungsmethode angewandt (vgl. Abbildung 13.3). Es ergeben sich zwei Widerlegungen. Die höchste Bewertung für eine Widerlegung, daß Jan an keinem Ort wohnt, ist zugleich die beste Bewertung für die Antwort, daß Jan in Berlin wohnt [N 0.7].

---

[24] Die Korrektheit von Resolutionsbeweisen kann sowohl für notwendigkeits- wie possibilitätsbewertete possibilistische Klauseln nachgewiesen werden, der Vollständigkeitsnachweis ist jedoch bei Possibilitätsbewertungen auf propositionale possibilistische Klauseln beschränkt [vgl. Dubois, Lang, Prade 1991, 233].

Informelle Beschreibung der verfügbaren Informationen:	*Possibilistische Wissensbasis in Klauselform:*
(I1) Tim ist ein Freund von Jan.	*(K1) {freund (tim,jan)} [N 1.0]*
(I2) Es ist gut möglich (0.9), daß Tim in Berlin arbeitet.	*(K2) {arbeitsort(tim,berlin)} [Π 0.9]*
(I3) Wenn ein Freund von einer Person in einem Ort arbeitet, dann ist es zu einem bestimmten Grad sicher, daß die Person dort wohnt. Dieser Sicherheitsgrad hängt von dem Ort ab, in dem er arbeitet ($\mu_B(O)$).	*(K3) {wohnort(X,O), ¬arbeitsort(Y,O), ¬freund(Y,X)} [N $\mu_B(O)$]*
(I4) Wenn jemand in einem Ort arbeitet, dann ist es zu einem bestimmten Grad sicher, daß er auch dort wohnt. Dieser Sicherheitsgrad hängt von dem Ort ab, in dem er arbeitet ($\mu_A(O)$).	*(K4) {wohnort(X,O), ¬arbeitsort(X,O)} [N $\mu_A(O)$]*
(I5) Wenn die Partnerin von einer Person in einem bestimmten Ort wohnt, dann ist es relativ sicher (0.8), daß die Person im gleichen Ort wohnt.	*(K5) {wohnort(X,O), ¬partnerin(Y,X), ¬wohnort(Y,O)} [N 0.8]*
(I6) Nina arbeitet in Berlin.	*(K6) {arbeitsort(nina,berlin)} [N 1.0]*
(I7) Es ist ziemlich sicher (0.7), daß Nina die Partnerin von Jan ist.	*(K7) {partnerin(nina,jan)} [N 0.7]*
Frage:	*Negierte Zielklausel:* *(Jan hat keinen Wohnort.)*
(I0) Wo wohnt Jan?	*(K0) {¬wohnort(jan,O)} [N 1.0]*
Antwort:	*Antwortklausel:*
(I8) Jan wohnt ziemlich sicher in Berlin.	*(K8) {wohnort(jan,berlin)} [N 0.7]*

Tabelle 13.7: Informelle und formale Beschreibung possibilistischer Klauseln zur Wohnortbestimmung

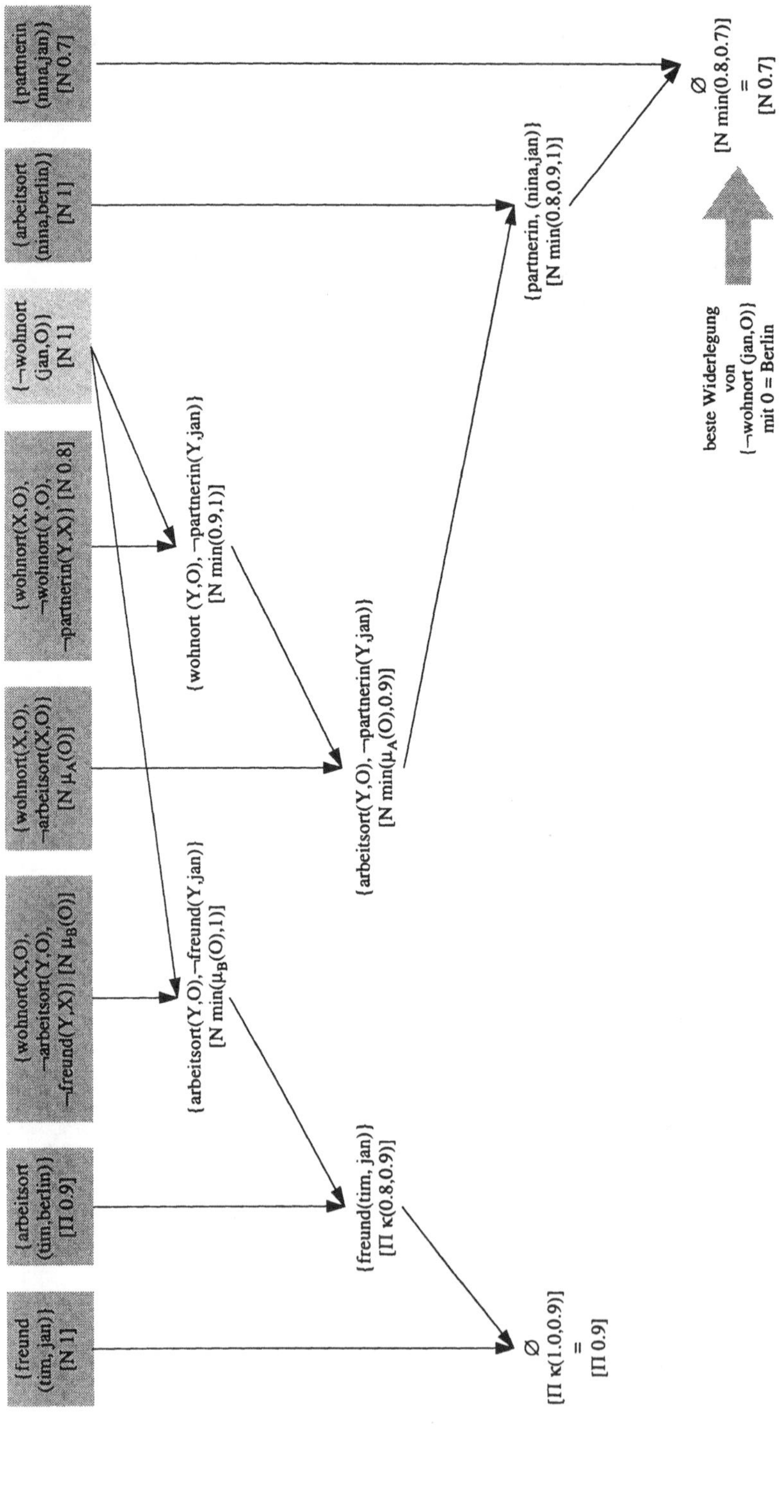

Abb. 13.3: Possibilistische Resolutionswiderlegung

13.4.4 Possibilistische Resolution mit mehr oder minder widersprüchlichen Informationsquellen

In der possibilistischen Logik ist es zulässig, Schlüsse auch dann zu ziehen, wenn die Wissensbasis partiell inkonsistent ist, nämlich genau dann, wenn der Notwendigkeitsgrad der abgeleiteten Klausel größer ist als der Inkonsistenzgrad der Wissensbasis (vgl. 482f.).[25] Es ist gut möglich, daß eine Wissensbasis hochgradig inkonsistent ist, wenn sie auf unsicheren und unvollständigen Informationen verschiedener Quellen basiert. Der Inkonsistengrad mag so hoch sein, daß kaum noch gültige oder überhaupt keine gültigen Schlüsse gezogen werden können, selbst dann, wenn die Informationen der einzelnen Quellen separat betrachtet völlig widerspruchsfrei sind. In solchen Fällen wäre es wohl meist besser, die Informationen getrennt mit ihren jeweiligen Quellen verwalten zu können, statt sie miteinander zu einer hochgradig inkonsistenten Wissensbasis vermengen zu müssen. Die quellenabhängige Verwaltung von Informationen und daraus gezogenen Folgerungen hätte überdies den Vorteil, den Inferenzprozeß transparenter zu machen, so daß eine differenziertere Beurteilung ermöglicht würde, in die auch die Vertrauenswürdigkeit der verschiedenen Quellen einfließen könnte.

Dubois, Lang und Prade [1992] haben gezeigt, daß eine einfache Erweiterung der possibilistischen Logik es ermöglicht, effektiv auf Wissensbasen zu operieren, die sich auf Informationen mehrerer Quellen gründet. Als Bildbereich des Notwendigkeitsmaßes dient in diesem Fall nicht mehr das Einheitsintervall, sondern ein vollständiger distributiver Verband $L = [0, 1]^Q$, wobei Q die Menge der Informationsquellen bezeichnet und die Verknüpfungen über die Durchschnitts-, Vereinigungs- und Komplementbildung unscharfer Mengen nach Zadeh (vgl. 3.1-3.3, 77) definiert sind:

$$\begin{aligned} Q &= \{q_1, \ldots, q_n\}, \\ \forall x &= (x_1, \ldots, x_m),\ \forall y = (y_1, \ldots, y_m): \\ x \cup y &= (\max(x_1, y_1), \ldots, \max(x_m, y_m)) \\ x \cap y &= (\min(x_1, y_1), \ldots, \min(x_m, y_m)) \\ \neg x &= (1 - x_1, \ldots, 1 - x_m). \end{aligned} \tag{13.67}$$

Jeder Klausel ψ läßt sich eine Fuzzy-Menge $\mathcal{F} = \{\mu_{\mathcal{F}}(q_1)/q_1, \ldots, \mu_{\mathcal{F}}(q_m)/q_m\}$ zuordnen, wobei die Zugehörigkeitsgrade $\mu_{\mathcal{F}}(q_j), j \in \{1, \ldots, m\}$ eine untere Schranke für den Grad darstellen, zu dem ψ nach der Informationsquelle q_j

[25] Bei einer Resolutionswiderlegung entsprechend: wenn der Inkonsistenzgrad der mit einer negierten Hypothese (Zielklausel) erweiterten Wissensbasis größer oder gleich dem Grad der abgeleiteten Leerklausel ist (vgl. Ungleichung 13.61, 482).

als notwendig wahr gilt ($\mu_{\mathcal{F}}(q_j) \leq N^j(\psi)$). Als Erweiterung der einfachen possibilistischen Resolutionsregel (13.52, 479) ergibt sich [vgl. Dubois, Lang, Prade 1992, 40]:

$$\begin{array}{ll} \Psi & \mathcal{F} \\ \Psi^* & \mathcal{F}^* \\ \hline \mathcal{R}(\Psi, \Psi^*) & \mathcal{F} \cap \mathcal{F}^*. \end{array} \tag{13.68}$$

Um eine korrekte und vollständige Beweisprozedur zu erhalten, muß diese Resolutionsregel noch um eine Kombinationsregel ergänzt werden [w.o.]:

$$\begin{array}{ll} \Psi & \mathcal{F} \\ \Psi & \mathcal{F}^* \\ \hline \Psi & \mathcal{F} \cup \mathcal{F}^*. \end{array} \tag{13.69}$$

Das bedeutet, daß bei verschiedenen Herleitungen einer Klausel die untere Schranke ihres Notwendigkeitsgrades gleich dem Maximum der unteren Schranken der Notwendigkeitsgrade ist, die für die jeweiligen Quellen gelten.

Beispiel 13.5 *Possibilistische Resolution mit mehreren Informationsquellen*

Gegeben seien drei Informationsquellen $Q = \{q_1, q_2, q_3\}$, auf denen eine Wissensbasis $\mathcal{W}$ mit den partiellen Wissensbasen $\mathcal{W}_1$, $\mathcal{W}_2$ und $\mathcal{W}_3$ gründet. In der Wissensbasis werden folgende Aussagen benutzt: Nina hat gute Kenntnisse in LISP oder PROLOG (a); Nina hat gute Kenntnisse in den Programmiermethoden der KI (b); wenn Nina gute LISP- oder PROLOG-Kenntnisse hat, dann hat sie gute Kenntnisse in den Programmiermethoden der KI ($\neg a \vee b$); Nina hat viele Bücher über KI gelesen (c); wenn Nina viele Bücher über KI gelesen hat, dann hat sie gute Kenntnisse über die Programmiermethoden der KI ($\neg c \vee b$). Nina kann programmieren (d). Wenn Nina nicht programmieren kann, dann verfügt sie über keine guten Kenntnisse in den Programmiermethoden der KI ($d \vee \neg b$). Nach den verschiedenen Informationsquellen sind den Aussagen unterschiedliche Sicherheitsgrade zugeordnet:

$$\mathcal{W}_1 = \{(a)\,[N\,0.8], (c)\,[N\,1.0], (\neg a \vee b)\,[N\,0.9], (\neg c \vee b)\,[N\,0.8], (d \vee \neg b)\,[N\,0.9]\}$$
$$\mathcal{W}_2 = \{(a)\,[N\,0.4], (c)\,[N\,0.7], (\neg a \vee b)\,[N\,0.8], (\neg c \vee b)\,[N\,0.6], (d \vee \neg b)\,[N\,0.9]\}$$
$$\mathcal{W}_3 = \{(d)\,[N\,0.8], (\neg a \vee b)\,[N\,0.9], (\neg c \vee b)\,[N\,0.6], (d \vee \neg b)\,[N\,0.9]\}$$

Insgesamt erhält man daher die folgende Wissensbasis:

$$\begin{array}{lll} \mathcal{W} = \{ & (a) & \{0.8/q_1, 0.4/q_2, 0.0/q_3\}, \\ & (c) & \{1.0/q_1, 0.7/q_2, 0.0/q_3\}, \\ & (\neg d) & \{0.0/q_1, 0.0/q_2, 0.8/q_3\}, \\ & (\neg a \vee b) & \{0.9/q_1, 0.8/q_2, 0.8/q_3\}, \\ & (\neg c \vee b) & \{0.5/q_1, 0.7/q_2, 0.4/q_3\}, \\ & (d \vee \neg b) & \{0.8/q_1, 0.8/q_2, 0.8/q_3\}\}. \end{array}$$

Die Frage, ob Nina über gute Kenntnisse in den Programmiermethoden der KI verfügt, läßt sich durch Resolutionswiderlegung beantworten (vgl. Abbildung 13.4). Dabei wird die negierte Hypothese für alle Informationsquellen als sicher gesetzt. Aufgrund der Informationsquellen q_1 und q_2 wird die Hypothese mit einem hohen Sicherheitsgrad (0.8 bzw. 0.7) verifiziert. Nach q_1 rechtfertigt sich der hohe Notwendigkeitsgrad aufgrund der Programmiersprachenkenntnisse, während er sich nach q_2 durch die KI-Lektüre rechtfertigt. Zu beachten ist zugleich, daß sich nach der Informationsquelle q_3 auch die Gegenhypothese mit hoher Sicherheit beweisen läßt.

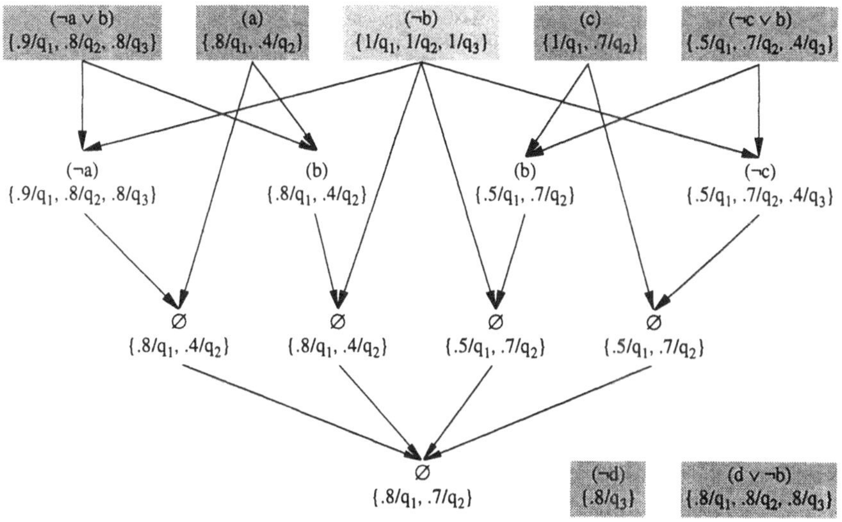

Abb. 13.4: Possibilistische Resolutionswiderlegung mit mehreren Informationsquellen

Kapitel 14

Leistungsmerkmale und Defizite von Fuzzy-Programmiersprachen

Seit Zadehs Einführung des Konzepts unscharfer Mengen Mitte der 60er Jahre wurde eine schier unüberschaubare Menge theoretischer Beiträge zur Fuzzy-Mengentheorie veröffentlicht. Ein Großteil dieser Beiträge ist der Untersuchung (zum Teil sehr spezieller) mathematischer Fragestellungen gewidmet und der Grundlagentheorie zuzuordnen. Parallel dazu wurde immer wieder versucht, die im Rahmen der Fuzzy-Mengentheorie entwickelten Konzepte und Formalismen für Computerapplikationen nutzbar zu machen. Zu diesem Zweck wurden spezielle Programmiersprachen implementiert, sogenannte *Fuzzy-Programmiersprachen.*

1973 wurde der erste Entwurf einer Fuzzy-Programmiersprache, FUZZY-PLANNER genannt, veröffentlicht. Er sah eine Erweiterung der seinerzeit in der KI hoch im Kurs stehenden Programmiersprache PLANNER vor. Eng verwandt mit beiden ist die erste implementierte Fuzzy-Programmiersprache – FUZZY. Ihre erste Version datiert aus dem Jahr 1974. Seitdem wurden nicht nur neue Konzepte und Methoden zur Verarbeitung unscharfer Mengen, sondern auch neue Programmierkonzepte und Programmiermethoden entwickelt. In der Implementierung neuer Fuzzy-Programmiersprachen reflektieren sich Weiterentwicklungen beider Gebiete.

Um eine Grundlage für die Beurteilung dieser Sprachen zu schaffen, beginnt dieses Kapitel mit einer Beschreibung des Merkmalraums und einer Diskussion relevanter Beurteilungskriterien für Fuzzy-Programmiersprachen (Kapitel 14.1). Aufgrund ihrer historischen Bedeutung wird den beiden ersten Fuzzy-Programmiersprachen, FUZZY-PLANNER und FUZZY, ein eigenes Unterkapitel gewidmet (Kapitel 14.2). Im Anschluß daran werden *relationen-*, *regel-* und *logikorientierte* Sprachen behandelt, die auf Konzepte der Fuzzy-Mengentheorie rekurrieren. Kapitel 14.3 beinhaltet Sprachen, die grundlegende Fuzzy-Mengenoperatoren zur Verfügung stellen und approximatives Schließen primär in Form unscharfer Relationen und spezieller relationaler Operatoren für sie unterstützen. Kapitel 14.4 behandelt demgegenüber Sprachen, denen die aus der Expertensystemtechnologie bekannten Regelformalismen zugrunde liegen. In Kapitel 14.5 werden Sprachen besprochen, die in der Tradition der logikorientierten Programmierung liegen. Das abschließende Resümee (Kapitel 14.6) enthält eine allgemeine Einschätzung der Leistungsfähigkeit und Defizite aller beschriebenen Fuzzy-Programmiersprachen.

14.1 Merkmalraum und Darstellungsaspekte

14.1.1 Zu allgemeinen Beurteilungskriterien für Software und Programmiersprachen

Programmiersprachen sind formale Sprachen, deren bestimmender Zweck die Herstellung von Software ist. Eine Programmiersprache stellt dazu elementare Sprachelemente sowie Konstrukte zur Komposition von Sprachelementen und zur Abstraktion zur Verfügung. Soll eine Programmiersprache ihren Zweck erfüllen, so müssen Mittel bereit gestellt werden, Programme zu schreiben, auf Fehler hin zu untersuchen, zu korrigieren und in Maschinensprache zu übersetzen. Programmiersprachen sind derart zweifach mit Software verknüpft: sie dienen der Produktion von Software mit Hilfe von Software. Obgleich es durchaus denkbar ist, Programmiersprachen als formale Sprachen unabhängig von Software zu betrachten, ist die Beurteilung von Programmiersprachen in der Praxis eng mit der Beurteilung von Software verknüpft. Von diesem Standpunkt stellen sich Fragen nach der Eignung einer Programmiersprache, Software mit bestimmten Qualitätsmerkmalen zu entwickeln und damit zusammenhängend Fragen nach der Qualität der zur Programmierung benötigten Software (also Fragen nach der Qualität der Entwicklungswerkzeuge, insbesondere des Compilers oder Interpreters). Daher sind von diesem praktischen Standpunkt betrachtet, allgemeine Kriterien zur Beurteilung von Software auch zur Beurteilung von Programmiersprachen heranzuziehen.

Dies gilt beispielsweise für die von Meyer [1990] genannten „Qualitätsfaktoren". Meyer unterscheidet zwischen Qualitäten wie *„Modularität"* oder *„Lesbarkeit"*, die nur für „EDV-Profis" wahrnehmbar seien und von ihm „innere Faktoren" genannt werden und Qualitäten, die in der Nutzung oder im Handel mit Software erfahrbar seien und von ihm „äußere Faktoren" genannt werden [Meyer 1990, 2]. *„Korrektheit"*, *„Robustheit"*, *„Erweiterbarkeit"*, *„Wiederverwendbarkeit"* und *„Kompatibilität"* gelten Meyer als „Schlüsselqualitäten", da sich in ihnen „die ernstesten Probleme mit der heutigen Praxis der Softwareentwicklung" widerspiegelten [Meyer 1990, 9]. Zu den „äußeren Faktoren" zählt er neben diesen „Schlüsselqualitäten" die Qualitäten *„Effizienz"*, *„Portabilität"*, *„Verifizierbarkeit"*, *„Integrität"* und *„Benutzerfreundlichkeit"* [Meyer 1990, 6].

Aufgrund der genannten Doppelbeziehung von Programmiersprachen zu Software können bei der Beurteilung von Programmiersprachen einige dieser „Faktoren" zweifach in Rechnung gestellt werden: so kann ein Compiler sowohl nach der Effizienz der Kompilation wie der Effizienz des kompilierten Programms beurteilt werden. Vorrangig fließen diese allgemeinen Software-Kriterien jedoch als Zielkriterien in die Beurteilung ein. Das heißt, es wird gefragt, inwiefern eine Programmiersprache geeignet ist, Programme zu entwikkeln, die korrekt, robust, erweiterbar, wiederverwendbar, effizient, portabel und verifizierbar sind.

Zu beachten ist, daß die Anforderungen oft widersprüchlich, Kompromisse unvermeidlich sind. So stehen nicht selten Forderungen nach hoher Flexibilität, Ausdrucksmächtigkeit und leichter Erweiterbarkeit Forderungen nach höchstmöglicher Effizienz oder geringem Speicherbedarf entgegen. Eine weitere Komplikation ist darin zu sehen, daß es weder einen Konsens über die Anforderungen an Programmiersprachen noch darüber gibt, wie bestimmte Anforderungen an sie am besten zu erfüllen sind. So plädiert Wirth [1994, 8ff.] für eine „strukturierte" *prozedurale* Sprache mit erweiterbaren statischen Datentypen wie OBERON, und Klaeren [1994, 27f.] empfiehlt *deklarative* Sprachen, insbesondere *funktionale* Sprachen wie MIRANDA und HOPE, zu verwenden, sofern sie mit hinreichender Effizienz angeboten werden. Und die Sprache, die nicht zuletzt wegen ihrer Freizügigkeit und Effizienz am verbreitetsten zu sein scheint, C, wird wegen ihrer Fehleranfälligkeit von beiden – und wohl den meisten theoretisch interessierten Informatikern – abgelehnt oder zumindest kritisch betrachtet.

Weithin unstrittig ist, daß die *Ausdrucksmächtigkeit* einer Programmiersprache von zentraler Bedeutung ist. Aussagen über die prinzipielle Ausdrucksmächtigkeit sind jedoch in der Regel wenig aussagekräftig, da einerseits sehr viele Programmiersprachen die Mächtigkeit einer Turing-Machine haben und andererseits die Feststellung, einer Sprache sei diese Mächtigkeit nicht zu eigen, noch nicht den Schluß zuläßt, sie sei deshalb für eine bestimmte Applikation ungeeignet. Die Frage nach der Ausdrucksmächtigkeit kann aber auch weniger prinzipiell als Frage danach aufgefaßt werden, *welcher Aufwand* zur Beschreibung bestimmter Problemlösungsmethoden notwendig ist oder *wie einfach* es ist, bestimmte Programmieraufgaben in einer Sprache zu lösen. Eng verknüpft damit ist die Frage der *Lesbarkeit* von Programmen.

Abelson und Sussman [1987, 293f.] haben auf die Notwendigkeit hingewiesen, immer wieder neue Sprachen einführen zu müssen, um komplexe Phänomene modellieren zu können [vgl. auch Bobrow 1985, 1401]. Sie bezeichnen die Einführung neuer deskriptiver Sprachen als *metalinguistische Abstraktion* [Abelson and Sussman 1987, 294]. In dieser Sicht ist weniger entscheidend, ob die verfügbaren Sprachmittel unmittelbar geeignet sind, eine Vielfalt von Phänomenen einfach zu beschreiben, als vielmehr die *Eignung einer Sprache zur Konstruktion „eingebetteter Sprachen"*, mit denen dies möglich ist. Nach Stoyan ist die systematische Entwicklung und Analyse neuer problemangemessener Programmiersprachen eine zentrale Methode der KI [vgl. Stoyan 1988a, 4, 6]. Diskursbestimmend in Stoyans Analysen von Programmiersprachen sind die Begriffe *„Programmierstil"* und *„Verarbeitungsmodell"*. Folgt man dieser Problemstellung, so rücken Fragen nach den von einer Programmiersprache unterstützten „Programmierstilen" ins Zentrum der Sprachbeurteilung.

14.1.2 Programmierstile, Verarbeitungsmodelle und Arten von Programmiersprachen

Programmierstile

Der Ausdruck Programmierstil wird in der Informatik vielfach als wertende Kategorie gebraucht. Es ist dann die Rede davon, daß ein Programm in einem „guten" oder „schlechten" Stil geschrieben sei. Und in Lehrbüchern werden Regeln oder Maxime eines „guten Programmierstils" aufgestellt. (Etwa: „Vermeide GOTO-Anweisungen" oder: „Der Cut-Operator sollte mit Vorsicht benutzt werden." [Bratko 1987, 199]) Stoyan erscheint dieser Sprachgebrauch „wenig fruchtbar" [Stoyan 1988a, 12].[1]

Er verweist darauf, daß das Wort Stil auch dazu verwandt wird, „systematische Verhaltensweisen oder Erscheinungsformen zu klassifizieren" [Stoyan 1988a, 12]. Als Beispiel dieses Sprachgebrauchs führt er den kunsthistorischen Begriff des „Baustils" (beispielsweise „gotisch" oder „romanisch") an. Stoyan hebt hervor, daß mit der Zuordnung eines Stils zu einem Bauwerk, nicht die Methode der Herstellung gemeint sei, sondern vielmehr, daß das Bauwerk „sicht-

[1] Stoyan begründet diese Ansicht nicht. Gegen seine Wertung läßt sich einwenden, daß solche Regeln eines „guten Programmierstils" hilfreich sind, die gebotenen Sprachmittel so einzusetzen, daß die resultierenden Programme wünschenswerte Eigenschaften in einem möglichst hohen Grad erfüllen: Verringerung der Gefahr von Programmierfehlern, Erhöhung der Effizienz, Lesbarkeit und Verständlichkeit u.ä.m. Vgl. beispielsweise [Bratko 1987, 193ff.], [Sterling and Shapiro 1988, 212ff.], [Winston and Horn 1989, 147ff.], [Koschmann 1990, 88ff.], [Graham 1994b, 99ff.]. Stoyans Begriff des „Programmierstils" fokussiert demgegenüber auf die grundlegendere Problematik der Angemessenheit verschiedener Verarbeitungsmodelle und Programmiersprachen für bestimmte Problemstellungen.

bare Anzeichen des betreffenden Stils" habe [Stoyan 1988a, 13]. Verwenden wir den Begriff Programmierstil in diesem Sinne, dann müssen wir, so Stoyan, „Stilelemente bestimmen, die sich an *fertigen* Programmen nachweisen lassen" [Stoyan 1988a, 13].

Folgt man diesem Sprachgebrauch so kann man beispielsweise von einem „anweisungsorientierten Programmierstil" sprechen, wenn ein Programm überwiegend aus einer Folge von Anweisungen besteht, die Änderungen von Variablenwerten beschreiben, während von einem Programm, das aus verschachtelten Funktionsaufrufen besteht, gesagt werden könnte, es sei in einem „funktionalen Programmierstil" geschrieben worden.

Es ist nicht notwendigerweise so, daß ein Programm durchgängig in einem bestimmten Programmierstil verfaßt sein muß, nicht einmal, daß ein „Stil" in „reiner" Form angewandt wird. „Stilreine" Programme bilden eher die Ausnahme. Stoyan behauptet gar, daß „es sich hier immer um Tendenzen, um Annäherungen an ein Optimum, um Leitenlassen zu einem Ideal handelt" [Stoyan 1988a, 21]. Das allgemein gebräuchliche, von Stoyan systematisch verwendete Beiwort *„orientiert"* unterstreicht dies.

Zu beachten ist, daß Stoyans Begriff des Programmierstils nicht normativ konzipiert ist. Das bedeutet jedoch nicht, daß er nicht zur Beurteilung von Programmen und Programmiersprachen herangezogen werden kann. So läßt sich etwa argumentieren, daß für diese Aufgabe oder jene Phase der Programmierung, dieser Programmierstil besser geeignet sei als jener. Bei der Beurteilung von Programmiersprachen ist zu berücksichtigen, daß Programmierstile von Programmiersprachen *relativ unabhängig* sind. Daher kann Stoyan darauf hinweisen, daß in FORTRAN auch funktionsorientiert programmiert werden könne. Allerdings mangels geeigneter Sprachkonstrukte schwerlich und nicht sehr gut. Und in PROLOG ist es mit Hilfe des außerlogischen System-Prädikats *Cut* im Prinzip möglich, ähnlich wie in FORTRAN anweisungsorientiert zu programmieren. Stoyan hält diese Verwendung von PROLOG, und dem wird wohl kaum jemand widersprechen, für einen „Mißbrauch" dieser Sprache [Stoyan 1988a, 16]. In einem bestimmten Programmierstil zu programmieren, kann von einer Programmiersprache mehr oder minder erleichtert oder erschwert, im Extremfall auch praktisch unmöglich gemacht werden. Programmiersprachen lassen sich daher nicht zuletzt danach beurteilen, ob und gegebenenfalls in welchem Grad sie Programmierstile unterstützen oder behindern. So gilt vielen die Unterstützung verschiedener Programmierstile (insbesondere des anweisungsorientierten, funktionsorientierten, datengesteuerten und objektorientierten Stils) als eine der Stärken von LISP und ist wohl ein wichtiger Grund dafür, daß LISP sich als KI-Programmiersprache behauptet hat.

Verarbeitungsmodelle und Programmiersprachen

Im Anschluß an seine Erläuterung des Begriffs Programmierstil fragt Stoyan „worin das Wesen eines Programmierstils beruht", „welche Überlegungen einen Programmierer zu einem Stil führen" und schließlich : „Woran hat man zu denken, wenn man den Programmierstil wechseln will?". Stoyan spricht dabei von einer Frage und fährt fort:

> „Unsere Haupthese zu dieser Frage ist: *Ein Programmierstil basiert auf einer (möglicherweise spekulativen) Vorstellung von einem »Rechner« (einem »Verarbeitungsmodell«), der die Programme abarbeiten soll.*" [Stoyan 1988a, 16]

Für den vorliegenden Darstellungszusammenhang genügt die Einsicht, daß ein enger Zusammenhang von Programmierstil und Verarbeitungsmodell besteht (gleichgültig, ob dieser Zusammenhang von Stoyan auf den adäquaten Begriff gebracht worden ist), und daß die Kategorie des Verarbeitungsmodells hilfreich ist, Programmiersprachen und Programmierstile zu untersuchen. Beispiele für Verarbeitungsmodelle sind das *konventionelle* Verarbeitungsmodell (*von-Neumann-Maschine*), dessen Charakteristikum sequentielle Anweisungen zur Veränderung des Maschinenzustands sind, und das allgemeine *funktionale* Verarbeitungsmodell, wonach Funktionen als Menge von Argument-Wert-Paaren betrachtet werden. Stoyan dient der Begriff des Verarbeitungsmodells zur Definition von Programmiersprachen:

> „Programmiersprachen sind *formale Systeme* (Kalküle), die ein bestimmtes Verarbeitungsmodell widerspiegeln. Sie bieten *Notationsmittel* für die *Grundelemente* eines Verarbeitungsmodells an, sowie *Mittel zur Komposition* dieser Elemente zu ganzen Programmen." [Stoyan 1988a, 19]

Die Einschränkung auf *ein* Verarbeitungsmodell ist fragwürdig, da eine Programmiersprache verschiedene Programmierstile unterstützen kann und verschiedenen Programmierstilen verschiedene Verarbeitungsmodelle zuzuordnen sind. Andererseits: Auch wenn einige Programmiersprachen mit *verschiedenen* Verarbeitungsmodellen reinterpretiert werden können, so ist doch meist *ein* Verarbeitungsmodell *charakteristisch* für sie. Die Differenzierung verschiedener Verarbeitungsmodelle und zugehöriger Programmierstile kann deshalb durchaus zur Charakterisierung und Einteilung von Programmiersprachen dienen. Stoyan schlägt vor, die Benennung von Programmiersprachen analog zur Benennung der Programmierstile zu gestalten: sich eines Elements zu bedienen, das für den Stil typisch ist und je nachdem, ob ein Programmierstil oder eine Programmiersprache bezeichnet werden soll, den Zusatz *orientiert* oder *basiert* zu verwenden [Stoyan 1988a, 21]. Dementsprechend läßt sich von anweisungs-, funktions-, muster-, operator-, logik-, regel-, objekt- und planorientierten Programmierstilen sowie von anweisungs-, funktions-, muster-, operator-, logik-, regel-, objekt- und planbasierten Programmiersprachen sprechen [vgl. Stoyan

1988a; 1991]. Diese Art der Benennung von Programmiersprachen hat jedoch den Nachteil, daß sie zu ungebräuchlichen Bezeichnungen führt.[2] Dieses Problem läßt sich vermeiden, wenn standardmäßig der Zusatz „orientiert" auch zur Benennung von Programmiersprachen verwendet wird. Dieses Wortbildungsprinzip hat überdies den Vorteil, systematisch zum Ausdruck zu bringen, daß derart bezeichnete Sprachen auch Konstrukte bieten, die dem Verarbeitungsmodell nicht entsprechen.

Anmerkungen zum Begriff „Programmierparadigma"

In der Informatik und KI-Forschung wird vielfach der Terminus *„Programmierparadigma"* verwendet. Stoyan lehnt diesen Begriff ab, weil er nicht helfe, die Zusammenhänge zu erklären, die er mit den Begriffen *Programmierstil, Programmiersprache* und *Verarbeitungsmodell* zu beschreiben versucht, weil er den Nachteil habe, die bezeichnete Sache zu einer erstrebenswerten zu machen und weil er von Floyd inflationär entwertet worden sei [Stoyan 1988a, 21]. Ungeachtet dieser terminologischen Differenzen ist festzustellen, daß einige Beiträge zu Programmierparadigmen eine große Affinität zu Stoyans Arbeiten aufweisen.

Nach Wegner [1990, 21ff.] legen Programmierparadigmen mittels überprüfbarer Bedingungen Klassen von Sprachen fest. Er unterscheidet zwischen dem prozedurorientieren, objektorientierten, verteilten, logischen und Datenbank-Paradigma, unterteilt das objektorientierte Paradigma in *objektbasiert, klassenbasiert* sowie *objektorientiert* und gibt einen systematischen Überblick über Entwurfsalternativen für objektbasierte Sprachen.

Bobrow [1985] verwendet die Termini Programmierparadigma und Programmierstil nahezu synonym. Die terminologische Differenzierung dient ihm dazu, hervorzuheben, daß es nicht genügt, einen Programmierstil zu ermöglichen, sondern daß es vielmehr darauf ankommt, Sprachkonstrukte und Entwicklungswerkzeuge zur Verfügung zu stellen, die eine Reihe von Programmieraufgaben leichter zu bewältigen erlauben. Ob eine Sprache ein „Programmierparadigma" unterstütze, macht Bobrow an vier Punkten fest:

> „A language supports a paradigm if it provides
> 1) the primitives of that paradigm,
> 2) composition methods,
> 3) an appropriate user language to make programs written in the paradigm clear, and
> 4) efficient execution of programs written in that style." [Bobrow 1985, 1402]

Bobrow unterscheidet zwischen „objektorientierter", „zugriffsorientierter", „logischer" und „regelbasierter" Programmierung und wirft für alle vier Programmierparadigmen kritische Fragen zum Entwurf und zur Beurteilung entsprechender Programmiersprachen auf. Er legt überdies dar, daß Programmiersysteme für die KI mehrere Programmierparadigmen (mit aufeinander abgestimmten Sprachkonstrukten und Entwicklungs-

---

2 Es ist allgemein üblich von *objektorientierten, funktionsorientierten* und *logikorientierten* Sprachen zu sprechen. Einige Informatiker, speziell des Forschungsbereichs objektorientierte Programmierung, machen jedoch dezidiertere Unterscheidungen. So verwendet Wegner [1987, 168f.; 1990, 26f.] den Terminus *objektbasiert* zur Bezeichnung der Klasse von Sprachen, die „Objekte" unterstützen, nennt Sprachen, die verlangen, daß alle Objekte einer Klasse zugehören, *objektbasiert* und reserviert den Ausdruck *objektorientiert* für die Sprachen, die darüber hinaus das Konzept der Vererbung unterstützen.

werkzeugen) unterstützen sollten. [Vgl. ebenso Stefik et al. 1983; 1986; Christaller u.a. 1989, insbesondere 38ff.]

Sangal [1991] verwendet den Begriff in gleicher Weise. In seinem Buch *„Programming Paradigms in LISP"* behandelt er die „logische", „regelbasierte", „funktionale", „datengetriebene" und „objektorientierte" Programmierung.

Obgleich es thematisch einige Überschneidungen gibt, verwendet Norvig [1992] den Begriff in seinem Buch *„Paradigms of Artificial Intelligence Programming"* in einem anderen Sinn: „Paradigma" wird hier – der ursprünglichen lexikalischen Bedeutung entsprechend – als „Musterbeispiel" verstanden. Gemeint sind in diesem Kontext vorbildhafte Programmbeispiele. Der Titel verweist so nicht auf unterschiedliche Programmierstile und Verarbeitungsmodelle im Sinne Stoyans, sondern vielmehr auf ein didaktisches Prinzip.

In welcher Bedeutung die Termini „Programmierstil" und „Programmierparadigma" benutzt werden, läßt sich in der Regel unschwer aus dem Kontext erschließen. In dieser Arbeit wird der Begriff „Programmierparadigma" in dem von Bobrow beschriebenen Sinn gebraucht. Synonym dazu wird auch der von Stoyan präferierte Begriff „Programmierstil" benutzt.

14.1.3 Merkmale von Programmiersystemen der KI

Stoyan und Görz verstehen unter einem *Programmiersystem* „eine modulare und schnittstellenkompatible Menge von Programmierwerkzeugen ..., also Programmen, die auf anderen Programmen als Objekten arbeiten" [Stoyan und Görz 1984, 317]. Ein Programmiersystem unterstützt die Programmentwicklung durch vielfältige Werkzeuge: zum Editieren und Kommentieren des Programmcodes, zur Eingabe von Anweisungen (history, Menüs etc.), zur Darstellung von Objekten (Prettyprinter, Browser, Graphiken), zur Datei- und Systemverwaltung (Laden und Kompilieren von Programmdateien unter Berücksichtigung ihrer Abhängigkeiten), zur Dokumentation, zur Inspektion von Objektzuständen, zur Überwachung, Unterbrechung und schrittweisen Abarbeitung von Programmabläufen, zur Protokollierung von Dialogen und zur Programmanalyse, um Speicherbedarf, Aufrufhäufigkeiten, Zeitaufwand und Interdependenzen von Programmeinheiten transparent zu machen.[3]

„Expertensystemshells" bieten teilweise sehr elaborierte, auf mächtige Wissensrepräsentationsformalismen abgestimmte Werkzeuge dieser Art. Hen-

---

[3] In LISP-Entwicklungssystemen werden all diese Werkzeuge standardmäßig zur Verfügung gestellt. Einige „Funktionen" (trace, untrace, pprint, break, step, inspect, describe, documentation, dribble ...) sind im ANSI-Standard von COMMON LISP festgeschrieben. Andere Werkzeuge wie Eingabehilfen (history, top-level commands), graphische und alphanumerische Browser (für Klassen, generische Funktionen u.v.a.m.), in die LISP-Umgebung integrierte Editoren (mit Kommandos zur Evaluation und inkrementellen Kompilation von Programmteilen), Hilfsmittel zur Verwaltung und Kompilation komplexer, über mehrere Dateien verteilter Programmsysteme (defsystem) sowie Werkzeuge zur Programmanalyse (profiling, cross referencing) gehören zum de-facto Standard marktgängiger COMMON LISP-Systeme.

nings [1988; 1991, 337-375] hat ein „*Evaluationsschema*" für Expertensysteme und Expertensystemshells erstellt. Es beinhaltet eine umfangreiche Liste von Deskriptoren, die sich sowohl auf Hardware wie Software, auf technische wie organisatorische Aspekte, auf Benutzer wie Anbieter beziehen.

Stefik, Bobrow, Mittal und Conway [1983, 5] haben die Frage nach der *Integration verschiedener Programmierparadigmen* aufgeworfen und darauf hingewiesen, daß es nicht nur genügt, zuzulassen, daß sich ein wissensbasiertes System auf mehrere Programmierparadigmen stützen kann, sondern daß es auch darauf ankommt, wie die verschiedenen Programmierparadigmen mit den Entwicklungswerkzeugen integriert sind. Bobrow [1985, 1402] hat die Problematik der Integration erneut aufgegriffen und die weiterführende Frage diskutiert, welche Unterstützung eine Programmierumgebung geben sollte, *neue Programmierparadigmen in die Umgebung zu integrieren*:

> „The question about embedding can be elaborated to ask whether the implementation environment provides:
> 1) appropriate facilities for building the primitives of the paradigm ...
> 2) ways to create new syntactic forms for use within current structures ...
> 3) ways to maintain the user illusion based on that paradigm ...
> 4) ways of creating an efficient implementation ..." [Bobrow 1985, 1402]

Bobrow betont die Programmierumgebung müsse eine *inkrementelle Programmentwicklung* unterstützen. Steels [1985] diskutiert Anforderungen an Programmiersysteme, die *„starke" Problemlösungsmethoden* bereitstellen und von ihm *„Wissensrepräsentations-Systeme"* (engl.: *knowledge representation systems*) genannt werden. Demnach sollten solche Systeme *unabgeschlossene* Mengen von *Formalismen* und *Kontrollstrategien* zur Verfügung stellen, eine *„Einbettung" von Wissenselementen* ermöglichen, so daß zusätzliche Informationen über sie verfügbar werden, und nicht zuletzt sollten solche Systeme Möglichkeiten zur *Modularisierung* und *Abstraktion* bieten [Steels 1985, 13-17].

Speziell im Zusammenhang mit Programmiersprachen und Programmiersystemen der KI werden seit Beginn der 80er Jahre (erste Ansätze reichen sogar in die 70er Jahre zurück) *„Metaebenen-Architekturen"*, spezieller *„reflexive Metaebenensysteme"* vorgeschlagen. Durch eine explizite Repräsentation von Wissen *über* die Wissensrepräsentationsformalismen sollen zusätzliche Möglichkeiten eröffnet werden, Formalismen (insbesondere Kontrollstrategien) zu modifizieren und Informationen über die Wissensverarbeitung (insbesondere die Problembearbeitungsstrategie) verfügbar zu machen.[4]

Eine weitere Entwicklungsrichtung liegt in *konfigurierbaren problemspezifischen Expertensystemshells*. Dabei werden „starke" Problemlösungsmethoden gemäß einer Aufgabenstruktur aus kleineren Methoden-Einheiten zusammengesetzt. Die verschiedenen Problemlösungsmethoden konstituieren praktisch pro-

---

4 Vgl. [Maes and Nardi 1988] und [van Harmelen 1991]. Diese Architekturprinzipien werden im nächsten Kapitel wegen ihrer grundlegenden Bedeutung für das Programmiersystem CLIFS eingehender dargestellt (vgl. 600ff.).

blemklassenspezifische Programmiersprachen. Da bei „starken" Problemlösungsmethoden vordefiniert ist, welche „Rollen" die Wissenselemente in der Problembearbeitung annehmen können, lassen sich darauf abgestimmte graphische Wissenserwerbswerkzeuge entwickeln. Die in solchen Systemen unterscheidbaren Teilsprachen für bestimmte Problemlösungsmethoden weisen zum Teil starke Affinitäten zu den „Interpretationsmodellen" und der „Spezifikationssprache" von KADS auf, so daß sich Perspektiven eröffnen, derartige Programmiersysteme auf die KADS-Methodik abzustimmen und mit sogenannten KADS-Tools zu koppeln.[5]

14.1.4 Spezielle Merkmale von Fuzzy-Programmiersprachen und Fuzzy-Programmiersystemen

Fuzzy-Programmiersprachen beanspruchen dem Namen nach, in einem engen Zusammenhang zur Fuzzy-Mengentheorie zu stehen. Da die Fuzzy-Mengentheorie sehr facettenreich und komplex ist, in deren Rahmen sehr viele alternative Ansätze verfolgt werden, ist die Frage, welche Konzepte und Methoden der Fuzzy-Mengentheorie unterstützt werden, von zentraler Bedeutung. Die folgende Darstellung muß notwendigerweise eine unvollständige Beschreibung dieses Merkmalraums bleiben. Es geht lediglich darum, wichtige Aspekte ohne Anspruch auf Vollständigkeit zu resümieren, um so eine bessere Grundlage zur Beurteilung der anschließend dargestellten Fuzzy-Programmiersprachen zu schaffen.

Fuzzy-Mengen

Fuzzy-Mengen lassen sich nach verschiedenen Gesichtspunkten typisieren (vgl. Kapitel 2.2.1, 2.3, 4.2). Vom Standpunkt der Programmierung ist es von emminenter Bedeutung, ob Fuzzy-Mengen über *stetige* oder *diskrete* Zugehörigkeitsfunktionen definiert sind. Bei stetigen Zugehörigkeitsfunktionen stellt sich die Frage, ob *parametrische* Funktionen unterstützt werden und, falls ja, welche. Beide Grundtypen lassen sich danach differenzieren, ob die Fuzzy-Variable *ein-* oder *mehrstellig* ist. Eine weitere Frage ist, ob neben normalen Fuzzy-Mengen auch Fuzzy-Mengen *höheren Typs* oder *höherer Stufe* unterstützt werden. Schließlich ist zu fragen, ob komplexe Fuzzy-Mengen (197) unterstützt werden.

Jeder der genannten Typen von Fuzzy-Mengen kann auf verschiedene Art und Weise repräsentiert werden. *Interne Repräsentationsformen* sind danach zu beurteilen, wie effizient sie verarbeitbar sind, welche Informationen sie zugänglich machen und wie hoch der Speicheraufwand ist. *Externe Repräsentationsformen* von Fuzzy-Mengen sind nach Eingabe- und Ausgabeformen zu differen-

---

[5] Vgl. [Puppe u.a. 1994], [Gappa u.a. 1995], [Poeck und Gappa 1995] und [Günter 1995]. KADS ist ein Akronym zu *„Knowledge Aquisition and Documentation System"*. Vgl. u.a. Breuker et al. [1987].

zieren. Neben dem Kodierungsaufwand ist insbesondere die Lesbarkeit oder Anschaulichkeit (von Funktionsgraphen oder Tabellen bei Fuzzy-Relationen) von Bedeutung.

Die Repräsentation unscharfer Mengen kann auch einen Zugriff auf *Kern, Träger, Niveaumengen* und *Höhe* ermöglichen (Kapitel 2.2.2, 63ff.). Anhand der Höhe einer Fuzzy-Menge läßt sich überprüfen, ob eine Fuzzy-Menge *normalisiert* ist und nicht-normalisierte Fuzzy-Mengen können unter Umständen mit Hilfe der Höhe normalisiert werden.

Da die Repräsentation von Fuzzy-Mengen im Hinblick auf verschiedene Anforderungen wie effiziente Verarbeitungsmöglichkeiten und vielseitige Verwendbarkeit von großer Bedeutung ist, der Gestaltungsraum zur Repräsentation von Fuzzy-Mengen immens groß ist und nicht alle Anforderungen zugleich erfüllbar sind, ist es wichtig, den Programmierern zu ermöglichen, *neue Typen von Fuzzy-Mengen* (auf möglichst einfache Art und Weise) *zu definieren.*

Linguistische Variablen

Linguistische Variablen unterscheiden sich von gewöhnlichen Variablen primär darin, daß ihre Werte linguistische Terme sind, die Fuzzy-Mengen denotieren. Eine rudimentäre Form der Unterstützung linguistischer Variablen kann sich dementsprechend auf die Zuordnung von einer *Menge linguistischer Werte* über der gleichen Grundmenge zu einem *Variablennamen* beschränken.

Nach Zadeh gehört zu einer vollständigen Definition darüber hinaus die Angabe der *Grundmenge,* über der die linguistischen Werte definiert sind, sowie die Spezifikation *syntaktischer* und *semantischer Regeln.* Im Hinblick auf Syntax und Semantik einer linguistischen Variablen stellt sich die Frage, ob und gegebenenfalls welche *Formalismen* zu ihrer Kodierung angeboten werden. Auch ist relevant, in welchen Situationen die syntaktischen und semantischen Regeln angewandt werden. Im einfachsten Fall kann sich die Unterstützung auf Grundterme beschränken, ausdruckstärker ist eine Sprache, die *strukturierte* oder gar *Boolesche linguistische Variablen* unterstützt. Das Definitionskonstrukt kann Optionen zur *Spezifikation von Hecken und Junktoren* bieten. Die Spezifikation kann sich auf eine einfache namentliche Nennung allgemein definierter Operatoren beschränken oder Möglichkeiten bieten, spezielle Definitionen für die Hecken und Junktoren einer linguistischen Variablen zu verwenden. Für *Grundterme*, *Hecken*, *Junktoren* und *zusammengesetzte Terme* können spezielle Zugriffsmöglichkeiten geboten werden. Endliche Term-Mengen können mit Hilfe einer Grammatik *automatisch generiert* werden.

Die Definition linguistischer Variablen ist in der Regel *kontextabhängig*. Daher sind Konstrukte für eine kontextspezifische Definition sinnvoll. In vielen Fällen genügt es, die Definition einer linguistischen Variable auf eine bestimmte *Referenzmenge* einzuschränken (für die Variable „Größe" beispielsweise die Referenzmenge „Bauwerke" oder „Menschen"). Linguistische *Standardvaria-*

blen wie die Geltungsvariablen *Wahrheit, Möglichkeit, Wahrscheinlichkeit* und *Häufigkeit* können bereits vordefiniert sein.

Weiterführende Aspekte betreffen die Unterstützung von *Inferenzen über extensionalen und intensionalen Bedeutungsaspekten* (vgl. Kapitel 7.1.4, 244ff.). Es können Konstrukte angeboten werden, um *sprachinterne Relationen* zwischen linguistischen Werten wie Synonymie und Antonymie festzulegen (vgl. 245ff.).

Eng mit dem Konzept der linguistischen Variablen ist das der *linguistischen Approximation* verknüpft. Als Basis linguistischer Approximationsverfahren können unterschiedliche *Distanzmaße* (wie die Hamming-Distanz oder Euklidische Distanz) dienen (vgl. Kapitel 7.2.3, 253). Dementsprechend können verschiedene *Abstandsfunktionen* zur Verfügung gestellt werden, aber auch Möglichkeiten geboten werden, neue Abstandsfunktionen zu definieren. Zur Berücksichtigung linguistischer Gütekriterien müßten *linguistische Bewertungsfunktionen* unterstützt werden (250). Zur Ermittlung linguistischer Approximationen können verschiedene *Ganzheits-* oder *Dekompositionsverfahren* eingesetzt werden (vgl. 253ff.). Angesichts der Probleme, die mit den beschriebenen Verfahren verbunden sind, sind Optionen zur Modifikation, Erweiterung oder Ersetzung der angebotenen Verfahren besonders wünschenswert (vgl. 257ff.).

Fuzzy-Operatoren

Unter Fuzzy-Operatoren werden verschiedene für Fuzzy-Mengen definierte Operatoren subsumiert. Als Hauptgruppen können grundlegende Mengenoperatoren, logische Operatoren, arithmetische Operatoren, spezielle relationale Operatoren und linguistische Operatoren gelten.

Zu den grundlegenden Mengenoperationen zählen *Durchschnitts-, Vereinigungs-* und *Komplementbildung*. Die Komplementbildung kann zur *Differenzmengenbildung* verallgemeinert werden. Für die Mengenoperatoren wurden verschiedene Alternativen vorgeschlagen: *t-Normen und t-Conormen, „kompensatorische" Operatoren, Mittelungsoperatoren* (vgl. Kapitel 3). Diese Operatoren können zugleich zur Modellierung der *Konjunktion, Disjunktion* und *Negation* verwandt werden. Für die Implikation bieten sich eine Reihe *mehrwertiger Implikationsoperatoren* an (vgl. Tabelle 8.1, 283).

Ergänzend zu den genannten Mengenoperatoren können *spezielle relationale Operatoren* wie *Kartesiches Produkt, Verkettung, Verbindung, Projektion* und *Zylindererweiterung* zur Verfügung gestellt werden. Insbesondere für das Kartesische Produkt und die Verkettung wurden alternative Definitionen vorgeschlagen, die bei bestimmten Aufgabenstellungen Vorzüge gegenüber den „klassischen" Max-Min-Definitionen bieten. Alternative Definitionen können durch Operatoren unterschiedlichen Namens (etwa: max-average-composition, max-product-composition) oder durch zusätzliche Parameter für die zu verwendenden Funktionen (normalerweise *t*-Normen und *t*-Conormen) eingeführt werden. Wird eine Prozedur zur Berechnung der *transitiven Hülle* angeboten, so wäre es sinnvoll, daß der Verkettungs- und Vereinigungsoperator variiert werden kann (183).

Bei der Erweiterung arithmetischer Operationen auf Fuzzy-Mengen sind zunächst die *vier Grundrechenarten* bedeutsam. Weiterhin können numerische Prädikate zur Verfügung gestellt werden, mit denen sich überprüfen läßt, ob ein unscharfes Intervall *positiv* oder *negativ* ist. Die Erweiterung des *Maximums* und *Minimums* kann wie die der Grundrechenarten und höherer Funktionen nach dem Erweiterungsprinzip erfolgen. Numerische Vergleichsoperationen (=, >, <, >=, <=) können auf höchst unterschiedliche Weise realisiert sein, etwa als Fuzzy-Relation, die einer Menge von Wert-Paaren reelle Zahlen aus dem Einheitsintervall zuordnet, oder als eine Funktion, die die Kompatibilität zweier Fuzzy-Mengen über das Possibilitäts- und Notwendigkeitsmaß liefert.

Die Gruppe der linguistischen Operatoren läßt sich nach Zadeh grob in linguistische *Hecken vom Typ I* und vom *Typ II* unterteilen. Die Möglichkeit linguistische Hecken vom Typ II zu definieren, setzt voraus, daß *komplexe Fuzzy-Mengen* unterstützt werden, auf deren Bedeutungskomponenten zugegriffen werden kann. Die Unterstützung linguistischer Hecken kann über elementare Operatoren *(Konzentration, Dehnung, Kontrastverstärkung, Akzentuierung, Deakzentuierung, Träger-Fuzzifizierung, Support-Fuzzifizierung)* und vorgegebene Definitionen für gebräuchliche Hecken wie *sehr* und *mehr oder weniger* erfolgen. Verbreitet sind die von Zadeh vorgeschlagenen Definitionen. Kognitiv angemesser sind Ansätze, bei denen die Modifikation über eine *Verkettung von Funktionen* definiert ist, wobei eine Funktion einen *Translationseffekt* beschreibt. Dabei stellt sich die Frage, ob bei der Definition einer Hecke *kontextabhängige Parameter* und die *Position* des zu modifizierenden Terms (bezogen auf das semantische Zentrum oder die Randpunkte einer geordneten Menge von Termen) berücksichtigt werden können.

Bei allen Gruppen von Operatoren ist nicht nur zu fragen, *welche* Operatoren unterstützt werden, sondern vielmehr *wie* sie unterstützt werden und welche Möglichkeiten die Sprache bietet, *neue Operatoren zu definieren.* Insbesondere stellt sich die Frage, ob es möglich ist, *in verschiedenen Programmteilen unterschiedliche Operatoren zu verwenden* und die Notation eine *Abstraktion* von den speziellen Funktionsdefinitionen erlaubt. Denkbar ist etwa, daß linguistische Hecken (gleichen Namens) – oder auch Vergleichsoperatoren und Junktoren zur Bildung zusammengesetzter Terme – für verschiedene linguistische Variablen unterschiedlich definiert werden können.

Zu beachten ist, daß alle Operatoren für *verschiedene Argument- und Werttypen* definiert sein können. Insbesondere logische und linguistische Operatoren werden oft nur als *Funktion über dem Einheitsintervall, nicht als Funktion über einer Menge von Fuzzy-Mengen* definiert. Wie einzelne Operatoren eingesetzt werden können, hängt nicht zuletzt davon ab, wie sie aufeinander und auf die verfügbaren Klassen von Fuzzy-Mengen abgestimmt sind. Zu fragen ist daher, welche Klassen von Datenobjekten (Fuzzy-Mengen) für welche Operationen *abgeschlossen* sind. So sind LL-Intervalle bezüglich der vier Grundrechenarten abgeschlossen. Mehr noch: die Rechenoperationen lassen sich sehr effizient durch einfache Parametertransformationen durchführen. Sollen die gleichen Operationen auf modifizierte Fuzzy-Mengen ebenfalls anwendbar sein, so müssen die linguistischen Operationen als *typgebundene Parametertransformationen* definiert werden; die Zadehschen Standarddefinitionen linguistischer Hekken erfüllen diese Anforderungen nicht.

Verarbeitungs- und Rechenmodelle approximativen Schließens

Approximatives Schließen ist ein Oberbegriff für Inferenzen über verschiedenen Formen imperfekten Wissens. Ansätze auf der Basis der Fuzzy-Mengentheorie lassen sich, grob gesprochen, nach zwei Gesichtspunkten unterteilen: zum einen danach, *welche Arten imperfekten Wissens in welchen Kombinationen* unterstützt werden, zum anderen danach, welche *Verarbeitungsmodelle* den Rahmen zur Propagierung imperfekten Wissens bilden. Der derzeitige Stand der Theorie und ihrer Anwendung legt eine Einteilung in vier Hauptgruppen nahe: *Relationalgleichungssysteme, Fuzzy-Kontrollregelsysteme, Fuzzy-Produktionensysteme* und Logiksysteme auf der Basis *bewerteter Hornklauseln* (vgl. die Kapitel 8, 11, 12, 13). Allein die bereits ausgearbeiteten Varianten von Verarbeitungsmodellen und Rechenmodellen sind so zahlreich, daß ihre Darstellung den Rahmen einer Monographie – um so mehr den einer einleitenden Beschreibung des Merkmalraums – sprengen würde. Es muß hier genügen, einige Punkte hervorzuheben. Detailliertere Merkmalbeschreibungen finden sich in den voranstehenden Kapiteln.

Für die Verarbeitung von Fuzzy-Regeln nach dem Modell des generalisierten Modus ponens wurden verschiedene Implikationsoperatoren vorgeschlagen. Mit der Wahl des Implikationsoperators wird die Relation zwischen Antezedent und Konsequent festgelegt. Eine Beurteilungshilfe bietet die *Typisierung von Regeln nach Fukami, Mizumoto und Tanaka* sowie die Unterscheidung von *wahrheits-, unsicherheits- und possibilitätsqualifizierenden Regeln nach Dubois und Prade* (vgl. Kapitel 8.4.2, 288ff.). Grundsätzlich läßt sich zwischen *global* und *lokal opererierenden Propagierungsalgorithmen* unterscheiden. Einige unter bestimmten Bedingungen anwendbare lokal operierende Propagierungsverfahren führen zu den gleichen Ergebnissen wie global operierende, bei anderen können die Ergebnisse unspezifischer sein.

Systeme der Fuzzy-Regelungstechnik lassen sich zwar auch im Sinne von Relationalgleichungssystemen reinterpretieren, verbreiteter ist jedoch ein Modell paralleler Abarbeitung von Kontrollregeln. Die verbreitetsten Systeme der Fuzzy-Regelungstechnik lassen sich in zwei Gruppen einteilen. Liegt ihnen ein „kognitives Modell" zugrunde, so kann man kurz von *Mamdani-Reglern* sprechen, bei einem „operativen Modell" von *Takagi-Sugeno-Reglern*. Bei Mandani-Reglern sind zwei Inferenzmethoden gebräuchlich: die *Max-Min-Inferenzmethode* und die *Max-Produkt-Inferenzmethode*. Neben der Wahl von Operatoren für die *Disjunktion* und *Konjunktion* ist die Wahl der *Defuzzifizierungsmethode* bedeutsam.

Fuzzy-Produktionensysteme lassen sich grob nach der Art der *Regelverkettung* einteilen: einige Systeme arbeiten *vorwärtsverkettend*, andere *rückwärtsverkettend*, wieder andere, des öfteren *hybride* Systeme genannt, bieten sowohl Vorwärts- als auch Rückwärtsverkettung. Zu beachten ist, daß Angaben über die Verkettungsrichtung wenig über die Leistungsfähigkeit eines Inferenzmechanismus aussagen – sie sagen nichts über die *Ausdrucksmächtigkeit der Regelsprache* und nichts über die *Effizienz* der Inferenzmaschine aus. Ähnlich wie bei Fuzzy-Kontrollregelsystemen kann hier nach Optionen für die Wahl *logischer Verknüpfungsoperatoren* gefragt werden. Während Fuzzy-Kontrollregelsysteme im allgemeinen mit Eingangswerten arbeiten, die im Modell (ungeachtet der Realität) als sicher und präzise behandelt werden, werden in den verschiedenen Fuzzy-Produktionensystemen alle möglichen *Kombinationen von Unsicherheit und Unschärfe* bearbeitet: der Antezedent wie der Konsequent kann unscharf sein, die Regelzusammenhänge selbst können unsicher sein und nicht zuletzt können die Fakten unscharf und unsicher sein. Dementsprechend variantenreich sind die Rechenmodelle zur Propagierung von Unschärfe und Unsicherheit. Insbesondere stellt sich bei Fuzzy-Produktionensystemen die Frage, welche *Rolle den Sicherheits- oder Wahrheitswerten in der Konfliktlösung* zugeschrieben ist und welche Optionen geboten werden, Konfliktlösungsstrategien zu modifizieren oder zu definieren.

Bei den logikorientierten Fuzzy-Programmiersprachen handelt es sich um Erweiterungen von PROLOG oder um PROLOG-ähnliche Sprachen, wobei die Hornklauseln durch *Wahrheits-* oder *Unsicherheitswerte* bewertet werden. Die verschiedenen Systeme unterscheiden sich primär in den *Verrechnungsvorschriften* für diese Werte. Es kann verlangt werden, daß Bewertungen in Form einer *reellen Zahl* erfolgen oder erlaubt werden, *linguistische Terme* zu verwenden. Je nach Verrechnungsmodell muß das System alle möglichen Beweispfade durchforsten oder kann sich auf die Suche eines „optimalen" Beweispfads (beziehungsweise einer „optimalen" Widerlegung) beschränken. Wichtige Unterschiede bestehen auch im Hinblick auf die Unifikation: sollen unscharfe Prädikate berücksichtigt werden können, die nur „partiell" übereinstimmen, so muß das System eine *„semantische Unfikation"* durchführen können. Nicht zuletzt ist zu beachten, welche Anfragetypen unterstützt werden. Zu unterscheiden sind *„klassische" Anfragen*, *Anfragen mit einem Schwellwert* und *Anfragen mit einer Variablen* für einen zu ermittelnden Wahrheits- oder Sicherheitswert.

Spezielle Funktionsaspekte von Fuzzy-Programmiersystemen

Die beschriebenen allgemeinen Funktionsaspekte von Programmiersystemen lassen sich im Hinblick auf die Besonderheiten von Fuzzy-Programmiersystemen ausdifferenzieren und ergänzen. Ein zentraler Punkt dabei ist die Beschreibung oder externe Repräsentation der Grundelemente, insbesondere von Fuzzy-Operatoren, Fuzzy-Mengen und linguistischen Variablen. Ein Programmiersystem sollte unterschiedliche *Sichtweisen* auf diese Elemente unterstützen.

Bei linguistischen Termen, die über parametrische Zugehörigkeitsfunktionen definiert sind, genügt in vielen Fällen die Angabe des *Funktionstyps* und der *Parameterwerte.* In anderen Fällen sind zusätzliche Informationen etwa über die linguistische Variable und die Grundmenge erforderlich, in wieder anderen ist der *Funktionsgraph* nützlicher. Fuzzy-Relationen lassen sich übersichtlich in *Tabellen* beschreiben. Für bestimmte Fragestellungen kann die Übersicht erhöht werden, wenn einzelne Spalten ausblendbar sind. Die Beschreibung linguistischer Variablen kann Informationen über Grundmenge, Referenzmenge oder Kontext, Maßeinheit, Grundterme, Hecken, Junktoren sowie syntaktische und semantische Regeln bieten. Ihre graphische Repräsentation kann verschiedene Optionen für die *Skalierung*, für die *Auswahl linguistischer Terme* (Grundterme, gesamte Terme-Menge u.ä.) und die *graphische Gestaltung ihrer Zugehörigkeitsfunktionen* (Farbe, Linientyp, Strichstärke) bieten.

Über Fuzzy-Operatoren können verschiedene Informationen (beispielsweise über ihre *algebraischen Eigenschaften*) verfügbar gemacht werden. Bei zweistelligen Funktionen, insbesondere für Konjunktions-, Disjunktions- und Implikationsoperatoren, können *3D-Graphiken* erstellt werden, die einen visuellen Eindruck der Funktionscharakteristik ermöglichen.

Werkzeuge zur graphischen Repräsentation von Fuzzy-Mengen und linguistischen Variablen lassen sich zu *graphischen Editoren* ausbauen. Mit ihnen läßt sich der Verlauf von Zugehörigkeitsfunktionen direkt in Form von Zeigemanipulationen mit der Maus ändern, so daß der Effekt unmittelbar visualisiert wird. Solche graphischen Editoren können auch mit speziellen *Struktureditoren* verknüpft werden, in denen verschiedene Attributwerte von Fuzzy-Mengen oder linguistischen Variablen über die Tastatur geändert werden können. Spezielle Struktureditoren können auch für die Eingabe von *Regeln* angeboten werden. Vorteilhaft erscheint dies besonders dann, wenn die Regelsyntax sehr einfach ist und in den Regeln nur wenige Eingangs- und Ausgangsvariablen verwendet werden wie dies für Fuzzy-Kontrollregeln typisch ist. In einfachen Fällen kann eine *Matrixdarstellung* sehr kompakt und übersichtlich sein.

Analog zu den in Expertensystemwerkzeugen gebräuchlichen graphischen und alphanumerischen Browsern für Regeln und Objekte können *Browser* für Fuzzy-Konzepte zur Verfügung gestellt werden. Insbesondere Browser, die Klassen von Fuzzy-Mengen zu Fuzzy-Operatoren und linguistische Variablen zu linguistischen Termen und Hecken in Beziehung setzen.

Nicht minder nützlich ist es, spezielle Aspekte von Fuzzy-Systemen in der Gestaltung von *Wissensakquisitions-, Validierungs- und Erklärungskomponenten* zu berücksichtigen. So haben Farreny und Prade [1992] aufgezeigt, wie positive und negative Erklärungen unsicherer Inferenzen im Rahmen der Possibilitätstheorie berechnet werden können. Ihr Vorschlag behandelt neben den Standard-Fragen, *wie* eine Konklusion (hier: Possibilitätsverteilung) abgeleitet wurde und *warum* ein bestimmter Fakt ausgewertet wird, folgende Fragen [Farreny and Prade 1992, 325ff.]:

- Worin ist die resultierende Possibilitätsverteilung *hauptsächlich* begründet?
  - *Welche Fakten* oder *Regeln* haben den *Hauptbeitrag* dazu geleistet?
  - *Welche Teilergebnisse* sind bezüglich bestimmter Annahmen am *überraschendsten?*
- Warum haben bestimmte *Werte* einer Konklusion einen so *geringen Possibilitätsgrad*?
- Warum ist *die Konklusion insgesamt so unsicher und ungenau?*
- *Wie* würde sich die *Possibilitätsverteilung der Konklusion ändern, wenn* die Possibilitätsverteilungen bestimmter Fakten modifiziert würden?

Die *Auswahl und Validierung von Fuzzy-Operatoren* kann durch verschiedene Werkzeuge unterstützt werden. Beispielsweise lassen sich *die empirisch ermittelten den berechneten Zugehörigkeitsgraden graphisch gegenüberstellen* und die *Validität* über ihre quadratischen Abstände berechnen (111). Und für parametrische Aggregationsoperatoren können die *Parameter aufgrund empirischer Datensätze geschätzt werden.* Darüber hinaus bestehen Möglichkeiten, für die *Akquisition von Fuzzy-Mengen und Regeln* verschiedene Methoden anzubieten oder Anschlußmöglichkeiten für geeignete Programme zu schaffen (man denke nicht zuletzt an Genetische Algorithmen und Neuronale Netze). Speziell im Hinblick auf die Überprüfung und Feinabstimmung von Fuzzy-Reglern ist es hilfreich, wenn Zugehörigkeitsfunktionen und Parameter des Inferenzsystems *dynamisch geändert* werden können. Zugleich sollte die Regelauswertung transparent gemacht werden und die Auswirkungen mit Hilfe externer oder interner *Simulationswerkzeuge* sichtbar gemacht werden können.

14.1.5 Untersuchungs- und Darstellungsprobleme

Informationsmaterial

Der Merkmalraum für Fuzzy-Programmiersprachen ist offenkundig groß und hochkomplex. Andererseits ist festzustellen, daß für die meisten in der Literatur erwähnten Fuzzy-Programmiersprachen nur sehr spärliche (bei manchen Sprachen über ein Dutzend Papiere verteilte) Informationen zugänglich sind, so daß sich nur ein sehr fragmentarisches Bild über Leistungsfähigkeit und

Grenzen von Fuzzy-Programmiersprachen erstellen läßt. Wird ein System kommerziell vertrieben, so sind üblicherweise mit der Informationsbeschaffung nicht unerhebliche Kosten verbunden. In den weitaus meisten Fällen scheinen jedoch die notwendigen Dokumentationen überhaupt nicht produziert worden zu sein. Das liegt zum Teil sicherlich daran, daß die meisten Fuzzy-Programmiersprachen entweder nicht aus dem Experimentierstadium herausgetreten sind oder aber nur von ihren Entwicklern in wenigen Applikationen eingesetzt worden sind. Sprachbeschreibungen zu diesen Systemen finden sich dann oft nur in institutsinternen Forschungsberichten oder in Proceedings beziehungsweise anderen Sammelbänden, in denen der verfügbare Raum gerade dazu reicht, einige für die aktuelle Forschung relevante Grundideen zu skizzieren. Nicht immer sind alle Probleme zum Zeitpunkt einer Veröffentlichung gelöst, nicht selten werden offene Probleme aus Forschungsberichten ausgespart. Zudem sind solche Experimentiersprachen einem raschen Wandel unterworfen, so daß oft mehrere im hohen Grade unvollständige und zum Teil inkonsistente Beschreibungen existieren.[6]

Die folgende Abhandlung basiert nahezu ausschließlich auf veröffentlichten Dokumenten. Da in ihnen nur sehr selten und rudimentär auf Aspekte eingegangen wird, die spezifisch für Programmier*systeme* gegenüber Programmier*sprachen* sind, und sich überdies der Ausdruck Fuzzy-Programmiersystem im Gegensatz zu Fuzzy-Programmiersprache noch nicht etabliert hat, ist in der Kapitelüberschrift lediglich von Fuzzy-Programmiersprachen die Rede. Ungeachtet dessen werden weiterführende Aspekte in die Darstellung miteinbezogen, falls die Informationslage dies zuläßt.

Auswahl

Schien es zu Beginn dieser Arbeit noch gut möglich, alle Fuzzy-Programmiersprachen zu untersuchen, so zeigte sich allmählich, daß die Entwicklung von Fuzzy-Programmiersprachen eine Dimension annahm, die eine vollständige Untersuchung mit den verfügbaren Ressourcen nicht mehr zuließ. Die vorliegende Auswahl reflektiert das Hauptinteresse dieser Arbeit, der Integration von Ansätzen der Fuzzy-Mengentheorie und der symbolorientierten KI zuzuarbeiten. Vor diesem Hintergrund wie der Erkenntnis, daß die einschlägigen Methoden der Fuzzy-Regelungstechnik keine ausgeklügelten Sprachen notwendig machen, wurde davon Abstand genommen, Sprachen von Entwicklungswerkzeugen für Fuzzy-Regler („Fuzzy-Shells") einzubeziehen (vgl. 410, Fußnote 29). Ausgespart wurden auch verschiedene Erweiterungen von Expertensystemwerkzeugen, die auf den beschriebenen Verrechnungsvorschriften der Fuz-

---

6 Mehrere Versuche offene Fragen und widersprüchliche Angaben durch persönliche Anfragen zu klären, blieben leider erfolglos.

zy-Regelungstechnik oder einem einfachen Certainty-Factor-Modell basieren.[7] Auch blieb die eine oder andere Sprache und Systemerweiterung unberücksichtigt, weil sich entweder herausstellte, daß die propagierten Fuzzy-Konzepte noch nicht implementiert waren oder unersichtlich blieb, ob und inwiefern tatsächlich Methoden der Fuzzy-Mengentheorie unterstützt werden.[8]

Bei der Auswahl von Sprachen wurde Wert darauf gelegt, alternative Erweiterungen der in der KI gebräuchlichen regel- und logikorientierten Sprachen einzubeziehen. Unter den sieben regelorientierten Sprachen befinden sich vorwärtsverkettende, rückwärtsverkettende sowie „hybride“ Systeme. Logikorientierte Ansätze werden von vier Sprachen vertreten. Beachtenswert scheinen darüber hinaus [vgl. auch Dubois, Lang, Prade 1991, 224ff.]: FUZZY PROLOG [Hinde 1986], PROFIL (FUZZY PROLOG) [Kikuchi and Mukaidono 1988; Shen et al. 1988; Mukaidono et al. 1989] und FLCS (*Fuzzy Language on Concept Structure*) [Shen et al. 1992; vgl. auch Ding et al. 1989]. Zu POSLOG [Dubois, Lang, Prade 1990; 1987] konnten keine Sprachbeschreibungen ermittelt werden, die über die in Kapitel 13.4 (474ff.) dargestellten Verrechnungs- und Verarbeitungsmodelle hinausgehen, so daß auf diese Sprache nicht erneut eingegangen wird. Unberücksichtigt blieb zudem die in PL/1 implementierte Sprache L.P.L. (*Linguistic oriented Programming Language*) [Adamo 1980a,b] sowie das über Hypergraphen operierende possibilistische Inferenzsystem POSSINFER [vgl. Kruse, Gebhardt, Klawonn 1993, 114ff., 154ff.].

Klassifikation von Fuzzy-Programmiersprachen

Der Aufbau weist, wie schon in vorangegangenen Kapiteln, den historischen Anfängen einen besonderen Stellenwert zu. Dementsprechend wird die erste implementierte Fuzzy-Programmiersprache, FUZZY, mit ihrem nicht-implementierten Pendant, FUZZY-PLANNER, relativ ausführlich in einem eigenen Unterkapitel beschrieben. Nach Stoyan ist PLANNER – und man kann folgern FUZZY-PLANNER – als *zielbasierte* Programmiersprache zu klassifizieren. Obgleich FUZZY eng mit PLANNER verwandt ist und einen *zielorientierten* Programmierstil unterstützt, wäre die Einordnung von FUZZY unter *zielorientierte* Sprachen

[7] In diese Kategorie gehört FUZZYNEX [Dierkes, Reusch, Temme 1994], eine Erweiterung von NEXPERT OBJECT. Felix und Krumscheid [1990] beschreiben ein FUZZY genanntes Erweiterungsmodul für KEE [vgl. Wolf und Setzer 1991], das eine symbolorientierte Verarbeitung linguistischer Unsicherheitswerte nach dem in MILORD (vgl. Kapitel 12.4.2, 445ff. und Kapitel 14.4.7, 568ff.) realisierten Verfahren unterstützt. FUZZYCLIPS ist der Name einer von Togai InfraLogic entwickelten Erweiterung für CLIPS (C Language Integrated Production System), die auf Methoden der Fuzzy-Regelungstechnik aufsetzt. (Die von Togai InfraLogic angekündigten Entwicklungstools waren auf der XPS-95 (1.-3. März 1995, Kaiserslautern) noch nicht verfügbar.) Sosnowski [1992] beschreibt eine Erweiterung von CLIPS, deren Verrechnungsschemata denen von SYSTEM Z-11 [Leung and Lam 1989] (vgl. Kapitel 12.3.2, 436ff. und Kapitel 14.4.6, 564ff.) entsprechen.

(aufgrund des hohen Anteils anweisungsorientierter Programmierelemente) unangemessen. Charakteristische Elemente für die Programmierung mit FUZZY sind vielmehr (wie gezeigt wird, vgl. 515ff.) „mustergesteuerte Prozeduren" und „Prozedur-Dämonen", die auf einem „Fuzzy-Assoziationsnetz" operieren.

Die nachfolgenden Fuzzy-Programmiersprachen wurden unter „relationen-", „regel-" und „logikorientierte" Sprachen subsumiert. In manchen Fällen sind die Zuordnungen zweifelhaft. Dies gilt zunächst für eine „hybride" Sprache wie FMUFL, die auch eine „logikorientierte" und „funktionale" Teilsprache umfaßt. Fragwürdig sind die Zuordnungen zu „relationenorientierten" Sprachen. Ein Grund dafür ist die enge Verwandtschaft von „relationen-" und „logikorientierter" Programmierung. Die Einstufung von FRIL als logikorientierter Sprache folgt – trotz erheblicher Bedenken – der Klassifizierung von FRIL in neueren Veröffentlichungen. Bedacht werden sollte, daß sich die „relationenorientierte" Programmierung mit grundverschiedenen Verarbeitungsmodellen assoziieren läßt – im Sinne einer Propagierung von Constraints (Beschränkungen von Wertemengen) oder im Sinne eines relationalen Datenbankmodells, wonach neue Relationen gemäß einer relationalen Algebra aus Basisrelationen konstruiert werden.

Hinzu kommt, daß in der Tradition des generalisierten Modus ponens Konditionalaussagen (Regeln, logische Implikationen) als unscharfe Relationen modelliert werden, die mit Hilfe spezieller relationaler Operatoren konstruiert und ausgewertet werden, so daß dieser Ansatz logik-, relationen- und regelori-

---

[8] Letzteres trifft beispielsweise auf HALO (High and Low Order) zu [Clark and Kandel 1991]. HALO, so Clark und Kandel, könne wahrscheinlich am besten als ein „fuzzy PASCAL" charakterisiert werden [w.o., 199]. Es handele sich dabei um eine in ANSI C geschriebene Interpretersprache. Ihre Syntax ähnelt der von LISP. Die Referenz auf PASCAL rechtfertige sich aufgrund von „high-level" Kontrollstrukturen – als solche werden die primitiven Iterationskonstrukte `while`, `for` und `repeat` bezeichnet – die beide Sprachen zu „wohlstrukturierten" Programmiersprachen machten. Nach Clark und Kandel zeichnet dies HALO gegenüber LISP aus, eine Einschätzung, die offenkundig auf völliger Unkenntnis von LISP gründet. Die verschiedenen LISP-Dialekte erlauben nicht nur auf einfache Art und Weise beliebige Kontrollstrukturen wie die genannten zu definieren, sie verfügen i.a. auch bereits über weit mehr und leistungsfähigere Kontrollstrukturen. Dies gilt zumindest für alle seriösen LISP-Dialekte, etwa: MACLISP, CAMBRIDGELISP, INTERLISP, FRANZLISP, LELISP, ZETALISP, SCHEME, EULISP und last but not least COMMON LISP. Allein das auf Sequenzen (Listen, Vektoren, Strings) und Hash-Tabellen operierende Iterationskonstrukt `loop` [vgl. Steele 1990, 709-747] bietet eine Ausdrucksmächtigkeit, die die der genannten HALO-Konstrukte um ein Vielfaches übersteigt. Clark und Kandel heben neben den genannten Kontrollstrukturen die Fähigkeit zur prozeduralen Abstraktion hervor, ungeachtet dessen, daß derartige Abstraktionsmöglichkeiten von vielen Programmiersprachen, in besonders ausgeprägter Weise von den verschiedenen LISP-Dialekten, geboten werden. Einen Großteil des Beitrags nehmen einige triviale Programmbeispiele ein, die im wesentlichen nicht mehr demonstrieren, als daß HALO in der Lage ist, einfache arithmetische Operationen auf reellen Zahlen, *fuzzy quantities* genannt, durchzuführen. Weshalb HALO als Fuzzy-Programmiersprache klassifiziert werden sollte, ist angesichts der dargestellten Funktionalität nicht nachvollziehbar.

entierte Momente aufweist. *Besonders charakteristisch* für ihn ist jedoch die Verwendung unscharfer Relationen und spezieller relationaler Fuzzy-Operatoren, so daß man (vereinfachend) von einem relationenorientierten Modellierungsansatz sprechen kann. Obgleich die Sprachen FS-LISP, FLISP und FOPS eine Reihe von Sprachelementen aufweisen, denen kein relationales Verarbeitungsmodell zugrunde liegt, und diese Sprachen sicherlich keine typischen Vertreter dieses Sprachmodells sind, werden sie hier als relationenorientierte Sprachen eingestuft, da das im Zentrum dieser Abhandlung stehende approximative Schließen von ihnen primär in Form unscharfer Relationen und spezieller relationaler Fuzzy-Operatoren unterstützt wird.[9]

Bei allen Fragwürdigkeiten, die mit der vorgenommenen Einteilung verbunden sind, ist doch festzustellen, daß die Sprachen einer Gruppe vieles miteinander gemeinsam haben und sich alles in allem deutlich von den Sprachen einer jeweils anderen Gruppe unterscheiden – sowohl im Hinblick auf die sprachlichen Grundelemente wie den primär von ihnen unterstützten Programmierstil.

---

9 Legt man kein besonders Gewicht auf die Methoden zum approximativen Schließen, so wären FS-LISP und FLISP als funktionsorientierte und FOPS wäre als objektorientierte Sprache zu klassifizieren. Die Objektorientiertheit von FOPS ist primär ein Charakteristikum der Implementierungstechnik. Ansätze, objektorientierte Programmierkonzepte auf der Basis der Fuzzy-Mengentheorie zu erweitern, beschreibt Graham [1994a, 413ff.]. Grahams Überlegungen zu „Fuzzy-Objekten" sehen nicht nur vor, Objekten unscharfe Attributwerte zuschreiben zu können (dies ist in jeder objektorientierten Sprache ohne weiteres machbar). Weitaus anspruchsvoller ist sein Vorschlag, *graduelle Vererbungsrelationen* zu modellieren und auf ihrer Basis unscharfe Attributwerte für *„Fuzzy-Objekte"* abzuleiten. Graham schlägt dazu vor, Klassen-Unterklassen-Beziehungen Zugehörigkeitsgrade zuzuordnen und Vorgabewerte für undefinierte Attribute aus diesen Zugehörigkeitsgraden und den Vorgabewerten übergeordneter Objektklassen zu berechnen. Die vererbten Fuzzy-Mengen werden dabei auf dem Niveau des Vererbungsgrads geschnitten (Minimum); bei multipler Vererbung erhält man mehrere Fuzzy-Mengen. In diesem Fall soll die Vereinigungsmenge (Maximum) dieser Fuzzy-Mengen gebildet werden. Zur Weiterverarbeitung der resultierenden Werte soll entweder eine Defuzzifizierung oder eine linguistische Approximation durchgeführt werden. Grahams Konzeption läßt einige Fragen offen und liefert in vielen Fällen keine plausiblen Resultate [vgl. Graham 1994a, 419, 426].

14.2 FUZZY – Programmieren mit mustergesteuerten Prozeduren und „Prozedur-Dämonen"

14.2.1 Zur Herkunft von FUZZY: PLANNER, MICRO-PLANNER, FUZZY-PLANNER

In den Jahren 1967-1969 entwarf Hewitt eine neue Sprache, die Anfang der 70er Jahre als Paradigma der KI-Programmiersprachen [vgl. LeFaivre 1974a, 36ff.] galt und die Entwicklung der ersten Fuzzy-Programmiersprache maßgeblich prägte: PLANNER. In einer stark reduzierten Form wurde PLANNER 1970 von Sussman, Winograd und Charniak unter dem Namen MICRO-PLANNER in LISP implementiert [vgl. Stoyan 1988a, 235, 289].[10] Erfahrungen mit MICRO-PLANNER führten zu einer Reihe weiterer PLANNER-artiger Sprachen.[11]

Grundkonzepte von PLANNER und MICROPLANNER

Grundlegende Konzepte von PLANNER wie MICRO-PLANNER sind „Theoreme", „Assertionen" und „Ziele". Die „Assertionen" (Fakten) werden in Form eines Assoziationsnetzes verwaltet. Dem Programmierer stehen verschiedene Befehle zum Eintragen (`thassert`)[12], Abfragen (`thfind`) und Löschen (`therase`) von „Assertionen" zur Verfügung. Der Zugriff auf Assertionen wird durch eine relativ einfache Musterbeschreibungssprache unterstützt.

---

[10] PLANNER wurde, so Stoyan [1988a, 291], wohl nie vollständig implementiert. Stoyans Abhandlung [1988a, 233-296] bietet neben einer Darstellung des Verarbeitungsmodells und des in PLANNER angelegten Programmierstils eine kritische Aufarbeitung der historischen Entwicklung sowie eine Implementierungsbeschreibung von MICRO-PLANNER.

[11] Dazu zählen neben FUZZY die Sprachen CONNIVER, QA4 und QLISP [vgl. LeFaivre 1974a, 36-40]. In CONNIVER wurde die anweisungsorientierte Programmierung weiter ausgebaut und aus Effizienzgründen auf ein automatisches Backtracking verzichtet. QA4 zeichnete sich nach LeFaivre durch ein allgemeines Diskriminationsnetz für effiziente Datenzugriffe, mustergesteuerte Prozeduraufrufe sowie automatisches Backtracking aus. Beide Sprachen waren jedoch ähnlich ineffizient wie MICRO-PLANNER, da lediglich ein Interpreter für sie implementiert worden war. QLISP beinhaltete eine direkte Einbettung der Sprachkonstrukte von QA4 in INTERLISP. LeFaivre hat offenbar zunächst daran gedacht, eine Variante von FUZZY-PLANNER als Erweiterung von QA4 zu implementieren, bevor er sich entschied, eine Neuimplementierung vorzunehmen: „LeFaivre ... is currently investigating problem solving with inexact concepts by using a variant of Fuzzy-PLANNER which he designed to fuzzify QA4." [Kling 1974, 121]

[12] Repräsentationskonstrukte von Programmiersprachen werden in `Courier` gedruckt. Großbuchstaben werden nur dann verwendet, wenn ihnen eine spezielle Bedeutung zukommt. Dies gilt beispielsweise für die Anfangsbuchstaben logischer Variablen in verschiedenen PROLOG-Systemen. In PLANNER und MICRO-PLANNER beginnen alle Prozedurnamen mit dem Präfix `th`.

In Abhängigkeit von ihrer Aktivierung werden drei Typen von „Theoremen“ unterschieden: *Konsequent-*, *Antezedent-* und *Lösch-Theoreme.* Antezedent- und Lösch-Theoreme (`thante`, `therasing`) werden durch die entsprechenden Datenoperationen aktiviert. Existiert beispielsweise ein Antezedent-Theorem der Form „$p \rightarrow q$“ und es wird der Fakt p in das Assoziationsnetz eingetragen, so zieht dies unmittelbar den weiteren Dateneintrag q nach sich. Solche „Theoreme“ wurden deshalb auch als „Dämonen“ bezeichnet [vgl. Kling 1974, 112].

„Ziele“ werden über Konstante und Mustervariablen beschrieben. Wird ein „Ziel“-Ausdruck (`thgoal`) abgearbeitet, so versucht das System zunächst einen passenden Dateneintrag zu finden. Gelingt dies nicht, so wird ein Konsequent-Theorem (`thconse`) abgearbeitet, dessen Zielmuster zu dem aktuellen „Ziel“ paßt. Konsequent-Theoreme können ihrerseits wieder die Abarbeitung von „Unterzielen“ induzieren. Ist ein Ziel weder direkt durch Dateinträge noch indirekt über Theoreme erfüllbar, so erfolgt Backtracking zum letzten Entscheidungspunkt, wobei die bis dahin erfolgten Änderungen rückgängig gemacht werden. Backtracking kann auch explizit durch Aufruf der Prozedur `thfail` ausgelöst werden. Die Abarbeitung terminiert, wenn das Hauptziel erreicht wurde oder alle alternativen Wege erfolglos durchlaufen wurden.

Die Verarbeitung von Ziel-Ausdrücken und Konsequent-Theoremen läßt sich als „ziel-orientierte Implikationsauswahl“ (Stoyan) begreifen. Stoyan spricht deshalb auch von einer „ziel-orientierten Programmierung“ als einer „Variante der logik-orientierten Programmierung“ und klassifiziert MICRO-PLANNER als „ziel-basierte“ Sprache [Stoyan 1988a, 236f.]. Der seinerzeit in der KI verbreiteten Ablehnung der Prädikatenlogik wie insbesondere dem Selbstverständnis Hewitts entsprechend wurde PLANNER jedoch nicht als logik-orientierte Programmiersprache aufgefaßt.[13] Wie immer man die Sprache PLANNER und ihre Derivate klassifizieren mag, zu beachten ist, daß diese Sprachen eine Reihe anweisungsorientierter Elemente enthalten, die – wohl nicht zuletzt aufgrund von Defiziten der Musterverarbeitung und der ineffizienten Abarbeitung – zunehmend an Bedeutung gewannen.

FUZZY-PLANNER

LeFaivre hat in seiner Dissertation berichtet, daß er 1972 mit Kling darüber zu diskutieren begann, wie MICRO-PLANNER modifiziert werden müsse, um unscharfe Informationen verarbeiten zu können [LeFaivre 1974a, 29]. Daraus ging ein Entwurf zur Erweiterung von MICRO-PLANNER hervor, den Kling FUZZY-PLANNER nannte [Kling 1974].

FUZZY-PLANNER war von Kling als eine aufwärtskompatible Sprache zu MICRO-PLANNER intendiert [Kling 1974, 118], wurde jedoch, so LeFaivre [1974a, 29], nie implementiert. Kling versuchte eine Antwort auf die Frage zu

[13] Kling [1974] und LeFaivre [1974a] klassifizieren sie vielmehr als „prozedurale“ Sprache. Vgl. hierzu auch [Stoyan 1988a, 289-292].

geben, wie „mehrwertige Logiken", die er auch als „Fuzzy-Logiken" bezeichnet, mit dem „prozeduralen Problemlösungs-System" MICRO-PLANNER verknüpft werden können [Kling 1974, 105].

Klings Entwurf sah vor, Assertionen einen Wahrheitswert aus dem Einheitsintervall zuzuordnen und die Primitiva von MICRO-PLANNER entsprechend zu erweitern. Dazu gehören neben den Datenzugriffsoperationen insbesondere die logischen Konnektive (`thand`, `thor`, `thnot`), die in Anlehnung an Zadehs klassischem Vorschlag spezifiziert wurden. Ergänzend dazu wird ein Schwellwert eingeführt, der eine untere Schranke für den Wahrheitswert darstellt, ab dem die Verarbeitung fortgesetzt werden kann [vgl. Kling 1974, 111]. Zum deduktiven Schließen führt er mit Verweis auf Goguen und Lee das algebraische Produkt und das Minimum als alternative Abtrennungsoperationen ein. Der Wahrheitswert der Konklusion berechnet sich demnach entweder über das Minimum oder das Produkt der Wahrheitswerte von Prämisse und Implikation [Kling 1974, 108f., 112]. Eine derartige Inferenz könnte in FUZZY-PLANNER durch folgende Programmanweisungen bewirkt werden:[14]

```
(thassert (p a) 0.5)                                   [1]
```

```
(thante (x) 0.8 (p x) (thassert (q x) tvalue)          [2]
```

Die erste Anweisung [1] besagt, daß die Assertion `(p a)` mit dem Wahrheitswert 0.5 in die Datenbasis eingetragen wird. Dieser Eintrag aktiviert ein Antezedent-Theorem [2], dem der Wahrheitswert 0.8 zugewiesen ist. Die Abarbeitung dieses Theorems führt zu dem neuen Dateneintrag `(q x)` mit dem Wahrheitswert `tvalue`. `tvalue` bezeichnet eine „globale Variable" (genau genommen: *special variable*), die in diesem Fall zu 0.4 oder 0.5 evaluiert, je nachdem, ob das Produkt oder das Minimum als Abtrennungsoperator verwendet wird. Die Wahrheitswerte dienen überdies zur Steuerung der Abarbeitung, insbesondere der Theorem-Auswahl. Kling illustriert dies anhand eines einfachen Beispiels [vgl. Kling 1974, 113]:

```
(thconse (x) 0.6 (tasty x)                             [3]
   (thgoal (apple x) 1.0)
   (thgoal (red x) 0.7))
```

[14] Programmzeilen werden mit einer Zeilennummer und einem Doppelpunkt eingeleitet, jede (normalerweise aus mehreren Zeilen bestehende) Programmeinheit wird zusätzlich mit einer in eckige Klammern gesetzten Zahl am Zeilenende numeriert. Diese Numerierungen gehören nicht zum Programmcode, sondern erfolgen lediglich aus darstellungslogischen Gründen. Beispielprogramme, die den referierten Texten entlehnt sind, werden teilweise abgewandelt, entweder weil sie im Quelltext fehlerhaft sind oder um dem vorliegenden Darstellungszusammenhang besser zu entsprechen. Finden sich in der Literatur verschiedene Notationsweisen, so wird in der Regel die besser lesbare (modernere) gewählt. In vielen der in diesem Kapitel besprochenen Sprachen wird die in LISP gebräuchliche Polnische Notation verwendet, in der die Operanden dem Operator nachgestellt werden.

```
6:  (thconse (x) 0.9 (tasty x)                     [4]
7:     (thgoal (ripe x) 0.95))

8:  (thprog (z)                                    [5]
9:     (thgoal (apple z) 1.0)
10:    (thgoal (tasty z) 0.5)
```

Gesetzt das erste Teilziel von [5] wäre erfolgreich abgearbeitet worden, so daß der Belegung der Variablen *z* der geforderte Wahrheitswert von 1.0 zukomme, dann kann das zweite Teilziel (Zeile 10) über die beiden Konsequent-Theoreme [3] und [4] erreicht werden. Klings Vorschlag sieht in solchen Fällen vor, das Theorem mit dem höchsten „Wahrheitswert" auszuwählen. In diesem Beispiel ist also Theorem [4] mit dem Wert 0.9 dem Theorem [3] mit dem Wert 0.6 vorzuziehen. Die Suche kann nicht nur wie beschrieben durch „Wahrheitswerte" gesteuert werden, sondern darüber hinaus aufgrund von Schwellwerten begrenzt werden [vgl. Kling 1974, 113-118]: Bei Wahl des Minimums als Abtrennungsoperator lohnt sich nur die Abarbeitung von Theoremen und Unterzielen, wenn deren „Wahrheitswerte" den im aktuellen Ziel spezifizierten Wert nicht unterschreiten; bei Wahl des Produkts kann der Quotient aus dem im Ziel geforderten und dem im Theorem angegebenen „Wahrheitswert" als neuer Schwellwert verwendet werden. Um lange Suchprozesse zu vermeiden, schlägt Kling außerdem vor, sich mit suboptimalen Lösungen zu begnügen, sofern sie die im Schwellwert oder in der Zielvorgabe gemachten Anforderungen erfüllen.

Kling hat in seinen Überlegungen viele Konzepte der Fuzzy-Mengentheorie ausgeklammert und seine Erweiterungsvorschläge zu MICRO-PLANNER auf die logikorientierten Konstrukte eingeschränkt. Diese Auswahl macht die Verwandtschaft von FUZZY-PLANNER zu verschiedenen „Fuzzy"-Erweiterungen von PROLOG umso deutlicher. Die Abarbeitung von Zielklauseln in PROLOG gleicht der Abarbeitung von Zielen und Konsequent-Theoremen in MICRO-PLANNER und FUZZY-PLANNER: in beiden Fällen erfolgt eine Tiefensuche mit Backtracking. Und Klings Vorschlag zur Verrechnung von Wahrheitswerten und zur Beschneidung des Suchbaums findet sich in FPROLOG wieder (vgl. Kapitel 13.3, 470ff.). Abgesehen von der vielbeklagten Ineffizienz von MICRO-PLANNER erscheint unter dem Gesichtspunkt der logikorientierten Programmierung vor allem die fehlende Unifikation als gravierender Mangel.

14.2.2 Grundkonzepte von FUZZY: mustergesteuerte Prozeduraufrufe über Fuzzy-Assoziationsnetzen

FUZZY hat viele Grundkonzepte mit anderen KI-Programmiersprachen in der Tradition von PLANNER gemeinsam. Dazu gehört ein *Assoziationsnetz* als Grundlage der Wissensrepräsentation und das Konzept *mustergesteuerter Prozeduraufrufe*. Wie die anderen PLANNER-artigen KI-Programmiersprachen wurde FUZZY in LISP implementiert. LeFaivre hebt jedoch hervor, daß er FUZZY „direkt in LISP eingebettet" habe, so daß die Auswertung von Ausdrücken in FUZZY nicht über einen speziellen Interpreter wie in MICRO-PLANNER, CONNIVER oder QA4 erfolgen müsse, was sich günstig auf die Effizienz auswirke und die freie Verwendung von LISP- und FUZZY-Ausdrücken erlaube. Nach LeFaivre [1974a, 167] beinhaltet FUZZY 130 LISP-Funktionen und Spezialformen. Im Anhang seiner Arbeit gibt LeFaivre eine Kurzbeschreibung von 74 Sprachkonstrukten [vgl. LeFaivre 1974a, 156-166]. Ihre Anwendung ist in der Regel nicht auf imperfektes Wissen beschränkt. FUZZY stellt daher, wie LeFaivre betont, eine *allgemeine* Programmiersprache dar. Ihre Besonderheit, die ihr auch den Namen gab, liegt jedoch darin, die Repräsentation und Verarbeitung „unscharfen" Wissens zu unterstützen.

Mehrwertigkeit

LeFaivre charakterisiert FUZZY als „mehrwertige Programmiersprache". Er rechtfertigt diese Bezeichnung mit dem Hinweis, daß FUZZY-Ausdrücke einen „Wert" und einen „unscharfen Wahrheitswert", genannt: „Z-Wert", zurückliefern, während Ausdrücke „traditioneller" Sprachen lediglich einen Wert lieferten [LeFaivre 1974a, 44; 1974b, 58].[15] Die Bezeichnung „Z-Wert" hat LeFaivre gewählt, um jede semantische Konnotation zu vermeiden. Sie können, so LeFaivre für Wahrheitswerte, Wahrscheinlichkeiten und Gewichte stehen oder nach Belieben des Benutzers „irgendetwas" anderes repräsentieren. „Z-Werte" sind als Zahlen eines Intervalls definiert, dessen Randpunkte durch die Parameter `zlow` und `zhigh` bestimmt werden [LeFaivre 1974a, 44]. Die Voreinstellung dieser Parameter legt das Intervall [0, 1] fest, der Programmierer hat jedoch die Möglichkeit, die Parameter zu ändern. „Z-Werte" und „Werte" werden intern in Form einer cons-Zelle gespeichert. Die Funktionen `val` und `zval` ermöglichen den Zugriff auf den „Wert"-Teil und „Z-Wert"-Teil. Wird `zval` ohne Argument aufgerufen, so wird der Z-Wert des letzten Rückgabewerts zurückgegeben. Die Möglichkeit, Ausdrücken „Z-Werte" zuzuordnen, besteht selbstverständlich in

[15] Diese Charakterisierung ist in mehrfacher Hinsicht fragwürdig. Der Ausdruck „unscharfer Wahrheitswert" steht bei Zadeh für linguistische Wahrheitswerte, also unscharfe Mengen, nicht wie hier für eine Zahl. Die Charakterisierung als „mehrwertige Programmiersprache" sollte nicht darüber hinwegtäuschen, daß FUZZY nicht im strengen Sinne auf einer „mehrwertigen Logik" gründet. Fragwürdig ist die Rede von „mehrwertigen Ausdrücken" auch deswegen, weil jeweils ein „Wert" und ein „Z-Wert" in Form einer cons-Zelle repräsentiert werden, so daß man es programmiertechnisch mit einem Wert, nämlich einer Liste (genauer: einem Punktpaar), zu tun hat. Daraus geht auch hervor, daß „mehrwertige Ausdrücke" im Sinne von FUZZY weder etwas mit dem programmiertechnischen Konzept der *multiplen Werte* (engl.: *multiple values*) in COMMON LISP [vgl. Steele 1990, 179-186] noch etwas mit dem gleichnamigen Konzept in der Expertensystemtechnologie [vgl. etwa Christaller u.a. 1989, 104] zu tun haben.

jeder Programmiersprache. In FUZZY ist diese „Mehrwertigkeit“ jedoch in nahezu alle Repräsentationskonstrukte eingearbeitet.

> „The key contribution of FUZZY is that the entire system is built around the representation and manipulation of many-valued expressions. The user need not *explicitly* manipulate Z-values as he would have to in a traditional language – the system does all the dirty work of adding, removing, comparing, and combining Z-values. The user need only inform the system as to the general manipulations he wishes performed.“ [LeFaivre 1974a, 45f.]

Pattern-Matching in Fuzzy-Assoziationsnetzen

Die Musterverarbeitung in FUZZY bleibt der Tradition der damaligen KI-Programmiersprachen verhaftet. Muster werden in Form von Listen aus Konstanten und Mustervariablen repräsentiert. Da die Listen beliebig tief verschachtelt sein können, lassen sich hierarchische Strukturen direkt beschreiben. *Die Verarbeitung unscharfer Muster über geeignete Maße der Kompatibilität unscharfer Mengen wird nicht unterstützt.* Zur Kennzeichnung einer Mustervariablen wird das Präfix `?` verwendet. Handelt es sich um Segmentvariablen, so werden den Variablennamen jeweils zwei Fragezeichen `??` vorangestellt. Mustervariablen können (in Form beliebiger LISP-Funktionen) zusätzliche Restriktionen (`*r`) zugeordnet werden, die ihre Instantiierung einschränken. Die Instantiierung einer Mustervariablen kann explizit durch die Präfixe `!` beziehungsweise `!!` bewirkt werden. Analog dazu wird die Evaluation von LISP-Ausdrücken durch `&` und `&&` kodiert. Die Musterverarbeitungssprache von FUZZY bietet insgesamt 20 Konstrukte. Ein Musterabgleich kann explizit durch die Prozedur `match` angefordert werden. Nach Abarbeitung des Ausdrucks [6] ist beispielsweise `(a (b c) d)` an `!x` und `20` an `!y` gebunden.

```
11:   (match (??x ?y) (a (b c) d &(* 4 5)))                    [6]
```

Zu beachten ist, daß das zweite Argument eines `match`-Aufrufs keine ungebundenen Mustervariablen enthalten darf. Das heißt alle Elemente des „Datums“ müssen entweder Konstante sein oder durch `!`, `!!`, `&` oder `&&` präfigiert sein, so daß ihre Instantiierung beziehungsweise Evaluation Konstante ergibt. LeFaivre redet in diesem Fall nicht von *„pattern“* (Muster), sondern von *„skeleton“* (Skelett).

Die Erweiterung des Assoziationsnetzes betrifft die interne Repräsentation wie die externen Zugriffsfunktionen. Die Dateneinträge bestehen aus Paaren von Assertionen und Z-Werten. Mit der Prozedur `add` können Assertionen der assoziativen Datenbasis hinzugefügt werden, wobei ihnen zugleich ein Z-Wert zugewiesen werden kann. Mit `remove` lassen sich Dateneinträge wieder entfernen, gleichgültig welcher Z-Wert ihnen zugewiesen ist. Mit der Prozedur `fetch` lassen sich Dateneinträge aus dem Netz „herausholen“. Im Gegensatz zu den beiden anderen Prozeduren kann `fetch` ein Muster übergeben werden, das dann mit der Datenbasis abgeglichen wird. Durch die Übergabe eines zusätzlichen Arguments kann ein zulässiger Bereich von Z-Werten angegeben werden, entweder in Form einer Zahl, die als untere Schranke interpretiert wird, oder als Liste zweier Zahlen. `fetch` liefert normalerweise den Dateneintrag mit dem größten zulässigen Z-Wert.[16]

```
12:  (add (preiswert wohnung1) 0.6)                        [7]
13:  (add (preiswert wohnung2) 0.8)
```

```
14:  (add (schoen wohnung1) 0.9)                           [8]
15:  (add (schoen wohnung2) 0.4)
```

```
16:  (fetch (preiswert ?wohnung) 0.5)                      [9]
17:  ⇒ ((preiswert wohnung2) . 0.8)
```

Intern sind in FUZZY alle Dateneinträge *absteigend nach den Z-Werten sortiert.* Nach LeFaivre [1974a] werden alle Assertionen in einem globalen Assoziationsnetz verwaltet. Wahlster [1979] erwähnt jedoch die Möglichkeit, Datenoperationen auf sogenannte Fuzzy-Kontexte einzuschränken, wobei jedem Kontext eine separate Datenbasis entspricht.[17]

Um einen effizienten Zugriff zu ermöglichen, werden alle in den Assertionen vorkommenden Symbole *indexiert* und zwar so, daß jedem Symbol eine Liste aller Assertionen, in denen es vorkommt, zugeordnet ist [vgl. LeFaivre 1974a, 168f.]. Erfolgt ein `fetch`-Aufruf wie in Zeile 16, so werden zunächst alle Assertionslisten der im Muster enthaltenen Symbole ermittelt und der Musterabgleich dann mit der kürzesten Assertionsliste durchgeführt. In diesem Fall würde dem Musterabgleich die in [7] hinzugefügten Assertionen zugrundegelegt werden, wobei der erste Abgleich mit dem in Zeile 13 eingetragenen Datum zu dem in Zeile 17 angeführten Ergebnis führen würde.

Kontrollstrukturen und Operatoren

FUZZY bietet eine Vielfalt von *Kontrollstrukturen*, mit denen die Abarbeitung gesteuert wird, je nachdem ob die Auswertung eines Ausdrucks „erfolgreich" (`succeed`) beendet wird, „mißlingt" (`fail`) oder zum Überschreiten eines Schwellwerts führt. Dazu gehören insbesondere Konditionen (`if`, `ifall`, `ifany`) und Iterationen (`do`, `for`). Im Gegensatz zu Iterationskonstrukten gewöhnlicher anweisungsorientierter Sprachen, operieren `for`-Anweisungen in FUZZY auf allen möglichen Instantiierungen eines vorgegebenen Musters, wobei der Muster-

[16] Es ist auch möglich, die Assertion mit dem kleinsten zulässigen Z-Wert zu erhalten. In diesem Fall muß der Wertebereich in umgekehrter Reihenfolge angegeben werden.

[17] Die Arbeit von Wahlster [1979] referiert auf das FUZZY-Referenzhandbuch von 1977. Aus den Beschreibungen und Programmbeispielen von Uekert [1979] und Wahlster [1979] sind ansonsten keine konzeptionellen Änderungen zu [LeFaivre 1974a] erkennbar.

abgleich aufgrund von Assertionen (`for fetch:`) oder aufgrund von Deduktionen über der Datenbasis (`for deduce:`, `for goal:`) erfolgen kann.

Zu den in LISP verfügbaren logischen Operatoren (`and`, `or`, `not`) bietet FUZZY Varianten (`zand`, `zor`, `znot`) an, die auf „mehrwertigen“ Ausdrücken operieren. Die Verrechnung der Z-Werte erfolgt über Minimum, Maximum und die Differenz zu eins. Das bedeutet jedoch nicht, daß diese Operatoren den Zadehschen Mengenoperatoren entsprechen: *die logischen Konnektive sind nicht für Fuzzy-Mengen, sondern für „mehrwertige“ Ausdrücke definiert.* Solche Ausdrücke lassen sich unter bestimmten Bedingungen allenfalls als Fuzzy-Einermengen interpretieren. Obgleich die gleichen Funktionsvorschriften benutzt werden, haben diese Operationen mit den Zadehschen Mengenoperationen also wenig gemein.

Dem Vorschlag von Sussman und McDermott folgend, bietet FUZZY ähnlich wie CONNIVER eine Reihe von Funktionen zur *direkten Kontrolle des Backtracking*. Grundlegend sind Prozeduren zum Zwischenspeichern (`save`), Restaurieren (`restore`) und Festschreiben (`finalize`) eines Netzzustands. Mit Hilfe dieser Grundfunktionen wurde automatisches Backtracking in verschiedene FUZZY-Konstrukte (`do?`, `for`) eingearbeitet.

Mustergesteuerte Prozeduraufrufe und Prozedur-Dämonen

Ein FUZZY-Programm besteht im Normalfall aus einer Menge von *Prozeduren*. Jeder FUZZY-Prozedur ist ein Prozedur-Muster zugeordnet, das beim Aufruf der Prozedur mit dem übergebenen Argument abgeglichen wird. Die Abarbeitung von FUZZY-Prozeduren kann *mißlingen* (`fail`) oder erfolgreich mit einem „Wert“ und dem zugehörigen „Z-Wert“ beendet werden (`succeed`). LeFaivre hat darauf hingewiesen, daß FUZZY-Prozeduren Theoremen in MICRO-PLANNER vergleichbar sind [LeFaivre 1974a, 62, 72]. Analog zu den Konsequent-, Antezedent- und Löschtheoremen in MICRO-PLANNER (und den „Dämonen“ in CONNIVER) lassen sich in FUZZY Prozeduren definieren, die automatisch aufgerufen werden, wenn zu den Prozedurmustern passende Daten abgefragt (`deduce`), hinzugefügt (`assert`) oder gelöscht (`erase`) werden. Eine typische Anwendung dieses Mechanismus ist beispielsweise die Modellierung von „Klassenhierarchien“, die in „semantischen Netzen“ oft in Form von „isa“-Kanten beschrieben wurden [vgl. LeFaivre 1974a, 79]:

```
18:  (add deduce:                                         [10]
19:       (proc (?x isa ?y)
20:            (for fetch: (!x isa !z)
21:                 (for goal: (!z isa !y)
22:                      (succeed?)))))
```

Während die iterativen `fetch`-Aufrufe in Zeile 20 ausschließlich auf dem Assoziationsnetz operieren, bewirkt die `goal`-Anweisung in Zeile 21 zusätzlich einen rekursiven Aufruf der deduce-Prozedur, wenn der direkte Zugriff auf das Assoziationsnetz fehlschlägt. goal- und deduce-Prozeduren können auch direkt, also außerhalb eines for-Konstrukts aufgerufen werden (vgl. [14] und [26]).

Als ein Hauptcharakteristikum von FUZZY im Vergleich zu anderen KI-Sprachen nennt LeFaivre neben der „Mehrwertigkeit" das Konzept der *Prozedur-Dämonen* (engl.: *procedure demons*) [vgl. LeFaivre 1974a, 11, 64ff., 148f.]. Prozedur-Dämonen bieten eine Form der globalen Kontrolle über die Auswertung von Prozeduren. Jeder Prozedur kann ein Prozedur-Dämon zugeordnet werden, der die Auswertung im Rumpf einer Prozedur beschriebener Ausdrücke überwacht und steuert.[18] Prozedur-Dämonen sind Funktionen mit drei Parametern: An den ersten Parameter wird das Ergebnis des jeweils zuletzt evaluierten Ausdrucks des Prozedurrumpfs gebunden, an den zweiten ein in der Prozedurdefinition spezifizierter Wert – typischerweise ein „Z-Wert", der als Schwellwert fungiert (vgl. Zeile 26) – und der dritte Parameter steht schließlich für einen „akkumulierten Z-Wert", der dynamisch berechnet wird und sich normalerweise jeweils aus der Verknüpfung der zuvor berechneten „Z-Werte" ergibt. Der Standard-Dämon verhält sich wie die in [11] definierte LISP-Funktion [vgl. LeFaivre 1974a, 67]:

```
23: (de default-demon (ergebnis dz-wert az-wert)                [11]
24:   (cond ((eq ergebnis fail) (fail))
25:         ((eq ergebnis done) az-wert)
26:         ((< (zval ergebnis) dz-wert) (fail))
27:         (t (min (zval ergebnis) az-wert))))
```

Für die erfolgreiche Auswertung einer Prozedur, der dieser Dämon zugewiesen wurde, bedeutet dies: der Z-Wert des Ergebnisses ist gleich dem Minimum der Z-Werte der Einzelergebnisse der in der Prozedur aufgelisteten Ausdrücke (und einem Initialwert für den akkumulierten Z-Wert).

Prozedur-Dämonen ermöglichen also die Verrechnung von Z-Werten separat zu kodieren, so daß die eigentlichen Prozedur-Definitionen erheblich vereinfacht werden. Programmierer haben die Möglichkeit sich eine Bibliothek von Prozedur-Dämonen aufzubauen, aus der sie bei Bedarf den verschiedenen Prozeduren geeignete Prozedur-Dämonen zuordnen können.[19]

---

[18] Prozedur-Dämonen unterscheiden sich daher gravierend von den aus anderen KI-Programmiersprachen bekannten „Dämonen" (beispielsweise den „antecedent theorems" von MICRO-PLANNER oder den „if-added-methods" von CONNIVER). Während jene „Dämonen" aufgrund bestimmter Datenzugriffe aufgerufen werden, auf die sie selbst keine Auswirkungen haben, treten die Prozedur-Dämonen von FUZZY nach jedem „unterbrechbaren" Teilschritt von Prozeduren oder for-Schleifen in Aktion, denen sie zugewiesen sind, und kontrollieren auf diese Weise die Auswertung dieser Prozeduren oder Iterationskonstrukte.

14.2.3 Ansätze der Repräsentation imperfekten Wissens in FUZZY

Repräsentationsformen unscharfer Mengen

LeFaivre unterscheidet zwischen drei Repräsentationsformen unscharfer Mengen: einer „expliziten", einer „partiell-expliziten" und einer „impliziten" Repräsentation [LeFaivre 1974a, 75-83]. Die „explizite" Form resultiert aus einzelnen Einträgen von bewerteten Assertionen in die assoziative Datenbasis. Man kann in diesem Fall auch von einer extensionalen Definition von Fuzzy-Mengen sprechen. Die einzelnen Assertionen werden als Elemente einer Fuzzy-Menge gedeutet und die ihnen zugeordneten Z-Werte als ihre Zugehörigkeitsgrade. Da Assertionen über Listen mit beliebig vielen Elementen (und einer beliebig tiefen Struktur) dargestellt werden können, lassen sich auf diese Weise auch unscharfe Relationen mit beliebiger Stelligkeit repräsentieren. Diese „explizite" Repräsentationsform erlaubt jedoch nur *diskrete* Fuzzy-Mengen abzubilden, deren Trägermengen abzählbar sind. Zu beachten ist, daß Fuzzy-Mengen in dieser „expliziten" Repräsentationsform *keine Objektidentität* haben und nicht als Programmeinheit konzeptualisiert sind. Die Mengenzugehörigkeit der verschiedenen Assertionen basiert lediglich auf ihrer Musterkompatibilität und muß erst durch entsprechende Such- und Musterabgleiche hergestellt werden.

Als Beispiel einer „partiell-expliziten" Repräsentation führt LeFaivre [1974, 78ff.] ein Programm an, in dem die Beziehung einer Klasse zu ihrer direkten Oberklasse durch eine isa-Kante dargestellt wird und zur Ableitung vermittelter Klassenbeziehungen eine Deduktions-Prozedur wie in [10] definiert ist. Verallgemeinert bedeutet dies, daß unter einer „partiell-expliziten" Repräsentation eine Form der Wissensrepräsentation zu verstehen ist, bei der die Zugehörigkeitsgrade für einige Assertionen „explizit" angegeben werden und zugleich Deduktions-Prozeduren definiert werden, die die Zugehörigkeitsgrade von nicht-bewerteten aus bewerteten Assertionen ableiten.

Bei einer „impliziten" Repräsentation wird die Zugehörigkeit eines Objekts zu einer Fuzzy-Menge als Funktion ihrer Eigenschaften modelliert. Das klassische Beispiel hierfür ist die Definition der Fuzzy-Menge „alt" als Funktion des in Jahren gemessenen Lebensalters. LeFaivre hat vorgeschlagen, solche Fuzzy-Mengen über Deduktions-Prozeduren zu implementieren, wobei der linguistische Term im Prozedur-Muster aufgeführt wird [vgl. LeFaivre 1974a, 82].

[19] „The motivation behind the procedure demon mechanism is that once a library of frequently-used procedure demons is built up, the user may easily specify a variety of global control regimes. He is thus relieved of much of the »dirty work« of directly manipulating Z-values in the progams he writes. Indeed, in many cases the user need not even be aware that he is working with fuzzy information." [LeFaivre 1974a, 69]

Unter Verwendung einer *s*-förmigen Funktion läßt sich in FUZZY demnach die Fuzzy-Menge „alt" wie in [12] aufgelistet implementieren.

```
28:  (add deduce:                                          [12]
29:       (proc (alt ?x)
30:             (fetch (alter !x ?jahre))
31:             (succeed (alt !x)
32:                      (s-funktion !jahre 40 70))))
```

In Zeile 29 wird das Aufrufmuster beschrieben, das in diesem Fall aus der Konstanten `alt` für den linguistischen Term sowie einer Mustervariablen `?x` für eine Person besteht, deren Zugehörigkeit zur Menge der „alten Personen" in Frage steht. Über den `fetch`-Aufruf (Zeile 30) wird das Lebensalter der an `!x` gebundenen Person ermittelt. Da es sich bei der `s-funktion` um eine parametrische Funktion handelt, deren Verlauf durch die unteren Schranken des Trägers und des Kerns bestimmt wird, müssen ihr neben dem Wert der Basisvariablen, dem Lebensalter, geeignete Parameterwerte übergegeben werden. Aufgrund der vorgegebenen Parameterwerte (Zeile 32) werden nach dieser Definition also Personen unter 40 nicht im geringsten Grad und Personen über 70 Jahre im vollen Grad als zur Menge der „alten Personen" zugehörig betrachtet. Für 55jährige Personen ergibt sich ein Zugehörigkeitsgrad von 0.5:

```
33:  (add (alter gregor) 55)                               [13]
```

```
34:  (deduce (alt gregor))                                 [14]
35:  ⇒ ((alt gregor) . 0.5)
```

Die Repräsentation von Fuzzy-Mengen kann auch indirekt über andere Fuzzy-Mengen oder Terme erfolgen. So schlägt beispielsweise LeFaivre vor, für den Fall, daß das Alter nicht bekannt sei, „alt" über die Anzahl der grauen Haare oder die Falten auf der Haut zu definieren [vgl. LeFaivre 1974b, 61]. Ein anderer Vorschlag, der diese Form der indirekten Definition von Fuzzy-Mengen auf denkbar einfache Weise illustriert, besteht darin, „jung" über die „Agilität" einer Person zu definieren [vgl. LeFaivre 1974a, 82]:

```
36:  (add deduce:                                          [15]
37:       (proc (jung ?x)
38:             (goal (agil !x))))
```

Beide Beispiele machen deutlich, daß der Ansatz, unscharfe Mengen über Deduktions-Prozeduren zu bestimmen, sehr flexibel ist. Die Aufrufmuster von FUZZY-Prozeduren lassen sich überdies dazu nutzen, Fuzzy-Mengen *kontextabhängig* zu definieren. Da unscharfe Merkmale wie *alt* und *jung* oder *groß* und *klein* sehr unterschiedlich zu definieren sind, je nachdem, auf welche Klasse von Objekten sie referieren, bietet es sich an, für die verschiedenen Referenzklassen verschiedene Zugehörigkeitsfunktionen zu definieren. Die Mustersprache von

FUZZY legt zwei Ansätze nahe: zum einen kann das Muster durch zusätzliche Konstante, hier für die Referenzklasse, erweitert werden. Folgt man diesem Weg, so wäre beispielsweise das Muster aus Zeile 29 durch [16] zu ersetzen:

```
39: (alt ?x person)                                    [16]
```

Folglich müßte der Aufruf von Zeile 14 folgendermaßen lauten:

```
40: (deduce (alt gregor person))                       [17]
```

Eine andere Möglichkeit, auf die Wahlster rekurriert [vgl. Wahlster 1977, 102; 1979, 252], besteht in der Verwendung restringierter Variablen, deren Beschreibung in FUZZY mit `*r` eingeleitet wird. Gesetzt Instanz-Klassen-Beziehungen wären über *is*-Kanten repräsentiert und ins Assoziationsnetz wäre `(gregor is mensch)` eingetragen, dann könnte beispielsweise das Prozeduraufrufmuster aus Zeile 29 durch [18] ersetzt werden.

```
41: (alt (*r ?x (fetch (!x is mensch))))               [18]
```

Der Aufruf [14] könnte bei dieser Kodierung unverändert beibehalten werden. Durch die Einschränkung der Variablenbelegung in [18] wird eine Prozedurauswahl ermöglicht, die der Methodenauswahl in objektorientierten Sprachen gleicht. Da Aufrufmuster beliebig viele Konstante und restringierte Variablen enthalten können, verschachtelte Strukturen erlauben und Variablenrestriktionen nicht an Klasse-Instanz-Beziehungen gebunden sind, sondern über beliebige LISP-Funktionen definierbar sind, bietet dieser Ansatz, in gewisser Weise eine größere Flexibilität als die in objektorientierten Sprachen unterstützte Methodenauswahl. Der Vergleich macht zugleich auf zwei Schwächen des in [18] exemplarisch dargestellten Ansatzes aufmerksam: Zum einen bringt die mustergesteuerte Datensuche erhebliche Effizienzprobleme mit sich. Zum anderen beinhaltet dieser Ansatz keine Spezifizitätshierarchie zwischen verschiedenen Prozeduren, deren Aufrufmuster sich in den Variablenrestriktionen unterscheiden.[20]

Die Modellierung „logischer" Operatoren und linguistischer Hecken über Deduktions-Prozeduren

Neben der Repräsentation von Fuzzy-Mengen ist die Repräsentation von Fuzzy-Operatoren von grundlegender Bedeutung. Zur Modellierung „logischer" Verknüpfungen bietet FUZZY die Prozeduren `znot`, `zand`, `zor`, die als „mehr-

[20] Aufgrund der Einbettung in LISP bieten sich selbstverständlich eine ganze Reihe von Alternativen an. Es kann hier nicht untersucht werden, ob und inwieweit die genannten Schwächen gemindert oder ausgeräumt werden können. Die Diskussion muß sich auf die von FUZZY angebotenen Sprachkonstrukte und in der Literatur beschriebenen, konzeptionell vollständigen Beispielprogramme beschränken.

wertige" Varianten der LISP-Prozeduren `not`, `and`, `or` begriffen werden können. Diesen Prozeduren können keine Muster übergeben werden, schon deswegen nicht, weil sie ihre Argumente evaluieren. LeFaivre hat vorgeschlagen, solche „logischen" Operatoren ebenfalls als Deduktions-Prozeduren zu definieren [vgl. LeFaivre 1974b, 61f.]:

```
(add deduce:                                        [19]
      (proc ((not ?x) ?object)
            (znot (goal !x !object))))
```

```
(add deduce:                                        [20]
      (proc ((?x and ?y) ?object)
            (zand (goal !x !object)
                  (goal !y !object))))
```

```
(add deduce:                                        [21]
      (proc ((?x or ?y) ?object)
            (zor (goal !x !object)
                 (goal !y !object))))
```

Da die `goal`-Aufrufe erst über einen `fetch`-Aufruf direkt auf die Datenbasis zugreifen und bei Mißerfolg die `deduce`-Prozedur aufrufen, ist auf diese Weise eine rekursive Abarbeitung beliebig tief verschachtelter „logischer" Verknüpfungen gewährleistet. Das gilt gleichermaßen für LeFaivres Ansatz zur Umsetzung von Zadehs Vorschlägen zur Modellierung linguistischer Hecken wie *more or less* oder *very* (vgl. [22]). An Definition [22] ist nicht zuletzt die „stilistische" Abweichung zu den drei vorangegangenen Definitionen bemerkenswert.

```
(add deduce:                                        [22]
      (proc ((very ?x) ?object)
            (goal (!x !object))
            (succeed ((very !x) !objekt)
                     (* (zval) (zval)))))
```

Der `succeed`-Aufruf bewirkt, daß als Ergebnis der in Frage stehende Term mitsamt dem als Zugehörigkeitsgrad interpretiertem „Z-Wert" zurückgegeben wird. Dies entspricht auch dem in [12] realisierten Ansatz zur „impliziten" Repräsentation von Fuzzy-Mengen. Die Definitionen [20] und [21] weichen jedoch von diesem Schema ab, da `zand` und `zor` den Wert des letzten Ausdrucks zurückliefern. In [20] müßte daher an das Ende des Prozedurrumpfs der in [23] beschriebene `succeed`-Aufruf eingefügt werden. [21] wäre auf analoge Weise zu ändern.

```
(succeed ((!x and !y) !object) (zval))              [23]
```

```
59:  (add deduce:                                          [24]
60:       (proc (klein ?x)
61:             (fetch (groesse !x ?cm))
62:             (succeed (klein !x)
63:                      (z-funktion !cm 164 176)))))
```

```
64:  (add (groesse gregor 168))                           [25]
```

Dies sowie die in [24] und [25] beschriebenen Erweiterungen der Wissensbasis vorausgesetzt, würde die „Anfrage“ aus Zeile 65 zu der in Zeile 66 beschriebenen „Antwort“ führen.

```
65:  (goal (((not (very klein)) and (not alt)) gregor))   [26]
66:  ⇒ ((((not (very klein)) and (not alt)) gregor) . 0.4)
```

FUZZY-Prozeduren zur Implementierung von Fuzzy-Algorithmen

In Anlehnung an Zadeh unterscheidet LeFaivre zwischen „Fuzzy-Definitions-Algorithmen“, „Fuzzy-Entscheidungs-Algorithmen“ und „Fuzzy-Generierungs-Algorithmen“ [vgl. Zadeh 1973, 132-140]. „Fuzzy-Definitions-Algorithmen“ lassen sich nach LeFaivre wie gezeigt (vgl. [12] und [15]) über Deduktions-Prozeduren implementieren. Zur Implementierung unscharfer Entscheidungs- und Generierungsalgorithmen schlägt LeFaivre ebenfalls Prozeduren vor, greift in diesem Fall jedoch auf „gewöhnliche“ FUZZY-Prozeduren zurück. Wie solche Prozeduren definiert werden können, läßt sich leicht anhand eines Beispiels aufzeigen. Ein unscharfer Entscheidungsalgorithmus liegt beispielsweise vor, wenn eine Wohnung unter einer der drei folgenden unscharfen Bedingungen gemietet werden soll:

(1) wenn sie sehr schön ist,
(2) wenn sie halbwegs schön und halbwegs preiswert ist,
(3) wenn sie sehr preiswert ist.

In FUZZY kann dieser Entscheidungs-Algorithmus über folgende Prozedur implementiert werden:[21]

```
67:  (proc name: miete ?wohnung                            [27]
68:        (ifany (fetch (schoen !wohnung) 0.9)
69:               (ifall (fetch (schoen !wohnung) 0.5)
70:                      (fetch (preiswert !wohnung) 0.5))
71:               (fetch (preiswert !wohnung) 0.9)))
```

Legt man die in [7] und [8] aufgelisteten Dateneinträge zugrunde, so würde die Entscheidungsfrage `(miete wohnung1)` positiv beantwortet, während `(miete`

[21] Ein ähnliches Beispiel gibt LeFaivre [1974a, 84]. In Anlehnung an LeFaivre werden hier linguistische Hecken als „Schwellwerte“ modelliert, obgleich dieser Ansatz mehr als fragwürdig ist.

wohnung2) negativ beantwortet würde. Diese Entscheidungsprozedur ist jedoch im allgemeinen nicht dazu geeignet, eine Wohnung zu suchen, die die genannten Bedingungen erfüllt. Um dies zu erreichen, muß die zweite Bedingung in Form einer Iteration implementiert werden:

```
(proc name: miete ?wohnung                                    [28]
     (ifany (fetch (schoen !wohnung) 0.9)
            (for fetch: (schoen !wohnung) zval: 0.5
                 (fetch (preiswert !wohnung) 0.5)
                 (exit))
            (fetch (preiswert !wohnung) 0.9)))
```

Ob diese Prozedur als „unscharfer Entscheidungs-Algorithmus" oder als „unscharfer Generierungs-Algorithmus" benutzt wird, hängt einzig davon ab, ob die Prozedur mit einer Konstanten wie in (miete wohnung1) oder einer Mustervariablen wie in (miete ?wohnung) aufgerufen wird.

Approximatives Schließen mit Hilfe von Prozedur-Dämonen

LeFaivre entwickelt seinen Ansatz zur Modellierung „vager" Inferenzen aus der Diskussion des „Paradoxons der kleinen Zahl", das bereits in der Antike diskutiert wurde und auch unter den dort verwandten Namen *falakros* (Kahlköpfiger) und *sorites* (Haufen) bekannt ist [vgl. hierzu auch Black 1973, 188ff.]. Das Paradoxon beruht auf zwei Prämissen: *(1) Eins ist eine kleine Zahl. (2) Wenn n eine kleine Zahl ist, dann ist auch n+1 eine kleine Zahl.* Durch wiederholte Anwendung des Modus ponens läßt sich unter diesen Prämissen beweisen, daß jede natürliche Zahl klein ist. Ein offenkundig widersinniger Schluß. Man kann mit Frege und Russell gegen diesen Schluß einwenden, daß logische Inferenzregeln nur auf exakt definierte Ausdrücke („Begriffe" im Sinne Freges) angewandt werden dürfen, diese Bedingung aber für den Ausdruck „kleine Zahl" nicht gelte. Betrachtet man den Ausdruck „kleine Zahl" als Fuzzy-Menge, so kann man den intuitiv einleuchtenden Sachverhalt, daß die Zugehörigkeitsgrade einer Zahl umso geringer werden, je weiter sie von eins entfernt ist, dadurch erwirken, daß man die Implikation als nur „graduell wahr" gelten läßt, ihr also einen „Wahrheitswert" oder eine „Implikationsstärke" kleiner eins zuweist, und eine instabile *t*-Norm wie das algebraische Produkt als Abtrennungsoperator benutzt. Da der Standard-Dämon das Minimum verwendet, ist er in diesem Fall nicht anwendbar. Wie [29] zeigt, ist es jedoch leicht möglich, einen auf dem Produkt basierenden Prozedur-Dämon zu definieren [vgl. LeFaivre 1974b, 65; Uekert 1979, 69]:

```
(de detach-product (ergebnis dz-wert az-wert)                 [29]
   (cond ((eq ergebnis fail) (fail))
         ((eq ergebnis done) az-wert)
         (t (* dz-wert (zval ergebnis)))))
```

Während der ersten Prämisse ein einfacher Eintrag in die Datenbasis entspricht [30], kann die zweite Prämisse, die Implikation, über eine rekursive Deduktions-Prozedur definiert werden [31].

```
82:  (add (klein 1) 1.0)                                   [30]
```

```
83:  (add deduce:                                          [31]
84:       (proc demon: detach-product
85:             zval: 0.95
86:             (klein ?n)
87:             (goal (klein &(sub1 !n)))))
```

Dabei ist sicherzustellen, daß statt des standardmäßigen Minimum-Dämons [11] der Produkt-Dämon [29] zur Propagierung der „Z-Werte" benutzt wird. Außerdem muß in der Deduktions-Prozedur die „Implikationsstärke" spezifiziert werden. Beide Modifikationen können in der Definition von Prozeduren über die Schlüsselwörter `demon:` (Zeile 84) und `zval:` (Zeile 85) spezifiziert werden. Die Festlegung der „Implikationsstärke" ist zweifellos kontextabhängig und „subjektiv". Wählt man wie hier 0.95, so gilt die Zahl 6 als im Grade $0.95^5 \approx 0.77$ zur Menge der kleinen Zahlen zugehörig.

```
88:  (deduce (klein 6))                                    [32]
89:  ⇒ ((klein 6) . 0.77)
```

Das Zusammenspiel von Deduktions-Prozedur und Prozedur-Dämon beschreibt in diesem Fall eine exponentiell verlaufende Zugehörigkeitsfunktion. Es liegt auf der Hand, daß der gleiche Effekt direkt über die Funktion $\text{klein}(n) = 0.95^{n-1}$ (oder ein ähnlicher Effekt über eine entsprechende z-Funktion) weit effizienter zu implementieren ist. Das Beispiel dient jedoch als Muster dafür, wie in FUZZY der Modus ponens auf „mehrwertige" Ausdrücke erweitert werden kann. Der von LeFaivre vorgeschlagene Ansatz ist auch flexibel genug, um speziellen Anforderungen angepaßt werden zu können. Davon zeugt ein von Wahlster [1979] beschriebenes Beispiel aus HAM-RPM, einem experimentellen KI-System für natürlichsprachliche Dialoge.

In dem Beispiel geht es darum, wie in HAM-RPM mit FUZZY Inferenzregeln implementiert wurden, bei deren Abarbeitung ein „Inferenzgedächtnis" zur „Begründung" von Schlußfolgerungen aufgebaut wird [vgl. Wahlster 1979, 256ff.]. Wie in dem obigen Beispiel werden die Inferenzregeln über FUZZY-Prozeduren repräsentiert, denen ein Prozedur-Dämon zur Propagierung der „Z-Werte" zugeordnet ist. Diese Prozeduren werden jedoch, vermutlich um die Inferenzstrategie besser kontrollieren zu können, nicht als Deduktions-Prozeduren deklariert. In der Prozedurdefinition wird anders als in dem obigen Beispiel unter dem Schlüssel `zval:` keine Zahl, sondern eine Liste zweier Zahlen angegeben. Die erste Zahl wird dabei als Schwellwert, die zweite als Maß der „Triftigkeit" interpretiert [Wahlster 1979, 257].

Die Definition des Dämons gleicht der von [11], weist allerdings drei Besonderheiten auf: Zum ersten ändert sich der Zugriff auf den Schwellwert, zum zweiten wird sukzessive ein Zielbaum aufgebaut, der dann drittens nach erfolgreicher Auswertung der Prozedur in das „Inferenzgedächtnis" eingetragen wird.

Nach Wahlster [1979, 257] sah die Inferenzstrategie von HAM-RPM vor, von den anwendbaren Regeln jeweils die mit der höchsten „Triftigkeit" anzuwenden. Diese Konfliktlösungsstrategie wirkt sich unmittelbar auf die Erklärungsfunktionalität aus, da auf diese Weise im Zielbaum einer Konklusion ihre „triftigsten" Begründungen am nächsten stehen. Die Aufarbeitung der unmittelbaren Nachfolgeknoten eines in Frage gestellten Knotens sollte so bereits „triftige" Begründungen liefern [Wahlster 1979, 258]. Zudem eröffnet sich über das „Triftigkeitsmaß" die Möglichkeit, den Detaillierungsgrad der Begründung durch Vorgabe einer „Mindest-Triftigkeit" nach Bedarf zu variieren.

14.2.4 Konzeptionelle Mängel von FUZZY

Nimmt man die in den vorangegangenen Kapiteln beschriebenen Konzepte zum Maßstab, so muß man kritisch anmerken, daß FUZZY eine Menge von Defiziten aufweist. Viele Methoden approximativen Schließens waren Anfang der 70er Jahre noch nicht entwickelt, so daß diese Kritik nur bedingt als historische Beurteilung verstanden werden darf. Aber selbst eine historisch eingeschränkte Kritik muß reklamieren, daß grundlegende Konzepte der Fuzzy-Mengentheorie, wie insbesondere der Begriff der unscharfen Menge, auf eine unzulängliche Weise interpretiert wurden. Eine Menge von Ausdrücken, denen eine Zahl zugeordnet ist, ist noch keine Fuzzy-Menge.

Daß der Zadehsche Begriff der Fuzzy-Menge nicht in seiner vollen Bedeutung realisiert wurde, belegen verschiedene FUZZY-Programme wie die zugehörigen Kommentare. Besonders deutlich wird dies im Gebrauch mit linguistischen Hecken und logischen Operatoren. So werden in vielen Programmen linguistisch modifizierte Merkmalsausprägungen mit dem Überschreiten bestimmter „Z-Werte" gleichgesetzt.[22] Für eine Modellierung linguistischer Hecken im Sinne Zadehs, geschweige weiterführender Vorschläge wie die von Lakoff, bietet FUZZY keine Unterstützung. Fuzzy-Mengen existieren nicht als eigenständiges Konstrukt, diskrete Fuzzy-Mengen nur in Form einer verstreuten Menge mehrwertiger Ausdrücke. Dementsprechend sind auch keine Operationen über Fuzzy-Mengen als Ganzes definiert. Unter diesen Gesichtspunk-

---

[22] „Each adjective, which is defined by an assertion of the form (ADJ <adjective>), has a Z-value associated with it which specifies the lowest value to which the modifier applies." [LeFaivre 1974a, 137f.] In diesem Beispielprogramm finden sich folgende Schwellwert-Zuordnungen: 1.0 für *completely*, 0.95 für *extremely*, 0.8 für *very*, 0.6 für *relatively* und 0.5 für *somewhat* [LeFaivre 1974a, 136]. Weitere Beispiele für diesen Gebrauch von linguistischen Hecken finden sich in [LeFaivre 1974a, 61] und [Wahlster 1977, 81].

ten hat FUZZY wenig zu bieten. Im strengen Sinn wurde kein einziges Grundkonzept der Fuzzy-Mengentheorie adäquat umgesetzt, also auch nicht die Konzepte, die seit 1973 bekannt sein konnten: Fuzzy-Mengen, Mengenoperatoren, relationale Operatoren, linguistische Variablen, der generalisierte Modus ponens. Dementsprechend gibt es auch kein Maß für die Kompatibilität unscharfer Mengen. FUZZY bietet kein Konstrukt, mit dem sich etwa die Frage beantworten ließe, wie kompatibel die Fuzzy-Menge „große Personen" zur Fuzzy-Menge „sehr große Personen" ist.

Beschränkt man sich jedoch auf die Verarbeitung von Elementen einer Fuzzy-Menge und deren Zugehörigkeitsgrade, so erweist sich FUZZY als eine relativ flexible und ausdrucksstarke Programmiersprache. Neben der Einbettung in LISP sind dafür drei Erweiterungen prozeduraler Programmiermethoden wesentlich: mustergesteuerte Prozeduraufrufe, Deduktions-Prozeduren, die eine Tiefensuche mit Backtracking durchführen und Prozedur-Dämonen, die die Abarbeitung von Prozeduren kontrollieren. Über verschiedene Muster und geeignete Restriktionen für Mustervariablen lassen sich Kontextabhängigkeiten modellieren. In Form der Deduktions-Prozeduren ermöglicht FUZZY, ähnlich wie PLANNER mit Konsequent-Theoremen, einen zielorientierten Programmierstil, der cum grano salis als eine Variante logikorientierter Programmierung aufgefaßt werden kann. Die Möglichkeit, verschiedene Prozedur-Dämonen zu definieren und Prozeduren zuzuordnen, erlaubt, verschiedene „mehrwertige Logiken" zu definieren und anzuwenden. Prozedur-Dämonen lassen sich aber auch für andere Zwecke nutzen wie etwa die Speicherung von Inferenzschritten, um bei Bedarf Schlußfolgerungen „erklären" zu können.

Vom Standpunkt der logikorientierten Programmierung weist das in FUZZY realisierte Verarbeitungsmodell gravierende Defizite auf: Musterverarbeitung ist kein Ersatz für Unifikation und gegenüber Kowalskis prozeduraler Interpretation von Hornklauseln wirkt die Verarbeitung von FUZZY-Ausdrücken aufgrund der Vermischung anweisungs- und logikorientierter Programmiermethoden, der Backtracking-Mechanismen sowie der vielen Spezialformen, die teilweise beliebige Muster, instantiierte Muster oder evaluierte LISP-Ausdrücke verlangen, wenig transparent.

14.3 Relationenorientierte Sprachen

Wie in Kapitel 14.1.5 (510) angemerkt worden ist, werden in diesem Kapitel Fuzzy-Programmiersprachen behandelt, die zwar viele Sprachkonstrukte aufweisen, die nicht auf einem relationalen Verarbeitungsmodell basieren, aber in puncto approximatives Schließen insofern als relationenorientiert einzustufen sind, als sie dazu primär oder ausschließlich Fuzzy-Relationen und spezielle relationale Operationen anbieten, um Programme auf der Basis des generalisierten Modus ponens implementieren zu können. Reine relationale Fuzzy-Programmiersprachen, insbesondere Fuzzy-Constraint-Sprachen, konnten nicht ausfindig gemacht werden.

14.3.1 FS-LISP

Auf dem zweiten Kongreß der IFSA (International Fuzzy Systems Association) 1987 in Tokyo hat Umano eine LISP-Erweiterung zur Repräsentation und Verarbeitung von Fuzzy-Mengen vorgestellt [Umano 1987a]. Der Titel seines Beitrags lautete „Fuzzy-Set Manipulation System in LISP“. Im folgenden wird dieses System als FS-LISP (Fuzzy-Set LISP) bezeichnet.[23] Zuvor hatte die Gruppe von Umano das System FSTDS (Fuzzy-Set-Theoretic Data Structure) in FORTRAN implementiert [vgl. Umano, Mizumoto, Tanaka 1978]. Für die Entwicklung von KI-Systemen wurde, so Umano [1987a, 840], ein leistungsfähigeres und flexibleres System benötigt. Das aus diesen Überlegungen hervorgegangene LISP-System, FS-LISP, wurde auf verschiedenen Hardware-Plattformen in mehreren LISP-Dialekten implementiert.[24]

Umanos Sprachbeschreibung [1987a] beschränkt sich auf eine Auflistung der in in FS-LISP verfügbaren Sprachkonstrukte und zahlreicher Beispielaufrufe mit den zugehörigen Funktionswerten. Die Beispiele sind unkommentiert, Implementierungshinweise werden nicht gegeben.

FS-LISP unterstützt neben gewöhnlichen Mengen und Relationen, sechs verschiedene Typen von Fuzzy-Mengen und Fuzzy-Relationen [vgl. Umano 1987a, 840]. Es handelt sich dabei ausschließlich um abzählbar diskrete Mengen (vgl. Tabelle 14.1). Sie werden wie in der Mathematik in geschweiften Klammern (also nicht wie in LISP meist in Form von Listen) notiert, gewöhnliche Mengen durch Aufzählung ihrer Elemente, Fuzzy-Mengen in der Zadehschen Schreibweise. Relations-Tupel werden in Winkelklammern gesetzt. Wie aus der rechten Spalte von Tabelle 14.1 (5 bis 8) ersichtlich, stellt FS-LISP vier Typen von Fuzzy-Mengen höherer Ordnung zur Verfügung (vgl. Kapitel 2.3, 71ff.).

---

[23] Umano scheint dieser LISP-Erweiterung keinen Namen gegeben zu haben, obgleich er vielfach auf sie referiert. [Vgl. Umano 1986; 1987a; 1987b; 1989; Umano and Ezawa 1992] Die hier gewählte Bezeichnung FS-LISP ist an den Namen FS-PROLOG angelehnt, den Umano einem Fuzzy-Set PROLOG gegeben hat, das in diesem erweiterten LISP implementiert worden war und auf dem gleichen Kongreß von ihm vorgestellt worden ist [vgl. Umano 1987b].

[24] Umano [1987a, 840] nennt drei Dialekte: FRANZLISP, UTI-LISP und MU-LISP, mit dem jedoch nur eine Teilmenge von FS-LISP realisiert wurde. Mit der FS-LISP-Version in FRANZLISP wurde ein Fuzzy-Produktionensystem [Umano 1989] und FS-PROLOG [Umano 1987b] implementiert. Später wurde, den allgemeinen Standardisierungsbemühungen folgend, eine COMMON LISP-Version von FS-LISP erstellt, die auch die Basis für ein rückwärtsverkettendes Fuzzy-Produktionensystem mit einer ähnlichen Funktionalität wie FS-PROLOG bildete [vgl. Umano and Ezawa 1992, 917].

Gewöhnliche Mengen (1)	Fuzzy-Mengen vom Typ 2 (5)
{a, b, c}	{{.9/0,.6/.1}/a, {.7/1,.8/.9}/b}
Gewöhnliche Relationen (2)	**Fuzzy-Mengen zweiter Stufe (6)**
{<a,b>, <c,d>}	{.8/{.9/a,.6/b}, .9/{.7/a,.8/c}}
Diskrete Fuzzy-Mengen (3)	**Fuzzy-Mengen vom Typ L (7)**
{0.3/a, 0.8/b, 1/c}	{<0.3,0.5>/a, <0.7,1>/b}
Fuzzy-Relationen (4)	**Generalisierte Fuzzy-Mengen (8)**
{0.8/<a,b>, 0.5/<c,d>} {0.5/<<a,1>,x>, 1/<<b,2>,y>}	{{0.9/0,0.6/0.1}/{0.9/a,0.6/b}, {0.7/1,0.8/0.9}/{0.7/a,0.8/c}}

Tabelle 14.1: Typen von Mengen und Relationen in FS-LISP

Umano hat die Operatoren in elf Gruppen unterteilt (vgl. Tabelle 14.2). Spezifisch für FS-LISP sind die Gruppen 2 bis 11, die erste beinhaltet lediglich den standardmäßig in LISP verfügbaren Zuweisungsoperator (setq). Er wird in den angeführten Programmbeispielen dazu benutzt, globale Variablen an Fuzzy-Mengen zu binden. Die Funktion nahezu aller Operatoren ist aus ihrem Namen ersichtlich. Bei einem Großteil der Operatoren handelt sich um grundlegende Fuzzy-Operatoren wie sie in den Kapiteln 2 bis 6 definiert und erläutert wurden.

Mengenoperatoren (2)	Definition neuer Fuzzy-Operatoren (7)
union, intersection, product, asum, adif, bsum, bdif	sapply, fapply
Spezielle relationale Operatoren (3)	**Prädikate (8)**
compose, converse, image, cimage, range, domain, cp, project, join, restrict	fsetp, tuplep, eql, ne, lt, le, gt, ge, subset, disjoint
Operatoren für Zugehörigkeitsgrade (4)	**Funktionen zur Typkonversion (9)**
getgrade, cut, maxgrade, cardinal, norm, gop	tolist, tofset, totuple
Operatoren für Mengenelemente (5)	**Ein- und Ausgabefunktionen (10)**
nelement, sfuzzify, separate, flatten	fread, fprint, fprinc, fprintn, fterpri, fpp, fload, fsload
Erweiterung von LISP-Funktionen (6)	**Verschiedenes (11)**
&	each, parameter

Tabelle 14.2: Operatoren in FS-LISP

Vgl. Umano [1987a, 841-843]. Bei den Operatorbezeichnungen werden folgende Abkürzungen benutzt: asum (algebraic sum), adif (algebraic difference), bsum (bounded sum), bdif (bounded difference), cimage (converse image), cp (cartesian product), norm (normalize), gop (grade operation), nelement (number of elements), sfuzzify (support fuzzify).

Bis auf & und das Iterationsmakro each scheinen alle Operatoren als gewöhnliche LISP-Funktionen definiert worden zu sein. Mit Hilfe dieser Operatoren können leicht neue, auf Fuzzy-Mengen anwendbare LISP-Funktionen definiert werden. So läßt sich beispielsweise über die Anwendung von `flatten` auf das Kartesische Produkt (`cp`) unscharfer Relationen das erweiterte Kartesische Produkt (`xcp`) für Fuzzy-Relationen definieren:

```
(defun xcp (r s) (flatten (cp r s)))                                [33]
```

Die Integration mit LISP und die Unterstützung eines funktionsorientierten Programmierstils wird auch an einigen Operatoren deutlich, denen LISP-Funktionen, genauer ihre Namen, als Argumente übergeben werden. Dazu gehört der Operator `gop` (grade operation), dem der Name einer Funktion (hier: `square`) übergeben wird, die sukzessive auf alle Zugehörigkeitsgrade einer Fuzzy-Menge angewandt wird. Auf diese Weise lassen sich mühelos Hecken vom Typ I definieren. So entspricht [34] beispielsweise Zadehs Definition von *very*.

```
(defun sqr (x) (times x x))                                         [34]
(gop {0.2/a, 0.3/b, 0.4/b, 0.4/c} 'sqr)
⇒ {0.04/a, 0.09/b, 0.16/c}
```

Auf ähnliche Weise läßt sich mit dem Operator `sfuzzify` eine Träger-Fuzzifizierung durchführen:

```
(defun sf (x) {0.7/!(sub1 x), 1/!x, 0.8/!(add1 x)})                 [35]
(sfuzzify {0.1/1 1/5, 0.7/6} 'sf)
⇒ {0.07/0, 0.1/1, 0.08/2, 0.7/4, 1/5, 0.8/6, 0.56/7}
```

Systemeigene oder benutzerdefinierte LISP-Funktionen (hier: `plus`), die lediglich für die Elemente bestimmter Fuzzy-Mengen definiert sind, lassen sich auf diese Fuzzy-Mengen, auch Fuzzy-Mengen höherer Ordnung [vgl. Umano 1987, 842f.], anwenden, wenn der Funktionsname mit dem Zeichen `&` präfigiert wird (`&plus`).

```
(&plus {0.3/2, 0.9/3, 0.5/4} {0.4/3, 0.8/4, 0.6/5})                 [36]
⇒ {0.3/5, 0.4/6, 0.8/7, 0.6/8, 0.5/9}
```

Der `&`-Operator ist offenkundig als Zeichenmakro implementiert, so daß mit ihm eingeleitete Aufrufe in – zumindest funktional äquivalente – Aufrufe normaler LISP-Funktionen expandieren (vgl. [36] und [37]).

```
(fapply 'plus                                                       [37]
        '({0.3/2, 0.9/3, .5/4} {0.4/3, 0.8/4, 0.6/5}))
⇒ {0.3/5, 0.4/6, 0.8/7, 0.6/8, 0.5/9}
```

Wie an diesem Beispiel unschwer zu erkennen ist, bewirkt `fapply` die Anwendung des Zadehschen Erweiterungsprinzips. Analog zu `fapply` bietet FS-LISP eine Funktion `sapply`. Während `fapply` eine Funktion auf die Elemente des Kartesischen Produkts der übergebenen Fuzzy-Mengen anwendet, wendet `sapply` die übergebene Funktion auf die Zugehörigkeitsgrade gleicher Elemente an. `sapply` eignet sich daher insbesondere zur Implementierung alternativer Operatoren für die Vereinigungs- oder Durchschnittsbildung von Fuzzy-Mengen. Beispielsweise kann eine für reelle Zahlen definierte *t*-Norm wie das drastische Produkt (`dp`, Zeile 102 bis 105) mit Hilfe von `sapply` leicht auf diskrete Fuzzy-Mengen erweitert werden [38].

```
102: (defun dp (x y)                                            [38]
103:   (cond ((eql y 1) x)
104:         ((eql x 1) y)
105:         (t 0)))
106: (defun d-product (f1 f2)
107:   (sapply 'dp (list f1 f2)))
108: (d-product {0.3/a, 1/b, 0.5/c} {0.2/b, 0.8/c})
109: ⇒ {0.2/b}
```

14.3.2 FLISP

Sosnowski charakterisiert FLISP als eine KI-Sprache, die eine effiziente Speicherung, Wiedergewinnung und Verarbeitung unscharfen Wissens unterstütze und auf die Implementierung von Fuzzy-Control-Algorithmen und linguistischer Datenverarbeitung orientiert sei [Sosnowski 1990, 24]. FLISP ist wie FS-LISP in LISP eingebettet und bietet ebenfalls verschiedene Typen von Fuzzy-Mengen und eine Reihe elementarer Fuzzy-Operatoren (vgl. Tabelle 14.3 mit 14.1 sowie 14.4 mit 14.2).[25]

Sosnowski unterscheidet drei Haupttypen von „Fuzzy-Objekten“: Fuzzy-Mengen, Fuzzy-Relationen und linguistische Variablen. „Fuzzy-Objekte“ werden mit `fsetq` definiert. `fsetq` ist offenkundig ein LISP-Makro. Ihm wird ein Symbol und eine Objektbeschreibung in Form einer Liste übergeben (vgl. Tabelle 14.5). Das Symbol dient als Objektname. In seiner *Propertyliste* werden

[25] In Sosnowski [1990] wird die Syntax zentraler Sprachkonstrukte (`fsetq`, `fcond`) in BNF-Notation beschrieben. Ergänzend hierzu finden sich in [Sosnowski and Pedrycz 1992] detaillierte Beschreibungen der internen Repräsentation von Fuzzy-Mengen, Fuzzy-Relationen und linguistischen Variablen in Box-Pointer-Diagrammen. Darüber hinaus werden in [Sosnowski and Pedryzc 1992] Fuzzy-Entscheidungstabellen zur funktionalen Software-Spezifikation eingeführt. Eine vollständige Beschreibung von FLISP werde, so Sosnowski [1990, 24], in seiner Dissertation gegeben. (Die Dissertation ist in polnischer Sprache verfaßt.) Als Implementierungssprache wurde ursprünglich LISPF3 (ein LISP-Dialekt der 70er Jahre) gewählt, dann auf GCLISP umgestellt. (Es handelt sich dabei um eine auf PC lauffähige COMMON LISP-Version (CLTL1), in der noch nicht die in [Steele 1990] beschriebenen Änderungen und Erweiterungen berücksichtigt waren und insbesondere das COMMON LISP-Objektsystem (CLOS) noch nicht integriert war.) Sosnowski und Pedrycz [1992, 521] erwähnen, daß FLISP in COMMON LISP auf einer SUN-Workstation installiert sei.

Diskrete Fuzzy-Mengen (1)	Fuzzy-Mengen vom Typ 2 (4)
`((a . 1) (b . 0.8) (c . 0.5))`	`((a . low) (b . middle) (c . high))`
Fuzzy-Mengen über $\Re$ (2)	**Fuzzy-Mengen zweiter Stufe (5)**
`(defun alt (x) (s x 30 45 60))`	`((low . 0.3) (middle . 1) (high . 0.6))`
Fuzzy-Relationen (3)	**Fuzzy-Mengen vom Typ L (6)**
`((a) (b (d . 0.9)) (c) (d (a . 0.8)))`	`((a 0.3 . 0.5) (b 0.7 . 1))`

Tabelle 14.3: Typen von Fuzzy-Mengen und Fuzzy-Relationen in FLISP

Fuzzy-Mengen oder Fuzzy-Relationen werden in FLISP mit dem Makro `fsetq` definiert (siehe Text). Die angegebenen Ausdrücke sind keine vollständigen Definitionen. In (4) und (5) wird unterstellt, daß `low`, `middle` und `high` als Fuzzy-Mengen definiert sind. In (6) werden Zugehörigkeitsgrade über ein Zahlenpaar aus $[0,1]^2$ repräsentiert, z.B.: (0.3 . 0.5).

Elementare Fuzzy-Mengenoperatoren (1)	*t/s*-Normen für Fuzzy-Mengen (5)
`fcomplement`, `funion`, `fintersection`	`fprod`, `fasum`, `fbsum`, `fbdif`
Modifikatoren (2)	**Prädikate (6)**
`fcon`, `fdil`, `fcint`, `fblr`	`fsub`, `feq`
Sonstige Fuzzy-Operatoren (3)	**Spezielle relationale Operatoren (7)**
`fsc`, `fcut`, `fmaxg`, `fcard`, `fadif`, `fnorm`	`fru`, `fri`, `fcompose`, `fcp`, `fimage`, `fcimage`
Zuweisungsoperator für Fuzzy-Objekte (4)	**Inferenzmechanismen (8)**
`fsetq`	`fcond`, `fimply`

Tabelle 14.4: Operatoren in FLISP

Bei den Operatorbezeichnungen werden folgende Abkürzungen benutzt: fcon (concentration), fdil (dilation), fcint (contrast intensification), fblr (contrast reduction), fprod (algebraic product), fasum (algebraic sum), fsc (scalar multiplication), fcut (α-level set), fadif (absolute difference), fbsum (bounded sum), fbdif (bounded difference), fmaxg (maximum grade), fnorm (normalization), fcard (cardinality), fsub (inclusion), feq (equality), fru (union of relation), fri (intersetion of relation), fcp (cartesian product), fcimage (converse image).

die verschiedenen Teile der Definition abgespeichert.[26] Die Grundmenge wird bei allen Typen unter dem Indikator u abgelegt. Wird eine Fuzzy-Menge über

[26] Als Propertylisten wird ein spezieller Typus von Listen bezeichnet, der dazu dient, Eigenschaften von Objekten in tabellarischer Form zu beschreiben. Der Zugriff auf die *Eigenschaftswerte* (engl.: *property values*) erfolgt über den symbolischen Namen der Propertyliste und *Schlüsselwörter* (engl.: *keys*), die in diesem Kontext oft *Indikatoren* (engl.: *indicators*) genannt werden. Propertylisten können zur Laufzeit modifiziert und erweitert werden. Sie werden in Form einer beliebig langen Folge sich abwechselnder Indikatoren und Eigenschaftswerte (kurz: *Werte*, engl.: *value*) dynamisch aufgebaut: (⟨indicator-1⟩ ⟨value-1⟩ ⟨indicator-2⟩ ⟨value-2⟩ …⟨indicator-n⟩ ⟨value-n⟩). In LISP ist jedem Symbol auf globaler Ebene eine Propertyliste zugeordnet. Namenskonflikte sind daher nicht ausgeschlossen. Propertylisten wurden in LISP von Anfang an unterstützt. Alternativ zu Propertylisten werden Assoziationslisten, Hash-Tabellen und objektorientierte Repräsentationsformen verwendet. In modernen LISP-Dialekten ist die Bedeutung von Propertylisten zugunsten von Hash-Tabellen und objektorientierten Repräsentationformen stark zurückgegangen.

⟨object definition⟩	::=	**(fsetq** ⟨name⟩ ⟨fuzzy object⟩**)**
⟨name⟩	::=	⟨atom⟩
⟨fuzzy object⟩	::=	⟨fuzzy set⟩ | ⟨fuzzy relation⟩ | ⟨linguistic variable⟩
⟨fuzzy set⟩	::=	**(((**⟨universe⟩**) (fset** ⟨description of fuzzy set⟩**)))**
⟨fuzzy relation⟩	::=	**(((**⟨universe of relation⟩**)) (frel ((**⟨description of relation⟩**))))**
⟨linguistic variable⟩	::=	**(((**⟨universe⟩**))** **(flv ((**⟨list of values⟩**))) (hedges ((**⟨list of hedges⟩**))))**
⟨value⟩	::=	**((**⟨string⟩ **.** ⟨description of fuzzy set⟩**))**
⟨hedge⟩	::=	**((**⟨string⟩ **.** ⟨name⟩**))**
⟨fuzzy conditional⟩	::=	**(fcond** ⟨name of relation⟩ ⟨format of rules⟩ **((**⟨list of rules⟩**)))**
⟨rule⟩	::=	**(if ((**⟨antecedent⟩**)) then** ⟨consequence⟩**))**
⟨antecedent⟩	::=	⟨factor⟩ | ⟨factor⟩ | **and** ⟨antecedent⟩
⟨consequence⟩	::=	⟨factor⟩
⟨factor⟩	::=	⟨name of linguistic variable⟩ **is** ⟨value of linguistic variable⟩
⟨fuzzy inference⟩	::=	**(fimply** ⟨name of linguistic variable⟩ **from** ⟨name of relation⟩ **for** ⟨antecedent⟩**))**

Tabelle 14.5: Syntax essentieller Sprachkonstrukte von FLISP (Auszug)

Terminale Symbole werden **fett** gedruckt, nichtterminale in Backus-Klammern ⟨⟩ gesetzt. Das links von dem Metazeichen ::= stehende nichtterminale Symbol kann durch die rechts davon stehende Folge ersetzt werden. Der vertikale Strich | trennt alternative Ersetzungsmöglichkeiten.

eine stetige Zugehörigkeitsfunktion definiert, so wird die Funktionsdefinition unter dem Indikator `expr` eingetragen. Die Beschreibung von Fuzzy-Relationen wird unter dem Indikator `frel` abgelegt, die anderer Typen diskreter Fuzzy-Mengen unter dem Indikator `fset`.

Grundmengen von Fuzzy-Mengen können über eine Liste aller Elemente, ein Punktpaar (Intervall), die Symbole `n` und `r` (für natürliche beziehungsweise reelle Zahlen) sowie den Namen einer globalen Variablen, an die eine (nach Zugehörigkeitsgraden sortierte) Liste der Elemente gebunden ist, spezifiziert werden. In [39] werden beispielsweise die Fuzzy-Mengen `niedrig` und `hoch` mit Hilfe der in Zeile 110 definierten Grundmenge `u1` definiert.

```
110: (setq u1 '(0.1 0.2 0.3 0.4 0.5 0.6 0.7 0.8 0.9 1.0))      [39]
111: (fsetq niedrig
112:   ((u1) (fset ((0.1 . 1) (0.2 . 0.8) (0.3 . 0.5)))))
113: (fsetq hoch
114:   ((u1) (fset ((1.0 . 1) (0.9 . 0.8) (0.8 . 0.5)))))
```

[40] zeigt wie diese Fuzzy-Mengen zur Definition von Fuzzy-Mengen vom Typ2 verwendet werden können. Die Liste `(jim bob)` bildet dabei die Grundmenge:

```
115: (fsetq agil                                               [40]
116:   ((jim bob) (fset ((jim . niedrig) (bob . hoch)))))
```

Fuzzy-Mengen mit stetigen Zugehörigkeitsfunktionen können mit Hilfe gewöhnlicher LISP-Funktionen definiert werden. Ist beispielsweise die Zugehörigkeitsfunktion `alt` wie in Tabelle 14.3 (2) definiert, so kann eine gleichnamige Fuzzy-Menge über dem Intervall [0 120] wie in [41] definiert werden.

```
(fsetq alt (((0 . 120)) (fset jung)))
```
[41]

Bei der Beschreibung von Fuzzy-Relationen muß zu jeder Spalte (jedem Attribut) eine Grundmenge angegeben werden. Die Tupel werden in Form hierarchisch aufgebauter Listen repräsentiert. Dabei werden nur Tupel der Trägermenge aufgenommen (vgl. [42] sowie Abbildung 14.1).

```
(setq u2 '(a b c d))
(fsetq r
   ((u2 u2) (frel ((a) (b (d . 0.9)) (c) (d (a . 0.8))))))
```
[42]

[42] zeigt wie in FLISP eine Fuzzy-Relation über der Grundmenge $\{a, b, c, d\}^2$, zu der das Tupel (d, b) im Grad 0.9 und das Tupel (a, d) im Grad 0.8 gehört, kodiert wird. Abbildung 14.1 stellt die gleiche Relation in verschiedenen Notationen dar: der Zadehschen Mengenschreibweise, einer Matrixform, in der die Zugehörigkeitsgrade aller möglichen Tupel aufgeführt sind, sowie der in FLISP verwandten Listenform.

$$\{0.9/(d,b) + 0.8/(a,d)\} \Rightarrow \begin{bmatrix} 0 & 0 & 0 & 0.8 \\ 0 & 0 & 0 & 0 \\ 0 & 0 & 0 & 0 \\ 0 & 0.9 & 0 & 0 \end{bmatrix} \Rightarrow \begin{matrix} ((a) \\ (b(d\ .\ 0.9)) \\ (c) \\ (d(a\ .\ 0.8))) \end{matrix}$$

Abb. 14.1: Repräsentation einer Fuzzy-Relation: Mengen-, Matrix- und Listennotation in FLISP

Linguistische Variablen werden wie Fuzzy-Mengen mit `fsetq` definiert. In der Definition werden neben der Grundmenge, Grundterme sowie Hecken spezifiziert. Zu dem symbolischen Namen einer linguistischen Variablen wird eine Propertyliste mit den Indikatoren `u` für die Grundmenge, `flv` für die Grundterme und `hedges` für die linguistischen Hecken angelegt.

```
(fsetq height
       ((140 . 210)
        (flv (("LOW" z 180 170 160)
              ("MIDDLE" pi 15 170)
              ("HIGH" s 165 175 185)))
        (hedges (("MORE OR LESS" . sqrt)
                 ("VERY" . sqr)) )))
```
[43]

Sowohl die Namen der Grundterme wie der Hecken werden als LISP-Strings (nicht als Symbole) repräsentiert. Jeder Hecke wird ein Symbol zugeordnet, das eine geeignete LISP-Funktion bezeichnet. Grundterme können über parametrische Zugehörigkeitsfunktionen definiert werden. [43] beinhaltet die Definition der linguistischen Variablen `height`:[27]

Aus der Verwendung der numerischen LISP-Funktion `sqrt` ist ersichtlich, daß Hecken im Sinne Zadehs als Funktion von Zugehörigkeitsgraden definiert werden. Zur Komposition linguistischer Hecken dürfen nach Sosnowski und Pedrycz [1992, 508] die logischen Konnektive `not` und `or` verwendet werden; `and` wird nicht erwähnt.

Zum approximativen Schließen bietet FLISP zwei Methoden nach dem in Kapitel 8.5 (293ff.) beschriebenen Ansatz, Fuzzy-Regelsysteme als Relationalgleichungssysteme zu interpretieren. Beide Methoden unterscheiden sich darin, wie die Gesamtrelation für ein Regelsystem gebildet wird und wie die Einzellösungen zu einer Gesamtlösung (oder einer Näherung) aggregiert werden. Bei der nach E.H. Mamdani genannten Methode (`"EHM"`) wird das Minimum als Implikationsoperator und das Maximum als Aggregationsoperator benutzt, bei der nach W. Pedryzc benannten Methode (`"WP"`) wird stattdessen der Gödeloperator und das Minimum verwendet (vgl. 382).

Auf welche der beiden Methoden das System zurückgreift, hängt von den Werten der globalen Variablen `select` für die Berechnung der Relation und `fimply` für die Auswertung bezüglich bestimmter Daten ab:

```
(setq select "EHM")                                          [44]
```

Um einen Fuzzy-Regler zu erstellen wird mit `fcond` eine Relation berechnet. Wie ein solcher Aufruf aufgebaut ist, zeigt [45] anhand dreier Fuzzy-Regeln aus der berühmten Dampfmaschinen-Regelung von Mamdani und Assilian (378ff.):

```
(fcond rehm (cse se tc)                                      [45]
  ((if (se is ns and cse is pb or pm) then tc is ps)
   (if (se is ps and cse is pb or pm) then tc is ns)
   (if (se is po and cse is pb) then tc is ns)))
```

Die Auswertung der in [45] definierten Relation `rehm` für bestimmte Eingabewerte erfolgt dann durch einen `fimply`-Aufruf wie in [46]:

```
(setq fimply "EHM")                                          [46]
(fimply tc from rehm for (se is no and cse is pb))
```

[27] Das Beispiel findet sich in [Sosnowski 1990, 27] und [Sosnowski and Pedrycz 1992, 511]. Die Ausdrucke beider Quellen enthalten Klammerfehler. Die hier vorgenommene Korrektur basiert auf der Syntaxbeschreibung von [Sosnowski 1990]. Zugleich wurde die Punktnotation durch die Standardnotation für Listen in COMMON LISP ersetzt, falls dies ohne Änderung der internen (physikalischen) Repräsentation möglich war.

14.3.3 FOPS, MONOOPL und MONOLIS

Die Sprachen FOPS, MONOPL und MONOLIS wurden in dem von Yasunobu geleiteten Labor (N° 3) des LIFE-Instituts (Laboratory for International Fuzzy-Engineering Reseach) entworfen.[28] Die Arbeitsgruppe um Yasunobu beschäftigt sich mit der Spezifikation eines „Fuzzy-Computers" aus der Perspektive von Programmiersprachen und Hardware [vgl. Bellon et al. 1992].

Yamamoto, Inoue und Yasunobu gehen von der Notwendigkeit aus, Ansätze der Fuzzy-Mengentheorie mit denen der traditionellen KI zu integrieren.[29] Im Zentrum ihres Entwurfs steht die Frage einer flexiblen und effizienten Repräsentation von Fuzzy-Mengen. Gegenüber anderen Vorschlägen wenden sie ein, daß sie auf spezifische Anwendungen zugeschnitten seien und ihre Repräsentationsmöglichkeiten zu restriktiv seien. Ausnahmen bildeten die Arbeiten Umanos, da seine Systeme verschiedene Typen von Fuzzy-Mengen unterstütze. Aber auch dessen Systeme seien nicht flexibel genug, da sie intern Fuzzy-Mengen in einem Datentyp abbildeten.

Fuzzy-Mengen lassen sich auf verschiedene Arten repräsentieren: in Form von Vektoren, mehrdimensionalen Feldern, linear oder hierarchisch aufgebauten Listen, Hash-Tabellen, Funktionen oder Listen ihrer Niveaumengen. Da diese Repräsentationsformen sehr verschiedene Leistungsmerkmale insbesondere im Hinblick auf Speicherbedarf und Rechenzeit aufweisen, sei es sehr schwierig, vielfältige Fuzzy-Mengen mit einer spezifischen Methode zu repräsentieren, erforderlich sei vielmehr die Integration verschiedener Repräsentationsformen [Yamamoto et al. 1992, 375]. Hinzukomme eine Vielzahl von Operationen über Fuzzy-Mengen.

Um die erforderliche Effizienz, Flexibilität und Erweiterbarkeit zu gewährleisten, haben Yamamoto, Inoue und Yasunobu objektorientierte Programmiermethoden verfolgt. Ein erster, rein software-orientierter Ansatz führte zur Entwicklung von FOPS, einer SMALLTALK-Erweiterung, die verschiedene Typen von Fuzzy-Mengen unterstützt und eine Reihe elementarer Operatoren für die Grundrechenarten sowie mengenalgebraische und spezielle relationale Operationen bietet.[30]

---

[28] Informationen zu Aufbau und Zielsetzungen des LIFE-Instituts finden sich in [Bellon et al. 1992]. (Vgl. auch 34.) Die Darstellung der genannten Sprachen basiert auf [Inoue, Yamamoto, Yasunobu 1991], [Yamamoto, Inoue, Yasunobu 1991] sowie [Yamamoto, Inoue, Yasunobu 1992].

[29] „Though the (fuzzy set, B.B.) theory was first applied to real systems in control field, its field of application is expanding to expert systems and non-engineering fields, integrating with traditional artificial intelligence techniques. To such applications, »fuzzy information processing« or »fuzzy knowledge processing« which is the integration of fuzzy set theory and AI techniques is needed." [Yamamoto et al. 1992, 375]

[30] „FOPS is now working on ParcPlace SMALLTALK systems (Version 2.5 and Release 4) on SUN-4 workstations." [Yamamoto et al. 1992, 382]

FOPS – eine SMALLTALK-Erweiterung

Zur Repräsentation von Fuzzy-Mengen wurden verschiedene Klassen definiert und der Parser von SMALLTALK erweitert (vgl. Tabelle 14.6). Die Erweiterung setzt auf zwei Basisklassen auf: `ArrayedFuzzySet` und `PairedFuzzySet`. Die Klasse `ArrayedFuzzySet` hat eine Instanzvariable für eine indexierte Folge von

⟨primary⟩ ::= ⟨variable name⟩ | ⟨literal⟩ | ⟨block⟩ | (⟨expression⟩) | {⟨fuzzy set expression⟩}

⟨fuzzy set expression⟩ ::= ⟨empty⟩ | ⟨empty⟩ ⟨description of universes⟩ | ⟨singletons⟩ | ⟨singletons⟩ ⟨description of universes⟩

⟨singletons⟩ ::= ⟨singleton⟩ | ⟨singleton⟩ **,** ⟨singletons⟩

⟨singleton⟩ ::= ⟨grade⟩ **/** ⟨elements⟩

⟨description of universes⟩ ::= ⟨u-key⟩ ⟨universes⟩ | **from:** ⟨universes⟩ **to:** ⟨universes⟩

⟨u-key⟩ ::= **on:** | **ON:** | **ltv:** | **LTV:**

⟨universes⟩ ::= ⟨universe⟩ | ⟨universe⟩ **&&** ⟨universes⟩

⟨elements⟩ ::= ⟨element⟩ | (⟨elements of list⟩)

⟨elements of list⟩ ::= ⟨element⟩ | ⟨element⟩ **&&** ⟨elements of list⟩

Tabelle 14.6: Erweiterung der SMALLTALK-Syntax zur Beschreibung von Fuzzy-Mengen in FOPS

Die Syntaxbeschreibung in dieser Tabelle entspricht den in [Yamamoto et al. 1992, 378] abgebildeten Syntaxdiagrammen. Um die Darstellung in BNF-Notation zu erleichtern, wurden zusätzliche nichtterminale Symbole eingefügt. Die Beschreibung ist offenkundig in einigen Punkten nicht mit den Beispielen vereinbar: das terminale Symbol `by:` taucht in den Syntaxdiagrammen nicht auf, das terminale Symbol `from:` kann – nach den Beispielen zu urteilen – entgegen der angegebenen Syntax weggelassen werden. Die nichtterminalen Symbole ⟨element⟩, ⟨universe⟩, ⟨primary⟩ können durch ⟨primary⟩ ersetzt werden.

Grundmengen (*universes*) und eine Instanzvariable für ein Feld von Zugehörigkeitsgraden (*gradearray*). Als Unterklasse zu `ArrayedFuzzySet` ist die Klasse `LinguisticTruthValue` definiert. Die Verwendung von Feldern ist effizient, wenn die Trägermenge groß ist. Die Klasse `PairedFuzzySet` ist umgekehrt für Fuzzy-Mengen geeignet, deren Trägermenge klein ist oder deren Grundmenge nicht spezifiziert werden kann. `PairedFuzzySet` beinhaltet eine Instanzvariable, an die eine Liste von Grad-Element-Paaren gebunden ist. Zur Steigerung der Verarbeitungseffizienz ist diese Liste nach den Elementen sortiert [vgl. Yamamoto et al. 1991, 219]. Im Vergleich zur Klasse `ArrayedFuzzySet` bietet die Klasse `PairedFuzzySet` eine geringere Effizienz, aber höhere Flexibilität. Insbesondere lassen sich die Trägermengen sehr leicht reduzieren und erweitern.

Beide Basisklassen erlauben Zugehörigkeitsgrade jeweils einer Folge von Elementen zuzuordnen, so daß beide geeignet sind, Fuzzy-Relationen darzustellen. Da Elemente wie Zugehörigkeitsgrade nicht auf gewöhnliche Objekte beschränkt sind, sondern Fuzzy-Mengen sein dürfen, lassen sich mit ihnen auch Fuzzy-Mengen vom Typ n und Fuzzy-Mengen höherer Stufe definieren.

Operationen über Fuzzy-Mengen werden nach dem Modell des „Nachrichtenversendens“ (engl.: *message passing*) verarbeitet. Operatoren sind demnach als Methoden definiert, die jeweils einer Klasse zugeordnet sind. Welche Rechenmethode angewandt wird, hängt von der Klassenzugehörigkeit des Objekts ab, das die „Nachricht“ empfängt. Die Methodenauswahl erfolgt dynamisch, also zur Laufzeit. Dieser Polymorphismus erlaubt dem Anwendungsprogrammierer, von der internen Repräsentation von Fuzzy-Mengen zu abstrahieren.

Ein Problem entsteht jedoch bei zweistelligen (allgemeiner: mehrstelligen) Operatoren, wenn die Operanden unterschiedlichen Typs sind, da die „Nachricht“ lediglich an einen, den ersten Operanden gesandt wird. Dieses Problem stellt sich, COMMON LISP (CLOS) ausgenommen, in allen objektorientierten Sprachen, sofern sie diese Art von Polymorphismus überhaupt ermöglichen. In FOPS wird es mit Hilfe der „double-dispatching“-Technik und einer Klassenkonversion auf der Basis des Generalisierungskonzepts gelöst. Das bedeutet, daß der Operand der „spezifischeren“ Klasse in die „allgemeinere“ umgewandelt wird, konkret: „gewöhnliche“ Zahlen in Fuzzy-Mengen und Fuzzy-Mengen der Klasse `ArrayedFuzzySet` in Fuzzy-Mengen der Klasse `PairedFuzzySet` [vgl. Yamamoto et al. 1991, 220]. Arithmetische Operatoren von SMALLTALK wurden auf diese Weise verallgemeinert, so daß Fuzzy-Mengen mit Fuzzy-Mengen oder mit „gewöhnlichen“ Zahlen verrechnet werden können:

```
135:  3 + {0/1,1/2,0/3 ON: (1 to 3 by: 0.5)}.                        [47]
136:  ⇒ "{(1/2)4.5,1/5.0,(1/2)/5.5 ON: (4.0 to: 6.0 by: 0.5)}"
137:  2 * {0.3/0.8,1/1.3,0.6/1.6}.
138:  ⇒ "{0.3/1.6,1/2.6,0.6/3.2}"
```

Zu beachten ist, daß es sich hier um einen allgemeinen Lösungsansatz handelt, der auch auf neue, von Benutzern definierte Operatoren und Klassen anwendbar ist. Vorausgesetzt wird lediglich, daß die notwendigen Konvertierungsmethoden definiert sind. Die Einführung neuer Methoden wird zudem durch die Methode `performBlockToGrade with:` unterstützt [vgl. Yamamoto et al. 1992, 380f.]. Standardmäßig unterstützt FOPS offenkundig verschiedene arithmetische Operatoren, Mengenoperatoren und spezielle relationale Operatoren.[31]

Das folgende Beispiel zeigt, wie in FOPS Fuzzy-Mengen vom Typ 2 definiert und verarbeitet werden können. Das Symbol `:=` ist der standardmäßige Zuweisungsoperator von SMALLTALK. Der nach oben gerichtete Pfeil (↑) bewirkt, daß der Wert des folgenden Ausdrucks zurückgegeben wird.

[31] In keinem der genannten Texte (vgl. Fußnote 28) findet sich eine Auflistung der unterstützten Operatoren. In den Beispielen tauchen die arithmetischen Operatoren + und *, die Mengenoperatoren `intersection:` und `union:` sowie die speziellen relationalen Operatoren `compose:`, `cylindricalExtension:` und `projection:` auf.

```
139: small := {1/0,0/0.4 LTV: 0.1}.                                [48]
140: middle := {0/0.1,1/0.5,0/0.9 LTV: 0.1}.
141: large := {0/0.6,1/1 LTV: 0.1}.
142: fset1 := {large/'a',large/'b' on: #('a' 'b')}.
143: fset2 := {middle/'a',small/'b' on: #('a' 'b')}.
144: ↑fset1 intersection: fset2
145: ⇒ "{{(1/4)/0.2,(1/2)/0.3,(3/4)/0.4,1/0.5,(3/4)/0.6,
146:        (1/2)/0.7,(1/4)/0.8 ltv: 0.1}/'a',
147:       {1/0.0,(3/4)/0.1,(1/2)/0.2,(1/4)/0.3 ltv: 0.1}/'b'
148:      on: #('a' 'b')}"
```

Die Fuzzy-Mengen `fset1` und `fset2` sind über der Grundmenge {a, b} definiert. Als Zugehörigkeitsgrade fungieren die über dem Einheitsintervall definierten Fuzzy-Mengen `small`, `middle` und `large`. Wie aus dem Ergebnis (Zeile 145 bis 148) ersichtlich, wird keine linguistische Approximation durchgeführt.

Von den gut ausgebauten Werkzeugen (Browser, Debugger und Inspektoren), die SMALLTALK-80 standardmäßig bietet, könne, so die Autoren, in FOPS problemlos Gebrauch gemacht werden [vgl. Yamamoto et al. 1992, 381f.]. Aufgrund der objektorientierten Implementierung dieser Tools wäre es leicht möglich, auf die Spezifik der unterstützten Fuzzy-Mengen-Klassen abgestimmte Inspektoren und Graphik-Schnittstellen zu implementieren, so daß Fuzzy-Mengen in Tabellenform und in Form von Funktionsgraphen angezeigt werden könnten.[32] Zudem sei für Fuzzy-Mengen eine Methode (`printOn:`) definiert worden, die Fuzzy-Mengenausdrücke in Form einer Zeichenkette ausgebe, die vom SMALLTALK-Compiler weiterverarbeitet werden könnten.

Zur Architektur von MONO und den Sprachen MONOOPL und MONOLIS

Der zweite Ansatz ist eng an die Realisierung des projektierten „Fuzzy-Computers" geknüpft: für diesen Computer wurde eine MONO genannte Software-Architektur entworfen.[33] Die Repräsentation von Fuzzy-Mengen soll in diesem System ähnlich wie in FOPS objektorientiert erfolgen. Und zwar so, daß Fuzzy-Mengen als First-Class-Objekte realisiert sind, also an Variablen gebunden, an Funktionen übergeben oder von Funktionen als Wert zurückgegeben werden können. Ihre Repräsentation von Fuzzy-Mengen nennen sie FZO (Fuzzy Set

---

[32] Vor allem die graphische Repräsentation von Fuzzy-Mengen fällt allerdings – nach dem Bildschirmausdruck zu urteilen – sehr dürftig aus: die Achsen werden durch einfache Linien (ohne Skalierungsstriche) angezeigt, die Beschriftung beschränkt sich auf die Angabe der Intervallgrenzen.

[33] Die Ausführungen zu dieser Software-Architektur bleiben in vielerlei Hinsicht unvollständig und wirken teilweise verwirrend und sprachlich konfus. Dies gilt insbesondere für die Beschreibung der Struktur von „Fuzzy-Mengen-Objekten", die sich nicht nur in den verschiedenen Beiträgen unterscheidet, sondern auch in den einzelnen Beiträgen widersprüchlich ist. Auf Details kann daher nicht eingegangen werden.

Object). Sie bestehe aus einer Fuzzy-Kernsprache, MU genannt, und zwei Benutzersprachen: MONOOPL und MONOLIS.

MU sei als Maschinensprache ihres „Fuzzy-Computers" entworfen. Auf ihr setze eine in C geschriebene Bibliothek von Funktionen auf, die Teile der Fuzzy-Mengenrepräsentation FZO realisiere. Viele Programmteile würden statisch gebunden, um eine hohe Ausführungsgeschwindigkeit zu erzielen.

Die Fuzzy-Benutzersprachen MONOOPL und MONOLIS würden in die Maschinensprache MU übersetzt. MONOOPL biete eine Syntax, die eine objektorientierte Programmierung leicht mache, MONOLIS beinhalte eine Implementierung von „Fuzzy-Mengen-Objekten" in die „repräsentative KI-Sprache" LISP und erleichtere so die Integration unscharfen Schließens mit herkömmlichen Ansätzen der Wissensverarbeitung [Yamamoto et al. 1992, 382]. [49] ist ein Beispiel für die Definition einer Fuzzy-Menge in MONOOPL und [50] zeigt wie die gleiche Fuzzy-Menge in MONOLIS realisiert würde.[34]

```
Young is a type1-fuzzy-set.                                  [49]
Young's universe is #(0 100).
Young's membership is (z 10 20).
```

```
(set! young                                                  [50]
      (make-fuzzy-set #(0 100) (fz:make-Z 10 20)))
```

14.4 Regelorientierte Sprachen

14.4.1 REVEAL

Nach Graham [1991, 455] war REVEAL das erste kommerzielle Expertensystemwerkzeug, das Fuzzy-Methoden unterstützte. Das von Graham referierte Benutzerhandbuch wurde 1983 veröffentlicht. REVEAL besteht aus zwei Teilsprachen, einer prozeduralen Sprache und einer Fuzzy-Regelsprache, von Jones, dem Entwickler von REVEAL, „policy language" genannt [Jones 1986, 240].

Für die Definition von Fuzzy-Mengen werden in REVEAL parametrische Funktionen zur Verfügung gestellt. Weitere Funktionen können mit Hilfe der prozeduralen Teilsprache von REVEAL definiert werden. Intern werden Fuzzy-Mengen als Vektoren (mit 100 Elementen) repräsentiert. Der Benutzer hat die Möglichkeit, sich den Funktionsgraph mit dem Aufruf der Prozedur `draw` anzeigen zu lassen. Die Definition einer Fuzzy-Menge (`define`) besteht aus einem

[34] Die Ausdrucksstärke der beiden Sprachen läßt sich anhand dieser Aufrufe nicht beurteilen. Yamamoto, Inoue und Yasunobou [1992, 384] geben als weiteres Beispiel die Modellierung einer Implikation an, in der MONOOPL deutlich ausdrucksstärker erscheint, während der entsprechende Code in MONOLIS unnötig kompliziert wirkt und unvollständig ist.

symbolischen Namen für die Fuzzy-Menge, den Randpunkten des Grundbereichs, sowie dem Namen der Zugehörigkeitsfunktion (etwa `decline`) sowie einer Parameterliste [Jones 1986, 238].

Die Wissensbasis wird in Blöcke von Grundsätzen, sogenannte *polices*, unterteilt. In einem Block (`policy`) werden Regeln und Fakten zusammengefaßt, die sich auf eine Fuzzy-Variable beziehen. Ein extrem vereinfachtes Modell zur Preisgestaltung beschreiben beispielsweise die in [51] aufgelisteten Grundsätze [vgl. Jones 1986, 239]:

```
154: policy pricing                                      [51]
155: sales.price is low
156: sales.price is about 2 * direct.cost
157: if opposition is not very high
158: then sales.price is near opposition
```

Demnach soll der Preis niedrig (Zeile 155) und etwa doppelt so hoch wie die direkten Kosten (Zeile 156) sein. Eine zusätzliche Regel besagt, daß der Preis nahe dem des Konkurrenten sein soll (Zeile 158), wenn dessen Preis nicht sehr hoch ist (Zeile 157). Die Operatoren `not` und `very` sind standardmäßig definiert, `near` und `about` sind Fuzzifizierungsoperatoren und erzeugen glockenförmige Kurven.

Die Fakten werden über einfache Variable-Wert-Paare beschrieben. Die Wertkomponente bezeichnet eine Fuzzy-Menge (oder eine Zeichenkette). Die Fuzzy-Menge kann durch Operatoren modifiziert oder mit Hilfe eines Fuzzifizierungsoperators aus exakten Werten erzeugt werden. Regeln bestehen aus einem `if`- und einem `then`-Teil. Im `if`-Teil können verschiedene Variable-Wert-Paare mit `or` und `and` verknüpft werden. Der `then`-Teil besteht aus genau einem Variable-Wert-Paar. Mustervariablen sind ebenso wenig vorgesehen wie die Verwendung von Prozeduren.

Die Auswertung erfolgt blockweise durch Aufruf der Prozedur `apply`. Der Wert der Eingangsvariablen wird durch Prozeduraufrufe berechnet; im Anschluß an die Regelauswertung kann der Wert der Ausgangsvariablen über zusätzliche Prozeduren weiterverarbeitet werden:

```
159: direct.cost = compound (base.cos, const.infl, 12)   [52]
160: apply('PRICING')
161: sales.margin = sales.price - direct.cost
162: gross.profit = sales.margin * sales.volume
163: profit%sales = sales.margin / sales.price * 100
```

Die Verarbeitung von REVEAL-Regeln ist nahezu identisch mit der Verarbeitung von Fuzzy-Kontroll-Regeln nach der Max-Min-Methode (vgl. 383ff.). Dementsprechend kann die Auswertung der Regeln parallel erfolgen. Die Eingabe für einen Block ist auf einen exakten Wert für jede Variable beschränkt; Fuzzy-Mengen können also nicht als Eingabewerte dienen [Graham 1991, 457].

Die Zugehörigkeitsgrade der Eingangswerte zu den im Antezedenz genannten Fuzzy-Mengen werden entsprechend der logischen Konnektive zu einem Wahrheitswert verrechnet. Dieser Wahrheitswert gibt eine obere Schranke für die Fuzzy-Mengen der Konklusion ab. Die Vereinigungsmenge der so berechneten unscharfen Konklusionen bildet anders als in der Fuzzy-Regelungstechnik nur einen Teil der Gesamtkonklusion. Den anderen Teil bildet die Schnittmenge der unbedingten unscharfen Grundsätze (Fakten). In dem obigen Beispiel also die Schnittmenge aus „niedrig“ und „ungefähr doppelt so hoch wie der Preis des Konkurrenten“. Schließlich muß die unscharfe Ergebnismenge wie in der Fuzzy-Regelungstechnik wieder defuzzifiziert werden. REVEAL bietet dazu zwei Methoden: die Maximum- und die Schwerpunktmethode [Jones 1986, 241].

14.4.2 SPII-1 und SPII-2

SPII (*Système de Propagation de l'Imprécis et de l'Incertain*) ist ein rückwärtsverkettendes Regelsystem zur Verarbeitung ungenauen und unsicheren Wissens. Die Propagierung von Ungenauigkeit und Unsicherheit basiert auf der Possibilitätstheorie von Dubois und Prade und wurde bereits in den vorangehenden Kapiteln detailliert beschrieben.[35] „Fakten“ wie Regeln werden über Attribut-Objekt-Wert-Tripel (AOW-Tripel) beschrieben. Unsichere Regelzusammenhänge können über zwei Sicherheitskoeffizienten (s, n) modelliert werden. Solche unsicheren Regeln sind jedoch nur zulässig, wenn die Konklusionen nicht unscharf sind. Sollen unscharfe Schlußfolgerungen gezogen werden, so muß der Regelzusammenhang sicher sein.

SPII existiert in zwei Versionen: SPII-1 [Martin-Clouaire and Prade 1986] und SPII-2 [Lebailly et al. 1987]. Beide Versionen wurden in LISP implementiert: SPII-1 in MACLISP, SPII-2 in LELISP. Die Implementierungssprache schlägt sich direkt in der Sprachsyntax und den grundlegenden Datentypen von SPII nieder. Ein AOW-Tripel wird als dreielementige Liste (*attribut objekt wert*) notiert. Eine solche Liste kann für eine Bedingung, eine Konklusion oder ein Faktum stehen. Steht sie für ein Faktum, so muß sie an eine globale Variable gebunden werden. Deren Name wird als Faktenname gedeutet. Soll beispielsweise die Aussage „die

[35] Die in SPII-2 gebotene Erweiterung der Addition, Subtraktion und Multiplikation auf positive LR-Intervalle entspricht den in Kapitel 4 dargestellten Formeln (vgl. 144ff.). Regeln mit unscharfen Konsequenten werden nach dem in Kapitel 8 erläuterten Modell des generalisierten Modus ponens (vgl. 276ff.) unter Verwendung der Gödel-Implikation (vgl. 283) verarbeitet. Die Musterverarbeitung basiert auf dem in Kapitel 10 beschriebenem Possibilitäts- und Notwendigkeitsmaß (vgl. 346ff.). Sowohl in der Musterverarbeitung wie in der Anwendung des generalisierten Modus ponens kommen die für trapezförmige Zugehörigkeitsfunktionen entwickelten effizienten Rechenverfahren (vgl. 297ff. und 350ff.) zur Anwendung. Der Propagierung von Possibilitäts- und Notwendigkeitsgraden bei unsicheren Regeln liegen die in Kapitel 12 angegebenen Inferenzschemata zugrunde (vgl. 432ff.).

künstlerischen Fähigkeiten des Bewerbers sind in Ordnung" der Faktenbasis hinzugefügt werden, so erfolgt dies über die „Spezialform" `setq`, die in LISP standardmäßig für Wertzuweisungen benutzt wird:[36]

```
164: (setq f7 '(artistic-skills applicant ok))                [53]
```

In diesem Fall fungiert also das Symbol `f7` als Name der globalen Variablen, an die das Faktum gebunden ist. `f7` dient zugleich als Name des Faktums, `applicant` bezeichnet das Objekt, `artistic-skills` das Attribut und `ok` den zugehörigen Attributwert. Um alle Fakten über die globale Variable `bf` zugänglich zu machen, wird die Liste der Initialfakten, in diesem Beispiel die Fakten `f1` bis `f8`, explizit der Variablen `bf` zugewiesen:

```
165: (setq bf '(f1 f2 f3 f4 f5 f6 f7 f8))                     [54]
```

Jedem Faktum kann ein Possibilitäts- und Notwendigkeitsgrad zugeordnet werden. Auch hierzu wird in SPII von einem standardmäßig in LISP verfügbaren Konstrukt Gebrauch gemacht, nämlich *Propertylisten*[26]. Soll ausgedrückt werden, daß es nahezu unmöglich ist, daß der Bewerber über künstlerische Fähigkeiten verfügt, so genügt es, dem in [53] beschriebenen Faktum entsprechende Sicherheitswerte, hier beispielsweise den Possibilitätsgrad 0.2 und den Notwendigkeitsgrad 0, zuzuordnen:

```
166: (defprop f7 (0 .2) cert)                                 [55]
```

Attributwerte werden in SPII mit Symbolen bezeichnet. Unscharfe Werte werden von scharfen Werten durch das Präfix ~ unterschieden. Soll ausgedrückt werden, daß es sehr sicher ist, daß die Fremdsprachenkenntnisse eines Bewerbers im Mündlichen ziemlich gut sind, so kann dies in SPII wie folgt ausgedrückt werden:

```
167: (setq f3 '(oral-test applicant ~rather-good))            [56]
168: (defprop f3 (.9 1) cert)
```

Allein die Kennzeichnung als unscharf ist selbstverständlich zur Repräsentation unscharfer Mengen nicht hinreichend. Unscharfe Terme werden in SPII als globale Variablen definiert, deren Werte die von ihnen denotierte Fuzzy-Menge repräsentieren. Dabei werden trapezförmige Zugehörigkeitsfunktionen verwendet, die in Form einer Liste von vier oder fünf Zahlen definiert werden: die ersten beiden Zahlen stehen für die Randpunkte des Kerns, die beiden nächsten für die linke und rechte Schwankungsbreite und gegebenenfalls kann ein fünfter Wert ein allgemeines Unbestimmtheitsniveau spezifizieren (vgl. 298 und Abbil-

[36] Die folgenden Programmauszüge sind fast ausnahmslos dem in [Dubois and Prade 1988b, 169ff.] abgedruckten Beispielprogramm entnommen. In diesen Auszügen kommen alle relevanten Merkmale von SPII-1 vor. Eine weitere Regel aus [Lebailly et al. 1987] illustriert einen in SPII-2 zusätzlich unterstützten Typus unsicherer Regeln.

dung 8.7, 300). In diesem Beispiel bezeichnet das Symbol `~rather-good` eine Fuzzy-Menge über dem Intervall [0 20]. [57] zeigt ihre Definition in SPII:

```
169: (setq ~rather-good '(14 15 1 1))                          [57]
```

Wie Fuzzy-Mengen und Fakten werden auch Regeln in Form von Listen repräsentiert und unter ihrem Namen als globale Variablen gespeichert. Der Aufbau einer Regel ist denkbar einfach. Sie besteht aus einer zweielementigen Liste. Beide Elemente sind wiederum Listen: das erste Element eine Liste von Bedingungen, die implizit als konjunktiv verknüpft gelten, das zweite eine Liste von Datenelementen, die als neue Fakten in die Faktenbasis eingetragen werden, falls die Bedingungsliste von den aktuellen Daten erfüllt wird. Der Aufbau der einzelnen Bedingungen und Datenelemente einer Regel gleicht dem der Fakten. In unsicheren Regeln wird jedoch die Beschreibung eines Datenelements durch die beiden Sicherheitskoeffizienten *s* und *n* ergänzt (vgl. Zeile 171).

```
170: (setq r1 '(((special-skills applicant ok))                [58]
171:            ((quality applicant ok .7 0))))
```

Die erste Regel [58] besagt, daß spezielle Fähigkeiten keine notwendige Bedingung ($n = 0$), jedoch eine relativ hinreichende ($s = 0.7$) Bedingung für die geforderte Qualifikation ist. Unsicherheitskoeffizienten können auch in Regeln mit unscharfen Prämissen verwendet werden, jedoch nicht in Regeln, die unscharfe Konsequenten enthalten. Regeln diesen Typs (vgl. [59], insbesondere Zeile 174) werden in der Propertyliste des Regelnamens gekennzeichnet (vgl. Zeile 175)[37] und nach dem Modell des generalisierten Modus ponens verarbeitet.

```
172: (setq r14 '(((oral-test applicant ~greater-medium)        [59]
173:               (written-test applicant ~6-9))
174:              ((french-test applicant ~satisfactory))))
175: (putprop 'r14 t 'floue)
```

Zu beachten ist, daß auch die in einer Regel referierten Fuzzy-Mengen definiert werden [60].

```
176: (setq ~greater-medium '(13 19 4 1))                       [60]
177: (setq ~6-9 '(6 9 2 2))
178: (setq ~satisfactory '(12.5 14 1.5 1))
```

Schließlich werden die Namen aller Regeln, hier `r1` bis `r14`, wie die der Fakten in einer Liste gesammelt und an die globale Variable `regles` gebunden:

---

[37] Das Symbol `floue` dient in diesem Fall als *Indikator*, `t` für *true* als *Propertywert*. `floue` leitet sich offenkundig aus *„l'ensemble flou"*, dem französischen Fachterminius für Fuzzy-Menge, ab.

```
179: (setq regles '(r1 r2 r3 r4 r5 r6 r7 r8 r9 r10 r11        [61]
180:                r12 r13 r14))
```

SPII-2 zeichnet sich gegenüber SPII-1 durch zwei Erweiterungen aus. Zum einen ist es möglich, im Aktionsteil einer Regel arithmetische Operationen über unscharfe Mengen durchzuführen. Zum anderen wird ein zusätzlicher Typus unsicherer Regeln unterstützt, bei denen die Sicherheitskoeffizienten *s* und *n* keine Konstanten, sondern eine Funktion eines Attributwerts sind [62]. *s* und *n* sind dabei als Treppenfunktionen definiert, deren Verläufe in der Propertyliste der Regel unter den Indikatoren *s* und *n* beschrieben sind (vgl. Zeile 183 bis 187).

```
181: (setq r40 '(((thickness sr ?e))                          [62]
182:             ((quality entrance ok (s ?e) (n ?e)))))
183: (putprop 'r40
184:          '((((1 5) .2) ((5 10) .6) ((10 30) .8)
185:            ((30 100) .9) ((100 10000)) 1))
186:          's)
187: (putprop 'r40 '(((1 10000) 1)) 'n)
```

Die bisherige Beschreibung hat gezeigt, wie eine Wissensbasis in SPII definiert wird. Dabei wurden ausschließlich Funktionen, Spezialformen und Datentypen von LISP, in diesem Fall dem Dialekt LELISP, verwendet. Ein SPII-Programm besteht insoweit aus reinem LISP-Code. Die possibilistische Verarbeitung erfolgt über einen Interpreter, der durch die SPII-Funktion apropos aufgerufen wird. Die Funktion apropos erwartet eine dreielementige Liste, deren Aufbau dem eines Faktums gleicht. Ein apropos-Aufruf veranlaßt den Interpreter, zu überprüfen, ob das in der Argument-Liste angegebene Datum in der Faktenbasis vorhanden ist oder aus ihr mit Hilfe der Regeln abgeleitet werden kann [Dubois and Prade 1988b, 171]:

```
188: (apropos '(quality applicant ok))                        [63]
189: certitude = (7.000000E-1 1)
190: ⇒ (7.000000E-1 1)
```

Resultat ist eine Liste mit dem Possibilitäts- und Notwendigkeitsgrad des in Frage stehenden Datums. Die Ausführung von Regeln führt zu einigen Seiteneffekten, die sich zur Anzeige von Zwischenergebnissen und für Erklärungen nutzen lassen [64].

```
191: bf                                                       [64]
192: ⇒ (f1 f2 f3 f4 f5 f6 f7 f8 f101 f102 f103 f104 f105)
193: f103
194: ⇒ (basic-skills applicant ok)
195: (get 'f103 'cert)
196: ⇒ (3.939394E-1 1)
197: (get 'f103 'provient)
198: ⇒ ((r6 010 6.000000E-1) (r11 6.363636E-1 1))
```

Dies betrifft zunächst den Wert der globalen Variablen `bf`. Wie Zeile 192 im Vergleich zu Zeile 165 zeigt, wurde die Faktenbasis um fünf neue Fakten erweitert. Ihre Namen wurden von SPII generiert und als globale Variablennamen für diese Fakten verwendet (vgl. Zeile 193 und 194). Überdies wurde zu jedem neuen Faktum eine Propertyliste angelegt, in der der Possibilitäts- und Notwendigkeitsgrad des Faktums (vgl. Zeile 195 und 196) sowie die Regeln eingetragen sind, aus deren Ausführung sie hervorgegangen sind (vgl. Zeile 197 und 198).

Steht in der Anfrage anstelle der Wertkomponente eine Variable, so wird zugleich eine Belegung für sie zu ermitteln versucht. Der folgende Beispielaufruf entstammt einer geologischen Applikation zur prospektiven Schätzung von Erdölvorkommen [vgl. Lebailly et al. 1987, 139]:

```
199: (apropos '(quantity ohrt ?v))                    [65]
200: certitude = (1 1)
201: ?v = ~9
202: ⇒ t
```

Da der Aufruf anstelle eines bestimmten Volumens eine Variable `?v` enthält, wird das System veranlaßt, die Erdölmenge zu schätzen. Die Antwort gibt Auskunft darüber, wie sicher (Zeile 200) die Aussage für die angegebene Variablenbelegung (Zeile 201), hier also das geschätzte Volumen, ist. Das Symbol `~9` wurde von SPII generiert und steht in diesem Fall für eine diskrete Possibilitätsverteilung, die über eine Liste von Paaren aus Abszisse und Ordinate (Possibilitätsgrad) charakterisiert wird. Eine linguistische Approximation wird nicht durchgeführt.

SPII zeichnet sich vor allem durch die Fähigkeit aus, zugleich unscharfes und unsicheres Wissen verarbeiten zu können. Die Implementierung des generalisierten Modus ponens, der Kompatibilitätsberechnung und der Fuzzy-Arithmetik beruht auf speziellen Algorithmen der Possibilitätstheorie, die eine hocheffiziente Verarbeitung von Fuzzy-Mengen ermöglichen. Eine Wissensbasis wird ausschließlich mit Sprachkonstrukten beschrieben, die standardmäßig in jedem LISP-Dialekt vorhanden sind. Eine Kompilation der Wissensbasis ist nicht vorgesehen. Sie wird gewissermaßen in „Rohform" von der Inferenzmaschine interpretiert. Den Inferenzmechanismus als reinen Interpreter zu implementieren, bringt unnötige Effizienzeinbußen mit sich, da vieles, was bereits zur Kompilationszeit hätte berechnet werden können, zur Laufzeit berechnet werden muß.

Kritisierenswert ist die von SPII unterstützte Form der Wissensrepräsentation jedoch nicht nur aus Effizienzgründen. Die direkte Repräsentation von Fakten, Regeln, Fuzzy-Mengen in Form primitiver LISP-Objekte (Symbole, Listen, globale Variablen, Propertylisten) ist eine Ad-hoc-Lösung, die leicht Komplikationen mit sich bringt, wenn das System mit leistungsfähigen Entwicklungstools ausgestattet würde und als Basis komplexerer oder größerer Applikationen dienen sollte. Da die grundlegenden Wissensentitäten als globale Variablen definiert werden müssen, viele Informationen über global zugängliche Propertylisten und die verwendeten primitiven Datentypen sehr allgemein sind, also wenig informativ sind, ist ein programmiertechnischer Wildwuchs vorprogrammiert.[38]

Viele Grundkonzepte der Fuzzy-Mengentheorie werden überhaupt nicht, andere nur spartanisch unterstützt.[39] Die Implementierung des Interpreters erlaubt keine substantiellen Erweiterungen oder Änderungen, da die Unterscheidung und Verarbeitung verschiedener Typen von Daten (Regeln, Fakten, unscharfe Mengen) fest in Form von Fallunterscheidungen in Prozeduren kodiert ist, also nicht etwa nach den Prinzipien der Datensteuerung oder objektorientierten Methodenauswahl erfolgt. SPII bietet kein Konzept für linguistische Variablen und Hecken. Die Auswahl an Operatoren ist beschränkt. Dies gilt insbesondere für logische Operatoren. Spezielle relationale Operatoren werden nicht unterstützt.[39]

SPII hat seine Stärken dort, wo es darum geht, Possibilitätsverteilungen effizient und theoretisch fundiert zu verarbeiten, also dort, wo die traditionellen symbolorientierten Ansätze der Wissensverarbeitung ihre Grenzen haben. Insofern weist SPII über diese Ansätze hinaus. Daß SPII ansonsten vom Stand der Programmierkunst weit entfernt ist, erklärt sich aus ihrem Entwicklungskontext und muß kein Hindernis sein, die von SPII unterstützten Methoden possibilistischen Schließens mit leistungsfähigeren Wissensrepräsentationsformalismen zu integrieren.

14.4.3 FLOPS

FLOPS (*Fuzzy Logic Production System*) ist ein vorwärtsverkettendes Produktionensystem, das verschiedene Konzepte der Fuzzy-Mengentheorie zur Verarbeitung imperfekten Wissens bietet. Dazu zählt insbesondere die Möglichkeit, in Regelbedingungen unscharfe Prädikate auf Fuzzy-Zahlen anwenden zu können. Die Entwickler haben darauf hingewiesen, daß FLOPS auf OPS5 „basiere" [Buckley, Siler, Tucker 1986a, 1; 1986b, 257]. In einem später veröffentlichten Beitrag zur „parallelen" Version von FLOPS wird dieser Bezug ausdrücklich auf die *Syntax* eingeschränkt [Siler, Tucker, Buckley 1987, 322]. Zugleich wird betont, daß sich beide Systeme qualitativ in mehrerer Hinsicht voneinander unter-

---

[38] Dies schlägt sich auch in der in [Dubois and Prade 1988b, 158ff.] dokumentierten Implementierung nieder, die – nicht zuletzt wegen der fehlenden Datenabstraktion [vgl. etwa Abelson and Sussman 1985, 71ff.] – allenfalls für eine schnelle Prototyp-Entwicklung akzeptabel ist.

[39] Diese Bemerkungen beziehen sich ausschließlich auf SPII. Die Arbeitsgruppe um Dubois und Prade hat verschiedene – primär für Testzwecke und zur Illustration geeignete – Einzelprogramme entwickelt, darunter auch ein Programm, das spezielle relationale Operatoren wie *Selektion, Verkettung* und *Projektion* bietet [vgl. Dubois and Prade 1988b, 244ff.]. Obgleich dieses Programm hinsichtlich der Implementierungstechnik, der Syntax wie des unterstützten Programmierstils viel mit SPII gemein hat, sind beide Programme nicht miteinander integriert.

scheiden. Als wichtigster Unterschied wird dort die Fähigkeit von FLOPS genannt, mehrere widersprüchliche Informationen in Fuzzy-Mengen abzuspeichern und alle ausführbaren Regeln parallel zu „feuern".

Vergleicht man OPS5-Programme mit FLOPS-Programmen, so wird deutlich, daß essentielle Sprachkonstrukte von FLOPS sowohl hinsichtlich ihrer Syntax als auch hinsichtlich ihrer Funktionalität von OPS5 adaptiert worden sind. Die Wissensbasis in beiden Systemen ist unterteilt in eine globale Datenbasis, den Arbeitsspeicher, und eine Regelbasis, den Produktionen. Die Produktionen operieren auf den Elementen des Arbeitsspeichers. Das heißt, sie überprüfen, ob Elemente mit bestimmten Merkmalen im Arbeitsspeicher vorhanden sind und führen gegebenenfalls Modifikationen des Arbeitsspeichers aus.

Für diese Kernfunktionen gibt es in beiden Sprachen gleichwertige, meist gleichlautende Funktionen: `literalize` zur Deklaration von „Objektklassen",[40] `make` zum Generieren und `modify` zum Verändern von Arbeitsspeicherelementen. Variablennamen werden in beiden Sprachen von Winkelklammern begrenzt [71]. Das Löschen von Elementen aus dem Arbeitsspeicher erfolgt in FLOPS nicht mit `remove`, sondern mit `delete` und Regeldefinitionen werden nicht wie in OPS5 mit `p`, sondern mit `rule` eingeleitet. Die in OPS5 von LISP übernommene Listennotation wird nur teilweise, nämlich für die Beschreibung von Bedingungselementen in Regeln und von Fuzzy-Mengen übernommen. Bei den genannten Funktionen wird auf eine Klammerung verzichtet. Das Ende einer Definition (`rule`, `literalize`) wird durch ein Semikolon gekennzeichnet.

Die Unterschiede bei der Deklaration von „Objektklassen" sind nicht nur syntaktischer Natur. In OPS5 sind als Attributwerte beliebige *Atome* (Zahlen, Symbole) zulässig. Zusätzlich besteht die Möglichkeit, ein Attribut als *Vektorattribut* zu deklarieren, das eine Folge von Atomen aufnehmen kann. Während in OPS5 eine Aufzählung der *Attribute* genügt, verlangt FLOPS für jedes Attribut eine Spezifikation des Datentyps [66]. FLOPS unterstützt folgende Datentypen: Zeichenketten (`atm`), ganze Zahlen (`int`), Gleitkomma-Zahlen (`flt`), über natürliche Exponentialfunktionen definierte Fuzzy-Zahlen (`fznum`) und diskrete Fuzzy-Mengen (`fzset`).

In einem Programm zur Analyse von Echokardiogrammen werden Fuzzy-Zahlen in FLOPS dazu verwendet, Bildregionen zu vermessen. In einem ersten Analyseschritt werden dann mit Hilfe von Produktionsregeln aus diesen Fuzzy-Zahlen qualitative Beschreibungen dieser Regionen generiert. Diese qualitativen Beschreibungen werden als Elemente einer Fuzzy-Menge gedeutet. [66] zeigt wie die Objektklasse „Region" in FLOPS definiert wird.

---

[40] Solche „Klassen" dürfen nicht mit Klassen in objektorientierten Programmiersprachen wie SMALLTALK, C++, EIFFEL oder CLOS gleichgesetzt werden, schon deswegen nicht, weil mit „Klassen" in FLOPS und OPS5 keine Mechanismen zur Vererbung und zur Methodenselektion verknüpft sind.

```
203: literalize region                                            [66]
204:    rnum int
205:    area fznum
206:    size fzset (TEENY SMALL MEDIUM LARGE HUGE)
207:    xbar fznum
208:    xpos fzset (FAR-LEFT LEFT CENTER RIGHT FAR-RIGHT)
209:    ybar fznum
210:    ypos fzset (VERY-HIGH HIGH MIDDLE LOW VERY-LOW);
```

„Region“ hat demnach sieben Attribute. Davon sind drei als „Fuzzy-Zahlen“ (Zeilen: 205, 207, 209) und drei als „Fuzzy-Mengen“ (Zeilen: 206, 208, 210) deklariert. Die „Fuzzy-Mengen“ werden zusätzlich durch eine vollständige Aufzählung der Elemente der Grundmenge spezifiziert. Die Terme in Zeile 210 (zum Beispiel HIGH) denotieren keine linguistischen Werte einer linguistischen Variable, also keine Fuzzy-Mengen, sondern lediglich Elemente, denen „Zugehörigkeitsgrade“ zugewiesen werden können.

Datenelemente können in den Arbeitsspeicher mit make eingeführt werden. Analog zu make-Aufrufen in OPS5 werden dabei abwechselnd Attributnamen und Attributwerte übergeben. Den Attributnamen wird jeweils ^ vorangestellt:

```
211: make region                                                  [67]
212:        ^rnum 3
213:        ^area (3098, 10, 0.1)
214:        ^xbar (285, 20, 0)
215:        ^ybar (145, 10, 0);
```

Um solche unscharfen Meßwerte in qualitative Beschreibungen zu überführen werden in der genannten Applikation Produktionsregeln verwandt, in deren Bedingungsteil verschiedene Vergleichsoperatoren verwandt werden dürfen [68].

```
216: rule 1000 2                                                  [68]
217:    (region ^area ~>= (100, 10, 0.5)
218:            ^area ~<= (200, 10, 0.5))
219:    -->
220:    modify 1 ^size.SMALL;
```

FLOPS bietet ein vollständiges Set an Vergleichsoperatoren an, die für Fuzzy-Zahlen definiert sind und sich äußerlich von den konventionellen Operatoren durch eine vorangestellte Tilde unterscheiden: ~=, ~>, ~<, ~>=, ~<=, ~<>. Diese Vergleichsoperatoren liefern eine Zahl, die als „Konsistenzgrad“ oder „Konfidenzwert“ gedeutet wird. Der Algorithmus zur Berechnung dieses „Konsistenzgrades“ wird nicht beschrieben, in [Buckley, Siler, Tucker 1986a, 5] wird jedoch auf das Possibilitätsmaß verwiesen.

Der Aufbau einer FLOPS-Regel gleicht dem einer OPS5-Regel. Der Bedingungsteil besteht aus einer Folge von Bedingungselementen. Die in [68] beschriebene Regel beinhaltet ein Bedingungselement (Zeile 217 bis 218). Jedes

Bedingungselement wird durch den Namen einer „Objektklasse" eingeleitet (hier: `region`), dem eine Reihe von Teilbedingungen für verschiedene Attribute folgen. In einer Teilbedingung kann für jedes Attribut eines Arbeitsspeicherelements der genannten „Klasse" eine Bedingung für den Attributwert spezifiziert werden. Dazu wird ein Vergleichsoperator und der geforderte Attributwert beschrieben. Wird Gleichheit gefordert, so kann der Gleichheitsoperator weggelassen werden. Als Operanden numerischer Vergleichsoperatoren sind auch Fuzzy-Zahlen zugelassen. Sie können durch eine Parameterliste für die Zugehörigkeitsfunktion beschrieben werden.

Der Aktionsteil wird durch einen Pfeil eingeleitet (Zeile 219). Um auf Arbeitsspeicherelemente zugreifen zu können, muß wie in OPS5 die Nummer des entsprechenden Bedingungselements angegeben werden. Im obigen Beispiel referiert die `1` in Zeile 220 auf das erste und einzige Bedingungselement (Zeile 217 bis 218). Der Zugriff auf Elemente einer diskreten Fuzzy-Menge wird durch eine Punktnotation unterstützt (vgl. Zeile 220).

Jede Regel wird einem Regelblock zugeordnet. Regelblöcke werden durch eine Nummer identifiziert (`2` in Zeile 216). Ein symbolischer Name ist weder für Regeln noch für Regelblöcke vorgesehen. Zusätzlich muß jeder Regel ein „Konfidenzwert" zugewiesen werden. Als „Konfidenzwerte" sind ganze Zahl zwischen 0 und 1000 zulässig, wobei 1000 für „absolut sicher" steht.

Nach der in [68] definierten Regel wird die Größe einer Region in einem bestimmten Grad als klein (`SMALL`) bewertet, je nachdem in welchem Grad die Fuzzy-Zahl für den Flächeninhalt die Bedingungen erfüllt, zwischen den Fuzzy-Zahlen zu liegen, die durch die Parameter `(100, 10, 0.5)` und `(200, 10, 0.5)` definiert sind. „Feuert" diese Regel, so wird dem Element `SMALL` als „Zugehörigkeitsgrad" das Minimum aus dem Konfidenzgrad der Regel und den Konsistenzgraden der Teilbedingungen zugewiesen, sofern der Schwellwert (0.5) nicht unterschritten wird und diesem Element nicht bereits ein „höherer Zugehörigkeitsgrad" zugewiesen worden ist.

In der vorliegenden Applikation von Kardiogramm-Analysen werden für die anderen qualitativen Beschreibungen strukturgleiche Regeln definiert. So wird beispielsweise für den Wert `MEDIUM` analog zu [68] folgende Regel [69] definiert:

```
221: rule 1000 2                                        [69]
222:    (region ^area ~>= (200, 10, 0.5)
223:            ^area ~<= (500, 10, 0.05))
224:    -->
225:    modify 1 ^size.MEDIUM;
```

Da mehrere solcher Regeln „feuern" können, ist es gut möglich, daß die Größe einer Region mehrfach klassifiziert wird, also etwa in vollem Grad als groß und in einem geringeren Grad als sehr groß (vgl. Zeile 230). In diesem Fall ist der Aufwand für die Konfliktlösung bei einer seriellen Abarbeitung der Produktionsregeln überflüssig. Aus diesem Grund haben die Entwickler von FLOPS eine parallel arbeitende Inferenzmaschine entwickelt und mit ihr eine für die genannte Applikation weit höhere Ablaufeffizienz als mit der seriell arbeitenden Inferenzmaschine erzielt [vgl. Siler, Tucker, Buckley 1987, 328].

Nach Aufruf einer `make`-Anweisung wie [67] und Abarbeitung des Regelblocks `2` mit Regeln wie [68] und [69] könnte das Arbeitsspeicherelement mit der Nummer `3` die in [70] beschriebenen Merkmale aufweisen. Das Attribut `TT` steht dabei für einen Zeitstempel (time tag), der von FLOPS jedem Arbeitselement zugewiesen und bei jeder Änderung des Elements aktualisiert wird. „Konflikte“ wie sie in den Merkmalen `size`, `xpos` und `ypos` auftreten, werden mit einem weiteren Block von Produktionsregeln aufgelöst.

[70]

```
(region
  (('TT', 144)
   ('rnum', 3, 1000)
   ('area', (3098.0, 10.0, 0.1))
   ('size', (('LARGE', 1000) ('VERY-LARGE', 719)))
   ('xbar', (285.0, 20.0, 0.0))
   ('xpos', (('CENTER', 1000) ('RIGHT', 779)))
   ('ybar', (145.0, 20.0, 0.0))
   ('ypos', (('HIGH', 880) ('MIDDLE', 1000))) ))
```

Da die Regeln eines Blocks strukturgleich sind und sich nur in einigen Konstanten unterscheiden, lag es nahe, die Definition strukturgleicher Regeln selbst regelbasiert durchzuführen. FLOPS unterstützt dies durch eine spezielle `rule`-Aktion, deren Syntax der `rule`-Anweisung zur Definition von Regeln entspricht. Solche Regeln werden von Buckley, Siler und Tucker [1986b, 266f.] als „Metaregeln“ bezeichnet.[41] Produktionsregeln wie sie [68] und [69] darstellen lassen sich beispielsweise durch die in [71] beschriebene Regel erzeugen, wenn die „Objektklasse“ mit den genannten Attributen definiert ist und Arbeitsspeicherelemente verfügbar sind, aus denen die Variablenbelegungen für die Grenzwerte, Fuzzy-Mengen und ihre Elemente herauslesbar sind:

[71]

```
rule 1000 2
  (limits ^attr <A> ^low <L> ^high <H>
          ^fset <FS> ^member <M>)
  -->
  rule 1000 3
    (region ^<A> ~>= <L> ^<A> ~<= <H>)
    -->
    modify 1 <FS>.<M>;
```

[41] Die Autoren weisen selbst darauf hin, daß ihr Sprachgebrauch von dem in der KI üblichen Sprachgebrauch abweicht [Buckley, Siler, Tucker 1986b, 267]. Als Metaregeln werden in der KI im allgemeinen Regeln bezeichnet, die die Abarbeitung anderer Regeln kontrollieren. Vgl. beispielsweise [Davis and Buchanan 1977, 395ff.; Clancey 1983b, 238f.; 1986, 46ff.].

Die Entwickler von FLOPS haben weitere Merkmale wie die Kopplung an externe Programme und verschiedene Debugging-Hilfen erwähnt, ohne diese jedoch zu erläutern [vgl. Siler, Buckley, Tucker 1987, 28f. sowie Siler, Tucker, Buckley 1987, 323]. Insbesondere bleibt unklar, ob FLOPS die in OPS5 gebotenen Hilfsfunktionen zur schrittweisen Regelauswertung, zur Revision von Inferenzschritten wie zur Inspektion des Arbeitsspeichers, der Regelbasis und des Inferenzprozesses bietet [vgl. Brownston et al. 1986, 78-82]. OPS5-Implementierungen bieten zudem eine Schnittstelle zur Implementierungssprache. In LISP-basierten OPS5-Implementierungen wird über sie zugleich ein Zugang zur LISP-Entwicklungsumgebung eröffnet.

Die Möglichkeit, Regeln parallel abarbeiten zu können, ist sicherlich nicht nur für die genannte Applikation eine sinnvolle Option für Produktionensysteme. Andererseits gibt es viele Probleme, die eine serielle Abarbeitung auf der Basis bestimmter Konfliktlösungsstrategien erfordern. Die Entwickler von FLOPS haben selbst darauf hingewiesen, daß eine parallel arbeitende Inferenzmaschine für bestimmte Problemtypen – sie sprechen von Problemen, die subtile deduktive Inferenzen erfordern – nicht geeignet ist [vgl. Buckley et al. 1986b, 268-271]. Aber auch die seriell arbeitende Inferenzmaschine von FLOPS wirft aufgrund der Priorität des Konfidenzwerts bei der Konfliktlösung Probleme auf (vgl. 450). Besser wäre es, dem Anwendungsprogrammierer verschiedene Konfliktlösungsstrategien oder Optionen zu ihrer Definition anzubieten.

Mehr noch als für SPII gilt für FLOPS, daß viele Konzepte der Fuzzy-Mengentheorie nicht angemessen oder überhaupt nicht unterstützt werden. Dies trifft insbesondere auf einige Typen von Fuzzy-Mengen, linguistiche Hecken und linguistische Variablen zu. FLOPS bietet keine alternativen Mengenoperatoren, keine speziellen relationalen Operatoren und keine erweiterten Operatoren für die Grundrechenarten. Lediglich die arithmetischen Vergleichsoperatoren opererieren auf vollständigen Fuzzy-Mengen, wenn auch eingeschränkt auf Fuzzy-Zahlen eines bestimmten Typs. Methoden approximativen Schließens, die etwa nach dem Modell des generalisierten Modus ponens auf Fuzzy-Mengen operieren, werden nicht unterstützt.

14.4.4 FMUFL

Bowen and Kang [1990] charakterisieren FMUFL als eine Fuzzy-Programmiersprache, die mehrere „Programmierparadigmen" unterstützt.[42] Zentrales „Paradigma" sei ein „vorwärtsverkettendes imperatives Produktionensystem". Rückwärts verkettete „deklarative" Regeln, Prozeduren und Funktionen sollen der „konzeptionellen Abstraktion" in den Bedingungs- und Aktionsteilen der „imperativen" Produktionsregeln dienen [Bowen and Kang 1990, 263f.].

Die Syntax von FMUFL hat vieles mit der Edinburgh-Syntax von PROLOG gemein. Elemente des Arbeitsspeichers werden wie in PROLOG in Form strukturierter Terme repräsentiert. Soll beispielsweise ausgedrückt werden, daß *John May mag*, so kann dies wie ein PROLOG-Fakt notiert werden:

```
243: likes(john,may).                                        [72]
```

Strukturierte Terme können in „imperativen" und „deklarativen" Regeln, in Prozeduren und Funktionen benutzt werden. Es ist möglich, eigene Operatoren – Prefix-, Infix- und Postfixoperatoren – zu definieren, so daß sich die Syntax solcher Terme modifizieren läßt. Zur Kennzeichnung von Variablen werden Großbuchstaben verwandt. Listen werden durch eckige Klammern gekennzeichnet.

Den Nutzen „konzeptueller Abstraktion" demonstrieren Bowen und Kang an der in [73] dargestellten „imperativen" Produktionsregel. Im Bedingungsteil (`when`, Zeile 244 bis 248) wird die Situation beschrieben, daß zwei ledige Erwachsene unterschiedlichen Geschlechts sich mögen und ein gemeinsames Jahresgehalt von über 30000 Dollar haben. Im Aktionsteil (`then`, Zeile 249 bis 250)

```
244: when male(X) and adult(X) and unmarried(X) and          [73]
245:      female(Y) and adult(X) and unmarried(X) and
246:      likes(X,Y) and likes(Y,X) and
247:      monthly_salary(X,S1) and monthly_salary(Y,S2)
248:      and 12*(S1 + S2) > 30000
249: then remove unmarried(X) and remove unmarried(Y)
250:      and store married(X,Y).
```

werden Datenoperationen kodiert, die bewirken, daß der Familienstand zweier solcher Personen verändert wird. In dieser Situation soll dem Arbeitsspeicher die Information hinzugefügt werden (`store`), sie seien verheiratet. Damit die Datenbasis nicht inkonsistent wird, müssen gleichzeitig die nicht mehr gültigen Eintragungen zum Familienstand entfernt werden (`remove`). Umfang und Aufbau der Regel reflektieren unmittelbar die Struktur der Fakten. Das heißt jede Einzelbedingung, jede Aktion referiert auf eine Menge strukturgleicher Fakten im Arbeitsspeicher.

Zweifellos besser ist es, wenn verschiedene Einzelbedingungen und Aktionen in Konzepten einer „höheren" oder abstrakteren Ebene zusammengefaßt

---

[42] FMUFL beinhaltet eine Erweiterung der Sprache MUFL (*multi-formalism language*) zum „unscharfen" Schließen. Der Name FMUFL ist daher offenkundig ein Akronym zu *fuzzy multi-formalism language*. „FMUFL seems to be the first fuzzy multi-paradigm language." [Bowen and Kang 1990, 264]. Der Ausdruck „Programmierparadigmen" wird von Bowen und Kang nicht exakt definiert und wird im allgemeinen sehr frei benutzt. Es wäre durchaus vertretbar, andere Sprachen wie FUZZY und SPII als „Fuzzy-Multi-Paradigmen-Sprachen" zu klassifizieren. Unbestreitbar ist jedoch, daß die Unterstützung verschiedener „Programmierparadigmen" bei FMUFL aufgrund eines vorwärtsverkettenden „imperativen" und eines rückwärtsverkettenden „deklarativen" Regelsystems im Vergleich zu diesen Sprachen eine deutlich höhere Qualität aufweist, fortgeschrittener und ausgeprägter ist.

werden können. Eine Person, die erwachsen (adult) und männlich (male) ist, läßt sich einfach als Mann (man) bezeichnen (Zeile 252); und wenn sie auch noch unverheiratet (unmarried) ist, so kann man von einem Junggesellen (bachelor) sprechen (Zeile 251). Solche Begriffsrelationen lassen sich über rein logische Verknüpfungen definieren. FMUFL bietet dazu „deklarative" Regeln, die rückwärtsverkettet werden und syntaktisch wie semantisch mit PROLOG-Regeln nahe verwandt sind:

```
251: bachelor(X) if man(X) and unmarried(X).                    [74]
252: man(X) if male(X) and adult(X).
```

Die Konklusionen „deklarativer" Regeln werden nicht in den Arbeitsspeicher eingetragen. Analog zu [74] können die Prädikate für ledige Frauen und gegenseitige Zuneigung zusammengefaßt werden. Die finanziellen Einzelbedingungen lassen sich demgegenüber als eine mathematische *Funktion* definieren [75]. Funktionsdefinitionen werden in FMUFL durch the eingeleitet. Parameterwerte werden mit of referiert. Terme, deren Auswertung den Funktionswert ergibt, wird is vorangestellt. Das gemeinsame Jahresgehalt zweier Personen läßt sich in FMUFL beispielsweise über die beiden folgenden Funktionen berechnen:

```
253: the joint_annual_salary of (X and Y) is                    [75]
254:      annual_salary of X + annual_salary of Y.
255: the annual_salary of A is 12 * M
256:      if monthly_salary(A,M).
```

Das monatliche Gehalt (monthly_salary) kann in diesem Fall direkt aus der Datenbasis herausgelesen werden. Da über Funktionen ebensowenig Änderungen des Arbeitsspeichers bewirkt werden können wie über deklarative Regeln, können sie nicht dazu benutzt werden, Aktionen zusammenzufassen. Um „konzeptionelle Abstraktionen" auch im Aktionsteil von Produktionsregeln einführen zu können, bietet FMUFL *Prozeduren.* Syntaktisch unterscheiden sich Prozeduren von Funktionen darin, daß ihre Definition mit to statt the und ihr Rumpf mit do statt mit is eingeleitet wird:[43]

```
257: to marry X with Y                                          [76]
258: do (remove unmarried(X) and remove unmarried(Y)
259:      and store married(X,Y)).
```

Die Möglichkeit, „deklarative" Regeln wie [74] und Funktionen wie [75] zur Beschreibung von Bedingungen „imperativer" Produktionsregeln zu verwenden und Aktionen über Prozeduren wie [76] zu beschreiben, erhöht die Ausdrucksmächtigkeit und Verständlichkeit einer Regelsprache. Mit Hilfe dieser

[43] Daß in Zeile 257 marry X with Y und nicht marry(with(X,Y)) steht, liegt daran, daß with als Infix- und marry als Präfixoperator definiert wurde [vgl. Bowen and Kang 1990, 269]. Die unterschiedliche Behandlung von Prozedur- und Funktionsparametern wird nicht erläutert.

Definitionen kann die in [73] beschriebene Produktionsregel durch folgende Produktionsregel ersetzt werden:

```
260: when bachelor(X) and spinster(Y) and friends(X,Y)          [77]
261:         and joint_annual_salary of (X and Y) > 30000
262: then marry X with Y.
```

Wie beschrieben, unterstützt FMUFL zwei Typen von unscharfen Propositionen – normbasierte und kriteriumbasierte (vgl. 448). Normbasierte Fuzzy-Propositionen unterscheiden sich von gewöhnlichen Propositionen wie [72] durch einen „Wahrheitswert“:

```
263: likes(john,may) with truth 0.9                             [78]
```

Für kriteriumbasierte Fuzzy-Propositionen muß eine Fuzzy-Menge über eine Tabelle von Paaren von Werten einer Basisvariablen und ihren Zugehörigkeitsgraden definiert werden:

```
264: table(tall, person, height,[100 240],                      [79]
265:          [[160,0], [172,0.2], [178,0.8], [185,1]]).
```

Eine Tabellendefinition besteht aus fünf Teilen: die ersten vier (Zeile 264) beinhalten Namen für die Fuzzy-Menge (`tall`), für die Referenzklasse (`person`), für das Attribut (`height`) und den Grundbereich (`[100 240]`), der letzte Teil ist eine Liste aus Wertpaaren (Zeile 265).

Der Name der Fuzzy-Menge und der Referenzklasse kann zur Formulierung einer unscharfen Proposition verwandt werden. In welchem Grad eine unscharfe Proposition als wahr gilt, kann dann durch einen Vergleich der Tabelleneinträge mit den Fakten des Arbeitsspeichers ermittelt werden. Die Zugehörigkeitsgrade von Elementen, die nicht explizit aufgelistet sind, werden durch lineare Interpolation berechnet (vgl. [79] und [80]). In diesem Fall gilt aufgrund des Fakts *„Tom ist 176 cm groß“* (Zeile 266), die Aussage *„Tom ist eine große Person“* (Zeile 267) im Grad 0.6 als wahr:

```
266: height(tom, person, 176).                                  [80]
267: height(tom, person, tall).
268: ⇒ 0.6
```

Um eine größere Ausdrucksstärke zu erzielen, bietet FMUFL die bekannten Standarddefinitionen für die Negation `not` und die linguistischen Hecken `very` und `fairly`:

```
269: appearance(rose, beautiful) with truth 0.81                [81]
270: appearance(rose, fairly beautiful)
271: ⇒ 0.9
```

Zudem besteht die Möglichkeit, unter Verwendung dieser Operatoren *Synonyme* und *Antonyme* zu definieren. Synonym- und Antonymdefinitionen sind gleichbedeutend mit den Definitionen entsprechender Tabellen. Die Definition des Antonyms wird dabei – fälschlicherweise (vgl. 246) – der Negation gleichgesetzt. Wird beispielsweise `short` [82] als Antonym zu `tall` [79] definiert, so ist der Term `short` äquivalent zu `not tall`. Aufgrund dieser Äquivalenz wird implizit eine Tabelle wie [83] definiert:

```
272: antonym(tall, short).                                          [82]
```

```
273: table(short, person, height,[100 240],                         [83]
274:          [[160,1], [172,0.8], [178,0.2], [185,0]]).
```

```
275: height(tom, person, short).                                    [84]
276: ⇒ 0.4
277: height(tom, person, not very short).
278: ⇒ 0.84
```

Der Term `short` kann dann wie `tall` verwandt werden, also auch in Kombination mit den Operatoren `not`, `very` und `fairly`.

In FMUFL werden zwei Synonymarten unterschieden: Synonyme zu Grundtermen (`base_synonym`) und Synonyme zu modifizierten Termen (`modified_synonym`). Definitionen von Synonymen sind gleichbedeutend mit der Definition entsprechender Tabellen. Beispielsweise bedeuten die Definitionen in [85] implizit, daß die in [86] beschriebenen Tabellen definiert sind:

```
279: table(little, number, magnitude, [1,100],                      [85]
280:          [[1,1],[3,0.6],[4,0.2],[6,0]]).
281: base_synonym([little, small]).
282: modified_synonym(tiny, very small).
```

```
283: table(little, number, magnitude, [1,100],                      [86]
284:          [[1,1],[3,0.6],[4,0.2],[6,0]]).
285: table(tiny, number, magnitude, [1,100],
286:          [[1,1],[3,0.36],[4,0.04],[6,0]]).
```

Normbasierte Aussagen sind nur dann miteinander vergleichbar, wenn ihre Grundterme gleich sind (etwa `beautiful` in Zeile 269 und 270) oder ihre Terme sich über Synonym- oder Antonymdefinitionen auf den gleichen Grundterm zurückführen lassen (zum Beispiel `short` in Zeile 275 aufgrund von [82] auf `tall` [79]). Kriteriumbasierte Aussagen verlangen eine Übereinstimmung zwischen Relationskonstante und Attributnamen (`height` in [84] und [79]) sowie zwischen einer weiteren Konstanten und der Referenzklasse (`person` in [84] und [79]).

Sowohl in der Konsequenz wie im Antezedenz deklarativer Regeln können normbasierte Fuzzy-Propositionen kodiert werden, die Verwendung kriteriumbasierter ist jedoch auf den Antezedenz beschränkt. In Funktionen sind generell weder norm- noch kritierumbasierte Fuzzy-Propositionen zulässig. Kriterium- und normbasierte Fuzzy-Propositionen können auch als Bedingungen von Produktionsregeln fungieren.

Für die Propagierung von Wahrheitswerten neuer Fakten, die über Aktionen oder Prozeduren dem Arbeitsspeicher hinzugefügt werden, bietet FMUFL drei Alternativen: mit `qualified` wird bewirkt, daß der Wahrheitswert des neuen Fakts dem Wahrheitswert des Antezedenz gleichgesetzt wird, mit `with truth` läßt sich ein bestimmter Wahrheitswert zuweisen [88] und falls keiner dieser beiden Optionen gewählt wird, so setzt FMUFL den Wahrheitswert auf eins (vgl. [73] oder [77]).

```
when likes(X,Y) and height(Y,person,tall)                  [87]
then store likes_tall_person(X,Y) qualified.
```

```
when need_to_know_how_happy_is(X)                          [88]
then output "On a scale of 0-1, how happy is" & X & "?"
     and input Degree
     and store happy(X) with truth Degree.
```

Aus dem im Anhang zu [Bowen and Kang 1990] abgedruckten Beispielprogramm geht hervor, daß FMUFL noch über eine Reihe weiterer Konstrukte verfügt. Dazu zählen insbesondere Iterationskonstrukte und diverse Prozeduren und Funktionen zur Listenverarbeitung

Bowen und Kang heben in einem kurzen Vergleich mit anderen Fuzzy-Programmiersprachen[44] hervor, daß neben FMUFL keine weitere Fuzzy-Programmiersprache existiere, die mehrere „Paradigmen" unterstütze [Bowen and Kang 1990, 281]. Deklarative FMUFL-Regeln seien den Regeln in FPROLOG, FRIL und SPII ähnlich. Die einzige Sprache, die neben FMUFL ein vorwärtsverkettendes imperatives Fuzzy-Produktionensystem anbiete, scheine FLOPS zu sein.

Gegen FLOPS machen Bowen und Kang zwei Einwände geltend. Der erste betrifft die Kopplung der Wahrheitswerte von Antezedent und Konklusion, der zweite die Konfliktlösung (vgl. 450). In FLOPS ist der Wahrheitswert der Konklusion eine Funktion des Wahrheitwerts des Antezedenten. FMUFL bietet darüber hinaus zwei weitere Optionen, die eine Entkopplung des Wahrheitswerts der Konklusion von dem des Antezedenten ermöglichen. Regeln mit unscharfen Antezedenten und nicht graduierfähigen Konsequenzen belegen die Notwendigkeit einer solchen Entkopplung. Aufgrund der verschiedenen Konfliktlösungsstrategien seien FMUFL und FLOPS für verschiedene Klassen von Anwendungen geeignet. In FMUFL sind die Filter bei der Konfliktlösung in der Reihenfolge *Einmaligkeit, Neuheit, Spezifizität, Wahrheitsgrad, Beliebigkeit* angeordnet. Durch diese Reihenfolge wird im Gegensatz zur Konfliktlösung der seriellen Version von FLOPS, in der dem Wahrheitsgrad Priorität eingeräumt wird, ein aufgabenorientierter Programmierstil unterstützt.

---

[44] Genannt werden FUZZY, REVEAL, frühe Versionen von FRIL, FPROLOG, SPII-1, SPII-2 und FLOPS. Vgl. hierzu auch Fußnote 42.

Diese Einwände sind durchaus berechtigt. Bowens und Kangs vergleichende Beurteilung von Fuzzy-Programmiersprachen ist jedoch ergänzungs- und korrekturbedürftig. In Applikationen wie der Echokardiogramm-Analyse kann offenbar eine parallele Regelabarbeitung Laufzeit und Speicherbedarf erheblich reduzieren. Die von FMUFL zur Verfügung gestellten Fuzzy-Methoden sind mehr als dürftig. Im Gegensatz zu FLOPS werden keine Methoden zum Vergleich unscharfer Zahlen geboten. Und es kann keineswegs die Rede davon sein, daß die deklarativen Regeln von FMUFL den SPII-Regeln ähnlich seien. Abstrahiert man von Fuzzy-Methoden, so sind FMUFL-Regeln weit ausdrucksstärker als SPII-Regeln. Umgekehrt gilt aber ebenso: die Methoden zur Verarbeitung imperfekten Wissens in SPII sind weit reichhaltiger und elaborierter als in FMUFL. Wie dargestellt, unterstützt SPII verschiedene Typen unsicherer und unscharfer Regeln auf der Basis der Possibilitätstheorie. Anders als FMUFL erlaubt SPII, auf vollständigen Fuzzy-Mengen zu operieren, insbesondere arithmetische Operationen über LR-Intervalle, Vergleiche mit unscharfen Mustern und Daten sowie Deduktionen nach dem Modell des generalisierten Modus ponens durchzuführen.

Die Feststellung, daß viele Fuzzy-Konzepte in Fuzzy-Programmiersprachen nur mangelhaft oder überhaupt nicht unterstützt werden, trifft also auf FMUFL in einem noch stärkeren Grad zu. Auch die Modellierung linguistischer Hecken in FMUFL ist unbefriedigend. Lediglich zwei Hecken (*very* und *fairly*) werden unterstützt. Beide Hecken sind nicht für Fuzzy-Mengen, sondern für Zugehörigkeitsgrade definiert. Die Möglichkeit ergänzender Definitionen wird nicht erwähnt. Synonym- und Antonymdefinitionen sind nur ein schwacher Ersatz für linguistische Variablen. Erschwerend kommt hinzu, daß die Gleichsetzung von Antonymie und Negation eine unzulässige Verallgemeinerung darstellt.

Die Stärken von FMUFL liegen also nicht im Bereich der Fuzzy-Methoden, sondern in der Unterstützung und Integration verschiedener Programmierstile. Positiv erscheint insbesondere die Möglichkeit der konzeptionellen Abstraktion. Der Beitrag von Bowen und Kang erlaubt jedoch nur eine „oberflächliche" Beurteilung des in FMUFL realisierten Ansatzes, da weder Angaben über die zugrundeliegenden Algorithmen und Implementierungskonzepte noch über die Effizienz gemacht werden. Die Schwierigkeit besteht ja nicht darin, „deklarative" Regeln oder Funktionen in Bedingungen von Produktionsregeln zu integrieren, sondern dies auf eine effiziente Weise zu tun. Unabhängig davon ist es heute ein Manko, zumal für eine moderne „Multi-Paradigmen-Sprache", keine objektorientierten Programmiermethoden zu unterstützen.

14.4.5 FPS

Umano hat 1986 ein Modell für ein vorwärtsverkettendes Produktionensystem vorgeschlagen, das wahrheitsqualifizierte Fuzzy-Daten mit Hilfe unscharfer Produktionsregeln zu verarbeiten erlaubt [vgl. Umano 1986]. Der Algorithmus zur Musterverarbeitung wie zur Konfliktlösung basiert auf dem Erweiterungsprinzip.[45]

Das implementierte System wurde von ihm 1989 auf dem dritten Kongreß der IFSA in Washington unter dem Titel „Implementation of fuzzy production system" vorgestellt [Umano 1989]. 1991 haben Umano und Ezawa auf einem Symposium in Tokyo eine rückwärtsverkettende Teilkomponente ihres Fuzzy-Produktionensystems vorgestellt, der die gleichen Verrechnungsschemata zur Musterverarbeitung zugrundegelegt wurden [Umano and Ezawa 1992]. Im folgenden wird dieses „hybride" Fuzzy-Produktionensystem kurz FPS genannt. Beide Beiträge bestehen im wesentlichen aus Beispielen, die die Verrechnung unscharfer Mengen illustrieren. Die Integration beider Mechanismen wird weder erläutert noch demonstriert. Eine systematische Sprachbeschreibung wird nicht gegeben, spezielle Algorithmen oder Techniken zur effizienten Implementierung der Inferenzmechanismen werden nicht erwähnt.

Beide Teilkomponenten wurden in FS-LISP (vgl. Kapitel 14.3.1, 530ff.) implementiert. Ein FPS-Programm besteht aus „Prädikaten", „Termen", „Regeln" und einem „Arbeitsspeicher" (vgl. [89] und [90]). „Prädikate" in FPS, FPS-Prädikate genannt, werden als gewöhnliche LISP-Funktionen definiert. Der Funktionsname wird als Name einer Fuzzy-Menge, der Funktionswert als Zugehorigkeitsgrad eines Elements zu dieser Fuzzy-Menge gedeutet. In Umano [1989] werden ausschließlich diskrete Fuzzy-Mengen verwendet. Umano und Ezawa [1992] greifen demgegenüber auf stetige Zugehörigkeitsfunktionen, nämlich die parametrischen *s*-, *z*- und *pi*-Funktionen Zadehs, zurück.

FPS-Prädikate dürfen in den Bedingungsteilen vorwärts- wie rückwärtsverkettete Regeln aufgeführt werden. Sie dürfen jedoch nicht zur Beschreibung unscharfer Elemente des Arbeitsspeichers verwandt werden. Dazu dienen „Terme", die ausschließlich diskrete Fuzzy-Mengen bezeichnen. Begründet ist diese Aufteilung offenkundig im Erweiterungsprinzip: die Erweiterung von Funktionen auf diskrete Fuzzy-Mengen ist nach einem allgemeinen, einfach zu implementierenden Algorithmus durchführbar, die Erweiterung auf Fuzzy-Mengen, die über stetige Funktionen charakterisiert werden, ist demgegenüber weit komplizierter und nur für bestimmte Operationen und Funktionstypen definiert.

---

[45] Vgl. zur Musterverarbeitung (339ff.), insbesondere die Gleichungen 10.4 und 10.12, zur Konfliktlösungsstrategie (443), insbesondere die Gleichungen 12.37. Das Erweiterungsprinzip wird in Kapitel 4.1 (128ff.) erläutert. Die Berechnung der Kompatibilität unscharfer Mengen kann nach Definition 4.1 erfolgen, der logischen Verknüpfung kann Definition 4.2 zugrunde gelegt werden.

Aus dem gleichen Grund werden unscharfe Wahrheitswerte in FPS nicht über FPS-Prädikate, sondern über FPS-Terme beschrieben. Numerische oder unscharfe Wahrheitswerte können Arbeitsspeicherelementen und rückwärtsverketteten Regeln zugeordnet werden. In Umano [1986] wird auch die Möglichkeit beschrieben, sie Operanden von Aktionen vorwärtsverketteter Regeln zuzuordnen.

[89]

```
293: (predicates
294:   (small (u)
295:     (getgrade {1/1, 0.8/2, 0.3/3} u))
296:   (middle (u)
297:     (getgrade {0.6/2, 1/3, 0.5/4} u)))
298: (terms
299:   (true {1/1, 0.7/0.9, 0.3/0.8})
300:   (about3 {0.4/2, 1/3, 0.4/4})
301:   (about4 {0.4/3, 1/4, 0.4/5}))
302: (working-memory
303:   {true/(d1 about3), 0.5/(d2 about4)})
304: (rules
305:   (r1
306:     if (d1 small(=x1)) (d2 large(=x2))
307:     then (write (r1 : (d1 =x1) (d2 =x2) with =match))
308:          (stop))
309:   (r2
310:     if (d1 middle(=x1)) (d2 middle(=x2))
311:     then (write (r1 : (d1 =x1) (d2 =x2) with =match))
312:          (stop)))
```

Bei dem in [89] abgedruckten Listing handelt es sich um ein gekürztes Beispielprogramm für das vorwärtsverkettende Inferenzsystem [vgl. Umano 1989, 452f.]. Der Arbeitsspeicher besteht in diesem Programm aus einer zweielementigen Fuzzy-Menge. Die Regelbasis enthält zwei Regeln. Beide Regeln können mit den beiden Arbeitsspeicherelementen instantiiert werden.

Aufgrund der Konfliktlösungsstrategie von FPS (Gleichung 12.37, 444) wird die Instantiierung der Regel `r2` (Zeile 309 bis 312) ausgewählt. Nach dem Musterabgleich ist die Variable `=x1` mit `(d1 {0.4/2,1/3,0.4/4})` und die Variable `=x2` mit `(d2 {0.4/3,1/4,0.4/5})` belegt (vgl. Zeile 300 und 301). Der Wahrheitswert des Musterabgleichs (hier: `{0.4/0,1/0.5}`)) wird an die Variable `=match` gebunden. Die erste Aktion der Regel (Zeile 311) würde folglich den Ausdruck von `(r2 : (d1 {0.4/2,1/3,0.4/4}) (d2 {0.4/3,1/4,0.4/5}) with {0.4/0,1/0.5})` bewirken. Die letzte Aktion `stop` terminiert den gesamten Abarbeitungszyklus des Produktionensystems.

Neben den in [89] verwandten Aktionsoperatoren `stop` und `write` werden in [Umano 1989, 450] weitere Operatoren zum Einlesen (`read`), zur Systemkontrolle (`fail`) und zur Manipulation des Arbeitsspeichers (`deposit`, `add`, `delete`, `replace`) genannt. All diese Operatoren sind als LISP-Funktionen definiert, weitere können scheinbar problemlos hinzudefiniert werden.

```
313: (predicates                                          [90]
314:   (short (u) (z u 150 160))
315:   (middle (u) (pi u 150 170 190))
316:   (tall (u) (s u 180 190))
317:   (light (u) (z u 60 70))
318:   (middle_weight (u) (pi u 65 75 85))
319:   (heavy (u) (s u 80 90)) )
320: (terms
321:   (true {1/1, 0.8/0.9, 0.5/0.8})
322:   (about50 {0.3/45, 1/50, 0.3/55})
323:   (about80 {0.3/75, 1/80, 0.3/85})
324:   (about150 {0.4/145, 1/150, 0.4/155})
325:   (about180 {0.4/175, 1/180, 0.4/185} )
326: (working-memory
327:   {      (height Bob 170),
328:     0.8/(weight Bob 70),
329:     0.9/(height Mike about180),
330:    true/(weight Mike about80),
331:    true/(height John about150),
332:         (weight John about50)} )
333: (backward-rules
334:   (r1  0.9 (size =name S) :-
335:            (height =name short(=x))
336:            (weight =name light(=y)))
337:   (r2 true (size =name M) :-
338:            (height =name middle(=x))
339:            (weight =name middle_weight(=y)))
340:   (r3 true (size =name L) :-
341:            (height =name tall(=x))
342:            (weight =name heavy(=y))) )
```

In dem voranstehenden Programm werden rückwärtsverkettete Regeln dazu benutzt, Personen in Abhängigkeit von ihrer Körperlänge und ihrem Gewicht in die drei Größen S, M, und L einzuteilen [vgl. Umano and Ezawa 1992, 911f.]. Die Gewichts- wie die Längenangaben können exakt (beispielsweise *70*, Zeile 328) oder unscharf (beispielsweise *ungefähr 170*, Zeile 325 und 329) sein. Zudem können ihnen numerische (wie *0.8*) oder linguistische Wahrheitswerte (wie *wahr*, Zeile 330) zugeordnet sein. Für jede Größe ist eine Regel definiert.

Rückwärtsverkettete Regeln haben wie vorwärtsverkettete einen Namen. Weiterhin ist den beiden Regeltypen gemeinsam, daß ihr Bedingungsteil aus beliebig vielen konjunktiv verknüpften Einzelbedingungen besteht, die typischerweise unscharfe Prädikate, FPS-Prädikate, enthalten. Die Definition einer rückwärtsverketteten Regel wird durch einen Regelnamen eingeleitet. Darauf folgt ein numerischer oder linguistischer Wahrheitswert für die Regel. Das von PROLOG bekannte Symbol :- trennt die Konsequenz vom Antezedenz.

Das Programm kann ähnlich wie ein PROLOG-Programm dazu benutzt werden, Wahrheitswerte oder Variablenbelegungen für bestimmte Anfragen zu ermitteln. Anfragen werden ähnlich wie in PROLOG mit ?- eingeleitet. Auf die Frage *„wer hat ein mittleres Gewicht"* (Zeile 343) liefert das vorliegende FPS-Programm zwei Antworten: der ersten ist eine Zahl, der zweiten eine Possibilitätsverteilung als Wahrheitswert zugewiesen [vgl. Umano and Ezawa 1992, 913]:

```
343: (?- (weight =name middle_weight(=x)))                    [91]
344: ⇒ ((=name Bob) (=x 70))
345:    0.5 : (weight Bob 70)
346:    ((=name Mike) (=x about80))
347:    {.3/0,1/.5,.3/.8,.3/.9,.3/1} : (weight Mike about80)
```

In diesem Fall konnten die Antworten unmittelbar aus den Anfragebedingungen und den Arbeitsspeicherelementen berechnet werden. Dies ist nicht der Fall, wenn man wissen will, *„wer Größe S trägt"* [vgl. Umano and Ezawa 1992, 916]. Eine solche Frage (vgl. Zeile 348) läßt sich nicht direkt beantworten.

```
348: (?- (size =name S))                                      [92]
349: ⇒ ((=name John))
350:    {0.4/0.5, 0.5/0.8, 1/0.9} : (size =name S)
```

Die Beantwortung erfolgt in diesem Fall über die Regel r1 (Zeile 334 bis 336). Einzig mögliche Belegung für die Variable =name ist die Konstante John. Obgleich der betroffenen Regel ein numerischer Wahrheitswert zugeordnet ist, wird der Instantiierung eine Fuzzy-Menge als Wahrheitswert zugeordnet[46]. Eine linguistische Approximation dieser Fuzzy-Menge könnte *ziemlich wahr* lauten. Sie wird jedoch nicht von FPS durchgeführt.

14.4.6 SYSTEM Z-11

SYSTEM Z-11 bietet wie SPII ein rückwärtsverkettendes Regelsystem zum unsicheren und unscharfen Schließen.[47] Im Unterschied zu SPII handelt es sich bei SYSTEM Z-11 jedoch um ein umfangreicheres Programmiersystem; Leung und

[46] Ein Grund dafür ist, daß die Prädikate *klein* (Zeile 335) und *leicht* (Zeile 336) nur partiell mit den Fakten *ungefähr 150* (Zeile 331) und *ungefähr 50* (Zeile 332) übereinstimmen, ein weiterer, daß der Aussage über Johns Körperlänge ein linguistischer Wahrheitswert zugewiesen ist.

[47] Leung, Wong und Lam [1989] geben eine kurze Beschreibung des Systems sowie dreier Anwendungen: ein Beispiel-Programm zur Risikoanalyse von Computersystemen, eins zur Studienfachauswahl und ein medizinisches Expertensystem zur Diagnose abnormaler Blutungen (insbesondere nach der Menopause). Der Beitrag von Leung und Lam [1989] enthält eine ausführlichere Beschreibung eines SYSTEM Z-IIe genannten Prototypen. Wie das System tatsächlich heißt, läßt sich anhand keiner der beiden Veröffentlichungen sicher klären, da weder die Chronologie der Artikel zweifelsfrei feststellbar noch die Typographie eindeutig ist. Im folgenden werden die in [Leung, Wong, Lam 1989] abgedruckten Namensvarianten Z-11 und SYSTEM Z-11 benutzt.

Lam [1989] sprechen von einer „Expertensystemshell". Z-11 beinhaltet neben einer *„Fuzzy-Wissensbasis"* die Komponenten *„Wissensakquisition"* und *„Konsultation"*. Zusätzlich besteht eine Schnittstelle zu einer relationalen Datenbank. Ein Teil des Systems wurde in COMMON LISP, der andere Teil in PASCAL implementiert.

Akquisitionskomponente

Die Akquisitionskomponente besteht aus den Modulen *„Objekte"*, *„Fuzzy-Terme"*, *„Fakten"*, *„Regeln"* und *„System-Merkmale"*. *Objekte* werden in Form einer Liste zweier Symbole referiert: das erste Element wird als „Objektname", das zweite als „Objektattribut" gedeutet. Solche Listen fungieren zugleich als Schlüssel einer Hash-Tabelle, deren Einträge Propertylisten zu den jeweiligen „Objekten" beinhalten [Leung and Lam 1989, 214].

	Indikatoren	Erläuterung der Propertywerte
Objekte	type	*Typen: yes/no, numeric, single-valued, multi-valued*
	possible-values	*Angabe der möglichen Werte für ein Objekt*
	fuzzy-or-not	*Zeigt an, ob ein Objekt unscharf ist oder nicht*
	num-range	*Angabe des Wertebereichs, falls der Typ „numeric" ist*
	ask-first-or-not	*Zeigt an, ob der Wert erfragt oder abgeleitet wird*
	prompt-message	*Angabe eines Textes, um Werte zu erfragen*
	used-by-rules	*Liste von Regeln, deren Antezedent das Objekt enthält*
	updated-by-rules	*Liste von Regeln, deren Konsequent das Objekt enthält*
	value-list	*Liste von Werten für das Objekt*
	memb-distribution-list	*Liste von Fuzzy-Mengen-Beschreibungen für die Werte*
	value-uncertainty-list	*Liste unscharfer Unsicherheiten für die Werte*
Regeln	ante-propositions	*Liste mit Antezedenz-Propositionen einer Regel*
	conq-propositions	*Liste mit Konsequent-Propositionen einer Regel*
	fuzzy-uncertainty	*Unsicherheitsfaktor einer Regel*
KB	goal-objects	*Liste von Zielobjekten einer Wissensbasis*
	initial-ask-objects	*Liste von Objekten, deren Werte zu Beginn erfragt werden*
	domain-description	*Beschreibungen eines Wissensgebiets*

Tabelle 14.7: Propertylisten von Objekten, Regeln und Wissensbasen in SYSTEM Z-11

Die Indikatoren dieser Propertylisten sind in der Tabelle 14.7 beschrieben. Die Wertbeschreibung in SYSTEM Z-11 ist relativ komplex, da *multiple Werte* unterstützt werden und jedem Einzelwert eine Possibilitätsverteilung und ein unscharfer Sicherheitsfaktor zugeordnet werden kann. Die verschiedenen Bestandteile einer Wertbeschreibung werden unter verschiedenen Indikatoren getrennt verwaltet. (Der Zugriff auf Objektwerte erscheint insgesamt aufwendig und wenig effizient.) Zusätzlich werden Informationen abgespeichert, die für die Auswertung von Regeln relevant sind: insbesondere, ob bei Bedarf Werte erfragt oder abgeleitet werden sollen, welche Regeln Bedingungen enthalten, in denen die Objektwerte überprüft werden und welche Regeln zur Ableitung der Objektwerte dienen können.

Jedem *Fuzzy-Term* wird eine Fuzzy-Menge zugeordnet, die intern über eine Liste von Zahlen kodiert wird [Leung and Lam 1989, 214].[48] Es ist daher leicht möglich, Fuzzy-Mengenoperatoren direkt über standardmäßige LISP-Funktionen zu definieren.

Fakten können auf zwei Arten in die Wissensbasis eingefügt werden: direkt in Form quasi-natürlichsprachlicher Sätze (Zeile 351) oder auf Nachfrage des Systems, wenn sie im Inferenzprozeß benötigt werden (Zeile 352 bis 355).

```
351: the profession as a doctor is undesirable (around 0.8)    [93]
352: ⇒ Is your interest in reading novels or fictions high?
353: quite high
354: ⇒ How certain is it?
355: roughly 0.7
```

Fakten bestehen aus einer Objektbeschreibung, einem Wert und einem Unsicherheitsfaktor. Als Werte sind Zahlen, Symbole und linguistische Ausdrücke zugelassen, die einfache oder über eine arithmetische Funktion (Quadrat, Quadratwurzel) modifizierte Fuzzy-Mengen denotieren. Sicherheitsfaktoren werden durch eine reelle Zahl oder eine trapezförmige Fuzzy-Zahl über dem Einheitsintervall repräsentiert. In der linguistischen Beschreibung von Sicherheitsfaktoren können verschiedene Modifikatoren verwandt werden (vgl. Tabelle 12.6, 441).

Die Repräsentation von *Regeln* ermöglicht einen separaten Zugriff auf den Antezedenz, den Konsequenten und den Sicherheitsfaktor. Intern werden Propositionen in Form von Listen abgespeichert: das erste Element bezeichnet eine Funktion (hier: `|equal|` und `|conclude|`), das zweite ein Objekt (eine Liste von Objektname und Attribut wie `(person weight)`) und das dritte einen Wert (zum Beispiel heavy). [94] zeigt die externe Repräsentation einer Regel, [95] die interne Repräsentation ihres Antezedenz und [96] die interne Repräsentation des Konsequenten.

```
rule code : rule01                                          [94]
if (the body is well-built or the height is tall)
   and the person is healthy
then the weight of the person is heavy
with certainty --> close to 1.0
```

[48] Eine genauere Beschreibung wird nicht gegeben. Möglicherweise werden die Zugehörigkeitsgrade wie in [Whalen and Schott 1983a, 205ff.] bezüglich einer „imaginären“ (diskretisierten) Basisvariablen definiert.

```
(ands (ors (|equal| (body nil) well-built)          [95]
           (|equal| (height nil) tall))
      (|equal| (person nil) healthy))
```

```
(ands (|conclude| (person weight) heavy))           [96]
```

Zur Akquisitionskomponente gehört schließlich noch ein Modul zur Verwaltung sogenannter *System-Merkmale* einer Wissensbasis. Diese Merkmale werden in Form einer Propertyliste kodiert. Es geht dabei um (nicht weiter spezifizierte) Beschreibungen eines Fachgebiets, eine Liste von Zielobjekten, die nach dem Start einer Konsultation abgearbeitet werden, und eine Liste von Objekten, deren Werte zu Beginn einer Konsultation erfragt werden.

Konsultationskomponente

Die Konsultationskomponente setzt sich aus den Modulen *„Inferenzmaschine"*, *„linguistische Approximation"* und *„Review"* zusammen. Wie in Kapitel 12.3.2 (436ff.) beschrieben, erfolgt die Berechnung unscharfer Konklusionen nach dem Modell des generalisierten Modus ponens und die Berechnung von Unsicherheiten nach dem MYCIN-Modell (vgl. Tabelle 12.2, 437). Komplexe Fuzzy-Regeln werden in einfache zerlegt (vgl. Abbildung 12.5, 439). Die aus deren Auswertung resultierenden Fuzzy-Mengen werden nach dem Modell von Whalen und Schott [1983a] verrechnet. Ist der Antezedent unscharf und der Konsequent nicht, so fließt der über das Possibilitäts- und Notwendigkeitsmaß berechnete Erfülltheitsgrad der Bedingung als zusätzlicher Faktor in die Sicherheitsbewertung ein. Bei unscharfen Unsicherheitsfaktoren werden die auf Fuzzy-Mengen erweiterten arithmetischen Funktionen verwandt. Die linguistische Approximation basiert auf dem von Wenstøp [1980] eingeführten Verfahren.

Die von Leung und Lam beschriebene Abarbeitungsstrategie entspricht dem Standard rückwärtsverkettender Regelsysteme in der Tradition von MYCIN. Mustervariablen werden anscheinend nicht unterstützt. Als Ziel fungiert eine Objektbeschreibung mit unbekanntem Wert.. Kann der Wert nicht unmittelbar aus der Wissensbasis herausgelesen werden, so wird er entweder erfragt oder über Regeln abzuleiten versucht, deren Bedingungen dann als Unterziele fungieren. Die Propertyliste des Objekts gibt Auskunft darüber, ob und gegebenenfalls wie der Wert vom Benutzer zu erfragen ist oder welche Regeln für seine Herleitung unmittelbar relevant sind. Ergebnis einer Konsultation ist eine Liste von Konklusionen, die nach ihrer Sicherheit geordnet ist [97].

```
⇒ My recommendations for the choice of a university      [97]
  faculty are given in preference order as follows:
  It is very certain (0.97) that the choice of faculty
  is pure science
  It is quite certain (0.87) that ...
```

Während der Abarbeitung wird ein Und/Oder-Baum erstellt, der von der *Review*-Komponente ausgewertet werden kann, um Erklärungen zu Warum- oder Wie-Fragen zu generieren und „Was-ist-Wenn"-Szenarien durchzuführen [vgl. Leung and Lam 1989, 221f. und 226].

14.4.7 MILORD

MILORD ist eine auf Klassifikationsaufgaben orientierte „Expertensystem-Shell". Sie beinhaltet eine Inferenzmaschine zur Verarbeitung unsicheren Wissens, ein Modul zur Wissenserhebung und ein, wie López de Mántaras und seine Mitarbeiter schreiben, „begrenztes, aber nützliches Erklärungs-Modul".[49] Für neuere Versionen von MILORD ist charakteristisch, daß *strategisches Wissen* in Form von *Metaregeln* kodiert werden kann, daß die Verarbeitung von Unsicherheit *symbolorientiert*, auf der Basis *endlicher mehrwertiger Logiken* erfolgt (vgl. 445ff.), und daß die Wissensbasis aus hierarchisch organisierten *Modulen* aufgebaut wird.[50]

Moduldefinitionen in MILORD

Zur Beschreibung von Wissensbasen bieten neuere MILORD-Versionen eine eigene Sprache: COLAPSES.[51] Module bilden die Basiseinheiten einer in COLAPSES beschriebenen Wissensbasis. Eine Moduldefinition besteht aus mehreren Komponenten: einer Deklaration von Fakten, die aus anderen Modulen importiert werden (`Import`) und wieder anderen Modulen zur Verfügung gestellt wer-

---

[49] Vgl. López de Mántaras et al. [1986, 182] oder López de Mántaras, Agustí, Plaza, Sierra [1992, 214]. Nach López de Mántaras et al. [1986, 187] kann die „Erklärungskomponente" auf Anfrage erläutern, warum ein Fakt benutzt wurde, und anzeigen, welche Fakten bewiesen wurden, welche Regeln zur Herleitung eines bestimmten Fakts benutzt wurden oder welche Regeln überhaupt benutzt wurden.

[50] Eine frühe Version von MILORD wird in [López de Mántaras et al. 1986] beschrieben. López de Mántaras, Agustí, Plaza, Sierra [1992] geben einen Gesamtüberblick über eine MILORD-Version, in der Regeln und Fakten wie in den früheren Versionen direkt in LISP kodiert wurden, aber die Verarbeitung unsicheren Wissens bereits symbolorientiert erfolgt. Die Darstellung enthält Hinweise zur Kombination von Vorwärts- und Rückwärtsverkettung, zur Konfliktlösung wie zur Wissenserhebung. Das Konzept hierarchisch organisierter Module, in denen lokale Logiken definiert werden, wird in diesem Beitrag noch nicht erwähnt. Demgegenüber stützen sich die Beiträge [López de Mántaras, Sierra, Agustí 1992] und [Agustí et al. 1992] auf neuere Versionen, denen das Modulkonzept zugrunde liegt. Die Repräsentation von strategischem Wissen in Form von Metaregeln ist ein Schwerpunkt von [López de Mántaras, Sierra, Agustí 1992]. Die Beiträge von Agustí et al. [1992; 1994] bieten demgegenüber eine ausführlichere Diskussion des Konzepts „lokaler Logiken", insbesondere der axiomatischen Grundlagen mehrwertiger Logiken in MILORD.

[51] In [Agustí et al. 1994] wird COLAPSES nicht erwähnt. Dort ist vielmehr ausschließlich von einer MILORD-II genannten „modularen Sprache" die Rede.

den (`Export`), einer Beschreibung des *„deduktiven Wissens"* (`Deductive knowledge`) und einer Beschreibung von *„Kontrollwissen"* (`Control knowledge`). Das „deduktive Wissen" enthält die *Regeln* (`Rules:`), in denen Schlußfolgerungen zu einem Fachgebiet kodiert werden (Regeln der „Objektebene"), und eine Beschreibung des *„Inferenzsystems"* (`Inference system:`). Zudem können in diesem Teil Paraphrasen zu symbolischen Merkmalen angegeben werden (`Dictionary:`). Das „Kontrollwissen" besteht aus Metaregeln (`Metarules:`) und Kontrollparametern (`evaluation type`), die die Abarbeitung von Regeln und Modulen kontrollieren.[52]

```
Module Previous_Treatment =                                  [98]
  Begin
    Import Prev_Treat
    Export Penicilin, Tetracycline
    Deductive knowledge
      Rules:
        R001 If Prev_Treat = (Peni)
             then conclude Penicilin is sure
        R002 If Prev_Treat = (Peni)
             then conclude Tetracycline is impossible
      Inference system:
        Truth values: = (impossible, sure)
          Connectives:
            Conjunction: ((impossible, impossible))
                          (impossible, sure))
            Disjunction: ((impossible, sure))
                          (sure,       sure))
    end deductive
end
```

Die Beschreibung des Inferenzsystems beinhaltet eine Auflistung der zu verwendenden *Wahrheitswerte*, der logischen *Konnektive* sowie gegebenenfalls *Umbenennungsregeln*, die die Wahrheitswerte eines importierten Moduls auf die Wahrheitswerte des definierten Moduls abbilden. Importierte Fakten und Wahrheitswerte werden dabei durch ein Präfix für das importierte Modul gekennzeichnet. Die logischen Konnektive werden in Form von Wahrheitstabellen spezifiziert. Bei einer n-wertigen Logik müssen dementsprechend n^2 Einträ-

[52] Agustí u.a. [1992] weisen auf die Möglichkeit hin, „generische" oder „parametrische" Module zu definieren. Die Funktionalität solcher „generischen Module" wird nur sehr vage beschrieben und anhand eines Beispiels konkretisiert, dessen Nutzen zumindest fragwürdig ist, da die Definition des generischen Moduls sich von dem spezifischen nur geringfügig unterscheidet und der Kodierungsaufwand insgesamt größer ist [vgl. Agustí et al. 1992, 538-542]. Das Prinzip besteht darin, in einer Moduldefinition statt eines konkreten Modulnamens einen Parameter für den Namen eines zu importierenden Moduls zu verwenden, so daß mehrere Module generiert werden können, deren Definitionen mit den zu importierenden Modulen variieren.

ge pro Junktor angegeben werden.[53] [98] zeigt die Definition eines einfachen Moduls mit einer zweiwertigen Logik und zwei Regeln; es enthält weder Metaregeln noch Wörterbuch-Einträge [vgl. Agustí et al. 1992, 537].

Der Aufbau der in [Agustí et al. 1992] angeführten Regeln ist sehr einfach. Eine Einzelbedingung besteht entweder aus einem Merkmal oder aus einer Folge von Attribut, Vergleichsoperator und Wert. Statt eines Werts können auch mehrere alternative Werte (`or`) angegeben werden. Die Einzelbedingungen lassen sich disjunktiv (`or`) oder konjunktiv (`and`) miteinander verknüpfen. In [Agustí et al. 1992] und [López de Mántaras, Sierra und Agustí 1992] werden die drei Aktionen `conclude`, `consider` und `stop` benutzt. `stop` beendet die Regelauswertung eines Moduls, `consider` regelt den Aufruf weiterer Module. Eine `conclude`-Anweisung beinhaltet ein Merkmal und einen linguistischen Sicherheitswert. Der Sicherheitswert des Merkmals ergibt sich aus der Konjunktion der Sicherheitswerte des Bedingungsteils und der `conclude`-Anweisung.

Kontrollstrategien: Metaregeln und partielle Evaluation

In [López de Mántaras et al. 1986] und [López de Mántaras, Agustí, Plaza, Sierra 1992] wird die Abarbeitung von Regeln als eine Kombination von Vorwärts- und Rückwärtsverkettung beschrieben. Nach dieser Darstellung arbeitet das System zunächst vorwärtsverkettend. Und eine Rückwärtsverkettung erfolgt nur dann, wenn die Vorwärtsverkettung nicht mit einer vorgegebenen Mindestsicherheit zum „Ziel" geführt hat:

> „The forward reasoning starts with a set of given facts and its goal is to deduce a hypothessis whose linguistic certainty value reaches a given acceptance threshold. If the forward reasoning gets to a hypothesis whose certainty value is below the threshold, the backward reasoning is called in order to try to increase this certainty value by considering, through a lookahead process, other rule-paths that would conclude the same hypothesis with a higher certainty." [López de Mántaras, Agustí, Plaza, Sierra 1992, 214][54]

Godo u.a. [1989, 497] weisen darauf hin, daß die rückwärtsverkettende Inferenzmaschine die vorwärtsverkettende aufrufen könne, um in einem ersten Schritt mögliche Diagnosen zu klären, und zwar dann, wenn Benutzer dem System eine größere Informationsmenge zuführten. Ein solcher Wechsel könne ebenso dann veranlaßt werden, wenn eine Information „willkürlich" eingegeben werde. Nach [Agustí et al. 1992] und [López de Mántaras, Sierra und Agustí

---

[53] Normalerweise werden Wahrheitstabellen für die Konjunktion und Disjunktion spezifiziert, die Wahrheitstabelle für die Negation wird dann mit Hilfe der Gleichung (12.41, 446) berechnet.

[54] Eine Begründung für diese Strategie wird nicht gegeben. Verwirrend wirkt auch die *unvermittelte* Verknüpfung von „Vorwärtsverkettung" (einer datengetriebenen Regelabarbeitung) mit dem „Ziel, eine Hypothese abzuleiten".

1992] kann die Abarbeitung von Regeln und Modulen über Metaregeln und Kontrollparameter gesteuert werden.

```
389: If the pneumonia is bacterial                              [99]
390:     with certainty < quite_possible and
391:     the pneumonia is atipical
392:     with certainty > possible
393: Then consider
394:     Mycoplasm, Virus, Clamidia, Tuberculosis,
395:     Nocardia, Criptococcus, Pneumocistis-Carinii
396: with certainty quite_possible
```

Die in [99] beschriebene Metaregel dient dazu, in Abhängigkeit von der Sicherheit eines Befunds eine Untersuchung auf bestimmte Hypothesen (Zeile 394 bis 395) einzuschränken [vgl. López de Mántaras, Sierra und Agustí 1992, 260]. Zu jeder Hypothese ist ein gleichnamiges Modul definiert. Die Anwendung dieser Metaregel bewirkt, daß die aufgelisteten Module in der vorgegebenen Reihenfolge abgearbeitet werden.

Ist das notwendige Wissen zur Lösung eines Problems über mehrere Module verteilt, so muß zwischen den Modulen ein Informationsaustausch stattfinden und eine modulübergreifende Inferenzstrategie angewandt werden. MILORD bietet dazu drei Konzepte: den *Import und Export* von Fakten, *Umbenennungsregeln* für linguistische Sicherheitswerte und die *partielle Evaluation* von Modulen.

Die gesamte Auswertung erfolgt in mehreren Iterationen. Jeder Iterationsschritt beginnt mit einer Anfrage an den Benutzer oder ein Teilmodul. Nachdem die Antwort in die Terminologie des „fragenden" Moduls zurückübersetzt worden ist, wird es unter Berücksichtigung dieser Antworten „partiell" ausgewertet. Nach einer partiellen Evaluation wird die Iteration mit der nächsten Anfrage fortgesetzt. Als Antwort wird schließlich die Menge aller „Formeln" (Regeln oder Fakten) der letzten partiellen Auswertung zurückgegeben, die in einer deduktiven Verbindung zur Initialfrage stehen. Zu beachten ist, daß eine Antwort sich nicht nur auf ein Faktum beschränken muß, sondern eine Menge von Fakten und Konditionalaussagen (Regeln) beinhalten kann.[55] Konditionalaussagen ergeben sich, wenn eine relevante Regel nicht ausführbar ist, weil aufgrund fehlender Informationen nicht alle Bedingungen verifiziert werden konnten. In einem solchen Fall kann aus der Regel eine reduzierte Regel (Konditionalaussage) gebildet werden, indem man die bereits verifizierten Teilbedingungen entfernt.[56]

---

[55] Agustí u.a. [1992, 525; 1994, 306-308] haben darauf hingewiesen, daß die Rückgabe eines Sicherheitswerts für ein Faktum den Anforderungen der Kommunikation von Experten über medizinische Diagnosen oft nicht gerecht werde. Vielmehr bestünde ein Bedarf, Antworten zu konditionieren, zusätzliche Folgerungen und bedingte Folgerungen in Betracht zu ziehen sowie Fragen allgemeiner zu beantworten, wenn präzisere Antworten zu einem bestimmten Zeitpunkt noch nicht gegeben werden können.

14.5 Logikorientierte Sprachen

14.5.1 FPROLOG

FPROLOG ist eine logikorientierte Programmiersprache, die sich von PROLOG hauptsächlich durch die Fähigkeit unterscheidet, „Fuzzy-Fakten" handhaben zu können und für jede „Lösung" einen Wahrheitswert aus dem Intervall [0,1] bestimmen zu können [vgl. Martin et al. 1987].

FPROLOG wurde in LISP implementiert.[57] Um eine hohe Effizienz zu erzielen, wurden verschiedene Standardtechniken von PROLOG-Implementierungen eingesetzt.[58] Bei der Abarbeitung einer Zielklausel wird ein interner Wahrheitswert auf „wahr" gesetzt. Sobald eine Zielklausel mit Hilfe eines Fuzzy-Fakts gelöst wird, aktualisiert das System den internen Wahrheitswert. Standardmäßig wird der neue Wert dem Minimum beider Werte gleichgesetzt. Der Programmierer hat jedoch die Möglichkeit, eine andere Verknüpfungsfunktion zu spezifizieren. Backtracking kann bereits dann ausgelöst werden, wenn ein Schwellwert nicht erreicht wird. Die Negation wurde ebenfalls auf die Verarbeitung numerischer Wahrheitswerte erweitert: Wurde für eine Formel der Wert τ berechnet, so beträgt er für die negierte Formel $1 - \tau$.

Um die Integration mit LISP und dem ebenfalls in LISP implementierten Inferenzsystem FRIL (vgl. Kapitel 14.5.4) zu vereinfachen, wurde nicht die Edinburgh-Syntax, sondern eine an MICRO-PROLOG angelehnte und auf FRIL abgestimmte Listennotation gewählt.[59]

---

[56] Die Darstellung der Abarbeitungsstrategie läßt einige Fragen offen. So bleibt beispielsweise unberücksichtigt, daß die Information über die für die eliminierten Teilbedingungen ermittelten Sicherheitsgrade nicht verloren gehen dürfen [vgl. Agustí et al. 1992, 526f. und 542ff.]. Und vage Hinweise wie „the set of formulas computed in a module M as an answer to a question can eventually be evaluated in the module M' that receives them" [Agustí et al. 1992, 527] werden nicht präzisiert.

[57] Als Dialekt wurde FRANZLISP gewählt. Zu dieser Zeit (die revidierte Fassung ist vom Juli 1985 datiert) war die Entwicklung eines LISP-Standards, speziell von COMMON LISP, erst in den Anfängen. Die Autoren haben in ihren abschließenden Bemerkungen darauf hingewiesen, daß eine Implementierung in der Programmiersprache C in Entwicklung sei, um eine maximale Portabilität zu erzielen.

[58] „The interpreter uses a stack to keep a record of the proof tree as it is created, and represents complex terms by structure sharing … It also utilises various techniques to minimise stack size, including tail recursion optimisation and the detection of deterministic sub-trees." [Martin et al. 1987, 123]

[59] Martin, Baldwin und Pilsworth geben an, daß nur geringfügige Änderungen an MICRO-PROLOG-Programmen notwendig seien, um sie in FPROLOG ablaufen lassen zu können. Mehrere MICRO-PROLOG-Programme seien in FPROLOG erfolgreich getestet worden. Auch eine Konvertierung von PROLOG-Programmen in Edinburgh-Syntax könne, so die Autoren [1987, 125], auf einfache Weise durchgeführt werden.

```
(likes (person1 person2 chi)                    [100]
   ((anna mike 0.7))
   ((mike anna 0.8)))
```

In [100] wird das Prädikat `likes` beschrieben. Es besteht aus zwei Klauseln. In diesem Fall handelt es sich um zwei Fuzzy-Fakten. Man kann deshalb auch von einer Fuzzy-Relation sprechen.

Regeln werden auf ähnliche Weise notiert. Regeln über der gleichen Relation können wie Fakten en bloc definiert werden. Sie werden nach dem Prädikatsnamen und einer allgemeinen Argumentliste aufgelistet: für jede Regelliste wird eine spezielle Argumentliste und eine beliebige Menge von Teilbedingungen angegeben:

```
(friends (person1 person2)                      [101]
   ((X Y) (likes X Y) (likes Y X)))
```

In [101] wird das Prädikat `friends` über das Prädikat `likes` definiert. Zu beachten ist, daß `likes` wie `friends` als zweistelliges Prädikat behandelt wird. Das dritte „Argument" in [100] steht für den intern verarbeiteten Wahrheitswert. Einer Regel kann im Gegensatz zu einem Faktum kein Wahrheitswert zugeordnet werden. Anfragen werden in FPROLOG mit `which` formuliert. Die Anfragesprache ist der von FRIL ähnlich:

```
& . which ((X Y CHI) friends(X Y) & true (CHI))  [102]
⇒ answer is (anna mike 0.7)
  answer is (mike anna 0.7)
  no (more) answers
```

Es ist auch möglich, Prädikate zu definieren, mit denen sich der Zugehörigkeitsgrad eines Elements zu einer Fuzzy-Menge über arithmetische Operatoren berechnen läßt:

```
(high (temp)                                    [103]
   ((T) (prod T 0.02 Y) (sum X 1 Y) (true X)))
```

In diesem Fall wurde als Zugehörigkeitsfunktion der Einfachheit wegen die lineare Funktion $\mu_{high}(x) = 0.02 * x - 1$ gewählt.[60] Der Wahrheitswert wird dabei dem Zugehörigkeitsgrad gleichgesetzt.

[60] `prod` und `sum` sind (dreistellige) Systemprädikate (Relationen), keine (zweistelligen) Funktionen. Mit ihnen läßt sich sowohl eine Multiplikation wie eine Division, eine Addition wie eine Subtraktion durchführen. Dementsprechend ist auch `high` genaugenommen keine Funktion, sondern ein logisches Prädikat.

14.5.2 FS-PROLOG

FS-PROLOG wurde wie FS-LISP von Umano 1987 auf dem zweiten Kongreß der IFSA vorgestellt. Umano hat dort argumentiert, in FS-PROLOG sei es nicht nur wie in anderen Fuzzy-PROLOG-Sprachen möglich, Wahrheitsgrade Fakten und Regeln zuzuordnen und für Anfragen berechnen zu lassen, sondern auch linguistische Unschärfen wie in der Aussage *„Taro ist jung"* über Fuzzy-Mengen und Possibilitätsverteilungen zu modellieren. Über Wahrheitswerte ließen sich solche linguistischen Unschärfen nicht repräsentieren [Umano 1987b, 750].

Implementiert wurde FS-PROLOG wie FPS (vgl. 561ff.) in LISP mit Hilfe der Erweiterung FS-LISP (vgl. 530ff.). Soweit ersichtlich entspricht das Verarbeitungsmodell – einschließlich der Verrechnung von Fuzzy-Mengen beziehungsweise Possibilitätsverteilungen – der rückwärtsverkettenden Komponente von FPS.[61]

Die Repräsentation von Fakten, Regeln und Anfragen gleicht der in PROLOG: der Relationskonstanten folgt die Argumentliste, Anfragen werden durch `?-` eingeleitet, Ziele und Bedingungsteile werden durch Kommata getrennt, Fakten, Regeln und Anfragen werden durch einen Punkt abgeschlossen. Abweichend von PROLOG wird der Rumpf einer Regel von ihrem Kopf nicht durch `:-`, sondern durch `-` getrennt und Variable werden durch Großschreibung des ersten Buchstabens, sondern durch `*` gekennzeichnet. Regeln und Fakten können Wahrheitswerte in Form von Zahlen, linguistischen Termen oder durch explizite Auflistung einer Possibilitätsverteilung zugeordnet werden. Sie werden Klauseln vorangestellt und durch einen Doppelpunkt `:` von ihnen getrennt.

```
408: maennlich(Taro).                                  [104]
409: 0.8 : alter(Taro, 30).
410: ?-alter(Taro, *x).
411: ⇒ value_of_*x=30
412:     {0.8}:alter(Taro,30).
```

Fehlende Wahrheitswerte (Zeile 408) werden dem Wert 1 gleichgesetzt. Die Aussage *„es ist in dem Grad 0.8 wahr, daß Taro 30 Jahre als ist"* kann in FS-PROLOG wie in Zeile 409 abgedruckt beschrieben werden [vgl. Umano 1987b,

---

[61] Aus der Beschreibung von Umano [1987b] wird nicht deutlich, inwieweit FS-PROLOG über eine grobe Ähnlichkeit der Verarbeitungsmodelle hinaus tatsächlich als PROLOG-Erweiterung gelten kann. Für PROLOG typische Systemprädikate werden nicht erwähnt. Auch bleibt offen, ob FS-PROLOG-Klauseln miteinander unifiziert werden oder inwieweit die FS-PROLOG zugrundegelegten Algorithmen zur Musterverarbeitung einer Unifikation entsprechen. Insbesondere bleibt offen, ob ein *occur check* durchgeführt wird und ob – wie in PROLOG – Prädikate über strukturierte Terme beschrieben werden können und logische Variablen auch in Fakten vorkommen dürfen.

750]. Auf die Anfrage *„Wie alt ist Taro?"* (Zeile 410) liefert das System die Variablenbelegung und den zu der Anfrage passenden Fakt einschließlich des entsprechenden Wahrheitswerts (Zeile 412).

Um unscharfe Termini wie *jung* benutzen zu können, müssen zuerst in LISP gleichnamige Zugehörigkeitsfunktionen definiert werden (Zeile 413). Solche Terme können in Anfragen und Regeln benutzt werden. In beiden Fällen werden sie mit dem Präfix `@` gekennzeichnet (vgl. Zeile 414 und 423).

```
413: (defun jung (x) (pi x 0 20 40))                          [105]
414: ?-alter(Taro, @jung(*x)).
415: ⇒ value_of_*x=30
416:     {0.5}:alter(Taro,30).
```

Anfragen wie in [105] können in gleicher Weise auf unscharfe Fakten angewandt werden. Sowohl die Merkmale als auch die Wahrheitswerte dürfen in Form einer Fuzzy-Menge (Possibilitätsverteilung) definiert sein [106].

```
417: {.8/1,1/.9,.5/.8} : alter(Mariko,{.6/25,1/26, .7/27})   [106]
418: ?-alter(Mariko,@jung(*x)).
419: ⇒ value_of_*x={0.6/25,1/26,0.7/27}
420:     {0.7/0.755, 0.5/0.8, 1/0.82, 0.6/0.875}:
421:     alter(Mariko, {0.6/25,1/26,0.7/27}).
```

Regeln kann wie Fakten ein Wahrheitswert zugewiesen werden. Im Regelrumpf dürfen zudem Fuzzy-Mengen referiert werden. Die Anfrage, ob *„Taro ein junger Mann ist"* (Zeile 424), ist mit dem Regelkopf in Zeile 422 „unifizierbar". Da der Wahrheitswert der Konklusion gleich dem Minimum der Wahrheitswerte der Bedingungsteile und dem Wahrheitswert der Regel ist, beträgt er in diesem Fall 0.5:

```
422: 0.9 : junger_mann(*x) -                                    [107]
423:          maennlich(*x), alter(*x, @jung(*y)).
424: ?-junger_mann(Taro).
425: ⇒ 0.5 : junger_mann(Taro).
```

Die Auswertung eines Prädikats gilt als fehlgeschlagen, wenn der ermittelte Wahrheitswert einen Schwellwert unterschreitet. Ist dies der Fall, so erfolgt Backtracking. Der Schwellwert ist per Voreinstellung auf 0.1 gesetzt. Programmierer haben die Möglichkeit, diesen Wert über das einstellige Prädikat `limit` zu verändern [Umano 1987b, 753]. Es ist ebenfalls möglich, die in der Musterverarbeitung verwandten Funktionen zur Verknüpfung von Wahrheitswerten zu redefinieren.

14.5.3 F-PROLOG

F-PROLOG [Li and Liu 1990] ist eine Erweiterung von PROLOG, die Klauseln einen Wahrheitswert beziehungsweise, falls es sich um Regeln handelt, eine Implikationsstärke zuzuordnen erlaubt.

Zur Syntax und Semantik von F-PROLOG

Das Verarbeitungsmodell basiert auf dem Kalkül der *f*-Hornklauseln (vgl. Kapitel 13.3, 470ff.). Demnach berechnet sich der Wahrheitswert einer Konjunktion von Klauseln über das Minimum der Wahrheitswerte der einzelnen Klauseln und der Wahrheitswert einer Konklusion über das Produkt der Implikationsstärke mit dem Wahrheitswert des Antezedenz.

Die Syntax von F-PROLOG ist weitgehend mit der Edinburgh-Syntax identisch. Augenfälliger Unterschied ist die in eckige Klammern gesetzte Angabe eines Wahrheitswerts respektive einer Implikationsstärke. Tabelle 14.8 beschreibt die Syntax von F-PROLOG auszugsweise in einer adaptierten BNF-Notation[62]. Eine Regel besteht demnach aus einem Regelkopf, einer durch die Zei-

<table>
<tr><td>⟨clause⟩</td><td>::=</td><td>⟨fact⟩. | ⟨rule⟩. | ⟨goal⟩.</td></tr>
<tr><td>⟨fact⟩</td><td>::=</td><td>⟨head⟩ :–[⟨truth-value⟩]–.</td></tr>
<tr><td>⟨rule⟩</td><td>::=</td><td>⟨head⟩ :–[⟨implication-strength⟩]–⟨body⟩.</td></tr>
<tr><td>⟨goal⟩</td><td>::=</td><td>?–[⟨f⟩]–⟨body⟩.</td></tr>
<tr><td>⟨truth-value⟩</td><td>::=</td><td>1 | ⟨decimal⟩ | ⟨linguistic-values⟩</td></tr>
<tr><td>⟨implication-strength⟩</td><td>::=</td><td>{ } | 1 | ⟨decimal⟩ | ⟨function⟩ | ⟨linguistic-values⟩</td></tr>
<tr><td>⟨f⟩</td><td>::=</td><td>1 | ⟨decimal⟩ | ⟨function⟩ | ⟨linguistic-values⟩</td></tr>
<tr><td>⟨body⟩</td><td>::=</td><td>⟨subgoals⟩</td></tr>
<tr><td>⟨subgoals⟩</td><td>::=</td><td>⟨subgoal⟩ | {⟨subgoal⟩ ⟨and⟩ ⟨subgoals⟩} |
{⟨subgoal⟩ ⟨or⟩ ⟨subgoals⟩}</td></tr>
<tr><td>⟨and⟩</td><td>::=</td><td>and | ,</td></tr>
<tr><td>⟨or⟩</td><td>::=</td><td>or | ;</td></tr>
</table>

Tabelle 14.8: Syntax von F-PROLOG-Klauseln (Auszug)

Vgl. Li und Liu [1990, 119-123]. Die weitere Spezifikation nichtterminaler Symbole ist standardmäßig. Das nichtterminale Symbol ⟨linguistic-values⟩ wird auch in Li und Liu [w.o.] nicht definiert. Im folgenden Unterkapitel werden die linguistischen Werte definite (**d**), possible (**p**), very possible (**VERY p**) und fairly possible (**FAIRLY p**) angeführt [vgl. Li and Liu 1990, 130ff.].

---

[62] Vgl. die Fußnote zu Tabelle 14.5 (535). Mit geschweiften Klammern in Normalschrift werden Sequenzen von Symbolen zusammengefaßt. Sie gehören nicht zur beschriebenen Objektsprache. Fettgedruckte Klammern sind indes Zeichen der Objektsprache, also keine Metazeichen. Der Ausdruck „*z1* ::= *z2* | {**z3 z4**}" bedeutet beispielsweise, daß das nichtterminale Symbol *z1* durch das nichtterminale Symbol *z2* oder (|) die Folge ({ }) der terminalen Symbole **z3 z4** ersetzt werden kann.

chenfolge **:-[** eingeleiteten und durch die Zeichenfolge **]-** beendeten Spezifikation der Implikationsstärke, einem Regelrumpf sowie einem Punkt. Die Syntax von Regelkopf und Regelrumpf entspricht dem PROLOG-Standard.

Nach Li und Liu repräsentiert das in [108] abgedruckte Programm die Aussage *„anyone who is tall wears large shoes to a high degree of confidence"* [Li and Liu 1990, 124].[63] Die in Zeile 426 abgebildete Regel beschreibt einen Schluß von der Körpergröße einer Person (repräsentiert durch die Variable X) auf die Größe ihrer Schuhe. Der Regel wird die „Implikationsstärke" 0.9 zugewiesen. In den Zeilen 427 bis 430 werden vier „Fuzzy-Fakten" aufgelistet.

```
426: wear_large_shoes(X) :-[0.9]-tall(X).                [108]
427: tall(smith) :-[1].
428: tall(john) :-[0.8].
429: tall(tom) :-[0.9].
430: tall(barry) :-[0.6].
```

In PROLOG lassen sich zwei Typen von Fragen unterscheiden, je nachdem ob sie freie Variablen enthalten oder nicht. Im ersten Fall handelt es sich um eine Ja/Nein-Antwort, im zweiten Fall liefert das System eine oder mehrere Belegungen der freien Variablen. Da in F-PROLOG unscharfe Anfragen erlaubt sind, in denen Wahrheitswerte als Konstanten oder Variablen auftauchen können, lassen sich in F-PROLOG vier Anfragetypen unterscheiden (vgl. [109] bis [112]).

```
431: ?-[0.8]-wear_large_shoes(john).                     [109]
432: ⇒ NO
433: ?-[0.8]-wear_large_shoes(tom).
434: ⇒ YES
```

Die einfachste Anfrage besteht ausschließlich aus Konstanten. In [109] werden zwei Anfragen gestellt. In beiden fungiert die Konstante 0.8 als Schwellwert für den Gesamtwahrheitswert. Die Zielklausel in Zeile 431 ist unerfüllbar, da das Produkt aus Implikationsstärke (0.9) und Wahrheitswert (0.8) kleiner als 0.8 ist. Das System antwortet daher für `john` mit `no`. Für `tom` wird die gleiche Frage positiv beantwortet (`yes`), da der resultierende Wahrheitswert (0.9) über dem Mindestwert 0.8 liegt.

Fragen wie in [109] können durch logische Variablen verallgemeinert werden. Will man herausfinden, für welche Personen die Hypothese *„sie tragen große Schuhe"* mit einem Grad größer oder gleich 0.8 verifiziert wird, so genügt es, den Personennamen in Zeile 431 durch eine Variable wie in [110] zu ersetzen. Das System liefert in diesem Fall erwartungsgemäß zwei Instantiierungen.

---

[63] Es ist zu beachten, daß Li und Liu in diesem konkreten Beispiel nicht wie in ihrer formalen Spezifikation von Wahrheitswert (*„truth-value"*) und Implikationsstärke (*„implication-strength"*) reden, sondern von Konfidenzgrad (*„degree of confidence"*). Was die einmal als Wahrheitswert, ein anderes Mal als „Konfidenzgrad" interpretierten Zahlen tatsächlich bedeuten, bleibt – wie so oft – unklar.

```
?-[0.8]-wear_large_shoes(X).                [110]
⇒ X = smith
  X = tom
```

Ein dritter Fragetypus ergibt sich, wenn man logische Variablen nicht als Argumente benutzt, sondern für den Wahrheitswert. In diesem Fall wird der Wahrheitswert für eine Anfrage vom System berechnet:

```
?-[F]-wear_large_shoes(smith).              [111]
⇒ F = 0.90
```

Schließlich besteht auch die Möglichkeit, sowohl für die Argumente des Prädikats als auch für den Wahrheitswert eine Variable zu setzen:

```
?-[F]-wear_large_shoes(X).                  [112]
⇒ X = smith    F = 0.90
  X = john     F = 0.72
  X = tom      F = 0.81
  X = barry    F = 0.54
```

F-PROLOG ermittelt in diesem Fall zu jeder möglichen Belegung der Prädikatsvariablen den zugehörigen Wahrheitswert, so daß man sich bei Bedarf (wie in [112] gezeigt) alle Variablenbelegungen mitsamt den zugehörigen Wahrheitsgraden auflisten lassen kann.

Erweiterungen: linguistische Possibilitätswerte, Vergleichsoperatoren und Prädikate zweiter Ordnung

Li und Liu haben verschiedene Erweiterungen von F-PROLOG vorgeschlagen und teilweise realisiert. Die erste Erweiterung besteht darin, statt numerischer Werte linguistische Werte verwenden zu dürfen: als Implikationsstärke einer Regel, als Wahrheitswert eines Fakts oder als Mindeswert für eine Anfrage. Diese linguistischen Werte werden als Werte der linguistischen Variable Possibilität aufgefaßt. Um die Implementierung zu erleichtern, wird eine endliche Term-Menge für die Implikationsstärke zugrundegelegt. Genannt werden die Terme *definite* (`d`), *very possible* (`VERY p`), *possible* (`p`), *fairly possible* (`FAIRLY p`).[64] Für diese Terme sind Possibilitätsverteilungen über dem Einheitsintervall definiert [vgl. Li und Liu 1990, 131]. Als Beispiel führen Li und Liu das folgende Programm an:[65]

---

[64] Die Großschreibung der Hecken wurde aus dem Quelltext übernommen [vgl. Li and Liu 1990, 130ff.]. Sie ist in diesem Kontext merkwürdig, da in dem eingesetzten PROLOG-System (wie üblich) Großbuchstaben zur Kennzeichnung von Variablen dienen.

[65] Der Kommentar von Li und Liu dazu lautet: „The following simple program … indicates »If X is an American, then it is very possible that, he/she drives a large car.« and »Robert is an American with the ›degree of belief‹ of 1.«“ [Li and Liu 1990, 132] Vgl. auch Fußnote 63.

```
445: drives(X,large-car) :-[VERY p]- american(X).          [113]
446: american(robert) :-[1]-.
```

Programme mit linguistischen Possibilitätswerten können im Prinzip wie gewöhnliche F-PROLOG-Programme benutzt werden. Insbesondere ist es möglich, linguistische Werte zu erfragen (wie in Zeile 447) oder als Schwellwert in einer Frage zu verwenden (wie in Zeile 449).[66]

```
447: ?-[F]-drives(X,large-car).                            [114]
448: ⇒ X = robert  F = VERY possible
449: ?-[p]-drives(robert,large-car).
450: ⇒ YES
```

Die zweite Erweiterung betrifft arithmetische Vergleichsprädikate [vgl. Li und Liu 1990, 133ff, 234ff. und 371f.]. Ergänzend zu den üblichen Vergleichsprädikaten (<, >, =<, =>, =, /=) führen Li und Liu die drei unscharfen Vergleichsprädikate *ungefähr gleich* (`fuzzy_eq`), *viel größer* (`much_gt`) und *viel kleiner* (`much_ls`) ein. Äquivalent dazu werden die Infixoperatoren ~=, >> und << definiert (vgl. [116]). Für solche Vergleiche werden Funktionen über der Menge der reellen Zahlen definiert. Zu beachten ist, daß diese Funktionen einen kontextabhängigen Parameter enthalten. Sind unscharfe Mengen in einen solchen Vergleich involviert, so soll mit dem „Erwartungswert der Fuzzy-Menge" gerechnet werden.[67]

Weitere Erweiterungen betreffen Operationen einer relationalen Datenbank, die über ganze Spalten (Attribute) einer Tabelle (Relation) definiert sind. Dazu zählen Größer-Kleiner-Vergleiche für Sortieranweisungen (`order`) und arithmetische Funktionen zur Berechnung der Anzahl der Werte einer Spalte (`cnt`), ihrer Summe (`sum`), ihres Durchschnitts (`avg`), ihres Maximums (`max`) oder Minimums (`min`). All diese Operationen sind in F-PROLOG als Prädikate zweiter Ordnung definiert [vgl. Li and Liu 1990, 237f., 368f.]. Die ihnen zugrundeliegenden mathematischen Funktionsdefinitionen sind standardmäßig, also nicht für Fuzzy-Mengen, sondern für gewöhnliche Zahlen definiert. Fuzzy-Mengen werden gegebenenfalls durch „repräsentative" Zahlen substituiert. In Größer-Kleiner-Vergleichen wird statt der Fuzzy-Menge der Mittelwert ihres Kerns benutzt.

---

[66] Beschreibung und Beispiele erwecken den Eindruck, daß diese Erweiterungen bereits realisiert seien. Im Schlußkapitel findet sich jedoch der programmatische Hinweis, die zuvor vorgeschlagene linguistische Erweiterung in eine zukünftige revidierte Version aufzunehmen [vgl. Li und Liu 1990, 343].

[67] Tabelle 5.3 (162) enthält die von Li und Liu empfohlenen Funktionsgleichungen (Gleichungen: 5.18, 5.19 und 5.21). Der „Erwartungswert einer Fuzzy-Menge" [vgl. Li und Liu 1990, 65] ist äquivalent zur Abszisse des „Flächenschwerpunkts" ihrer Zugehörigkeitsfunktion (Gleichung 11.14, 389). Der „Erwartungswert einer Fuzzy-Menge" darf nicht mit dem „Fuzzy-Erwartungswert" (FEV) verwechselt werden [vgl. Schneider and Kandel 1988, 43f.].

Mit Hilfe dieser Prädikate und dem Metaprädikat `answer` wurde in F-PROLOG ein auf Fuzzy-Relationen erweitertes deduktives Datenbanksystem geschaffen, das die Entwickler FPDB (Fuzzy PROLOG Database) genannt haben. Dazu wurde FSQL, eine Erweiterung der Datenbanksprache SQL, definiert und ein Übersetzungsprogramm geschrieben, das FSQL-Anweisungen nach F-PROLOG übersetzt [vgl. Li and Liu 1990, 177ff.].

Personen			
Name	Geschlecht	Alter	Wohnort
Anna	weiblich	ABOUT 45	Berlin
Kai	männlich	31	Hamburg
Jürgen	männlich	50	Berlin
Martina	weiblich	ABOUT 35	Magdeburg

Tabelle 14.9: „Personen" (FPDB)

Beziehungen		
Name1	Name2	Art
Kai	Jürgen	befreundet
Anna	Martina	befreundet
Anna	Jürgen	verheiratet
Jürgen	Martina	befreundet

Tabelle 14.10: „Beziehungen" (FPDB)

Gesetzt es sei ein FPDB-System mit den in Tabelle 14.9 und 14.10 beschriebenen Relationen *„Personen"* und *„Beziehungen"* definiert. Will man aus einer solchen relationalen Datenbank eine Tabelle aller Paare von Personen erstellen, die miteinander *befreundet* sind und *viel älter als 25* Jahre alt sind, so kann dies über die in [115] dargestellte FSQL-Anweisung bewirkt werden.

[115]

```
SELECT Name1, Name2
  FROM beziehungen
 WHERE Art = befreundet
   AND Name1 IN
       (SELECT Name FROM personen WHERE Alter >> 25)
   AND Name2 IN
       (SELECT Name FROM personen WHERE Alter >> 25)
  WITH 0.8;
```

Das in PROLOG geschriebene Übersetzungsprogramm müßte daraus die in [116] dargestellte F-PROLOG-Anfrage generieren.

[116]

```
?-[0.8]-answer((Name1,Name2),
               (beziehungen(Name1,Name2,befreundet)
                personen(Name1,_,Alter1,_)
                personen(Name2,_,Alter2,_)
                Alter1 >> Alter2)).
```

Eine Auswertung dieser Anfrage müßte dann zu einer zweispaltigen Tabelle führen, in der die in Tabelle 14.10 hellgrau unterlegten Namen aufgelistet würden, wenn dem Vergleich *„viel größer"* (>>) die in Tabelle (5.3, Gleichung 5.18, 162) beschriebene Funktion (mit $c = 25$) zugrundegelegt wird.[68]

Hinweise zur Implementierung von F-PROLOG

Nach Li und Liu [1990, 343] wurde eine experimentelle Version von F-PROLOG mit Hilfe zweier Programmiersprachen, PROLOG und C, implementiert. Da grundlegende Konzepte wie Unifikation und Backtracking bereits von PROLOG zur Verfügung gestellt werden, vereinfacht sich so die Implementierung.

Als primäre Implementierungssprache wurde IF/PROLOG gewählt. IF/PROLOG bietet eine vollständige SQL-Schnittstelle zu dem relationalen Datenbanksystem ORACLE. Eine Besonderheit von IF/PROLOG ist die Unterstützung von *Metavariablen.* Als Metavariablen werden Variablen bezeichnet, die mit Prädikaten instantiiert werden können. Terme, die Metavariablen enthalten, dürfen jedoch erst dann ausgewertet werden, wenn die Metavariablen zuvor instantiiert worden sind. Da F-PROLOG in IF/PROLOG eingebettet ist, steht das Metavariablen-Konzept auch in F-PROLOG zur Verfügung.

Bei der Programmentwicklung wurde auf Standardtechniken der PROLOG-Implementierung zurückgegriffen.[69] Während der Abarbeitung von F-PROLOG-Klauseln wird ein kumulierter Wahrheitswert verwaltet, so daß Backtracking bereits dann ausgelöst werden kann, sobald der Wahrheitswert den aktuell geforderten Schwellwert unterschreitet (vgl. 471). In einem Ausblick haben Li und Liu angekündigt, eine revidierte Version zu erstellen, in der (wie oben beschrieben) linguistische Werte wie numerische Werte unterstützt werden [vgl. Li and Liu 1990, 343]. Um eine bessere Portabilität zu erzielen, sei damit begonnen worden, F-PROLOG vollständig in C zu implementieren.

14.5.4 FRIL

Die Programmiersprache FRIL gehört zu den wenigen kommerziell verfügbaren Systemen, die spezielle Mechanismen zum approximativen Schließen bieten. Über die erste Implementierung von FRIL wurde bereits 1983 auf dem Internationalen Symposium der IFAC (International Federation of Automatic Control)

---

[68] Angewandt auf die Zahl 35 (für ABOUT 35) ist das Fuzzy-Prädikat *„viel größer"* mit $c = 25$ im Grad 0.8 erfüllt ($\tau = 1/(1+25/100)$). In diesem Fall (wie in vielen anderen Fällen) ist eine Fuzzy-Anfrage äquivalent zu einer gewöhnlichen Anfrage: die „scharfe" Restriktion *„größer oder gleich 35"* hätte hier den gleichen Effekt wie die „unscharfe" Restriktion *„viel größer als 25"*.

[69] „Simply speaking, the F-PROLOG interpreter also uses a stack to keep a record of the fuzzy proof tree as it is created, and represents complex terms by structure sharing ... It also utilizes some techniques to optimize the tail recursion, the detection of deterministic subtrees, and so on." [Li and Liu 1990, 126] Vgl. auch Fußnote 58, Seite 572.

in Marseille berichtet [Baldwin 1984]. FRIL stand für *fuzzy relational inference language*.[70] An der Sprache wurden im Verlauf ihrer nunmehr über zehnjährigen Geschichte einige gravierende Änderungen vorgenommen, in der das namensgebende relationale Kalkül schier bedeutungslos geworden ist [vgl. Graham 1989]. Vergleicht man frühe Veröffentlichungen mit neueren, so gewinnt man den Eindruck, es mit zwei völlig verschiedenen Sprachen zu tun zu haben.[71] Basis der frühen Versionen ist eine auf Fuzzy-Relationen erweiterte relationale Algebra. Demgegenüber sind die aktuellen Versionen als um verschiedene Unsicherheitskalküle erweitertes PROLOG konzipiert, also als eine logikorientierte Sprache zum unsicheren Schließen. Die Propagierung der Unsicherheit kann dabei nach Modellen der Support-Logik oder nach probabilistischen Verrechnungsvorschriften erfolgen. Aufgrund dieser gravierenden Unterschiede ist die folgende Beschreibung in zwei Teile untergliedert. Im ersten Teil wird die relationsorientierte Version von FRIL, im zweiten die logikorientierte behandelt.

FRIL (1): Fuzzy-Relationen und relationale Operatoren

Grundeinheiten der ersten Version von FRIL sind Relationen. Fuzzy-Relationen unterscheiden sich von gewöhnlichen Relationen darin, daß jedem Tupel einer Fuzzy-Relation ein Kompatibilitätsgrad zugewiesen ist. Neben diskreten Fuzzy-Relationen, bei denen alle Tupel aufgeführt werden müssen, bietet FRIL sogenannte Relationen vom Typ I. Darunter sind einstellige Relationen zu verstehen, bei denen die Kompatibilitätsgrade für Elemente, die nicht explizit in der Tabelle aufgeführt sind, durch Interpolation berechnet werden.

In Abbildung 14.2 beschreibt die rechts abgedruckte Tabelle eine Relation vom Typ I, die Tabelle in der Mitte eine Fuzzy-Relation, die links danebenste-

---

[70] In verschiedenen Veröffentlichungen wird der Name unterschiedlich geschrieben, das eine Mal mit Abkürzungspunkten (F.R.I.L.), das andere Mal ohne (FRIL). FRIL ist heute nicht nur der Name einer Programmiersprache, sondern Namensbestandteil von FRIL Systems Limited, eines in Bristol ansässigen Softwarehauses, das FRIL vertreibt und weiterentwickelt. Graham hat zur Namensgebung angemerkt: „The acronym FRIL is probably a little misleading now, since the support logic calculus on which the product is based has advanced considerably during ten years of research that have gone into its development." [Graham 1989, 186] Genaugenommen ist die Bezeichnung nicht wegen der Änderungen der Support-Logik irreführend, sondern wegen dem Wechsel *zur* Support-Logik.

[71] Frühe Versionen werden in [Baldwin and Zhou 1984] – der Beitrag wurde bereits im Juli 1982 eingereicht – sowie [Baldwin 1984 und 1985a] beschrieben. Sie wurden in MACLISP implementiert. In den Arbeiten [Baldwin 1985b; 1986; 1987; 1992] werden verschiedene probabilistische Ansätze und verschiedene Modelle der Support-Logik eingeführt. Martin und Baldwin [1991] haben eine Modifikation von Warrens Abstrakter PROLOG-Maschine (WAM) vorgeschlagen, um Support-Logik-Klauseln effizient verarbeiten zu können. Die kommerziell vertriebenen FRIL-Versionen wurden in C implementiert.

PERSONS			
Name	$HT_{ft\text{-}in}$	$WT_{ft\text{-}in}$	μ
Jim	6-1	12-0	1
Tom	6-0	13-5	1
Irene	5-5	10-0	1
Harry	5-9	13-1	1
Jill	5-7	9-2	1

LIKES		
Name1	Name2	μ
Jim	Irene	1
Irene	Jim	0.9
Jill	Tom	0.2
Harry	Jill	0.4
Tom	Jill	0.3

$TALL_{I\text{-}type}$	
$HT_{ft\text{-}in}$	μ
5-9	0
5-10	0.6
5-11	0.8
6-0	1
7-0	1

Abb. 14.2: Fuzzy-Relationen in FRIL

hende entspricht einer gewöhnlichen Relation, da die Zugehörigkeitsgrade aller Tupel eins beträgt.[72]

Relationen, Fuzzy-Relationen wie gewöhnliche Relationen, werden nach dem Vorbild relationaler Datenbanken in Basisrelationen und virtuelle Relationen unterteilt. Virtuelle Relationen werden mit Hilfe von Ersetzungsregeln über andere Relationen definiert. Dabei muß gewährleistet sein, daß virtuelle Relationen sich auf Basisrelationen zurückführen lassen. Es scheint nicht möglich zu sein, rekursive Ersetzungsregeln zu definieren. Jedenfalls wird diese Möglichkeit nicht erwähnt und es ist nicht ersichtlich, wie Rekursion in das beschriebene Verarbeitungsmodell integriert werden könnte.

Die Verarbeitung von Relationen erfolgt auf der Basis einer auf Fuzzy-Relationen erweiterten relationalen Algebra mit den Mengenoperatoren *union, difference, intersection* (vgl. Kapitel 3.1, 76ff.) und den speziellen relationalen Operatoren *cartesian product, join* und *projection* (vgl. Kapitel 5.3, 166ff.). Ob diese Operatoren dem Programmierer zur Verfügung gestellt werden oder nur intern von FRIL zur Beantwortung von Benutzerfragen verwendet werden, ist nicht klar. Linguistische Hecken können als Relationen vom Typ I über der Menge der Wahrheitswerte definiert werden. Zur Spezifikation virtueller Relationen und Anfragen können die standardmäßig definierten logischen Konnektive `and`, `or` und `not` benutzt werden. Zusätzlich stehen verschiedene Funktionen (nach Baldwin beispielsweise `card` zur Berechnung der Kardinalität), Prozeduren zur Datenmodifikation (`update`, `update_changes`, `new`), zur Ausgabe (`message`) sowie die Kontrollstrukturen `sequence`, `repeat` und `control` zur Verfügung [vgl. Baldwin 1984, 19f.].

Anfragen werden mit `does` oder `which` eingeleitet, je nachdem ob sie einfach mit einem Wahrheitswert oder mit der Auflistung einer Tabelle beantwortet werden sollen. Einer `which`-Anfrage wird als erstes Argument eine Variable oder eine Liste von Variablen für die in der Ergebnisrelation aufzulistenden

---

[72] In den hier relevanten frühen Veröffentlichungen zu FRIL (vgl. Fußnote 71) finden sich weder Syntaxbeschreibungen noch Beispiele, aus denen hervorgeht, wie Relationen in diesen FRIL-Versionen kodiert werden. Ein Beispiel zur Kodierung von Fuzzy-Relationen in der (syntaktisch und semantisch abweichenden) FRIL-Version 4.0 findet sich in [Graham 1989, 189].

Spalten (Attribute) übergeben. Die restlichen Argumente beschreiben Relationen und logische Verknüpfungen zwischen ihnen. Die Frage *„Wer mag eine große Person?"* kann beispielsweise wie folgt dargestellt werden:[73]

```
464: which(x likes(x,y) and persons(y,z,_) and tall(z))        [117]
```

Die Symbole *x*, *y* und *z* sind dabei scheinbar wie in MICROPROLOG zur Bezeichnung von Variablen reserviert, der Unterstrich „_" steht für eine anonyme Variable.

Die Beantwortung erfolgt in zwei Schritten: im ersten Schritt wird die Anfrage in eine *Problemspezifikation* überführt, im zweiten Schritt wird die Problemspezifikation *ausgewertet* und das Ergebnis angezeigt.

Die Generierung einer Problemspezifikation beinhaltet die Reduktion aller virtuellen Relationen auf die entsprechenden Basisrelationen. Die Problemspezifikation erhält daher eine baumförmige Struktur, in der jeder Knoten entweder eine Relation oder eine logische Verknüpfung von Relationen bezeichnet, die in den Nachfolgeknoten spezifiziert sind.

In der Auswertung werden zunächst alle Variablen, die keine Spalten der resultierenden Tabelle bezeichnen, sukzessive durch Anwendung relationaler Operatoren eliminiert werden. Anschließend können die so erzeugten relationalen Ausdrücke abgearbeitet werden. Im einfachsten Fall werden in einer Anfrage ausschließlich Basisrelationen genannt. Enthält eine Wissensbasis beispielsweise die in Abbildung 14.2 beschriebenen Basisrelationen, dann läßt sich die Antwort-Relation *R* auf die in [117] aufgelistete FRIL-Anfrage wie folgt berechnen:

$$\begin{aligned} R_1(x, y) &= \text{proj}_{x,y}\ \text{persons(y,z,\_)} \\ R_2(y, z) &= \text{join}\ R_1(y, z)\text{tall}(z) \\ R_3(y) &= \text{proj}_y\ R_2(y, z) \\ R_4(x, y) &= \text{join likes}(x, y)\ R_3(y) \\ R &= \text{proj}_x\ R_4(x, y). \end{aligned}$$

Bezogen auf die in Abbildung 14.2 beschriebene Wissensbasis würde FRIL eine Tabelle liefern, in der neben dem Namen der Wahrheitswert für jeden Eintrag aufgelistet wäre. In diesem Fall *Jill* mit $\tau = 0.2$ und *Irene* mit $\tau = 0.9$. Auf die gleiche Weise lassen sich auch komplexere Anfragen mit virtuellen Relationen beantworten, da sie auf Basisrelationen zurückführbar sind. Würde man beispielsweise eine virtuelle Relation *friends* über die Basisrelation *likes* definieren und die Frage *„Wer hat große Freunde?"* stellen, so würden in der Problemspe-

[73] Für die hier beschriebene Version wurde eine natürlichsprachliche Schnittstelle entwickelt, die einfache umgangssprachliche Anfragen wie *„Does Peter play tennis?"*, *„Which professors like women and dogs?"* mit Hilfe einer ATN-Grammatik in die FRIL-Anfragesprache übersetzt [vgl. Baldwin et al. 1985].

zifikation die gleichen Basisrelationen auftauchen wie in [117]. Allerdings müßten dann die Basisrelationen mit unterschiedlichen Variablen doppelt aufgeführt werden. Da jede `which`-Anfrage eine Relation als Ergebnis liefert, ist es auch möglich, `which`-Anfragen zu verschachteln.

FRIL (2): Support-Logik-Programmierung

Der Aufbau eines Support-Logik-Programms gleicht dem von PROLOG-Programmen: es besteht aus einer Menge von Hornklauseln, die Regeln und Fakten repräsentieren. FRIL unterscheidet sich von PROLOG durch die Unterstützung einer Unsicherheitsbewertung von Klauseln und einer „semantischen Unifikation", durch die partielle Übereinstimmungen unscharfer Terme (beziehungsweise der von ihnen denotierten Fuzzy-Mengen) in der Unsicherheitsbewertung berücksichtigt werden. Nach dem in Kapitel 13.3 (470ff.) beschriebenen Modell erfolgt die Unsicherheitsbewertung über ein Wertepaar: Notwendigkeits- und Possibilitätssupport.[74] In der Support-Logik müssen, im Gegensatz zu normalen PROLOG-Programmen, grundsätzlich alle Beweispfade verfolgt werden, da der Evidenz-Support für eine Hypothese eine Funktion aller möglichen Herleitungen ist. Bei der Definition rekursiver Regeln muß folglich sicher gestellt werden, daß alle Ableitungspfade terminieren.

Die Syntax von Support-Logik-Programmen in FRIL ist mit der von MICROPROLOG verwandt.[75] Regeln werden einfach in Form einer Liste von Literalen notiert, das erste Element als positives Literal (Regelkopf), die restlichen als negative Literale (Regelrumpf). Fehlt der Regelrumpf, so handelt es sich um ein Fakt. Unsicherheitsbewertungen werden in einer Liste notiert, der ein Doppelpunkt vorangestellt wird:

```
465: ((schuldig X) (indizien a X)) : (0.4 0.6)          [118]
466: ((schuldig X) (indizien b X)) : (0.7 0.9)
467: ((indizien a john)) : (1 1)
468: ((indizien b john)) : (0.6 0.8)
```

Das in [118] abgedruckte FRIL-Programm [vgl. Baldwin 1986, 100] besteht aus vier bewerteten Klauseln, zwei Regeln zu dem Prädikat `schuldig` und zwei Fakten zu dem Prädikat `indizien`. Die Regel in Zeile 465 läßt sich etwa folgen-

---

74 Wie erwähnt, bietet FRIL auch die Möglichkeit, die Unsicherheitspropagierung nach anderen Modellen durchzuführen. Insbesondere ist es auch möglich, Regeln eine Liste von Support-Paare zuzuweisen, die sich im Sinne bedingter Wahrscheinlichkeiten interpretieren lassen. Die Regel `((a X) (b X)) :((0.8 1) (0 0.3))` besagt, daß die bedingte Warscheinlichkeit $p|q$ in dem Intervall [0.8,1] und die bedingte Wahrscheinlichkeit $p|\neg q$ in dem Intervall [0, 0.3] liegt.

75 Baldwin hat in verschiedenen Veröffentlichungen Beispielprogramme in der Edinburgh-Syntax notiert. Nach Graham [1989; 1991] sowie Martin und Baldwin [1991] entspricht dies jedoch nicht der FRIL-Syntax. Die folgenden Beispiele werden in dieser FRIL-Syntax repräsentiert, auch dann, wenn im Originaltext die Edinburgh-Syntax Verwendung fand.

dermaßen lesen: *Wenn die Indizien a auf eine Person zutreffen, dann gilt es mit dem Notwendigkeits-Support 0.4 und dem Possibilitäts-Support 0.6 als sicher, daß sie schuldig ist.*[76] Und der Fakt in Zeile 467 besagt: *Es ist absolut sicher, daß die Indizien b auf John zutreffen.*

Anfragen werden in den neueren Versionen von FRIL über eine Liste von Zielen formuliert, der das Symbol `qs` vorangestellt wird. Die Frage *„Ist John schuldig?"* läßt sich in FRIL wie in Zeile 469 abgedruckt formulieren. Der Antwort wird in diesem Fall ein Support-Paar zugewiesen, das sich nach dem Multiplikationsmodell (465f.) aus beiden Indizien und beiden Regeln berechnet.

```
469: qs ((schuldig john))                                    [119]
470: ⇒ YES : (0.57 0.70)
```

FRIL bietet überdies die Möglichkeit, linguistische Terme zu definieren, die dann in Regeln und Fakten verwendet werden können. Die Fuzzy-Mengen werden über einen Vektor aus Elementen mit ihren Zugehörigkeitsgraden spezifiziert. Zwischenwerte werden durch Interpolation berechnet. In [120] werden beispielsweise die linguistischen Terme *„tall"* (groß) und *„average"* (mittel) definiert.

```
471: (tall [68:0 72:1 75:1 lim:1])                           [120]
472: (average [69:0 70:1 71:0])
```

Bedingungen einer Regel können aufgrund der semantischen Unifikation auch dann zu einem bestimmten Grad erfüllt sein, wenn es zu einem Term im Antezedenz kein symbolisch äquivalentes Prädikat gibt (vgl. 346 und 468). Dieser Fall liegt hier vor, da sich die von `tall` und `average` bezeichneten Zugehörigkeitsfunktionen überschneiden. Daher kann auch die Frage *„Trägt John große Schuhe?"* positiv beantwortet werden:

```
473: ((wears X large_shoes) (height X tall)) : (0.9 1)       [121]
474: ((heigth john average)) : (1 1)
475: qs ((wears john large_shoes))
476: ⇒ YES : (0.36 1)
```

Graham hat in einer Besprechung von FRIL ein Programm zu einer Regelung mit einer Eingangs- und einer Ausgangsvariablen abgedruckt [Graham 1989, 188f. oder 1991, 462f.]. Die linguistischen Terme der Eingangsvariablen sind in [122], die der Ausgangsvariablen in [123] wiedergegeben.

---

76 Es ist zu beachten, daß diese Paraphrasierung den formalen Zusammenhang logisch nicht korrekt abbildet. Das Support-Paar der Konklusion hängt ja auch von anderen Regeln des gleichen Prädikats ab, so daß der Notwendigkeits-Support ungleich 0.4 und der Possibilitäts-Support ungleich 0.6 sein kann, selbst dann, wenn es absolut sicher ist, daß die Indizien *a* auf eine Person zutreffen. Vgl. zur Interpretation nach dem Gruppen-Votierungsmodell Kapitel 13.2.6 (468f.).

```
477: (hot [76:0 90:1 100:1 lim:1])          [122]
478: (warm [25:0 75:1 95:0])
479: (cool [5:0 30:1 74:0])
480: (cold [lim:1 0:1 10:1 24:0])
```

```
481: (up2 [1.2:0 1.8:1 2.2:1 3:0])           [123]
482: (up1 [0.2:0 0.8:1 1.2:1 0.8:0])
483: (leave [-0.8:0 -0.2:1 0.2:1 0.8:0])
484: (down1 [-1.8:0 -1.2:1 -0.8:1 -0.2:0])
485: (down2 [-3:0 -2.2:1 -1.8:1 -1.2:0])
```

Zu jedem linguistischen Wert der Eingangsvariablen wird eine Regel definiert, in deren Kopf die für diese Situation relevante Kontrollaktion spezifiziert ist:

```
486: ((action (action (down1) (temp cold))   [124]
487: ((action up1) (temp cool))
488: ((action up2) (temp warm))
489: ((action down1) (temp hot))
```

Wird dem System ein konkreter Temperaturwert bekanntgegeben (vgl. Zeile 490), so kann nach der für diese Temperatur passenden Kontrollaktion gefragt werden (Zeile 491).

```
490: ((temp 11))                             [125]
491: qs ((action X))
492: ⇒ X = up1 : (0.24 1)
493:   X = down1 : (0.919286 1)
```

Da die aktuelle Temperatur in diesem Fall mit den von `cold` und `cool` bezeichneten Fuzzy-Mengen kompatibel ist, liefert FRIL die in Zeile 492 und 493 beschriebenen Lösungen. Graham merkt dazu an, man würde wohl die Aktion mit dem größten Support wählen, es sei jedoch nicht klar, ob und wie es FRIL ermögliche, Fuzzy-Mengen miteinander zu kombinieren, sie zu defuzzifizieren oder eine linguistische Approximation durchzuführen [vgl. Graham 1991, 462f.].

Es ist sicherlich in Frage zu stellen, ob FRIL aufgrund der beschriebenen Verarbeitungsmodelle für derartige regelungstechnische Aufgaben geeignet ist. Zwar sind durchaus regelungstechnische Problemstellungen denkbar, für die die Support-Logik geeignet ist, höchstwahrscheinlich lassen sich im Normalfall solche Aufgaben aber besser und weit effizienter nach den in den Kapiteln 11.2 und 11.3 beschriebenen Inferenzmethoden lösen. In der Support-Logik werden Unsicherheitsbewertungen exakter Schlußfolgerungen miteinander verrechnet, nicht unscharfe Konklusionen durch Verknüpfung unscharfer Mengen gebildet. Die Support-Logik ist keine Interpolationstechnik. Die Regelabarbeitung erfolgt zielorientiert, nicht wie in Fuzzy-Regelungssystemen datengetrieben. Dies entkräftet jedoch nicht Grahams Kritik, FRIL biete nur eine beschränkte – teilweise sehr beschränkte – Unterstützung für die Verarbeitung von Fuzzy-Mengen.[77]

Zu den Besonderheiten von FRIL gehört, daß die Negation nicht wie in PROLOG als „Scheitern" („*negation as failure*") definiert ist. Grundlage für die Behandlung der Negation in FRIL ist die Unterscheidung von „*falsch*" und „*ungewiß*". Gilt eine Aussage als sicher falsch, so erhält sie das Support-Paar (0 0), ist völlig ungewiß, ob sie wahr oder falsch ist, so wird ihr das Support-Paar (0 1) zugewiesen. „Scheitert" ein Ziel, weil eine passende Aussage (Klausel) in der Wissensbasis *fehlt*, so bedeutet dies nicht notwendigerweise, daß die Aussage *falsch* ist (wie die Modellierung der Negation in PROLOG unterstellt). FRIL geht in diesem Fall (logisch korrekt) davon aus, daß es *ungewiß* ist, ob die Aussage *wahr* oder *falsch* ist. Praktisch bedeutet dies: nicht-existente Klauseln werden so behandelt als wäre ihnen das Support-Paar (0 1) zugeordnet. FRIL basiert also auf der „Annahme einer offenen Welt", nicht wie PROLOG auf der „Annahme einer geschlossenen Welt".

Eine Konsequenz davon ist, daß Ableitungszweige in FRIL nicht aufgrund fehlender Klauseln abgeschnitten werden können. Wenn man zudem bedenkt, daß FRIL eine Breitensuche durchführt, um alle Lösungen zu einer Anfrage zu generieren, dann wird klar, daß das Problem der Ineffizienz in FRIL noch weit gravierender als in PROLOG ist. Auch ist die Definition rekursiver Regeln kritischer als in PROLOG, da in FRIL alle Suchpfade terminieren müssen. Aus alledem haben Martin und Baldwin den Schluß gezogen, daß die Support-Logik-Programmierung nicht für alle Zwecke praktikabel ist [Martin and Baldwin 1991, 130]. Ihre Überlegungen münden schließlich in den Entwurf einer „Abstrakten FRIL-Machine", die neben der für FRIL charakteristischen erschöpfenden Breitensuche eine Tiefensuche unterstützt wie sie für PROLOG charakteristisch ist.

14.6 Resümee

Die beschriebenen Fuzzy-Programmiersprachen – und dies gilt fast ausnahmslos ebenso für die nur am Rande erwähnten Sprachen – sind wichtige Beiträge, die Kluft zwischen grundlagentheoretischen Arbeiten zur Fuzzy-Mengentheorie und ihrer Anwendung zu verringern und stellenweise zu überbrücken. Legt man den eingangs beschriebenen Merkmalraum zugrunde, so muß man allerdings feststellen, daß die einzelnen Sprachen nur relativ kleine Regionen abdek-

---

77 „It looks as though you just cannot get at the points of a fuzzy set for further manipulation ... FRIL thus only provides limited support for expert systems based on fuzzy sets, there is little or no support for hedging (very tall!) or other fuzzy set operations or for anything but a very limited form of fuzzy arithmetic (about 3.5!)." [Graham 1991, 463; gleichlautend: Graham 1989, 189]

ken. In Sprachen, die die Grundkonzepte der Fuzzy-Mengentheorie (insbesondere relationale Operatoren und Fuzzy-Mengen höheren Typs und höherer Stufe) unterstützen, sind die Inferenzmechanismen stark eingeschränkt und Sprachen, die mächtigere Inferenzmechanismen bieten, tendieren dazu, die Grundkonzepte der Fuzzy-Mengentheorie nur in einer sehr eingeschränkten Form zu unterstützen.

Das Konzept der linguistischen Variablen wird in den genannten Sprachen, wenn überhaupt, nur in einer sehr reduzierten Form unterstützt: In keiner Sprache werden Definitionskonstrukte für linguistische Variablen angeboten, in denen alle fünf von Zadeh angeführten Definitionsbestandteile – geschweige die beschriebenen Erweiterungsmöglichkeiten (vgl. insbesondere 244ff.) – berücksichtigt werden. Und linguistische Operatoren sind fast ausnahmslos nur als Funktionen über dem Einheitsintervall implementiert. Eine Ausnahme ist FS-LISP, das elementare Modifikationsfunktionen für diskrete Fuzzy-Mengen bietet. Keine der genannten Sprachen bietet ein Set an Hecken, die Transformationen von Fuzzy-Mengen durchführen, die über parametrische Standardfunktionen definiert sind.

Vorrangiges Entwurfsziel der meisten bisherigen Fuzzy-Programmiersprachen war vernünftigerweise die Unterstützung eines speziellen „Kalküls" und Programmierstils. Die Verwendung verschiedener moderner Wissensrepräsentationsformalismen oder die Anbindung an sie trat demgegenüber offenkundig in den Hintergrund. Eine Ausnahmestellung nimmt FMUFL ein, weil es Konstrukte zur funktionalen, prozeduralen, logik- und regelorientierten Programmierung bietet. Andererseits lassen die in FMUFL verwandten Methoden zur Verarbeitung imperfekten Wissens einige Wünsche offen. In ihrer Sprachbeschreibung gehen die Autoren von sehr restriktiven Vorgaben für Operatoren und Fuzzy-Mengen aus und bieten kein Konzept zur Erweiterung der angebotenen Operatoren, Typen von Fuzzy-Mengen und Inferenzmechanismen.

Demgegenüber zeichnen sich SPII und SYSTEM Z-11 dadurch aus, daß sie *unscharfes und unsicheres Wissen in verschiedenen Kombinationen* zu verarbeiten erlauben, und daß dazu Verrechnungsschemata benutzt werden, die zwar mathematisch nicht so fundiert und abgesichert sind wie Inferenzschemata der klassischen Logik oder Gesetze der Wahrscheinlichkeitstheorie, aber durchaus mathematisch begründet sind und nicht einfach als Ad-hoc-Methoden einzustufen sind. SPII trägt jedoch viele Züge einer Experimentiersprache (vgl. 548f.) und bietet nur eine wenig leistungsfähige rückwärtsverkettende Inferenzmaschine. SYSTEM Z-11 wirkt zwar im Hinblick auf die Wissensrepräsentation ausgereifter und weist eine Reihe nützlicher Features auf, die für Expertensystemwerkzeuge in der Tradition von EMYCIN typisch sind. Die Leistungsfähigkeit des Regelsystems ist jedoch ebenfalls als gering einzustufen, da keine Mustervariablen unterstützt werden und die Regeln ausschließlich rückwärts verkettet werden können.

Bei den regelorientierten Sprachen nimmt MILORD unter mehreren Gesichtspunkten eine Sonderstellung ein. Das Modul-Konzept von MILORD erlaubt nicht nur eine *hierarchische Strukturierung der Regelbasis*, sondern auch *„lokale Logiken"* zur Verarbeitung unsicheren Wissens zu definieren. In Kombination mit *Metaregeln* lassen sich überdies verschiedene komplexe Kontrollstrategien für Module und Teilmodule festlegen. Zu beachten ist aber, daß die Unterstützung von Unschärfe in MILORD auf die Behandlung unscharfer *Sicherheits*werte beschränkt ist und daß diesen linguistischen Sicherheitswerten *keine numerischen Repräsentationen* unterliegen.

Grundelemente der logikorientierten Fuzzy-Programmiersprachen sind bewertete Hornklauseln. Die den Hornklauseln zugeordneten Werte sollen den Grad angegeben, in dem Aussagen als wahr oder unsicher gelten. Die Unschärfe- und Unsicherheitspropagierung erstreckt sich hier – im Unterschied zu einigen regelorientierten Ansätzen – nicht auf die Aussage selbst (oder ihren „inhaltlichen Kern"), sondern auf ihren Geltungsanspruch. Die Resolvente enthält kein Literal, das nicht in einer der resolvierenden Klauseln enthalten ist. Unscharfe Prädikate, sofern sie überhaupt unterstützt werden, werden nur in Form einer „semantischen Unifikation" berücksichtigt, so daß partielle Übereinstimmungen linguistischer Werte in die Bewertung der Konklusion einfließen. Diese Ansätze eignen sich daher nicht, Denkweisen zu modellieren, wonach die Abweichung eines Antezedenten (*rot*) zu einem Fakt (*sehr rot*) eine Abweichung des Konsequenten (*reif*) zur Konklusion (*sehr reif*) bewirkt (vgl. etwa 288f. und 425).

Keine der untersuchten Sprachen – ausgenommen FOPS – wurde darauf hin konzipiert, Entwickler darin zu unterstützen, die zur Verfügung gestellten Programmierkonzepte zu modifizieren und inkrementell zu erweitern. In FOPS erlaubt die Definition von Fuzzy-Mengen als Klassen und Fuzzy-Operatoren als Methoden einer objektorientierten Sprache, neue Typen von Fuzzy-Mengen und Fuzzy-Operatoren unter Ausnutzung objektorientierter Vererbungsmechanismen einzuführen. Allerdings decken die zur Verfügung gestellten Basisklassen und Methoden nur diskrete Repräsentationen von Fuzzy-Mengen ab. Zudem ist der Entwurf auf Fuzzy-Mengen und Fuzzy-Operatoren beschränkt.

Trotz aller Defizite, die die bisherigen Fuzzy-Programmiersprachen hinsichtlich der einen oder anderen Anforderung aufweisen – im Hinblick auf die Unterstützung verschiedener Klassen von Fuzzy-Mengen, verschiedener Fuzzy-Operatoren, verschiedener Kalküle approximativen Schließens, verschiedener Programmierstile und nicht zuletzt im Hinblick auf Erweiterungs- und Modifikationsmöglichkeiten –, trotz all dieser Defizite haben diese Sprachen sicherlich nicht nur ein historisches Recht. Wenn eine Aufgabe mit einer eingeschränkten Menge von Formalismen gut zu lösen ist, warum sollte dann die Programmentwicklung mit anderen Konstrukten und Tools belastet werden?

Andererseits gibt es aber auch einen Bedarf an Fuzzy-Programmiersystemen, die ein breites Anwendungsspektrum abdecken, sich für vielschichtige und komplexe Wissensgebiete eignen und die Entwicklung und Erprobung neuer Formalismen erleichtern. Solche Programmiersysteme sollten ein umfangreiches Repertoire an Fuzzy-Operatoren, Methoden approximatives Schließens und Klassen von Fuzzy-Mengen bieten, sie sollten ein elaboriertes Konzept linguistischer Variablen sowie verschiedene Programmierstile unterstützen und sie sollten eine Architektur aufweisen, die es leicht macht, die angebotenen Sprachkonstrukte den jeweiligen Anforderungen entsprechend anzupassen oder zu erweitern. Keins der beschriebenen und keins der in der referierten Literatur erwähnten Systeme erfüllt diese Anforderungen. Die Entwicklung von CLIFS, einem generischen Programmiersystem zum symbolorientierten und approximativen Schließen auf der Basis der Fuzzy-Mengentheorie, ist ein Versuch, diese Anforderungen zu erfüllen. Architektur und Funktionalität dieses neuen Programmiersystems sind Gegenstand des letzten Kapitels.

Kapitel 15

Architektur und Funktionalität von CLIFS

Im ersten Teil dieser Arbeit wurde gezeigt, daß die Definitionen grundlegender Konzepte und Operationen der Fuzzy-Mengentheorie einen immensen Gestaltungsraum eröffnen (Kapitel 2 bis 7). Auf ihrer Basis konnten verschiedene Kalküle approximativen Schließens entwickelt werden, die sich zur Bearbeitung unterschiedlicher Problemstellungen eignen (Kapitel 8 bis 13). Die spezifischen Leistungsmerkmale und Grenzen dieser Ansätze spiegeln sich in den beschriebenen Fuzzy-Programmiersprachen wider (Kapitel 14). All diese Sprachen dekken nur kleine Regionen des freigelegten Gestaltungsraums ab. Mit dem in diesem Kapitel vorgestellten Programmiersystem CLIFS wurde demgegenüber das Ziel verfolgt, eine Vielfalt bewährter Formalismen der symbolorientierten KI wie der Fuzzy-Mengentheorie zu unterstützen und zugleich die Entwicklung neuer Formalismen zu erleichtern.

Da alle grundlegenden Konzepte und Inferenzmethoden bereits in den vorangegangen Kapiteln erläutert worden sind, geht es in diesem Kapitel primär darum, die Architektur von CLIFS zu beschreiben und einen Funktionsüberblick zu vermitteln. Im ersten Unterkapitel werden die aus den Erörterungen der theoretischen Grundlagen und Fuzzy-Programmiersprachen gewonnenen Erkenntnisse zu einem Anforderungsprofil verdichtet (Kapitel 15.1). Im Anschluß daran wird gezeigt, wie dieses Anforderungsprofil in CLIFS umgesetzt wurde. Dazu werden zunächst die Architekturprinzipien von CLIFS erläutert (Kapitel 15.2). Um die gebotene Flexibilität und Ausdrucksstärke zu gewährleisten, wurde CLIFS mit *objektorientierten Programmiermethoden* (Kapitel 15.2.2) auf der Basis einer *partiell-reflexiven Metaebenen-Architektur* (Kapitel 15.2.1) implementiert. Da die Leistungsfähigkeit von CLIFS maßgeblich von dieser Metaebenen-Architektur bestimmt ist, beschränkt sich die Darstellung nicht auf eine Erläuterung der architektonischen Grundbegriffe, sondern versucht darüber hinaus, in Exkursen mögliche Nutzungsformen und Probleme von Metaebenen-Systemen aufzuzeigen. Im dritten Unterkapitel werden die in CLIFS verfügbaren Klassen von Fuzzy-Mengen, linguistischen Variablen, Fuzzy-Operatoren und Inferenzmechanismen erläutert (Kapitel 15.3.1), und es wird ein Überblick über die in der ersten Implementierung von CLIFS vorhandenen Systemkomponenten gegeben (Kapitel 15.3.2). Für die Definition all dieser Objekte werden leistungsfähige Definitionsmakros zur Verfügung gestellt, deren Syntax in Kapitel 15.4.2 beschrieben wird. Um die gewünschte Ausdrucksvielfalt und Erweiterbarkeit auch für die Definition von Sprachelementen bieten zu können, wurde ein spezielles Makrokonzept entwickelt (Kapitel 15.4.1). Nach einem umfassenden tabellarischen Funktionsüberblick (Kapitel 15.5) endet das Kapitel mit einer zusammenfassenden Einschätzung der beschriebenen Formalismen und einem Ausblick auf mögliche Verbesserungen und Erweiterungen von CLIFS (Kapitel 15.6).

15.1 Anforderungen

Das Programmiersystem CLIFS wurde in der Perspektive entworfen, Ansätze der symbolorientierten KI und Fuzzy-Mengentheorie zu integrieren.[1] Hintergrund bilden Grenzen der Funktionalität von marktgängigen Expertensystemwerkzeugen und Fuzzy-Programmiersprachen. Die Entwicklung von CLIFS zielt darauf, diese Ansätze miteinander zu verbinden und ihre Restriktionen zu überwinden.

Dem Entwurf von CLIFS liegt die Erkenntnis zugrunde, daß eine erfolgreiche Bearbeitung von Problemen hochgradig davon abhängt, ob eine problemadäquate Sprache verfügbar ist oder konstruiert werden kann. Darin ist die allgemeine Anforderung begründet, die bislang bewährtesten Programmierparadigmen der symbolorientierten KI sowie vielfältige Ansätze der Fuzzy-Mengentheorie zu unterstützen. Angesichts der Erkenntnis, daß keine Sprache für alle Probleme gleichermaßen geeignet ist, erhält zudem die Anforderung Gewicht, Optionen zu bieten, problemadäquate Sprachen mit möglichst geringem Aufwand konstruieren und erproben zu können.

Aufgrund ihrer theoretischen Fundierung und ihrer praktischen Bedeutung haben vier Programmierparadigmen einen herausragenden Status erlangt: das funktions-, regel-, logik- und objektorientierte Programmierparadigma.

[1] Der Name CLIFS ist ein Akronym zu COMMON LISP Fuzzy System. CLIFS wurde erstmals auf der Tagung „Fuzzy-Systeme ‘94“ in München (20. bis 21. Oktober) vorgestellt [vgl. Biewer 1994].

Gefordert ist nicht nur, diese Paradigmen zu unterstützen, sondern vielmehr wechselseitige Integrationsmöglichkeiten für sie zu schaffen und soweit möglich und sinnvoll, sie mit Hilfe geeigneter Ansätze der Fuzzy-Mengentheorie zu erweitern.

Zur Erweiterung der logikorientierten Programmierung wurden, wie beschrieben (Kapitel 13 und 14.5), verschiedene PROLOG-ähnliche Sprachen auf der Basis bewerteter Hornklauseln vorgeschlagen, die sich aufgrund ihrer unterschiedlichen Semantiken und Verrechnungseigenschaften[2] für unterschiedliche Problemstellungen eignen.

Die Erfolge der Fuzzy-Regelungstechnik beruhen im wesentlichen auf zwei Modellierungsansätzen: der „kognitiven" Modellierung nach Mamdani und Assilian sowie der „operativen" Modellierung nach Takagi und Sugeno (Kapitel 11). Da beide Ansätze sich im Hinblick auf die Wissensakquisition gravierend voneinander unterscheiden, sollten beide unterstützt werden. Zwar lassen sich die Methoden der Fuzzy-Regelungstechnik, wie erwähnt (410 und 542f.), auch zur Bearbeitung nicht-regelungstechnischer Expertenaufgaben verwenden, in vielen Fällen sind jedoch weit komplexere Regelformen und kompliziertere Kontrollstrategien vonnöten wie sie in der symbolorientierten KI entwickelt worden sind.

Die Expertensystemtechnologie zeigt, daß es sehr viele Regelformalismen gibt, die sich in der Ausdrucksstärke der Musterverarbeitungssprache, den Verarbeitungsstrategien und der Abarbeitungseffizienz erheblich voneinander unterscheiden. Für eine Anwendung kann eine über Metaregeln gesteuerte Rückwärtsverkettung wie in NEOMYCIN [Clancey 1986], für eine andere eine hocheffiziente vorwärtsverkettende Inferenzmaschine wie in R1 (XCON) [McDermott 1982] geboten sein. Da die Brauchbarkeit eines Regelsystems nicht zuletzt von der Laufzeiteffizienz abhängt und die Effizienzunterschiede leicht mehrere Größenordnungen ausmachen können [vgl. Mettrey 1992], sollte gewährleistet werden, daß auch die Propagierung imperfekten Wissens durch eine Modifikation effizienter Verfahren wie dem RETE-Match-Algorithmus [Forgy 1982] unterstützt wird.

Die Grundkonzepte der Fuzzy-Mengentheorie – Fuzzy-Mengen, linguistische Variablen und Fuzzy-Operatoren – sollten unabhängig von speziellen Inferenzmechanismen verfügbar sein. Zweck dieser Forderung ist es, vielfältige Möglichkeiten zu eröffnen, sie in „gewöhnliche" Programme integrieren zu können und sie für die Entwicklung neuer Inferenzmechanismen verfügbar zu machen.

Ein reichhaltiges Repertoire an Klassen von Fuzzy-Mengen ist unabdingbar, wenn eine hohe Ausdrucksmächtigkeit und hohe Effizienz gewährleistet werden soll – die Verarbeitung diskreter Fuzzy-Mengen ist in der Regel sehr re-

---

[2] Man denke etwa an die Frage, ob *alle* Beweispfade wie in FRIL (581ff.) berechnet werden müssen oder nur *einer* von ihnen wie in F-PROLOG (576ff.) verfolgt werden muß (466).

Programmierparadigmen und Kalküle approximativen Schließens

CLIFS sollte die derzeit bedeutendsten Programmierstile, nämlich die funktionsorientierte, objektorientierte, regelorientierte und die logikorientierte Programmierung, unterstützen. Die verschiedenen Programmierkonzepte sollten so implementiert werden, daß eine wechselseitige Integration verschiedener Stile möglich wird.

- *Die logikorientierten Inferenzmechanismen sollten*
  - *die Verarbeitung bewerteter Hornklauseln nach verschiedenen Rechenmodellen unterstützen,*
  - *Möglichkeiten zur Spezifikation der Kontrollstrategie bieten, insbesondere zur Zielauswahl (Disjunktion) und zur Klauselauswahl (Konjunktion),*
  - *Möglichkeiten zur Spezifikation logischer Junktoren bieten,*
  - *eine effiziente Verarbeitung durch spezielle Kompilationsstechniken für Hornklauseln gewährleisten,*
  - *eine semantische Unifikation ermöglichen,*
  - *die Funktionalität eines Kern-PROLOGs abdecken,*
  - *„essentielle" außer- und metalogische Prädikate unterstützen, insofern sie nicht durch CL-Funktionsaufrufe abgedeckt werden (insbesondere alle für Meta-Interpreter notwendigen Prädikate),*
  - *Systemprädikate zur Verfügung stellen, die einen Zugriff auf CLOS-Klassen und CLOS-Instanzen sowie CL-Funktionsaufrufe ermöglichen.*
- *Es sollte relativ leicht möglich sein, neue Inferenzmechanismen zu definieren.*
- *Es sollten vorwärts- und rückwärtsverkettende Produktionensysteme zur Verfügung gestellt werden, die*
  - *Modifikationen der Kontrollstrategie (speziell der Konfliktlösungsstrategie) ermöglichen,*
  - *die Verarbeitung von Unsicherheit und Unschärfe nach verschiedenen Rechenmodellen unterstützen,*
  - *mit CLOS integriert sind,*
  - *eine effiziente Verarbeitung gewährleisten (Vorwärtsverkettung auf der Basis eines modifizierten RETE-Match-Verfahrens)*
- *Fuzzy-Reglersysteme sollten auf der Basis*
  - *„kognitiver" (Mamdani/Assilian) und*
  - *„operativer" (Takagi/Sugeno) Modelle erstellt werden können,*
  - *beliebig viele linguistische Variablen unterstützen, die zugleich als Eingangs- wie Ausgangsgrößen fungieren können,*
  - *verschiedene logische Operatoren und*
  - *verschiedene Defuzzifizierungsmethoden zu verwenden erlauben.*
- *Die Inferenzmechanismen sollten so gestaltet sein, daß sie Informationen über charakteristische Merkmale des Inferenzsystems wie über Zwischenzustände des Inferenzprozesses zugänglich machen (→ Erklärungsfunktionalität).*

Fuzzy-Mengen

Fuzzy-Mengen sollten einfach beschreibbar, effizient verarbeitbar und vielseitig einsetzbar sein; ihre Klassenzugehörigkeiten sollten (soweit sinnvoll) zur Laufzeit änderbar sein.

- *Es sollten verschiedene Klassen von Fuzzy-Mengen unterstützt werden:*
  - *Fuzzy-Mengen höheren Typs,*
  - *Fuzzy-Mengen höherer Stufe,*
  - *Fuzzy-Mengen mit parametrischen Zugehörigkeitsfunktionen (insbesondere trapez-, s-, pi-, z-förmige Funktionen),*
  - *Fuzzy-Mengen mit endlicher und unendlicher Grundmenge.*
- *Es sollte keine Typrestriktionen für die Elemente von Fuzzy-Mengen geben.*
- *Es sollte möglich sein, neue Klassen von Fuzzy-Mengen einzuführen.*
- *Fuzzy-Mengen sollten als First-Class-Objekte implementiert sein.*
- *Es sollten Zugriffe auf verschiedene Merkmale von Fuzzy-Mengen geboten werden:*
  - *Grundmenge,*
  - *Zugehörigkeitsfunktion,*
  - *Namen (sofern definiert),*
  - *Linguistische Variable (sofern definiert),*
  - *Kenngrößen (Kern, Support, Höhe ...).*

Tabelle 15.1: Anforderungsprofil für CLIFS

Fuzzy-Operatoren

Es sollte ein reichhaltiges und erweiterbares Repertoire an Fuzzy-Operatoren zur Verfügung gestellt werden, daß unabhängig von besonderen Inferenzmechanismen einsetzbar ist.

- *Für Mengenoperationen und logische Operationen sollten Operatoren folgender Typen verfügbar sein:*
  - *Parametrische und nicht-parametrische t-Normen und t-Conormen,*
  - *mittelnde Operatoren,*
  - *konvexe Kombinationen von Operatoren („kompensatorische" Operatoren),*
  - *Zadehs Negationsoperator,*
  - *mehrwertige Implikationsoperatoren.*
- *Numerische Operatoren nach dem Erweiterungsprinzip:*
  - *die Prädikate plusp und minusp,*
  - *Maximum, Minimum,*
  - *Vier Grundrechenarten.*
- *Spezielle relationale Operatoren (join, cartesian product, composition, projection, cylindrical-extension, restriction).*
- *Linguistische Operatoren:*
  - *Grundoperationen Zadehs,*
  - *ein Set an linguistischen Operatoren, die über Parametertransformationen für standardmäßige Zugehörigkeitsfunktionen definiert sind.*
- *Alle Operatoren sollten über eine Menge von Fuzzy-Mengen definiert sein (Fuzzy-Mengen als Argumente und Funktionswerte der Operatoren).*
- *Die logischen Operatoren sollten zusätzlich für reelle Zahlen (numerische Wahrheitsgrade) definiert sein.*
- *Alle Operatoren (ausgenommen den genannten typgebundenen linguistischen Operatoren) sollten für alle Typen diskreter Fuzzy-Mengen definiert sein.*
- *Zur effizienten Verarbeitung trapezförmiger Zugehörigkeitsfunktionen sollten geeignete Varianten linguistischer und numerischer Operatoren zur Verfügung gestellt werden.*
- *Fuzzy-Operatoren sollten als First-Class-Objekte implementiert sein.*
- *Die Charakteristika von Mengenoperationen und logischen Operationen sollten graphisch darstellbar sein.*
- *Es sollte möglich sein, neue Fuzzy-Operatoren für diskrete Mengen durch Angabe einer gewöhnlichen Funktion zu definieren.*

Linguistische Variablen und Hecken

Die Definition inguistischer Variablen sollte alle fünf von Zadeh genannten Definitionsbestandteile unterstützen. Syntax und Semantik sollten lokal, für jede linguistische Variable getrennt, spezifizierbar sein. Die Semantik kann implizit über die anderen Bestandteile (und eine semantisch erweiterte DCG-Grammatik) festgelegt werden.

- *Die Definition sollte eine direkte Spezifikation folgender Merkmale unterstützen:*
  - *Grundmenge der Basisvariable,*
  - *Referenzklasse (Kontext),*
  - *Semantisches Zentrum*
  - *Maßeinheit der Basisvariable (optional),*
  - *Grundterme,*
  - *Linguistische Hecken,*
  - *Junktoren,*
  - *Vergleichsoperatoren*
  - *Grammatik zur Syntaxprüfung, optional zur Termgenerierung,*
  - *Liste von Kenngrößen zur graphischen Repräsentation linguistischer Werte.*
- *Linguistische Variablen sollten als First-Class-Objekte implementiert sein.*
- *Es sollte möglich sein, neue Klassen linguistischer Variablen zu definieren.*
- *Es sollten Zugriffe auf die in der Definition spezifizierten Merkmale linguistischer Variablen geboten werden.*
- *Es sollte möglich sein, für linguistische Variablen spezielle Verfahren zu definieren:*
  - *zur linguistischen Approximation einer Fuzzy-Menge sowie*
  - *zur Kompatibilitätsberechnung und Distanzmessung zweier Fuzzy-Mengen.*

Tabelle 15.1: Anforderungsprofil für CLIFS (Fortsetzung)

Entwicklungswerkzeuge

Die Implementierung aufwendiger Entwicklungswerkzeuge sollte kein vorrangiges Ziel sein. Jedoch sollten CL-Entwicklungsfunktionen erweitert und Funktionen zur Präsentation von Funktionsgraphen angeboten werden. Unabdingbar ist, daß die Implementierung durch eine explizite Repräsentation der Grundkonzepte vielfältige Optionen für Entwicklungswerkzeuge eröffnet.

- *Browser für linguistische Variablen, Fuzzy-Operatoren und Inferenzsysteme (mit den entsprechenden Inferenzeinheiten: Regeln, Objekte, Prädikate, Klauseln).*
- *Erweiterung von CL-Entwicklungsfunktionen (Pretty-Printing, Objektbeschreibung)*
- *Funktionen zur Parameterschätzung für parametrische Operatoren.*
- *Funktionen zur Validierung von Operatoren.*
- *Erweiterung des CL-Conditionsystems (Fehlerprotokoll).*
- *Ein Graphik-Toolkit zur Präsentation azyklischer Graphen, Koordinatensysteme sowie zwei- und dreidimensionaler Funktionsgraphen, insbesondere für:*
  - *Linguistische Variablen,*
  - *Fuzzy-Mengen,*
  - *Fuzzy-Operatoren (3D),*
  - *Fehlerdiagramme (Operatorvalidierung),*
  - *Fuzzy-Diskriminationsbäume und*
  - *RETE-Diskriminationsnetze.*
- *Trace-und Run-Tools.*

Tabelle 15.1: Anforderungsprofil für CLIFS (Fortsetzung)

chenaufwendig, Fuzzy-Mengen mit parametrischen Standardfunktionen können zwar effizient verarbeitet werden, sind jedoch bezüglich einiger Operatoren nicht abgeschlossen.

Zadehs Vorschläge zur Modellierung linguistischer Hecken sollten vor allem deshalb unterstützt werden, weil sie weitverbreitet sind und den Vorteil haben, kontextunabhängig zu sein. Andererseits hat sich gezeigt, daß diese Vorschläge aufgrund ihrer mangelnden Validität und formaler Eigenschaften unbefriedigend sind. Um validere Modellierungen zu realisieren, muß es möglich sein, die Definition linguistischer Hecken kontextabhängig zu machen und Translationseffekte einzubauen. Effizienzgründe sprechen dafür, linguistische Operatoren wie arithmetische Funktionen über Parametertransformationen zu definieren (vgl. Kapitel 6.3.2).

Um die nötige Flexibilität bei der Definition linguistischer Hecken zu realisieren, ist ein elaboriertes Konzept linguistischer Variablen hilfreich: die Definition linguistischer Hecken kann dann abhängig von bestimmten linguistischen Variablen erfolgen, deren Definitionen ihrerseits wieder auf bestimmte Kontexte, spezieller: Referenzklassen, festgelegt werden können. Die Möglichkeit, Syntax und Semantik linguistischer Terme für linguistische Variablen spezifizieren zu können, erhöht die Ausdrucksmächtigkeit und Flexibilität erheblich. Die Grammatik einer linguistischen Variable kann zur Syntaxprüfung und – sofern sie restriktiv genug ist – zur Generierung von Term-Mengen genutzt werden. Indem Möglichkeiten geschaffen werden, Verfahren zur linguistischen Approximation und Kompatibilitätsberechnung für bestimmte linguistische Variablen spezifizieren zu können, werden hochflexible und potentiell hocheffiziente Mittel zur Verarbeitung linguistischer Terme zur Verfügung gestellt.

In den vorangegangenen Kapiteln wurde gezeigt, daß es viele Vorschläge für logische Operatoren und Mengenoperatoren (einschließlich spezieller relationaler Operatoren) gibt, die sich aus unterschiedlichen mathematischen oder empirischen Gründen rechtfertigen lassen (vgl. insbesondere 104ff. und 281ff.). Es sollten daher die einschlägig bekannten Implikationsoperatoren, parametrischen und nicht-parametrischen *t*-Normen und *t*-Conormen sowie „kompensatorischen“ und mittelnden Operatoren zur Verfügung gestellt werden.

Das Erweiterungsprinzip erlaubt, eine allgemeine Prozedur zu definieren, die gewöhnliche Funktionen auf diskrete Fuzzy-Mengen zu erweitern erlaubt. Um eine hohe Effizienz zu erzielen, sollten überdies spezielle Algorithmen unterstützt werden, die bei parametrischen Zugehörigkeitsfunktionen den Rechenaufwand für die erweiterten Grundrechenarten auf wenige Parametertransformationen reduzieren.

Die Entwicklung von Programmen der angewandten und experimentellen KI verlangt nicht nur eine leistungsfähige Sprache, sondern zugleich eine Programmierumgebung, die leistungsfähige Entwicklungswerkzeuge bietet und eine explorativ-inkrementelle Programmentwicklung unterstützt [vgl. u.a. Bobrow 1985; Partridge 1989, 97ff.]. Wie erwähnt (498), werden diese Anforderungen von CL-Programmiersystemen standardmäßig im hohen Maße erfüllt. Expertensystemtools bieten darüber hinaus meist leistungsfähige Werkzeuge, die auf spezielle Inferenzmechanismen abgestimmt sind. Besonders bewährt haben sich Browser. Spezielle Browser für die Grundkonzepte der Fuzzy-Mengentheorie, insbesondere für linguistische Variablen und Fuzzy-Operatoren sind zweifellos nützlich.

Zweifelhaft scheint indessen oft der Nutzen spezieller Struktureditoren, die manche Systeme für alle möglichen Konstrukte und Teilkonstrukte anbieten. Die Implementierung solcher Struktureditoren sollte kein vorrangiges Ziel sein. Für ein allgemeines Programmierwerkzeug wie CLIFS erscheint demgegenüber eine „intelligente“ Einbindung eines leistungsfähigen Texteditors (wie EMACS) in die Programmierumgebung weitaus hilfreicher. Dies bedeutet nicht, daß keine graphischen Editoren für spezielle Aufgaben, wie insbesondere die Erstellung eines Regelsystems nach dem Mamdani-Modell oder die Definition linguistischer Variablen, entwickelt werden sollen.

Primäres Ziel jedoch sollte eine *explizite Repräsentation* der unterstützten Konzepte sein, so daß vielfältige Möglichkeiten eröffnet werden, leistungsfähige Entwicklungswerkzeuge auf einfache Art zu implementieren. Explizite Repräsentationsformen erleichtern nicht nur die Implementierung von Entwicklungswerkzeugen, sondern bieten auch eine gute Grundlage für leistungsfähige Kontrollmechanismen und Erklärungskomponenten. Um die erläuterten und im Anforderungsprofil (Tabelle 15.1) teils ergänzten, teils ausdifferenzierten Forderungen zu erfüllen, bedarf es einer geeigneten Systemarchitektur. Damit stellt sich die Frage nach den grundlegenden Architekturprinzipien von CLIFS.

15.2 Architekturprinzipien

Für die Erstellung von Programmen, die in der beschriebenen Art flexibel, vielfältig und erweiterbar sein sollen, erscheinen zwei softwaretechnische Ansätze erfolgversprechend: der Einsatz objektorientierter Programmiermethoden und das Konzept der Metaebenen-Architektur.

15.2.1 Charakteristika und Nutzungsformen von (reflexiven) Metaebenen-Architekturen

Mit der folgenden Erörterung werden zwei Ziele verfolgt: zum ersten sollen – ergänzend zu den vorangegangenen Kapiteln – einige programmiertechnische Prinzipien erläutert werden, die für das Verständnis von CLIFS maßgeblich sind, zum zweiten geht es darum, verschiedene Nutzungsformen von Metaebenen-Architekturen aufzuweisen, um auf diese Weise direkt oder indirekt zu zeigen, inwiefern derartige Architekturen dazu geeignet sind, die beschriebenen Anforderungen zu erfüllen.

Metawissen, Kontrollwissen und Fachwissen

Das Präfix *meta* stammt von dem griechischen Wort μετα ab und bedeutet soviel wie *hinter* oder *nach.* Das *Dahinterliegende* oder *Nachfolgende* kann ein anderes „Objekt“ im übertragenen Sinne sein. Oft dient es zur Bezeichnung einer angrenzenden Realitäts- oder Erkenntnisebene, in einigen neueren Wortbildungen zur Bezeichnung einer Theorie *über* eine Theorie.

In der KI hat sich ein Sprachgebrauch etabliert, der an diese Interpretation anknüpft: *Metaebenen-Wissen* (engl.: meta-level knowledge) bedeutet soviel wie Wissen einer Ebene über Wissen der darunterliegenden Ebene und *Metaebenen-Interpreter* (engl.: meta-level interpreter) bezeichnet einen Interpreter, der den Interpreter der nächst tieferen Ebene interpretiert.[3] Statt von Metaebenen-Wissen und Metaebenen-Interpreter wird auch kurz von *Metawissen* und *Metainterpreter* gesprochen.

Ein spezieller Typus von Metawissen ist *Kontrollwissen* (engl.: *control knowledge*). Der Ausdruck Kontrollwissen wird in der KI meist synonym zu *strategischem Wissen* und antonym zu *Fachwissen* (engl.: *domain knowledge*) gebraucht:

> „The terms «domain knowledge» and «control knowledge» are often used to distinguish *what* a system knows from *how* the system uses what it knows. Domain knowledge is taken to consist of descriptions of objects in the domain of expertise of the reasoning system, such as their properties and relations,

[3] Vgl. zu diesem Sprachgebrauch Davis [1984, 172], Davis und Buchanan [1977, 390], Aiolli and Levi [1988, 244] oder van Harmelen [1991, 6].

typical features, known facts etc. Control knowledge is then taken to refer to strategies for the reasoning process, such as orderings of tasks in the domain, plans for achieving certain goals, encoding of general problem solving skills etc." [van Harmelen 1991, 3]

van Harmelen weist zurecht darauf hin, daß diese Terminologie problematisch ist, da sie nahelegt, Kontrollwissen sei *fachunspezifisch*. Kontrollwissen könne jedoch sowohl *fachspezifisch* als auch *fachunspezifisch* sein. Er schlägt deshalb vor, unter Fachwissen auch Wissen zu subsumieren, das eine Ordnung bestimmter Aufgaben ausdrückt, nämlich dann, wenn direkt auf die Objekte und Relationen einer Fachexpertise Bezug genommen werde (Beispiel: *„use inexpensive blood-tests before expensive blood-tests"*), und den Terminus Kontrollwissen nur für Wissen zu benutzen, das sich nicht unmittelbar auf die Objekte und Relationen einer Expertise beziehe, sondern vielmehr darüber Auskunft gebe, wie das Fachwissen (zur Durchführung einer Expertise) zu benutzen sei (Beispiel: *„use rules that mention inexpensive blood tests before rules that mention expensive blood-tests"*). Der Hauptvorteil dieser Festlegung liegt darin, daß sie eine rein *syntaktische* Unterscheidung zwischen den beiden Wissenstypen zuläßt. Zudem folgt aus ihr, daß Kontrollwissen als Metawissen begriffen wird, und zwar ungeachtet dessen, ob es fachspezifisch oder fachunspezifisch ist.

Reflexion und reflexive Metaebenen-Systeme

Computersysteme werden als *Metaebenen-Systeme* (engl.: *meta-level systems*) bezeichnet, wenn sie neben einer sogenannten *„Objekt-"* oder *„Basisebene"* eine oder mehrere *„Metaebenen"* aufweisen, also Ebenen, in denen Metawissen, nämlich Wissen über die jeweils niedrigere Ebene, kodiert ist. Je nach Art der Verbindung zwischen den Ebenen werden zwei Aspekte unterschieden: die Fähigkeit zur *Introspektion* und die zur *Änderung* des Programms. Sogenannte *reflexive Systeme* lassen sich als besonderer Typus von Metaebenen-Systemen begreifen. Um diesen Zusammenhang explizit zu machen, wird auch das Syntagma *„reflexives Metaebenen-System"* benutzt.

Der Begriff *„Reflexion"* ist eng mit den Begriffen *Metawissen* und *Metakognition* verknüpft. Über sein eigenes Wissen und Denken *reflektieren* zu können, gilt als Charakteristikum menschlicher Intelligenz. Von Experten erwartet man, daß sie ihre Kompetenz und Inkompetenz selbst einschätzen können. Umgekehrt wurde oft kritisch auf die mangelnde Fähigkeit von Expertensystemen zur Selbsteinschätzung ihrer Kompetenz hingewiesen.[4] Daher drängt sich für die

[4] So heißt es beispielsweise in Buchanans kritischer Bestandsaufname des State-of-the-Art der Expertensystemtechnologie zu Beginn der 80er Jahre: „little knowledge of own scope and limitations" [z.n. Winograd and Flores 1986, 131]. Gängig war auch das Bild vom „Kliff-und-Plateau-Effekt" wissensbasierter Systeme, das eine Hochebene engumgrenzter Systemkompetenz mit ungesicherten, steil abfallenden Ein- und Abbrüchen beinhaltet. Die Gefahr inkompententen Systemverhaltens vergrößert sich durch die Unfähigkeit, die eigene Inkompetenz einschätzen zu können.

theoretische wie anwendungsorientierte KI-Forschung die Frage nach der Modellierbarkeit reflexiver Fähigkeiten auf. Smith hat zu dieser Frage eine einflußreiche Arbeitshypothese aufgestellt – die sogenannte *Reflexions-Hypothese:*

> *„In as much as a computational process can be constructed to reason about an external world in virtue of comprising an ingredient process (interpreter) formally manipulating representations of that world, so too a computational process could be made to reason about itself in virtue of comprising an ingredient process (interpreter) formally manipulating representations of its own operations and structures."* [Smith 1982, 34]

Die Frage nach der Modellierbarkeit reflexiver Fähigkeiten wird in die Aufgabe transformiert, Systeme mit Repräsentationen ihres Aufbaus, Zustands und Verhaltens auszustatten. Maes [1988, 21f.] definiert *reflexive Systeme* als Systeme, die eine *„Selbstrepräsentation"* besitzen, so daß die Selbstrepräsentation mit dem Repräsentierten *„kausal verbunden"* sei. Die „kausale Verbindung" soll sich in zwei Richtungen auswirken: Änderungen auf der Objektebene sollen Änderungen auf der Metaebene und Änderungen auf der Metaebene Änderungen auf der Objektebene bewirken. Das bestimmende Merkmal reflexiver Programme ist ihre Fähigkeit, sich während der Programmausführung selbst bearbeiten zu können.

Welche Anforderungen an Metaebenen-Architekturen gestellt werden sollen, ist eine offene Frage. van Harmelen weist darauf hin, daß die Metaebene nicht unbedingt ein vollständiges Modell der Objektebene sein müsse und daß in Systemen, deren Aktivitäten ausschließlich auf der Metaebene stattfinden, das Kriterium der „kausalen Verbindung" ebenso wenig anwendbar sei wie die Forderung, die Berechnung nach Belieben von einer Ebene auf die andere verlagern zu können. Metaebenen-Architekturen und reflexive Fähigkeiten finden sich in verschiedenen Arten von Computersystemen, vor allem in KI-Programmiersprachen, Expertensystemwerkzeugen und Expertensystemen.[5]

Reflexivität in LISP

LISP-Programmiersysteme verfügen traditionell über eingeschränkte Formen von Reflexivität, indem sie einen dynamischen Zugriff auf den Interpreter und die Laufzeitumgebung unterstützen [vgl. Maes 1988, 22f.; des Rivières 1988].

---

[5] Eine Reihe von Metaebenen-Systemen werden in dem Sammelband von Maes und Nardi [1988] beschrieben. van Harmelen [1991] diskutiert ausführlich die Metaebenen-Architektur der Logiksprache SOCRATES [van Harmelen 1991, 61-78] und bietet einen kurzen Überblick [w.o., 13-38] über mehr als ein Dutzend anderer Metaebenen-Systeme – u.a. das Wissenserwerbs- und Erklärungstool TEIRESIAS, das Blackboard-System BB1, das Expertensystem NEOMYCIN, den Theorembeweiser GOLUX sowie verschiedene PROLOG-Erweiterungen von Gallaire/Lassere und Bowen/Kowalski. Karbach [1994] hat gezeigt, wie sich mit Hilfe der auf KADS aufsetzenden Modellierungssprache MODEL-K Metaebenen-Systeme als eigenständige Problemlöser beschreiben lassen, die generische Aufgaben über dem Objektsystem durchführen.

Eine systematische Weiterentwicklung reflexiver Fähigkeiten von LISP hat Smith [1982; 1984] in 3-LISP realisiert. 3-LISP ist eine funktionale Programmiersprache, die sich von anderen LISP-Dialekten durch einen metazirkulären Interpreter auf der Basis eines Reduktionsmodells (statt des konventionellen Modells von Funktionsaufrufen) unterscheidet.[6] 3-LISP bietet die Möglichkeit, *reflexive Funktionen* zu definieren, die zwei zusätzliche Parameter für die Bindungsumgebung (engl.: environment) und die Programmfortsetzung (engl.: continuation) haben. Stößt der Interpreter auf der Ebene n auf eine reflexive Funktion, so wird der Funktionsterm dem Interpreter auf der Ebene $n+1$ mit der aktuellen Bindungsumgebung und Fortsetzung der Ebene n übergeben. Die Zahl der Interpretationsebenen ist im Prinzip unbegrenzt. Wenn auch das Konzept reflexiver Funktionen nicht in COMMON LISP (kurz: CL) eingeflossen ist, so hat doch das Prinzip der Reflexivität maßgeblichen Einfluß auf die Spezifikation von CLOS, dem Objektsystem von COMMON LISP, ausgeübt. Wegen der grundlegenden Bedeutung von CLOS für CLIFS wird auf dieses partiell-reflexive Metaebenen-System im folgenden Unterkapitel gesondert eingegangen.

Metawissen in Expertensystemen

Im Rahmen der MYCIN-Projekte entstand eines der ersten und bekanntesten Systeme, für das eine explizite Repräsentation von Metawissen essentiell war – TEIRESIAS [Davis 1984; Davis and Buchanan 1977; 1984]. Hauptzweck von TEIRESIAS war die Unterstützung einer interaktiven Wissensakquisition. Dazu wurden zwei Typen von Metawissen benutzt: Wissen über den *Inhalt* der Regelbasis *(Regelmodelle)* sowie Wissen über die *Syntax* von Prädikatfunktionen *(Funktionsschablonen)* und Objekten *(Schemata)*. Ein dritter Typus war fachspezifisches *strategisches* Wissen über die Verwendung der „Objektebenen-Regeln“, das in Form von *Metaregeln* kodiert wurde.

Für die interaktive Wissensakquisition mit TEIRESIAS war das Konzept des Regelmodells von zentraler Bedeutung. Ein Regelmodell besteht aus vier Komponenten [vgl. Davis 1984, 190f. oder Davis and Buchanan 1977, 393]: (1) einer Liste der Regeln, aus denen es gebildet wurde, (2) einer Beschreibung einer für diese Regeln „typischen“ Regel durch Angabe charakteristischer Prämissen und Aktionen sowie Verweisen auf (3) allgemeinere und (4) spezifischere Regelmodelle. Die Regelmodelle werden automatisch aufgrund einer statistischen Auswertung der Regeln generiert. Vorausgesetzt wird dabei, daß Regeln und Regelmodelle explizit repräsentiert werden, so daß sie während einer Sitzung inspiziert und modifiziert werden können.

---

6 Vgl. zur Unterscheidung des Reduktionsmodells vom konventionellen Auswertungsmodell [Stoyan 1988a, 37ff.]. des Rivières [1988], Co-Autor des Referenzhandbuchs zu 3-LISP, diskutiert das in 3-LISP realisierte Konzept der *prozeduralen Reflexion* aus der Perspektive des LISP-Dialekts SCHEME. Der Terminus „Funktion“ wird hier in Anlehnung an den in der LISP-Community verbreiteten Sprachgebrauch [vgl. Steele 1990] synonym zu „Prozedur“ gebraucht.

Die Hauptfunktion der Regelmodelle besteht darin, Änderungen der Wissensbasis seitens eines Fachexperten zu unterstützen, indem sie die Interpretation seiner Eingaben leiten, neue Regeln daraufhin zu überprüfen erlauben, ob sie in ein existierendes Regelmodell passen und indem sie ermöglichen, den Benutzer systematisch auf Abnormalitäten hinzuweisen. Die Auswertung der Regelmodelle kann überdies dazu verwandt werden, dem Benutzer Informationen über die Wissensbasis zu geben. So kann anhand der Regelmodelle (unabhängig von einer konkreten Konsultation), die Frage beantwortet werden, welche Regeln zu einer bestimmten Konklusion führen können. Und aufgrund einer einfachen Metrik zu den Regelmodellen lassen sich Hinweise zu potentiellen Schwachstellen der Regelbasis geben [vgl. Davis and Buchanan 1984, 199].

Von der Möglichkeit, Metawissen zur Generierung von Erklärungen zu nutzen, versuchte Clancey in dem Tutorsystem GUIDON Gebrauch zu machen [vgl. Clancey 1983a, 1983b; 1986]. Das didaktische Grundkonzept von GUIDON bestand darin, Wissen anhand aufeinanderfolgender Fälle in Dialogform zu vermitteln. GUIDON verfügte über zwei Arten von Tutorregeln, *Modellierungsregeln* zur Generierung eines „Studentenmodells" und *Diskursregeln* zur Dialogführung, insbesondere zur Präsentation von Regeln und Falldaten. In Diskursregeln wurde beispielsweise festgelegt, in welcher Form das letzte Unterziel sprachlich eingeleitet werden sollte und wie ein Thema beendet werden sollte. In diesen Diskursregeln manifestierte sich Wissen über die Struktur und Instantiierung der Fachregeln. Zum Metawissen gehörten zudem Informationen über die *besonders bedeutsamen Schlußfolgerungen* und *Schlüsselfaktoren des Bedingungsteils* einer Regel. Die Funktion des Metawissens bestand darin, redundante Informationen zu vermeiden und die Aufmerksamkeit auf Wesentliches zu lenken.

Negative Erfahrungen im Umgang mit GUIDON haben Clancey erkennen lassen, daß die fehlende Strukturiertheit und Uniformität der MYCIN-Regeln die pädagogische Nutzung wie die Wartung erschwerten. Um die Probleme zu lösen, wurde eine vollständige Rekonstruktion von MYCIN durchgeführt, die zu dem System NEOMYCIN führte. Die Rekonstruktion beinhaltete zum einen eine (epistemologische) Kategorialisierung der verwendeten Wissensentitäten. So wurde beispielsweise explizit zwischen *patientenspezifischen* oder *infektionsspezifischen*, zwischen *kausalen* oder *Dialog-Faktoren* unterschieden. Zum anderen wurde eine neue Kontrollstrategie entwickelt, die auf den verschiedenen Wissenskategorien aufsetzte. Zum Schlüsselkonzept für die gesamte Rekonstruktion entwickelte sich dabei die Idee, *fachspezifisches Wissen* radikal von *strategischem Wissen* zu trennen. Aus Aufzeichnungen und Analysen eines renommierten Lehrers wurden strategische Unterweisungen (wie *„move down different diagnosis"*, *„ask general questions"* u.ä.m. [vgl. Clancey 1986, 46]) extrahiert und diagnostische Aufgaben (wie *„group and differentiate"* oder *„test hypothesis"*) abgeleitet. Das strategische Wissen zur Durchführung einer Diagnose wurde in 29 Aufgaben untergliedert, die zu einem vollständigen Aufgabennetz verknüpft wurden. Jede Aufgabe wurde über eine Menge von Metaregeln definiert. Für das gesamte strategische Wissen von NEOMYCIN, also alle 29 diagnostischen Aufgaben, wurden 75 Metaregeln aufgestellt [Clancey 1986, 51].

Das Konzept der Metaregeln selbst war nichts Neues. Sie wurden bereits in TEIRESIAS eingesetzt. Neu war indes, daß *die Ablaufkontrolle vollständig durch ein System von fachunspezifischen, zu Aufgaben eines Aufgabennetzes gruppierten Metaregeln erfolgte.* Diese explizite Repräsentation strategischen Wissens erlaubt zum einen, die Fachregeln einfacher und verständlicher zu gestalten und ermöglicht zum anderen, Erklärungen über die verwandte diagnostische Strategie zu generieren. Die Systemarchitektur konstituiert ein Dispositiv, das nicht bloß ein Denken *im* diagnostischen Problemlösen, sondern zugleich eins *über* das diagnostische Vorgehen reflektiert. Clanceys Rekonstruktion läßt erkennen, daß die Transparenz eines wissensbasierten Systems *in erster Instanz von der Architektur des Systems, der Wissensbasis und dem Inferenzmechanismus determiniert wird.*

Funktionalität und Performanz logikorientierter Metainterpreter

Metainterpretern wird für die logikorientierte Programmierung (speziell für die Implementierung wissensbasierter Systeme in PROLOG) eine große Bedeutung zugeschrieben [vgl. u.a. van Harmelen 1991 und Sterling 1988]. Sterling hat den Slogan „*Expert System = Knowledge + Meta-Interpreters*“ (und später den Slogan „*ExpertSystem = ObjectKnowledge + MetaReasoning*“) geprägt [vgl. Sterling 1988, 303f.]. Sterlings Slogan gibt zu verstehen, daß Metainterpreter *das* Programmierkonzept für Expertensysteme schlechthin seien. Angesichts der vielfältigen Anforderungen und Modellierungsprobleme von Expertensystemen einerseits und der Funktionalität verschiedener Wissensrepräsentationsformalismen andererseits ist eine derartige Beurteilung sicherlich nicht haltbar.

Im folgenden geht es nicht nur darum, zu erläutern, wie und wozu Metainterpreter eingesetzt werden können, sondern zugleich darum, Effizienzprobleme zu diskutieren und Folgerungen für den Entwurf von CLIFS abzuleiten. Die Diskussion soll zeigen, daß logikorientierte Metainterpreter ein sehr leistungsfähiges Programmierkonzept sind und daher von KI-Programmiersystemen wie CLIFS zur Verfügung gestellt werden sollten, daß es jedoch nicht ratsam ist, alternative Kontrollstrategien für logikorientierte Systeme ausschließlich in Form von Metainterpretern zu unterstützen. Um Effizienzprobleme zu vermeiden und dennoch eine hohe Flexibilität bieten zu können, sollte eine partiell-reflexive Metaebenen-Architektur gewählt werden.

```
solve(true).                                        [1]
solve((A,B)) :- solve(A), solve(B).
solve(A) :- clause(A,B), solve(B).
```

Als Ausgangspunkt für die Entwicklung von Expertensystemen in PROLOG eignet sich nach Sterling der in [1] aufgelistete Metainterpreter [Sterling 1988, 303].

Zeile 1 besagt, daß die leere Zielklausel (repräsentiert durch die Konstante `true`) *lösbar* ist, Zeile 2, daß die Konjunktion zweier Zielklauseln *lösbar* ist, wenn beide Zielklauseln *lösbar* sind und Zeile 3 besagt, daß eine Zielklausel *lösbar* ist, wenn eine Klausel existiert, deren Kopf mit der Zielklausel unifizierbar ist und deren Teilziele im Rumpf *lösbar* sind. Die Einfachheit dieses Metainterpreters verdankt sich im wesentlichen der Gleichbehandlung von Programmen und Daten in PROLOG sowie der Nutzung des Backtracking-Mechanismus und der Unifikationsprozedur des PROLOG-Interpreters.[7] Die Hauptarbeit erfolgt über die Auswertung des außerlogischen Systemprädikats `clause/2`. Der Aufruf von `clause/2` bewirkt eine Tiefensuche mit Backtracking, in der sukzessive alle Klauseln des Programms ermittelt werden, deren Kopf mit der aktuellen Zielklausel unifizierbar ist.

Der beschriebene Metainterpreter läßt sich in vielfacher Hinsicht erweitern. Wichtige Erweiterungen betreffen den Aufbau eines Beweisbaums zur Generierung von *Erklärungen*, die *Fehlersuche* und die Verarbeitung von *Unsicherheiten*. [Vgl. Shapiro 1983; Sterling and Lalee 1986; Sterling and Shapiro 1988, 336ff.].

```
solve(true,1).                                                    [2]
solve((A,B),Cab) :-
   solve(A,Ca), solve(B,Cb), combine_and(Ca,Cb,Cab).
solve(A,Ca) :- clause(A,B,C),solve(B,Cb),Ca is C * Cb.
```

[2] zeigt eine Erweiterung, mit der sich *bewertete Hornklauseln* nach einem einfachen Verrechnungsmodell verarbeiten lassen. Die Unsicherheitspropagierung bei der Abtrennungsoperation ist hier über den vordefinierten Produktoperator `*` festgeschrieben, die Verknüpfung der Sicherheitswerte bei konjunktiven Zielen wird über das Prädikat `combine_and` realisiert. Dabei wird angenommen, daß alle Klauseln des Programms über das Prädikat `clause/3` definiert sind. Andere Rechenmodelle lassen sich nach dem gleichen Schema implementieren. Es ist auch leicht möglich, Schwellwerte einzubauen [vgl. Sterling 1988, 303].

Wie erwähnt beruht die Eleganz und Mächtigkeit des beschriebenen Metainterpreters im wesentlichen auf der Nutzung der in PROLOG festgeschriebenen Inferenzmechanismen. Um grundlegendere Eingriffe in die Interpretation logischer Programme vornehmen zu können, wurden verschiedene PROLOG-Erweiterungen und Metainterpreter vorgeschlagen. Eine systematische Analyse des Gestaltungsraums hat van Harmelen vorgelegt. Demnach repräsentiert das Tuple $(O, I, \Sigma_g, \Sigma_d, \Sigma_t, T)$ die wesentlichen Komponenten eines logikbasierten Systems. O steht für die *„Theorie der Objektebene“* und T für die Repräsentation des Beweisbaums. Die anderen Komponenten hat van Harmelen im An-

[7] Vorausgesetzt wird, daß das außerlogische System-Prädikat `clause/2` definiert ist und daß das auszuwertende PROLOG-Programm in „reinem“ PROLOG geschrieben ist, also selbst keine außerlogischen Prädikate oder Cuts enthält. Die Definition eines Metainterpreters für „volles“ PROLOG ist weit weniger elegant [vgl. Sterling and Shapiro 1988, 330ff.].

schluß an Meltzer eingeführt [vgl. van Harmelen 1991, 56f.]. Meltzer unterscheidet zwei Hauptkomponenten eines Theorembeweisers: das *„Inferenzsystem“* (*I*) bestehend aus Regeln, die den Suchraum definieren, und die *„Suchstrategie“* (Σ), die festlegt, wie der Suchraum durchforstet wird. van Harmelen differenziert die Suchstrategie (Σ) in drei Teilkomponenten: eine *„generative Komponente“* (Σ_g), die beschreibt, welcher Teil des theoretischen Suchraums aufgebaut wird, eine *„direktionale Komponente“* (Σ_d), die angibt, wie der aktuelle Suchraum durchquert werden soll, und eine *„Termininierungskomponente“* (Σ_t), die bestimmt, wann die Suche beendet wird. Bei einem Standard-PROLOG-Interpreter sind alle drei Komponenten (Σ_g, Σ_d, Σ_t) festgelegt. Die logikbasierte Programmiersprache SOCRATES erlaubte hingegen alle drei Komponenten zu definieren. Mehr noch: SOCRATES bot eine explizite Repräsentation aller fünf Komponenten. Der hohen Flexibilität von SOCRATES, die – so van Harmelen – anhand einiger Programme demonstriert werden konnte, stand die mangelnde Performanz entgegen:[8]

> „... the performance of these applications in terms of speed would not have been sufficient to make them suitable as usable systems in a production environment.“ [van Harmelen 1991, 70]

van Harmelen hat Performanzprobleme ein- und zweisprachiger Metaebenen-Interpreter theoretisch und experimentell auf der Basis marktgängiger PROLOG-Systeme untersucht und ist zu dem Schluß gelangt, daß der „Metaebenen-Overhead“ größer ist als gewöhnlich in der Literatur angenommen wird [van Harmelen 1991, 81-102]:[9]

> „Our experiments have shown that the overhead in bilingual meta-level systems is much higher than in mono-lingual systems, and that this overhead is much higher than is usually acknowledged in the literature.“ [van Harmelen 1991, 102]

van Harmelen diskutiert zwei Ansätze, die Effizienz logikbasierter „Metaebenen-Inferenzsysteme“ zu erhöhen: *partielle Evaluation* und *partielle Reflexion*. Standardtechniken wie *Caching (Memoization)* und *Kompilation* bleiben ausgeklammert [vgl. van Harmelen 1991, 147]. Die *partielle Evaluation* läßt sich als eine Funktion begreifen, die zu einem Programm und einer Teilmenge seiner

---

8 Die Metainterpreter-Architektur der „KI-Werkbank“ BABYLON (Version 2.x) [vgl. Christaller u.a. 1989, insbesondere 37ff.] hat die gleiche Problematik aufgeworfen, so daß für die kommerzielle Version (3.0) [VW-GEDAS 1991] das Metainterpreter-Konzept vollständig aufgegeben werden mußte.

9 Gemessen in LIPS (logical inferences per second) erwies sich der Standard-Interpreter verschiedener PROLOG-Systeme bezüglich des gleichen Programms um ein bis vier Größenordnungen schneller: um den Faktor 24 bis 52 gegenüber dem in [1] abgebildeten einsprachigen Metainterpreter und um den Faktor 10^4 gegenüber einem zweisprachigen Metainterpreter. Bei dem zweisprachigen Metainterpreter nahm überdies der „Metaebenen-Overhead“ mit wachsender Eingabegröße zu [van Harmelen 1991, 95f., 98].

Eingabedaten ein zu diesem Programm funktional gleichwertiges, auf die Teilmenge der Eingabedaten spezialisiertes und optimiertes Programm berechnet [vgl. Takeuchi and Furukawa 1986]. Die Untersuchung van Harmelens macht allerdings deutlich, daß die Möglichkeiten zur Optimierung von Metainterpretern mit Hilfe der partiellen Evaluation beschränkt sind.[10]

Sein Ansatz einer *partiellen Reflexion* gründet auf der Idee, daß ein „Metabenen-Inferenzsystem" [van Harmelen 1991, 44f.] bei Bewahrung der meisten Vorzüge als ein „Objektebenen-Inferenzsystem" implementiert werden kann [van Harmelen 1991, 125ff.]. Nicht der gesamte Interpreter, sondern nur eine beschränkte Menge von Berechnungsschritten, *programmierbare Schritte* genannt, werden explizit repräsentiert. Sie können vom Benutzer inspiziert und modifiziert werden. van Harmelen zeigt, daß es möglich ist, mit einer kleinen Menge programmierbarer Schritte eine große Menge logikbasierter Inferenzsysteme zu modellieren. Ein Experiment mit einer simulierten Version belegt, daß auf diese Weise die (extrem geringe) Effizienz des zweisprachigen „Metaebenen-Inferenzsystems" erheblich (hier: um eine Größenordnung) gesteigert werden kann. Summa summarum stellt van Harmelen fest, daß trotz der genannten Techniken das Problem des „Metaebenen-Overheads" ein weithin offenes Problem und ein Haupthindernis für den praktischen Einsatz von „Metaebenen-Inferenzsystemen" sei [van Harmelen 1991, 146].

Resümee

Metaebenen-Architekturen wurden in sehr verschiedenen Computersystemen aus unterschiedlichen Motiven eingesetzt: in einer der ersten Anwendungen, TEIRESIAS, wurde Metawissen (in Form von Regelmodellen, Schemata und Funktionsschablonen) primär zur Unterstützung der *Wissensakquisition* eingesetzt, in NEOMYCIN war die explizite Repäsentation von Metawissen (insbesondere fachunspezifischer Metaregeln zur Kodierung *strategischen Wissens*) in der Erhöhung der *Erklärungsfunktionalität* für tutorielle Zwecke begründet, für die Programmierung in PROLOG werden Metainterpreter nicht nur propagiert, um die *Fehlersuche* und Generierung von *Erklärungen* zu unterstützen, sondern auch um *Kontrollstrategien* und *Erweiterungen der Hornklausellogik* (insbesondere zum unsicheren Schließen) zu ermöglichen. Der transparente Zugriff

---

10 „• Firstly, if the object-level theory is going to be changed at run time, at least part of the object-level theory cannot be included as input to the partial evaluation algorithm, thereby reducing the optimisations achieved by partial evaluation. • Secondly, if most of the information in a program is only dynamically available (i.e. at run time), partial evaluation suffers from the following disadvantages: – If the source code contains conditional expressions, then a partial evaluator will either have to stop the optimisation process at that point, or produce very bulky code. – Data structures cannot be propagated throughout the code. – If the source code contains recursive procedures, then, unless specific stop criteria are programmed for particular predicates, a partial evaluator will either produce suboptimal code, or termination of the partial evaluator is no longer guaranteed." [van Harmelen 1991, 115]

auf den internen Zustand des Systems erleichtert die Gestaltung *verschiedener Sichtweisen auf Wissensbasis und Inferenzprozesse*, insbesondere leistungsfähiger, mit diversen Filtern ausgestatteter *Browser*. Eine Metaebenen-Architektur als Grundlage eines Programmiersystems zu nehmen, kann sich mithin in dreifacher Hinsicht als nützlich erweisen: Sie erlaubt, *die Leistungsfähigkeit der Programmiersprache, der Entwicklungswerkzeuge und der resultierenden Programme zu erhöhen.* Die Kompetenzerweiterung eines wissensbasierten Systems (etwa zur Erklärung der Untersuchungsstrategie) kann überdies der Kompetenzerweiterung der Benutzer dienen. Um sowohl eine hohe Flexibilität als auch eine hohe Effizienz bieten zu können, sollten die Prinzipien der *partiellen Reflexivität* und *inkrementellen Kompilation* zugrunde gelegt werden, so daß vielfältige Möglichkeiten für inkrementelle Erweiterungen und Modifikationen bestehen, aber nicht unnötig viele Inferenzschritte erst zur Laufzeit abgearbeitet und von einem Metainterpreter kontrolliert werden müssen.

15.2.2 CLOS als Grundlage und architektonisches Leitbild von CLIFS

Das Anforderungsprofil für CLIFS weist eine große Vielfalt an Operatoren, Datentypen und Inferenzmechanismen auf. Um solche Anforderungen bewältigen zu können, wird immer mehr und vielfach erfolgreich auf *objektorientierte Programmiermethoden* zurückgegriffen. Aufgrund der Zielsetzung, einen Beitrag zur Integration von Ansätzen der symbolorientierten KI und Fuzzy-Mengentheorie zu leisten, sollte eine Programmiersprache gewählt werden, die zudem eine *inkrementelle Programmentwicklung* unterstützt, eine große Auswahl an Datentypen und Funktionen zur Verarbeitung *symbolischer* wie *numerischer* Daten bietet und Sprachkonstrukte zur Verfügung stellt, die die Implementierung *eingebetteter* Sprachen[11] *verschiedener Programmierparadigmen* erleichtern. COMMON LISP erfüllt all diese Anforderungen in hohem Maße.

CLIFS erweitert COMMON LISP [Steele 1990] um ein reichhaltiges Repertoire an Operatoren, Datentypen und Inferenzmechanismen zum symbolorientierten und approximativen Schließen. COMMON LISP fungiert dabei zugleich als *Implementierungssprache* wie *Teilsprache* von CLIFS. Man kann daher von einem *eingebetteten* System sprechen. Die Entwicklung und Leistungsfähigkeit von CLIFS ist maßgeblich geprägt durch das Objektsystem von COMMON LISP: CLOS fungiert als Grundlage und architektonisches Leitbild von CLIFS. Es han-

[11] Graham nennt zwei Vorzüge, die „eingebettete Sprachen" gewöhnlich aufweisen: „1. Embedded languages can be conceptually well-integrated with their environment, so that within the embedded language we can continue to think of programs in much the same terms. 2. Embedded languages can be powerful, because they take advantage of all the things that the base language already knows how to do." [Graham 1994b, 377f.]

delt sich dabei um ein objektorientiertes Metaebenen-System mit reflexiven Fähigkeiten. Im folgenden werden einige für das Verständnis von CLIFS relevante Besonderheiten von CLOS kurz erläutert.

Grundkonzepte und Besonderheiten von CLOS

CLOS basiert auf den Konzepten *Klasse, generische Funktion, Methode, Mehrfachvererbung, Methodenkombination* sowie einem *Metaobjekt-Protokoll.*[12] Jedes CL-Objekt ist Instanz einer Klasse. Ähnlich wie in anderen objektorientierten Programmiersprachen werden Struktur, Vorgabewerte und Verhalten von Instanzen über Klassen definiert.

Im Unterschied zu nahezu allen anderen objektorientierten Sprachen, sind alle Grundelemente von CLOS – nämlich Klassen, Instanzen, Slot-Definitionen, generische Funktionen, Methoden, Methodenkombinationen – *First-Class-Objekte.* Das bedeutet: Sie können wie alle anderen CL-Objekte zur Laufzeit generiert, inspiziert, an Variablen gebunden, in Datenstrukturen (als Attributwerte einer Instanz beziehungsweise Elemente einer Sequenz oder eines Arrays) abgelegt, an Funktionen als Argumente übergeben oder von Funktionen als Werte zurückgegeben werden.

Eine weitere Besonderheit von CLOS ist das Konzept der *generischen Funktion.* Wie erwähnt haben generische Funktionen den Status von First-Class-Objekten. Sie lassen sich wie gewöhnliche CL-Funktionen benutzen und unterliegen der gleichen Aufrufsyntax. Generische Funktionen stellen eine besondere Form *polymorpher* Funktionen dar. Im Unterschied zu gewöhnlichen Funktionen können sie *verteilt*, in Form verschiedener *„Methoden"* für unterschiedliche Objektklassen definiert werden. Der auszuführende Code wird *dynamisch* aufgrund der Klassenzugehörigkeit (oder der Objektidentität) *aller* „erforderlichen" Argumente bestimmt.[13]

Jeder generischen Funktion ist ein *Methodenkombinations-Typ* assoziiert, der bestimmt, wie die anwendbaren Methoden zu einer effektiven Methode kombiniert werden. Durch Spezifikation verschiedener *Methoden-Rollen* lassen

---

[12] Die erste offizielle (und bis auf geringfügige Ausnahmen immer noch gültige) Spezifikation von CLOS haben Bobrow u.a. [1988] vorgelegt. Eine gute tutorielle Einführung in CLOS gibt Keene [1989]. Ein Referenzhandbuch zu ANSI COMMON LISP enthält [Graham 1996, 310-400, vgl. zu CLOS 328-336]. Kiczales u.a. [1991] bieten eine Spezifikation des Metaobjekt-Protokolls von CLOS, die zwar nicht offiziell vom ANSI-Komitee autorisiert ist, aber von den führenden LISP-Herstellern weitestgehend akzeptiert und unterstützt wird. Sie beschreiben außerdem eine partielle Implementierung von CLOS und zeigen anhand vieler Beispiele, wie das Metaobjekt-Protokoll genutzt werden kann. Der von Paepcke [1993] herausgegebene Sammelband umfaßt Artikel, die die Grundkonzepte, die „Philosophie" sowie Anwendungen und Implementierungsaspekte von CLOS und seinem Metaobjekt-Protokoll erläutern. Darüber hinaus enthält er ausführliche Vergleiche von CLOS mit den objektorientierten Sprachen C++, SMALLTALK, EIFFEL und SATHER.

sich Teilaspekte des Verhaltens von Objekten in differenzierter und abgestufter Weise modifizieren.

Es ist möglich, die Menge der zu einer generischen Funktion gehörenden Methoden dynamisch zu verändern. Die Definition und Kompilation von generischen Funktionen und Methoden ist (weitgehend) von der Definition und Kompilation von Klassen entkoppelt. Auf diese Weise läßt sich das Verhalten von Objekten inkrementell erweitern, ohne daß eine Rekompilation der zugehörigen Klassendefinitionen durchgeführt werden muß.

Generische Funktionen, Methoden und Klassen können dynamisch redefiniert werden. Die Redefinition von Klassen unterstützt CLOS durch ein spezialisierbares Protokoll, das für die betroffenen Instanzen eine Struktur- und Wertanpassung automatisch vornimmt. Die Objektidentität bleibt dabei erhalten. Dies gilt ebenso für dynamische Änderungen der Klassenzugehörigkeit von Instanzen.[14]

Das Metaobjekt-Protokoll von CLOS und seine Bedeutung für CLIFS

Die Entwickler von CLOS sahen sich vor die Aufgabe gestellt, eine relativ *kleine, aber mächtige* Sprache zur objektorientierten Programmierung in COMMON LISP zu entwickeln, und dabei zugleich eine Vielzahl, überdies widersprüchlich erscheinender Wünsche zu erfüllen: CLOS sollte *hocheffizient* sein, vielfältige *Erweitungsmöglichkeiten* bieten, um auch mit neuen objektorientierten Techniken experimentieren zu können, und zumindest insoweit mit älteren Sprachen wie FLAVORS und LOOPS *kompatibel* sein, als daß in ihnen geschriebene Programme leicht in CLOS übersetzbar wären. [Vgl. Kiczales et al. 1991, 5ff.; Kiczales et al. 1993, 101ff.; Bobrow et al. 1993, 29]

Der von ihnen entwickelte Lösungsansatz reicht weit über die konkrete Aufgabenstellung hinaus. Die Grundidee besteht darin, statt einer fixierten Sprache eine ganze Region möglicher Sprachen zu unterstützen und eine von ihnen als Basis- oder Vorgabesprache anzubieten. Die technische Umsetzung die-

---

13 Ein vergleichbares (obgleich programmiertechnisch nicht gleichwertiges) Verhalten ist in anderen objektorientierten Sprachen wie C++ oder SMALLTALK nur relativ umständlich (etwa mit einem *„chained dispatch"*) zu realisieren [vgl. DeMichiel 1993, 166f.; Cointe 1993, 223]. Da die Auswahl der „effektiven Methode" nicht nur von der Klassenzugehörigkeit *eines* Arguments (dem die „Nachricht" empfangenden Objekt) abhängt, wie dies in den anderen OOP-Sprachen der Fall ist, sondern von den Klassenzugehörigkeiten *mehrerer* Argumente, wird von einer Generalisierung der „klassischen" Methodenauswahl objektorientierter Sprachen und von *„multi methods"* gesprochen. Eine weitere Besonderheit liegt in der Option, die Methodenauswahl von bestimmten *Objektidentitäten* (*„eql-specializer"*) abhängig zu machen.

14 Die Fähigkeit zur dynamischen Änderung der Klassenzugehörigkeit läßt sich im Rahmen wissensbasierter Problemlösungsmethoden zur Revision oder Verfeinerung von Zwischenergebnissen nutzen. Ein Anwendungsbeispiel hierfür ist HYDROEXPERT [vgl. Biewer u.a. 1992]. Eine Anwendung im Rahmen von CLIM (COMMON LISP Interface Manager) beschreibt Rao [1993, 143f.].

ser Idee basiert auf den Prinzipien der Reflexivität und der objektorientierten Programmierung. Die Umsetzung des Reflexivitätsprinzips eröffnet einen effektiven (i.e. sich auf das Systemverhalten auswirkenden) Zugriff auf die Implementierungsebene; die Anwendung objektorientierter Programmiertechniken ermöglicht es, ein Programm so zu gestalten, daß neue Teile schrittweise hinzugefügt und existierende Programmteile modifiziert werden können.

CLOS basiert auf einer metazirkulären Architektur: Das Metaobjekt-Protokoll von CLOS ist eine Beschreibung von CLOS mit Hilfe von CLOS. Es spezifiziert Klassen und generische Funktionen, die es ermöglichen, den internen Zustand von CLOS-Elementen („Metaobjekten") zu *inspizieren* und *Erweiterungen* von CLOS vorzunehmen, die keine Änderungen des Implementierungscodes verlangen, existierende Programme unverändert lassen und überdies *portabel* sind. Für jedes Grundkonzept von CLOS – nämlich Klassen, Slot-Definitionen, generische Funktionen, Methoden, Methodenkombinationen – sind Klassen definiert. CLOS-Programme bestehen aus Instanzen dieser Klassen. Da diese Objektinstanzen Teile eines Programms explizit repräsentieren und von ihnen das Programmverhalten abhängt, werden sie als *Metaobjekte* bezeichnet [Kiczales et al. 1991, 137]. Ihre Klassen heißen dementsprechend *Metaobjektklassen*. (Die Klasse einer Klasse wird auch *Metaklasse* genannt.) Über die Metaobjektklassen werden die internen Strukturen, Vorgabewerte und Verhaltensweisen von Metaobjekten festgelegt. Wie CLOS-Elemente (Klassen, Instanzen, Slots, generische Funktionen, Methoden, Methodenkombinationen) repräsentiert und verarbeitet werden, hängt von den Metaobjektklassen und den für sie definierten Methoden ab.

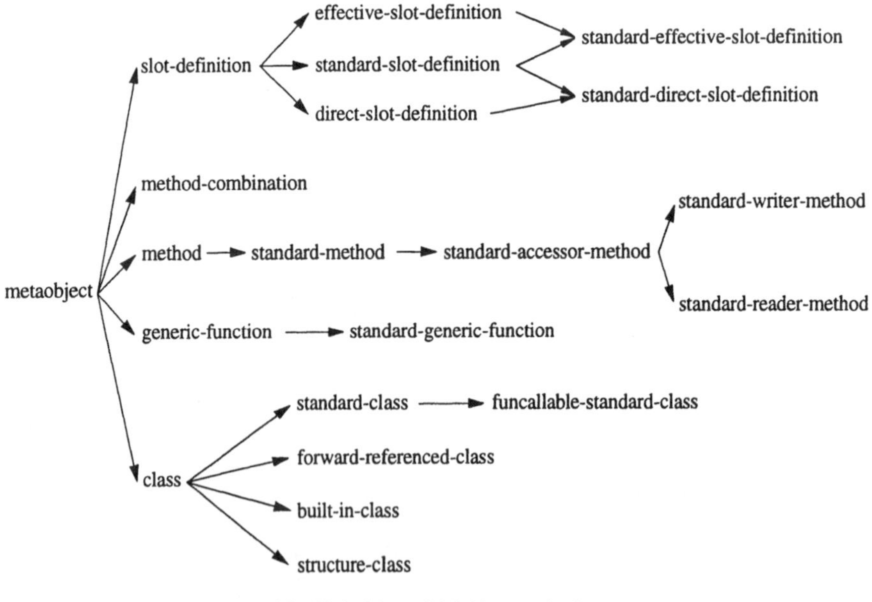

Abb. 15.1: Metaobjektklassen in CLOS

Das Standardverhalten von CLOS ist über Standard-Metaobjektklassen (wie `standard-generic-function` oder `standard-class`) und Standard-Methoden für diese Klassen definiert. Andere Verhaltensweisen (man kann auch von CLOS-Varianten oder anderen Sprachen sprechen) lassen sich unter Nutzung objektorientierter Vererbungsmechanismen einführen, indem Unterklassen zu den vom Metaobjekt-Protokoll zur Verfügung gestellten Metaobjektklassen (vgl. Abbildung 15.1) und spezifischere Methoden für sie definiert werden. Das Metaobjekt-Protokoll beinhaltet sowohl statische als auch dynamische Anteile. Wie alle anderen CL-Objekte haben Metaobjekte den Status von First-Class-Objekten. Dies bietet eine gute Grundlage, CLOS mit reflexiven Fähigkeiten auszustatten. Der Zugriff auf die Merkmale (Slots) von Metaobjekten erfolgt über generische Funktionen. Für die Standard-Metaobjektklassen (und folglich ihre Unterklassen) sind entsprechende Zugriffsmethoden definiert.[15] Die dynamischen Anteile sind über generische Funktionen mehrerer Teilprotokolle spezifiziert.[16] Sie werden u.a. zur Initialisierung von Instanzen, zur Berechnung der Klassenpräzedenzliste, zur Auswertung generischer Funktionen, zur Bestimmung der internen Struktur und zum Zugriff auf Slotwerte aufgerufen. Über eine *„Schichtung"* dieser Teilprotokolle wird ein abgestufter Zugang zur Implementierungsebene eröffnet. Auf diese Weise wird gewährleistet, daß geringfügige Neuerungen von CLOS auch nur einen entsprechend geringen Implementierungsaufwand mit sich bringen [vgl. Kiczales et al. 1991, 119ff.].

Von der Flexibilität und Nützlichkeit des Metaobjekt-Protokolls zeugen eine Reihe von Anwendungen. Kiczales, Rivières und Bobrow [1991, 47-66] haben gezeigt, daß sich mit Hilfe der vom Metaobjekt-Protokoll zur Verfügung gestellten generischen Funktionen sehr einfach Browser für Klassen, generische Funktionen und Methoden in portabler Weise implementieren lassen.[17] Durch die Definition passender Methoden zur Berechnung der Klassenpräzedenzliste lassen sich Varianten von CLOS implementieren, die die Vererbungsregeln anderer objektorientierter Sprachen wie FLAVORS oder LOOPS verwenden

---

[15] Beispielsweise bieten Klassen-Metaobjekte einen Zugriff auf Slotdefinitions-Metaobjekte sowie Ober- und Unterklassen-Metaobjekte, Slotdefinitions-Metaobjekte einen Zugriff auf Initialisierungsformen sowie Lese- und Schreibmethoden-Metaobjekte, Generische-Funktions-Metaobjekte einen Zugriff auf die Lambda-Liste (Parameter) und Methoden-Metaobjekte, Methoden-Metaobjekte einen Zugriff auf das generische-Funktions-Metaobjekt und Parametertypen (specializer). [Vgl. Kiczales et al. 1991, 212-224]

[16] Eine Beschreibung der verschiedenen Teilprotokolle findet sich in [Paepcke 1993, 80ff.] sowie [Kiczales, Rivières and Bobrow 1991, 153ff.]. Paepcke gibt folgenden Kurzüberblick: „• The class initialization and class finalization protocols control what happens when a new class is defined. • The instance initialization protocol describes what goes on when a new instance is created and readied for use. • The dependent maintenance protocol helps in maintaining relationships among metaobjects. Examples are classes and their subclasses, or generic functions and their methods. • The method lookup protocol determines how the correct method is found when a generic function is invoked. • The instance structure protocol attempts to formalize just enough of the implementation of instance access to allow for organized modification, while leaving sufficient freedom for implementors." [Paepcke 1994, 80f.]

[Kiczales et al. 1991, 78ff.]. Die Entwickler von LISPWORKS haben mit Hilfe des Metaobjekt-Protokolls von CLOS eine Schnittstelle zu C++ entwickelt, indem sie neue Metaklassen (für Klassen, Slotdefinitionen und generische Funktionen) eingeführt haben, die das Verhalten von C++ nachbilden [vgl. Harlequin 1992a, 14-9ff.]. Für die Implementierung des Ressourcen-Managements in CLUE (COMMON LISP User Interface Environment) erwies es sich als vorteilhaft, die Vererbungsregeln für Klassenslots anzupassen [vgl. Attardi 1993, 125ff.]. Neue Klassen von Slotdefinitionen und spezielle Slotzugriffsmethoden ermöglichen, annotierte oder multiple Werte zu verwenden [Dvorak and Bunke 1993]. Nicht zuletzt ist erwähnenswert, daß die Option, den Zugriff auf Slotwerte zu verändern, Wege freigelegt hat, *Nebenläufigkeit* zu handhaben und *persistente Objekte* in CLOS einzuführen [Attardi 1993; Paepcke 1988; 1993].

Indem CLIFS als eingebettetes System implementiert wird, bieten sich in CLIFS die gleichen Erweiterungsmöglichkeiten. Die Bedeutung des Metaobjekt-Protokolls für CLIFS liegt zunächst in dessen Erweiterungsfunktionalität: es erlaubt CLOS an die Anforderungen von CLIFS anzupassen (vgl. 616ff.) und macht CLIFS zugleich offen für weitergehende Erweiterungen. Da Erweiterungen über das Metaobjekt-Protokoll portabel sind, lassen sich auch unabhängig von CLIFS geschriebene CLOS-Erweiterungen in CLIFS übernehmen.

Eng damit verknüpft ist der zweite Bedeutungsaspekt. Die reflexiven Fähigkeiten, mit denen CLOS aufgrund seines Metaobjekt-Protokolls ausgestattet ist, bieten vielfältige Nutzungsmöglichkeiten in der Entwicklung wie in der Anwendung wissensbasierter Systeme (vgl. 601ff.). Die Bedeutung des Metaobjekt-Protokolls für CLIFS liegt jedoch nicht allein, nicht einmal primär darin, die von ihm gebotenen Erweiterungsmöglichkeiten und reflexiven Fähigkeiten zu nutzen. Vielmehr liegt seine primäre Bedeutung in der *architektonischen Leitbildfunktion*. Das Metaobjekt-Protokoll von CLOS kann als *Paradigma einer offenen Implementierung* von Softwaresystemen gelten. Die Metazirkularität ist dabei als kontingentes Merkmal einzustufen.[18]

In gewöhnlichen Programmiersystemen haben die Anwendungsprogrammierer keinen Zugang zur Implementierungsebene des Systems, der Zugang zur Systemfunktionalität ist vielmehr über eine Schnittstelle festgeschrieben. Im Unterschied dazu öffnet ein Metaobjekt-Protokoll Programmierern die Implementierungsebene in einer wohldefinierten Form, so daß sich die standardmäßige Systemfunktionalität mit Hilfe von Konstrukten der Implementierungsebene

---

[17] Das Metaobjekt-Protokoll erleichtert die Entwicklung portabler und bedarfsgerechter Browser über ein standardisiertes Set an generischen Zugriffsfunktionen, mit denen sich die benötigten Meta-Informationen über Programmelemente (vgl. Fußnote 15) aus den sie repräsentierenden Metaobjekten herauslesen lassen. Ein anderes Problem ist, wie mit Hilfe dieser Informationen ein leicht zu bedienender und leistungsfähiger *graphischer* Browser konzipiert sein sollte. Vorschläge zur Lösung dieses Problems macht Koschmann [1991].

[18] Kiczales u.a. beschreiben, wie sie auf der Basis des Metaobjekt-Protokoll-Ansatzes einen Interpreter (PLOY) und zwei Compiler (SARTOR, ANIBUS) für die Programmiersprache SCHEME in CLOS implementiert haben [Kiczales et al. 1993, 109ff.]. Keins dieser Programme besitzt eine metazirkuläre Architektur.

unter Nutzung objektorientierter Vererbungsmechanismen erweitern läßt. Eine Basis-Schnittstelle bietet dann wie in gewöhnlichen Systemen den Zugang zur standardmäßigen System-Funktionalität, während das Metaobjekt-Protokoll den Weg öffnet, die Standard-Funktionalität partiell zu modifizieren und inkrementell zu erweitern.

Damit wird die strikte Trennung zwischen Sprachentwicklern und Sprachbenutzern aufgehoben. Der Metaobjekt-Protokoll-Ansatz involviert eine andere Entwurfsperspektive [vgl. Kiczales et al. 1993, 107f.]: Während man im traditionellen Entwurf die Beziehung einer Sprache zu verschiedenen Applikationen im Blick hat, rückt beim Entwurf eines Metaobjekt-Protokolls eine ganze Region möglicher Sprachen ins Blickfeld (vgl. Abbildung 15.2).

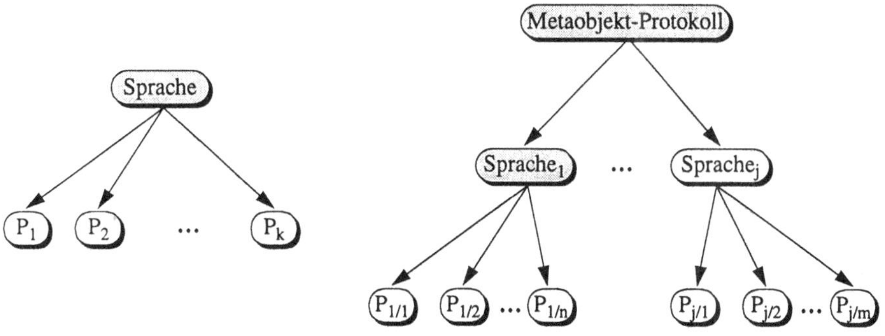

Abb. 15.2: Entwurfsperspektiven für Programmiersprachen

Eine oder mehrere von ihnen werden als Standardsprache oder Basissystem vorgegeben. Das Metaobjekt-Protokoll wird zugleich aber so konzipiert, daß es als Grundlage der Implementierung anderer Sprachen dienen kann.

In CLIFS werden diese „Sprachen" als „Inferenzsysteme" bezeichnet. Durch die Charakterisierung als *„generisches"* Programmiersystem soll hervorgehoben werden, daß CLIFS ein erweiterbares Protokoll mehrerer „Klassen" von „Inferenzystemen" mit spezifischen Methoden zur Definition, Kompilation, Auswertung, Darstellung und Inspektion von Programmelementen beinhaltet. Inferenzsysteme werden aufgrund bestimmter Parameterwerte generiert und determinieren die Methodenauswahl ähnlich wie „generische Funktionen" in COMMON LISP Methoden aufgrund der Klassenzugehörigkeit aller „erforderlichen" Agrumente bestimmen.

15.3 Grundelemente und Systemkomponenten

15.3.1 Grundelemente

CLIFS ist eine Erweiterung von COMMON LISP, deren Grundelemente *Fuzzy-Operatoren, Fuzzy-Mengen, linguistische Variablen, Inferenzeinheiten* und *Inferenzsysteme* bilden. Alle Grundelemente sind objektorientiert implementiert. Das bedeutet: ihr Verhalten ist in einem erweiterbaren Protokoll von Klassendefinitionen und generischen Funktionen definiert. Jedes Grundelement ist eine Instanz einer Klasse. Sowohl bei den Instanzen als auch bei ihren Klassen handelt es sich um First-Class-Objekte.

Fuzzy-Mengen

Struktur und Verhalten von Fuzzy-Mengen werden bestimmt von der Klasse, der sie angehören. An der Spitze des Vererbungsgraphs steht die Klasse `fuzzy-set`. Sie ist in vier Unterklassen unterteilt (vgl. Abbildung 15.3): die erste (`discrete-fuzzy-set`) beinhaltet Fuzzy-Mengen mit endlichen diskreten Grundmengen, die zweite (`continuous-fuzzy-set`) Fuzzy-Mengen mit unendlichen Grundmengen, die über stetige Zugehörigkeitsfunktionen beschrieben werden, die dritte Unterklasse (`complex-fuzzy-set`) steht für Fuzzy-Mengen, die sich aus Fuzzy-Mengen der genannten Hauptklassen zusammensetzen und über die vierte Unterklasse (`fuzzy-singleton-set`) wird eine spezielle Repräsentation und Behandlung von Fuzzy-Mengen unterstützt, deren Träger genau ein Element enthält.

Die Klasse `continuous-fuzzy-set` ist je nach Art des Typs der Zugehörigkeitsfunktion in weitere Klassen unterteilt: in der Klasse `i-fuzzy-set` werden stückweise lineare Zugehörigkeitsfunktionen verwendet, in den Klassen `sz-fuzzy-set`, `lr-interval` und `clr-interval` parametrische Zugehörigkeitsfunktionen. Die mit `c` präfigierten Klassen dienen der Repräsentation der Komplementmengen von Fuzzy-Mengen, die einer bis auf das Präfix gleichnamigen Fuzzy-Mengen-Klasse angehören. Die Unterteilung der Klasse `sz-fuzzy-set` folgt den von Zadeh eingeführten Typen von Zugehörigkeitsfunktionen (vgl. 2.20 bis 2.23, 59). Der Unterklassifikation von `lr-interval` (Definition 4.9, 135) liegen drei in der Praxis relevante Fragestellungen zugrunde: ob es sich um ein unscharfes Intervall (intervallförmiger Kern) oder eine unscharfe Zahl (punktförmiger Kern) handelt, ob die beiden Referenzfunktionen gleich oder ungleich sind und ob die Referenzfunktionen linear oder nicht-linear sind. Fuzzy-Mengen mit trapez- und dreiecksförmigen Funktionsgraphen (vgl. 2.24 und 2.26, 62) werden wegen ihrer hohen Anwendungshäufigkeit und speziell für sie entwickelter Algorithmen gesondert behandelt. `*trapez` steht für Fuzzy-Mengen, bei denen die untere Schranke des Kerns mit der unteren Schranke der Grund-

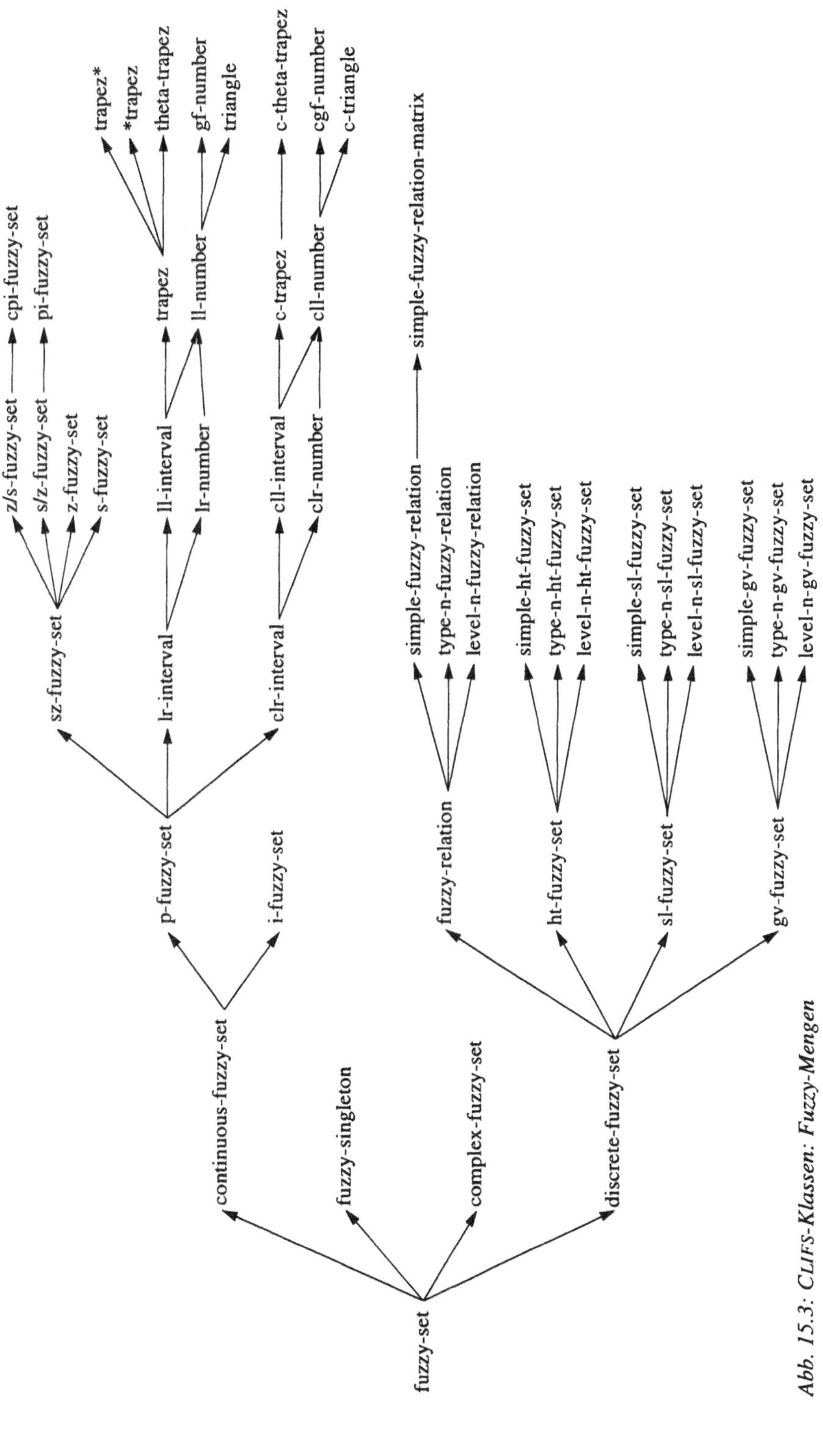

Abb. 15.3: CLIFS-Klassen: Fuzzy-Mengen

menge übereinstimmt. Für Fuzzy-Mengen der Klasse `trapez*` gilt dies analog bezüglich der oberen Schranken. Die Klasse `theta-trapez` umfaßt normale und subnormale Fuzzy-Mengen, die überdies ein bestimmtes Unsicherheitsniveau ($0 \leq \Theta \leq 1$) aufweisen können. Für Fuzzy-Zahlen der Klasse `gf-number` (*gaussian fuzzy number*; vgl. Gleichung 4.23, 136) ist charakteristisch, daß der Träger unbegrenzt ist und der Funktionsgraph glockenförmig verläuft.

Zur Repräsentation diskreter Fuzzy-Mengen werden vier Hauptklassen angeboten, die jeweils wiederum drei Unterklassen umfassen. Die erste Hauptklasse (`fuzzy-relation`) ermöglicht eine spezielle Repräsentation zur Verarbeitung von Fuzzy-Relationen, die anderen drei dienen der Repräsentation und Verarbeitung gewöhnlicher Fuzzy-Mengen: bei Fuzzy-Mengen der Klasse `ht-fuzzy-set` werden die Elemente und Zugehörigkeitsgrade in Form einer Hash-Tabelle kodiert, bei Fuzzy-Mengen der Klasse `sl-fuzzy-set` bilden die Elemente mit den Zugehörigkeitsgraden eine Assoziationsliste (fuzzy singletons), bei Fuzzy-Mengen der Klasse `gv-fuzzy-set` werden alle Zugehörigkeitsgrade in einem Vektor abgelegt. Sofern die Beschreibung vollständig ist, lassen sich Fuzzy-Mengen der zuletzt genannten Fuzzy-Mengen ohne Informationsverlust ineinander überführen.[19]

Die Differenzierung in die Klassen `ht-fuzzy-set`, `sl-fuzzy-set` und `gv-fuzzy-set` ist im unterschiedlichen *Kodierungs- und Verrechnungsaufwand* begründet. Welche der genannten Repräsentationsformen am effizientesten und ökonomischsten ist, hängt von den Mächtigkeiten der Grund- und Trägermengen sowie der jeweils anzuwendenden Operation ab. Die tabellarische Auflistung von Elementen und Zugehörigkeitsgraden – sei es in Form von Assoziationslisten oder Hash-Tabellen – bietet gegenüber der Darstellung von Grad-Vektoren den Vorzug, nur die Elemente mit ihren Zugehörigkeitsgraden auflisten zu müssen, die zum Träger gehören. Die Grundmenge kann unspezifiziert bleiben und leicht dynamisch verändert werden. Für Fuzzy-Mengen mit großen Trägermengen empfiehlt sich in der Regel die Repräsentation in Form von Hash-Tabellen. Die vektorielle Repräsentationsform kann die explizite Auflistung der Grundelemente ersparen und eignet sich meist dann, wenn die Mächtigkeit von Grund- und Trägermenge etwa gleicher Größenordnung ist.

Jede der vier Hauptklassen diskreter Mengen wird unter *semantischen Gesichtspunkten* in drei spezielle Unterklassen ausdifferenziert. Während die Hauptklassen allgemein definiert sind, so daß sowohl ihre Elemente als auch deren Zugehörigkeitsgrade selbst wiederum Fuzzy-Mengen sein dürfen (vgl. 71ff.), schränken ihre Unterklassen die Verwendung von Fuzzy-Mengen auf die

---

[19] Zu diesem Zweck kann die standardmäßig in COMMON LISP verfügbare generische Funktion `change-class` benutzt werden. Das Methoden-Set der von `change-class` aufgerufenen generischen Funktion `update-instance-for-different-class` wurde entsprechend erweitert, so daß die notwendigen Attribut/Wert-Anpassungen automatisch vorgenommen werden. Die Konvertierung in die Klasse `gv-fuzzy-set` setzt voraus, daß die Grundmenge vollständig spezifiziert ist. Die Objektidentität (`eq`) bleibt bei einer Umklassifizierung erhalten.

Elemente, auf die Zugehörigkeitsgrade oder ganz ein: das Präfix `type-n` steht für Fuzzy-Mengen vom Typ *n*, also Fuzzy-Mengen, die durch unscharfe Zugehörigkeitsgrade charakterisiert sind, das Präfix `level-n` für Fuzzy-Menge höherer Stufe, also Fuzzy-Mengen, deren Elemente unscharf sind, und das Präfix `simple` steht für einfache Fuzzy-Mengen, bei denen weder die Elemente noch die Zugehörigkeitsgrade als Fuzzy-Mengen fungieren.[20] Die Klasse `simple-fuzzy-relation-matrix` dient der Repräsentation zweistelliger Fuzzy-Relationen, bei denen die Zugehörigkeitsgrade in einem zweidimensionalen Array kodiert werden.

Linguistische Variablen

CLIFS weist dem Konzept der linguistischen Variable einen hohen Stellenwert zu. Im Gegensatz zu anderen Fuzzy-Programmiersprachen, in denen linguistische Variablen (soweit ersichtlich) lediglich dazu dienen, Mengen von Fuzzy-Mengen (über dem gleichen Grundbereich) en bloc zu definieren und darzustellen, werden linguistische Variablen in CLIFS als komplexe First-Class-Objekte aufgefaßt, die vielfältige Informationen verfügbar machen und gleichermaßen die Syntax wie die Semantik linguistischer Terme lokal (in Abhängigkeit von variablenspezifischen Größen) zu definieren erlauben. (Vgl. insbesondere die Definitionen 6.5, 7.3 bis 7.5, Tabelle 6.5 und Abbildung 7.5.) In ihrer Definition können neben Grundtermen vor allem Kontexte, linguistische Hecken, Konnektive, Vergleichsmaße, Verfahren zur linguistischen Approximation, Angaben zur graphischen Präsentation sowie eine Grammatik zur Syntaxprüfung und Generierung der Term-Menge spezifiziert werden. Da ein Großteil dieser Merkmale typischerweise für verschiedene linguistische Variablen unterschiedliche Ausprägungen hat, werden diese Informationen instanzspezifisch, nicht klassenspezifisch kodiert. Eine komplexe Klassenhierarchie linguistischer Variablen ist daher nicht nötig (vgl. Abbildung 15.4). Die verschiedenen zur Verfügung gestellten Klassen linguistischer Variablen dienen primär dazu, durch Default-Werte den Kodierungsaufwand zu reduzieren und gleichzeitig Wege zu öffnen, abweichende Verhaltensweisen und Merkmale zu implementieren.

Die Klasse `simple-linguistic-variable` ist für eine möglichst einfache Repräsentation linguistischer Variablen vorgesehen, die für Fuzzy-Control-Anwendungen in der Regel ausreicht. Sie unterstützt keine zusammengesetzten Terme und beinhaltet auch keine explizite Grammatik. Standardmäßig ist für strukturierte linguistische Variablen, deren Basisvariablen über endliche diskrete Mengen definiert sind, die Klasse `standard-discrete-linguistic-variable` vorgesehen und für strukturierte linguistische Variablen, deren Werte über stetige Funktionen beschrieben werden, die Klasse `standard-continuous-`

[20] Fuzzy-Mengen der zuletzt genannten Klassen können durchaus Fuzzy-Mengen als Elemente beinhalten, diese Element-Fuzzy-Mengen werden in diesem Fall jedoch nicht als Fuzzy-Mengen, sondern als Konstante verarbeitet.

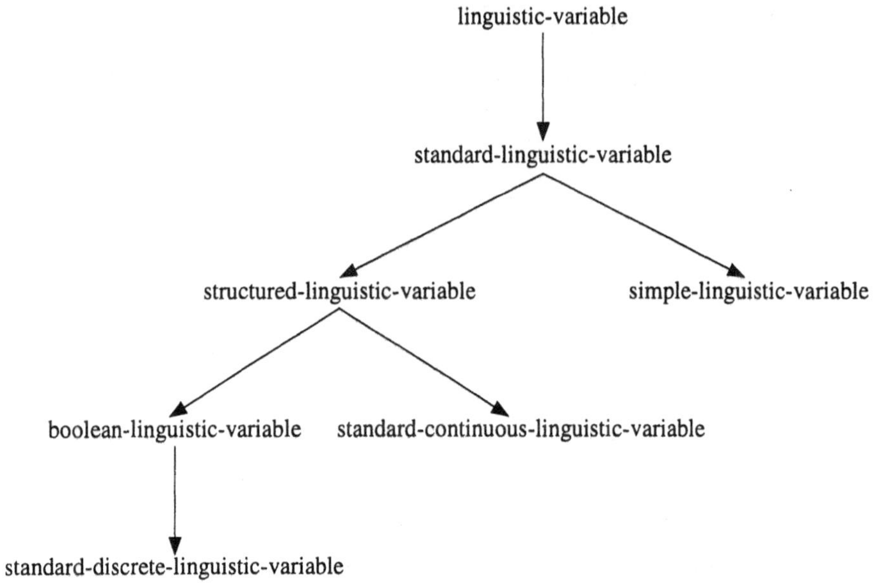

Abb. 15.4: CLIFS-Klassen: Linguistische Variablen

`linguistic-variable`. Im diskreten Fall wurde die Standardklasse als Unterklasse zu `boolean-linguistic-variable` konzeptualisiert, weil in diesem Fall über die linguistischen Hecken hinaus auch die logischen Junktoren (*and, or, not*) problemlos interpretiert werden können. Demgegenüber unterstützt die Klasse `standard-continuous-linguistic-variable` weder die Disjunktion noch die Konjunktion, da die Klasse `continuous-fuzzy-set` bezüglich dieser Operationen nicht abgeschlossen ist.[21] Ein geeignetes Konnektiv für diese Klasse ist *„to“* (*bis*), da es sinnvoll über eine konvexe Hülle (und damit die Parameter standardmäßiger Zugehörigkeitsfunktionen) definierbar ist. Analoges gilt für eine Reihe linguistischer Hecken (wie *„very“*, *„more or less“*, *„relatively“*, *„above“*, *„below“*), für die standardmäßig Definitionen angeboten werden, die lediglich Parametertransformationen bewirken (vgl. Tabelle 6.5, 216).

Fuzzy-Operatoren

Der Ausdruck Fuzzy-Operatoren dient als Sammelbegriff für eine Vielzahl verschiedenartigster Operatoren, die in die Fuzzy-Mengentheorie eingeführt worden sind. Er umfaßt arithmetische, logische, mengenalgebraische, spezielle re-

---

[21] Das bedeutet nicht, daß bei Verwendung solcher Fuzzy-Mengen oder linguistischer Variablen weder die logische Konjunktion noch die logische Disjunktion verwandt werden dürften. Es geht hier ausschließlich um die Syntax und Semantik zusammengesetzter linguistischer Terme. Ungeachtet dessen können logische Junktoren auf die Ergebnisse von Vergleichen solcher unscharfen Werte angewandt werden.

lationale und linguistische Operatoren. Vom Standpunkt der Programmierung lassen sie sich als gewöhnliche Funktionen oder Prozeduren behandeln. Die Definition logischer, mengenalgebraischer, arithmetischer sowie die von Zadeh vorgeschlagenen linguistischen Fuzzy-Operatoren basieren in der Regel auf Funktionen über der Menge der reellen Zahlen. Viele Anwendungen beschränken sich auf die Anwendung dieser Basisfunktionen, da die Operatoren nicht auf Fuzzy-Mengen, sondern vielmehr auf die Zugehörigkeitsgrade angewandt werden. Aus dieser Perspektive erscheint es hinreichend, Fuzzy-Operatoren als gewöhnliche Funktionen zu implementieren. Sollen jedoch darüber hinaus die Erweiterungen dieser Basisfunktionen auf Fuzzy-Mengen unterstützt werden, so stellt sich das Problem, für Funktionsargumente unterschiedlichen Typs (Zahlen, Fuzzy-Mengen, Intervalle) unterschiedliche Implementierungen vornehmen zu müssen, die dem Anwendungsprogrammierer möglichst auf eine Weise zur Verfügung gestellt werden sollten, die ihm von den Argumenttypen zu abstrahieren erlauben. In COMMON LISP läßt sich dieses Problem elegant mit Hilfe generischer Funktionen (vgl. 610) lösen, so daß es naheliegt, Fuzzy-Operatoren als generische Funktionen zu implementieren.

Standardmäßig sind in COMMON LISP generische Funktionen Instanzen der Klasse `standard-generic-function` (vgl. Abbildung 15.1, 612). Über das Metaobjekt-Protokoll von CLOS ist es möglich, neue Klassen von Funktionen einzuführen, indem ihnen die Klasse `funcallable-standard-class` als Metaklasse zugeordnet wird. Spezifischere Klassen generischer Funktionen können dementsprechend als Unterklassen der Klasse `standard-generic-function` eingeführt werden. Fuzzy-Operatoren lassen sich dann als (generische) Funktionen speziellen Typs, nämlich als Instanzen dieser neu eingeführten Klassen definieren. Die Vorzüge dieser Implementierungstechnik werden deutlich, wenn man Fuzzy-Operatoren nicht nur im Hinblick auf ihre „Primärfunktion" betrachtet, sondern das gesamte Funktionsspektrum berücksichtigt, das von der Entwicklung und Nutzung von Fuzzy-Operatoren aufgespannt wird (vgl. Tabelle 15.2).

Das Funktionsspektrum mitsamt den Unterstützungsoptionen läßt erkennen, daß Fuzzy-Operatoren nicht nur als Funktionen, spezieller generische Funktionen, sondern zugleich als komplexe Objekte aufzufassen sind, die von Compilern, Interpretern und Entwicklungswerkzeugen in Abhängigkeit von ihrer Klassenzugehörigkeit wie operatorspezifischer Merkmale unterschiedlich behandelt werden sollten. Die von CLOS und seinem Metaobjektprotokoll gebotene Möglichkeit, verschiedene Klassen von Funktionen und generischen Funktionen (mit eigenen Objektstrukturen und Methodenprotokoll) einzuführen, eröffnet einen einfachen und wohldefinierten Zugang, die benötigten Metainformationen in portabler und erweiterbarer Form zu kodieren. In CLIFS sind daher Fuzzy-Operatoren als Instanzen von Klassen definiert, deren Metaklasse `funcallable-standard-class` ist. Die meisten Operatorenklassen sind zudem als Unterklasse zu `standard-generic-function` definiert, so daß ihre Instan-

Anwendung

Unterstützung durch:

- *Einheitliche Namensgebung und Syntax der Funktionsaufrufe unabhängig von der Klassenzugehörigkeit der Argumente (Polymorphismus),*
- *Dynamische Methodenauswahl (Laufzeit-Polymorphismus),*
- *Generierbarkeit von Closures mit Fuzzy-Operatoren,*
- *Status als First-Class-Objekte, die insbesondere von Mapping-Funktionen als funktionale Objekte auf andere Objekte angewandt werden können.*

Fehlervermeidung und Fehlerbeseitigung

Unterstützung durch:

- *Verwendbarkeit standardmäßiger Advice-, Trace-, Inspect- und Debugging-Funktionen,*
- *informative Fehlermeldungen, die auf (klassenspezifische) Merkmale der Operatoren abgestimmt sind,*
- *Zurückweisung unzulässiger Funktionsparameter und Korrekturhinweise.*

Auswahl und Validierung

Unterstützung durch:

- *Allgemeine Systembrowser (Klassen, generische Funktionen),*
- *Spezielle Browser mit verschiedenen klassenspezifischen Filtern und Zugriffsoptionen,*
- *Angaben zu ihren mathematischen Eigenschaften,*
- *graphische (klassenspezifische) Darstellungen ihrer Funktionsverläufe,*
- *Schätzungen optimaler Funktionsparameter bezüglich vorgegebener Daten,*
- *Funktionen zur Validitätsprüfung.*

Definition und Kompilation

Unterstützung durch:

- *einheitliches Definitionsmakro, dessen Expansion von der Operatorklasse abhängt,*
- *automatische Generierung von Methoden für verschiedene Klassen von Fuzzy-Mengen in Abhängigkeit von der jeweiligen Operatorklasse,*
- *Optionen zur inkrementellen Erweiterung und Spezialisierung der automatischen Methodengenerierung.*

Tabelle 15.2: Funktionsaspekte von Fuzzy-Operatoren und Unterstützungsoptionen

zen die Flexibilität und Leistungsfähigkeit generischer Funktionen im Sinne von CLOS aufweisen. Dies gilt insbesondere für die in Abbildung 15.5 mitsamt ihren Klassen und deren Metaklassen dargestellten Mengenoperatoren.

Fuzzy-Operatoren in CLIFS weisen also einen *Doppelcharakter* auf. Zum einen sind es *Objektinstanzen*, für die all das gilt, was für gewöhnliche Objektinstanzen gilt: sie können eine Menge von „Slots" haben, in die Informationen eingetragen werden können, und sie gehören zu einer bestimmten Klasse, für die spezielle Methoden definiert werden können. Zugleich sind sie jedoch *(generische) Funktionen*, die wie gewöhnliche Funktionen in COMMON LISP auf Argumente angewandt werden können.

Alle Operatorenklassen in CLIFS sind als Unterklassen zur Klasse `fuzzy-operator` definiert (vgl. Abbildung 15.6). Unter thematischen Gesichtspunkten differenzieren sich Fuzzy-Operatoren (`fuzzy-operator`) primär in Mengenope-

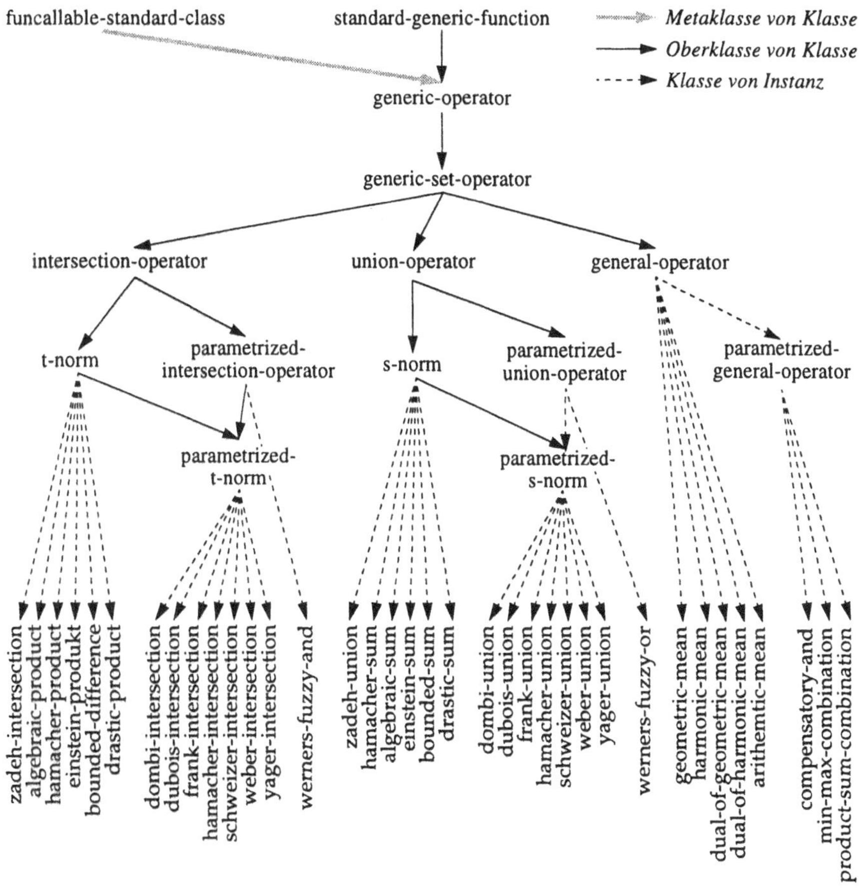

Abb. 15.5: Metaklassen, Klassen und Instanzen von Aggregationsoperatoren in CLIFS

ratoren (`set-operator`), Implikationsoperatoren (`implication-operator`), arithmetische (`arithmetic-operator`) und linguistische Operatoren (`linguistic-operator`). Bestimmender Zweck der Klasse `generic-operator` ist es, Unterklassen dieser Klassen mit der Standard-Funktionalität generischer Funktionen in COMMON LISP auszustatten. Die Klasse `fdt-function` wurde für Fuzzy-Pattern-Match-Funktionen eingeführt, die über eine explizite Repräsentation des Fuzzy-Diskriminationsbaumes verfügen, über dem sie definiert sind (vgl. Kapitel 10.3.5, 360ff.).

Die Klasse der Mengenoperatoren differenziert sich in Klassen für die grundlegenden Mengenoperatoren (`generic-set-operator`) sowie spezielle relationale Operatoren (`relational-operator`). Zu den grundlegenden Mengenoperatoren zählen Komplement-Operatoren sowie verschiedene Klassen von Durchschnitts-, Vereinigungs- und allgemeinen Aggregationsoperatoren, für die jeweils parametrische und nicht-parametrische Operatorenklassen unterschieden werden (vgl. Abbildung 15.6 sowie die Tabellen 3.2, 3.4 und 3.5,

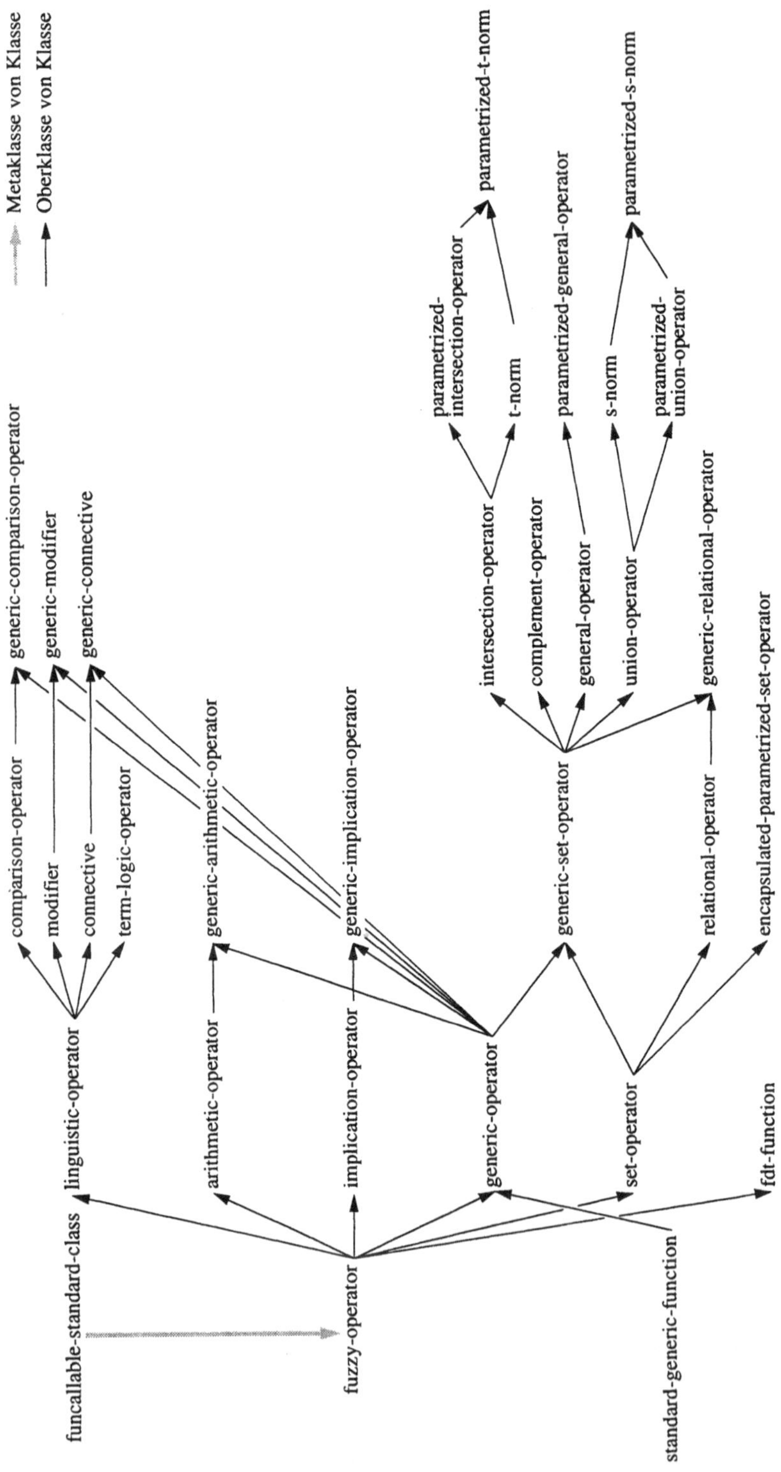

Abb. 15.6: CLIFS-Klassen: Fuzzy-Operatoren

85ff.). Die Klasse `encapsulated-parametrized-set-operator` ist für nichtparametrische Operatoren vorgesehen, die aus parametrischen Operatoren durch Angabe eines bestimmten Parameterwerts generiert werden. Da ein solcher Operator lediglich dazu dient, andere generische Operatoren mit einem konstanten Parameterwert und den ihm übergebenen Argumenten aufzurufen, müssen diese Operatoren selbst nicht als generische Operatoren definiert sein.

Unter der Klasse `linguistic-operator` werden sowohl Operatoren subsumiert, die auf der denotativen Bedeutung linguistischer Terme, also auf Fuzzy-Mengen operieren, als auch Operatoren, die auf den Termen selbst operieren. Die erste Gruppe differenziert sich in Vergleichsoperatoren (`comparison-operator`), linguistische Hecken (`modifier`) und Konnektive (`connective`). Die Klasse `term-logic-operator` ist für logische Operationen endlicher mehrwertiger Logiken vorgesehen, die über Wahrheitstabellen definiert werden können (vgl. die Tabellen 12.3 bis 12.6).

Inferenzsysteme und Inferenzeinheiten

Das Anforderungsprofil von CLIFS enthält eine Vielzahl von Programmierparadigmen, Verarbeitungsmodellen und Kalkülen approximativen Schließens, so daß man ein derartiges System geradezu als „multilinguales" Programmiersystem bezeichnen könnte. Überdies sollte die Entwicklung und Erprobung neuer „Sprachen" – neuer Unsicherheits- und Unschärfekalküle im Rahmen verschiedener Programmierparadigmen – unterstützt werden. Ein Ansatz zur Bearbeitung dieser Aufgabe läßt sich aus der Verallgemeinerung des Metaobjekt-Protokoll-Ansatzes von CLOS gewinnen (vgl. Abbildung 15.2). Demnach wäre ein Metaebenen-Protokoll zu konzipieren, das als Grundlage der Implementierung verschiedener „Sprachen" dienen kann.

Die Umsetzung dieses Ansatzes wirft eine Reihe von Fragen und Problemen auf. Von grundlegender Bedeutung ist die Frage nach der Konstitution dieser „Sprachen", also nach ihren Grundelementen, deren Beziehungen und der Form, in der sich ihre Einheit „materialisiert". Da CLIFS die Funktionalität mehrerer erweiterbarer „Sprachen" bieten sollte, war es nötig, eine Abstraktion vorzunehmen, die die verschiedenen „Sprachen" als spezielle Realisierungsform eines allgemeineren Konzepts zu behandeln erlaubt. Dieses allgemeine Konzept heißt in CLIFS *„Inferenzsystem"*. CLIFS bietet ein erweiterbares Protokoll von Inferenzsystem-Klassen und Methoden, die dazu dienen, Inferenzsysteme zu generieren, auszuwerten und auf Attribute von Inferenzsystemen zuzugreifen.

Inferenzsystem-Klassen sind über das zugrundeliegende Verarbeitungsmodell und gegebenenfalls ein in ein bestimmtes Verarbeitungsmodell integriertes Unsicherheits- oder Unschärfekalkül definiert. Aufgrund der Einbettung in COMMON LISP unterstützt CLIFS gleichermaßen *objekt-* wie *funktionsorientierte* Programmiermethoden. Hauptzweck des Konzepts *Inferenzsysteme* ist daher die Unterstützung der beiden anderen Hauptmethoden der KI-Programmierung, nämlich der *logik-* und *regelorientierten* Programmierung.

Soll die Integration verschiedener Programmierstile unterstützt, sollen Redundanzen vermieden und soll die vorhandende Funktionalität von COMMON LISP verfügbar gemacht werden, so dürfen die Grundelemente der verschiedenen Verarbeitungsmodelle und Kalküle nicht vollständig systemspezifisch definiert sein. Soweit dies mit Syntax und Semantik eines Inferenzsystems vereinbar ist, können Objekte von COMMON LISP als Grundelemente von Inferenzsystemen fungieren. Dies gilt gleichermaßen für *Fuzzy-Mengen, linguistische Variablen* und *Fuzzy-Operatoren.* Sie sind unabhängig von bestimmten Verarbeitungsmodellen sowie Unsicherheits- und Unschärfekalkülen definierbar und verwendbar. Umgekehrt kann jedoch eine Systemdefinition die Verwendung bestimmter Operatoren für bestimmte Inferenzfunktionen (wie beispielsweise die logische Disjunktion oder Implikation) festschreiben. Neben den genannten systemunabhängigen Grundelementen bietet CLIFS für verschiedene Inferenzsysteme Klassen von *„Inferenzeinheiten"*, die für bestimmte Verarbeitungsmodelle charakteristisch sind, typischerweise (aber nicht notwendigerweise) in einer Teil-Ganzes-Relation zu Inferenzsystemen stehen und in COMMON LISP standardmäßig nicht verfügbar sind.

Für Regel- und Logiksysteme werden in CLIFS derzeit drei Hauptklassen von Inferenzeinheiten unterschieden (vgl. Abbildung 15.7): Regeln (`rule`), Klauseln (`clause`) und logische Prozeduren (`logic-procedure`). Regeln differenzieren sich in Kontrollregeln (`control-rule`), Produktionsregeln (`production`) und logische Regeln (`logic-rule`). Die Klasse der Kontrollregeln umfaßt zwei Typen von Fuzzy-Kontrollregeln (`fuzzy-control-rule`): Regeln nach dem Mamdani/Assilian-Modell (`mamdani-rule`) und Regeln nach dem Sugeno/Takagi-Modell (`sugeno-rule`). Die Klasse der Produktionsregeln differenziert sich in Produktionen nach dem Modell von OPS5 (`ops5-rule`) und in Regeln, die aus Attribut-Objekt-Wert-Tripeln aufgebaut sind und für Vorwärts- wie Rückwärtsverkettung vorgesehen sind (`aov-rule`). Für jede von ihnen existiert eine Variante zum approximativen Schließen (`flops-rule` und `spii-rule`).

Klauseln werden unterteilt in Klauseln mit ausschließlich negativen Literalen, kurz: Zielklauseln (`goal-clause`), und Klauseln, die mindestens ein positives Literal aufweisen, kurz: Programmklauseln (`program-clause`). Für die Verarbeitung von Programmklauseln stellt sich die Frage, ob die Klauseln negative Literale aufweisen (`logic-rule`) oder nicht (`unconditional-clause`), also als Regeln zu interpretieren sind oder als Fakten beziehungsweise, falls sie mehrere positive Literale aufweisen, als eine Disjunktion von Fakten. Programmklauseln mit einem positiven Literal werden gesondert behandelt, da diese Klauseln (`definite-program-clause`) mit Zielklauseln die Menge der Hornklauseln bilden, also Klauseln, für die hocheffiziente Beweisverfahren existieren. Für *bewertete* Klauseln sind jeweils spezielle Unterklassen definiert.[22]

---

[22] Die Bezeichnungen enthalten folgende Kürzel: „v" für *„valuated"*, „g" für *„goal"*, „d" für *„definite"*, „r" für *„rule"*, „u" für *„unit"*.

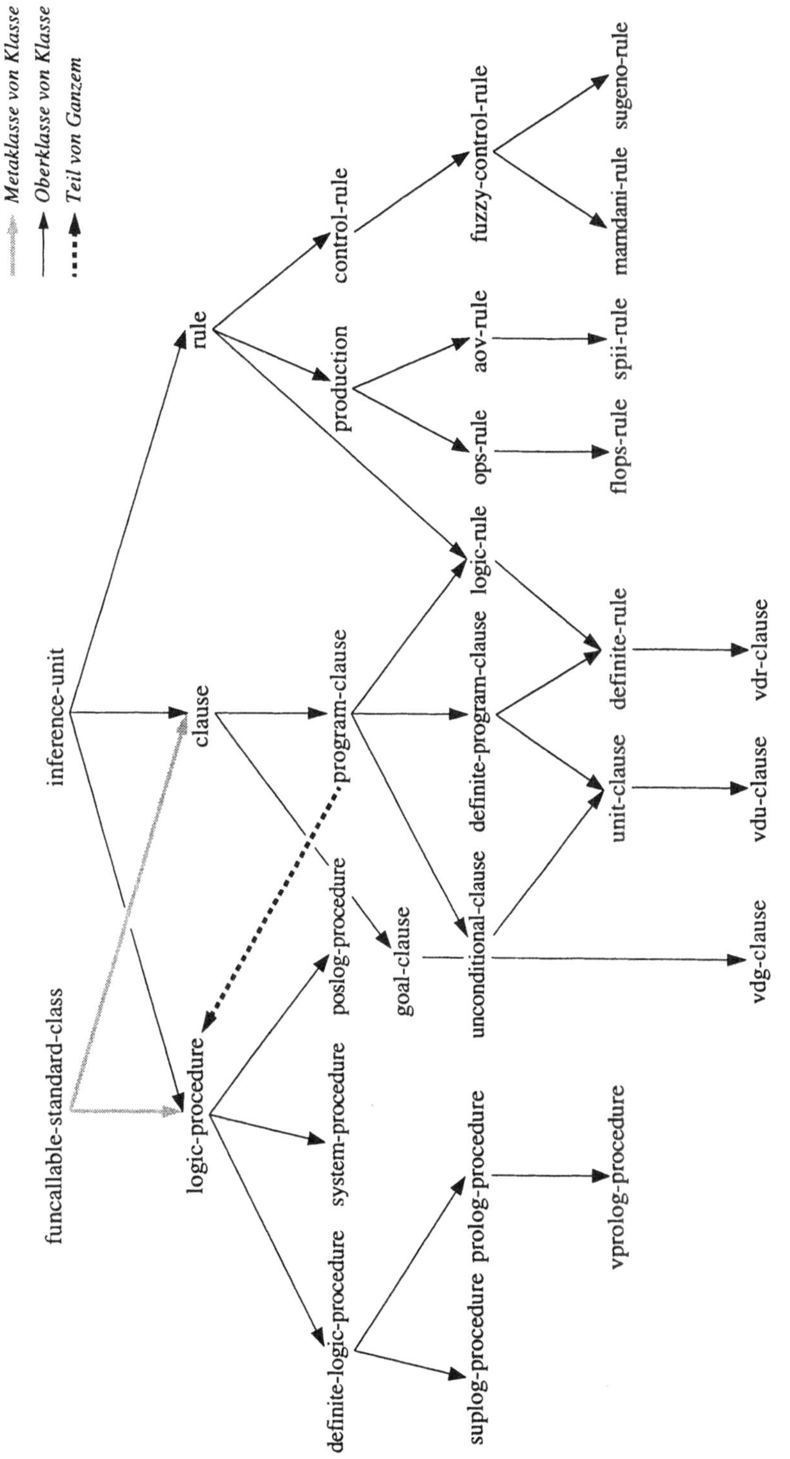

Abb. 15.7: CLIFS-Klassen: Inferenzeinheiten

Programmklauseln über der gleichen Relation, also mit gleicher Relationskonstante und gleicher Stelligkeit, werden in logischen Prozeduren (`logic-procedure`) zusammengefaßt. Programmklauseln stehen demgemäß in einer Teil-Ganzes-Beziehung zu logischen Prozeduren. Aus implementierungstechnischen Gründen und zur Unterstützung von Metainferenzen werden Systemprozeduren einer eigenenen Unterklasse (`system-procedure`) zugeordnet. Logische Prozeduren und Klauseln haben gemein, daß die Klasse `funcallable-standard-class` (beziehungsweise eine ihrer Unterklassen) als ihre Metaklasse fungiert. Demzufolge weisen sie den gleichen Doppelcharakter wie Fuzzy-Operatoren auf: sie verhalten sich zugleich wie gewöhnliche Objektinstanzen und wie gewöhnliche Funktionen.

Logische Prozeduren und Regeln sind Bestandteile von Inferenzsystemen (vgl. Abbildung 15.8). Standardmäßig bietet CLIFS Klassendefinitionen für logische Systeme (`logic-system`), Produktionensysteme (`production-system`) und Fuzzy-Reglersysteme (`fuzzy-control-system`). Fuzzy-Reglersysteme

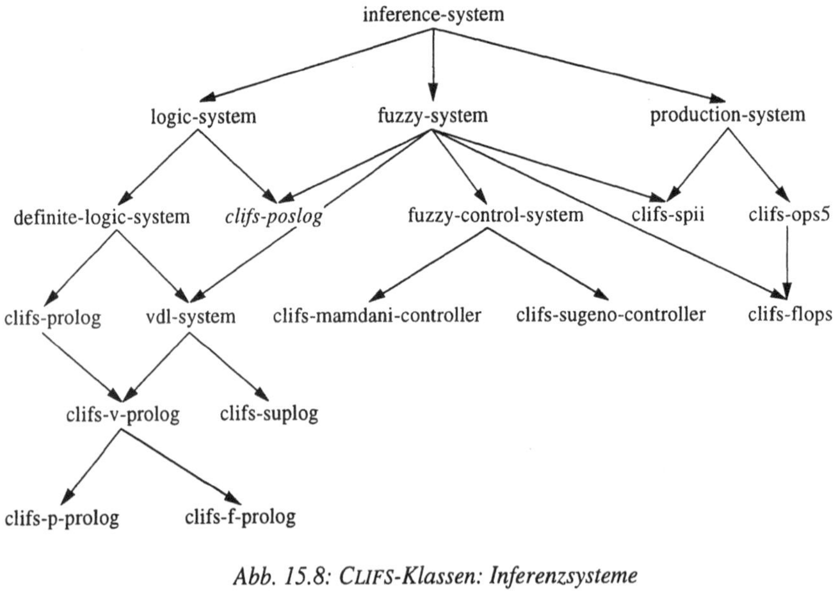

Abb. 15.8: CLIFS-Klassen: Inferenzsysteme

können nach dem Mamdani-Modell (`clifs-mamdani-controller`) oder nach dem Sugeno-Modell (`clifs-sugeno-controller`) definiert werden (vgl. Kapitel 11.2 und 11.3, 376ff.). Die derzeit unterstützten vorwärtsverkettenden Produktionensysteme stehen in der Tradition von OPS5 [vgl. Brownston et al. 1986]. Dazu zählen zunächst rein symbolorientierte Systeme (`clifs-ops5`), die auf einer objektorientierten Modifikation des effizienten RETE-Match-Verfahrens [Forgy 1982] beruhen. Über die Unterklasse `clifs-flops` werden Erweiterungen zum approximativen Schließen nach dem in FLOPS (vgl. Kapitel 12.2.1, 422ff. und Kapitel 14.4.3, 549ff.) realisierten Modell bereitgestellt. Rückwärtsverkettende Systeme (clifs-spii) stammen von dem possibilistischen Inferenzsystem SPII ab (vgl. Kapitel 12.3.1, 432ff. und Kapitel 14.4.2, 544ff.).

Aktuell werden nur Logiksysteme unterstützt, deren Klauseln nicht mehr als ein positives Literal enthalten (definite-logic-system). Dazu zählen Systeme auf der Basis der Support-Logik (clifs-suplog), die eine exhaustive Breitensuche durchführen (vgl. Kapitel 13.2), sowie Systeme, die eine Tiefensuche nach dem der Sprache PROLOG zugrunde gelegten Verarbeitungsmodell durchführen (clifs-prolog). Es handelt sich dabei um ein erweitertes und verallgemeinertes Kern-PROLOG. Die Erweiterung betrifft zunächst die Integration mit COMMON LISP, so daß logische Prozeduren in LISP-Funktionen und LISP-Funktionen in logischen Prozeduren aufgerufen werden können. Das Protokoll für diese Systeme bietet überdies Möglichkeiten, verschiedene Abarbeitungsstrategien zu spezifizieren. Erweitetere PROLOG-Systeme zur Verarbeitung bewerteter Hornklauseln können über die Klasse v-prolog definiert werden. Die Unterklasse f-prolog ist über das von Li und Liu benutzte Schema zur Verrechnung von Klauselbewertungen definiert (vgl. Kapitel 13.3). In f-prolog wird wie in clifs-suplog eine semantische Unifikation auf der Basis des Possibilitäts- und Notwendigkeitsmaßes von Dubois und Prade unterstützt (vgl. Kapitel 10.3). Systeme auf der Basis der possibilistischen Logik können als Instanzen von p-prolog realisiert werden (vgl. Kapitel 13.4). Dabei sind sowohl Notwendigkeits- als auch Possibilitätsmaße zur Bewertung der Klauseln zulässig.

Eine Anwendung kann aus beliebig vielen Inferenzsystemen, also Instanzen von Inferenzsystemklassen bestehen. Die Definitionen der Inferenzsysteme und ihrer Elemente sind lokal. Es ist also beispielsweise möglich, mit mehreren clifs-p-prolog-Systemen zu arbeiten, in denen gleichnamige Prädikate benutzt werden, ohne daß dies zu Namenskonflikten führt.

```
[system clifs-p-prolog pp1]                                  [3]
(<- [n 1.0] (wohnort jan heidelberg))
[system clifs-p-prolog pp2]
(<- [n 1.0] (freund tim jan))
(<- [p 0.9] (arbeitsort tim berlin))
(<- [n 1.0] (arbeitsort nina berlin))
(<- [n 0.8] (wohnort ?x ?o)
     (arbeitsort ?y ?o) (freund ?y ?x))
(<- [n 0.8] (wohnort ?x ?o) (arbeitsort ?x ?o))
(<- [n 0.8] (wohnort ?x ?o)
     (partnerin ?y ?x) (wohnort ?y ?o))
(<- [n 0.7] (partnerin nina jan))
(?- (wohnort jan ?o) ?s)
⇒ ?S = [N 0.7]
   ?O = BERLIN
[system pp1]
(?- (wohnort jan ?o) ?s)
⇒ ?S = [N 1.00]
   ?O = HEIDELBERG
```

15.3.2 Systemkomponenten

CLIFS stellt eine relativ umfangreiche und vielschichtige Erweiterung von COMMON LISP dar, die sich aus verschiedenen Teilkomponenten zusammensetzt. Die gesamte Erweiterung bildet ein „Modul“ (*package*) im Sinne von COMMON LISP [vgl. Steele 1990, 247ff.].[23] Der Package-Name lautet `"COMMON-LISP-FUZZY-SYSTEM"`, die Kurzform (*nickname*) `"CLIFS"`. Die Hauptfunktion des Package-Systems in COMMON LISP besteht darin, voneinander getrennte Namensräume zu schaffen und zu verwalten, um Namenskonflikte zu vermeiden. Für die Entwicklung und Verwaltung großer Programme stellen die führenden LISP-Produzenten darüber hinaus eigene Systemwerkzeuge zur Verfügung, deren Hauptfunktion darin besteht, Lade- und Kompilationsabhängigkeiten von Dateien zu handhaben [vgl. Franz 1992, 16-1ff.; Harlequin 1992a, D44ff.; 1992b, 34-1ff.]. In Abbildung 15.9 ist ein geringfügig modifizierter Systemgraph der ersten Version von CLIFS dargestellt. Die Knoten stehen für Systemkomponenten. Die Zerlegung in Systemkomponenten erlaubt, je nach Bedarf verschiedene Konfigurationen vorzunehmen.[24]

Im Zentrum des Systems stehen die Klassen- und Methodendefinitionen der beschriebenen Grundelemente, also Fuzzy-Mengen (`fuzzy-sets`), Fuzzy-Operatoren (`fuzzy-operators`), linguistische Variablen (`linguistic-variables`), Inferenzsysteme und Inferenzeinheiten (`inference-systems`). Ergänzend zu diesen Hauptkomponenten bietet CLIFS eine Erweiterung des Condition-Systems von COMMON LISP zur Fehlermeldung und Fehlerbehandlung (`conditions`), eine Komponente zur Repräsentation von Intervallen (`intervals`), verschiedene Zeichenmakros (`read-macros`), Maße zum Vergleich von Fuzzy-

[23] CLIFS wurde auf einer Unix-Workstation mit zwei verschiedenen Entwicklungsumgebungen von COMMON LISP, nämlich ALLEGRO COMMON LISP [Franz 1992] und LISPWORKS [vgl. Harlequin 1992a,b], implementiert. Beide Compiler sind weitgehend mit der in [Steele 1990] dokumentierten Spezifikation kompatibel; die Abweichungen beider Versionen zu dem im Dezember 1994 festgelegten ANSI-Standard sind für die Implementierung von CLIFS unerheblich. Ein Referenzhandbuch zu ANSI COMMON LISP und eine Übersicht über die Differenzen zur Spezifikation von Steele [1990] bietet Graham [1996, insbesondere 308-400]. Der aktuelle Source-Code von CLIFS ist, soweit ersichtlich, mit ANSI COMMON LISP kompatibel, setzt jedoch eine Teilmenge des von Kiczales, Rivières und Bobrow [1991] spezifizierten Metaobjekt-Protokolls voraus. Der ANSI-Standard von COMMON LISP läßt ja leider, obgleich das Metaobjekt-Konzept aufgenommen worden ist, das Metaobjekt-Protokoll unspezifiziert. Die führenden LISP-Hersteller bieten für verschiedene Plattformen Metaobjekt-Protokolle an, die sich an dem von Kiczales u.a. [1991] beschriebenen Quasi-Standard orientieren, und sind bestrebt, bestehende Differenzen zu minimieren. Die Portierung von CLIFS auf WINDOWS95 und WINDOWS NT ist in Arbeit.

[24] Die Aufteilung ist unter konfigurationstechnischen Gesichtspunkten nicht optimal. Im vorliegenden Darstellungszusammenhang bleiben Abhängigkeiten zwischen den Komponenten unberücksichtigt. Es geht hier lediglich darum, unter thematischen Gesichtspunkten einen Überblick über das Gesamtsystem zu vermitteln.

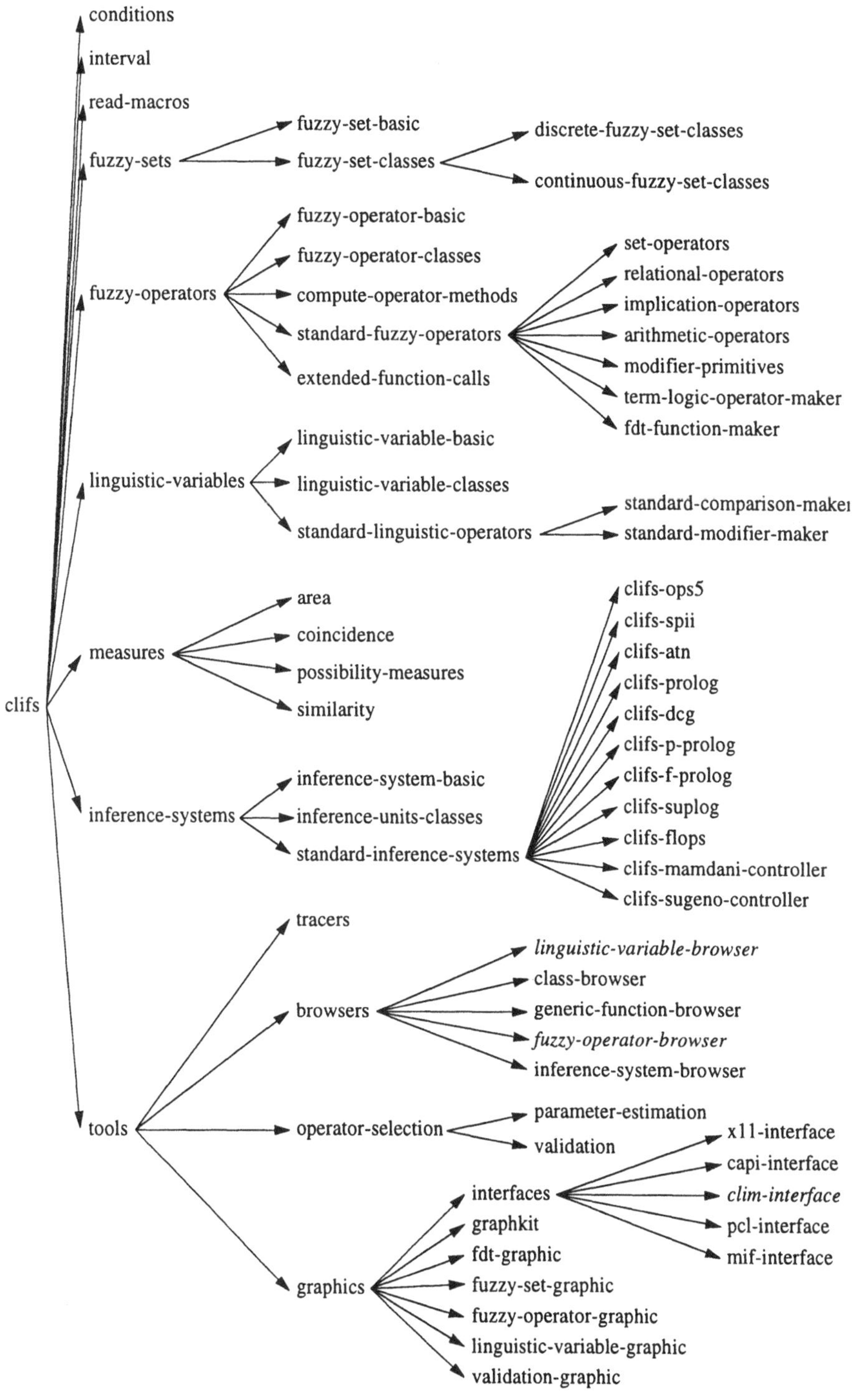

Abb. 15.9: Systemkomponenten von CLIFS

Mengen (`measures`) und einige Werkzeuge (`tools`) zur Programmentwicklung und zur graphischen oder tabellarischen Darstellung von Fuzzy-Mengen.

Jede der Hauptkomponenten enthält eine mit dem Postfix `basic` benannte Teilkomponente. Es handelt sich dabei um Basiskomponenten, in denen grundlegende, für die Funktionstüchtigkeit des Systems unabdingbare Definitionen abgelegt sind. Im Gegensatz zu den anderen Hauptkomponenten beinhaltet die Komponente `fuzzy-operators` nicht nur Klassen und Methoden, sondern zudem ein umfangreiches Repertoire an Instanzen der beschriebenen Klassen (vgl. die Tabellen 15.14 bis 15.21). In der Komponente `extended-function-calls` sind Funktionen definiert, die gewöhnliche CL-Funktionen (im Sinne einer Mengenoperation oder im Sinne des Erweiterungsprinzips) auf Fuzzy-Mengen anzuwenden erlauben, sofern die Grundmenge der Fuzzy-Menge zum Definitionsbereich der CL-Funktion gehört. Die mit dem Postfix `maker` benannten Komponenten beinhalten Funktionen zur Generierung von Operatoren. Dazu gehören mehrwertige, über einer Wahrheitstafel definierte Operatoren wie sie beispielsweise in MILORD eingesetzt werden (`term-logic-operator-maker`), Funktionen, die einen Fuzzy-Diskriminationsbaum sowie eine Funktion erzeugen, die Mustervergleiche über ihm ausführt (`fdt-function-maker`), Funktionen, die für eine linguistische Variable Operatoren zum Vergleich von Fuzzy-Mengen generieren (`standard-comparison-maker`) und nicht zuletzt Funktionen, die für eine linguistische Variable Operatoren zur Modellierung linguistischer Hecken generieren (`standard-modifier-maker`).

Aufgrund der Einbettung in COMMON LISP lassen sich in CLIFS alle Entwicklungswerkzeuge der zugrundeliegenden COMMON LISP-Umgebung benutzen, also insbesondere Inspektoren und Browser für Klassen und generische Funktionen. Der für CLIFS entwickelte Inferenzsystem-Browser (vgl. Abbildung 15.11) bietet neben einer tabellarischen Zusammenstellung von Inferenzeinheiten des aktuell angewählten Systems (beispielsweise Klauseln und Prädikate bei Logiksystemen oder Regeln, Instanzen und Objektklassen bei Regelsystemen) Optionen zur textuellen und graphischen Beschreibung (beispielsweise zum Pretty-Printing von Regeln oder zur Anzeige von RETE-Diskriminationsnetzen). Für Produktionensysteme wird überdies ein Run-Tool zur Verfügung gestellt, daß neben einem Regeltrace, die Änderungen des Arbeitsspeichers und der Konfliktmenge anzeigt (vgl. Abbildung 15.12).

Kern der Graphik-Komponente bildet ein eigenes händler- und geräteunabhängiges Graphik-Toolkit. Es handelt sich dabei um ein objektorientiertes COMMON LISP-Programm, das die Darstellung primitiver und zusammengesetzter graphischer Objekte (insbesondere von Koordinatensystemen und Funktionsgraphen) unterstützt. Zur Ausgabe auf einem Bildschirm, eine Datei oder einen Drucker wird eine geeignete Schnittstelle benötigt. Aktuell bietet CLIFS Schnittstellen zu X-WINDOWS (`x11-interface`), zu CAPI (`capi-interface`), einem Programm für die Entwicklung graphischer Benutzungsoberflächen, zu PCL-Druckern (`pcl-interface`) und eine Schnittstelle zur Erzeugung von

MIF-Dateien (`mif-interface`). Eine Schnittstelle zu CLIM (`clim-interface`) befindet sich in Entwicklung.[25] Auf der Basis des Graphik-Toolkits stellt CLIFS eine Reihe von Display-Methoden für verschiedene Klassen von Fuzzy-Operatoren, Fuzzy-Mengen, linguistischen Variablen sowie für Validierungsvergleiche von Fuzzy-Operatoren zur Verfügung (vgl. Abbildung 15.10).

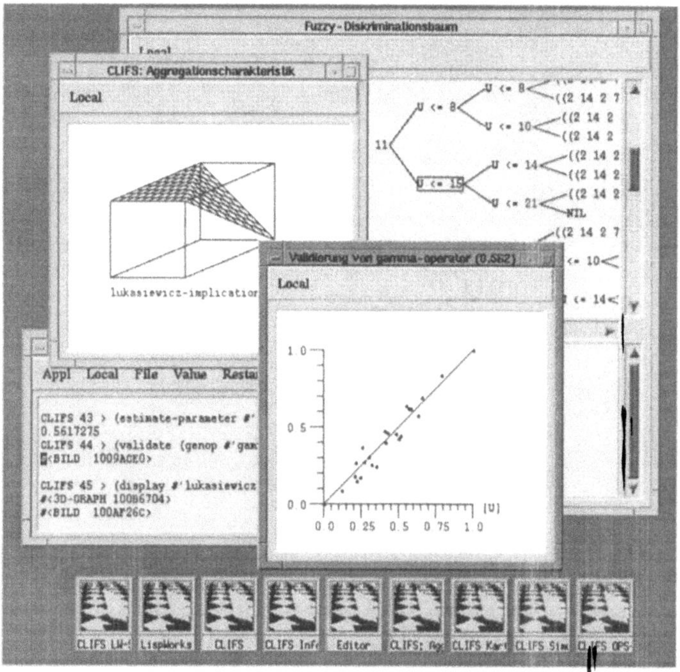

Abb. 15.10: Graphikwerkzeuge für Fuzzy-Operatoren in CLIFS

[25] Noch nicht implementierte Komponenten sind in Abbildung 15.9 durch Kursivdruck gekennzeichnet. Das `x11-interface` basiert auf dem frei zugänglichen COMMON LISP X Interface (CLX) [Texas Instruments 1989]. CAPI (Common Application Programmer's Interface) ist eine unter X WINDOWS (MOTIF, OPEN WINDOWS/OPENLOOK) und MICROSOFT WINDOWS lauffähige Software von Harlequin Limited [1994a; 1994b]. CLIM (COMMON LISP Interface Manager) ist ein sehr umfangreiches und leistungsfähiges portables Interface- und Graphik-Toolkit, das in Kooperation der führenden LISP-Hersteller entwickelt wurde [McKay and York 1992; Franz and Dynamic Object Language Labs 1995; vgl. auch Rao, York, Doughty 1990; Rao 1993]. PCL (Printer Command Language) ist eine Kommandosprache für Seitendrucker [Hewlett-Packard 1987], MIF (Maker Interchange Format) ein geräteunabhängiges „ASCII"-Dateiformat für FRAMEMAKER-Dokumente, das alle von FRAMEMAKER gebotenen Layoutfunktionen (Text-, Graphik- und Formatierungsfunktionen) unterstützt [Frame Technology 1991; 1993]. Alle in dieser Arbeit abgedruckten Graphiken von Fuzzy-Mengen und Fuzzy-Operatoren wurden mit Hilfe des Graphik-Toolkits von CLIFS erzeugt und über das MIF-Interface in FRAMEMAKER-Dokumente portiert.

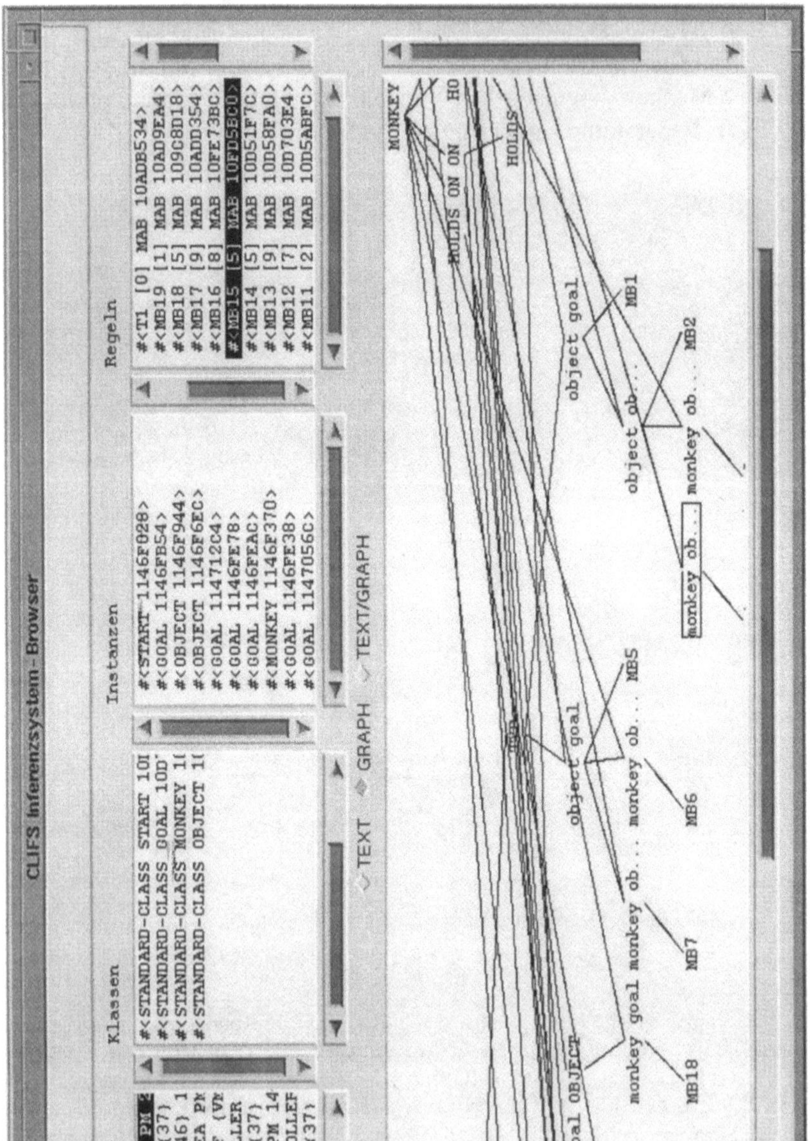

Abb. 15.11: CLIFS-Inferenzsystem-Browser

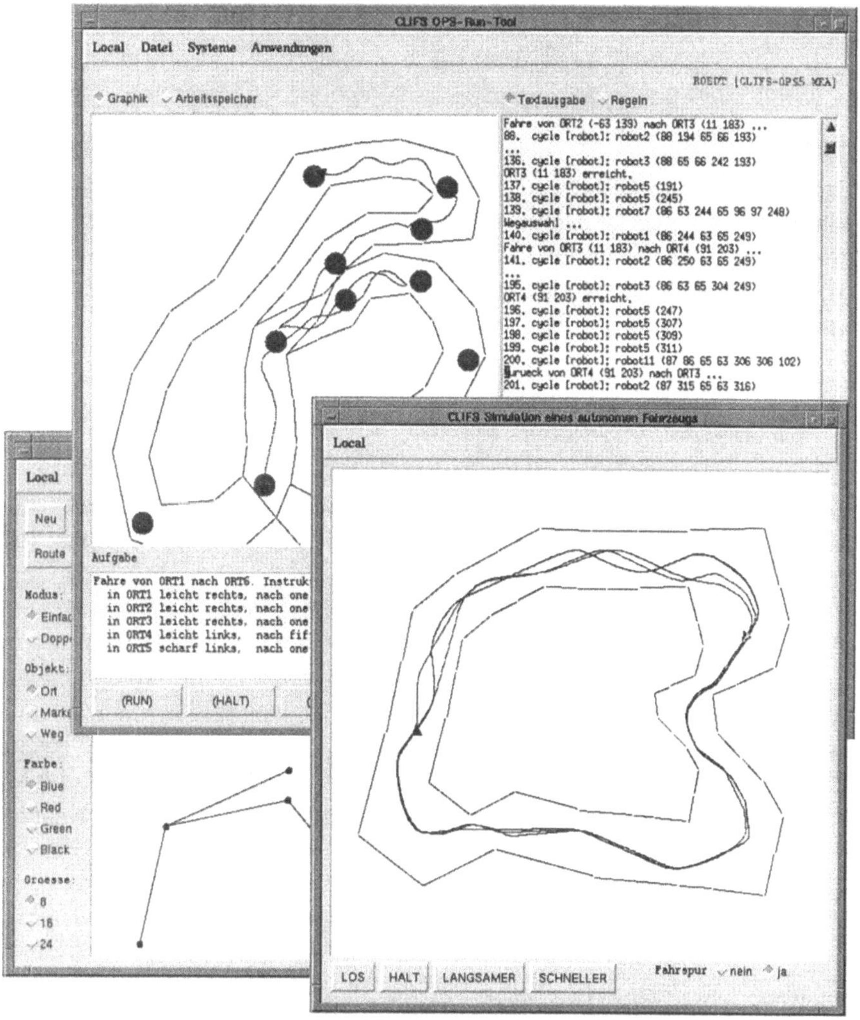

Abb. 15.12: CLIFS-Produktionensystem-Tool und Simulationswerkzeuge eines Demonstrationsprogramms

Die Roboter-Simulation demonstriert die Modularität und Kombinationsmöglichkeiten von Inferenzsystemen in CLIFS. Die Aufgabe bestand darin, einen Roboter aufgrund mehrdeutiger und unscharfer Wegbeschreibungen (gleichnamige Orte, ungefähre Richtungs- und Streckenangaben) zu einem bestimmten Zielort zu bringen. Zu ihrer Bearbeitung wurden zwei unabhängig voneinander entwickelte und ablauffähige Programme kombiniert: ein flüchtig für variable Fahrbahnweiten entworfener Fuzzy-Regler zur Fahrzeugsteuerung und ein vorwärtsverkettendes Produktionensystem zur Wegsuche mit Backtracking. Ihre Kombination verlangt keine Codeänderung. Während die „niederen" Regelungsaufgaben dem Fuzzy-Control-System übertragen sind, übt das Produktionensystem die „höheren" Planungs- und Kontrollfunktionen darüber aus, welcher Weg eingeschlagen wird. Hat der Fuzzy-Regler also durch eine angemessene Lenkrad- und Pedalsteuerung dafür zu sorgen, daß der Roboter in der Fahrbahn bleibt, so entscheidet das Produktionensystem darüber, welcher Weg eingeschlagen werden soll, also wann und in welche Richtung abgebogen werden soll, und – falls der zurückgelegte Fahrweg mit der unscharfen Wegbeschreibung hochgradig inkompatibel geworden ist – wieder zurückgefahren werden muß, um einen alternativen Weg zu suchen.

15.4 Definitionsmakros – Konzeption und Syntaxbeschreibungen

Die Funktionalität einer Sprache wird im wesentlichen von den Konstrukten zur Definition der Grundelemente sowie den für sie definierten Operationen bestimmt. CLIFS bietet zur Definition und Konstruktion der beschriebenen Grundelemente spezielle Definitions- und Zeichenmakros. Die Operationen sind überwiegend als generische Funktionen realisiert, zu einem geringen Anteil jedoch auch als gewöhnliche CL-Funktionen und Makros.

15.4.1 Das Konzept „generischer" Definitionsmakros

COMMON LISP verfügt (wie andere LISP-Dialekte) über ein (im Vergleich zu anderen Programmiersprachen) äußerst leistungsfähiges Makro-Konzept [vgl. Steele 1990, 193ff.; Graham 1994b]. LISP-Makros erlauben, Ausdrücke unter Verwendung *aller* in der aktuellen LISP-Umgebung verfügbaren Sprachmittel zu transformieren, so daß nicht die im Makro-Aufruf aufgelisteten Ausdrücke, sondern vielmehr die transformierten Ausdrücke evaluiert oder kompiliert werden. Die Auswertung von Makro-Aufrufen erfolgt in zwei Phasen: in der ersten Phase wird ein neuer Ausdruck erzeugt (Makroexpansion), der in der zweiten Phase evaluiert wird. Die Funktion, die die Makroexpansion erzeugt, die Makroexpansions-Funktion, kann ein beliebig komplexes LISP-Programm beinhalten, und die Expansion, die von diesem Programm erzeugt wird, kann ein (hinsichtlich der Komplexität wie des Datentyps) beliebiger LISP-Ausdruck sein. Makroaufrufe in Funktionsdefinitionen werden zur Kompilationszeit expandiert: dem Compiler werden dann nicht die Makroaufrufe, sondern vielmehr die Makroexpansionen übergeben. LISP-Makros erlauben neue Sprachkonstrukte in LISP einzuführen, die eine spezielle, von normalen LISP-Funktionsaufrufen abweichende Syntax aufweisen dürfen. LISP-Makros sind daher *das* Instrument, eingebettete Sprachen in LISP zu implementieren.

Problemstellung

Definitionsmakros dienen dazu, Elemente eines Programms zu generieren und ihnen gegebenenfalls einen Namen zuzuweisen. Sie sind für die Sprachgestaltung nicht zuletzt deshalb von großer Bedeutung, weil die Ausdrucksmächtigkeit einer Sprache, ihre Lesbarkeit und der von ihr geforderte Kodierungsaufwand in einem hohen Grad von ihnen abhängt. Hintergrund für die Konzeption der Definitionsmakros von CLIFS war die Erfahrung, daß Definitionskonstrukte in Expertensystemwerkzeugen erhebliche Probleme bereiten können, wenn von den Werkzeugentwicklern nicht explizit ausgearbeitete Konzepte integriert werden sollen. So ist es keineswegs selten, daß die Integration eines einfachen Certainty-Factor-Modells in Regelsysteme wegen einer zu restriktiven Syntax überhaupt nicht möglich ist oder nur möglich wird, indem in die Regelkodierung viele (oft einzig der zu restriktiven Syntax geschuldete) Formulierungen einfließen müssen, die den Regeltext selbst bei einfachen Regelzusammenhängen drastisch aufblähen und unübersichtlich machen. Bei der Gestaltung der Definitionsmakros für CLIFS waren überdies die besonderen Anforderungen eines „generischen" oder „multilingualen" Programmiersystems zu berücksichtigen: um das System nicht mit unnötig vielen Symbolen zu überfrachten, sollten nicht für jede „Sprache", jedes Inferenzsystem, eigene Definitionsmakros zur Verfügung gestellt werden. Die Aufgabe bestand mithin darin, eine begrenzte Anzahl von Definitionsmakros anzubieten, die für mehrere Inferenzsysteme verwendbar sein sollten, standardmäßig eine hohe Ausdrucksmächtigkeit gewährleisten sollten und zugleich Möglichkeiten eröffnen sollten, die vorgegebene Syntax speziellen Anforderungen entsprechend zu verändern.

Die Aufgabe erinnert an die Problemstellung, die zur Einführung des Konzepts der generischen Funktion führte: In beiden Fällen geht es darum, eine inkrementell erweiterbare Vielfalt an Funktionalität zu bieten. Das Problem besteht nicht darin, daß die Makroexpansions-Funktion in COMMON LISP eine gewöhnliche Funktion ist, sondern vielmehr darin, daß es normalerweise nichts nützen würde, wenn sie eine generische Funktion wäre. Vor allem deswegen nicht, weil die Klassenzugehörigkeit der Argumente von Definitionsmakros im allgemeinen keine brauchbare Unterscheidung ermöglicht: gleichgültig, ob es sich um eine OPS5-Regel, eine PROLOG-Regel oder eine Fuzzy-Control-Regel handelt, Regeln aller drei Klassen werden primär in Form von Symbolen oder Listen von Symbolen definiert.

Die Gestaltung der Makroexpansions-Funktionen

Der in CLIFS verfolgte Lösungsansatz besteht darin, die Methodenauswahl zur Makroexpansion nicht unmittelbar von der Klassenzugehörigkeit der Definitionsargumente abhängig zu machen, sondern vielmehr von der Klassenzugehörigkeit eines Objekts, das aus den Definitionsargumenten und der aktuellen Umgebung nach vorgegebenen Regeln ermittelt wird. Bei diesem Objekt handelt es sich um einen „Prototyp" des Werts der Makroexpansion. In der Makrodefinition selbst wird daher auf syntaktische Vorgaben fast vollständig verzichtet. Eine Erweiterung des Makroexpansions-Protokolls kann dann einfach unter Nutzung objektorientierter Vererbungsmechanismen vorgenommen werden. Vorausgesetzt wird lediglich, daß der „Prototyp" nach vorgegebenen Regeln ermittelt werden kann und daß für seine Klasse eine geeignete *Expansions-Methode* definiert ist. Ein „Prototyp" ist durch seinen Klassennamen hinreichend spezifiziert.[26] Daher wird überprüft, ob eine geeignete Objektklasse in der Definition angegeben ist. Ist dies nicht der Fall, so wird auf einen Vorgabewert zurückgegriffen.[27] Nachdem die Objektklasse ermittelt worden ist, wird eine *generische Expansionsfunktion* mit einem „Prototyp" dieser Klasse als erstem und der Liste der Definitionsargumente als zweitem Argument aufgerufen. Nach diesem Schema sind die Definitionsmakros von linguistischen Variablen, Fuzzy-Operatoren, Inferenzsytemen und Inferenzeinheiten definiert. Für diese Definitionsmakros werden dementsprechend verschiedene Standardsyntaxen angeboten (vgl. die Tabellen 15.3 bis 15.10).

15.4.2 Syntaxbeschreibungen der Definitionsmakros

Nichtterminale Symbole werden in Backus-Klammern gesetzt, terminale Symbole durch Fettschrift gekennzeichnet. Alternative Ersetzungen werden durch vertikale Striche voneinander getrennt. Geschweifte Klammern in Normaldruck dienen dazu, mehrere Ausdrücke zusammenzufassen; sie fungieren also als Metazeichen, nicht als Konstante. Hochgesetzte Zeichen sind ausnahmslos Metazeichen: die hochgesetzten relationalen Ausdrücke geben an, wie oft der vorangestellte Ausdruck auftreten darf, *f* bedeutet, daß statt des folgenden Ausdrucks auch ein CL-Funktionsaufruf stehen kann, dessen Wert syntaktisch mit dem folgenden Ausdruck übereinstimmt. Um die Beschreibung möglichst einfach und aussagekräftig zu gestalten, wird auf das Typsystem von Common Lisp rekurriert: ⟨type: ...⟩ und ⟨name of type: ...⟩ basieren auf dem CL-Prädikat `typep` und ⟨subtype: ...⟩ auf dem CL-Prädikat `subtypep` [vgl. Steele 1990, 49ff., 780ff.]. Beispielsweise bedeutet ⟨type: **real**⟩, daß es sich bei dem betreffenden Ausdruck (z.B. pi) um eine reelle Zahl handeln muß: `(typep pi 'real)` ⇒ `t`; ⟨subtypep: **real**⟩, daß der Ausdruck (z.B. rational) den gleichen Typ oder einen Untertyp von reellen Zahlen bezeichnet: `(subtypep 'rational 'real)` ⇒ `t`); ⟨name of type: **function**⟩, daß der Ausdruck (z.B. +) als Name eines Objekts fungiert, das vom Typ Funktion ist: `(typep (symbol-function '+) 'function)` ⇒ `t`.

Definitionsmakros für Fuzzy-Mengen und linguistische Variablen

Die Definition von Fuzzy-Mengen kann entweder in der Definition linguistischer Variablen erfolgen oder über ein Zeichenmakro. Während gewöhnliche

---

[26] Der Terminus „Prototyp" wird hier im technischen Sinne des Metaobjektprotokolls von CLOS (MOP) gebraucht. Das vorgestellte Makro-Konzept von CLIFS erfordert lediglich eine beliebige Instanz einer bestimmten Klasse, gleichgültig welche Merkmale diese Instanz aufweist. Aktuell erfolgt der Zugriff über die MOP-Funktion `class-prototype`. Der direkte Weg, statt eines solchen „Prototypen" der Expansions-Funktion den Klassennamen selbst zu übergeben und in den Methodendefinitionen geeignete *eql-specializer* zu verwenden, bietet nicht die gleiche Flexibilität.

[27] Bei Inferenzeinheiten ist der Vorgabewert über das aktuelle Inferenzsystem definiert, in den anderen Fällen über globale Variablen. Die Verwendung solcher Vorgabewerte ist jedoch mehr für Testzwecke gedacht. Es empfiehlt sich, die relevante Objektklasse in der Definition explizit anzugeben. Dabei werden zwei Benennungsformen unterstützt: der Name der Klasse kann direkt als Argument übergeben oder hinter einem passenden Schlüsselwort (`:variable-class`, `:operator-class`, `:system-class`, `:rule-class`, `:procedure-class`, `:clause-class`) angegeben werden.

Makros an LISP-Symbole gebunden sind und eine Code-Transformation nach dem Einlesen zur Kompilationszeit (*compile-time*) ermöglichen, sind Zeichenmakros an spezielle Zeichen gebunden und erlauben, eine Transformation bereits während des Einlesens von Programmcode (*read-time*) durchzuführen. CLIFS bietet darüber hinaus Zeichenmakros zum Zugriff auf Inferenzsysteme, linguistische Werte und Variablen sowie zur Definition von Fuzzy-Mengen, Intervallen, Bewertungen (Support-Paare, Notwendigkeits- und Possibilitätsmaße) und diskreten Grundmengen.

Fuzzy-Mengen sind die charakteristischen Grundelemente von CLIFS. Um eine möglichst einfache und flexible Beschreibung und Verwendung von Fuzzy-Mengen zu ermöglichen, sind in CLIFS geschweifte Klammern als ausdrucksmächtige und vielseitig einsetzbare Zeichenmakros definiert, die gleichermaßen zur Definition von Fuzzy-Mengen beliebiger Klassen wie zum Zugriff auf Fuzzy-Mengen (Werte) einer linguistischen Variable dienen können (vgl. Abbildung 15.13 und Tabelle 15.3).

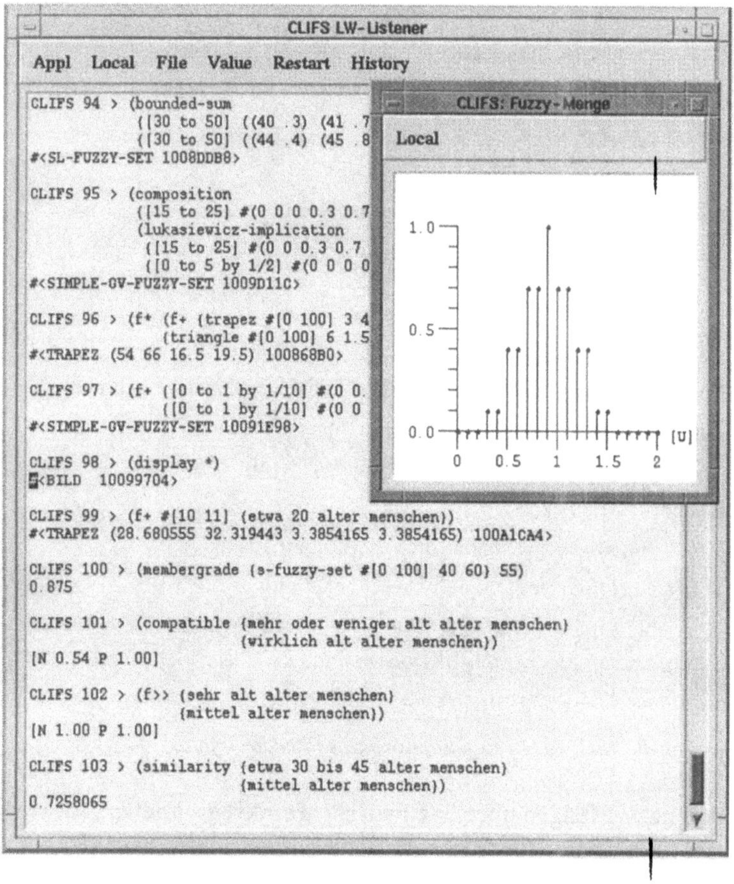

Abb. 15.13: Beschreibungsformen anonymer und benannter Fuzzy-Mengen in CLIFS

⟨fuzzy set⟩ ::= **{**⟨continuous fuzzy set⟩**}** |
{⟨discrete fuzzy set⟩**}** |
{⟨linguistic term⟩ ⟨variable name⟩ ⟨reference class⟩$^{\geq 0}$**}**

⟨continuous fuzzy set⟩ ::= {^{f}⟨subtype: **continuous-fuzzy-set**⟩ | ⟨lr-interval⟩}
^{f}⟨continuous universes⟩$^{\leq 1}$ ^{f}⟨parameter value⟩$^{\geq 0}$

⟨lr-interval⟩ ::= ^{f}⟨subtype: **lr-interval**⟩ ⟨name of type: **function**⟩
⟨name of type: **function**⟩$^{\leq 1}$

⟨continuous universes⟩ ::= ⟨interval⟩ | **(**⟨interval⟩$^{\geq 1}$**)**

⟨interval⟩ ::= **#**⟨square bracket⟩ ⟨limit⟩ ⟨limit⟩ ⟨square bracket⟩

⟨square bracket⟩ ::= **]** | **[**

⟨limit⟩ ::= ⟨real⟩ | *****

⟨parameter value⟩ ::= ⟨type: **t**⟩

⟨real⟩ ::= ⟨type: **real**⟩

⟨discrete fuzzy set⟩ ::= ^{f}⟨subtype: **discrete-fuzzy-set**⟩$^{\leq 1}$ ^{f}⟨discrete universes⟩$^{\leq 1}$
^{f}{⟨grade array⟩ | ⟨fuzzy set hash table⟩ | ⟨fuzzy singletons⟩}

⟨discrete universes⟩ ::= **[**⟨discrete universe⟩**]** | ⟨discrete universe⟩

⟨discrete universe⟩ ::= **[**⟨universe element⟩$^{\geq 0}$**]** | **[**⟨real⟩ **to** ⟨real⟩ {**by** ⟨real⟩}$^{\leq 1}$**]**

⟨universe element⟩ ::= ⟨type: **t**⟩

⟨grade array⟩ ::= ⟨type: **array**⟩

⟨fuzzy set hash table⟩ ::= ⟨type: **hash-table**⟩

⟨fuzzy singletons⟩ ::= **(**⟨fuzzy singleton⟩$^{\geq 0}$**)**

⟨fuzzy singleton⟩ ::= **(**⟨universe element⟩ ⟨membership grade⟩**)**

⟨linguistic term⟩ ::= ⟨simple term⟩ | ⟨compound term⟩

⟨simple term⟩ ::= ⟨primary term⟩ | ⟨universe element⟩ | ⟨interval⟩

⟨compound term⟩ ::= ⟨modified term⟩ | ⟨connected term⟩

⟨modified term⟩ ::= ⟨modifier⟩ ⟨linguistic term⟩

⟨connected term⟩ ::= ⟨linguistic term⟩ ⟨connective⟩ ⟨linguistic term⟩

⟨modifier⟩ ::= ⟨name of type: **function**⟩

⟨connective⟩ ::= ⟨name of type: **function**⟩

⟨variable name⟩ ::= ⟨name of type: **linguistic-variable**⟩

⟨reference class⟩ ::= ⟨type: **symbol**⟩

Tabelle 15.3: CLIFS-Definitionsmakros (Standardsyntax): Fuzzy-Mengen

Werden Fuzzy-Mengen über linguistische Terme beschrieben, so wird auf der Basis der für die betreffende linguistische Variable definierten Grammatik eine Syntaxprüfung vorgenommen. Sind dem System die beschriebenen Fuzzy-

Mengen noch nicht bekannt, so werden sie automatisch nach der für die Variable definierten Semantik generiert, sofern die Beschreibung syntaktisch wohlgeformt ist. Die zweite Verwendungsweise der Mengenzeichen (zur Beschreibung linguistischer Werte) setzt die Definition einer linguistischen Variable voraus.

Die Standardsyntax zur Beschreibung von Fuzzy-Mengen als Werte einer linguistischen Variable entspricht im Kern der allgemeinen Standardsyntax zur Beschreibung von Fuzzy-Mengen unabhängig von linguistischen Variablen. Im Rahmen einer Variabledefinition wird die Beschreibung jedoch von einfachen Klammern statt geschweiften Klammern umgrenzt und die Angaben zur Fuzzy-Mengen-Klasse wie zur Grundmenge können in Form von Variablen-Optionen (`:universe`, `:default-fuzzy-set-class`) spezifiziert werden. Daher können sie in den einzelnen Mengenbeschreibungen weggelassen werden.

Linguistische Variablen erlauben überdies eine implizite Definition von Fuzzy-Mengen in Form einer Grammatik, die sowohl die Syntax als auch die Semantik linguistischer Terme festlegt. In der Variabledefinition können verschiedene linguistische Operatoren – Hecken, Konnektive, Vergleichsoperatoren – spezifiziert werden. Zu beachten ist jedoch, daß standardmäßig lediglich Hecken und Konnektive über das Mengenzeichen-Makro kontrolliert werden. Der Grund liegt darin, daß Vergleichsoperationen normalerweise keine Fuzzy-Mengen oder keine Fuzzy-Mengen der gleichen linguistischen Variable zum Ergebnis haben.[28] Andererseits ist es sinnvoll, Vergleichsoperatoren im Rahmen einer Variabledefinition zu spezifizieren, da nur Vergleiche zwischen Fuzzy-Mengen derselben linguistischen Variable sinnvoll sind und Vergleiche schwerlich unabhängig von variablenspezifischen Merkmalen definiert werden können.

Tabelle 15.4 beschreibt die Standardsyntax für linguistische Variablen in CLIFS. [4] beinhaltet eine relativ komplexe Definition der linguistischen Variable „Alter" mit einer semantisch erweiterten Definite-Clause-Grammatik zur Syntaxprüfung linguistischer Wertbeschreibungen und Generierung von Fuzzy-Mengen. Die angegebenen linguistischen Hecken werden definitionsgemäß aufgrund variablenspezifischer Kennwerte nach den in Tabelle 6.5 (216) beschriebenen Formeln berechnet, die angegebene Kompatibilitätsfunktion für Vergleichsoperationen rekurriert auf Possibilitäts- und Notwendigkeitsmaße.[29]

---

[28] Bei der Verwendung linguistischer „Konjunktionen" und „Disjunktionen" ist darauf zu achten, ob sie im Sinne einer elementaren Mengenoperation (`gfuncall`) oder im Sinne des Erweiterungsprinzips (also auf linguistische Wahrheitswerte) angewandt werden (`xfuncall`).

[29] Da die meisten Angaben optional sind und für einige Merkmale Defaultwerte definiert sind, muß eine Variablendefinition keineswegs den Umfang und die Komplexität der Beispieldefinition [4] annehmen. Der aufgelistete Programmcode soll lediglich Definitionsmöglichkeiten aufzeigen und die in Tabelle 15.4 definierte Syntax exemplarisch erläutern. Für eine einfache Variablendefinition genügen die in den Zeilen 27 bis 31 stehenden Angaben.

⟨linguistic variable⟩	::=	**(deflingvar** ⟨variable definition⟩**)**
⟨variable definition⟩	::=	⟨*variable name*⟩ **(**⟨*reference class*⟩$^{\geq 0}$**)** **(**⟨linguistic value⟩$^{\geq 1}$**)** ⟨variable option⟩$^{\geq 0}$
⟨linguistic value⟩	::=	**(**⟨term⟩ ⟨value description⟩**)**
⟨value description⟩	::=	⟨*discrete fuzzy set*⟩ | ⟨*continuous fuzzy set*⟩ | ⟨*parameter value*⟩$^{\geq 1}$
⟨variable option⟩	::=	**(:default-fuzzy-set-class** ⟨subtype: **fuzzy-set**⟩**)** | **(:variable-class** ⟨subtype: **linguistic-variable**⟩**)** | **(:universe** {⟨*continuous universe*⟩ | ⟨*discrete universe*⟩}**)** | **(:modifiers** ⟨operator form⟩$^{\geq 1}$**)** | **(:connectives** ⟨operator form⟩$^{\geq 1}$**)** | **(:comparisons** ⟨comparison form⟩$^{\geq 1}$**)** | **(:compatibility** ⟨operator form⟩**)** | **(:defuzzification** ⟨operator form⟩**)** | **(:linguistic-approximation** ⟨operator form⟩**)** | **(:grammar** ⟨grammar generator⟩ ⟨grammar description⟩**)** | **(:finite-term-set** {**t** | **nil**}**)** | **(:generate-term-set** {**t** | **nil**}**)** | **(:centrum** {⟨*universe element*⟩ | ⟨term⟩}**)** | **(:measure** ⟨type: **string**⟩**)** | **(:properties** ⟨alist⟩**)** | **(:display-options** {⟨type: **keyword**⟩ ⟨type: **t**⟩}$^{\geq 0}$**)** | **(:documentation** ⟨type: **string**⟩**)**
⟨operator form⟩	::=	⟨operator name⟩ | **(**⟨local operator name⟩ ⟨operator name⟩**)** | **(:make** ⟨operator name⟩$^{\geq 1}$**)** | **(**⟨*operator definition*⟩**)**
⟨comparison form⟩	::=	⟨operator form⟩ | **((**⟨operator name⟩$^{\geq 1}$ ⟨*fuzzy set*⟩**)**
⟨local operator name⟩	::=	⟨type: **symbol**⟩
⟨operator name⟩	::=	⟨name of type: **fuzzy-operator**⟩
⟨term⟩	::=	⟨type: **symbol**⟩
⟨alist⟩	::=	**((**⟨key⟩ ⟨value⟩**)**$^{\geq 0}$**)**
⟨key⟩	::=	⟨type: **t**}
⟨value⟩	::=	⟨type: **t**⟩
⟨grammar generator⟩	::=	**dcg** | **atn** | ⟨name of type: **function**⟩
⟨grammar description⟩	::=	⟨type: **t**⟩$^{\geq 0}$

Tabelle 15.4: CLIFS-Definitionsmakros (Standardsyntax): Linguistische Variablen

Die Syntax der nichtterminalen Symbole ⟨*variable name*⟩, ⟨*reference class*⟩, ⟨*discrete fuzzy set*⟩, ⟨*continuous fuzzy set*⟩, ⟨*parameter value*⟩, ⟨*continuous universe*⟩, ⟨*discrete universe*⟩ und ⟨*universe element*⟩ ist in Tabelle 15.3 beschrieben, die von ⟨*operator definition*⟩ in Tabelle 15.5.

```
(deflingvar alter (menschen)                                    [4]
  ((alt 65 120 30 0)
   (mittel 30 50 5 10)
   (jung 0 20 0 20))
  (:default-fuzzy-set-class trapez)
  (:variable-class
   standard-continuous-linguistic-variable)
  (:centrum 40)
  (:modifiers
   (:make above below about very more-or-less really))
  (:connectives to)
  (:comparisons
   (>> << {trapez 4 120 2 0})
   (> < {trapez 1 120 1 0})
   (>= <= {trapez 0 120 0 0})
   = /=)
  (:compatibility compatible)
  (:universe #[0 120])
  (:measure "Jahre")
  (:grammar dcg
   (term ?t) --> (sterm ?t)
   (term ?t) --> (cterm ?t)
   (sterm (?t)) --> (primary ?t)
   (sterm ?t) --> (mterm ?t)
   (mterm (?m (?t))) --> (modifier ?m) (primary ?t)
   (mterm (about ?t)) --> (:word etwa) (numerical ?t)
   (mterm (about ?t)) --> (:word etwa) (interval ?t)
   (mterm (not (very (?p))))
   --> (:word nicht sehr) (primary ?p)
   (mterm (very (very (?p))))
   --> (:word sehr sehr) (primary ?p)
   (cterm (?c ?t1 ?t2))
   --> (sterm ?t1) (connective ?c) (sterm ?t2)
   (interval (?c ?t1 ?t2))
   --> (numerical ?t1) (connective ?c) (numerical ?t2)
        (:test (not (= ?t1 ?t2)))
   (numerical ?x) --> (:word ?x) (:test (numberp ?x))
   (numerical ?x) --> (:word ?x) (:test (intervalp ?x))
   (primary jung) --> (:word jung)
   (primary alt) --> (:word alt)
   (primary mittel) --> (:word mittel)
   (connective to) --> (:word bis)
   (modifier above) --> (:word ueber)
   (modifier below) --> (:word unter)
   (modifier very) --> (:word sehr)
   (modifier really) --> (:word wirklich)
   (modifier more-or-less)
   --> (:word mehr oder weniger)))
```

Das Definitionsmakro für Fuzzy-Operatoren

Das von CLIFS angebotene Repertoire an Fuzzy-Operatoren kann im Prinzip mit Hilfe standardmäßiger Definitionsmakros von COMMON LISP erweitert werden. Das eigens zu diesem Zweck zur Verfügung gestellte Definitionsmakro (vgl. Tabelle 15.5) führt jedoch einige Aufgaben durch, die sonst umständlich zu kodieren wären. Insbesondere sorgt es dafür, daß Mengenoperationen und arithmetische Operationen auf diskrete Fuzzy-Mengen erweitert werden.[30]

<table>
<tr><td>⟨fuzzy operator⟩</td><td>::=</td><td>(defoperator ⟨operator definition⟩)</td></tr>
<tr><td>⟨operator definition⟩</td><td>::=</td><td>⟨operator class name⟩ ⟨operator name⟩
{⟨lambda-list⟩ | ⟨specialized-lambda-list⟩}
(declare ⟨decl-spec⟩)$^{\leq 1}$
⟨operator body form⟩$^{\geq 1}$ ⟨operator option⟩$^{\geq 0}$</td></tr>
<tr><td>⟨operator class name⟩</td><td>::=</td><td>⟨subtype: fuzzy-operator⟩</td></tr>
<tr><td>⟨operator name⟩</td><td>::=</td><td>⟨type: symbol⟩</td></tr>
<tr><td>⟨operator body form⟩</td><td>::=</td><td>⟨type: (not keyword)⟩</td></tr>
<tr><td>⟨operator option⟩</td><td>::=</td><td>⟨type: keyword⟩ ⟨type: t⟩</td></tr>
</table>

Tabelle 15.5: CLIFS-Definitionsmakros (Standardsyntax): Fuzzy-Operatoren

Die Syntax der Parameterliste, ⟨*lambda-list*⟩ und ⟨*specialized-lambda-list*⟩, sowie der optionalen Deklarationen, ⟨*decl-spec*⟩, entspricht den Definitionen in COMMON LISP [vgl. Steele 1990, 75ff., 215ff., 821, 839f.].

Definitionsmakros für Inferenzsysteme und Inferenzeinheiten

Da sich die verschiedenen Inferenzsystemklassen in Syntax und Semantik sehr stark unterscheiden, ist eine allgemeine Beschreibung der Standardsyntax von Inferenzsystem-Definitionen wenig aussagekräftig (vgl. Tabelle 15.6).

<table>
<tr><td>⟨inference system⟩</td><td>::=</td><td>(define-inference-system ⟨system definition⟩) |
[system ⟨system definition⟩]</td></tr>
<tr><td>⟨system definition⟩</td><td>::=</td><td>⟨system class name⟩ ⟨system name⟩ ⟨system specification⟩</td></tr>
<tr><td>⟨system class name⟩</td><td>::=</td><td>⟨subtype: inference-system⟩</td></tr>
<tr><td>⟨system name⟩</td><td>::=</td><td>⟨type: symbol⟩</td></tr>
<tr><td>⟨system specification⟩</td><td>::=</td><td>{⟨type: keyword⟩ ⟨type: t⟩}$^{\geq 0}$</td></tr>
</table>

Tabelle 15.6: CLIFS-Definitionsmakros (Standardsyntax): Inferenzsysteme

Die Standardsyntax verlangt lediglich, daß die Definition durch den Klassennamen des Systems gefolgt von einem Systemnamen eingeleitet wird und daß der Definitionskern in Form von Schlüsselwort-Wert-Paaren spezifiziert wird. Wel-

[30] Das Metaobjekt-Protokoll von CLIFS erlaubt, das Erweiterungsprotokoll für verschiedene Operatorenklassen zu ergänzen.

che Schlüsselworte unterstützt werden und welcher Syntax die jeweiligen Wertbeschreibungen genügen müssen, hängt von der jeweiligen Inferenzsystemklasse ab.

In Produktionensystemen, Logiksystemen und Fuzzy-Kontrollsystemen bilden Regeln den inhaltlichen Schwerpunkt der Systemdefinition. Da Regelmengen sehr umfangreich werden können und verteilte Regeldefinitionen oft hilfreich, manchmal notwendig sind, ist es bei diesen Systemklassen standardmäßig zulässig, Regeln nicht nur „integriert" (i.e. en bloc im Rahmen einer Systemdefinition), sondern „separat" (getrennt voneinander und separat zu dem System, dem sie angehören) zu definieren. Syntaktisch unterscheiden sich separate und integrierte Regeldefinitionen nur geringfügig voneinander, nämlich hinsichtlich der Nennung von Definitionsmakros, Regelklassen- und Systemnamen.

⟨production⟩ ::= **(defrule** ⟨rule name⟩ ⟨system name⟩
if ⟨condition element⟩ {⟨negation⟩$^{\leq 1}$ ⟨condition element⟩}$^{\geq 0}$
then ⟨ops action⟩$^{\geq 1}$ ⟨rule option⟩$^{\geq 0}$**)**

⟨system name⟩ ::= ⟨name of type: **production-system**⟩
⟨rule name⟩ ::= ⟨type: **symbol**⟩
⟨negation⟩ ::= **-**
⟨condition element⟩ ::= **(**⟨class name⟩ ⟨class name variable⟩ ⟨attribut form⟩$^{\geq 0}$**)**
⟨class name⟩ ::= ⟨name of type: **standard-class**⟩
⟨class name variable⟩ ::= ⟨variable⟩
⟨variable⟩ ::= **?**⟨type: **character**⟩$^{\geq 0}$
⟨attribut form⟩ ::= ⟨attribut⟩ {⟨attribut value⟩ | ⟨predicate form⟩}
⟨attribute value⟩ ::= ⟨constant⟩ | ⟨variable⟩
⟨constant⟩ ::= ⟨type: **t**⟩
⟨attribut⟩ ::= ⟨name of type: **standard-reader-method**⟩
⟨predicate form⟩ ::= ⟨predicate short form⟩ | ⟨predicate long form⟩
⟨predicate short form⟩ ::= ⟨predicate⟩ ⟨attribut value⟩
⟨predicate long form⟩ ::= **{**⟨variable⟩ ⟨predicate⟩ ⟨argument⟩$^{\geq 1}$**}**
⟨argument⟩ ::= ⟨type: **t**⟩
⟨ops action⟩ ::= **(**⟨function⟩ ⟨argument⟩$^{\geq 0}$**)**
⟨predicate⟩ ::= ⟨type: **function**⟩
⟨function⟩ ::= ⟨type: **function**⟩
⟨rule option⟩ ::= ⟨type: **keyword**⟩ ⟨type: **t**⟩

Tabelle 15.7: CLIFS-Definitionsmakros (Standardsyntax): Produktionsregeln

In Tabelle 15.7 ist die Syntax für Produktionsregeln der von CLIFS unterstützten OPS5-Adaption beschrieben. Wie in OPS5 setzen sich die Regelbedingungen aus einer Konjunktion von Bedingungselementen (*condition elements*) zusammen. Jedes Bedingungselement beinhaltet eine Objektbeschreibung, bestehend aus einem Klassennamen, einer Mustervariable für das Bedingungselement (Objekt) sowie Prädikaten zu den geforderten Objektmerkmalen. Die Bedingungselemente werden durchgängig (im Bedingungs- wie Aktionsteil) über Mustervariablen, Objektmerkmale werden über Lesemethoden referiert.[31]

Die Definition von Fuzzy-Reglersystemen verlangt neben Beschreibungen der Regeln eine Angabe von Eingangs- und Ausgangsvariablen (vgl. Tabelle 15.8). Die unterschiedlichen Verrechnungsschemata für Mamdani- und Sugeno-Fuzzy-Regler spiegeln sich hauptsächlich in den Dann-Teilen der Regeln wider: während bei einer Mamdani-Regel für jede Ausgangsvariable jeweils ein linguistischer Wert (Fuzzy-Menge) festgelegt wird, werden in Sugeno-Regeln exakte Ausgangswerte über eine geordnete Menge von Parametern beschrieben, deren Mächtigkeit von der Anzahl der Eingangsvariablen abhängt (vgl. Gleichung 11.17, 397).

Bei Sugeno-Reglern handelt es sich bei den Ausgangsvariablen nicht um linguistische Variablen. Der Bedingungsteil von Sugeno-Reglern besteht aus einer Auflistung von linguistischen Werten. Wird die Reihenfolge der Eingangsvariablen eingehalten, so braucht der Variablenamen nicht angegeben zu werden.

Die Standardsyntax für Mamdani-Regeln erlaubt, Bedingungsausdrücke beliebig zu verschachteln. Die unterstützte Standardversion setzt in diesem Fall jedoch „scharfe" Eingangswerte voraus. Über weitere, in der Tabelle 15.6 nicht aufgeführte Schlüsselwörter können verschiedene Operatoren festgelegt werden. Insbesondere kann für Mamdani-Systeme eine Defuzzifizierungsmethode angegeben werden. Als Vorgabewert fungiert die modifizierte Schwerpunktmethode (vgl. Gleichung 11.15, 390). Die Standardsyntaxen beider Systemklassen ermöglichen überdies, Synonyme für Variablenamen und linguistische Terme in Form einer Assoziationsliste anzugeben.

---

[31] Daß in OPS5-Aktionen Bedingungselemente über einen Element-Index (statt einem Variablenamen) referiert werden müssen, ist einem anachronistischen Programmierstil geschuldet, der wenig transparent und fehleranfällig ist und in CLIFS deshalb nicht unterstützt wird. Anders als in OPS5 sind in `clifs-ops5` die „Datenelemente" Objekte im Sinne objektorientierter Programmiersprachen (hier: CLOS), also Instanzen einer Klasse, für die bestimmte Vererbungsmechanismen gelten und spezialisierte Methoden definiert werden können. Der RETE-Match-Algorithmus wurde dieser objektorientierten Datenbasis entsprechend umgearbeitet. Zugleich wurde ein neues objektorientiertes Implementierungskonzept für Produktionensysteme auf der Basis des modifizierten RETE-Match-Algorithmus realisiert. Dabei sind die verschiedenen Knotentypen des Diskriminationsnetzes (join-node, inter-node, intra-node, terminal-node etc., vgl. [Forgy 1982]) als Instanzen verschiedener Knotenklassen implementiert, die über eine generische Funktion ausgewertet werden. Das Metaobjekt-Protokoll von CLIFS eröffnet Wege, sowohl die Konstruktion (*compile-time*) als auch die Auswertung (*runtime*) dieser Knoten zu modifizieren.

⟨control system rules⟩ ::= **:rules** ⟨control rule⟩$^{\geq 1}$

⟨control rule⟩ ::= **(if** ⟨control condition⟩$^{\geq 1}$ **then** ⟨control action⟩$^{\geq 1}$**)**

⟨input variables⟩ ::= **:input-variables (**⟨input variable form⟩$^{\geq 1}$**)**

⟨input variable form⟩ ::= ⟨variable access form⟩ | ⟨*variable definition*⟩

⟨variable access form⟩ ::= **{**⟨*variable name*⟩ ⟨*reference class*⟩$^{\geq 0}$**}**

⟨control term⟩ ::= ⟨*simple term*⟩ | **(**⟨*compound term*⟩**)** | **any** | **–**

mamdani-controller

⟨output variables⟩ ::= **:output-variables (**⟨variable access form⟩$^{\geq 1}$**)**

⟨control condition⟩ ::= ⟨simple condition⟩ | ⟨compound condition⟩ | **(not** ⟨control condition⟩**)**

⟨compound condition⟩ ::= **(and** ⟨control condition⟩$^{\geq 1}$**)** | **(or** ⟨control condition⟩$^{\geq 1}$**)**

⟨simple condition⟩ ::= ⟨*variable name*⟩ ⟨comparison operator⟩ ⟨control term⟩

⟨comparison operator⟩ ::= ⟨name of type: **comparison-operator**⟩

⟨control action⟩ ::= ⟨*variable name*⟩ **=** ⟨*linguistic term*⟩

sugeno-controller

⟨output variables⟩ ::= **:output-variables (**⟨output variable⟩$^{\geq 1}$**)**

⟨output variable⟩ ::= ⟨type: **symbol**⟩

⟨control condition⟩ ::= ⟨ordered condition⟩ | ⟨variable condition⟩

⟨ordered condition⟩ ::= ⟨control term⟩

⟨variable condition⟩ ::= ⟨*variable name*⟩ **=** ⟨control term⟩

⟨control action⟩ ::= **(**⟨output variable⟩ ⟨parameter⟩$^{\geq 2}$**)**

Tabelle 15.8: CLIFS-Definitionsmakros (Standardsyntax): Regeln und Variablen von Fuzzy-Reglersystemen

Sowohl die Spezifikationen der Regeln (⟨control system rules⟩) als auch die der Ein- und Ausgangsvariablen (⟨input variables⟩, ⟨output variables⟩) sind Bestandteil von Systemspezifikationen (⟨system specification⟩) [vgl. Tabelle 15.6]. Eine Syntaxbeschreibung der nichtterminalen Symbole ⟨*variable definition*⟩, ⟨*variable name*⟩, ⟨*reference class*⟩, ⟨*simple term*⟩ und ⟨*compound term*⟩ findet sich in den Tabellen 15.3 und 15.4.

Für die Definition grundlegender Inferenzeinheiten von Logiksystemen bietet CLIFS vier verschiedene Definitionsmakros an, die syntaktisch und semantisch eng miteinander verwandt sind. Zur Notation von Zielklauseln wird meist der Präfixoperator `?-` verwendet. Nach der Edinburgh-Syntax werden Regeln und Fakten in PROLOG mit Hilfe des Infixoperators `:-` notiert, in LISP-Implementationen hat sich stattdessen der Präfixoperator `<-` etabliert. Beide Operatoren werden also lediglich für eine Teilmenge von Hornklauseln verwendet.

<table>
<tr><td>⟨horn clause⟩</td><td>::=</td><td>⟨definite goal⟩ | ⟨definite fact⟩ | ⟨definite rule⟩</td></tr>
<tr><td>⟨definite goal⟩</td><td>::=</td><td>(?- ⟨body⟩ ⟨goal-valuation⟩)</td></tr>
<tr><td>⟨definite fact⟩</td><td>::=</td><td>(<- ⟨valuation⟩ ⟨head⟩)</td></tr>
<tr><td>⟨definite rule⟩</td><td>::=</td><td>(<- ⟨valuation⟩ ⟨head⟩ ⟨body⟩)</td></tr>
<tr><td>⟨head⟩</td><td>::=</td><td>⟨atom⟩</td></tr>
<tr><td>⟨atom⟩</td><td>::=</td><td>(⟨predicate⟩ ⟨logic term⟩$^{\geq 0}$)</td></tr>
<tr><td>⟨body⟩</td><td>::=</td><td>⟨subgoals⟩</td></tr>
<tr><td>⟨subgoals⟩</td><td>::=</td><td>⟨literal⟩$^{\geq 1}$ | (and ⟨subgoals⟩) | (or ⟨subgoals⟩)</td></tr>
<tr><td>⟨logic term⟩</td><td>::=</td><td>⟨type: atom⟩ | ⟨compound logic term⟩ | ⟨variable⟩</td></tr>
<tr><td>⟨compound logic term⟩</td><td>::=</td><td>(⟨logic term⟩$^{\geq 1}$)</td></tr>
<tr><td>⟨variable⟩</td><td>::=</td><td>?⟨type: character⟩$^{\geq 0}$</td></tr>
<tr><td>⟨u-real⟩</td><td>::=</td><td>⟨type: (real 0 1)⟩</td></tr>
<tr><td>clifs-prolog</td><td></td><td></td></tr>
<tr><td>⟨goal valuation⟩</td><td>::=</td><td>⟨⟩</td></tr>
<tr><td>⟨valuation⟩</td><td>::=</td><td>⟨⟩</td></tr>
<tr><td>clifs-f-prolog</td><td></td><td></td></tr>
<tr><td>⟨goal valuation⟩</td><td>::=</td><td>⟨variable⟩ | ⟨valuation⟩</td></tr>
<tr><td>⟨valuation⟩</td><td>::=</td><td>⟨u-real⟩</td></tr>
<tr><td>clifs-p-prolog</td><td></td><td></td></tr>
<tr><td>⟨goal valuation⟩</td><td>::=</td><td>⟨variable⟩ | ⟨valuation⟩</td></tr>
<tr><td>⟨valuation⟩</td><td>::=</td><td>⟨u-real⟩ | [N ⟨u-real⟩] | [P ⟨u-real⟩]</td></tr>
<tr><td>clifs-suplog</td><td></td><td></td></tr>
<tr><td>⟨goal valuation⟩</td><td>::=</td><td>⟨variable⟩</td></tr>
<tr><td>⟨valuation⟩</td><td>::=</td><td>⟨u-real⟩ | [SP ⟨u-real⟩ ⟨u-real⟩]</td></tr>
</table>

Tabelle 15.9: CLIFS-Definitionsmakros (Standardsyntax): Einfache und bewertete Hornklauseln verschiedener Logiksysteme

<table>
<tr><td>⟨clause⟩</td><td>::=</td><td>(defclause ⟨logic system name⟩ {⟨valuation⟩ | ⟨variable⟩}$^{\leq 1}$ ⟨atom⟩$^{\geq 0}$ option⟩$^{\geq 0}$ <- ⟨atom⟩$^{\geq 0}$ ⟨clause⟩</td></tr>
<tr><td>⟨predicate⟩</td><td>::=</td><td>(defpredicate ⟨type: symbol⟩ ⟨logic system name⟩ {⟨short clause form⟩}$^{\geq 0}$ ⟨predicate option⟩$^{\geq 0}$</td></tr>
<tr><td>⟨short clause form⟩</td><td>::=</td><td>⟨valuation⟩$^{\leq 1}$(⟨logic term⟩$^{\geq 0}$) <- ⟨atom⟩$^{\geq 0}$ ⟨clause option⟩$^{\geq 0}$</td></tr>
<tr><td>⟨predicate option⟩</td><td>::=</td><td>(⟨type: keyword⟩ ⟨type: t⟩)</td></tr>
<tr><td>⟨logic system name⟩</td><td>::=</td><td>⟨name of type: logic-system⟩</td></tr>
<tr><td>⟨clause option⟩</td><td>::=</td><td>⟨type: keyword⟩ ⟨type: t⟩</td></tr>
</table>

Tabelle 15.10: CLIFS-Definitionsmakros (Standardsyntax): Prädikate und Klauseln

Mit Rücksicht auf diese Konventionen und aus schreibökonomischen Gründen unterstützt CLIFS die speziellen Präfixoperatoren `?-` und `<-`. Die Syntax beider Operatoren variiert in Abhängigkeit von dem betroffenen Inferenzsystem (vgl. Tabelle 15.9). Dies gilt gleichermaßen für die allgemeineren Definitionsmakros `defclause` und `defpredicate` (vgl. Tabelle 15.10). Beide sind für beliebige Klauseln konzipiert. Bei Klauseln der Klasse `definite-clause` kann `defclause` auf `?-` oder `<-` zurückgeführt werden. Mit `defpredicate` ist es möglich, mehrere Klauseln eines Prädikats en bloc zu kodieren.

15.5 Funktionsüberblick

Die folgenden Tabellen bieten einen kompakten Überblick über CLIFS-spezifische Funktionen, die selbst für ambitionierte Anwendungen ausreichend sein sollten. Die zugrundeliegenden Definitionen sind größtenteils den voranstehenden Kapiteln zu entnehmen. Ein Teil des Metaobjekt-Protokolls bleibt in diesem Überblick ebenso unberücksichtigt wie vordefinierte Prädikate, Variablen, Konstanten und Conditions.

Allgemeine Hinweise zur Namensgebung

Bei der Namensgebung wurden die in COMMON LISP geltenden Konventionen und Stile berücksichtigt. Dementsprechend enden die Namen von Prädikatfunktionen mit dem Buchstaben `p` und beginnen die Namen von Definitionsmakros mit `def`. Es werden überwiegend „selbsterklärende" Bezeichnungen verwendet, selbst dann, wenn dadurch ungewöhnlich lange Namen entstehen. (Bei Systemen dieser Größenordnung – allein das COMMON LISP-Package exportiert bereits nahezu 1000 Symbole – ist eine andere Vorgehensweise nicht empfehlenswert.) Auf Kürzel wird nur dann zurückgegriffen, wenn sie weit verbreitet sind. (Die in CLIFS realisierte Konzeption von Definitionsmakros eröffnet jedoch Optionen, Kurzformen lokal einzuführen.)

Namen von Fuzzy-Operatoren, die in COMMON LISP belegt sind, werden auf globaler Ebene nicht verwandt. Um Namenskonflikte zu vermeiden, werden gängige Operatornamen, die in COMMON LISP bereits definiert sind, mit dem Präfix `fuzzy-` versehen, wenn der Name aus alphabetischen Zeichen gebildet ist. Besteht der Name aus Sonderzeichen, so wird ihm stattdessen der Buchstabe `f` vorangestellt. (Folglich lautet die für Fuzzy-Mengen definierte Variante zur CL-Funktion > nicht `fuzzy->`, sondern `f>`, und der Name des Oder-Operators nicht `for`, sondern `fuzzy-or`.) „Merkmalslesefunktionen" (*slot reader*) für Fuzzy-Mengen beginnen durchgängig mit `fuzzy-set`, für linguistische Variablen mit `variable` und für Inferenzsysteme mit `system`, die Namen der zugehörigen „Schreibfunktionen" (*slot writer*) werden konventionell, also mit Hilfe der Namen der „Lesefunktionen" und `setf` gebildet.

Name	Parameter	Tabelle	Werttyp
<–	&body *program-clause*	*15.9*	definite-program-clause
?–	&body *subgoals*	*15.9*	goal-clause
defatn	&body *atn-nodes*	→ *Fußnote*	clifs-atn
defdcg	&body *dcg-rules*	→ *Fußnote*	clifs-prolog
defclause	&body *system &rest args*	*15.10*	clause
defatn-node	&body *atn-arcs*	→ *Fußnote*	function
defdcg-rule	&body *dcg-forms*	→ *Fußnote*	clause
define-fuzzy-set-class	&body *class-definition*	→ *Fußnote*	fuzzy-set-metaclass
define-inference-system	&body *system-definition*	*15.6, 15.8*	inference-system
deflingvar	&body *variable-definition*	*15.4*	linguistic-variable
defoperator	&body *operator-definition*	*15.5*	fuzzy-operator
defpredicate	&body *predicate-definition*	*15.10*	logic-procedure
defrule	&body *rule-definition*	*15.7, 15.8*	rule

Tabelle 15.11: CLIFS-Funktionsübersicht: Definitionsmakros

ATN- und DC-Grammatiken können sowohl lokal im Rahmen einer linguistischen Variable (:grammar atn | dcg ...) als auch global definiert werden. Beide Formalismen erlauben eine inkrementelle Erweiterung: ATN-Knoten wie DCG-Regeln können einzeln definiert und kompiliert werden. Die Syntax der ATN-Knoten entspricht weitgehend der in [Biewer 1988a, 126] beschriebenen ATN-Notation. Die erweiterten DCG-Regeln unterstützen das von Norvig [1992, 704ff.] dargestellte Konzept der semantischen Repräsentation. Das Makro zur Definition neuer Fuzzy-Mengen-Klassen ist syntaktisch und semantisch mit dem CL-Makro defclass verwandt. Zur Definition von Fuzzy-Mengen, diskreten Grundmengen und Intervallen werden Zeichenmakros zur Verfügung gestellt (vgl. Tabelle 15.3).

Name	Parameter	Funktionsklasse
conflict-set	*production-system*	standard-generic-function
erase	*instance-or-list-of-instances*	standard-generic-function
evaluate-system	*system* &rest *args*	standard-generic-function
find-system	*system-name* &optional *errorp*	function
inference-systems		function
initialize-system	*system* &rest *initargs*	standard-generic-function
make	*class-name* &rest *initargs*	function
modify	*instance accessor-value-list*	macro
prove	&rest *args*	macro
prove-using-system	*system args*	standard-generic-function
reset-system	*system* &rest *args*	standard-generic-function
system-documentation	*system*	standard-generic-function
system-name	*system*	standard-generic-function

Tabelle 15.12: CLIFS-Funktionsübersicht: Inferenzsysteme

Name	**Parameter**	**Funktionsklasse**
system-procedures	*logic-system*	standard-generic-function
system-rules	*rule-system*	standard-generic-function
with-prove	*special-variables goals* &body *lispforms*	macro

Tabelle 15.12: CLIFS-Funktionsübersicht: Inferenzsysteme (Fortsetzung)

Name	**Parameter**	**Funktionsklasse**
browse	*type-keyword-or-instance* &key &allow-other-keys	standard-generic-function
display	*instance-or-list-of-instances* &key *medium* &allow-other-keys	standard-generic-function
estimate-parameter	*operator daten*	standard-generic-function
validate	*instance-or-list-of-instances daten* &key &allow-other-keys	standard-generic-function
tracing	&rest *instance-mode-descriptions*	macro
tracing-object	*instance* &key &allow-other-keys	standard-generic-function

Tabelle 15.13: CLIFS-Funktionsübersicht: Entwicklungs- und Präsentationsfunktionen

Name	**Parameter**	**Funktionsklasse**
algebraic-product	*x* &rest *args*	t-norm
algebraic-sum	*x* &rest *args*	s-norm
arithmetic-mean	*x* &rest *args*	general-set-operator
bounded-difference	*x* &rest *args*	t-norm
bounded-sum	*x* &rest *args*	s-norm
convex-hull	*x* &rest *args*	set-operator
dombi-intersection	*p x* &rest *args*	parametrized-t-norm
dombi-union	*p x* &rest *args*	parametrized-s-norm
drastic-product	*x* &rest *args*	t-norm
drastic-sum	*x* &rest *args*	s-norm
dual-of-geometric-mean	*x* &rest *args*	general-set-operator
dual-of-harmonic-mean	*x* &rest *args*	general-set-operator
dubois-intersection	*p x* &rest *args*	parametrized-t-norm
dubois-union	*p x* &rest *args*	parametrized-s-norm
einstein-product	*x* &rest *args*	t-norm
einstein-sum	*x* &rest *args*	s-norm

Tabelle 15.14: CLIFS-Funktionsübersicht: Fuzzy-Mengenoperatoren

Name	Parameter	Funktionsklasse
frank-intersection	*p x* &rest *args*	parametrized-t-norm
frank-union	*p x* &rest *args*	parametrized-s-norm
gamma-operator	*p* &rest *args*	parametrized-general-operator
geometric-mean	*x* &rest *args*	general-set-operator
hamacher-intersection	*p x* &rest *args*	parametrized-t-norm
hamacher-product	*x* &rest *args*	t-norm
hamacher-sum	*x* &rest *args*	s-norm
hamacher-union	*p x* &rest *args*	parametrized-s-norm
harmonic-mean	*x* &rest *args*	general-set-operator
min-max-combination	*p x* &rest *args*	parametrized-general-operator
product-sum-combination	*p x* &rest *args*	parametrized-general-operator
schweizer-intersection	*p x* &rest *args*	parametrized-t-norm
schweizer-union	*p x* &rest *args*	parametrized-s-norm
weber-intersection	*p x* &rest *args*	parametrized-t-norm
weber-union	*p x* &rest *args*	parametrized-s-norm
werners-fuzzy-and	*p x* &rest *args*	parametrized-intersection-operator
werners-fuzzy-or	*p x* &rest *args*	parametrized-union-operator
yager-intersection	*p x* &rest *args*	parametrized-t-norm
yager-union	*p x* &rest *args*	parametrized-s-norm
zadeh-complement	*x*	complement-operator
zadeh-intersection	*x* &rest *args*	t-norm
zadeh-union	*x* &rest *args*	s-norm

Tabelle 15.14: CLIFS-Funktionsübersicht: Fuzzy-Mengenoperatoren (Fortsetzung)

Name	Parameter	Funktionsklasse
cartesian-product	*sets* &optional *intersection*	relational-operator
composition	*x y* &key *union intersection*	generic-relational-operator
conversion	*relation*	generic-relational-operator
cylindrical-extension	*relation attribute-descriptions*	generic-relational-operator
expanded-cartesian-product	*relations* &optional *conjunction*	relational-operator
join	*x y condition* &optional *conjunction*	generic-relational-operator
make-join-condition	*r1 r2 condition*	standard-generic-function

Tabelle 15.15: CLIFS-Funktionsübersicht: Spezielle relationale Operatoren

Name	Parameter	Funktionsklasse
max-min-composition	*x y*	generic-relational-operator
max-prod-composition	*x y*	generic-relational-operator
projection	*x y* &optional *conjunction*	generic-relational-operator
restriction	*relation condition* &optional *conjunction*	generic-relational-operator
transitive-closure	*relation union-operator composition-operator*	generic-relational-operator

Tabelle 15.15: CLIFS-Funktionsübersicht: Spezielle relationale Operatoren (Fortsetzung)

Name	Parameter	Funktionsklasse
f*	&rest *quantities*	arithmetic-operator
f+	&rest *quantities*	arithmetic-operator
f–	*quantity* &rest *quantities*	arithmetic-operator
f/	*quantity* &rest *quantities*	arithmetic-operator
fuzzy-max	*quantity* &rest *quantities*	arithmetic-operator
fuzzy-min	*quantity* &rest *quantities*	arithmetic-operator
fuzzy-plusp	*quantity*	generic-arithmetic-operator
fuzzy-minusp	*quantity*	generic-arithmetic-operator

Tabelle 15.16: CLIFS-Funktionsübersicht: Arithmetische Operatoren

Die arithmetischen Operatoren f*, f+, f–, f/, fuzzy-max und fuzzy-min sind kompatibel zu den CL-Funktionen *, +, –, /, max, min. Dementsprechend ergibt (f*) den Wert 1, (f+) den Wert 0, (f– x) die arithmetische Negation von x und (f/ x) den reziproken Wert von x. Der Definition der *n*-stelligen Operatoren liegen ein- und zweistellige generische Arithmetik-Operatoren zugrunde: f* ist über fuzzy-times, f+ über fuzzy-plus, f- über fuzzy-minus und fuzzy-difference, f/ über fuzzy-reciprocal und fuzzy-divide, fuzzy-max über fuzzy-maximum, fuzzy-min über fuzzy-minimum definiert.

Name	Parameter	Funktionsklasse
gaines-rescher-implication	*x y*	generic-implication-operator
goedel-implication	*x y*	generic-implication-operator
goguen-implication	*x y*	generic-implication-operator
kleene-dienes-implication	*x y*	generic-implication-operator
lukasiewicz-implication	*x y*	generic-implication-operator
reichenbach-implication	*x y*	generic-implication-operator
willmott-implication	*x y*	generic-implication-operator
yager-implication	*x y*	generic-implication-operator
zadeh-implication	*x y*	generic-implication-operator

Tabelle 15.17: CLIFS-Funktionsübersicht: Implikationsoperatoren

Name	Parameter	Funktionsklasse
fuzzy-and	&rest *args*	function
fuzzy-or	&rest *args*	function
fuzzy-not	*x*	function
goedel-gmp	*facts antecedents consequents*	function
make-term-logic-operator	*ordered-truth-values truth-table*	function

Tabelle 15.18: CLIFS-Funktionsübersicht: Logische Operatoren

Name	Parameter	Funktionsklasse	Name	Parameter	Funktionsklasse
f/=	*x y*	comparison-operator	f=	*x y*	comparison-operator
f<	*x y*	comparison-operator	f>	*x y*	comparison-operator
f<<	*x y*	comparison-operator	f>>	*x y*	comparison-operator
f<=	*x y*	comparison-operator	f>=	*x y*	comparison-operator

Tabelle 15.19: CLIFS-Funktionsübersicht: Vergleichsoperatoren

Name	Definition	Name	Definition	Name	Definition
con	global	highly	global	roughly	variable
dil	global	very	variable | con	about	variable
int	global	more-or-less	variable | dil	above	variable
plus	global	really	variable	below	variable
minus	global	relatively	variable	extremely	variable

Tabelle 15.20: CLIFS-Funktionsübersicht: Linguistische Hecken

Name	Parameter	Funktionsklasse
gapply	*fn arg* &rest *args*	function
gfuncall	*fn* &rest *args*	function
xapply	*fn arg* &rest *args*	function
xfuncall	*fn* &rest *args*	function

Tabelle 15.21: CLIFS-Funktionsübersicht: Erweiterte Funktionsaufrufe

Die Funktionen gapply und xapply sowie gfuncall und xfuncall sind kompatibel zu den CL-Funktionen apply und funcall konzeptualisiert. Aktuell werden jedoch über das Funktionsobjekt hinaus lediglich bis zu zwei Argumente unterstützt. Bei der Kompilation werden sie durch Aufrufe zwei- beziehungsweise dreistelliger generischer Funktionen (xfuncall/1, xfuncall/2, ...) ersetzt. Handelt es sich bei den Argumenten um Fuzzy-Mengen, so wird erwartet, daß das Funktionsobjekt für Fuzzy-Mengen definiert ist, oder daß die restlichen Argumente vom Typ discrete-fuzzy-set sind.

Name	Parameter	Funktionsklasse
area	*fuzzy-set*	standard-generic-function
cardinality	*set*	standard-generic-function
center-of-area	*fuzzy-set*	standard-generic-function
coincidence	*fset1 fset2*	standard-generic-function
compatible	*x y*	standard-generic-function
necessity	*x y*	standard-generic-function
possibility	*x y*	standard-generic-function
similarity	*x y*	standard-generic-function

Tabelle 15.22: CLIFS-Funktionsübersicht: Vergleichsmaße

Name	Parameter	Funktionsklasse
change-class	*instance new-class*	standard-generic-function
fuzzy-set-classes		function
fuzzy-set-p	*x*	function
membergrade	*set x*	standard-generic-function
normalize	*fuzzy-set*	standard-generic-function
	Merkmale	
fuzzy-set-attributes	*fuzzy-relation*	standard-generic-function
fuzzy-set-class-example	*fuzzy-set*	standard-generic-function
fuzzy-set-cut	*fuzzy-set alpha* &optional *strong*	standard-generic-function
fuzzy-set-function	*fuzzy-set*	standard-generic-function
fuzzy-set-grade-array	*discrete-fuzzy-set*	standard-generic-function
fuzzy-set-hash-table	*ht-fuzzy-set*	standard-generic-function
fuzzy-set-height	*fuzzy-set*	standard-generic-function
fuzzy-set-level-sets	*discrete-fuzzy-set* &key	standard-generic-function
fuzzy-set-name	*fuzzy-set*	standard-generic-function
fuzzy-set-linguistic-name	*fuzzy-set*	standard-generic-function
fuzzy-set-parameter	*continuous-fuzzy-set*	standard-generic-function
fuzzy-set-singletons	*sl-fuzzy-set*	standard-generic-function
fuzzy-set-support	*fuzzy-set*	standard-generic-function
fuzzy-set-universe	*fuzzy-set*	standard-generic-function
fuzzy-set-variable	*fuzzy-set*	standard-generic-function

Tabelle 15.23: CLIFS-Funktionsübersicht: Fuzzy-Mengen

Name	Parameter	Funktionsklasse
compute-linguistic-value	*variable form*	standard-generic-function
find-variable	*variable-truename* &optional *errorp*	function
generate-termset	*variable*	standard-generic-function
linguistic-variable-p	*x*	function
make-fdt	*fdt-type variable-or-sets* &optional *fn-name*	standard-generic-function
	Merkmale	
finite-term-set-p	*variable*	standard-generic-function
generative-term-set-p	*structured-variable*	standard-generic-function
variable-centrum	*variable*	standard-generic-function
variable-comparisons	*variable*	standard-generic-function
variable-compatibility-function	*variable*	standard-generic-function
variable-connectives	*structured-variable*	standard-generic-function
variable-context	*variable*	standard-generic-function
variable-default-fuzzy-set-class	*variable*	standard-generic-function
variable-defuzzification-function	*variable*	standard-generic-function
variable-display-options	*variable*	standard-generic-function
variable-documentation	*variable*	standard-generic-function
variable-grammar	*variable*	standard-generic-function
variable-approximation-function	*variable*	standard-generic-function
variable-measure	*variable*	standard-generic-function
variable-modifiers	*structured-variable*	standard-generic-function
variable-operator	*variable operator-name*	standard-generic-function
variable-operators	*variable*	standard-generic-function
variable-operators-names	*variable*	standard-generic-function
variable-property	*variable indicator*	standard-generic-function
variable-property-list	*variable*	standard-generic-function
variable-shortname	*variable*	standard-generic-function
variable-terms	*variable*	standard-generic-function
variable-truename	*variable*	standard-generic-function
variable-value	*variable term*	standard-generic-function
variable-values	*variable*	standard-generic-function
variable-universe	*variable*	standard-generic-function

Tabelle 15.24: CLIFS-Funktionsübersicht: Linguistische Variablen

15.6 Resümee und Ausblick

Der Begriff *Fuzzy-Mengentheorie* steht für einen vielstimmigen Kanon theoretischer Ansätze, aus denen eine Vielzahl an Formalismen zur Modellierung imperfekten Wissens hervorgegangen sind, deren Einheit über den Zadehschen Begriff der „unscharfen Menge" vermittelt ist. Fuzzy-Mengen sind dazu geeignet, Teilaspekte der natürlichsprachlichen Diskursen inhärenten *Vagheit* für formale Modellbildungen und computertechnische Applikationen verwertbar zu machen, indem sie die in den Kategorien angelegten Randbereichsunschärfen über mathematische Funktionen exakt zu beschreiben erlauben. Diente die Einführung des Konzepts unscharfer Mengen zunächst der Modellierung *kategorialer Randbereichsunschärfen*, so hat sich mit der Deutung von Fuzzy-Mengen als Possibilitätsverteilungen zudem ein neuer Ansatz zur Modellierung von *Unsicherheit* etabliert. Mit der Verallgemeinerung der zweiwertigen Indikatorfunktionen der klassischen Mengenlehre zu mehrwertigen Zugehörigkeitsfunktionen wurde eine theoretische Basis geschaffen, die vielfältige Anschlußmöglichkeiten an fundierte mathematische Theorien bietet und zugleich einen immensen Freiraum der theoretischen Ausarbeitung und praktischen Gestaltung eröffnet.

Fuzzy-Mengen lassen sich auf höchst unterschiedliche Weisen repräsentieren. Dies gilt bereits für normale Fuzzy-Mengen, umso mehr wenn auch Fuzzy-Relationen sowie Fuzzy-Mengen höherer Ordnung und höherer Stufe einbezogen werden (Kapitel 2 und 5). Für nahezu alle Operationen – insbesondere mengenalgebraische, logische, relationale und linguistische – werden alternative mathematische Definitionen angeboten (vgl. Kapitel 3 bis 8).

Für ein Programmiersystem ist eine Reduktion auf eine Repräsentationsform und jeweils eine Definition für jede Operation sachlich nicht vertretbar. Die Anwendungsbreite eines derartigen Systems wäre extrem eingeschränkt. Die alternativen Definitionen lassen sich teils axiomatisch, teils empirisch, teils technisch begründen. Bereits die Auswahl und Validierung elementarer Mengenoperatoren ist eine komplexe Aufgabe, die auf der Basis vieler, teilweise widersprüchlicher und hinsichtlich ihres Stellenwerts strittiger mathematischer und psycholinguistischer Kriterien erfolgt (vgl. 104ff.). Für die Implikationsoperatoren und spezielle relationale Operatoren gilt dies gleichermaßen (vgl. 166ff. und 281ff.). Für eine begrenzte Zahl linguistischer Hecken wurden zwar kontextfreie Operatoren vorgeschlagen. Gegen ihre Verwendung konnten jedoch gewichtige linguistische, empirische und programmiertechnische Argumente angeführt werden (vgl. 204ff.).

Die Problemkomplexität wächst, wenn zudem höhere Inferenzmechanismen zum approximativen Schließen einbezogen werden. Zwischen den verschiedenen Kalkülen approximativen Schließens gibt es viele, zum Teil sehr gravierende Unterschiede, speziell hinsichtlich ihrer Verarbeitungsmodelle, ihrer Semantik, ihrer Verrechnungseigenschaften sowie der Menge zulässiger Operatoren und Datentypen (Kapitel 8 bis 13).

Mit dem Entwurf und der Implementierung von Fuzzy-Programmiersprachen ergeben sich weitere Anforderungen und Gestaltungsoptionen (Kapitel 14.1). Seit Beginn der 70er Jahre wurden zahlreiche Sprachvorschläge unterbreitet, von denen fast jeder besondere Leistungsmerkmale für sich geltend machen kann. Alle beschriebenen Fuzzy-Programmiersprachen (Kapitel 14.2 bis 14.5) haben dazu beigetragen, die Kluft zwischen grundlagentheoretischen Arbeiten und praktischen Anwendungen der Fuzzy-Mengentheorie zu verringern und teilweise zu überbrücken. Zugleich ist festzustellen, daß jede von ihnen nur kleine Regionen des aufgewiesenen Merkmalraums abdeckt und viele lediglich als Experimentiersprachen einzustufen sind. Vorrangiges Entwurfsziel der meisten bisherigen Fuzzy-Programmiersprachen war die Unterstützung eines speziellen Kalküls und Programmierstils. Die Verwendung verschiedener moderner Wissensrepräsentationsformalismen trat demgegenüber ebenso in den Hintergrund wie Änderungs- und Erweiterungsmöglichkeiten. Keines der untersuchten oder in der referierten Literatur erwähnten Systeme erfüllt das in Kapitel 15.1 beschriebene Anforderungsprofil.

Die Entwicklung von CLIFS, einem „generischen" Programmiersystem zum symbolorientierten und approximativen Schließen auf der Basis der Fuzzy-Mengentheorie, stellt einen Versuch dar, die geforderte Vielfalt an Repräsentationsformen unscharfer Mengen, Fuzzy-Operatoren und Inferenzmechanismen zu unterstützen und gleichzeitig die Erprobung und Entwicklung neuer Formalismen zu erleichtern (Kapitel 15.3 bis 15.5). Der hier vorgestellte Lösungsansatz steht in der Architektur-Tradition partiell-reflexiver Metaebenen-Systeme (Kapitel 15.2).

Um die Grundidee, statt einer fixierten Sprache eine ganze Region möglicher Sprachen zu unterstützen, umzusetzen, wurden objektorientierte Programmiermethoden eingesetzt. Für alle Grundelemente von CLIFS wird ein erweiterbares Protokoll von Klassendefinitionen und generischen Funktionen zur Verfügung gestellt. Sowohl die Grundelemente selbst als auch ihre Klassen sind First-Class-Objekte. Die realisierte Architektur eröffnet vielfältige Möglichkeiten zur Erweiterung wie zur Kodierung von Metainformationen, die für Compiler, Entwicklungswerkzeuge und Inferenzmechanismen nutzbar sind.

Aufgrund der Einbettung in COMMON LISP sowie der objektorientierten Implementierung aller Grundelemente ermöglicht CLIFS gleichermaßen objekt- wie funktionsorientierte Programmierstile. Regel- und logikorientierte Programmierparadigmen werden in Form eines mehrschichtigen Metaobjekt-Protokolls für Inferenzsysteme und Inferenzeinheiten unterstützt. Es beinhaltet ein umfangreiches Set an Klassendefinitionen und generischen Funktionen, die nicht nur erlauben, Merkmale von Inferenzsystemen und Inferenzeinheiten abzufragen und zu verändern, sondern vielmehr einen Zugang zu ihrer Kompilation und Auswertung öffnen. Über eine einfache Definitionskonvention sowie ein erweiterbares Protokoll von Makroexpansions-Funktionen wird die Möglichkeit geboten, Syntax und Semantik grundlegender Definitionsmakros spezieller Klassen linguistischer Variablen, Fuzzy-Operatoren, Inferenzsysteme und Inferenzeinheiten zu verändern.

Die Problematik, daß es für fast alle Fuzzy-Operationen alternative mathematische Funktionsdefinitionen gibt und überdies mathematisch äquivalente Funktionsvorschriften je nach Typ der Fuzzy-Menge unterschiedlich implementiert werden müssen, wird in CLIFS über eine mehrfach determinierte Methodenauswahl gelöst: über Inferenzsysteme und linguistische Variablen wird die generische Funktion (Funktionsdefinition) festgelegt und über die Klassenzugehörigkeit der Argumente (i.a. Fuzzy-Mengen) wird dann bestimmt, welche Methode von dieser generischen Funktion abgearbeitet wird.

Das realisierte Implementierungskonzept, Fuzzy-Operatoren einen Doppelcharakter zuzuweisen, nämlich strukturierte Objekte differenzierter Klassen und (generische) Funktionen zugleich zu sein, erlaubt, ein komplexes Funktionsspektrum in einer einfachen und wohldefinierten Form zu unterstützen (vgl. Tabelle 15.2, 622).

Das in CLIFS realisierte Konzept linguistischer Variablen erweist sich nicht nur insofern als vorteilhaft, als es ermöglicht, Fuzzy-Mengen, linguistische Hecken und Vergleichsoperationen unter Berücksichtigung variablenspezifischer Merkmale lokal zu definieren. Es unterstützt überdies lokale Definitionen von Kompatibilitätsmaßen, Verfahren zur linguistischen Approximation, Grammatiken zur Syntaxprüfung und Termgenerierung sowie die automatische Generierung von Fuzzy-Diskriminationsbäumen für linguistische Termmengen (vgl. Kapitel 6, 7 und 10).

Die objektorientierte Implementierung aller Grundelemente von CLIFS und ihr Status als First-Class-Objekte ermöglichen einen transparenten Zugriff auf ihren internen Zustand und erleichtern so die Gestaltung leistungsfähiger Entwicklungswerkzeuge, Inferenzmechanismen und Erklärungskomponenten. Die in LISP-Programmiersystemen typischerweise zur Verfügung stehenden Entwicklungswerkzeuge lassen sich in CLIFS umstandslos nutzen, so daß insbesondere Inspektoren sowie diverse alphanumerische und graphische Browser auf die von CLIFS zur Verfügung gestellten Objektklassen (Fuzzy-Mengen, linguistische Variablen, Inferenzsysteme, Inferenzeinheiten und Fuzzy-Operatoren) angewandt werden können. Die graphische Präsentation von Fuzzy-Mengen, linguistischen Variablen, Mengenoperatoren, Validitätsvergleichen von Operatoren und Fuzzy-Diskriminationsbäumen wird überdies durch eine vielseitige display-Funktion unterstützt.[32]

---

[32] Die Methodendiskrimination bezieht sich sowohl auf die darzustellenden Objekte als auch die Ausgabemedien (Bildschirm, Drucker, Dateiformate). Vgl. hierzu die zahlreichen Graphiken in dieser Arbeit, beispielsweise Abbildung 2.11 (62) für Fuzzy-Mengen mit stetigen oder diskreten Zugehörigkeitsfunktionen, Abbildung 7.10 (243) für linguistische Variablen, Tabelle 3.7 (95-103) für Mengenoperatoren, Tabelle 8.1 (283) für Implikationsoperatoren, Abbildung 10.12 (367) für Fuzzy-Diskriminationsbäume und die Abbildung 3.9 (114) für Validitätsvergleiche.

Bedenkt man, daß es sich bei CLIFS um ein von Grund auf neu konzipiertes, zudem relativ komplexes Programmiersystem mit vielen konzeptionellen Besonderheiten handelt, dann ist klar, daß die erste Programmversion einige Konsolidierungsaufgaben mit sich bringt. Bislang konnte die Funktionalität von CLIFS erst anhand einiger weniger Anwendungen geprüft werden, bei denen es sich fast ausnahmslos um Beispielprogramme handelte, wie sie in einführenden Lehrbüchern und Beschreibungen von Fuzzy-Programmiersprachen zu finden sind. Gegenwärtig sind die architektonisch und implementierungstechnisch gegebenen Möglichkeiten von CLIFS bei weitem nicht ausgeschöpft. Das aktuelle Metaobjekt-Protokoll von CLIFS kann noch in mancher Hinsicht verbessert, ausdifferenziert und ausgebaut werden. Die Erfahrungen mit CLOS deuten nicht nur darauf hin, daß sich solche Weiterentwicklungen aufgrund neuer Applikationen und durch die Architektur angeregter Programmierkonzepte als nützlich erweisen, sondern daß sie auch leicht ohne Einschränkung der Funktionalität existierender Programme realisierbar sind. Zwar ermöglicht bereits die Erstversion von CLIFS die Nutzung von Standardwerkzeugen und bietet überdies viele Optionen, leistungsfähige Entwicklungswerkzeuge und Erklärungsfunktionen mit geringem Aufwand zu implementieren, es wäre jedoch durchaus wünschenswert, noch zusätzliche speziell auf die Funktionalität von CLIFS abgestimmte Entwicklungswerkzeuge sowie elaborierte Erklärungskomponenten [vgl. Sterling and Lalee 1986; Swartout and Moore 1993] zur Verfügung stellen zu können.

Obwohl CLIFS in der beschriebenen Version bereits über ein relativ großes Repertoire an Inferenzmechanismen zum approximativen Schließen verfügt, bietet es sich an, die von der Systemarchitektur gebotenen Möglichkeiten zu nutzen, neue Inferenzsysteme zu implementieren und zu erproben. Das Metaobjekt-Protokoll von CLOS eröffnet einen einfachen und eleganten Weg, das von Graham [1994a, 413ff.] vorgeschlagene Konzept von „Fuzzy-Objekten“ (auch „Fuzzy-Frames“ genannt) umzusetzen und alternative Vererbungsmodelle zu erproben (vgl. 511). In den Arbeiten Zadehs finden sich einige noch nicht realisierte Vorschläge (vgl. Kapitel 9). Mit relativ geringem Aufwand sollte es möglich sein, weitere regel- und logikorientierte Formalismen auf der Basis der Fuzzy-Mengentheorie einzubauen. Aufwendiger, aber keineswegs weniger interessant wäre es, possibilistische Netze einzuführen, wie sie in dem System POSSINFER [Kruse u.a. 1993] realisiert sind.

In einer längerfristigen Perspektive kann CLIFS als eine erste Teilrealisierung eines Programmiersystems aufgefaßt werden, daß gleichermaßen Verfahren der symbolorientierten KI wie des „Soft-Computing“ [vgl. Zadeh 1994] unterstützt. Neben der Fuzzy-Mengentheorie wäre darin die Bayessche Wahrscheinlichkeitstheorie, die Evidenztheorie von Dempster und Shafer, Neuronale Netze, Evolutionäre Algorithmen sowie andere Verfahren wie „simuliertes Ausglühen“ (engl.: simulated annealing) zu berücksichtigen. Die Verwandtschaft der drei genannten Unsicherheitstheorien (Wahrscheinlichkeitstheorie, Evidenztheorie, Possibilitätstheorie) sollte es möglich machen, analog zu den verschiedenen Regelsystem- und Logiksystem-Klassen, „Bayessche Netze", „Evidenznetze" und „possibilistische Netze" als spezielle Unterklasse einer neuen Inferenzsystemklasse „Unsicherheitsnetze" zu definieren.[33]

In der Fuzzy-Regelungstechnik haben Neuronale Netze und Evolutionäre Algorithmen eine hohe Bedeutung erlangt, weil diese Verfahren es erlauben, Teile eines Fuzzy-Reglers (Regeln, Parameter von Zugehörigkeitsfunktionen) aufgrund empirischer Daten zu generieren oder zu optimieren (vgl. 409, Fußnote 27). Die Bedeutung Neuronaler Netze reicht weit darüber hinaus. In der KI haben sich Neuronale Netze als Alternative zum Symbolverarbeitungsansatz etabliert. In den letzten Jahren wurden verstärkt Anstrengungen gemacht, beide Ansätze miteinander zu integrieren. Sinnvolle Erweiterungsoptionen liegen aber nicht nur im Bereich numerischer Verfahren.

Zur Unterstützung nicht-monotonen Schließens könnten Regelsysteme mit einer „Begründungsverwaltung" eingeführt werden. In der Expertensystemtechnik haben neben den in CLIFS realisierten Inferenzmechanismen sogenannte „starke Problemlösungsmethoden" und Methoden „fallbasierten Schließens" an Bedeutung gewonnen. Für das im „fallbasierten Schließen" zentrale Problem, „passende" Fälle ausfindig zu machen, bieten sich auch Methoden der Fuzzy-Mengentheorie und Possibilitätstheorie an.[34]

---

[33] Neben dem Ausdruck „Bayesian networks" sind auch – je nach Interpretation – die Bezeichnungen „belief networks", „causal networks" und „influence diagrams" gebräuchlich [vgl. u.a. Pearl 1986; Charniak 1991; Abramson 1991]. Es gibt eine Reihe verschiedenartiger Algorithmen und Programmiersysteme zur Unsicherheitsmodellierung auf der Basis des Bayesschen Wahrscheinlichkeitstheorems. Zu Bayesschen Netzen analoge Repräsentationsformen und Propagierungsalgorithmen wurden sowohl für die Evidenztheorie als auch für die Possibilitätstheorie vorgeschlagen. Klir und Folger [1988, 130ff.] diskutieren die Gemeinsamkeiten und Unterschiede dieser Unsicherheitstheorien und klassifizieren ihre charakteristischen Maße (*probability, necessity – possibility, belief – plausibility*) als spezielle Unterklassen der Klasse „Fuzzy-Maße" (*fuzzy measures*). Shenoy [1992] hat mit dem Begriff „valuation-based system" (VBS) einen allgemeinen theoretischen Rahmen ausgearbeitet, der Bewertungsfunktionen („valuations") verschiedener Theorien einschließt, insbesondere die Bayesschen Wahrscheinlichkeitstheorie, die Evidenztheorie von Dempster und Shafer sowie die Possibilitätstheorie von Zadeh, Dubois und Prade.

[34] Systeme zur Begründungsverwaltung (engl.: truth maintenance systems) – ATMS (assumption based truth maintenance system) oder JTMS (justification based truth maintenance system) – werden u.a. von de Kleer [1986], Charniak et al. [1987, 337ff.] und Shoham [1994, 101ff.] beschrieben. Vielbeachtete und wegweisende Beiträge zu „starken Problemlösungsmethoden" stammen von Hayes-Roth, Waterman and Lenat [1983], Clancey [1985], Chandrasekaran [1986] und McDermott [1988]. Die bislang umfassendste Monographie zum Thema hat Puppe [1990] verfaßt. Der Ansatz „fallbasierten Schließens" (case-based reasoning, kurz: CBR) ging aus Arbeiten der sprachorientierten KI-Forschung der Arbeitsgruppe von Schank hervor [vgl. Riesbeck and Schank 1989]. Allgemein gehaltende Einführungen in fallbasiertes Schließen bieten Kolodner [1991] und Slade [1991]. Die Monographie von Kolodner [1993] gilt als „Standardwerk". Einen Ansatz zur Integration von fallbasiertem Schließen, regelbasiertem Schließen und Possibilitätstheorie diskutieren Dutta und Bonissone [1991].

Welche der genannten Verfahren in dem prospektierten „Hard-Soft-Computing-Tool" implementiert und welche stattdessen über eine Schnittstelle zu externen Programmen unterstützt werden sollten, ist eine offene Frage. CLIFS bietet bereits in der aktuellen Version eine im Vergleich zu vielen Expertensystemwerkzeugen und Fuzzy-Programmiersprachen beachtliche Funktionalität. Aufgrund seines umfangreichen Repertoires an Fuzzy-Operatoren und Inferenzmechanismen, seines elaborierten Konzepts linguistischer Variablen wie seiner generischen Architektur sollte CLIFS der Entwicklung komplexer Applikationen wie neuer Verfahren approximativen Schließens dienen können. Die Entwicklung von CLIFS zeigt, daß Metaebenen-Architekturen geeignet sind, die der Fuzzy-Mengentheorie inhärenten Freiheitsgrade nutzbar zu machen. Die offene Architektur müßte überdies die Integration von Inferenzmethoden anderer Theorien erleichtern. COMMON LISP hat in der Implementierung von CLIFS seine außergewöhnliche Leistungsfähigkeit eindringlich unter Beweis gestellt. Die Einbettung von CLIFS in COMMON LISP bietet günstige Bedingungen, die Integration von Ansätzen der symbolorientierten KI und verschiedenen Ansätzen des „Soft-Computing" weiterzuentwickeln und zu erproben.

Glossar mathematischer Symbole

Zur besseren Übersicht ist das Glossar mathematischer Symbole thematisch in die Rubriken „Mengen", „Fuzzy-Mengen", „Relationen", „Funktionen" und „Sonstiges" untergliedert. Einige allgemeine Zeichen für Mengen, Funktionen und Relationen werden sowohl für gewöhnliche Mengen, Funktionen und Relationen als auch für Fuzzy-Mengen sowie auf Fuzzy-Mengen erweiterte Funktionen und Relationen benutzt. Genauere Erläuterungen und Ergänzungen sind dem Text zu entnehmen.

Mengen

$\{x, y, \ldots\}$	Menge der Elemente $x, y, \ldots$
$\{x \mid \mathrm{p}(x)\}$	Menge aller Elemente x, für die Eigenschaft p gilt
$(x_1, x_2, \ldots, x_n)$	n-Tuple *(geordneter Vektor, Liste)*
$[x_{ij}]$	Matrix (*eindimensional: Vektor*)
$[\mathrm{a}, \mathrm{b}]$	Geschlossenes Intervall reeller Zahlen von a bis b
$[\mathrm{a}, \mathrm{b}[$	Halboffenes Intervall, geschlossen in a, offen in b
Ω	Grundmenge (Grundbereich, Universum)
$\mathbb{N}$	Menge der natürlichen Zahlen
$\Re$	Menge der reellen Zahlen
$\Re^+$	Menge der positiven reellen Zahlen
$\Re^-$	Menge der negativen reellen Zahlen
$A, B, C, \ldots$	Scharfe oder unscharfe Mengen $A, B, C \ldots$
$\neg A, \bar{A}$	Komplement einer Menge
$A \setminus B, A - B$	Restmenge, Differenzmenge
$A = B$	Gleichheit; Menge A ist gleich Menge B
$A \neq B$	Ungleichheit; Menge A ist ungleich Menge B
$A \subset B$	Echte Teilmenge; A ist echte Teilmenge von B
$A \subseteq B$	Teilmenge; A ist Teilmenge von B
$A \not\subset B$	A ist keine echte Teilmenge von B
$A \not\subseteq B$	A ist keine Teilmenge von B
$A \cup B$	Vereinigung der (unscharfen) Mengen A und B
$A \cap B$	Durchschnitt der (unscharfen) Mengen A und B
$\emptyset$	Leere Menge
$\lvert A \rvert$	Kardinalität der (unscharfen) Menge A
$x \in \Omega$	x ist Element von Ω
$\lVert A \rVert$	Intervallänge von A (b – a für $A = [\mathrm{a}, \mathrm{b}]$) *(siehe auch: Fuzzy-Mengen)*
$\mathcal{P}(A)$	Potenzmenge von A
$A \times B$	Kartesisches Produkt von A und B (Kreuzprodukt)

$\bigcup_{i=1} A_i$	Vereinigung der (unscharfen) Mengen $A_1 \ldots A_n$
$\bigcap_{i=1}^{n}$	Durchschnitt der (unscharfen) Mengen $A_1 \ldots A_n$

Fuzzy-Mengen

$\mu_1/x_1 + \ldots + \mu_n/x_n$	Diskrete Fuzzy-Menge *(auch mit geschweiften Klammern)*
$\sum_{i}^{n} \mu_i/x_i$	Diskrete Fuzzy-Menge *(siehe auch: Funktionen)*
$\int_{\Omega} \mu(x)/x$	Kontinuierliche Fuzzy-Menge *(siehe auch: Funktionen)*
$A_{LR}, B_{LR}, C_{LR}, \ldots$	Unscharfe Mengen *A*, *B*, *C* vom Typ LR (LR-Intervalle)
M(T)	Denotative Bedeutung des Terms *T* (i.e. Fuzzy-Menge)
$\otimes$	Erweitertes Kartesisches Produkt
$\Phi(\Omega)$	Menge aller unscharfen Mengen von Ω
$\Phi_{LR}(\mathfrak{R})$	Menge aller LR-Intervalle von $\mathfrak{R}$
$\lvert A \rvert$	Kardinalität (Mächtigkeit) der unscharfen Menge *A*
$\lVert A/B \rVert$	Relative Kardinalität der unscharfen Menge *A* bezüglich der unscharfen Menge *B*
$\lVert A \rVert$	Relative Kardinalität der unscharfen Menge *A* bezüglich der Grundmenge
A^{-1}	Erweiterter Kehrwert einer unscharfen Menge
$(m_1, m_2, \alpha, \beta)_{LR}$	LR-Intervall mit den Parametern m_1, m_2, α, β und den Referenzfunktionen L und R
$(m_1, m_2, \alpha, \beta)_{LL}$	LR-Intervall mit gleichen Referenzfunktionen: R = L
$(m_1, m_2, \alpha, \beta)_{trapez}$	Fuzzy-Menge mit trapezförmiger Zugehörigkeitsfunktion *(analog dazu die Standardfunktionen s, z, pi etc.))*
$(m, \alpha, \beta)_{LR}$	LR-Zahl mit den Parametern m, α, β und den Referenzfunktionen L und R
$(m, \alpha, \beta)_{LL}$	LR-Zahl mit gleichen Referenzfunktionen: R = L
supp *A*	Träger der unscharfen Menge *A*
core *A*	Kern der unscharfen Menge *A*
hgt *A*	Höhe der unscharfen Menge *A*
$\vec{A}$, $\overrightarrow{M(T)}$	Merkmalvektoren der unscharfen Mengen *A, M(T)*

Relationen

$R\uparrow$, $R\uparrow A \backslash B$	Zylindererweiterung der Relation *R* (bezüglich der Attributmenge $A \backslash B$)
$\mathrm{cyl}(R)$, $\mathrm{cyl}_{A \backslash B}(R)$	Zylindererweiterung der Relation *R* (bezüglich der Attributmenge $A \backslash B$)
$R\downarrow$, $R\downarrow A$	Projektion der Relation *R* (auf die Menge *A*)

$\mathrm{proj}(R)$, $\mathrm{proj}_A(R)$	Projektion der Relation R (auf die Menge A)
$R \circ S$	Verkettung der Relation R mit der Relation S
$R[\Theta A]$	Restriktion einer Relation R (Θ bezeichnet ein für Attribute der Domäne A definiertes Prädikat)
$R[A \Theta B]S$	Θ-Verbindung (join) der Relationen R und S (Θ bezeichnet ein für Attribute der Domänen A und B definiertes Prädikat)
R^{-1}	Inverse Relation

Funktionen

$f{:}\Omega \to \mathrm{W}$	Funktion von Ω auf W
$\mu{:}\Omega \to [0, 1]$	Zugehörigkeitsfunktion von Ω auf das Einheitsintervall
$\mu_A{:}\Omega \to [0, 1]$	Zugehörigkeitsfunktion der unscharfen Teilmenge A von Ω …
$\int$	Integralzeichen *(siehe auch: Fuzzy-Mengen)*
Σ	Summenzeichen *(siehe auch: Fuzzy-Mengen)*
f^{-1}	Umkehrfunktion
max, min	Maximum, Minimum
sup, inf	Supremum, Infimum
t, s	t-Norm, t-Conorm (s-Norm)

Logik

$\forall x$	Allquantor; für alle x gilt …
$\exists x$	Existenzquantor; es gibt mindestens ein x, für das gilt …
$\neg$	Logische Negation *(siehe auch: Mengen)*
$\wedge$	Logisches Und (Konjunktion, logisches Produkt)
$\vee$	Logisches Oder (Disjunktion, Adjunktion, logische Summe)
$\succ\!\prec$	Entweder … oder (Kontravalenz, Antivalenz)
$\Rightarrow$	Implikation (allgemeingültige Subjunktion)
$\Leftrightarrow$	Äquivalenz (allgemeingültige Bijunktion)
$\leftrightarrow$	Bijunktion
$\to$	1. Subjunktion 2. Übersetzung einer unscharfen Aussage in eine Possibilitätsverteilung
$\leftarrow$	Rückübersetzung einer Possibilitätsverteilung in eine unscharfe Aussage
$\mathcal{R}(A,B)$	Resolvente der Klauseln A und B
$M \models F$	Formel F ist aus der Formelmenge M semantisch ableitbar
$M \vdash F$	Formel F ist aus der Formelmenge M syntaktisch ableitbar
θ	Unifikator

Sonstiges

N	Notwendigkeitsmaß
Π	Possibilitätsmaß
e	Transzendente Zahl e ≈ 2.718281
π	1. Possibilitätsverteilung
	2. Transzendente Zahl π ≈ 3.141593
$\lvert a - b \rvert$; $\lvert a \rvert$	Absoluter Betrag von a – b; absoluter Betrag von a *(siehe auch: Fuzzy-Mengen)*
L	Verband
⊕	Beschränkte Summe
$a \prec b$	a ist Teilfolge von b
$\lVert A \rVert$	Vektorwert [Lakoff] *(siehe auch: Mengen, Fuzzy-Mengen)*
$\langle x \rangle$	*x* ist ein nichtterminales Symbol *(Backus-Klammer)*
$\langle x \rangle ::= \langle y \rangle \mid \mathbf{z}$	das nichtterminale Symbol *x* kann durch das nichtterminale Symbol *y* oder das terminale Symbol **z** ersetzt werden

Literatur

Abelson, H. and G.J. Sussman (with J. Sussman)
- 1985: Structure and Interpretation of Computer Programs. Cambridge (MA): MIT

Abramson, B.
- 1991: On Knowledge Representation in Belief Networks. In: Bouchon-Meunier et al. (Eds.) 1991, 86-96

Adlassnig, K.-P.
- 1980: A Fuzzy Logical Model of Computer-Assisted Medical Diagnosis. In: Methods of Information in Medicine: International Journal for the Methodology of Medical Research, Information and Documentation, 19(3):141-148

Adlassnig, K.-P. and G. Kolarz
- 1982: CADIAG-2: Computer assisted medical diagnosis using fuzzy subsets. In: Gupta and Sanchez 1982a (Eds.), 219-247

Adlassnig, K.P., W. Scheithauer, G. Kolarz
- 1986: Fuzzy Medical Diagnosis in a Hospital. In: Prade and Negoita (Eds.) 1986, 275-294

Aebli, H.
- 1988: Begriffliches Denken. In: Mandl und Spanda (Hrsg.) 1988, 227-246

Agustí, J., F. Esteva, P. Garcia, L. Godo, R. López de Mántaras, C. Sierra
- 1994: Local multi-valued logics in modular expert systems. In: Journal of Experimental and Theoretical Artificial Intelligence, 3(6):303-321

Agustí, J., F. Esteva, P. Garcia, L. Godo, R. López de Mántaras, L. Murgui, J. Puyol, C. Sierra
- 1992: Structured local fuzzy logics in MILORD. In: Zadeh and Kacprzyk (Eds.) 1992, 523-552

Aiello, L. and G. Levi
- 1988: The Uses of Metaknowledge in AI Systems. In: Maes and Nardi (Eds.) 1988, 243-254

Aliev, R., K.W. Bonfig, F. Aliew
- 1994: Messen, Steuern, Regeln mit Fuzzy-Logik. Grundlagen und Methoden zum Aufbau von Fuzzy-Anwendungssystemen mit praktischen Applikationsbeispielen. München: Franzis

Alsina, C., E. Trillas, L. Valverde
- 1983: On Some Logical Connectives for Fuzzy Sets Theory. In: Dubois, Prade, Yager (Eds.) 1993, 71-76. Nachdruck von: Journal of Mathematical Analysis and Applications, 93:15-26

Altrock, C.v.
– 1992: Praxis und Entwurfsmethodik der Fuzzy-Technologie. In: Bonfig u.a. 1992, 149-173
– 1993: Fuzzy Logic. Band 1. Technologie. München: Oldenbourg

Altrock, C.v. (Hrsg)
– 1995: Fuzzy Logic. Band 3. Werkzeuge. München: Oldenbourg

Anderson, J.R.
– 1988: Kognitive Psychologie. Heidelberg: Spektrum der Wissenschaft

Arendt, F., B. Straube, N. Hansel
– 1979: Durchflußvorhersage für Flüsse mittels unscharfer Mengen. In: Acta Hydrophysica, 24:221-240

Attardi, G.
– 1993: Metaobject Programming in CLOS. In: Paepcke (Ed.) 1993, 119-132

Baldwin, J.F.
– 1979: A New Approach to Approximate Reasoning using a Fuzzy Logic. In: Fuzzy Sets and Systems, 2:309-325
– 1984: Knowledge Engineering Using A Fuzzy Relational Inference Language. In: Sanchez (Ed.) 1984, 15-20
– 1985a: A Knowledge Engineering Fuzzy Inference Language – FRIL. In: Kacprzyk and Yager (Eds.) 1985, 253-269
– 1985b: Fuzzy Sets and Expert Systems. In: Information Sciences, An International Journal, North-Holland, 36:123-156
– 1986: Support Logic Programming. In: International Journal of Intelligent Systems, 1:73-104
– 1987: An Uncertainty Calculus for Expert Systems. In: Sanchez and Zadeh (Eds.) 1987, 33-54
– 1992: Evidential Reasoning under Probabilistic and Fuzzy Uncertainties. In: Yager and Zadeh (Eds.) 1992, 297-333

Baldwin, J.F. and S.Q. Zhou
– 1984: A fuzzy relational inference language. In: Fuzzy Sets and Systems, 14:155-174

Baldwin, J.F., P. Baldwin, S. Brown
– 1985: A Natural Language Interface for FRIL. In: Kacprzyk and Yager (Eds.) 1985, 270-279

Bandemer, H. und S. Gottwald
– 1992: Einführung in Fuzzy-Methoden. Theorie und Anwendungen unscharfer Mengen. Berlin: Akademie

Bates, M.
– 1980: Theorie und Praxis der ATN-Grammatiken. In: Christaller und Metzing (Hrsg) 1980, 1-90

Becker, K., H. Kaesmacher, K. Juffernbruch, G. Rau, G. Kalff, H.-J. Zimmermann
– 1994: Ein intelligentes Alarmsystem für die Kardioanästhesie auf Basis der Fuzzy-Inferenz. In: Zimmermann und Altrock (Hrsg.) 1994, 225-241

Bellman, R.E. and L.A. Zadeh

– 1970: Decision-Making in a Fuzzy Environment. In: Yager et al. (Eds.) 1987, 53-79. Nachdruck von: Management Science, 17(4):141-164

– 1977: Local and fuzzy logics. In: Modern Uses of Multiple-Valued Logic (Edited by G. Epstein), Dordrecht: Reidel, 103-165

Bellon, C., P. Bosc, H. Prade

– 1992: Fuzzy boom in Japan. In: Dubois and Prade 1992. Nachdruck von: International Journal of Intelligent Systems, 7(4):293-316

Berenji, H.R.

– 1992: Fuzzy Logic Controllers. In: Yager and Zadeh (Eds.) 1992, 69-96

Biewer, B.

– 1987a: CAMBRIDGE LISP – Atari ST. In: ST Computer. Die Fachzeitschrift für den Atari-ST Anwender, Darmstadt: Heim, 1:51-55

– 1987b: Der Computer macht sich einen Reim drauf. Teil 1: Natürlichsprachliche Systeme und ATN-Parser. In: c't magazin für computer technik, Hannover: Heise, 12:70-76

– 1988a: Der Computer macht sich einen Reim drauf. Teil 2: Eine natürlichsprachliche Schnittstelle zur Datenanalyse. In: c't magazin für computer technik, Hannover: Heise, 1:124-137

– 1988b: Entwicklung einer natürlichsprachlichen Schnittstelle für sozialwissenschaftliche Statistikanalysen mit SPSS – Studien zur Künstlichen Intelligenz. Diplomarbeit. Freie Universität Berlin, Soziologisches Institut

– 1991: Wissenstransformation am Beispiel der Entwicklung von ALTRISK. In: Hennings und Skala (Hrsg.) 1991, 82-105

– 1994: CLIFS – ein generisches Programmiersystem zur Symbolverarbeitung und zum approximativen Schließen auf der Basis der Fuzzy-Mengentheorie. In: Palm (Hrsg.) 1994

Biewer, B., A. Pekdeger, W. Skala, C. Thom

– 1992: HYDROEXPERT – Ein Expertensystem zur Entscheidungsunterstützung für Fluidprobennahmen und geohydraulische Tests. In: Peschel (Hrsg.) 1992, 62-72

Black, M.

– 1937: Vagueness. In: Philosophy of Science, 4:427-455

– 1973: Sprache. Eine Einführung in die Linguistik. München: Wilhelm Fink

Blin, J.M.

– 1974: Fuzzy Relations in Group Decision Theory. In: Journal of Cybernetics, 4(2):17-22

Blin, J.M. and A.B. Whinston

– 1974: Fuzzy Sets and Social Choice. In: Journal of Cybernetics, 3(4):28-36

Bobrow, D., L. De Michiel, R. Gabriel, S. Keene, G. Kiczales, D. Moon

– 1988: COMMON LISP OBJECT SYSTEM Specification (ANSI X3J13 Document 88-002R). In: ACM SIGPLAN Notices, 23, September 1988, special issue. Nachdruck in: Lisp and Symbolic Computation, January 1989. Redigierte Fassung in: Steele 1990, 770-864

Bobrow, D.G.

– 1985: If PROLOG Is the Answer, What Is the Question? In: IEEE Transactions on Software Engineering, 11:1401-1408

Bobrow, D.G., R.P. Gabriel, J.L. White

– 1993: CLOS in Context: The Shape of the Design Space. In: Paepcke (Ed.) 1993, 29-61

Bocklisch, S.F.

– 1987: Prozeßanalyse mit unscharfen Verfahren. Berlin: Technik

Böhme, G.

– 1993: Fuzzy-Logik. Einführung in die algebraischen und logischen Grundlagen. Berlin: Springer

Bonfig, K.W., F. Aliew, C.v. Altrock, S. Bocklisch, M. Hülshoff, E. Linzenkirchner, H. Schödel, G. Trautzl

– 1992: Fuzzy Logik in der industriellen Automatisierung. Ehningen bei Böblingen: expert

Bonissone, P.P., M. Henrion, L.N. Kanal, J.F. Lemmer (Eds.)

– 1991: Uncertainty in Artificial Intelligence, No. 6. Amsterdam: North Holland

Boose, J.H. and B.R. Gaines

– 1989: Knowledge Acquisition for Knowledge-Based Systems: Notes on the State-of-the-Art. In: Machine Learning, 4:377-394

Bortolan, G. and R. Degani

– 1985: A Review of Some Methods for Ranking Fuzzy Subsets. In: Dubois, Prade, Yager (Eds.) 1993, 149-158

– 1988: Linguistic Approximation of Fuzzy Certainty Factors in Computerized Electrocardiography. In: Gupta and Yamakawa (Eds.) 1988, 243-261

Bothe, H.-H.

– 1993: Fuzzy Logic. Einführung in Theorie und Anwendungen. Berlin: Springer

Bouchon-Meunier, B.

– 1992: Fuzzy logic and knowledge representation using linguistic modifiers. In: Zadeh and Kacprzyk (Eds.) 1992, 399-414

Bouchon-Meunier, B., R.R. Yager, L.A. Zadeh (Eds.)

– 1991: Uncertainty in Knowledge Bases. 3rd International Conference on Information Processing and Management of Uncertainty in Knowledge-Based Systems, IPMU '90, Paris, France, July 1990, Proceedings (Lecture Notes in Computer Science 521). Berlin: Springer

Bowen, J. and J. Kang

– 1990: FMUFL: A Fuzzy Multi-Paradigm Language. In: Fuzzy Sets and Systems, 34:263-291

Brachman, R.J. and H. Levesque (Eds.)

– 1985: Readings in Knowledge Representation. Los Altos (CA): Morgan Kaufman

Brachman, R.J. and J. Schmolze
- 1985: An Overview of the KL-ONE Knowledge Representation System. In: Cognitive Science, 9:171-216

Bratko, I.
- 1987: PROLOG. Programmierung für Künstliche Intelligenz. Bonn: Addison-Wesley

Breuker, J., B. Wielinga, M. van Someren, R. de Hoog, G. Schreiber, P. de Greef, B. Bredeweg, J. Wielemaker, J.-P. Billault, M. Davoodi, S. Hayward
- 1987: Model Driven Knowledge Acquisition: Interpretation Models (Deliverable task A1, Esprit Project 1098, Memo 87, VF Project Knowledge Acquisition in Formal Domains). Department of Social Science Informatics. University of Amsterdam, Herengracht 196, 1016 BS Amsterdam, The Netherlands

Brownston, L., R. Farrell, E. Kant, N. Martin
- 1986: Programming Expert Systems in OPS5. Reading (MA): Addison-Wesley

Buchanan, B.G. and E.H. Shortliffc (Eds.)
- 1984: Rule Based Expert Systems. The MYCIN Experiments of the Stanford Heuristic Programming Project. Readings (MA): Addison-Wesley

Buckles, B.P. and F.E. Petry
- 1982a: A Fuzzy Representation of Data for Relational Databases. In: Fuzzy Sets and Systems, 7:213-226
- 1982b: Fuzzy Databases and their Applications. In: Gupta and Sanchez (Eds.) 1982b, 361-371

Buckles, B.P., F.E. Petry, H.S. Sachar
- 1986: Design of similarity-based relational databases. In: Prade and Negoita (Eds.) 1986, 3-18

Buckley, J.J., and D.M. Tucker
- 1989: Second generation fuzzy expert system. In: Fuzzy Sets and Systems, 31:271-284

Buckley, J.J., W. Siler, D. Tucker
- 1986a: A Fuzzy Expert System. In: Fuzzy Sets and Systems, 20:1-16
- 1986b: FLOPS, a fuzzy expert system: applications and perspectives. In: Prade and Negoita (Eds.) 1986, 256-274

Cantor, G.
- 1966: Gesammelte Abhandlungen mathematischen und philosophischen Inhalts. Herausgegeben von E. Zermelo. (Reprografischer Nachdruck der Ausgabe Berlin 1932). Hildesheim: Georg Olms Verlagsbuchhandlung

Cao, H. and G. Chen
- 1983: Some applications of fuzzy sets to meteorological forecasting. In: Fuzzy Sets and Systems, 9:1-12

Cayrol, M., H. Farreny, H. Prade
- 1982: Fuzzy Pattern Matching. In: Kybernetes, 11:103-116

Cercone, N. and G. McCalla (Eds.)
– 1987: The Knowledge Frontier. New York: Springer

Chandrasekaran, B.
– 1986: Generic Tasks in Knowledge-Based Reasoning: High-Level Building Blocks for Expert System Design. IEEE Expert, 1(3):23-32

Charniak, E.
– 1991: Bayesian networks without tears. In: AI Magazine, 12(4):50-63

Charniak, E., C. Riesbeck, D. McDermott, J. Meehan
– 1987: Artificial Intelligence Programming. Second Edition. Hillsdale (NJ): Lawrence Erlbaum

Chase, W.G. (Ed.)
– 1973: Visual Information Processing. New York: Academic

Chiu, S. and M. Togai
– 1988: A Fuzzy Logic Programming Environment for Real-Time Control. In: Dubois, Prade, Yager (Eds.) 1993, 361-367. Nachdruck von: International Journal of Approximate Reasoning, 2:163-175

Christaller, T. und D. Metzing (Hrsg.)
– 1980: Augmented Transition Network-Grammatiken. Teil II: Einführungen, Anwendungen, Weiterentwicklungen. Berlin: Einhorn

Christaller, T., F. Di Primo, A. Voss (Hrsg.)
– 1989: Die KI-Werkbank BABYLON. Eine offene und portable Entwicklungsumgebung für Expertensysteme. Bonn: Addison-Wesley

Christaller, T., H.-W. Hein, M.M. Richter (Hrsg.)
– 1988: Künstliche Intelligenz. Theoretische Grundlagen und Anwendungsfelder. Frühjahrsschulen, Dassel 1985 und 1986. Berlin: Springer

Clancey, W.J.
– 1983a: GUIDON. In: Journal of Computer-Based-Instruction, 10:8-15
– 1983b: The Epistemology of a Rule-Based Expert System – a Framework for Explanation. In: Artificial Intelligence, 20:215-251
– 1985: Heuristic Classification. In: AI Journal, 27:289-350
– 1986: From GUIDON to NEOMYCIN and HERACLES in twenty short lessons: ONR final report 1979-1985. In: The AI Magazine, 7(3):40-60

Clark, D.F. and A. Kandel
– 1991: HALO – a fuzzy programming language. In: Fuzzy Sets and Systems, 44:199-208

Clark, K.L. and S.A. Thärnlud (Eds.)
– 1982: Logic Programming. New York: Academic

Clocksin, W.F. and C.S. Mellish
– 1990: Programmieren in PROLOG. Berlin: Springer

Codd, E.F.
– 1970: A Relational Model of Data for Large Shared Data Banks. In: Communications of the ACM, 6:377-387

– 1972: Relational Completeness of Data Base Sublanguages. Data Base Systems, Courant Computer Science Symposia Series, 6, Englewood Cliffs (NJ): Prentice Hall

Cointe, P.

– 1993: CLOS and SMALLTALK. In: Paepcke (Ed.) 1993, 215-250

Collins, A. and E.E. Smith (Eds.)

– 1988: Readings in Cognitive Science. A Perspective from Psychology and Artificial Intelligence. San Mateo (CA): Morgan Kaufmann

Cox, E.

– 1994: The Fuzzy Systems Handbook. A Practitioner's Guide to Building, Using, and Maintaining Fuzzy Systems. Boston: Academic

David, J.M., J.-P. Krivine, R. Simmons (Eds.)

– 1993: Second Generation Expert Systems. Berlin: Springer

Davis, R.

– 1984: Interactive Transfer of Expertise (Gekürzte und überarbeitete Fassung; ursprünglich 1979 erschienen in: Artificial Intelligence, 12: 121-157). In: Buchanan and Shortliffe (Eds.) 1984, 171-205

Davis, R. and B.G. Buchanan

– 1977: Meta-Level Knowledge: Overview and Applications. In: Brachman and Levesque (Eds.) 1985, 389-398. Nachdruck von: Proc. IJCAI-77. Cambridge, MA, 920-927

– 1984: Meta-Level Knowledge (erweiterte und überarbeitete Fassung, ursprünglich 1977 erschienen in: Proceedings of the Fifth IJCAI, 920-928). In: Buchanan and Shortliffe (Eds.) 1984, 507-530

Davis, R. and J. King

– 1976: An Overview of Production Systems. In: Elcock and Michie (Eds.) 1976, 300-332

Davis, R., B.G. Buchanan, E.H. Shortliffe

– 1977: Production Rules as a Representation for a Knowledge-Based Consultation Program. In: Artificial Intelligence 8(1):15-45

de Kleer, J.

– 1986: Problem solving with the ATMS. In: Artificial Intelligence, 28:197-224

DeMichiel, L.G.

– 1993: An Introduction to CLOS. In: Paepcke (Ed.) 1993, 3-28

des Rivières, J.

– 1988: Control-Related Meta-Level Facilities in LISP. In: Maes and Nardi (Eds.) 1988, 101-110

Dierkes, S., B. Reusch, K.H. Temme

– 1994: Hybrid Reasoning with FUZZYNEX. In: Kruse, Gebhardt, Palm (Eds.) 1994, 183-191

Ding, L., Z.L. Shen, M. Mukaidono
– 1989: Fuzzy linear resolution as the inference engine of intelligent systems. In: Z.W. Ras (Ed.): Methodologies for Intelligent Systems, Volume 4, Amsterdam: Elsevier Science, 1-8

Dubois, D. and H. Prade
– 1978: Operations on Fuzzy Numbers. In: International Journal of Systems Science, 9:613-626
– 1980: Fuzzy Sets and Systems. Theory and Applications. New York: Academic
– 1985: Fuzzy Cardinality and the Modeling of Imprecise Quantification. In: Fuzzy Sets and Systems, 16:199-230
– 1987a: Fuzzy Numbers: An Overview. In: Dubois, Prade, Yager (Eds.) 1993, 112-148. Nachdruck von: Bezdek, J.C. (Ed.): Analysis of Fuzzy Information – Vol. 1: Mathematics and Logic. Boca Raton (FLA): CRC, 3-39
– 1987b: Necessity Measures and the Resolution Principle. In: IEEE Transactions on Systems, Man, and Cybernetics, 17:474-478
– 1988a: On fuzzy syllogisms. In: Computational Intelligence, 4:171-179
– 1990: Resolution principles in possibilistic logic. In: International Journal of Approximate Reasoning, 4(1):1-21
– 1991a: Fuzzy Sets in approximate reasoning. Part 1: Inference with possibility distributions. In: Fuzzy Sets and Systems, 40:143-202
– 1991b: Inference in possibilistic hypergraphs. In: Bouchon-Meunier et al. (Eds.) 1991, 250-259
– 1992: Tutorial on Fuzzy Set-Based Methods for Inference and Control. Tutorial T9. 10th European Conference on Artificial Intelligence, Vienna, Austria

Dubois, D. and H. Prade
(with the collaboration of H. Farreny, R. Martin-Clouaire, C. Testemale)
– 1988b: Possibility Theory – An Approach to Computerized Processing of Uncertainty. New York: Plenum

Dubois, D., H. Prade, C. Testemale
– 1988: Weighted Fuzzy Pattern Matching. In: Dubois, Prade, Yager (Eds.) 1993, 676-685. Nachdruck von: Fuzzy Sets and Systems, 28:313-331

Dubois, D., H. Prade, E. Sanchez (Eds.)
– 1989: Special Issue on Fuzzy Data Bases. Information Systems, 14(6), Oxford: Pergamon

Dubois, D., H. Prade, R.R. Yager
– 1993: Introduction (Chapter 1 of Readings in Fuzzy Sets for Intelligent Systems). In: Dubois, Prade, Yager (Eds.) 1993, 1-20

Dubois, D., H. Prade, R.R. Yager (Eds.)
– 1993: Readings in Fuzzy Sets for Intelligent Systems. San Mateo (CA): Morgan Kaufmann

Dubois, D., J. Lang, H. Prade
– 1987: Theorem proving under uncertainty – A possibility theory-based approach. In: Proceedings of the 10th IJCAI, Milano, Italy, 1987, 984-986

– 1990: POSLOG, an inference system based on possibilistic logic. In: Proceedings 1990 North American Fuzzy Information Processing Society Congress, Toronto (June 6-8, 1990), 177-180

– 1991: Fuzzy Sets in approximate reasoning. Part 2: Logical approaches. In: Fuzzy Sets and Systems, 40:203-244

– 1992: Dealing with multi-source information in possibilistic logic. In: Neumann (Ed.) 1992, 38-42

Dubois, D., X. Mo, H. Prade

– 1992: Fuzzy Discrimination Trees. In: Terano et al. (Eds.) 1992, 250-260

Dubois, D., R. Martin-Clouaire, H. Prade

– 1988: Practical Computing in Fuzzy Logic. In: Gupta and Yamakawa (Eds.) 1988, 11-34

Duden

– 1963: Etymologie. Herkunftswörterbuch der deutschen Sprache. Mannheim: Duden

Dutta, S. and P.P. Bonissone

– 1991: Integrating Cased-Based and Rule-Based Reasoning: the Possibility Connection. In: Bonissone et al. (Eds.) 1991, 281-298

Dvorak, J. and H. Bunke

– 1993: Using CLOS to Implement a Hybrid Knowledge Representation Tool. In: Paepcke (Ed.) 1993, 295-320

Eisenberg, P. (Hrsg.)

– 1976: Maschinelle Sprachanalyse. Beiträge zur automatischen Sprachverarbeitung I. Berlin: Walter de Gruyter

Elcock, E.W. and D. Michie (Eds.)

– 1976: Machine Intelligence, Volume 8. New York: Wiley

Engelhardt, W.v. und J. Zimmermann

– 1982: Theorie der Geowissenschaft. Paderborn: Schöningh

Ezawa, Y. and M. Mizumoto

– 1984: Linguistic Hedges and Reasonable Fuzzy Inferences. In: Sanchez (Ed.) 1984, 243-248

Farreny, H. and H. Prade

– 1992: Positive and negative explanations of uncertain reasoning in the framework of possibility theory. In: Zadeh and Kacprzyk (Eds.) 1992, 319-333

Felix, R. und C. Krumscheid

– 1990: Eine Komponente zum Schließen mit Unschärfe in KEE. Forschungsbericht 367, Universität Dortmund

Fengler, W. und J. Bogoljubow

– 1993: Eine Interpretation gefärbter Petri-Netze zur Modellierung verteilter Fuzzy-Algorithmen. In: Gesellschaft für Informatik und Deutsche Informatik-Akademie (Hrsg.) 1993, 183-190

Forgy, C.L.

– 1982: RETE: A Fast Algorithm for the Many Pattern / Many Object Pattern Match Problem. In: Artificial Intelligence, 19:17-37

Frame Technology International Ltd.

– 1991: MIF Reference. Dublin (Ireland): Frame Technology

– 1993: FRAMEMAKER Benutzerhandbuch. X Window System. Dublin (Ireland): Frame Technology

Franz, Inc.

– 1992: Allegro CL. COMMON LISP User Guide. Volume 1 & 2. Berkeley (CA): Franz

Franz, Inc. and Dynamic Object Language Labs

– 1995: CLIM 2.1 for ALLEGRO CL for Windows. User Guide. Berkeley (CA): Franz

Frege, G.

– 1882: Über die wissenschaftliche Berechtigung einer Begriffsschrift. In: Patzig (Hrsg.) 1994, 91-97. (Originalquelle: Zeitschrift für Philosophie und philosophische Kritik, 1882, NF 81:48-56)

Freksa, C.

– 1994: Fuzzy Systems in AI: An Overview. In: Kruse, Gebhardt, Palm (Eds.) 1994, 155-169

Fuhrmann, G.

– 1988a: »Prototypes« and »Fuzziness« in the Logic of Concepts. In: Synthese, 75:317-347

– 1988b: Fuzziness of Concepts and Concepts of Fuzziness. In: Synthese, 75:349-372

– 1991: Note on the Integration of Prototype Theory and Fuzzy-Set Theory. In: Synthese, 86:1-27

Fukami, S., M. Mizumoto, K. Tanaka

– 1980: Some Considerations on Fuzzy Conditional Inference. In: Dubois, Prade, Yager (Eds.) 1993, 530-545. Nachdruck von: Fuzzy Sets and Systems, 4:243-273

Gappa, U., F. Puppe, G. Radestock

– 1995: Generierung grafischer Wissenserwerbssysteme für starke Problemlösungsmethoden. In: KI (Organ des Fachbereichs 1 „Künstliche Intelligenz" der Gesellschaft für Informatik e.V.), 1:8-15

Gebhardt, F.

– 1993: Fuzzy-Logik –Theorie und Praxis. In: KI (Organ des Fachbereichs 1 „Künstliche Intelligenz" der Gesellschaft für Informatik e.V.), 4:71-73

Genesereth, M.R. und N.J. Nilsson

– 1989: Logische Grundlagen der Künstlichen Intelligenz (Amerikanische Originalausgabe: Logical Foundations of Artificial Intelligence, Los Altos, 1987. Übersetzt von M. Tarnowski). Braunschweig: Vieweg

Gesellschaft für Informatik und Deutsche Informatik Akademie (Hrsg.)
- 1993: Fuzzy-Systeme '93. Managment unsicherer Informationen. Workshop vom 20.10. bis 22.10.1993 in Braunschweig. Tagungsband. Deutsche Informatik-Akademie, Wissenschaftszentrum, Ahrstraße 45, D-53175 Bonn

Giannesini, F., H. Kanoui, R. Pasero, M. van Caneghem
- 1986: PROLOG. Addison-Wesley

Ginsberg, M.
- 1993: Essentials of Artificial Intelligence. San Francisco (CA): Morgan Kaufmann

Godo, L., R. López de Mántaras, C. Sierra, A. Verdaguer
- 1989: MILORD: The Architecture and the Management of Linguistically Expressed Uncertainty. In: International Journal of Intelligent Systems, 4:471-501

Görz, G. (Hrsg.)
- 1993: Einführung in die künstliche Intelligenz. Bonn: Addison-Wesley

Gottwald, S.
- 1980: A note on fuzzy cardinals. In: Kybernetika, 16:156-158

Graham, I.
- 1989: FRIL: A support logic programming system (Software Review). In: Expert Systems, 6(3):186-190
- 1991: Fuzzy logic in commercial expert systems – Results and prospects. In: Fuzzy Sets and Systems, 40:451-472
- 1994a: Object Oriented Methods. Second Edition. Wokingham (England): Addison-Wesley

Graham, P.
- 1994b: On LISP: Advanced Techniques for COMMON LISP. Englewood Cliffs (NJ): Prentice Hall
- 1996: ANSI COMMON LISP. Englewood Cliffs (NJ): Prentice Hall

Günter, A.
- 1995: KONWERK – ein modulares Konfigurierungswerkzeug. In: Richter und Maurer (Hrsg.) 1995, 1-18

Gupta, M.M. and E. Sanchez (Eds.)
- 1982a: Approximate Reasoning in Decision Analysis. Amsterdam: North-Holland
- 1982b: Fuzzy Information and Decision Processes. Amsterdam: North-Holland

Gupta, M.M. and T. Yamakawa (Eds.)
- 1988: Fuzzy Computing Theory, Hardware, and Applications. Amsterdam: North-Holland

Habel, C.
- 1990: Repräsentation von Wissen. In: Informatik-Spektrum, 13(3):126-136

Harlequin Ltd.
- 1992a: LISPWORKS. Reference Manual. Edition 3.1. Harlequin
- 1992b: LISPWORKS. User Guide and Guide to the Editor. Edition 3.1. Harlequin
- 1994a: LISPWORKS. CAPI Reference Manual. Edition 3.2 Revision 4. Harlequin
- 1994b: LISPWORKS. Guide to the CAPI. Edition 3.2 Revision 4. Harlequin

Hayes-Roth, F.
- 1978: The role of partial and best matches in knowledge systems. In: Waterman and Hayes-Roth (Eds.) 1978, 557-574

Hayes-Roth, F., D.A. Waterman, D.B. Lenat (Eds.)
- 1983: Building Expert Systems. Reading (MA): Addison-Wesley

Hecht, A., H. Hellendoorn, A. Leufke, K. Storjohann
- 1994a: Adaptions- und Akquisitionstechniken für Fuzzy-Systeme, Teil I. In: Informatik-Spektrum, 17(2):87-95
- 1994b: Adaptions- und Akquisitionstechniken für Fuzzy-Systeme, Teil II. In: Informatik-Spektrum, 17(3):164-170

Hennings, R.-D.
- 1988: Qualitative Bewertung von Expertensystemen und Shells. In: Hennings und Skala (Hrsg.) 1988, 87-138
- 1991: Informations- und Wissensverarbeitung. Theoretische Grundlagen Wissensbasierter Systeme. Berlin: Walter de Gruyter

Hennings, R.-D. und W. Skala (Hrsg.)
- 1988: 1. Workshop an der Freien Universität Berlin: Wissensbasierte Systeme in den Geowissenschaften. Berlin, 24./25. Februar 1988. Informationswissenschaftliche Forschungsberichte aus der Freien Universität Berlin. (Fachbereich Kommunikationswissenschaften, Arbeitsbereich Informationswissenschaft, Malteser Str. 74-100)
- 1991: 2. Workshop an der Freien Universität Berlin: Wissensbasierte Systeme in den Geowissenschaften: Probleme der Akquisition von Wissen. Berlin, 21./ 22. Februar 1990. Informationswissenschaftliche Forschungsberichte aus der Freien Universität Berlin. (Fachbereich Kommunikationswissenschaften, Arbeitsbereich Informationswissenschaft, Malteser Str. 74-100)

Hersh, H.M. and A. Caramazza
- 1976: A Fuzzy Set Approach to Modifiers and Vagueness in Natural Language. In: Journal of Experimental Psychology: General, 105(3):254-276

Hewlett-Packard
- 1987: LaserJet series II Technical Reference Manual. Hewlett-Packard Company

Heyer, G., J. Krems, G. Görz (Hrsg.)
- 1988: Wissensarten und ihre Darstellung. Beiträge aus Philosophie, Psychologie, Informatik und Linguistik. Berlin: Springer

Hinde, C.F.
- 1986: FUZZY PROLOG. In: International Journal of Man-Machine Studies, 24:569-595

Hirota, K.
- 1981: Concepts of probabilistic sets. In: Fuzzy Sets and Systems, 5:31-46

Holmblad, L.P. and J.J. Østergaard
- 1982: Control of Cement Kiln by Fuzzy Logic. In: Dubois, Prade, Yager (Eds.) 1993, 337-347. Nachdruck von: Gupta and Sanchez (Eds.) 1982b, 389-400

Holzkamp, K.
- 1983: Grundlegung der Psychologie. Frankfurt: Campus
- 1987: Die Verkennung von Handlungsbegründungen als empirische Zusammenhangsannahmen in sozialpsychologischen Theorien: Methodologische Fehlorientierung infolge von Begriffsverwirrung. In: Forum Kritische Psychologie, (AS 143), 19:23-58. (Nachdruck von: Zeitschrift für Sozialpsychologie, 1986, 17:216-238)

Hülshoff, M.
- 1992: Grenzen der Fuzzy Logik. In: Bonfig u.a. 1992, 174-181

Inoue, Y., S. Yamamoto, S. Yasunobu
- 1991: Fuzzy Set Object: Fuzzy Set as First-Class Object. In: IFSA '91 (International Fuzzy Systems Association), Proceedings of the 4th Conference, 1991, Brüssel, 218-221

IntelliCorp, Inc. (Ed.)
- 1991: KAPPA Reference Manual. KAPPA Version 1.2.

Jablonski, K., A. Rau, J. Ritzke
- 1990: Wissensbasierte Textgenerierung. Linguistische Grundlagen und softwaretechnische Realisierung. Tübingen: Gunter Narr

Jahn, K.-U.
- 1975: Intervall-wertige Mengen. In: Mathematische Nachrichten, Berlin: Akademie, 68:115-132

Jahn, O. und U. Pilz
- 1994: FLORIDA – Ein Expertensystem zur Diagnoseunterstützung in der Medizin. In: Palm (Hrsg.) 1994

Jones, G.V.
- 1982: Stacks Not Fuzzy Sets: An Ordinal Basis for Prototype Theory of Concepts. In: Cognition, 12:281-290

Jones, P.L.
- 1986: REVEAL and its applications. In: Prade and Negoita (Eds.) 1986, 237-255

Kacprzyk, J. and R.R. Yager (Eds.)
- 1985: Management Decision Support Systems Using Fuzzy Sets and Possibility Theorie. Köln: TÜV Rheinland

Kahlert, J. und H. Frank
- 1993: Fuzzy-Logik und Fuzzy-Control. Eine anwendungsorientierte Einführung mit Begleitsoftware. Braunschweig: Vieweg

Kandel, A. (Ed.)
- 1992: Fuzzy Expert Systems. Boca Raton (FLA): CRC

Karbach, W.
- 1994: MODEL-K: Modellierung und Operationalisierung von Selbsteinschätzung und -steuerung durch Reflexion und Metawissen. Sankt Augustin: Infix

Karr, C.
- 1991: Genetic Algorithms for Fuzzy Controllers, In: AI Expert, 6(2):26-33

Katte, H., S. Wagner, W. Beneken, H. Pohse, D.P.F. Möller

– 1993: Evaluierung des Einsatzes eines Fuzzy-Petri-Netzes in der Prozeß- und Automatisierungstechnik. In: Gesellschaft für Informatik und Deutsche Informatik-Akademie (Hrsg.) 1993, 191-199

Keene, S.E.

– 1989: Object-Oriented Programming in COMMON LISP. A Programmer's Guide to CLOS. Reading (MA): Addison-Wesley (in association with Symbolics)

Kemke, C.

– 1991: Die Darstellung von ungenauem Wissen in taxonomischen Wissensbasen. In: KI (Organ des Fachbereichs 1 „Künstliche Intelligenz" der Gesellschaft für Informatik e.V.), 2:12-19

Kern, H. und M. Schumann

– 1985: Das Ende der Arbeitsteilung? Rationalisierung in der industriellen Produktion. München

Kiczales, G., J. des Rivières, D.G. Bobrow

– 1991: The Art of the Metaobject Protocol. Cambridge (MA): MIT

Kiczales, G., J.M. Ashley, L.H. Rodriguez Jr., A. Vahdat, D.G. Bobrow

– 1993: Metaobject Protocols: Why We Want Them and What Else They Can Do. In: Paepcke (Ed.) 1993, 101-118

Kidd, A.L. (Ed.)

– 1987: Knowledge Acquisition for Expert Systems: A Practical Handbook. New York: Plenum

Kikuchi, H. and M. Mukaidono

– 1988: PROFIL: fuzzy interval logic PROLOG. In: Proceedings of the International Workshop on Fuzzy Systems Applications (IFSA), Iizuka, Japan (1988), 205-206

Klaeren, H.

– 1994: Probleme des Software-Engineering. Die Programmiersprache – Werkzeug des Softwareentwicklers. In: Informatik Spektrum, 17(1):21-28

Klaus, G.

– 1972: Moderne Logik. Abriß der formalen Logik. Berlin: VEB Deutscher Verlag der Wissenschaften

Klement, E.P. and W. Slany (Eds.)

– 1993: Fuzzy Logic in Artificial Intelligence. 8th Austrian Artificial Intelligence Conference, FLAI '93, Linz, Austria, June 1993. Proceedings. Berlin: Springer

Kling, R.

– 1974: FUZZY-PLANNER: Reasoning with Inexact Concepts in a Procedural Problem-Solving Language. In: Journal of Cybernetics, 4(2):105-122. (Corrected copy of the article published under the same title in: Journal of Cybernetics, 1973, 3(4):1-16)

Klir, G.J. and T.A. Folger

– 1988: Fuzzy Sets, Uncertainty and Information. New York: Prentice Hall

Kolodner, J.L.

– 1991: Improving human decision making through case-based decision aiding. In: AI Magazine, 12(2):52-68

– 1993: Cased-Based Reasoning. San Mateo (CA): Morgan Kaufmann

Kong, A., G.O. Barnett, F. Mosteller, C. Youtz

– 1986: How medical professionals evaulate expressions of probability. In: The New England Journal of Medicine, 315(12):740-744

Koschmann, T.

– 1991: Designing a Browser to Support Multimethods and Method Combination. In: Lisp and Symbolic Computation: An International Journal, 4:143-154

Kosko, B.

– 1992: Neural Networks and Fuzzy Systems. A Dynamical Systems Approach to Machine Intelligence. Englewood Cliffs (NJ): Prentice Hall

– 1993: fuzzy-logisch. Eine neue Art des Denkens (Originalausgabe: Fuzzy Thinking. The New Science of Fuzzy Logic, 1993, New York: Hyperion. Übersetzt von E.P. Fischer). Hamburg: Carlsen

Kozok, B.

– 1996: Erklärungsfunktionalität Wissensbasierter Systeme – Theoretische und empirische Untersuchungen zur Entwicklung von Expertensystemen und der Transformation von Arbeit durch den Einsatz lernförderlicher Technologien. Dissertation, eingereicht 1996 am Fachbereich Wirtschaftswissenschaften der Universität Gesamthochschule Kassel.

Krebs, A.O.

– 1994: Betriebsführung und Störfallmanagement auf Kläranlagen mit Fuzzy Logic. In: Zimmermann und Altrock (Hrsg.) 1994, 204-213

Krickhahn, R. und B. Radig

– 1987: Die Wissensrepräsentationssprache OPS5. Sprachbeschreibung und Einführung in die regelorientierte Programmierung. Braunschweig: Vieweg

Kruse, R.

– 1987: On a Software Tool for Statistics with Linguistic Data. In: Fuzzy Sets and Systems, 24:377-383

– 1993: Fuzzy-Systeme – einige Klarstellungen. In: KI (Organ des Fachbereichs 1 „Künstliche Intelligenz“ der Gesellschaft für Informatik e.V.), 4:73-74

Kruse, R., J. Gebhardt, F. Klawonn

– 1991: Modellierung von Vagheit und Unsicherheit – Fuzzy Logik und andere Kalküle. In: KI (Organ des Fachbereichs 1 „Künstliche Intelligenz“ der Gesellschaft für Informatik e.V.), 4:13-17

– 1993: Fuzzy-Systeme. Stuttgart: Teubner

Kruse, R., J. Gebhardt, R. Palm (Eds.)

– 1994: Fuzzy Systems in Computer Science. Braunschweig: Vieweg

Kunz, G.C. und F. Schott
- 1987: Intelligente Tutorielle Systeme. Neue Ansätze der computerunterstützten Steuerung von Lehr-Lern-Prozessen. Göttingen: Hogrefe

Lakoff, G.
- 1975: Hedges: a study in meaning criteria and the logic of fuzzy concepts. In: Contemporary Research in Philosphical Logic and Linguistic Semantics (Edited by D. Hockney, W. Harper, and B. Freed, Dordrecht (Holland), Boston (USA): D. Reidel), 4:221-271

Laubsch, J. (Hrsg.)
- 1985: GWAI-84 (German Workshop on Artificial Intelligence), Wingst/Stade, October 8-12, 1984, Informatik Fachberichte 103. Berlin: Springer

Lebailly, J., R. Martin-Clouaire, A. Prade
- 1987: Use of Fuzzy Logic in a Rule-based System in Petroleum Geology. In: Sanchez and Zadeh (Eds.) 1987, 125-144

LeFaivre, R.A.
- 1974a: Fuzzy Problem-Solving. Technical Report No. 37. MACC, Academic Computing Center, The University of Wisconsin, Madison
- 1974b: The representation of fuzzy knowledge. In: Journal of Cybernetics, 4:57-66

Leung, K.S. and W. Lam
- 1989: A fuzzy expert system shell using both exact and inexact reasoning. In: Journal of Automated Reasoning, 5:207-233

Leung, K.S., W.S.F. Wong, W. Lam
- 1989: Applications of a novel fuzzy expert system shell. In: Expert Systems, 6(1):2-10

Lewandowski, T.
- 1984: Linguistisches Wörterbuch 1. (4., neu bearbeitete Auflage.) Heidelberg: Quelle & Meyer
- 1985a: Linguistisches Wörterbuch 2. (4., neu bearbeitete Auflage.) Heidelberg: Quelle & Meyer
- 1985b: Linguistisches Wörterbuch 3. (4., neu bearbeitete Auflage.) Heidelberg: Quelle & Meyer

Li, D. and D. Liu
- 1990: A Fuzzy PROLOG Database System. New York: Wiley; Taunton: Research Studies

Linzenkirchner, E. und H.-P. Preuß
- 1992: Fuzzy Control in der industriellen Anwendung. In: Bonfig u.a. 1992, 110-128

Lipp, H.-P.
- 1984: The Application of a Fuzzy Petri Net for Controlling Complex Industrial Processes. In: Sanchez (Ed.) 1984, 471-477

Lloyd, J.W.
- 1987: Foundations of Logic Programming. Second, Extended Edition. (First Corrected Printing 1993). Berlin: Springer

López de Mántaras, J. Agustí, E. Plaza, C. Sierra
- 1992: MILORD: A Fuzzy Expert System Shell. In: Kandel (Ed.) 1992, 213-223

López de Mántaras, R., C. Sierra, J. Agustí
- 1992: The Representation and Use of Uncertainty and Metaknowledge in MILORD. In: Yager and Zadeh (Eds.) 1992, 253-262

López de Mántaras, R., U. Cortés, C. Sierra, A. Villar, E. Plaza
- 1986: MILORD: An expert systems building tool with approximate reasoning. In: Prade and Negoita (Eds.) 1986, 182-193

Maes, P.
- 1988: Issues in Computational Reflection. In: Maes and Nardi (Eds.) 1988, 21-35

Maes, P. and D. Nardi (Eds.)
- 1988: Metalevel Architectures and Reflection. Amsterdam: Elsevier Science

Mamdani, E.H. and S. Assilian
- 1975: An Experiment in Linguistic Synthesis with a Fuzzy Logic Controller. In: International Journal of Man-Machine Studies, 7:1-13. (Nachdruck in: Dubois, Prade, Yager (Eds.) 1993, 283-289)

Mandl, H. und H. Spanda (Hrsg.)
- 1988: Wissenspsychologie. München – Weinheim

Manhart, K.
- 1991: KI-Modellierung in den Sozialwissenschaften. In: KI (Organ des Fachbereichs 1 „Künstliche Intelligenz" der Gesellschaft für Informatik e.V.), 2:32-40

Marcus, S. (Ed.)
- 1988: Automating Knowledge Acquisition for Expert Systems. Boston: Kluwer Academic

Martin, T.P. and J.F. Baldwin
- 1991: An Abstract Mechanism for Handling Uncertainty. In: Bouchon-Meunier et al. (Eds.) 1991, 126-142

Martin, T.P., J.F. Baldwin, B.W. Pilsworth
- 1987: The implementation of FPROLOG: A fuzzy PROLOG interpreter. In: Fuzzy Sets and Systems, 23:119-129

Martin-Clouaire, R. and H. Prade
- 1986: SPII-1: A simple inference engine for accomodating both imprecision and uncertainty. In: Mitra (Ed.) 1986, 117-131

Marx, K.
- 1962: Das Kapital. Kritik der politischen Ökonomie. Erster Band (= MEW 23). Berlin (DDR): Dietz

McCarthy, J.
- 1993: Notes on Formalizing Context. In: Proceedings of the Thirdteenth International Joint Conference on Artificial Intelligence (IJCAI-93), Chambéry, France, August 28 – September 3, 1993, Volume 1, 555-560

McDermott, J.

– 1982: R1: A rule based configurer of computer systems. In: Artificial Intelligence, 19:39-88

– 1988: Preliminary steps toward a taxonomy of problem-solving methods. In: Marcus (Ed.) 1988, 225-256

McDermott, J. and C. Forgy

– 1978: Production System Conflict Resolution Strategies. In: Waterman and Hayes-Roth (Eds.) 1978, 177-199

McKay, S. and W. York

– 1992: COMMON LISP INTERFACE MANAGER, Release 2.0 Specification. (Zu beziehen über: ftp.uu.net:/vendor/franz/clim/clim.ps.Z.)

McNeill, D. und P. Freiberger

– 1994: Fuzzy Logic. Die »unscharfe« Logik erobert die Technik. (Originalausgabe: Fuzzy Logic. New York 1993: Simon & Schuster. Übersetzt von R. Jaroslawski). München: Droemer Knaur

Mechler, B., A. Mayer, A. Schlindwein, R. Wolke

– 1993: Fuzzy Logic. Einführung und Leitfaden zur praktischen Anwendung. Mit Fuzzy-Shell in C++. Bonn: Addison-Wesley

Metacomco (Hrsg.)

– 1986: CAMBRIDGE LISP for the Atari ST. Manual. (Metacomco plc., 26 Portland Square, Bristol, England)

Mettrey, W.

– 1992: Expert Systems and Tools: Myths and Realities. In: IEEE Expert, Volume 7, Number 1, 4-12

Meyer, B.

– 1990: Objektorientierte Softwareentwicklung. München: Hanser

Meyer-Fujara, J., F. Puppe, I. Wachsmuth

– 1993: Expertensysteme und Wissensmodellierung. In: Görz (Hrsg.) 1993, 714-766

Minsky, M.

– 1975: A Framework for Representing Knowledge. In: Collins and Smith (Eds.) 1988, 156-190. Nachdruck von: P.H. Winston (Ed.): The Psychology of Computer Vision. New York: McGraw Hill, 1975, 211-277

– 1990: Mentopolis (deutsche Übersetzung von: The Society of Mind, New York 1985; übersetzt von M. Heim). Stuttgart: Klett-Cotta

Miranker, D.

– 1990: TREAT: A New and Efficient Match Algorithm for AI Production Systems. London: Pitman; San Mateo (CA): Morgan Kaufmann

Mitra, G. (Ed.)

– 1986: Computer Assisted Decision Making. New York: Elsevier

– 1988: Mathematical Models for Decision Support. Berlin: Springer

Mizumoto, M. and H.-J. Zimmermann
- 1982: Comparison of fuzzy reasoning methods. In: Fuzzy Sets and Systems, 8:253-283

Mizumoto, M. and K. Tanaka
- 1976: Algebraic properties of fuzzy numbers. In: Proceedings of the International Conference on Cybernetics and Society, Washington D.C., 559-563

Mukaidono, M., Z.L. Shen, L.Y. Ding
- 1989: Fundamentals of Fuzzy Prolog. In: Dubois, Prade, Yager (Eds.) 1993, 453-460. Nachdruck von: International Journal of Approximate Reasoning, 3:179-193

Nauck, D., F. Klawonn, R. Kruse
- 1993: Combining Neural Networks and Fuzzy Controllers. In: Klement and Slany (Eds.) 1993, 35-46
- 1994: Neuronale Netze und Fuzzy-Systeme. Grundlagen des Konnektionismus, Neuronaler Fuzzy-Systeme und der Kopplung mit wissensbasierten Methoden. Braunschweig: Vieweg

Nefiodow, L.A.
- 1991: Der fünfte Kondratieff – Strategien zum Strukturwandel in Wirtschaft und Gesellschaft. Frankfurt: Frankfurter Allgemeine Zeitung; Wiesbaden: Gabler

Neumann, B. (Ed.)
- 1992: ECAI 92. 10th European Conference on Artificial Intelligence, August 3-7, 1992, Vienna, Austria. Proceedings. Chichester: Wiley

Newell, A.
- 1973: Production Systems – Models of Control Structures. In: Chase (Ed.) 1973, 463-526

Nilsson, N.
- 1986: Probabilistic logic. In: Artificial Intelligence, 28:71-87

Norvig, P.
- 1992: Paradigms of Artificial Intelligence Programming: Case Studies in COMMON LISP. San Mateo (CA): Morgan Kaufman

Norwich, A.M. and I.B. Turksen
- 1982: The Construction of Membership Functions. In: Yager (Ed.) 1982, 61-67

Novák, V.
- 1989: Fuzzy Sets and their Applications. Bristol: Adam Hilger
- 1992: Fuzzy Sets in Natural Language Processing. In: Yager and Zadeh (Eds.) 1992, 185-200

O'Keefe, R.A.
- 1990: The Craft of PROLOG. Cambridge (MA): MIT

Osherson, D.N. and E.E. Smith
- 1981: On the Adequacy of Prototype Theory as a Theory of Concepts. In: Cognition, 9:35-58
- 1982: Gradeness and conceptual combination. In: Cognition, 12:299-318

Oyagi, M.

– 1991: OMRON und Fuzzy Logic. In: KI (Organ des Fachbereichs 1 „Künstliche Intelligenz" der Gesellschaft für Informatik e.V.), 4:73-75

Paepcke, A.

– 1988: PCLOS: A Flexible Implementation of CLOS Persistence. In: Gjessing and Nygaard (Eds.): ECOOP '88, Proceedings of the European Conference on Object-Oriented Programming, Oslo, Norway, August 15-17, 1988, Berlin: Springer, 374-387

– 1993: User-Level Language Crafting: Introducing the CLOS Metaobject Protocol. In: Paepcke (Ed.) 1993, 65-99

Paepcke, A. (Ed.)

– 1993: Object-Oriented Programming. The CLOS Perspective. Cambridge (MA): MIT

Page, B., A. Jaeschke, W. Pillmann

– 1990a: Angewandte Informatik im Umweltschutz. Teil 1. In: Informatik Spektrum, 13(1):6-16

– 1990b: Angewandte Informatik im Umweltschutz. Teil 2. In: Informatik Spektrum, 13(2):86-97

Palm, R. (Hrsg.)

– 1994: Fuzzy-Systeme '94. Klassifikation, Entscheidungssupport & Control. Workshop, 20.10-21.10.1994, München. Veranstalter: Gesellschaft für Informatik e.V. (Fachausschuß 1.2), Deutsche Informatik Akademie, Siemens AG. München, Bonn: Siemens, DIA

Palm, R. und H. Hellendoorn

– 1991a: Fuzzy-Control – Grundlagen und Entwicklungsmethoden. In: KI (Organ des Fachbereichs 1 „Künstliche Intelligenz" der Gesellschaft für Informatik e.V.), 4:18-23

– 1991b: Fuzzy-Methoden in der Robotik. In: KI (Organ des Fachbereichs 1 „Künstliche Intelligenz" der Gesellschaft für Informatik e.V.), 4: 41-46

Papert, S.

– 1985: Gedankenblitze. Kinder, Computer und neues Lernen. Reinbek bei Hamburg: Rowohlt

PAQ (Projektgruppe Automation und Qualifikation)

– 1987: Widersprüche der Automationsarbeit. Ein Handbuch. Berlin: Argument

Partridge, D.

– 1989: KI und das Software Engineering der Zukunft. Hamburg: McGraw-Hill

Patzig, G. (Hrsg.)

– 1994: Gottlob Frege. Funktion, Begriff, Bedeutung. Fünf logische Studien (7., bibliographisch ergänzte Auflage). Göttingen: Vandenhoeck & Ruprecht

Pearl, J.

– 1986: Fusion, Propagation, and Structuring in Belief Networks. In: Artificial Intelligence, 29(3): 241-288

Pedrycz, W.
- 1995: Fuzzy Sets Engineering, Boca Raton (FLA): CRC

Peirce, C.S.
- 1878: Deduktion, Induktion und Hypothese. In: Peirce 1991, 229-250
- 1902: Vagueness. In: Baldwin, J.M. (Ed.): Dictionary of philosophy and psychology, Bd. 2, New York: Macmillan 1902
- 1903: Aus den Pragmatismus-Vorlesungen. In: Peirce 1991, 337-426
- 1905: Kernfragen des Pragmatizismus. In: Peirce 1991, 454-484
- 1991: Schriften zum Pragmatismus und Pragmatizismus. (Herausgegeben von Karl-Otto Apel). Frankfurt: Suhrkamp

Peray, K.E. and J.J. Wadell
- 1972: The Rotary Cement Kiln. New York

Pereira, F.C.N. and D.H.D. Warren
- 1980: Definite Clause Grammars for Language Analysis – A Survey of the Formalism and a Comparison with Augmented Transition Networks. In: Artificial Intelligence, 13:231-278

Peschel, G.J. (Hrsg.)
- 1992: Wissensbasierte Systeme in den Geowissenschaften (1. Tagung des Deutschen Arbeitskreises für Mathematische Geologie und Geoinformatik, Berlin, 27.-30.11.1991, Teil 2). Beiträge zur Mathematischen Geologie und Geoinformatik, Band 4. Köln: Sven von Loga

Poeck, K. und U. Gappa
- 1995: Konfigurierbare Expertensystemshells: Eine Evaluation am Beispiel der Fahrstuhlkonfigurierung. In: Richter und Maurer (Hrsg.) 1995, 55-71

Popp, H.
- 1994: Anwendungen der Fuzzy-Set-Theorie in Industrie- und Handelsbetrieben. In: Wirtschaftsinformatik, 36(3):268-285.

Prade, H.
- 1983: Fuzzy Programming: Why and How? – Some Hints and Examples. In: Wang (Ed.) 1983, 237-251

Prade, H. and C.V. Negoita
- 1986: Fuzzy Logic in Knowledge Engineering. Köln: TÜV Rheinland

Procyk, T.J. and E.H. Mamdani
- 1979: A Linguistic Self-Organizing Process Controller. In: Dubois, Prade, Yager (Eds.) 1993, 317-332. Nachdruck von: Automatica, Oxford: Pergamon, 15:15-30

Puppe, F.
- 1990: Problemlösungsmethoden in Expertensystemen. Berlin: Springer

Puppe, F., K. Poeck, U. Gappa, S. Bamberger, K. Goos
- 1994: Wiederverwendbare Bausteine für eine konfigurierbare Diagnostik-Shell. In: KI (Organ des Fachbereichs 1 „Künstliche Intelligenz“ der Gesellschaft für Informatik e.V.), 2:13-18

Rao, R.
- 1993: The SILICA Window System: The Metalevel Approach Applied More Broadly. In: Paepcke (Ed.) 1993, 133-154

Rao, R., W.M. York, D.Doughty
- 1990: A Guided Tour of the COMMON LISP INTERFACE MANAGER. Xerox Parc/ ILA

Real, J. G. del, R.G. Molina, J.R. Carrión, J.C. Lera
- 1991: A Simplified Technique for Using Necessity-Possiblity Measures. In: International Journal of Approximate Reasoning. The Treatment of Uncertainty in Artificial Intelligence (North-Holland, Elsevier), 5(4):399-413

Rich, E.
- 1988: KI – Einführung und Anwendungen. Hamburg: McGraw-Hill

Richter, M. und F. Maurer (Hrsg.)
- 1995: Expertensysteme 95. Beiträge zur 3. Deutschen Expertensystemtagung (XPS-95), 1.-3. März 1995, Kaiserslautern. Sankt Augustin: infix

Rieger, B.
- 1989: Unscharfe Semantik. Die empirische Analyse, quantitative Beschreibung, formale Repräsentation und prozedurale Modellierung vager Wortbedeutungen in Texten. Frankfurt: Lang

Riesbeck, C.K. and R.C. Schank
- 1989: Inside Case-Based Reasoning. Hillsdale (NJ): Lawrence Erlbaum

Rinks, D.B.
- 1982a: A Heuristic Approach to Aggregate Production Scheduling using Linguistic Variables: Methodology and Applications. In: Yager (Ed.) 1982, 562-581
- 1982b: The Performance of Fuzzy Algorithm Models for Aggregate Planning under Differing Cost Structures. In: Gupta and Sanchez (Eds.) 1982b, 267-278

Robinson, J.A. and E.E. Sibert
- 1982: LOGLISP: motivation, design, and implementation. In: Clark and Thärnlud (Eds.) 1982, 299-314

Rommelfanger, H.
- 1993: Fuzzy Logic-Based Processing of Expert Rules Used for Checking the Creditability of Small Business Firms. In: Klement und Slany (Eds.) 1993, 102-113
- 1994: Fuzzy Decision Support-Systeme. Entscheiden bei Unschärfe. Zweite, verbesserte und erweiterte Auflage. Berlin: Springer

Rosch, E.
- 1978: Principles of Categorization. In: Collins and Smith (Eds.) 1988, 312-323. Nachdruck von: Rosch, E. and B.B. Lloyd (Eds.): Cognition and Categorization, Hillsdale, NJ: Erlbaum, 1978, 27-48

Rosch, E. and C. Mervis
- 1975: Family resemblances: Studies in the internal structure of categories. In: Cognitive psychology, 7:573-605

Ruf, E. and D. Weise
- 1990: LOGSCHEME: Integrating Logic Programming into SCHEME. In: Lisp and Symbolic Computation: An International Journal, 3:245-288

Runkler, T.A. and M. Glesner
- 1994: Defuzzification as Crisp Decision Under Fuzzy Constraints – New Aspects of Theory and Improved Defuzzification Algorithms. In: Kruse, Gebhardt, Palm (Eds.) 1994, 255-264

Russell, B.
- 1923: Vagueness. In: Australian Journal of Psychology and Philosophy, 1:84-92
- 1950: Philosophie des Abendlandes. Ihr Zusammenhang mit der politischen und der sozialen Entwicklung (Titel der englischsprachigen Originalausgabe: A History of Western Philosophy). Zürich: Europa

Salton, G. und M.J. McGill
- 1987: Information Retrieval – Grundlegendes für Informationswissenschaftler. Hamburg: McGraw-Hill

Sanchez, E. (Ed.)
- 1984: Fuzzy Information, Knowledge Representation and Decision Analysis. Proceedings of the IFAC (International Federation of Automatic Control) Symposium, Marseille, France, 19-21 July 1983. Oxford: Pergamon

Sanchez, E. and L.A. Zadeh (Eds.)
- 1987: Approximate Reasoning in Intelligent Systems, Decision and Control. New York: Pergamon

Sangal, R.
- 1991: Programming Paradigms in LISP. New York: McGraw Hill

Sangalli, A.
- 1992: Fuzzy logic goes to market. In: New Scientist, 8:36-39

Sauer, H.
- 1992: Relationale Datenbanken. Theorie und Praxis inklusive SQL-2 (2., korrigierte und erweiterte Auflage). Bonn: Addison-Wesley

Schaff, A.
- 1974: Unscharfe Ausdrücke und die Grenzen ihrer Präzisierung. In: A. Schaff: Sprache und Erkenntnis und Essays über die Philosophie der Sprache. Reinbek bei Hamburg: Rowohlt, 1974, 220-243

Schmalhofer, F. und T. Wetter
- 1988: Kognitive Modellierung: Menschliche Wissensrepräsentation und Verarbeitungsstrategien. In: Christaller u.a. (Hrsg.) 1988, 245-291

Schneider, M. and A. Kandel
- 1988: Cooperative Fuzzy Expert Systems – Their Design and Applications in Intelligent Recognition. Köln: TÜV Rheinland

Schödel, H.
- 1992: Fuzzy Logik für regelungstechnische Aufgabenstellungen. In: Bonfig u.a. 1992, 83-109

Schöneburg, E., F. Heinzmann, S. Feddersen

– 1994: Genetische Algorithmen und Evolutionsstrategien. Eine Einführung in Theorie und Praxis der simulierten Evolution. Bonn: Addison-Wesley

Schor, M.I., T.P. Daly, H.S. Lee, B.R. Tibbitts

– 1986: Advances in Rete Pattern Matching. In: Proceedings, Conference of the American Association for Artificial Intelligence (1986), 226-232

Scott, A.C., J.E. Clayton, E.L. Gibson

– 1991: A Practical Guide to Knowledge Acquisition. Reading (MA): Addison-Wesley

Shapiro, E.

– 1983: Logic programs with uncertainties, a tool for implementing rule-based systems. In: Proceedings of the Eight International Joint Conference on Artificial Intelligence, IJCAI '83, Karlsruhe, August 1983, 529-532

Shen, Z.L., L. Ding, M. Mukaidono

– 1988: Designing fuzzy expert systems by FUZZY PROLOG. In: Proceedings of the International Workshop of Fuzzy Systems Applications, Iizuka (1988), 207-208

– 1992: Concept Structure and Its Fuzzy Logical Properties. In: Terano et al. (Eds.) 1992, 129-140

Shenoy, P.P.

– 1992: Valuation-based systems: A framework for managing uncertainty in expert systems. In: Zadeh and Kacprzyk (Eds.) 1992, 83-104

Shoham, Y.

– 1994: Artificial Intelligence Techniques in PROLOG. San Francisco (CA): Morgan Kaufmann

Siler, W., D. Tucker, J. Buckley

– 1987: A parallel rule firing fuzzy production system with resolution of memory conflicts by weak fuzzy monotonicity, applied to the classification of multiple objects characterized by multiple uncertain features. In: International Journal of Man-Machine Studies, 26: 321-332

Siler, W., J. Buckley, D. Tucker

– 1987: Functional requirements for a fuzzy expert system shell. In: Sanchez and Zadeh (Eds.) 1987, 21-32

Silvert, W.

– 1979: Symmetric Summation: A Class of Operations on Fuzzy Sets. In: Dubois, Prade, Yager (Eds.) 1993, 77-79. Nachdruck von: IEEE Transactions on Systems, Man, and Cybernetics, 9(10):657-659

Slade, S.

– 1991: Case-based reasoning: A research paradigm. In: AI Magazine, 12(1):42-55

Smith, B.C.

– 1982: Prologue to »Reflection and Semantics in a Procedural Language«. In: Brachman and Levesque (Eds.) 1985, 31-40. Nachdruck von: Ph.D. dissertation and Technical Report MIT/LCS/TR-272, 1982, Cambridge (MA): MIT

– 1984: Reflection and Semantics in LISP. In: Proceedings of the 1984 ACM Principles of Programming Language Conference, ACM, 23-35

Smithson, M.
– 1988: Fuzzy Set Theory and the Social Sciences: The Scope for Applications. In: Fuzzy Sets and Systems, 26:1-21

Sombé, L.
– 1992: Schließen bei unsicherem Wissen in der Künstlichen Intelligenz. Vergleich von Formalismen anhand eines Beispiels. Braunschweig: Vieweg

Sosnowski, Z.A.
– 1990: FLISP – a language for processing fuzzy data. In: Fuzzy Sets and Systems, 37:23-32
– 1992a: A Fuzzy Extension of CLIPS Rule-Based Shell. In: Terano et al. (Eds.) 1992, 503-512

Sosnowski, Z.A. and W. Pedrycz
– 1992b: FLISP: representing and processing of uncertain information. In: Zadeh and Kacprzyk (Eds.) 1992, 495-521

Steele, G.L.
– 1990: COMMON LISP: The Language, Second Edition. Bedford (MA): Digital

Steels, L.
– 1985: Design Requirements for Knowledge Representation Systems. In: Laubsch (Hrsg.), 1-19

Stefik, M.
– 1995: Introduction to Knowledge Systems. San Francisco (CA): Morgan Kaufmann

Stefik, M., D. Bobrow, K. Kahn
– 1986: Integrating Access-Oriented Programming into a Multiparadigm Environment. In: IEEE Software, 3(1):10-18

Stefik, M., D. Bobrow, S. Mittal, L. Conway
– 1983: Knowledge Programming in LOOPS: Reprint on an Experimental Course. In: AI Magazine, 4:3-13

Sterling, L.
– 1988: A Meta-Level Architecture for Expert Systems. In: Maes and Nardi (Eds.) 1988, 301-311

Sterling, L. and E. Shapiro
– 1988: PROLOG. Fortgeschrittene Programmiertechniken. Bonn: Addison-Wesley

Sterling, L. and M. Lalee
– 1986: An Explanation Shell for Expert Systems. In: Computational Intelligence, 2:136-141

Stoyan, H.
– 1988: Programmiermethoden der Künstlichen Intelligenz. Band 1. Berlin: Springer
– 1991: Programmiermethoden der Künstlichen Intelligenz. Band 2. Berlin: Springer

Stoyan, H. und G. Görz

– 1984: Einführung in die Programmiersprache LISP. Berlin: Springer

Strube, G., C. Habel, B. Hemforth, L. Konieczny, B. Becker

– 1993: Kognition. In: Görz (Hrsg.) 1993, 303-365

Sugeno, M.

– 1977: Fuzzy Measures and Fuzzy Integrals – A Survey. In: Dubois, Prade, Yager (Eds.) 1993, 251-257. Nachdruck von: M.M. Gupta, G.N. Sardis, and B.R. Gaines (Eds.): Fuzzy Automata and Decision Processes. New York: North Holland, 221-234

Sugeno, M. and M. Nishida

– 1985: Fuzzy Control of Model Car. In: Fuzzy Sets and Systems, 16:103-113

Swartout, W.R. and J.D. Moore

– 1993: Explanation in Second Generation Expert Systems. In: David et al. (Eds.) 1993, 543-585

Takagi, H. and M. Lee

– 1993: Neural Networks and Genetic Algorithm Approaches to Auto-Design of Fuzzy Systems. In: Klement and Slany (Eds.) 1993, 68-79

Takagi, T. and M. Sugeno

– 1983: Derivation of fuzzy control rules from human operators actions. In: Sanchez (Ed.) 1984, 55-60

– 1985: Fuzzy Identification of Systems and Its Applications to Modeling and Control. In: Dubois, Prade, Yager (Eds.) 1993, 387-403. Nachdruck von: IEEE Transactions on Systems, Man and Cybernetics, 15:116-132

Takeuchi, A. and K. Furukawa

– 1986: Partial Evaluation of PROLOG Programs and its Application to Meta Programming. In: Proceedings of IFIPS '86, Dublin, July 1986, 415-420

Terano, T., M. Sugeno, M. Mukaidono, K. Shigemasu (Eds.)

– 1992: Fuzzy Engineering toward Human Friendly Systems. Proceedings of the International Fuzzy Engineering Symposium '91, November 13th-15th 1991. Tokyo: Omsha; Amsterdam: IOS

Texas Instruments Incorporated (Ed.)

– 1986: PERSONAL CONSULTANT PLUS. User's Guide and Reference Guide. Stanford: Texas Instruments

– 1989: CLX. COMMON LISP X Interface. Standford: Texas Instruments

Thole, U., H.-J. Zimmermann, P. Zysno

– 1979: On the suitability of minimum and product operators for the intersection of fuzzy sets. In: Fuzzy Sets and Systems, 2:167-180

Tilli, T.

– 1991: Fuzzy-Logik. Grundlagen, Anwendungen, Hard- und Software. München: Franzis

Trautzl, G.
- 1992: Systematischer Entwurf von Fuzzy Systemen mit den derzeit auf dem Markt befindlichen Enwicklungssystemen. In: Bonfig u.a. 1992, 129-148

Trillas, E. and L. Valverde
- 1985a: On Implication and Indistinguishability in the Setting of Fuzzy Logic. In: Dubois, Prade, Yager (Eds. 1993), 97-104. Nachdruck von: Kacprzyk and Yager (Eds.) 1985, 198-212
- 1985b: On Mode and Implication in Approximate Reasoning. In: Dubois, Prade, Yager (Eds.) 1993, 555-559. Nachdruck von: M.M. Gupta, A. Kandel, W. Bandler, J.B. Kiszka (Eds.): Approximate Reasoning in Expert Systems, Amsterdam: North-Holland, 1985, 157-166

Turksen, I.B.
- 1986: Interval valued fuzzy sets based on normal forms. In: Fuzzy Sets and Systems, 20:191-210
- 1991: Measurement of membership functions and their acquisitions. In: Fuzzy Sets and Systems, 40:5-38
- 1992a: Fuzzy expert systems for IE/OR/MS. In: Fuzzy Sets and Systems, 51:1-27
- 1992b: Interval-valued fuzzy sets and 'compensatory AND'. In: Fuzzy Sets and Systems, 51:295-307

Turksen, I.B. and Z. Zhong
- 1990: An approximate analogical reasoning schema based on similarity measures and interval-valued fuzzy sets. In: Fuzzy Sets and Systems, 34:334-346

Turksen, I.B., D. Ulguray, Q. Wang
- 1992: Hierarchical scheduling based on approximate reasoning – A comparison with ISIS. In: Fuzzy Sets and Systems, 46:349-371

Tversky, A.
- 1977: Features of Similarity. In: Collins and Smith (Eds.) 1988, 290-302. Nachdruck von: Psychological Review, 84:327-352

Uekert, H.
- 1979: Nicht-deterministisches, nicht-probabilistisches Denken und Erkennen: Possibilistische Kognitive Prozesse. In: Ueckert und Rhenius (Hrsg.) 1979, 59-70

Uekert, H. und D. Rhenius (Hrsg.)
- 1979: Komplexe menschliche Informationsverarbeitung. Beiträge zur Tagung »Kognitive Psychologie« in Hamburg 1978. Bern: Hans Huber

Umano, M.
- 1982: FREEDOM-0: A Fuzzy Database System. In: Gupta and Sanchez (Eds.) 1982b, 339-347
- 1984: Retrieval from Fuzzy Database by Fuzzy Relational Algebra. In: Sanchez (Ed.) 1984, 1-6
- 1986: A fuzzy production system. In: Prade and Negoita (Eds.) 1986, 194-208
- 1987a: Fuzzy-Set Manipulation System in LISP. In: Proceedings of the 2nd International Fuzzy Systems Association (IFSA) Congress, Tokyo, Japan, July 20-25, 1987, 840-843

– 1987b: FUZZY-SET PROLOG. In: Proceedings of the 2nd International Fuzzy Systems Association (IFSA) Congress, Tokyo, Japan, July 20-25, 1987, 750-753

– 1989: Implementation of Fuzzy Production System. In: Proceedings of the 3rd International Fuzzy Systems Association (IFSA) Congress, Washington, Seattle, USA, August 6-11, 1989, 450-453

Umano, M. and Y. Ezawa

– 1992: Implementation of Backward Fuzzy Reasoning in Fuzzy Production System. In: Terano et al. (Eds.) 1992, 910-918

Umano, M., M. Mizumoto, K. Tanaka

– 1978: FSTDS System: A Fuzzy-Set Manipulation System. In: Information Sciences, 14:115-159

van Harmelen, F.

– 1991: Meta-level Inference Systems. London: Pitman; San Mateo (CA): Morgan Kaufmann

van Melle, W., E.H. Shortliffe, B.G. Buchanan

– 1984: EMYCIN: A Knowledge Engineer's Tool for Constructing Rule-Based Expert Systems. In: Buchanan and Shortliffe (Eds.) 1984, 302-313

VW-Gedas GmbH (Hrsg.)

– 1991: babylon. Version 3.0. Softwarewerkzeuge für industrielle Anwendungen. Referenzhandbuch. Berlin: VW-Gedas

Wahlster, W.

– 1977: Die Repräsentation von vagem Wissen in natürlich-sprachlichen Systemen der künstlichen Intelligenz. Institut für Informatik der Universität Hamburg. Bericht Nr. 38

– 1979: Die Simulation vager Inferenzen über unscharfem Wissen: Eine Anwendung der mehrwertigen Programmiersprache FUZZY. In: Uekert und Rhenius (Hrsg.) 1979, 249-259

Wang, P.P. (Ed.)

– 1983: Advances in Fuzzy Sets, Possibility Theory, and Applications. New York: Plenum

Waterman, D.A. and F. Hayes-Roth (Eds.)

– 1978: Pattern-Directed Inference Systems. Orlando: Academic

Weber, R. und H.-J. Zimmermann

– 1991: Automatische Akquisition von unscharfem Expertenwissen. In: KI (Organ des Fachbereichs 1 „Künstliche Intelligenz" der Gesellschaft für Informatik e.V.), 2: 20-26

Wegner, P.

– 1987: Dimensions of object-based language design. In: Proceedings of OOPSLA '87, Orlando, 168-182

– 1990: Concepts and Paradigms of Object-Oriented Programming. In: OOPS Messenger, acm, 1(1):7-87

Wenger, E.

– 1987: Artificial Intelligence and Tutoring Systems. Computational and Cognitive Approaches to the Communication of Knowledge. Los Altos (CA): Morgan Kaufmann

Wenstøp, F.

– 1977: Deductive verbal models of organizations. In: International Journal of Man-Machine Studies, 8:293-311

– 1980: Quantitative analysis with linguistic values. In: Fuzzy Sets and Systems, 4:99-115

Werners, B.M.

– 1988: Aggregation Models in Mathematical Programming. In: Mitra (Ed.) 1988, 295-305

Whalen, T. and B. Schott

– 1983a: Decision Support with Fuzzy Production Systems. In: Wang (Ed.) 1983, 199-216

– 1983b: Issues in fuzzy production systems. In: International Journal of Man-Machine Studies, 19:57-71

Winograd, T. and F. Flores

– 1986: Understanding Computers and Cognition. A New Foundation for Design. Norwood (NJ): Ablex

Winston, P.H.

– 1987: Künstliche Intelligenz. Bonn: Addison-Wesley

Winston, P.H. and B.K. Horn

– 1989: LISP. Third Edition. Reading (MA): Addison-Wesley

Wirth, N.

– 1994: Gedanken zur Software-Explosion. In: Informatik Spektrum, 17(1):5-10

Wittgenstein, L.

– 1984: Werkausgabe Band 1: Tractatus logic-philosophicus. Tagebücher 1914-1916. Philosophische Untersuchungen. Frankfurt: Suhrkamp

Wolf, S. und R. Setzer

– 1991: Wissensverarbeitung mit KEE. Einführung in die Erstellung von Expertensystemen. München: Oldenbourg

Womack, J.P., D.T. Jones, D. Roos

– 1991: Die zweite Revolution in der Autoindustrie. Konsequenzen aus der weltweiten Studie des Massachusetss Institute of Technology. (Amerikanische Originalausgabe: The Machine That Changed the World, New York: Rawson Associates, 1990). Frankfurt: Campus

Woods, W.A.

– 1976: Netzwerkgrammatiken für die Analyse natürlicher Sprache. In: Eisenberg (Hrsg.) 1976, 98-136

Wygralak, M.
– 1986: Fuzzy Cardinals Based on the Generalized Equality of Fuzzy Subsets. In: Fuzzy Sets and Systems, 18:143-158

Yager, R.R.
– 1982: Linguistic hedges: Their relation to context and their experimental realization. In: Cybernetics and Systems, 13:357-374
– 1992: Fuzzy Quotient Operators for Fuzzy Relational Data Bases. In: Terano et al. (Eds.) 1992, 289-296

Yager, R.R. (Ed.)
– 1982: Fuzzy Set and Possibility Theory. Recent Developments. New York: Pergamon

Yager, R.R. and L.A. Zadeh (Eds.)
– 1992: An Introduction to Fuzzy Logic Applications in Intelligent Systems. (Second Printing 1993) Dordrecht: Kluwer Academic

Yager, R.R., S. Ovchinnikov, R.M. Tong, H.T. Nguyen (Eds.)
– 1987: Fuzzy Sets and Applications: Selected Papers by L.A. Zadeh. New York: Wiley

Yamakawa, T.
– 1989: Stabilization of an Inverted Pendulum by a high-speed Fuzzy Logic Controller Hardware System. In: Fuzzy Sets and Systems, 32:161-180

Yamamoto, S., Y. Inoue, S. Yasunobu
– 1991: Object-Oriented Fuzzy Set Manipulation – Internal Data Structures. In: IFSA '91 (International Fuzzy Systems Association), Proceedings of the 4th Conference, 1991, Brüssel, 218-221
– 1992: Object-Oriented Approaches for Fuzzy Information Processing. In: Terano et al. (Eds.) 1992, 375-386

Yasunobu, S., S. Miyamoto, H. Ihara
– 1983: Fuzzy Control for Automatic Train Operation System. In: Dubois, Prade, Yager (Eds.) 1993, 348-354. Nachdruck von: Proceedings of the 4th IFAC/IFIP/IFORS International Conference on Control in Transportation Systems, Baden-Baden, Germany, 33-39

Zadeh, L.A.
– 1965: Fuzzy Sets. In: Yager et al. (Eds.) 1987, 29-44. Nachdruck von: Information and Control, 8:338-353
– 1968a: Fuzzy Algorithms. In: Information and Control, 12:94-102
– 1968b: Probability Measures of Fuzzy Events. In: Yager et al. (Eds.) 1987, 45-51. Nachdruck von: Journal of Mathematical Analysis and Applications, 23:21-427
– 1971a: Quantitative fuzzy semantics. In: Information Sciences, 3:159-176
– 1971b: Similarity Relations and Fuzzy Orderings. In: Yager et al. (Eds.) 1987, 81-104. Nachdruck von: Information Sciences, 3:177-200
– 1972a: A Fuzzy-Set-Theoretic Interpretation of Linguistic Hedges. In: Yager et al. (Eds.) 1987, 467-498. Nachdruck von: Journal of Cybernetics, 2(2):4-34

– 1972b: A Rationale for Fuzzy Control. In: Journal of Dynamic Systems, Measurement and Control, Series 6, 94:3-4
– 1973: Outline of A New Approach to The Analysis of Complex Systems And Decision Processes. In: Yager et al. (Eds.) 1987, 105-146. Nachdruck von: IEEE Transactions on Systems, Man, and Cybernetics, 2:28-44
– 1975a: Calculus of fuzzy restrictions. In: Zadeh, L.A., K.-S. Fu, K. Tanaka, M. Shimura (Eds.): Fuzzy Sets and Their Applications to Cognitive and Decision Processes, New York: Academic, 1975, 1-40
– 1975b: Fuzzy Logic and Approximate Reasoning (In Memory of Grigore Moisil). In: Synthese, 30:407-428
– 1975c: The Concept of a Linguistic Variable and its Application to Approximate Reasoning – I. In: Yager et al. (Eds.) 1987, 219-270. Nachdruck von: Information Sciences, 8:199-249
– 1975d: The Concept of a Linguistic Variable and its Application to Approximate Reasoning – II. In: Yager et al. (Eds.) 1987, 271-327. Nachdruck von: Information Sciences, 8:301-357
– 1976a: A Fuzzy-Algorithmic Approach to the Definition of Complex or Imprecise Concepts. In: Yager et al. (Eds.) 1987, 147-192. Nachdruck von: International Journal of Man-Machine Studies, 8:249-291
– 1976b: The Concept of a Linguistic Variable and its Application to Approximate Reasoning – III. In: Yager et al. (Eds.) 1987, 329-366. Nachdruck von: Information Sciences, 9:43-80
– 1977: Fuzzy Sets. In: Dubois, Prade, Yager (Eds.) 1993, 27-64. Nachdruck von: Belzer, J., A. Holzman, A. Kent (Eds.): Encyclopedia of Computer Science and Technology, New York: Marcel Dekker
– 1978a: Fuzzy Sets as a Basis for a Theory of Possibility. In: Yager et al. (Eds.) 1987, 193-218. Nachdruck von: Fuzzy Sets and Systems, 1:3-28
– 1978b: PRUF – A Meaning Representation Language for Natural Languages. In: Yager et al. (Eds.) 1987, 499-568. Nachdruck von: International Journal of Man-Machine Studies, 10:395-460. (Auch veröffentlicht in: Mamdani and Gaines (Eds.) 1981, 1-66)
– 1979: A Theory of Approximate Reasoning. In: Yager et al. (Eds.) 1987, 367-412. Nachdruck von: Hayes, Michie, Mikulisch (Eds.), Machine Intelligence, Volume 9, New York 1979, 149-194
– 1980: Inference in fuzzy logic. In: Proceedings oft the 10th International Symposium on Multiple-valued Logic, Northwestern University, 124-131
– 1981a: Possibility Theory and Soft Data Analysis. In: Dubois, Prade, Yager (Eds.) 1993, 478-508. Nachdruck von: L. Cobb and R. Thrall (Eds.): Mathematical Frontiers of Social and Policy Sciences, Boulder: Westview, 69-129
– 1981b: Test-score semantics for natural languages and meaning-representation via PRUF. In: Empirical Semantics (Edited by B.B. Rieger), Bochum: Brockmeyer, 1981, 281-349
– 1982: A Note on Prototype Theory and Fuzzy Sets. In: Cognition, 12:291-297
– 1983a: A Computational Approach to Fuzzy Quantifiers in Natural Languages. In: Yager et al. (Eds.) 1987, 569-613. Nachdruck von: Computers and Mathematics with Applications: An International Journal, 9:149-184

– 1983b: The Role of Fuzzy Logic in the Managment of Uncertainty in Expert Systems. In: Yager et al. (Eds.) 1987, 413-442. Nachdruck von: Fuzzy Sets and Systems, 11:199-227

– 1984a: A Theory of Commonsense Knowledge. In: Yager et al. (Eds.) 1987, 615-653. Nachdruck von: Skala, Termini, Trillas (Eds.), Aspects of Vagueness, Dordrecht (Holland): Reidel, 1984, 257-296

– 1984b: Coping with the Imprecision of the Real World: An Interview with Lotfi A. Zadeh. In: Yager et al. (Eds.) 1987, 9-28. Nachdruck von: Communications of the ACM, 27:304-311

– 1985: Syllogistic Reasoning in Fuzzy Logic and its Application to Usuality and Reasoning with Dispositions. In: Yager et al. (Eds.) 1987, 443-466. Nachdruck von: IEEE Transactions on Systems, Man, and Cybernetics, 15:754-763

– 1986: Test-Score Semantics as a Basis for a Computational Approach to the Representation of Meaning. In: Yager et al. (Eds.) 1987, 655-684. Nachdruck von: Literary and Linguistic Computing, 1:24-35

– 1987: Commonsense und Fuzzy Logic. In: Cercone and McCalla (Eds.) 1987, 103-136

– 1988a: Dispositional Logic. In: Applied Mathematics Letters, 1:95-99

– 1988b: Fuzzy Logic. In: Computer, April 1988, 1:83-93

– 1992a: Knowledge Representation in Fuzzy Logic. In: Yager and Zadeh (Eds.) 1992, 1-25. (1989 erschienen in: IEEE Transactions on Knowledge and Data Engineering, 1(1):89-100)

– 1992b: The calculus of fuzzy if/then rules. In: AI Expert, 7(3):22-27

– 1994: Fuzzy Logic, Neural Networks and Soft Computing. In: Communications of the ACM, special issue on Artificial Intelligence, 37(3):77-84

Zadeh, L.A. and J. Kacprzyk (Eds.)

– 1992: Fuzzy Logic for the Management of Uncertainty. New York: Wiley

Zimmermann, H.-J.

– 1991: Fuzzy Set Theory and its Application (2nd ed.). Boston: Kluwer Academic

Zimmermann, H.-J. and P. Zysno

– 1980: Latent Connectives in Human Decision Making. In: Fuzzy Sets and Systems, 4:37-51

– 1983: Decisions and evaluations by hierarchical aggregation of information. In: Fuzzy Sets and Systems, 10:243-266

Zimmermann, H.-J. und C.v. Altrock (Hrsg.)

– 1994: Fuzzy Logic. Band 2. Anwendungen. München: Oldenbourg

Tabellenverzeichnis

Abbildungsverzeichnis

Sachverzeichnis

G

K

L

Q

R

GPSR Compliance

The European Union's (EU) General Product Safety Regulation (GPSR) is a set of rules that requires consumer products to be safe and our obligations to ensure this.

If you have any concerns about our products, you can contact us on ProductSafety@springernature.com

In case Publisher is established outside the EU, the EU authorized representative is:

Springer Nature Customer Service Center GmbH
Europaplatz 3
69115 Heidelberg, Germany

FSC
www.fsc.org
MIX
Papier | Fördert gute Waldnutzung
FSC® C083411

Kolibri 360 GmbH
Ferdinand-Jühlke-Straße 7
99095 Erfurt, Deutschland
produktsicherheit@kolibri360.de